# 现代测量平差理论与方法

Theory and Method of Modern Surveying Adjustment

赵长胜　著

测绘出版社

·北京·

## 内容简介

本书系统地归纳了现代测量平差理论与方法的主要内容,介绍了误差理论与现代平差所涉及的矩阵运算和概率统计、坐标系统和时间系统及其坐标转换,详细介绍了各种误差来源与系统误差处理方法、偶然误差的性质与规律、粗差检验方法、系统误差的验后估计,详细论述了各种平差方法,论述了有色噪声逐次滤波与逐步拟合推估。

本书的理论推导与论述力求深入浅出,可以为测绘工程、遥感科学与技术、地理信息科学等专业本科生、研究生、教师、科研人员和工程技术人员参考。

**图书在版编目(CIP)数据**

现代测量平差理论与方法 / 赵长胜著. —北京:测绘出版社,2018.1

ISBN 978-7-5030-4026-9

Ⅰ. ①现… Ⅱ. ①赵… Ⅲ. ①测量平差 Ⅳ. ①P207

中国版本图书馆 CIP 数据核字(2016)第 322805 号

**责任编辑** 巩 岩 **封面设计** 李 伟 **责任校对** 孙立新 **责任印制** 陈 超

| | | | |
|---|---|---|---|
| **出版发行** | 测绘出版社 | **电　　话** | 010－83543956(发行部) |
| **地　　址** | 北京市西城区三里河路 50 号 | | 010－68531609(门市部) |
| **邮政编码** | 100045 | | 010－68531363(编辑部) |
| **电子信箱** | smp@sinomaps.com | **网　　址** | www.chinasmp.com |
| **印　　刷** | 北京京华虎彩印刷有限公司 | **经　　销** | 新华书店 |
| **成品规格** | 169mm×239mm | | |
| **印　　张** | 27.25 | **字　　数** | 527 千字 |
| **版　　次** | 2018 年 1 月第 1 版 | **印　　次** | 2018 年 1 月第 1 次印刷 |
| **印　　数** | 0001－1000 | **定　　价** | 98.00 元 |

**书　　号** ISBN 978-7-5030-4026-9

本书如有印装质量问题,请与我社门市部联系调换。

# 前　言

现代误差理论与测量平差是测绘科学与技术等相关学科的理论基础，“误差理论与测量平差”是测绘工程、遥感科学技术和地理信息科学等本科专业设置的专业基础课程，“现代测量数据处理”也是测绘科学与技术等学科为研究生设置的学位课程。

作者长期从事“误差理论与测量平差”和“现代测量数据处理”课程的教学工作，以及大地测量和测量数据处理的科研工作。通过不断总结、归纳，以“现代测量平差”为主题编写了本书。

全书共分为7章。第1章和第2章是现代测量平差的基础知识，是为读者查阅相关知识而写。第1章主要介绍向量与矩阵常规运算，包括向量与矩阵范数运算、矩阵迹和秩运算、方阵行列式实用算法、逆矩阵和广义逆相关理论与算法、矩阵特征值与特征向量运算、矩阵分解、矩阵求导、矩阵直和，以及阿达马（Hadamard）积、克罗内克（Kronecker）积和矩阵化函数与向量函数等矩阵特殊运算。第2章主要介绍随机变量及其概率分布和数值特征、随机抽样与统计假设检验、参数估计准则与方法。第3章阐述了天球坐标系统、地球坐标系统、时间系统和各种坐标系统的转换方法。第4章介绍了测量误差来源、系统误差处理方法、偶然误差的规律、偶然误差的特性检验、偶然误差的精度及其衡量指标、权与中误差计算方法、协因数与协方差传播律等内容。第5章介绍了条件平差、间接平差、附有参数的条件平差和附有限制条件的间接平差四种经典平差方法，还介绍了粗差检验方法、平差参数的显著性检验、平差模型正确性的统计检验、验后方差估计、平差模型的敏感度分析和统计性质。第6章讲述了附加系统参数的平差、序贯平差、自由网平差、回归分析等扩展平差方法，介绍为了解决粗差问题的抗差估计和解决病态问题的有偏估计理论、静态滤波和配置理论与算法，介绍了极大验后滤波、最小二乘滤波、逐次滤波和有色噪声滤波，以及逐步配置和有色噪声配置。第7章阐述了非线性最小二乘估计、非线性迭代滤波、顾及二次项的非线性静态滤波与推估、非线性逐次滤波与推估、非线性拟合推估和非线性逐步拟合推估。

在本书写作过程中，作者参阅了大量国内外相关文献，在此，对所引用文献的作者表示衷心感谢。由于现代测量平差理论与方法涉及面广、内容繁多，因此还有许多内容并未在本书中写入，加上作者水平有限，书中难免有不足之处，恳请同行专家及广大读者批评指正。

作者

2016年11月

# 目　录

# Contents

# 第 1 章　矩阵运算

## §1.1　矩阵的基本运算

### 1.1.1　矩阵与向量

在测量平差中经常会遇到下列方程

$$\left.\begin{aligned} a_{11}V_1+a_{12}V_2+\cdots+a_{1n}V_n+W_1=0 \\ a_{21}V_1+a_{22}V_2+\cdots+a_{2n}V_n+W_2=0 \\ \vdots \\ a_{r1}V_1+a_{r2}V_2+\cdots+a_{rn}V_n+W_r=0 \end{aligned}\right\} \tag{1.1.1}$$

该方程描述了 $n$ 个变量之间的线性关系，当 $r<n$ 时有无穷多组解。这个线性关系可以用矩阵和向量的形式简记为

$$\boldsymbol{AV}+\boldsymbol{W}=0 \tag{1.1.2}$$

式中

$$\boldsymbol{A}=\begin{bmatrix} a_{11} & a_{12} & \cdots & a_{1n} \\ a_{21} & a_{22} & \cdots & a_{2n} \\ \vdots & \vdots & & \vdots \\ a_{r1} & a_{r2} & \cdots & a_{rn} \end{bmatrix},\boldsymbol{V}=\begin{bmatrix} V_1 \\ V_2 \\ \vdots \\ V_n \end{bmatrix},\boldsymbol{W}=\begin{bmatrix} W_1 \\ W_2 \\ \vdots \\ W_r \end{bmatrix}$$

变量 $\boldsymbol{A}$ 称为矩阵，是一个 $r\times n$ 的长方矩阵实数表，当 $r=n$ 时矩阵称为方阵。矩阵 $\boldsymbol{A}$ 也可以记为 $\underset{r\times n}{\boldsymbol{A}}$，或 $\boldsymbol{A}\in\mathbb{R}^{r\times n}\Leftrightarrow\boldsymbol{A}=\{a_{ij}\}$，$a_{ij}\in\mathbb{R}$，$i=1$、2、…、$r$，$j=1$、2、…、$n$。$\boldsymbol{V}$ 和 $\boldsymbol{W}$ 分别是有 $n\times1$ 个元素和 $r\times1$ 个元素的列向量，其元素是按照列方式排列的。类似地，如果向量按照行方式排列，就称为行向量，如

$$\boldsymbol{b}=[b_1\quad b_2\quad\cdots\quad b_m] \tag{1.1.3}$$

式中，$\boldsymbol{b}$ 是 $1\times m$ 的行向量。

向量可分为物理向量、几何向量和代数向量。测量平差中应用的向量一般为代数向量。代数向量根据元素取值不同可以分为常数向量、函数向量和随机向量。

方阵的主对角线元素为左上角到右下角元素，即 $a_{11}$、$a_{22}$、…、$a_{nn}$。主对角线元素之外的元素都等于零的方阵称为对角矩阵，可记为

$$\boldsymbol{A}=\mathrm{diag}(a_{11},a_{22},\cdots,a_{nn}) \tag{1.1.4}$$

特别地，当对角线上各元素都相等，即 $a_{11}=a_{22}=\cdots=a_{nn}=a$ 时，则称该对角

矩阵为数量矩阵，即$\boldsymbol{A}=\mathrm{diag}(a,a,\cdots,a)$。若对角矩阵对角线各元素等于1，则称该对角矩阵为单位矩阵，记为$\boldsymbol{I}$。若矩阵所有元素都等于零，称为零矩阵，记为$\boldsymbol{0}$。

只有一个元素等于1，其他元素都为零的向量称为基本向量，一个$n\times n$的单位矩阵是由$n$个基本向量组成，即

$$\boldsymbol{e}_1=\begin{bmatrix}1\\0\\\vdots\\0\end{bmatrix},\boldsymbol{e}_2=\begin{bmatrix}0\\1\\\vdots\\0\end{bmatrix},\cdots,\boldsymbol{e}_n=\begin{bmatrix}0\\0\\\vdots\\1\end{bmatrix} \tag{1.1.5}$$

显然，单位矩阵可以表示为$\boldsymbol{I}=[\boldsymbol{e}_1\quad \boldsymbol{e}_2\quad \cdots\quad \boldsymbol{e}_n]$。

用$\boldsymbol{A}\{i_1:i_2,j_1:j_2\}$代表元素从第$i_1$行到$i_2$行，从$j_1$列到$j_2$列的各元素组成的子矩阵，如

$$\boldsymbol{A}\{3:6,2:4\}=\begin{bmatrix}a_{32}&a_{33}&a_{34}\\a_{42}&a_{43}&a_{44}\\a_{52}&a_{53}&a_{54}\\a_{62}&a_{63}&a_{64}\end{bmatrix}$$

该矩阵称为$\boldsymbol{A}$矩阵的子矩阵。

分块矩阵是以矩阵为元素的矩阵，即

$$\boldsymbol{A}=\begin{bmatrix}\boldsymbol{A}_{11}&\boldsymbol{A}_{12}&\cdots&\boldsymbol{A}_{1p}\\\boldsymbol{A}_{21}&\boldsymbol{A}_{22}&\cdots&\boldsymbol{A}_{2p}\\\vdots&\vdots&&\vdots\\\boldsymbol{A}_{q1}&\boldsymbol{A}_{q2}&\cdots&\boldsymbol{A}_{qp}\end{bmatrix}$$

### 1.1.2 矩阵的基本运算

定义1.1.1 若$\boldsymbol{A}=\{a_{ij}\}$是一个$r\times n$矩阵，则$\boldsymbol{A}$的转置记作$\boldsymbol{A}^{\mathrm{T}}$，是一个$n\times r$矩阵，定义为$\boldsymbol{A}^{\mathrm{T}}=\{a_{ji}\}$。

列向量的转置为行向量，行向量的转置为列向量，为了节省书写空间，有时将列向量记作$\boldsymbol{x}=[x_1\quad x_2\quad \cdots\quad x_t]^{\mathrm{T}}$。

定义1.1.2 两个$r\times n$矩阵$\boldsymbol{A}=\{a_{ij}\}$和$\boldsymbol{B}=\{b_{ij}\}$之和记作$\boldsymbol{A}+\boldsymbol{B}$，定义为$\boldsymbol{A}+\boldsymbol{B}=\{a_{ij}+b_{ij}\}$。

定义1.1.3 若$\boldsymbol{A}=\{a_{ij}\}$是一个$r\times n$矩阵，且$\alpha$是一个标量。乘积$\alpha\boldsymbol{A}$是一个$r\times n$矩阵，定义为$\alpha\boldsymbol{A}=\{\alpha a_{ij}\}$。

定义1.1.4 若$\boldsymbol{A}=\{a_{ij}\}$是一个$r\times n$矩阵，$\boldsymbol{V}$是一个$m\times 1$向量，$\boldsymbol{V}=[V_1\quad V_2\quad \cdots\quad V_m]^{\mathrm{T}}$，则乘积$\boldsymbol{AV}$只有当$m=n$时存在，它是一个$r\times 1$的列向量，定义为

$$(\boldsymbol{AV})_i = \sum_{j=1}^{n} a_{ij} V_j \quad (i = 1,2,\cdots,r) \tag{1.1.6}$$

定义 1.1.5　若 $\boldsymbol{A}=\{a_{ij}\}$是一个 $r\times n$ 矩阵，$\boldsymbol{B}=\{b_{ij}\}$是一个 $m\times t$ 矩阵，乘积 $\boldsymbol{AB}$ 只有当 $m=n$ 时才存在，它是一个 $r\times t$ 矩阵，定义为

$$(\boldsymbol{AB})_{ij} = \sum_{k=1}^{n} a_{ik} b_{kj} \quad (i = 1,2,\cdots,r; j = 1,2,\cdots,t) \tag{1.1.7}$$

根据定义，矩阵加法的运算规则如下：

(1)加法交换律：$\boldsymbol{A}+\boldsymbol{B}=\boldsymbol{B}+\boldsymbol{A}$。

(2)加法结合律：$(\boldsymbol{A}+\boldsymbol{B})+\boldsymbol{C}=\boldsymbol{A}+(\boldsymbol{B}+\boldsymbol{C})$。

矩阵乘积服从的运算规则如下：

(1)若 $\boldsymbol{A}\in\mathbb{R}^{r\times n}$、$\boldsymbol{B}\in\mathbb{R}^{n\times m}$、$\boldsymbol{C}\in\mathbb{R}^{m\times t}$，则矩阵乘法具有结合律，即 $(\boldsymbol{AB})\boldsymbol{C}=\boldsymbol{A}(\boldsymbol{BC})$。

(2)若 $\boldsymbol{A}\in\mathbb{R}^{r\times n}$、$\boldsymbol{B}\in\mathbb{R}^{r\times n}$、$\boldsymbol{C}\in\mathbb{R}^{n\times t}$，则矩阵乘法具有左分配律，即 $(\boldsymbol{A}+\boldsymbol{B})\boldsymbol{C}=\boldsymbol{AC}+\boldsymbol{BC}$。

(3)若 $\boldsymbol{A}\in\mathbb{R}^{r\times n}$、$\boldsymbol{B}\in\mathbb{R}^{r\times n}$、$\boldsymbol{C}\in\mathbb{R}^{m\times r}$，则矩阵乘法具有右分配律，即 $\boldsymbol{C}(\boldsymbol{A}+\boldsymbol{B})=\boldsymbol{CA}+\boldsymbol{CB}$。

(4)若 $\alpha$ 是标量，$\boldsymbol{A}\in\mathbb{R}^{r\times n}$、$\boldsymbol{B}\in\mathbb{R}^{r\times n}$，则 $\alpha(\boldsymbol{A}+\boldsymbol{B})=\alpha\boldsymbol{A}+\alpha\boldsymbol{B}$。

一般来说，矩阵乘法不满足交换律，即 $\boldsymbol{AB}\neq\boldsymbol{BA}$。

令向量 $\boldsymbol{X}=[X_1 \quad X_2 \quad \cdots \quad X_n]^{\mathrm{T}}$、向量 $\boldsymbol{Y}=[Y_1 \quad Y_2 \quad \cdots \quad Y_n]^{\mathrm{T}}$，则矩阵与向量的乘积 $\boldsymbol{AX}=\boldsymbol{Y}$ 可视为向量 $\boldsymbol{X}$ 的线性变换结果。此时，$n\times n$ 矩阵 $\boldsymbol{A}$ 称为线性变换矩阵。若向量 $\boldsymbol{Y}$ 到 $\boldsymbol{X}$ 的线性变换 $\boldsymbol{A}^{-1}$存在，则

$$\boldsymbol{X}=\boldsymbol{A}^{-1}\boldsymbol{Y} \tag{1.1.8}$$

式(1.1.8)可视为在原线性变换 $\boldsymbol{AX}=\boldsymbol{Y}$ 等式两边同时左乘 $\boldsymbol{A}^{-1}$之后得到的结果，即 $\boldsymbol{A}^{-1}\boldsymbol{AX}=\boldsymbol{A}^{-1}\boldsymbol{Y}$。因此，线性变换 $\boldsymbol{A}^{-1}$应满足$\boldsymbol{A}^{-1}\boldsymbol{A}=\boldsymbol{I}$，而 $\boldsymbol{X}=\boldsymbol{A}^{-1}\boldsymbol{Y}$ 也是可逆的，即等式两边同时左乘 $\boldsymbol{A}$ 后得到的$\boldsymbol{AX}=\boldsymbol{AA}^{-1}\boldsymbol{Y}$ 应该与原线性变换$\boldsymbol{AX}=\boldsymbol{Y}$ 一致，故 $\boldsymbol{A}^{-1}$还应满足 $\boldsymbol{AA}^{-1}=\boldsymbol{I}$。

综合以上讨论，可以得到逆矩阵的定义如下：

定义 1.1.6　令 $\boldsymbol{A}$ 是一个 $n\times n$ 矩阵，则称矩阵 $\boldsymbol{A}$ 可逆，若可以找到一个 $n\times n$ 矩阵 $\boldsymbol{A}^{-1}$满足 $\boldsymbol{A}^{-1}\boldsymbol{A}=\boldsymbol{AA}^{-1}=\boldsymbol{I}$，称$\boldsymbol{A}^{-1}$是矩阵 $\boldsymbol{A}$ 的逆矩阵。

转置和逆矩阵的性质如下：

(1)若 $\boldsymbol{A}$ 和 $\boldsymbol{B}$ 都是 $n\times m$ 矩阵，加法转置满足分配律，即 $(\boldsymbol{A}+\boldsymbol{B})^{\mathrm{T}}=\boldsymbol{A}^{\mathrm{T}}+\boldsymbol{B}^{\mathrm{T}}$。

(2)若 $\boldsymbol{A}$ 是 $n\times m$ 矩阵，$\boldsymbol{B}$ 是 $m\times n$ 矩阵，乘积转置满足关系式 $(\boldsymbol{AB})^{\mathrm{T}}=\boldsymbol{B}^{\mathrm{T}}\boldsymbol{A}^{\mathrm{T}}$。

(3)若 $\boldsymbol{A}$、$\boldsymbol{B}$ 都是 $n\times n$ 可逆矩阵，乘积逆矩阵满足关系式 $(\boldsymbol{AB})^{-1}=\boldsymbol{B}^{-1}\boldsymbol{A}^{-1}$。

(4)若 $\boldsymbol{A}$ 是 $n\times n$ 可逆矩阵，转置和求逆符号可以互换，即 $(\boldsymbol{A}^{\mathrm{T}})^{-1}=(\boldsymbol{A}^{-1})^{\mathrm{T}}$。

定义 1.1.7　若 $\boldsymbol{A}$ 是一个 $n\times n$ 矩阵，且$\boldsymbol{A}^{\mathrm{T}}=\boldsymbol{A}$，则称 $\boldsymbol{A}$ 为对称矩阵。

定义 1.1.8　若 $\boldsymbol{A}$ 是一个 $n\times n$ 矩阵，且$\boldsymbol{A}^2=\boldsymbol{A}\boldsymbol{A}=\boldsymbol{A}$，则称 $\boldsymbol{A}$ 是幂等矩阵。

### 1.1.3　向量的线性无关性与非奇异矩阵

考察式(1.1.1)描述的 $r\times n$ 线性方程组，可以写出 $\boldsymbol{AV}+\boldsymbol{W}=0$。若记 $\boldsymbol{A}=[\boldsymbol{a}_1\quad \boldsymbol{a}_2\quad \cdots\quad \boldsymbol{a}_n]$，则式(1.1.1)的 $r$ 个方程可以合并写成标量与向量乘积之和，即

$$\boldsymbol{a}_1V_1+\boldsymbol{a}_2V_2+\cdots+\boldsymbol{a}_nV_n+\boldsymbol{W}=0 \tag{1.1.9}$$

式(1.1.9)称为列向量$\boldsymbol{a}_1$、$\boldsymbol{a}_2$、…、$\boldsymbol{a}_n$ 的线性组合。

定义 1.1.9　一组 $r$ 维向量$\{\boldsymbol{a}_1,\boldsymbol{a}_2,\cdots,\boldsymbol{a}_n\}$称为线性无关，若方程

$$\boldsymbol{a}_1V_1+\boldsymbol{a}_2V_2+\cdots+\boldsymbol{a}_nV_n=0$$

则只有零解 $V_1=V_2=\cdots=V_n=0$。若能够找到一组不全为零的系数 $V_1$、$V_2$、…、$V_n$ 使得方程成立，则称 $r$ 维向量$\{\boldsymbol{a}_1,\boldsymbol{a}_2,\cdots,\boldsymbol{a}_n\}$为线性相关。

定义 1.1.10　一个 $n\times n$ 矩阵 $\boldsymbol{A}$ 是非奇异的，当且仅当矩阵方程 $\boldsymbol{AX}=0$ 只有零解 $\boldsymbol{X}=0$。若 $\boldsymbol{A}$ 不是非奇异的，则称 $\boldsymbol{A}$ 奇异。

$n\times n$ 矩阵 $\boldsymbol{A}=[\boldsymbol{a}_1\quad \boldsymbol{a}_2\quad \cdots\quad \boldsymbol{a}_n]$是非奇异的，当且仅当它的 $n$ 个列向量$\boldsymbol{a}_1$、$\boldsymbol{a}_2$、…、$\boldsymbol{a}_n$ 线性无关。

### 1.1.4　初等行变换与阶梯形矩阵

涉及矩阵行与行之间的简单运算称为初等行运算。事实上，矩阵的初等行运算往往可以解决一些重要问题。使用初等行运算，可以求解矩阵方程。

定义 1.1.11　令矩阵 $\boldsymbol{A}\in\mathbb{R}^{m\times n}$的 $m$ 个行向量分别为 $\boldsymbol{r}_1$、$\boldsymbol{r}_2$、…、$\boldsymbol{r}_m$，则矩阵 $\boldsymbol{A}$ 的初等行运算或初等行变换如下：

(1)互换矩阵的任意两行，如 $\boldsymbol{r}_p\leftrightarrow\boldsymbol{r}_q$，称为Ⅰ型初等变换。

(2)一行元素同乘一个非零常数 $\alpha$，如 $\alpha\boldsymbol{r}_p\rightarrow\boldsymbol{r}_p$，称为Ⅱ型初等变换。

(3)将第 $p$ 行元素同乘一个非零常数 $\beta$ 后，加给第 $q$ 行，即 $\beta\boldsymbol{r}_p+\boldsymbol{r}_q\rightarrow\boldsymbol{r}_q$，称为Ⅲ型初等变换。

若矩阵 $\underset{m\times n}{\boldsymbol{A}}$ 经过一系列初等运算，变换为矩阵 $\underset{m\times n}{\boldsymbol{B}}$，则称矩阵 $\boldsymbol{A}$ 和 $\boldsymbol{B}$ 为行等价矩阵。

定义 1.1.12　一个 $m\times n$ 矩阵称为阶梯型形阵，那么：

(1)由零组成的所有行都位于矩阵的底部。

(2)每一个非零行第一个非零元素总是出现在上一个非零行的第一个非零元素的右边。

(3)首个非零元素下面的同列元素都为零。

定义 1.1.13　一个阶梯形矩阵称为简约阶梯形矩阵，当且仅当每一个非零行第一个非零元素都等于 1，并且该列其他元素均为零元素。

给定一个 $m\times n$ 的矩阵$\boldsymbol{A}$，可以通过下列初等变换将 $\boldsymbol{A}$ 化成简约阶梯形矩阵：

(1)将含有一个非零元素的列设定为最左边的第一列。

(2)如果需要，将第一行与其他行互换，使第一个非零列在第一行有一个非零数字。

(3)如果第一行的首元素为 $a$，则该行的所有元素乘以 $1/a$，以使该行的首项元素等于 1。

(4)通过初等变换将其他行的第一行下面的所有元素变成零。

(5)对第 $i(i=2、3、\cdots、m)$行依次重复以上步骤，使每一行的第一个非零元素出现在上一行的第一个非零元素的右边，并使与第 $i$ 行第一个非零元素同列的其他元素都变为零。

可以证明，任何一个矩阵 $\underset{m\times n}{\boldsymbol{A}}$ 都可以通过初等变换，变换为一个并且唯一一个简约阶梯形矩阵。

对于一个系数矩阵为 $n\times n$ 的矩阵方程 $\boldsymbol{Nx}=\boldsymbol{W}$，其增广矩阵 $\boldsymbol{D}=[\boldsymbol{N}\quad \boldsymbol{W}]$为 $n\times(n+1)$矩阵。若对增广矩阵进行初等变换，使其最左边变成一个 $n\times n$ 单位矩阵，则变换后增广矩阵的第 $n+1$ 列即给出原矩阵方程 $\boldsymbol{Nx}=\boldsymbol{W}$ 的解 $\boldsymbol{x}$。这样一种矩阵方程解算方法称为高斯消去法。

类似地，将一个 $n\times n$ 的矩阵 $\boldsymbol{N}$ 和一个 $n\times n$ 的单位矩阵 $\boldsymbol{I}$ 组成增广矩阵 $\boldsymbol{D}=[\boldsymbol{N}\quad \boldsymbol{I}]$为 $n\times 2n$ 矩阵。若对增广矩阵进行初等变换，使得最左边变成一个 $n\times n$ 单位矩阵，则变换后增广矩阵后面的 $n\times n$ 矩阵即为矩阵 $\boldsymbol{N}$ 的逆矩阵$\boldsymbol{N}^{-1}$。

### 1.1.5　对称矩阵、正交矩阵和带型矩阵

定义 1.1.14　对称矩阵 $\boldsymbol{N}$ 是一个其元素 $N_{ij}$ 关于主对角线对称的实数方阵，即

$$\boldsymbol{N}^{\mathrm{T}}=\boldsymbol{N} \text{ 或 } N_{ij}=N_{ji} \tag{1.1.10}$$

对称矩阵具有以下性质：若 $\boldsymbol{N}$ 是对称矩阵，则$\boldsymbol{N}^{\mathrm{T}}$、$\boldsymbol{N}^{-1}$、$\boldsymbol{N}^{m}$($m$ 为正整数)都是对称矩阵，若 $\boldsymbol{M}$ 矩阵与 $\boldsymbol{N}$ 矩阵是同阶对称方阵，则 $\boldsymbol{M}+\boldsymbol{N}$ 和 $\boldsymbol{MN}$ 也是对称方阵。

对角矩阵和数量矩阵是对称矩阵，单位矩阵也是对称矩阵。两个对角矩阵的和、差和积仍然是对角矩阵。若对角矩阵对角线上各元素都不等于零，则该对角矩阵是可逆矩阵，其逆矩阵也是对角矩阵。若 $\boldsymbol{N}=\mathrm{diag}(N_{11},N_{22},\cdots,N_{nn})$，$N_{ii}\neq 0$，$i=1、2、\cdots、n$，则有

$$\boldsymbol{N}^{-1}=\mathrm{diag}\left(\frac{1}{N_{11}},\frac{1}{N_{22}},\cdots,\frac{1}{N_{nn}}\right) \tag{1.1.11}$$

定义 1.1.15　一个方阵 $\boldsymbol{Q}\in\mathbb{R}^{n\times n}$称为正交矩阵，当且仅当

$$\boldsymbol{QQ}^{\mathrm{T}}=\boldsymbol{Q}^{\mathrm{T}}\boldsymbol{Q}=\boldsymbol{I} \tag{1.1.12}$$

正交矩阵 $\boldsymbol{Q}$ 的逆矩阵等于其转置矩阵，即

$$\boldsymbol{Q}^{-1}=\boldsymbol{Q}^{\mathrm{T}} \tag{1.1.13}$$

满足条件 $N_{ij}=0$、$|i-j|>k$ 的矩阵 $\boldsymbol{N}\in\mathbb{R}^{n\times n}$称为带型矩阵。带型矩阵的特殊形式是三对角方阵。带型矩阵的特殊形式还有上三角矩阵和下三角矩阵。

满足条件 $u_{ij}=0$、$i>j$ 的方阵 $\boldsymbol{U}=\{u_{ij}\}$称为上三角矩阵，其一般形式为

$$\boldsymbol{U}=\begin{bmatrix} u_{11} & u_{12} & \cdots & u_{1n} \\ 0 & u_{22} & \cdots & u_{2n} \\ \vdots & \vdots & & \vdots \\ 0 & 0 & \cdots & u_{nn} \end{bmatrix}$$

上三角矩阵的性质如下：

(1)上三角矩阵的积仍为上三角矩阵，即若 $\boldsymbol{U}_1$、$\boldsymbol{U}_2$、…、$\boldsymbol{U}_k$ 各为上三角矩阵，则 $\boldsymbol{U}=\boldsymbol{U}_1\boldsymbol{U}_2\cdots\boldsymbol{U}_k$ 为上三角矩阵。

(2)上三角矩阵 $\boldsymbol{U}$ 的行列式值等于对角线元素之积，即

$$\det(\boldsymbol{U}) = u_{11}u_{22}\cdots u_{nn} = \prod_{i=1}^{n} u_{ii} \tag{1.1.14}$$

(3)上三角矩阵的逆矩阵是下三角矩阵。

(4)上三角矩阵 $\boldsymbol{U}$ 的特征值为对角线元素 $u_{11}$、$u_{22}$、…、$u_{nn}$。

(5)正定矩阵 $\boldsymbol{N}$ 可以分解为 $\boldsymbol{N}=\boldsymbol{U}^{\mathrm{T}}\boldsymbol{D}\boldsymbol{U}$，其中，$\boldsymbol{U}$ 为上三角矩阵，$\boldsymbol{D}$ 为对角矩阵。

满足条件 $h_{ij}=0$、$i<j$ 的方阵 $\boldsymbol{H}=\{h_{ij}\}$称为下三角矩阵，其一般形式为

$$\boldsymbol{H}=\begin{bmatrix} h_{11} & 0 & \cdots & 0 \\ h_{21} & h_{22} & \cdots & 0 \\ \vdots & \vdots & & \vdots \\ h_{n1} & h_{n2} & \cdots & h_{nn} \end{bmatrix}$$

下三角矩阵的性质如下：

(1)下三角矩阵的积仍为下三角矩阵，即若 $\boldsymbol{H}_1$、$\boldsymbol{H}_2$、…、$\boldsymbol{H}_k$ 各为下三角矩阵，则 $\boldsymbol{H}=\boldsymbol{H}_1\boldsymbol{H}_2\cdots\boldsymbol{H}_k$ 为下三角矩阵。

(2)下三角矩阵 $\boldsymbol{H}$ 的行列式值等于对角线元素之积，即

$$\det(\boldsymbol{H}) = h_{11}h_{22}\cdots h_{nn} = \prod_{i=1}^{n} h_{ii} \tag{1.1.15}$$

(3)下三角矩阵的逆矩阵是上三角矩阵。

(4)下三角矩阵 $\boldsymbol{H}$ 的特征值为对角线元素 $h_{11}$、$h_{22}$、…、$h_{nn}$。

(5)正定矩阵 $\boldsymbol{N}$ 可以分解为 $\boldsymbol{N}=\boldsymbol{H}\boldsymbol{H}^{\mathrm{T}}$，其中，$\boldsymbol{H}$ 为下三角矩阵。这一分解称为矩阵 $\boldsymbol{N}$ 的楚列斯基(Cholesky)分解，有时也称满足 $\boldsymbol{N}=\boldsymbol{H}\boldsymbol{H}^{\mathrm{T}}$ 的下三角矩阵 $\boldsymbol{H}$ 为 $\boldsymbol{N}$ 的平方根。

对称矩阵可以按照上三角矩阵或下三角矩阵进行一维存储，以节省存储单元。

若 $\boldsymbol{A}$、$\boldsymbol{B}$、$\boldsymbol{C}$ 都是可逆矩阵，则分块三角矩阵的求逆公式为

$$\begin{bmatrix} \boldsymbol{A} & \boldsymbol{0} \\ \boldsymbol{B} & \boldsymbol{C} \end{bmatrix}^{-1} = \begin{bmatrix} \boldsymbol{A}^{-1} & \boldsymbol{0} \\ -\boldsymbol{C}^{-1}\boldsymbol{B}\boldsymbol{A}^{-1} & \boldsymbol{C}^{-1} \end{bmatrix} \tag{1.1.16}$$

$$\begin{bmatrix} \boldsymbol{A} & \boldsymbol{B} \\ \boldsymbol{C} & \boldsymbol{0} \end{bmatrix}^{-1} = \begin{bmatrix} \boldsymbol{0} & \boldsymbol{C}^{-1} \\ \boldsymbol{B}^{-1} & -\boldsymbol{B}^{-1}\boldsymbol{A}\boldsymbol{C}^{-1} \end{bmatrix} \tag{1.1.17}$$

$$\begin{bmatrix} \boldsymbol{A} & \boldsymbol{B} \\ \boldsymbol{0} & \boldsymbol{C} \end{bmatrix}^{-1} = \begin{bmatrix} \boldsymbol{A}^{-1} & -\boldsymbol{A}^{-1}\boldsymbol{B}\boldsymbol{C}^{-1} \\ \boldsymbol{0} & \boldsymbol{C}^{-1} \end{bmatrix} \tag{1.1.18}$$

### 1.1.6　矩阵的二次型

定义 1.1.16　若 $\boldsymbol{X} = [x_1 \quad x_2 \quad \cdots \quad x^n]^{\mathrm{T}}$，且 $n \times n$ 矩阵 $\boldsymbol{A} = \{a_{ij}\}$，则矩阵的二次型为

$$\boldsymbol{X}^{\mathrm{T}}\boldsymbol{A}\boldsymbol{X} = [x_1 \quad x_2 \quad \cdots \quad x_n] \begin{bmatrix} a_{11} & a_{12} & \cdots & a_{1n} \\ a_{21} & a_{22} & \cdots & a_{2n} \\ \vdots & \vdots & & \vdots \\ a_{n1} & a_{n2} & \cdots & a_{nn} \end{bmatrix} \begin{bmatrix} x_1 \\ x_2 \\ \vdots \\ x_n \end{bmatrix} = \sum_{i=1}^{n}\sum_{j=1}^{n} x_i x_j a_{ij} \tag{1.1.19}$$

定义 1.1.17　一个对称矩阵 $\boldsymbol{A}$ 称为正定矩阵，当且仅当二次型 $\boldsymbol{X}^{\mathrm{T}}\boldsymbol{A}\boldsymbol{X} > 0$、$\forall \boldsymbol{X} \neq \boldsymbol{0}$，正定矩阵限定为方阵。

例 1.1.1　设

$$\boldsymbol{X} = \begin{bmatrix} 2.5 \\ 2.3 \\ -4.5 \\ -2.8 \end{bmatrix}, \boldsymbol{Y} = \begin{bmatrix} 3.5 \\ 2.5 \\ 4.8 \\ -3.8 \end{bmatrix}$$

$$\boldsymbol{A} = \begin{bmatrix} 5.6 & 1.2 & 3.2 & 2.0 \\ 1.2 & 7.6 & 2.1 & -1.2 \\ 3.2 & 2.1 & 6.5 & 0 \\ 2.0 & -1.2 & 0 & 7.0 \end{bmatrix}, \boldsymbol{B} = \begin{bmatrix} 5.4 & 0.8 & 1.8 & 3.0 \\ 0.8 & 2.4 & 1.8 & 1.2 \\ 1.8 & 2.1 & 6.5 & 0 \\ 3.0 & 1.2 & 0 & 3.0 \end{bmatrix}$$

求 $\boldsymbol{X}+\boldsymbol{Y}$、$\boldsymbol{X}-\boldsymbol{Y}$、$\boldsymbol{X}^{\mathrm{T}}\boldsymbol{Y}$、$\boldsymbol{X}\boldsymbol{Y}^{\mathrm{T}}$、$\boldsymbol{A}\boldsymbol{X}$、$\boldsymbol{B}\boldsymbol{Y}$、$\boldsymbol{A}+\boldsymbol{B}$、$\boldsymbol{A}-\boldsymbol{B}$、$\boldsymbol{A}\boldsymbol{B}$、$\boldsymbol{B}\boldsymbol{A}$、$\boldsymbol{X}^{\mathrm{T}}\boldsymbol{A}\boldsymbol{X}$、$\boldsymbol{A}^{-1}$。

解：(1)计算 $\boldsymbol{X}+\boldsymbol{Y}$ 和 $\boldsymbol{X}-\boldsymbol{Y}$，即

$$\boldsymbol{X}+\boldsymbol{Y} = \begin{bmatrix} 2.5 \\ 2.3 \\ -4.5 \\ -2.8 \end{bmatrix} + \begin{bmatrix} 3.5 \\ 2.5 \\ 4.8 \\ -3.8 \end{bmatrix} = \begin{bmatrix} 6.0 \\ 4.8 \\ 0.3 \\ -6.6 \end{bmatrix}, \boldsymbol{X}-\boldsymbol{Y} = \begin{bmatrix} 2.5 \\ 2.3 \\ -4.5 \\ -2.8 \end{bmatrix} - \begin{bmatrix} 3.5 \\ 2.5 \\ 4.8 \\ -3.8 \end{bmatrix} = \begin{bmatrix} -1.0 \\ -0.2 \\ -9.3 \\ 1.0 \end{bmatrix}$$

(2)计算 $\boldsymbol{X}^{\mathrm{T}}\boldsymbol{Y}$、$\boldsymbol{X}\boldsymbol{Y}^{\mathrm{T}}$，即

$$X^TY=[2.5\quad 2.3\quad -4.5\quad -2.8]\begin{bmatrix}3.5\\2.5\\4.8\\-3.8\end{bmatrix}=3.54$$

$$XY^T=\begin{bmatrix}2.5\\2.3\\-4.5\\-2.8\end{bmatrix}[3.5\quad 2.5\quad 4.8\quad -3.8]=\begin{bmatrix}8.75&6.25&12.00&-9.50\\8.05&5.75&11.04&-9.50\\-15.75&-11.25&-21.60&17.10\\-9.80&-7.00&-13.44&10.64\end{bmatrix}$$

(3)计算 $AX$、$BY$，即

$$AX=\begin{bmatrix}5.6&1.2&3.2&2.0\\1.2&7.6&2.1&-1.2\\3.2&2.1&6.5&0\\2.0&-1.2&0&7.0\end{bmatrix}\begin{bmatrix}2.5\\2.3\\-4.5\\-2.8\end{bmatrix}=\begin{bmatrix}-3.24\\14.39\\-16.42\\-17.36\end{bmatrix}$$

$$BY=\begin{bmatrix}5.4&0.8&1.8&3.0\\0.8&2.4&1.8&1.2\\1.8&2.1&6.5&0\\3.0&1.2&0&3.0\end{bmatrix}\begin{bmatrix}3.5\\2.5\\4.8\\-3.8\end{bmatrix}=\begin{bmatrix}18.14\\12.88\\42.75\\2.10\end{bmatrix}$$

(4)计算 $A+B$、$A-B$、$AB$、$BA$，即

$$A+B=\begin{bmatrix}5.6&1.2&3.2&2.0\\1.2&7.6&2.1&-1.2\\3.2&2.1&6.5&0\\2.0&-1.2&0&7.0\end{bmatrix}+\begin{bmatrix}5.4&0.8&1.8&3.0\\0.8&2.4&1.8&1.2\\1.8&2.1&6.5&0\\3.0&1.2&0&3.0\end{bmatrix}=\begin{bmatrix}11.0&2.0&5.0&5.0\\2.0&10.0&3.9&0.0\\5.0&4.2&13&0.0\\5.0&0.0&0.0&10\end{bmatrix}$$

$$A-B=\begin{bmatrix}5.6&1.2&3.2&2.0\\1.2&7.6&2.1&-1.2\\3.2&2.1&6.5&0\\2.0&-1.2&0&7.0\end{bmatrix}-\begin{bmatrix}5.4&0.8&1.8&3.0\\0.8&2.4&1.8&1.2\\1.8&2.1&6.5&0\\3.0&1.2&0&3.0\end{bmatrix}$$

$$=\begin{bmatrix}0.2&0.4&1.4&-1.0\\0.4&5.2&0.3&-2.4\\1.4&0.0&0.0&0.0\\-1.0&-2.4&0.0&4.0\end{bmatrix}$$

$$AB=\begin{bmatrix}5.6&1.2&3.2&2.0\\1.2&7.6&2.1&-1.2\\3.2&2.1&6.5&0\\2.0&-1.2&0&7.0\end{bmatrix}\begin{bmatrix}5.4&0.8&1.8&3.0\\0.8&2.4&1.8&1.2\\1.8&2.1&6.5&0\\3.0&1.2&0&3.0\end{bmatrix}=\begin{bmatrix}42.96&16.48&33.04&24.24\\12.74&22.17&29.49&9.12\\30.66&21.25&51.79&12.12\\30.84&7.12&1.44&25.56\end{bmatrix}$$

$$BA=\begin{bmatrix}5.4 & 0.8 & 1.8 & 3.0\\ 0.8 & 2.4 & 1.8 & 1.2\\ 1.8 & 2.1 & 6.5 & 0\\ 3.0 & 1.2 & 0 & 3.0\end{bmatrix}\begin{bmatrix}5.6 & 1.2 & 3.2 & 2.0\\ 1.2 & 7.6 & 2.1 & -1.2\\ 3.2 & 2.1 & 6.5 & 0\\ 2.0 & -1.2 & 0 & 7.0\end{bmatrix}$$

$$=\begin{bmatrix}42.96 & 12.74 & 30.66 & 30.84\\ 15.52 & 21.54 & 19.30 & 7.12\\ 33.40 & 31.77 & 52.42 & 1.08\\ 24.24 & 9.12 & 12.12 & 25.56\end{bmatrix}$$

(5)计算 $X^{T}AX$，即

$$X^{T}AX=[2.5\quad 2.3\quad -4.5\quad -2.8]\begin{bmatrix}5.6 & 1.2 & 3.2 & 2.0\\ 1.2 & 7.6 & 2.1 & -1.2\\ 3.2 & 2.1 & 6.5 & 0\\ 2.0 & -1.2 & 0 & 7.0\end{bmatrix}\begin{bmatrix}2.5\\ 2.3\\ -4.5\\ -2.8\end{bmatrix}=147.495$$

(6)计算$A^{-1}$。

第一，构建扩展矩阵$[A\quad I]$，即

$$B=\begin{bmatrix}5.6 & 1.2 & 3.2 & 2.0 & 1 & 0 & 0 & 0\\ 1.2 & 7.6 & 2.1 & -1.2 & 0 & 1 & 0 & 0\\ 3.2 & 2.1 & 6.5 & 0 & 0 & 0 & 1 & 0\\ 2.0 & -1.2 & 0 & 7.0 & 0 & 0 & 0 & 1\end{bmatrix}$$

第二，第 1 行每个元素除以 $B(1,1)$，得

$$C=\begin{bmatrix}1 & 0.2143 & 0.5714 & 0.3571 & 0.1786 & 0 & 0 & 0\\ 1.2 & 7.6 & 2.1 & -1.2 & 0 & 1 & 0 & 0\\ 3.2 & 2.1 & 6.5 & 0 & 0 & 0 & 1 & 0\\ 2.0 & -1.2 & 0 & 7.0 & 0 & 0 & 0 & 1\end{bmatrix}$$

第三，第 1 行每个元素分别乘以 $C(2,1)$与第 2 行相减、乘以 $C(3,1)$与第 3 行相减、乘以 $C(4,1)$与第 4 行相减，得

$$D=\begin{bmatrix}1 & 0.2143 & 0.5714 & 0.3571 & 0.1786 & 0 & 0 & 0\\ 0 & 7.3428 & 1.4142 & -1.6286 & -0.2143 & 1 & 0 & 0\\ 0 & 1.4142 & 4.6715 & -1.1429 & -0.5715 & 0 & 1 & 0\\ 0 & -1.6286 & -1.1429 & 6.2858 & -0.3571 & 0 & 0 & 1\end{bmatrix}$$

第四，第 2 行每个元素除以 $D(2,2)$，得

$$E=\begin{bmatrix}1 & 0.2143 & 0.5714 & 0.3571 & 0.1786 & 0 & 0 & 0\\ 0 & 1 & 0.1926 & -0.2218 & -0.0292 & 0.1362 & 0 & 0\\ 0 & 1.4142 & 4.6715 & -1.1427 & -0.5715 & 0 & 1 & 0\\ 0 & -1.6285 & -1.1428 & 6.2858 & -0.3572 & 0 & 0 & 1\end{bmatrix}$$

第五，第 2 行每个元素分别乘以 $\boldsymbol{E}(3,2)$ 与第 3 行相减、乘以 $\boldsymbol{E}(4,2)$ 与第 4 行相减，得

$$\boldsymbol{F}=\begin{bmatrix}1 & 0.2143 & 0.5714 & 0.3571 & 0.1786 & 0 & 0 & 0\\ 0 & 1 & 0.1926 & -0.2218 & -0.0292 & 0.1362 & 0 & 0\\ 0 & 0 & 4.3990 & -0.8292 & -0.5302 & -0.1926 & 1 & 0\\ 0 & 0 & -0.8292 & 5.9245 & -0.4047 & 0.2218 & 0 & 1\end{bmatrix}$$

第六，第 3 行每个元素除以 $\boldsymbol{F}(3,3)$，得

$$\boldsymbol{G}=\begin{bmatrix}1 & 0.2143 & 0.5714 & 0.3571 & 0.1786 & 0 & 0 & 0\\ 0 & 1 & 0.1926 & -0.2218 & -0.0292 & 0.1362 & 0 & 0\\ 0 & 0 & 1 & -0.1894 & -0.1211 & -0.0440 & 0.2285 & 0\\ 0 & 0 & -0.8290 & 5.9246 & -0.4047 & 0.2218 & 0 & 1\end{bmatrix}$$

第七，第 3 行乘以 $\boldsymbol{G}(4,3)$ 与第 4 行相减，得

$$\boldsymbol{H}=\begin{bmatrix}1 & 0.2143 & 0.5714 & 0.3571 & 0.1786 & 0 & 0 & 0\\ 0 & 1 & 0.1926 & -0.2218 & -0.0292 & 0.1362 & 0 & 0\\ 0 & 0 & 1 & -0.1885 & -0.1205 & -0.0438 & 0.2273 & 0\\ 0 & 0 & 0 & 5.7682 & -0.5046 & 0.1855 & 0.1885 & 1\end{bmatrix}$$

第八，第 4 行每个元素除以 $\boldsymbol{H}(4,4)$，得

$$\boldsymbol{J}=\begin{bmatrix}1 & 0.2143 & 0.5714 & 0.3571 & 0.1786 & 0 & 0 & 0\\ 0 & 1 & 0.1926 & -0.2218 & -0.0292 & 0.1362 & 0 & 0\\ 0 & 0 & 1 & -0.1894 & -0.1211 & -0.0440 & 0.2285 & 0\\ 0 & 0 & 0 & 1 & -0.0875 & 0.0322 & 0.0327 & 0.1734\end{bmatrix}$$

第九，将第 4 行乘以 $\boldsymbol{J}(3,4)$ 与第 3 行相减、第 4 行乘以 $\boldsymbol{J}(2,4)$ 与第 2 行相减、第 4 行乘以 $\boldsymbol{J}(1,4)$ 与第 1 行相减，得

$$\boldsymbol{K}=\begin{bmatrix}1 & 0.2143 & 0.5714 & 0 & 0.2098 & -0.0115 & -0.0117 & -0.0619\\ 0 & 1 & 0.1926 & 0 & -0.0486 & 0.1433 & 0.0072 & 0.0385\\ 0 & 0 & 1 & 0 & -0.1370 & -0.0377 & 0.2335 & 0.0327\\ 0 & 0 & 0 & 1 & -0.0875 & 0.0322 & 0.0327 & 0.1734\end{bmatrix}$$

第十，将第 3 行乘以 $\boldsymbol{K}(2,3)$ 与第 2 行相减、第 3 行乘以 $\boldsymbol{K}(1,3)$ 与第 1 行相减，得

$$\boldsymbol{M}=\begin{bmatrix}1 & 0.2143 & 0 & 0 & 0.2881 & -0.0101 & -0.1451 & -0.0806\\ 0 & 1 & 0 & 0 & -0.0222 & 0.1506 & -0.0377 & 0.0322\\ 0 & 0 & 1 & 0 & -0.1370 & -0.0377 & 0.2335 & 0.0327\\ 0 & 0 & 0 & 1 & -0.0875 & 0.0322 & 0.0327 & 0.1734\end{bmatrix}$$

第十一，将第 2 行乘以 $\boldsymbol{M}(1,2)$ 与第 1 行相减，得

$$N=\begin{bmatrix}1&0&0&0&0.2929&-0.0222&-0.1370&-0.0875\\0&1&0&0&-0.0222&0.1506&-0.0377&0.0322\\0&0&1&0&-0.1370&-0.0377&0.2335&0.0327\\0&0&0&1&-0.0875&0.0322&0.0327&0.1734\end{bmatrix}$$

矩阵 $\boldsymbol{B}=[\boldsymbol{A}\quad \boldsymbol{I}]$经过一系列的初等变换，变为 $\boldsymbol{N}=[\boldsymbol{I}\quad \boldsymbol{P}]$，$\boldsymbol{P}$ 矩阵就是 $\boldsymbol{A}$ 矩阵的逆矩阵，即

$$\boldsymbol{A}^{-1}=\begin{bmatrix}0.2929&-0.0222&-0.1370&-0.0875\\-0.0222&0.1506&-0.0377&0.0322\\-0.1370&-0.0377&0.2335&0.0327\\-0.0875&0.0322&0.0327&0.1734\end{bmatrix}$$

$\boldsymbol{A}$ 矩阵是对称矩阵，其逆矩阵 $\boldsymbol{A}^{-1}$ 也是对称矩阵。

第一步至第八步称为约化过程，第九步至第十一步称为回代过程。

## §1.2　向量与矩阵的范数

### 1.2.1　向量的范数

定义 1.2.1　两个 $n\times1$ 的向量 $\boldsymbol{X}=[x_1\quad x_2\quad\cdots\quad x_n]^{\mathrm{T}}$、$\boldsymbol{Y}=[y_1\quad y_2\quad\cdots\quad y_n]^{\mathrm{T}}$ 之内积定义为

$$\langle\boldsymbol{X},\boldsymbol{Y}\rangle=\sum_{i=1}^{n}x_iy_i \tag{1.2.1}$$

内积服从以下性质：

(1)$\langle\boldsymbol{X},\boldsymbol{X}\rangle\geqslant0$，当且仅当 $\boldsymbol{X}=\boldsymbol{0}$ 导致$\langle\boldsymbol{X},\boldsymbol{X}\rangle=0$ 成立，即内积具有非负性。

(2)$\langle\boldsymbol{X},\boldsymbol{Y}\rangle=\langle\boldsymbol{Y},\boldsymbol{X}\rangle$，即内积具有对称性。

(3)$\langle\boldsymbol{X},\boldsymbol{Y}+\boldsymbol{Z}\rangle=\langle\boldsymbol{X},\boldsymbol{Y}\rangle+\langle\boldsymbol{X},\boldsymbol{Z}\rangle$，$\forall\,\boldsymbol{X}$、$\boldsymbol{Y}$、$\boldsymbol{Z}$，即内积的分配率。

(4)$\langle\alpha\boldsymbol{X},\boldsymbol{Y}\rangle=\alpha\langle\boldsymbol{X},\boldsymbol{Y}\rangle$，即内积的齐次性。

定义 1.2.2　对于 $n\times1$ 向量 $\boldsymbol{X}$ 的范数(或长度)记作 $\|\boldsymbol{X}\|$，并定义为

$$\|\boldsymbol{X}\|=\sqrt{\langle\boldsymbol{X},\boldsymbol{X}\rangle} \tag{1.2.2}$$

长度为 1 的向量称为单位向量。向量 $\boldsymbol{X}$ 和 $\boldsymbol{Y}$ 之间的距离定义为

$$d=\|\boldsymbol{X}-\boldsymbol{Y}\|=\sqrt{\langle\boldsymbol{X}-\boldsymbol{Y},\boldsymbol{X}-\boldsymbol{Y}\rangle} \tag{1.2.3}$$

下面是几种常用的向量范数：

(1)$l_1$ 范数(和范数或 1 范数)为

$$\|\boldsymbol{X}\|_1=\sum_{i=1}^{n}|x_i| \tag{1.2.4}$$

(2)$l_2$ 范数(欧几里得(Euclidian)范数或弗罗贝尼乌斯(Frobenius)范数)为

$$\| \boldsymbol{X} \|_2 = \sqrt{\sum_{i=1}^{n} |x_i|^2} \tag{1.2.5}$$

(3)$l_\infty$ 范数(无穷范数或极大范数)为

$$\| \boldsymbol{X} \|_\infty = \max\{ |x_1|, |x_2|, \cdots, |x_n| \} \tag{1.2.6}$$

(4)$l_p$ 范数($p$ 范数)为

$$\| \boldsymbol{X} \|_p = \left( \sum_{i=1}^{n} |x_i|^p \right)^{\frac{1}{p}} \tag{1.2.7}$$

当 $p=2$ 时,$l_p$ 范数与欧几里得范数完全等价。另外,无穷范数是 $l_p$ 范数的极限形式,即

$$\| \boldsymbol{X} \|_\infty = \lim_{p \to \infty} \left( \sum_{i=1}^{n} |x_i|^p \right)^{\frac{1}{p}} \tag{1.2.8}$$

在实数空间内,范数具有如下性质:

(1)$\| \boldsymbol{X} \| \geqslant 0, \forall \boldsymbol{X}$,当且仅当 $\boldsymbol{X}=\boldsymbol{0}$ 时等式成立。

(2)$\| c\boldsymbol{X} \| = |c| \cdot \| \boldsymbol{X} \|, \forall \boldsymbol{X}$ 和标量 $c$ 成立。

(3)范数服从极化恒等式,即

$$\langle \boldsymbol{X}, \boldsymbol{Y} \rangle = \frac{1}{4} ( \| \boldsymbol{X}+\boldsymbol{Y} \|^2 - \| \boldsymbol{X}-\boldsymbol{Y} \|^2 ) \tag{1.2.9}$$

(4)范数满足平行四边形法则,即

$$\| \boldsymbol{X}+\boldsymbol{Y} \|^2 + \| \boldsymbol{X}-\boldsymbol{Y} \|^2 = 2( \| \boldsymbol{X} \|^2 + \| \boldsymbol{Y} \|^2 ) \tag{1.2.10}$$

(5)范数服从柯西-施瓦茨(Cauchy-Schwarz)不等式,即

$$| \langle \boldsymbol{X}, \boldsymbol{Y} \rangle | \leqslant \| \boldsymbol{X} \| \cdot \| \boldsymbol{Y} \| \tag{1.2.11}$$

当且仅当 $\boldsymbol{Y}=c\boldsymbol{X}$($c$ 为某个非零常数)时,式(1.2.11)成立。

(6)范数满足三角不等式,即

$$\| \boldsymbol{X}+\boldsymbol{Y} \| \leqslant \| \boldsymbol{X} \| + \| \boldsymbol{Y} \| \tag{1.2.12}$$

**定义 1.2.3** 两个向量之间的夹角定义为

$$\cos\vartheta = \frac{\langle \boldsymbol{X}, \boldsymbol{Y} \rangle}{\| \boldsymbol{X} \| \cdot \| \boldsymbol{Y} \|} = \frac{\boldsymbol{X}^{\mathrm{T}}\boldsymbol{Y}}{\| \boldsymbol{X} \| \cdot \| \boldsymbol{Y} \|} \tag{1.2.13}$$

显然,当 $\boldsymbol{X}^{\mathrm{T}}\boldsymbol{Y}=0$ 时,$\vartheta=\pi/2$,此时,称向量 $\boldsymbol{X}$ 和 $\boldsymbol{Y}$ 正交,并记作 $\boldsymbol{X} \perp \boldsymbol{Y}$。零向量与任何向量正交。如果 $\boldsymbol{X}$ 和 $\boldsymbol{Y}$ 有共同的起点(即原点),则 $\| \boldsymbol{X}-\boldsymbol{Y} \|_2$ 是两个端点之间的欧几里得距离。非负的标量 $\sqrt{\langle \boldsymbol{X}, \boldsymbol{X} \rangle}$ 称为向量 $\boldsymbol{X}$ 的欧几里得长度。欧几里得长度为 1 的向量称为归一化(或标准化)向量。对于任何不为零的向量 $\boldsymbol{X}$,向量 $\boldsymbol{X}/\sqrt{\langle \boldsymbol{X}, \boldsymbol{X} \rangle}$ 都是归一化的,并且它与 $\boldsymbol{X}$ 同方向。

欧几里得范数是应用最广泛的向量范数定义。

**定义 1.2.4** 若 $\boldsymbol{X}(t)$ 和 $\boldsymbol{Y}(t)$ 分别是变量 $t$(变量 $t$ 在区间 $[a,b]$ 取值,且 $a<b$)的函数向量,则它们的内积、夹角和 $\boldsymbol{X}(t)$ 范数分别定义为

$$\langle \boldsymbol{X}(t),\boldsymbol{Y}(t)\rangle = \int_a^b \boldsymbol{X}^{\mathrm{T}}(t)\boldsymbol{Y}(t)\mathrm{d}t \tag{1.2.14}$$

$$\cos\vartheta=\frac{\langle \boldsymbol{X}(t),\boldsymbol{Y}(t)\rangle}{\sqrt{\langle \boldsymbol{X}(t),\boldsymbol{X}(t)\rangle}\sqrt{\langle \boldsymbol{Y}(t),\boldsymbol{Y}(t)\rangle}}=\frac{\int_a^b \boldsymbol{X}^{\mathrm{T}}(t)\boldsymbol{Y}(t)\mathrm{d}t}{\|\boldsymbol{X}(t)\|\cdot\|\boldsymbol{Y}(t)\|} \tag{1.2.15}$$

$$\|\boldsymbol{X}(t)\| = \int_a^b \boldsymbol{X}^{\mathrm{T}}(t)\boldsymbol{X}(t)\mathrm{d}t \tag{1.2.16}$$

若$\langle \boldsymbol{X}(t),\boldsymbol{Y}(t)\rangle=0$，则 $\vartheta=\pi/2$，称两个函数向量正交，记为 $\boldsymbol{X}(t)\perp\boldsymbol{Y}(t)$。

例 1.2.1　试计算例 1.1.1 中向量 $\boldsymbol{X}$、$\boldsymbol{Y}$ 的内积、距离、夹角和各向量长度，并计算 $\boldsymbol{X}$ 的范数。

解：(1)设 $\boldsymbol{X}$、$\boldsymbol{Y}$ 的长度分别为 $S_X$、$S_Y$，则

$$S_X=\|\boldsymbol{X}\|=\sqrt{2.5^2+2.3^2+(-4.5)^2+(-2.8)^2}=6.295$$

$$S_Y=\|\boldsymbol{Y}\|=\sqrt{3.5^2+2.5^2+4.8^2+(-3.8)^2}=7.482$$

(2)计算 $\boldsymbol{X}$、$\boldsymbol{Y}$ 的内积、距离和夹角为

$$\langle \boldsymbol{X},\boldsymbol{Y}\rangle = \sum_{i=1}^{4} X_iY_i = 3.54$$

$$\|\boldsymbol{X}-\boldsymbol{Y}\| = \sqrt{\sum_{i=1}^{4}(X_i-Y_i)^2} = 9.41$$

$$\cos\vartheta=\frac{\langle \boldsymbol{X},\boldsymbol{Y}\rangle}{\|\boldsymbol{X}\|\cdot\|\boldsymbol{Y}\|}=\frac{\boldsymbol{X}^{\mathrm{T}}\boldsymbol{Y}}{\|\boldsymbol{X}\|\cdot\|\boldsymbol{Y}\|}=\frac{3.54}{6.295\times7.482}=0.075\,157\,924\,555\,735\,7$$

$$\vartheta=85^\circ41'22.93''$$

(3)计算 $\boldsymbol{X}$ 的范数。

$l_1$ 范数（和范数或 1 范数）：$\|\boldsymbol{X}\|_1=\sum_{i=1}^{n}|x_i|=12.1$。

$l_2$ 范数（欧几里得范数或弗罗贝尼乌斯范数）：$\|\boldsymbol{X}\|_2=\sqrt{\sum_{i=1}^{n}|x_i|^2}=6.3$。

$l_\infty$ 范数（无穷范数或极大范数）：$\|\boldsymbol{X}\|_\infty=\max\{|x_1|,|x_2|,\cdots,|x_n|\}=4.5$。

$l_p$ 范数（$p$ 范数）：$\|\boldsymbol{X}\|_p=\left(\sum_{i=1}^{n}|x_i|^p\right)^{\frac{1}{p}}$。当 $p=4$ 时，$\|\boldsymbol{X}\|_4=4.82$；当 $p=8$ 时，$\|\boldsymbol{X}\|_8=4.52$；当 $p=16$ 时，$\|\boldsymbol{X}\|_8=4.50$。

### 1.2.2　矩阵的范数

一个 $m\times n$ 的实数矩阵 $\boldsymbol{A}$ 的范数记作 $\|\boldsymbol{A}\|$，它是矩阵 $\boldsymbol{A}$ 的实值函数，必须具有如下性质：

(1)对于任意非零矩阵 $\boldsymbol{A}$，其范数大于零，即 $\|\boldsymbol{A}\|>0$；零矩阵的范数为零，即 $\|\boldsymbol{0}\|=0$。

(2)对于任意常数 $c$ 有 $\|c\boldsymbol{A}\|=|c|\cdot\|\boldsymbol{A}\|$。

(3)矩阵范数满足三角不等式 $\|\boldsymbol{A}+\boldsymbol{B}\|\leqslant\|\boldsymbol{A}\|+\|\boldsymbol{B}\|$。

(4)两个矩阵乘积的范数小于或等于两个矩阵范数的乘积,即 $\|\boldsymbol{AB}\| \leqslant \|\boldsymbol{A}\| \cdot \|\boldsymbol{B}\|$。

下面是几种典型的矩阵范数：

(1)行和范数,即

$$\|\boldsymbol{A}\|_{\text{row}} = \max_{1\leqslant i\leqslant m}\left\{\sum_{j=1}^{n}|a_{ij}|\right\} \tag{1.2.17}$$

(2)列和范数,即

$$\|\boldsymbol{A}\|_{\text{col}} = \max_{1\leqslant j\leqslant n}\left\{\sum_{i=1}^{m}|a_{ij}|\right\} \tag{1.2.18}$$

(3)$l_2$ 范数,即

$$\|\boldsymbol{A}\|_{\text{F}} = \left(\sum_{i=1}^{m}\sum_{j=1}^{n}|a_{ij}|^2\right)^{\frac{1}{2}} \tag{1.2.19}$$

(4)$l_p$ 范数($p$ 范数或闵可夫斯基(Minkowski)范数),即

$$\|\boldsymbol{A}\|_{p} = \max_{X\neq 0}\frac{\|\boldsymbol{AX}\|}{\|\boldsymbol{X}\|} \tag{1.2.20}$$

(5)普范数(算子范数),即

$$\|\boldsymbol{A}\|_{\text{spec}} = \sqrt{\lambda_{\max}} \tag{1.2.21}$$

式中,$\lambda_{\max}$是$\boldsymbol{A}^{\mathrm{T}}\boldsymbol{A}$ 的最大特征值。

(6)马哈拉诺比斯(Mahalanobis)范数,即

$$\|\boldsymbol{A}\|_{\Omega} = \sqrt{\operatorname{tr}(\boldsymbol{A}^{\mathrm{T}}\boldsymbol{\Omega}\boldsymbol{A})} \tag{1.2.22}$$

式中,$\boldsymbol{\Omega}$ 为正定矩阵。

例 1.2.2　试计算例 1.1.1 中,矩阵 $\boldsymbol{A}$、$\boldsymbol{B}$ 的范数,并检验矩阵范数的性质。

解:(1)行和范数为

$$\|\boldsymbol{A}\|_{\text{row}} = \max_{1\leqslant i\leqslant 4}\{12,12.1,11.8,10.2\} = 12.1$$

$$\|\boldsymbol{B}\|_{\text{row}} = \max_{1\leqslant i\leqslant 4}\{11,6.2,10.4,7.2\} = 11.0$$

$$\|\boldsymbol{A}+\boldsymbol{B}\|_{\text{row}} = \max_{1\leqslant i\leqslant 4}\{23,15.9,22.2,15\} = 23.0$$

$$\|\boldsymbol{AB}\|_{\text{row}} = \max_{1\leqslant i\leqslant 4}\{116.72,73.52,115.82,64.96\} = 116.72$$

$$\|\boldsymbol{BA}\|_{\text{row}} = \max_{1\leqslant i\leqslant 4}\{117.2,63.48,118.67,71.04\} = 118.67$$

令 $C=2.56$,则

$$\|C\boldsymbol{A}\|_{\text{row}} = \max_{1\leqslant i\leqslant 4}\{30.72,30.976,30.208,26.112\} = 30.98$$

$$|C| \cdot \|\boldsymbol{A}\|_{\text{row}} = 2.56\times 12.1 = 30.98$$

$$\|\boldsymbol{A}\|_{\text{row}} + \|\boldsymbol{B}\|_{\text{row}} = 23.1,\ \|\boldsymbol{A}\|_{\text{row}} \cdot \|\boldsymbol{B}\|_{\text{row}} = 133.1$$

满足矩阵范数的四条性质。

(2)列和范数为

$$\|\boldsymbol{A}\|_{\text{col}} = \max_{1\leqslant j\leqslant 4}\left\{\sum_{i=1}^{4}|a_{ij}|\right\} = \max_{1\leqslant j\leqslant 4}\{12,12.1,11.8,10.2\} = 12.1$$

$$\| \boldsymbol{B} \|_{\text{col}} = \max_{1 \leqslant j \leqslant 4} \left\{ \sum_{i=1}^{4} |b_{ij}| \right\} = \max_{1 \leqslant j \leqslant 4} \{11, 6.5, 10.1, 7.2\} = 11.0$$

(3)$l_2$ 范数为

$$\| \boldsymbol{A} \|_{\text{F}} = \left( \sum_{i=1}^{4} \sum_{j=1}^{4} |a_{ij}|^2 \right)^{\frac{1}{2}} = 14.95,\ \| \boldsymbol{B} \|_{\text{F}} = \left( \sum_{i=1}^{4} \sum_{j=1}^{4} |b_{ij}|^2 \right)^{\frac{1}{2}} = 11.07$$

(4)$l_p$ 范数为

$$\| \boldsymbol{X} \| = \sqrt{2.5^2 + 2.3^2 + (-4.5)^2 + (-2.8)^2} = 6.30$$

$$\boldsymbol{AX} = \begin{bmatrix} 5.6 & 1.2 & 3.2 & 2.0 \\ 1.2 & 7.6 & 2.1 & -1.2 \\ 3.2 & 2.1 & 6.5 & 0 \\ 2.0 & -1.2 & 0 & 7.0 \end{bmatrix} \begin{bmatrix} 2.5 \\ 2.3 \\ -4.5 \\ -2.8 \end{bmatrix} = \begin{bmatrix} -3.24 \\ 14.39 \\ -16.42 \\ -17.36 \end{bmatrix}$$

$$\| \boldsymbol{AX} \| = \sqrt{(-3.24)^2 + 14.39^2 + (-16.42)^2 + (-17.36)^2} = 28.08$$

$$\| \boldsymbol{A} \|_p = \max_{\boldsymbol{X} \neq \boldsymbol{0}} \frac{\| \boldsymbol{AX} \|}{\| \boldsymbol{X} \|} = \frac{28.081}{6.295} = 4.46$$

$$\| \boldsymbol{Y} \| = \sqrt{3.5^2 + 2.5^2 + 4.8^2 + (-3.8)^2} = 7.48$$

$$\boldsymbol{BY} = \begin{bmatrix} 5.4 & 0.8 & 1.8 & 3.0 \\ 0.8 & 2.4 & 1.8 & 1.2 \\ 1.8 & 2.1 & 6.5 & 0 \\ 3.0 & 1.2 & 0 & 3.0 \end{bmatrix} \begin{bmatrix} 3.5 \\ 2.5 \\ 4.8 \\ -3.8 \end{bmatrix} = \begin{bmatrix} 18.14 \\ 12.88 \\ 42.75 \\ 2.10 \end{bmatrix}$$

$$\| \boldsymbol{BY} \| = \sqrt{18.14^2 + 12.88^2 + 42.75^2 + 2.10^2} = 48.24$$

$$\| \boldsymbol{B} \|_p = \max_{\boldsymbol{Y} \neq \boldsymbol{0}} \frac{\| \boldsymbol{BY} \|}{\| \boldsymbol{Y} \|} = \frac{48.238}{7.482} = 6.45$$

(5)马哈拉诺比斯范数，因为单位矩阵是正定矩阵，设 $\boldsymbol{\Omega}$ 矩阵为单位矩阵，即 $\boldsymbol{\Omega} = \boldsymbol{I}$，则

$$\boldsymbol{A}^{\text{T}} \boldsymbol{A} = \begin{bmatrix} 5.6 & 1.2 & 3.2 & 2.0 \\ 1.2 & 7.6 & 2.1 & -1.2 \\ 3.2 & 2.1 & 6.5 & 0 \\ 2.0 & -1.2 & 0 & 7.0 \end{bmatrix} \begin{bmatrix} 5.6 & 1.2 & 3.2 & 2.0 \\ 1.2 & 7.6 & 2.1 & -1.2 \\ 3.2 & 2.1 & 6.5 & 0 \\ 2.0 & -1.2 & 0 & 7.0 \end{bmatrix}$$

$$= \begin{bmatrix} 47.04 & 20.16 & 41.24 & 23.76 \\ 20.16 & 65.05 & 33.45 & -15.12 \\ 41.24 & 33.45 & 56.90 & 3.88 \\ 23.76 & -15.12 & 3.88 & 54.44 \end{bmatrix}$$

$$\text{tr}(\boldsymbol{A}^{\text{T}} \boldsymbol{A}) = 223.43$$

$$\| \boldsymbol{A} \|_1 = \sqrt{\text{tr}(\boldsymbol{A}^{\text{T}} \boldsymbol{A})} = 14.95$$

$$\boldsymbol{B}^{\mathrm{T}}\boldsymbol{B}=\begin{bmatrix}5.4 & 0.8 & 1.8 & 3.0\\0.8 & 2.4 & 2.1 & 1.2\\1.8 & 1.8 & 6.5 & 0\\3.0 & 1.2 & 0 & 3.0\end{bmatrix}\begin{bmatrix}5.4 & 0.8 & 1.8 & 3.0\\0.8 & 2.4 & 1.8 & 1.2\\1.8 & 2.1 & 6.5 & 0\\3.0 & 1.2 & 0 & 3.0\end{bmatrix}=\begin{bmatrix}42.04 & 13.62 & 22.86 & 26.16\\13.62 & 12.25 & 19.41 & 8.88\\22.86 & 19.41 & 48.73 & 7.56\\26.16 & 8.88 & 7.56 & 19.44\end{bmatrix}$$

$$\mathrm{tr}(\boldsymbol{B}^{\mathrm{T}}\boldsymbol{B})=122.46$$

$$\|\boldsymbol{B}\|_{\mathrm{I}}=\sqrt{\mathrm{tr}(\boldsymbol{B}^{\mathrm{T}}\boldsymbol{B})}=11.07$$

# §1.3 矩阵的迹

## 1.3.1 矩阵迹的定义

定义 1.3.1 一个 $n\times n$ 的方阵 $\boldsymbol{A}$ 的对角元素之和称为 $\boldsymbol{A}$ 的迹，记为 $\mathrm{tr}(\boldsymbol{A})$，即

$$\mathrm{tr}(\boldsymbol{A})=a_{11}+a_{22}+\cdots+a_{nn}=\sum_{i=1}^{n}a_{ii} \tag{1.3.1}$$

长方矩阵没有迹的定义。

例 1.3.1 设 $\boldsymbol{A}=\begin{bmatrix}3 & 1 & -1 & 0\\1 & 4 & 2 & 1\\-1 & 2 & 5 & 3\\0 & 1 & 3 & 2\end{bmatrix}$，求矩阵 $\boldsymbol{A}$ 的迹 $\mathrm{tr}(\boldsymbol{A})$。

解：根据矩阵迹的定义，可得 $\mathrm{tr}(\boldsymbol{A})=3+4+5+2=14$。

## 1.3.2 关于矩阵迹的等式

(1)若 $\boldsymbol{A}$ 和 $\boldsymbol{B}$ 均为 $n\times n$ 矩阵，则

$$\mathrm{tr}(\boldsymbol{A}\pm\boldsymbol{B})=\mathrm{tr}(\boldsymbol{A})\pm\mathrm{tr}(\boldsymbol{B}) \tag{1.3.2}$$

(2)若 $c$ 是一个常数，则

$$\mathrm{tr}(c\boldsymbol{A})=c\,\mathrm{tr}(\boldsymbol{A}) \tag{1.3.3}$$

(3)若 $\boldsymbol{A}$ 和 $\boldsymbol{B}$ 均为 $n\times n$ 矩阵，$c_1$ 和 $c_2$ 为常数，则

$$\mathrm{tr}(c_1\boldsymbol{A}\pm c_2\boldsymbol{B})=c_1\mathrm{tr}(\boldsymbol{A})\pm c_2\mathrm{tr}(\boldsymbol{B}) \tag{1.3.4}$$

(4)矩阵转置后迹不变，即

$$\mathrm{tr}(\boldsymbol{A}^{\mathrm{T}})=\mathrm{tr}(\boldsymbol{A}) \tag{1.3.5}$$

(5)若 $\boldsymbol{A}$ 是 $m\times n$ 矩阵，$\boldsymbol{B}$ 是 $n\times m$ 矩阵，则

$$\mathrm{tr}(\boldsymbol{A}\boldsymbol{B})=\mathrm{tr}(\boldsymbol{B}\boldsymbol{A}) \tag{1.3.6}$$

(6)若 $\boldsymbol{A}$ 和 $\boldsymbol{B}$ 均为 $n\times n$ 矩阵，并且 $\boldsymbol{B}$ 非奇异，则

$$\mathrm{tr}(\boldsymbol{B}\boldsymbol{A}\boldsymbol{B}^{-1})=\mathrm{tr}(\boldsymbol{B}^{-1}\boldsymbol{A}\boldsymbol{B})=\mathrm{tr}(\boldsymbol{A}) \tag{1.3.7}$$

(7)若 $\boldsymbol{A}$ 是 $m\times n$ 矩阵，则 $\mathrm{tr}(\boldsymbol{A}^{\mathrm{T}}\boldsymbol{A})=0\Leftrightarrow\boldsymbol{A}=\underset{m\times n}{\boldsymbol{0}}$。

(8)若 $\boldsymbol{A}$ 为 $n\times n$ 矩阵，$\boldsymbol{X}$ 和 $\boldsymbol{Y}$ 均为 $n\times 1$ 的列向量，则

$$\left.\begin{aligned}\boldsymbol{X}^{\mathrm{T}}\boldsymbol{A}\boldsymbol{X}&=\mathrm{tr}(\boldsymbol{X}^{\mathrm{T}}\boldsymbol{A}\boldsymbol{X})=\mathrm{tr}(\boldsymbol{A}\boldsymbol{X}\boldsymbol{X}^{\mathrm{T}})\\ \boldsymbol{X}^{\mathrm{T}}\boldsymbol{Y}&=\mathrm{tr}(\boldsymbol{X}^{\mathrm{T}}\boldsymbol{Y})=\mathrm{tr}(\boldsymbol{Y}\boldsymbol{X}^{\mathrm{T}})\end{aligned}\right\} \tag{1.3.8}$$

(9)若矩阵 $\boldsymbol{A}$ 为 $m\times m$、$\boldsymbol{B}$ 为 $m\times n$、$\boldsymbol{C}$ 为 $n\times m$、$\boldsymbol{D}$ 为 $n\times n$，则

$$\mathrm{tr}\left(\begin{bmatrix}\boldsymbol{A} & \boldsymbol{B}\\ \boldsymbol{C} & \boldsymbol{D}\end{bmatrix}\right)=\mathrm{tr}(\boldsymbol{A})+\mathrm{tr}(\boldsymbol{D}) \tag{1.3.9}$$

(10)矩阵 $\boldsymbol{A}^{\mathrm{T}}\boldsymbol{A}$ 和 $\boldsymbol{A}\boldsymbol{A}^{\mathrm{T}}$ 的迹相等，且有

$$\mathrm{tr}(\boldsymbol{A}^{\mathrm{T}}\boldsymbol{A})=\mathrm{tr}(\boldsymbol{A}\boldsymbol{A}^{\mathrm{T}})=\sum_{i=1}^{n}\sum_{j=1}^{n}a_{ij}a_{ji} \tag{1.3.10}$$

(11)矩阵的迹等于特征值之和，即

$$\mathrm{tr}(\boldsymbol{A})=\lambda_1+\lambda_2+\cdots+\lambda_n=\sum_{i=1}^{n}\lambda_i \tag{1.3.11}$$

(12)对于任何正整数 $k$，有

$$\mathrm{tr}(\boldsymbol{A}^k)=\lambda_1^k+\lambda_2^k+\cdots+\lambda_n^k=\sum_{i=1}^{n}\lambda_i^k \tag{1.3.12}$$

### 1.3.3　关于矩阵迹的不等式

(1)若 $\boldsymbol{A}$ 是 $m\times n$ 矩阵，有

$$\mathrm{tr}(\boldsymbol{A}^{\mathrm{T}}\boldsymbol{A})=\mathrm{tr}(\boldsymbol{A}\boldsymbol{A}^{\mathrm{T}})\geqslant 0 \tag{1.3.13}$$

(2)若 $\boldsymbol{A}$、$\boldsymbol{B}$ 均为 $m\times n$ 矩阵，则

$$\mathrm{tr}((\boldsymbol{A}^{\mathrm{T}}\boldsymbol{B})^2)\leqslant\mathrm{tr}(\boldsymbol{A}^{\mathrm{T}}\boldsymbol{A})\mathrm{tr}(\boldsymbol{B}^{\mathrm{T}}\boldsymbol{B}) \tag{1.3.14}$$

$$\left.\begin{aligned}\mathrm{tr}((\boldsymbol{A}^{\mathrm{T}}\boldsymbol{B})^2)&\leqslant\mathrm{tr}(\boldsymbol{A}^{\mathrm{T}}\boldsymbol{A}\boldsymbol{B}^{\mathrm{T}}\boldsymbol{B})\\ \mathrm{tr}((\boldsymbol{A}^{\mathrm{T}}\boldsymbol{B})^2)&\leqslant\mathrm{tr}(\boldsymbol{A}\boldsymbol{A}^{\mathrm{T}}\boldsymbol{B}\boldsymbol{B}^{\mathrm{T}})\end{aligned}\right\} \tag{1.3.15}$$

(3)舒尔(Schur)不等式为

$$\mathrm{tr}(\boldsymbol{A}^2)\leqslant\mathrm{tr}(\boldsymbol{A}^{\mathrm{T}}\boldsymbol{A}) \tag{1.3.16}$$

$$\mathrm{tr}((\boldsymbol{A}+\boldsymbol{B})(\boldsymbol{A}+\boldsymbol{B})^{\mathrm{T}})\leqslant 2(\mathrm{tr}(\boldsymbol{A}\boldsymbol{A}^{\mathrm{T}})\pm\mathrm{tr}(\boldsymbol{B}\boldsymbol{B}^{\mathrm{T}})) \tag{1.3.17}$$

(4)若 $\boldsymbol{A}$ 和 $\boldsymbol{B}$ 均为 $n\times n$ 对称矩阵，则

$$\mathrm{tr}(\boldsymbol{A}\boldsymbol{B})\leqslant\frac{1}{2}\mathrm{tr}(\boldsymbol{A}^2+\boldsymbol{B}^2) \tag{1.3.18}$$

## §1.4　行列式

### 1.4.1　行列式的定义

定义 1.4.1　一个 $n\times n$ 方阵 $\boldsymbol{A}$ 的行列式记作 $\det(\boldsymbol{A})$ 或 $|\boldsymbol{A}|$，定义为

$$\det(\boldsymbol{A})=|\boldsymbol{A}|=\begin{vmatrix} a_{11} & a_{12} & \cdots & a_{1n} \\ a_{21} & a_{22} & \cdots & a_{2n} \\ \vdots & \vdots & & \vdots \\ a_{n1} & a_{n2} & \cdots & a_{nn} \end{vmatrix} \tag{1.4.1}$$

若 $\boldsymbol{A}=\{a\}\in\mathbb{R}^{1\times1}$，则它的行列式由 $\det(\boldsymbol{A})=a$ 给出。

定义 1.4.2 行列式不等于零的方阵称为非奇异矩阵。非奇异矩阵 $\boldsymbol{A}$ 存在逆矩阵$\boldsymbol{A}^{-1}$。

### 1.4.2 关于行列式的等式关系

行列式服从以下等式关系：

(1)如果矩阵的两行(或两列)互换位置，则行列式值保持不变。

(2)如果矩阵 $\boldsymbol{A}$ 的某行(或某列)是其他行(或列)的线性组合，则 $\det(\boldsymbol{A})=0$。特别地，若矩阵的两行(或列)相等或成比例，或者某行(或列)的元素均为零，则行列式值等于零。

(3)如果矩阵 $\boldsymbol{A}$ 的转置矩阵为 $\boldsymbol{A}^{\mathrm{T}}$，则有

$$\det(\boldsymbol{A})=\det(\boldsymbol{A}^{\mathrm{T}}) \tag{1.4.2}$$

(4)单位矩阵的行列式值等于 1，即 $\det(\boldsymbol{I})=1$。

(5)两个 $n\times n$ 方阵 $\boldsymbol{A}$ 和 $\boldsymbol{B}$ 的乘积的行列式等于它们的行列式的乘积，即

$$\det(\boldsymbol{AB})=\det(\boldsymbol{A})\det(\boldsymbol{B}) \tag{1.4.3}$$

(6)任意上三角(或下三角)矩阵 $\boldsymbol{A}$，其行列式等于三角矩阵主对角线各元素之积，即

$$\det(\boldsymbol{A})=\prod_{i=1}^{n}a_{ii} \tag{1.4.4}$$

一个对角矩阵 $\boldsymbol{A}=\mathrm{diag}(a_{11},a_{22},\cdots,a_{nn})$的行列式等于三角矩阵主对角元素的乘积。

(7)若 $c$ 是任意常数，则

$$\det(c\boldsymbol{A})=c^{n}\det(\boldsymbol{A}) \tag{1.4.5}$$

(8)若 $\boldsymbol{A}$ 是非奇异矩阵，则

$$\det(\boldsymbol{A}^{-1})=\frac{1}{\det(\boldsymbol{A})} \tag{1.4.6}$$

(9)对于分块矩阵 $\boldsymbol{A}\in\mathbb{R}^{m\times m}$、$\boldsymbol{B}\in\mathbb{R}^{m\times n}$、$\boldsymbol{C}\in\mathbb{R}^{n\times m}$、$\boldsymbol{D}\in\mathbb{R}^{n\times n}$，分块矩阵的行列式满足

$$\boldsymbol{A}\text{ 非奇异}\Leftrightarrow\det\begin{bmatrix}\boldsymbol{A} & \boldsymbol{B}\\ \boldsymbol{C} & \boldsymbol{D}\end{bmatrix}=\det(\boldsymbol{A})\det(\boldsymbol{D}-\boldsymbol{C}\boldsymbol{A}^{-1}\boldsymbol{B}) \tag{1.4.7}$$

$$\boldsymbol{D}\text{ 非奇异}\Leftrightarrow\det\begin{bmatrix}\boldsymbol{A} & \boldsymbol{B}\\ \boldsymbol{C} & \boldsymbol{D}\end{bmatrix}=\det(\boldsymbol{D})\det(\boldsymbol{A}-\boldsymbol{B}\boldsymbol{D}^{-1}\boldsymbol{C}) \tag{1.4.8}$$

### 1.4.3　关于行列式的不等式关系

(1)柯西-施瓦茨不等式：若 $\boldsymbol{A}\in\mathbb{R}^{m\times n}$、$\boldsymbol{B}\in\mathbb{R}^{m\times n}$，则

$$|\det(\boldsymbol{A}^{\mathrm{T}}\boldsymbol{B})|^2\leqslant\det(\boldsymbol{A}^{\mathrm{T}}\boldsymbol{A})\det(\boldsymbol{B}^{\mathrm{T}}\boldsymbol{B}) \tag{1.4.9}$$

(2)阿达马不等式：若 $\boldsymbol{A}\in\mathbb{R}^{m\times m}$，则

$$\det(\boldsymbol{A})\leqslant\prod_{i=1}^{m}\sqrt{\sum_{j=1}^{m}|a_{ij}|^2} \tag{1.4.10}$$

(3)费希尔(Fisher)不等式：若 $\boldsymbol{A}\in\mathbb{R}^{m\times m}$、$\boldsymbol{B}\in\mathbb{R}^{m\times n}$、$\boldsymbol{C}\in\mathbb{R}^{n\times n}$，则

$$\det\left(\begin{bmatrix}\boldsymbol{A} & \boldsymbol{B}\\ \boldsymbol{B}^{\mathrm{T}} & \boldsymbol{C}\end{bmatrix}\right)\leqslant\det(\boldsymbol{A})\det(\boldsymbol{C}) \tag{1.4.11}$$

(4)闵可夫斯基不等式：若 $\boldsymbol{A}$、$\boldsymbol{B}\in\mathbb{R}^{m\times m}$，且 $\boldsymbol{A}\neq\boldsymbol{0}$、$\boldsymbol{B}\neq\boldsymbol{0}$ 半正定，则

$$\sqrt[m]{\det(\boldsymbol{A}+\boldsymbol{B})}\geqslant\sqrt[m]{\det(\boldsymbol{A})}+\sqrt[m]{\det(\boldsymbol{B})} \tag{1.4.12}$$

(5)正定矩阵 $\boldsymbol{A}$ 的行列式值大于零，即 $\det(\boldsymbol{A})>0$，半正定矩阵 $\boldsymbol{A}$ 的行列式值不小于零，即 $\det(\boldsymbol{A})\geqslant0$。

(6)若半正定矩阵 $\boldsymbol{A}\in\mathbb{R}^{m\times m}$，则

$$\sqrt[m]{\det(\boldsymbol{A})}\leqslant\frac{1}{m}\det(\boldsymbol{A}) \tag{1.4.13}$$

(7)若 $\boldsymbol{A}$、$\boldsymbol{B}\in\mathbb{R}^{m\times m}$，均为半正定，则

$$\det(\boldsymbol{A}+\boldsymbol{B})\geqslant\det(\boldsymbol{A})+\det(\boldsymbol{B}) \tag{1.4.14}$$

(8)若正定矩阵 $\boldsymbol{A}\in\mathbb{R}^{m\times m}$，半正定矩阵 $\boldsymbol{B}\in\mathbb{R}^{m\times m}$，则

$$\det(\boldsymbol{A}+\boldsymbol{B})\geqslant\det(\boldsymbol{A}) \tag{1.4.15}$$

(9)若正定矩阵 $\boldsymbol{A}\in\mathbb{R}^{m\times m}$，半负定矩阵 $\boldsymbol{B}\in\mathbb{R}^{m\times m}$，则

$$\det(\boldsymbol{A}+\boldsymbol{B})\leqslant\det(\boldsymbol{A}) \tag{1.4.16}$$

### 1.4.4　行列式计算

一个 2 阶行列式值等于主对角元素之积减去交叉对角线元素之积，即

$$\det(\boldsymbol{A})=\begin{vmatrix}a_{11} & a_{12}\\ a_{21} & a_{22}\end{vmatrix}=a_{11}a_{22}-a_{12}a_{21} \tag{1.4.17}$$

一个 3 阶行列式值为

$$\det(\boldsymbol{A})=\begin{vmatrix}a_{11} & a_{12} & a_{13}\\ a_{21} & a_{22} & a_{23}\\ a_{31} & a_{32} & a_{33}\end{vmatrix}=a_{11}a_{22}a_{33}+a_{12}a_{23}a_{31}+a_{21}a_{32}a_{13}-a_{31}a_{22}a_{13}-a_{21}a_{12}a_{33}-a_{32}a_{23}a_{11} \tag{1.4.18}$$

对于 $n\times n$ 矩阵行列式可以根据行列式性质，利用线性变换将行列式对应的矩阵转变为上三角矩阵（或下三角矩阵），行列式值等于上三角矩阵（下三角矩阵）对角线元素之积，即

$$\det(\boldsymbol{A})=\begin{vmatrix} a_{11} & a_{12} & \cdots & a_{1n} \\ a_{21} & a_{22} & \cdots & a_{2n} \\ \vdots & \vdots & & \vdots \\ a_{n1} & a_{n2} & \cdots & a_{nn} \end{vmatrix}=\begin{vmatrix} a_{11} & a_{12} & \cdots & a_{1n} \\ 0 & [a_{22}.1] & \cdots & [a_{2n}.1] \\ \vdots & \vdots & & \vdots \\ 0 & 0 & \cdots & [a_{nn}.(n-1)] \end{vmatrix}$$

$$=a_{11}[a_{22}.1]\cdots[a_{nn}.(n-1)] \tag{1.4.19}$$

式中，$[a_{2i}.1]=a_{2i}-\frac{a_{21}a_{1i}}{a_{11}}$，$i=2、3、\cdots、n$；$[a_{ji}.(j-1)]=[a_{ji}.(j-2)]-\frac{[a_{j,j-1}.(j-2)][a_{j-1,i}.(j-2)]}{[a_{j-1,j-1}.(j-2)]}$，$j=3、4、\cdots、n$，$i=j、j+1、\cdots、n$。

例 1.4.1 试计算矩阵 $\boldsymbol{A}$ 的行列式值 $\det(\boldsymbol{A})$。

$$\boldsymbol{A}=\begin{bmatrix} 5.6 & 1.2 & 3.2 & 2.0 \\ 1.2 & 7.6 & 2.1 & -1.2 \\ 3.2 & 2.1 & 6.5 & 0 \\ 2.0 & -1.2 & 0 & 7.0 \end{bmatrix}$$

解：(1)利用初等变换计算 $\det(\boldsymbol{A})$，矩阵 $\boldsymbol{A}$ 经过初等变换，转变为上三角矩阵，即

$$\begin{bmatrix} 5.6 & 1.2 & 3.2 & 2.0 \\ 0 & 7.342\,8 & 1.414\,2 & -1.628\,6 \\ 0 & 0 & 4.399\,0 & -0.829\,2 \\ 0 & 0 & 0 & 5.768\,2 \end{bmatrix}$$

则对角线元素乘积就是行列式值，即 $\det(\boldsymbol{A})=1\,043.4$。

(2)利用分块矩阵求行列式值，将矩阵分为四块，即

$$\boldsymbol{A}=\begin{bmatrix} 5.6 & 1.2 & 3.2 & 2.0 \\ 1.2 & 7.6 & 2.1 & -1.2 \\ 3.2 & 2.1 & 6.5 & 0 \\ 2.0 & -1.2 & 0 & 7.0 \end{bmatrix}=\begin{bmatrix} \underset{2\times 2}{\boldsymbol{A}_{11}} & \underset{2\times 2}{\boldsymbol{A}_{12}} \\ \underset{2\times 2}{\boldsymbol{A}_{21}} & \underset{2\times 2}{\boldsymbol{A}_{22}} \end{bmatrix}$$

$$\boldsymbol{A}_{11}-\boldsymbol{A}_{12}\boldsymbol{A}_{22}^{-1}\boldsymbol{A}_{21}=\begin{bmatrix} 5.6 & 1.2 \\ 1.2 & 7.6 \end{bmatrix}-\begin{bmatrix} 3.2 & 2.0 \\ 2.1 & -1.2 \end{bmatrix}\begin{bmatrix} \frac{1}{6.5} & 0 \\ 0 & \frac{1}{7.0} \end{bmatrix}\begin{bmatrix} 3.2 & 2.1 \\ 2.0 & -1.2 \end{bmatrix}$$

$$=\begin{bmatrix} 3.453\,2 & 0.509\,0 \\ 0.509\,0 & 6.715\,8 \end{bmatrix}$$

$$\det(\boldsymbol{A}_{22})=6.5\times 7.0=45.5,\ \det(\boldsymbol{A}_{11}-\boldsymbol{A}_{12}\boldsymbol{A}_{22}^{-1}\boldsymbol{A}_{21})=22.93$$

$$\det(\boldsymbol{A})=\det(\boldsymbol{A}_{22})\det(\boldsymbol{A}_{11}-\boldsymbol{A}_{12}\boldsymbol{A}_{22}^{-1}\boldsymbol{A}_{21})=45.5\times22.93=1\ 043.3$$

# §1.5　矩阵的秩

## 1.5.1　矩阵秩的定义

仅当 $n\times n$ 矩阵 $\boldsymbol{N}$ 存在逆矩阵$\boldsymbol{N}^{-1}$时，矩阵方程 $\boldsymbol{NX}=\boldsymbol{W}$ 有解 $\boldsymbol{X}=\boldsymbol{N}^{-1}\boldsymbol{W}$。仅当行列式 $\det(\boldsymbol{N})\neq0$ 时，逆矩阵$\boldsymbol{N}^{-1}$存在。因此，在求矩阵方程 $\boldsymbol{NX}=\boldsymbol{W}$ 的解 $\boldsymbol{X}=\boldsymbol{N}^{-1}\boldsymbol{W}$ 时，需要事先确定行列式 $\det(\boldsymbol{N})$是否等于零。当且仅当该矩阵的行或者列彼此线性无关时，一个 $n\times n$ 矩阵的行列式不等于零。

定义 1.5.1　矩阵 $\boldsymbol{A}\in\mathbb{R}^{m\times n}$的秩定义为该矩阵中线性无关的行或列的数目。

根据秩的大小，矩阵方程 $\underset{m\times n}{\boldsymbol{A}}\ \underset{n\times 1}{\boldsymbol{X}}=\underset{m\times 1}{\boldsymbol{b}}$ 可分为以下三种类型：

(1)适定方程：若 $m=n$，并且 $\text{rank}(\boldsymbol{A})=n$，即矩阵 $\boldsymbol{A}$ 非奇异，则称矩阵方程 $\boldsymbol{AX}=\boldsymbol{b}$ 为适定方程。适定方程有唯一一组解。

(2)欠定方程：若 $m<\text{rank}(\boldsymbol{A})$，即独立方程个数小于独立未知数个数，则称矩阵方程 $\boldsymbol{AX}=\boldsymbol{b}$ 为欠定方程。欠定方程存在无穷多组解。

(3)超定方程：若 $m>\text{rank}(\boldsymbol{A})$，即独立方程个数大于独立未知数个数，则称矩阵方程 $\boldsymbol{AX}=\boldsymbol{b}$ 为超定方程。超定方程没有严格意义上的精确解。

关于矩阵秩 $\text{rank}(\boldsymbol{A})$的下列叙述等价，每一叙述在不同的场合使用。

(1)$\text{rank}(\boldsymbol{A})=k$。

(2)存在 $\boldsymbol{A}$ 的 $k$ 列且不多于 $k$ 列组成一组线性无关组。

(3)存在 $\boldsymbol{A}$ 的 $k$ 行且不多于 $k$ 行组成一组线性无关组。

(4)存在 $\boldsymbol{A}$ 的 $k\times k$ 子矩阵具有非零行列式，而且 $\boldsymbol{A}$ 的所有 $(k+1)\times(k+1)$子矩阵都具有零行列式。

## 1.5.2　秩的性质

矩阵秩的性质如下：

(1)秩是一个正整数。

(2)秩等于或小于矩阵的行数或列数。

(3)当 $n\times n$ 矩阵 $\boldsymbol{N}$ 的秩等于 $n$ 时，则 $\boldsymbol{N}$ 是非奇异矩阵，或称 $\boldsymbol{N}$ 满秩。

(4)如果 $\text{rank}(\underset{m\times n}{\boldsymbol{A}})<\min\{m,n\}$，则称 $\boldsymbol{A}$ 是秩亏的，一个秩亏的方阵称为奇异矩阵。

(5)若 $\text{rank}(\underset{m\times n}{\boldsymbol{A}})=m(m<n)$，则称矩阵 $\boldsymbol{A}$ 具有行满秩。

(6)若 $\text{rank}(\underset{m\times n}{\boldsymbol{A}})=n(n<m)$，则称矩阵 $\boldsymbol{A}$ 具有列满秩。

(7)任何矩阵 $\boldsymbol{A}$ 左乘列满秩矩阵或者右乘行满秩矩阵后，矩阵 $\boldsymbol{A}$ 的秩保持不变。

(8)当矩阵的秩 $\mathrm{rank}(\underset{m\times n}{\boldsymbol{A}})=r(r\neq0)$，至少存在一个 $r\times r$ 子矩阵$\boldsymbol{B}$满秩或非奇异，即矩阵 $\underset{m\times n}{\boldsymbol{A}}$ 可以分块为

$$\underset{m\times n}{\boldsymbol{A}}=\begin{bmatrix}\underset{r\times r}{\boldsymbol{B}} & \underset{r\times(n-r)}{\boldsymbol{C}}\\ \underset{(m-r)\times r}{\boldsymbol{D}} & \underset{(m-r)\times(n-r)}{\boldsymbol{E}}\end{bmatrix}$$

式中，$\underset{r\times r}{\boldsymbol{B}}$ 非奇异。

### 1.5.3 关于秩的等式

(1)若 $\boldsymbol{A}\in\mathbb{R}^{m\times n}$，则

$$\mathrm{rank}(\boldsymbol{A}^{\mathrm{T}})=\mathrm{rank}(\boldsymbol{A}) \tag{1.5.1}$$

(2)若 $\boldsymbol{A}\in\mathbb{R}^{m\times n}$和 $c\neq0$，则

$$\mathrm{rank}(c\boldsymbol{A})=\mathrm{rank}(\boldsymbol{A}) \tag{1.5.2}$$

(3)若 $\boldsymbol{A}\in\mathbb{R}^{m\times n}$和$\boldsymbol{C}\in\mathbb{R}^{p\times q}$均非奇异，则对于任一矩阵 $\boldsymbol{B}\in\mathbb{R}^{n\times p}$有

$$\mathrm{rank}(\boldsymbol{AB})=\mathrm{rank}(\boldsymbol{B})=\mathrm{rank}(\boldsymbol{BC})=\mathrm{rank}(\boldsymbol{ABC}) \tag{1.5.3}$$

也就是说，矩阵 $\boldsymbol{B}$ 左乘与(或)右乘一个非奇异矩阵后，$\boldsymbol{B}$ 的秩保持不变。

(4)如果 $\boldsymbol{A}$、$\boldsymbol{B}\in\mathbb{R}^{m\times n}$，$\mathrm{rank}(\boldsymbol{A})=\mathrm{rank}(\boldsymbol{B})$，则当且仅当存在非奇异矩阵 $\boldsymbol{X}\in\mathbb{R}^{m\times m}$和$\boldsymbol{Y}\in\mathbb{R}^{n\times n}$使得

$$\boldsymbol{B}=\boldsymbol{XAY} \tag{1.5.4}$$

(5)若 $\boldsymbol{A}\in\mathbb{R}^{m\times n}$，则

$$\mathrm{rank}(\boldsymbol{AA}^{\mathrm{T}})=\mathrm{rank}(\boldsymbol{A}^{\mathrm{T}}\boldsymbol{A})=\mathrm{rank}(\boldsymbol{A}) \tag{1.5.5}$$

(6)若 $\boldsymbol{A}\in\mathbb{R}^{m\times m}$，则 $\mathrm{rank}(\boldsymbol{A})=m\Leftrightarrow\det(\boldsymbol{A})\neq0\Leftrightarrow\boldsymbol{A}$ 非奇异。

(7)若 $\boldsymbol{A}\in\mathbb{R}^{m\times m}$非奇异，且 $\boldsymbol{B}\in\mathbb{R}^{m\times n}$、$\boldsymbol{C}\in\mathbb{R}^{n\times m}$、$\boldsymbol{D}\in\mathbb{R}^{n\times n}$，则

$$\mathrm{rank}\left(\begin{bmatrix}\boldsymbol{A} & \boldsymbol{B}\\ \boldsymbol{C} & \boldsymbol{D}\end{bmatrix}\right)=m\Leftrightarrow\boldsymbol{D}=\boldsymbol{CA}^{-1}\boldsymbol{B} \tag{1.5.6}$$

### 1.5.4 关于秩的不等式

(1)若 $\boldsymbol{A}\in\mathbb{R}^{m\times n}$，则

$$\mathrm{rank}(\boldsymbol{A})\leqslant\min\{m,n\} \tag{1.5.7}$$

(2)如果 $\boldsymbol{A}$、$\boldsymbol{B}\in\mathbb{R}^{m\times n}$，则

$$\mathrm{rank}(\boldsymbol{A}+\boldsymbol{B})\leqslant\mathrm{rank}(\boldsymbol{A})+\mathrm{rank}(\boldsymbol{B}) \tag{1.5.8}$$

(3)如果 $\boldsymbol{A}\in\mathbb{R}^{m\times r}$、$\boldsymbol{B}\in\mathbb{R}^{r\times n}$，则

$$\mathrm{rank}(\boldsymbol{A})+\mathrm{rank}(\boldsymbol{B})-r\leqslant\mathrm{rank}(\boldsymbol{AB})\leqslant\min\{\mathrm{rank}(\boldsymbol{A}),\mathrm{rank}(\boldsymbol{B})\} \tag{1.5.9}$$

(4)如果从任意矩阵中删去某些行与(或)某些列，则所得子矩阵的秩不可能大于原矩阵的秩。

(5)$\boldsymbol{A}$、$\boldsymbol{B}$两个矩阵行数相同，则

$$\mathrm{rank}([\boldsymbol{A}\quad \boldsymbol{B}])\leqslant \mathrm{rank}(\boldsymbol{A})+\mathrm{rank}(\boldsymbol{B}) \tag{1.5.10}$$

# §1.6　逆矩阵

## 1.6.1　逆矩阵的定义与性质

一个$n\times n$矩阵$\boldsymbol{A}$称为非奇异矩阵，当且仅当它具有$n$个线性无关的列向量和$n$个线性无关的行向量，其行列式$\det(\boldsymbol{A})\neq 0$。正方非奇异矩阵$\boldsymbol{A}$存在逆矩阵$\boldsymbol{B}\in\mathbb{R}^{n\times n}$，即具有$\boldsymbol{AB}=\boldsymbol{BA}=\boldsymbol{I}$的性质，通常将$\boldsymbol{B}$矩阵记为$\boldsymbol{A}^{-1}$。

关于矩阵的奇异性或可逆性，下列叙述等价：

(1)$\boldsymbol{A}$非奇异。

(2)$\boldsymbol{A}^{-1}$存在。

(3)$\mathrm{rank}(\boldsymbol{A})=n$。

(4)$\boldsymbol{A}$的行向量线性无关。

(5)$\boldsymbol{A}$的列向量线性无关。

(6)$\det(\boldsymbol{A})\neq 0$。

(7)$\boldsymbol{A}$的值域的维数是$n$。

(8)$\boldsymbol{AX}=\boldsymbol{b}$对每一个$\boldsymbol{b}\in\mathbb{R}^n$都是一致方程。

(9)$\boldsymbol{AX}=\boldsymbol{b}$对每一个$\boldsymbol{b}$有唯一的解。

(10)$\boldsymbol{AX}=\boldsymbol{0}$只有一个平凡解。

$n\times n$矩阵$\boldsymbol{A}$的逆矩阵$\boldsymbol{A}^{-1}$具有以下性质：

(1)$\boldsymbol{A}^{-1}\boldsymbol{A}=\boldsymbol{A}\boldsymbol{A}^{-1}=\boldsymbol{I}$。

(2)$\boldsymbol{A}^{-1}$是唯一的。

(3)逆矩阵的行列式等于原矩阵行列式的倒数，即$|\boldsymbol{A}^{-1}|=|\boldsymbol{A}|^{-1}$。

(4)逆矩阵是非奇异的。

(5)$(\boldsymbol{A}^{-1})^{-1}=\boldsymbol{A}$。

(6)$(\boldsymbol{A}^{\mathrm{T}})^{-1}=(\boldsymbol{A}^{-1})^{\mathrm{T}}$。

(7)如果$\boldsymbol{A}$、$\boldsymbol{B}$、$\boldsymbol{C}\in\mathbb{R}^{n\times n}$都是可逆的，则

$$(\boldsymbol{AB})^{-1}=\boldsymbol{B}^{-1}\boldsymbol{A}^{-1} \tag{1.6.1}$$

$$(\boldsymbol{ABC})^{-1}=\boldsymbol{C}^{-1}\boldsymbol{B}^{-1}\boldsymbol{A}^{-1} \tag{1.6.2}$$

(8)若$\boldsymbol{A}=\mathrm{diag}(a_{11},a_{22},\cdots,a_{m})$为对角矩阵，则其逆矩阵为

$$\boldsymbol{A}^{-1}=\mathrm{diag}(a_{11}^{-1},a_{22}^{-1},\cdots,a_{m}^{-1}) \tag{1.6.3}$$

(9)若$\boldsymbol{A}$非奇异，则

$$\boldsymbol{A}\text{为正交矩阵}\Leftrightarrow \boldsymbol{A}^{-1}=\boldsymbol{A}^{\mathrm{T}}$$

### 1.6.2 分块矩阵求逆与矩阵反演

**1.分块矩阵求逆**

若将矩阵分成$A\in\mathbb{R}^{m\times m}$、$B\in\mathbb{R}^{m\times n}$、$C\in\mathbb{R}^{n\times m}$、$D\in\mathbb{R}^{n\times n}$四块，有下述几种分块矩阵求逆的问题：

(1)矩阵$A$是可逆矩阵，则有

$$\begin{bmatrix}A & B\\ C & D\end{bmatrix}^{-1}=\begin{bmatrix}A^{-1}+A^{-1}B(D-CA^{-1}B)^{-1}CA^{-1} & -A^{-1}B(D-CA^{-1}B)^{-1}\\ -(D-CA^{-1}B)^{-1}CA^{-1} & (D-CA^{-1}B)^{-1}\end{bmatrix}\tag{1.6.4}$$

(2)矩阵$A$、$D$是可逆矩阵，则有

$$\begin{bmatrix}A & B\\ C & D\end{bmatrix}^{-1}=\begin{bmatrix}(A-BD^{-1}C)^{-1} & -A^{-1}B(D-CA^{-1}B)^{-1}\\ -D^{-1}C(A-BD^{-1}C)^{-1} & (D-CA^{-1}B)^{-1}\end{bmatrix}\tag{1.6.5}$$

或

$$\begin{bmatrix}A & B\\ C & D\end{bmatrix}^{-1}=\begin{bmatrix}(A-BD^{-1}C)^{-1} & -(A-BD^{-1}C)^{-1}BD^{-1}\\ -(D-CA^{-1}B)^{-1}CA^{-1} & (D-CA^{-1}B)^{-1}\end{bmatrix}\tag{1.6.6}$$

**2.矩阵反演公式**

若$A\in\mathbb{R}^{n\times m}$、$B\in\mathbb{R}^{m\times n}$、$C\in\mathbb{R}^{m\times m}$、$D\in\mathbb{R}^{n\times n}$，且矩阵$C$、$D$可逆，则

$$(D+ACB)^{-1}=D^{-1}-D^{-1}A(C^{-1}+BD^{-1}A)^{-1}BD^{-1}\tag{1.6.7}$$

$$CB(D+ACB)^{-1}=(C^{-1}+BD^{-1}A)^{-1}BD^{-1}\tag{1.6.8}$$

如果$A=B^{T}$，式(1.6.7)可变为

$$(D+B^{T}CB)^{-1}=D^{-1}-D^{-1}B^{T}(C^{-1}+BD^{-1}B^{T})^{-1}BD^{-1}\tag{1.6.9}$$

特别地，若$B$是一个$n\times1$的行向量，$C=1$是个常数，则

$$(D+B^{T}B)^{-1}=D^{-1}-\frac{1}{1+BD^{-1}B^{T}}D^{-1}B^{T}BD^{-1}\tag{1.6.10}$$

### 1.6.3 左逆矩阵与右逆矩阵

广义逆矩阵是对任何矩阵定义的一种逆矩阵。满秩长方矩阵的逆矩阵包括左逆矩阵和右逆矩阵。

**1.列满秩矩阵的逆矩阵**

设有列满秩矩阵$\underset{m\times n}{A}$，$m>n$，$\mathrm{rank}(A)=n$，令

$$A_{L}^{-1}=(A^{T}A)^{-1}A^{T}\tag{1.6.11}$$

则

$$A_{L}^{-1}A=(A^{T}A)^{-1}A^{T}A=I$$

式中，$\mathrm{rank}(A^{T}A)^{-1}=n$，为满秩方阵，$(A^{T}A)^{-1}$为$(A^{T}A)$的凯利逆。定义$A_{L}^{-1}$为列满秩矩阵$A$的逆矩阵，简称左逆。

**2. 行满秩矩阵的逆矩阵**

设有行满秩矩阵 $\underset{m\times n}{\boldsymbol{A}}$，$m<n$，rank($\boldsymbol{A}$)$=m$，令

$$\boldsymbol{A}_{\mathrm{R}}^{-1}=\boldsymbol{A}^{\mathrm{T}}(\boldsymbol{A}\boldsymbol{A}^{\mathrm{T}})^{-1} \tag{1.6.12}$$

则

$$\boldsymbol{A}\boldsymbol{A}_{\mathrm{R}}^{-1}=\boldsymbol{A}\boldsymbol{A}^{\mathrm{T}}(\boldsymbol{A}\boldsymbol{A}^{\mathrm{T}})^{-1}=\boldsymbol{I}$$

定义 $\boldsymbol{A}_{\mathrm{R}}^{-1}$ 为行满秩矩阵 $\boldsymbol{A}$ 的逆矩阵，简称右逆。

左逆和右逆并不是唯一的。设 $\boldsymbol{M}$ 是使 rank $(\boldsymbol{A}^{\mathrm{T}}\boldsymbol{M}\boldsymbol{A})^{-1}=n$ 成立的任意 $m$ 阶方阵，则

$$\left.\begin{aligned}\boldsymbol{A}_{\mathrm{L}}^{-1}&=(\boldsymbol{A}^{\mathrm{T}}\boldsymbol{M}\boldsymbol{A})^{-1}\boldsymbol{A}^{\mathrm{T}}\boldsymbol{M}\\ \boldsymbol{A}_{\mathrm{L}}^{-1}\boldsymbol{A}&=(\boldsymbol{A}^{\mathrm{T}}\boldsymbol{M}\boldsymbol{A})^{-1}\boldsymbol{A}^{\mathrm{T}}\boldsymbol{M}\boldsymbol{A}=\boldsymbol{I}\end{aligned}\right\} \tag{1.6.13}$$

这样就证明了左逆不是唯一的，同样可以证明右逆也不唯一。

**3. 满秩长方矩阵逆矩阵的性质**

(1)一个满秩方阵的转置矩阵的逆矩阵等于逆矩阵的转置

$$(\boldsymbol{A}^{\mathrm{T}})^{-1}=(\boldsymbol{A}^{-1})^{\mathrm{T}} \tag{1.6.14}$$

若设 $\boldsymbol{A}$ 为列满秩，则$\boldsymbol{A}^{\mathrm{T}}$ 为行满秩，取其右逆，即

$$(\boldsymbol{A}^{\mathrm{T}})^{-1}=\boldsymbol{A}(\boldsymbol{A}^{\mathrm{T}}\boldsymbol{A})^{-1}$$

$\boldsymbol{A}$ 的左逆为

$$\boldsymbol{A}^{-1}=(\boldsymbol{A}^{\mathrm{T}}\boldsymbol{A})^{-1}\boldsymbol{A}^{\mathrm{T}}$$

则

$$(\boldsymbol{A}^{-1})^{\mathrm{T}}=\boldsymbol{A}(\boldsymbol{A}^{\mathrm{T}}\boldsymbol{A})^{-1}$$

故式(1.6.14)对列满秩长方矩阵也成立。

设 $\boldsymbol{A}$ 为行满秩，其右逆为

$$\boldsymbol{A}^{-1}=\boldsymbol{A}^{\mathrm{T}}(\boldsymbol{A}\boldsymbol{A}^{\mathrm{T}})^{-1}$$

则

$$(\boldsymbol{A}^{-1})^{\mathrm{T}}=(\boldsymbol{A}\boldsymbol{A}^{\mathrm{T}})^{-1}\boldsymbol{A}$$

$\boldsymbol{A}^{\mathrm{T}}$ 为列满秩矩阵，其左逆为

$$(\boldsymbol{A}^{\mathrm{T}})^{-1}=(\boldsymbol{A}\boldsymbol{A}^{\mathrm{T}})^{-1}\boldsymbol{A}$$

故式(1.6.14)对行满秩长方矩阵也成立。

(2)$\boldsymbol{A}$ 为列满秩矩阵，则

$$\boldsymbol{A}^{-1}(\boldsymbol{A}^{\mathrm{T}})^{-1}=(\boldsymbol{A}^{\mathrm{T}}\boldsymbol{A})^{-1} \tag{1.6.15}$$

$\boldsymbol{A}$ 为行满秩矩阵，则

$$(\boldsymbol{A}^{\mathrm{T}})^{-1}\boldsymbol{A}^{-1}=(\boldsymbol{A}\boldsymbol{A}^{\mathrm{T}})^{-1} \tag{1.6.16}$$

设 $\boldsymbol{A}$ 为列满秩矩阵，则$\boldsymbol{A}^{\mathrm{T}}$ 为行满秩矩阵，有

$$\boldsymbol{A}^{-1}(\boldsymbol{A}^{\mathrm{T}})^{-1}=\boldsymbol{A}^{-1}\boldsymbol{A}(\boldsymbol{A}^{\mathrm{T}}\boldsymbol{A})^{-1}=\boldsymbol{I}(\boldsymbol{A}^{\mathrm{T}}\boldsymbol{A})^{-1}=(\boldsymbol{A}^{\mathrm{T}}\boldsymbol{A})^{-1}$$

故式(1.6.15)得证。设 $\boldsymbol{A}$ 为行满秩矩阵，则$\boldsymbol{A}^{\mathrm{T}}$ 为列满秩矩阵，式(1.6.16)显然成立。

**4.奇异单位矩阵**

定义下列矩阵为奇异单位矩阵，并用$\boldsymbol{A}^0$ 表示。

若 $\boldsymbol{A}$ 为列满秩矩阵，则

$$\boldsymbol{A}_1^0=\boldsymbol{A}\boldsymbol{A}_{\mathrm{L}}^{-1}=\boldsymbol{A}\ (\boldsymbol{A}^{\mathrm{T}}\boldsymbol{A})^{-1}\boldsymbol{A}^{\mathrm{T}} \tag{1.6.17}$$

若 $\boldsymbol{A}$ 为行满秩矩阵，则

$$\boldsymbol{A}_2^0=\boldsymbol{A}_{\mathrm{R}}^{-1}\boldsymbol{A}=\boldsymbol{A}^{\mathrm{T}}\ (\boldsymbol{A}\boldsymbol{A}^{\mathrm{T}})^{-1}\boldsymbol{A} \tag{1.6.18}$$

此处 $\mathrm{rank}(\boldsymbol{A}_1^0)<n$、$\mathrm{rank}(\boldsymbol{A}_2^0)<m$，$\boldsymbol{A}_1^0$、$\boldsymbol{A}_2^0$ 为奇异方阵，$\det(\boldsymbol{A}_1^0)=0$、$\det(\boldsymbol{A}_2^0)=0$。在运算中有时起着单位矩阵的作用，故有奇异单位矩阵。

奇异单位矩阵有下列性质：

(1)$\boldsymbol{A}_{\mathrm{L}}^{-1}\ \boldsymbol{A}^0=\boldsymbol{A}_{\mathrm{L}}^{-1}\boldsymbol{A}\boldsymbol{A}_{\mathrm{L}}^{-1}=\boldsymbol{A}_{\mathrm{L}}^{-1}$，$\boldsymbol{A}^0\ \boldsymbol{A}_{\mathrm{R}}^{-1}=\boldsymbol{A}_{\mathrm{R}}^{-1}\boldsymbol{A}\boldsymbol{A}_{\mathrm{R}}^{-1}=\boldsymbol{A}_{\mathrm{R}}^{-1}$。

(2)$\underset{m\times m}{\boldsymbol{A}^0}\ \underset{m\times n}{\boldsymbol{A}}=\boldsymbol{A}\ (\boldsymbol{A}^{\mathrm{T}}\boldsymbol{A})^{-1}\boldsymbol{A}^{\mathrm{T}}\boldsymbol{A}=\underset{n\times n}{\boldsymbol{A}}$，$\underset{m\times n}{\boldsymbol{A}}\ \underset{n\times n}{\boldsymbol{A}^0}=\boldsymbol{A}\boldsymbol{A}^{\mathrm{T}}\ (\boldsymbol{A}\boldsymbol{A}^{\mathrm{T}})^{-1}\boldsymbol{A}=\underset{m\times n}{\boldsymbol{A}}$。

(3)$\underset{m\times m}{\boldsymbol{A}^0}\ \underset{m\times m}{\boldsymbol{A}^0}=\boldsymbol{A}\ (\boldsymbol{A}^{\mathrm{T}}\boldsymbol{A})^{-1}\boldsymbol{A}^{\mathrm{T}}\boldsymbol{A}\ (\boldsymbol{A}^{\mathrm{T}}\boldsymbol{A})^{-1}\boldsymbol{A}^{\mathrm{T}}=\boldsymbol{A}\ (\boldsymbol{A}^{\mathrm{T}}\boldsymbol{A})^{-1}\boldsymbol{A}^{\mathrm{T}}=\underset{m\times m}{\boldsymbol{A}^0}$，

$\underset{n\times n}{\boldsymbol{A}^0}\ \underset{n\times n}{\boldsymbol{A}^0}=\boldsymbol{A}^{\mathrm{T}}\ (\boldsymbol{A}\boldsymbol{A}^{\mathrm{T}})^{-1}\boldsymbol{A}\boldsymbol{A}^{\mathrm{T}}\ (\boldsymbol{A}\boldsymbol{A}^{\mathrm{T}})^{-1}\boldsymbol{A}=\boldsymbol{A}^{\mathrm{T}}\ (\boldsymbol{A}\boldsymbol{A}^{\mathrm{T}})^{-1}\boldsymbol{A}=\underset{n\times n}{\boldsymbol{A}^0}$。

(4)$\boldsymbol{A}^0\ (\boldsymbol{A}^0-\boldsymbol{I})=\boldsymbol{A}^0\ \boldsymbol{A}^0-\boldsymbol{A}^0=0$。

(5)$(\boldsymbol{A}^0-\boldsymbol{I})(\boldsymbol{A}^0-\boldsymbol{I})=\boldsymbol{A}^0\ \boldsymbol{A}^0-\boldsymbol{A}^0-\boldsymbol{A}^0+\boldsymbol{I}=\boldsymbol{I}-\boldsymbol{A}^0$，

$(\boldsymbol{I}-\boldsymbol{A}^0)(\boldsymbol{I}-\boldsymbol{A}^0)=\boldsymbol{I}-\boldsymbol{A}^0-\boldsymbol{A}^0+\boldsymbol{A}^0\ \boldsymbol{A}^0=\boldsymbol{I}-\boldsymbol{A}^0$。

(6)$(\boldsymbol{A}^0)^{\mathrm{T}}=\boldsymbol{A}^0$。

### 1.6.4 广义逆矩阵的定义及性质

**1.广义逆矩阵$\boldsymbol{A}^-$**

设 $\boldsymbol{A}$ 为 $n\times m$ 矩阵，秩 $\mathrm{rank}(\boldsymbol{A})=r\leqslant\min\{m,n\}$，满足下列矩阵方程

$$\boldsymbol{AGA}=\boldsymbol{A} \tag{1.6.19}$$

的 $\boldsymbol{G}$ 定义为 $\boldsymbol{A}$ 的广义逆，$\boldsymbol{G}$ 为 $m\times n$ 矩阵，记为$\boldsymbol{A}^-$，不唯一，称为$\boldsymbol{A}^-$ 型广义逆。

当 $\boldsymbol{A}$ 为 $m=n$ 阶非奇异方阵时，凯利逆$\boldsymbol{A}^{-1}$满足式(1.6.19)，故$\boldsymbol{A}^{-1}$是非奇异矩阵 $\boldsymbol{A}$ 的广义逆。

当 $\boldsymbol{A}$ 为列满秩矩阵时，对于左逆 $\underset{m\times n}{\boldsymbol{A}_{\mathrm{L}}^{-1}}$ 有

$$\boldsymbol{A}\boldsymbol{A}_{\mathrm{L}}^{-1}\boldsymbol{A}=\boldsymbol{A}\ (\boldsymbol{A}^{\mathrm{T}}\boldsymbol{A})^{-1}\boldsymbol{A}^{\mathrm{T}}\boldsymbol{A}=\boldsymbol{A}$$

当 $\boldsymbol{A}$ 为行满秩矩阵时，对于右逆 $\underset{n\times m}{\boldsymbol{A}_{\mathrm{R}}^{-1}}$ 有

$$\boldsymbol{A}\boldsymbol{A}_{\mathrm{R}}^{-1}\boldsymbol{A}=\boldsymbol{A}\boldsymbol{A}^{\mathrm{T}}\ (\boldsymbol{A}\boldsymbol{A}^{\mathrm{T}})^{-1}\boldsymbol{A}=\boldsymbol{A}$$

故 $\underset{m\times n}{\boldsymbol{A}_{\mathrm{L}}^{-1}}$、$\underset{n\times m}{\boldsymbol{A}_{\mathrm{R}}^{-1}}$ 分别为列满秩矩阵和行满秩矩阵的广义逆。

$\boldsymbol{A}^-$ 型广义逆的性质如下：

(1)$(\boldsymbol{A}^{\mathrm{T}})^-=(\boldsymbol{A}^-)^{\mathrm{T}}$，其中$\{(\boldsymbol{A}^-)^{\mathrm{T}}\}\subset\{(\boldsymbol{A}^{\mathrm{T}})^-\}$。

(2) $(k\boldsymbol{A})^{-}=\frac{1}{k}(\boldsymbol{A}^{-})$（当 $k\neq0$），$(k\boldsymbol{A})^{-}=0$（当 $k=0$）。

(3) $(\boldsymbol{A}^{-}\boldsymbol{A})^{2}=\boldsymbol{A}^{-}\boldsymbol{A}$，因此 $\boldsymbol{A}^{-}\boldsymbol{A}$ 为幂等矩阵。

(4) $\boldsymbol{A}(\boldsymbol{A}^{\mathrm{T}}\boldsymbol{A})^{-}\boldsymbol{A}^{\mathrm{T}}\boldsymbol{A}=\boldsymbol{A}$，$\boldsymbol{A}^{\mathrm{T}}\boldsymbol{A}(\boldsymbol{A}^{\mathrm{T}}\boldsymbol{A})^{-}\boldsymbol{A}^{\mathrm{T}}=\boldsymbol{A}^{\mathrm{T}}$。

(5) $\boldsymbol{P}$ 正定，则 $\boldsymbol{A}(\boldsymbol{A}^{\mathrm{T}}\boldsymbol{P}\boldsymbol{A})^{-}(\boldsymbol{A}^{\mathrm{T}}\boldsymbol{P}\boldsymbol{A})=\boldsymbol{A}$。

(6) $\boldsymbol{G}$ 为 $\boldsymbol{A}^{\mathrm{T}}\boldsymbol{A}$ 的广义逆，则 $\boldsymbol{G}^{\mathrm{T}}$ 也是 $\boldsymbol{A}^{\mathrm{T}}\boldsymbol{A}$ 的广义逆，$\boldsymbol{A}^{\mathrm{T}}\boldsymbol{A}\boldsymbol{G}\boldsymbol{A}^{\mathrm{T}}\boldsymbol{A}=\boldsymbol{A}^{\mathrm{T}}\boldsymbol{A}$。

$\boldsymbol{A}^{-}$ 的计算有多种方法，下面介绍测量中常用的简便方法。

当 $\underset{n\times m}{\boldsymbol{A}}$ 的秩 $\mathrm{rank}(\boldsymbol{A})=r<\min\{m,n\}$，可将 $\boldsymbol{A}$ 分块成

$$\underset{n\times m}{\boldsymbol{A}}=\begin{bmatrix}\underset{r\times r}{\boldsymbol{A}_{11}} & \underset{r\times(m-r)}{\boldsymbol{A}_{12}}\\ \underset{(n-r)\times r}{\boldsymbol{A}_{21}} & \underset{(n-r)\times(m-r)}{\boldsymbol{A}_{22}}\end{bmatrix}$$

式中，$\mathrm{rank}(\boldsymbol{A}_{11})=r$，则

$$\underset{n\times m}{\boldsymbol{A}^{-}}=\begin{bmatrix}\boldsymbol{A}_{11}^{-1} & \boldsymbol{0}\\ \boldsymbol{0} & \boldsymbol{0}\end{bmatrix}\tag{1.6.20}$$

在证明前，先证明等式

$$\boldsymbol{A}_{22}=\boldsymbol{A}_{21}\boldsymbol{A}_{11}^{-1}\boldsymbol{A}_{12}\tag{1.6.21}$$

根据 $\boldsymbol{A}$ 的奇异性质，$\mathrm{rank}(\boldsymbol{A})=\mathrm{rank}(\boldsymbol{A}_{11})=r$，故有

$$[\boldsymbol{A}_{21}\quad \boldsymbol{A}_{22}]=\boldsymbol{M}[\boldsymbol{A}_{11}\quad \boldsymbol{A}_{12}]$$

此式说明 $[\boldsymbol{A}_{21}\quad \boldsymbol{A}_{22}]$ 行是 $[\boldsymbol{A}_{11}\quad \boldsymbol{A}_{12}]$ 的线性组合，令 $\boldsymbol{M}=\boldsymbol{A}_{21}\boldsymbol{A}_{11}^{-1}$，则

$$\boldsymbol{A}\boldsymbol{A}^{-}\boldsymbol{A}=\begin{bmatrix}\boldsymbol{A}_{11} & \boldsymbol{A}_{12}\\ \boldsymbol{A}_{21} & \boldsymbol{A}_{22}\end{bmatrix}\begin{bmatrix}\boldsymbol{A}_{11}^{-1} & \boldsymbol{0}\\ \boldsymbol{0} & \boldsymbol{0}\end{bmatrix}\begin{bmatrix}\boldsymbol{A}_{11} & \boldsymbol{A}_{12}\\ \boldsymbol{A}_{21} & \boldsymbol{A}_{22}\end{bmatrix}$$

$$=\begin{bmatrix}\boldsymbol{A}_{11} & \boldsymbol{A}_{12}\\ \boldsymbol{A}_{21} & \boldsymbol{A}_{21}\boldsymbol{A}_{11}^{-1}\boldsymbol{A}_{12}\end{bmatrix}=\begin{bmatrix}\boldsymbol{A}_{11} & \boldsymbol{A}_{12}\\ \boldsymbol{A}_{21} & \boldsymbol{A}_{22}\end{bmatrix}=\boldsymbol{A}$$

可见式(1.6.20)确为 $\boldsymbol{A}$ 的一个广义逆。

**2. 伪逆 $\boldsymbol{A}^{+}$**

如果对 $\boldsymbol{A}^{-}$ 作某些限制，就可以得到一种唯一的广义逆，称为伪逆，并用 $\boldsymbol{A}^{+}$ 表示。同时满足下列四个方程

$$\left.\begin{aligned}\boldsymbol{A}\boldsymbol{A}^{+}\boldsymbol{A}&=\boldsymbol{A}\\ \boldsymbol{A}^{+}\boldsymbol{A}\boldsymbol{A}^{+}&=\boldsymbol{A}^{+}\\ (\boldsymbol{A}\boldsymbol{A}^{+})^{\mathrm{T}}&=\boldsymbol{A}\boldsymbol{A}^{+}\\ (\boldsymbol{A}^{+}\boldsymbol{A})^{\mathrm{T}}&=\boldsymbol{A}^{+}\boldsymbol{A}\end{aligned}\right\}\tag{1.6.22}$$

的广义逆定义为 $\boldsymbol{A}^{+}$。伪逆 $\boldsymbol{A}^{+}$ 也称为摩尔-彭罗斯(Moore-Penrose)广义逆。可以证明 $\boldsymbol{A}^{+}$ 是唯一的。伪逆 $\boldsymbol{A}^{+}$ 也是一个 $\boldsymbol{A}^{-}$，是一个同时满足式(1.6.22)中四个等式的广义逆，其逆是唯一的。除凯利逆 $\boldsymbol{A}^{-1}$ 和伪逆 $\boldsymbol{A}^{+}$ 外，广义逆 $\boldsymbol{A}^{-}$ 不唯一。

在一般情况下，$\mathrm{rank}(\boldsymbol{A})=r\leqslant\min\{m,n\}$，在测量中计算 $\boldsymbol{A}^{+}$ 常用如下方法：

(1)当 $\boldsymbol{A}$ 为对角矩阵时,有

$$\boldsymbol{A}=\begin{bmatrix} a_{11} & & & \\ & a_{22} & & \\ & & \ddots & \\ & & & a_{mn} \end{bmatrix} \tag{1.6.23}$$

$$\boldsymbol{A}^{+}=\begin{bmatrix} a_{11}^{+} & & & \\ & a_{22}^{+} & & \\ & & \ddots & \\ & & & a_{mn}^{+} \end{bmatrix} \tag{1.6.24}$$

$$a_{ii}^{+}=\begin{cases} 0, & a_{ii}=0 \\ \dfrac{1}{a_{ii}}, & a_{ii}\neq 0 \end{cases} \tag{1.6.25}$$

(2)当 $\boldsymbol{A}$ 为长方矩阵时,$\boldsymbol{A}$ 的伪逆为

$$\boldsymbol{A}^{+}=\boldsymbol{A}^{\mathrm{T}}(\boldsymbol{A}\boldsymbol{A}^{\mathrm{T}})^{-}\boldsymbol{A}(\boldsymbol{A}^{\mathrm{T}}\boldsymbol{A})^{-}\boldsymbol{A}^{\mathrm{T}} \tag{1.6.26}$$

(3)当 $\boldsymbol{N}$ 为对称方阵,则由式(1.6.24)得

$$\boldsymbol{N}^{+}=\boldsymbol{N}(\boldsymbol{N}\boldsymbol{N})^{-}\boldsymbol{N}(\boldsymbol{N}\boldsymbol{N})^{-}\boldsymbol{N} \tag{1.6.27}$$

(4)当 $\boldsymbol{N}=\boldsymbol{A}^{\mathrm{T}}\boldsymbol{A}$ 时,有

$$\boldsymbol{A}^{+}=\boldsymbol{N}^{+}\boldsymbol{A}^{\mathrm{T}} \tag{1.6.28}$$

**3.反射广义逆 $A_{r}^{-}$**

设 $\boldsymbol{A}_{r}^{-}$ 满足如下两个方程

$$\left.\begin{aligned} \boldsymbol{A}\boldsymbol{A}_{r}^{-}\boldsymbol{A}&=\boldsymbol{A} \\ \boldsymbol{A}_{r}^{-}\boldsymbol{A}\boldsymbol{A}_{r}^{-}&=\boldsymbol{A}_{r}^{-} \end{aligned}\right\} \tag{1.6.29}$$

则称 $\boldsymbol{A}_{r}^{-}$ 为 $\boldsymbol{A}$ 的反射广义逆。$\boldsymbol{A}_{r}^{-}$ 为 $\boldsymbol{A}^{-}$ 型广义逆,不唯一。

**4.最小范数逆 $\boldsymbol{A}_{m}^{-}$**

最小范数逆是一个广义逆,必须满足下列两个方程

$$\left.\begin{aligned} \boldsymbol{A}\boldsymbol{A}_{m}^{-}\boldsymbol{A}&=\boldsymbol{A} \\ (\boldsymbol{A}_{m}^{-}\boldsymbol{A})^{\mathrm{T}}&=\boldsymbol{A}_{m}^{-}\boldsymbol{A} \end{aligned}\right\} \tag{1.6.30}$$

式(1.6.30)表面 $\boldsymbol{A}_{m}^{-}$ 是具有 $\boldsymbol{A}_{m}^{-}\boldsymbol{A}$ 对称性的一个特殊广义逆,式(1.6.30)中 $\boldsymbol{A}^{+}$ 是定义式(1.6.22)中的第一、第四式,因此最小范数逆 $\boldsymbol{A}_{m}^{-}$ 也不唯一。

满足式(1.6.30)的 $\boldsymbol{A}_{m}^{-}$ 就是最小范数逆,可得

$$\boldsymbol{A}^{\mathrm{T}}=(\boldsymbol{A}\boldsymbol{A}_{m}^{-}\boldsymbol{A})^{\mathrm{T}}=(\boldsymbol{A}_{m}^{-}\boldsymbol{A})^{\mathrm{T}}\boldsymbol{A}^{\mathrm{T}}=\boldsymbol{A}_{m}^{-}\boldsymbol{A}\boldsymbol{A}^{\mathrm{T}}$$

因此,最小范数逆满足式(1.6.30)的两个方程与下列一个方程等价,即

$$\boldsymbol{A}_{m}^{-}\boldsymbol{A}\boldsymbol{A}^{\mathrm{T}}=\boldsymbol{A}^{\mathrm{T}} \tag{1.6.31}$$

$\boldsymbol{A}_{m}^{-}$ 可以计算为

$$\boldsymbol{A}_{m}^{-}=\boldsymbol{A}^{\mathrm{T}}(\boldsymbol{A}\boldsymbol{A}^{\mathrm{T}})^{-} \tag{1.6.32}$$

5.最小二乘逆$\boldsymbol{A}_l^-$

最小二乘逆是一个广义逆，必须满足下列两个方程

$$\left.\begin{aligned}\boldsymbol{A}\boldsymbol{A}_l^-\boldsymbol{A}&=\boldsymbol{A}\\(\boldsymbol{A}\boldsymbol{A}_l^-)^{\mathrm{T}}&=\boldsymbol{A}\boldsymbol{A}_l^-\end{aligned}\right\}\tag{1.6.33}$$

或这两个方程的等价方程，即

$$\boldsymbol{A}^{\mathrm{T}}\boldsymbol{A}\boldsymbol{A}_l^-=\boldsymbol{A}^{\mathrm{T}}\tag{1.6.34}$$

最小二乘逆虽不唯一，但相容方程组的最小二乘逆$\boldsymbol{A}_l^-$可以计算为

$$\boldsymbol{A}_l^-=(\boldsymbol{A}^{\mathrm{T}}\boldsymbol{A})^-\boldsymbol{A}^{\mathrm{T}}\tag{1.6.35}$$

### 1.6.5　线性方程组的解

设有线性方程组

$$\underset{n\times m}{\boldsymbol{A}}\ \underset{m\times 1}{\boldsymbol{X}}=\underset{n\times 1}{\boldsymbol{B}}\tag{1.6.36}$$

当$\boldsymbol{A}$为满秩方阵时，式(1.6.36)有唯一解，即

$$\underset{m\times 1}{\boldsymbol{X}}=\boldsymbol{A}^{-1}\underset{n\times 1}{\boldsymbol{B}}\tag{1.6.37}$$

当$\boldsymbol{A}$不是满秩方阵时，其解不唯一。为求其唯一最优解，有以下三种情况：

(1)相容方程的最小范数解。如果式(1.6.36)中的$\boldsymbol{A}$的秩等于其增广矩阵的秩，即

$$\mathrm{rank}(\boldsymbol{A})=\mathrm{rank}(\boldsymbol{A}|\boldsymbol{B})$$

称式(1.6.36)为相容方程组，其最小范数约束为

$$\boldsymbol{X}^{\mathrm{T}}\boldsymbol{X}=\min$$

式(1.6.36)的解为

$$\underset{m\times 1}{\boldsymbol{X}}=\boldsymbol{A}_m^-\underset{n\times 1}{\boldsymbol{B}}\tag{1.6.38}$$

式中，$\boldsymbol{A}_m^-$为$\boldsymbol{A}$的最小范数逆。

(2)矛盾方程组的最小二乘解。当方程组(1.6.39)中方程的个数小于变量的个数，称方程组为矛盾方程组，如果$\boldsymbol{A}$的秩等于方程的个数，其最小二乘约束为

$$(\boldsymbol{A}\boldsymbol{X}-\boldsymbol{B})^{\mathrm{T}}(\boldsymbol{A}\boldsymbol{X}-\boldsymbol{B})=\min\tag{1.6.39}$$

这时求得的式(1.6.36)的解为

$$\underset{m\times 1}{\boldsymbol{X}}=\boldsymbol{A}_l^-\underset{n\times 1}{\boldsymbol{B}}\tag{1.6.40}$$

式中，$\boldsymbol{A}_l^-$为$\boldsymbol{A}$的最小二乘逆。

(3)不相容方程。当式(1.6.36)中$\boldsymbol{A}$的秩小于最小阶，这种不相容方程组的约束条件为

$$(\boldsymbol{A}\boldsymbol{X}-\boldsymbol{B})^{\mathrm{T}}(\boldsymbol{A}\boldsymbol{X}-\boldsymbol{B})=\min$$
$$\boldsymbol{X}^{\mathrm{T}}\boldsymbol{X}=\min$$

其解

$$\boldsymbol{X}=\boldsymbol{A}^+\boldsymbol{B}\tag{1.6.41}$$

称为最小二乘最小范数解。

例 1.6.1 令矩阵

$$\boldsymbol{A}=\begin{bmatrix}5.6 & 1.2 & 3.2 & 2.0\\1.2 & 7.6 & 2.1 & -1.2\end{bmatrix}$$

求$\boldsymbol{A}_{\mathrm{R}}^{-1}$ 和$\boldsymbol{A}^{0}$。

解：

$$\boldsymbol{A}\boldsymbol{A}^{\mathrm{T}}=\begin{bmatrix}5.6 & 1.2 & 3.2 & 2.0\\1.2 & 7.6 & 2.1 & -1.2\end{bmatrix}\begin{bmatrix}5.6 & 1.2\\1.2 & 7.6\\3.2 & 2.1\\2.0 & -1.2\end{bmatrix}=\begin{bmatrix}47.04 & 20.16\\20.16 & 65.05\end{bmatrix}$$

$$(\boldsymbol{A}\boldsymbol{A}^{\mathrm{T}})^{-1}=\begin{bmatrix}0.0245 & -0.0076\\-0.0076 & 0.0177\end{bmatrix}$$

$$\boldsymbol{A}_{\mathrm{R}}^{-1}=\boldsymbol{A}^{\mathrm{T}}(\boldsymbol{A}\boldsymbol{A}^{\mathrm{T}})^{-1}=\begin{bmatrix}5.6 & 1.2\\1.2 & 7.6\\3.2 & 2.1\\2.0 & -1.2\end{bmatrix}\begin{bmatrix}0.0245 & -0.0076\\-0.0076 & 0.0177\end{bmatrix}$$

$$=\begin{bmatrix}0.1281 & -0.0213\\-0.0284 & 0.1254\\0.0624 & 0.0129\\0.0581 & -0.0364\end{bmatrix}$$

$$\boldsymbol{A}^{0}=\boldsymbol{A}^{\mathrm{T}}(\boldsymbol{A}\boldsymbol{A}^{\mathrm{T}})^{-1}\boldsymbol{A}=\begin{bmatrix}0.1281 & -0.0213\\-0.0284 & 0.1254\\0.0624 & 0.0129\\0.0581 & -0.0364\end{bmatrix}\begin{bmatrix}5.6 & 1.2 & 3.2 & 2.0\\1.2 & 7.6 & 2.1 & -1.2\end{bmatrix}$$

$$=\begin{bmatrix}0.692 & -0.008 & 0.365 & 0.282\\-0.008 & 0.919 & 0.173 & -0.207\\0.365 & 0.173 & 0.227 & 0.109\\0.282 & -0.207 & 0.109 & 0.160\end{bmatrix}$$

例 1.6.2 令矩阵

$$\boldsymbol{A}=\begin{bmatrix}5.6 & 1.2\\1.2 & 7.6\\3.2 & 2.1\\2.0 & -1.2\end{bmatrix}$$

求$\boldsymbol{A}_{\mathrm{L}}^{-1}$ 和$\boldsymbol{A}^{0}$。

解：

$$\boldsymbol{A}^{\mathrm{T}}\boldsymbol{A}=\begin{bmatrix}5.6 & 1.2 & 3.2 & 2.0\\1.2 & 7.6 & 2.1 & -1.2\end{bmatrix}\begin{bmatrix}5.6 & 1.2\\1.2 & 7.6\\3.2 & 2.1\\2.0 & -1.2\end{bmatrix}=\begin{bmatrix}47.04 & 20.16\\20.16 & 65.05\end{bmatrix}$$

$$(\boldsymbol{A}^{\mathrm{T}}\boldsymbol{A})^{-1}=\begin{bmatrix}0.024\,5 & -0.007\,6\\-0.007\,6 & 0.017\,7\end{bmatrix}$$

$$\begin{aligned}\boldsymbol{A}_{\mathrm{L}}^{-1}=(\boldsymbol{A}^{\mathrm{T}}\boldsymbol{A})^{-1}\boldsymbol{A}^{\mathrm{T}}&=\begin{bmatrix}0.024\,5 & -0.007\,6\\-0.007\,6 & 0.017\,7\end{bmatrix}\begin{bmatrix}5.6 & 1.2 & 3.2 & 2.0\\1.2 & 7.6 & 2.1 & -1.2\end{bmatrix}\\&=\begin{bmatrix}0.128\,1 & -0.028\,4 & 0.062\,4 & 0.058\,1\\-0.021\,3 & 0.125\,4 & 0.012\,9 & -0.036\,4\end{bmatrix}\end{aligned}$$

$$\begin{aligned}\boldsymbol{A}^{0}=\boldsymbol{A}\,(\boldsymbol{A}^{\mathrm{T}}\boldsymbol{A})^{-1}\boldsymbol{A}^{\mathrm{T}}&=\begin{bmatrix}5.6 & 1.2\\1.2 & 7.6\\3.2 & 2.1\\2.0 & -1.2\end{bmatrix}\begin{bmatrix}0.128\,1 & -0.028\,4 & 0.062\,4 & 0.058\,1\\-0.021\,3 & 0.125\,4 & 0.012\,9 & -0.036\,4\end{bmatrix}\\&=\begin{bmatrix}0.692 & -0.008 & 0.365 & 0.282\\-0.008 & 0.919 & 0.173 & -0.207\\0.365 & 0.173 & 0.227 & 0.109\\0.282 & -0.207 & 0.109 & 0.160\end{bmatrix}\end{aligned}$$

例 1.6.3　令矩阵

$$\boldsymbol{A}=\begin{bmatrix}2 & -1 & -1\\-1 & 2 & -1\\-1 & -1 & 2\end{bmatrix}$$

求$\boldsymbol{A}^{-}$、$\boldsymbol{A}^{+}$、$\boldsymbol{A}_{\mathrm{r}}^{-}$、$\boldsymbol{A}_{\mathrm{m}}^{-}$ 和$\boldsymbol{A}_{\mathrm{l}}^{-}$。

解：(1)$\boldsymbol{A}$ 矩阵的秩 rank($\boldsymbol{A}$)＝2，因此矩阵 $\boldsymbol{A}$ 可以分成四个子矩阵，即

$$\boldsymbol{A}=\begin{bmatrix}\boldsymbol{A}_{11} & \boldsymbol{A}_{12}\\\boldsymbol{A}_{21} & \boldsymbol{A}_{22}\end{bmatrix}$$

式中，$\boldsymbol{A}_{11}=\begin{bmatrix}2 & -1\\-1 & 2\end{bmatrix}$，$\boldsymbol{A}_{11}^{-1}=\begin{bmatrix}\frac{2}{3} & \frac{1}{3}\\\frac{1}{3} & \frac{2}{3}\end{bmatrix}$。

矩阵 $\boldsymbol{A}$ 的广义逆为

$$A^{-}=\begin{bmatrix}\frac{2}{3} & \frac{1}{3} & 0\\ \frac{1}{3} & \frac{2}{3} & 0\\ 0 & 0 & 0\end{bmatrix}$$

(2)由于 $A$ 为对称矩阵，所以$A^{+}=A\,(AA)^{-}A\,(AA)^{-}A$，即

$$AA=\begin{bmatrix}2 & -1 & -1\\ -1 & 2 & -1\\ -1 & -1 & 2\end{bmatrix}\begin{bmatrix}2 & -1 & -1\\ -1 & 2 & -1\\ -1 & -1 & 2\end{bmatrix}=\begin{bmatrix}6 & -3 & -3\\ -3 & 6 & -3\\ -3 & -3 & 6\end{bmatrix}$$

$$(AA)^{-}=\begin{bmatrix}\frac{2}{9} & \frac{1}{9} & 0\\ \frac{1}{9} & \frac{2}{9} & 0\\ 0 & 0 & 0\end{bmatrix}$$

$$A^{+}=\begin{bmatrix}2 & -1 & -1\\ -1 & 2 & -1\\ -1 & -1 & 2\end{bmatrix}\begin{bmatrix}\frac{2}{9} & \frac{1}{9} & 0\\ \frac{1}{9} & \frac{2}{9} & 0\\ 0 & 0 & 0\end{bmatrix}\begin{bmatrix}2 & -1 & -1\\ -1 & 2 & -1\\ -1 & -1 & 2\end{bmatrix}\begin{bmatrix}\frac{2}{9} & \frac{1}{9} & 0\\ \frac{1}{9} & \frac{2}{9} & 0\\ 0 & 0 & 0\end{bmatrix}\cdot$$

$$\begin{bmatrix}2 & -1 & -1\\ -1 & 2 & -1\\ -1 & -1 & 2\end{bmatrix}=\frac{1}{9}\begin{bmatrix}2 & -1 & -1\\ -\frac{1}{9} & \frac{2}{9} & -1\\ -1 & -1 & 2\end{bmatrix}$$

(3)计算$A_{r}^{-}$，即

$$A_{r}^{-}=A^{-}AA^{-}=\begin{bmatrix}\frac{2}{3} & \frac{1}{3} & 0\\ \frac{1}{3} & \frac{2}{3} & 0\\ 0 & 0 & 0\end{bmatrix}\begin{bmatrix}2 & -1 & -1\\ -1 & 2 & -1\\ -1 & -1 & 2\end{bmatrix}\begin{bmatrix}\frac{2}{3} & \frac{1}{3} & 0\\ \frac{1}{3} & \frac{2}{3} & 0\\ 0 & 0 & 0\end{bmatrix}$$

$$=\begin{bmatrix}1 & 0 & -1\\ 0 & 1 & -1\\ 0 & 0 & 0\end{bmatrix}\begin{bmatrix}\frac{2}{3} & \frac{1}{3} & 0\\ \frac{1}{3} & \frac{2}{3} & 0\\ 0 & 0 & 0\end{bmatrix}=\begin{bmatrix}\frac{2}{3} & \frac{1}{3} & 0\\ \frac{1}{3} & \frac{2}{3} & 0\\ 0 & 0 & 0\end{bmatrix}$$

(4)计算$A_{m}^{-}$，即

$$A_m^- = A^T(AA^T)^- = \begin{bmatrix} 2 & -1 & -1 \\ -1 & 2 & -1 \\ -1 & -1 & 2 \end{bmatrix} \begin{bmatrix} \frac{2}{9} & \frac{1}{9} & 0 \\ \frac{1}{9} & \frac{2}{9} & 0 \\ 0 & 0 & 0 \end{bmatrix} = \begin{bmatrix} \frac{1}{3} & 0 & 0 \\ 0 & \frac{1}{3} & 0 \\ -\frac{1}{3} & -\frac{1}{3} & 0 \end{bmatrix}$$

(5)计算$A_l^-$，即

$$A_l^- = (A^TA)^-A^T = \begin{bmatrix} \frac{2}{9} & \frac{1}{9} & 0 \\ \frac{1}{9} & \frac{2}{9} & 0 \\ 0 & 0 & 0 \end{bmatrix} \begin{bmatrix} 2 & -1 & -1 \\ -1 & 2 & -1 \\ -1 & -1 & 2 \end{bmatrix} = \begin{bmatrix} \frac{1}{3} & 0 & -\frac{1}{3} \\ 0 & \frac{1}{3} & -\frac{1}{3} \\ 0 & 0 & 0 \end{bmatrix}$$

# §1.7　矩阵的特征值与特征向量

## 1.7.1　特征值问题

定义 1.7.1　给定一个 $n\times n$ 矩阵 $A$，确定标量 $\lambda$ 的值，使得线性代数方程

$$\left.\begin{aligned} Au &= \lambda u \\ u &\neq 0 \end{aligned}\right\} \tag{1.7.1}$$

具有 $n\times 1$ 非零解 $u$。这样的标量 $\lambda$ 称为矩阵 $A$ 的特征值，向量 $u$ 称为与 $\lambda$ 对应的特征向量。

由于特征值 $\lambda$ 和特征向量 $u$ 经常成对出现，因此常将$(\lambda, u)$称为矩阵 $A$ 的特征对。虽然特征值可以取零值，但是特征向量不可以是零向量。为确定向量 $u$，将式(1.7.1)改写为

$$(A-\lambda I)u = 0 \tag{1.7.2}$$

由于式(1.7.2)对任意向量 $u$ 均应该成立，故式(1.7.2)存在非零解 $u\neq 0$ 的唯一条件是矩阵$(A-\lambda I)$的行列式等于零，即

$$\det(A-\lambda I) = 0 \tag{1.7.3}$$

一个特征值不一定是唯一的，有可能多个特征值取相同的值。同特征值重复的次数称为特征值的多重度。若特征值问题具有非零解 $x\neq 0$，则标量 $\lambda$ 必然使 $n\times n$ 阶矩阵$(A-\lambda I)$奇异。因此，特征值问题的求解由以下两步组成：

(1)求出所有使矩阵$(A-\lambda I)$奇异的标量 $\lambda$(特征值)。

(2)给出一个使矩阵$(A-\lambda I)$奇异的特征值 $\lambda$，求出所有满足$(A-\lambda I)x=0$ 的非零向量 $x\neq 0$，它就是与 $\lambda$ 对应的特征向量。

### 1.7.2 特征值与特征向量的性质

特征值和特征向量具有下述的性质。

(1)若矩阵 $\boldsymbol{A}$ 奇异,至少有一个特征值等于零,即 $\lambda=0$;若 $\boldsymbol{A}$ 非奇异,则它所有的特征值非零;不同特征值对应的非零特征向量线性无关。

(2)矩阵 $\boldsymbol{A}$ 和 $\boldsymbol{A}^{\mathrm{T}}$ 具有相同的特征值。

(3)若 $\lambda$ 是 $n\times n$ 矩阵 $\boldsymbol{A}$ 的特征值,则有 $\lambda^k$ 是矩阵 $\boldsymbol{A}^k$ 的特征值。

(4)若 $\lambda$ 是 $n\times n$ 非奇异矩阵 $\boldsymbol{A}$ 的特征值,则 $\boldsymbol{A}^{-1}$ 具有特征值 $1/\lambda$。

(5)$n\times n$ 矩阵 $\boldsymbol{A}+\sigma^2\boldsymbol{I}$ 的特征值为 $\lambda+\sigma^2$。

(6)$n\times n$ 矩阵 $\boldsymbol{A}$ 有 $n$ 个特征值,其中,多重特征值按照其多重数计数。

(7)若 $\boldsymbol{A}$ 是实数对称矩阵,则其所有特征值都是实数。

(8)关于对角矩阵和三角矩阵的特征值,对角元素就是其特征值。

(9)幂等矩阵的所有特征值取 0 或者 1,所以幂等矩阵是秩亏矩阵。

(10)正交矩阵所有特征值为 1 或 $-1$。

(11)特征值与迹的关系:矩阵的特征值之和等于该矩阵的迹。

(12)特征值与秩的关系:若有 $r$ 个非零特征值,则 $\mathrm{rank}(\boldsymbol{A})=r$;若只有一个 0 特征值,则 $\mathrm{rank}(\boldsymbol{A})=n-1$;若 $\mathrm{rank}(\boldsymbol{A}-\lambda\boldsymbol{I})\leqslant n-1$,则 $\lambda$ 是矩阵 $\boldsymbol{A}$ 的特征值。

(13)特征值与行列式的关系:矩阵所有特征值的乘积等于该矩阵行列式的值。

(14)正定矩阵的特征值都是正的,若 $\boldsymbol{A}$ 的特征值不相同,则可找到一个相似矩阵 $\boldsymbol{S}^{-1}\boldsymbol{A}\boldsymbol{S}=\boldsymbol{D}$(对角矩阵),其对角线元素就是 $\boldsymbol{A}$ 的特征值。

(15)一个 $n\times n$ 实数矩阵 $\boldsymbol{A}$ 是可对角化的,当且仅当 $\boldsymbol{A}$ 具有 $n$ 个线性无关的特征向量。

例 1.7.1 试求矩阵 $\boldsymbol{A}=\begin{bmatrix}3 & -1\\ -1 & 3\end{bmatrix}$ 的特征值和特征向量。

解:$\boldsymbol{A}$ 的特征多项式为

$$\det(\boldsymbol{A}-\lambda\boldsymbol{I})=\begin{vmatrix}3-\lambda & -1\\ -1 & 3-\lambda\end{vmatrix}=(3-\lambda)^2-1=\lambda^2-6\lambda+8=(\lambda-4)(\lambda-2)$$

所以 $\boldsymbol{A}$ 的特征值为 $\lambda_1=4,\lambda_2=2$。

当 $\lambda_1=4$ 时,解齐次方程 $(\boldsymbol{A}-4\boldsymbol{I})\boldsymbol{X}=\boldsymbol{0}$,由

$$-X_1-X_2=0$$
$$-X_1-X_2=0$$

解得 $X_1=-X_2$。令 $X_1=1$,则基础解系为 $\boldsymbol{\varepsilon}_1=[1\quad -1]^{\mathrm{T}}$,因此,属于 $\lambda_1=4$ 的全部特征向量为 $k_1\boldsymbol{\varepsilon}_1\ (k_1\neq 0)$。

当 $\lambda_2=2$ 时,解齐次方程 $(\boldsymbol{A}-2\boldsymbol{I})\boldsymbol{X}=\boldsymbol{0}$,由

$$X_1 - X_2 = 0$$
$$-X_1 + X_2 = 0$$

解得 $X_1 = X_2$。令 $X_1 = X_2 = 1$，则基础解系为 $\boldsymbol{\varepsilon}_2 = [1 \quad 1]^{\mathrm{T}}$，因此，属于 $\lambda_2 = 2$ 的全部特征向量为 $k_2\boldsymbol{\varepsilon}_2$ $(k_2 \neq 0)$。

例 1.7.2　试求矩阵 $\boldsymbol{A}$ 的特征值和特征向量。

$$\boldsymbol{A} = \begin{bmatrix} 1 & -2 & 2 \\ -2 & -2 & 4 \\ 2 & 4 & -2 \end{bmatrix}$$

解：$\boldsymbol{A}$ 的特征多项式为

$$\det(\boldsymbol{A} - \lambda\boldsymbol{I}) = \begin{vmatrix} 1-\lambda & -2 & 2 \\ -2 & -2-\lambda & 4 \\ 2 & 4 & -2-\lambda \end{vmatrix} = -(\lambda - 2)^2(\lambda + 7)$$

所以 $\boldsymbol{A}$ 的特征值为 $\lambda_1 = \lambda_2 = 2$（二重根），$\lambda_3 = -7$。

对于 $\lambda_1 = \lambda_2 = 2$，解齐次方程 $(\boldsymbol{A} - 2\boldsymbol{I})\boldsymbol{X} = \boldsymbol{0}$，由

$$\boldsymbol{A} - 2\boldsymbol{I} = \begin{bmatrix} -1 & -2 & 2 \\ -2 & -4 & 4 \\ 2 & 4 & -4 \end{bmatrix} \rightarrow \begin{bmatrix} -1 & -2 & 2 \\ 0 & 0 & 0 \\ 0 & 0 & 0 \end{bmatrix}$$

得基础解系为 $\boldsymbol{\varepsilon}_1 = [-2 \quad 1 \quad 0]^{\mathrm{T}}$，$\boldsymbol{\varepsilon}_2 = [2 \quad 0 \quad 1]^{\mathrm{T}}$，因此，属于 $\lambda_1 = \lambda_2 = 2$ 的全部特征向量为 $k_1\boldsymbol{\varepsilon}_1 + k_2\boldsymbol{\varepsilon}_2$（$k_1$、$k_2$ 不同时为零）。

对于 $\lambda_3 = -7$，解齐次方程 $(\boldsymbol{A} + 7\boldsymbol{I})\boldsymbol{X} = \boldsymbol{0}$，由

$$\boldsymbol{A} + 7\boldsymbol{I} = \begin{bmatrix} 8 & -2 & 2 \\ -2 & 5 & 4 \\ 2 & 4 & 5 \end{bmatrix} \rightarrow \begin{bmatrix} 1 & 0 & \frac{1}{2} \\ 0 & 1 & 1 \\ 0 & 0 & 0 \end{bmatrix}$$

得基础解系为 $\boldsymbol{\varepsilon}_3 = [1 \quad 2 \quad -2]^{\mathrm{T}}$。因此，属于 $\lambda_3 = -7$ 的全部特征向量为 $k_3\boldsymbol{\varepsilon}_3$ $(k_3 \neq 0)$。

## §1.8　矩阵分解

在测量数据处理中经常遇到矩阵分解成两个或三个特定形式矩阵的乘积的情况。这些特定矩阵一般包括对角矩阵、上三角矩阵、下三角矩阵等，这些特定矩阵称为矩阵的标准型。所谓矩阵分解，就是通过线性变换，将某个给定的或已知的矩阵分解成两个或三个标准型矩阵乘积的算法。

### 1.8.1 楚列斯基分解

设 $\boldsymbol{A}=\{a_{ij}\}\in\mathbb{R}^{n\times n}$是对称正定矩阵，$\boldsymbol{A}=\boldsymbol{G}\boldsymbol{G}^{\mathrm{T}}$ 称为矩阵 $\boldsymbol{A}$ 的楚列斯基分解，其中，$\boldsymbol{G}\in\mathbb{R}^{n\times n}$是一个具有正的对角线元素的下三角矩阵，即

$$\boldsymbol{G}=\begin{bmatrix} g_{11} & 0 & \cdots & 0 \\ g_{21} & g_{22} & \cdots & 0 \\ \vdots & \vdots & & \vdots \\ g_{n1} & g_{n2} & \cdots & g_{nn} \end{bmatrix} \tag{1.8.1}$$

比较 $\boldsymbol{A}=\boldsymbol{G}\boldsymbol{G}^{\mathrm{T}}$ 两边，易得

$$a_{ij}=\sum_{k=1}^{j} g_{jk}g_{ik} \tag{1.8.2}$$

$$g_{jj}g_{ij}=a_{ij}-\sum_{k=1}^{j-1} g_{jk}g_{ik}=v(i) \tag{1.8.3}$$

如果知道了 $\boldsymbol{G}$ 的前 $j-1$ 列，那么 $v(i)$就是可计算的。

在式(1.8.3)中令 $i=j$，立即有 $g_{jj}^2=v(i)$。然后，由式(1.8.3)得

$$g_{ij}=\frac{v(i)}{g_{jj}} \tag{1.8.4}$$

上述算法称为楚列斯基算法。

如果 $\boldsymbol{A}\in\mathbb{R}^{n\times n}$是对称正定矩阵，则楚列斯基分解 $\boldsymbol{A}=\boldsymbol{G}\boldsymbol{G}^{\mathrm{T}}$ 是唯一的，其中，下三角矩阵 $\boldsymbol{G}\in\mathbb{R}^{n\times n}$的非零元素由式(1.8.4)决定。

楚列斯基分解也称为平方根方法，因为下三角矩阵 $\boldsymbol{G}$ 可以视为 $\boldsymbol{A}$ 的平方根。一个非奇异矩阵 $\boldsymbol{A}$ 的逆矩阵 $\boldsymbol{A}^{-1}$可以通过楚列斯基分解求得，即

$$\boldsymbol{A}^{-1}=(\boldsymbol{G}^{-1})^{\mathrm{T}}\boldsymbol{G}^{-1} \tag{1.8.5}$$

考虑利用楚列斯基分解求解矩阵方程 $\boldsymbol{A}\boldsymbol{X}=\boldsymbol{b}$，其中 $\boldsymbol{A}\in\mathbb{R}^{n\times n}$为正定对称矩阵。由于

$$\boldsymbol{A}\boldsymbol{X}=\boldsymbol{b} \quad \Rightarrow \quad \boldsymbol{G}\boldsymbol{G}^{\mathrm{T}}\boldsymbol{X}=\boldsymbol{b}$$

上式乘$\boldsymbol{G}^{-1}$，并令 $\boldsymbol{h}=\boldsymbol{G}^{-1}\boldsymbol{b}$，得

$$\boldsymbol{G}^{\mathrm{T}}\boldsymbol{X}=\boldsymbol{h}$$

易得向量 $\boldsymbol{h}$ 的元素 $h_i$ 的递推计算公式为

$$\left.\begin{aligned} h_1&=b_1/g_{11} \\ h_i&=\frac{1}{g_{ii}}\Big(b_i-\sum_{k=1}^{i-1} g_{ki}h_k\Big) \end{aligned}\right\}(i=2,3,\cdots,n) \tag{1.8.6}$$

现在，方程 $\boldsymbol{A}\boldsymbol{X}=\boldsymbol{b}$ 的解等价为$\boldsymbol{G}^{\mathrm{T}}\boldsymbol{X}=\boldsymbol{h}$ 的解。注意到$\boldsymbol{G}^{\mathrm{T}}$ 为上三角矩阵，因此 $\boldsymbol{X}$ 可以利用回代法求出，即

$$\left.\begin{aligned} x_n &= h_n/g_{nn} \\ x_i &= \frac{1}{g_{ii}}\left(h_i - \sum_{k=1}^{n-i} g_{j+k,i}x_{k+i}\right) \end{aligned}\right\}(i = n-1, n-2, \cdots, 1) \tag{1.8.7}$$

例 1.8.1　试对矩阵 $\boldsymbol{A}$ 进行楚列斯基分解，$\boldsymbol{A}=\boldsymbol{G}\boldsymbol{G}^{\mathrm{T}}$，即求矩阵 $\boldsymbol{G}$。

$$\boldsymbol{A}=\begin{bmatrix} 5.6 & 1.2 & 3.2 & 2.0 \\ 1.2 & 7.6 & 2.1 & -1.2 \\ 3.2 & 2.1 & 6.5 & 0 \\ 2.0 & -1.2 & 0 & 7.0 \end{bmatrix}$$

解：

$$\boldsymbol{G}\boldsymbol{G}^{\mathrm{T}} = \begin{bmatrix} g_{11} & & & \\ g_{21} & g_{22} & & \\ g_{31} & g_{32} & g_{33} & \\ g_{41} & g_{42} & g_{43} & g_{44} \end{bmatrix}\begin{bmatrix} g_{11} & g_{21} & g_{31} & g_{41} \\ & g_{22} & g_{32} & g_{42} \\ & & g_{33} & g_{43} \\ & & & g_{44} \end{bmatrix}$$

$$= \begin{bmatrix} 5.6 & 1.2 & 3.2 & 2.0 \\ 1.2 & 7.6 & 2.1 & -1.2 \\ 3.2 & 2.1 & 6.5 & 0 \\ 2.0 & -1.2 & 0 & 7.0 \end{bmatrix}$$

$$g_{11}=\sqrt{5.6}=2.366\,4, g_{21}=\frac{1.2}{g_{11}}=0.507\,1, g_{31}=\frac{3.2}{g_{11}}=1.352\,2$$

$$g_{41}=\frac{2.0}{g_{11}}=0.845\,2, g_{22}=\sqrt{7.6-g_{21}^2}=2.709\,8, g_{32}=\frac{2.1-g_{21}g_{31}}{g_{22}}=0.521\,9$$

$$g_{42}=\frac{-1.2-g_{21}g_{41}}{g_{22}}=-0.601\,0, g_{33}=\sqrt{6.5-g_{31}^2-g_{32}^2}=2.097\,4$$

$$g_{43}=\frac{-g_{31}g_{41}-g_{32}g_{42}}{g_{33}}=-0.395\,3, g_{44}=\sqrt{7.0-g_{41}^2-g_{42}^2-g_{43}^2}=2.401\,7$$

$$\boldsymbol{G}=\begin{bmatrix} 2.366\,4 & & & \\ 0.507\,1 & 2.709\,8 & & \\ 1.352\,2 & 0.521\,9 & 2.097\,4 & \\ 0.845\,2 & -0.601\,0 & -0.395\,3 & 2.401\,7 \end{bmatrix}$$

## 1.8.2　$\boldsymbol{LDL}^{\mathrm{T}}$ 分解

若 $\boldsymbol{A}\in\mathbb{R}^{n\times n}$ 为对称正定矩阵，则存在一个单位下三角矩阵 $\boldsymbol{L}$ 的唯一对角矩阵 $\boldsymbol{D}=\mathrm{diag}(d_1, d_2, \cdots, d_n)$ 使

$$A = LDL^{\mathrm{T}} \tag{1.8.8}$$

算法为

$$\left.\begin{aligned} d_1 &= a_{11} \\ g_{ij} &= a_{ij} - \sum_{k=1}^{j-1} g_{ik} l_{jk} \\ l_{ij} &= g_{ij}/d_j \\ d_j &= a_{ii} - \sum_{k=1}^{i-1} g_{ik} l_{ik} \end{aligned}\right\}(i = 2,3,\cdots,n;j = 1,2,\cdots,i-1)$$

若 $A \in \mathbb{R}^{n\times n}$ 是一个实数对称矩阵，则存在一个实数正交矩阵 $Q$ 满足

$$Q^{\mathrm{T}} A Q = \mathrm{diag}(\lambda_1, \lambda_2, \cdots, \lambda_n) \tag{1.8.9}$$

例 1.8.2　试对矩阵 $A$ 进行 $LDL^{\mathrm{T}}$ 分解，$A=LDL^{\mathrm{T}}$，即求矩阵 $L$ 和 $D$。

$$A = \begin{bmatrix} 5.6 & 1.2 & 3.2 & 2.0 \\ 1.2 & 7.6 & 2.1 & -1.2 \\ 3.2 & 2.1 & 6.5 & 0 \\ 2.0 & -1.2 & 0 & 7.0 \end{bmatrix}$$

解：

$$L = \begin{bmatrix} 1 & & & \\ 0.2143 & 1 & & \\ 0.5714 & 0.1926 & 1 & \\ 0.3571 & -0.2218 & -0.1885 & 1 \end{bmatrix}, D = \begin{bmatrix} 5.6 & & & \\ & 7.3429 & & \\ & & 4.3990 & \\ & & & 5.7682 \end{bmatrix}$$

## §1.9　矩阵求导

### 1.9.1　矩阵对标量的导数

定义 1.9.1　如果 $A \in \mathbb{R}^{n\times n}$ 的元素 $a_{ij}$ 都是 $t$ 的函数，则矩阵的导数定义为

$$\frac{\mathrm{d}A}{\mathrm{d}t} = \dot{A} = \begin{bmatrix} \frac{\mathrm{d}a_{11}}{\mathrm{d}t} & \frac{\mathrm{d}a_{12}}{\mathrm{d}t} & \cdots & \frac{\mathrm{d}a_{1n}}{\mathrm{d}t} \\ \frac{\mathrm{d}a_{21}}{\mathrm{d}t} & \frac{\mathrm{d}a_{22}}{\mathrm{d}t} & \cdots & \frac{\mathrm{d}a_{2n}}{\mathrm{d}t} \\ \vdots & \vdots & & \vdots \\ \frac{\mathrm{d}a_{n1}}{\mathrm{d}t} & \frac{\mathrm{d}a_{n2}}{\mathrm{d}t} & \cdots & \frac{\mathrm{d}a_{nn}}{\mathrm{d}t} \end{bmatrix} \tag{1.9.1}$$

同样可定义矩阵的高阶导数和偏导数。

定义 1.9.2　如果 $\boldsymbol{A}\in\mathbb{R}^{n\times n}$ 的元素 $a_{ij}$ 都是 $t$ 的函数，则矩阵的积分定义为

$$\int \boldsymbol{A}\mathrm{d}t=\begin{bmatrix}\int a_{11}\mathrm{d}t & \int a_{12}\mathrm{d}t & \cdots & \int a_{1n}\mathrm{d}t \\ \int a_{21}\mathrm{d}t & \int a_{22}\mathrm{d}t & \cdots & \int a_{2n}\mathrm{d}t \\ \vdots & \vdots & & \vdots \\ \int a_{n1}\mathrm{d}t & \int a_{n2}\mathrm{d}t & \cdots & \int a_{nn}\mathrm{d}t\end{bmatrix} \tag{1.9.2}$$

类似地，可定义矩阵函数及其导数：

(1)指数矩阵函数为

$$\exp(\boldsymbol{A}t)=\boldsymbol{I}+\boldsymbol{A}t+\frac{\boldsymbol{A}^2t^2}{2!}+\frac{\boldsymbol{A}^3t^3}{3!}+\cdots \tag{1.9.3}$$

(2)指数矩阵函数的导数为

$$\frac{\mathrm{d}}{\mathrm{d}t}\exp(\boldsymbol{A}t)=\boldsymbol{A}\exp(\boldsymbol{A}t)=\exp(\boldsymbol{A}t)\boldsymbol{A} \tag{1.9.4}$$

(3)矩阵乘积的导数为

$$\frac{\mathrm{d}}{\mathrm{d}t}(\boldsymbol{A}\boldsymbol{B})=\frac{\mathrm{d}\boldsymbol{A}}{\mathrm{d}t}\boldsymbol{B}+\boldsymbol{A}\frac{\mathrm{d}\boldsymbol{B}}{\mathrm{d}t} \tag{1.9.5}$$

## 1.9.2　向量对向量的导数

定义 1.9.3　如果自变量向量 $\boldsymbol{X}=[x_1\quad x_2\quad\cdots\quad x_n]^{\mathrm{T}}$，向量函数为 $\boldsymbol{f}(\boldsymbol{X})=[f_1(\boldsymbol{X})\quad f_2(\boldsymbol{X})\quad\cdots\quad f_m(\boldsymbol{X})]$，$\boldsymbol{f}(\boldsymbol{X})$ 相对于 $\boldsymbol{X}$ 的导数定义为

$$\frac{\mathrm{d}\boldsymbol{f}(\boldsymbol{X})}{\mathrm{d}\boldsymbol{X}}=\begin{bmatrix}\frac{\partial f_1(\boldsymbol{X})}{\partial x_1} & \frac{\partial f_2(\boldsymbol{X})}{\partial x_1} & \cdots & \frac{\partial f_m(\boldsymbol{X})}{\partial x_1} \\ \frac{\partial f_1(\boldsymbol{X})}{\partial x_2} & \frac{\partial f_2(\boldsymbol{X})}{\partial x_2} & \cdots & \frac{\partial f_m(\boldsymbol{X})}{\partial x_2} \\ \vdots & \vdots & & \vdots \\ \frac{\partial f_1(\boldsymbol{X})}{\partial x_n} & \frac{\partial f_2(\boldsymbol{X})}{\partial x_n} & \cdots & \frac{\partial f_m(\boldsymbol{X})}{\partial x_n}\end{bmatrix} \tag{1.9.6}$$

定义 1.9.4　如果自变量向量 $\boldsymbol{X}=[x_1\quad x_2\quad\cdots\quad x_n]^{\mathrm{T}}$，向量函数为 $\boldsymbol{Y}=[y_1\quad y_2\quad\cdots\quad y_m]^{\mathrm{T}}$，$\boldsymbol{Y}$ 相对于 $\boldsymbol{X}$ 的导数定义为

$$\frac{\mathrm{d}\boldsymbol{Y}}{\mathrm{d}\boldsymbol{X}^{\mathrm{T}}}=\begin{bmatrix}\frac{\partial y_1}{\partial x_1} & \frac{\partial y_1}{\partial x_2} & \cdots & \frac{\partial y_1}{\partial x_n} \\ \frac{\partial y_2}{\partial x_1} & \frac{\partial y_2}{\partial x_2} & \cdots & \frac{\partial y_2}{\partial x_n} \\ \vdots & \vdots & & \vdots \\ \frac{\partial y_m}{\partial x_1} & \frac{\partial y_m}{\partial x_2} & \cdots & \frac{\partial y_m}{\partial x_n}\end{bmatrix} \tag{1.9.7}$$

特别地，若 $\boldsymbol{f}(\boldsymbol{X})=[x_1 \quad x_2 \quad \cdots \quad x_m]$，则

$$\frac{\mathrm{d}\boldsymbol{f}(\boldsymbol{X})}{\mathrm{d}\boldsymbol{X}}=\frac{\mathrm{d}\,\boldsymbol{X}^{\mathrm{T}}}{\mathrm{d}\boldsymbol{X}}=\boldsymbol{I} \tag{1.9.8}$$

类似地，其他矩阵函数导数如下：

(1)二次型的导数为

$$\frac{\mathrm{d}}{\mathrm{d}\boldsymbol{X}}(\boldsymbol{X}^{\mathrm{T}}\boldsymbol{A}\boldsymbol{X})=\boldsymbol{A}\boldsymbol{X}+\boldsymbol{A}^{\mathrm{T}}\boldsymbol{X} \tag{1.9.9}$$

特别地，若 $\boldsymbol{A}$ 为对称矩阵，则

$$\frac{\mathrm{d}}{\mathrm{d}\boldsymbol{X}}(\boldsymbol{X}^{\mathrm{T}}\boldsymbol{A}\boldsymbol{X})=2\boldsymbol{A}\boldsymbol{X} \tag{1.9.10}$$

(2)若 $\boldsymbol{f}(\boldsymbol{X})=c$ 为常数，则

$$\frac{\mathrm{d}c}{\mathrm{d}\boldsymbol{X}}=0 \tag{1.9.11}$$

(3)线性法则。若 $\boldsymbol{f}(\boldsymbol{X})$和 $\boldsymbol{g}(\boldsymbol{X})$分别是向量 $\boldsymbol{X}$ 的实值函数，$c_1$ 和 $c_2$ 为实常数，则

$$\frac{\mathrm{d}(c_1\boldsymbol{f}(\boldsymbol{X})+c_2\boldsymbol{g}(\boldsymbol{X}))}{\mathrm{d}\boldsymbol{X}}=c_1\,\frac{\mathrm{d}\boldsymbol{f}(\boldsymbol{X})}{\mathrm{d}\boldsymbol{X}}+c_2\,\frac{\mathrm{d}\boldsymbol{g}(\boldsymbol{X})}{\mathrm{d}\boldsymbol{X}} \tag{1.9.12}$$

(4)乘积法则。若 $\boldsymbol{f}(\boldsymbol{X})$和 $\boldsymbol{g}(\boldsymbol{X})$分别是向量 $\boldsymbol{X}$ 的实值函数，则

$$\frac{\mathrm{d}(\boldsymbol{f}(\boldsymbol{X})\boldsymbol{g}(\boldsymbol{X}))}{\mathrm{d}\boldsymbol{X}}=\boldsymbol{g}(\boldsymbol{X})\frac{\mathrm{d}\boldsymbol{f}(\boldsymbol{X})}{\mathrm{d}\boldsymbol{X}}+f(X)\frac{\mathrm{d}\boldsymbol{g}(\boldsymbol{X})}{\mathrm{d}\boldsymbol{X}} \tag{1.9.13}$$

(5)商法则。若 $\boldsymbol{g}(\boldsymbol{X})\neq 0$，则

$$\frac{\mathrm{d}\left(\dfrac{\boldsymbol{f}(\boldsymbol{X})}{\boldsymbol{g}(\boldsymbol{X})}\right)}{\mathrm{d}\boldsymbol{X}}=\frac{1}{\boldsymbol{g}^2(\boldsymbol{X})}\left(\boldsymbol{g}(\boldsymbol{X})\frac{\mathrm{d}\boldsymbol{f}(\boldsymbol{X})}{\mathrm{d}\boldsymbol{X}}-\boldsymbol{f}(\boldsymbol{X})\frac{\mathrm{d}\boldsymbol{g}(\boldsymbol{X})}{\mathrm{d}\boldsymbol{X}}\right) \tag{1.9.14}$$

(6)复合函数求导。若 $\boldsymbol{Y}(\boldsymbol{X})$是向量 $\boldsymbol{X}$ 的实值函数，则

$$\frac{\partial(\boldsymbol{f}(\boldsymbol{Y}(\boldsymbol{X})))}{\partial\boldsymbol{X}}=\frac{\partial\boldsymbol{Y}^{\mathrm{T}}(\boldsymbol{X})}{\partial\boldsymbol{X}}\frac{\partial\boldsymbol{f}(\boldsymbol{Y})}{\partial\boldsymbol{Y}} \tag{1.9.15}$$

式中，$\dfrac{\partial\boldsymbol{Y}^{\mathrm{T}}(\boldsymbol{X})}{\partial\boldsymbol{X}}$为 $n\times n$ 矩阵。

(7)若 $\boldsymbol{A}$ 和 $\boldsymbol{Y}$ 均与 $\boldsymbol{X}$ 无关，则

$$\left.\begin{aligned}\frac{\partial\boldsymbol{X}^{\mathrm{T}}\boldsymbol{A}\boldsymbol{Y}}{\partial\boldsymbol{X}}&=\boldsymbol{A}\boldsymbol{Y}\\ \frac{\partial\boldsymbol{Y}^{\mathrm{T}}\boldsymbol{A}\boldsymbol{X}}{\partial\boldsymbol{X}}&=\boldsymbol{A}^{\mathrm{T}}\boldsymbol{Y}\end{aligned}\right\} \tag{1.9.16}$$

(8)令 $\boldsymbol{X}$ 为 $n\times 1$ 向量，$\boldsymbol{\alpha}$ 为 $m\times 1$ 常数向量，$\boldsymbol{A}$ 和 $\boldsymbol{B}$ 分别为 $m\times n$ 和 $m\times m$ 常数矩阵，且 $\boldsymbol{B}$ 为对称矩阵，则

$$\frac{\partial(\boldsymbol{\alpha}-\boldsymbol{AX})^{\mathrm{T}}\boldsymbol{B}(\alpha-\boldsymbol{AX})}{\partial\boldsymbol{X}}=-2\boldsymbol{A}^{\mathrm{T}}\boldsymbol{B}(\boldsymbol{\alpha}-\boldsymbol{AX}) \tag{1.9.17}$$

(9)设 $f(\boldsymbol{A})$是矩阵 $\boldsymbol{A}$ 的实值函数，则

$$\frac{\mathrm{d}f(\boldsymbol{A})}{\mathrm{d}\boldsymbol{A}}=\begin{bmatrix}\frac{\mathrm{d}f(\boldsymbol{A})}{\mathrm{d}a_{11}} & \frac{\mathrm{d}f(\boldsymbol{A})}{\mathrm{d}a_{12}} & \cdots & \frac{\mathrm{d}f(\boldsymbol{A})}{\mathrm{d}a_{1n}}\\ \frac{\mathrm{d}f(\boldsymbol{A})}{\mathrm{d}a_{21}} & \frac{\mathrm{d}f(\boldsymbol{A})}{\mathrm{d}a_{22}} & \cdots & \frac{\mathrm{d}f(\boldsymbol{A})}{\mathrm{d}a_{2n}}\\ \vdots & \vdots & & \vdots\\ \frac{\mathrm{d}f(\boldsymbol{A})}{\mathrm{d}a_{n1}} & \frac{\mathrm{d}f(\boldsymbol{A})}{\mathrm{d}a_{n2}} & \cdots & \frac{\mathrm{d}f(\boldsymbol{A})}{\mathrm{d}a_{m}}\end{bmatrix} \tag{1.9.18}$$

(10)若 $\boldsymbol{A}\in\mathbb{R}^{m\times n}$、$\boldsymbol{X}\in\mathbb{R}^{m\times 1}$、$\boldsymbol{Y}\in\mathbb{R}^{n\times 1}$，则

$$\frac{\partial\boldsymbol{X}^{\mathrm{T}}\boldsymbol{AY}}{\partial\boldsymbol{A}}=\boldsymbol{X}\boldsymbol{Y}^{\mathrm{T}} \tag{1.9.19}$$

(11)若 $\boldsymbol{A}\in\mathbb{R}^{m\times m}$、$\boldsymbol{X}\in\mathbb{R}^{m\times 1}$、$\boldsymbol{Y}\in\mathbb{R}^{m\times 1}$，则

$$\frac{\partial\boldsymbol{X}^{\mathrm{T}}\boldsymbol{A}^{-1}\boldsymbol{Y}}{\partial\boldsymbol{A}}=-\boldsymbol{A}^{-1}\boldsymbol{X}\boldsymbol{Y}^{\mathrm{T}}\boldsymbol{A}^{-1} \tag{1.9.20}$$

(12)若 $\boldsymbol{A}\in\mathbb{R}^{m\times n}$、$\boldsymbol{X}\in\mathbb{R}^{n\times 1}$、$Y\in\mathbb{R}^{n\times 1}$，则

$$\frac{\partial\boldsymbol{X}^{\mathrm{T}}\boldsymbol{A}^{\mathrm{T}}\boldsymbol{AY}}{\partial\boldsymbol{A}}=\boldsymbol{A}(\boldsymbol{X}\boldsymbol{Y}^{\mathrm{T}}+\boldsymbol{Y}\boldsymbol{X}^{\mathrm{T}}) \tag{1.9.21}$$

(13)若 $\boldsymbol{A}\in\mathbb{R}^{m\times n}$，$\boldsymbol{X}$、$\boldsymbol{Y}\in\mathbb{R}^{m\times 1}$，则

$$\frac{\partial\boldsymbol{X}^{\mathrm{T}}\boldsymbol{A}\boldsymbol{A}^{\mathrm{T}}\boldsymbol{Y}}{\partial\boldsymbol{A}}=(\boldsymbol{X}\boldsymbol{Y}^{\mathrm{T}}+\boldsymbol{Y}\boldsymbol{X}^{\mathrm{T}})\boldsymbol{A} \tag{1.9.22}$$

(14)指数函数的导数为

$$\frac{\partial\exp(\boldsymbol{X}^{\mathrm{T}}\boldsymbol{AY})}{\partial\boldsymbol{A}}=\boldsymbol{X}\boldsymbol{Y}^{\mathrm{T}}\exp(\boldsymbol{X}^{\mathrm{T}}\boldsymbol{AY}) \tag{1.9.23}$$

### 1.9.3　关于矩阵迹的导数

对于 $n\times n$ 矩阵 $\boldsymbol{A}$，由于 $\mathrm{tr}(\boldsymbol{A})=\sum_{i=1}^{n}a_{ii}$，故导数$\frac{\mathrm{dtr}(\boldsymbol{A})}{\mathrm{d}\boldsymbol{A}}$的$(i,j)$元素为

$$\left[\frac{\mathrm{dtr}(\boldsymbol{A})}{\mathrm{d}\boldsymbol{A}}\right]_{ij}=\frac{\partial}{\partial a_{ij}}\sum_{k=1}^{n}a_{kk}=\begin{cases}1, & j=i\\0, & j\neq i\end{cases}$$

有

$$\frac{\mathrm{dtr}(\boldsymbol{A})}{\mathrm{d}\boldsymbol{A}}=\boldsymbol{I} \tag{1.9.24}$$

具体迹函数的微分矩阵和梯度矩阵的对应关系如表 1.9.1 所示。

表 1.9.1 几种迹函数的微分矩阵和梯度矩阵的对应关系

| 函数 $f(\boldsymbol{X})$ | 微分矩阵 $\mathrm{d}f(\boldsymbol{X})$ | 导数矩阵 $\partial f(\boldsymbol{X})/\partial \boldsymbol{X}$ |
|---|---|---|
| $\mathrm{tr}(\boldsymbol{X})$ | $\mathrm{tr}(\boldsymbol{I}\mathrm{d}\boldsymbol{X})$ | $\boldsymbol{I}$ |
| $\mathrm{tr}(\boldsymbol{X}^{\mathrm{T}}\boldsymbol{X})$ | $2\mathrm{tr}(\boldsymbol{X}^{\mathrm{T}}\mathrm{d}\boldsymbol{X})$ | $2\boldsymbol{X}$ |
| $\mathrm{tr}(\boldsymbol{A}\boldsymbol{X})$ | $\mathrm{tr}(\boldsymbol{A}\mathrm{d}\boldsymbol{X})$ | $\boldsymbol{A}^{\mathrm{T}}$ |
| $\mathrm{tr}(\boldsymbol{X}^{\mathrm{T}}\boldsymbol{A}\boldsymbol{X})$ | $\mathrm{tr}(\boldsymbol{X}^{\mathrm{T}}(\boldsymbol{A}+\boldsymbol{A}^{\mathrm{T}})\mathrm{d}\boldsymbol{X})$ | $(\boldsymbol{A}+\boldsymbol{A}^{\mathrm{T}})\boldsymbol{X}$ |
| $\mathrm{tr}(\boldsymbol{X}\boldsymbol{A}\boldsymbol{X}^{\mathrm{T}})$ | $\mathrm{tr}((\boldsymbol{A}+\boldsymbol{A}^{\mathrm{T}})\boldsymbol{X}^{\mathrm{T}}\mathrm{d}\boldsymbol{X})$ | $\boldsymbol{X}(\boldsymbol{A}+\boldsymbol{A}^{\mathrm{T}})$ |
| $\mathrm{tr}(\boldsymbol{X}^{2})$ | $2\mathrm{tr}(\boldsymbol{X}\mathrm{d}\boldsymbol{X})$ | $2\boldsymbol{X}^{\mathrm{T}}$ |
| $\mathrm{tr}(\boldsymbol{X}\boldsymbol{A}\boldsymbol{X})$ | $\mathrm{tr}((\boldsymbol{A}\boldsymbol{X}+\boldsymbol{X}\boldsymbol{A})\mathrm{d}\boldsymbol{X})$ | $\boldsymbol{A}^{\mathrm{T}}\boldsymbol{X}^{\mathrm{T}}+\boldsymbol{X}^{\mathrm{T}}\boldsymbol{A}^{\mathrm{T}}$ |
| $\mathrm{tr}(\boldsymbol{A}\boldsymbol{X}^{-1})$ | $-\mathrm{tr}(\boldsymbol{X}^{-1}\boldsymbol{A}\boldsymbol{X}^{-1}\mathrm{d}\boldsymbol{X})$ | $-(\boldsymbol{X}^{-1}\boldsymbol{A}\boldsymbol{X}^{-1})^{\mathrm{T}}$ |
| $\mathrm{tr}(\boldsymbol{X}\boldsymbol{A}\boldsymbol{X}\boldsymbol{B})$ | $\mathrm{tr}((\boldsymbol{A}\boldsymbol{X}\boldsymbol{B}+\boldsymbol{B}\boldsymbol{X}\boldsymbol{A})\mathrm{d}\boldsymbol{X})$ | $(\boldsymbol{A}\boldsymbol{X}\boldsymbol{B}+\boldsymbol{B}\boldsymbol{X}\boldsymbol{A})^{\mathrm{T}}$ |
| $\mathrm{tr}(\boldsymbol{X}\boldsymbol{A}\boldsymbol{X}^{\mathrm{T}}\boldsymbol{B})$ | $\mathrm{tr}((\boldsymbol{A}\boldsymbol{X}^{\mathrm{T}}\boldsymbol{B}+(\boldsymbol{B}\boldsymbol{X}\boldsymbol{A})^{\mathrm{T}})\mathrm{d}\boldsymbol{X})$ | $\boldsymbol{B}^{\mathrm{T}}\boldsymbol{X}\boldsymbol{A}^{\mathrm{T}}+\boldsymbol{B}\boldsymbol{X}\boldsymbol{A}$ |

# §1.10 矩阵特殊和与特殊积

## 1.10.1 矩阵的直和

定义1.10.1 $m\times m$ 矩阵 $\boldsymbol{A}$ 与 $n\times n$ 矩阵 $\boldsymbol{B}$ 的直和记作 $\boldsymbol{A}\oplus\boldsymbol{B}$，它是一个 $(m+n)\times(m+n)$ 矩阵，定义

$$\boldsymbol{A}\oplus\boldsymbol{B}=\begin{bmatrix}\boldsymbol{A} & \underset{m\times n}{\boldsymbol{0}}\\ \underset{n\times m}{\boldsymbol{0}} & \boldsymbol{B}\end{bmatrix} \tag{1.10.1}$$

两个矩阵的直和不是两个矩阵元素之间的任何求和运算，只是一种形式上的求和符号，其直和是将两个矩阵按照对角线位置堆放，直接组合成一个元素更多的矩阵。

若 $\boldsymbol{A}_1$、$\boldsymbol{A}_2$、…、$\boldsymbol{A}_N$ 等 $N$ 个矩阵的直和为

$$\boldsymbol{B}=\bigoplus_{i=1}^{N}\boldsymbol{A}_i=\begin{bmatrix}\boldsymbol{A}_1 & & & \\ & \boldsymbol{A}_2 & & \\ & & \ddots & \\ & & & \boldsymbol{A}_N\end{bmatrix} \tag{1.10.2}$$

矩阵直和有以下性质：

(1)若 $c$ 为常数，则 $c(\boldsymbol{A}\oplus\boldsymbol{B})=c\boldsymbol{A}\oplus c\boldsymbol{B}$。

(2)若 $\boldsymbol{A}\neq\boldsymbol{B}$,则 $\boldsymbol{A}\oplus\boldsymbol{B}\neq\boldsymbol{B}\oplus\boldsymbol{A}$。

(3)矩阵直和的转置与逆矩阵:$(\boldsymbol{A}\oplus\boldsymbol{B})^{\mathrm{T}}=\boldsymbol{A}^{\mathrm{T}}\oplus\boldsymbol{B}^{\mathrm{T}}$,$(\boldsymbol{A}\oplus\boldsymbol{B})^{-1}=\boldsymbol{A}^{-1}\oplus\boldsymbol{B}^{-1}$,$\boldsymbol{A}$、$\boldsymbol{B}$ 可逆。

(4)若 $\boldsymbol{A}$、$\boldsymbol{B}$ 为 $m\times m$ 矩阵,若 $\boldsymbol{C}$、$\boldsymbol{D}$ 为 $n\times n$ 矩阵,则 $(\boldsymbol{A}\pm\boldsymbol{B})\oplus(\boldsymbol{C}\pm\boldsymbol{D})=(\boldsymbol{A}\oplus\boldsymbol{C})\pm(\boldsymbol{B}\oplus\boldsymbol{D})$,$(\boldsymbol{A}\oplus\boldsymbol{C})(\boldsymbol{B}\oplus\boldsymbol{D})=\boldsymbol{AB}\oplus\boldsymbol{CD}$。

(5)若 $\boldsymbol{A}$、$\boldsymbol{B}$、$\boldsymbol{C}$ 为 $m\times m$、$n\times n$、$r\times r$ 矩阵,则 $\boldsymbol{A}\oplus(\boldsymbol{B}\oplus\boldsymbol{C})=\boldsymbol{A}\oplus\boldsymbol{B}\oplus\boldsymbol{C}$。

(6)矩阵直和的迹、秩、行列式为

$$\mathrm{tr}(\bigoplus_{i=1}^{N}\boldsymbol{A}_i)=\sum_{i=1}^{N}\mathrm{tr}(\boldsymbol{A}_i)$$

$$\mathrm{rank}(\bigoplus_{i=1}^{N}\boldsymbol{A}_i)=\sum_{i=1}^{N}\mathrm{rank}(\boldsymbol{A}_i)$$

$$\det(\bigoplus_{i=1}^{N}\boldsymbol{A}_i)=\prod_{i=1}^{N}\det(\boldsymbol{A}_i)$$

(7)若 $\boldsymbol{A}$、$\boldsymbol{B}$ 分别为 $m\times m$、$n\times n$ 正交矩阵,则 $\boldsymbol{A}\oplus\boldsymbol{B}$ 是 $(m+n)\times(m+n)$ 正交矩阵。

### 1.10.2　矩阵的阿达马积

定义 1.10.2　两个 $m\times n$ 矩阵 $\boldsymbol{A}=\{a_{ij}\}$、$\boldsymbol{B}=\{b_{ij}\}$ 的阿达马积记作 $\boldsymbol{A}\odot\boldsymbol{B}$,它仍然是一个 $m\times n$ 矩阵,定义为

$$\boldsymbol{A}\odot\boldsymbol{B}=\{a_{ij}b_{ij}\}\tag{1.10.3}$$

如果 $m\times m$ 矩阵 $\boldsymbol{A}$、$\boldsymbol{B}$ 是正定(或半正定)矩阵,则它们的阿达马积 $\boldsymbol{A}\odot\boldsymbol{B}$ 也是正定(或半正定)的。

直积的性质如下:

(1)若 $\boldsymbol{A}$、$\boldsymbol{B}$ 均为 $m\times n$ 矩阵,则 $\boldsymbol{A}\odot\boldsymbol{B}=\boldsymbol{B}\odot\boldsymbol{A}$、$(\boldsymbol{A}\odot\boldsymbol{B})^{\mathrm{T}}=\boldsymbol{A}^{\mathrm{T}}\odot\boldsymbol{B}^{\mathrm{T}}$。

(2)若 $\boldsymbol{A}$、$\boldsymbol{B}$ 均为 $m\times n$ 矩阵,其中有一个是零矩阵,则阿达马积为零矩阵,即

$$\boldsymbol{A}\odot\underset{m\times n}{\boldsymbol{0}}=\underset{m\times n}{\boldsymbol{0}}\odot\boldsymbol{A}=\underset{m\times n}{\boldsymbol{0}}$$

(3)若 $c$ 为常数,在 $c(\boldsymbol{A}\odot\boldsymbol{B})=(c\boldsymbol{A})\odot\boldsymbol{B}=\boldsymbol{A}\odot(c\boldsymbol{B})$。

(4)矩阵 $\underset{m\times m}{\boldsymbol{A}}=\{a_{ij}\}$ 与单位矩阵 $\underset{m\times m}{\boldsymbol{I}}$ 的阿达马积为 $m\times m$ 对角矩阵,即

$$\boldsymbol{A}\odot\boldsymbol{I}=\boldsymbol{I}\odot\boldsymbol{A}=\mathrm{diag}(\boldsymbol{A})=\mathrm{diag}(a_{11},a_{22},\cdots,a_{mm})$$

(5)若 $\boldsymbol{A}$、$\boldsymbol{B}$、$\boldsymbol{C}$、$\boldsymbol{D}$ 均为 $m\times n$ 矩阵,则

$$\boldsymbol{A}\odot(\boldsymbol{B}\odot\boldsymbol{C})=(\boldsymbol{A}\odot\boldsymbol{B})\odot\boldsymbol{C}=\boldsymbol{A}\odot\boldsymbol{B}\odot\boldsymbol{C}$$

$$(\boldsymbol{A}+\boldsymbol{B})\odot(\boldsymbol{C}+\boldsymbol{D})=\boldsymbol{A}\odot\boldsymbol{C}+\boldsymbol{A}\odot\boldsymbol{D}+\boldsymbol{B}\odot\boldsymbol{C}+\boldsymbol{B}\odot\boldsymbol{D}$$

$$(\boldsymbol{A}\pm\boldsymbol{B})\odot\boldsymbol{C}=(\boldsymbol{A}\odot\boldsymbol{C})\pm(\boldsymbol{B}\odot\boldsymbol{D})$$

(6)若 $\boldsymbol{A}$、$\boldsymbol{C}$ 为 $m\times m$ 矩阵,并且 $\boldsymbol{B}$、$\boldsymbol{D}$ 为 $n\times n$ 矩阵,则

$$(\boldsymbol{A}\oplus\boldsymbol{B})\odot(\boldsymbol{C}\oplus\boldsymbol{D})=(\boldsymbol{A}\odot\boldsymbol{C})\oplus(\boldsymbol{B}\odot\boldsymbol{D})$$

(7)若 $\boldsymbol{A}$、$\boldsymbol{B}$、$\boldsymbol{C}$ 为 $m\times n$ 矩阵，则 $\mathrm{tr}(\boldsymbol{A}^{\mathrm{T}}(\boldsymbol{B}\odot\boldsymbol{C}))=\mathrm{tr}((\boldsymbol{A}^{\mathrm{T}}\odot\boldsymbol{B}^{\mathrm{T}})\boldsymbol{C})$。

(8)若 $\boldsymbol{A}$、$\boldsymbol{B}$、$\boldsymbol{D}$ 为 $m\times m$ 矩阵，则 $\boldsymbol{D}$ 为对角矩阵，即 $(\boldsymbol{DA})\odot(\boldsymbol{BD})=\boldsymbol{D}(\boldsymbol{A}\odot\boldsymbol{B})\boldsymbol{D}$。

(9)若 $\boldsymbol{A}$、$\boldsymbol{B}$ 为 $m\times m$ 正定(或半正定)矩阵，则它们的阿达马积 $\boldsymbol{A}\odot\boldsymbol{B}$ 也是正定(或半正定)的。

### 1.10.3 矩阵化函数和向量化函数

矩阵与向量之间存在相互转换的函数。

定义 1.10.3 一个 $mn\times 1$ 向量 $\boldsymbol{a}=[a_1 \quad a_2 \quad \cdots \quad a_{mn}]^{\mathrm{T}}$ 的矩阵化函数 $\underset{m\times n}{\mathrm{unvec}}(\boldsymbol{a})$ 是一个将 $mn$ 元素的列向量转化为 $m\times n$ 矩阵的算子，即

$$\underset{m\times n}{\mathrm{unvec}}(\boldsymbol{a})=\underset{m\times n}{\boldsymbol{A}}=\begin{bmatrix} a_1 & a_{m+1} & \cdots & a_{m(n-1)+1} \\ a_2 & a_{m+2} & \cdots & a_{m(n-1)+2} \\ \vdots & \vdots & & \vdots \\ a_m & a_{2m} & \cdots & a_{mn} \end{bmatrix} \tag{1.10.4}$$

相反，若 $\boldsymbol{A}=\{a_{ij}\}$ 是一个 $m\times n$ 矩阵，则 $\boldsymbol{A}$ 的向量化函数 $\mathrm{vec}(\boldsymbol{A})$ 是一个 $mn\times 1$ 向量，其元素是 $\boldsymbol{A}$ 第一列元素排列完，再排列第二列，最后排列第 $n$ 列，即

$$\mathrm{vec}(\boldsymbol{A})=[a_{11} \quad \cdots \quad a_{m1} \quad \cdots \quad a_{1n} \quad \cdots \quad a_{mn}]^{\mathrm{T}}$$

矩阵化算子和向量化算子关系为

$$\underset{m\times n}{\mathrm{unvec}}(\boldsymbol{a})=\underset{m\times n}{\boldsymbol{A}}\Rightarrow \mathrm{vec}(\underset{m\times n}{\boldsymbol{A}})=\boldsymbol{a} \tag{1.10.5}$$

矩阵向量化算子与迹的关系为

$$\mathrm{tr}(\boldsymbol{A}^{\mathrm{T}}\boldsymbol{B})=(\mathrm{vec}(\boldsymbol{A}))^{\mathrm{T}}\mathrm{vec}(\boldsymbol{B}) \tag{1.10.6}$$

### 1.10.4 矩阵的克罗内克积(矩阵的直积)

定义 1.10.4 $m\times n$ 矩阵 $\boldsymbol{A}$ 和 $p\times q$ 矩阵 $\boldsymbol{B}$ 的右克罗内克积记作 $\boldsymbol{A}\otimes\boldsymbol{B}$，定义为

$$(\boldsymbol{A}\otimes\boldsymbol{B})_{\mathrm{r}}=\{a_{ij}\boldsymbol{B}\}=\begin{bmatrix} a_{11}\boldsymbol{B} & a_{12}\boldsymbol{B} & \cdots & a_{1n}\boldsymbol{B} \\ a_{21}\boldsymbol{B} & a_{22}\boldsymbol{B} & \cdots & a_{2n}\boldsymbol{B} \\ \vdots & \vdots & & \vdots \\ a_{m1}\boldsymbol{B} & a_{m2}\boldsymbol{B} & \cdots & a_{mn}\boldsymbol{B} \end{bmatrix} \tag{1.10.7}$$

定义 1.10.5 $m\times n$ 矩阵 $\boldsymbol{A}$ 和 $p\times q$ 矩阵 $\boldsymbol{B}$ 的左克罗内克积记作 $\boldsymbol{A}\otimes\boldsymbol{B}$，定义为

$$(\boldsymbol{A}\otimes\boldsymbol{B})_{\mathrm{l}}=\{\boldsymbol{A}b_{ij}\}=\begin{bmatrix} \boldsymbol{A}b_{11} & \boldsymbol{A}b_{12} & \cdots & \boldsymbol{A}b_{1q} \\ \boldsymbol{A}b_{21} & \boldsymbol{A}b_{22} & \cdots & \boldsymbol{A}b_{2q} \\ \vdots & \vdots & & \vdots \\ \boldsymbol{A}b_{p1} & \boldsymbol{A}b_{p2} & \cdots & \boldsymbol{A}b_{pq} \end{bmatrix} \tag{1.10.8}$$

克罗内克积也称为直积或张量积。

例 1.10.1　令矩阵

$$A=\begin{bmatrix}2&-1\\-1&2\end{bmatrix},B=\begin{bmatrix}2&1&1\\1&2&1\\1&1&2\end{bmatrix},C=\begin{bmatrix}2&0&0\\1&2&1\\1&1&2\end{bmatrix}$$

试求 $\boldsymbol{A}\oplus\boldsymbol{B}$、$\boldsymbol{C}\odot\boldsymbol{B}$、$\mathrm{vec}(\boldsymbol{A})$、$\mathrm{vec}(\boldsymbol{B})$和 $\boldsymbol{A}\otimes\boldsymbol{B}$。

解：(1)矩阵的直和为

$$\boldsymbol{A}\oplus\boldsymbol{B}=\begin{bmatrix}2&-1&0&0&0\\-1&2&0&0&0\\0&0&2&1&1\\0&0&1&2&1\\0&0&1&1&2\end{bmatrix}$$

(2)矩阵的直积为

$$\boldsymbol{C}\odot\boldsymbol{B}=\begin{bmatrix}2&0&0\\1&2&1\\1&1&2\end{bmatrix}\odot\begin{bmatrix}2&1&1\\1&2&1\\1&1&2\end{bmatrix}=\begin{bmatrix}4&0&0\\1&4&1\\1&1&4\end{bmatrix}$$

(3) $\mathrm{vec}(\boldsymbol{A})=[2\quad -1\quad -1\quad 2]^{\mathrm{T}}$，$\mathrm{vec}(\boldsymbol{B})=[2\quad 1\quad 1\quad 1\quad 2\quad 1\quad 1\quad 1\quad 2]^{\mathrm{T}}$。

(4) $\boldsymbol{A}\otimes\boldsymbol{B}$ 为

$$\boldsymbol{A}\otimes\boldsymbol{B}=\begin{bmatrix}2\begin{bmatrix}2&1&1\\1&2&1\\1&1&2\end{bmatrix}&-1\begin{bmatrix}2&1&1\\1&2&1\\1&1&2\end{bmatrix}\\-1\begin{bmatrix}2&1&1\\1&2&1\\1&1&2\end{bmatrix}&2\begin{bmatrix}2&1&1\\1&2&1\\1&1&2\end{bmatrix}\end{bmatrix}=\begin{bmatrix}4&2&2&-2&-1&-1\\2&4&2&-1&-2&-1\\2&2&4&-1&-1&-2\\-2&-1&-1&4&2&2\\-1&-2&-1&2&4&2\\-1&-1&-2&2&2&4\end{bmatrix}$$

# 第2章　概率与估计

## §2.1　概率及其性质

### 2.1.1　概率的定义

当人们在一定的条件下对不定性现象加以观察或进行试验时，观察或试验的结果是多个可能结果中的某一个，而且在每次试验或观察前都无法确知其结果。在大量重复观察或试验下，不确定性现象试验结果却呈现固有的规律性。在个别试验中其结果会呈现不确定性，在大量重复观察或试验中，其试验结果却具有统计规律性的现象，被称为随机现象。从表面上看，随机现象的每一次观察结果都是随机的，但多次观察某个随机现象便可以发现，在大量的偶然之中存在着必然的规律。随机现象有其偶然性的一面，也有其必然性的一面，这种必然性表现在大量重复试验或观察中呈现的固有规律性，这称为随机现象的统计规律性。

随机试验的特点：①试验可以在相同的条件下重复进行；②每次试验的可能结果不止一个，并且能事先明确试验的所有可能的结果；③进行一次试验之前不能确定哪一个结果会出现。

在概率论中将具有上述特点的试验称为随机试验，用 $E$ 表示。

一个随机试验 $E$ 的所有可能结果所组成的集合称为随机试验 $E$ 的样本空间，记为 $S$。样本空间中的元素，即 $E$ 的每个结果，称为样本点。试验 $E$ 的样本空间 $S$ 的子集称为 $E$ 的随机事件，随机事件简称事件，常用 $A$、$B$、$C$ 等表示。

研究随机现象，不仅关心试验中会出现哪些事件，更重要的是想知道事件出现的可能性大小，也就是事件的概率。概率是随机事件发生可能性大小的度量，事件发生的可能性越大，概率就越大。

频率的定义：设在 $n$ 次重复试验中，事件 $A$ 出现了 $n_A$ 次，则称 $n_A$ 为事件 $A$ 在试验中出现的频数，比值 $n_A/n$ 为事件 $A$ 在 $n$ 次试验中出现的频率，记为 $f_n(A)$，即

$$f_n(A)=\frac{n_A}{n} \tag{2.1.1}$$

频率的性质：①$0\leqslant f_n(A)\leqslant 1$；②$f_n(S)=1$；③设 $A_1$、$A_2$、…、$A_k$ 是两两互斥事件，则 $f_n(A_1+A_2+\cdots+A_k)=f_n(A_1)+f_n(A_2)+\cdots+f_n(A_k)$。可见，在大量重复的试验中，随机事件出现的频率具有稳定性，即通常所说的统计规律性。

概率的统计定义：在不变的一组条件下进行大量的重复试验，随机事件 $A$ 出现的频率 $n_A/n$ 会稳定地在某个固定数值 $p$ 的附近摆动，称这个稳定值 $p$ 为随机事件 $A$ 的概率，即 $P(A)=p$。

概率的公理化定义：设 $E$ 是随机试验，$S$ 是它的样本空间，对于 $E$ 的每一个事件 $A$ 赋予一个实数 $P(A)$，称为事件 $A$ 的概率。概率 $P$ 满足下列三个统计：

(1)$P(A)\geqslant 0$(非负性)。

(2)$P(S)=1$(规范性)。

(3)对于两两互斥事件 $A_1$、$A_2$、…，有 $P(A_1+A_2+\cdots)=P(A_1)+P(A_2)+\cdots$，即可列可加性。

由概率的公理化定义可推得概率的下列性质：

(1)$P(\varphi)=0$，$\varphi$ 是空集。

(2)设有限定事件 $A_1$、$A_2$、…、$A_n$ 两两互斥，则

$$P(A_1+A_2+\cdots+A_n)=P(A_1)+P(A_2)+\cdots+P(A_n)$$

(3)对于任何事件 $A$，有 $P(\bar{A})=1-P(A)$。

(4)设 $A$、$B$ 为两个事件，且 $A\supset B$，则 $P(A-B)=P(A)-P(B)$，并且 $P(A)\geqslant P(B)$。

(5)对于任一事件 $A$，都有 $P(A)\leqslant 1$。

(6)设 $A$、$B$ 为任意两个事件，则

$$P(A\cup B)=P(A)+P(B)-P(AB)$$

例 2.1.1　有三个子女的家庭，设每个孩子是男是女的概率相等，则至少有一个男孩的概率是多少？

解：设 $A$ 为全部可能，$B$ 表示“至少有一个男孩”，以 $M$ 表示“某个孩子是男孩”，$W$ 表示“某个孩子是女孩”，则

$A=\{MMM\quad MMW\quad MWW\quad WWW\quad WMM\quad WWM\quad WMW\quad MWM\}$

$B=\{MMM\quad MMW\quad MWW\quad WMM\quad WWM\quad WMW\quad MWM\}$

至少有一个男孩的概率为

$$P=\frac{B}{A}=\frac{7}{8}$$

例 2.1.2　设盒子中有 3 个白球、2 个红球，现从盒子中任抽 2 个球，求取到一红一白的概率。

解：设 $A$ 表示“取到一红一白”，则 $N(S)=C_5^2$，$N(A)=C_3^1C_2^1$，$p=\dfrac{C_3^1C_2^1}{C_5^2}=\dfrac{3}{10}$。

例 2.1.3　30 名学生中有 3 名运动员，将这 30 名学生平均分成 3 组，求：①每组有 1 名运动员的概率；②3 名运动员集中在 1 个组的概率。

解：　设 $A$ 为每组有 1 名运动员，$B$ 为 3 名运动员集中在 1 组，则

$$N(S)=C_{30}^{10}C_{20}^{10}C_{10}^{10}=\frac{30!}{10!\ 10!\ 10!},P(A)=\frac{3!\ \frac{27!}{9!\ 9!\ 9!}}{N(S)}=\frac{50}{203},P(B)=\frac{3\times C_{27}^{7}C_{20}^{10}C_{10}^{10}}{N(S)}=\frac{18}{203}$$

例 2.1.4 某市有甲、乙、丙三种报纸，订每种报纸的人数分别占全体市民人数的 30%，其中有 10%的人同时定甲、乙两种报纸，没有人同时订甲、丙或乙、丙报纸，求从该市任选一人，他至少订一种报纸的概率。

解：设 $A$、$B$、$C$ 分别表示选到的人订了甲、乙、丙报纸，则

$$\begin{aligned}P(A\cup B\cup C)&=P(A)+P(B)+P(C)-P(AB)-P(AC)-P(BC)+P(ABC)\\&=30\%\times3-10\%-0-0+0=80\%\end{aligned}$$

### 2.1.2 条件概率

在解决许多概率问题时，往往需要在有某些附加信息（条件）下求事件的概率。如在事件 $B$ 发生的条件下求事件 $A$ 发生的概率，将此概率记作 $P(A|B)$。

条件概率的定义：设 $A$、$B$ 是两个事件，且 $P(B)>0$，则

$$P(A|B)=\frac{P(AB)}{P(B)} \tag{2.1.2}$$

式(2.1.2)称为在事件 $B$ 发生的条件下，事件 $A$ 发生的条件概率。

条件概率 $P(\cdot|A)$ 具备概率定义的三个条件：①非负性，对于任意的事件 $B$，$P(B|A)\geqslant0$；②规范性，$P(S|A)=1$；③可列可加性，设 $B_1$、$B_2$、…是两两互斥事件，则有

$$P(\bigcup_{i=1}^{\infty}B_i|A)=\sum_{i=1}^{\infty}P(B_i|A) \tag{2.1.3}$$

若已知 $P(B)$、$P(A|B)$，可以反求 $P(AB)$，即

$$P(AB)=P(B)P(A|B) \tag{2.1.4}$$

同样，若已知 $P(A)$、$P(B|A)$，可以反求 $P(AB)$，即

$$P(AB)=P(A)P(B|A) \tag{2.1.5}$$

式(2.1.4)和式(2.1.5)称为概率乘法公式。

由式(2.1.4)和式(2.1.5)可得贝叶斯(Bayes)公式，即

$$\left.\begin{aligned}P(B)&=\frac{P(A)P(B|A)}{P(A|B)}\\P(A)&=\frac{P(B)P(A|B)}{P(B|A)}\end{aligned}\right\} \tag{2.1.6}$$

例 2.1.5 盒中有 3 个红球、2 个白球，每次从袋中任取一只，观察其颜色后放回，并再放入一只与所取之球颜色相同的球，若从盒中连续取球 4 次，试求第 1、2 次取得白球及第 3、4 次取得红球的概率。

解：设 $A_i$ 为第 $i$ 次取球时取到白球，则

$$P(A_1A_2\bar{A}_3\bar{A}_4)=P(A_1)P(A_2|A_1)P(\bar{A}_3|A_1A_2)P(\bar{A}_4|A_1A_2\bar{A}_3)$$

$$P(A_1)=\frac{2}{5},P(\bar{A}_3|A_1A_2)=\frac{3}{7},P(A_2|A_1)=\frac{3}{6},P(\bar{A}_4|A_1A_2\bar{A}_3)=\frac{4}{8}$$

例 2.1.6　商店按箱出售玻璃杯，每箱 20 只，其中每箱含 0、1、2 只次品的概率分别为 0.8、0.1、0.1，某顾客选中一箱，从中任选 4 只检查，结果都是好的，便买下了这一箱. 问这一箱含有一个次品的概率是多少？

解：设 $A$ 为从一箱中任取 4 只检查，结果都是好的，$B_0$、$B_1$、$B_2$ 分别表示事件每箱含 0、1、2 只次品，已知 $P(B_0)=0.8$、$P(B_1)=0.1$、$P(B_2)=0.1$，则

$$P(A|B_0)=1,P(A|B_1)=\frac{C_{19}^4}{C_{20}^4}=\frac{4}{5},P(A|B_2)=\frac{C_{18}^4}{C_{20}^4}=\frac{12}{19}$$

由贝叶斯公式，得

$$P(B_1|A)=\frac{P(B_1)P(A|B_1)}{\sum_{i=0}^{2}P(B_i)P(A|B_i)}=\frac{0.1\times\frac{4}{5}}{0.8\times1+0.1\times\frac{4}{5}+0.1\times\frac{12}{19}}\approx0.0848$$

# §2.2　随机变量及其概率分布

## 2.2.1　随机变量

在实际问题中，随机试验的结果可以用数量表示，由此就产生了随机变量的概念。随机变量随试验结果的不同而取不同的值，因而在试验之前只知道它可能取值的范围，而不能预先肯定它将取哪个。由于试验结果的出现具有一定的概率，于是这种实值函数取每个值和每个确定范围内的值也有一定的概率。称这种定义在样本空间 $S$ 上的实值单值函数 $X=X(e)$ 为随机变量。随机变量通常用大写字母 $X$、$Y$、$Z$、$W$、$N$ 等表示，表示随机变量所取的值时，一般采用小写字母 $x$、$y$、$z$、$w$、$n$ 等。

随机变量可分为离散型随机变量和连续型随机变量两种。

某些随机变量 $X$ 的所有可能取值是有限多个或可列无限多个，这种随机变量称为离散型随机变量 。设 $x_k(k=1,2,\cdots)$ 是离散型随机变量 $X$ 所取得的一切可能值，则

$$P(X=x_k)=p_k\quad(k=1,2,\cdots)\tag{2.2.1}$$

离散型随机变量表示方法有公式法和枚举法两种。

(1)公式法：$P(X=x_k)=p_k, k=1、2、\cdots$。

(2)枚举法：$\left.\frac{X}{p_k}\right| \frac{x_1}{p_1}, \frac{x_2}{p_2}, \frac{\cdots}{\cdots}, \frac{x_k}{p_k}, \frac{\cdots}{\cdots}$。

分布函数的定义：设 $X$ 是一个随机变量，则

$$F(x)=P(X\leqslant x_k) \quad (x_k\in(-\infty,+\infty)) \tag{2.2.2}$$

称为 $X$ 的分布函数，记作 $F(x)$。

如果将 $X$ 看作数轴上随机点的坐标，那么分布函数 $F(x)$ 的值就表示 $X$ 落在区间$(-\infty,x]$内的概率。在分布函数的定义中，$X$ 是随机变量，$x$ 是参变量，$F(x)$ 是随机变量 $X$ 取值不大于 $x$ 的概率。对任意实数 $x_1<x_2$，随机点落在区间$(x_1, x_2]$内的概率为

$$P(x_1<X\leqslant x_2)=P(X\leqslant x_2)-P(X\leqslant x_1)=F(x_2)-F(x_1) \tag{2.2.3}$$

因此，只要知道了随机变量 $X$ 的分布函数，它的统计特性就可以得到全面的描述。

连续型随机变量 $X$ 所有可能取值充满一个区间，对这种类型的随机变量，不能像离散型随机变量那样，以指定它取每个值概率的方式，去给出其概率分布，而是通过给出所谓“概率密度函数”的方式。下面介绍连续型随机变量的描述方法。

对于随机变量 $X$，若存在非负可积函数 $f(x)$，且 $x\in(-\infty,+\infty)$，使得对任意实数 $x$，有

$$F(x)=\int_{-\infty}^{x} f(t)\mathrm{d}t = P(X\leqslant x) \tag{2.2.4}$$

则称 $X$ 为连续型随机变量，称 $f(x)$为 $X$ 的概率密度函数，简称为概率密度。

概率密度具有下述性质：

(1)$f(x)\geqslant 0$。

(2)$\int_{-\infty}^{+\infty} f(x) = 1$。

(3)对于任意实数 $x_1$、$x_2(x_1<x_2)$，$P(x_1<X\leqslant x_2)=\int_{x_1}^{x_2} f(x)\mathrm{d}x$。

(4)若 $f(x)$在点 $x$ 处连续，则有 $F'(x)=f(x)$。

### 2.2.2 均匀分布

若随机变量 $X$ 的概率密度为

$$f(x)=\begin{cases}\dfrac{1}{b-a}, & a<x<b \\ 0, & \text{其他}\end{cases} \tag{2.2.5}$$

则称随机变量 $X$ 在区间$(a,b)$上服从均匀分布，记作 $X\sim U(a,b)$。均匀分布的分

布函数为

$$F(x)=P(X\leqslant x)=\begin{cases}0, & x<a\\ \dfrac{x-a}{b-a}, & a\leqslant x<b\\ 1, & x\geqslant b\end{cases} \tag{2.2.6}$$

在数值计算中，由于四舍五入，小数点后某一位小数引入的误差服从于均匀分布。

### 2.2.3　指数分布

若随机变量 $X$ 概率密度为

$$f(x)=\begin{cases}\dfrac{1}{\theta}e^{-\frac{x}{\theta}}, & x>0\\ 0, & \text{其他}\end{cases} \tag{2.2.7}$$

式中，$\theta>0$ 为常数，则称 $X$ 服从参数为 $\theta$ 的指数分布。

指数分布常用于可靠性统计研究中。若 $X$ 服从参数为 $\theta$ 的指数分布，则其分布函数为

$$F(x)=P(X\leqslant x)=\begin{cases}1-e^{-\frac{x}{\theta}}, & x>0\\ 0, & \text{其他}\end{cases} \tag{2.2.8}$$

### 2.2.4　正态分布

若连续型随机变量 $X$ 概率密度为

$$f(x)=\frac{1}{\sqrt{2\pi}\sigma}e^{-\frac{(x-\mu)^2}{2\sigma^2}}\quad(-\infty<x<\infty) \tag{2.2.9}$$

式中，$\mu$ 和 $\sigma(\sigma>0)$ 都是常数，则称 $X$ 服从参数为 $\mu$ 和 $\sigma$ 的正态分布或高斯分布，记作 $N(\mu,\sigma^2)$，如图 2.2.1 所示。

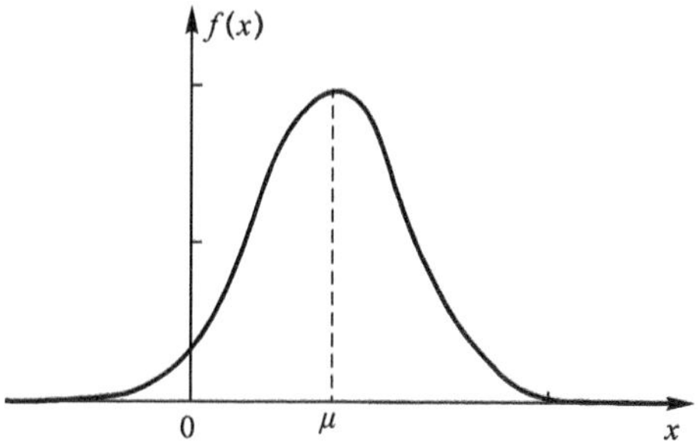


图 2.2.1　正态分布概率密度函数

正态分布概率密度 $f(x)$具有下述性质：

(1) $f(x) \geqslant 0$。

(2) $\int_{-\infty}^{+\infty} f(x) = 1$。

(3)曲线 $f(x)$关于 $x=\mu$ 对称。

(4)函数 $f(x)$在 $x=\mu$ 取得最大值。

(5)函数 $f(x)$两个拐点的横坐标为 $x=\mu \pm \sigma$。

(6)函数 $f(x)$以 $x$ 轴为渐近线。

根据对密度函数的分析，也可初步画出正态分布的概率密度曲线图。根据正态分布 $N(\mu,\sigma^2)$的图形特点可知，$\mu$ 决定了图形的位置，$\sigma$ 决定了图形的峰度，如图 2.2.2、图 2.2.3 所示。

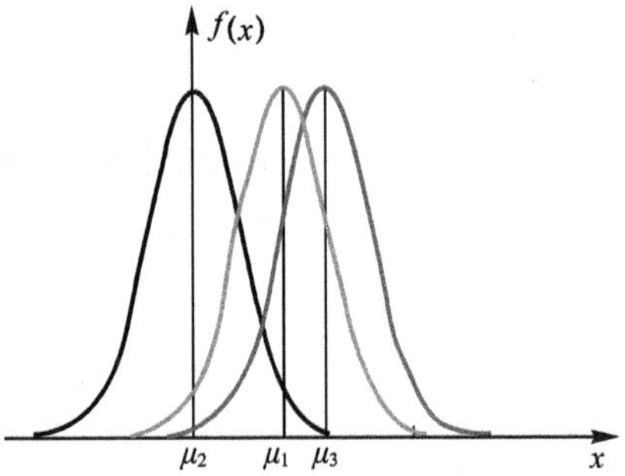


图 2.2.2 正态分布与 $\mu$ 的关系

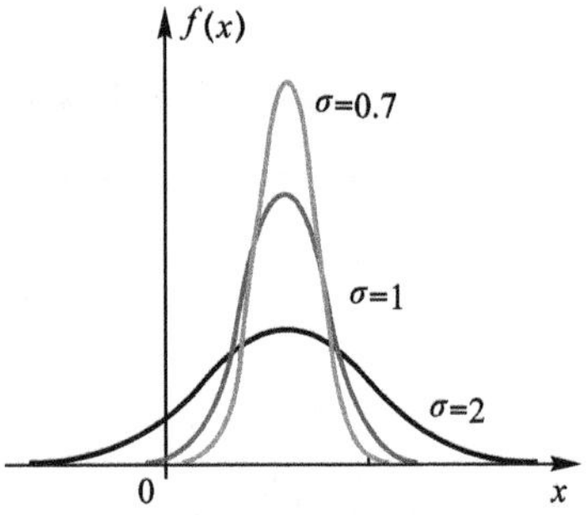


图 2.2.3 正态分布与 $\sigma$ 的关系

正态分布 $N(\mu,\sigma^2)$的分布函数(图 2.2.4)为

$$F(x)=\frac{1}{\sqrt{2\pi}\sigma}\int_{-\infty}^{x} e^{-\frac{(t-\mu)^2}{2\sigma^2}} dt \quad (-\infty < x < \infty) \tag{2.2.10}$$

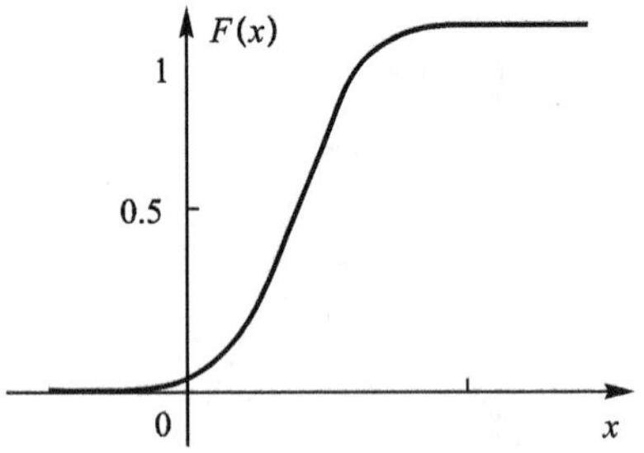


图 2.2.4 正态分布函数曲线

正态分布由参数 $\mu$ 和 $\sigma$ 唯一确定，当 $\mu$ 和 $\sigma$ 不同时，是不同的正态分布。

## 2.2.5　标准正态分布

当正态分布的参数 $\mu=0$、$\sigma=1$ 时，称该正态分布为标准正态分布，其概率密度函数和分布函数分别用 $\varphi(x)$ 和 $\Phi(x)$ 表示（图 2.2.5、图 2.2.6），即

$$\varphi(x)=\frac{1}{\sqrt{2\pi}}e^{-\frac{x^2}{2}} \quad (-\infty<x<\infty) \tag{2.2.11}$$

$$\Phi(x)=\frac{1}{\sqrt{2\pi}}\int_{-\infty}^{x}e^{-\frac{t^2}{2}}dt \quad (-\infty<x<\infty) \tag{2.2.12}$$

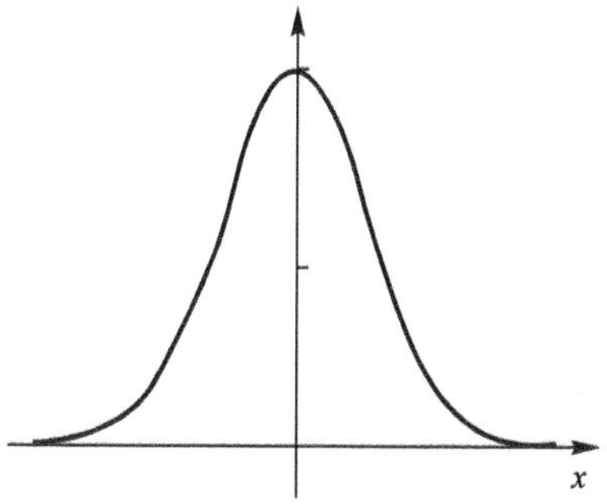


图 2.2.5　标准正态分布概率密度函数

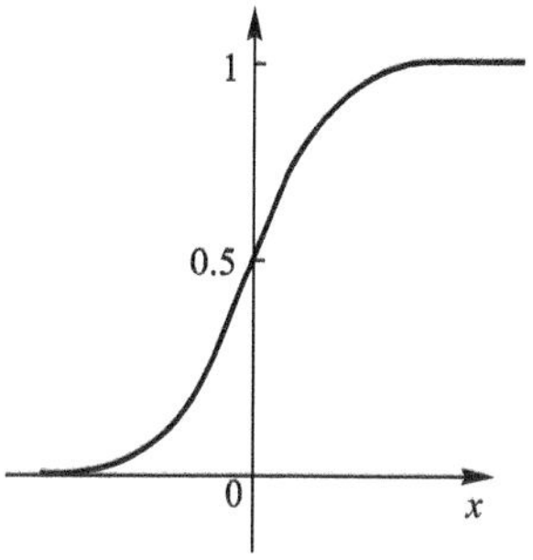


图 2.2.6　标准正态分布概率分布函数

标准正态分布的重要性在于，任何一个一般的正态分布都可以通过线性变换转化为标准正态分布。若 $X\sim N(\mu,\sigma^2)$，则 $Z=\frac{X-\mu}{\sigma}\sim N(0,1)$。只要将标准正态分布的分布函数制成表，就可以解决一般正态分布的概率计算问题。

例 2.2.1　已知随机变量 $X$ 的密度为 $f(x)=\begin{cases}ax+b, & 0<x<1\\ 0, & \text{其他}\end{cases}$，且 $P(X>0.5)=5/8$，试求 $a$、$b$。

解：由 $\int_{-\infty}^{+\infty}f(x)dx=1$，得 $\int_0^1(ax+b)dx=\frac{a}{2}+b=1$，又 $P(X>0.5)=\int_{0.5}^1(ax+b)dx=\frac{3a}{8}+\frac{b}{2}=\frac{5}{8}$，解得 $a=1$、$b=\frac{1}{2}$。

例 2.2.2　设 $X\sim N(2,\sigma^2)$，且 $P(2<X<4)=0.3$，试求 $P(X<0)$。

解：由对称性得 $P(0<X<2)=0.3$，所以

$$P(X<0)=P(X<2)-P(0<X<2)=0.2$$

例 2.2.3　设 $X\sim N(\mu,\sigma^2)$，那么当 $\sigma$ 增大时，$P(|X-\mu|<\sigma)$ 是否增大？

解：由 $P(|X-\mu|<\sigma)=P\left(\frac{|X-\mu|}{\sigma}<1\right)=\Phi(1)-\Phi(-1)=2\Phi(1)-1$，与 $\sigma$ 无关，因此概率不变。

例 2.2.4　设随机变量 $X$ 的密度函数为 $f(x)=A\mathrm{e}^{-|x|}\ (-\infty<x<+\infty)$，求：①系数 $A$；②$P(0\leqslant X\leqslant 1)$；③分布函数 $F(x)$。

解：(1)由 $\int_{-\infty}^{+\infty} f(x)\mathrm{d}x=\int_{-\infty}^{+\infty} A\mathrm{e}^{-|x|}\ \mathrm{d}x=2A=1$，得 $A=1/2$。

(2) $P(0\leqslant X\leqslant 1)=\frac{1}{2}\int_{0}^{1}\mathrm{e}^{-x}\mathrm{d}x=\frac{1}{2}\left(1-\frac{1}{\mathrm{e}}\right)$。

(3) $F(x)=P(X\leqslant x)=\begin{cases}\frac{1}{2}\int_{-\infty}^{x}\mathrm{e}^{t}\mathrm{d}t, & x<0\\ \frac{1}{2}\int_{-\infty}^{0}\mathrm{e}^{t}\mathrm{d}t+\frac{1}{2}\int_{0}^{x}\mathrm{e}^{-t}\mathrm{d}t, & x\geqslant 0\end{cases}=\begin{cases}\frac{1}{2}\mathrm{e}^{x}, & x<0\\ 1-\frac{1}{2}\mathrm{e}^{x}, & x\geqslant 0\end{cases}$。

# §2.3　多维随机变量及其分布

## 2.3.1　二维随机变量及其分布函数

设 $E$ 是一个随机试验，它的样本空间是 $S=\{e\}$，设 $X_1=X_1\{e\}$、$X_2=X_2\{e\}$、…、$X_n=X_n\{e\}$是定义在 $S$ 上的随机变量，由它们构成的一个 $n$ 维随机向量为

$$\boldsymbol{X}=[X_1\quad X_2\quad \cdots\quad X_n]^{\mathrm{T}} \tag{2.3.1}$$

设$(X,Y)$是二维随机变量，如果对于任意实数 $x$、$y$ 有二元函数

$$F(x,y)=P((X\leqslant x)\cap(Y\leqslant y))=P((X\leqslant x),(Y\leqslant y)) \tag{2.3.2}$$

则 $P((X\leqslant x),(Y\leqslant y))$称为二维随机变量$(X,Y)$的分布函数，或者称为随机变量 $X$ 和 $Y$ 的联合分布函数。

分布函数 $F(x,y)$的性质如下：

(1)$F(x,y)$是关于变量 $x$ 和 $y$ 的不减函数。

(2)$0\leqslant F(x,y)\leqslant 1$。对任意固定的 $y\in\mathbb{R}$，$F(-\infty,y)=0$；对任意固定的 $x\in\mathbb{R}$，$F(x,-\infty)=0$。$F(-\infty,-\infty)=0$，$F(+\infty,+\infty)=1$。

若$(X,Y)$是连续型的二维随机变量，函数 $f(x,y)$称为二维随机变量$(X,Y)$的概率密度，或称为随机变量、$X$ 和 $Y$ 的联合概率密度函数，而分布函数为

$$F(x,y)=\int_{-\infty}^{y}\int_{-\infty}^{x} f(u,v)\mathrm{d}u\mathrm{d}v \tag{2.3.3}$$

二维联合概率密度 $f(x,y)$的性质如下：

(1)$f(x,y)\geqslant 0$。

(2) $\int_{-\infty}^{+\infty}\int_{-\infty}^{+\infty} f(x,y)\mathrm{d}x\mathrm{d}y=1$ 或$\iint_{\mathrm{R}^2} f(x,y)\mathrm{d}x\mathrm{d}y=1$。

(3) 设 $G$ 是 $xoy$ 平面上的区域，则有 $P((X,Y)\in G)=\iint\limits_G f(x,y)\mathrm{d}x\mathrm{d}y$。

(4)在 $f(x,y)$ 的连续点，$f(x,y)=\dfrac{\partial^2 F(x,y)}{\partial x\,\partial y}$。

## 2.3.2　边缘分布函数

二维随机变量$(X,Y)$作为一个整体，具有分布函数 $F(x,y)$，而 $X$ 和 $Y$ 都是随机变量，也有各自的分布函数，分别记为 $F_X(x)$、$F_Y(y)$，依次称为二维随机变量$(X,Y)$关于 $X$ 和 $Y$ 的边缘分布函数，即

$$\left.\begin{aligned}F_X(x)=P(X\leqslant x)=P(X\leqslant x,Y<+\infty)=F(x,+\infty)\\F_Y(y)=P(Y\leqslant y)=P(X<+\infty,Y\leqslant y)=F(+\infty,y)\end{aligned}\right\}\tag{2.3.4}$$

连续型随机变量的边缘概率密度为

$$\left.\begin{aligned}f_X(x)&=\int_{-\infty}^{+\infty}f(x,y)\mathrm{d}y\quad(-\infty<x<+\infty)\\f_Y(y)&=\int_{-\infty}^{+\infty}f(x,y)\mathrm{d}x\quad(-\infty<y<+\infty)\end{aligned}\right\}\tag{2.3.5}$$

若二维随机变量$(X,Y)$概率密度为

$$f(x,y)=\frac{1}{2\pi\sigma_1\sigma_2\sqrt{1-\rho^2}}\exp\left\{\frac{-1}{2(1-\rho^2)}\left[\frac{(x-\mu_1)^2}{\sigma_1^2}-2\rho\frac{(x-\mu_1)(y-\mu_2)}{\sigma_1\sigma_2}+\frac{(y-\mu_2)^2}{\sigma_2^2}\right]\right\}\tag{2.3.6}$$

式中，$\mu_1$、$\mu_2$、$\sigma_1$、$\sigma_2$、$\rho$ 均为常数，且 $\sigma_1>0$、$\sigma_2>0$、$|\rho|<1$，称$(X,Y)$服从 $\mu_1$、$\mu_2$、$\sigma_1$、$\sigma_2$、$\rho$ 的二维正态分布，记作$(X,Y)\sim N(\mu_1,\mu_2,\sigma_1,\sigma_2,\rho)$。

例 2.3.1　试求二维正态分布的边缘分布。

解：由于 $f_X(x)=\int_{-\infty}^{+\infty}f(x,y)\mathrm{d}y$，$-2\rho\dfrac{(x-\mu_1)(y-\mu_2)}{\sigma_1\sigma_2}+\dfrac{(y-\mu_2)^2}{\sigma_2^2}=\left(\dfrac{y-\mu_2}{\sigma_2}-\rho\dfrac{x-\mu_1}{\sigma_1}\right)^2-\rho^2\dfrac{(x-\mu_1)^2}{\sigma_1^2}$，所以

$$f_X(x)=\frac{1}{\sqrt{2\pi}\sigma_1\sigma_2\sqrt{1-\rho^2}}\mathrm{e}^{-\frac{(x-\mu_1)^2}{2\sigma_1^2}}\int_{-\infty}^{+\infty}\mathrm{e}^{-\frac{1}{2(1-\rho^2)}\left(\frac{y-\mu_2}{\sigma_2}-\rho\frac{x-\mu_1}{\sigma_1}\right)^2}\mathrm{d}y$$

令

$$t=\frac{1}{\sqrt{1-\rho^2}}\left(\frac{y-\mu_2}{\sigma_2}-\rho\frac{x-\mu_1}{\sigma_1}\right)$$

则

$$f_X(x)=\frac{1}{\sqrt{2\pi}\sigma_1}\mathrm{e}^{-\frac{(x-\mu_1)^2}{2\sigma_1^2}}\int_{-\infty}^{+\infty}\mathrm{e}^{-\frac{1}{2}t^2}\mathrm{d}t=\frac{1}{2\pi\sigma_1}\mathrm{e}^{-\frac{(x-\mu_1)^2}{2\sigma_1^2}}$$

同理

$$f_Y(y)=\frac{1}{\sqrt{2\pi}\sigma_2}\mathrm{e}^{-\frac{(y-\mu_2)^2}{2\sigma_2^2}}$$

可见，二维正态分布的两个边缘分布都是一维正态分布，并且不依赖于参数 $\rho$。也就是说，对于给定的 $\mu_1$、$\mu_2$、$\sigma_1$、$\sigma_2$，不同的 $\rho$ 对应不同的二维正态分布，但它们的边缘分布却都是一样的。

### 2.3.3 条件分布

式(2.1.2)给出了事件 $B$ 发生的条件下事件 $A$ 发生的概率，即条件概率。条件概率可以推广到随机变量。设有两个随机变量 $X$、$Y$，在给定 $Y$ 取某个值或某些值的条件下，求 $X$ 的概率分布，这个分布是条件分布。

设 $X$ 和 $Y$ 的联合概率密度为 $f(x,y)$，$(X,Y)$关于 $Y$ 的边缘概率密度为 $f_Y(y)$，若对于固定的 $y$，$f_Y(y)>0$，则称 $\frac{f(x,y)}{f_Y(y)}$ 为在 $Y=y$ 的条件下 $X$ 的条件概率密度，即

$$f_{X|Y}(x|y)=\frac{f(x,y)}{f_Y(y)} \tag{2.3.7}$$

将

$$\int_{-\infty}^{x} f_{X|Y}(x|y)\mathrm{d}x=\int_{-\infty}^{x}\frac{f(x,y)}{f_Y(y)}\mathrm{d}x$$

称为在 $Y=y$ 的条件下，$X$ 的条件概率分布函数，记为

$$P(X\leqslant x|Y=y)\text{或}F_{X|Y}(x|y)$$

即

$$P(X\leqslant x|Y=y)=F_{X|Y}(x|y)=\int_{-\infty}^{x}\frac{f(x,y)}{f_Y(y)}\mathrm{d}x \tag{2.3.8}$$

类似地，可以定义

$$\left.\begin{aligned} f_{Y|X}(y|x)&=\frac{f(x,y)}{f_X(x)}\\ F_{Y|X}(y|x)&=\int_{-\infty}^{y}\frac{f(x,y)}{f_X(x)}\mathrm{d}y\end{aligned}\right\} \tag{2.3.9}$$

### 2.3.4 随机变量相互独立的概念

设 $X$、$Y$ 是两个随机变量，若对任意的 $x$、$y$，有 $P(X\leqslant x,Y\leqslant y)=P(X\leqslant x)\cdot P(Y\leqslant y)$，则称两个随机变量 $X$ 和 $Y$ 互相独立。用分布函数表示，即 $F(x,y)=F_X(x)\cdot F_Y(y)$，则称 $X$ 和 $Y$ 互相独立。用概率密度函数表示，即 $f(x,y)=f_X(x)\cdot f_Y(y)$几乎处处成立(在平面上除去面积为0的集合外，处处成立)，则称 $X$

和 $Y$ 互相独立。

例 2.3.2　设离散型随机变量$(X,Y)$的联合分布律为

| $(X,Y)$ | (1,1) | (1,2) | (1,3) | (2,1) | (2,2) | (2,3) |
|---|---|---|---|---|---|---|
| $P$ | 1/6 | 1/9 | 1/18 | 1/3 | $\alpha$ | $\beta$ |

且两变量相互独立，求 $\alpha$ 和 $\beta$。

解：因为 $X$ 和 $Y$ 互相独立，所以 $P(X=1,Y=3)=P(X=1)P(Y=3)$，即 $\frac{1}{18}=\left(\frac{1}{6}+\frac{1}{8}+\frac{1}{18}\right)\left(\frac{1}{18}+\beta\right)$，解得 $\beta=\frac{1}{9}$。又因为 $\alpha+\beta+\frac{1}{6}+\frac{1}{9}+\frac{1}{18}+\frac{1}{3}=1$ 或者 $\alpha+\beta=\frac{1}{3}$，故 $\alpha=\frac{2}{9}$。

例 2.3.3　设$(x,y)$的概率密度为

$$f(x,y)=\begin{cases}Ay(1-x),0\leqslant x\leqslant 1,0\leqslant y\leqslant x\\0, \qquad \text{其他}\end{cases}$$

求：①$A$ 的值；②$(x,y)$的分布函数；③两个边缘密度。

解：(1) $1=\iint\limits_{\mathrm{R}^2}f(x,y)\mathrm{d}x\mathrm{d}y=\int_0^1\mathrm{d}x\int_0^x Ay(1-x)\mathrm{d}y=\frac{A}{2}\int_0^1(x^2-x^3)\mathrm{d}x=\frac{A}{24}$，故 $A=24$。

(2) $F(x,y)=\int_{-\infty}^{y}\int_{-\infty}^{x}f(x,y)\mathrm{d}x\mathrm{d}y$ 积分区域为 $\Omega=(-\infty,x]\times(-\infty,y]$，当 $x<0$ 时，不论 $y<0$ 还是 $y>0$，都有 $F(x,y)=0$；当 $0\leqslant x\leqslant 1$、$y<0$ 时，$F(x,y)=0$。

当 $0\leqslant x<1$、$0\leqslant y<x$ 时，$F(x,y)=24\int_0^y y\mathrm{d}y\int_y^x(1-x)\mathrm{d}x=3y^4-8y^3+12\left(x-\frac{x^2}{2}\right)y^2$。

当 $0\leqslant x<1$、$y\geqslant x$ 时，$F(x,y)=24\int_0^x(1-x)\mathrm{d}x\int_0^x y\mathrm{d}y=4x^3-3x^4$。

当 $x\geqslant 1$、$y\geqslant 1$ 时，$F(x,y)=24\int_0^1(1-x)\mathrm{d}x\int_0^x y\mathrm{d}y=1$。

当 $x\geqslant 1$、$0\leqslant y<1$ 时，$F(x,y)=24\int_0^y y\mathrm{d}y\int_y^1(1-x)\,\mathrm{d}x=3y^4-8y^3+6y^2$。

当 $x\geqslant 1$、$y<1$ 时，$F(x,y)=0$。

综上所述，得

$$F(x,y)=\begin{cases}0, & x\geqslant 1 \text{ 或 } y<1\\ 3y^4-8y^3+12\left(x-\frac{x^2}{2}\right)y^2, & 0\leqslant x<1, 0\leqslant y<x\\ 4x^3-3x^4, & 0\leqslant x<1, y\geqslant x\\ 3y^4-8y^3+6y^2, & x\geqslant 1, 0\leqslant y<1\\ 1, & x\geqslant 1, y\geqslant 1\end{cases}$$

(3) $f_x(x)=\int_{-\infty}^{+\infty}f(x,y)\mathrm{d}y$，当 $x>1$ 或 $x<1$ 时，$\forall y\in(-\infty,+\infty)$ 都有 $f(x,y)=0$，故 $f_x(x)=0$。当 $0\leqslant x\leqslant 1$ 时，$f_x(x)=\int_{-\infty}^{0}f(x,y)\mathrm{d}y+\int_{0}^{x}f(x,y)\mathrm{d}y+\int_{x}^{\infty}f(x,y)\mathrm{d}y=\int_{0}^{x}24y(1-x)\mathrm{d}y=12x^2(1-x)$。

综上所述，得

$$f_x(x)=\begin{cases}12x^2(1-x), 0\leqslant x\leqslant 1\\ 0, \quad \text{其他}\end{cases}$$

$$f_y(y)=\int_{-\infty}^{+\infty}f(x,y)\mathrm{d}x$$

当 $y>1$ 或 $y<1$ 时，$\forall x\in(-\infty,+\infty)$ 都有 $f(x,y)=0$，故 $f_y(y)=0$；当 $0\leqslant y\leqslant 1$ 时，得

$$f_y(y)=\int_{-\infty}^{y}f(x,y)\mathrm{d}x+\int_{y}^{1}f(x,y)\mathrm{d}x+\int_{1}^{\infty}f(x,y)\mathrm{d}x=\int_{y}^{1}24y(1-x)\mathrm{d}x=12y(1-y)^2$$

$$f_y(y)=\begin{cases}12y(1-y)^2, 0\leqslant y\leqslant 1\\ 0, \quad \text{其他}\end{cases}$$

# §2.4 随机变量的数字特征

在对随机变量的研究中，确定某些数字特征是重要的。在这些数字特征中，最常用的是：数学期望、方差、协方差和相关系数。

## 2.4.1 数学期望

### 1. 离散型随机变量的数学期望

设 $X$ 是离散型随机变量，它的分布率为 $P(X=x_k)=p_k, k=1、2、\cdots$，若级数 $\sum_{k=1}^{\infty}x_kp_k$ 绝对收敛，则称级数 $\sum_{k=1}^{\infty}x_kp_k$ 的和为随机变量 $X$ 的数学期望，记为 $E(X)$，即

$$E(X)=\sum_{k=1}^{\infty}x_kp_k \tag{2.4.1}$$

离散型随机变量的数学期望是一个绝对收敛的级数的和。数学期望简称期望，又称为均值。

**2. 连续型随机变量的数学期望**

设 $X$ 是连续型随机变量，其密度函数为 $f(x_i)$，其数学期望定义为

$$E(X)=\int_{-\infty}^{+\infty}x_i f(x_i)\mathrm{d}x_i \tag{2.4.2}$$

连续型随机变量的数学期望是一个绝对收敛的积分。

**3. 随机变量函数的数学期望**

设 $Y$ 是随机变量 $X$ 的函数，即 $Y=g(X)$（$g$ 是连续函数），则

(1)当 $X$ 为离散型时，它的分布率为 $P(X=x_k)=p_k$，$k=1$、2、…，若级数 $\sum_{k=1}^{\infty}g(x_k)p_k$ 绝对收敛，则

$$E(Y)=E(g(X))=\sum_{k=1}^{\infty}g(x_k)p_k \tag{2.4.3}$$

(2)设 $X$ 是连续型随机变量，其密度函数为 $f(x_i)$，若$\int_{-\infty}^{+\infty}g(x)f(x)\mathrm{d}x$ 绝对收敛，则

$$E(Y)=E(g(X))=\int_{-\infty}^{+\infty}g(x)f(x)\mathrm{d}x \tag{2.4.4}$$

随机变量函数的数学期望也可以推广到两个或两个以上随机变量函数的情况。

(3)若$(X,Y)$是二维离散型，则其概率分布为 $P(X=x_i,Y=y_j)=p_{ij}$，$i$、$j=1$、2、…，则

$$E(Z)=E(g(X,Y))=\sum_{j=1}^{\infty}\sum_{i=1}^{\infty}g(x_i,y_j)p_k \tag{2.4.5}$$

这里假定级数绝对收敛。

(4)若$(X,Y)$是二维连续型概率分布，概率密度为 $f(x,y)$，则

$$E(Z)=E(g(X,Y))=\int_{-\infty}^{+\infty}\int_{-\infty}^{+\infty}g(x,y)f(x,y)\mathrm{d}x\mathrm{d}y \tag{2.4.6}$$

这里假定积分绝对收敛。

**4. 数学期望的性质**

(1)设 $C$ 是常数，则 $E(C)=C$。

(2)若 $k$ 是常数，则 $E(kX)=kE(X)$。

(3)随机向量和的数学期望等于各自数学期望的和 $E(X+Y)=E(X)+E(Y)$。

(4)若有 $k_1$、$k_2$、…、$k_n$，则 $E(k_1X_1+k_2X_2+\cdots+k_nX_n)=k_1E(X_1)+k_2E(X_2)+\cdots+k_nE(X_n)$。

(5)设 $X$、$Y$ 互相独立，则 $E(XY)=E(X)E(Y)$。推广可得，若 $x_1$、$x_2$、…、$x_n$两

两互相独立,则 $E(X_1 X_2 \cdots X_n) = E(X_1) E(X_2) \cdots E(X_n)$。

### 2.4.2 方差与均方差

#### 1.方差的定义

设 $X$ 是随机变量,若 $E((X - E(X))^2)$ 存在,称 $E((X - E(X))^2)$ 为 $X$ 的方差,记为 $D(X)$ 或 $\mathrm{Var}(X)$,即

$$D(X) = \mathrm{Var}(X) = E((X - E(X))^2) \tag{2.4.7}$$

方差的算术平方根 $\sqrt{D(X)}$ 称为 $X$ 的标准差或均方差,记为 $\sigma_X$,它与 $X$ 具有相同的量纲。

方差描述了随机变量的取值对于其数学期望的离散程度。若 $X$ 的取值比较集中,则方差 $D(X)$ 较小;若 $X$ 的取值比较分散,则方差 $D(X)$ 较大。因此,$D(X)$ 是描述 $X$ 取值分散程度的一个量,它是衡量 $X$ 取值分散程度的一个尺度。

#### 2.方差的计算

方差是随机变量 $X$ 的函数 $g(X) = (X - E(X))^2$ 的数学期望,即

$$D(X) = \begin{cases} \sum_{k=1}^{\infty} (X_k - E(X))^2 p_k, & X \text{ 为离散型随机变量} \\ \int_{-\infty}^{\infty} (X - E(X))^2 f(X) \mathrm{d}x, & X \text{ 为连续型随机变量} \end{cases} \tag{2.4.8}$$

计算方差的一个简化公式为 $D(X) = E(X^2) - E(X)^2$。

#### 3.方差的性质

(1)设 $C$ 是常数,则 $D(C) = 0$。

(2)若 $C$ 是常数,则 $D(CX) = C^2 D(X)$。

(3)若 $X$ 与 $Y$ 是两个互相独立的随机变量,则 $D(X+Y) = D(X) + D(Y)$。

(4)若 $k_1$、$k_2$、$\cdots$、$k_n$ 是常数,$X_1$、$X_2$、$\cdots$、$X_n$ 是两两互相独立的随机变量,则 $D(k_1 X_1 + k_2 X_2 + \cdots + k_n X_n) = k_1^2 D(X_1) + k_2^2 D(X_2) + \cdots + k_n^2 D(X_n)$。

### 2.4.3 协方差与相关系数

#### 1.协方差定义

设有随机变量 $X$ 和 $Y$,描述它们之间相关性的量度称为协方差,其定义为

$$\sigma_{XY} = \mathrm{cov}(X, Y) = E((X - E(X))(Y - E(Y))) \tag{2.4.9}$$

#### 2.协方差的性质

(1)$\mathrm{cov}(X, Y) = \mathrm{cov}(Y, X)$。

(2)$\mathrm{cov}(aX, bY) = ab\mathrm{cov}(X, Y)$,$a$、$b$ 是常数。

(3)$\mathrm{cov}(X_1 + X_2, Y) = \mathrm{cov}(X_1, Y) + \mathrm{cov}(X_2, Y)$。

(4)$\mathrm{cov}(X, Y) = E(XY) - E(X)E(Y)$,可见,若 $X$ 和 $Y$ 互相独立,$\mathrm{cov}(X, Y) = 0$。

(5)随机变量和的方差与协方差的关系为 $D(X+Y)=D(X)+D(Y)+2\mathrm{cov}(X,Y)$。

**3. 相关系数**

设 $D(X)>0$、$D(Y)>0$，则

$$\rho_{XY}=\frac{\mathrm{cov}(X,Y)}{\sqrt{D(X)D(Y)}} \tag{2.4.10}$$

称为随机变量 $X$ 和 $Y$ 的相关系数。

**4. 相关系数的性质**

(1) $|\rho|\leqslant 1$。

(2)随机变量 $X$ 和 $Y$ 互相独立时，$\rho=0$，但 $\rho=0$，并不一定能推出 $X$ 和 $Y$ 互相独立。

**5. 原点矩与中心矩**

设 $X$ 和 $Y$ 是随机变量，若 $E(X^k)(k=1,2,\cdots)$ 存在，称它为 $X$ 的 $k$ 阶原点矩，简称 $k$ 阶矩；若 $E((X-E(X))^k)(k=2,3,\cdots)$ 存在，称它为 $X$ 的 $k$ 阶中心矩。

可见，数学期望 $E(X)$ 是一阶原点矩，方差 $D(X)$ 是二阶中心矩。

设 $X$ 和 $Y$ 是随机变量，若 $E(X^kY^j)(k,j=1,2,\cdots)$ 存在，称它为 $X$ 和 $Y$ 的 $k+j$ 阶混合(原点)矩。若 $E((X-E(X))^k(Y-E(Y))^j)$ 存在，称它为 $X$ 和 $Y$ 的 $k+j$ 阶混合中心距。可见，协方差 $\mathrm{cov}(X,Y)$ 是 $X$ 和 $Y$ 的二阶混合中心距。

**6. 协方差矩阵**

二维随机变量 $(X_1,X_2)$ 的四个二阶中心距为

$$\sigma_{11}=E((X_1-E(X_1))^2),\qquad \sigma_{12}=E((X_1-E(X_1))(X_2-E(X_2)))$$

$$\sigma_{21}=E((X_2-E(X_2))(X_1-E(X_1))),\quad \sigma_{22}=E((X_2-E(X_2))^2)$$

将其排成矩阵形式为 $\begin{bmatrix}\sigma_{11} & \sigma_{12}\\ \sigma_{21} & \sigma_{22}\end{bmatrix}$，称此矩阵为 $X_1$、$X_2$ 的协方差矩阵。类似定义 $n$ 阶随机变量 $(X_1,X_2,\cdots,X_n)$ 的协方差矩阵为

$$\boldsymbol{D}=\begin{bmatrix}\sigma_{11} & \sigma_{12} & \cdots & \sigma_{1n}\\ \sigma_{21} & \sigma_{22} & \cdots & \sigma_{2n}\\ \vdots & \vdots & & \vdots\\ \sigma_{n1} & \sigma_{n2} & \cdots & \sigma_{nn}\end{bmatrix} \tag{2.4.11}$$

例 2.4.1　已知，$X\sim N(-2,0.16)$，求 $E(X+3)^2$。

解：由均值的性质得

$$\begin{aligned}E(X+3)^2 &=E(X^2+6X+9)=E(X^2+4X+4+2X+5)\\ &=E(X+2)^2+2E(X)+5=D(X)+2E(X)+5=0.16-4+5=1.16\end{aligned}$$

例 2.4.2　设 $X\sim N(10,0.6)$、$Y\sim N(1,2)$，求 $D(3X-Y)$。

解：由方差的性质得

$$D(3X-Y)=9D(X)+D(Y)=5.4+2=7.4$$

例 2.4.3 设 $X$ 的概率密度为 $f(x)=Ae^{-x^2}$，求 $D(X)$。

解：因为 $\int_{-\infty}^{+\infty} e^{-\frac{x^2}{2}}dx=\sqrt{2\pi}$、$\int_{-\infty}^{+\infty} e^{-x^2}dx=\sqrt{\pi}$、$\int_{-\infty}^{+\infty} Ae^{-x^2}dx=A\sqrt{\pi}$，所以 $A=\frac{1}{\sqrt{\pi}}$、$E(X)=\int_{-\infty}^{+\infty} xf(x)dx=\frac{1}{\sqrt{\pi}}\int_{-\infty}^{+\infty} xe^{-x^2}dx=0$，$E(X^2)=\int_{-\infty}^{+\infty} x^2 f(x)dx=\frac{1}{\sqrt{\pi}}\int_{-\infty}^{+\infty} x^2 e^{-x^2}dx=\frac{1}{2}$，$D(X)=E(X^2)-E^2(X)=\frac{1}{2}$。

# §2.5 n 维正态分布

## 2.5.1 n 维正态分布概率密度

设随机向量 $\boldsymbol{X}=[X_1 \quad X_2 \quad \cdots \quad X_n]^{\mathrm{T}}$，若 $\boldsymbol{X}$ 服从正态分布，则 $\boldsymbol{X}$ 为 $n$ 维正态随机变量，其联合概率密度为

$$f(X_1,X_2,\cdots,X_n)=\frac{1}{(2\pi)^{\frac{n}{2}}\sqrt{\det(\boldsymbol{D}_{XX})}^{\frac{1}{2}}}\exp\left\{-\frac{1}{2}[(\boldsymbol{X}-\boldsymbol{\mu}_X)^{\mathrm{T}}\boldsymbol{D}_{XX}^{-1}(\boldsymbol{X}-\boldsymbol{\mu}_X)]\right\} \tag{2.5.1}$$

式中，随机向量 $\boldsymbol{X}$ 的数学期望 $\boldsymbol{\mu}_X$ 和协方差矩阵 $\boldsymbol{D}_{XX}$ 为

$$\boldsymbol{\mu}_X=\begin{bmatrix}\mu_1\\ \mu_2\\ \vdots\\ \mu_n\end{bmatrix}=\begin{bmatrix}E(X_1)\\ E(X_2)\\ \vdots\\ E(X_n)\end{bmatrix} \tag{2.5.2}$$

$$\boldsymbol{D}_{XX}=\begin{bmatrix}\sigma_{X_1}^2 & \sigma_{X_1X_2} & \cdots & \sigma_{X_1X_n}\\ \sigma_{X_2X_1} & \sigma_{X_2}^2 & \cdots & \sigma_{X_2X_n}\\ \vdots & \vdots & & \vdots\\ \sigma_{X_nX_1} & \sigma_{X_nX_2} & \cdots & \sigma_{X_n}^2\end{bmatrix} \tag{2.5.3}$$

数学期望 $\boldsymbol{\mu}_X$ 和协方差矩阵 $\boldsymbol{D}_{XX}$ 是 $n$ 维正态随机变量的数字特征。$\boldsymbol{\mu}_X$ 中各元素 $\mu_i$ 为随机变量 $X_i$ 的数学期望；$\boldsymbol{D}_{XX}$ 中各主对角线上的元素 $\sigma_{X_i}^2$ 为 $X_i$ 的方差，非对角线上的元素 $\sigma_{X_iX_j}$ 为 $X_i$ 关于 $X_j$ 的协方差，是描述随机变量 $X_i$ 关于 $X_j$ 相关性的量。$\boldsymbol{D}_{XX}$ 为 $n$ 阶对称方阵。当两两随机变量互相独立时，有

$$\sigma_{X_iX_j}=\sigma_{X_jX_i}=0$$

则 $\boldsymbol{D}_{XX}$ 为对角矩阵，即

$$\boldsymbol{D}_{XX}=\begin{bmatrix}\sigma_{X_1}^2 & 0 & \cdots & 0\\ 0 & \sigma_{X_2}^2 & \cdots & 0\\ \vdots & \vdots & & \vdots\\ 0 & 0 & \cdots & \sigma_{X_n}^2\end{bmatrix} \tag{2.5.4}$$

## 2.5.2　正态随机向量的条件概率密度

设有 $n+m$ 维正态随机向量 $\boldsymbol{X}$，且设

$$\left.\begin{aligned}\boldsymbol{X}&=\begin{bmatrix}\boldsymbol{X}_1\\ \boldsymbol{X}_2\end{bmatrix}\\ \boldsymbol{\mu}_X&=\begin{bmatrix}\boldsymbol{\mu}_1\\ \boldsymbol{\mu}_2\end{bmatrix}\\ \boldsymbol{D}_X&=\begin{bmatrix}\boldsymbol{D}_{11} & \boldsymbol{D}_{12}\\ \boldsymbol{D}_{21} & \boldsymbol{D}_{22}\end{bmatrix}\end{aligned}\right\} \tag{2.5.5}$$

式中，$\boldsymbol{X}_1$、$\boldsymbol{X}_2$ 是 $\boldsymbol{X}$ 的前 $n$ 个、后 $m$ 个分量，$\boldsymbol{X}_1\sim N(\boldsymbol{\mu}_1,\boldsymbol{D}_{11})$，$\boldsymbol{X}_2\sim N(\boldsymbol{\mu}_2,\boldsymbol{D}_{22})$，其概率密度为

$$f(\boldsymbol{X})=\frac{1}{\sqrt{(2\pi)^{n+m}\det(\boldsymbol{D}_X)}}\exp\left\{-\frac{1}{2}\begin{bmatrix}(\boldsymbol{X}_1-\boldsymbol{\mu}_1)^{\mathrm{T}} & (\boldsymbol{X}_2-\boldsymbol{\mu}_2)^{\mathrm{T}}\end{bmatrix}\boldsymbol{D}_X^{-1}\begin{bmatrix}\boldsymbol{X}_1-\boldsymbol{\mu}_1\\ \boldsymbol{X}_2-\boldsymbol{\mu}_2\end{bmatrix}\right\} \tag{2.5.6}$$

按分块矩阵求逆公式，有

$$\begin{aligned}\boldsymbol{D}_X^{-1}&=\begin{bmatrix}\boldsymbol{D}_{11}^{-1}+\boldsymbol{D}_{11}^{-1}\boldsymbol{D}_{12}\widetilde{\boldsymbol{D}}_{22}^{-1}\boldsymbol{D}_{21}\boldsymbol{D}_{11}^{-1} & -\boldsymbol{D}_{11}^{-1}\boldsymbol{D}_{12}\widetilde{\boldsymbol{D}}_{22}^{-1}\\ -\widetilde{\boldsymbol{D}}_{22}^{-1}\boldsymbol{D}_{21}\boldsymbol{D}_{11}^{-1} & \widetilde{\boldsymbol{D}}_{22}^{-1}\end{bmatrix}\\ &=\begin{bmatrix}-\boldsymbol{D}_{11}^{-1}\boldsymbol{D}_{12}\\ \boldsymbol{I}_m\end{bmatrix}\widetilde{\boldsymbol{D}}_{22}^{-1}\begin{bmatrix}-\boldsymbol{D}_{21}\boldsymbol{D}_{11}^{-1} & \boldsymbol{I}_m\end{bmatrix}+\begin{bmatrix}\boldsymbol{D}_{11}^{-1} & \boldsymbol{0}\\ \boldsymbol{0} & \boldsymbol{0}\end{bmatrix}\end{aligned} \tag{2.5.7}$$

或为

$$\begin{aligned}\boldsymbol{D}_X^{-1}&=\begin{bmatrix}\widetilde{\boldsymbol{D}}_{11}^{-1} & -\widetilde{\boldsymbol{D}}_{11}^{-1}\boldsymbol{D}_{12}\boldsymbol{D}_{22}^{-1}\\ -\boldsymbol{D}_{22}^{-1}\boldsymbol{D}_{21}\widetilde{\boldsymbol{D}}_{11}^{-1} & \boldsymbol{D}_{22}^{-1}+\boldsymbol{D}_{22}^{-1}\boldsymbol{D}_{21}\widetilde{\boldsymbol{D}}_{11}^{-1}\boldsymbol{D}_{12}\boldsymbol{D}_{22}^{-1}\end{bmatrix}\\ &=\begin{bmatrix}\boldsymbol{I}_n\\ -\boldsymbol{D}_{22}^{-1}\boldsymbol{D}_{21}\end{bmatrix}\widetilde{\boldsymbol{D}}_{11}^{-1}\begin{bmatrix}\boldsymbol{I}_n & \boldsymbol{D}_{12}\boldsymbol{D}_{22}^{-1}\end{bmatrix}+\begin{bmatrix}\boldsymbol{0} & \boldsymbol{0}\\ \boldsymbol{0} & \boldsymbol{D}_{22}^{-1}\end{bmatrix}\end{aligned} \tag{2.5.8}$$

式中

$$\left.\begin{aligned}\widetilde{\boldsymbol{D}}_{11}&=\boldsymbol{D}_{11}-\boldsymbol{D}_{12}\boldsymbol{D}_{22}^{-1}\boldsymbol{D}_{21}\\ \widetilde{\boldsymbol{D}}_{22}&=\boldsymbol{D}_{22}-\boldsymbol{D}_{21}\boldsymbol{D}_{11}^{-1}\boldsymbol{D}_{12}\end{aligned}\right\} \tag{2.5.9}$$

因 $\boldsymbol{D}_X$ 还可以分解为

$$\boldsymbol{D}_X=\begin{bmatrix}\boldsymbol{D}_{11} & \boldsymbol{0}\\ \boldsymbol{D}_{21} & \widetilde{\boldsymbol{D}}_{22}\end{bmatrix}\begin{bmatrix}\boldsymbol{I} & \boldsymbol{D}_{11}^{-1}\boldsymbol{D}_{12}\\ \boldsymbol{0} & \boldsymbol{I}\end{bmatrix}=\begin{bmatrix}\widetilde{\boldsymbol{D}}_{11} & \boldsymbol{D}_{12}\\ \boldsymbol{0} & \boldsymbol{D}_{22}\end{bmatrix}\begin{bmatrix}\boldsymbol{I} & \boldsymbol{0}\\ \boldsymbol{D}_{22}^{-1}\boldsymbol{D}_{21} & \boldsymbol{I}\end{bmatrix} \tag{2.5.10}$$

所以 $\boldsymbol{D}_X$ 的行列式值为

$$\det(\boldsymbol{D}_X)=\det(\boldsymbol{D}_{11})\cdot\det(\widetilde{\boldsymbol{D}}_{22})=\det(\boldsymbol{D}_{22})\det(\widetilde{\boldsymbol{D}}_{11}) \tag{2.5.11}$$

利用式(2.5.6)、式(2.5.9)和式(2.5.11)，可将概率密度式(2.5.6)改写为

$$f(\boldsymbol{X})=f(\boldsymbol{X}_1,\boldsymbol{X}_2)=\frac{1}{\sqrt{(2\pi)^n\det(\boldsymbol{D}_{11})}}\exp\left\{-\frac{1}{2}(\boldsymbol{X}_1-\boldsymbol{\mu}_1)^{\mathrm{T}}\boldsymbol{D}_{11}^{-1}(\boldsymbol{X}_1-\boldsymbol{\mu}_1)\right\}\cdot$$
$$\frac{1}{\sqrt{(2\pi)^m\det(\widetilde{\boldsymbol{D}}_{22})}}\exp\left\{-\frac{1}{2}(\boldsymbol{X}_2-\widetilde{\boldsymbol{\mu}}_2)^{\mathrm{T}}\widetilde{\boldsymbol{D}}_{22}^{-1}(X_2-\widetilde{\mu}_2)\right\} \tag{2.5.12}$$

或

$$f(\boldsymbol{X})=f(\boldsymbol{X}_1,\boldsymbol{X}_2)=\frac{1}{\sqrt{(2\pi)^n\det(\widetilde{\boldsymbol{D}}_{11})}}\exp\left\{-\frac{1}{2}(\boldsymbol{X}_1-\widetilde{\boldsymbol{\mu}}_1)^{\mathrm{T}}\widetilde{\boldsymbol{D}}_{11}^{-1}(\boldsymbol{X}_1-\widetilde{\boldsymbol{\mu}}_1)\right\}\cdot$$
$$\frac{1}{\sqrt{(2\pi)^m\det\boldsymbol{D}_{22}}}\exp\left\{-\frac{1}{2}(\boldsymbol{X}_2-\boldsymbol{\mu}_2)^{\mathrm{T}}\boldsymbol{D}_{22}^{-1}(\boldsymbol{X}_2-\boldsymbol{\mu}_2)\right\} \tag{2.5.13}$$

式中

$$\left.\begin{aligned}\widetilde{\boldsymbol{\mu}}_1&=\boldsymbol{\mu}_1+\boldsymbol{D}_{12}\boldsymbol{D}_{22}^{-1}(\boldsymbol{X}_2-\boldsymbol{\mu}_2)\\ \widetilde{\boldsymbol{\mu}}_2&=\boldsymbol{\mu}_2+\boldsymbol{D}_{21}\boldsymbol{D}_{11}^{-1}(\boldsymbol{X}_1-\boldsymbol{\mu}_1)\end{aligned}\right\} \tag{2.5.14}$$

根据边际概率密度和多维正态分布的性质可知

$$f_1(\boldsymbol{X}_1)=\frac{1}{\sqrt{(2\pi)^n\det(\boldsymbol{D}_{11})}}\exp\left\{-\frac{1}{2}(\boldsymbol{X}_1-\boldsymbol{\mu}_1)^{\mathrm{T}}\boldsymbol{D}_{11}^{-1}(\boldsymbol{X}_1-\boldsymbol{\mu}_1)\right\} \tag{2.5.15}$$

$$f_2(\boldsymbol{X}_2)=\frac{1}{\sqrt{(2\pi)^m\det\boldsymbol{D}_{22}}}\exp\left\{-\frac{1}{2}(\boldsymbol{X}_2-\boldsymbol{\mu}_2)^{\mathrm{T}}\boldsymbol{D}_{22}^{-1}(\boldsymbol{X}_2-\boldsymbol{\mu}_2)\right\} \tag{2.5.16}$$

由条件概率密度公式知

$$f(\boldsymbol{X}_2/\boldsymbol{X}_1)=\frac{f(\boldsymbol{X}_1,\boldsymbol{X}_2)}{f_1(\boldsymbol{X}_1)} \tag{2.5.17}$$

$$f(\boldsymbol{X}_1/\boldsymbol{X}_2)=\frac{f(\boldsymbol{X}_1,\boldsymbol{X}_2)}{f_2(\boldsymbol{X}_2)} \tag{2.5.18}$$

将式(2.5.12)和式(2.5.15)代入式(2.5.17)得

$$f(\boldsymbol{X}_2/\boldsymbol{X}_1)=\frac{1}{\sqrt{(2\pi)^m\det(\widetilde{\boldsymbol{D}}_{22})}}\exp\left\{-\frac{1}{2}(\boldsymbol{X}_2-\widetilde{\boldsymbol{\mu}}_2)^{\mathrm{T}}\widetilde{\boldsymbol{D}}_{22}^{-1}(\boldsymbol{X}_2-\widetilde{\boldsymbol{\mu}}_2)\right\} \tag{2.5.19}$$

同理可得

$$f(\boldsymbol{X}_1/\boldsymbol{X}_2)=\frac{1}{\sqrt{(2\pi)^n\det(\widetilde{\boldsymbol{D}}_{11})}}\exp\left\{-\frac{1}{2}(\boldsymbol{X}_1-\widetilde{\boldsymbol{\mu}}_1)^{\mathrm{T}}\widetilde{\boldsymbol{D}}_{11}^{-1}(\boldsymbol{X}_1-\widetilde{\boldsymbol{\mu}}_1)\right\} \tag{2.5.20}$$

### 2.5.3 条件期望和条件方差

根据条件期望和条件方差的定义和正态概率密度的性质可得

$$\left.\begin{aligned}E(\boldsymbol{X}_1/\boldsymbol{x}_2)&=\widetilde{\boldsymbol{\mu}}_{11}=\boldsymbol{\mu}_1+\boldsymbol{D}_{12}\boldsymbol{D}_{22}^{-1}(\boldsymbol{x}_2-\boldsymbol{\mu}_2)\\ E(\boldsymbol{X}_2/\boldsymbol{x}_1)&=\widetilde{\boldsymbol{\mu}}_{22}=\boldsymbol{\mu}_2+\boldsymbol{D}_{21}\boldsymbol{D}_{11}^{-1}(\boldsymbol{x}_1-\boldsymbol{\mu}_1)\end{aligned}\right\} \tag{2.5.21}$$

$$\left.\begin{aligned} D(\boldsymbol{X}_1/\boldsymbol{x}_2)=\widetilde{\boldsymbol{D}}_{11}=\boldsymbol{D}_{11}-\boldsymbol{D}_{12}\boldsymbol{D}_{22}^{-1}\boldsymbol{D}_{21} \\ D(\boldsymbol{X}_2/\boldsymbol{x}_1)=\widetilde{\boldsymbol{D}}_{22}=\boldsymbol{D}_{22}-\boldsymbol{D}_{21}\boldsymbol{D}_{11}^{-1}\boldsymbol{D}_{12} \end{aligned}\right\} \tag{2.5.22}$$

正态分布的条件期望具有以下性质：

(1)$E(\boldsymbol{X}_1/\boldsymbol{x}_2)$是 $\boldsymbol{x}_2$ 的线性组合，所以，它是正态随机向量；同样，$E(\boldsymbol{X}_2/\boldsymbol{x}_1)$也是正态随机向量。

(2)设 $\boldsymbol{X}$ 和 $\boldsymbol{Y}$ 为正态随机向量，且设

$$\left.\begin{aligned} \widetilde{\boldsymbol{X}}&=\boldsymbol{X}-E(\boldsymbol{X}/\boldsymbol{y}) \\ \boldsymbol{Z}&=\boldsymbol{A}\boldsymbol{Y} \end{aligned}\right\} \tag{2.5.23}$$

则 $\widetilde{\boldsymbol{X}}$ 是与 $\boldsymbol{Z}$ 互相独立的随机向量。式中，$\boldsymbol{A}$ 为系数矩阵。

(3)设 $\boldsymbol{X}\sim N(\boldsymbol{\mu}_X,\boldsymbol{D}_X)$、$\boldsymbol{Y}_1\sim N(\boldsymbol{\mu}_1,\boldsymbol{D}_1)$、$\boldsymbol{Y}_2\sim N(\boldsymbol{\mu}_2,\boldsymbol{D}_2)$，且 $\mathrm{cov}(\boldsymbol{Y}_1,\boldsymbol{Y}_2)=0$，而 $D(\boldsymbol{X},\boldsymbol{Y}_1)=\boldsymbol{D}_{XY_1}\neq 0$，$D(\boldsymbol{X},\boldsymbol{Y}_2)=\boldsymbol{D}_{XY_2}\neq 0$，则

$$E(\boldsymbol{X}/\boldsymbol{y})=E(\boldsymbol{X}/\boldsymbol{y}_1,\boldsymbol{y}_2)=E(\boldsymbol{X}/\boldsymbol{y}_1)+E(\boldsymbol{X}/\boldsymbol{y}_2)-\boldsymbol{\mu}_X \tag{2.5.24}$$

(4)设 $\boldsymbol{X}\sim N(\boldsymbol{\mu}_X,\boldsymbol{D}_X)$、$\boldsymbol{Y}\sim N(\boldsymbol{\mu}_Y,\boldsymbol{D}_Y)$，且

$$\boldsymbol{Y}=\begin{bmatrix}\boldsymbol{\mu}_1\\ \boldsymbol{\mu}_2\end{bmatrix},\boldsymbol{D}_Y=\begin{bmatrix}\boldsymbol{D}_{11} & \boldsymbol{D}_{12}\\ \boldsymbol{D}_{21} & \boldsymbol{D}_{22}\end{bmatrix},\boldsymbol{D}_{YX}=\begin{bmatrix}\boldsymbol{D}_{Y_1X}\\ \boldsymbol{D}_{Y_2X}\end{bmatrix}=\boldsymbol{D}_{XY}^{\mathrm{T}}$$

令 $\widetilde{\boldsymbol{Y}}_2=\boldsymbol{Y}_2-E(\boldsymbol{Y}_2/\boldsymbol{y}_1)$，则有

$$E(\boldsymbol{X}/\boldsymbol{y}_1,\boldsymbol{y}_2)=E(\boldsymbol{X}/\boldsymbol{y}_1,\widetilde{\boldsymbol{y}}_2)=E(\boldsymbol{X}/\boldsymbol{y}_1)+E(\boldsymbol{X}/\widetilde{\boldsymbol{y}}_2)-\boldsymbol{\mu}_X \tag{2.5.25}$$

# §2.6　随机样本与抽样分布

数理统计学是一门应用性很强的学科，它是研究怎样以有效的方式收集、整理和分析带有随机性的数据，以便对所考察的问题做出推断和预测。由于大量随机现象必然呈现规律性，故只要对随机现象进行足够多次观察，被研究的规律性一定能清楚地呈现出来。客观上，只允许对随机现象进行次数不多的观察试验，只能获得局部观察资料。

在数理统计中，不是对所研究的对象全体(称为总体)进行观察，而是抽取其中的部分(称为样本)进行观察获得数据(抽样)，并通过这些数据对总体进行推断。数理统计方法具有“部分推断整体”的特征。

## 2.6.1　总体和样本

### 1.总　体

研究对象的全体称为总体，总体中每个成员称为个体，总体中所包含个体的个数称为总体的容量。由于每个个体的出现是随机的，所以相应数量指标的出现也带有随机性，从而可以把这种数量指标看作一个随机变量 $X$，因此随机变量 $X$ 的

分布就是该数量指标在总体中的分布，总体就可以用一个随机变量及其分布来描述。因此，理论上可以把总体与概率分布等同起来。常用随机变量的记号或用其分布函数表示总体，如总体 $X$ 或总体 $F(x)$。

**2. 样　本**

总体分布一般是未知，或只知道是包含未知参数的分布，为推断总体分布及各种特征，要按一定规则从总体中抽取若干个体进行观察试验，以获得有关总体的信息，这一抽取过程称为抽样，所抽取的部分个体称为样本，样本中所包含的个体数目称为样本容量。

对总体 $X$ 在相同的条件下，进行 $n$ 次重复、独立观察，其结果依次记为 $X_1$、$X_2$、…、$X_n$，这样得到的随机变量 $X_1$、$X_2$、…、$X_n$ 是来自总体 $X$ 的一个简单随机样本，与总体随机变量具有相同的分布，$n$ 称为这个样本的容量。一旦取得一组样本 $X_1$、$X_2$、…、$X_n$，得到 $n$ 个具体的数 $x_1$、$x_2$、…、$x_n$，这组数称为样本的一次观察值，简称样本值。最常用的抽样叫作“简单随机抽样”，其特点为：①代表性，$X_1$、$X_2$、…、$X_n$ 中每一个与所考察的总体有相同的概率分布；②独立性，$X_1$、$X_2$、…、$X_n$ 是相互独立的随机变量。

若总体的分布函数为 $F(x)$、概率密度函数为 $f(x)$，则其简单随机样本的联合分布函数为

$$F^*(x_1,x_2,\cdots,x_n)=F(x_1)F(x_2)\cdots F(x_n) \tag{2.6.1}$$

其简单随机样本的联合概率密度函数为

$$f^*(x_1,x_2,\cdots,x_n)=f(x_1)f(x_2)\cdots f(x_n) \tag{2.6.2}$$

简单随机样本是应用中最常见的情形，今后若不特别说明，就指简单随机样本。

**3. 总体、样本、样本值的关系**

总体分布决定了样本取值的概率规律，也就是样本取到样本值的规律，因而可以由样本值推断总体。统计是根据手中已有的资料——样本值，推断总体的情况——总体分布 $F(x)$ 的性质。

### 2.6.2 统计量与经验分布函数

**1. 统计量**

由样本值推断总体情况，需要对样本值进行“加工”，这就要构造一些样本的函数，把样本中所含的(某一方面)信息集中起来。这种不含任何未知参数样本的函数称为统计量，是完全由样本决定的量。

设 $X_1$、$X_2$、…、$X_n$ 是来自总体 $X$ 的一个样本，$g(X_1,X_2,\cdots,X_n)$ 是关于 $X_1$、$X_2$、…、$X_n$ 的函数，若 $g(X_1,X_2,\cdots,X_n)$ 中不含未知参数，则 $g(X_1,X_2,\cdots,X_n)$ 称为一个统计量。若 $x_1$、$x_2$、…、$x_n$ 是这个样本的观察值，则 $g(x_1,x_2,\cdots,x_n)$ 也是统计量 $g(X_1,X_2,\cdots,X_n)$ 的观察值。

几种常见的统计量如下：

(1)样本平均值，反映了总体均值的信息，即

$$\overline{X}=\frac{1}{n}\sum_{i=1}^{n}X_i$$

(2)样本方差，反映了总体方差的信息

$$S^2=\frac{1}{n-1}\sum_{i=1}^{n}(X_i-\overline{X})^2=\frac{1}{n-1}\left(\sum_{i=1}^{n}X_i^2-n\overline{X}^2\right)$$

(3)样本标准差，即

$$S=\sqrt{\frac{1}{n-1}\sum_{i=1}^{n}(X_i-\overline{X})^2}$$

(4)样本 $k$ 阶原点矩，反映了总体 $k$ 阶原点矩的信息，即

$$A_k=\frac{1}{n}\sum_{i=1}^{n}X_i^k$$

(5)样本 $k$ 阶中心矩，反映了总体 $k$ 阶中心矩的信息，即

$$B_k=\frac{1}{n}\sum_{i=1}^{n}(X_i-\overline{X})^k$$

(6)统计量的观察值，即

$$\bar{x}=\frac{1}{n}\sum_{i=1}^{n}x_i$$

$$s^2=\frac{1}{n-1}\sum_{i=1}^{n}(x_i-\bar{x})^2$$

$$s=\sqrt{\frac{1}{n-1}\sum_{i=1}^{n}(x_i-\bar{x})^2}$$

$$\alpha_k=\frac{1}{n}\sum_{i=1}^{n}x_i^k$$

$$b_k=\frac{1}{n-1}\sum_{i=1}^{n}(x_i-\bar{x})^k$$

### 2.6.3　统计假设检验

所谓统计假设检验，就是根据子样的信息，用数理统计的方法判断母体分布是否具有指定的特征。统计假设分为参数假设和非参数假设。所谓参数假设就是对母体分布中的参数所做的假设，非参数假设就是对母体分布函数所做的假设。假设提出之后，就要判断它是否成立，以决定接受假设还是拒绝接受假设，这个过程就是假设检验的过程。相应于统计假设的划分，统计假设检验也分为参数假设检验和非参数假设检验。

假设检验的判断依据是小概率推断原理。所谓小概率推断原理就是概率很小

的事件在一次试验中实际上是不可能出现的。如果小概率事件在一次试验中出现了，就有理由拒绝它。

假设检验的前提是先做一个假设，称为原假设（或零假设），记为 $H_0$。然后，构造一个适当的且其分布为已知的统计量，从而确定该统计量经常出现的区间，使统计量落入此区间的概率接近于1。如果由观测量所算出的统计量数值落入这一经常出现的区间内，那就表示这些观测量可以被接受；反之，如果统计量没有落入这个区间，就说明小概率事件发生了，则拒绝原假设 $H_0$。当 $H_0$ 遭到拒绝，实际上就相当于接受了另一个假设，称为备选假设，记为 $H_1$。因此，假设检验实际上就是要在原假设 $H_0$ 与备选假设 $H_1$ 之间进行选择。

统计假设检验的思想是：给定一个临界概率 $\alpha$，如果在假设 $H_0$ 成立的条件下，出现观测事件的概率小于等于 $\alpha$，就拒绝假设 $H_0$，否则，接受假设 $H_0$。习惯上，将临界概率 $\alpha$ 称为显著水平，或简称水平。

例如，如果从母体 $N(\mu,\sigma^2)$ 中抽取容量为 $n$ 的子样，设母体方差 $\sigma^2$ 为已知，那么母体均值 $\mu$ 是否等于某一已知的数值 $\mu_0$？为了回答这一问题，先做一个原假设 $\mu=\mu_0$、一个备选假设 $\mu\neq\mu_0$。为了验证哪个假设成立，需要根据观测值计算子样均值 $\bar{x}$，从而算出标准化随机变量的数值，即

$$u=\frac{\bar{x}-\mu_0}{\frac{\sigma}{\sqrt{n}}}\sim N(0,1) \tag{2.6.3}$$

如果能使下式成立，即

$$P\left(-z_{\frac{\alpha}{2}}<\frac{\bar{x}-\mu_0}{\frac{\sigma}{\sqrt{n}}}<z_{\frac{\alpha}{2}}\right)=P(-k<u_0<k)=1-\alpha \tag{2.6.4}$$

那么，就表示 $u$ 是落在区间 $(-k,k)$ 中，其中，$k=\bar{x}+\sigma\cdot z_{\frac{\alpha}{2}}/\sqrt{n}$。在这种情况下，就认为可以接受原假设，也就是说原假设是正确的。通常把区间 $(-k,k)$ 称为接受域，如图2.6.1所示。

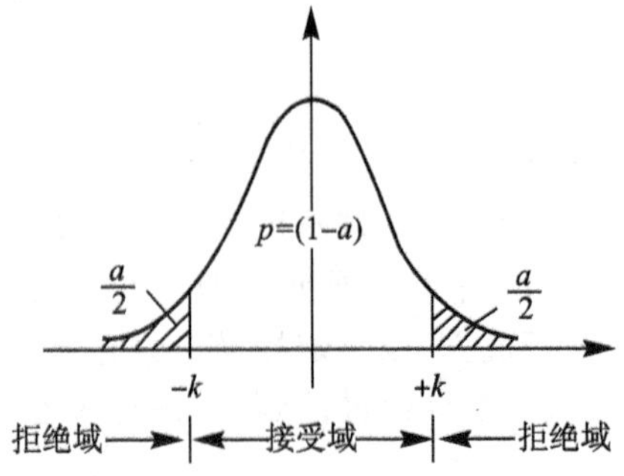


图 2.6.1 接受域与拒绝域

而当 $u<-k$ 或 $u>k$，即 $u$ 落入了区间$(-\infty,-k)$，或落入了区间$(k,+\infty)$，这时就不能接受原假设 $H_0$，即拒绝原假设 $H_0$，通常把拒绝接受假设 $H_0$ 的区域称为检验的拒绝域，本例区间$(-\infty,-k)$和区间$(k,+\infty)$均为拒绝域，如图 2.6.2 所示。

由上述假设检验的思想可知，假设检验是以小概率事件在一次试验中实际上是不可能发生的这一前提为依据的。但是，虽然小概率事件出现的概率很小，但并不是说就完全不可能发生。事实上，如果重复抽取容量为 $n$ 的许多组子样，由于抽样的随机性，子样均值 $\bar{x}$ 不可能完全相同，因而由此算得的统计量的数值也具有随机性。若检验的显著水平定为 $\alpha=0.05$，那么，即使原假设 $H_0$ 是正确的(真的)，其中仍约有 5%的数值将会落入拒绝域中。由此可见，进行任何假设检验总是有做出不正确判断的可能性，换言之，不可能绝对不犯错误，只不过犯错误的可能性很小而已。

弃真错误：当 $H_0$ 为真而被拒绝的错误称为弃真错误，犯弃真错误的概率就是 $\alpha$，如图 2.6.2 所示。

纳伪错误：当 $H_0$ 为不真而被接受的错误称为纳伪错误，犯纳伪错误的概率为 $\beta$，如图 2.6.2 所示。

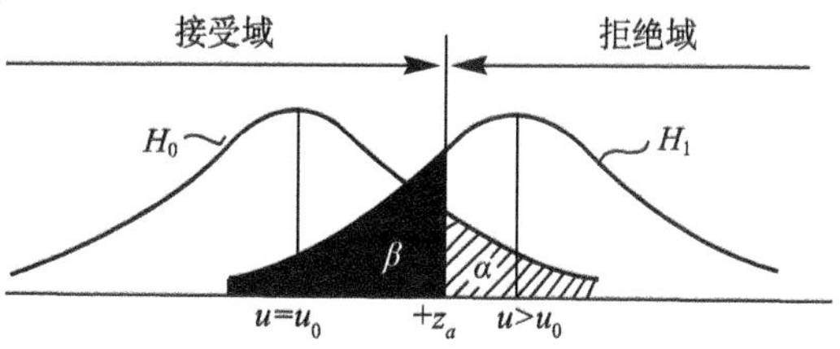


图 2.6.2　弃真与纳伪的关系

显然，当子样容量 $n$ 确定后，犯这两类错误的概率不可能同时减小。当 $\alpha$ 增大，$\beta$ 则减小；当 $\alpha$ 减小，则 $\beta$ 增大。

概括地说，进行假设检验的步骤是：

(1)根据实际需要提出原假设 $H_0$ 和备选假设 $H_1$。

(2)选取适当的显著水平 $\alpha$。

(3)确定检验用的统计量，其分布应是已知的。

(4)根据选取的显著水平 $\alpha$，求出拒绝域的界限值，如被检验的数值落入拒绝域，则拒绝 $H_0$(接受 $H_1$)；否则，接受 $H_0$(拒绝 $H_1$)。

### 2.6.4　常用的参数假设检验方法

由于正态分布是母体中最常见的分布，所抽取的子样也服从正态分布，由此类子样构成的统计量是进行假设检验时最常用的统计量，以下的几种参数假设检验方法均是此类统计量。

**1. $u$ 检验法**

如果母体服从正态分布 $N(\mu,\sigma^2)$，设母体方差 $\sigma^2$ 已知。可利用式(2.6.3)的统计量 $u$ 对母体均值 $\mu$ 进行假设检验。

将这种服从标准正态分布的统计量称为 $u$ 变量，利用 $u$ 统计量所进行的检验方法称为 $u$ 检验法。

(1)双尾检验法。设 $H_0:\mu=\mu_0$、$H_1:\mu\neq\mu_0$，此时

$$P\left(-z_{\frac{\alpha}{2}}<\frac{\bar{x}-\mu_0}{\frac{\sigma}{\sqrt{n}}}<z_{\frac{\alpha}{2}}\right)=P\left(-z_{\frac{\alpha}{2}}\frac{\sigma}{\sqrt{n}}<\bar{x}-\mu_0<z_{\frac{\alpha}{2}}\frac{\sigma}{\sqrt{n}}\right)=1-\alpha \tag{2.6.5}$$

令

$$k=z_{\frac{\alpha}{2}}\left(\frac{\sigma}{\sqrt{n}}\right)$$

式中，$z_{\frac{\alpha}{2}}$ 为标准正态分布的双侧 $\alpha$ 分位数。

由式(2.6.5)可得

$$P(|\bar{x}-\mu_0|<k)=1-\alpha \tag{2.6.6}$$

当 $|\bar{x}-\mu_0|<k$ 时，接受 $H_0$，拒绝 $H_1$；反之，拒绝 $H_0$，接受 $H_1$。

(2)左尾检验法。设 $H_0:\mu=\mu_0$、$H_1:\mu<\mu_0$，此时

$$P\left(\frac{\bar{x}-\mu_0}{\frac{\sigma}{\sqrt{n}}}>-z_\alpha\right)=P(\bar{x}-\mu_0>k)=1-\alpha \tag{2.6.7}$$

式中，$k=-z_\alpha\left(\frac{\sigma}{\sqrt{n}}\right)$，当 $\bar{x}-\mu_0>k$ 时，接受 $H_0$，拒绝 $H_1$；反之，拒绝 $H_0$，接受 $H_1$。

(3)右尾检验法。设 $H_0:\mu=\mu_0$、$H_1:\mu>\mu_0$，此时

$$P\left(\frac{\bar{x}-\mu_0}{\frac{\sigma}{\sqrt{n}}}<+z_\alpha\right)=P(\bar{x}-\mu_0<k)=1-\alpha \tag{2.6.8}$$

式中，$k=z_\alpha\left(\frac{\sigma}{\sqrt{n}}\right)$，当 $\bar{x}-\mu_0<k$ 时，接受 $H_0$，拒绝 $H_1$；反之，拒绝 $H_0$，接受 $H_1$。

$u$ 检验法不仅可以检验单个正态母体参数，还可以在两个正态母体方差 $\sigma_1^2$、$\sigma_2^2$ 已知的条件下，对两个母体均值是否存在显著性差异进行检验。

设两个正态随机变量 $X\sim N(\mu_1,\sigma_1^2)$ 和 $Y\sim N(\mu_2,\sigma_2^2)$，从两母体中独立抽取的两组子样为 $x_1$、$x_2$、…、$x_{n_1}$ 和 $y_1$、$y_2$、…、$y_{n_2}$。子样均值分别为 $\bar{x}$ 和 $\bar{y}$，则两个均值之差构成的统计量也是正态随机变量，即

$$(\bar{x}-\bar{y})\sim N(\mu_1-\mu_2,\frac{\sigma_1^2}{n_1}+\frac{\sigma_2^2}{n_2}) \tag{2.6.9}$$

标准化得

$$\frac{(\bar{x}-\bar{y})-(\mu_1-\mu_2)}{\sqrt{\frac{\sigma_1^2}{n_1}+\frac{\sigma_2^2}{n_2}}}\sim N(0,1) \tag{2.6.10}$$

如果两母体方差相等，设为 $\sigma_1^2=\sigma_2^2$，则式(2.6.10)为

$$\frac{(\bar{x}-\bar{y})-(\mu_1-\mu_2)}{\sigma\sqrt{\dfrac{1}{n_1}+\dfrac{1}{n_2}}}\sim N(0,1) \tag{2.6.11}$$

在实际测量工作中，真正的 $\sigma$ 经常是未知的，一般是利用实测结果计算的估值代替。数理统计中已说明，这种代替，当子样容量 $n>200$ 时，可认为是严密的，一般 $n>30$ 时，用 $\hat{\sigma}(m)$ 代 $\sigma$ 进行 $u$ 检验则认为是近似可用的。当母体方差未知，检验问题又是小子样时，$u$ 检验法便不能应用。需用以下的 $t$ 检验法对母体均值 $\mu$ 进行检验。

例 2.6.1　已知基线长 $L_0=5\ 080.219$ m，认为无误差。为了鉴定光电测距仪，用该仪器对该基线施测了 34 个测回，得平均值 $\bar{x}=5\ 080.253$ m，已知 $\sigma_0=0.08$ m，该仪器测量的长度是否有显著的系统误差(取 $\alpha_0=0.05$)？

解：设原假设 $H_0:\mu=L_0=5\ 080.219$ m，备选假设 $H_1:\mu\neq L_0$。

采用双尾检验：$(x-L_0)=5\ 080.253-5\ 080.219=0.034(\text{m})$，$k=z_{\frac{\alpha}{2}}\left(\dfrac{\sigma}{\sqrt{n}}\right)=1.96\times\dfrac{0.08}{\sqrt{34}}=0.027(\text{m})$。

由于 $|x-L_0|>k$，故拒绝 $H_0$，即认为在 $\alpha_0=0.05$ 的显著水平下，该仪器测量的长度存在系统误差。

例 2.6.2　测量技术员用某种经纬仪观测水平角的长期观测资料统计，观测服从正态分布，一个测回中误差均为 $\sigma_0=\pm 0.62''$。现 2 人对同一角度进行观测，甲观测了 14 个测回，得平均值 $\bar{x}=34°20'3.50''$，乙观测了 10 个测回，得平均值 $\bar{y}=34°20'3.24''$。2 人观测结果的差异是否显著(取 $\alpha_0=0.05$)？

解：设原假设 $H_0:\mu_1=\mu_2$，备选假设 $H_1:\mu_1\neq\mu_2$。

当 $H_0$ 成立时，$(\bar{x}-\bar{y})-(\mu_1-\mu_2)=(\bar{x}-\bar{y})=0.26''$，$k=z_{\frac{\alpha}{2}}\sqrt{\dfrac{\sigma_1^2}{n_1}+\dfrac{\sigma_2^2}{n_2}}=1.96\times 0.62\sqrt{\dfrac{1}{14}+\dfrac{1}{10}}=0.503''$。

因为 $|(\bar{x}-\bar{y})-(\mu_1-\mu_2)|<k$，故接受 $H_0$，即认为在 $\alpha_0=0.05$ 的显著水平下，2 人观测的结果无显著差异。

**2. $t$ 检验法**

设母体服从正态分布 $N(\mu,\sigma^2)$，母体方差 $\sigma^2$ 未知。从母体中随机抽取容量为 $n$ 的子样，可求得子样均值 $\bar{x}$ 和子样方差 $\hat{\sigma}^2$，利用其对母体均值 $\mu$ 进行假设检验，则可利用统计量 $t=\dfrac{\bar{x}-\mu}{\frac{\hat{\sigma}}{\sqrt{n}}}$，但统计量 $t$ 已不服从正态分布，而是服从自由度为 $n-1$

的 $t$ 分布，即

$$t=\frac{\bar{x}-\mu}{\frac{\hat{\sigma}}{\sqrt{n}}}\sim t(n-1) \tag{2.6.12}$$

用统计量 $t$ 检验正态母体数学期望的方法，称为 $t$ 检验法。

根据检验问题的不同，利用 $t$ 检验法对母体均值 $\mu$ 进行检验时，也可选用双尾检验法、单尾检验法。

(1)双尾检验法。设 $H_0:\mu=\mu_0$，$H_1:\mu\neq\mu_0$。双尾检验法满足

$$P\left(-t_{\frac{\alpha}{2}}(n-1)<\frac{\bar{x}-\mu_0}{\frac{\hat{\sigma}}{\sqrt{n}}}<+t_{\frac{\alpha}{2}}(n-1)\right)=P(|\bar{x}-\mu_0|<k)=1-\alpha \tag{2.6.13}$$

式中，$k=t_{\frac{\alpha}{2}}(n-1)\left(\frac{\hat{\sigma}}{\sqrt{n}}\right)$，$t_{\frac{\alpha}{2}}(n-1)$为 $t$ 分布的双侧 $\alpha$ 分位数。当$|\bar{x}-\mu_0|<k$ 时，接受 $H_0$，拒绝 $H_1$；反之，拒绝 $H_0$，接受 $H_1$。

(2)左尾检验法。设 $H_0:\mu=\mu_0$，$H_1:\mu<\mu_0$。左尾检验法满足

$$P\left(\frac{\bar{x}-\mu_0}{\frac{\hat{\sigma}}{\sqrt{n}}}>-t_{\alpha}(n-1)\right)=P(\bar{x}-\mu_0>k)=1-\alpha \tag{2.6.14}$$

式中，$k=-t_{\alpha}(n-1)\left(\frac{\hat{\sigma}}{\sqrt{n}}\right)$，$t_{\alpha}(n-1)$为 $t$ 分布的上 $\alpha$ 分位数。当$(\bar{x}-\mu_0)>k$ 时，接受 $H_0$，拒绝 $H_1$；反之，拒绝 $H_0$，接受 $H_1$。

(3)右尾检验法。设 $H_0:\mu=\mu_0$，$H_1:\mu>\mu_0$。右尾检验法满足

$$P\left(\frac{\bar{x}-\mu_0}{\frac{\hat{\sigma}}{\sqrt{n}}}<+t_{\alpha}(n-1)\right)=P(\bar{x}-\mu_0<k)=1-\alpha \tag{2.6.15}$$

式中，$k=t_{\alpha}(n-1)\left(\frac{\hat{\sigma}}{\sqrt{n}}\right)$。当$(\bar{x}-\mu_0)<k$ 时，接受 $H_0$，拒绝 $H_1$；反之，拒绝 $H_0$，接受 $H_1$。

例 2.6.3 为了测定经纬仪视距常数是否正确，设置了一条基线，其长为 100 m，与视距精度相比可视为无误差，用该仪器进行视距测量，量得长度数值为：

100.3，99.5，99.7，100.2，100.4，100.0

99.8，99.4，99.9，99.7，100.3，100.2

试检验该仪器视距常数是否正确。

解：

$$n=12$$

$$\bar{x}=\frac{1}{n}\sum_{i=1}^{12}x_i=\frac{1}{12}(100.3+99.5+99.7+100.2+100.4+100.0+$$
$$99.8+99.4+99.9+99.7+100.3+100.2)=99.95$$

$$\hat{\sigma}=\sqrt{\frac{\sum_{i=1}^{n}(x_i-\bar{x})^2}{n-1}}=0.33$$

设 $H_0:\mu=100$，$H_1:\mu\neq100$。选定 $\alpha=0.05$，自由度 $n-1=11$，查 $t$ 分布表得 $t_{0.025}(11)=2.2$，计算 $k=t_{\frac{\alpha}{2}}(n-1)\left(\frac{\hat{\sigma}}{\sqrt{n}}\right)=2.2\times\frac{0.33}{\sqrt{12}}=0.21$、$|\bar{x}-\mu|=0.05$。由于 $|\bar{x}-\mu|<k$，所以接受 $H_0$，认为视距常数为 100 m 是正确的。

同样，$t$ 检验法不仅可以检验单个正态母体参数，还可以对两个母体均值是否存在显著性差异进行检验。

设两个正态随机变量 $X\sim N(\mu_1,\sigma_1^2)$ 和 $Y\sim N(\mu_2,\sigma_2^2)$，$\sigma_1^2$、$\sigma_2^2$ 未知，但已知 $\sigma_1^2=\sigma_2^2$，设为 $\sigma_1^2=\sigma_2^2=\sigma^2$。

从两母体中独立抽取的两组子样为 $x_1$、$x_2$、…、$x_{n_1}$ 和 $y_1$、$y_2$、…、$y_{n_2}$。子样均值分别为 $\bar{x}$ 和 $\bar{y}$，子样方差分别为$\hat{\sigma}_1^2$、$\hat{\sigma}_2^2$，则两个均值之差构成服从 $t$ 分布的统计量，即

$$t=\frac{\dfrac{(\bar{x}-\bar{y})-(\mu_1-\mu_2)}{\sqrt{\dfrac{1}{n_1}+\dfrac{1}{n_2}}}}{\sqrt{\dfrac{(n_1-1)\hat{\sigma}_1^2+(n_2-1)\hat{\sigma}_2^2}{n_1+n_2-2}}}\sim t(n_1+n_2-2) \tag{2.6.16}$$

例 2.6.4　为了了解白天和夜晚对观测角度的影响，用同一架光学经纬仪在白天观测了 9 个测回，夜晚观测了 8 个测回，其结果如下：

白天观测成果：$\bar{x}=46°28'30.2''$，$\hat{\sigma}_1^2=0.49''^2$

夜晚观测成果：$\bar{y}=46°28'28.7''$，$\hat{\sigma}_1^2=0.53''^2$

问日夜观测结果有无显著的差异（取 $\alpha_0=0.05$）？

解：(1)设 $H_0:\mu_1=\mu_2$，$H_1:\mu_1\neq\mu_2$。

(2)当 $H_0$ 成立时，统计量值为

$$t=\frac{\dfrac{(\bar{x}-\bar{y})-(\mu_1-\mu_2)}{\sqrt{\dfrac{1}{n_1}+\dfrac{1}{n_2}}}}{\sqrt{\dfrac{(n_1-1)\hat{\sigma}_1^2+(n_2-1)\hat{\sigma}_2^2}{n_1+n_2-2}}}=\frac{\dfrac{(46°28'30.2''-46°28'28.7'')}{\sqrt{\dfrac{1}{9}+\dfrac{1}{8}}}}{\sqrt{\dfrac{(9-1)\times0.49+(8-1)\times0.53}{9+8-2}}}=4.3283$$

(3)查表得 $t_{\frac{\alpha}{2}}=t_{0.025}=2.1315$。因为 $t=4.3283>t_{\frac{\alpha}{2}}=2.1315$，故拒绝 $H_0$，即认为在 $\alpha_0=0.05$ 的显著水平下，日夜观测结果有显著差异。

顺便指出，当 $t$ 的自由度 $n-1>30$ 时，$t$ 检验法与 $u$ 检验法的检验结果实际相同。$t$ 检验法也可用来检验两个正态母体的数学期望是否相等。

**3. $\chi^2$ 检验法**

从方差 $\sigma^2$ 为未知的正态母体 $N(\mu,\sigma^2)$ 中随机抽取容量为 $n$ 的一组子样，则可

利用服从分布 $\chi^2$ 分布的统计量对 $\sigma^2$ 进行各种假设检验。

$\chi^2$ 分布的统计量为

$$\chi^2=\frac{(n-1)\hat{\sigma}^2}{\sigma^2}\sim\chi^2(n-1) \tag{2.6.17}$$

根据检验问题的不同，利用 $\chi^2$ 检验法对母体方差进行检验时，可选用双尾检验法、单尾检验法（左尾检验法或右尾检验法）。

(1)双尾检验法。设 $H_0:\sigma^2=\sigma_0^2$，$H_1:\sigma^2\neq\sigma_0^2$。双尾检验法满足

$$P\left(\chi^2_{1-\frac{\alpha}{2}(n-1)}<\frac{(n-1)\hat{\sigma}^2}{\sigma_0^2}<\chi^2_{\frac{\alpha}{2}(n-1)}\right)=P(k_1<\hat{\sigma}^2<k_2)=1-\alpha \tag{2.6.18}$$

式中，$k_1=\dfrac{\chi^2_{1-\frac{\alpha}{2}}(n-1)\sigma_0^2}{n-1}$，$k_2=\dfrac{\chi^2_{\frac{\alpha}{2}}(n-1)\sigma_0^2}{n-1}$。当 $k_1<\hat{\sigma}^2<k_2$ 时，接受 $H_0$，拒绝 $H_1$；反之，拒绝 $H_0$，接受 $H_1$。

(2)左尾检验法。设 $H_0:\sigma^2=\sigma_0^2$，$H_1:\sigma^2<\sigma_0^2$。左尾检验法满足

$$P\left(\frac{(n-1)\hat{\sigma}^2}{\sigma_0^2}>\chi^2_{1-\alpha}(n-1)\right)=P(\hat{\sigma}^2>k_1)=1-a \tag{2.6.19}$$

式中，$k_1=\dfrac{\chi^2_{1-\alpha}(n-1)\sigma_0^2}{n-1}$。当$\hat{\sigma}^2>k_1$ 时，接受 $H_0$，拒绝 $H_1$；反之，拒绝 $H_0$，接受 $H_1$。

(3)右尾检验法。设 $H_0:\sigma^2=\sigma_0^2$，$H_1:\sigma^2>\sigma_0^2$。左尾检验法满足

$$P\left(\frac{(n-1)\hat{\sigma}^2}{\sigma_0^2}<\chi^2_{\alpha}(n-1)\right)=P(\hat{\sigma}^2<k_2)=1-a \tag{2.6.20}$$

式中，$k_2=\dfrac{\chi^2_{\alpha}(n-1)\sigma_0^2}{n-1}$。当$\hat{\sigma}^2<k_2$ 时，接受 $H_0$，拒绝 $H_1$；反之，拒绝 $H_0$，接受 $H_1$。

例 2.6.5 用某种类型的光学经纬仪观测水平角，由长期观测资料统计该类仪器一个测回的测角中误差为 $\sigma_0=\pm1.80''$。今用试制的同类仪器对某一角观测了 10 个测回，求得 1 个测回的测角中误差为$\hat{\sigma}_0=\pm1.70''$。问新旧两种仪器的测角精度是否相同(取 $\alpha_0=0.05$)？

解：设 $H_0:\sigma^2=\sigma_0^2=1.80^2$，$H_0:\sigma^2\neq\sigma_0^2\neq1.80^2$。查表得：$\chi^2_{0.975}(9)=2.700$，$\chi^2_{0.025}(9)=19.023$，计算得

$$\hat{\sigma}_0^2=2.89$$

$$k_1=\frac{\chi^2_{0.975}(n-1)\sigma_0^2}{n-1}=\frac{2.7\times1.8^2}{9}=0.972$$

$$k_2=\frac{\chi^2_{0.025}(n-1)\sigma_0^2}{n-1}=\frac{19.023\times1.8^2}{9}=6.848$$

因为$\hat{\sigma}_0^2=2.89$ 落在了(0.972,6.848)区间，故接受 $H_0$，即认为在 $\alpha_0=0.05$ 的显著水平下，新旧两种仪器的测角精度相同。

**4. F 检验法**

$F$ 检验法是利用服从 $F$ 分布的统计量对两个母体方差未知的正态母体 $N(\mu_1,\sigma_1^2)$ 和 $N(\mu_2,\sigma_2^2)$ 的方差比进行检验。从两个母体中随机抽取容量为 $n_1$ 和 $n_2$ 的两组子样，求得两组子样的子样方差 $\hat{\sigma}_1^2$ 和 $\hat{\sigma}_2^2$，则可利用统计量

$$F=\frac{\hat{\sigma}_1^2}{\hat{\sigma}_2^2}\sim F(n_1-1,n_2-1) \tag{2.6.21}$$

对方差比进行如下假设检验：

(1)双尾检验法。设 $H_0:\sigma_1^2=\sigma_2^2$，$H_1:\sigma_1^2=\sigma_2^2$。取置信水平 $\alpha$，通过查表或计算获得 $F_{\frac{\alpha}{2}}(n_1-1,n_2-1)$，计算

$$F_{1-\frac{\alpha}{2}}(n_1-1,n_2-1)=\frac{1}{F_{\frac{\alpha}{2}}(n_2-1,n_1-1)} \tag{2.6.22}$$

双尾检验满足

$$P\left(F_{1-\frac{\alpha}{2}}(n_1-1,n_2-1)<\frac{\hat{\sigma}_1^2}{\hat{\sigma}_2^2}<F_{\frac{\alpha}{2}}(n_1-1,n_2-1)\right)=1-a \tag{2.6.23}$$

故当 $\frac{\hat{\sigma}_1^2}{\hat{\sigma}_2^2}>F_{1-\frac{\alpha}{2}}(n_1-1,n_2-1)$ 或 $\frac{\hat{\sigma}_1^2}{\hat{\sigma}_2^2}<F_{\frac{\alpha}{2}}(n_1-1,n_2-1)$ 时，接受 $H_0$，拒绝 $H_1$；否则，接受 $H_1$，拒绝 $H_0$。

在实际检验时，总是可以将其中较大的一个子样方差作为 $\hat{\sigma}_1^2$，另一个作为 $\hat{\sigma}_2^2$，这样就可以使 $\frac{\hat{\sigma}_1^2}{\hat{\sigma}_2^2}$ 永远大于 1。因为 $F$ 分布表中所有表列值都大于 1，即式(2.6.22)右端中的分母 $F_{\frac{\alpha}{2}}(n_2-1,n_1-1)$ 大于 1，故 $F_{1-\frac{\alpha}{2}}(n_1-1,n_2-1)$ 必小于 1。再使 $\frac{\hat{\sigma}_1^2}{\hat{\sigma}_2^2}>1$，所以不可能有 $\frac{\hat{\sigma}_1^2}{\hat{\sigma}_2^2}<F_{1-\frac{\alpha}{2}}(n_1-1,n_2-1)$ 的情况发生，这样，就只需考察 $\frac{\hat{\sigma}_1^2}{\hat{\sigma}_2^2}$ 是否落入右尾的拒绝域就可以了，不必再去考虑左尾的拒绝域。在这种情况下，可写为

$$P\left(\frac{\hat{\sigma}_1^2}{\hat{\sigma}_2^2}<F_{\frac{\alpha}{2}}(n_1-1,n_2-1)\right)=1-a \tag{2.6.24}$$

(2)右尾检验法。设 $H_0:\sigma_1^2=\sigma_2^2$，$H_1:\sigma_1^2>\sigma_2^2$。右尾检验法满足

$$P\left(\frac{\hat{\sigma}_1^2}{\hat{\sigma}_2^2}<F_a(n_1-1,n_2-1)\right)=1-a \tag{2.6.25}$$

故当 $\frac{\hat{\sigma}_1^2}{\hat{\sigma}_2^2}<F_a(n_1-1,n_2-1)$ 时，接受 $H_0$，拒绝 $H_1$；否则，拒绝 $H_0$，接受 $H_1$。

例 2.6.6　甲、乙两台测距仪测定某一距离的测回数和计算的测距方差分别为

$$n_1=8,\hat{\sigma}_1^2=0.10\ \text{cm}^2$$
$$n_2=12,\hat{\sigma}_2^2=0.07\ \text{cm}^2$$

试在显著水平 $a=0.05$ 下，检验 2 台仪器测距精度是否有显著差别。

解：设 $H_0:\sigma_1^2=\sigma_2^2, H_1:\sigma_1^2\neq\sigma_2^2$。查得 $F_{\frac{a}{2}}(n_1-1,n_2-1)=F_{0.025}(7,11)=3.76$，计算统计量

$$F=\frac{\hat{\sigma}_1^2}{\hat{\sigma}_2^2}=\frac{0.10}{0.07}=1.43$$

现 $F<F_{0.025}$，故接受 $H_0$。

如果上例问测距仪乙测距精度是否比甲低，此时的 $\hat{\sigma}_1^2=0.07\ \mathrm{cm}^2$、$\hat{\sigma}_2^2=0.10\ \mathrm{cm}^2$，原假设和备选假设为

$$H_0:\sigma_1^2=\sigma_2^2, H_1:\sigma_1^2>\sigma_2^2$$

统计量为

$$F=\frac{\hat{\sigma}_1^2}{\hat{\sigma}_2^2}=\frac{0.07}{0.10}=0.7$$

在 $F$ 分布表查得 $F_{0.05}(11,7)=3.23$，$F<F_a$，$H_0$ 成立，测距仪乙的测距精度不比甲差。因在 $F$ 分布表中的值均大于 1，发现 $F$ 值小于 1，$H_0$ 必成立。

## §2.7　参数估计

参数估计问题是利用从总体抽样得到的信息估计总体的某些参数或者参数的某些函数。设有一个统计总体，总体的分布函数为 $F(x,\theta)$，其中 $\theta$ 为未知参数（或参数向量）。现从该总体抽样，得样本 $X_1$、$X_2$、…、$X_n$，要依据该样本对参数 $\theta$ 进行估计，或估计 $\theta$ 的某个函数 $g(\theta)$。这类问题称为参数估计，包括点估计和区间估计两类。

### 2.7.1　点估计

如果对某个水平角进行 $n$ 次观测，得到观测值 $X_1$、$X_2$、…、$X_n$。观测值带有的随机误差使得各观测值略有差异，观测误差服从正态分布，即 $X_i\sim N(\mu,\sigma^2)$。确定正态分布的数学期望和方差就确定了正态分布，那么如何根据均值 $\overline{X}$ 估计总体数学期望 $\mu$？如何应用子样方差估计总体方差呢？为了估计 $\mu$，需要构造适定的样本函数 $T(X_1,X_2,\cdots,X_n)$，每当有了样本观测值，就代入该函数算出一个值，用来作为 $\mu$ 的估计值。

$T(X_1,X_2,\cdots,X_n)$ 称为 $\mu$ 的点估计量，把样本观测值代入 $T(X_1,X_2,\cdots,X_n)$，得到 $\mu$ 的一个点估计值。由大数定律

$$\lim_{n\to\infty}P\left(\left|\frac{1}{n}\sum_{i=1}^{n}X_i-\mu\right|<\varepsilon\right)=1 \tag{2.7.1}$$

可以想到把样本观测值的平均值

$$\overline{X}=\frac{1}{n}\sum_{i=1}^{n}X_i \tag{2.7.2}$$

作为总体数学期望 $\mu$ 的一个估计。

类似地，也可以应用子样方差

$$S^2 = \frac{1}{n-1}\sum_{i=1}^{n}(X_i - \overline{X})^2 \tag{2.7.3}$$

作为总体方差 $\sigma^2$ 的一个估计。

寻求合理制定估计量的方法是进行点估计的关键。§2.8 介绍的极大似然法、最小二乘法、极大验后法、最小方差法和贝叶斯方法都是点估计的算法。这里只介绍矩估计法。

参数矩估计法。用样本原点矩估计相应的总体原点矩，用样本原点矩的连续函数估计相应的总体原点矩的连续函数。矩估计法的具体做法如下：

设总体的分布函数中含有 $k$ 个未知参数 $\theta_1$、$\theta_2$、…、$\theta_k$，那么它的前 $k$ 阶矩 $\mu_1$、$\mu_2$、…、$\mu_k$，一般都是 $k$ 个未知参数的函数，记为

$$\mu_i = \mu_i(\theta_1, \theta_2, \cdots, \theta_k) \quad (i=1,2,\cdots,k) \tag{2.7.4}$$

从这 $k$ 个方程解出

$$\hat{\theta}_j = \hat{\theta}_j(\mu_1, \mu_2, \cdots, \mu_k) \quad (j=1,2,\cdots,k) \tag{2.7.5}$$

$\hat{\theta}_j$ 称为矩估计量的观察值或矩估计值。

### 2.7.2 估计量的评选标准

评价一个估计量的好坏，不能仅依据一次试验的结果，而必须由多次试验结果来衡量。这是因为估计量是样本的函数，是随机变量，故由不同的观测结果，就会求得不同的参数估计值。因此，一个好的估计，应在多次试验中体现出优良性。

常用的几条标准是：

(1)无偏性。估计量是随机变量，对于不同的样本值会得到不同的估计值。人们希望估计值在未知参数真值附近摆动，而它的期望值等于未知参数的真值。这就导致无偏性这个标准。

设 $X_1$、$X_2$、…、$X_n$ 是样本观测值，$\hat{\theta}(X_1, X_2, \cdots, X_n)$是未知参数 $\theta$ 的估计量，若

$$E(\hat{\theta}) = \theta \tag{2.7.6}$$

则称$\hat{\theta}$为 $\theta$ 的无偏估计。

无偏性是对估计量的一个常见而重要的要求。无偏性的实际意义是指估计值没有受到系统误差的影响。一个参数往往有不止一个无偏估计，若$\hat{\theta}_1$ 和$\hat{\theta}_2$ 都是参数 $\theta$ 的无偏估计量，比较 $E((\hat{\theta}_1-\theta)^2)$和 $E((\hat{\theta}_2-\theta)^2)$的大小决定二者谁最优。由于

$$D(\hat{\theta}_1) = E((\hat{\theta}_1-\theta)^2),\ D(\hat{\theta}_2) = E((\hat{\theta}_2-\theta)^2)$$

所以无偏估计以方差小者为好，这就引进了有效性这一概念。

(2)有效性。若参数估值$\hat{\theta}$是参数 $\theta$ 的无偏估计量，具有无偏性的估计量并不唯一。如果对于两个无偏估计量$\hat{\theta}_1$ 和$\hat{\theta}_2$，有

$$D(\hat{\theta}_1)<D(\hat{\theta}_2) \tag{2.7.7}$$

则称$\hat{\theta}_1$比$\hat{\theta}_2$有效。其中,方差最小的估计量$\hat{\theta}(D(\hat{\theta})=\min)$为$\theta$的最有效估计量,称为最优无偏估计量。

(3)一致性。如果估计量具有无偏性,且随着观测量$n$的增大,参数估值$\hat{\theta}$在参数$\theta$附近摆动要越来越小,即$\hat{\theta}$应越来越接近$\theta$。或者说,当观测量$n$无限增大时估计量$\hat{\theta}$将依概率收敛于$\theta$,即

$$\lim_{n\to\infty}P(\theta-\varepsilon<\hat{\theta}<\theta+\varepsilon)=1 \tag{2.7.8}$$

式中,$\varepsilon$是任意小的正数,具有上述性质的估计量$\hat{\theta}$称为一致性估计量。

若参数$\theta$的估计量同时满足

$$\left.\begin{aligned}&E(\hat{\theta})=\theta\\&\lim_{n\to\infty}E((\hat{\theta}-\theta)^2)=0\end{aligned}\right\} \tag{2.7.9}$$

则称估计量$\hat{\theta}$为严格一致性估计量。严格一致性估计量一定是一致性估计量。

具有无偏性、有效性的估计量必然是一致性估计量。

无偏性、有效性和一致性(相合性)是评定估计量好坏的三个标准。

### 2.7.3 区间估计

前文讨论了参数点估计,是用样本算得一个值估计未知参数。但是,点估计值仅仅是未知参数的一个近似值,它没有反映这个近似值的误差范围,使用起来把握不大。区间估计正好弥补了点估计的这个缺陷。区间估计就是希望确定一个区间,使人们能以比较高的可靠程度相信真值包含在该区间内。通常用置信度或置信水平来度量"可靠程度"。习惯上把置信水平记作$1-\alpha$,这里$\alpha$是一个很小的正数。置信水平的大小是根据实际需要选定的。例如,通常可取置信水平$1-\alpha=0.95$或$0.9$等。根据一个实际样本,由给定的置信水平,求出一个尽可能小的区间$(\hat{\theta}_1,\hat{\theta}_2)$,使

$$P(\hat{\theta}_1<\theta<\hat{\theta}_2)=1-\alpha \tag{2.7.10}$$

称区间$(\hat{\theta}_1,\hat{\theta}_2)$为$\theta$的置信水平为$1-\alpha$的置信区间。$\hat{\theta}_1$、$\hat{\theta}_2$分别称为置信下限和置信上限,且$\hat{\theta}_1<\hat{\theta}_2$,$\theta$是待估参数。$\theta$、$\hat{\theta}_1$、$\hat{\theta}_2$都是样本观测量$X_1$、$X_2$、…、$X_n$的函数。

对于$\theta$区间估计,就是要设法找出两个依赖于样本的界限(构造统计量),即

$$\left.\begin{aligned}&\hat{\theta}_1=\hat{\theta}_1(X_1,X_2,\cdots,X_n)\\&\hat{\theta}_2=\hat{\theta}_2(X_1,X_2,\cdots,X_n)\\&\hat{\theta}_1<\hat{\theta}_2\end{aligned}\right\} \tag{2.7.11}$$

一旦有了样本观测值,就把$\theta$估计在区间$(\hat{\theta}_1,\hat{\theta}_2)$内。区间估计要求$\theta$以很大的概率被包含在区间$(\hat{\theta}_1,\hat{\theta}_2)$内。就是说,概率$P(\hat{\theta}_1<\theta<\hat{\theta}_2)$要尽可能大,即要求估计尽量可靠。另外,要求估计的精度尽可能高,即要求区间长度尽可能短,或能

体现该要求的其他准则。可靠性与精度是一对矛盾，一般是在保证可靠性的条件下尽可能提高精度。

在求置信区间时，要查表求分位点。设 $0<\alpha<1$，对随机变量 $X$，满足

$$P(X>x_\alpha)=\alpha \Leftrightarrow P(X\leqslant x_\alpha)=1-\alpha$$

的点 $x_\alpha$ 为 $X$ 的概率分布的上 $\alpha$ 分位点，即

$$P(x_{1-\frac{\alpha}{2}}<X<x_{\frac{\alpha}{2}})=1-\alpha$$

若 $X$ 为连续型随机变量，则有

$$\hat{\theta}_1=x_{1-\frac{\alpha}{2}},\hat{\theta}_2=x_{\frac{\alpha}{2}}$$

所求置信区间为 $(x_{1-\frac{\alpha}{2}},x_{\frac{\alpha}{2}})$。

若 $X\sim N(\mu,\sigma^2)$，可转化为标准正态分布，即令 $U=\frac{\overline{X}-\mu}{\sigma}$，则 $U\sim N(0,1)$。当给定 $\alpha$ 就对应于一个 $z_{\frac{\alpha}{2}}$，使得

$$P\left(\left|\frac{\overline{X}-\mu}{\frac{\sigma}{\sqrt{n}}}\right|<z_{\frac{\alpha}{2}}\right)=1-\alpha \tag{2.7.12}$$

即

$$P\left(\overline{X}-\frac{\sigma}{\sqrt{n}}z_{\frac{\alpha}{2}}\leqslant\mu\leqslant\overline{X}+\frac{\sigma}{\sqrt{n}}z_{\frac{\alpha}{2}}\right)=1-\alpha \tag{2.7.13}$$

数学期望的区间估计为 $[\overline{X}-\frac{\sigma}{\sqrt{n}}z_{\frac{\alpha}{2}},\overline{X}+\frac{\sigma}{\sqrt{n}}z_{\frac{\alpha}{2}}]$，置信度为 $1-\alpha$。若 $\alpha=0.05$，$z_{\frac{\alpha}{2}}=1.965$，则置信区间为 $\left[\overline{X}-\frac{1.96\sigma}{\sqrt{n}},\overline{X}+\frac{1.96\sigma}{\sqrt{n}}\right]$，置信度为 0.95。

## §2.8　参数估计准则

求未知参数的最佳估值有不同的准则，主要有极大似然估计、最小二乘估计、极大验后估计、最小方差估计和贝叶斯估计等。

### 2.8.1　极大似然估计

设有参数向量 $\underset{t\times 1}{\boldsymbol{X}}$，其所有取值为 $\boldsymbol{x}$，它可以是未知的非随机向量，也可以是随机向量。为了估计 $\boldsymbol{X}$，进行 $n$ 次观测，得到观测向量 $\underset{n\times 1}{\boldsymbol{L}}$ 的观测值 $\underset{n\times 1}{\boldsymbol{l}}$，在 $\boldsymbol{X}=\boldsymbol{x}$ 的条件下，得到观测向量 $\boldsymbol{L}$ 的条件概率密度为 $f(\boldsymbol{l}/\boldsymbol{x})$。$f(\boldsymbol{l}/\boldsymbol{x})$ 是 $\boldsymbol{l}$、$\boldsymbol{x}$ 的函数，但对具体的观测值 $\boldsymbol{l}$ 来说，$f(\boldsymbol{l}/\boldsymbol{x})$ 只是 $\boldsymbol{x}$ 的函数。因此，如果 $\hat{\boldsymbol{x}}$ 是 $\boldsymbol{x}$ 中的一个，而 $f(\boldsymbol{l}/\hat{\boldsymbol{x}})$ 是 $f(\boldsymbol{l}/\boldsymbol{x})$ 中的最大值，那么，$\hat{\boldsymbol{X}}$ 叫作 $\boldsymbol{X}$ 的极大似然估计，并记作 $\hat{\boldsymbol{X}}_{\mathrm{ML}}$。也就是说，极大似然估计求最佳估值 $\hat{\boldsymbol{X}}$ 的准则为

$$f(\boldsymbol{l}/\boldsymbol{x})=\max \tag{2.8.1}$$

如果参数 $\boldsymbol{X}$ 是非随机向量，则

$$f(\boldsymbol{l}/\boldsymbol{x})=f(\boldsymbol{l},\boldsymbol{x})=\max \tag{2.8.2}$$

此时，$f(\boldsymbol{l},\boldsymbol{x})$ 是 $\underset{n\times 1}{\boldsymbol{L}}$ 的概率密度，其中 $\boldsymbol{x}$ 只是表示函数与参数 $\boldsymbol{X}$ 有关。

当 $f(\boldsymbol{l}/\boldsymbol{x})$ 是正态条件概率密度时，有

$$f(\boldsymbol{l}/\boldsymbol{x})=\frac{1}{\sqrt{(2\pi)^n\det(D(\boldsymbol{L}/\boldsymbol{x}))}}\exp\left\{-\frac{1}{2}(\boldsymbol{l}-E(\boldsymbol{L}/\boldsymbol{x}))^{\mathrm{T}}D^{-1}(\boldsymbol{L}/\boldsymbol{x})(\boldsymbol{l}-E(\boldsymbol{L}/\boldsymbol{x}))\right\} \tag{2.8.3}$$

式中

$$E(\boldsymbol{L}/\boldsymbol{x})=E(\boldsymbol{L})+\boldsymbol{D}_{LX}\boldsymbol{D}_X^{-1}(\boldsymbol{X}-E(\boldsymbol{X})) \tag{2.8.4}$$

$$D(\boldsymbol{L}/\boldsymbol{x})=\boldsymbol{D}_L-\boldsymbol{D}_{LX}\boldsymbol{D}_X^{-1}\boldsymbol{D}_{XL} \tag{2.8.5}$$

则似然方程式(2.8.3)取得最大值，等价于

$$(\boldsymbol{l}-E(\boldsymbol{L}/\boldsymbol{x}))^{\mathrm{T}}D^{-1}(\boldsymbol{L}/\boldsymbol{x})(\boldsymbol{l}-E(\boldsymbol{L}/\boldsymbol{x}))=\min \tag{2.8.6}$$

也等价于

$$\frac{\partial}{\partial\boldsymbol{x}}[(\boldsymbol{l}-E(\boldsymbol{L}/\boldsymbol{x}))^{\mathrm{T}}D^{-1}(\boldsymbol{L}/\boldsymbol{x})(\boldsymbol{l}-E(\boldsymbol{L}/\boldsymbol{x}))]|_{x=\hat{\boldsymbol{X}}_{\mathrm{ML}}}=0 \tag{2.8.7}$$

由此可得

$$[\boldsymbol{l}-E(\boldsymbol{L})-\boldsymbol{D}_{LX}\boldsymbol{D}_X^{-1}(\hat{\boldsymbol{X}}_{\mathrm{ML}}-E(\boldsymbol{X}))]^{\mathrm{T}}D^{-1}(\boldsymbol{L}/\boldsymbol{x})\frac{\mathrm{d}E(\boldsymbol{L}/\boldsymbol{x})}{\mathrm{d}\boldsymbol{x}}=0$$

从式(2.8.4)可得

$$\frac{\mathrm{d}E(\boldsymbol{L}/\boldsymbol{x})}{\mathrm{d}\boldsymbol{x}}=\boldsymbol{D}_{LX}\boldsymbol{D}_X^{-1} \tag{2.8.8}$$

由此可以导出

$$\hat{\boldsymbol{X}}_{\mathrm{ML}}=E(\boldsymbol{X})+(\boldsymbol{D}_X^{-1}\boldsymbol{D}_{XL}D^{-1}(\boldsymbol{L}/\boldsymbol{x})\boldsymbol{D}_{\mathrm{LX}}\boldsymbol{D}_X^{-1})^{-1}\boldsymbol{D}_X^{-1}\boldsymbol{D}_{XL}D^{-1}(\boldsymbol{L}/\boldsymbol{x})(\boldsymbol{L}-E(\boldsymbol{L})) \tag{2.8.9}$$

式(2.8.9)就是当 $f(\boldsymbol{l}/\boldsymbol{x})$ 为正态条件概率密度时求极大似然估值 $\hat{\boldsymbol{X}}_{\mathrm{ML}}$ 的公式。

例 2.8.1　设有线性模型为

$$\boldsymbol{L}=\boldsymbol{BX}+\boldsymbol{\Delta} \tag{2.8.10}$$

若 $E(\boldsymbol{\Delta})=0$、$D(\boldsymbol{\Delta})=\boldsymbol{D}_\Delta$、$E(\boldsymbol{X})=\boldsymbol{\mu}_X$，$D(\boldsymbol{X})=\boldsymbol{D}_X$，$\boldsymbol{D}_{X\Delta}=\boldsymbol{0}$，且 $\boldsymbol{D}_\Delta$、$\boldsymbol{D}_X$ 正定，由式(2.8.10)知

$$E(\boldsymbol{L})=\boldsymbol{B\mu}_X,\boldsymbol{D}_L=\boldsymbol{BD}_X\boldsymbol{B}^{\mathrm{T}}+\boldsymbol{D}_\Delta,\boldsymbol{D}_{LX}=\boldsymbol{BD}_X=\boldsymbol{D}_{XL}^{\mathrm{T}}$$

因此，式(2.8.4)、式(2.8.5)为

$$\begin{aligned}E(\boldsymbol{L}/\boldsymbol{x})&=E(\boldsymbol{L})+\boldsymbol{D}_{LX}\boldsymbol{D}_X^{-1}(\boldsymbol{X}-E(\boldsymbol{X}))\\&=\boldsymbol{B\mu}_X+\boldsymbol{BD}_X\boldsymbol{D}_X^{-1}(\boldsymbol{X}-\boldsymbol{\mu}_X)\\&=\boldsymbol{BX}\end{aligned} \tag{2.8.11}$$

$$\begin{aligned}D(\boldsymbol{L}/\boldsymbol{x})&=\boldsymbol{D}_L-\boldsymbol{D}_{LX}\boldsymbol{D}_X^{-1}\boldsymbol{D}_{XL}\\&=\boldsymbol{BD}_X\boldsymbol{B}^{\mathrm{T}}+\boldsymbol{D}_\Delta-\boldsymbol{BD}_X\boldsymbol{D}_X^{-1}\boldsymbol{D}_X\boldsymbol{B}^{\mathrm{T}}\\&=\boldsymbol{D}_\Delta\end{aligned} \tag{2.8.12}$$

代入式(2.8.9),可得

$$\begin{aligned}\hat{\boldsymbol{X}}_{\mathrm{ML}} &= E(\boldsymbol{X}) + (\boldsymbol{D}_X^{-1}\boldsymbol{D}_{XL}D^{-1}(\boldsymbol{L}/\boldsymbol{x})\boldsymbol{D}_{LX}\boldsymbol{D}_X^{-1})^{-1}\boldsymbol{D}_X^{-1}\boldsymbol{D}_{XL}D^{-1}(\boldsymbol{L}/\boldsymbol{x})(\boldsymbol{L}-E(\boldsymbol{L}))\\ &= \boldsymbol{\mu}_X + (\boldsymbol{B}^{\mathrm{T}}\boldsymbol{D}_\Delta^{-1}\boldsymbol{B})^{-1}\boldsymbol{B}^{\mathrm{T}}\boldsymbol{D}_\Delta^{-1}(\boldsymbol{L}-\boldsymbol{B}\boldsymbol{\mu}_X)\\ &= (\boldsymbol{B}^{\mathrm{T}}\boldsymbol{D}_\Delta^{-1}\boldsymbol{B})^{-1}\boldsymbol{B}^{\mathrm{T}}\boldsymbol{D}_\Delta^{-1}\boldsymbol{L}\end{aligned} \tag{2.8.13}$$

结果说明,对于线性模型式(2.8.10),尽管 $\boldsymbol{X}$ 是随机参数,其极大似然估计并不受其先验期望和先验方差的影响。

### 2.8.2　最小二乘估计

设被估计量是 $t$ 阶未知的参数向量 $\underset{t\times 1}{\boldsymbol{X}}$,观测向量为 $\underset{n\times 1}{\boldsymbol{L}}$ $(n>t)$,其观测误差(或称为噪声)向量为 $\underset{n\times 1}{\boldsymbol{\Delta}}$,观测方程为

$$\boldsymbol{L} = \boldsymbol{B}\boldsymbol{X} + \boldsymbol{\Delta} \tag{2.8.14}$$

式中,$\underset{n\times t}{\boldsymbol{B}}$ 的秩 $\mathrm{rank}(\boldsymbol{B})=t$,$E(\boldsymbol{\Delta})=0$,$D(\boldsymbol{\Delta})=\boldsymbol{D}_\Delta$。设 $\boldsymbol{X}$ 的最小二乘估值为 $\hat{\boldsymbol{X}}_{\mathrm{LS}}$,则有

$$\boldsymbol{V} = \boldsymbol{B}\hat{\boldsymbol{X}}_{\mathrm{LS}} - \boldsymbol{L} \tag{2.8.15}$$

所谓最小二乘估计,就是要求估值 $\hat{x}$ 使二次型达到最小值,即

$$\varphi(\hat{\boldsymbol{X}}_{\mathrm{LS}}) = \boldsymbol{V}^{\mathrm{T}}\boldsymbol{P}\boldsymbol{V} = (\boldsymbol{B}\hat{\boldsymbol{X}}_{\mathrm{LS}}-\boldsymbol{L})^{\mathrm{T}}\boldsymbol{P}(\boldsymbol{B}\hat{\boldsymbol{X}}_{\mathrm{LS}}-\boldsymbol{L}) = \min \tag{2.8.16}$$

式中,$\underset{n\times n}{\boldsymbol{P}}$ 是一个适当选取的对称正定常数矩阵。

当参数 $\boldsymbol{X}$ 的各个分量 $X_i$ 之间没有确定的函数关系,即它们是函数独立的参数时,可将 $\varphi(\hat{\boldsymbol{X}}_{\mathrm{LS}})$ 对 $\hat{\boldsymbol{X}}_{\mathrm{LS}}$ 求自由极值,令其一阶导数为零,得

$$\frac{\partial\varphi(\hat{\boldsymbol{X}}_{\mathrm{LS}})}{\partial\hat{\boldsymbol{X}}_{\mathrm{LS}}} = 2\boldsymbol{V}^{\mathrm{T}}\boldsymbol{P}\frac{\partial\boldsymbol{V}}{\partial\hat{\boldsymbol{X}}_{\mathrm{LS}}} = 2\boldsymbol{V}^{\mathrm{T}}\boldsymbol{P}\boldsymbol{B} = 0 \tag{2.8.17}$$

转置后,得

$$\boldsymbol{B}^{\mathrm{T}}\boldsymbol{P}\boldsymbol{V} = \boldsymbol{B}^{\mathrm{T}}\boldsymbol{P}(\boldsymbol{B}\hat{\boldsymbol{X}}_{\mathrm{LS}}-\boldsymbol{L}) = 0$$

或

$$\boldsymbol{B}^{\mathrm{T}}\boldsymbol{P}\boldsymbol{B}\hat{\boldsymbol{X}}_{\mathrm{LS}} = \boldsymbol{B}^{\mathrm{T}}\boldsymbol{P}\boldsymbol{L} \tag{2.8.18}$$

解得

$$\hat{\boldsymbol{X}}_{\mathrm{LS}} = (\boldsymbol{B}^{\mathrm{T}}\boldsymbol{P}\boldsymbol{B})^{-1}\boldsymbol{B}^{\mathrm{T}}\boldsymbol{P}\boldsymbol{L} \tag{2.8.19}$$

最小二乘估计量 $\hat{\boldsymbol{X}}_{\mathrm{LS}}$ 的估计误差为

$$\boldsymbol{\Delta}_{\hat{X}} = \boldsymbol{X} - \hat{\boldsymbol{X}}_{\mathrm{LS}} = \boldsymbol{X} - (\boldsymbol{B}^{\mathrm{T}}\boldsymbol{P}\boldsymbol{B})^{-1}\boldsymbol{B}^{\mathrm{T}}\boldsymbol{P}(\boldsymbol{B}\boldsymbol{X}+\boldsymbol{\Delta}) = -(\boldsymbol{B}^{\mathrm{T}}\boldsymbol{P}\boldsymbol{B})^{-1}\boldsymbol{B}^{\mathrm{T}}\boldsymbol{P}\boldsymbol{\Delta} \tag{2.8.20}$$

按协方差传播律可得 $\hat{\boldsymbol{X}}$ 的误差方差矩阵为

$$D(\boldsymbol{\Delta}_{\hat{X}}) = (\boldsymbol{B}^{\mathrm{T}}\boldsymbol{P}\boldsymbol{B})^{-1}\boldsymbol{B}^{\mathrm{T}}\boldsymbol{P}\boldsymbol{D}_\Delta\boldsymbol{P}\boldsymbol{B}(\boldsymbol{B}^{\mathrm{T}}\boldsymbol{P}\boldsymbol{B})^{-1} \tag{2.8.21}$$

将对称正定阵 $\boldsymbol{D}_\Delta$ 表示为 $\boldsymbol{D}_\Delta=\boldsymbol{R}^{\mathrm{T}}\boldsymbol{R}$($\boldsymbol{R}$ 为可逆矩阵),并令

$$\boldsymbol{a} = \boldsymbol{B}^{\mathrm{T}}\boldsymbol{R}^{-1}$$

$$\boldsymbol{b} = \boldsymbol{R}\boldsymbol{P}\boldsymbol{B}(\boldsymbol{B}^{\mathrm{T}}\boldsymbol{P}\boldsymbol{B})^{-1}$$

则得

$$ab=BR^{-1}RPB(B^{T}PB)^{-1}=E$$

且由“矩阵形”施瓦茨(Schwarz)不等式可得

$$D(\Delta_{\hat{X}})=b^{T}b\geqslant(ab)^{T}(aa^{T})^{-1}(ab)=(aa^{T})^{-1}$$

即

$$D(\Delta_{\hat{X}})=(B^{T}PB)^{-1}B^{T}PD_{\Delta}PB(B^{T}PB)^{-1}\geqslant(B^{T}D_{\Delta}^{-1}B)^{-1}$$

只有当 $P=P_{\Delta}=D_{\Delta}^{-1}$ 或 $P=P_{\Delta}=D_{\Delta}^{-1}\sigma_0^2$($\sigma_0^2$ 为常数)时，上式才取等号，而使 $\hat{X}$ 的误差方差矩阵达到最小，此时有

$$D(\Delta_{\hat{X}})=(B^{T}D_{\Delta}^{-1}PB)^{-1}=(B^{T}PB)^{-1}\sigma_0^2 \tag{2.8.22}$$

将 $P=D_{\Delta}^{-1}$ 或 $P=D_{\Delta}^{-1}\sigma_0^2$ 时的估计称为马尔可夫(Markov)估计。

可以看到，最小二乘估计具有如下性质：

(1)最小二乘估计是一种线性估计，即 $X$ 的估计量 $\hat{X}_{LS}$ 是观测值的线性函数。

(2)当观测误差的数学期望为 $E(\Delta)=0$ 时，因

$$E(L)=BX$$

所以

$$E(\hat{X}_{LS})=(B^{T}PB)^{-1}B^{T}PE(L)=(B^{T}PB)^{-1}B^{T}PBX=X$$

即 $\hat{X}_{LS}$ 具有无偏性。

(3)当观测误差的方差阵为 $D_{\Delta}$，而取 $P=D_{\Delta}^{-1}$ 或 $P=D_{\Delta}^{-1}\sigma_0^2$ 时，$\hat{X}_{LS}$ 的误差方差矩阵达到最小值。

(4)最小二乘估计不需要 $X$ 的任何先验统计信息。当 $X$ 是非随机量，或 $X$ 虽然是随机量，但完全不考虑其先验统计信息时，由观测方程按协方差传播律可得

$$D_L=D_{\Delta} \tag{2.8.23}$$

$$D_{\hat{X}_{LS}}=D(\Delta_{\hat{X}_{LS}}) \tag{2.8.24}$$

以上都没有考虑概率分布，直接将式(2.8.16)作为一种估计准则。当观测误差和参数 $X$ 是正态随机变量时，这种最小二乘估计准则还可以从极大似然估计导出。

设 $\Delta\sim N(\mathbf{0},D_{\Delta})$，$X\sim N(\mu_X,D_X)$，由于 $X$ 和 $\Delta$ 的互协方差 $D_{\Delta X}=0$，则由观测方程式(2.8.14)可得

$$\left.\begin{aligned}\mu_L&=E(L)=B\mu_X\\D_L&=BD_XB^{T}+D_{\Delta}\\D_{LX}&=BD_X\end{aligned}\right\} \tag{2.8.25}$$

而在 $X=x$ 条件下的条件概率密度为

$$f(l/x)=\frac{1}{\sqrt{(2\pi)^n\det(D(L/x))}}\exp\left\{-\frac{1}{2}(l-E(L/x))^{T}D^{-1}(L/x)(l-E(L/x))\right\} \tag{2.8.26}$$

式中

$$E(\boldsymbol{L}/\boldsymbol{x})=E(\boldsymbol{L})+\boldsymbol{D}_{LX}\boldsymbol{D}_X^{-1}(\boldsymbol{X}-E(\boldsymbol{X}))$$

$$D(\boldsymbol{L}/\boldsymbol{x})=\boldsymbol{D}_L-\boldsymbol{D}_{LX}\boldsymbol{D}_X^{-1}\boldsymbol{D}_{XL}$$

将式(2.8.25)代入式(2.8.26)得

$$E(\boldsymbol{L}/\boldsymbol{x})=E(\boldsymbol{L})+\boldsymbol{D}_{LX}\boldsymbol{D}_X^{-1}(\boldsymbol{X}-E(\boldsymbol{X}))=\boldsymbol{B}\boldsymbol{\mu}_X+\boldsymbol{B}\boldsymbol{D}_X\boldsymbol{D}_X^{-1}(\boldsymbol{X}-\boldsymbol{\mu}_X)=\boldsymbol{B}\boldsymbol{X}$$

$$D(\boldsymbol{L}/\boldsymbol{x})=\boldsymbol{D}_L-\boldsymbol{D}_{LX}\boldsymbol{D}_X^{-1}\boldsymbol{D}_{XL}=\boldsymbol{B}\boldsymbol{D}_X\boldsymbol{B}^{\mathrm{T}}+\boldsymbol{D}_\Delta-\boldsymbol{B}\boldsymbol{D}_X\boldsymbol{D}_X^{-1}\boldsymbol{D}_X\boldsymbol{B}^{\mathrm{T}}=\boldsymbol{D}_\Delta$$

由于似然方程等价于

$$(\boldsymbol{l}-E(\boldsymbol{L}/\boldsymbol{x}))^{\mathrm{T}}D^{-1}(\boldsymbol{L}/\boldsymbol{x})(\boldsymbol{l}-E(\boldsymbol{L}/\boldsymbol{x}))=\min \tag{2.8.27}$$

所以也等价于

$$(\boldsymbol{L}-\boldsymbol{B}\hat{\boldsymbol{X}})^{\mathrm{T}}\boldsymbol{D}_\Delta^{-1}(\boldsymbol{L}-\boldsymbol{B}\hat{\boldsymbol{X}})=\min \tag{2.8.28}$$

考虑 $\boldsymbol{P}=\boldsymbol{D}_\Delta^{-1}$ 或 $\boldsymbol{P}=\boldsymbol{D}_\Delta^{-1}\sigma_0^2$，得

$$\boldsymbol{V}=\boldsymbol{B}\hat{\boldsymbol{X}}-\boldsymbol{L} \tag{2.8.29}$$

则式(2.8.28)也就是最小二乘的准则式(2.8.19)。这就是由极大似然估计导出了最小二乘估计。

在由极大似然估计导出最小二乘估计的过程中，虽然将参数 $\boldsymbol{X}$ 作为随机向量，但是在求最小二乘估值 $\hat{\boldsymbol{X}}_{\mathrm{LS}}$ 时，并不需要知道 $\boldsymbol{X}$ 的先验期望和先验方差。因此，从这个意义上说，最小二乘估计实际上并没有考虑参数的随机性质。

## 2.8.3　极大验后估计

极大验后估计准则是以

$$f(\boldsymbol{x}/\boldsymbol{l})=\max \tag{2.8.30}$$

为准则的估计方法。这里，$f(\boldsymbol{x}/\boldsymbol{l})$是随机参数向量 $\underset{t\times1}{\boldsymbol{X}}$ 在观测向量 $\underset{n\times1}{\boldsymbol{L}}=\underset{n\times1}{\boldsymbol{l}}$ 的条件下的条件概率密度，$\boldsymbol{l}$ 仍然表示 $\boldsymbol{L}$ 的观测值。这个准则的含义是：给定了 $\boldsymbol{L}$ 的一组子样观测值 $\boldsymbol{l}$，由这组 $\boldsymbol{l}$ 可以按一定的概率取得参数 $\boldsymbol{X}$ 的不同估值 $\hat{\boldsymbol{X}}$，其中最佳估值的条件概率 $f(\boldsymbol{x}/\boldsymbol{l})$应为极大值。一般用 $\hat{\boldsymbol{X}}_{\mathrm{MA}}$ 表示极大验后估值。显然，$\hat{\boldsymbol{X}}_{\mathrm{MA}}$ 应满足

$$\left.\frac{\partial \ln f(\boldsymbol{x}/\boldsymbol{l})}{\partial \boldsymbol{x}}\right|_{\boldsymbol{x}=\hat{\boldsymbol{X}}_{\mathrm{MA}}}=0 \tag{2.8.31}$$

此方程称为验后方程。

如果参数 $\boldsymbol{X}$ 和观测向量 $\boldsymbol{L}$ 均为正态随机向量，则验后条件概率密度为

$$f(\boldsymbol{x}/\boldsymbol{l})=\frac{1}{\sqrt{(2\pi)^t\det(D(\boldsymbol{x}/\boldsymbol{l}))}}\exp\left\{-\frac{1}{2}(\boldsymbol{x}-E(\boldsymbol{X}/\boldsymbol{l}))^{\mathrm{T}}D^{-1}(\boldsymbol{x}/\boldsymbol{l})(\boldsymbol{x}-E(\boldsymbol{X}/\boldsymbol{l}))\right\} \tag{2.8.32}$$

式中

$$E(\boldsymbol{X}/\boldsymbol{l})=\boldsymbol{\mu}_X+\boldsymbol{D}_{XL}\boldsymbol{D}_L^{-1}(\boldsymbol{L}-\boldsymbol{\mu}_L) \tag{2.8.33}$$

$$D(\boldsymbol{X}/\boldsymbol{l})=\boldsymbol{D}_X-\boldsymbol{D}_{XL}\boldsymbol{D}_L^{-1}\boldsymbol{D}_{LX} \tag{2.8.34}$$

如果使 $f(\boldsymbol{x}/\boldsymbol{l})$ 取得最大值，等价于

$$\frac{\partial}{\partial \boldsymbol{x}}[(\boldsymbol{x}-E(\boldsymbol{X}/\boldsymbol{l}))^{\mathrm{T}}D^{-1}(\boldsymbol{X}/\boldsymbol{l})(\boldsymbol{x}-E(\boldsymbol{X}/\boldsymbol{l})]\big|_{x=\hat{\boldsymbol{X}}_{\mathrm{MA}}}=0 \tag{2.8.35}$$

则得

$$(\hat{\boldsymbol{X}}_{\mathrm{MA}}-E(\boldsymbol{X}/\boldsymbol{l}))^{\mathrm{T}}D^{-1}(\boldsymbol{X}/\boldsymbol{l})=0$$

所以，极大验后估值为

$$\hat{\boldsymbol{X}}_{\mathrm{MA}}=E(\boldsymbol{X}/\boldsymbol{l})=\boldsymbol{\mu}_X+\boldsymbol{D}_{XL}\boldsymbol{DL}^{-1}(\boldsymbol{L}-\boldsymbol{\mu}_L) \tag{2.8.36}$$

估值 $\hat{\boldsymbol{X}}_{\mathrm{MA}}$的估计误差为

$$\begin{aligned}\boldsymbol{\Delta}_{\hat{X}_{\mathrm{MA}}}&=\boldsymbol{X}-\hat{\boldsymbol{X}}_{\mathrm{MA}}=\boldsymbol{X}-\boldsymbol{\mu}_X-\boldsymbol{D}_{XL}\boldsymbol{D}_L^{-1}(\boldsymbol{L}-\boldsymbol{\mu}_L)\\&=\begin{bmatrix}\boldsymbol{I} & -\boldsymbol{D}_{XL}\boldsymbol{D}_L^{-1}\end{bmatrix}\begin{bmatrix}\boldsymbol{X}\\ \boldsymbol{\Delta}\end{bmatrix}+(\boldsymbol{D}_{XL}\boldsymbol{D}_L^{-1}\boldsymbol{D}_{LX}-\boldsymbol{\mu}_X)\end{aligned} \tag{2.8.37}$$

由协方差传播律可得 $\hat{\boldsymbol{X}}_{\mathrm{MA}}$的误差方差矩阵为

$$\begin{aligned}D(\boldsymbol{\Delta}_{\hat{X}_{\mathrm{MA}}})&=\begin{bmatrix}\boldsymbol{I} & -\boldsymbol{D}_{XL}\boldsymbol{D}_L^{-1}\end{bmatrix}\begin{bmatrix}\boldsymbol{D}_X & \boldsymbol{D}_{XL}\\ \boldsymbol{D}_{LX} & \boldsymbol{D}_L\end{bmatrix}\begin{bmatrix}\boldsymbol{I}\\ -\boldsymbol{D}_L^{-1}\boldsymbol{D}_{LX}\end{bmatrix}\\&=\boldsymbol{D}_X-\boldsymbol{D}_{XL}\boldsymbol{D}_L^{-1}\boldsymbol{D}_{LX}=D(\boldsymbol{X}/\boldsymbol{l})\end{aligned}$$

当参数 $\boldsymbol{X}$ 和观测向量 $\boldsymbol{L}$ 均为正态随机向量时，极大验后估计求 $\boldsymbol{X}$ 估值 $\hat{\boldsymbol{X}}_{\mathrm{MA}}$及其误差方差的基本公式为

$$\left.\begin{aligned}\hat{\boldsymbol{X}}_{\mathrm{MA}}&=\boldsymbol{\mu}_X+\boldsymbol{D}_{XL}\boldsymbol{D}_L^{-1}(\boldsymbol{L}-\boldsymbol{\mu}_L)\\ D(\boldsymbol{\Delta}_{\hat{X}_{\mathrm{MA}}})&=\boldsymbol{D}_X-\boldsymbol{D}_{XL}\boldsymbol{D}_L^{-1}\boldsymbol{D}_{LX}=D(\boldsymbol{X}/\boldsymbol{l})\end{aligned}\right\} \tag{2.8.38}$$

例 2.8.2 设有线性模型为

$$\boldsymbol{L}=\boldsymbol{BX}+\boldsymbol{\Delta} \tag{2.8.39}$$

式中，$\boldsymbol{X}$ 和 $\boldsymbol{\Delta}$ 为正态随机向量，$\boldsymbol{\Delta}\sim N(\boldsymbol{0},\boldsymbol{D}_\Delta)$，$\boldsymbol{X}\sim N(\boldsymbol{\mu}_X,\boldsymbol{D}_X)$，$\mathrm{cov}(\boldsymbol{X},\boldsymbol{\Delta})=\boldsymbol{D}_{X\Delta}$，此时有

$$\left.\begin{aligned}\boldsymbol{\mu}_L&=E(\boldsymbol{L})=\boldsymbol{B\mu}_X\\ \boldsymbol{D}_L&=\boldsymbol{BD}_X\boldsymbol{B}^{\mathrm{T}}+\boldsymbol{BD}_{X\Delta}+\boldsymbol{D}_{\Delta X}\boldsymbol{B}^{\mathrm{T}}+\boldsymbol{D}_\Delta\\ \boldsymbol{D}_{LX}&=\boldsymbol{BD}_X+\boldsymbol{D}_{\Delta X}\end{aligned}\right\} \tag{2.8.40}$$

将式(2.8.40)代入式(2.8.38)得

$$\left.\begin{aligned}\hat{\boldsymbol{X}}_{\mathrm{MA}}&=\boldsymbol{\mu}_X+(\boldsymbol{BD}_X+\boldsymbol{D}_{\Delta X})(\boldsymbol{BD}_X\boldsymbol{B}^{\mathrm{T}}+\boldsymbol{BD}_{X\Delta}+\boldsymbol{D}_{\Delta X}\boldsymbol{B}^{\mathrm{T}}+\boldsymbol{D}_\Delta)^{-1}(\boldsymbol{L}-\boldsymbol{B\mu}_X)\\ D(\boldsymbol{\Delta}_{\hat{X}_{\mathrm{MA}}})&=\boldsymbol{D}_X-(\boldsymbol{D}_X\boldsymbol{B}^{\mathrm{T}}+\boldsymbol{D}_{X\Delta})(\boldsymbol{BD}_X\boldsymbol{B}^{\mathrm{T}}+\boldsymbol{BD}_{X\Delta}+\boldsymbol{D}_{\Delta X}\boldsymbol{B}^{\mathrm{T}}+\boldsymbol{D}_\Delta)^{-1}(\boldsymbol{BD}_X+\boldsymbol{D}_{\Delta X})\end{aligned}\right\} \tag{2.8.41}$$

从上面的讨论可知，由于极大验后估计考虑了参数 $\boldsymbol{X}$ 的先验统计特性，因此，当参数的先验期望 $\boldsymbol{\mu}_X$ 和先验方差 $\boldsymbol{D}_X$ 已知时，极大验后估计改善了最小二乘估计。此时，极大验后估值 $\hat{\boldsymbol{X}}_{\mathrm{MA}}$的误差方差小于其最小二乘估值 $\hat{\boldsymbol{X}}_{\mathrm{LS}}$的误差方差。

### 2.8.4 最小方差估计

最小方差估计是一种以估计的方差为最小作为准则的估计方法，即根据观测向量 $\boldsymbol{L}$ 求得参数 $\boldsymbol{X}$ 的估值，如果它的误差方差比任何其他估值的方差小，就认为这个估值是最优估值。记 $\boldsymbol{X}$ 的最小方差估值为 $\hat{\boldsymbol{X}}_{\mathrm{MV}}$。

设任一估值为 $\hat{\boldsymbol{X}}$，其估计误差为 $\boldsymbol{\Delta}_{\hat{X}}=\boldsymbol{X}-\hat{\boldsymbol{X}}$，而误差方差矩阵为

$$D(\boldsymbol{\Delta}_{\hat{X}}) = E((\boldsymbol{X}-\hat{\boldsymbol{X}})(\boldsymbol{X}-\hat{\boldsymbol{X}})^{\mathrm{T}}) = \int_{-\infty}^{+\infty}\int_{-\infty}^{+\infty}(\boldsymbol{x}-\hat{\boldsymbol{x}})(\boldsymbol{x}-\hat{\boldsymbol{x}})^{\mathrm{T}} f(\boldsymbol{x},\boldsymbol{l})\mathrm{d}\boldsymbol{x}\mathrm{d}\boldsymbol{l}$$
$$= \int_{-\infty}^{+\infty}\left(\int_{-\infty}^{+\infty}(\boldsymbol{x}-\hat{\boldsymbol{x}})(\boldsymbol{x}-\hat{\boldsymbol{x}})^{\mathrm{T}} f(\boldsymbol{x}/\boldsymbol{l})\mathrm{d}\boldsymbol{x}\right) f_2(\boldsymbol{l})\mathrm{d}\boldsymbol{l} \tag{2.8.42}$$

当 $D(\boldsymbol{\Delta}_{\hat{X}})$ 取最小值时的 $\hat{\boldsymbol{X}}$ 就是最小方差估值 $\hat{\boldsymbol{X}}_{\mathrm{MV}}$。因式(2.8.42)表示的方差矩阵是一个非负定对称矩阵，所以，为了求得使 $D(\boldsymbol{\Delta}_{\hat{X}})$ 取得最小值的 $\hat{\boldsymbol{X}}_{\mathrm{MV}}$，只需要求下式的最小值，即

$$\boldsymbol{\varphi} = \int_{-\infty}^{+\infty}(\boldsymbol{x}-\hat{\boldsymbol{x}})(\boldsymbol{x}-\hat{\boldsymbol{x}})^{\mathrm{T}} f(\boldsymbol{x}/\boldsymbol{l})\mathrm{d}\boldsymbol{x} \tag{2.8.43}$$

由式(2.8.43)可写出

$$\boldsymbol{\varphi} = \int_{-\infty}^{+\infty}(\boldsymbol{x}-E(\boldsymbol{X}/\boldsymbol{l})+E(\boldsymbol{X}/\boldsymbol{l})-\hat{\boldsymbol{x}})(\hat{\boldsymbol{x}}-E(\boldsymbol{X}/\boldsymbol{l})+E(\boldsymbol{X}/\boldsymbol{l})-\hat{\boldsymbol{x}})^{\mathrm{T}} f(\boldsymbol{x}/\boldsymbol{l})\mathrm{d}\boldsymbol{x}$$
$$= \int_{-\infty}^{+\infty}(\boldsymbol{x}-E(\boldsymbol{X}/\boldsymbol{l}))(\boldsymbol{x}-E(\boldsymbol{X}/\boldsymbol{l}))^{\mathrm{T}} f(\boldsymbol{x}/\boldsymbol{l})\mathrm{d}\boldsymbol{x} + (E(\boldsymbol{X}/\boldsymbol{l})-\hat{\boldsymbol{x}})(E(\boldsymbol{X}/\boldsymbol{l}) -$$
$$\hat{\boldsymbol{x}})^{\mathrm{T}}\int_{-\infty}^{+\infty} f(\boldsymbol{x}/\boldsymbol{l})\mathrm{d}\boldsymbol{x} + \left(\int_{-\infty}^{+\infty}(\boldsymbol{x}-E(\boldsymbol{X}/\boldsymbol{l}) f(\boldsymbol{x}/\boldsymbol{l})\mathrm{d}\boldsymbol{x}\right)(E(\boldsymbol{X}/\boldsymbol{l})-\hat{\boldsymbol{x}})^{\mathrm{T}} + (E(\boldsymbol{X}/\boldsymbol{l}) -$$
$$\hat{\boldsymbol{x}})\int_{-\infty}^{+\infty}(\boldsymbol{x}-E(\boldsymbol{X}/\boldsymbol{l}))^{\mathrm{T}} f(\boldsymbol{x}/\boldsymbol{l})\mathrm{d}\boldsymbol{x}$$

因为

$$\int_{-\infty}^{+\infty} f(\boldsymbol{x}/\boldsymbol{l})\mathrm{d}\boldsymbol{x} = 1$$

$$\int_{-\infty}^{+\infty}(\boldsymbol{x}-E(\boldsymbol{X}/\boldsymbol{l})) f(\boldsymbol{x}/\boldsymbol{l})\mathrm{d}\boldsymbol{x} = \int_{-\infty}^{+\infty}\boldsymbol{x} f(\boldsymbol{x}/\boldsymbol{l})\mathrm{d}\boldsymbol{x} - E(\boldsymbol{X}/\boldsymbol{l})\int_{-\infty}^{+\infty} f(\boldsymbol{x}/\boldsymbol{l})\mathrm{d}\boldsymbol{x}$$
$$= E(\boldsymbol{X}/\boldsymbol{l}) - E(\boldsymbol{X}/\boldsymbol{l}) = 0$$

所以

$$\boldsymbol{\varphi} = \int_{-\infty}^{+\infty}(\boldsymbol{x}-E(\boldsymbol{X}/\boldsymbol{l}))(\boldsymbol{x}-E(\boldsymbol{X}/\boldsymbol{l}))^{\mathrm{T}} f(\boldsymbol{x}/\boldsymbol{l})\mathrm{d}\boldsymbol{x} + (E(\boldsymbol{X}/\boldsymbol{l})-\hat{\boldsymbol{x}})(E(\boldsymbol{X}/\boldsymbol{l})-\hat{\boldsymbol{x}})^{\mathrm{T}} \tag{2.8.44}$$

由于 $(E(\boldsymbol{X}/\boldsymbol{l})-\hat{\boldsymbol{x}})(E(\boldsymbol{X}/\boldsymbol{l})-\hat{\boldsymbol{x}})^{\mathrm{T}}$ 总是非负定矩阵，所以

$$\boldsymbol{\varphi} \geqslant \int_{-\infty}^{+\infty}(\boldsymbol{x}-E(\boldsymbol{X}/\boldsymbol{l}))(\boldsymbol{x}-E(\boldsymbol{X}/\boldsymbol{l}))^{\mathrm{T}} f(\boldsymbol{x}/\boldsymbol{l})\mathrm{d}\boldsymbol{x} \tag{2.8.45}$$

欲使 $\varphi$ 取得最小值，就应使式(2.8.45)取等号，此时应使

$$E(\boldsymbol{X}/\boldsymbol{l})-\hat{\boldsymbol{x}}=0$$

即得参数的最小方差估值为

$$\hat{\boldsymbol{X}}_{\mathrm{MV}}=E(\boldsymbol{X}/\boldsymbol{l}) \tag{2.8.46}$$

而最小方差估值 $\hat{\boldsymbol{X}}_{\mathrm{MV}}$ 的误差方差矩阵为

$$D(\boldsymbol{\Delta}_{\hat{X}_{\mathrm{MV}}})=E((\boldsymbol{X}-E(\boldsymbol{X}/\boldsymbol{l}))(\boldsymbol{X}-E(\boldsymbol{X}/\boldsymbol{l}))^{\mathrm{T}})=\int_{-\infty}^{+\infty}D(\boldsymbol{X}/\boldsymbol{l})f_2(\boldsymbol{l})\mathrm{d}\boldsymbol{l}$$

它是估计误差的最小方差矩阵。

可以证明 $\hat{\boldsymbol{X}}_{\mathrm{MV}}$ 是 $\boldsymbol{X}$ 的无偏估计量，当 $\boldsymbol{X}$ 和 $\boldsymbol{L}$ 都是正态随机向量时，$\boldsymbol{X}$ 的最小方差估值 $\hat{\boldsymbol{X}}_{\mathrm{MV}}$ 和它的极大验后估计量 $\hat{\boldsymbol{X}}_{\mathrm{MA}}$ 相等。

当观测方程为线性函数时(或线性化后为线性函数)，这样的最小方差估计称为线性最小方差估计，线性最小方差估计量记为 $\hat{\boldsymbol{X}}_{\mathrm{L}}$。根据式(2.8.45)和式(2.8.4)知

$$\hat{\boldsymbol{X}}_{\mathrm{L}}=E(\boldsymbol{X}/\boldsymbol{l})=\boldsymbol{\mu}_X+\boldsymbol{D}_{XL}\boldsymbol{D}_L^{-1}(\boldsymbol{L}-\boldsymbol{\mu}_L) \tag{2.8.47}$$

其方差为

$$\boldsymbol{D}(\boldsymbol{\Delta}_{\hat{X}_{\mathrm{L}}})=\boldsymbol{D}(\boldsymbol{X}/\boldsymbol{l})=\boldsymbol{D}_X-\boldsymbol{D}_{XL}\boldsymbol{D}_L^{-1}\boldsymbol{D}_{LX} \tag{2.8.48}$$

线性最小方差估计量 $\hat{\boldsymbol{X}}_{\mathrm{L}}$ 具有以下性质：

(1)$\hat{\boldsymbol{X}}_{\mathrm{L}}$ 是 $\boldsymbol{X}$ 的无偏估计量，即 $\hat{\boldsymbol{X}}_{\mathrm{L}}$ 具有无偏性。

(2)$\hat{\boldsymbol{X}}_{\mathrm{L}}$ 具有有效性，即 $\hat{\boldsymbol{X}}_{\mathrm{L}}$ 的误差方差取得最小值。

(3)估计误差向量 $\boldsymbol{\Delta}_{\hat{X}_{\mathrm{L}}}$ 与观测向量 $\boldsymbol{L}$ 不相关。

(4)当 $\boldsymbol{X}$、$\boldsymbol{L}$ 的联合概率密度是正态时，$\hat{\boldsymbol{X}}_{\mathrm{L}}$ 等于最小方差估计量 $\hat{\boldsymbol{X}}_{\mathrm{MV}}$，也等于极大验后估计量 $\hat{\boldsymbol{X}}_{\mathrm{MA}}$。

### 2.8.5 贝叶斯估计

前文介绍了极大似然估计、最小二乘估计、极大验后估计和最小方差估计，对于正态分布来说，极大验后估计所得的结果与最小方差估计、线性最小方差估计相同；最小二乘估计可以从极大似然估计导出；而极大似然估计没有考虑参数 $\boldsymbol{X}$ 的先验性质，当参数为随机变量时，显然用极大似然估计不如用极大验后估计。

根据贝叶斯公式可得

$$f(\boldsymbol{x}/\boldsymbol{l})=\frac{f(\boldsymbol{l}/\boldsymbol{x})f_1(\boldsymbol{x})}{f_2(\boldsymbol{l})} \tag{2.8.49}$$

因此

$$\frac{\partial \ln f(\boldsymbol{x}/\boldsymbol{l})}{\partial \boldsymbol{x}}=\frac{\partial \ln f(\boldsymbol{l}/\boldsymbol{x})}{\partial \boldsymbol{x}}+\frac{\partial \ln f_1(\boldsymbol{x})}{\partial \boldsymbol{x}} \tag{2.8.50}$$

考虑正态分布的概率密度 $f(\boldsymbol{l}/\boldsymbol{x})$ 和 $f_1(\boldsymbol{x})$ 可知，极大验后估计准则 $f(\boldsymbol{x}/\boldsymbol{l})=\max$ 等价于

$$(\boldsymbol{L}-E(\boldsymbol{L}/\boldsymbol{x}))^{\mathrm{T}}D^{-1}(\boldsymbol{L}/\boldsymbol{x})(\boldsymbol{L}-E(\boldsymbol{L}/\boldsymbol{x}))+(\boldsymbol{x}-\boldsymbol{\mu}_X)^{\mathrm{T}}\boldsymbol{D}_X^{-1}(\boldsymbol{x}-\boldsymbol{\mu}_X)=\min \tag{2.8.51}$$

而当观测方程为式(2.8.10)，且 $\boldsymbol{D}(\boldsymbol{X},\boldsymbol{\Delta})=\boldsymbol{0}$ 时，式(2.8.51)等价于

$$(\boldsymbol{B}\hat{\boldsymbol{X}}-\boldsymbol{L})^{\mathrm{T}}\boldsymbol{D}_\Delta^{-1}(\boldsymbol{B}\hat{\boldsymbol{X}}-\boldsymbol{L})+(\boldsymbol{x}-\boldsymbol{\mu}_X)^{\mathrm{T}}\boldsymbol{D}_X^{-1}(\boldsymbol{x}-\boldsymbol{\mu}_X)=\min \tag{2.8.52}$$

在式(2.8.52)中，其左边第一项就是极大似然估计准则的等价公式(2.8.6)的左边项。因此，当 $\boldsymbol{X}$ 是随机参数时，极大验后估计改善了极大似然估计或最小二乘估计。而当 $\boldsymbol{X}$ 的先验概率密度 $f_1(\boldsymbol{x})$ 为常数时，则有

$$\frac{\partial \ln f_1(\boldsymbol{x})}{\partial \boldsymbol{x}}=0 \tag{2.8.53}$$

$$\frac{\partial \ln f(\boldsymbol{x}/\boldsymbol{l})}{\partial \boldsymbol{x}}=\frac{\partial \ln f(\boldsymbol{l}/\boldsymbol{x})}{\partial \boldsymbol{x}} \tag{2.8.54}$$

所谓先验概率密度 $f_1(\boldsymbol{x})$ 为常数，也就是说在一定的范围内，参数 $\boldsymbol{X}$ 的先验前取任何值的概率都相等，亦即 $\boldsymbol{X}$ 是不具有先验统计性质的非随机量。式(2.8.53)和式(2.8.54)表明，在 $\boldsymbol{X}$ 为非随机向量时，极大验后估计便为极大似然估计或最小二乘估计。

如果将式(2.8.52)中的未知参数看成非随机量，记为 $\boldsymbol{X}^*$，将此时的观测向量记为 $\boldsymbol{L}^*$，而将 $\boldsymbol{X}$ 的先验期望 $\boldsymbol{\mu}_X$ 看成是与 $\boldsymbol{L}^*$ 相互独立，且方差为 $\boldsymbol{D}_X$ 的虚拟观测值，记为 $\boldsymbol{L}_X(=\boldsymbol{\mu}_X)$，相应的虚拟观测误差为 $\boldsymbol{\Delta}_X$，则观测方程为

$$\left.\begin{aligned}\boldsymbol{L}_X&=\boldsymbol{X}^*+\boldsymbol{\Delta}_X\\ \boldsymbol{L}^*&=\boldsymbol{B}\boldsymbol{X}^*+\boldsymbol{\Delta}\end{aligned}\right\} \tag{2.8.55}$$

若仍以 $\hat{\boldsymbol{X}}$ 表示 $\boldsymbol{X}^*$ 的估值，并记

$$\left.\begin{aligned}\boldsymbol{V}_X&=\hat{\boldsymbol{X}}-\boldsymbol{L}_X\\ \boldsymbol{V}&=\boldsymbol{B}\hat{\boldsymbol{X}}-\boldsymbol{L}\end{aligned}\right\} \tag{2.8.56}$$

式(2.8.56)也就是误差方程，于是式(2.8.52)可写为

$$\boldsymbol{V}^{\mathrm{T}}\boldsymbol{P}_\Delta\boldsymbol{V}+\boldsymbol{V}_X^{\mathrm{T}}\boldsymbol{P}_X\boldsymbol{V}_X=\min \tag{2.8.57}$$

式中

$$\boldsymbol{P}_\Delta=\boldsymbol{D}_\Delta^{-1}\sigma_0^2,\ \boldsymbol{P}_X=\boldsymbol{D}_X^{-1}\sigma_0^2$$

它们表示权矩阵。

由贝叶斯估计导出的公式称为广义最小二乘估计，或广义最小二乘原理。按该原理进行的平差过程，称为广义测量平差。由于广义最小二乘原理是根据极大验后估计推导的，因此，广义测量平差求得的估值 $\hat{\boldsymbol{X}}$，在数值上与极大验后估计结果完全相等。

当 $\boldsymbol{X}$、$\boldsymbol{\Delta}$ 为相关的正态分布的随机向量，即 $\boldsymbol{D}_{X\Delta}\neq\boldsymbol{0}$，这时，取

$$\varphi=\begin{bmatrix}\boldsymbol{V}_X^{\mathrm{T}} & \boldsymbol{V}^{\mathrm{T}}\end{bmatrix}\begin{bmatrix}\boldsymbol{D}_X & -\boldsymbol{D}_{X\Delta}\\ -\boldsymbol{D}_{\Delta X} & \boldsymbol{D}_\Delta\end{bmatrix}^{-1}\begin{bmatrix}\boldsymbol{V}_X\\ \boldsymbol{V}\end{bmatrix}=\min \tag{2.8.58}$$

令

$$\bar{\boldsymbol{V}}=\begin{bmatrix}\boldsymbol{V}_X\\\boldsymbol{V}\end{bmatrix},\bar{\boldsymbol{P}}=\begin{bmatrix}\boldsymbol{D}_X & -\boldsymbol{D}_{X\Delta}\\-\boldsymbol{D}_{\Delta X} & \boldsymbol{D}_{\Delta}\end{bmatrix}^{-1}\sigma_0^2$$

则式(2.8.58)可以写为

$$\bar{\boldsymbol{V}}^{\mathrm{T}}\bar{\boldsymbol{P}}\,\bar{\boldsymbol{V}}=\min$$

式(2.8.58)称为更普遍的广义最小二乘原理；当 $\boldsymbol{D}_{X\Delta}=\boldsymbol{0}$ 时，它也就变成式(2.8.57)的广义最小二乘原理；当参数 $\boldsymbol{X}$ 为非随机向量时，则广义最小二乘原理蜕变为最小二乘原理。

# 第3章　坐标系

## §3.1　天球坐标系

### 3.1.1　天球与天球坐标系的定义

天球坐标系是用以描述自然天体和人造天体在空间的位置或方向的一种坐标系，其坐标原点可选为站心、地心或太阳系质心。在卫星定位测量中使用较多的是地心天球坐标系，因此天球是指以地球质心 $M$ 为中心，半径为任意长度的一个假想球体。在天文学或卫星轨道确定理论中，通常把天体投影到天球的球面上，并利用球面坐标系来表达或研究天体的位置及天体之间的相互关系。

天球坐标系涉及的一些参考点、线、面和圈（图 3.1.1）如下。

（1）天轴与天极：地球自转轴的延长线称为天轴，天轴与天球的两个交点称为天极，即北天极和南天极。

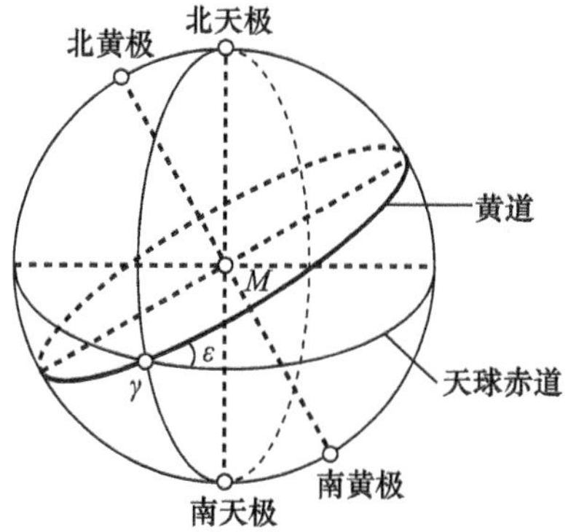


图 3.1.1　天球的概念

（2）天球子午面与子午圈：包含天轴并通过地球上任意点的平面称为天球子午面，天球子午面与天球相交的大圆称为天球子午圈。

（3）天球赤道面与天球赤道：通过地球质心且与天轴垂直的平面称为天球赤道面，天球赤道面与天球的交线称为天球赤道。

（4）时圈：通过天轴的平面与天球相交的半个大圆称为时圈。

（5）黄道面与黄道：地球绕太阳公转的轨道面称为黄道面，轨道面与椭球相交的大圆称为黄道。黄道面与赤道面的夹角称为黄赤交角 $\varepsilon$，约为 23.5°。

(6)黄极：通过天球中心且垂直于黄道面的直线与天球的交点称为黄极，其中靠近北天极的交点称为北黄极，靠近南天极的交点称为南黄极。

(7)春分点：黄道与天球赤道有两个交点，其中太阳的视位置由南向北通过赤道的交点 $\gamma$ 称为春分点。

在卫星大地测量学中，春分点和天球赤道面是建立天球坐标系的重要基准点和基准面。

天球坐标系包括天球空间直角坐标系和天球球面坐标系。

在天球空间直角坐标系中，任意空间点 $S$ 的坐标为 $(x,y,z)$。该坐标系的定义是：以地球质心为坐标原点 $O$，其 $z$ 轴指向北天极，$x$ 轴指向春分点，$y$ 轴垂直于 $xOz$ 平面并构成右手坐标系(图 3.1.2)。在天球球面坐标系中，任意空间点 $S$ 的坐标为 $(\alpha,\delta,r)$。

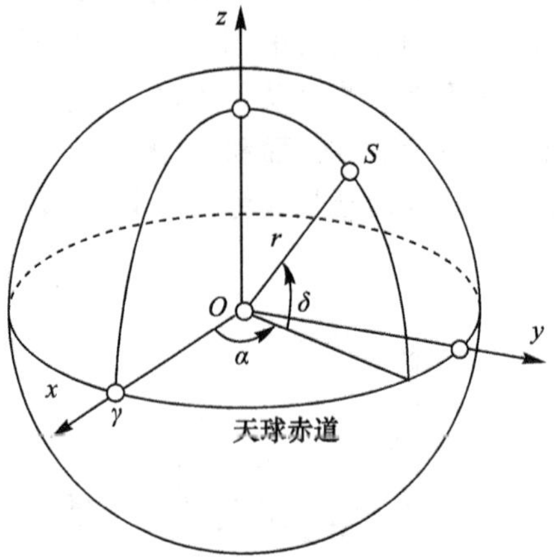


图 3.1.2　天球空间直角坐标系与天球球面坐标系

天球球面坐标系的定义是：以地球质心为天球中心 $O$，赤经 $\alpha$ 为含天轴和春分点的天球子午面与过空间点 $S$ 的天球子午面之间的夹角(自 $zOx$ 平面起算右旋为正)，赤纬 $\delta$ 为原点 $O$ 至空间点 $S$ 的连线与天球赤道面之间的夹角，向径 $r$ 为原点 $O$ 至空间点 $S$ 的距离。

对同一空间点，天球空间直角坐标系与其等效的天球球面坐标系参数间的转换关系为

$$\begin{bmatrix} x \\ y \\ z \end{bmatrix} = r \begin{bmatrix} \cos\delta\cos\alpha \\ \cos\delta\sin\alpha \\ \sin\delta \end{bmatrix} \tag{3.1.1}$$

或

$$\left.\begin{aligned} r &= \sqrt{x^2+y^2+z^2} \\ \alpha &= \arctan\frac{y}{x} \\ \delta &= \arctan\frac{z}{\sqrt{x^2+y^2}} \end{aligned}\right\} \tag{3.1.2}$$

例 3.1.1 已知天球球面坐标系坐标 $\alpha=120°$、$\delta=45°$、$r=6\ 378\ 137.000\ \text{m}$，求天球空间直角坐标系的坐标$(x,y,z)$，并反求天球坐标，进行检验。

解：(1)天球空间直角坐标为

$$\begin{bmatrix} x \\ y \\ z \end{bmatrix} = r\begin{bmatrix} \cos\delta\cos\alpha \\ \cos\delta\sin\alpha \\ \sin\delta \end{bmatrix} = 6\ 378\ 137.000\times\begin{bmatrix} \cos 45°\cos 120° \\ \cos 45°\sin 120° \\ \sin 45° \end{bmatrix} = \begin{bmatrix} -2\ 255\ 011.962 \\ 3\ 905\ 795.290 \\ 4\ 510\ 023.924 \end{bmatrix}$$

(2)反求天球坐标为

$$r=\sqrt{x^2+y^2+z^2}=6\ 378\ 137\ \text{m},\alpha=\arctan\frac{y}{x}=120°,\delta=\arctan\frac{z}{\sqrt{x^2+y^2}}=45°$$

### 3.1.2 岁差与章动

由于地球的形体是接近于一个赤道隆起的椭球体，在日月引力和其他天体引力对地球隆起部分的作用下，地球自转轴方向不断地变化，这使得春分点在黄道上产生缓慢的西移现象，这种现象称为岁差。在岁差的影响下，地球自转轴在空间绕黄北极产生缓慢的旋转（从北天极上方观察为顺时针方向），因而使北天极以同样的方式在天球上绕黄北极产生旋转。

地球自转轴在空间的方向变化，主要是日月引力共同作用的结果，其中又以月球的引力影响为最大。由于太阳距地球较远，所以其引力的影响仅为月球影响的0.46倍。若月球的引力及其运行轨道都固定不变，同时忽略其他行星引力的微小影响，那么日月引力的影响，将仅使北天极绕黄北极以顺时针方向缓慢旋转，构成如图3.1.3所示的一个圆锥面。这时，天球北天极 $P''_n$ 的轨迹近似地构成一个以北黄极 $P'_n$ 为中心，以黄赤交角 $\varepsilon$ 为半径的小圆。在这个小圆上，北天极每年西移约50.7″，周期大约为25 800年。

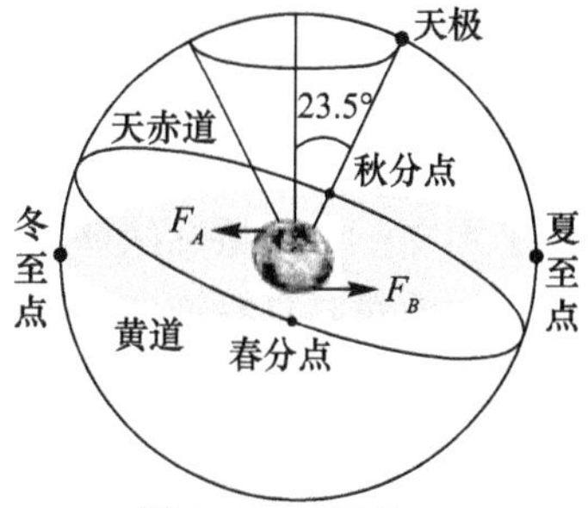

图 3.1.3 岁差

有规律运动的北天极称为瞬时平北天极（简称平北天极），与之相应的天球赤道和春分点称为瞬时天球平赤道和瞬时平春分点。在太阳和其他行星引力的影响下，月球的运行轨道及月地之间的距离都是不断变化的，所以，北天极在天球上绕黄北极旋转的轨迹实际上要复杂得多。若称观测时的北天极为瞬时北天极或真北天极，而与之相应的天球赤道和春分点称为瞬时天球赤道和瞬时春分点或真天球赤道和真春分点，则在日月引力等因素的影响下，瞬时北天极将绕瞬时平北天极 $P_n$ 产生旋转，大致呈椭圆轨迹，其长半径约为 9.2″，周期约为 18.6 年。这种现象称为章动。

为了描述北天极在天球上的运动，通常把这种复杂的运动分解为两种有规律的运动：首先，北天极绕黄北极运动，即岁差现象；其次，瞬时北天极绕平北天极顺时针转动，即章动现象。在岁差和章动的共同影响下，瞬时北天极绕黄北极旋转的轨迹如图 3.1.4 所示。

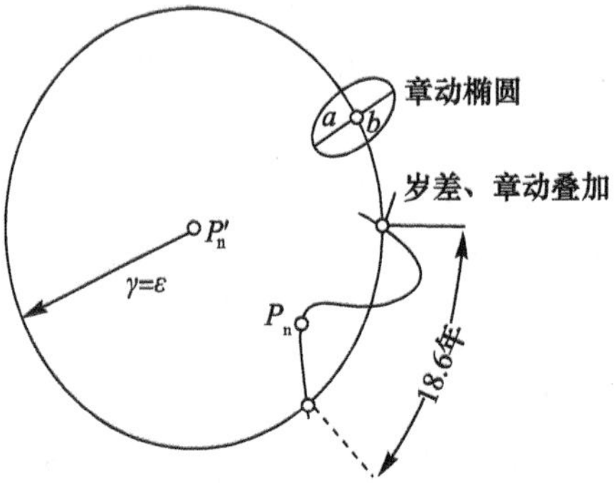


图 3.1.4 章动

### 3.1.3 瞬时天球坐标与协议天球坐标

**1. 协议天球坐标系**

在岁差和章动的共同影响下，瞬时天球坐标系坐标轴的指向在不断变化。显然，在这种非惯性坐标系中，不能直接根据牛顿力学定律来研究卫星的运动规律。为了建立一个与惯性坐标系相接近的坐标系，选择某一时刻作为标准历元，并将此刻地球的瞬时自转轴（指向北极）和地心至瞬时春分点的方向，经该瞬时的岁差和章动改正后，分别作为 $Z$ 轴和 $X$ 轴的指向。由此所构成的空间固定坐标系，称为所取标准历元 $t_0$ 时刻的平天球坐标系，或协议天球坐标系，也称协议惯性坐标系（CIS）。卫星的星历通常都是在该系统中表示的。国际大地测量协会（IAG）和国际天文学联合会（IAU）决定，自 1984 年 1 月 1 日后启用的协议天球坐标系，其坐标轴的指向是以 2000 年 1 月 15 日质心力学时（TDB）为标准历元（标以 J2000.0）的赤道和春分点所定义的。

**2. 坐标转换**

为了将协议天球坐标系的卫星坐标转换到观测历元 $t$ 的瞬时天球坐标，通常可分为两步，即首先将协议天球坐标系中的坐标换算到瞬时平天球坐标系；然后将瞬时平天球坐标系的坐标转换到瞬时天球坐标系。

1）协议天球坐标系至瞬时平天球坐标系的转换（岁差旋转）

由协议天球坐标系的定义可知，协议天球坐标系与瞬时平天球坐标系的差别在于由岁差引起的坐标轴指向不同，所以为了进行协议天球坐标系至瞬时平天球坐标系的转换，需将协议天球坐标系的坐标轴加以旋转。取 $(x,y,z)_{\mathrm{CIS}}$ 和 $(x,y,z)_{\mathrm{TMS}}$ 分别表示协议天球坐标系和瞬时平天球坐标系的坐标，则其间关系为

$$\begin{bmatrix} x \\ y \\ z \end{bmatrix}_{\mathrm{TMS}} = \boldsymbol{R}_z(-z)\boldsymbol{R}_y(\theta)\boldsymbol{R}_z(-\zeta)\begin{bmatrix} x \\ y \\ z \end{bmatrix}_{\mathrm{CIS}} = \boldsymbol{R}_{zyz}\begin{bmatrix} x \\ y \\ z \end{bmatrix}_{\mathrm{CIS}} \tag{3.1.3}$$

$$\boldsymbol{R}_{zyz} = \boldsymbol{R}_z(-z)\boldsymbol{R}_y(\theta)\boldsymbol{R}_z(-\zeta) \tag{3.1.4}$$

$$\left.\begin{aligned} \boldsymbol{R}_z(-z) &= \begin{bmatrix} \cos z & -\sin z & 0 \\ \sin z & \cos z & 0 \\ 0 & 0 & 1 \end{bmatrix} \\ \boldsymbol{R}_y(\theta) &= \begin{bmatrix} \cos\theta & 0 & -\sin\theta \\ 0 & 1 & 0 \\ \sin\theta & 0 & \cos\theta \end{bmatrix} \\ \boldsymbol{R}_z(-\zeta) &= \begin{bmatrix} \cos\zeta & -\sin\zeta & 0 \\ \sin\zeta & \cos\zeta & 0 \\ 0 & 0 & 1 \end{bmatrix} \end{aligned}\right\} \tag{3.1.5}$$

式中，$z$、$\theta$、$\zeta$ 分别为与岁差有关的三个旋转角，其表达式为

$$\left.\begin{aligned} z &= 0.640\,616\,1''T + 0.000\,304\,1''T^2 + 0.000\,005\,1''T^3 \\ \theta &= 0.640\,616\,1''T - 0.000\,118\,5''T^2 - 0.000\,011\,6''T^3 \\ \zeta &= 0.640\,616\,1''T + 0.000\,083\,9''T^2 + 0.000\,005\,0''T^3 \end{aligned}\right\} \tag{3.1.6}$$

其中，$T=(t-t_0)$ 表示从标准历元 $t_0$ 至观测历元 $t$ 的儒略世纪数（儒略是公元前罗马皇帝儒略·凯撒所实行的一种历法，称为儒略历）。一个儒略世纪为 36 525 个儒略日。儒略日是从公元前 4713 年儒略历 1 月 1 日格林尼治平正午起算的连续天数。新标准历元 J2000.0 相应的儒略日为 241 545.0。

$$T = \frac{JD(t) - 2\,451\,545.0}{36\,525} \tag{3.1.7}$$

2）瞬时平天球坐标系至瞬时天球坐标系的转换（章动旋转）

瞬时平天球坐标系经章动旋转后可转换为瞬时天球坐标系。取 $(x,y,z)_{\mathrm{TS}}$ 表示瞬时天球坐标系的坐标，则瞬时平天球坐标系至瞬时天球坐标系的转换为

$$\begin{bmatrix} x \\ y \\ z \end{bmatrix}_{\mathrm{TS}} = \boldsymbol{R}_x(-\varepsilon-\Delta\varepsilon)\boldsymbol{R}_z(-\Delta\varphi)\boldsymbol{R}_x(\varepsilon)\begin{bmatrix} x \\ y \\ z \end{bmatrix}_{\mathrm{TMS}} = \boldsymbol{R}_{xzx}\begin{bmatrix} x \\ y \\ z \end{bmatrix}_{\mathrm{TMS}} \tag{3.1.8}$$

$$\boldsymbol{R}_{xzx}=\boldsymbol{R}_x(-\varepsilon-\Delta\varepsilon)\boldsymbol{R}_z(-\Delta\varphi)\boldsymbol{R}_x(\varepsilon) \tag{3.1.9}$$

$$\left.\begin{aligned}
\boldsymbol{R}_z(-\Delta\varphi)&=\begin{bmatrix}\cos(\Delta\varphi) & -\sin\Delta\varphi & 0\\ \sin\Delta\varphi & \cos\Delta\varphi & 0\\ 0 & 0 & 1\end{bmatrix}\\
\boldsymbol{R}_x(-\varepsilon-\Delta\varepsilon)&=\begin{bmatrix}1 & 0 & 0\\ 0 & \cos(\varepsilon+\Delta\varepsilon) & -\sin(\varepsilon+\Delta\varepsilon)\\ 0 & \sin(\varepsilon+\Delta\varepsilon) & \cos(\varepsilon+\Delta\varepsilon)\end{bmatrix}\\
\boldsymbol{R}_x(\varepsilon)&=\begin{bmatrix}1 & 0 & 0\\ 0 & \cos(\varepsilon) & \sin(\varepsilon)\\ 0 & -\sin(\varepsilon) & \cos(\varepsilon)\end{bmatrix}
\end{aligned}\right\} \tag{3.1.10}$$

式中，$\varepsilon$、$\Delta\varepsilon$、$\Delta\varphi$ 分别为黄赤交角、交角章动及黄经章动。

在地球自转轴章动的影响下，黄道与赤道的交角通常表示为

$$\varepsilon=23°26'21.448''-46.815''T-0.000\,59''T^2+0.001\,813''T^3 \tag{3.1.11}$$

对于 $\Delta\varepsilon$ 和 $\Delta\varphi$，根据章动理论，其常用表达式是含有多达 106 项的复杂级数展开式。在天文年历中载有这些展开式的系数值，根据 $T$ 值便可精确计算 $\Delta\varepsilon$ 和 $\Delta\varphi$ 的值。由式(3.1.3)和式(3.1.7)便可得出协议天球坐标系至瞬时天球坐标系的坐标转换公式为

$$\begin{bmatrix}x\\ y\\ z\end{bmatrix}_{\mathrm{TS}}=\boldsymbol{R}_{xzx}\boldsymbol{R}_{zyz}\begin{bmatrix}x\\ y\\ z\end{bmatrix}_{\mathrm{CIS}} \tag{3.1.12}$$

## §3.2　时间系统

### 3.2.1　时间系统的基本概念

时间包含“时刻”和“时间间隔”两个概念。所谓时刻，即发生某一现象的瞬间。在卫星定位中，与所获数据对应的时刻也称为历元。时间间隔指发生某一现象所经历的过程，是这一过程始末的时刻之差。因此，时间间隔测量也称为相对时间测量，而时刻测量相应地称为绝对时间测量。

要测量时间，必须建立一个测量基准，即时间的单位（尺度）和原点（起始历元）。其中，时间的尺度是关键，而原点可以根据实际应用选定。一般地，任何一个可观察的周期运动现象，只要符合以下要求，都可以用作确定时间的基准：

(1)运动应是连续的、周期性的。

(2)运动的周期应具有充分的稳定性。

(3)运动的周期必须具有复现性，即要求在任何地方和时间，都可以通过观测

和试验，复现这种周期性运动。

时间测量基准不同，则描述的时刻和时间间隔都不相同，从而得到不同的时间系统。在天文学和空间科学技术中，时间系统是精确描述天体和人造卫星运行位置及其相互关系的重要基准，因而也是人类利用卫星进行定位的重要基准。

在全球导航卫星系统(global navigation satellite system，GNSS)定位中，时间系统的重要意义主要表现为：

(1)GNSS 卫星作为一个高空观测目标，其位置是不断变化的。因此，在给出卫星运行位置的同时，必须给出相应的瞬间时刻。例如，当要求卫星的位置误差小于 1 cm 时，相应的时刻误差应小于 $2.6\times10^{-6}$ s。

(2)GNSS 定位是通过接收和处理卫星发射的无线电信号来确定用户接收机(即观测站)至卫星间的距离(或距离差)，进而确定观测站的位置的。因此，准确地测定观测站至卫星的距离，必须精密地测定信号的传播时间。若要求其距离误差小于 1 cm，则信号传播时间的测定误差应小于 $3\times10^{-11}$ s。

(3)由于地球的自转，地球上点在天球坐标系中的位置是不断变化的。若要求赤道上一点的位置误差不超过 1 cm，则时间的测定误差应小于 $2\times10^{-5}$ s。

### 3.2.2　地球的运动

地球自转是指地球绕其自转轴的旋转运动，自转方向是自西向东，从北天极上空来看，地球呈逆时针方向旋转。地球公转是指地球按照一定的轨道绕太阳运动，公转方向也是自西向东。地球的自转和公转都是连续的周期性运动，基本具备了时间基准的三个要素，但地球自转相对公转而言更符合时间基准的条件。

在自然界发生的许多重复的现象中，地球自转是最早用来作为计量时间的基准。早期由于受观测精度和计时工具的限制，人们认为这种自转是均匀的，所以被选作时间基准。以地球自转作为时间基准的时间系统称为世界时系统。

### 3.2.3　常用时间系统

#### 1.恒星时

以春分点为参考点，由春分点的周日视运动所定义的时间，称为恒星时(sidereal time，ST)。春分点连续两次经过本地子午圈的时间间隔为 1 恒星日，等于 24 恒星时。因为恒星时以春分点通过本地子午圈时刻(上中天)为起算原点，所以恒星时在数值上等于春分点相对于本地子午圈的时角。恒星时具有地方性，同一瞬间对应的不同测站的恒星时各不相同，所以恒星时也称为地方恒星时。

恒星时是以地球自转为基础，并与地球自转角度相对应的时间系统。由于岁差、章动的影响，地球自转轴在空间的指向是变化的，春分点在天球上的位置并不固定，所以对于同一历元，相应地有真北天极和平北天极，对应也有真春分点和平春分点之分。因此，相应的恒星时也有真恒星时与平恒星时之分。

**2. 平太阳时**

地球围绕太阳公转的轨道为一椭圆，根据天体运动的开普勒定律可知，太阳的视运动速度是不均匀的。若以真太阳作为观察地球自转运动的参考点，则将不符合建立时间系统的基本要求。所以，假设一个平太阳以真太阳周年运动的平均速度在天球赤道上作周年视运动，其周期与真太阳一致，则以此平太阳为参考点，由平太阳的周日视运动所定义的时间系统为平太阳时(mean solar time, MST)系统。平太阳连续两次经过本地子午圈的时间间隔为1平太阳日，而1平太阳日分为24平太阳时。与恒星时一样，平太阳时也具有地方性，故常称为地方平太阳时或地方时。

**3. 世界时**

国际天文学联合会于1928年决定，将由格林尼治平子夜起算的平太阳时称为世界时(universal time, UT)，这就是通常所说的格林尼治时间。世界时与平太阳时的尺度基准相同，其差别仅在于起算点不同。若以GAMT代表平太阳相对格林尼治子午圈的时角，则世界时与平太阳时之间的关系为

$$UT = GAMT + 12^h \tag{3.2.1}$$

世界时系统是以地球自转为基础的。由于地球自转轴有极移现象且自转速度不均匀，它不仅包含长期的减缓趋势，而且还含有一些短周期变化和季节性变化，情况甚为复杂，所以破坏了上述建立时间系统的基本条件。为了弥补这一缺陷，自1956年开始，便在世界时中引入了极移改正和地球自转速度的季节性改正。由此得到的世界时分别用UT1和UT2表示，而未经改正的世界时用UT0表示。它们之间的关系为

$$\left.\begin{aligned} UT1 &= UT0 + \Delta\lambda \\ UT2 &= UT1 + \Delta TS \end{aligned}\right\} \tag{3.2.2}$$

式中，$\Delta\lambda$为极移改正，$\Delta TS$为地球自转速度季节性变化的改正，其计算公式为

$$\left.\begin{aligned} \Delta\lambda &= \frac{1}{15}(x_p \sin\lambda - y_p \cos\lambda)\tan\varphi \\ \Delta TS &= 0.022\sin 2\pi t - 0.012\cos 2\pi t - 0.006\sin 4\pi t + 0.007\cos 4\pi t \end{aligned}\right\} \tag{3.2.3}$$

式中，$\lambda$、$\varphi$为天文经度与纬度，$t$是贝塞尔(Bessel)年岁首回归年的小数部分。

**4. 地方时**

恒星时和平太阳时都是用天球上某些真实的或假想的参考点的时角来计量的，它们与观测者的子午线有关。地球上位于不同经度的观测者，在同一瞬间测得的参考点的时角是不同的。因此，每个观测者都有自己的与他人不同的时间，称为地方时(local time, LT)，它是观测者所在的子午线的时间。

在同一瞬间，位于不同经度的观测者测得的地方平太阳时是不同的，因此需要

一个统一标准来克服同一时刻各地地方时彼此不同带来的不便。现行做法是将全球划分为若干个时区：从西经 7.5°到东经 7.5°(经度间隔为 15°)为零时区，从零时区的边界分别向东、向西，每隔经度 15°划 1 个时区，东、西各划出 12 个时区；东 12 时区与西 12 时区相重合，全球共划分成 24 个时区，各时区都以中央经线的地方平时为本区的区时，相邻两时区的区时相差 1 小时。目前，全世界多数国家都采用以时区为单位的标准时，并与格林尼治时间保持相差整小时数。

中国横跨东五、东六、东七、东八和东九 5 个时区，新中国成立以后，全国采用北京所在的东八时区的区时，因此北京时间比格林尼治时间(世界时)早8 小时。

**5. 原子时**

随着地球空间信息科学技术的发展和应用，对时间准确度和稳定度的要求不断提高，以地球自转为基础的世界时系统已难以满足要求。为此，人们自 20 世纪 50 年代起便建立了以物质内部原子运动的特征为基础的原子时(atomic time, AT)系统。

因为物质内部的原子跃迁，所辐射和吸收的电磁波频率具有很高的稳定性和复现性，所以由此建立的原子时成为当代最理想的时间系统。

原子时秒长的定义为：位于海平面上的$^{133}Cs$ 原子基态有两个超精细能级，在零磁场中跃迁辐射振荡 9 192 631 770 周所持续的时间为 1 原子时秒。该原子时秒作为国际单位制(SI)秒的时间单位。

这一定义严格地确定了原子时的尺度，而原子时的原点为

$$AT = UT2 - 0.003\ 9^{s} \tag{3.2.4}$$

原子时出现后，得到了迅速的发展和广泛的应用，许多国家都建立了各自的地方原子时系统，但不同的地方原子时之间存在着差异。为此，国际上大约有 100 座原子钟，通过相互对比，并经数据处理，推算出统一的原子时系统，称为国际原子时(international atomic time，IAT)。

**6. 协调世界时**

在大地天文测量、天文导航和空间飞行器的跟踪定位等应用部门，当前仍需要以地球自转为基础的世界时。但是，由于地球自转速度有长期变慢的趋势，近 20 年来，世界时每年比原子时约慢 1 s，两者之差逐年积累。为了避免播发的原子时与世界时之间产生过大的偏差，所以，自 1972 年开始便采用了一种以原子时秒长为基础，在时刻上尽量接近于世界时的一种折中的时间系统，该时间系统称为协调世界时(coordinated universal time，UTC)，简称协调时。

协调世界时的秒长严格等于原子时的秒长，采用闰秒(或跳秒)的办法使协调时与世界时的时刻相接近，当协调时与世界时的时刻差超过±0.9 s 时，便在协调时中引入 1 闰秒(正或负)，闰秒一般在 12 月 31 日或 6 月 30 日末加入。具体日期由国际地球自转服务局(IERS)安排并通告。

协调时与国际原子时之间的关系可定义为

$$IAT=UTC+1^{s}\times n \tag{3.2.5}$$

式中，$n$为调整参数，其值由国际地球自转服务局发布。

时间服务部门在播发协调世界时时号的同时，给出UT1与UT2的差值。这样用户便可容易地由协调世界时得到精度较高的UT1时刻。

目前，几乎所有国家均以协调世界时为基准进行时号的播发。时号播发的同步精度约为±0.2 ms。考虑电离层折射的影响，在一个台站上接收世界各国时号的误差将不会超过±1 ms。

### 3.2.4 GNSS时间系统及其转换

为了精密导航和测量的需要，GNSS都建立了专用的时间系统。

GPS时间系统可简写为GPST，由GPS主控站的原子钟控制。GPST属原子时系统，其秒长与原子时相同，但与国际原子时具有不同的原点，所以，GPST与国际原子时在任一瞬间均有一偏差常量，其关系为

$$IAT-GPST=19^{s} \tag{3.2.6}$$

GPST与协调世界时的时刻在1980年1月6日0时一致，由于GPS时没有闰秒，所以随着时间的积累，两者之间逐渐出现整秒差异，两者关系为

$$GPST=UTC-19^{s}+n^{s} \tag{3.2.7}$$

式中，$n$为闰秒整数，其值由国际地球自转服务局发布。

GLONASS时(GLOT)以莫斯科本地协调时(UTCsu)定义，其值不仅与协调世界时存在3小时时差，同时为了保证GLONASS时与GLONASS定义的椭球运动一致，还存在差异$\tau_c$，因此GLONASS时与协调世界时时间的关系为

$$UTC=GLOT-3^{h}+\tau_c \tag{3.2.8}$$

式中，$\tau_c$由GLONASS广播星历定期发布，其取值一般小于1 ms。由上述关系即可得到GPS与GLONASS两时间系统的转换公式为

$$GPST=GLOT-3^{h}\ 19^{s}+n^{s}+\tau_c \tag{3.2.9}$$

北斗卫星导航系统的时间基准为北斗时(BDT)，北斗时采用国际单位制(SI)秒为基本单位连续累计，不闰秒，起始历元为2006年1月1日协调世界时00时00分00秒，采用周和周内秒计数。北斗时通过协调世界时(NTSC)与国际协调世界时建立联系，北斗时与协调世界时的偏差保持在100 ns以内(模1 s)。北斗时与协调世界时之间的闰秒信息在导航电文中播报。此外导航电文中还提供了北斗时与GPS时、Galileo时及GLONASS时的同步参数。

以北斗时与GPS时的同步参数为例，北斗导航电文中提供了$A_{0GPS}$和$A_{1GPS}$两个同步参数，$A_{0GPS}$表示北斗时相对于GPS时的钟差，$A_{1GPS}$表示北斗时相对于GPS时的钟速，北斗时与GPS时之间的换算公式为

$$t_{GPS}=t_E-\Delta t_{GPS} \tag{3.2.10}$$

式中，$\Delta t_{GPS}=A_{0GPS}+A_{1GPS}\times t_E$，$t_E$ 为用户计算的北斗时。

## §3.3　地球坐标系

### 3.3.1　地球椭球

测量的外业工作主要是在地球表面进行的，或者说主要是对地球表面进行观测的，由于地球表面不是一个规则的数学曲面，在其上面无法进行严密的测量计算。因此，需要寻求一个大小和形状最接近于大地体的规则形体——地球椭球，在其表面完成测量计算工作。用椭球来表示地球必须解决两个问题：一是选择椭球参数；二是确定椭球与地球的相关位置，即椭球的定位。具有一定几何参数、经过定位、在全球范围内与大地体最为接近、密合最好的椭球称为地球椭球，通常简称椭球。在某一地区与大地水准面密合最好的椭球，称为参考椭球。无论是地球椭球还是参考椭球，几何上都是一个旋转椭球，它是由一个椭圆绕其短轴旋转而成的几何形体。它的形状和大小是由椭球的几何参数所确定的。表示地球椭球的大小和形状需要两个几何参素，通常用长半径 $a$ 和扁率 $f$ 两个几何参数来表示。在研究地球重力场时，作为正常重力场中的等位面旋转椭球——正常椭球，还需要反映其物理意义的参数。1967 年起，国际上明确了采用椭球长半径 $a$、引力常数与地球质量的乘积 $GM$、地球重力场二阶带球谐系数 $J_2$ 和地球自转角速度 $\omega$ 四个基本参数来表示正常椭球的几何物理特性。

地球坐标系也称为大地坐标系。由于该坐标系与地球固联在一起，随地球一起自转，故也被称为地固坐标系。地球坐标系的主要任务是用以描述地面点在地球上的位置，也可用以描述卫星在近地空间的位置。

根据坐标原点所处的位置的不同，地球坐标系可分为：

(1)参心坐标系。原点为参考椭球中心，$Z$ 轴与地球自转轴平行，$X$ 轴和 $Y$ 轴位于参考椭球的赤道面上，其中 $X$ 轴平行于起始天文子午面，$Y$ 轴垂直于 $X$ 轴和 $Z$ 轴所构成平面，形成右手坐标系。

(2)地心坐标系。原点为地球质心，$Z$ 轴与地球自转轴重合，$X$ 轴和 $Y$ 轴位于地球椭球的赤道面上，其中 $X$ 轴指向经度零点，$Y$ 轴垂直于 $X$ 轴和 $Z$ 轴所构平面，形成右手坐标系。

椭球定位就是将具有一定参数的椭球与大地体的相关位置确定下来，一旦确定了椭球与大地体的相对位置，就可以确定相应的大地坐标系。因此，可以说建立大地坐标系的问题，主要取决于椭球的定位。

地球椭球满足以下条件：

(1)椭球质量等于地球质量，两者的旋转角速度相等。

(2)椭球体积与大地体体积相等，它的表面与大地水准面之间的差距平方和为最小。

(3)椭球中心与地心重合，椭球短轴与地球平自转轴重合，大地起始子午面与天文起始子午面平行。

椭球的定位通常包括定位和定向两个方面，定位是确定椭球中心的位置，定向则是确定该椭球坐标轴的指向。从数学上讲，椭球的定位和定向就是确定大地直角坐标系相对于地心直角坐标系的平移量和旋转角，即三个平移参数($X_0$,$Y_0$,$Z_0$)和三个旋转角度($\varepsilon_x$,$\varepsilon_y$,$\varepsilon_z$)。

参考椭球的定位一般需满足以下三个条件：

(1)椭球的短轴与某一指定历元的地球自转轴相平行。

(2)起始大地子午面与起始天文子午面相平行。

(3)在一定区域范围内，椭球面与大地水准面(或似大地水准面)最为密合。

如图 3.3.1 所示，$O$ 是椭球中心，NS 为旋转轴，椭球的长半轴为 $a$，短半轴为 $b$，包含旋转轴的平面与椭球面相截所得的椭圆称为子午圈(或称经圈、子午椭圆)，如 N$R$S。椭球面上所有的子午圈都具有相同的长半轴 $a$ 和短半轴 $b$，因此，它们大小和形状均相同。垂直于旋转轴的平面与椭球面相交的圆称为平行圈(即纬圈)，最大的平行圈就是过椭球中心的圆，称为赤道，最小的平行圈则是南、北极点 S 和 N。

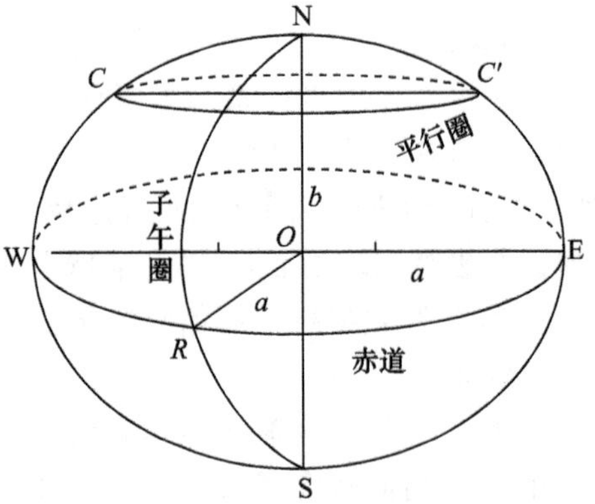


图 3.3.1 地球椭球

子午椭圆的第一偏心率为 $e$、第二偏心率为 $e'$，椭球的长半轴为 $a$，短半轴为 $b$，扁率为 $f$，它们之间的关系为

$$\left.\begin{aligned} e&=\frac{\sqrt{a^2-b^2}}{a}\\ e'&=\frac{\sqrt{a^2-b^2}}{b}\\ f&=\frac{a-b}{a} \end{aligned}\right\} \tag{3.3.1}$$

为了在椭球面上进行测量计算，必须了解椭球面上有关曲线的性质。过椭球面上任意一点可做一条垂直于椭球面的法线，包含这条法线的平面叫作法截面，法截面与椭球面的截线叫作法截线。可见，要研究椭球面的数学性质，就要研究法截线的性质，而法截线的曲率半径便是一个基本内容。

过包含椭球面上一点的法线可做无数多个法截面，相应就有无数多个法截线。椭球面上法截线的曲率半径不同于球面上的法截线(大圆弧)曲率半径都等于圆球的半径，而是除两极外，椭球面上任意一点的法截线，随着它们的方向不同，每条法截线在该点的曲率半径也不相同。这里主要研究两个特殊方向的法截线曲率半径——卯酉圈(与子午面相垂直的法截面与椭球面相截形成的闭合圈)的曲率半径$N$、子午圈的曲率半径$M$，以及平均曲率半径$R$及任意方向的法截线曲率半径$R_A$。具体公式为

$$\left.\begin{aligned} N&=\frac{a}{\sqrt{1-e^2\sin^2 B}}\\ M&=\frac{a(1-e^2)}{(\sqrt{1-e^2\sin^2 B})^3}\\ R_A&=\frac{MN}{N\cos^2 A+M\sin^2 A}\\ R&=\sqrt{MN} \end{aligned}\right\} \tag{3.3.2}$$

式中，$A$为大地方位角。

在椭球面上进行测量计算(如大地问题解算或高斯投影计算)时，经常用到子午圈和平行圈的弧长计算公式。子午圈本身是一个椭圆，被赤道分成对称的两部分，其端点与极点重合。从赤道到某一纬度$B$间的弧长计算公式为

$$X=c[\beta_0 B+(\beta_2\cos B+\beta_4\cos^3 B+\beta_6\cos^5 B+\beta_8\cos^7 B)\sin B] \tag{3.3.3}$$

式中，$\beta_0=1-\frac{3}{4}e'^2+\frac{45}{64}e'^4-\frac{175}{256}e'^6+\frac{11\ 025}{16\ 384}e'^8$，$\beta_2=\beta_0-1$，$c=\frac{a^2}{b}$，$\beta_4=\frac{15}{32}e'^4-\frac{175}{384}e'^6+\frac{3\ 675}{8\ 192}e'^8$，$\beta_6=-\frac{35}{96}e'^6+\frac{735}{2\ 048}e'^8$，$\beta_8=\frac{315}{1\ 024}e'^8$。

若计算已知纬度分别为$B_1$和$B_2$的两点间的子午圈弧长，可以按式(3.3.2)分别计算赤道到纬度$B_1$和$B_2$处的子午圈弧长$X_1$和$X_2$，然后求其差值$\Delta X=X_2-X_1$，该值即为所求的两点间的子午圈弧长。可以证明，单位纬度差的子午圈弧长随纬度的

升高而缓慢地增大。

平行圈本身是一个半径等于 $r=N\cos B$ 的圆，所以，在纬度为 $B$ 的平行圈上，经度为 $L_1$ 和 $L_2$ 两点之间的弧长，可以计算为

$$Y=N\cos B(L_1-L_2) \tag{3.3.4}$$

显然，对于经度差相同、纬度不同的平行圈，弧长是不同的。因为，平行圈的半径 $r=N\cos B$，随着纬度 $B$ 的不同发生变化。纬度越高，单位经度差的平行圈弧长越短。

例 3.3.1　求 WGS-84 坐标系、1954 北京坐标系、1980 西安坐标系和 2000 国家大地坐标系的子午圈长度、赤道长度，以及北纬 10°、20°、30°、40°、50°、60°、70°和 80°的平行圈长度。

解：椭球常数及系数计算如表 3.3.1 所示。

**表 3.3.1　我国常用坐标系的赤道长度、子午线长度和平行圈长度**

| 项目 | | WGS-84 坐标系 | 2000 国家大地坐标系 | 1980 西安坐标系 | 1954 北京坐标系 |
|---|---|---|---|---|---|
| $a$/m | | 6 378 137 | 6 378 137 | 6 378 140 | 6 378 245 |
| $f$ | | 1/298.257 223 563 | $f$=1/298.257 222 101 | 1/298.257 | 1/298.3 |
| 赤道长度/m | | 40 075 016.7 | 40 075 016.7 | 40 075 035.5 | 40 075 695.3 |
| 子午线长度/m | | 40 007 862.9 | 40 007 862.9 | 40 007 881.7 | 40 008 550.0 |
| 平行圈长度/m | 10° | 39 470 171.1 | 39 470 171.1 | 39 470 189.6 | 39 470 838.8 |
| | 20° | 37 672 951.1 | 37 672 951.1 | 37 672 968.8 | 37 673 586.9 |
| | 30° | 34 735 060.9 | 34 735 060.9 | 34 735 077.2 | 34 735 644.9 |
| | 40° | 30 741 788.5 | 30 741 788.5 | 30 741 803.0 | 30 742 302.9 |
| | 50° | 25 810 471.3 | 25 810 471.3 | 25 810 483.5 | 25 810 901.1 |
| | 60° | 20 088 000.6 | 20 088 000.6 | 20 088 010.1 | 20 088 333.5 |
| | 70° | 13 747 154.9 | 13 747 154.9 | 13 747 161.4 | 13 747 381.8 |
| | 80° | 6 981 654.8 | 6 981 654.8 | 6 981 658.1 | 6 981 769.7 |
| | 89° | 701 757.6 | 701 757.6 | 701 758.0 | 701 769.2 |
| | 89°59′ | 11 696.6 | 11 696.6 | 11 696.6 | 11 696.8 |
| | 89°59′59″ | 194.9 | 194.9 | 194.9 | 194.9 |

从表 3.3.1 可以看出，子午线长度短于赤道长度，平行圈随着纬度增长而其长度变短。

## 3.3.2 地球坐标系

### 1. 天文坐标系

地面点 $P$ 在大地水准面上的位置用天文经度 $\lambda$ 和天文纬度 $\varphi$ 表示。若地面点 $P$ 不在大地水准面上，它沿铅垂线到大地水准面的距离 $PP'$ 称为正高 $H_{正}$，如图 3.3.2 所示。

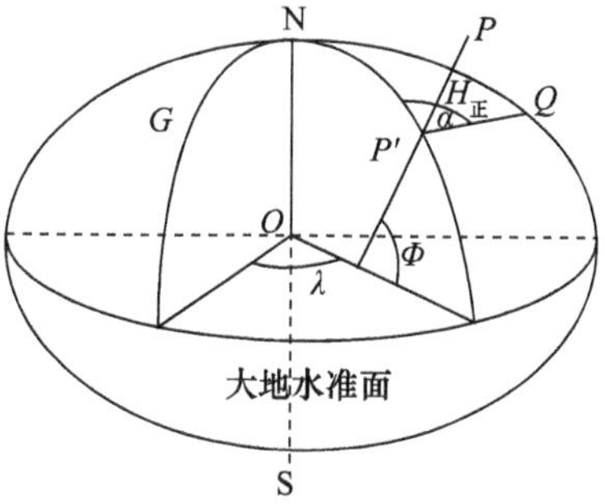


图 3.3.2 天文坐标系

在图 3.3.2 中，$O$ 点为地球质心，$ON$ 为地球自转轴，N 点为北极，$P$ 点为地面或空中任意一点，$PP'$ 为 $P$ 点的垂线方向。包含 $P$ 点垂线方向并与地球自转轴 $ON$ 平行的平面称为 $P$ 点的天文子午面。$G$ 点为英国格林尼治平均天文台位置，过 $G$ 点包含 $ON$ 的平面称为起始天文子午面。过地球质心并与 $ON$ 正交的平面称为地球赤道面。天文子午面、地球赤道面分别与大地水准面的交线分别称为天文子午线和地球赤道。$P$ 点的垂线方向与赤道面交角 $\varphi$ 称为 $P$ 点的天文纬度。由赤道起算，从 0°到 90°，向北为正，称为北纬；向南为负，称为南纬。$P$ 点的天文子午面与起始子午面的夹角 $\lambda$ 称为 $P$ 点的天文经度，由起始子午面起算，向东为正，称为东经；向西为负，称为西经。$\varphi$、$\lambda$ 定义为 $P$ 点的天文坐标。天文坐标方位角 $\alpha$ 的定义是：过 $P$ 点铅垂线和另一地面点 $Q$ 所做的垂直面与过 $P$ 点的天文子午面的夹角 $\alpha$ 称为 $PQ$ 方向的天文方位角，从 $P$ 点的正北方向起始由 0°到 360°顺时针方向量取。

### 2. 大地坐标系

地面点 $P$ 在参考椭球面上的位置用大地经度 $L$ 和大地纬度 $B$ 表示。若地面点 $P$ 不在椭球面上，它沿法线到椭球面的距离 $PP'$ 称为大地高 $H$，如图 3.3.3 所示。

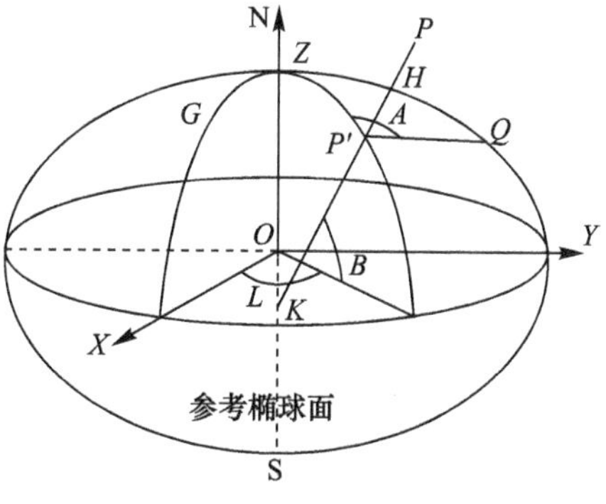


图 3.3.3 大地坐标系与空间大地直角坐标系

在图 3.3.3 中,$O$ 为椭球中心,NS 为椭球的旋转轴(与地球自转轴平行),N 为北极,S 为南极,$P$ 点为地面或空中任意一点,$PP'$ 为 $P$ 点的法线方向。包含 $P$ 点法线方向和旋转轴 SN 的平面称为过 $P$ 点的大地子午面。$G$ 点为英国格林尼治平均天文台位置,过 $G$ 点与 NS 的平面称为起始大地子午面。子午面与椭球面的交线称为子午圈或子午线。垂直于旋转轴 NS 的平面与椭球面的交线称为平行圈。过椭球中心的平行圈称为赤道。

大地坐标系规定以椭球的赤道为基圈,以起始子午线(过格林尼治的子午线)为主圈。对于任意一点 $P$ 其大地坐标$(L,B,H)$如下。

(1)大地经度 $L$:过 $P$ 点的椭球子午面与格林尼治的起始子午面之间的夹角,由起始子午面起算,向东为正,向西为负。

(2)大地纬度 $B$:过 $P$ 点的椭球面法线与椭球赤道面的夹角,由赤道起算,从 0°到 90°,向北为正,向南为负。

(3)大地高 $H$:由 $P$ 点沿椭球面法线至椭球面的距离。

过 $P$ 点和另一地面点 $Q$ 点的大地方位角 $A$ 就是 $P$ 点的子午面与过 $P$ 点法线及 $Q$ 点的平面所成的角度,由子午面顺时针方向量起。

大地坐标系与天文坐标系的转换公式为

$$\left.\begin{aligned}B&=\varphi-\xi\\L&=\lambda-\eta\sec\varphi\\A&=\alpha-\eta\tan\varphi\end{aligned}\right\}\tag{3.3.5}$$

式中,$\eta$、$\xi$ 分别为垂线偏差的卯酉分量和子午分量。

**3. 空间直角坐标系**

空间大地直角坐标系是与大地坐标系相应的三维大地直角坐标系。如图 3.3.3 所示,空间大地直角坐标系的原点 $O$ 为椭球中心,$Z$ 轴与椭球旋转轴一致,指向地球北极,$X$ 轴与椭球赤道面和格林尼治平均子午面的交线重合,$Y$ 轴与 $XZ$ 平面正交,指向东方,$X$ 轴、$Y$ 轴、$Z$ 轴构成右手坐标系,$P$ 点的空间大地直角坐标用$(X,Y,Z)$表示。

对于用同一个旋转椭球定义的地面或空间某一点的大地坐标$(B,L,H)$和空间直角坐标$(X,Y,Z)$之间的关系为

$$\left.\begin{aligned}X&=(N+H)\cos B\cos L\\Y&=(N+H)\cos B\sin L\\Z&=[N(1-e^2)+H]\sin B\end{aligned}\right\}\tag{3.3.6}$$

反算公式为

$$\left.\begin{aligned}L&=\arctan\frac{Y}{X}\\B&=\arctan\left(\frac{Z}{\sqrt{X^2+Y^2}}\left[1-\frac{e^2N}{(N+H)}\right]^{-1}\right)\\H&=\frac{\sqrt{X^2+Y^2}}{\cos B}-N\end{aligned}\right\}\tag{3.3.7}$$

实际计算可以按迭代方式进行。

例 3.3.2　试计算 WGS-84 坐标系中 $L=120°$、$H=0$，纬度 $B$ 从 0°到 90°，每 10°的大地坐标转换为空间直角坐标。

解：换算结果如表 3.3.2 所示。

**表 3.3.2　大地坐标与空间直角坐标的换算**

| $B$/(°) | $X$/m | $Y$/m | $Z$/m |
|---|---|---|---|
| 0 | −3 189 068.500 | 5 523 628.671 | 0.000 |
| 10 | −3 140 936.415 | 5 440 261.454 | 1 100 248.548 |
| 20 | −2 997 918.192 | 5 192 546.625 | 2 167 696.788 |
| 30 | −2 764 128.320 | 4 787 610.688 | 3 170 373.735 |
| 40 | −2 446 353.800 | 4 237 209.075 | 4 077 985.572 |
| 50 | −2 053 932.046 | 3 557 514.658 | 4 862 789.038 |
| 60 | −1 598 552.294 | 2 768 773.791 | 5 500 477.134 |
| 70 | −1 093 963.825 | 1 894 800.926 | 5 971 040.007 |
| 80 | −555 582.435 | 962 297.006 | 6 259 542.961 |
| 90 | 0 | 0 | 6 356 752.314 |

### 4. 大地测量主题计算

椭球面上点的大地经度 $L$、大地纬度 $B$、两点间的大地线长度 $S$ 及其正反大地方位角 $A_{12}$、$A_{21}$，通称为大地元素。如果知道某些大地元素推求另外一些大地元素，如根据大地测量成果(角度、距离)计算点在椭球面上的大地坐标，或者根据两点的大地坐标计算它们之间的大地线长和大地方位角，这样的问题就称为大地问题解算，或称为大地坐标解算。大地问题解算依据推算的大地元素不同，分为大地问题正解和大地问题反解。已知 $P_1$ 点的大地坐标($B_1$，$L_1$)、$P_1$ 点至 $P_2$ 点的大地线长度 $S$ 及其大地方位角 $A_{12}$，推算 $P_2$ 点的大地坐标($B_2$，$L_2$)和大地线在 $P_2$ 点的方位角 $A_{21}$，这个过程称为大地问题正解。如果已知 $P_1$、$P_2$ 点的大地坐标($B_1$，$L_1$)、($B_2$，$L_2$)，反算 $P_1P_2$ 的大地线长度和大地方位角 $A_{12}$、$A_{21}$，这类问题称为大地问题反解。在众多的解算方法中，若按大地线的长度，可分为短距离(小于 400 km)、中距离(400～1 000 km)和长距离(大于 1 000 km)三种。短距离的大地问题解算主要应用于传统的国家一等三角测量计算，中、长距离大地问题解算主要用于洲际联测和空间技术。

1)勒让德级数公式

勒让德(Legendre)级数公式以大地线在大地坐标系中的微分方程为基础,直接在地球椭球面上进行积分运算。其主要特点在于:解算精度与距离有关,距离越长,收敛越慢,因此只适用于较短的距离。

由大地微分公式得

$$\left.\begin{aligned} B_2 - B_1 &= \int_{P_1}^{P_2} \frac{\cos A}{M} \mathrm{d}S \\ L_2 - L_1 &= \int_{P_1}^{P_2} \frac{\sin A}{N\cos B} \mathrm{d}S \\ A_2 - A_1 \pm 180^\circ &= \int_{P_1}^{P_2} \frac{\tan B}{N} \sin A \mathrm{d}S \end{aligned}\right\} \tag{3.3.8}$$

令 $t_1 = \tan B_1$、$\eta_1 = e'\cos B_1$、$V_1 = \sqrt{1+\eta_1^2}$、$u = S\cos A_1$、$v = S\sin A_1$,得勒让德正算公式为

$$\begin{aligned} B_2 - B_1 = &\frac{V_1^2}{N_1}u - \frac{V_1^2 t_1}{2N_1^2}v^2 - \frac{V_1^2\eta_1^2 t_1}{N_1^2}u^2 - \frac{V_1^2(1+3t_1^2+\eta_1^2-9\eta_1^2 t_1^2)}{6N_1^3}uv^2 - \\ &\frac{V_1^2\eta_1^2(1-t_1^2+\eta_1^2-5\eta_1^2 t_1^2)}{2N_1^3}u^3 + \frac{V_1^2 t_1(1+3t_1^2+\eta_1^2-9\eta_1^2 t_1^2)}{24N_1^4}v^4 - \\ &\frac{V_1^2 t_1(4+6t_1^2-13\eta_1^2-9\eta_1^2 t_1^2)}{12N_1^4}u^2v^2 + \frac{V_1^2\eta_1^2 t_1}{2N_1^4}u^4 + \\ &\frac{V_1^2(1+30t_1^2+45t_1^4)}{120N_1^5}uv^4 - \frac{V_1^2(2+15t_1^2+15t_1^4)}{30N_1^5}u^3v^2 \end{aligned} \tag{3.3.9}$$

$$\begin{aligned} (L_2 - L_1)\cos B_1 = &\frac{1}{N_1}v + \frac{t_1}{N_1^2}uv - \frac{t_1^2}{3N_1^3}v^3 + \frac{1+t_1^2+\eta_1^2}{3N_1^3}u^2v - \frac{(1+3t_1^2+\eta_1^2)t_1}{3N_1^4}uv^3 + \\ &\frac{(2+3t_1^2+\eta_1^2)t_1}{3N_1^4}u^3v + \frac{(1+3t_1^2)t_1^2}{15N_1^5}v^5 - \frac{(1+20t_1^2+30t_1^4)}{15N_1^5}u^2v^3 + \\ &\frac{(2+15t_1^2+15t_1^4)}{15N_1^5}u^4v \end{aligned} \tag{3.3.10}$$

$$\begin{aligned} (A_2 - A_1) \pm \pi = &\frac{t_1}{N_1}v_1 + \frac{1+2t_1^2+\eta_1^2}{2N_1^2}uv - \frac{(1+2t_1^2+\eta_1^2)t_1}{6N_1^3}v^3 + \frac{(5+6t_1^2+\eta_1^2-4\eta_1^4)t_1}{6N_1^3}u^2v - \\ &\frac{(1+20t_1^2+24t_1^4+24\eta_1^2+8\eta_1^2t_1^2)}{24N_1^4}uv^3 - \frac{(5+28t_1^2+24t_1^4+4\eta_1^2+8\eta_1^2t_1^2)t_1}{24N_1^4}u^3v - \\ &\frac{(1+20t_1^2+24t_1^4)t_1}{120N_1^5}v^5 - \frac{(58+280t_1^2+240t_1^4)t_1}{120N_1^5}u^2v^3 + \\ &\frac{(61+180t_1^2+120t_1^4)t_1}{120N_1^5}u^4v \end{aligned} \tag{3.3.11}$$

勒让德级数公式作为大地问题正解的基本公式,只适用于短距离的大地问题解

算。当取至 4 次项时，对于 60 km 以内的大地线，计算经纬度可精确至 0.000 1″，方位角可精确至 0.001″。

在勒让德级数正算公式基础上用迭代的方式求反算，其步骤如下：

(1)首先采用式(3.3.9)和式(3.3.10)两式的等式右侧第一项，推导初始值，即

$$\left.\begin{array}{l}\left.\begin{array}{l}B_2-B_1\approx\dfrac{V_1^2}{N_1}u\\(L_2-L_1)\cos B_1=\dfrac{1}{N_1}v\end{array}\right\}\Rightarrow\left\{\begin{array}{l}u_0=\dfrac{N_1}{V_1^2}(B_2-B_1)\\v_0=N_1\cos B_1(L_2-L_1)\end{array}\right.\\S_0=\sqrt{u_0^2+v_0^2}\\(A_1)_0=\arctan\dfrac{v_0}{u_0}\end{array}\right\}\tag{3.3.12}$$

(2)计算第 $i$ 次迭代值为

$$\left.\begin{array}{l}u_i=\dfrac{N_1}{V_1^2}\left[\dfrac{(B_2-B_1)''}{\rho''}-\delta B_i\right]\\v_i=N_1\left[\dfrac{(L_2-L_1)''\cos B_1}{\rho''}-\delta L_i\right]\end{array}\right\}\quad(i=1,2,\cdots,k)\tag{3.3.13}$$

$$\left.\begin{array}{l}S_i=\sqrt{u_i^2+v_i^2}\\(A_1)_i=\arctan\dfrac{v_i}{u_i}\end{array}\right\}\tag{3.3.14}$$

式中

$$\begin{aligned}\delta B_i=&-\frac{V_1^2t_1}{2N_1^2}v_{i-1}^2-\frac{V_1^2\eta_1^2t_1}{N_1^2}u_{i-1}^2-\frac{V_1^2(1+3t_1^2+\eta_1^2-9\eta_1^2t_1^2)}{6N_1^3}u_{i-1}v_{i-1}^2-\\&\frac{V_1^2\eta_1^2(1-t_1^2+\eta_1^2-5\eta_1^2t_1^2)}{2N_1^3}u_{i-1}^3+\frac{V_1^2t_1(1+3t_1^2+\eta_1^2-9\eta_1^2t_1^2)}{24N_1^4}v_{i-1}^4-\\&\frac{V_1^2t_1(4+6t_1^2-13\eta_1^2-9\eta_1^2t_1^2)}{12N_1^4}u_{i-1}^2v_{i-1}^2+\frac{V_1^2\eta_1^2t_1}{2N_1^4}u_{i-1}^4+\\&\frac{V_1^2(1+30t_1^2+45\eta_1^4)}{120N_1^5}u_{i-1}v_{i-1}^4-\frac{V_1^2(2+15t_1^2+15\eta_1^4)}{30N_1^5}u_{i-1}^3v_{i-1}^2\end{aligned}$$

$$\begin{aligned}\delta L_i=&\frac{t_1}{N_1^2}u_{i-1}v_{i-1}-\frac{t_1^2}{3N_1^3}v_{i-1}^3+\frac{1+t_1^2+\eta_1^2}{3N_1^3}u_{i-1}^2v_{i-1}-\frac{(1+3t_1^2+\eta_1^2)t_1}{3N_1^4}u_{i-1}v_{i-1}^3+\\&\frac{(2+3t_1^2+\eta_1^2)t_1}{3N_1^4}u_{i-1}^3v_{i-1}+\frac{(1+3t_1^2)t_1^2}{15N_1^5}v_{i-1}^5-\frac{(1+20t_1^2+30t_1^4)}{15N_1^5}u_{i-1}^2v_{i-1}^3+\\&\frac{(2+15t_1^2+15t_1^4)}{15N_1^5}u_{i-1}^4v_{i-1}\end{aligned}$$

(3)判断限差，当 $|S_k-S_{k-1}|\leqslant\varepsilon_s$ 且 $|(A_1)_k-(A_1)_{k-1}|\leqslant\varepsilon_A$ 时，停止迭代，得到大地线长度 $S=S_k$ 和正大地方位角 $A_1=(A_1)_k$。

(4)利用式(3.3.11)计算反大地方位角 $A_2$。

例 3.3.3 已知 $B_1=47°46'52.6470''$、$L_1=35°49'36.3300''$、$A_1=44°12'13.6640''$、$S=24\,797.2826$ m，求 $B_2$、$L_2$、$A_2$。

解：应用勒让德级数正算公式，反算迭代法公式编写计算机软件，计算得

$B_2=47°56'27.3548''$，$L_2=36°03'29.4029''$，$A_2=224°22'31.4057''$

反算验证：

已知 $B_1=47°46'52.6470''$、$L_1=35°49'36.3300''$、$B_2=47°56'27.3548''$、$L_2=36°03'29.4029''$。

求得 $S=24\,797.2812$ m、$A_1=44°12'13.6613''$、$A_2=224°22'31.4057''$。

2）高斯平均引数正解公式

高斯平均引数正解公式是按间接解法进行的适用于中短距离的大地问题解算公式，其算法步骤如下：

(1)首先应用勒让德级数公式求 $B_2$、$A_2$ 的近似值，进而求中点 $B_m$、$A_m$ 的值，即

$$\left.\begin{aligned}B_m&=\frac{1}{2}(B_1+B_2)\\A_m&=\frac{1}{2}(A_1+A_2\pm180°)\end{aligned}\right\}\tag{3.3.15}$$

(2)令 $t_m=\tan B_m$、$\eta_m=e'\cos B_m$、$V_m=\sqrt{1+\eta_m^2}$、$N_m=\dfrac{a}{\sqrt{1-e^2\sin^2 B_m}}$。

(3)计算坐标增量，即

$$\left.\begin{aligned}\Delta B''=(B_2-B_1)''=&\frac{V_m^2}{N_m}\rho''S\cdot\cos A_m\Big\{1+\frac{S^2}{24N_m^2}[\sin^2A_m(2+3t_m^2+2\eta_m^2)+\\&3\eta_m^2\cos^2A_m(-1+\eta_m^2-9\eta_m^2t_m^2)]\Big\}+5\text{ 次项}\\\Delta L''=(L_2-L_1)''=&\frac{\rho''}{N_m}S\cdot\sec B_m\sin A_m\Big\{1+\frac{S^2}{24N_m^2}[\sin^2A_m\cdot t_m^2-\\&\cos^2A_m(1+\eta_m^2-9\eta_m^2t_m^2)]\Big\}+5\text{ 次项}\\\Delta A''=(A_{21}-A_{12})''=&\frac{\rho''}{N_m}S\cdot\sin A_m t^m\Big\{1+\frac{S^2}{24N_m^2}[\cos^2A_m(2+7\eta_m^2+9t_m^2\eta_m^2+\\&5\eta_m^4)+\sin^2A_m(2+t_m^2+2\eta_m^2)]\Big\}+5\text{ 次项}\end{aligned}\right\}\tag{3.3.16}$$

(4)计算 $P_2$ 点增量，即

$$\left.\begin{aligned}B_2&=B_1+\Delta B\\L_2&=L_1+\Delta L\\A_{21}&=A_{12}+\Delta A\pm180°\end{aligned}\right\}\tag{3.3.17}$$

高斯平均引数正解公式的结构比较简单，精度比较高。从公式可知，欲求 $L_2$、$B_2$、$A_{21}$，必须已知 $B_m$ 和 $A_m$。但由于 $B_2$ 和 $A_2$ 未知，所以 $B_m$ 和 $A_m$ 的精确值也无法知道，必须通过逐次趋近的迭代方法进行公式的计算。一般主项趋近 3 次，各改正项趋近 1～2 次就可满足要求。

3）高斯平均引数反解公式

大地问题反解是已知两端点的经、纬度 $L_1$、$B_1$ 和 $L_2$、$B_2$，反求两点间的大地线长度 $S$ 及正、反大地方位角 $A_1$、$A_2$。这时，由于经差 $l=L_2-L_1$、纬差 $b=B_2-B_1$ 和平均纬度 $B_m=\dfrac{B_1+B_2}{2}$ 均为已知，依据高斯平均引数正解公式，可以很容易地导出反解公式，即

$$S\sin A_m=\frac{l''}{\rho''}N_m\cos B_m-\frac{S\sin A_m}{24N_m^2}[S^2t_m^2\sin^2A_m-S^2\cos^2A_m(1+\eta_m^2-9\eta_m^2t_m^2)]$$

$$S\cos A_m=\frac{b''}{\rho''}\frac{N_m}{V_m^2}-\frac{S\cos A_m}{24N_m^2}[S^2\sin^2A_m(2+3t_m^2+2\eta_m^2)+3\eta_m^2S^2\cos^2A_m(t_m^2-1-\eta_m^2-4\eta_m^2t_m^2)]$$

上两式右端含有 $S\sin A_m$、$S\cos A_m$，可用

$$S\sin A_m=\frac{l''}{\rho''}N_m\cos B_m,\quad S\cos A_m=\frac{b''}{\rho''}\frac{N_m}{V_m^2}$$

经过迭代求出 $S\sin A_m$、$S\cos A_m$，按式(3.3.13)第三式计算 $\Delta A$，最后计算大地线长 $S$ 和正反方位角 $\Delta A_{12}$ 和 $\Delta A_{21}$，即

$$\left.\begin{aligned}
A_m&=\arctan\frac{S\sin A_m}{S\cos A_m}\\
S&=\frac{S\sin A_m}{\sin A_m}=\frac{S\cos A_m}{\cos A_m}\\
A_{12}&=A_m-\frac{\Delta A}{2}\\
A_{21}&=A_m+\frac{\Delta A}{2}\pm180^\circ
\end{aligned}\right\}\tag{3.3.18}$$

例 3.3.4 已知 $B_1=47°46'52.6470''$、$L_1=35°49'36.3300''$、$A_1=44°12'13.6640''$、$S=44\ 797.2826$ m、求 $B_2$、$L_2$、$A_2$。

解：应用高斯平均引数正算公式，利用反算迭代法编写计算机软件，计算得 $B_2=48°04'09.6384''$、$L_2=36°14'45.0504''$、$A_2=224°30'53.550''$。

反算验证：

已知 $B_1=47°46'52.6470''$、$L_1=35°49'36.3300''$、$B_2=48°04'09.6384''$、$L_2=36°14'45.0504''$。

求得 $S=44\ 797.2812$ m，$A_1=44°12'13.664''$，$A_2=224°30'53.550''$。

### 3.3.3 高斯平面坐标系

在椭球面上进行各种测量计算非常复杂和烦琐，在椭球面上表示点、线位置的经度、纬度、大地线长度及大地方位角等大地坐标元素，对于大比例测图控制网和工程建设控制网的建立和应用也很不适应。为了便于测量计算和地形测图，还需要将椭球面上的元素换算到平面上，并应用平面直角坐标系进行平面坐标计算。

**1. 高斯投影**

高斯投影的条件是：①投影后角度不产生变形，满足正形投影要求；②中央子午线投影后是一条直线；③中央子午线投影后长度不变，其投影长度比恒等于 1。

高斯投影除了在中央子午线上没有长度变形外，不在中央子午线上的各点，其长度比都大于 1，且离开中央子午线越远，长度变形越大。变形比为

$$m=\sqrt{\frac{\left(\frac{\partial x}{\partial l}\right)^2+\left(\frac{\partial y}{\partial l}\right)^2}{N^2\cos^2 B}} \tag{3.3.19}$$

将 $x$ 及 $y$ 对于经差 $l$ 的偏导数代入式(3.3.19)，经过整理得到利用大地坐标计算长度比的公式为

$$m=1+\frac{l^2}{2}\cos^2 B(1+\eta^2)+\frac{l^4}{24}\cos^4 B(5-4t^2) \tag{3.3.20}$$

也可以导出利用高斯坐标计算长度比的公式，即

$$m=1+\frac{y^2}{2R^2}+\frac{y^4}{24R^4} \tag{3.3.21}$$

式中，$R$ 为投影点处的椭球平均曲率半径，$y$ 为该点的横坐标。

投影长度比 $m$ 随着点的位置不同而变化，而在同一点处与方向无关，这与正形投影的要求一致。当 $y=0$ 时，$m=1$，即中央子午线投影后长度不变。当 $y\neq 0$ 时，无论 $y$ 值为正或负，$m$ 恒大于 1，即离开中央子午线的任何位置，投影到平面上的线段都将变长。

为了控制投影区域的长度变形不致过大，只能采取一定的措施对它加以限制，使其变形影响减小到适当程度。限制长度变形的有效方法就是"分带"。

所谓"分带"，就是按一定的经差，以子午线为界将地球椭球分成若干个狭窄的投影区域，每个投影区域按各自的中央子午线分别进行投影，形成大小相等彼此独立的投影带。位于各带中央的子午线称为该带的中央子午线，每一投影带边缘的子午线称为分带子午线。这样，各带就有自己的坐标原点和坐标轴，形成各自独立的坐标系。

我国规定按经差 6°和 3°进行投影分带，大比例尺测图和工程测量采用 3°带投影。特殊情况下，工程测量控制网也可用 1.5°带或任意带。

高斯投影 6°带自 0°子午线起，每隔经差 6°自西向东分带，依次编号 1、2、3、…、$N$，

其带号 $N$ 和中央子午线的经度 $L_N$ 的关系为

$$L_N=6°N-3° \tag{3.3.22}$$

高斯投影3°带自1.5°子午线起，每隔经差3°自西向东分带，依次编号1、2、3、…、$n$，其带号 $n$ 和中央子午线的经度 $L_n$ 的关系为

$$L_n=3°n \tag{3.3.23}$$

6°带与3°带带号之间的关系为

$$n=2N-1$$

我国地域辽阔，西自东经69°起，东至东经135°止，分跨6°带的第12带至第23带，3°带的第24带至第45带。

高斯投影分带有效地限制了长度变形，但是在投影带的边缘地区，其长度变形仍然较大，以至不能满足大比例尺测图和工程测量的精度要求。因此，位于投影带边缘的地区或城市，为克服长度变形的影响，往往选择1.5°带或任意带及其他形式的地方坐标系。

在我国 $x$ 坐标均为正，$y$ 坐标的最大值(在赤道上)约为330 km。为避免出现负的横坐标，可在横坐标上加上500 km。另外，在横坐标前面再冠以带号，这种坐标称为国家统一坐标。

**2.高斯投影坐标计算**

高斯投影坐标计算，包括由大地坐标$(B,L)$推求高斯平面坐标$(x,y)$和由高斯平面坐标$(x,y)$推求大地坐标$(B,L)$。前者称为高斯投影坐标正算，后者称为高斯投影坐标反算。

1)高斯投影坐标正算公式

若已知某点的大地坐标为$(L,B)$和中央子午线的经度 $L_0$，则高斯投影坐标正算公式为

$$\left.\begin{aligned}x&=X+\frac{l^2}{2}N\sin B\cos B+\frac{l^4}{24}N\sin B\cos^3 B(5-t^2+9\eta^2+4\eta^4)+\\&\quad\frac{l^6}{720}N\sin B\cos^5 B(61-58t^2+t^4)\\y&=lN\cos B+\frac{l^3}{6}N\cos^3 B(1-t^2+\eta^2)+\frac{l^5}{120}N\cos^5 B(5-18t^2+t^4+14\eta^2-58\eta^2t^2)\end{aligned}\right\} \tag{3.3.24}$$

式中，$l=L-L_0$ 是投影点与中央子午线的经差；$N=a/\sqrt{1-e^2\sin^2 B}$，$t=\tan B$，$\eta=e'\cos B$；$X$ 为中央子午线投影长度，其计算公式为式(3.3.3)。

2)高斯投影坐标反算公式

在进行高斯投影坐标反算时，原面是高斯投影平面，投影面是椭球面，已知的是高斯投影平面直角坐标$(x,y)$，要求的是该点椭球面上相应的大地坐标$(B,L)$，则

$$\left.\begin{aligned}B=&B_f-\frac{y^2}{2M_fN_f}t_f+\frac{y^4}{24M_fN_f^3}t_f(5+3t_f^2+\eta_f^2-9\eta_f^2t_f^2)-\\&\frac{y^6}{720M_fN_f^5}t_f(61+90t_f^2+45t_f^4)\\l=&\frac{y}{N_f\cos B_f}-\frac{y^3}{6N_f^3\cos B_f}(1+2t_f^2+\eta_f^2)+\\&\frac{y^5}{120N_f^5\cos B_f}(5+28t_f^2+24t_f^4+6\eta_f^2+8\eta_f^2t_f^2)\end{aligned}\right\}\tag{3.3.25}$$

式中，$B_f$ 是底点纬度，可以根据子午线弧长公式，用迭代方法，由 $x=X$ 反算求出。

高斯投影反算也可以采用迭代算法，高斯投影正算公式可以改写成

$$\begin{aligned}x&=c[\beta_0B+(\beta_2\cos B+\beta_4\cos^3B+\beta_6\cos^5B+\beta_8\cos^7B)\sin B]+a_2l^2+a_4l^4_+a_6l^6\\&=A_0B+f_x(B)+g_x(B,l)\end{aligned}$$

$$y=a_1l+a_3l^3+a_5l^5=a_1l++g_y(B,l)$$

式中

$$A_0=c\beta_0,f_x(B)=c(\beta_2\cos B+\beta_4\cos^3B+\beta_6\cos^5B+\beta_8\cos^7B)\sin B$$

$$g_x(B,l)=a_2l^2+a_4l^4_+a_6l^6$$

$$g_y(B,l)=a_3l^3+a_5l^{5\,6}$$

比较上式和式(3.3.21)，不难得出各 $a_i$ 的计算公式。

反算迭代步骤如下：

(1)迭代初值为

$$\left.\begin{aligned}B^0&=x/A_0\\a_1^0&=N_0\cos B_0\\l^0&=y/a_1^0\end{aligned}\right\}\tag{3.3.26}$$

(2)各次迭代为

$$\left.\begin{aligned}B^i&=[x-f_x(B^{i-1})-g_x(B^{i-1},l^{i-1})]/A_0\\a_1^i&=N_i\cos B^i\\l^0&=[y-g_y(B^i,l^{i-1})]/a_1^i\end{aligned}\right\}\tag{3.3.27}$$

(3)迭代终止。当同时满足

$$\left.\begin{aligned}|B^i-B^{i-1}|\leqslant\varepsilon\\|L^i-L^{i-1}|\leqslant\varepsilon\end{aligned}\right\}\tag{3.3.28}$$

终止迭代。$\varepsilon$ 一般取 $4.8\times10^{-10}$ rad(即 0.000 1″)为宜。

例 3.3.5　已知 $B=32°24'57.6522''$、$L=118°54'15.2206''$，试计算中央子午线经度 $L_0=117°$的 6°带内的平面坐标，并反算验证。

解：根据高斯投影正算公式与反算迭代公式编写程序，计算正算结果为

$$x=3\ 589\ 644.286,y=179\ 136.438$$

反算迭代结果为

$$B^0=32°24'56.97288'',L^0=118°54'06.46225''$$
$$B^1=32°24'57.78326'',L^1=118°54'15.20838''$$
$$B^2=32°24'57.65263'',L^2=118°54'15.22335''$$
$$B^3=32°24'57.65215'',L^3=118°54'15.22060''$$
$$B^4=32°24'57.65219'',L^4=118°54'15.22059''$$

应用迭代法进行高斯投影坐标反算的理论简单，容易理解，编程容易，便于掌握。

3)子午线收敛角计算公式

平面子午线收敛角 $\gamma$ 也就等于平行圈投影像在 $d$ 点处的切线与横坐标轴正向所成的夹角。若 $\mathrm{d}x$ 和 $\mathrm{d}y$ 为无限小的坐标增量，则可写出

$$\tan r=\frac{\dfrac{\partial x}{\partial l}}{\dfrac{\partial y}{\partial l}} \tag{3.3.29}$$

由高斯投影坐标对 $l$ 求偏导数，代入式(3.3.29)，再求反正切就可以求出子午线收敛角 $\gamma$。当子午线收敛角的计算精度要求不高时，可简化为

$$\left.\begin{aligned}\frac{\partial x}{\partial l}&=lN\sin B\cos B+\frac{l^3}{6}N\sin B\cos^3 B(5-t^2+9\eta^2)\\ \frac{\partial y}{\partial l}&=N\cos B+\frac{l^2}{2}N\cos^3 B(1-t^2+\eta^2)+\frac{l^4}{24}N\cos^5 B(5-18t^2+t^4)\end{aligned}\right\} \tag{3.3.30}$$

式(3.3.30)计算精度可达 0.1″，可以满足陀螺定向等工程要求。

4)大地方位角与平面坐标方位角的相互转换

平面坐标方位角 $T_{12}$ 与大地方位角 $A_{12}$ 之间的关系为

$$T_{12}=A_{12}-\gamma+\delta_{12} \tag{3.3.31}$$

式中，$\delta_{12}$ 是方向改正，计算公式为式(3.1.11)。

## §3.4　中国常用的坐标系

### 3.4.1　参心大地坐标系

目前，我国应用的参心大地坐标系为 1954 北京坐标系和 1980 西安坐标系，它们均为参心坐标系。

**1. 1954 北京坐标系**

20 世纪 50 年代，在我国天文大地网建立初期，鉴于当时的历史条件，采用了

当时苏联的克拉索夫斯基椭球元素（长半轴 $a=6\ 378\ 245$ m，扁率 $f=1/298.3$）。

1954 北京坐标系大地点高程以 1956 年青岛验潮站的黄海平均海水面为基准，水准原点高出黄海平均海水面 72.289 m。

1954 北京坐标系存在很多缺点，主要表现在以下几个方面：

(1)椭球参数误差较大。克拉索夫斯基椭球参数同现代精确的椭球参数的差异较大，并且不包含表示地球物理特性的参数，因而给理论和实际工作带来了许多不便。

(2)椭球定向不十分明确。椭球的短半轴既不指向国际通用的国际协议原点(conventional international origin，CIO)，也不指向目前我国使用的地极原点(JYD)。参考椭球面与我国大地水准面呈西高东低的系统性倾斜，东部高程异常超过 60 m，最大达 67 m。

(3)系统误差较大。该坐标系的大地点坐标是经过局部分区平差得到的，因此，全国的天文大地控制点实际上不能形成一个整体，区与区之间有较大的隙距。例如：在有的接合部中，同一点在不同区的坐标值相差 1～2 m，不同分区的尺度差异也很大，而且坐标传递是从东北到西北和西南，后一区是以前一区的最弱部分作为坐标起算点，因而一等锁具有明显的坐标积累误差。

**2. 1980 西安坐标系**

1980 西安坐标系的大地原点设在我国中部——陕西省泾阳县永乐镇；椭球短轴 $Z$ 轴平行于由地心指向 1968.0 地极原点的方向；大地起始子午面平行于格林尼治平均天文子午面，$X$ 轴在大地起始子午面内与 $Z$ 轴垂直，并指向经度零方向；$Y$ 轴与 $ZOX$ 面垂直并构成右手直角坐标系。椭球(IAG-75)参数采用 1975 年国际大地测量学与地球物理学联合会(IUGG)第 16 届大会的推荐值，4 个基本常数是

$$\left.\begin{aligned} a&=6\ 378\ 140\pm5(\mathrm{m})\\ GM&=(3\ 986\ 005\pm3)\times10^{8}(\mathrm{m}^{3}\cdot\mathrm{s}^{-2})\\ J_{2}&=(108\ 263\pm1)\times10^{-8}\\ \omega&=7\ 292\ 115\times10^{-11}(\mathrm{rad}\cdot\mathrm{s}^{-1})\end{aligned}\right\}\tag{3.4.1}$$

由以上 4 个参数可求出扁率 $f=1/298.257$。

进行椭球定位时，按我国范围内高程异常值平方和最小为原则求解参数。高程系统基准是 1985 国家高程基准。1985 国家高程和 1956 年黄海高程之间的转换公式为

$$H_{85}=H_{56}-0.029\ \mathrm{m}\tag{3.4.2}$$

## 3.4.2 地心大地坐标系

**1. WGS-84 坐标系**

在 GPS 定位中，卫星为位置已知的空间观测目标。因此，为了确定地面观测

站的位置，卫星的瞬时位置应用统一的协议地球坐标系来描述，这种坐标系称为世界大地坐标系（world geodetic system，WGS）。在 GPS 试验阶段，采用的是 1972 年世界大地坐标系（WGS-72），而从 1987 年 1 月 10 日开始采用了改进的世界大地坐标系，即 WGS-84 坐标系，在 GPS 卫星所播发的导航电文中，有关位置的信息就是基于 WGS-84 坐标系。

WGS-84 是一个协议地球参照系，为地心地固右手正交坐标系，其定义遵循如下准则：

(1)为地心系，原点位于包括海洋和大气在内的整个地球的质心。

(2)尺度在局部地球框架下，遵守相对论原理。

(3)初始定向由国际时间局(BIH)1984.0 的定向给定。

(4)定向中的时变不会使地壳产生残余的全球性旋转。

根据上述准则，WGS-84 坐标系的定义如下：原点为地球质心 $M$，$Z$ 轴指向 BIH1984.0 定义的协议地极（conventional terrestrial pole，CTP），$X$ 轴指向 BIH1984.0 定义的零子午面与协议地极相应的赤道的交点，$Y$ 轴垂直于 $XMZ$ 平面，且与 $Z$、$X$ 轴构成右手直角坐标系。

WGS-84 坐标系采用的地球椭球称为 WGS-84 椭球，其常数为国际大地测量学与地球物理学联合会第 17 届大会的推荐值，4 个基本参数如下：

(1)长半径 $a=(6\ 378\ 137\pm 2)$m。

(2)地球(含大气层)引力常数 $GM=(3\ 986\ 005\times 10^8\pm 0.6\times 10^8)\mathrm{m^3/s^2}$。

(3)地球重力场正常二阶带谐系数 $\bar{C}_{2.0}=-484.166\ 77\times 10^{-6}\pm 1.3\times 10^{-9}$。

(4)地球自转角速度 $\omega=(7\ 292\ 115\times 10^{-11}\pm 0.150\ 0\times 10^{-11})$rad/s。

由此可计算出 WGS-84 椭球的其他椭球常数，扁率 $\alpha=1/298.257\ 223\ 563$。

### 2.CGCS2000 坐标系

北斗卫星导航系统采用 2000 国家大地坐标系（China geodetic coordinate system 2000，CGCS2000）。CGCS2000 坐标系的定义为：原点位于地球质心，$Z$ 轴指向国际地球自转服务局定义的参考极方向，$X$ 轴为国际地球自转服务局定义的参考子午面与通过原点且同 $Z$ 轴正交的赤道面的交线，$Y$ 轴与 $Z$、$X$ 轴构成右手直角坐标系。CGCS2000 坐标系已于 2008 年 6 月 18 日发布，2008 年 7 月 1 日开始实施。

CGCS2000 坐标系原点也用作 CGCS2000 椭球的几何中心，$Z$ 轴用作该旋转椭球的旋转轴。CGCS2000 坐标系参考椭球定义的基本常数为：

(1)长半轴 $a=6\ 378\ 137$ m。

(2)地球(含大气层)引力常数 $GM=3.986\ 004\ 418\times 10^{14}\ \mathrm{m^3/s^2}$。

(3)椭球扁率 $f=1/298.257\ 222\ 101$。

(4)地球自转角速度 $\omega=7.292\ 115\ 0\times 10^{-5}$ rad/s。

CGCS2000 坐标系由以下三层的站网坐标和速度具体实现：

(1)第一层为连续运行基准站，由它们构成 CGCS2000 坐标系的基本骨架，其坐标精度为毫米级，年变化速度精度为 1 mm/a。

(2)第二层为大地控制网，包括中国全部领土和领海内的高精度 GNSS 网点。其三维地心坐标精度为厘米级，年变速度精度为 2～3 mm/a。

(3)第三层为天文大地网，包括经空间网与地面网联合平差的约 5 万个天文大地点，其大地经纬度误差不超过 0.3 m，大地高误差不超过 0.5 m。

3. PZ90 坐标系

1993 年以前，GLONASS 系统采用苏联的 1985 年地心坐标系，简称 SGS-85，1993 年后改为 PZ90 坐标系。PZ90 坐标系属于地心地固坐标系，其坐标原点位于地球质心，$Z$ 轴指向国际地球自转服务局推荐的协议地极原点，$X$ 轴指向地球赤道与国际时间局定义的零子午线交点，$Y$ 轴满足右手坐标系。

PZ90 坐标系所用的参考椭球 PZ90.02 定义的基本常数为：

(1)长半轴 $a=6\ 378\ 136$ m。

(2)地球(含大气层)引力常数 $GM=3.986\ 004\ 418\times10^{14}\ \mathrm{m^3/s^2}$。

(3)椭球扁率 $\alpha=1/298.257\ 84$。

(4)地球自转角速度 $\omega=7.292\ 115\times10^{-5}$ rad/s。

(5)地球重力场正常二阶带谐系数 $C_{2,0}=-4.841\ 65\times10^{-4}$。

### 3.4.3 坐标框架

1. 国际地球参考系

国际地球参考系(international terrestrial reference system，ITRS)是由国际地球自转服务局定义的一个协议地球参考系，其定义满足如下条件：

(1)原点位于地球质心，为包括海洋和大气在内的整个地球的质心。

(2)长度尺度为国际单位制的米，该尺度与局部地心框架的地心坐标时(geocentric coordinate time，TCG)一致，符合国际天文联合会(IAU)和国际大地测量学与地球物理学联合会(1991)决议，通过适当的相对论模型获得。

(3)初始定向为国际时间局给出 1984.0 定向。

(4)定向的时变通过一个关于全球水平构造运动的非净旋转(no-net-rotation，NNR)条件来确定。

2. 国际地球参考框架

国际地球参考框架(international terrestrial reference frame，ITRF)是国际地球参考系的实现，由一组具有国际地球参考系下坐标和速度估值的国际地球自转服务局观测站组成，并由国际地球自转服务局中心局的地球参考框架部负责建立和维护。

1984 年，国际时间局利用甚长基线干涉测量（very long baseline interferometry，VLBI）、激光测月（lunar laser ranging，LLR）、卫星激光测距（satellite laser ranging，SLR）和多普勒/TRANSIT 观测值，确定了一系列点的坐标，从而第一次建立了一个综合的地球参考框架。该参考框架被称为 BTS84（BIH terrestrial system 1984）。此后不久，国际时间局成了国际“地球自转监测及多种技术的相互比较”项目的协调中心，后来，在其主持下，又连续完成了 3 个 BTS 的实现，其中最后一个是 BTS87。1988 年，国际大地测量学与地球物理学联合会和国际天文联合会联合创建了国际地球自转服务局，从此，建立和维持地球参考框架的工作就交由国际地球自转服务局承担。国际地球自转服务局定期求取国际地球参考框架的年度解，这些解通过国际地球自转服务局年报和技术备忘录公布。从 1988 年起到 2013 年，国际地球自转服务局已经公布了 12 个版本的国际地球参考框架，分别为 ITRF88、ITRF89、ITRF90、ITRF91、ITRF92、ITRF93、ITRF94、ITRF96、ITRF97、ITRF2000、ITRF2005、ITRF2008。“ITRF”后面的数字表示用于形成该框架时所用数据的最后年份。例如，ITRF97 表示在 1999 年建立该参考框架时，用于确定测站坐标和速度所采用的国际地球自转服务局数据一直到 1997 年底。每个新版本都接替其前一个版本，目前正在使用的为 ITRF2008。

表 3.4.1 列出了从 ITRF2008 到其他早期国际地球参考框架的转换参数及其速率，这些参数是平差后的值，它们与加权的方法及这些框架间公共点的数量和分布等因素有关，因而当采用两个国际地球参考框架间不同公共点组来估计转换参数时，不一定会得到与表 3.4.1 完全一致的值。

目前，几乎所有的国际 GNSS 服务（International GNSS Service，IGS）精密星历都是在国际地球参考框架下提供的，所以在应用精密星历进行 GPS 数据处理时，应当注意所提供的精密星历的参考框架问题。

**表 3.4.1　ITRF2008 到以往国际地球参考框架的转换参数**

| ITRF 解 | $T_1$/cm | $T_2$/cm | $T_3$/cm | $D$/ $(1\times10^{-9})$ | $R_1$/(″) | $R_2$/(″) | $R_3$/(″) | 历元 |
|---|---|---|---|---|---|---|---|---|
| ITRF2005 | −2.0 | −0.9 | −4.7 | 0.94 | 0.00 | 0.00 | 0.00 | 2 000.0 |
| 速率 | 0.3 | 0.0 | 0.0 | 0.00 | 0.00 | 0.00 | 0.00 | |
| ITRF2000 | −1.9 | −1.7 | −10.5 | 1.34 | 0.00 | 0.00 | 0.00 | 2 000.0 |
| 速率 | 0.1 | 0.1 | −1.8 | 0.08 | 0.00 | 0.00 | 0.00 | |
| ITRF97 | 4.8 | 2.6 | −33.2 | 2.92 | 0.00 | 0.00 | 0.06 | 2 000.0 |
| 速率 | 0.1 | −0.5 | −3.2 | 0.09 | 0.00 | 0.00 | 0.02 | |
| ITRF96 | 4.8 | 2.6 | −33.2 | 2.92 | 0.00 | 0.00 | 0.06 | 2 000.0 |

续表

| ITRF 解 | $T_1$/cm | $T_2$/cm | $T_3$/cm | $D/(1\times10^{-9})$ | $R_1/('')$ | $R_2/('')$ | $R_3/('')$ | 历元 |
|---|---|---|---|---|---|---|---|---|
| 速率 | 0.1 | −0.5 | −3.2 | 0.09 | 0.00 | 0.00 | 0.02 | |
| ITRF94 | 4.8 | 2.6 | −33.2 | 2.92 | 0.00 | 0.00 | 0.06 | 2 000.0 |
| 速率 | 0.1 | −0.5 | −3.2 | 0.09 | 0.00 | 0.00 | 0.02 | |
| ITRF93 | −24.0 | 2.4 | −38.6 | 3.41 | −1.71 | −1.48 | −0.30 | 2 000.0 |
| 速率 | −2.8 | −0.1 | −2.4 | 0.09 | −0.11 | −0.19 | 0.07 | |
| ITRF92 | 12.8 | 4.6 | −41.2 | 2.21 | 0.00 | 0.00 | 0.06 | 2 000.0 |
| 速率 | 0.1 | −0.5 | −3.2 | 0.09 | 0.00 | 0.00 | 0.02 | |
| ITRF91 | 24.8 | 18.6 | −47.2 | 3.61 | 0.00 | 0.00 | 0.06 | 2 000.0 |
| 速率 | 0.1 | −0.5 | −3.2 | 0.09 | 0.00 | 0.00 | 0.02 | |
| ITRF90 | 22.8 | 14.6 | −63.2 | 3.91 | 0.00 | 0.00 | 0.06 | 2 000.0 |
| 速率 | 0.1 | −0.5 | −3.2 | 0.09 | 0.00 | 0.00 | 0.02 | |
| ITRF89 | 27.8 | 38.6 | −101.2 | 7.31 | 0.00 | 0.00 | 0.06 | 2 000.0 |
| 速率 | 0.1 | −0.5 | −3.2 | 0.09 | 0.00 | 0.00 | 0.02 | |
| ITRF88 | 22.8 | 2.6 | −125.2 | 10.41 | 0.10 | 0.00 | 0.06 | 2 000.0 |
| 速率 | 0.1 | −0.5 | −3.2 | 0.09 | 0.00 | 0.00 | 0.02 | |

## §3.5 不同坐标系下的坐标转换

### 3.5.1 轨道坐标转换为天球坐标

#### 1. GNSS 卫星轨道坐标系

卫星运动的轨道是一个焦点与地心相重合的椭圆。如图 3.5.1 所示，确定椭圆的形状和大小有两个参数，即椭圆的长半径 $a_s$ 和偏心率 $e_s$。为确定任意时刻卫星在轨道上的位置，还需要一个参数，即真近点角 $f_s$。这时卫星轨道平面与地球体的相对位置和方向还无法确定。为了确定卫星轨道与地球体之间的相互关系，还需要三个参数，即升交点的赤经 $\Omega$、轨道面的倾角 $i$ 和近地点角距 $\omega_s$。参数 $a_s$、$e_s$、$\Omega$、$i$、$\omega_s$ 和 $f_s$ 所构成的坐标系，通常称为轨道坐标系，它广泛地用于描述卫星的运动。当六个轨道参数一经确定后，卫星在任一瞬间相对于地球体的空间位置及其速度，便可唯一地确定。

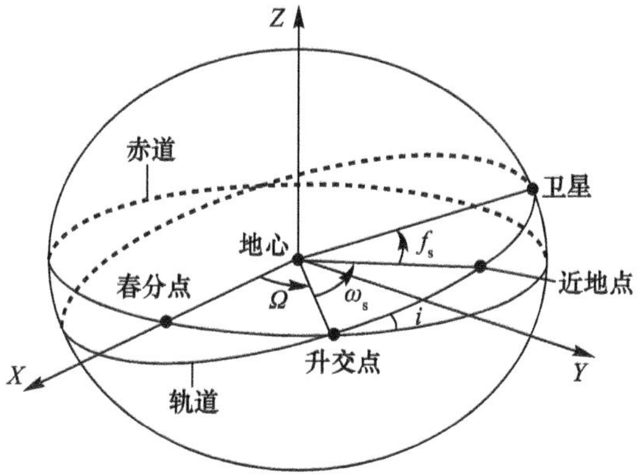


图 3.5.1　卫星轨道

以 GPS 为例,GPS 卫星的广播星历是由其地面控制部分所确定和提供的、经 GPS 卫星向全球所有用户公开播发的一种星历。当前 GPS 卫星发射的广播星历每 2 小时更新一次,以供用户使用。表 3.5.1 就是广播星历参数,根据这些参数可以计算卫星的轨道坐标。卫星星历用于描述某一时刻卫星运动轨道的参数及其变率。在进行卫星定位中,需要知道 GPS 卫星的位置。通过卫星的导航电文将已知的某一初始历元的轨道参数及其变率发给用户,即可计算任一时刻的卫星位置。另外,通过在已知的地面站对 GPS 卫星进行观测,求得卫星在某一时刻的位置,可以反求卫星的轨道参数,从而对卫星的轨道进行改进,用于 GPS 精密定位。因此,精密的轨道信息是精密定位的基础。GPS 卫星星历分为广播星历和精密星历两种,前者在 GPS 接收机接收卫星信号时即可获得,可以实时处理 GPS 数据,后者需要过一段时间在互联网上下载,只能用于后处理。

**表 3.5.1　GPS 广播星历参数的定义**

| 参数 | 定义 | 单位 |
|---|---|---|
| $t_{oe}$ | 星历参考时刻 | s |
| IODE(AODE) | 星历表数据量($N$) | |
| $M_0$ | 参考时刻 $t_{oe}$ 的平近点角 | rad |
| $\Delta n$ | 平均速度 $n$ 的改正数 | rad/s |
| $e_s$ | 轨道偏心率 | |
| $\sqrt{a_s}$ | 轨道长半轴的平方根 | $m^{1/2}$ |
| $\Omega_0$ | 参考时刻的升交点赤经 | rad |
| $i_0$ | 参考时刻的轨道倾角 | rad |

续表

| 参数 | 定义 | 单位 |
|---|---|---|
| $\omega_s$ | 近地点角距 | rad |
| $\Delta\Omega$ | 升交点赤经的变化率 | rad/s |
| $\Delta i$ | 轨道倾角的变化率 | rad/s |
| $C_{uc}$、$C_{us}$ | 升交距角的余弦和正弦调和改正项的振幅 | rad |
| $C_{rc}$、$C_{rs}$ | 卫星地心距的余弦和正弦调和改正项的振幅 | m |
| $C_{ic}$、$C_{is}$ | 轨道倾角的正弦和正弦调和改正项的振幅 | rad |
| GPD | 周数(周) | |
| $a_0$ | 卫星钟差—时间偏差 | s |
| $a_1$ | 卫星钟速—频率偏差系数 | s/s |
| $a_2$ | 卫星钟速变率—漂移系数 | s/s$^2$ |
| 卫星精度 | ($N$) | |
| 卫星健康 | ($N$) | |

预报星历的内容包括：参考历元瞬间的开普勒 6 个参数、反映摄动力影响的 9 个参数，以及 1 个参考时刻和星历数据龄期，共计 17 个星历数据。星历参考历元 $t_{oe}$ 是从星期日子夜零点开始计算的参考时刻，星历数据龄期 IODE 为从 $t_{oe}$ 时刻至作为预报星历测量的最后观测时刻之间的时间，故 IODE 是预报星历的外推时间间隔。$\Delta n$ 中包括了轨道根数 $\omega$ 的长期摄动，主要是二阶带谐项引起的 $\omega$ 的长期漂移，也包括了日、月引力摄动和太阳光压摄动。$\Delta\Omega$ 中主要是二阶带谐项引起的升交点赤经 $\Omega$ 的长期漂移，也包括了极移的影响。

1)卫星速度计算

卫星速度计算公式为

$$n=\sqrt{\frac{GM}{a_s^3}}+\Delta n \tag{3.5.1}$$

式中，$GM$ 是地球引力常数，$GM=(39\ 686\ 005\times10^8\pm0.6\times10^8)\mathrm{m}^3/\mathrm{s}^2$。

2)真近点角计算

为了计算真近点角，还需要两个辅助参数：偏近点角 $E_s$ 和平近点角 $M_s$。平近点角 $M_s$ 为

$$M_s=n(t-t_0) \tag{3.5.2}$$

式中，$n$ 为卫星的平均速度，$t_0$ 为卫星过近地点的时刻，$t$ 为观测卫星的时刻。对于任一确定的卫星而言，其平均速度是一个常数。卫星于任意时刻 $t$ 的平近点角就

可唯一地确定。

平近点角 $M_s$ 与偏近角 $E_s$ 之间关系为

$$E_s = M_s + e_s \sin E_s \tag{3.5.3}$$

偏近点角与真近点角的关系为

$$f_s = \arctan\left(\frac{\sqrt{1-e_s^2}\sin E_s}{\cos E_s - e_s}\right) \tag{3.5.4}$$

3)升交距角计算

(1)计算近似升交距角，即

$$u'_s = \omega_s + f_s \tag{3.5.5}$$

(2)计算升交距角的摄动改正数，即

$$\delta u_s = C_{uc}\cos 2u' + C_{us}\sin 2u' \tag{3.5.6}$$

(3)计算升交距角的精确值，即

$$u_s = u'_s + \delta u_s \tag{3.5.7}$$

4)卫星矢径计算

(1)计算矢径的近似值，即

$$r'_s = a_s(1 - e_s\cos E_s) \tag{3.5.8}$$

(2)计算矢径的摄动改正数，即

$$\delta r_s = C_{rc}\cos 2u' + C_{rs}\sin 2u' \tag{3.5.9}$$

(3)计算矢径的精确值，即

$$r_s = r'_s + \delta r_s \tag{3.5.10}$$

5)计算卫星倾角

(1)计算卫星倾角的近似值，即

$$i'_s = i_0 + \Delta i(t - t_{oe}) \tag{3.5.11}$$

(2)计算倾角的摄动改正数，即

$$\delta i_s = C_{ic}\cos 2u' + C_{is}\sin 2u' \tag{3.5.12}$$

(3)计算倾角的精确值，即

$$i_s = i'_s + \delta i_s \tag{3.5.13}$$

6)计算观测时刻升交点的赤经

若参考时刻 $t_{oe}$ 时升交点的赤经为 $\Omega_{t_{oe}}$，升交点对时间的变化率为 $\Delta\Omega$，那么观测瞬时 $t$ 的升交点 $\Omega$ 应为

$$\Omega = \Omega_{t_{oe}} + \Delta\Omega(t - t_{oe})\Omega = \Omega_{t_{oe}} + \dot{\Omega}(t - t_{oe}) \tag{3.5.14}$$

式中，$\Delta\Omega$ 由广播星历给出。

7)计算观测瞬时的格林尼治恒星时

设本周开始时刻(星期日零时)格林尼治恒星时为 $\mathrm{GAST_{week}}$，则观测瞬时的格

林尼治恒星时为

$$GAST = GAST_{week} + \omega_e t \tag{3.5.15}$$

式中，$\omega_e$ 为地球自转角速度，其值为 $\omega_e = 7.292\,115 \times 10^{-5}$ rad/s；$t$ 为观测时刻（需转换为自星期日零时开始累计的秒数）。

8）计算观测瞬时升交点的经度

观测瞬时升交点的经度为

$$L = \Omega - GAST_{week} \tag{3.5.16}$$

### 2. GPS 轨道坐标计算

选择地心为原点，$x_0$ 轴指向升交点，$z_0$ 轴垂直于轨道平面向上，$y_0$ 轴在轨道平面上垂直于 $x_0$ 轴，构成右手系，如图 3.5.2 所示。卫星在轨道面坐标系下的坐标为

$$\left.\begin{aligned} x_0 &= r\cos u \\ y_0 &= r\sin u \\ z_0 &= 0 \end{aligned}\right\} \tag{3.5.17}$$

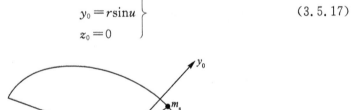

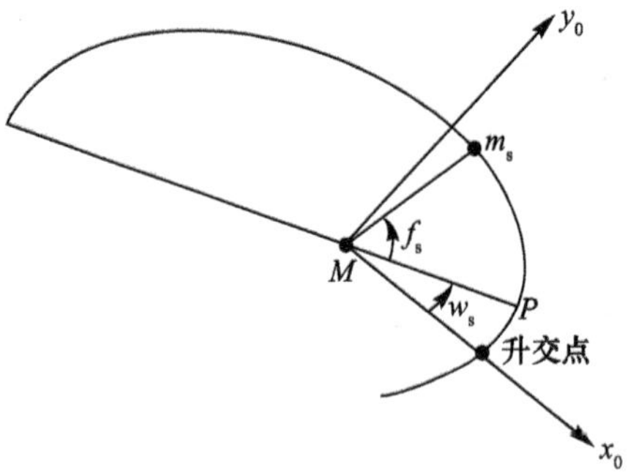


图 3.5.2 轨道平面坐标系（$x_0$，$y_0$）

### 3. 瞬时轨道坐标转换为瞬时天球坐标

为了在天球坐标系中表示卫星的瞬时位置，需要建立天球空间直角坐标系（$x$，$y$，$z$）与轨道参数之间的数学关系式，通过建立轨道直角坐标与天球空间直角坐标之间的关系来实现。天球坐标系（$x$，$y$，$z$）与轨道坐标系（$x_0$，$y_0$，$z_0$）具有相同的原点，其差别在于坐标系的定向不同。因此，为了使两坐标系的定向一致，需将坐标系（$x_0$，$y_0$，$z_0$）依次进行如下旋转：

（1）绕 $x_0$ 轴顺时针旋转角度 $i$，使 $z_0$ 轴和 $z$ 轴重合。

（2）绕 $z_0$ 轴顺时针旋转角度 $\Omega$，使 $x_0$ 轴和 $x$ 轴重合。

这一过程可用旋转矩阵表示为

$$\begin{bmatrix} x \\ y \\ z \end{bmatrix} = \boldsymbol{R}_3(-\Omega)\boldsymbol{R}_1(-i)\begin{bmatrix} x_0 \\ y_0 \\ z_0 \end{bmatrix} \tag{3.5.18}$$

式中，旋转矩阵 $\boldsymbol{R}_3(-\Omega)=\begin{bmatrix}\cos\Omega & -\sin\Omega & 0\\ \sin\Omega & \cos\Omega & 0\\ 0 & 0 & 1\end{bmatrix}$，$\boldsymbol{R}_1(-i)=\begin{bmatrix}1 & 0 & 0\\ 0 & \cos i & -\sin i\\ 0 & \sin i & \cos i\end{bmatrix}$。

### 3.5.2　天球坐标与地球坐标转换

天球坐标系分为瞬时天球坐标系、瞬时平天球坐标系和协议天球坐标系，3.1.3 节介绍了三种坐标系之间的转换算法。天球坐标系与地球坐标系之间的转换，实际只能是瞬时天球坐标系和瞬时地球坐标系的转换。

协议天球坐标系的坐标转换成协议地球坐标系的坐标的步骤如下：

(1)协议天球坐标系的坐标通过加岁差改正转换成瞬时平天球坐标系的坐标。

(2)瞬时平天球坐标系的坐标通过加章动改正转换成瞬时天球坐标系的坐标。

(3)瞬时天球坐标系的坐标通过坐标轴平移与旋转转换成瞬时地球坐标系的坐标。

(4)瞬时地球坐标系的坐标通过极移改正转换成协议地球坐标系的坐标。

**1. 计算卫星瞬时地球坐标系的坐标**

瞬时地球坐标系的原点 $O$ 在地球质心，$Z$ 轴指向瞬时北极，$X$ 轴是瞬时首子午面与瞬时赤道面的交线，$Y$ 轴垂直于 $XOZ$ 平面，构成右手直角坐标系。由于 GNSS 定义的天球坐标系和地球坐标系的坐标原点相同，瞬时天球坐标系 $z$ 轴与瞬时地球坐标系 $Z$ 轴都与地球旋转轴重合，即两个坐标系的瞬时赤道面也重合，只是瞬时天球坐标系 $x$ 轴指向瞬时春分点，地球坐标系 $X$ 轴是首子午面与瞬时赤道面的交线，两个坐标轴夹角为$\mathrm{GAST_{week}}$，即坐标系绕 $z$ 轴旋转$\mathrm{GAST_{week}}$即可实现两个坐标系的转换。具体公式为

$$\begin{bmatrix}X\\ Y\\ Z\end{bmatrix}=\boldsymbol{R}_3(\mathrm{GAST_{week}})\begin{bmatrix}x\\ y\\ z\end{bmatrix}\tag{3.5.19}$$

式中，旋转矩阵为

$$\boldsymbol{R}_3(\mathrm{GAST_{week}})=\begin{bmatrix}\cos(\mathrm{GAST_{week}}) & \sin(\mathrm{GAST_{week}}) & 0\\ -\sin(\mathrm{GAST_{week}}) & \cos(\mathrm{GAST_{week}}) & 0\\ 0 & 0 & 1\end{bmatrix}$$

**2. 计算卫星协议坐标系的坐标**

将瞬时地球坐标系的坐标转换到协议地球坐标系的坐标，只要将 $Z$ 轴指向瞬时北极通过坐标轴旋转，移到指向协议北极，卫星在协议地球坐标系中的位置为

$$\begin{bmatrix}X\\ Y\\ Z\end{bmatrix}_{\mathrm{CTS}}=\boldsymbol{R}_2(-x_{\mathrm{p}})\boldsymbol{R}_1(-y_{\mathrm{p}})\begin{bmatrix}X\\ Y\\ Z\end{bmatrix}\tag{3.5.20}$$

式中，$(x_p, y_p)$是极移坐标系中瞬时北极的坐标，如图 3.5.3 所示。

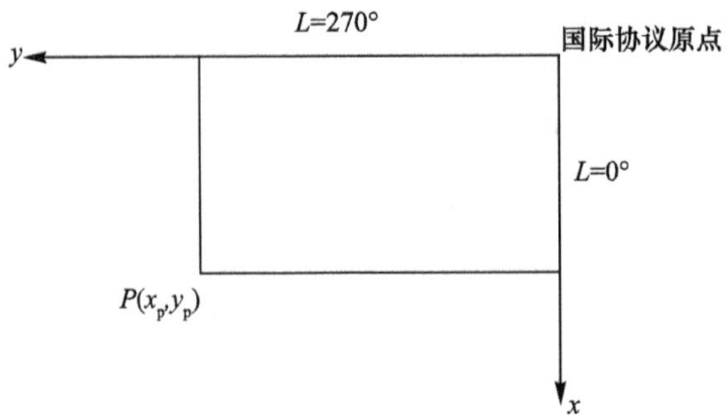


图 3.5.3 极移坐标系

### 3.5.3 不同空间直角坐标系的坐标转换

如图 3.5.4 所示，两个空间直角坐标系分别为 $O_1$-$X_1Y_1Z_1$ 与 $O_2$-$X_2Y_2Z_2$，它们的原点不一致，相应的坐标轴相互不平行，两个坐标系间有三个平移参数($X_0$，$Y_0$，$Z_0$)、三个旋转参数($\varepsilon_X$，$\varepsilon_Y$，$\varepsilon_Z$)和一个尺度变化参数 $m$，总计共有七个参数。

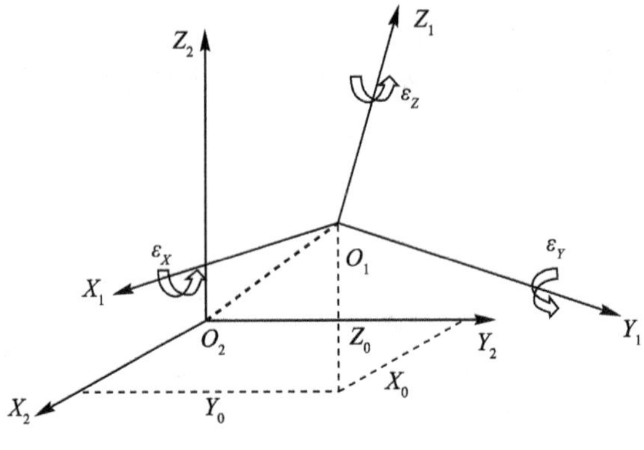


图 3.5.4 空间直角坐标系坐标转换

用七参数进行空间直角坐标转换有布尔莎(Brusa)公式、莫洛坚斯基(Molodensky)公式和范氏公式等。布尔莎七参数公式为

$$\begin{bmatrix} X_2 \\ Y_2 \\ Z_2 \end{bmatrix} = (1+m)\begin{bmatrix} X_1 \\ Y_1 \\ Z_1 \end{bmatrix} + \begin{bmatrix} 1 & \varepsilon_Z & -\varepsilon_Y \\ -\varepsilon_Z & 1 & \varepsilon_X \\ \varepsilon_Y & -\varepsilon_X & 1 \end{bmatrix}\begin{bmatrix} X_1 \\ Y_1 \\ Z_1 \end{bmatrix} + \begin{bmatrix} X_0 \\ Y_0 \\ Z_0 \end{bmatrix} \tag{3.5.21}$$

七参数公式比三参数公式能获得较高精度的转换结果。实际应用中，也可以舍弃不显著的参数，如个别欧拉(Euler)角，选择四、五或六个参数进行不同空间直

角坐标系的转换。

转换参数可以通过联测一些公共点获得。通过联测，可以得到这些公共点在新旧两个坐标系中的坐标值，即可利用上述公式求出转换参数，再用转换参数求非公共点在新坐标系中的坐标。公共点至少要有三个以上，转换参数应用最小二乘平差方法求得。求出的转换参数要进行显著性检验，未通过检验的转换参数可舍弃，这样可以减少转换参数。

不同空间直角坐标系进行转换时，坐标转换的精度取决于坐标转换的数学模型和求解转换系数的公共点坐标精度，此外，还与公共点的分布有关。鉴于地面控制网系统误差在不同区域并非是一个常数，所以采用分区进行坐标转换能更好地反映实际情况，提高坐标转换的精度。例如，省区范围与省内某个城市区域范围进行坐标转换时，城市区域的坐标转换用该市区域内的公共点求取坐标转换参数进行坐标转换一般要比用全省或全国范围内的公共点求取的转换参数进行坐标转换精度高。

两种不同空间直角坐标系坐标转换方法还有三参数法、四参数法、回归分析法和多项式法，应用时请查找其他资料，这里限于篇幅就不介绍了。

### 3.5.4 不同大地坐标系的坐标转换

不同大地坐标系的转换是指椭球元素及定位不同的两个大地坐标系之间的坐标转换，有九参数的变换椭球微分公式法、多项式法、不同二维大地坐标系的转换、网格法、三角形法和约束平差法等多种坐标转换方法，也可以将公共点的两种不同的大地坐标$(B_1,L_1,H_1)$与$(B_2,L_2,H_2)$分别按各自相应的椭球参数先换算为空间大地直角坐标$(X_1,Y_1,Z_1)$与$(X_2,Y_2,Z_2)$，然后按空间大地直角七参数公式进行坐标转换，求取转换参数，再将全部点的$(X_1,Y_1,Z_1)$转换为$(X_2,Y_2,Z_2)$，最后将转换后的空间大地直角坐标$(X_2,Y_2,Z_2)$按新的椭球元素换算为$(B_2,L_2,H_2)$。

实际应用中，不同大地坐标转换中使用的公共点的高程$H$往往只知道水准高程，要得到精确的大地高，必须知道点的高程异常$\zeta$。如果缺少高程异常资料，在局部地区使用水准高程也可以进行坐标的转换，对转换后的大地坐标或高斯平面坐标影响很小，转换后的高程属于已知水准高程系统。

### 3.5.5 不同平面坐标的转换

#### 1. 两个不同平面直角坐标系的坐标转换

对于局部地区不同的平面直角坐标系的转换采用平面坐标系相似变换模型更容易。研究表明，在局部范围内，如在每十万分之一图幅内，同一点在1980西安坐标系和原1954北京坐标系的高斯平面直角坐标在米级精度上都只相差一个常数。对于米级以下的微小差异，可以看成由该局部区域内的两个平面坐标系之间存在的某种旋转和尺度伸缩造成的。这样，就可以用平面相似变换公式模拟两个平面坐标系的转换关系。

如图3.5.5所示，$O_1$-$xy$为1954北京坐标系，$O_2$-$XY$为1980西安坐标系。1954北京坐标系中有一控制网，其中一点$P_i$的坐标为$(x_i, y_i)$，$P_i$在1980西安坐标系中的坐标为$(X_i, Y_i)$。1954北京坐标系原点$O_1$在1980西安坐标系中的坐标为$(X_0, Y_0)$，1954北京坐标系对1980西安坐标系的旋转角为$\alpha$，则有

$$\left.\begin{aligned} X_i &= X_0 + x_i m\cos\alpha - y_i m\sin\alpha \\ Y_i &= Y_0 + x_i m\sin\alpha + y_i m\cos\alpha \end{aligned}\right\} \tag{3.5.22}$$

式中，$X_0$、$Y_0$称为坐标变换的平移参数，$m$称为尺度比参数，$\alpha$称为旋转角参数。

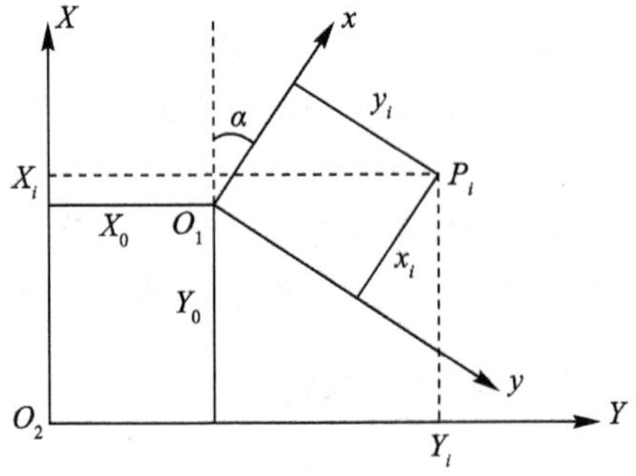


图3.5.5 两个不同平面直角坐标系

公共点在两个坐标系的坐标之差为

$$\begin{aligned} \Delta x_i &= X_i - x_i = X_0 + x_i m\cos\alpha - y_i m\sin\alpha - x_i \\ \Delta y_i &= Y_i - y_i = Y_0 + x_i m\sin\alpha + y_i m\cos\alpha - y_i \end{aligned}$$

整理后为

$$\begin{aligned} \Delta x_i &= X_0 + x_i(m\cos\alpha - 1) - y_i m\sin\alpha \\ \Delta y_i &= Y_0 + x_i m\sin\alpha + y_i(m\cos\alpha - 1) \end{aligned}$$

令$m\cos\alpha - 1 = \mu$、$m\sin\alpha = \delta$，上式可写为

$$\left.\begin{aligned} \Delta x_i &= X_0 - y_i\delta + x_i\mu \\ \Delta y_i &= Y_0 + x_i\delta + y_i\mu \end{aligned}\right\} \tag{3.5.23}$$

在实施坐标转换的局部区域内，均匀选取若干公共点，将这些公共点的坐标差$\Delta x_i$、$\Delta y_i$视为“观测量”。在这些观测量中，除了用上述相似变换参数模拟的系统误差以外，还包含偶然误差。设这些观测量的改正数为$v_{xi}$、$v_{yi}$，此时根据最小二乘法原理，由观测方程式(3.5.23)列出误差方程式，进而组成法方程，求解转换参数$X_0$、$Y_0$、$\delta$、$\mu$。最后，对所有控制点逐一进行坐标转换，即

$$\left.\begin{aligned} X_K &= x_K + \Delta x_K = x_K + X_0 - y_K\delta + x_K\mu \\ Y_K &= y_K + \Delta y_K = y_K + Y_0 + x_K\delta + y_K\mu \end{aligned}\right\} \tag{3.5.24}$$

相似变换法的特点是将原网经过平移、旋转、缩放而符合到新的坐标系中。它的优点是不变更原有网的几何形状，避免原有网发生变形而改变控制点间相对位置关系。其缺点是公共点已知新坐标系坐标与转换后的新坐标系坐标出现差值，又称为隙距。对于隙距较大的公共点，应当剔除，不再作为公共点，然后采用隙距小的公共点进行坐标转换。应用中，对于公共点最好采用坐标转换值，以保证整个控制网的几何形状不变。

**2.同一坐标系的不同投影带之间的坐标换算**

为了限制高斯投影长度变形，将椭球面按一定经度划分成不同的投影带；或者为了抵偿长度变形，选择某一经度的子午线作为测区的中央子午线。由于中央子午线的经度不同，使得椭球面上统一的大地坐标系变成了各自独立的平面直角坐标系。为了解决不同投影带之间测量成果的转换和联系，需要将一个投影带的平面直角坐标换算成另外一个投影带的平面直角坐标。这种坐标换算的实质是对于同一个点位于不同的高斯投影带内的坐标之间的换算。一般是指 3°带到 3°带或 3°带到任意投影带的邻带的坐标换算。

设 $P$ 点在中央子午线为 $L_{01}$ 的高斯投影第 $K$ 带的平面坐标为$(X_k, Y_k)$，$P$ 点在中央子午线为 $L_{02}$ 的高斯投影第 $J$ 带的平面坐标为$(X_j, Y_j)$。下面介绍将$(X_k, Y_k)$换算为$(X_j, Y_j)$的步骤。

1）求 $P$ 点的椭球面大地坐标$(B, L)$

在第 $K$ 带按高斯投影坐标反算公式由$(X_k, Y_k)$计算 $P$ 点的大地纬度 $B$ 和经度之差 $l_1$，进而根据第 $K$ 带中央子午线经度 $L_{01}$ 计算 $P$ 点的大地经度 $L=L_{01}+l_1$。

2）计算 $P$ 点在第 $J$ 带的坐标$(X_j, Y_j)$

先由 $P$ 点的$(B, L)$根据第 $J$ 带的中央子午线经度 $L_{02}$ 计算经度之差 $l_2=L-L_{02}$，再按高斯投影正算公式由$(B, l_2)$计算 $P$ 点在第 $J$ 带的高斯平面坐标$(X_j, Y_j)$。

由于高斯投影正算公式是经度之差 $l$ 的幂级数，$l$ 不应过大，一般相邻带的坐标换带计算精度较高，实际应用较多。

# 第4章　测量误差

## §4.1　测量误差来源

测量数据或观测数据是指用一定的仪器、工具、传感器或其他手段获取的反映地球或其他实体的与空间分布有关信息的数据。观测数据可以是直接测量的结果，也可以是经过某种变换后的结果。任何观测数据总是包含有用信息和干扰信息两个部分，干扰部分也称为误差或噪声。为了获得有用信息，就要设法排除或削弱误差影响。

在各种测量工作中，当对同一个观测量进行重复观测时就会发现，其观测值之间会存在一定的差异。例如，在地面上两点间进行水准测量，往返测得到的两点间高差并不相同；观测一个三角形的三个内角，会发现三个内角和不等于180°。这种同一被观测量的不同观测值之间，或在各观测值某个函数与其理论值之间存在差异的现象，在测绘工作中是普遍存在的。产生上述情况的原因是观测量中带有观测误差。

### 4.1.1　误差来源

观测误差产生的原因概括起来包括外界条件、测量仪器、测量对象、观测人员四个方面。

**1.外界条件**

测量工作是在自然环境下进行的，人们把测量所处的自然环境称为外界条件。外界条件千变万化，会对观测产生各种各样的影响。例如，测量地球上两点间距离时，大气温度、湿度和气压都会影响边长观测值，大气折光会影响角度观测值和高差观测值，GNSS信号穿过电离层会受到电离子折射而产生时间延迟、穿过对流层而产生的折射和多路径影响等。这些影响都会使观测值产生误差。

**2.测量仪器**

测量工作离不开测量仪器。测量仪器本身的精度也会给观测数据带来误差。例如，J2型经纬仪测微器最小刻度为1″，在估读1″以下的尾数时就存在误差。仪器结构不完善也会给观测数据带来误差，GNSS接收机钟的误差对单点定位和相对定位的精度会有影响。例如，水准仪的视准轴不平行于水准轴，全站仪的竖轴与横轴不垂直、视准轴与横轴不垂直等。另外，仪器所处的地理位置和地质状况也会产生影响，如GNSS定位受到定位地点的固体潮影响、海洋潮汐影响等。

3. 测量对象

观测对象也就是观测目标，也可能使观测产生误差。例如，测量角度时，照准目标为照准圆筒，受光线影响会产生相位差；进行水准测量时，水准标尺的沉降或倾斜会使观测产生误差；卫星受到地球摄动力的影响会偏离理想轨道，从而使观测产生误差等。

4. 观测人员

观测者感觉器官的鉴别能力、技术水平和责任心对观测数据的质量都会产生直接影响，如在仪器的安置、照准、读数等方面产生的误差。

外界条件、测量仪器、测量对象和观测者是引起测量误差的主要来源，因此我们产生误差的综合因素称为观测条件。观测条件的好坏与观测成果的质量密切相关。观测条件好，成果质量就高；相反，观测条件差，成果质量就不高。但是，不管观测条件如何，在测量中产生误差是不可避免的。测量工作者的责任是采取不同的措施，尽可能地消除或减少误差对观测结果的影响，提高观测成果的精度。

### 4.1.2 误差分类

由于观测条件不完善，因此观测值不可避免地会产生误差，搞清各种误差的性质便于对不同性质误差采用不同的方法加以处理。根据观测误差对测量结果影响的性质不同，可以把测量中出现的误差分为三种类型：系统误差、偶然误差和粗差。

1. 系统误差

系统误差是因观测条件中某些特定因素的系统性影响而产生的误差。在相同测量条件下，系统误差的大小和符号常固定不变，或者为一常数，或者呈周期性的变化。系统误差的影响具有累积性。

系统误差对于观测结果的影响一般有累积的作用，它对观测成果的质量影响也特别显著。在实际工作中，根据系统误差的来源和规律可以采用不同方式加以消除或减弱，使其达到实际上可以忽略不计的程度。

(1)设计正确的观测程序。设计正确的观测程序可以消除或减弱部分系统误差。例如，根据大气折光对测量角度产生影响的规律性，规定在日出后半小时到上午十点和下午两点到日落前半小时两个时段测量水平角，而在上午十点到下午两点之间测量竖直角，这样可以减少大气折光所产生的测量角度的系统误差；根据水准仪的视准轴与水准轴不平行产生的误差规律性，规定水准测量时水准仪离前视、后视两把水准尺的距离大致相等；为消除或减弱多路径误差对GNSS观测的影响，对GNSS控制点设置做了必要的规定等。

(2)建立系统误差改正模型。观测量加系统误差改正是常见解决系统误差的方法。例如，电磁波测距时，会添加气象改正和周期误差改正；GNSS测量中载波相位观测值的电离层改正、对流层改正等都属于系统误差改正，GNSS 需要加的卫星钟差改正、相对论效应改正、固体潮改正等也属于系统误差改正。

(3)仪器的检验与校正。在测量之前对测量仪器要进行认真的检验与校正，测量仪器要定期检修，确保仪器没有明显问题，减少由仪器产生的系统误差。

(4)在数据处理中加系统误差参数。上述误差是不可避免的，即使观测者十分认真且富有经验，对测量仪器进行了最好的校正，而且外界条件又最有利，这些误差仍然会产生。因此，有时在进行测量数据处理时，将系统误差作为参数参加平差计算。例如，GNSS 单点定位在三维坐标参数外增加了接收机钟差参数，接收机钟差常数就属于系统误差参数。

**2. 偶然误差**

偶然误差是在测量过程中因各种随机因素的偶然性影响而产生的误差。在相同测量条件下进行一系列的观测，偶然误差从表面上看其数值和符号不存在任何确定的规律性，但就大量误差总体而言，具有统计性的规律。

例如，用经纬仪测量角度时，测角误差可能是照准误差、读数误差、外界条件变化和仪器本身不完善等多项误差的代数和，这些小误差是由偶然因素引起的，这些偶然因素在不断变化，体现在单个的微小测角误差上，其数值或大或小，符号或正或负，无法事先预知，呈现随机性。根据概率统计理论可知，如果各个误差项对其总的影响都是均匀地小，不管这些微小误差服从什么分布，也不论它们是相同分布或不同分布，只要它们具有有限的均值和方差，那么它们的总和将服从或近似服从正态分布，且误差的平均值随观测次数的增加而趋于零。由此可见，偶然误差就总体而言，具有 定的统计规律；偶然误差也就是均值为零的随机误差，也称为不规则的误差。

系统误差与偶然误差在观测过程中是同时发生的，当观测值中有显著的系统误差时，偶然误差就居于次要地位，观测误差就呈现系统的性质，这时需要在观测值中加入系统误差改正来消除系统误差。反之，如果在观测列中已经排除了系统误差，或者与偶然误差相比已处于次要地位，则该观测列误差呈现偶然误差的性质。

**3. 粗差**

错误或者粗差属于可避免的误差，如瞄错目标、读错数等。粗差可能是由作业人员的粗心大意或仪器故障造成的差错，也可能是外界环境发生突变造成的较大误差。从统计学的观点看，粗差是观测结果，但不属于所研究的分布中相同的样本，它们当然不能和其他观测结果一起使用。例如，在正态分布中，粗差不可能发生。因此，优化测量程序时要能够查出粗差，并排除。粗差可以根据几何条件闭合差进行检验。例如，一个平面三角形三个内角和为 180°，实测的三个内角和不大于 180°。二者之差称为闭合差，反映了观测误差，可以根据测角精度制定闭合差的限差，若闭合差超过限差就认为观测值带有粗差。

但在使用现今的高新测量技术如全球导航卫星系统、地理信息系统、遥感等自动化数据采集中，也会有粗差混入信息中，这时需要通过设计合理的数据处理方法进行识别与消除。

### 4.1.3　测量平差的任务和内容

系统误差一般可以在观测中改正或采用系统误差改正等多种方法加以消除，详细内容在其他测绘学相关课程中学习。经典测量平差学科主要研究处理带有偶然误差的观测值，消除不符值，找出待求量的最佳估值。这些带有偶然误差的观测值是一些随机变量，因此，可以采用概率统计的方法求出观测量的最可靠结果，这就是测量平差的一个主要任务。测量平差的另一个主要任务是评定测量成果的精度。

两点间距离仅丈量一次就可以得出其长度，但是无法知道测量误差有多大。因此，可以对该距离进行 $n$ 次观测，得到 $n$ 个观测边长，取其平均值为两点最后距离。多次观测的平均值精度高于一次观测精度，也就是偶然误差得到削弱。增加了 $n-1$ 次观测，提高了测量结果的精度，又可以发现粗差，称这多测的 $n-1$ 次为多余观测，用 $r$ 表示，即 $r=n-1$。多余观测数就是多于未知量的观测数，未知量的个数称为必要观测。在测量工程中，为了提高成果质量和可靠性要进行多余观测。进行了多余观测，由于观测值带有误差，就可能产生问题。例如，确定一个平面三角形的现状和大小，只要在三条边、三个内角六个元素中观测至少含有一条边的三个元素即可，但如果观测了六个元素，就会发现三个内角观测值之和可能不是 180°，按正弦定理或余弦定理确定的边角关系可能也不正确，这就是误差造成的。误差造成了几何图形不闭合，产生了不符值或闭合差。测量平差的目的就是要合理地消除这些不符值，求出未知量的最佳估值并评定结果的精度。

测量平差就是测量数据依据某种最优化的准则，由一系列带有观测误差的测量数据，求定未知量的最佳估值并评定结果精度的理论与方法。本书主要讨论下述观测值平差处理问题：

(1)误差理论，包含偶然误差特性和偶然误差的传播、精度指标及其估计、权与中误差的定义及其估计方法、偶然误差与系统误差的联合传播、粗差检验与修复等。

(2)最小二乘原理及方法、测量平差原理、按最小二乘原理导出的间接平差（或参数平差）的计算公式和精度评定公式、最小二乘平差结果的最优性质等。

(3)控制网平差与平差理论在其他领域中的应用，包含水准网平差、导线网平差、GPS 网平差、回归分析、多项式拟合等内容。

(4)测量平差中必要的统计假设检验方法，包含误差分布的假设检验、平差模型正确性的统计检验、平差参数的统计检验的区间估计。

### 4.1.4 平差理论的发展

经典测量平差产生于19世纪初，解决了大量的测量数据处理问题，至今仍然在应用。自20世纪60年代开始，随着计算机技术、空间技术、电子技术的进步和生产实践中高精度结果的需要，测量平差得到了很大发展，主要表现在以下几个方面：

(1)从法方程系数矩阵满秩扩展到法方程系数矩阵亏秩。在经典平差中，要求有足够的起算数据，或称为具有足够的基准条件。在这个前提下，法方程的系数矩阵总是满秩的。由于法方程系数矩阵满秩，法方程具有唯一解。但在实际工作中，有时存在没有足够的起算数据的情况。例如，在水准网中没有已知水准点但却以高程作为参数是这种情况。当一个平差问题没有足够的起算数据时，法方程的系数矩阵就会秩亏，致使法方程的解不唯一。为了解决这个问题，1962年Meissl提出了秩亏自由网平差的思想，这样就将经典平差扩展为秩亏自由网平差。

(2)从待估参数为非随机变量扩展到待估参数为随机变量。在经典平差中，待估参数为非随机量。但在有些实际问题中，某些待估参数的先验统计性质(如期望和方差)是已知的，这就导致带有随机参数的平差问题的出现。滤波、推估的参数就是随机量，而最小二乘配置的参数既有非随机量，也有随机量。

(3)从仅处理静态数据扩展到处理动态数据。在经典平差中，观测值和待估参数都是不随时间变化的静态数据。但在现代测量中，很多情况下观测值和待估参数都是随时间变化的动态数据。例如，GPS导航中的观测值和待估参数就是随时间变化的动态数据。为了处理观测值和待估参数都是随时间变化的动态数据，1960年卡尔曼(Kalman)提出了卡尔曼滤波。运用卡尔曼滤波和其他动态平差方法，将仅能处理观测值和待估参数不随时间变化的静态数据的经典平差扩展到能处理观测值和待估参数都是随时间变化的动态数据。

(4)从主要研究函数模型扩展到深入研究随机模型。经典平差主要研究函数模型，如四种经典平差的函数模型及其内在联系。1923年，赫尔默特(Helmert)提出了方差分量估计理论，使两类以上观测值同时进行平差时正确确定各类观测值之间的权比成为可能。

(5)从观测值仅含偶然误差扩展到含有系统误差和粗差。在经典平差中，总是假定观测值是仅含有偶然误差、服从正态分布的随机量，但实际上观测值中往往既含有偶然误差，也含有系统误差和粗差。当观测值含有粗差时，由于最小二乘估计不具备抵抗粗差的能力，所以估计结果将严重受到粗差的污染。为此，需要一种能够抵抗粗差的估计方法。1964年Huber开创性地提出了稳健估计。稳健估计的出现使测量平差的对象扩展到除含偶然误差外还含有粗差的观测值。为了处理系统误差，一般在经典平差的基础上附加系统参数，也称为附加参数的平差方法。近年来，又开展了应用半参数估计的理论来处理系统误差的平差问题的研究。

(6)从无偏估计扩展到有偏估计。经典平差的估计结果具有无偏性和方差最小性(有效性)。但当法方程病态时，观测值的很小误差会使待估参数产生很大的变化，不仅解极不稳定，而且方差的数值会很大。1955 年，Stein 证明了若法方程病态，则当参数的个数 $t$ 大于 2 时，基于正态随机变量(观测值)的最小二乘估计(经典平差)为不可容许估计，即总能找到另外一个估计，在均方误差意义下一致优于最小二乘估计。另外，Stein 还提出了通过压缩改进最小二乘估计的方法。这种最小二乘估计的压缩方法是有偏估计。有偏估计被提出以后，出现了许多有偏估计方法，其中研究最多的是岭估计。

(7)从最小二乘估计准则扩展到其他多种估计准则。经典平差实际上只是应用了最小二乘估计准则。现在，参数估计理论已经得到了很大发展，出现了极大似然估计、最小二乘估计、极大验后估计、最优无偏估计、贝叶斯估计、稳健估计等多种估计方法。

(8)从线性模型的参数估计扩展到非线性模型的参数估计。经典平差方法实际上是线性模型的参数估计，但测量实践中存在大量的非线性模型。经典平差总是把非线性模型做线性化近似处理，线性化会导致模型误差。如果线性近似所引起的模型误差小于观测误差，则线性近似引起的模型误差可忽略不计。随着科学技术的不断发展，现在测量精度已经大大提高，致使线性近似引起的模型误差与观测误差相当，甚至还会大于观测误差。在这种情况下，经典平差的线性近似方法已不能满足当今科学技术要求。更严重的是，有些非线性模型对参数线性近似值十分敏感，若近似的精度较差，线性近似时就会产生较大的模型误差。这时用线性模型的精度评定理论去评定估计结果的精度，会得到一些虚假的优良统计性质，人为地提高了估计结果的精度。因此，人们提出应直接处理非线性模型，使线性模型的参数估计扩展到非线性模型的参数估计。

## §4.2　系统误差处理方法

大地测量包括精密角度测量、高程测量、精密距离测量、GNSS 测量等常用测量技术。下面介绍这些测量技术中测量数据的系统误差来源和处理方法。

### 4.2.1　精密角度测量

在大地测量中，角度测量包括水平角测量和垂直角测量，这是一项最基本、工作量最大的观测工作。水平角测量的主要方法是方向观测法，垂直角测量的主要方法是单丝法和三丝法。为了获取高质量的角度观测成果，就必须了解角度观测误差的来源及消除或减弱的办法。水平角观测误差主要源于三个方面：一是外界条件引起的误差；二是仪器误差；三是观测误差。为了尽可能提高水平角观测精度，必须研究影响水平角观测精度的各种误差来源、性质、大小和规律，从而确定消除或减弱这些误差的原则和方法。

**1.误差来源**

1)外界条件对角度误差的影响

外界条件主要是指角度观测时大气的温度、湿度、密度、太阳照射方位，以及地形、地物等因素。外界条件对测角精度的影响主要表现在观测目标成像的质量、观测视线的弯曲、觇标或脚架的扭转等方面。

观测时所处的理想外界条件是：①目标的构像清晰、稳定；②来自目标的光线是一条直线；③仪器方位和各部件结构在观测过程中不发生变化。但事实上，地理条件比较复杂，气候情况也在不断变化，从而使目标构像、视线、仪器方位和结构不能达到上述要求。

如果大气层的密度均匀、平衡，目标成像就会稳定；如果大气密度变化剧烈，目标影像就会上下左右跳动。早晨日出以后，地面逐渐受热，形成近地面处不同密度的空气上下对流，破坏了大气的平衡。当视线通过时，使其行程和方向不断发生变化，引起目标影像的上下跳动。同时，由于地面起伏、建筑物和植物的差别，空气受热程度亦不同，还将产生水平方向的对流。当视线通过时，就产生了目标影像的左右摆动和上下跳动。随着大气在垂直和水平方向对流，地面尘埃不断上升，同时，太阳辐射越强烈，大气中的水蒸气越多，所以中午以前大气透明度一般较差；午后，随着辐射减弱，水蒸气越来越少，尘埃也陆续返回地面，因此，在下午 3 点以后常常是大气透明度良好的有利观测时间；下午，随着辐射热量的减少，气温逐渐下降，空气密度趋向平衡，目标成像开始稳定，这段时间对于观测工作是很有利的；夜间，大气层一般是平衡的，也是有利的观测时间。

有利的观测时间还与测区的自然地理条件有关。视线越接近地面，大气层受地面辐射热而不稳定的影响越大，尘粒、水汽越多，成像质量就越差；而视线越高，成像质量就越好。因此，山区或丘陵地区的观测条件比平原地区要好。

光线通过密度不均匀的空气介质时，经过连续折射后形成一条曲线，并向密度大的一方弯曲。实际照准方向线与理想的照准方向有一微小交角 $\delta$，称为微分折光。微分折光在铅垂面上的分量称为大气垂直折光差，它将影响垂直角观测精度；在水平面上的分量称为大气水平折光差，它将影响水平方向的观测精度。由于大气温度的梯度主要发生在垂直面内，所以微分折光的垂直分量是比较大的，是微分折光的主要部分。微分折光的水平分量在数值上远小于垂直分量，但它对水平方向观测而言却是一种不可忽视的系统误差，是影响水平方向观测精度的主要因素之一。水平折光差的影响是极为复杂的，为了在一定程度上削减其对精密测角的影响，三角测量工作中通常规定：①选点时要注意使视线保持足够的高度，如视线应高出地面或障碍物 1～2 m，离山坡、树林或建筑物 3 m 以上；②观测时要使橹柱、横梁等离开视线 10 cm 以上；③在水平折光差影响较大的自然地理条件下，应当适当地缩短边长；④不要在容易形成空气密度分布不均的时间里观测，如大雨前后、日出日落前后等。

照准目标如果是直径较大的圆柱形实体，在阳光照射下分为明亮和阴暗的两部分。这时照准目标时，很容易随觇标背景的不同而偏向一侧。例如，背景是天空，就易偏向暗的一侧；背景是阴暗的地物，就易偏向明亮的一侧。因此，照准实体目标时，往往不能正确地照准目标的真正中心轴线，由此给观测结果带来的误差称为相位差。为了减弱相位差的影响，应根据观测距离正确选取照准标志的直径，根据背景情况将标志涂成红或白色，有条件时最好上午、下午各测半数测回。

在观测过程中，仪器的视准轴应该在观测方向所确定的铅垂面内旋转，水平度盘的方位应该固定不动。这些条件反映了仪器的稳定性。但是由于太阳和气温变化的影响，仪器各部件受热不均而膨胀变形，使视准轴的本来位置发生变化。同时三脚架由于向阳处和背阴处的温度不同，亦会产生不均匀的膨胀，使仪器发生微小扭转。这些都是影响仪器稳定性的因素。

影响仪器稳定性的情况随时间而逐渐变化，且具有周期特性。观测时使上、下半测回的照准目标次序相反，并保持一个方向操作的均匀性，使一个测回各方向的操作次序在时间上呈对称排列。取上、下两个半测回的中数作为方向值，由方向值相减所得角度就可以减弱仪器座架扭转和视准轴变化的影响。另外，观测时应该撑伞。

2）仪器不完善对角度误差的影响

仪器误差概括起来可分为两个方面：一方面是主要轴线的几何关系不正确所产生的几何结构误差，如视准轴误差、水平轴倾斜误差、垂直轴倾斜误差，统称为“三轴误差”；另一方面是仪器制造、校准、磨损等原因所产生的机械结构误差。机械结构误差又可分为三种：①制造误差，如度盘和测微尺的分划误差、各种螺旋和轴与轴套的机制误差；②校准误差，如照准部和度盘偏心误差、光学测微器的行差；③传动误差，如照准部旋转时仪器底座位移而产生的系统误差、微动螺旋作用不正确的误差、光学测微器的隙动差等。

望远镜的视准轴是物镜光心和十字丝中心的连线，它应当垂直于仪器的水平轴。但当十字丝位置不正确、其中心偏左或偏右时，就使视准轴不垂直于水平轴而产生视准轴误差，简称视轴差。视轴误差 $c$ 影响方向观测值的一般公式为

$$\Delta c=\frac{c}{\cos\alpha} \tag{4.2.1}$$

式中，$\alpha$ 为垂直角。

视准轴偏向其正确位置的左侧，正确的方向读数 $A$ 应较有误差的方向读数 $L$

小，其值为

$$A=L-\Delta c \tag{4.2.2}$$

纵转望远镜盘右观测时，有误差的视准轴应在其正确位置的右侧，正确的方向读数 $A$ 应较有误差的方向读数 $R$ 大，为

$$A=R+\Delta c \tag{4.2.3}$$

取盘左、盘右的平均值，得

$$A=\frac{L+R}{2} \tag{4.2.4}$$

这就是说，视准轴误差 $c$ 对观测方向值的影响为 $\Delta c$，盘左、盘右值大小相等，正负号相反，所以取盘左、盘右读数的中数，就可以消除视准轴误差的影响。

望远镜两侧支架不等高或水平轴两端直径不等使得水平轴不垂直于垂直轴，由此所产生的误差称为水平轴倾斜误差。水平轴倾斜使视准轴偏向垂直度盘一侧，盘左时正确的读数 $A$ 较有误差 $\Delta i$ 时的实际读数 $L$ 为小，即

$$A=L-\Delta i \tag{4.2.5}$$

而盘右时，水平轴倾斜方向相反，正确的读数 $A$ 较实际读数 $R$ 为大，即

$$A=R+\Delta i \tag{4.2.6}$$

取盘左、盘右读数的平均值，将消除水平轴倾斜误差的影响而给出正确的结果。

若视准轴与水平轴垂直，水平轴也与垂直轴垂直，只是垂直轴本身不竖直而偏离铅垂位，此偏离角度称为垂直轴倾斜误差。其产生原因是仪器整置不正确或轴与轴套结构不良。垂直轴倾斜误差对方向观测值的影响，不仅与垂直轴倾斜角 $v$ 有关，还随着照准目标的垂直角 $\alpha$ 和观测目标的方位不同而变化。垂直轴倾斜的方向和大小是不随照准部转动而变化的，这是不同于水平轴倾斜误差的根本之点。因此，在观测中，应特别注意使垂直轴居于铅垂位置。水准管气泡中心偏移不应超过 1 格，否则应在测回之间重新整置仪器。垂直轴倾斜误差对方向观测值的影响为 $\Delta v$，随观测目标的垂直角和方位不同而变化。因而各方向的误差并不相等，在组成角度时也就不能得到消除。

机械转动误差是在观测过程中操作仪器所产生的误差。

(1)照准部转动时的弹性带动误差。当照准部转动时，照准部的轴心与基座的轴套之间有摩擦力的作用，致使基座部分产生弹性扭曲，与基座相连的水平度盘也被带动而发生微小的方位变动。这种带动主要发生在照准部开始转动的瞬间，当照准目标停止转动后，基座失去了扭转的外力，基座弹性扭转的情况基本相同。如果照准部是顺时针方向旋转的，则每个方向读数就会偏小；反之，就会偏大。这就使观测方向值带有系统性误差。如果在一个测回中，上半测回顺转照准部观测各方向，而在下半测回逆转照准部观测各方向，则在同一方向的上、下半测回读数平

均值中会有效地减弱这种误差的影响。

(2)脚螺旋的空隙带动误差。由于基座脚螺旋杆与螺旋窝之间存在微小空隙，当转动照准部时，垂直轴的微小摩擦将带动基座，使脚螺旋杆逐渐靠近螺旋窝空隙的一侧。这样，在观测过程中，基座连同水平度盘就产生微小的方位变动，使读数产生误差。减弱这种影响的方法是，在开始照准目标之前，先将照准部沿着要旋转的方向转动 1～2 周。以后照准目标时，照准部应保持同一旋转方向，不得进行反向旋转。

(3)照准部水平微动螺旋的隙动误差。旋进照准部水平微动螺旋时，靠螺杆的压力推动照准部；旋出照准部水平微动螺旋时，靠弹簧的弹力推动照准部。若油污阻碍或弹簧老化等使弹力减弱，则微动螺旋旋出后，照准部不能及时转动，微动螺杆顶端就出现微小空隙，在观测者读数过程中，弹簧才逐渐伸张而消除空隙，这使视准轴偏离了原来照准的目标，从而给读数带来误差。这种误差称为微动螺旋的隙动差。减弱隙动差影响的方法是，照准每个目标时，微动螺旋必须向“旋进”方向转动，即向压紧弹簧的方向转动，同时要尽量使用微动螺旋的中间部分。

3)观测者对角度测量误差的影响

观测者对角度测量误差的影响包括仪器整平与对中、照准精度、仪器操作技术和读数误差。在影响测角精度的因素中，还包括观测本身的误差。由于人视觉功能限制，在照准和读数过程中，观测者对仪器中的影像符合程度判断不够准确，从而引起这类误差。

影响照准精度的主要因素是：人眼的分辨能力，望远镜的光学性能及结构参数，目标的形状、亮度及背景情况，外界条件等。由于照准误差产生的原因较为复杂，不仅与人眼分辨能力有关，而且在很大程度上受观测条件的制约，所以很难用公式准确地计算。

使用光学测微器读数时的误差来源有两种：一是判断度盘对径分划线是否重合的误差；二是在测微尺上读取小数的误差。对于 J2 级仪器来说，前者大于后者近 10 倍，故在读数时不必花费精力去估读测微尺格值的 1/10 部分，而影响读数精度的关键在于对径分划影像的重合精度。

对于电子经纬仪和全站仪来说，观测者对角度测量误差的影响包括仪器整平与对中、照准精度和仪器操作技术。

**2. 仪器检测和校准**

为获得高质量的观测成果，仪器各部件的几何结构必须正确。事实上，仪器从零件制造到整体装配，都会存在一系列的误差而损害其正确的几何结构。随着仪器的使用和外界条件的影响，仪器误差也会增大，因此仪器误差的存在是绝对的、不可避免的。精密光学经纬仪的检验目的就在于：测试、反映并正确处理仪器误差，掌握所用仪器的质量情况，对其适应野外观测作业的程度做出判断。

精密经纬仪一般要进行的检测和校准包括：照准部旋转是否正确的检验，光学测微器行差的测定，水平轴不垂直于垂直轴之差的测定，垂直微动螺旋使用正确性的检验，照准部旋转时因仪器底座位移而产生的系统误差的检验，以及光学对点器的检验。

**3.精密测角的一般原则**

为了最大限度地减弱或消除上述各种误差影响，在精密测角时应遵循下列原则：

(1)观测时采用盘左观测上半测回，盘右观测下半测回，取上、下半测回的平均值作为最后观测值，这样可以消除仪器视准轴误差和水平轴倾斜误差的影响。

(2)在一测回观测中，要求下半测回照准目标的先后次序与上半测回相反，削弱仪器脚架扭转、因气温引起视准轴变化和基座扭转引起的度盘带动等误差影响。

(3)每半测回开始前，照准部应向将要旋转的方向先转 1～2 周；在半测回观测过程中，照准部不得向相反方向转动，这样可以削弱照准部对度盘的带动误差和脚螺旋空隙带动误差的影响。

(4)测微螺旋、水平微动螺旋的最后操作应为“旋进”，这样可以削弱测微器、微动螺旋的隙动误差。

(5)各测回的起始方向应均匀分布在度盘和测微器的各个位置上，这样可以削弱水平度盘分划的长周期误差和短周期误差，以及测微尺的分划误差。

(6)观测前要认真调焦，消除视差，在一测回中不得改变望远镜的焦距，以免视准轴的变动引起视准轴误差。

(7)整平仪器时，照准部气泡应严格居中，在一测回观测过程中气泡偏差过大时应停止观测，重新整置仪器；当目标垂直角较大时，应在测回之间重新整置仪器。

(8)观测一定要在通视良好、成像稳定和清晰时进行。有条件时可在不同光段内完成，尽力减弱旁折光和相位差的影响。

**4.制定观测限差**

为了保证观测成果的精度，根据误差理论和大量试验结果，对同类观测量之间的差异规定一个界限，称为限差。在限差以内的观测成果认为合格，超限成果则不合格，应舍去并重新进行观测。

**5.方向观测值改算**

角度测量工作都是以测站点的铅垂线为基准线进行的，测量计算的基准面和基准线是椭球面及其法线，由于各测站点的铅垂线与法线存在垂线偏差，因此，也就不能直接在地面上处理观测成果，而应将地面观测元素归算至椭球面。将地面观测方向归算至椭球面上包括三步：①将测站点铅垂线为基准的地面观测方向换算成椭球面上以法线为准的观测方向；②将照准点沿法线投影至椭球面，换算成椭球面上两点间的法截线方向；③将椭球面上的法截线方向换算成大地线方向。一般在进行国家一等三角网测量计算时才加入这三项改正，短距离的工程测量中不加入此三项改正。

1）垂线偏差改正 $\delta_1$

为了求得椭球面上以法线为基准的水平方向观测值，必须对野外观测的水平方向观测值加入相应的改正数，这称为垂线偏差改正，以 $\delta_1$ 表示，即

$$\begin{aligned}\delta_1 &= -(\xi\sin A-\eta\cos A)\cot z \\ &= -(\xi\sin A-\eta\cos A)\tan\alpha\end{aligned} \tag{4.2.7}$$

式中，$\xi$ 为测站点垂线偏差的子午分量，$\eta$ 为测站点垂线偏差的卯酉分量，$A$ 为观测方向的大地方位角，$z$ 为观测方向的天顶距，$\alpha$ 为观测方向的垂直角。

2）标高差改正 $\delta_2$

标高差改正又称为由照准点高度引起的改正。当椭球面上两点不在同一子午面或同一平行圈上时，过两点的法线是不共面的。这样，当进行水平方向观测时，如果照准点高出椭球面某一高度，则照准面就不能通过照准点的法线与椭球面的交点，由此引起的方向观测值的改正称为标高差改正，以 $\delta_2$ 表示。

标高差改正的计算公式为

$$\delta_2=\frac{\rho e^2}{2M_1}H_2\cos^2 B_2\sin 2A_1 \tag{4.2.8}$$

式中，$B_2$ 为照准点的大地纬度，$A_1$ 为测站点至照准点的大地方位角，$H_2$ 为照准点高出椭球面的高程，$M_1$ 为测站点子午圈曲率半径。

3）截面差改正 $\delta_3$

经过前面两项改正，已将地面观测的水平方向换算为椭球面上相应的法截线方向。在椭球面上纬度不同的两点，由于其法线不共面，所以在对向观测时其相对法截线不重合。因此，应当用两点间的大地线代替相对法截线。这样将法截线方向换算为大地线方向应加的改正称为截面差改正，用 $\delta_3$ 表示。

$$\delta_3=-\frac{\rho e^2}{12N_m^2}s^2\cos^2 B_m\sin 2A_1 \tag{4.2.9}$$

**6. 椭球面上的方向归化到高斯平面上**

野外方向观测值经过上述三项改正后，已经换算到椭球面上。但平差计算在高斯平面上进行，因此还需要将椭球面上的方向归化到高斯平面上，即加一项方向改正计算。方向改正就是指大地线的投影曲线与连接大地线两端点的弦线之间的夹角。

对于三、四等三角测量，边长在 10 km 范围内、计算精度为 0.1″的方向改正公式为

$$\delta''_{12}=\frac{\rho''}{2R^2}(x_1-x_2)\frac{y_1+y_2}{2} \tag{4.2.10}$$

式中，$(x_1, y_1)$是测站点坐标，$(x_2, y_2)$是照准点坐标，$R$ 为两点所在椭球面的平均

曲率半径，$\rho''=206\ 265$。

对于二等三角测量，计算精度为 0.01″的方向改正公式为

$$\delta''_{12}=\frac{\rho''}{2R^2}(x_1-x_2)\left(y_m+\frac{y_1-y_2}{6}\right) \tag{4.2.11}$$

式中，$y_m=\frac{1}{2}(y_1+y_2)$。

### 4.2.2 精密距离测量

距离测量的方式包括光学视距、线尺量距、电磁波测距等。其中，基线尺量距、光干涉测距和电磁波测距仪测距精度较高，可称为精密距离测量。基线尺量距和光干涉测距虽然精度很高，但都要求地面平坦，丈量工作繁重，而两山之间、两岸之间、高楼之间的距离就更无法丈量了。20 世纪 50 年代开始发展起来的红外测距技术、微波测距技术和激光测距技术，统称为电磁波测距技术，为精密测距开辟了广阔的道路。电磁波测距仪可测量两个通视点间的任何距离，短到几米，长达几十千米，精度可达 $10^{-5}\sim10^{-6}$，可满足控制测量、工程测量及其他各种距离测量的需要。现在，种类繁多的红外测距仪配上电子测角系统组成电子全站仪，可自动完成测角、测距、归算、记录和传输，使野外测量数据采集自动化，大大减轻了劳动强度，提高了作业精度和速度。

电磁波测距通过测定电磁波波束在待测距离上往返传播的时间 $t$，并确定待测距离 $D$，即

$$D=\frac{1}{2}ct \tag{4.2.12}$$

式中，$c$ 为电磁波在大气中的传播速度（约等于 $3\times10^8$ m/s），它取决于电磁波的波长和沿测线的气象条件。而电磁波的往返传播时间 $t$ 可以直接测定，也可以间接测定。用直接测定的 $t$ 求得距离的方式称为脉冲式测距，用间接测定的 $t$ 求得距离的方式称为相位式测距。

脉冲式测距法是由测距仪发射系统发射一种脉冲波，被目标反射回来，再由仪器接收器接收，仪器的显示系统会显示光脉冲往返传播的时间 $t$，或直接显示距离。脉冲式测距法的主要优点是测程远，但受脉冲宽度和计数器时间分辨能力的限制，其应用于精密距离测量时会受到一定限制。

相位式测距法是采用一种正弦波调制的光波，由测距仪的发射系统发射，经安置在待测点的反射镜反射，返回到测距仪的接收系统，以测定调制光波在待测距离上往返传播所产生的相位差，从而推算出距离。相位测距与脉冲测距相比较，主要优点是测距精度较高，一般可达±(1～2)cm，可以代替因瓦基线尺精密量距。因此，相位测距法在精密距离测量中获得广泛应用。

#### 4.2.2.1 光电测距误差分析

相位式测距的基本公式为

$$D=\frac{1}{2f}\cdot\frac{c_0}{n}\left(N+\frac{\Delta\varphi}{2\pi}\right) \tag{4.2.13}$$

式中，真空中的光速值 $c_0$ 和调制频率 $f$ 是已知量，它们的数值本身存在一定的误差；大气的群折射率 $n$ 和相位差 $\Delta\varphi$ 是测定值，也存在测定误差；$N$ 为正弦波的整周数。因此，距离 $D$ 的误差是由 $c_0$、$n$、$f$、$\Delta\varphi$ 的误差决定的。如果用中误差表示它们之间的关系，则由协方差传播律可得

$$\begin{aligned} m_D^2 &= \left(\frac{\partial D}{\partial c_0}\right)^2 m_{c_0}^2+\left(\frac{\partial D}{\partial n}\right)^2 m_n^2+\left(\frac{\partial D}{\partial f}\right)^2 m_f^2+\left(\frac{\partial D}{\partial \Delta\varphi}\right)^2 m_{\Delta\varphi}^2 \\ &= \left(\frac{m_{c_0}^2}{c_0^2}+\frac{m_n^2}{n^2}+\frac{m_f^2}{f^2}\right)D^2+\left(\frac{\lambda}{4\pi}\right)^2 m_{\Delta\varphi}^2 \end{aligned} \tag{4.2.14}$$

式(4.2.14)表明，测距误差是由光速值 $c_0$ 的误差 $m_{c_0}$、大气折射率 $n$ 的误差 $m_n$、调制频率 $f$ 的误差 $m_f$、测相误差 $m_{\Delta\varphi}$ 等误差组成。实际上，除上述误差以外，测距误差中还包含：①仪器的加常数测定误差 $m_k$；②对中或归心改正误差 $m_e$；③由高差误差 $m_h$ 引起的距离误差 $hm_h/D$；④仪器内部信号之间的串扰所产生的与距离成周期变化的误差——周期误差 $m_R$。

于是式(4.2.14)可以写为

$$m_D^2=\left(\frac{m_{c_0}^2}{c_0^2}+\frac{m_n^2}{n^2}+\frac{m_f^2}{f^2}\right)D^2+\left(\frac{\lambda}{4\pi}\right)^2 m_{\Delta\varphi}^2+m_k^2+m_e^2+\left(\frac{h}{D}\right)^2 m_h^2+m_R^2 \tag{4.2.15}$$

式(4.2.15)中，误差可以分为两类：一类是与距离成比例增大，称其为比例误差，如 $m_{c_0}$、$m_n$、$m_f$；另一类是与距离无关，称其为固定误差，如 $m_{\Delta\varphi}$、$m_k$、$m_e$。因此，测距仪的标称精度表达式可以近似地写为

$$m_D=a+b\cdot D \tag{4.2.16}$$

式中，$m_D$ 为测距中误差(mm)，$a$ 为固定误差(mm)，$b$ 为比例误差系数(mm/km)，$D$ 为距离值(km)。

**1. 比例误差**

1) 真空中光速 $c_0$ 的误差

真空中的光速是物理学中的一个重要常数，很多国家的研究单位对它进行过多次测定。1975 年国际大地测量学和地球物理学联合会采用 $c_0=299\ 792\ 458\pm1.2$(m/s)。这是目前国际上通用的数值，其相对误差为 $m_{c_0}/c_0=4\times10^{-9}$，所以精度较高，它对测距误差的影响甚微，可以忽略不计。

2) 大气折射率 $n$ 的误差

已知大气中的光速为 $c=c_0/n$，可见大气折射率的变化将使光在大气中的传播

速度发生变化，从而影响测尺长度，引起测距误差。

因为大气折射率是由空气的密度及大气内所含的水分决定的，而空气的密度又与气温和气压有关，所以大气折射率 $n$ 是关于气温 $t$、气压 $p$ 及水汽压 $e$ 的函数。一般气象条件（$t=20℃$，$p=1.013\times10^5$ Pa，$e=1\,333$ Pa）下，对于 1 km 的距离，温度变化 1℃所产生的测距误差为 0.95 mm，气压变化 133 Pa 所产生的测距误差为 0.36 mm，水汽压变化 133 Pa 所产生的测距误差为 0.05 mm。三者之间的比率约为 19∶7.4∶1。

大气折射率 $n$ 产生误差的原因有两个：一是气象参数（$t$、$p$、$e$）的测定误差，二是测站上测得的气象参数不能代表整个测程上的气象参数所产生的气象代表性误差。至于测距时的实际气象条件不同于仪器设计时选用的基准气象条件所引起的折射率变化，可以加入气象改正数加以消除。

在测程较长、精度要求较高的情况下，应该正确地测定测站和镜站上的气象参数，使用的大气折射率与全测程的实际数值应尽量接近。

为此，实际作业中应该注意以下两点：

(1)为保证气象仪本身的正确性，仪器必须经过检验。作业时，要提前按规定将气象仪安放于无阳光照射的通风处。同时，为了保证 $1\times10^{-6}$ 的测距精度，测定温度的精度要高于 0.5℃，测定气压的精度要高于 133 Pa。

(2)气象代表性的误差影响较为复杂，它受测线附近的地形、地物和地表情况及气象条件诸因素的影响。为了减弱这些因素的影响，测距边应尽量避免测线两端高差过大，避免视线通过水面；观测时，应选择空气能充分调和的微风之日或温度比较均匀的阴天。当需要较高的观测精度时，可以采取不同气象条件下的多次观测。天气变化具有一定的偶然性，气象代表性误差可能会相互补偿，减弱其影响。

3)调制频率 $f$ 的误差

调制频率是由仪器的主控振荡器产生的，调制频率误差的来源主要有两个方面：一是装调仪器时频率校正的精确性不够；二是振荡器所用晶体的频率稳定性不好。前者是用高精度的数字频率计进行频率校准的，其误差可以忽略不计；后者则与主控振荡器所用的石英晶体的质量、老化过程及是否采用恒温措施密切相关。

由于红外测距仪都采用了精、粗测定位置衔接的运算电路，所以作业前应对它的精测晶振频率进行校正，一般要求 $m_f/f$ 在 $(0.5\sim1.0)\times10^{-6}$ 范围内。短期内它的影响可以忽略。对于粗测频率，只要求有 $10^{-4}$ 的精度，一般石英晶体振荡器即可满足要求。

**2. 固定误差**

固定误差通常都具有一定的数值，与测程无关。测程较长时，比例误差占主要地位；而测程较短时，固定误差可能处于突出地位。

1)相位差 $\Delta\varphi$ 的测定误差

相位差 $\Delta\varphi$ 的测定误差简称为测相误差。测相误差是控制仪器精度的主要因素之一。在测距误差中,有些是通过检测求出其大小,然后在测量结果中进行改正。但这些误差的检测精度还受到测相误差的限制,所以只有正确使用测相精度好的仪器,就可以取得较好的测量成果。

(1)测相设备本身的误差。目前,绝大多数红外测距仪都采用脉冲数字式自动测相,它是依靠多次填充脉冲的方法实现的。若时钟脉冲有频率误差,则根据脉肿填充个数计算的精测尺长度与实际的精测尺长度就不会相符。此时即使二路信号之间的相位差保持不变,多次测出的数值也不会完全一致,这就是测相设备本身的误差。

这项误差主要与电路的稳定性和测相器件的时间分辨率有关,其数值一般不会超过±1 个最小显示单位。测定几组读数,取其平均值,就可以减小测相误差的影响。

(2)幅相误差。在测程不变的情况下,接收信号的强弱不同会使它的幅度发生变化,由此而引起的测距误差称为仪器的幅相误差。有的红外测距仪设有幅度自动控制系统,使距离不同时的接收信号幅度保持在一定范围内。也有的仪器依靠手动旋钮来控制光栏的大小,使测量时的信号强度接近于内光路的信号强度,即控制在固定的幅值上。这些都可以大大减小幅相误差产生的可能性。

(3)发射光束相位不均匀性引起的误差——照准误差。砷化镓发光二极管的空间相位不均匀性使发出的调制光束在同一横截面上各部分的相位出现差异。这时,不同的照准部位,会使反镜位于光束同一横截面上的不同位置,测得的距离就不会相同。这种误差称为照准误差。

照准方向出现偏差是望远镜的视准轴和发射、接收光轴不平行而引起的,所以在使用仪器时应检查并校正三轴的平行性,在观测时要注意使用固定区域的光。在发光管整个发光区域内,有一区域发出的光比其他区域都强,观测时这一部分的返回信号也最强。因此,使用仪器的水平和垂直微动螺旋使返回信号的指示达到最大,就找到了这一区域发出的光,这样就可以减弱照准误差的影响。

2)仪器常数误差

测距仪在检测长度已知的基线时,已知的基线长度与实测结果之间存在一个固定不变的常数,通常称为仪器加常数。多数仪器的加常数在出厂时已给出并进行了预置,但振动往往使加常数发生变化,所以作业前需要对其进行测定。此外,不同厂家的仪器所配反射镜也不相同,使用时应注意配套。必须代用时,使用之前应该准确测定仪器加常数。

3)对中误差

在安置测距仪和反射器时,应使它们的中心位于地面标志中心的铅垂线上,否则将产生对中误差而影响测距精度。因此对于精密测距，应该用经过检查的光学对点器仔细进行对中。通常情况下，对中的线量偏差不会超过±3 mm。

4)周期误差

周期误差是由测距仪内部光电信号的串扰引起的、以一定的距离（通常是一个精测尺的长度）为周期重复出现的误差。

通过上述分析可以看出，影响测距精度的因素很多，但其中比较主要的是调制频率误差、照准误差、仪器常数误差及周期误差。对这些误差，应该进一步通过仪器检验，客观地发现它们，或者调整仪器，或者加入改正数，以便将它们的影响控制在允许范围之内。

#### 4.2.2.2 测距的作业要求

各等级平面控制网的边长，多数采用相应精度的光电测距仪测定。本节将讨论测距时技术要求和测距成果的换算问题。

**1.测距边的选设**

测距边最好是在测距仪最佳测程范围内，测线至少应高出地面或离开障碍物1.3 m，离开高压线2～5 m，避开发热体（如散热塔、烟囱等）和较宽水面的上空，背景应避开反光物体。另外，在测距过程中，应尽量避开外界的电、磁场和光反射的干扰，为测距提供良好的外界条件。选择测距边时，其倾角不宜太大。测距边倾角太大，将直接影响倾斜改正的精度。如果测距边倾角较小，则垂直角观测误差、仪器误差、垂线偏差等影响均相应较小。

**2.测距作业技术规定**

对于不同等级的平面控制测量，应选用相应精度等级的测距仪，相关规程规定了不同的技术要素。当观测四等及其以上距离时，应量取路线两端点的观测始末的气象数据，计算时取平均值。

**3.测距作业中的注意事项**

(1)观测作业应在大气稳定和成像清晰的气象条件下进行，在雾、雨、雪天气及大气透明度很差的情况下不应作业。在测距过程中，如受大风或大气湍流影响严重时（这时信号指针颤动厉害），应停止观测。

(2)到达测站后，应立刻打开气压计的盒子，置平气压计，避免日晒。温度计应悬挂于离地面1.5 m左右、不受日光辐射影响和通风良好的地方，待气压计和温度计与周围温度一致后，才能正式测记气象数据。

(3)在进行测距前，应先检查电池的电压是否符合要求。在气温较低进行作业时，应有一定的预热时间，当仪器各电子部件达到正常稳定的工作状态时方可正式测距。读数时，信号指示指针应处于最佳回光信号范围内。

(4)在进行测距时，一般应按仪器性能和测程范围使用规定的棱镜个数。作业中使用的反射镜，应与检测时所用反射镜相同。测距时在发射光束范围内，不允许出现两个反射镜。此时对讲机亦应暂时停止通话。

(5)在晴天作业时测距仪和反射器均须打伞，主要电子附件亦应防止曝晒。严禁将仪器照准头对向太阳。架设仪器后，测站、镜站不准离人，仪器应由专人保养看护。观测人员应严格按照仪器说明书中规定的操作程序进行作业。

#### 4.2.2.3　距离观测值的改正计算

直接观测值的改正计算，是将野外观测值加入各项改正数，换算为仪器中心至反射镜中心的斜距。以下分别介绍各项改正的意义、公式和计算方法。

**1.气象改正**

一般来说，仪器上显示的距离是设计气象条件下的距离，为了求得实际气象条件下的距离值，就必须在观测结果中加入气象改正 $\Delta D_n$。

现代生产的红外测距仪，一般都设有自动气象改正装置。只需根据实地测出的气温 $t$ 和气压 $p$，从气象改正图表上查出气象因子，将气象改正旋钮对准气象因子挡位(或使用按键将它输入仪器)，或将温度气压等输入仪器，仪器就能自动进行改正。

**2.周期误差改正**

仪器出厂时，通常都是将周期误差调整到仪器额定的测距中误差的 50% 以内。实际上，有些仪器超过其限定的数值。经过检测，若发现周期误差较大，如振幅 $A$ 超过固定误差的一半时，可对测距成果进行周期误差改正，其公式为

$$\Delta D_{\varphi}=A\cdot\sin(\theta+\varphi_i) \tag{4.2.17}$$

式中，振幅 $A$ 和初相角 $\theta$ 由检测结果算出，而 $\varphi_i$ 为不足一个精测尺长所对应的相位角。

**3.仪器加常数改正**

加常数改正值，由仪器检测结果得出。由于该值与距离无关，所以直接加在观测结果中即可($\Delta D_K=K$)。由于仪器剩余常数的数值随温度等条件而变化，一般不宜对所测距离进行此项改正。

**4.频率改正**

如果由经过检验的实际测尺频率 $f$ 与标准测尺频率 $f_0$ 计算的频偏度 $(f_0-f)/f_0$ 大于 $1\times10^{-6}$，应对测距结果加入频偏改正，即

$$\Delta D_f=\frac{f_0-f}{f_0}D \tag{4.2.18}$$

频率变化对距离的影响是系统性的。

#### 4.2.2.4　测距成果的换算

**1.斜距换算成平距的计算**

设野外测定的距离为 $d$，它是在测站 $A$ 和镜站 $B$ 不等高的情况下得到的。将斜距 $d$ 换算为平距，首先要选取平距所在高程面，高程面不同，平距值也不同。这

里讨论将 $d$ 换算为 $A$、$B$ 平均高程面上的平距的方法，即

$$s=\sqrt{d^2-h^2} \tag{4.2.19}$$

这对于以后的换算和往、返观测的较差检核，都是便利的。

**2. 平距换算至椭球面的计算**

按照我国现行测量规范的规定，所有控制测量的观测成果都需要归化到椭球面上，为此尚应将平距 $s$ 换算成椭球面上的相应长度 $S$。

(1)求椭球面上两点间的弦长 $S_0$。设椭球面上 $a$、$b$ 两点间的弦长为 $S_0$，根据相似形的比例公式可得

$$S_0=s\frac{R_A}{R_A+H_m}=s\left(1+\frac{H_m}{R_A}\right)^{-1} \tag{4.2.20}$$

式中，$H_m$ 为测距仪和反射镜两中心点大地高的平均值，$R_A$ 为测线方向上的地球曲率半径。

(2)由弦长 $S_0$ 求弧长 $S$，即

$$S=S_0+\frac{S_0^3}{24R_A^3}+\cdots \tag{4.2.21}$$

综合式(4.2.20)和式(4.2.21)，就可写出将实地测距结果 $d$ 换算至椭球面的实用公式为

$$S=\sqrt{d^2-h^2}\left(1+\frac{H_m}{R_A}\right)^{-1} \tag{4.2.22}$$

式中，$h$ 为反射镜中心相对于测距仪中心的高差。

**3. 将椭球面上的长度换算至高斯投影平面**

如果控制点按正形投影计算其在 6°带或 3°带中的平面直角坐标，尚需将椭球面上的长度换算至高斯投影平面，此时应加入的改正数为

$$\Delta S=\frac{y_m^2}{2R^2}S \tag{4.2.23}$$

式中，$y_m$ 为距离两端的高斯平面横坐标自然值的平均值，$R$ 为测站点椭球平均曲率半径。

### 4.2.3 精密水准测量

#### 4.2.3.1 精密水准测量的主要误差来源及其影响

在进行精密水准测量时，会受到各种误差的影响，本节将对几种主要的误差进行分析，并讨论各种误差对精密水准测量观测成果的影响。

**1. 视准轴与水准轴不平行的误差**

*1)$i$ 角的误差影响*

虽然经过 $i$ 角的检验校正，但要使两轴完全保持平行是困难的。因此，当水准

气泡居中时，若视准轴仍不能保持水平，就会使水准标尺上的读数产生误差，并且与视距成正比。$s_{前}$、$s_{后}$ 为前、后视距，由于存在 $i$ 角，并假设 $i$ 角不变，在前、后水准标尺上的读数误差分别为 $i'' \cdot s_{前}/\rho''$、$i'' \cdot s_{后}/\rho''$，对高差的误差影响为

$$\delta_s = i''(s_{后} - s_{前})\frac{1}{\rho''} \tag{4.2.24}$$

对于两个水准点之间一个测段的高差总和的误差影响为

$$\sum \delta_s = i''\left(\sum s_{后} - \sum s_{前}\right)\frac{1}{\rho''} \tag{4.2.25}$$

由此可见，在 $i$ 角保持不变的情况下，一个测站上的前、后视距相等或一个测段的前、后视距总和相等，则在观测高差中 $i$ 角的误差影响可以得到消除。但在实际作业中，要求前后视距完全相等是困难的。下面将讨论前后视距不等差的容许值问题。

设 $i=15''$，若要求 $\delta_s$ 对高差的影响小到可以忽略不计的程度，如 $\delta_s=0.1$ mm，那么前、后视距之差的容许值为

$$(s_{后} - s_{前}) \leqslant \frac{\delta_s}{i''}\rho'' \approx 1.4 \text{ m}$$

为了顾及观测时各种外界因素的影响，所以规定，二等水准测量前后视距差应不超过 1 m。为了使各种误差不致累积起来，还规定由测段第一个测站开始至每一测站的前、后视距累积差，对于二等水准测量而言应不超过 3 m。

2）交叉误差的影响

当仪器不存在 $i$ 角且仪器的垂直轴严格垂直时，交叉误差 $\varphi$ 并不影响水准标尺的读数。因为仪器在水平方向转动时，视准轴与水准轴在垂直面上的投影仍保持互相平行，故对水准测量并无不利影响。但当仪器的垂直轴倾斜时，如与视准轴正交的方向倾斜一个角度，视准轴虽然仍在水平位置，但水准轴两端却产生倾斜，从而使水准气泡偏离居中位置。仪器在水平方向转动时，水准气泡将移动，当重新调整水准气泡居中进行观测时，视准轴就会偏离水平位置而倾斜，显然它将影响水准标尺读数。为了减少这种误差对水准测量成果的影响，应对水准仪上的圆水准器和对交叉误差 $\varphi$ 进行检验与校正。

3）温度变化对 $i$ 角的影响

精密水准仪的水准管框架是与望远镜筒固连的，为了使水准轴与视准轴的联系比较稳固，这些部件是采用因瓦合金钢制造的，并把镜筒和框架整体装置在一个隔热性能良好的套筒中，以防止温度的变化导致仪器有关部件产生不同程度的膨胀或收缩，从而引起 $i$ 角的变化。

但是当温度发生变化时，完全避免 $i$ 角的变化是不可能的。例如，仪器受热的部位不同，对 $i$ 角的影响也显著不同。太阳射向物镜和目镜端影响最大，旁射水准管一侧时影响较小，旁射与水准管相对的另一侧时影响最小。因此，温度的变化对

$i$ 角的影响是极其复杂的。试验结果表明，当仪器周围的温度均匀地每变化 1℃时，$i$ 角将平均变化约 0.5″，有时甚至更大些，有时可达 1″～2″。

由于 $i$ 角受温度变化的影响很复杂，故对观测高差的影响难以用改变观测程序的办法完全消除。另外，这种误差影响在往返测不符值中也不能完全被发现，这就使高差中数受到系统性的误差影响。因此，减弱这种误差影响最有效的办法是减少仪器受辐射热的影响，如观测时要打伞、避免日光直接照射仪器，以减小 $i$ 角的复杂变化。同时，在观测开始前应将仪器预先从箱中取出，使仪器充分地与周围空气温度一致。

如果认为在观测的较短时间段内，受温度的影响，$i$ 角与时间成比例地均匀变化，则可以采取改变观测程序的方法，在一定程度上消除或削弱这种误差对观测高差的影响。

**2. 水准标尺长度误差的影响**

1)水准标尺每米长度误差的影响

在精密水准测量作业中，必须使用经过检验的水准标尺。设 $f$ 为水准标尺每米间隔平均真长误差，则对一个测站的观测高差 $h$ 应加的改正数为

$$\delta_f = hf \tag{4.2.26}$$

对于一个测段来说，应加的改正数为

$$\sum \delta_f = f \sum h \tag{4.2.27}$$

式中，$\sum h$ 为一个测段各测站观测高差之和。

2)两水准标尺零点差的影响

两水准标尺的零点误差是不等的，设 $a$、$b$ 水准标尺的零点误差分别 $\Delta a$ 和 $\Delta b$，它们都会在水准标尺上产生误差。在测站Ⅰ上，顾及两水准标尺的零点误差对前、后视水准标尺读数 $b_1$、$a_1$ 的影响，测站Ⅰ的观测高差为

$$h_{12} = (a_1 - \Delta a) - (b_1 - \Delta b) = (a_1 - b_1) - \Delta a + \Delta b \tag{4.2.28}$$

在测站Ⅱ上，顾及两水准标尺零点误差对前、后视水准标尺读数 $a_2$、$b_2$ 的影响，则测站Ⅱ的观测高差为

$$h_{23} = (b_2 - \Delta b) - (a_2 - \Delta a) = (b_2 - a_2) - \Delta b + \Delta a \tag{4.2.29}$$

则 1、3 点的高差，即测站Ⅰ、Ⅱ所测高差之和为

$$h_{13} = h_{12} + h_{23} = (a_1 - b_1) + (b_2 - a_2) \tag{4.2.30}$$

由此可见，尽管两水准标尺的零点误差 $\Delta a \neq \Delta b$，但在两相邻测站的观测高差之和中，抵消了这种误差的影响。因此，在实际水准测量作业中，各测段的测站数目应安排成偶数，且在相邻测站上使两水准标尺轮流作为前视尺和后视尺。

**3. 仪器和水准标尺(尺台或尺桩)垂直位移的影响**

仪器和水准标尺在垂直方向位移所产生的误差是精密水准测量系统误差的重

要来源。

仪器的脚架随时间会逐渐下沉，在读完后视基本分划读数转向前视基本分划读数的时间内，由于仪器的下沉，视线将有所下降，从而使前视基本分划读数偏小。同理，由于仪器的下沉，后视辅助分划读数也会偏小，如果前视基本分划和后视辅助分划的读数偏小的量相同，则采用“后前前后”的观测程序，所测得的基辅高差的平均值中，可以较好地消除这项误差影响。

水准标尺(尺台或尺桩)的垂直位移主要发生在迁站的过程中，由原来的前视尺转为后视尺而产生下沉，于是后视读数总偏大，各测站的观测高差也都偏大，成为系统性的误差影响。这种误差影响在往返测高差的平均值中可以得到有效抵偿，所以水准测量一般都要求进行往返测。

在实际作业中，要尽量设法减少水准标尺的垂直位移，如立尺点要选在中等坚实的土壤上；水准标尺立于尺台后，至少要等半分钟再进行观测，这样可以减少其垂直位移量，从而减少其影响。

有时仪器脚架和尺台(或尺桩)也会发生上升现象，当我们用力将脚架或尺台压入地下之后，在不再用力的情况下，土壤的反作用有时会使脚架或尺台逐渐上升。如果水准测量路线沿着土壤性质相同的路线敷设，而每次都有这种上升的现象发生，结果会产生系统性质的误差影响。根据研究，这种误差可以达到相当大的数值。

**4.大气垂直折光的影响**

近地面大气层的密度分布一般随离开地面的高度而变化，也就是说，近地面大气层的密度存在着梯度。因此，光线通过按梯度变化的大气层时，会引起折射系数的变化，导致视线成为一条各点具有不同曲率的曲线，在垂直方向产生弯曲，并且弯向密度较大的一方，这种现象叫作大气垂直折光。

在地势较为平坦的地区进行水准测量时，前、后视距相等，则折光影响相同，使视线弯曲的程度也相同，因此，在观测高差中就可以消除这种误差影响。但是，越接近地面的大气层，密度的梯度越大，前后视线离地面的高度不同，视线所通过大气层的密度也不同，折光影响也就不同，所以前、后视线在垂直面内的弯曲程度也不同。例如，水准测量通过一个较长的坡度时，前视视线离地面的高度总是大于(或小于)后视视线离地面的高度，上坡时前视所受的折光影响比后视要大，视线弯曲凸向下方，这时，垂直折光对高差将产生系统性质的影响。为了减弱垂直折光对观测高差的影响，应使前、后视距尽量相等，并使视线离地面有足够的高度。在坡度较大的水准路线上进行作业时，应适当缩短视距。

大气密度的变化还受到温度等因素的影响。上午地面吸热，地面上的大气层离地面越高温度越低；中午以后，地面逐渐散热，地面温度开始低于大气的温度。因此，垂直折光的影响还与一天内的不同时间有关。在日出后半小时左右和日落前半小时左右这两段时间内，地面的吸热和散热使近地面的大气密度和折光差变化迅速而无规律,故不宜进行观测;在中午,太阳强烈照射,空气对流剧烈,使目标成像不稳定,也不宜进行观测。为了减弱垂直折光对观测高差的影响,水准规范还规定每一测段的往测和返测应分别在上午或下午进行,这样在往、返测观测高差的平均值可以减弱垂直折光的影响。折光影响是精密水准测量一项主要的误差来源,与观测所处的气象条件、水准路线所处的地理位置和自然环境、观测时间、视线长度、测站高差及视线离地面的高度等诸多因素有关。虽然当前已有一些试图计算折光改正数的公式,但精确的改正值还是难以测算。因此,在进行精密水准测量作业时,必须严格遵守水准规范中的有关规定。

**5. 电磁场对水准测量的影响**

在国民经济建设中,敷设大功率、超高压输电线是为了使电能通过空中电线或地下电缆向远距离地点输送。研究发现,输电线经过的地带所产生的电磁场,对光线(包括对水准测量视准线位置的正确性)有系统性的影响,并与电流强度有关。输电线所形成的电磁场对平行于电磁场和正交于电磁场的视准线将有不同影响,因此,在设计高程控制网布设水准路线时,必须考虑通过大功率、超高压输电线附近的视线直线性所发生的重大变形。

近几年来,初步研究的结果表明,为了避免这种系统性的影响,在布设与输电线平行的水准路线时,必须使水准线路离输电线 50 m 以外。如果水准线路与输电线相交,则其交角应为直角,并且应将水准仪严格地安置在输电线的下方,标尺点与输电线对称布置。这样,照准后视和前视水准标尺的视准线直线性的变形可以互相抵消。

**6. 观测误差的影响**

精密水准测量的观测误差主要有水准器气泡居中的误差、照准水准标尺分划的误差和读数误差,这些误差都是偶然误差。精密水准仪有倾斜螺旋和符合水准器,并有光学测微器装置,可以提高读数精度。同时,用楔形丝照准水准标尺上的分划线,可以减小照准误差。因此,这些误差影响都可以有效地控制在很小的范围内。试验结果表明,这些误差在每测站上由基辅分划所得观测高差的平均值中的影响还不到 0.1 mm。

### 4.2.3.2 精密水准测量的实施

精密水准测量一般指国家一、二等水准测量。在各项工程的不同建设阶段的高程控制测量中,极少进行一等水准测量,故在工程测量技术规范中,将水准测量分为二、三、四等三个等级,其精度指标与国家水准测量的相应等级一致。

下面以二等水准测量为例来说明精密水准测量的实施。

**1. 精密水准测量作业的一般规定**

根据水准测量各种误差的性质及其影响规律,相关水准规范中对精密水准测量的实施做出了各种相应的规定,目的在于尽可能消除或减弱各种误差对观测成果的影响。

(1)观测前 30 分钟,应将仪器置于露天阴影处,使仪器与外界气温趋于一致;观测时,应用测伞遮蔽阳光;迁站时,应罩以仪器罩。

(2)仪器距前、后视水准标尺的距离应尽量相等,其差应小于规定的限值:测站前、后视距差应小于 1.0 m,前、后视距累积差应小于 3 m。这样,可以消除或削弱与距离有关的各种误差对观测高差的影响,如 $i$ 角误差和垂直折光等影响。

(3)对气泡式水准仪,观测前应测出倾斜螺旋的置平零点,并标记。随着气温变化,应随时调整置平零点的位置。对于自动安平水准仪的圆水准器,须严格置平。

(4)在同一测站上进行观测时,不得两次调焦;转动仪器的倾斜螺旋和测微螺旋,其最后旋转方向均应为旋进,以避免倾斜螺旋和测微器隙动差对观测成果造成影响。

(5)在两相邻测站上,应按奇、偶数测站的观测程序进行观测。对于往测,奇数测站按“后前前后”、偶数测站按“前后后前”的观测程序在相邻测站上交替进行。返测时,奇数测站与偶数测站的观测程序与往测时相反,即奇数测站由前视开始,偶数测站由后视开始。这样的观测程序可以消除或减弱与时间成比例均匀变化的误差对观测高差的影响,如 $i$ 角的变化和仪器的垂直位移等影响。

(6)在连续各测站上安置水准仪时,应使其中两脚螺旋与水准路线方向平行,而第三脚螺旋轮换置于路线方向的左侧与右侧。

(7)每一测段的往测与返测,其测站数均应为偶数,由往测转向返测时,两水准标尺应互换位置,并应重新整置仪器。在水准路线上,将每一测段的仪器测站安排成偶数,可以削减两水准标尺零点不等差等误差对观测高差的影响。

(8)每一测段的水准测量路线应进行往测和返测,这样可以消除或削弱性质相同、正负号也相同的误差影响,如水准标尺垂直位移的影响。

(9)一个测段的水准测量路线的往测和返测应在不同的气象条件下进行,如分别在上午和下午进行观测。

(10)使用补偿式自动安平水准仪进行观测的操作程序与使用水准器水准仪的相同。观测前对圆水准器应进行严格检验与校正,观测时应严格使圆水准器气泡居中。

(11)水准测量的观测工作间歇最好能结束在固定的水准点上,否则,应选择两个坚稳可靠、光滑突出、便于放置水准标尺的固定点作为间歇点加以标记。间歇后,应对两个间歇点的高差进行检测,检测结果如符合限差要求(对于二等水准测量,规定检测间歇点高差之差应不大于 1.0 mm),就可以从间歇点起测。若仅能选定一个固定点作为间歇点,则在间歇后应仔细检视,确认没有发生任何位移,方可由间歇点起测。

**2.水准测量限差**

根据水准测量误差分析，制定水准测量限差。相关水准测量规范规定了各种限差。若往返测不符值超限，应先就可靠程度较小的往测或返测进行整测段重测；附合路线和环线闭合差超限，应就路线上可靠程度较小、往返测高差不符值较大或观测条件较差的某些测段进行重测，如重测后仍不符合限差，则需重测其他测段。

**3.水准测量的精度**

水准测量的精度根据往返测高差不符值评定，因为往返测高差不符值集中反映了水准测量各种误差的共同影响。这些误差的性质和变化规律都是极其复杂的，其对水准测量精度的影响有偶然误差的影响，也有系统误差的影响。

根据研究和分析可知，在短距离内，如一个测段的往返测高差不符值中，偶然误差是得到反映的，虽然也不排除有系统误差的影响，但毕竟距离短，影响很微弱，因而用测段的往返测高差不符值 $\Delta$ 估计偶然中误差，还是合理的。在长距离水准线路中，如一个闭合环，影响观测的除偶然误差外，还有系统误差，而且这种系统误差在很长的路线上也表现有偶然性质。环形闭合差表现为真误差的性质，因而可以利用环形闭合差 $W$ 估计含有偶然误差和系统误差在内的全中误差。现行水准规范中所采用的计算水准测量精度的公式，就是以这种基本思想为基础推导而得的。

由 $n$ 个测段的往返测高差不符值 $\Delta$ 计算每千米单程高差的偶然中误差（相当于单位权观测中误差）的公式为

$$\mu=\pm\sqrt{\frac{\frac{1}{2}\left[\frac{\Delta\Delta}{R}\right]}{n}} \tag{4.2.31}$$

往返测高差平均值的每千米偶然中误差为

$$M_{\Delta}=\frac{1}{2}\mu=\pm\sqrt{\frac{1}{4n}\left[\frac{\Delta\Delta}{R}\right]} \tag{4.2.32}$$

式中，$\Delta$ 是各测段的往返测高差不符值（mm），$R$ 是各测段的距离（km），$n$ 是测段的数目。式(4.2.32)就是水准规范中规定用以计算往返测高差平均值的每千米偶然中误差的公式。这个公式是不严密的，因为在计算偶然误差时，完全没有顾及系统误差的影响。顾及系统误差的严密公式，形式比较复杂，计算也比较麻烦，而所得结果与式(4.2.32)算得的结果相差甚微，所以式(4.2.32)可以认为是具有足够可靠性的。

按相关水准规范规定，一、二等水准路线须以测段的往返测高差不符值按式(4.2.32)计算每千米水准测量往返测高差中数的偶然中误差 $M_{\Delta}$。当构成水准网的水准环超过 20 个时，还需按水准环闭合差 $W$ 计算每千米水准测量高差中数的全中

误差 $M_W$。

计算每千米水准测量高差中数的全中误差的公式为

$$M_W = \pm\sqrt{\frac{\boldsymbol{W}^{\mathrm{T}}\boldsymbol{Q}^{-1}\boldsymbol{W}}{N}} \tag{4.2.33}$$

式中，$\boldsymbol{W}$ 是水准环线经正常水准面不平行改正后计算的水准环闭合差矩阵；$\boldsymbol{W}$ 的转置矩阵为 $\boldsymbol{W}^{\mathrm{T}} = [w_1 \quad w_2 \quad \cdots \quad w_N]$，$w_i$ 为 $i$ 环的闭合差(mm)；$N$ 为水准环的数目；协因数矩阵 $\boldsymbol{Q}$ 中对角线元素为各环线的周长 $F_1$、$F_2$、…、$F_N$，非对角线元素，如果图形不相邻，则一律为零，如果图形相邻，则为相邻边长度(千米数)的负值。

#### 4.2.3.3　水准测量概算

水准测量概算的主要内容有观测高差各项改正数的计算和水准点概略高程表的编算等。

**1.水准标尺每米长度误差的改正数计算**

当一对水准标尺每米长度的平均误差 $f$ 大于 0.02 mm 时，就要对观测高差进行改正。

**2.正常水准面不平行的改正数计算**

水准面不平行使不同水准路线对应的高差 $\Delta h$ 和 $\Delta h'$ 不相等，水准环线高程闭合差也不等于零，这称为理论闭合差。为了消除水准面不平行造成的理论闭合差，在精密水准测量高差观测值中加水准面不平行改正数，其计算公式为

$$\varepsilon = -0.000\,001\,539\,5 \times \sin 2\varphi_{\mathrm{m}} \times \Delta\varphi' H_{\mathrm{m}} \tag{4.2.34}$$

式中，$\varphi_{\mathrm{m}}$ 是两个高程点的平均纬度(rad)，$\Delta\varphi'$ 是两个高程点的纬度差(′)，$H_{\mathrm{m}}$ 是两个高程点的平均高程(m)。

**3.水准路线闭合差计算**

水准路线闭合差等于起点高程 $H_0$ 减去终点高程 $H_n$，加上水准路线上各观测高差 $h'$ 及水准路线不平行改正数 $\varepsilon$，即

$$W = (H_0 - H_n) + \sum h' + \sum \varepsilon \tag{4.2.35}$$

**4.高差改正数的计算**

高差改正数的计算公式为

$$v_i = \frac{R_i}{\sum R} W \tag{4.2.36}$$

式中，$R_i$ 为第 $i$ 条水准路线长度，$\sum R$ 是水准路线总长度。

**5.计算水准点的概略高程**

水准网中各水准点的概略高程为

$$H = H_0 + \sum h' + \sum \varepsilon + \sum v \tag{4.2.37}$$

### 4.2.4 GNSS 测量

利用卫星星历能够计算卫星在任一时刻的三维空间直角坐标，GNSS 以卫星为基准，通过测量接收机天线到卫星之间的距离或载波相位来解算接收机天线的绝对位置或接收机天线之间的相对位置。如果接收机天线在观测过程中静止不动，即接收机天线在地球坐标系中的位置不发生变化，这种定位方式被称为静态定位。静态定位包括单点静态定位和相对静态定位。

GNSS 定位的误差来源大致可以分为三类：第一类是与卫星有关的误差，包括卫星星历误差、卫星钟误差、相对论效应；第二类是与信号传播有关的误差，包括对流层折射、电离层折射、多路径误差；第三类是与接收机有关的误差，包括接收机钟误差、接收机的位置误差等。

**1. 与卫星有关的误差**

1）钟差

钟是 GNSS 的主要设备，它作为一种频率基准，能够产生基准信号和提供时间基准。GNSS 采用被动测距模式，要求卫星钟和接收机钟同步，这样，接收机接收到信号的时刻与卫星发射信号的时刻相减才是信号的传播时间。信号的传播时间乘以光速就是卫星到接收机的距离。卫星钟和接收机钟不可能严格同步，引起的距离误差非常大。例如，1 μs 的同步误差会引起 $3\times10^8\ \mathrm{m/s}\times1\times10^{-6}\ \mathrm{s}=300\ \mathrm{m}$ 的距离误差。

为了实现卫星钟和接收机钟的同步，各种导航定位系统都各自专门定义了一个时间基准，如 GPS 时间系统。使用钟差将卫星钟的钟面时刻和接收机钟的钟面时刻归算到 GPS 时间系统，即

$$t=t_r-\delta t_r \tag{4.2.38}$$

$$t-\tau=t^s-\delta t^s \tag{4.2.39}$$

式中，$t$ 是 GPS 系统时间，$t_r$ 是接收机钟记录的时间，$\tau$ 是信号传播时间，$t^s$ 是卫星钟钟面时间，$\delta t_r$ 和 $\delta t^s$ 分别是接收机钟差和卫星钟钟差。

接收机钟差是接收机时间减去 GPS 时间，卫星钟差是卫星钟时间减去 GPS 时间。于是，卫星钟和接收机钟的同步误差就被分解为两部分：一部分是接收机的钟差 $\delta t_r$，另一部分是卫星钟的钟差 $\delta t^s$。如果已知 $\delta t_r$ 和 $\delta t^s$ 就可以对伪距或载波相位进行改正。

钟的稳定性通常使用比率 $\Delta f/f$ 来表示，这里 $\Delta f$ 表示在频率 $f$ 上的变化。卫星上安装的是铷钟和铯钟，有很高的稳定性，因此，卫星钟钟差可以用一个时间的二阶多项式来描述，即

$$\delta t^s=c_0+c_1(t-t_{0c})+c_2(t-t_{0c})^2 \tag{4.2.40}$$

式中，$t_{0c}$是钟的参考时刻，$c_0$、$c_1$、$c_2$ 分别是 $t_{0c}$时刻的初始钟差、钟速和钟速的变率。

这些参数的数值由 GNSS 地面控制系统根据前段时间的跟踪资料推算并在卫星导航电文中给出。

GNSS 接收机使用的是石英钟，在单点定位时通常将接收机钟差作为一个待计算的参数包含在观测方程中，与接收机的坐标一并解算。在进行相对定位时，通常对载波相位进行卫星间求差，这样可以消去钟差参数，从而消除接收机钟钟差的影响。

导航电文中的钟差参数对卫星钟差进行了改正，但其残余的影响仍然很大，导航电文计算的钟差精度只能达到 6～20 ns，等效距离为 2～6 m。在高精度的定位中，还需要采取一定的措施加以消除。在进行精密单点定位时，使用后处理钟差，其精度可达 0.1 ns。在进行相对定位时对，对载波相位进行接收机间求差可消去卫星钟钟差参数，从而消除卫星钟钟差的影响。

2）*星历误差*

由 GNSS 卫星星历数据所计算的卫星位置与卫星的实际位置之差称为卫星星历误差。卫星星历误差主要呈系统误差特性，是一种起算数据误差，对单点定位和相对定位都有一定的的影响。例如，GPS 广播星历是由地面控制系统通过对卫星进行一段时间的跟踪观测，计算出卫星的轨道，结合卫星的动力学模型，外推出某一时刻的开普勒轨道参数和摄动参数，该时刻被称为星历的参考历元。因此，广播星历的误差除了与定轨方法、卫星受力模型等有关外，还与参考历元距观测时间段的时间跨度有关。精密星历是一种后处理星历，是根据实测资料进行事后处理而直接得出的星历，精度很高。目前，由国际 GNSS 服务（IGS）提供的最终轨道产品的精度为 5 cm。

用导航电文中的数据（包括广播星历和钟差）在只观测一个历元的情况下，用 C/A 码伪距观测值进行单点定位，其平面位置误差为 1.0～7.0 m，高程误差为 2.5～27.0 m。

卫星星历误差对相对定位的影响可表示为

$$\frac{\mathrm{d}b}{b}=\frac{\mathrm{d}s}{\rho} \tag{4.2.41}$$

式中，$\mathrm{d}b$ 是由卫星星历误差引起的基线长度误差，$b$ 是基线长度，$\mathrm{d}s$ 是星历误差，$\rho$ 是卫星到地面的距离。

**2. 与信号传播有关的误差**

1）*电离层折射*

当电磁波信号穿过电离层时，由于电离层的折射，信号的路径或产生弯曲，传播速度会发生变化。

电磁波在电离层中传播时的相速度 $v_p$ 与相折射率 $n_p$ 之间的关系为

$$v_p=\frac{c}{n_p} \tag{4.2.42}$$

式中，$c$ 为真空中的光速。$n_p$ 与电子密度 $N_e$、信号频率 $f$ 等有关，可表示为 $f^{-2}$ 的级数，取其一次项，有

$$n_p=1-40.3N_e f^{-2} \tag{4.2.43}$$

因而，相速度 $v_p$ 为

$$v_p=\frac{c}{n_p}=c(1+40.3N_e f^{-2}) \tag{4.2.44}$$

电磁波在电离层中传播时的群速度 $v_G$ 与群折射率 $n_G$ 之间的关系为

$$v_G=\frac{c}{n_G} \tag{4.2.45}$$

$n_G$ 与电子密度 $N_e$、信号频率 $f$ 等有关，可表示为 $f^{-2}$ 的级数，取其一次项，有

$$n_G=1+40.3N_e f^{-2} \tag{4.2.46}$$

因而，群速度 $v_G$ 为

$$v_G=\frac{c}{n_G}=c(1-40.3N_e f^{-2}) \tag{4.2.47}$$

载波信号在电离层中以相速度传播，因此，用载波相位所测距离为

$$L=\int_{\Delta t} v_p \mathrm{d}t=\int_{\Delta t} c(1+40.3N_e f^{-2})\mathrm{d}t=c\cdot\Delta t+c\frac{40.3}{f^2}\int_S N_e \mathrm{d}s \tag{4.2.48}$$

伪随机码信号在电离层中以群速度传播，因此，用测距码所测距离为

$$P=\int_{\Delta t} v_G \mathrm{d}t=\int_{\Delta t} c(1-40.3N_e f^{-2})\mathrm{d}t=c\cdot\Delta t-c\frac{40.3}{f^2}\int_S N_e \mathrm{d}s \tag{4.2.49}$$

以伪距对应的式(4.2.49)来定义电离层折射引起的偏差。令

$$I=\frac{40.3c}{f^2}\int_S N_e \mathrm{d}s \tag{4.2.50}$$

并令 $\rho=c\cdot\Delta t$，则对于测相伪距和测码伪距，式(4.2.48)和式(4.2.49)可写为

$$L=\rho+I \tag{4.2.51}$$

$$P=\rho-I \tag{4.2.52}$$

由此看出，电离层折射对伪距和载波相位的影响大小相等，符号相反。

在式(4.2.50)中，$N_e$ 为电子密度，即单位体积的电子含量，沿传播路径 $S$ 的积分表示传播路径上的电子总数，称为电子总含量(total electron content，TEC)，即

$$\mathrm{TEC}=\int_S N_e \mathrm{d}s \tag{4.2.53}$$

在一个历元处，卫星到接收机间的路径只有一个，因此，对于载波相位和伪距，TEC 是相同的，因此，式(4.2.50)可写为

$$I=\frac{A}{f^2} \tag{4.2.54}$$

式中，$A=40.3c\times TEC$，于是 L1 频伪距（包括 C1 和 P1）上的电离层折射误差为

$$I_1=\frac{A}{f_1^2} \tag{4.2.55}$$

L2 频伪距（包括 P2）上的电离层折射误差为

$$I_2=\frac{A}{f_2^2} \tag{4.2.56}$$

$I_1$ 和 $I_2$ 之间的关系为

$$I_2=\frac{f_1^2}{f_2^2}I_1 \tag{4.2.57}$$

GPS 设计了两个载波（L1 和 L2）的目的就是消除电离层的影响。以伪距为例，根据式(4.2.52)，结合式(4.2.57)，得

$$\left.\begin{aligned} P_1&=\rho-I_1 \\ P_2&=\rho-\frac{f_1^2}{f_2^2}I_1 \end{aligned}\right\} \tag{4.2.58}$$

将式(4.2.58)中的第一式乘以$\frac{f_1^2}{f_2^2}$，再减去第二式，经整理后可得

$$\rho=\frac{1}{f_1^2-f_2^2}(f_1^2P_1-f_2^2P_2) \tag{4.2.59}$$

式(4.2.59)中消去了电离层折射的影响。式(4.2.59)就是 P1 和 P2 的消电离层组合，通常用 P3 表示。载波相位也有类似的组合。这种组合是双频接收机测量定位的基本方法。

Klobuchar 电离层改正模型是一种广泛采用的经验模型。该模型将厚厚的电离层中的所有电子压缩在距地面高度 350 km 的单层上，这个单层称为中心电离层，因为在 350 m 高度处电子密度最大。

信号的电离层折射改正为

$$T_g=\sec Z\cdot\left[5\times10^{-9}+A\cos\frac{2\pi}{P}(t-14^h)\right] \tag{4.2.60}$$

式中，$A$ 是余弦波的振幅，$A=\sum_{i=0}^{3}\alpha_i\varphi_m^i$；$P$ 为余弦波的周期，$P=\sum_{i=1}^{3}\beta_i\varphi_m^i$；$t$ 是 $IP$ 点的地方时；$\varphi_m$ 是 $IP$ 点的地磁纬度；$\alpha_i$ 和 $\beta_i(i=0,1,2,3)$ 为电离层模型系数，由主控站根据年积日和前 5 天太阳的平均辐射流量从 370 组常数中选出，通过导航电文向单频用户发送。

$IP$ 点的地磁纬度 $\varphi_m$ 可采用下面的步骤计算：

(1)计算测站 $S$ 和 $IP$ 点在地心的夹角为

$$EA=\frac{445^\circ}{el+20^\circ}-4^\circ \tag{4.2.61}$$

式中，$el$ 为测站处卫星的高度角。

(2)计算 $IP$ 点的地心经纬度 $\lambda_{IP}$、$\varphi_{IP}$ 为

$$\lambda_{IP}=\lambda_S+EA\cdot\frac{\sin\alpha}{\cos\varphi_S} \tag{4.2.62}$$

$$\varphi_{IP}=\varphi_S+EA\cdot\cos\alpha \tag{4.2.63}$$

式中,$\alpha$ 为测站到卫星的方位角,$\lambda_S$、$\varphi_S$ 分别为 $S$ 点的经度、纬度。

(3)计算地磁纬度时,考虑目前地磁北极位于东经 291.0°,北纬 78.4°,有

$$\varphi_m=\varphi_{IP}+11.6\cdot\cos(\lambda_{IP}-291.0°) \tag{4.2.64}$$

$IP$ 点的地方时 $t$ 为

$$t=UT+\frac{\lambda_{IP}}{15} \tag{4.2.65}$$

卫星信号在 $IP$ 点的天顶距 $Z$ 为

$$\sec Z=1+2\cdot\left(\frac{96°-el}{90°}\right)^3 \tag{4.2.66}$$

使用电离层模型对电离层折射进行改正尽管可以改正其中的大部分(大约为60%),但是残余的误差仍然很大。因此,使用单频观测值进行相对定位时,一般要对观测值进行两次求差以便消去电离层折射的影响。

2)对流层折射

对流层大气密度比电离层更大,状态也更复杂。对流层与地面接触并从地面得到辐射热量,其温度随高度的上升而下降。GNSS 信号通过对流层时,由于对流层的折射,信号的路径会发生弯曲,从而使所测距离产生误差。

设对流层中的某点处的大气折射率为 $n$,因而对流层折射 $\Delta s$ 可写为

$$\Delta s=\int_s(n-1)\mathrm{d}s \tag{4.2.67}$$

式中,$s$ 为信号路径,1 为电磁波在真空中的折射率,为了方便计算,令

$$N=(n-1)\times10^6 \tag{4.2.68}$$

称为折射指数。于是

$$\Delta s=\left(\int_s N\mathrm{d}s\right)\times10^{-6} \tag{4.2.69}$$

标准气象条件(温度 $t=0$℃,气压 $P_0=1.013\times10^5$ Pa,水汽压 $e_0=0$ Pa,二氧化碳含量 0.03%)下的折射指数 $N_0$ 为

$$N_0=287.604+3\times\frac{1.6288}{\lambda^2}+5\times\frac{0.0136}{\lambda^4} \tag{4.2.70}$$

显然,$N_0$ 只与载波的波长有关,$\lambda$ 为载波的波长(μm)。

非标准气象条件下的折射指数 $N$ 与标准条件下的折射指数 $N_0$ 的关系为

$$N=\frac{N_0}{1+\alpha t}\cdot\frac{P}{1013.25}-\frac{4.1\times10^{-8}}{(1+\alpha t)^2}\cdot e \tag{4.2.71}$$

式中,$\alpha=1/273.16$,$t$ 是温度(℃),$P$ 是气压(100 Pa),$e$ 是水汽压(100 Pa)。将

$N_0=287.604$、$t=T-273.16$ 代入式(4.2.71)，可得

$$N=7.5346\times\frac{P}{T}-0.0031\times\frac{e}{T^2} \tag{4.2.72}$$

式中，$T$ 为开式温度(K)。

如何利用地面的温度、气压、水汽压来计算高空的温度、气压和水汽压进而计算电离层折射是需要解决的问题。萨斯塔莫伊宁和霍普菲尔德等人通过大量的观测，建立了地面气象数据和空中气象数据之间的数学模型，进而推导出了对流层折射的改正公式。

(1)萨斯塔莫伊宁模型。萨斯塔莫伊宁模型计算天顶方向的对流层延迟公式为

$$\Delta S_z=0.002277\times\left[P+\left(\frac{1255}{T}+0.05\right)\cdot e\right] \tag{4.2.73}$$

式中，$T$ 是测站上的温度(K)，$P$ 是大气压(100 Pa)，$e$ 是水汽压(100 Pa)，$\Delta S_z$ 为对流层延迟(m)。将天顶方向的对流层折射投影到卫星方向上得到传播路径上的对流层延迟为

$$\Delta S=\frac{1}{\cos Z}\times\Delta S_z \tag{4.2.74}$$

式中，$Z$ 是卫星的天顶距。

(2)霍普菲尔德模型。霍普菲尔德模型计算对流层天顶延迟的公式为

$$\left.\begin{aligned}\Delta S_z&=\Delta S_d+\Delta S_w\\ \Delta S_d&=1.552\times10^{-5}\frac{P}{T}h_d\\ \Delta S_w&=1.552\times10^{-5}\times\frac{4810e_0}{T^2}h_w\end{aligned}\right\} \tag{4.2.75}$$

式中，$T$ 是测站上的绝对温度(K)，$P$ 是大气压(100 Pa)，$e$ 是水汽压(100 Pa)，下标 d 和 w 分别表示“干分量”和“湿分量”，$h_d$ 为计算干分量所取的高程值(m)，$h_w$ 为计算湿分量使用的高程值，取 $h_w=11000$ m。霍普菲尔德通过对全球高空气象探测资料的分析，推荐使用的经验公式为

$$h_d=40136+148.72(t-273.16) \tag{4.2.76}$$

最后，也要将天顶方向的折射投影到卫星方向。

对流层折射量的大小与电磁波的频率无关，因此不能使用双频组合的方法加以消除。对于对流层的处理，采用以下三种方法：

(1)利用萨斯塔莫伊宁模型或霍普菲尔德模型计算对流层折射，从观测值中减去该折射量就得到不包含对流层的观测量，即

$$\rho=P-T \tag{4.2.77}$$

式中，$P$ 是测码伪距，$T$ 为对流层折射。

(2)在进行相对定位时，通过测站间及卫星间求差的方法抵消绝大部分的对流层折射。

(3)对对流层折射进行参数化处理，直接解算对流层参数。

3)相对论效应

在 GNSS 测量中，相对论效应的影响能被精确计算。GNSS 卫星上的原子钟的频率标准受到狭义相对论和广义相对论的影响。

一个频率为 $f$ 的振荡器安装在飞机或卫星等高速运动的载体上，对于地面的观测者将产生频率偏移，地面上频率为 $f_0$ 的时钟安设在以速度为 $v_s$ 的卫星上，钟频将发生的变化为

$$\Delta f_1=-\frac{gR_e}{2c^2}\left(\frac{R_e}{R_s}\right)f_0 \tag{4.2.78}$$

式中，$g$ 是地面重力加速度，$c$ 是光速，$R_e$ 是地球曲率半径，$R_s$ 是卫星轨道半径。

处于不同等位面的振荡器，其频率 $f_0$ 将因引力位不同而产生变化，这种现象称为引力频移。引力频移计算公式为

$$\Delta f_2=\frac{gR_e}{c^2}\left(1-\frac{R_e}{R_s}\right)f_0 \tag{4.2.79}$$

在狭义相对论和广义相对论的综合影响下，卫星频率变化为

$$\Delta f=\Delta f_1+\Delta f_2=\frac{gR_e}{c^2}\left(1-\frac{3R_e}{2R_s}\right)f_0 \tag{4.2.80}$$

将 $g=980\ \text{cm/s}^2$，$R_e=6\ 378\ \text{km}$，$c=299\ 792\ 458\ \text{m/s}$，$R_s=26\ 560\ \text{km}$，GPS 的基准频率 $f_0=10.23\times10^6\ \text{Hz}$ 代入式(4.2.80)，可得 $\Delta f=0.045\ \text{Hz}$。这说明卫星钟比地面钟快，每秒快 0.45 ns，一天快 38.3 μs。

但是，由于地球运动，卫星轨道高度发生变化，即地球重力场发生变化，$\Delta f$ 不是常数，其变化量为

$$\Delta t_{rec}=Fe\sqrt{a}\sin E_k \tag{4.2.81}$$

式中，$F$ 是常数，$e$ 为卫星轨道的偏心率，$a$ 为卫星轨道的长半径，$E_k$ 为卫星的偏近点角，$\Delta t_{rec}$ 以秒为单位。$F$ 为

$$F=\frac{-2\sqrt{\mu}}{c^2}=-4.442\ 807\ 633\times10^{-10} \tag{4.2.82}$$

其中，$\mu=3.986\ 00\times10^{14}$。

因此，可将相对论效应的影响分成两部分：第一部分是相对论效应的平均项 $\Delta f$，第二部分是 $\Delta f$ 的变化量 $\Delta t_{rec}$。对于平均项 $\Delta f$，只要在卫星发射之前将卫星钟的频率调整到 10.229 999 995 5 MHz 就能够得到改正。因此，在进行数据处理时，这一项改正是不需要计算的。第二部分与卫星轨道的偏心率成比例。取卫星

轨道的偏心率 $e$ 和长半径 $a$ 代入式(4.2.81),得最大值为 1.6 ns,相当于4.8 m的距离误差。因此,第二部分是必须要加以改正的。如果改正后伪距用 $\rho$ 表示,观测伪距用 $P$ 表示,则

$$\rho=P+c\cdot\Delta t_{rec} \tag{4.2.83}$$

4)多路径误差

在实际的测量中,GNSS 天线接收到的信号主要是来自卫星的直接信号,但是,测站周围有反射物体的存在,卫星信号通过反射后仍然有可能被天线所接收。由卫星 $S$ 发出的信号一部分被天线接收,其路径为 $S_A$,一部分被地面反射后也被天线接收,其路径为 $S_{GA}$。前者是直接波,后者是反射波。由于地面的反射物不止一个,因此,同一颗卫星所发射的信号的反射波也有多个。多个反射波被天线所接收,与直接波进行干涉,从而使直接波的相位产生延迟,这就是多路径效应,由多路径效应产生的误差称为多路径误差。

常用处理多路径误差的方法可以分为三个方面:①硬件方面,通过对接收机的改进抑制多路径误差的影响,如抑流圈天线、相控阵列天线等技术;②算法方面,半参数法和小波分析法等可以有效地降低多路径误差的影响,但是由于多路径误差的模型相对复杂,所以该方法不能完全抑制多路径误差的影响;③测量环境方面,选择测站位置时,应注意避开信号反射物,如建筑物、大面积水面、山坡等,这样从源头上就避免了多路径误差的产生。

**3.与接收机有关的误差**

1)接收机钟差

接收机一般采用高精度的石英钟,其稳定度约为 $10^{-9}$。若接收机钟与卫星钟间的同步差为 1 μs,则由此引起的等效距离误差约为 300 m。

减弱接收机钟差的方法包括:①把每个观测时刻的接收机钟差当成一个独立的位置参数,在精密单点定位中与位置参数一并求解;②认为各观测时刻的接收机钟差间是相关的,像卫星钟那样,将接收机钟差表示为时间多项式,并在观测量的平差计算中求解多项式的系数,这种方法可以大大减少未知数,其成功与否的关键在于钟差模型的有效程度;③通过卫星间求一次差来消除接收机钟差。

2)接收机天线相位中心误差

在 GNSS 测量中,伪距和载波相位观测值都是基于卫星相位中心和接收机相位中心的观测量。在理想条件下,接收机相位中心应该与接收机的几何中心保持一致。但是在各个方向上卫星信号强度不同导致接收机相位中心与接收机的几何中心不一致,这就是天线相位中心误差。随着时间的变化,接收机天线相位中心误差也在变化。接收机天线相位中心误差可以达到厘米级,在精密单点定位中,该部分误差必须进行改正才能得到准确的定位结果。

3)地球固体潮改正

地球不是一个刚体，在受力情况下不会保持原有的形状不变，即在太阳和月球的引力作用下，地球上的点位随着时间的变化而产生形变，这种现象称为固体潮。固体潮对精密单点定位的影响在垂直方向上可以达到 30 cm，在水平方向上可以达到 5 cm。用公式对固体潮进行模型改正可以达到 5 mm 的精度，即

$$\delta r = \sum_{j=2}^{3} \frac{GM_j}{GMr} \frac{r^4}{r_j^3} \left\{ 3l_2 (\boldsymbol{r}_j \cdot \boldsymbol{r}) \boldsymbol{r}_j + \left[ 3\left(\frac{h_2}{2} - l_2\right) \cdot (\boldsymbol{r}_j \cdot \boldsymbol{r})^2 - \frac{h_2}{2} \right] \cdot r \right\} + \left[ -0.025 \sin\varphi \cos\varphi \sin(\theta_g + \lambda) \right] \cdot \boldsymbol{r} \tag{4.2.84}$$

式中，$j$ 表示摄动天体，$j=2$ 表示月球，$j=3$ 表示太阳；$GM_j$ 表示地球引力常数 $G$ 与摄动天体质量 $M_j$ 之积；$GM$ 表示地球引力常数 $G$ 与地球质量 $M$ 之积，一般取值 $3.986\ 005\times10^{14}\ \mathrm{m^3/s^2}$；$\boldsymbol{r}_j$ 表示摄动天体在地心参考系中的单位位置向量；$\boldsymbol{r}$ 表示测站在地心参考系中的单位位置向量；$r$ 表示测站到地心的距离；$r_j$ 表示摄动天体到地心的距离；$h_2$、$l_2$ 表示第一勒夫数、第二勒夫数，分别取 0.609 0、0.085 2；$\varphi$、$\lambda$ 分别表示测站纬度、经度；$\theta_g$ 表示格林尼治恒心时。

4)海洋潮汐改正

与地球固体潮改正相比，海洋潮汐改正相对而言要小得多，由于周期性潮汐的涨落，该误差项对精密单点定位的影响能够达到 5 cm。海洋潮汐负载所引起的测站位移是分潮波进行的，利用潮波的海潮图和格林函数计算得到测站在潮波径向、东南和南北向的幅度（$A_i^r$，$A_i^{\mathrm{EW}}$，$A_i^{\mathrm{NS}}$）和相对于格林子午线的相位滞后量（$\delta_i^r$，$\delta_i^{\mathrm{EW}}$，$\delta_i^{\mathrm{NS}}$），最后的改正为各潮波的叠加。海洋潮汐改正模型为

$$\Delta \boldsymbol{R}_{\mathrm{ocean}} = \sum_{i=1}^{N} \begin{bmatrix} A_i^r \cos(w_i t + \varphi_i - \delta_i^r) \\ A_i^{\mathrm{EW}} \cos(w_i t + \varphi_i - \delta_i^{\mathrm{EW}}) \\ A_i^{\mathrm{NS}} \cos(w_i t + \varphi_i - \delta_i^{\mathrm{NS}}) \end{bmatrix} \tag{4.2.85}$$

式中，$\omega_i$ 和 $\varphi_i$ 是分潮波的频率和历元时刻的天文幅角，$t$ 是以秒计的世界时，$N$ 为阶数，目前仅考虑到 11 阶。将上述改正转化到地球参考系中为

$$\Delta \boldsymbol{R} = \boldsymbol{R}_Z(-\lambda) \boldsymbol{R}_Y(\varphi) \Delta \boldsymbol{R}_{\mathrm{ocean}} \tag{4.2.86}$$

5)地球自转改正

地固系是非惯性坐标系，它随地球的自转而旋转变化。卫星信号发射时刻和接收机信号接收时刻所对应的地固系是不同的，因此，在地固系中计算卫星到接收机的几何距离时，必须考虑此影响，即

$$\Delta\rho_\omega = \frac{\omega}{c} \left[ (X_{\mathrm{R}} - X_{\mathrm{S}}) Y_{\mathrm{S}} - (Y_{\mathrm{R}} - Y_{\mathrm{S}}) X_{\mathrm{S}} \right] \tag{4.2.87}$$

式中，$\omega$ 为地球自转角速度，$c$ 为真空中的光速，（$X_{\mathrm{R}}$，$Y_{\mathrm{R}}$，$Z_{\mathrm{R}}$）为测站坐标，（$X_{\mathrm{S}}$，$Y_{\mathrm{S}}$，$Z_{\mathrm{S}}$）为卫星坐标。

# §4.3　偶然误差的性质与规律性

## 4.3.1　真误差与真值

能代表一个观测量真正大小的数值称为该观测值的真值，当观测量仅含有偶然误差时，其数学期望就是它的真值。

设进行了 $n$ 次观测，其观测值为 $L_1$、$L_2$、…、$L_n$，其真值为 $\widetilde{L}_1$、$\widetilde{L}_2$、…、$\widetilde{L}_n$，数学期望为 $E(L_1)$、$E(L_2)$、…、$E(L_n)$，由于观测值都带有一定的误差（仅含偶然误差），故观测值 $L_i$ 与其真值 $\widetilde{L}_i$ 并不相等，其差为

$$\left.\begin{aligned}\Delta_i&=\widetilde{L}_i-L_i\\E(L_i)&=\widetilde{L}_i\end{aligned}\right\}\tag{4.3.1}$$

式中，$\Delta_i$ 称为真误差，也可以简称误差。若记

$$\boldsymbol{L}=\begin{bmatrix}L_1\\L_2\\\vdots\\L_n\end{bmatrix},\widetilde{\boldsymbol{L}}=\begin{bmatrix}\widetilde{L}_1\\\widetilde{L}_2\\\vdots\\\widetilde{L}_n\end{bmatrix},E(\boldsymbol{L})=\begin{bmatrix}E(L_1)\\E(L_2)\\\vdots\\E(L_n)\end{bmatrix},\boldsymbol{\Delta}=\begin{bmatrix}\Delta_1\\\Delta_2\\\vdots\\\Delta_n\end{bmatrix}$$

则有

$$\left.\begin{aligned}\boldsymbol{\Delta}&=\widetilde{\boldsymbol{L}}-\boldsymbol{L}\\E(\boldsymbol{L})&=\widetilde{\boldsymbol{L}}\end{aligned}\right\}\tag{4.3.2}$$

对式(4.3.2)中第一式两边取数学期望，并顾及第二式，得

$$E(\boldsymbol{\Delta})=E(\widetilde{\boldsymbol{L}})-E(\boldsymbol{L})=\widetilde{\boldsymbol{L}}-\widetilde{\boldsymbol{L}}=0\tag{4.3.3}$$

式(4.3.3)说明偶然误差的数学期望等于零。

## 4.3.2　误差的统计规律

前面讲过，就单个偶然误差而言，其大小或符号没有规律性，即呈现一种偶然性(或随机性)；就其总体而言，却呈现一定的统计规律性，且服从正态分布的随机变量。从无数的测量实践中发现，在相同的观测条件下，大量偶然误差的分布也确实表现出了一定的统计规律性。下面通过实例说明偶然误差的规律性。

在一个平面三角形中，测量了三个内角，其观测值为 $\alpha$、$\beta$、$\gamma$，由于观测值带有偶然误差，故三内角观测值之和不等于其真值 180°，三角形内角和的真误差为

$$\Delta=180°-(\alpha+\beta+\gamma)\tag{4.3.4}$$

在相同的条件下，独立地观测了 358 个三角形的全部内角，计算出各三角形的内角和真误差。现取误差区间的间隔 $d\Delta$ 为 $0.20''$，将这一组误差按其正负号与误差值的大小排列，统计误差出现在各区间内的个数 $V_i$，以及“误差出现在某个区间内”这一事件的频率 $V_i/n(n=358)$，其结果列于表 4.3.1 中。

**表 4.3.1 误差统计**

| 误差的区间 $d\Delta/('')$ | $\Delta$ 为负值 | | | $\Delta$ 为正值 | | | 备注 |
|---|---|---|---|---|---|---|---|
| | 个数 $V_i$ | 频率 $V_i/n$ | $\frac{V_i/n}{d\Delta}$ | 个数 $V_i$ | 频率 $V_i/n$ | $\frac{V_i/n}{d\Delta}$ | |
| 0.00～0.20 | 45 | 0.126 | 0.630 | 46 | 0.128 | 0.640 | $d\Delta=0.20''$ |
| 0.20～0.40 | 40 | 0.112 | 0.560 | 41 | 0.115 | 0.575 | |
| 0.40～0.60 | 33 | 0.092 | 0.460 | 33 | 0.092 | 0.460 | 等于区间左端值的误差算入该区间内 |
| 0.60～0.80 | 23 | 0.064 | 0.320 | 21 | 0.059 | 0.295 | |
| 0.80～1.00 | 17 | 0.047 | 0.235 | 16 | 0.045 | 0.225 | |
| 1.00～1.20 | 13 | 0.036 | 0.180 | 13 | 0.036 | 0.180 | |
| 1.20～1.40 | 6 | 0.017 | 0.085 | 5 | 0.014 | 0.070 | |
| 1.40～1.60 | 4 | 0.011 | 0.055 | 2 | 0.006 | 0.030 | |
| 1.60 以上 | 0 | 0 | 0 | 0 | 0 | 0 | |
| 和 | 181 | 0.505 | | 177 | 0.495 | | |

从表中可以看出，误差的分布情况呈现的规律有：①绝对值较小的误差比绝对值较大的误差多；②误差的绝对值有一定的限值；③绝对值相等的正负误差的个数相近。

偶然误差分布的情况，除了采用上述误差分布表的形式表示外，还可以利用图形来表示。以横坐标表示误差 $\Delta$ 的大小，纵坐标代表各区间内误差出现的频率除以区间的间隔值，即 $\frac{V_i/n}{d\Delta}$（此处间隔值均取为 $d\Delta=0.20''$），这种图形称为频率直方图，如图 4.3.1 所示，它形象地表示了误差的分布情况。

在误差个数 $n\to\infty$ 的情况下，由于误差出现的频率已趋于完全稳定，此时误差区间间隔无限缩小，图 4.3.1 中各长方条顶边所形成的折线将变成如图 4.3.2 所示的光滑曲线。这种曲线称为误差分布曲线。由此可见，偶然误差的频率分布随着 $n$ 的逐渐增大，都是以正态分布为其极限的。通常也称偶然误差的频率分布为其经验分布，而将正态分布称为它们的理论分布。在理论研究中，都是以正态分布作为描述偶然误差分布的数学模型，这不仅方便，而且基本上符合实际情况。

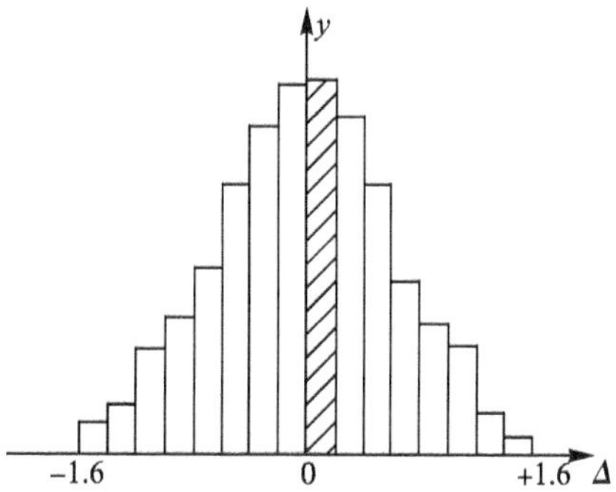


图 4.3.1 误差分布直方图

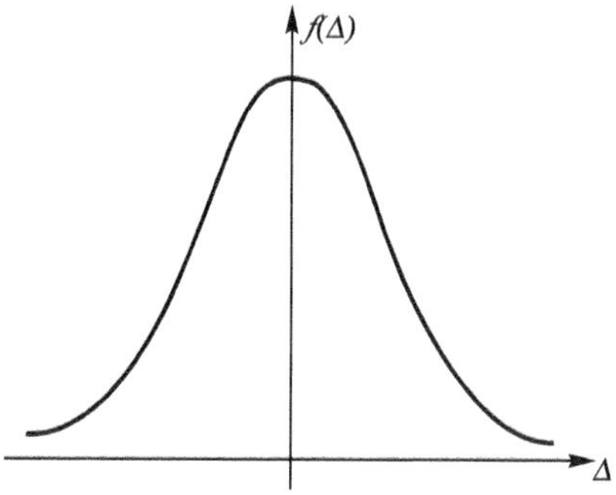


图 4.3.2 误差概率分布

通过以上的讨论和大量的实践,可以概括出偶然误差的几个概率特性:

(1)有界性,即在一定的观测条件下,误差的绝对值有一定的限值,或者说超出一定限值的误差出现的概率为零。

(2)聚中性,即绝对值较小的误差比绝对值较大的误差出现的概率大。

(3)对称性,即绝对值相等的正负误差出现的概率相同。

(4)偶然误差的数学期望为零,即 $E(\Delta)=E(E(L)-L)=E(L)-E(L)=0$。

也就是说,偶然误差的理论平均值等于零。

在图 4.3.1 中,以纵坐标$\frac{V_i/n}{\mathrm{d}\Delta}$为高的各长方条的面积即为误差出现在该区间内的概率。若以理论分布取代经验分布(图 4.3.2),图 4.3.1 中各长方条的纵坐标就是 Δ 的密度函数 $f(\Delta)$,而长方条的面积为 $f(\Delta)\cdot\mathrm{d}\Delta$,即代表误差出现在该区间内的概率,即

$$P(\Delta)=f(\Delta)\cdot\mathrm{d}\Delta \tag{4.3.5}$$

假设误差服从正态分布,则可写出 Δ 的概率密度表达式为

$$f(\Delta)=\frac{1}{\sqrt{2\pi}\sigma}\mathrm{e}^{-\frac{\Delta^2}{2\sigma^2}} \tag{4.3.6}$$

式中,$\sigma$ 为中误差。当 $\sigma$ 确定后,即可画出它所对应的误差分布曲线。由于 $E(\Delta)=0$,所以该曲线是以横坐标为 0 处的纵轴为对称轴。当 $\sigma$ 不同时,曲线的位置不变,但分布曲线的形状将发生变化。偶然误差 Δ 是服从 $N(0,\sigma^2)$ 分布的随机变量。这里应该指出,测量误差是连续型随机变量,而连续型随机变量出现于个别点上的概率等于零,因此,所谓的误差出现的概率是指误差出现于某一区间的概率。

# §4.4 精度及其衡量指标

## 4.4.1 精度的概念

测量平差的主要任务之一，就是评定测量成果的精度。所谓精度，指误差分布的密集或离散程度。对于同一量进行多次重复观测，观测精度就是观测值之间密集或吻合的程度，即各观测结果与其中数的接近程度。如果重复观测值密集在一起，说明它们的精度高；如果它们很分散，则精度就低。如果在一定的观测条件下进行一组观测，则它对应着一种确定的误差分布。若误差分布较为密集，即离散度较小时，表示该组观测质量较好，也就是说，这一组观测精度较高；反之，如果误差分布较为分散，即离散度较大时，则表示该组观测质量较差，也就是说，这一组观测精度较低。

若使用真误差作为衡量精度的指标，由真误差的定义和其具有的随机性，可以得到相同观测条件下的一组观测值，其每一个真误差都可能不同，因此，使用真误差作为衡量精度的指标存在不方便和不科学的一面。由于偶然误差服从正态分布，反映正态分布的数值特征是数学期望 $\mu$ 和方差 $\sigma^2$，偶然误差的数学期望等于零，因此有

$$\Delta \sim N(0,\sigma^2) \tag{4.4.1}$$

偶然误差的一维误差分布的密度函数为

$$f(\Delta)=\frac{1}{\sqrt{2\pi}\sigma}\mathrm{e}^{-\frac{\Delta^2}{2\sigma^2}} \tag{4.4.2}$$

一维误差分布密度函数曲线如图 4.4.1 所示，它有如下性质：

(1)$f(\Delta)$为偶函数，曲线对称于纵轴。

(2)$f(\Delta)$随着误差绝对值的增大而减小，当 $\Delta\to\infty$，$f(\Delta)\to 0$。

(3)当 $\Delta=0$ 时，有

$$f(0)=\frac{1}{\sqrt{2\pi}\sigma}$$

为函数的最大值。

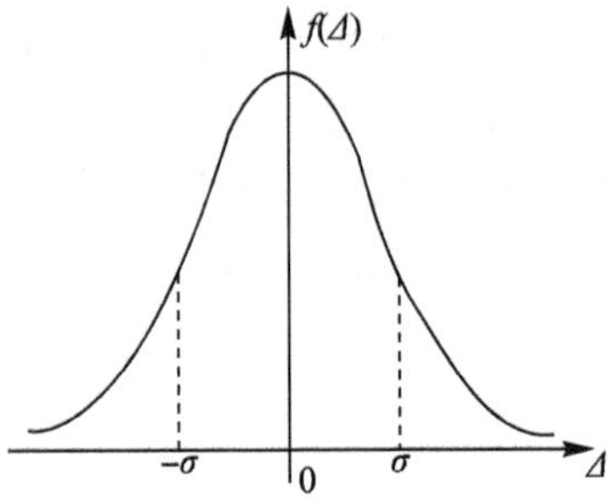


图 4.4.1 正态分布曲线

(4)误差曲线拐点的横坐标为中误差,即

$$\Delta=\pm\sigma$$

可由 $f(\Delta)$ 求二阶导数得出。

偶然误差的一维正态分布密度函数公式中的标准差 $\sigma$ 决定了曲线的形状。$\sigma$ 则表示随机变量围绕集中位置的离散度。由于各分布曲线下面所围成的面积均等于 1,所以 $\sigma$ 越小,曲线形状越陡峭,表示随机变量对数学期望 $\mu$ 的离散程度小,就测量来讲,表示观测精度高;$\sigma$ 越大,曲线形状越平缓,表示随机变量对 $\mu$ 的离散程度大,就测量来说,表示观测精度低。因此,衡量精度的主要指标为方差 $\sigma^2$ 或标准差(中误差)$\sigma$。

### 4.4.2　方差和中误差

误差 $\Delta$ 的概率密度函数为式(4.4.2),式中 $\sigma^2$ 是误差分布的方差,因为 $\Delta$ 的数学期望 $E(\Delta)=0$,根据方差的定义可知

$$\sigma^2=E((\Delta-E(\Delta))^2)=E(\Delta^2) \tag{4.4.3}$$

而 $\sigma$ 就是中误差,即

$$\sigma=\sqrt{E(\Delta^2)} \tag{4.4.4}$$

$\sigma$ 恒取正号。

如果在相同的观测条件下得到一组独立的观测误差,其方差可以写成定积分形式,即

$$\sigma^2=E(\Delta^2)=\int_{-\infty}^{+\infty}\Delta^2 f(\Delta)\mathrm{d}\Delta \tag{4.4.5}$$

也可以写成离散形式,即

$$\sigma^2=\lim_{n\to\infty}\sum_{i=1}^{n}\frac{\Delta_i^2}{n} \tag{4.4.6}$$

则

$$\sigma=\sqrt{\lim_{n\to\infty}\sum_{i=1}^{n}\frac{\Delta_i^2}{n}} \tag{4.4.7}$$

式(4.4.6)和式(4.4.7)分别是计算方差 $\sigma^2$ 和中误差 $\sigma$ 的理论公式。实际上,观测值个数 $n$ 总是有限的,由有限个观测值的真误差只能求得方差和中误差的估计值。方差 $\sigma^2$ 和中误差 $\sigma$ 的估值将分别用符号 $\hat{\sigma}^2$ 和 $\hat{\sigma}$ 表示,即

$$\left.\begin{aligned}\hat{\sigma}^2&=\frac{\sum_{i=1}^{n}\Delta_i^2}{n}\\ \hat{\sigma}&=\sqrt{\frac{\sum_{i=1}^{n}\Delta_i^2}{n}}\end{aligned}\right\} \tag{4.4.8}$$

这就是根据一组等精度真误差计算方差和中误差估值的基本公式。

### 4.4.3 协方差和协方差矩阵

**1. 协方差定义**

设有观测值 $X$ 和 $Y$,其真误差分别为 $\Delta_X=X-E(X)$、$\Delta_Y=Y-E(Y)$,则 $X$ 关于 $Y$ 的协方差定义为

$$\sigma_{XY}=E(\Delta_X\Delta_Y)=E(\Delta_Y\Delta_X)=\sigma_{YX} \tag{4.4.9}$$

即观测值 $X$ 关于 $Y$ 的协方差与 $Y$ 关于 $X$ 的协方差相等。根据数学期望的定义,可以得到协方差的理论计算公式为

$$\sigma_{XY}=\lim_{n\to\infty}\frac{\sum_{i=1}^{n}(\Delta_{X_i}\Delta_{Y_i})}{n} \tag{4.4.10}$$

其估值为

$$\hat{\sigma}_{XY}=\frac{\sum_{i=1}^{n}(\Delta_{X_i}\Delta_{Y_i})}{n} \tag{4.4.11}$$

当观测值 $X$ 和 $Y$ 的协方差 $\sigma_{XY}=0$ 时,表示这两个观测值的误差之间互不影响,或者说,它们的误差是不相关的,称 $X$ 和 $Y$ 为不相关的观测值,也称为互相独立观测值;如果 $\sigma_{XY}\neq 0$,则表示它们的误差是相关的,称 $X$ 和 $Y$ 为相关的观测值。

**2. 协方差阵**

设有观测向量 $\boldsymbol{L}=[L_1 \quad L_2 \quad \cdots \quad L_n]^{\mathrm{T}}$,参照式(4.4.3),可以写出 $\boldsymbol{L}$ 的协方差矩阵,即

$$\boldsymbol{D}_{LL}=E((\boldsymbol{L}-E(\boldsymbol{L}))(\boldsymbol{L}-E(\boldsymbol{L}))^{\mathrm{T}})=E(\boldsymbol{\Delta}\boldsymbol{\Delta}^{\mathrm{T}})=\begin{bmatrix}\sigma_1^2 & \sigma_{12} & \cdots & \sigma_{1n}\\ \sigma_{21} & \sigma_2^2 & \cdots & \sigma_{2n}\\ \vdots & \vdots & & \vdots\\ \sigma_{n1} & \sigma_{n2} & \cdots & \sigma_n^2\end{bmatrix} \tag{4.4.12}$$

式中,$\boldsymbol{\Delta}=\boldsymbol{L}-E(\boldsymbol{L})$是观测向量 $\boldsymbol{L}$ 对应的真误差向量,其主对角线上的元素分别是各观测值 $L_i$ 的方差 $\sigma_i^2$,非主对角线上的元素 $\sigma_{ij}$ 则是观测值 $L_i$ 关于 $L_j$ 的协方差。根据协方差定义可知,协方差矩阵是对称矩阵。

协方差矩阵 $\boldsymbol{D}_{LL}$ 是观测向量 $\boldsymbol{L}$ 的精度指标,它给出了各观测值的方差和其中两两观测值的协方差,即相关程度。

**3. 互协方差矩阵**

如果有两组观测向量 $\boldsymbol{X}=[X_1 \quad X_2 \quad \cdots \quad X_n]^{\mathrm{T}}$ 和 $\boldsymbol{Y}=[Y_1 \quad Y_2 \quad \cdots \quad Y_m]^{\mathrm{T}}$,它们的数学期望分别为 $\boldsymbol{\mu}_X=[\mu_{X1} \quad \mu_{X2} \quad \cdots \quad \mu_{Xn}]^{\mathrm{T}}$、$\boldsymbol{\mu}_Y=[\mu_{Y1} \quad \mu_{Y2} \quad \cdots \quad \mu_{Yn}]^{\mathrm{T}}$,

则 $\boldsymbol{X}$ 和 $\boldsymbol{Y}$ 的互协方差矩阵为

$$\boldsymbol{D}_{XY}=E\left((\boldsymbol{X}-\boldsymbol{\mu}_X)(\boldsymbol{Y}-\boldsymbol{\mu}_Y)^{\mathrm{T}}\right)=E(\boldsymbol{\Delta}_X\boldsymbol{\Delta}_Y^{\mathrm{T}})=\begin{bmatrix}\sigma_{X_1Y_1} & \sigma_{X_1Y_2} & \cdots & \sigma_{X_1Y_m}\\ \sigma_{X_2Y_1} & \sigma_{X_2Y_2} & \cdots & \sigma_{X_2Y_m}\\ \vdots & \vdots & & \vdots\\ \sigma_{X_nY_1} & \sigma_{X_nY_2} & \cdots & \sigma_{X_nY_m}\end{bmatrix} \tag{4.4.13}$$

若 $\boldsymbol{D}_{XY}=0$，则称 $\boldsymbol{X}$ 和 $\boldsymbol{Y}$ 是相互独立的观测向量。当 $n=m=1$ 时，$X$ 和 $Y$ 都是单个观测值，互协方差矩阵就成了协方差。互协方差矩阵是表示两组观测值中两两观测值相关程度的指标。

### 4.4.4　极限误差和相对误差

#### 1. 极限误差

中误差不是代表个别误差的大小，而是代表误差分布的离散程度。由中误差的定义可知，在相同的观测条件下进行的一组观测，由于它们对应着同一种误差分布，因此把这一组中每一个观测值都视为同精度观测值。但是，这一组观测结果的真误差彼此并不相等，有的甚至相差很大。根据式（4.4.5）可知，误差落在 $(-\sigma,+\sigma)$、$(-2\sigma,+2\sigma)$ 和 $(-3\sigma,+3\sigma)$ 的概率分别为

$$\left.\begin{aligned}P(-\sigma<\Delta<+\sigma)\approx 68.3\%\\ P(-2\sigma<\Delta<+2\sigma)\approx 95.5\%\\ P(-3\sigma<\Delta<+3\sigma)\approx 99.7\%\end{aligned}\right\} \tag{4.4.14}$$

由于大于 $3\sigma$ 的偶然误差出现的可能性非常小，是概率接近于零的小概率事件，因此通常规定 $3\sigma$ 作为偶然误差的极限值 $\Delta_{限}$，并称为极限误差，即

$$\Delta_{限}=3\sigma \tag{4.4.15}$$

若要求严格，也可取 $2\sigma$ 作为极限误差。实用上，以中误差的估值 $\hat{\sigma}$ 代替 $\sigma$，以 $3\hat{\sigma}$ 或 $2\hat{\sigma}$ 作为极限误差。在测量中，如果某误差超过了极限误差，则认为它是错误的，相应的观测值应进行重测、补测或舍去不用。

#### 2. 相对误差

中误差是绝对误差，有时观测结果需要用相对误差来衡量其精度。例如，在距离测量中，常常采用相对中误差来衡量精度。所谓相对中误差是中误差与平差值之比，在测量中通常把分子化为 1，即用 $\frac{1}{N}$ 来表示。

### 4.4.5　准确度与精确度

#### 1. 准确度

准确度又称为准度，是表示观测值 $\boldsymbol{L}$ 的真值 $\tilde{\boldsymbol{L}}$ 与观测值的数学期望 $E(\boldsymbol{L})$ 之

差，即

$$\varepsilon=\tilde{L}-E(L) \tag{4.4.16}$$

如果观测值只有偶然误差，则 $\varepsilon=0$，如果 $\varepsilon\neq0$，则说明观测值带有系统误差。因此，准确度表征了观测结果系统误差大小的程度。

准确度是衡量系统误差大小程度的指标。

**2. 精确度**

精确度是精度与准确度的合成，指观测结果与其真值的吻合或接近程度，即反映一个位置统计与其所估参数值的接近程度。准确度不仅包括随机误差的影响，还包括由于未改进的系统误差引起的偏离。

这里用均方误差作为衡量精确度的指标，其定义为

$$MSE(L)=E(L-E(L)) \tag{4.4.17}$$

**3. 不确定度**

测量数据的不确定性是既包含偶然误差、系统误差和粗差的广义的误差，又包含数值上和概念上的误差，以及可度量和不可度量的误差。不确定性含义很广，数据误差的随机性和数据概念上的不完整性及模糊性都可认为是不确定性问题。

不确定度是衡量不确定性的一种指标。不论测量数据服从正态分布还是非正态分布，衡量不确定性的基本尺度仍然是中误差，并称为标准不确定度。一定的概率水平一般对应着一个不确定度。例如，95%的不确定度就是观测误差将以 95% 的可能性(即概率为 0.95)落在其中的数值范围。若一个观测值的不确定度为已知，则可将其附在观测值之后。

## §4.5 偶然误差的特性检验

在一定的观测条件下，观测数据的偶然误差服从正态分布，并给出了偶然误差的四个特性：

(1)偶然误差的绝对值不会超过一定的限值。

(2)绝对值较小的偶然误差比绝对值较大的偶然误差出现的概率大。

(3)绝对值相等的正偶然误差与负偶然误差出现的概率相等。

(4)偶然误差的数学期望等于零，即 $E(\Delta)=0$。

当进行了一系列观测时，若出现的误差是偶然误差或者是以偶然误差为主导的，那么它们应该符合或基本符合上述几个特性。但是，由于观测值个数 $n$ 总是有限数，偶然误差出现又具有随机性，实际出现的误差分布与理论分布就会有一定的差别。这种差别是否在许可范围内？如何确定这个许可范围？这就需要用统计检验方法来判断误差是否符合偶然误差的特性。首先，找出一个适当的且其分布为已知的统计量，在给定的显著水平 $\alpha$ 下，提出原假设 $H_0$；然后，根据实际的观测数

据来计算统计量的数值是落在接受域内还是拒绝域内。如果落在拒绝域内，则表明它与理论分布的差异是显著的，可能有系统误差或粗差的干扰。

通过下面几项检验基本上可以判断观测误差是否服从正态分布。

### 4.5.1　误差正负号个数的检验

设某次观测共有 $N$ 个观测值，对应的真误差为 $\Delta_1$、$\Delta_2$、…、$\Delta_N$，其中不为零的有 $n$ 个。设用 $k_i$ 记录误差 $\Delta_i$ 的正负号的信息值，当 $\Delta_i$ 为正时，取 $k_i=1$；当 $\Delta_i$ 为负时，取 $k_i=0$。用 $S_k$ 表示出现正误差的个数，则

$$S_k=k_1+k_2+\cdots+k_n \tag{4.5.1}$$

在概率论中知道，$S_k$ 是服从二项分布的变量，当 $n$ 很大时，$S_k$ 标准化后近似服从 $N(0,1)$分布，即

$$\frac{S_k-np}{\sqrt{npq}}\underset{n\to\infty}{\sim}N(0,1) \tag{4.5.2}$$

由偶然误差的第(3)特性可知，正负误差出现的概率应相等，即 $p=q=0.5$。为了检验 $p$ 是否等于 0.5，可做出如下假设

$$H_0:p=0.5;\qquad H_1:p\neq 0.5$$

如果 $H_0$ 成立，则式(4.5.2)表示的统计量为

$$\frac{S_k-0.5n}{0.5\sqrt{n}}\sim N(0,1) \tag{4.5.3}$$

故有

$$P\left(-z_{\frac{a}{2}}<\frac{S_k-0.5n}{0.5\sqrt{n}}<z_{\frac{a}{2}}\right)=P(|s-0.5n|<k)=1-a \tag{4.5.4}$$

式中，$k=0.5\sqrt{n}z_{\frac{a}{2}}$。

若以 $2\sigma$ 作为极限误差，即取 $1-\alpha=0.9545$，则 $z_{\frac{a}{2}}=2$，这样 $k=\sqrt{n}$，则有

$$P(|S_k-0.5n|<\sqrt{n})=0.9545 \tag{4.5.5}$$

式(4.5.5)表明，根据正负误差的个数可得

$$|S_k-0.5n|<\sqrt{n} \tag{4.5.6}$$

如果式(4.5.6)成立，则表示统计量以 95.45% 的概率落入接受域内，应接受 $H_0$；否则，拒绝 $H_0$。因此，就有理由认为误差中可能存在某种系统误差的影响。

若以 $S_k'$ 表示负误差的个数，由于正负误差出现的概率相等，即 $p=q=0.5$，则同样可以导出

$$P(|S_k'-0.5n|<\sqrt{n})=0.9545 \tag{4.5.7}$$

因此，也可以检验 $H_0$ 是否成立，即

$$|S_k'-0.5n|<\sqrt{n} \tag{4.5.8}$$

由式(4.5.6)和式(4.5.8)，还可得

$$|S_k - S_k'| < 2\sqrt{n} \tag{4.5.9}$$

这就是用正负误差个数之差检验 $H_0$ 是否成立的公式。

### 4.5.2 正负误差分配顺序的检验

如果观测误差是偶然误差，误差为正或为负应该具有随机性，基本上应该是正负交替出现。当前一个误差为正时，后一个误差为负的可能性应该比较大。同样，当前一个误差为负时，后一个误差可能为正的可能性应该比较大。如果在观测过程中受到系统误差的影响，就会破坏上述的规律，在某段内误差大多为正，而在另一段内则大多为负，但是，正负误差的个数有可能基本相等。如果只用“误差正负号个数的检验”方法进行检验，就难以发现是否存在着上述系统性的变化。下面将从误差正负号分配顺序来检验误差序列是否为偶然误差。

设某次观测共有 $N$ 个观测值，对应的真误差为 $\Delta_1$、$\Delta_2$、…、$\Delta_N$，其中不为零的有 $n$ 个。

将误差按某一因素(如时间因素)的顺序排列，以 $f_i(i=1,2,\cdots,n-1)$ 表示两个相邻误差的正负号的变化的信息值。当相邻两误差正负号相同时，取 $f_i=1$，正负号相反时，取 $f_i=0$。用 $S_f$ 表示出现相邻两误差正负号相同时的个数，则

$$S_f = f_1 + f_2 + \cdots + f_{n-1} \tag{4.5.10}$$

在概率论中，$S_f$ 服从二项分布，且由于正负号交替变换的随机性，$f_i$ 取值 1 与取值 0 的概率应相等，即 $p=q=0.5$，$S_f$ 标准化后的极限分布服从 $N(0,1)$ 分布，即

$$\frac{S_f - 0.5(n-1)}{0.5\sqrt{(n-1)}} \sim N(0,1) \tag{4.5.11}$$

按照式(4.5.9)的推导，可得

$$|S_f - S'_f| < 2\sqrt{n-1} \tag{4.5.12}$$

式中，$S'_f$ 表示相邻两误差正负号相反时的个数。

如果式(4.5.12)不成立，应拒绝 $p=q=0.5$ 的假设，即表明该误差序列可能存在系统误差的影响。

### 4.5.3 误差数值和的检验

如果观测误差是偶然误差，则绝对值相等的正误差和负误差应成对出现，因此，其代数和应互相抵消。

设某次观测共有 $N$ 个观测值，对应的真误差为 $\Delta_1$、$\Delta_2$、…、$\Delta_N$，$\Delta_i \sim N(0,\sigma^2)$，其中不为零的有 $n$ 个，将其求和得

$$S_\Delta = \Delta_1 + \Delta_2 + \cdots + \Delta_n \tag{4.5.13}$$

根据偶然误差特性和协方差传播律可知

$$E(S_\Delta)=E(\Delta_1)+E(\Delta_2)+E(\Delta_3)+\cdots+E(\Delta_n)=0$$

$$D(S_\Delta)=D(\Delta_1)+D(\Delta_2)+D(\Delta_3)+\cdots+D(\Delta_n)=\sigma^2+\sigma^2+\cdots+\sigma^2=n\sigma^2$$

因此 $S_\Delta$ 是服从 $N(0,n\sigma^2)$ 的变量，其标准化变量为

$$\frac{S_\Delta-\mu_{S_\Delta}}{\sqrt{\sigma_{S_\Delta}}}=\frac{S_\Delta}{\sigma\sqrt{n}}\sim N(0,1) \tag{4.5.14}$$

做出如下假设

$$H_0:E(S_\Delta)=0;H_1:E(S_\Delta)\neq 0$$

若取 $2\sigma$ 为限差，则有

$$P\left(\left|\frac{S_\Delta}{\sqrt{n}\sigma}\right|<2\right)=0.954\ 5$$

或

$$P(|S_\Delta|<2\sqrt{n}\sigma)=0.954\ 5 \tag{4.5.15}$$

在 $H_0$ 为正确的条件下，检验结果应满足

$$|S_\Delta|<2\sqrt{n}\sigma \tag{4.5.16}$$

如果式(4.5.16)不成立，拒绝 $H_0$，就有理由认为误差中可能存在某种系统误差的影响。

当 $\sigma$ 未知、但观测数 $n$ 很大时，可用中误差的估值$\hat{\sigma}$代替 $\sigma$，即

$$|S_\Delta|<2\sqrt{n}\hat{\sigma} \tag{4.5.17}$$

### 4.5.4　正负误差平方和之差的检验

设某次观测共有 $N$ 个观测值，对应的真误差为 $\Delta_1$、$\Delta_2$、…、$\Delta_N$，其中不为零的有 $n$ 个。令 $k_i$ 表示误差 $\Delta_i$ 的符号值，当 $\Delta_i$ 为正误差时，使 $k_i=1$；当 $\Delta_i$ 为负误差时，使 $k_i=-1$。将其各自平方并乘以符号值，求代数和得

$$S_k=k_1\Delta_1^2+k_2\Delta_2^2+\cdots+k_n\Delta_n^2 \tag{4.5.18}$$

式中，$S_k$ 是正误差平方和与负误差平方和之差。

根据偶然误差的特性，$S_k$ 在理论上应等于零，其中 $k_i$ 取值为 1 的概率 $p$ 与取值为 $-1$ 的概率 $q$ 相等，即 $p=q=0.5$，可以导出当 $n$ 很大时，$S_k$ 近似服从于正态分布 $N(0,3n\sigma^4)$，将 $S_k$ 标准化后，则有

$$\frac{S_k}{\sqrt{3n}\sigma^2}\sim N(0,1) \tag{4.5.19}$$

若取 $2\sigma$ 为极限误差，当假设 $H_0:E(S_k)=0$、$H_1:E(S_k)\neq 0$ 时，可得

$$P\left(\left|\frac{S_k}{\sqrt{3n}\sigma^2}\right|<2\right)=0.954\ 5$$

或

$$P(|S_k|<2\sqrt{3n\sigma^2})=0.9545 \tag{4.5.20}$$

在 $H_0$ 正确的条件下，检验结果应满足

$$|S_k|<2\sqrt{3n\sigma^2} \tag{4.5.21}$$

如果式(4.5.21)不成立，应拒绝 $H_0$，有理由认为误差中可能存在某种系统误差的影响。

当 $\sigma$ 未知、但观测数 $n$ 很大时，可用中误差的估值$\hat{\sigma}$代替 $\sigma$，即应满足

$$|S_k|<2\sqrt{3n\hat{\sigma}^2} \tag{4.5.22}$$

### 4.5.5 单个误差值的检验

在一定的观测条件下，偶然误差的绝对值不会超过一定的限值。如果某一个误差很大，超过了一定的限值，就认为这个误差中含有非偶然因素。

设某次观测共有 $N$ 个观测值，对应的真误差为 $\Delta_1$、$\Delta_2$、…、$\Delta_N$，其中不为零的有 $n$ 个。

如果观测误差服从正态分布，则下式成立

$$\Delta_i \sim N(0,\sigma^2) \tag{4.5.23}$$

标准化后，得新的统计量

$$\frac{\Delta_i}{\sigma}\sim N(0,1) \tag{4.5.24}$$

若以 $2\sigma$ 作为极限误差，当假设 $H_0:E(\Delta_i)=0$、$H_1:E(\Delta_i)\neq 0$ 时，可得

$$P\left(\left|\frac{\Delta_i}{\sigma}\right|<2\right)=0.9545$$

或

$$P(|\Delta_i|<2\sigma)=0.9545 \tag{4.5.25}$$

在 $H_0$ 正确的条件下，检验结果应满足

$$|\Delta_i|<2\sigma \tag{4.5.26}$$

若以 $3\sigma$ 作为极限误差，当假设 $H_0:E(\Delta_i)=0$、$H_1:E(\Delta_i)\neq 0$ 时，可得

$$P\left(\left|\frac{\Delta_i}{\sigma}\right|<3\right)=0.9974$$

或

$$P(|\Delta_i|<3\sigma)=0.9974 \tag{4.5.27}$$

在 $H_0$ 正确的条件下，检验结果应满足

$$|\Delta_i|<3\sigma \tag{4.5.28}$$

式(4.5.28)表明，误差绝对值大于 $3\sigma$ 的概率仅为 0.26%，这是小概率事件，在一次试验中(观测中)不应该出现。当某一误差的绝对值大于 $3\sigma$ 时，就认为该误

差含有非偶然因素，应查找原因，或把其对应的观测值舍弃不用。

例4.5.1 在某地区进行三角观测，共观测了30个三角形，其闭合差(以秒为单位)如下，试对该闭合差进行偶然误差特性的检验。

| | | | | | | | | | |
|---|---|---|---|---|---|---|---|---|---|
| +1.5 | +1.0 | +0.8 | −1.1 | +0.6 | +1.1 | +0.2 | −0.3 | −0.5 | +0.6 |
| −2.0 | −0.7 | −0.8 | −1.2 | +0.8 | −0.3 | +0.6 | +0.8 | −0.3 | −0.9 |
| −1.1 | −0.4 | −1.0 | −0.5 | +0.2 | +0.3 | +1.8 | +0.6 | −1.1 | −1.3 |

解：按三角形闭合差得

$$\hat{\sigma}_w=\pm\sqrt{\frac{[ww]}{n}}=\pm\sqrt{\frac{25.86}{30}}=\pm 0.93('')$$

设检验时均取置信度 $1-a=0.9545$。

(1)正负号个数的检验。正误差的个数为 $S=14$，负误差的个数为 $S'=16$，$|S'-S|=2$，而限差为

$$|S'-S|<2\sqrt{n}=2\sqrt{30}=11$$

满足限差要求，符合偶然误差的部分特性。

(2)正负误差分配顺序的检验。相邻两误差同号的个数为 $S_f=18$，异号的个数为 $S'_f=11$，$|S'_f-S_f|=7$，而限差为

$$|S'_f-S_f|<2\sqrt{n-1}=2\sqrt{29}=11$$

满足限差要求，符合偶然误差的部分特性。

(3)误差数值和的检验。误差和 $|S_\Delta|=|[w]|=2.6$，而限差为

$$|S_\Delta|<\left|2\sqrt{n}\hat{\sigma}_w\right|=2\sqrt{30}\times 0.93=10.2$$

满足限差要求，符合偶然误差的部分特性。

(4)正负误差平方和之差的检验。正误差平方和为11.23，负误差平方和为14.63，$|S_j|=3.40$，而限差为

$$|S_{[h_\Delta{}^2]}|<2\sqrt{3n}\hat{\sigma}_w^2=2\sqrt{90}\times(0.93)^2=16.41$$

满足限差要求，符合偶然误差的部分特性。

(5)最大误差值的检验。此处最大的一个闭合差为−2.0″，如以 $2\hat{\sigma}_w=\pm 1.86''$ 作为极限误差，可见该闭合差超限，如以 $3\hat{\sigma}_w=\pm 2.79''$ 作为极限误差，则该闭合差不超限。

从上面的检验可知，当用 $2\sigma$ 作为极限误差时，该误差不能算是服从正态分布；但是如果用 $3\sigma$ 作为极限误差时，就可以说该误差服从正态分布。

### 4.5.6 误差分布的假设检验

在许多的实际问题中，母体服从何种分布并不知道，这就需要对母体的分布先做某种假设，然后用样本(观测值)来检验此项假设是否成立，这种检验就是分布假

设检验。

进行分布假设检验的常用方法是 $\chi^2$ 检验法。$\chi^2$ 检验法是在母体 $X$ 分布未知时，根据它的 $n$ 个观测值 $x_1$、$x_2$、…、$x_n$ 来检验关于母体是否服从某种分布的假设，即

$$H_0\text{：母体分布函数为 } F(x)=F_0(x)$$

式中，$F_0(x)$是事先假设的某一已知的分布函数。

$\chi^2$ 检验法的步骤为：

(1)分组并求频数。先将 $n$ 个观测值 $x_1$、$x_2$、…、$x_n$ 按一定的组距分成 $k$ 组，并统计子样值落入各组内的实际频(个)数 $f_i(i=1,2,\cdots,k)$。

(2)估计 $F_0(x)$中的参数。在假设 $H_0$ 下，$F_0(x)$的形式及其参数都是已知的。例如，如果假设的 $F_0(x)$是正态分布函数，那么其中的两个参数 $\mu$ 和 $\sigma$ 应该是已知的。但实际上参数值往往是未知的，这时可根据子样值估计原假设中分布函数 $F_0(x)$中的参数，从而确定该分布函数的具体形式。

(3)求各分组概率。当 $F_0(x)$确定后，就可以在假设 $H_0$ 下，计算子样值落入上述各组中的概率 $p_1$、$p_2$、…、$p_k$(即理论频率)，以及将 $p_i$ 与子样容量 $n$ 相乘算出理论频数 $np_1$、$np_2$、…、$np_k$。

(4)检验的统计量组成。由于子样总是带有随机性，因而落入各组中的实际频数 $f_i$ 不会与理论频数 $np_i$ 完全相等。可是当 $H_0$ 为真，$f_i$ 与 $np_i$ 的差异应不显著；若 $H_0$ 为假，这种差异就显著。因此，应该找出一个能够描述它们之间偏离程度的统计量，从而通过其大小来判断它们之间的差异是由子样随机性引起的，还是由 $F_0(x)\neq F(x)$引起的。于是，皮尔逊(Pearson)提出用下面的统计量来衡量它们的差异程度，即

$$\sum_{i=1}^{k}\frac{(f_i-np_i)^2}{np_i} \tag{4.5.29}$$

这个统计量称为皮尔逊统计量。

从理论上可以证明，不论母体是服从什么分布，当子样容量充分大($n\geqslant 50$)时，皮尔逊统计量近似地服从自由度为 $k-r-1$ 的 $\chi^2$ 分布，即

$$\chi^2=\sum_{i=1}^{k}\frac{(f_i-np_i)^2}{np_i}\sim\chi^2(k-r-1) \tag{4.5.30}$$

式中，$r$ 是在假设的某种理论分布中的参数个数。

(5)进行检验。进行检验时，对于事先给定的显著水平 $\alpha$，在 $H_0$ 成立时，应有

$$P(\chi^2<\chi_\alpha^2)=1-\alpha \tag{4.5.31}$$

成立，即当 $\chi^2<\chi_\alpha^2$ 时，接受 $H_0$，否则，拒绝 $H_0$。

例 4.5.2　某地震形变台站在两个固定点之间进行重复水准测量，测得

100 个高差观测值，取显著水平 $\alpha=0.05$，试检验该列观测高差是否服从正态分布。

解：(1)分组并求频数。为了简化计算，将 100 个高差观测值按等间隔分组，根据经验，当观测值个数多于 50 个时，分成 10～25 组为宜。现按 0.01 dm 的间隔(或称组距)将其分成 10 组(此例 $k=10$)，并求出各组的频数，如表 4.5.1 所示。

(2)估计 $F_0(x)$ 中的参数。为了检验观测高差是否服从正态分布，即 $F_0(x)\sim N(\hat{\mu},\hat{\sigma}^2)$，先根据观测值计算数学期望和方差两个参数的估值 $\hat{\mu}$、$\hat{\sigma}^2$，根据高差观测值(此处未列出)计算得 $\hat{\mu}=6.927$，$\hat{\sigma}=0.016$。因此，求出 $F_0(x)\sim N(6.927,0.016^2)$。

**表 4.5.1　误差频率**

| 高差分组/dm | 频数 $f_i$ | 频率 $f/n$ | 累计频率 |
|---|---|---|---|
| 6.881～6.890 | 1 | 0.01 | 0.01 |
| 6.890～6.900 | 4 | 0.04 | 0.05 |
| 6.900～6.910 | 7 | 0.07 | 0.12 |
| 6.910～6.920 | 22 | 0.22 | 0.34 |
| 6.920～6.930 | 23 | 0.23 | 0.57 |
| 6.930～6.940 | 25 | 0.25 | 0.82 |
| 6.940～6.950 | 10 | 0.10 | 0.92 |
| 6.950～6.960 | 6 | 0.06 | 0.98 |
| 6.960～6.970 | 1 | 0.01 | 0.99 |
| 6.970～6.980 | 1 | 0.01 | 1.00 |
| 和 | $n=100$ | 1.00 | |

(3)求各分组概率。原假设为

$$H_0: X\sim N(6.927,0.016^2)$$

有了这个具体的正态分布函数，就可以计算某一个区间的概率，为了便于计算 $np_i$，可先将其标准化，以便查取标准正态分布表，标准化变量为

$$y=\frac{x-\hat{\mu}}{\sqrt{\hat{\sigma}^2}}=\frac{(x-6.927)}{0.016}$$

根据表 4.5.1 中各组的组限(其中，第 1 组下限应为 $-\infty$，末组上限应为 $+\infty$)，同时根据正态分布表算得 $p$，其计算结果列于表 4.5.2 中。

(4)检验的统计量计算。由表 4.5.2 计算结果知，统计量值为

$$\chi^2=\sum_{i=1}^{k}\frac{(f_i-np_i)^2}{np_i}=2.606\ 8$$

(5)进行检验。由于前 3 组和末 3 组的频数太小,故分别将 3 组并成 1 组。这样可知,$k=6$、$r=2$、自由度 $k-r-1=3$。由 $\chi^2$ 分布表可查得

$$\chi^2_{0.05}(3)=7.815$$

$$\chi^2_{0.05}(3)=7.815>\chi^2=2.6068$$

因此,应接受 $H_0$,即认为观测高差服从正态分布。

**表 4.5.2 误差统计**

| $y$ 的组限 | $f_i$ | $np_i$ | $f_i-np_i$ | $(f_i-np_i)^2$ | $\frac{(f_i-np_i)^2}{np_i}$ |
|---|---|---|---|---|---|
| $-\infty\sim-2.31$ | 1 | 1.04 | | | |
| $-2.31\sim-1.69$ | 4 | 3.51 | −2.46 | 6.051 6 | 0.418 5 |
| $-1.69\sim-1.06$ | 7 | 9.91 | | | |
| $-1.06\sim-0.44$ | 22 | 18.54 | 3.46 | 11.971 6 | 0.645 7 |
| $-0.44\sim+0.19$ | 23 | 24.53 | −1.53 | 2.340 9 | 0.095 4 |
| $+0.19\sim0.81$ | 25 | 21.57 | 3.43 | 11.764 9 | 0.545 4 |
| $0.81\sim1.44$ | 10 | 13.41 | −3.41 | 11.628 1 | 0.867 1 |
| $1.44\sim2.06$ | 6 | 5.52 | | | |
| $2.06\sim2.69$ | 1 | 1.61 | 0.51 | 0.260 1 | 0.034 7 |
| $2.69\sim+\infty$ | 1 | 0.36 | | | |
| 和 | 100 | | | | 2.606 8 |

# §4.6 权与协因数

## 4.6.1 权的定义

方差或中误差是表示精度的一种绝对的数字指标。为了比较各观测值之间的精度,除了可以应用方差外,还可以通过方差之间的比例关系来衡量观测值之间的精度高低。这种能够表示各观测值之间精度高低的数字特征称为权。在实际测量工作中,平差之前往往很难获得观测精度的绝对数字指标(方差),但是比较容易获得相对精度的数字指标(权)。因此,权在平差计算中将起到非常重要的作用。

设有观测值 $L_1$、$L_2$、…、$L_n$ 的方差分别为 $\sigma_1^2$、$\sigma_2^2$、…、$\sigma_n^2$,如果选定任一常数 $\sigma_0^2$,则定义

$$p_i=\frac{\sigma_0^2}{\sigma_i^2} \tag{4.6.1}$$

为观测值 $L_i$ 的权 $p_i$。

从式(4.6.1)可以看出，权与方差成反比，方差越大，权越小；反之，方差越小，权越大。或者说，精度高的观测值权大，精度低的观测值权小，精度相同的观测值权相等。用权比较各观测值之间的精度高低，不限于是对同一量的观测值，也适用于不同量的观测值。

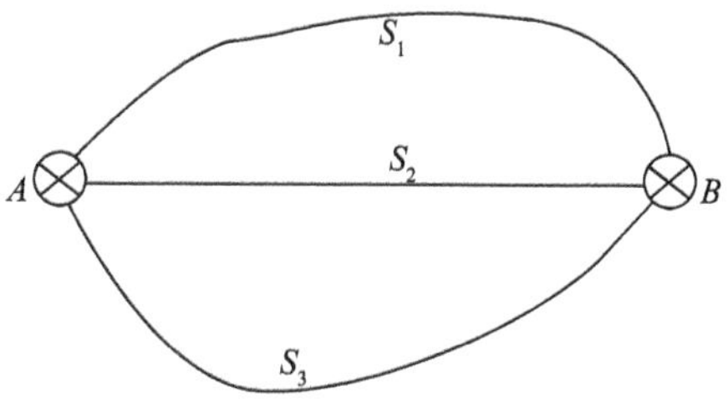

图 4.6.1　水准网

图 4.6.1 的水准网中，已知各水准路线的距离为 $S_1=20$ km、$S_2=10$ km、$S_3=40$ km。平差前，并不知道观测高差的具体数值，而只知道每千米观测高差相同。此时若假定每千米观测高差中误差为 $\sigma$ km，可以计算各线路的观测高差的中误差为 $\sigma_1=\sqrt{20}\sigma$ km、$\sigma_2=\sqrt{10}\sigma$ km、$\sigma_3=\sqrt{40}\sigma$ km、如果令 $\sigma_0=\sqrt{30}\sigma$ km，代入式(4.6.1)，则得 $p_1=1.5$、$p_2=3$、$p_3=0.75$。如果令 $\bar{\sigma}_0=\sqrt{40}\sigma$ km，代入式(4.6.1)，则得 $\bar{p}_1=2$、$\bar{p}_2=4$、$\bar{p}_3=1$。第二组权由于选择的常数 $\bar{\sigma}_0$ 不同于 $\sigma_0$，其值发生了变化，但各路线的权之比例关系相同，它们同样可以反映各观测高差间精度高低。

由以上例子可知，对一组观测值定权时须注意以下几点：

(1)一组观测值的权，其大小是随 $\sigma_0$ 而异，不同的 $\sigma_0$ 便有不同组的权与之相对应。但这种变化不影响权的应用，因为权的比例关系不会随着 $\sigma_0$ 的取值而发生变化。可见，权不表示精度的绝对数值指标，而是精度的相对数值指标。

(2)在同一问题中，只能选定一个 $\sigma_0$ 值，否则就破坏了权之间的比例关系。

(3)为了实际的需要和计算上的方便，不一定要选取具体的观测值中误差作为 $\sigma_0$，可以选取假定的中误差作为比例常数，甚至在事先给定条件的情况下(例如，已知各水准路线的长度，且每千米观测高差的精度相同，就不一定要知道每千米观测高差的具体数字)，即可定出权的数值。

### 4.6.2　单位权中误差

在定权时，$\sigma_0$ 可以任意选取，它仅起到比例常数的作用。但 $\sigma_0$ 值一经选定后，它就有具体的含义了。当 $\sigma_0$ 取某个观测值的中误差时，该观测值的权等于 1。因此，称 $\sigma_0$ 为单位权中误差，而权等于 1 的观测值称为单位权观测值。

用权可以衡量各观测值之间的相对精度，可以是同类观测值，也可以是不同类观测值，如边角网就有边和角。由权的定义知，同类观测值的权是无量纲的，但不同类观测值的权就有量纲。例如，在边角网中，当单位权方差 $\sigma_0^2$ 取秒$^2$ 为单位时，则角度权无单位，但边的权单位应取秒$^2$/毫米$^2$，这种情况在平差计算中要注意。

### 4.6.3 协因数与协因数矩阵

设有观测值 $L_i$ 和 $L_j$，各自的权分别为 $p_i$ 和 $p_j$，方差分别为 $\sigma_i^2$ 和 $\sigma_j^2$，它们之间的协方差为 $\sigma_{ij}$，单位权方差为 $\sigma_0^2$。令

$$\left.\begin{aligned} Q_{ii} &= \frac{1}{p_i} = \frac{\sigma_i^2}{\sigma_0^2} \\ Q_{jj} &= \frac{1}{p_j} = \frac{\sigma_j^2}{\sigma_0^2} \\ Q_{ij} &= \frac{\sigma_{ij}}{\sigma_0^2} \end{aligned}\right\} \tag{4.6.2}$$

或写为

$$\left.\begin{aligned} \sigma_i^2 &= \sigma_0^2 Q_{ii} \\ \sigma_j^2 &= \sigma_0^2 Q_{jj} \\ \sigma_{ij} &= \sigma_0^2 Q_{ij} \end{aligned}\right\} \tag{4.6.3}$$

称 $Q_{ii}$ 为 $L_i$ 的协因数或权倒数，$Q_{jj}$ 为 $L_j$ 的协因数或权倒数，$Q_{ij}$ 为 $L_i$ 关于 $L_j$ 的相关协因数或相关权倒数。由上可知，观测值的协因数 $Q_{ii}$ 和 $Q_{jj}$（权倒数）与方差成正比，而相关协因数 $Q_{ij}$（相关权倒数）与协方差成正比。协因数 $Q_{ii}$、$Q_{jj}$ 与权 $P_i$、$P_j$ 有类似的作用，可以作为比较观测值精度高低的一种指标；而协因数 $Q_{ij}$ 是比较观测值之间相关程度的一种指标，可以用来证明随机向量间相关或不相关。

设有观测值向量（或者是观测值函数向量）$\underset{n\times 1}{\boldsymbol{X}}$ 和 $\underset{m\times 1}{\boldsymbol{Y}}$，它们的方差矩阵分别为 $\underset{n\times n}{\boldsymbol{D}}_{XX}$ 和 $\underset{m\times m}{\boldsymbol{D}}_{YY}$，$\boldsymbol{X}$ 关于 $\boldsymbol{Y}$ 的协方差矩阵为 $\underset{n\times m}{\boldsymbol{D}}_{XY}$，单位权方差为 $\sigma_0^2$。

令

$$\left.\begin{aligned} \boldsymbol{Q}_{XX} &= \frac{1}{\sigma_0^2}\boldsymbol{D}_{XX} \\ \boldsymbol{Q}_{YY} &= \frac{1}{\sigma_0^2}\boldsymbol{D}_{YY} \\ \boldsymbol{Q}_{XY} &= \frac{1}{\sigma_0^2}\boldsymbol{D}_{XY} \end{aligned}\right\} \tag{4.6.4}$$

或写为

$$\left.\begin{aligned} \boldsymbol{D}_{XX} &= \sigma_0^2\boldsymbol{Q}_{XX} \\ \boldsymbol{D}_{YY} &= \sigma_0^2\boldsymbol{Q}_{YY} \\ \boldsymbol{D}_{XY} &= \sigma_0^2\boldsymbol{Q}_{XY} \end{aligned}\right\} \tag{4.6.5}$$

称 $\boldsymbol{Q}_{XX}$ 为 $\boldsymbol{X}$ 的协因数矩阵，$\boldsymbol{Q}_{YY}$ 为 $\boldsymbol{Y}$ 的协因数矩阵，$\boldsymbol{D}_{XY}$ 为 $\boldsymbol{X}$ 关于 $\boldsymbol{Y}$ 的互协因数矩

阵。协因数矩阵 $\boldsymbol{Q}_{XX}$ 中的主对角线元素就是各个 $X_i$ 的权倒数，它的非主对角线元素是 $X_i$ 关于 $X_j(i\neq j)$ 的相关权倒数；$\boldsymbol{Q}_{XY}$ 中的元素就是 $X_i$ 关于 $Y_j$ 的相关权倒数。也称 $\boldsymbol{Q}_{XX}$ 为 $\boldsymbol{X}$ 的权逆矩阵，$\boldsymbol{Q}_{YY}$ 为 $\boldsymbol{Y}$ 的权逆矩阵，互协因数矩阵 $\boldsymbol{Q}_{XY}$ 为 $\boldsymbol{X}$ 关于 $\boldsymbol{Y}$ 的相关权逆矩阵。特别地，当 $\boldsymbol{Q}_{XY}=\boldsymbol{Q}_{YX}^{\mathrm{T}}=0$ 时，$\boldsymbol{X}$ 和 $\boldsymbol{Y}$ 是互相独立的观测值向量；当 $\boldsymbol{Q}_{XY}=\boldsymbol{Q}_{YX}^{\mathrm{T}}\neq 0$ 时，$\boldsymbol{X}$ 和 $\boldsymbol{Y}$ 是相关的观测值向量。

设有独立观测值 $X_i(i=1,2,\cdots,n)$，其方差为 $\sigma_i^2$，权为 $p_i$，单位权方差为 $\sigma_0^2$，则

$$\underset{n\times 1}{\boldsymbol{X}}=\begin{bmatrix}X_1\\X_2\\\vdots\\X_n\end{bmatrix},\underset{n\times n}{\boldsymbol{D}}_{XX}=\begin{bmatrix}\sigma_1^2&0&\cdots&0\\0&\sigma_2^2&\cdots&0\\\vdots&\vdots&&\vdots\\0&0&0&\sigma_n^2\end{bmatrix},\underset{n\times n}{\boldsymbol{P}}_{XX}=\begin{bmatrix}P_1&0&\cdots&0\\0&P_2&\cdots&0\\\vdots&\vdots&&\vdots\\0&0&\cdots&P_n\end{bmatrix}$$

$\boldsymbol{X}$ 的协因数矩阵为

$$\boldsymbol{Q}_{XX}=\frac{1}{\sigma_0^2}\boldsymbol{D}_{XX}=\begin{bmatrix}\frac{\sigma_1^2}{\sigma_0^2}&0&\cdots&0\\0&\frac{\sigma_2^2}{\sigma_0^2}&\cdots&0\\\vdots&\vdots&&\vdots\\0&0&0&\frac{\sigma_n^2}{\sigma_0^2}\end{bmatrix}=\begin{bmatrix}\frac{1}{p_1}&0&\cdots&0\\0&\frac{1}{p_2}&\cdots&0\\\vdots&\vdots&&\vdots\\0&0&\cdots&\frac{1}{p_n}\end{bmatrix}$$

则有

$$\left.\begin{aligned}\boldsymbol{P}_{XX}&=\boldsymbol{Q}_{XX}^{-1}\\\boldsymbol{P}_{XX}\boldsymbol{Q}_{XX}&=\boldsymbol{I}\end{aligned}\right\}\tag{4.6.6}$$

称 $\boldsymbol{P}_{XX}$ 为 $\boldsymbol{X}$ 的权矩阵。当 $\boldsymbol{Q}_{XX}$ 是对角矩阵时，权矩阵 $\boldsymbol{P}_{XX}$ 的主对角线元素是 $X_i$ 的权；当 $\boldsymbol{Q}_{XX}$ 是非对角矩阵时，权矩阵 $\boldsymbol{P}_{XX}$ 的主对角线元素不再是 $X_i$ 的权了，权矩阵 $\boldsymbol{P}_{XX}$ 的各个元素也不再有权的意义。但是，相关观测值向量的权矩阵在平差计算中，也同样起到与独立观测值向量的权矩阵一样的作用。

### 4.6.4　常用定权方法

在平差计算前，衡量精度的绝对数字指标一般是不知道的，往往要根据事先给定的条件，首先确定各观测值的权，然后通过平差计算，一方面求出各观测值的最或然值，另一方面求出衡量观测值精度的绝对数字指标。因此，定权在平差计算中非常重要，下面从权的定义出发，介绍几种常用定权的公式。

**1. 水准测量高差的权**

设在第 $i$ 条路线上进行水准测量，其中每个测站观测高差的中误差均为 $\sigma_n$，某水准路线共有 $N_i$ 个测站，测得的高差观测值分别为 $h_1$、$h_2$、$\cdots$、$h_{Ni}$，则该路线的高差观测值为

$$h_i = h_1 + h_2 + \cdots + h_{Ni} \tag{4.6.7}$$

若每个测站观测精度相等，则 $\sigma_i^2 = \sigma_1^2 + \sigma_2^2 + \cdots + \sigma_{Ni}^2 = N_i\sigma_n^2$。若取单位权方差 $\sigma_0^2 = C\sigma_n^2$，则该水准路线的权为

$$p_i = \frac{\sigma_0^2}{\sigma_i^2} = \frac{C\sigma_n^2}{N_i\sigma_n^2} = \frac{C}{N_i} \tag{4.6.8}$$

即当各测站的观测高差为同精度时，各水准路线高差观测值的权与测站数成反比。式中，$C$ 为单位权高差的测站数，或者是一测站的观测高差的权。

例 4.6.1　设某水准网中有 6 条水准路线，其测站数分别为 40、25、50、20、40、50。试确定各路线所测得的高差的权。

解：设 $C=200$，即取 200 个测站的观测高差为单位权观测值，由式(4.6.8)得

$$p_1 = \frac{200}{40} = 5, p_2 = \frac{200}{25} = 8, p_3 = \frac{200}{50} = 4, p_4 = \frac{200}{20} = 10, p_5 = \frac{200}{40} = 5, p_6 = \frac{200}{50} = 4$$

平坦地区水准测量可以用距离作为权，设每千米水准测量路线观测高差的中误差为 $\sigma_L$，则 $S$ km 观测高差的中误差为

$$\sigma_S = \sigma_L\sqrt{S}$$

取 $C$ km 的观测高差中误差为单位权中误差，即

$$\sigma_0 = \sigma_L\sqrt{C}$$

则水准测量高差的权为

$$p_h = \frac{\sigma_0^2}{\sigma_h^2} = \frac{C}{S} \tag{4.6.9}$$

即水准测量高差的权与长度成反比。

例 4.6.2　设某水准网中有 4 条水准路线，每条路线长度分别为 $S_1=3.0$ km、$S_2=6.0$ km、$S_3=2.0$ km、$S_4=1.5$ km。已知每千米观测高差的精度相同，试确定各路线所测得的高差的权。

解：取 $C=6.0$ km，即取 6 km 的观测高差为单位权观测值，由式(4.6.9)得

$$p_1 = \frac{6.0}{3.0} = 2, p_2 = \frac{6.0}{6.0} = 1, p_3 = \frac{6.0}{2.0} = 3,\ p_4 = \frac{6.0}{1.5} = 4$$

在水准测量中，究竟用水准路线长度定权，还是用测站数定权，这要根据具体情况而定。一般说来，起伏不大的地区，每千米的测站数大致相同，则可按水准路线长度定权；而在起伏较大的地区，每千米的测站数相差较大，则按测站数定权。

**2. 同精度观测值的算术平均值的权**

算术平均值的权与观测次数成正比，即

$$p = cn \tag{4.6.10}$$

式中，$n$ 为观测次数，$c$ 为任意常数。

例如，角度(或方向)观测的权是与观测的测回数成正比的。若一测回的权为 1，

则 $n$ 个测回中数的权为 $n$。

## §4.7 协方差传播律

对于一组观测值，通常采用中误差来衡量观测值绝对精度，采用权来衡量观测值之间的相对精度。但在实际工作中，经常遇到许多量的大小并不是直接观测而得，而是由观测值间接推出，这就出现了求观测值函数的精度或权的问题。观测值的误差怎样“传播”到观测值函数上去呢？它们之间的关系可以通过方差和协方差的运算规律来导出，故将阐述这种关系的公式称为协方差传播律和协因数传播律。

### 4.7.1 观测值线性函数的方差及权

设有观测值向量 $\boldsymbol{X}$，其数学期望为 $\boldsymbol{\mu}_X$，协方差矩阵为 $\boldsymbol{D}_{XX}$，即

$$\boldsymbol{X}=\begin{bmatrix}X_1\\X_2\\\vdots\\X_n\end{bmatrix},\boldsymbol{\mu}_X=\begin{bmatrix}\mu_1\\\mu_2\\\vdots\\\mu_n\end{bmatrix}=\begin{bmatrix}E(X_1)\\E(X_2)\\\vdots\\E(X_n)\end{bmatrix}=E(\boldsymbol{X}),\boldsymbol{D}_{XX}=\begin{bmatrix}\sigma_1^2&\sigma_{12}&\cdots&\sigma_{1n}\\\sigma_{21}&\sigma_2^2&\cdots&\sigma_{2n}\\\vdots&\vdots&&\vdots\\\sigma_{n1}&\sigma_{n2}&\cdots&\sigma_n^2\end{bmatrix} \tag{4.7.1}$$

式中，$\sigma_i^2$ 为 $X_i$ 的方差，$\sigma_{ij}$ 为 $X_i$ 和 $X_j$ 的协方差，又设有 $\boldsymbol{X}$ 的线性函数为

$$Z=k_1X_1+k_2X_2+\cdots+k_nX_n+k_0 \tag{4.7.2}$$

令 $\boldsymbol{K}=[k_1\quad k_2\quad\cdots\quad k_n]$，则式(4.7.2)写成矩阵形式为

$$\underset{1\times1}{Z}=\underset{1\times n}{\boldsymbol{K}}\,\underset{n\times1}{\boldsymbol{X}}+\underset{1\times1}{k_0} \tag{4.7.3}$$

根据数学期望的性质，得

$$E(Z)=\boldsymbol{K}\boldsymbol{\mu}_X+k_0 \tag{4.7.4}$$

根据方差的定义式，可求 $Z$ 的方差为

$$\begin{aligned}\sigma_Z^2&=E\big((Z-E(Z))(Z-E(Z))^{\mathrm{T}}\big)\\&=E\big((\boldsymbol{KX}+k_0-\boldsymbol{K\mu}_X-k_0)(\boldsymbol{KX}+k_0-\boldsymbol{K\mu}_X-k_0)^{\mathrm{T}}\big)\\&=E\big(\boldsymbol{K}(\boldsymbol{X}-\boldsymbol{\mu}_X)(\boldsymbol{X}-\boldsymbol{\mu}_X)^{\mathrm{T}}\boldsymbol{K}^{\mathrm{T}}\big)\\&=\boldsymbol{K}E\big((\boldsymbol{X}-\boldsymbol{\mu}_X)(\boldsymbol{X}-\boldsymbol{\mu}_X)^{\mathrm{T}}\big)\boldsymbol{K}^{\mathrm{T}}\end{aligned}$$

即

$$\sigma_Z^2=\boldsymbol{K}\boldsymbol{D}_{XX}\boldsymbol{K}^{\mathrm{T}} \tag{4.7.5}$$

$\sigma_Z^2$ 的纯量形式为

$$\sigma_Z^2=k_1^2\sigma_1^2+k_2^2\sigma_2^2+\cdots+k_n^2\sigma_n^2+2k_1k_2\sigma_{12}+2k_1k_3\sigma_{13}+\cdots+2k_1k_n\sigma_{1n}+\cdots+2k_{n-1}k_n\sigma_{n-1n} \tag{4.7.6}$$

当向量中的各分量 $X_i(i=1,2,\cdots,n)$ 互相独立时，它们之间的协方差 $\sigma_{ij}=0$，则式(4.7.5)为

$$\sigma_Z^2=k_1^2\sigma_1^2+k_2^2\sigma_2^2+\cdots+k_n^2\sigma_n^2 \tag{4.7.7}$$

通常将式(4.7.5)、式(4.7.6)和式(4.7.7)称为协方差传播律。其中，式(4.7.7)是式(4.7.6)的一个特例。

根据协方差与协因数的关系式(4.7.7)，可以将式(4.7.5)改写为

$$\sigma_0^2 Q_{ZZ}=\sigma_0^2\boldsymbol{K}\boldsymbol{Q}_{XX}\boldsymbol{K}^{\mathrm{T}}$$

上式两边除以 $\sigma_0^2$，得

$$Q_{ZZ}=\boldsymbol{K}\boldsymbol{Q}_{XX}\boldsymbol{K}^{\mathrm{T}} \tag{4.7.8}$$

$Q_{ZZ}$ 的纯量形式为

$$Q_{ZZ}=k_1^2Q_{11}+k_2^2Q_{22}+\cdots+k_n^2Q_{nn}+2k_1k_2Q_{12}+ \\ 2k_1k_3Q_{13}+\cdots+2k_1k_nQ_{1n}+\cdots+2k_{n-1}k_nQ_{n-1n} \tag{4.7.9}$$

当向量中的各分量 $X_i(i=1,2,\cdots,n)$ 互相独立时，它们之间的协方差 $Q_{ij}=0$，则式(4.7.9)为

$$Q_{ZZ}=k_1^2Q_{11}+k_2^2Q_{22}+\cdots+k_n^2Q_{nn} \tag{4.7.10}$$

通常将式(4.7.8)、式(4.7.9)和式(4.7.10)称为协因数传播律。其中式(4.7.10)是式(4.7.9)的一个特例。顾及独立观测值权与协因数的倒数关系，式(4.7.10)还可以写成

$$\frac{1}{P_Z}=\frac{k_1^2}{P_1}+\frac{k_2^2}{P_2}+\cdots+\frac{k_n^2}{P_n} \tag{4.7.11}$$

式(4.7.11)称为权倒数传播律。

例 4.7.1　在 1∶500 的图上，量得某两点间的距离 $d=23.4$ mm，$d$ 的量测中误差 $\sigma_d=\pm0.2$ mm，求该两点实地距离 $S$ 及中误差 $\sigma_S$。

解：$S=500d=500\times23.4=11\ 700(\mathrm{mm})=11.7(\mathrm{m})$，$\sigma_S^2=500^2\sigma_d^2$，$\sigma_S=500\sigma_d=500\times(\pm0.2)=\pm100(\mathrm{mm})=\pm0.1(\mathrm{m})$。

最后写成 $S=(11.7\pm0.1)\mathrm{m}$。

例 4.7.2　设对某量以同精度独立观测了 $N$ 次，得观测值 $L_1$、$L_2$、…、$L_N$，它们的中误差均等于 $\sigma$。求 $N$ 个观测值的算术平均值的中误差及权。

解：$x=\dfrac{[L]}{N}=\dfrac{1}{N}L_1+\dfrac{1}{N}L_2+\cdots+\dfrac{1}{N}L_N$

应用协方差传播律得

$$\sigma_x^2=\frac{1}{N^2}\sigma^2+\frac{1}{N^2}\sigma^2+\cdots+\frac{1}{N^2}\sigma^2=\frac{\sigma^2}{N}$$

$$\sigma_x=\frac{\sigma}{\sqrt{N}}$$

由于是同精度观测，每个观测值的权相等，设观测值的权为 $p$，则有

$$\frac{1}{p_x}=\frac{\frac{1}{p}}{N}=\frac{1}{Np}$$

也就是

$$p_x=Np$$

即 $N$ 个同精度独立观测值的算术平均值的中误差和权分别等于各观测值的中误差除以$\sqrt{N}$和各观测值权的 $N$ 倍。

例 4.7.3 设对某量以不同精度独立观测了 $n$ 次，得观测值 $L_1$、$L_2$、…、$L_n$，它们的权分别为 $p_1$、$p_2$、…、$p_n$，假设单位权中误差为 $\sigma_0$。求 $n$ 个观测值的加权平均值的中误差及权。

$$\text{解：}x=\frac{\sum_{i=1}^{n}p_iL_i}{\sum_{i=1}^{n}p_i}=\frac{p_1}{\sum_{i=1}^{n}p_i}L_1+\frac{p_2}{\sum_{i=1}^{n}p_i}L_2+\cdots+\frac{p_n}{\sum_{i=1}^{n}p_i}L_n$$

应用权倒数传播律得

$$\frac{1}{p_x}=\frac{p_1^2}{\left(\sum_{i=1}^{n}p_i\right)^2}\frac{1}{p_1}+\frac{p_2^2}{\left(\sum_{i=1}^{n}p_i\right)^2}\frac{1}{p_2}+\cdots+\frac{p_n^2}{\left(\sum_{i=1}^{n}p_i\right)^2}\frac{1}{p_n}=\frac{1}{\sum_{i=1}^{n}p_i}$$

即

$$p_x=\sum_{i=1}^{n}p_i$$

即 $n$ 个不同精度独立观测值的加权平均值的权等于各观测值的权之和。根据方差与权的关系，可得 $n$ 个观测值的加权平均值的中误差为

$$\sigma_x=\sigma_0\frac{1}{\sqrt{\sum_{i=1}^{n}p_i}}$$

例 4.7.4 设 $X$ 为独立观测值 $L_1$、$L_2$、$L_3$ 的函数 $X=\frac{1}{3}L_1+\frac{1}{2}L_2-L_3$，已知它们的中误差分别为 $\sigma_1=3$ mm、$\sigma_2=2$ mm、$\sigma_3=2$ mm，求函数的中误差 $\sigma_X$。

解：因为 $L_1$、$L_2$、$L_3$ 是独立观测值，所以按式(4.7.7)得

$$\sigma_X^2=\left(\frac{1}{3}\right)^2\sigma_1^2+\left(\frac{1}{2}\right)^2\sigma_2^2+(-1)^2\sigma_3^2$$

$$=\frac{1}{9}\times9+\frac{1}{4}\times4+1\times2=4(\text{mm}^2)$$

$$\sigma_X=\sqrt{\sigma_X^2}=\sqrt{4}=2(\text{mm})$$

例 4.7.5 一个观测结果同时受到许多独立误差的联合影响，求其方差。

解：例如，测量一个角度，受到照准误差、读数误差、目标偏心误差和仪器偏心

误差等的影响。在这种情况下，观测结果的真误差是各个独立误差的代数和，即

$$\Delta_Z=\Delta_1+\Delta_2+\cdots+\Delta_n$$

由于这里的真误差是相互独立的，各种误差的出现都是随机的，因而也可由式(4.7.7)并顾及 $\sigma_{ij}=0$ 得出它们之间的方差关系式为

$$\sigma_Z^2=\sigma_1^2+\sigma_2^2+\cdots+\sigma_n^2$$

即观测结果的方差 $\sigma_Z^2$ 等于各独立观测值的误差所对应的方差之和。

例 4.7.6 经 $N$ 个测站测定 $A$、$B$ 两点间的高差，其中第 $i$ 站的观测高差为 $h_i$，则 $A$、$B$ 两点间的总高差 $h_{AB}$ 为 $h_{AB}=h_1+h_2+\cdots+h_N$，设各测站观测高差是精度相同的独立观测值，其方差均为 $\sigma_{站}$，试求 $h_{AB}$ 的中误差 $\sigma_{h_{AB}}$。

解：根据协方差传播律式(4.7.7)，其中 $k_1=k_2=\cdots=k_N=1$，得

$$\sigma_{h_{AB}}^2=\sigma_{站}^2+\sigma_{站}^2+\cdots+\sigma_{站}^2=N\sigma_{站}^2$$

由此得中误差 $\sigma_{h_{AB}}$ 为

$$\sigma_{h_{AB}}=\sqrt{N}\sigma_{站}$$

例 4.7.7 在例 4.7.6 中，若水准路线敷设在平坦地区，前后两个测站间的距离 $s$ 大致相等，设 $A$、$B$ 两点间的距离为 $S$ km，试求 $h_{AB}$ 的中误差 $\sigma_{h_{AB}}$。

解：由于两个测站间的距离 $s$ 大致相等，则测站数 $N=S/s$，而

$$\sigma_{h_{AB}}=\sqrt{N}\sigma_{站}=\sqrt{\frac{S}{s}}\sigma_{站}$$

如果 $S=1$ km，$s$ 以千米为单位，则 1 km 的测站数为 $1/s$，而 1 km 观测中误差为

$$\sigma_0=\sqrt{\frac{1}{s}}\sigma_{站}$$

所以，距离为 $S$ km 的 $A$、$B$ 两点的观测高差的中误差为

$$\sigma_{h_{AB}}=\sqrt{S}\sigma_0$$

### 4.7.2 多个观测值线性函数的协方差矩阵与协因数矩阵

设观测值向量 $\boldsymbol{X}$ 和 $\boldsymbol{Y}$，$\boldsymbol{X}$ 的数学期望和协方差矩阵分别为 $\boldsymbol{\mu}_X$ 和 $\boldsymbol{D}_{XX}$，$\boldsymbol{Y}$ 的数学期望和协方差矩阵分别为 $\boldsymbol{\mu}_Y$ 和 $\boldsymbol{D}_{YY}$，$\boldsymbol{X}$ 关于 $\boldsymbol{Y}$ 的互协方差矩阵为 $\boldsymbol{D}_{XY}$，其纯量形式为

$$\boldsymbol{X}=\begin{bmatrix}X_1\\X_2\\\vdots\\X_n\end{bmatrix},\boldsymbol{\mu}_X=\begin{bmatrix}\mu_{X_1}\\\mu_{X_2}\\\vdots\\\mu_{X_n}\end{bmatrix},\boldsymbol{D}_{XX}=\begin{bmatrix}\sigma_{X_1}^2 & \sigma_{X_1X_2} & \cdots & \sigma_{X_1X_n}\\\sigma_{X_2X_1} & \sigma_{X_2}^2 & \cdots & \sigma_{X_2X_n}\\\vdots & \vdots & & \vdots\\\sigma_{X_nX_1} & \sigma_{X_nX_2} & \cdots & \sigma_{X_n}^2\end{bmatrix}$$

$$\boldsymbol{Y}=\begin{bmatrix}Y_1\\Y_2\\\vdots\\Y_r\end{bmatrix},\boldsymbol{\mu}_Y=\begin{bmatrix}\mu_{Y_1}\\\mu_{Y_2}\\\vdots\\\mu_{Y_r}\end{bmatrix},\boldsymbol{D}_{YY}=\begin{bmatrix}\sigma_{Y_1}^2 & \sigma_{Y_1Y_2} & \cdots & \sigma_{Y_1Y_r}\\\sigma_{Y_2Y_1} & \sigma_{Y_2}^2 & \cdots & \sigma_{Y_2Y_r}\\\vdots & \vdots & & \vdots\\\sigma_{Y_rY_1} & \sigma_{Y_rY_2} & \cdots & \sigma_{Y_r}^2\end{bmatrix}$$

$$\boldsymbol{D}_{XY}=\begin{bmatrix}\sigma_{X_1Y_1} & \sigma_{X_1Y_2} & \cdots & \sigma_{X_1Y_r}\\\sigma_{X_2Y_1} & \sigma_{X_2Y_2} & \cdots & \sigma_{X_2Y_r}\\\vdots & \vdots & & \vdots\\\sigma_{X_nY_1} & \sigma_{X_nY_2} & \cdots & \sigma_{X_nY_r}\end{bmatrix},\boldsymbol{D}_{YX}=\boldsymbol{D}_{XY}^{\mathrm{T}}$$

若有 $\boldsymbol{X}$ 的 $m$ 个线性函数为

$$\left.\begin{aligned}Z_1&=k_{11}X_1+k_{12}X_2+\cdots+k_{1n}X_n+k_{10}\\Z_2&=k_{21}X_1+k_{22}X_2+\cdots+k_{2n}X_n+k_{20}\\&\vdots\\Z_m&=k_{m1}X_1+k_{m2}X_2+\cdots+k_{mn}X_n+k_{m0}\end{aligned}\right\}\tag{4.7.12}$$

令

$$\underset{m\times1}{\boldsymbol{Z}}=\begin{bmatrix}Z_1\\Z_2\\\vdots\\Z_m\end{bmatrix},\underset{m\times n}{\boldsymbol{K}}=\begin{bmatrix}k_{11} & k_{12} & \cdots & k_{1n}\\k_{21} & k_{22} & \cdots & k_{2n}\\\vdots & \vdots & & \vdots\\k_{m1} & k_{m2} & \cdots & k_{mn}\end{bmatrix},\underset{t\times1}{K_0}=\begin{bmatrix}k_{10}\\k_{20}\\\vdots\\k_{m0}\end{bmatrix}$$

则函数的矩阵形式为

$$\underset{m\times1}{\boldsymbol{Z}}=\underset{m\times n}{\boldsymbol{K}}\,\underset{m\times1}{\boldsymbol{X}}+\underset{m\times1}{\boldsymbol{K}_0}\tag{4.7.13}$$

函数的数学期望为

$$E(\boldsymbol{Z})=E(\boldsymbol{KX}+\boldsymbol{K}_0)=\boldsymbol{K}\boldsymbol{\mu}_X+\boldsymbol{K}_0\tag{4.7.14}$$

函数的协方差矩阵为

$$\begin{aligned}\boldsymbol{D}_{ZZ}&=E\big((\boldsymbol{Z}-E(\boldsymbol{Z}))(\boldsymbol{Z}-E(\boldsymbol{Z}))^{\mathrm{T}}\big)\\&=E\big((\boldsymbol{KX}-\boldsymbol{K}\boldsymbol{\mu}_X)(\boldsymbol{KX}-\boldsymbol{K}\boldsymbol{\mu}_X)^{\mathrm{T}}\big)\\&=\boldsymbol{K}E\big((\boldsymbol{X}-\boldsymbol{\mu}_X)(\boldsymbol{X}-\boldsymbol{\mu}_X)^{\mathrm{T}}\big)\boldsymbol{K}^{\mathrm{T}}\end{aligned}$$

即

$$\underset{m\times m}{\boldsymbol{D}_{ZZ}}=\underset{m\times n}{\boldsymbol{K}}\,\underset{n\times n}{\boldsymbol{D}_{XX}}\,\underset{n\times m}{\boldsymbol{K}^{\mathrm{T}}}\tag{4.7.15}$$

设另有 $\boldsymbol{Y}$ 的 $t$ 个线性函数

$$\left.\begin{aligned}W_1&=f_{11}Y_1+f_{12}Y_2+\cdots+f_{1r}Y_r+f_{10}\\W_2&=f_{21}Y_1+f_{22}Y_2+\cdots+f_{2r}Y_r+f_{20}\\&\vdots\\W_t&=f_{t1}Y_1+f_{t2}Y_2+\cdots+f_{tr}Y_r+f_{t0}\end{aligned}\right\}\tag{4.7.16}$$

令

$$\underset{t\times1}{\boldsymbol{W}}=\begin{bmatrix}W_1\\W_2\\\vdots\\W_t\end{bmatrix},\underset{t\times r}{\boldsymbol{F}}=\begin{bmatrix}f_{11}&f_{12}&\cdots&f_{1r}\\f_{21}&f_{22}&\cdots&f_{2r}\\\vdots&\vdots&&\vdots\\f_{t1}&f_{t2}&\cdots&f_{tr}\end{bmatrix},\underset{t\times1}{\boldsymbol{F}_0}=\begin{bmatrix}f_{10}\\f_{20}\\\vdots\\f_{t0}\end{bmatrix}$$

式(4.7.16)写成矩阵形式为

$$\boldsymbol{W}=\boldsymbol{F}\boldsymbol{Y}+\boldsymbol{F}_0 \tag{4.7.17}$$

函数的数学期望和协方差为

$$E(\boldsymbol{W})=\boldsymbol{F}\boldsymbol{\mu}_Y+\boldsymbol{F}_0 \tag{4.7.18}$$

$$\boldsymbol{D}_{WW}=\boldsymbol{F}\boldsymbol{D}_{YY}\boldsymbol{F}^{\mathrm{T}} \tag{4.7.19}$$

根据互协方差矩阵的定义有

$$\begin{aligned}\boldsymbol{D}_{ZW}&=E\left((\boldsymbol{Z}-E(\boldsymbol{Z}))(\boldsymbol{W}-E(\boldsymbol{W}))^{\mathrm{T}}\right)\\&=E\left((\boldsymbol{K}\boldsymbol{X}+\boldsymbol{K}_0-\boldsymbol{K}\boldsymbol{\mu}_X-\boldsymbol{K}_0)(\boldsymbol{F}\boldsymbol{Y}+\boldsymbol{F}_0-\boldsymbol{F}\boldsymbol{\mu}_Y-\boldsymbol{F}_0)^{\mathrm{T}}\right)\\&=\boldsymbol{K}E\left((\boldsymbol{X}-\boldsymbol{\mu}_X)(\boldsymbol{Y}-\boldsymbol{\mu}_Y)^{\mathrm{T}}\right)\boldsymbol{F}^{\mathrm{T}}\\&=\underset{m\times n}{\boldsymbol{K}}\underset{n\times r}{\boldsymbol{D}_{XY}}\underset{r\times t}{\boldsymbol{F}^{\mathrm{T}}}\end{aligned}$$

$$\begin{aligned}\boldsymbol{D}_{WZ}&=E\left((\boldsymbol{W}-E(\boldsymbol{W}))(\boldsymbol{Z}-E(\boldsymbol{Z}))^{\mathrm{T}}\right)\\&=E\left((\boldsymbol{F}\boldsymbol{Y}+\boldsymbol{F}_0-\boldsymbol{F}\boldsymbol{\mu}_Y-\boldsymbol{F}_0)(\boldsymbol{K}\boldsymbol{X}+\boldsymbol{K}_0-\boldsymbol{K}\boldsymbol{\mu}_X-\boldsymbol{K}_0)^{\mathrm{T}}\right)\\&=\boldsymbol{F}E\left((\boldsymbol{Y}-\boldsymbol{\mu}_Y)(\boldsymbol{X}-\boldsymbol{\mu}_X)^{\mathrm{T}}\right)\boldsymbol{K}^{\mathrm{T}}\end{aligned}$$

使用以上公式,观测值向量 $\boldsymbol{X}$ 和 $\boldsymbol{Y}$ 的线性函数为

$$\left.\begin{aligned}\boldsymbol{Z}&=\boldsymbol{K}\boldsymbol{X}+\boldsymbol{K}_0\\\boldsymbol{W}&=\boldsymbol{F}\boldsymbol{Y}+\boldsymbol{F}_0\end{aligned}\right\} \tag{4.7.20}$$

$\boldsymbol{X}$ 的方差矩阵为$\boldsymbol{D}_{XX}$,$\boldsymbol{Y}$ 的方差矩阵为$\boldsymbol{D}_{YY}$,$\boldsymbol{X}$ 关于 $\boldsymbol{Y}$ 的互协方差矩阵为$\boldsymbol{D}_{XY}$($\boldsymbol{D}_{YX}=\boldsymbol{D}_{XY}^{\mathrm{T}}$),$\boldsymbol{K}$、$\boldsymbol{K}_0$、$\boldsymbol{F}$、$\boldsymbol{F}_0$ 为常系数矩阵,则相关方差和协方差计算公式为

$$\left.\begin{aligned}\boldsymbol{D}_{ZZ}&=\boldsymbol{K}\boldsymbol{D}_{XX}\boldsymbol{K}^{\mathrm{T}}\\\boldsymbol{D}_{WW}&=\boldsymbol{F}\boldsymbol{D}_{YY}\boldsymbol{F}^{\mathrm{T}}\\\boldsymbol{D}_{ZW}&=\boldsymbol{K}\boldsymbol{D}_{XY}\boldsymbol{F}^{\mathrm{T}}\\\boldsymbol{D}_{WZ}&=\boldsymbol{F}\boldsymbol{D}_{YX}\boldsymbol{K}^{\mathrm{T}}\end{aligned}\right\} \tag{4.7.21}$$

式(4.7.21)即为协方差传播律的计算公式,其他计算公式均可由它导出。

根据协方差与协因数的关系式(4.7.7),可以由式(4.7.21)导出协因数传播律为

$$\left.\begin{aligned}\boldsymbol{Q}_{ZZ}&=\boldsymbol{K}\boldsymbol{Q}_{XX}\boldsymbol{K}^{\mathrm{T}}\\\boldsymbol{Q}_{WW}&=\boldsymbol{F}\boldsymbol{Q}_{YY}\boldsymbol{F}^{\mathrm{T}}\\\boldsymbol{Q}_{ZW}&=\boldsymbol{K}\boldsymbol{Q}_{XY}\boldsymbol{F}^{\mathrm{T}}\\\boldsymbol{Q}_{WZ}&=\boldsymbol{F}\boldsymbol{Q}_{YX}\boldsymbol{K}^{\mathrm{T}}\end{aligned}\right\} \tag{4.7.22}$$

例 4.7.8　设在一个三角形中，同精度独立观测得到三个内角 $L_1$、$L_2$、$L_3$，其中误差为 $\sigma$。试求将三角形闭合差平均分配后的各角 $\hat{L}_1$、$\hat{L}_2$、$\hat{L}_3$ 的协方差矩阵。

解：三角形闭合差为

$$W=L_1+L_2+L_3-180^\circ$$

而 $\hat{L}_1$、$\hat{L}_2$、$\hat{L}_3$ 为

$$\hat{L}_1=L_1-\frac{1}{3}W=\frac{2}{3}L_1-\frac{1}{3}L_2-\frac{1}{3}L_3+60^\circ$$

$$\hat{L}_2=L_2-\frac{1}{3}W=-\frac{1}{3}L_1+\frac{2}{3}L_2-\frac{1}{3}L_3+60^\circ$$

$$\hat{L}_3=L_3-\frac{1}{3}W=-\frac{1}{3}L_1-\frac{1}{3}L_2+\frac{2}{3}L_3+60^\circ$$

所以

$$\hat{\boldsymbol{L}}=\begin{bmatrix}\hat{L}_1\\ \hat{L}_2\\ \hat{L}_3\end{bmatrix}=\begin{bmatrix}2/3 & -1/3 & -1/3\\ -1/3 & 2/3 & -1/3\\ -1/3 & -1/3 & 2/3\end{bmatrix}\begin{bmatrix}L_1\\ L_2\\ L_3\end{bmatrix}+\begin{bmatrix}60^\circ\\ 60^\circ\\ 60^\circ\end{bmatrix}$$

及

$$\boldsymbol{D}_{LL}=\begin{bmatrix}\sigma^2 & 0 & 0\\ 0 & \sigma^2 & 0\\ 0 & 0 & \sigma^2\end{bmatrix}$$

应用式(4.7.19)得 $\hat{\boldsymbol{L}}$ 协方差矩阵为

$$\boldsymbol{D}_{\hat{L}\hat{L}}=\begin{bmatrix}2/3 & -1/3 & -1/3\\ -1/3 & 2/3 & -1/3\\ -1/3 & -1/3 & 2/3\end{bmatrix}\begin{bmatrix}\sigma^2 & 0 & 0\\ 0 & \sigma^2 & 0\\ 0 & 0 & \sigma^2\end{bmatrix}\begin{bmatrix}2/3 & -1/3 & -1/3\\ -1/3 & 2/3 & -1/3\\ -1/3 & -1/3 & 2/3\end{bmatrix}$$

$$=\begin{bmatrix}2/3 & -1/3 & -1/3\\ -1/3 & 2/3 & -1/3\\ -1/3 & -1/3 & 2/3\end{bmatrix}\sigma^2$$

从上式可见，分配闭合差后的各角 $\hat{L}_i$ 的中误差均为 $\sqrt{2/3}\sigma$，而它们之间的协方差均为 $-1/3\sigma^2$。协方差为负，表示它们是负相关。因 $\sqrt{2/3}\sigma<\sigma$，所以分配闭合差后的 $\hat{L}_i$ 的精度高于观测值 $L_i$。

例 4.7.9　已知观测值向量 $\underset{n\times1}{\boldsymbol{L}_1}$、$\underset{m\times1}{\boldsymbol{L}_2}$、$\underset{r\times1}{\boldsymbol{L}_3}$，其协方差矩阵为

$$\begin{bmatrix}\boldsymbol{D}_{11} & \boldsymbol{D}_{12} & \boldsymbol{D}_{13}\\ \boldsymbol{D}_{21} & \boldsymbol{D}_{22} & \boldsymbol{D}_{23}\\ \boldsymbol{D}_{31} & \boldsymbol{D}_{32} & \boldsymbol{D}_{33}\end{bmatrix}$$

现组成函数

$$\boldsymbol{X}=\boldsymbol{A}\boldsymbol{L}_1+\boldsymbol{A}_0$$
$$\boldsymbol{Y}=\boldsymbol{B}\boldsymbol{L}_2+\boldsymbol{B}_0$$
$$\boldsymbol{Z}=\boldsymbol{C}\boldsymbol{L}_3+\boldsymbol{C}_0$$

式中，$\boldsymbol{A}$、$\boldsymbol{B}$、$\boldsymbol{C}$ 为系数矩阵，$\boldsymbol{A}_0$、$\boldsymbol{B}_0$、$\boldsymbol{C}_0$ 为常数矩阵。令 $\boldsymbol{W}=[\boldsymbol{X}\quad \boldsymbol{Y}\quad \boldsymbol{Z}]^{\mathrm{T}}$，试求协方差矩阵$\boldsymbol{D}_{WW}$。

解：将函数写成矩阵形式为

$$\boldsymbol{W}=\begin{bmatrix}\boldsymbol{X}\\ \boldsymbol{Y}\\ \boldsymbol{Z}\end{bmatrix}=\begin{bmatrix}\boldsymbol{A} & \boldsymbol{0} & \boldsymbol{0}\\ \boldsymbol{0} & \boldsymbol{B} & \boldsymbol{0}\\ \boldsymbol{0} & \boldsymbol{0} & \boldsymbol{C}\end{bmatrix}\begin{bmatrix}\boldsymbol{L}_1\\ \boldsymbol{L}_2\\ \boldsymbol{L}_3\end{bmatrix}+\begin{bmatrix}\boldsymbol{A}_0\\ \boldsymbol{B}_0\\ \boldsymbol{C}_0\end{bmatrix}$$

利用协方差传播律得

$$\boldsymbol{D}_{WW}=\begin{bmatrix}\boldsymbol{A} & \boldsymbol{0} & \boldsymbol{0}\\ \boldsymbol{0} & \boldsymbol{B} & \boldsymbol{0}\\ \boldsymbol{0} & \boldsymbol{0} & \boldsymbol{C}\end{bmatrix}\begin{bmatrix}\boldsymbol{D}_{11} & \boldsymbol{D}_{12} & \boldsymbol{D}_{13}\\ \boldsymbol{D}_{21} & \boldsymbol{D}_{22} & \boldsymbol{D}_{23}\\ \boldsymbol{D}_{31} & \boldsymbol{D}_{32} & \boldsymbol{D}_{33}\end{bmatrix}\begin{bmatrix}\boldsymbol{A}^{\mathrm{T}} & \boldsymbol{0} & \boldsymbol{0}\\ \boldsymbol{0} & \boldsymbol{B}^{\mathrm{T}} & \boldsymbol{0}\\ \boldsymbol{0} & \boldsymbol{0} & \boldsymbol{C}^{\mathrm{T}}\end{bmatrix}$$
$$=\begin{bmatrix}\boldsymbol{A}\boldsymbol{D}_{11}\boldsymbol{A}^{\mathrm{T}} & \boldsymbol{A}\boldsymbol{D}_{12}\boldsymbol{B}^{\mathrm{T}} & \boldsymbol{A}\boldsymbol{D}_{13}\boldsymbol{C}^{\mathrm{T}}\\ \boldsymbol{B}\boldsymbol{D}_{21}\boldsymbol{A}^{\mathrm{T}} & \boldsymbol{B}\boldsymbol{D}_{22}\boldsymbol{B}^{\mathrm{T}} & \boldsymbol{B}\boldsymbol{D}_{23}\boldsymbol{C}^{\mathrm{T}}\\ \boldsymbol{C}\boldsymbol{D}_{31}\boldsymbol{A}^{\mathrm{T}} & \boldsymbol{C}\boldsymbol{D}_{32}\boldsymbol{B}^{\mathrm{T}} & \boldsymbol{C}\boldsymbol{D}_{33}\boldsymbol{C}^{\mathrm{T}}\end{bmatrix}$$

例 4.7.10 设有函数 $F=f_1x+f_2y$，其中

$$x=\alpha_1L_1+\alpha_2L_2+\cdots+\alpha_nL_n+\alpha_0$$
$$y=\beta_1L_1+\beta_2L_2+\cdots+\beta_nL_n+\beta_0$$

$\alpha_i$、$\beta_i(i=0,1,2,\cdots,n)$为无误差的常数，而观测值 $L_1$、$L_2$、…、$L_n$ 的权分别为 $p_1$、$p_2$、…、$p_n$，试求函数 $F$ 的权倒数$\frac{1}{p_F}$。

解：算法一。因为

$$F=f_1x+f_2y=[f_1\quad f_2]\begin{bmatrix}x\\ y\end{bmatrix}$$

而

$$\begin{bmatrix}x\\ y\end{bmatrix}=\begin{bmatrix}\alpha_1 & \alpha_2 & \cdots & \alpha_n\\ \beta_1 & \beta_2 & \cdots & \beta_n\end{bmatrix}\begin{bmatrix}L_1\\ L_2\\ \vdots\\ L_n\end{bmatrix}+\begin{bmatrix}\alpha_0\\ \beta_0\end{bmatrix}$$

代入上式得

$$F=[f_1\quad f_2]\begin{bmatrix}\alpha_1 & \alpha_2 & \cdots & \alpha_n\\ \beta_1 & \beta_2 & \cdots & \beta_n\end{bmatrix}\begin{bmatrix}L_1\\ L_2\\ \vdots\\ L_n\end{bmatrix}+[f_1\quad f_2]\begin{bmatrix}\alpha_0\\ \beta_0\end{bmatrix}$$

$$=[f_1\alpha_1+f_2\beta_1\quad f_1\alpha_2+f_2\beta_2\quad\cdots\quad f_1\alpha_n+f_2\beta_n]\begin{bmatrix}L_1\\ L_2\\ \vdots\\ L_n\end{bmatrix}+f_1\alpha_0+f_2\beta_0$$

利用权倒数传播律,得

$$\frac{1}{p_F}=\frac{(f_1\alpha_1+f_2\beta_1)^2}{p_1}+\frac{(f_1\alpha_2+f_2\beta_2)^2}{p_2}+\cdots+\frac{(f_1\alpha_n+f_2\beta_n)^2}{p_n}$$

$$=f_1^2\sum_{i=1}^{n}\frac{\alpha_i^2}{p_i}+2f_1f_2\sum_{i=1}^{n}\frac{\alpha_i\beta_i}{p_i}+f_2^2\sum_{i=1}^{n}\frac{\beta_i^2}{p_i}$$

算法二。设 $\boldsymbol{Z}=[x\quad y]^{\mathrm{T}}$,$\boldsymbol{f}=[f_1\quad f_2]$,则 $F=\boldsymbol{fZ}$,先求 $\boldsymbol{Z}$ 的协因数矩阵为

$$\boldsymbol{Q}_{ZZ}=\begin{bmatrix}\alpha_1 & \alpha_2 & \cdots & \alpha_n\\ \beta_1 & \beta_2 & \cdots & \beta_n\end{bmatrix}\begin{bmatrix}\frac{1}{p_1} & & & \\ & \frac{1}{p_2} & & \\ & & \ddots & \\ & & & \frac{1}{p_n}\end{bmatrix}\begin{bmatrix}\alpha_1 & \beta_1\\ \alpha_2 & \beta_2\\ \vdots & \vdots\\ \alpha_n & \beta_n\end{bmatrix}$$

$$=\begin{bmatrix}\sum_{i=1}^{n}\frac{\alpha_i^2}{p_i} & \sum_{i=1}^{n}\frac{\alpha_i\beta_i}{p_i}\\ \sum_{i=1}^{n}\frac{\alpha_i\beta_i}{p_i} & \sum_{i=1}^{n}\frac{\beta_i^2}{p_i}\end{bmatrix}$$

再求 $F$ 的权倒数为

$$\frac{1}{p_F}=[f_1\quad f_2]\begin{bmatrix}\sum_{i=1}^{n}\frac{\alpha_i^2}{p_i} & \sum_{i=1}^{n}\frac{\alpha_i\beta_i}{p_i}\\ \sum_{i=1}^{n}\frac{\alpha_i\beta_i}{p_i} & \sum_{i=1}^{n}\frac{\beta_i^2}{p_i}\end{bmatrix}\begin{bmatrix}f_1\\ f_2\end{bmatrix}$$

$$=f_1^2\sum_{i=1}^{n}\frac{\alpha_i^2}{p_i}+2f_1f_2\sum_{i=1}^{n}\frac{\alpha_i\beta_i}{p_i}+f_2^2\sum_{i=1}^{n}\frac{\beta_i^2}{p_i}$$

本例是一个复合函数传播律问题,两种方法都可行,但第二种方法更简略。

例 4.7.11　已知随机向量 $\underset{n\times 1}{\boldsymbol{Y}}$、$\underset{r\times 1}{\boldsymbol{Z}}$ 都是观测向量 $\underset{n\times 1}{\boldsymbol{L}}$ 的函数,且有函数关系为

$$Y=\left[I-A^{\mathrm{T}}(AA^{\mathrm{T}})^{-1}A\right]L$$

$$Z=(AA^{\mathrm{T}})^{-1}AL$$

式中，$\underset{r\times n}{A}$ 为系数矩阵。若 $Q_{LL}=I$，试证明 $Y$、$Z$ 是互不相关的。

证明：根据协因数矩阵（权逆矩阵）传播律得

$$\begin{aligned}\underset{n\times r}{Q}_{YZ}&=\left[I-A^{\mathrm{T}}(AA^{\mathrm{T}})^{-1}A\right]Q_{LL}((AA^{\mathrm{T}})^{-1}A)^{\mathrm{T}}\\&=A^{\mathrm{T}}(AA^{\mathrm{T}})^{-1}-A^{\mathrm{T}}(AA^{\mathrm{T}})^{-1}\cdot AA^{\mathrm{T}}\cdot(AA^{\mathrm{T}})^{-1}\\&=A^{\mathrm{T}}(AA^{\mathrm{T}})^{-1}-A^{\mathrm{T}}(AA^{\mathrm{T}})^{-1}=0\end{aligned}$$

所以 $Y$、$Z$ 互不相关。

例 4.7.12 设观测值向量为 $L=[L_1\ \ L_2\ \ \cdots\ \ L_n]^{\mathrm{T}}$，参数向量为 $\hat{x}=[\hat{x}_1\ \ \hat{x}_2\ \ \cdots\ \ \hat{x}_t]^{\mathrm{T}}$，改正数向量为 $V=[V_1\ \ V_2\ \ \cdots\ \ V_n]^{\mathrm{T}}$，平差值向量 $\hat{L}=[\hat{L}_1\ \ \hat{L}_2\ \ \cdots\ \ \hat{L}_n]^{\mathrm{T}}$，其关系式为

$$\hat{x}=(B^{\mathrm{T}}PB)^{-1}B^{\mathrm{T}}P(L-BX^0-d)$$

$$V=B\hat{x}-(L-BX^0-d)$$

$$\hat{L}=L+V$$

式中，系数矩阵 $B$、常数向量 $d$、近似值向量 $X^0$ 和权矩阵 $P$ 分别为

$$B=\begin{bmatrix}b_{11}&b_{12}&\cdots&b_{1t}\\b_{21}&b_{22}&\cdots&b_{2t}\\\vdots&\vdots&&\vdots\\b_{n1}&b_{n2}&\cdots&b_{nt}\end{bmatrix},d=\begin{bmatrix}d_1\\d_2\\\vdots\\d_n\end{bmatrix},X^0=\begin{bmatrix}X_1^0\\X_2^0\\\vdots\\X_t^0\end{bmatrix},P=\begin{bmatrix}P_1&&&\\&P_2&&\\&&\ddots&\\&&&P_n\end{bmatrix}$$

试求 $\hat{x}$、$V$ 和 $\hat{L}$ 的协因数矩阵 $Q_{\hat{x}\hat{x}}$、$Q_{VV}$、$Q_{\hat{L}\hat{L}}$ 和互协因数矩阵 $Q_{\hat{x}V}$、$Q_{V\hat{L}}$、$Q_{\hat{x}\hat{L}}$。

解：(1) 先求 $Q_{\hat{x}\hat{x}}$。因为

$$\hat{x}=(B^{\mathrm{T}}PB)^{-1}B^{\mathrm{T}}P(L-BX^0-d)\tag{1}$$

令 $G=(B^{\mathrm{T}}PB)^{-1}B^{\mathrm{T}}P$，$G^0=-(B^{\mathrm{T}}PB)^{-1}B^{\mathrm{T}}P(BX^0+d)$，则上式可以改写为

$$\hat{x}=GL+G^0\tag{2}$$

利用协因数传播律求得 $\hat{x}$ 的协因数矩阵为

$$Q_{\hat{x}\hat{x}}=GQ_{LL}G^{\mathrm{T}}=(B^{\mathrm{T}}PB)^{-1}B^{\mathrm{T}}PP^{-1}PB(B^{\mathrm{T}}PB)^{-1}=(B^{\mathrm{T}}PB)^{-1}\tag{3}$$

(2) 求 $Q_{VV}$。因为

$$V=B\hat{x}-(L-BX^0-d)=(BG-I)L+B(G^0+X^0)+d\tag{4}$$

$$\begin{aligned}Q_{VV}&=(BG-I)Q_{LL}(BG-I)^{\mathrm{T}}\\&=(BG-I)P^{-1}(G^{\mathrm{T}}B^{\mathrm{T}}-I)^{\mathrm{T}}\\&=BGP^{-1}G^{\mathrm{T}}B^{\mathrm{T}}-BGP^{-1}-P^{-1}G^{\mathrm{T}}B^{\mathrm{T}}+P^{-1}\\&=B(B^{\mathrm{T}}PB)^{-1}B^{\mathrm{T}}PP^{-1}PB(B^{\mathrm{T}}PB)^{-1}B^{\mathrm{T}}-B(B^{\mathrm{T}}PB)^{-1}B^{\mathrm{T}}PP^{-1}+\\&\quad P^{-1}PB(B^{\mathrm{T}}PB)^{-1}B^{\mathrm{T}}+P^{-1}\\&=B(B^{\mathrm{T}}PB)^{-1}B^{\mathrm{T}}-B(B^{\mathrm{T}}PB)^{-1}B^{\mathrm{T}}-B(B^{\mathrm{T}}PB)^{-1}B^{\mathrm{T}}+P^{-1}\end{aligned}$$

故

$$Q_{VV}=P^{-1}-B\,(B^{T}PB)^{-1}B^{T} \tag{5}$$

(3)求 $Q_{\hat{L}\hat{L}}$。因为

$$\hat{L}=L+V=L+B\hat{x}-(L-BX^{0}-d)=B\hat{x}+BX^{0}+d \tag{6}$$

所以

$$Q_{\hat{L}\hat{L}}=B\,(B^{T}PB)^{-1}B^{T} \tag{7}$$

(4)求 $Q_{\hat{x}V}$。由式(2)和式(4),根据协因数阵传播律,得

$$\begin{aligned}Q_{\hat{x}V}&=GP^{-1}(BG-I)^{T}\\&=GP^{-1}G^{T}B^{T}-GP^{-1}\\&=(B^{T}PB)^{-1}B^{T}PP^{-1}PB(B^{T}PB)^{-1}B^{T}-(B^{T}PB)^{-1}B^{T}PP^{-1}\end{aligned}$$

因此

$$Q_{\hat{x}V}=0 \tag{8}$$

(5)求 $Q_{V\hat{L}}$。将式(2)代入式(6),并顾及式(4),应用传播律,得

$$\begin{aligned}Q_{V\hat{L}}&=(BG-I)P^{-1}(BG)^{T}=BGP^{-1}G^{T}B^{T}-P^{-1}G^{T}B^{T}\\&=B(B^{T}PB)^{-1}B^{T}PP^{-1}PB(B^{T}PB)^{-1}B^{T}-P^{-1}PB(B^{T}PB)^{-1}B^{T}\end{aligned}$$

即

$$Q_{V\hat{L}}=0 \tag{9}$$

(6)求 $Q_{\hat{x}\hat{L}}$。将式(2)代入式(6),应用传播律,得

$$Q_{\hat{x}\hat{L}}=GP^{-1}G^{T}B^{T}=(B^{T}PB)^{-1}B^{T}PP^{-1}PB\,(B^{T}PB)^{-1}B^{T}$$

即

$$Q_{\hat{x}\hat{L}}=(B^{T}PB)^{-1}B^{T} \tag{10}$$

例 4.7.13　设观测向量为 $L=[L_1\quad L_2\quad \cdots\quad L_n]^{T}$,联系数向量为 $K=[k_1\quad k_2\quad \cdots\quad k_r]^{T}$,闭合差向量为 $W=[w_1\quad w_2\quad \cdots\quad w_r]^{T}$,改正数向量为 $V=[V_1\quad V_2\quad \cdots\quad V_n]^{T}$,平差值向量为 $\hat{L}=[\hat{L}_1\quad \hat{L}_2\quad \cdots\quad \hat{L}_n]^{T}$,权矩阵为 $P=\mathrm{diag}(P_1,P_2,\cdots,P_n)$,系数矩阵为 $\underset{r\times n}{A}=\{a_{ij}\}$,常数向量为$A_0=[A_1^0\quad A_2^0\quad \cdots\quad A_r^0]^{T}$。其关系式为

$$-W=AL+A_0$$

$$K=(A\,P^{-1}A^{T})^{-1}W$$

$$V=P^{-1}A^{T}K$$

$$\hat{L}=L+V$$

试求:$Q_{LL}$、$Q_{WW}$、$Q_{KK}$、$Q_{\hat{L}\hat{L}}$、$Q_{VV}$。

解:(1)计算$Q_{LL}$,即

$$Q_{LL}=P^{-1}=\mathrm{diag}(1/P_1,1/P_2,\cdots,1/P_n)$$

(2)计算$Q_{WW}$,即

$$Q_{WW}=A\,Q_{LL}A^{T}$$

(3)计算$\boldsymbol{Q}_{KK}$,即

$$\boldsymbol{Q}_{KK}=(\boldsymbol{A}\boldsymbol{Q}_{LL}\boldsymbol{A}^{\mathrm{T}})^{-1}\boldsymbol{Q}_{WW}(\boldsymbol{A}\boldsymbol{Q}_{LL}\boldsymbol{A}^{\mathrm{T}})^{-1}=(\boldsymbol{A}\boldsymbol{Q}_{LL}\boldsymbol{A}^{\mathrm{T}})^{-1}$$

(4)计算$\boldsymbol{Q}_{VV}$,即

$$\boldsymbol{Q}_{VV}=\boldsymbol{P}^{-1}\boldsymbol{A}^{\mathrm{T}}\boldsymbol{Q}_{KK}\boldsymbol{A}\boldsymbol{P}^{-1}=\boldsymbol{P}^{-1}\boldsymbol{A}^{\mathrm{T}}(\boldsymbol{A}\boldsymbol{Q}_{LL}\boldsymbol{A}^{\mathrm{T}})^{-1}\boldsymbol{A}\boldsymbol{P}^{-1}$$

(5)计算$\boldsymbol{Q}_{\hat{L}\hat{L}}$,即

$$\begin{aligned}\hat{\boldsymbol{L}}&=\boldsymbol{L}+\boldsymbol{V}=\boldsymbol{L}+\boldsymbol{P}^{-1}\boldsymbol{A}^{\mathrm{T}}\boldsymbol{K}=\boldsymbol{L}+\boldsymbol{P}^{-1}\boldsymbol{A}^{\mathrm{T}}(\boldsymbol{A}\boldsymbol{P}^{-1}\boldsymbol{A}^{\mathrm{T}})^{-1}\boldsymbol{W}\\&=\boldsymbol{L}-\boldsymbol{P}^{-1}\boldsymbol{A}^{\mathrm{T}}(\boldsymbol{A}\boldsymbol{P}^{-1}\boldsymbol{A}^{\mathrm{T}})^{-1}(\boldsymbol{A}\boldsymbol{L}+\boldsymbol{A}_0)\end{aligned}$$

$$\begin{aligned}\boldsymbol{Q}_{\hat{L}\hat{L}}&=\left[\boldsymbol{I}-\boldsymbol{P}^{-1}\boldsymbol{A}^{\mathrm{T}}(\boldsymbol{A}\boldsymbol{P}^{-1}\boldsymbol{A}^{\mathrm{T}})^{-1}\boldsymbol{A}\right]\boldsymbol{Q}_{LL}\left[\boldsymbol{I}-\boldsymbol{P}^{-1}\boldsymbol{A}^{\mathrm{T}}(\boldsymbol{A}\boldsymbol{P}^{-1}\boldsymbol{A}^{\mathrm{T}})^{-1}\boldsymbol{A}\right]^{\mathrm{T}}\\&=\boldsymbol{P}^{-1}-\boldsymbol{P}^{-1}\boldsymbol{A}^{\mathrm{T}}(\boldsymbol{A}\boldsymbol{P}^{-1}\boldsymbol{A}^{\mathrm{T}})^{-1}\boldsymbol{A}\boldsymbol{P}^{-1}\end{aligned}$$

### 4.7.3　非线性函数情况

在测量实践中,常常会遇到非线性函数协方差和协因数传播问题,一般做法是先将非线性函数线性化,再利用传播公式计算。

**1.单个非线性函数的协方差传播**

设有观测向量 $\boldsymbol{X}$ 的非线性函数为

$$Z=f(X_1,X_2,\cdots,X_n) \tag{4.7.23}$$

已知 $\boldsymbol{X}$ 的协方差矩阵 $\boldsymbol{D}_{XX}$,求 $Z$ 的方差 $D_{ZZ}$。

将函数式 $Z=f(X_1,X_2,\cdots,X_n)$按泰勒级数在点$(X_1^0,X_2^0,\cdots,X_n^0)$处展开为

$$Z=f(X_1^0,X_2^0,\cdots,X_n^0)+\left(\frac{\partial f}{\partial X_1}\right)_0(X_1-X_1^0)+\left(\frac{\partial f}{\partial X_2}\right)(X_2-X_2^0)+\cdots+\left(\frac{\partial f}{\partial X_n}\right)_0(X_n-X_n^0)+(\text{二次项及以上}) \tag{4.7.24}$$

式中,$\left(\frac{\partial f}{\partial X_i}\right)_0$ 是函数对各个变量所取的偏导数,并以近似值 $X^0$ 代入,所算得的数值都是常数,当 $\boldsymbol{X}^0$ 与 $\boldsymbol{X}$ 非常接近时,式(4.7.24)中二次项以上各项很微小,可以略去,得

$$Z=\left(\frac{\partial f}{\partial X_1}\right)_0X_1+\left(\frac{\partial f}{\partial X_2}\right)_0X_2+\cdots+\left(\frac{\partial f}{\partial X_n}\right)_0X_n+f(X_1^0,X_2^0,\cdots,X_n^0)-\sum_{i=1}^{n}\left(\frac{\partial f}{\partial X_i}\right)_0X_i^0$$

令

$$\boldsymbol{K}=[k_1\quad k_2\quad\cdots\quad k_n]=\left[\left(\frac{\partial f}{\partial X_1}\right)_0\left(\frac{\partial f}{\partial X_2}\right)_0\quad\cdots\quad\left(\frac{\partial f}{\partial X_n}\right)_0\right]$$

$$k_0=f(X_1^0,X_2^0,\cdots,X_n^0)-\sum_{i=1}^{n}k_iX_i^0$$

得

$$Z=k_1X_1+k_2X_2+\cdots+k_nX_n+k_0=\boldsymbol{K}\boldsymbol{X}+k_0 \tag{4.7.25}$$

这样,就将非线性函数式化成了线性函数式,然后用线性函数的协方差传播律计算

协方差，即

$$\boldsymbol{D}_{ZZ}=\boldsymbol{K}\boldsymbol{D}_{XX}\boldsymbol{K}^{\mathrm{T}} \tag{4.7.26}$$

如果令

$$\left.\begin{aligned}&\mathrm{d}X_i=X_i-X_i^0\quad(i=1,2,\cdots,n)\\&\mathrm{d}\boldsymbol{X}=[\mathrm{d}X_1\quad \mathrm{d}X_2\quad\cdots\quad \mathrm{d}X_n]^{\mathrm{T}}\\&\mathrm{d}Z=Z-Z^0=Z-f(X_1^0,X_2^0,\cdots,X_n^0)\end{aligned}\right\} \tag{4.7.27}$$

则式(4.7.24)可写为

$$\mathrm{d}Z=\left(\frac{\partial f}{\partial X_1}\right)_0\mathrm{d}X_1+\left(\frac{\partial f}{\partial X_2}\right)_0\mathrm{d}X_2+\cdots+\left(\frac{\partial f}{\partial X_n}\right)_0\mathrm{d}X_n=\boldsymbol{K}\mathrm{d}\boldsymbol{X} \tag{4.7.28}$$

式(4.7.28)是非线性函数式(4.7.23)的全微分。根据协方差传播律，得

$$\boldsymbol{D}_{\mathrm{d}x_i\mathrm{d}x_j}=\boldsymbol{D}_{X_iX_j},\boldsymbol{D}_{\mathrm{d}z\mathrm{d}z}=\boldsymbol{D}_{ZZ}$$

为了求非线性函数的方差，只要对它求全微分就可以了。

**2.多个非线性函数的协方差传播**

如果有 $\boldsymbol{X}$ 的 $t$ 个非线性函数，即

$$\left.\begin{aligned}Z_1&=f_1(X_1,X_2,\cdots,X_n)\\Z_2&=f_2(X_1,X_2,\cdots,X_n)\\&\vdots\\Z_t&=f_t(X_1,X_2,\cdots,X_n)\end{aligned}\right\} \tag{4.7.29}$$

将 $t$ 个函数求全微分，得

$$\left.\begin{aligned}\mathrm{d}Z_1&=\left(\frac{\partial f_1}{\partial X_1}\right)_0\mathrm{d}X_1+\left(\frac{\partial f_1}{\partial X_2}\right)_0\mathrm{d}X_2+\cdots+\left(\frac{\partial f_1}{\partial X_n}\right)_0\mathrm{d}X_n\\\mathrm{d}Z_2&=\left(\frac{\partial f_2}{\partial X_1}\right)_0\mathrm{d}X_1+\left(\frac{\partial f_2}{\partial X_2}\right)_0\mathrm{d}X_2+\cdots+\left(\frac{\partial f_2}{\partial X_n}\right)_0\mathrm{d}X_n\\&\vdots\\\mathrm{d}Z_t&=\left(\frac{\partial f_t}{\partial X_1}\right)_0\mathrm{d}X_1+\left(\frac{\partial f_t}{\partial X_2}\right)_0\mathrm{d}X_2+\cdots+\left(\frac{\partial f_t}{\partial X_n}\right)_0\mathrm{d}X_n\end{aligned}\right\} \tag{4.7.30}$$

若记

$$\underset{t\times1}{\boldsymbol{Z}}=\begin{bmatrix}Z_1\\Z_2\\\vdots\\Z_t\end{bmatrix},\underset{t\times1}{\mathrm{d}\boldsymbol{Z}}=\begin{bmatrix}\mathrm{d}Z_1\\\mathrm{d}Z_2\\\vdots\\\mathrm{d}Z_t\end{bmatrix},\underset{t\times n}{\boldsymbol{K}}=\begin{bmatrix}\left(\frac{\partial f_1}{\partial X_1}\right)_0&\left(\frac{\partial f_1}{\partial X_2}\right)_0&\cdots&\left(\frac{\partial f_1}{\partial X_n}\right)_0\\\left(\frac{\partial f_2}{\partial X_1}\right)_0&\left(\frac{\partial f_2}{\partial X_2}\right)_0&\cdots&\left(\frac{\partial f_2}{\partial X_n}\right)_0\\\vdots&\vdots&&\vdots\\\left(\frac{\partial f_t}{\partial X_1}\right)_0&\left(\frac{\partial f_t}{\partial X_2}\right)_0&\cdots&\left(\frac{\partial f_t}{\partial X_n}\right)_0\end{bmatrix} \tag{4.7.31}$$

则有

$$\mathrm{d}\boldsymbol{Z}=\boldsymbol{K}\mathrm{d}\boldsymbol{X} \tag{4.7.32}$$

根据协方差传播律得 $\underset{t\times 1}{\boldsymbol{Z}}$ 的协方差矩阵为

$$\boldsymbol{D}_{ZZ}=\boldsymbol{K}\boldsymbol{D}_{XX}\boldsymbol{K}^{\mathrm{T}} \tag{4.7.33}$$

因此，对于非线性函数，首先将其线性化，然后用线性函数的协方差传播律计算。线性化方法可用泰勒级数展开或求全微分。

应用协方差传播律的具体步骤为：

(1)按要求写出函数式，如 $Z_i=f_i(X_1,X_2,\cdots,X_n),(i=1,2,\cdots,t)$。

(2)如果为非线性函数，则对函数式求全微分，得

$$\mathrm{d}Z_i=\left(\frac{\partial f_i}{\partial X_1}\right)_0\mathrm{d}X_1+\left(\frac{\partial f_i}{\partial X_2}\right)_0\mathrm{d}X_2+\cdots+\left(\frac{\partial f_i}{\partial X_n}\right)_0\mathrm{d}X_n\quad(i=1,2,\cdots,t)$$

(3)写成矩阵形式为 $\boldsymbol{Z}=\boldsymbol{K}\boldsymbol{X}$ 或 $\mathrm{d}\boldsymbol{Z}=\boldsymbol{K}\mathrm{d}\boldsymbol{X}$

(4)应用协方差传播律求方差或协方差矩阵。

按最小二乘法进行平差，其主要内容之一是精度评定，即评定观测值及观测值函数的精度。协方差传播律正是用来求观测值函数的中误差和协方差的基本公式。在以后有关平差计算的章节中，都是以协方差传播律为基础，分别推导适用于不同平差方法的精度计算公式。

例 4.7.14　三角高程测量中，按公式 $h=D\tan\delta$ 计算高差。今测得 $D=124.18\pm0.03$ m，$\delta=19°41'30''\pm40''$，求高差的中误差。

解：对高差公式全微分，使之变成线性函数，得

$$\mathrm{d}h=\left(\frac{\partial h}{\partial D}\right)_0\mathrm{d}D+\left(\frac{\partial h}{\partial\delta}\right)_0\mathrm{d}\delta$$

$$\sigma_h^2=\begin{bmatrix}\left(\frac{\partial h}{\partial D}\right)_0 & \left(\frac{\partial h}{\partial\delta}\right)_0\end{bmatrix}\begin{bmatrix}\sigma_D^2 & 0\\ 0 & \sigma_\delta^2\end{bmatrix}\begin{bmatrix}\left(\frac{\partial h}{\partial D}\right)_0\\ \left(\frac{\partial h}{\partial\delta}\right)_0\end{bmatrix}$$

式中，$\sigma_D$ 为平距 $D$ 的中误差，$\sigma_\delta$ 为垂直角 $\delta$ 的中误差。

又因

$$\sigma_h^2=\left(\frac{\partial h}{\partial D}\right)_0^2\sigma_D^2+\left(\frac{\partial h}{\partial\delta}\right)_0^2\frac{\sigma_\delta^2}{\rho^2}=(\tan^2\delta)\sigma_D^2+\frac{D^2}{\cos^4\delta}\frac{\sigma_\delta^2}{\rho^2}=\frac{\cos^4\delta\tan^2\delta\sigma_D^2+D^2\dfrac{\sigma_\delta^2}{\rho^2}}{\cos^4\delta}$$

所以

$$\sigma_h=\pm\frac{1}{\cos^2\delta}\sqrt{\left(\frac{1}{2}\sin 2\delta\right)^2\sigma_D^2+D^2\frac{\sigma_\delta^2}{\rho^2}}$$

将已知数值代入，即可算得 $\sigma_h=\pm0.03$ m。

例 4.7.15　对于 GIS 线元要素的方差，如图 4.7.1 所示，设已知直线两端数字化坐标为 $A(x_1,y_1)$、$B(x_2,y_2)$，其协方差矩阵为

$$\boldsymbol{D}=\begin{bmatrix} \sigma_{x_1}^2 & \sigma_{x_1y_1} & \sigma_{x_1x_2} & \sigma_{x_1y_2} \\ \sigma_{x_1y_1} & \sigma_{y_1}^2 & \sigma_{y_1x_2} & \sigma_{y_1y_2} \\ \sigma_{x_1x_2} & \sigma_{y_1x_2} & \sigma_{x_2}^2 & \sigma_{x_2y_2} \\ \sigma_{x_1y_2} & \sigma_{y_1y_2} & \sigma_{x_2y_2} & \sigma_{y_2}^2 \end{bmatrix}$$

试求在 $AB$ 直线上 $AP=S_1$ 的 $P$ 点坐标 $(x,y)$ 及其协方差矩阵。

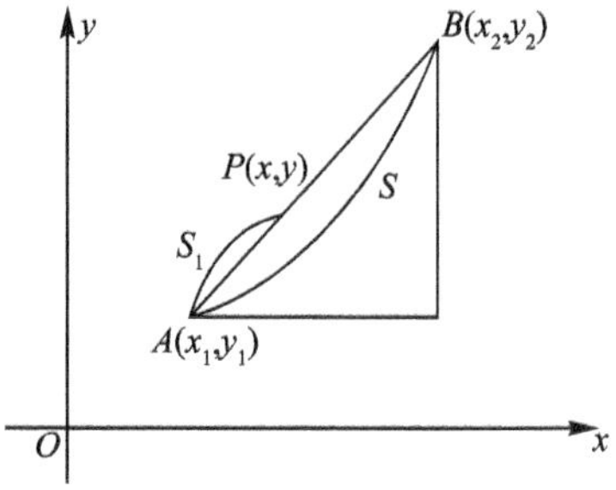


图 4.7.1　GIS 线元要素的方差

解：由图 4.7.1 知

$$x=x_1+\Delta x_{AP}=x_1+\frac{S_1}{S}(x_2-x_1)=(1-r_1)x_1+r_1x_2$$

$$y=y_1+\Delta y_{AP}=y_1+\frac{S_1}{S}(y_2-y_1)=(1-r_1)y_1+r_1y_2$$

式中，比例数 $r_1=\frac{S_1}{S}$ 视为无误差，则 $P$ 点坐标的方差为

$$\sigma_x^2=(1-r_1)^2\sigma_{x_1}^2+r_1^2\sigma_{x_2}^2+2(1-r_1)r_1\sigma_{x_1x_2}$$

$$\sigma_y^2=(1-r_1)^2\sigma_{y_1}^2+r_1^2\sigma_{y_2}^2+2(1-r_1)r_1\sigma_{y_1y_2}$$

$$\sigma_{xy}=(1-r_1)^2\sigma_{x_1y_1}+(1-r_1)r_1\sigma_{x_1y_2}+(1-r_1)r_1\sigma_{x_2y_1}+r_1^2\sigma_{x_2y_2}$$

以上就是计算直线 $AB$ 上任意点的坐标及其方差、协方差的一般公式。

例 4.7.16　对于对时间观测序列进行平滑得到的平均值的方差，设有等时间间隔观测序列

$$X_1,X_2,\cdots,X_{i-1},X_i,X_{i+1},\cdots,X_{n-1},X_n$$

为对序列进行平滑，取三点滑动，其平均值为

$$\overline{X}_{i-1}=\frac{1}{3}(X_{i-2}+X_{i-1}+X_i)$$

$$\overline{X}_i=\frac{1}{3}(X_{i-1}+X_i+X_{i+1})$$

$$\overline{X}_{i+1}=\frac{1}{3}(X_i+X_{i+1}+X_{i+2})$$

已知观测序列为等精度独立观测序列，各观测值中误差为 $\sigma$，协方差为 $\sigma_{ij}=0$ $(i\neq j)$，试求各滑动平均值的方差及它们之间的协方差。

解：滑动平均值的函数式为

$$\overline{\boldsymbol{X}}=\begin{bmatrix}\overline{X}_{i-1}\\ \overline{X}_i\\ \overline{X}_{i+1}\end{bmatrix}=\begin{bmatrix}1/3 & 1/3 & 1/3 & 0 & 0\\ 0 & 1/3 & 1/3 & 1/3 & 0\\ 0 & 0 & 1/3 & 1/3 & 1/3\end{bmatrix}\begin{bmatrix}X_{i-2}\\ X_{i-1}\\ X_i\\ X_{i+1}\\ X_{i+2}\end{bmatrix}$$

由协方差传播律得

$$\boldsymbol{D}_{\overline{X}}=\frac{1}{3}\begin{bmatrix}1 & 1 & 1 & 0 & 0\\ 0 & 1 & 1 & 1 & 0\\ 0 & 0 & 1 & 1 & 1\end{bmatrix}\sigma^2\begin{bmatrix}1 & 0 & 0 & 0 & 0\\ 0 & 1 & 0 & 0 & 0\\ 0 & 0 & 1 & 0 & 0\\ 0 & 0 & 0 & 1 & 0\\ 0 & 0 & 0 & 0 & 1\end{bmatrix}\begin{bmatrix}1 & 0 & 0\\ 1 & 1 & 0\\ 1 & 1 & 1\\ 0 & 1 & 1\\ 0 & 0 & 1\end{bmatrix}\frac{1}{3}$$

$$=\frac{1}{9}\begin{bmatrix}3 & 2 & 1\\ 2 & 3 & 2\\ 1 & 2 & 3\end{bmatrix}\sigma^2$$

即

$$\sigma_{\overline{X}_{i-1}}=\sigma_{\overline{X}_i}=\sigma_{\overline{X}_{i+1}}=\frac{\sqrt{3}}{3}\sigma,\sigma_{\overline{X}_{i-1}\overline{X}_i}=\sigma_{\overline{X}_i\overline{X}_{i+1}}=\frac{2}{9}\sigma^2,\sigma_{\overline{X}_{i-1}\overline{X}_{i+1}}=\frac{1}{9}\sigma^2$$

### 4.7.4 系统误差的传播

以上所讨论的问题，是以观测值只含有偶然误差为前提的，在测量过程中还要设法消除系统误差。由于种种原因，在观测成果中总是或多或少地存在残余的系统误差。系统误差产生的原因多种多样，它们的性质各不相同，因而只能对不同的情况采用不同的处理方法，不可能得到某些通用的处理方法。残余的系统误差对成果的影响还没有严密的计算方法。本节仅讨论估计系统误差的概念和一种在某些情况下可以应用的近似估算方法。

**1. 观测值的系统误差与综合误差的方差**

设有观测值 $\underset{n\times 1}{\boldsymbol{L}}$，观测量的真值为 $\underset{n\times 1}{\widetilde{\boldsymbol{L}}}$，则 $\boldsymbol{L}$ 的综合误差 $\boldsymbol{\Omega}$ 可定义为

$$\boldsymbol{\Omega}=\widetilde{\boldsymbol{L}}-\boldsymbol{L}$$

如果综合误差 $\boldsymbol{\Omega}$ 中只含有偶然误差 $\boldsymbol{\Delta}$，则 $E(\boldsymbol{\Omega})=E(\boldsymbol{\Delta})=0$。如果 $\boldsymbol{\Omega}$ 中除包

含偶然误差 $\boldsymbol{\Delta}$ 外，还包含系统误差 $\varepsilon$，则

$$\boldsymbol{\Omega}=\boldsymbol{\Delta}+\boldsymbol{\varepsilon}=\tilde{\boldsymbol{L}}-\boldsymbol{L} \tag{4.7.34}$$

由于系统误差 $\boldsymbol{\varepsilon}$ 不是随机变量，所以 $\boldsymbol{\Omega}$ 的数学期望为

$$E(\boldsymbol{\Omega})=E(\boldsymbol{\Delta})+\varepsilon=\varepsilon\neq 0$$

$$\varepsilon=E(\boldsymbol{\Omega})=E(\tilde{\boldsymbol{L}}-\boldsymbol{L})=\tilde{\boldsymbol{L}}-E(\boldsymbol{L}) \tag{4.7.35}$$

可见，$\varepsilon$ 也是观测值 $\boldsymbol{L}$ 的数学期望对于观测值真值的偏差值。观测值 $\boldsymbol{L}$ 含的系统误差越小，$\varepsilon$ 越小，$\boldsymbol{L}$ 越准确，有时也称 $\varepsilon=E(\boldsymbol{\Omega})$ 为 $\boldsymbol{L}$ 的准确度。

当观测值 $\boldsymbol{L}$ 中既存在偶然误差 $\boldsymbol{\Delta}$，又存在残余的系统误差 $\varepsilon$ 时，常常用观测值的综合误差方差 $E(\boldsymbol{\Omega}^2)$ 来表征观测值的可靠性，即

$$\boldsymbol{\Omega}^2=\boldsymbol{\Delta}^2+2\varepsilon\boldsymbol{\Delta}+\varepsilon^2$$

顾及系统误差 $\varepsilon$ 是非随机量，所以综合误差的方差为

$$\sigma_L^2=E(\boldsymbol{\Omega}^2)=E(\boldsymbol{\Delta}^2)+2\varepsilon E(\boldsymbol{\Delta})+\varepsilon^2=\sigma^2+\varepsilon^2 \tag{4.7.36}$$

即观测值的综合误差方差 $\boldsymbol{D}_{LL}$ 等于它的方差 $\sigma^2$ 与系统误差的平方 $\varepsilon^2$ 之和。

当系统误差 $\varepsilon$ 等于中误差 $\sigma$ 的 1/5 时，即将 $\varepsilon=\sigma/5$ 代入式(4.7.36)，得 $\sigma_L=1.02\sigma$。同样地，若将 $\varepsilon=\sigma/3$ 代入式(4.7.36)，得 $\sigma_L=1.05\sigma$。

在这种情况下，如果不考虑系统误差的影响，所求得的 $\sigma_L$ 的减小量不会大于 5%。在实用上，如果系统误差部分不大于偶然误差部分的 1/3 或更小时，则可将系统误差的影响忽略不计。

**2. 系统误差的传播**

某些观测值残余的系统误差的影响使观测值函数也产生系统误差，这时就称之为系统误差的传播。

设有观测值 $L_i$ 的真值 $\tilde{L}_i$、综合误差 $\Omega_i$ 和系统误差 $\varepsilon_i$，则

$$\varepsilon_i=E(\Omega_i)=\tilde{L}_i-E(L_i)\quad (i=1,2,\cdots,n)$$

又设有观测值 $L_i$ 的线性函数为

$$Z=k_1L_1+k_2L_2+\cdots+k_nL_n+k_0$$

则线性函数的综合误差 $\Omega_Z$ 与各个 $L_i$ 的综合误差 $\Omega_i$ 之间的关系式为

$$\Omega_Z=k_1\Omega_1+k_2\Omega_2+\cdots+k_n\Omega_n$$

对上式取数学期望得

$$E(\Omega_Z)=k_1E(\Omega_1)+k_2E(\Omega_2)+\cdots+k_nE(\Omega_n)$$

所以得

$$\varepsilon_Z=E(\Omega_Z)=[k\varepsilon] \tag{4.7.37}$$

式(4.7.37)就是线形函数的系统误差的传播公式。

对于非线性函数 $Z=f(L_1,L_2,\cdots,L_n)$，可以用它们的微分关系代替它们误差之间的关系，然后按线性函数的系统误差的传播公式计算，即

$$\Omega_Z=\frac{\partial Z}{\partial L_1}\Omega_1+\frac{\partial Z}{\partial L_2}\Omega_2+\cdots+\frac{\partial Z}{\partial L_n}\Omega_n$$

令

$$k_i=\frac{\partial Z}{\partial L_i}\quad(i=1,2,\cdots,n)$$

则有线性函数

$$\Omega_Z=k_1\Omega_1+k_2\Omega_2+\cdots+k_n\Omega_n$$

同样有

$$\varepsilon_Z=E(\Omega_Z)=[k\varepsilon]$$

**3. 系统误差与偶然误差的联合传播**

当观测值中同时含有偶然误差和残余的系统误差时，还有必要考虑它们对观测值函数的联合影响问题。这里只讨论独立观测值的情况。

设有函数

$$Z=k_1L_1+k_2L_2+\cdots+k_nL_n\quad(i=1,2,\cdots,n)\tag{4.7.38}$$

观测值 $L_i$ 的综合误差为

$$\Omega_i=\Delta_i+\varepsilon_i\quad(i=1,2,\cdots,n)$$

函数 $Z$ 的系统误差为

$$\Omega_Z=k_1\Omega_1+k_2\Omega_2+\cdots+k_n\Omega_n$$

顾及偶然误差的影响，则函数 $Z$ 的综合误差方差为

$$D_{ZZ}=E(\Omega_Z^2)=[k^2\sigma^2]+[k\varepsilon]^2\tag{4.7.39}$$

当 $Z$ 为非线性函数时，也可用它们的微分关系代替误差关系。此时，式(4.7.38)中的系数 $k_i$ 即为偏导数$\frac{\partial Z}{\partial L_i}$。

例 4.7.17 在用钢尺量距时，共量了 $n$ 个尺段，设已知每一尺段的读数和照准中误差为 $\sigma$，而检定误差为 $\varepsilon$，求全长的综合中误差。

解：距离的总长为

$$S=L_1+L_2+\cdots+L_n$$

式中，各距离相等，即 $L_1=L_2=\cdots=L_n=L$；各段偶然误差相同，即 $\sigma_1=\sigma_2=\cdots=\sigma_n=\sigma$；各段系统误差也相同 $\varepsilon_1=\varepsilon_2=\cdots=\varepsilon_n=\varepsilon$。

全长的综合中误差为

$$\sigma_S^2=n\sigma^2+(n\varepsilon)^2$$

又因 $n=\frac{S}{L}$，得

$$M_S^2=\frac{S}{L}\sigma^2+\frac{S^2}{L^2}\varepsilon^2$$

# §4.8　中误差计算方法

## 4.8.1　用不同精度的中误差计算单位权中误差的基本公式

设有一组同精度独立观测值 $L_1$、$L_2$、…、$L_n$，它们的数学期望为 $\mu_1$、$\mu_2$、…、$\mu_n$，真误差为 $\Delta_1$、$\Delta_2$、…、$\Delta_n$，$L_i \sim N(\mu_i, \sigma^2)$，$\Delta_i \sim N(0, \sigma^2)$，有

$$\Delta_i = \mu_i - L_i \quad (i=1,2,\cdots,n)$$

观测值 $L_i$ 的中误差为

$$\sigma = \sqrt{E(\Delta^2)} = \sqrt{\lim_{n\to\infty}\frac{\sum_{i=1}^{n}\Delta_i^2}{n}} \tag{4.8.1}$$

当 $n$ 为有限值时，只能得到中误差的估值

$$\hat{\sigma} = \sqrt{\frac{\sum_{i=1}^{n}\Delta_i^2}{n}} \tag{4.8.2}$$

式(4.8.2)是根据一组利用同精度独立的真误差计算方差的基本公式。

现在设 $L_1$、$L_2$、…、$L_n$ 是一组不同精度的独立观测值，$L_i$ 的数学期望、方差和权分别为 $\mu_i$、$\sigma_i^2$ 和 $p_i$，$\Delta_i = \mu_i - L_i$，$L_i \sim N(\mu_i, \sigma_i^2)$，$\Delta_i \sim N(0, \sigma_i^2)$。

为了求得单位权方差 $\sigma_0^2$，需要得到一组精度相同且其权均为1的独立的真误差，然后按式(4.8.2)计算。设 $\Delta'_i$ 是一组同精度独立的真误差，做如下变换

$$\Delta'_i = \sqrt{p_i}\Delta_i \tag{4.8.3}$$

根据协因数传播律得 $\frac{1}{p'_i} = p_i\,\frac{1}{p_i} \equiv 1$。

对于一组不同精度独立的真误差，经式(4.8.3)变换后，得到一组权 $p'_i \equiv 1$ 的同精度独立的真误差 $\Delta'_1$、$\Delta'_2$、…、$\Delta'_n$。按式(4.8.2)计算单位权中误差为

$$\hat{\sigma}_0 = \sqrt{\frac{\sum_{i=1}^{n}\Delta'^2_i}{n}} = \sqrt{\frac{\sum_{i=1}^{n}p_i\Delta_i^2}{n}} \tag{4.8.4}$$

式(4.8.4)就是根据一组不同精度的真误差计算的单位权中误差。

## 4.8.2　由三角形闭合差求测角中误差

在一般情况下，观测量的真值(或数学期望)是不知道的。但是，在某些情况下，由若干个观测量(如角度、长度、高差等)所构成的函数，其真值有时是已知的，因而，其真误差也是可以求得的。例如，一个平面三角形三内角之和的

真值为 180°，由三内角观测值算得的三角形闭合差就是三内角观测值之和的真误差。

设在一个三角网中，以同精度独立观测了各三角形的内角，由各观测角值计算而得的三角形内角和的闭合差分别为 $w_1$、$w_2$、…、$w_n$，它们是一组真误差，则三角形闭合差的方差为

$$\sigma_w^2 = \lim_{n\to\infty} \frac{\sum_{i=1}^{n} w_i^2}{n} \tag{4.8.5}$$

在三角形个数 $n$ 为有限的情况下，可求得三角形闭合差的方差 $\sigma_w^2$ 的估值 $\hat{\sigma}_w^2$ 为

$$\hat{\sigma}_w^2 = \frac{\sum_{i=1}^{n} w_i^2}{n} \tag{4.8.6}$$

式中，$n$ 为三角形个数。由于三角形内角和 $w_i$ 是三角形中三个内角观测值 $\alpha_i$、$\beta_i$、$\gamma_i$ 之和，即

$$w_i = 180° - (\alpha_i + \beta_i + \gamma_i) \quad (i=1,2,\cdots,n) \tag{4.8.7}$$

对式(4.8.7)运用协方差传播律，并设测角方差均为$\hat{\sigma}_\beta^2$，得

$$\hat{\sigma}_w^2 = \hat{\sigma}_\alpha^2 + \hat{\sigma}_\beta^2 + \hat{\sigma}_\gamma^2 = 3\,\hat{\sigma}_\beta^2 \tag{4.8.8}$$

将式(4.8.8)代入式(4.8.6)中，得测角方差为

$$\hat{\sigma}_\beta^2 = \frac{\sum_{i=1}^{n} w_i^2}{3n} \tag{4.8.9}$$

测角中误差为

$$\hat{\sigma}_\beta = \sqrt{\frac{\sum_{i=1}^{n} w_i^2}{3n}} \tag{4.8.10}$$

式(4.8.10)称为菲列罗(Ferrero)公式，在传统的三角形测量中经常用它来初步评定测角的精度。

### 4.8.3 由双观测之差求中误差

在测量工作中，常常对一系列被观测量分别进行成对观测。例如，在水准测量中对每段路线进行往返观测，在导线测量中每条边测量两次等。这种成对的观测称为双观测。

对量 $X_1$、$X_2$、…、$X_n$ 分别观测 2 次，得独立观测值和权分别为

$$L'_1, L'_2, \cdots, L'_n$$
$$L''_1, L''_2, \cdots, L''_n$$
$$p_1, p_2, \cdots, p_n$$

其中，观测值 $L'_i$ 和 $L''_i$ 是对同一量 $\frac{\partial Z}{\partial L_i}$ 的两次观测的结果，称为一个观测对。假定不同的观测对的精度不同，而同一观测对的两个观测值的精度相同，即 $L'_i$ 和 $L''_i$ 的权都为 $p_i$。

由于观测值带有误差，对同一个量的两个观测值相减一般不等于零。设第 $i$ 个观测量的两次观测值的差数为 $d_i$，得

$$d_i = L'_i - L''_i \quad (i=1,2,\cdots,n) \tag{4.8.11}$$

则 $d_i$ 是真误差。设 $X_i$ 的真值是 $\widetilde{X}_i$，则

$$\Delta_{d_i} = (\widetilde{X}_i - L''_i) - (\widetilde{X}_i - L'_i) = L'_i - L''_i = d_i$$

对式(4.8.11)运用协因数传播律可得 $d_i$ 的权为

$$\frac{1}{p_{d_i}} = \frac{1}{p_i} + \frac{1}{p_i} = \frac{2}{p_i}$$

即

$$p_{d_i} = \frac{p_i}{2}$$

这样，就得到了 $n$ 个真误差 $\Delta_{d_i}$ 和它们的权 $p_{d_i}$，以及由双观测值之差求单位权方差的公式，即

$$\sigma_0^2 = \lim_{n\to\infty} \frac{\sum_{i=1}^{n} p_{d_i}\Delta_i^2}{n} = \lim_{n\to\infty} \frac{\sum_{i=1}^{n} p_i d_i^2}{2n} \tag{4.8.12}$$

当 $n$ 有限时，其估值为

$$\hat{\sigma}_0^2 = \frac{\sum_{i=1}^{n} p_i d_i^2}{2n} \tag{4.8.13}$$

各观测值 $L'_i$ 和 $L''_i$ 的方差为

$$\sigma_{L'_i}^2 = \sigma_{L''_i}^2 = \sigma_0^2 \frac{1}{p_i} \tag{4.8.14}$$

第 $i$ 对观测值的平均值 $X_i = \frac{L'_i + L''_i}{2}$ 的方差为

$$\sigma_{X_i}^2 = \frac{\sigma_{L'_i}^2}{2} = \sigma_0^2 \frac{1}{2p_i} \tag{4.8.15}$$

因此，可以获得一组由双观测值之差计算中误差的计算式如下：

(1)单位权中误差为

$$\hat{\sigma}_0=\sqrt{\frac{\sum_{i=1}^{n} p_{d_i} d_i^2}{2n}} \tag{4.8.16}$$

(2)观测值中误差为

$$\hat{\sigma}_{L_i}=\hat{\sigma}_0\sqrt{\frac{1}{p_i}} \tag{4.8.17}$$

(3)平均值中误差为

$$\sigma_{X_i}=\sigma_0\sqrt{\frac{1}{2p_i}} \tag{4.8.18}$$

例 4.8.1 对一水准路线分三段进行测量，每段均做往返观测，高差观测值和路线长度列于表 4.8.1 中，试求：①每千米观测高差的中误差；②第二段观测高差的中误差；③第二段高差的平均值的中误差；④全长一次观测高差的中误差；⑤全长高差平均值的中误差。

**表 4.8.1 双次观测差计算**

| 段号 | 高差/m | | $d_i=L'_i-L''_i$ /mm | $d_i^2$ | 距离 S /km | $p_i d_i^2=\frac{d_i^2}{S_i}$ |
|---|---|---|---|---|---|---|
| | $L'_i$ | $L''_i$ | | | | |
| 1 | 2.563 | 2.568 | −5 | 25 | 2.5 | 10.0 |
| 2 | 1.517 | 1.513 | 4 | 16 | 4.0 | 4.0 |
| 3 | 2.530 | 2.527 | 3 | 9 | 0.9 | 10.0 |
| 和 | | | | | 7.4 | 24.0 |

解：令 $C=1$，即令 1 km 观测高差为单位权观测值。

(1)单位权中误差(每千米观测高差的中误差)为

$$\hat{\sigma}_0=\sqrt{\frac{\sum_{i=1}^{n} p_{d_i} d_i^2}{2n}}=\sqrt{\frac{24}{6}}=2.0(\text{mm})$$

(2)第二段观测高差的中误差为

$$\hat{\sigma}_2=\hat{\sigma}_0\sqrt{\frac{1}{p_2}}=2.0\sqrt{\frac{1}{4.0}}=1.0(\text{mm})$$

(3)第二段观测高差平均值的中误差为

$$\sigma_{X_2}=\sigma_0\sqrt{\frac{1}{2p_i}}=2.0\sqrt{\frac{1}{4.0\times 2}}=0.7(\text{mm})$$

(4)全长一次观测高差的中误差为

$$\sigma_{全} = \sigma_0 \sqrt{\sum_{i=1}^{3} S_i} = 2.0\sqrt{7.4} = 5.4(\text{mm})$$

(5)全长高差平均值的中误差为

$$\sigma_{X全} = \frac{\sigma_{全}}{\sqrt{2}} = 3.8(\text{mm})$$

# 第 5 章　平差基础

## §5.1　平差模型

### 5.1.1　几何模型

在测量工作中，为了确定待定点的高程，需要建立水准网；为了确定待定点的坐标，需要建立平面控制网（包括导线网、测角网、测边网和边角网）和三维控制网（如 GPS 控制网）。这些控制网常被称为几何模型。每种几何模型都包含不同的几何元素。例如，水准网中包括点的高程、点与点之间的高差，平面网中包含角度、边长、坐标方位角和点二维坐标，GPS 控制网中包含三维基线向量和三维坐标等元素。这些元素都被称为几何量。

在诸多几何量中，有的可以直接测量，但更多的是通过测定其他量来间接求出。在水准网中，如果已知一个水准点（或多个水准点）的高程，可应用水准测量方法获得各水准路线的高差，然后求出各待定水准点的高程。在平面控制网中，如果已知两个（或多个）控制点的坐标，可通过直接测定的角度和距离求出待定点的坐标。在 GPS 控制网中，如果已知一个（或多个）控制点的三维坐标，通过测定各基线的三维坐标差，就可以求出待定点的三维坐标。这也充分说明要确定一个几何模型，并不需要知道其中所有元素的大小，只需知道其中一部分就可以了，其他元素可以通过它们之间的函数确定，这种描述所求量与已知量之间的关系式称为函数模型。

不同的几何模型需要知道的元素个数与类型也有所不同，要唯一地确定几何模型，就必须弄清楚至少需要观测哪些元素及哪些类型的元素。

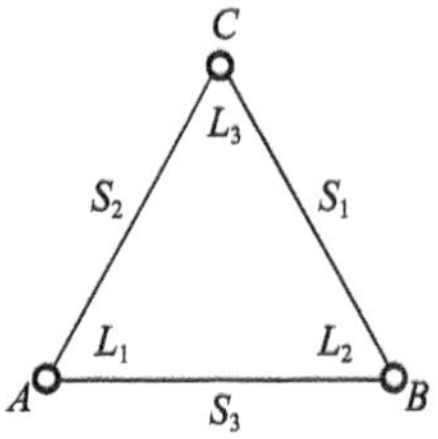

图 5.1.1　边角网

图 5.1.1 的三角形 $ABC$ 中，为了确定它的形状，只需要知道其中任意两个内角的大小就可以了，如 $L_1$、$L_2$ 或 $L_1$、$L_3$ 或 $L_2$、$L_3$ 等。它们都是同一类型的元素。

要确定该三角形的大小和形状就必须知道三个不同的元素，即任意的一边两角、任意的两边一角或者是三边如 $L_1$、$L_2$、$S_1$ 或 $S_1$、$S_2$、$L_3$ 或 $S_1$、$S_2$、$S_3$ 等。这些组合中至少包含一条边长，否则只能确定其形状，而不能确定其大小，该情况包含两类元素（角度和边长）。

要确定该三角形的大小、形状和它在一个特定坐标系中的位置和方向，则必须知道图中 15 个元素中 6 个不同的元素。当然，这 6 个元素可以构成更多组合，但不论哪一种组合，都至少包含 1 个点的坐标和 1 条边的坐标方位角。这是确定其位置和方向不可缺少的元素，通常称其为外部配置元素，它们的改变只相当于整个网在坐标系中发生了平移和旋转，并不影响该三角形的内部形状和大小。因此，三角形中如果没有已知点坐标和已知方位角时，也可以假定 1 个点的坐标和 1 条边的方位角，这就相当于将该三角形定位于某个局部坐标系中，实际上只需要观测 3 个元素就可以了。如果 $A$、$B$ 两点都是已知点，为确定三角形的大小、形状、位置和方向，则只需要任意两个元素就行了，如两角、两边或一边一角等。

从上面例子可知，一旦几何模型确定了，就能够唯一地确定该模型的必要观测元素的个数。能够唯一确定一个几何模型所必要的元素称为必要观测元素。必要观测元素的个数用 $t$ 表示，称为必要观测个数。在构建几何模型时，不仅要考虑必要观测元素的个数，还要考虑元素的类型，否则就无法唯一地确定模型。必要观测个数 $t$ 只与几何模型有关，与实际观测量无关。

一个几何模型的必要观测元素之间是不存在任何确定的函数关系的，即其中的任何一个必要观测元素不可能表达为其余必要观测元素的函数。在上述情况中，任意三个必要观测元素，如 $L_1$、$L_2$、$S_1$ 之间，其中 $S_1$ 不可能表达成 $L_1$、$L_2$ 的函数，除非再增加其他的量。这些彼此不存在函数关系的量称为函数独立量，简称为独立量。

在测量工作中，为了求得一个几何模型中的几何量大小，就必须进行观测，但并不是对模型中的所有量都进行观测。假设总共观测了 $n$ 个模型中的几何量，若观测值个数小于必要观测个数，即 $n<t$，显然无法确定模型的解；如果观测值个数恰好等于必要观测个数，即 $n=t$，则可唯一地确定该模型，但无法发现观测结果中含有的粗差和错误。为了能及时发现测量中的粗差和错误，提高观测成果的精度和可靠性，通常要使观测值个数大于必要观测个数，即 $n>t$，设

$$r=n-t \tag{5.1.1}$$

式中，$n$ 是观测值个数，$t$ 是必要观测个数，$r$ 称为多余观测个数。

为了提高测量成果的可靠性，就必须有多余观测，那么对于 $n$ 个观测值究竟哪个是必要观测，哪个是多余观测呢？其实，哪个观测量都有必要观测成分，也有多余观测成分，第 $i$ 个观测值的多余观测成分称为多余观测分量 $r_i$。如果某个观测值是纯多余观测，那么这个观测值在平差时不起作用。如果在几何模型中有多余观测分量 $r_i=0$ 的观测量，说明该几何模型不完善，这样的几何模型不能进行平差计算。例如，在水准网中，有水准支线；在导线网中，有支导线。因此，完善的几何模型，必须有多余观测，而每个观测量的多余观测分量都大于零。

### 5.1.2 函数模型

测量平差的函数模型是描述观测量之间或观测量与未知参数(以后简称参数)之间的数学函数关系的模型,是在几何模型或物理模型的基础上建立起来的。测量控制网,如水准网、三角网、三边网、导线网、边角网和 GPS 网等,所建立的函数模型都是在几何模型基础上建立的。而与时间有关的,考虑位移、速度、加速度和应变等所描述观测量与未知参数之间关系的模型,大多为物理模型。本书今后所提到的函数模型都是在几何模型的基础上建立的。

函数模型中参数的选取是根据平差问题的实际需要确定的,在经典测量平差中,一般把参数视为未知量,即没有先验期望和先验方差。在这种假设前提下,有四种基本平差方法,即条件平差、附有参数的条件平差、间接平差和附有条件的间接平差。这几种平差方法主要差别在于参数选择。条件平差不选择参数,即参数的个数 $u=0$,直接对观测值进行平差,建立的函数模型是观测值真值之间的函数关系(条件方程),条件方程的个数是多余观测的个数,即 $r$ 个条件方程;附有参数的条件平差选择部分参数,参数的个数大于零、小于必要观测个数,即 $0<u<t$,建立的函数模型是观测值真值之间和观测值真值与参数真值之间的函数关系(条件方程),条件方程的个数等于多余观测的个数加上所选择参数的个数,即 $r+u$ 个;间接平差选择的参数个数恰好等于必要观测个数,即 $u=t$,建立的函数模型是参数真值与观测值真值之间的函数关系(误差方程),误差方程的个数等于观测值的个数,即 $n=r+t$;附有参数的条件平差和间接平差还要求所选择的参数是函数独立的,即参数之间不存在函数关系,而附有条件的间接平差所选择的参数个数大于必要观测个数,即 $u>t$,建立的函数模型除参数真值与观测值真值之间的函数关系(误差方程)外,还要列出参数之间的函数关系(条件方程),误差方程仍为 $n$ 个,附加条件数为 $u-t$ 个。

四种平差模型的平差结果是相同的,其中,间接平差更适合于编写计算机平差程序,现在应用很广;条件平差在手算时代应用比较普遍;附有参数的条件平差是条件平差的一种补充,现在应用较少;附有条件的间接平差是对间接平差的补充。本书将重点阐述间接平差。下面以间接平差为例,说明建立函数模型的过程。

在间接平差中,设观测值个数为 $n$,必要观测个数为 $t$,独立参数 $\boldsymbol{X}$ 的个数等于必要观测数 $t$,这时可以列出的方程个数等于观测值的个数 $n$。观测方程的一般形式为

$$\tilde{L}_i=F_i(\tilde{X}_1,\tilde{X}_2,\cdots,\tilde{X}_t)\quad(i=1,2,\cdots,n)\tag{5.1.2}$$

式中,$\tilde{X}_i$ 是参数 $X_i$ 的真值,$\tilde{L}_i$ 是 $L_i$ 的真值。

如果式(5.1.2)是线性函数,其一般形式为

$$\widetilde{\boldsymbol{L}}=\boldsymbol{B}\widetilde{\boldsymbol{X}}+\boldsymbol{d} \tag{5.1.3}$$

将 $\widetilde{\boldsymbol{L}}=\boldsymbol{L}+\boldsymbol{\Delta}$ 代入式(5.1.3),并令

$$\boldsymbol{l}=\boldsymbol{L}-\boldsymbol{d} \tag{5.1.4}$$

则式(5.1.3)可写为

$$\boldsymbol{\Delta}=\boldsymbol{B}\widetilde{\boldsymbol{X}}-\boldsymbol{l} \tag{5.1.5}$$

式(5.1.3)或式(5.1.5)就是间接平差的函数模型。

如果式(5.1.2)是非线性函数,则需要将非线性的观测方程线性化。在线性化前,需要选择参数 $\boldsymbol{X}$ 的近似值 $\boldsymbol{X}^0$,$\boldsymbol{X}^0$ 应该非常接近 $\boldsymbol{X}$ 的真值 $\widetilde{\boldsymbol{X}}$。通常的做法是,通过观测已得到其观测值向量 $\boldsymbol{L}$,用观测值向量 $\boldsymbol{L}$ 近似代替 $\widetilde{\boldsymbol{L}}$,用 $\boldsymbol{L}$ 计算 $\boldsymbol{X}^0$。观测方程线性化一般采用泰勒级数展开取一次项、略去二次和二次以上各项的方式,取

$$\tilde{x}_i=\widetilde{X}_i-X_i^0 \tag{5.1.6}$$

则式(5.1.2)线性化后为

$$\left.\begin{aligned}
L_1+\Delta_1&=F_1(X_1^0,X_2^0,\cdots,X_t^0)+\left.\frac{\partial F_1}{\partial \widetilde{X}_1}\right|_{\boldsymbol{X}^0}\tilde{x}_1+\left.\frac{\partial F_1}{\partial \widetilde{X}_2}\right|_{\boldsymbol{X}^0}\tilde{x}_2+\cdots+\left.\frac{\partial F_1}{\partial \widetilde{X}_t}\right|_{\boldsymbol{X}^0}\tilde{x}_t\\
L_2+\Delta_2&=F_2(X_1^0,X_2^0,\cdots,X_t^0)+\left.\frac{\partial F_2}{\partial \widetilde{X}_1}\right|_{\boldsymbol{X}^0}\tilde{x}_1+\left.\frac{\partial F_2}{\partial \widetilde{X}_2}\right|_{\boldsymbol{X}^0}\tilde{x}_2+\cdots+\left.\frac{\partial F_2}{\partial \widetilde{X}_t}\right|_{\boldsymbol{X}^0}\tilde{x}_t\\
&\vdots\\
L_n+\Delta_n&=F_n(X_1^0,X_2^0,\cdots,X_t^0)+\left.\frac{\partial F_n}{\partial \widetilde{X}_1}\right|_{\boldsymbol{X}^0}\tilde{x}_1+\left.\frac{\partial F_n}{\partial \widetilde{X}_2}\right|_{\boldsymbol{X}^0}\tilde{x}_2+\cdots+\left.\frac{\partial F_n}{\partial \widetilde{X}_t}\right|_{\boldsymbol{X}^0}\tilde{x}_t
\end{aligned}\right\} \tag{5.1.7}$$

设

$$\boldsymbol{L}=\begin{bmatrix}L_1\\L_2\\\vdots\\L_n\end{bmatrix},\boldsymbol{\Delta}=\begin{bmatrix}\Delta_1\\\Delta_2\\\vdots\\\Delta_n\end{bmatrix},\boldsymbol{d}=\begin{bmatrix}F_1(X_1^0,X_2^0,\cdots,X_t^0)\\F_2(X_1^0,X_2^0,\cdots,X_t^0)\\\vdots\\F_n(X_1^0,X_2^0,\cdots,X_t^0)\end{bmatrix}$$

$$\underset{n\times t}{\boldsymbol{B}}=\begin{bmatrix}\frac{\partial F_1}{\partial \widetilde{X}_1}&\frac{\partial F_1}{\partial \widetilde{X}_2}&\cdots&\frac{\partial F_1}{\partial \widetilde{X}_t}\\\frac{\partial F_2}{\partial \widetilde{X}_1}&\frac{\partial F_2}{\partial \widetilde{X}_2}&\cdots&\frac{\partial F_2}{\partial \widetilde{X}_t}\\\vdots&\vdots&&\vdots\\\frac{\partial F_n}{\partial \widetilde{X}_1}&\frac{\partial F_n}{\partial \widetilde{X}_2}&\cdots&\frac{\partial F_n}{\partial \tilde{x}_t}\end{bmatrix}_{\boldsymbol{X}^0},\tilde{\boldsymbol{x}}=\begin{bmatrix}\tilde{x}_1\\\tilde{x}_2\\\vdots\\\tilde{x}_t\end{bmatrix}$$

则式(5.1.7)的矩阵表达式为

$$\boldsymbol{\Delta}=\boldsymbol{B}\tilde{\boldsymbol{x}}-\boldsymbol{l} \tag{5.1.8}$$

式中，$\boldsymbol{l}=\boldsymbol{L}-\boldsymbol{d}$。

### 5.1.3 随机模型

在平差过程中，不但要充分利用观测向量 $\boldsymbol{L}$，而且要顾及各观测量的精度，使精度高的观测值对平差成果的贡献大于精度低的观测值。因此，在平差时除建立其函数模型外，还要同时考虑它的随机模型，即观测向量的协方差矩阵，即

$$\underset{n\times n}{\boldsymbol{D}}=\sigma_0^2\underset{n\times n}{\boldsymbol{Q}}=\sigma_0^2\underset{n\times n}{\boldsymbol{P}}^{-1} \tag{5.1.9}$$

式中，$\boldsymbol{D}$ 为 $\boldsymbol{L}$ 的协方差矩阵，$\boldsymbol{Q}$ 为 $\boldsymbol{L}$ 的协因数矩阵，$\boldsymbol{P}$ 为 $\boldsymbol{L}$ 的权矩阵，$\sigma_0^2$ 为单位权方差。函数模型和随机模型称为平差的数学模型。

这里用到的权矩阵 $\boldsymbol{P}$，定义为 $\boldsymbol{P}=\boldsymbol{Q}^{-1}$。

设 $L_1$、$L_2$、…、$L_n$ 为独立观测值，其权为 $P_1$、$P_2$、…、$P_n$，则有

$$\sigma_i^2=\sigma_0^2\frac{1}{P_i}=\sigma_0^2Q_{ii}\quad(i=1,2,\cdots,n) \tag{5.1.10}$$

式中，$Q_{ii}$ 为 $L_i$ 的权倒数或协因数。权矩阵及协因数矩阵为

$$\boldsymbol{P}=\begin{bmatrix}P_1 & & & \\ & P_2 & & \\ & & \ddots & \\ & & & P_n\end{bmatrix},\boldsymbol{Q}=\begin{bmatrix}Q_{11} & & & \\ & Q_{22} & & \\ & & \ddots & \\ & & & Q_{nn}\end{bmatrix}$$

如果 $L_1$、$L_2$、…、$L_n$ 为相关观测值，则有

$$\boldsymbol{D}=\sigma_0^2\boldsymbol{Q}=\sigma_0^2\begin{bmatrix}Q_{11} & Q_{12} & \cdots & Q_{1n}\\ Q_{21} & Q_{22} & \cdots & Q_{2n}\\ \vdots & \vdots & & \vdots\\ Q_{n1} & Q_{n2} & \cdots & Q_{nn}\end{bmatrix}$$

因为权矩阵

$$\boldsymbol{P}=\begin{bmatrix}P_{11} & P_{12} & \cdots & P_{1n}\\ P_{21} & P_{22} & \cdots & P_{2n}\\ \vdots & \vdots & & \vdots\\ P_{n1} & P_{n2} & \cdots & P_{nn}\end{bmatrix}=\boldsymbol{Q}^{-1}=\begin{bmatrix}Q_{11} & Q_{12} & \cdots & Q_{1n}\\ Q_{21} & Q_{22} & \cdots & Q_{2n}\\ \vdots & \vdots & & \vdots\\ Q_{n1} & Q_{n2} & \cdots & Q_{nn}\end{bmatrix}^{-1} \tag{5.1.11}$$

而 $Q_{11}$、$Q_{22}$、…、$Q_{nn}$ 分别是 $L_1$、$L_2$、…、$L_n$ 的权倒数，但 $Q_{ii}^{-1}\neq 1/P_{ii}$，所以权矩阵中对角元素 $P_{ii}$ 并不是权，权矩阵 $\boldsymbol{P}$ 只表示为 $\boldsymbol{Q}^{-1}$。

### 5.1.4 最小二乘原理

在间接平差函数模型式(5.1.8)中，有 $n$ 个方程、$n$ 个真误差 $\Delta_i$ 和 $t$ 个参数 $\tilde{x}_i$，

真误差 $\Delta_i$ 和参数 $x_i$ 均是未知数，可见未知数的个数比方程个数多，因此，方程有无数组解。怎样在这无数组解中找到一组最优解呢？

设观测向量 $\underset{n\times 1}{\boldsymbol{L}}$ 为随机正态向量，其数学期望和方差分别为

$$\widetilde{\boldsymbol{L}}=E(\boldsymbol{L})=\boldsymbol{\mu}_L=\begin{bmatrix}\mu_1\\ \mu_2\\ \vdots\\ \mu_n\end{bmatrix},\ \boldsymbol{D}=\boldsymbol{D}_{LL}=\begin{bmatrix}\sigma_1^2 & \sigma_{12} & \cdots & \sigma_{1n}\\ \sigma_{21} & \sigma_2^2 & \cdots & \sigma_{2n}\\ \vdots & \vdots & & \vdots\\ \sigma_{n1} & \sigma_{n2} & \cdots & \sigma_n^2\end{bmatrix}$$

由极大似然估计准则，其似然函数为

$$G=\frac{1}{(2\pi)^{\frac{n}{2}}\det(\boldsymbol{D})^{\frac{1}{2}}}\exp\left(-\frac{1}{2}(\boldsymbol{L}-\boldsymbol{\mu}_L)^{\mathrm{T}}\boldsymbol{D}^{-1}(\boldsymbol{L}-\boldsymbol{\mu}_L)\right) \tag{5.1.12}$$

由于

$$\boldsymbol{\Delta}=\boldsymbol{\mu}_L-\boldsymbol{L} \tag{5.1.13}$$

将式(5.1.13)代入式(5.1.12)，得

$$G=\frac{1}{(2\pi)^{\frac{n}{2}}\det(\boldsymbol{D})^{\frac{1}{2}}}\exp\left(-\frac{1}{2}\boldsymbol{\Delta}^{\mathrm{T}}\boldsymbol{D}^{-1}\boldsymbol{\Delta}\right) \tag{5.1.14}$$

按极大似然估计的要求，应使 $G$ 取得极大值。由于 $G$ 是负指数函数，$G$ 取极大值相当于

$$\boldsymbol{\Delta}^{\mathrm{T}}\boldsymbol{D}^{-1}\boldsymbol{\Delta}=\min \tag{5.1.15}$$

如果用 $\hat{\boldsymbol{L}}$ 作为 $\boldsymbol{\mu}_L$ 的估计值，用 $\boldsymbol{V}$ 作为 $\boldsymbol{\Delta}$ 的估计值，考虑 $\boldsymbol{D}=\sigma_0^2\boldsymbol{P}^{-1}$，$\sigma_0^2$ 是常数，则式(5.1.15)等价于

$$\boldsymbol{V}^{\mathrm{T}}\boldsymbol{P}\boldsymbol{V}=\min \tag{5.1.16}$$

式(5.1.16)就是应用最早也最广泛的“最小二乘准则”。

应用最小二乘准则，并不需要知道观测向量属于什么概率分布，只需要知道它的先验权矩阵 $\boldsymbol{P}$ 就可以了。

当 $\boldsymbol{P}$ 为非对角矩阵，表示观测值相关，按 $\boldsymbol{V}^{\mathrm{T}}\boldsymbol{P}\boldsymbol{V}=\min$ 进行的平差称为相关观测平差。

当 $\boldsymbol{P}$ 为对角矩阵，表示观测值不相关，此时最小二乘准则可表示为纯量形式，即

$$\Phi=\boldsymbol{V}^{\mathrm{T}}\boldsymbol{P}\boldsymbol{V}=p_1V_1^2+p_2V_2^2+\cdots+p_nV_n^2=\min \tag{5.1.17}$$

特别地，当观测值不相关且等精度时，权矩阵 $\boldsymbol{P}$ 为单位矩阵，此时最小二乘准则可表示为

$$\Phi=\boldsymbol{V}^{\mathrm{T}}\boldsymbol{P}\boldsymbol{V}=V_1^2+V_2^2+\cdots+V_n^2=\min \tag{5.1.18}$$

例 5.1.1　设对某物理量 $\widetilde{\boldsymbol{X}}$ 进行了 $n$ 次同精度独立观测，得观测值 $\underset{n\times 1}{\boldsymbol{L}}$，试按最小二乘准则求该量的估计值。

解：设该量的估计值为 $\hat{x}$，则有

$$V_i=\hat{x}-L_i \quad (i=1,2,\cdots,n)$$

写成矩阵形式为

$$\underset{n\times1}{\mathbf{V}}=\begin{bmatrix}1\\1\\\vdots\\1\end{bmatrix}\hat{x}-\begin{bmatrix}L_1\\L_2\\\vdots\\L_n\end{bmatrix}=\underset{n\times1}{\boldsymbol{B}}\hat{x}-\underset{n\times1}{\boldsymbol{L}}$$

按最小二乘准则，要求$\mathbf{V}^{\mathrm{T}}\boldsymbol{P}\mathbf{V}=\mathbf{V}^{\mathrm{T}}\mathbf{V}=\min$。将上式对$\hat{x}$取一阶导数，并令其为零，得

$$\frac{\mathrm{d}\,\mathbf{V}^{\mathrm{T}}\mathbf{V}}{\mathrm{d}\hat{x}}=2\mathbf{V}^{\mathrm{T}}\boldsymbol{B}=2\mathbf{V}^{\mathrm{T}}\begin{bmatrix}1\\1\\\vdots\\1\end{bmatrix}=2\sum_{1}^{n}V_i=0$$

将 $V_i=\hat{x}-L_i$ 代入上式，得

$$\sum_{1}^{n}V_i=\sum_{1}^{n}(\hat{x}-L_i)=n\hat{x}-\sum_{1}^{n}L_i=0$$

由此解得

$$\hat{x}=\frac{1}{n}\sum_{1}^{n}L_i$$

例 5.1.2　设对某物理量 $\widetilde{\boldsymbol{X}}$ 进行了 $n$ 次不等精度独立观测，得观测值$\boldsymbol{L}$，其权分别为 $P_1$、$P_2$、…、$P_n$，试按最小二乘准则求该量的估计值。

解：设该量的估计值为 $\hat{x}$，则有

$$V_i=\hat{x}-L_i \quad (i=1,2,\cdots,n)$$

写成矩阵形式为

$$\underset{n\times1}{\mathbf{V}}=\begin{bmatrix}1\\1\\\vdots\\1\end{bmatrix}\hat{x}-\begin{bmatrix}L_1\\L_2\\\vdots\\L_n\end{bmatrix}=\underset{n\times1}{\boldsymbol{B}}\hat{x}-\underset{n\times1}{\boldsymbol{L}}$$

按最小二乘准则，要求$\mathbf{V}^{\mathrm{T}}\boldsymbol{P}\mathbf{V}=\mathbf{V}^{\mathrm{T}}\mathbf{V}=\min$。将上式对 $\hat{x}$ 取一阶导数，并令其为零，得

$$\frac{\mathrm{d}\,\mathbf{V}^{\mathrm{T}}\mathbf{V}}{\mathrm{d}\hat{x}}=2\,\mathbf{V}^{\mathrm{T}}\boldsymbol{P}\boldsymbol{B}=2[V_1\quad V_2\quad\cdots\quad V_n]\begin{bmatrix}P_1&&&\\&P_2&&\\&&\ddots&\\&&&P_n\end{bmatrix}\begin{bmatrix}1\\1\\\vdots\\1\end{bmatrix}=2\sum_{i=1}^{n}V_iP_i=0$$

将 $V_i=\hat{x}-L_i$ 代入上式，得

$$\sum_{i=1}^{n} V_i P_i = \sum_{i=1}^{n} (\hat{x} - L_i) P_i = \hat{x}\sum_{i=1}^{n} P_i - \sum_{i=1}^{n} L_i P_i = 0$$

由此解得

$$\hat{x} = \frac{\sum_{i=1}^{n} L_i P_i}{\sum_{i=1}^{n} P_i}$$

# §5.2　条件平差

如果一个几何模型能通过 $t$ 个必要而独立的量唯一确定，这就意味着在该模型中，其他的量都可以由这 $t$ 个量确定，即模型中任何一个其他的量都是这 $t$ 个独立量的函数，都与这 $t$ 个量之间存在有一定的函数关系式。现在模型中有 $r$ 个多余观测量，因此，一定也存在着 $r$ 个这样的函数关系式。在测量平差中，这样的函数关系式称为条件方程。以条件方程为函数模型的平差方法称为条件平差。

要想确定三角形的形状和大小，只要观测三个观测值(其中至少有一条边长观测值)，现在观测了六个观测值，多余观测 $r=3$，因此可以列出三个条件方程。条件方程有线性方程，也有非线性方程，非线性方程需要线性化。

## 5.2.1　条件平差原理

设在平差系统中，有 $n$ 个观测值 $\underset{n\times 1}{\boldsymbol{L}}$，均含有相互独立的偶然误差，相应的权矩阵为 $\underset{n\times n}{\boldsymbol{P}}$，改正数为 $\underset{n\times 1}{\boldsymbol{V}}$，平差值为 $\underset{n\times 1}{\hat{\boldsymbol{L}}}$，其矩阵形式为

$$\boldsymbol{L} = \begin{bmatrix} L_1 \\ L_2 \\ \vdots \\ L_n \end{bmatrix}, \boldsymbol{V} = \begin{bmatrix} V_1 \\ V_2 \\ \vdots \\ V_n \end{bmatrix}, \boldsymbol{Q} = \boldsymbol{P}^{-1} = \begin{bmatrix} Q_{11} & Q_{12} & \cdots & Q_{1n} \\ Q_{21} & Q_{22} & \cdots & Q_{2n} \\ \vdots & \vdots & & \vdots \\ Q_{n1} & Q_{n2} & \cdots & Q_{nn} \end{bmatrix}, \hat{\boldsymbol{L}} = \begin{bmatrix} \hat{L}_1 \\ \hat{L}_2 \\ \vdots \\ \hat{L}_n \end{bmatrix}$$

在这 $n$ 个观测值中，有 $t$ 个必要观测数，多余观测数为 $r$。

可以列出 $r$ 个平差值的条件方程，即

$$\left.\begin{aligned} f_1(\hat{L}_1, \hat{L}_2, \cdots, \hat{L}_n) &= 0 \\ f_2(\hat{L}_1, \hat{L}_2, \cdots, \hat{L}_n) &= 0 \\ &\vdots \\ f_r(\hat{L}_1, \hat{L}_2, \cdots, \hat{L}_n) &= 0 \end{aligned}\right\} \tag{5.2.1}$$

条件方程线性化后得改正数的条件方程

$$\left.\begin{array}{l}a_{11}V_1+a_{12}V_2+\cdots+a_{1n}V_n-W_1=0\\a_{21}V_1+a_{22}V_2+\cdots+a_{2n}V_n-W_2=0\\\qquad\vdots\\a_{r1}V_1+a_{r2}V_2+\cdots+a_{rn}V_n-W_r=0\end{array}\right\}\tag{5.2.2}$$

式中，$a_{ij}=\left(\frac{\partial f_i}{\partial \hat{L}_j}\right)_{L=L}$，$(i=1,2,\cdots,r;j=1,2,\cdots,n)$为各条件方程式中的系数，其条件闭合差为

$$\left.\begin{array}{l}W_1=-f_1(L_1,L_2,\cdots,L_n)\\W_2=-f_2(L_1,L_2,\cdots,L_n)\\\qquad\vdots\\W_r=-f_r(L_1,L_2,\cdots,L_n)\end{array}\right\}\tag{5.2.3}$$

若取

$$\boldsymbol{A}=\begin{bmatrix}a_{11}&a_{12}&\cdots&a_{1n}\\a_{21}&a_{22}&\cdots&a_{2n}\\\vdots&\vdots&&\vdots\\a_{r1}&a_{r2}&\cdots&a_{rn}\end{bmatrix},\boldsymbol{W}_A=\begin{bmatrix}W_1\\W_2\\\vdots\\W_r\end{bmatrix}$$

则式(5.2.1)可表达成矩阵形式为

$$\boldsymbol{AV}-\boldsymbol{W}_A=\boldsymbol{0}\tag{5.2.4}$$

按求函数极值的拉格朗日(Lagrange)乘数法，引入乘系数 $\underset{r\times 1}{\boldsymbol{K}}=[k_1\quad k_2\quad\cdots\quad k_r]^{\mathrm{T}}$(又称为联系数向量)，构成函数为

$$\boldsymbol{\Phi}=\boldsymbol{V}^{\mathrm{T}}\boldsymbol{PV}-2\boldsymbol{K}^{\mathrm{T}}(\boldsymbol{AV}-\boldsymbol{W}_A)\tag{5.2.5}$$

为引入最小二乘法，将 $\boldsymbol{\Phi}$ 对 $\boldsymbol{V}$ 求一阶导数，并令其为零，得

$$\frac{\mathrm{d}\boldsymbol{\Phi}}{\mathrm{d}\boldsymbol{V}}=\frac{\partial(\boldsymbol{V}^{\mathrm{T}}\boldsymbol{PV})}{\partial\boldsymbol{V}}-2\frac{\partial(\boldsymbol{K}^{\mathrm{T}}\boldsymbol{AV})}{\partial\boldsymbol{V}}=2\boldsymbol{V}^{\mathrm{T}}\boldsymbol{P}-2\boldsymbol{K}^{\mathrm{T}}\boldsymbol{A}=0$$

$$\boldsymbol{V}^{\mathrm{T}}\boldsymbol{P}=\boldsymbol{K}^{\mathrm{T}}\boldsymbol{A}$$

上式两端转置，得

$$\boldsymbol{V}=\boldsymbol{P}^{-1}\boldsymbol{A}^{\mathrm{T}}\boldsymbol{K}=\boldsymbol{QA}^{\mathrm{T}}\boldsymbol{K}\tag{5.2.6}$$

将式(5.2.6)代入式(5.2.4)中，得

$$\boldsymbol{AQA}^{\mathrm{T}}\boldsymbol{K}-\boldsymbol{W}_A=0\tag{5.2.7}$$

式(5.2.7)称为条件平差的法方程。

解算法方程，得联系数为

$$\boldsymbol{K}=(\boldsymbol{AQA}^{\mathrm{T}})^{-1}\boldsymbol{W}_A\tag{5.2.8}$$

将 $\boldsymbol{K}$ 代入式(5.2.6)，计算出改正数。

将改正数 $\boldsymbol{V}$ 加上观测值 $\boldsymbol{L}$，得平差值为

$$\hat{\boldsymbol{L}}=\boldsymbol{L}+\boldsymbol{V} \tag{5.2.9}$$

检查条件方程式(5.2.1)是否满足。

条件平差的基础方程包括条件方程 $\boldsymbol{AV}-\boldsymbol{W}_A=\boldsymbol{0}$ 和改正数方程 $\boldsymbol{V}=\boldsymbol{QA}^{\mathrm{T}}\boldsymbol{K}$，方程总数是 $n+r$ 个，未知数也是 $n+r$ 个，如果线性化后的条件方程线性无关，则有唯一的一组解。通常将改正数方程代入误差方程，得到法方程为

$$\boldsymbol{AQA}^{\mathrm{T}}\boldsymbol{K}-\boldsymbol{W}_A=\boldsymbol{0} \tag{5.2.10}$$

令 $\boldsymbol{N}_{aa}=\boldsymbol{AQA}^{\mathrm{T}}$ 为法方程系数矩阵，则法方程的纯量形式为

$$\left.\begin{array}{l} N_{11}k_1+N_{12}k_2+\cdots+N_{1r}k_r-W_1=0 \\ N_{21}k_1+N_{22}k_2+\cdots+N_{2r}k_r-W_2=0 \\ \qquad\vdots \\ N_{r1}k_1+N_{r2}k_2+\cdots+N_{rr}k_r-W_r=0 \end{array}\right\} \tag{5.2.11}$$

式中，$N_{ij}$ 为 $\boldsymbol{N}_{aa}$ 的元素，可计算为

$$\begin{bmatrix} a_{11} & a_{12} & \cdots & a_{1n} \\ a_{21} & a_{22} & \cdots & a_{2n} \\ \vdots & \vdots & & \vdots \\ a_{r1} & a_{r2} & \cdots & a_{rn} \end{bmatrix}\begin{bmatrix} Q_{11} & Q_{12} & \cdots & Q_{1n} \\ Q_{21} & Q_{22} & \cdots & Q_{2n} \\ \vdots & \vdots & & \vdots \\ Q_{n1} & q_{n2} & \cdots & Q_{nn} \end{bmatrix}\begin{bmatrix} a_{11} & a_{21} & \cdots & a_{r1} \\ a_{12} & a_{22} & \cdots & a_{r2} \\ \vdots & \vdots & & \vdots \\ a_{1n} & a_{2n} & \cdots & a_{rn} \end{bmatrix}=\begin{bmatrix} N_{11} & N_{12} & \cdots & N_{1r} \\ N_{21} & N_{22} & \cdots & N_{2r} \\ \vdots & \vdots & & \vdots \\ N_{r1} & N_{r2} & \cdots & N_{rr} \end{bmatrix}$$

式中

$$N_{ij}=\sum_{k=1}^{n}\sum_{l=1}^{n}a_{ik}a_{jl}Q_{kl} \quad (i=1,2,\cdots,r;j=1,2,\cdots,r) \tag{5.2.12}$$

如果平差系统中各观测值误差互相独立、权矩阵 $\boldsymbol{P}$ 和协因数矩阵 $\boldsymbol{Q}$ 为对角矩阵，则

$$N_{ij}=\sum_{k=1}^{n}a_{ik}a_{jk}Q_{kk}=\sum_{k=1}^{n}\frac{a_{ik}a_{jk}}{P_k} \quad (i=1,2,\cdots,r;j=1,2,\cdots,r) \tag{5.2.13}$$

法方程系数矩阵 $\boldsymbol{N}_{aa}$ 的秩为

$$\mathrm{rank}(\boldsymbol{N}_{aa})=\mathrm{rank}(\boldsymbol{AP}^{-1}\boldsymbol{A}^{\mathrm{T}})=r$$

即 $\boldsymbol{N}_{aa}$ 是一个 $r$ 阶的满秩方阵，且可逆。联系数 $\boldsymbol{K}$ 的唯一解为

$$\boldsymbol{K}=\boldsymbol{N}_{aa}^{-1}\boldsymbol{W} \tag{5.2.14}$$

### 5.2.2　精度评定

#### 1. 单位权中误差

单位权方差的估值计算式为

$$\hat{\sigma}_0^2=\frac{\boldsymbol{V}^{\mathrm{T}}\boldsymbol{PV}}{r} \tag{5.2.15}$$

式中，$r$ 是多余观测的个数。

单位权中误差的估值为

$$\hat{\sigma}_0=\sqrt{\frac{\boldsymbol{V}^{\mathrm{T}}\boldsymbol{P}\boldsymbol{V}}{r}} \tag{5.2.16}$$

2. 协方差矩阵

联系数 $\boldsymbol{K}$、改正数 $\boldsymbol{V}$、平差值 $\hat{\boldsymbol{L}}$ 都是观测值 $\boldsymbol{L}$ 的函数，即

$$\boldsymbol{K}=\boldsymbol{N}_{aa}^{-1}\boldsymbol{W}=\boldsymbol{N}_{aa}^{-1}\boldsymbol{A}\boldsymbol{L}+\boldsymbol{N}_{aa}^{-1}\boldsymbol{A}_0 \tag{5.2.17}$$

$$\boldsymbol{V}=\boldsymbol{P}^{-1}\boldsymbol{A}^{\mathrm{T}}\boldsymbol{K}=\boldsymbol{P}^{-1}\boldsymbol{A}^{\mathrm{T}}\boldsymbol{N}_{aa}^{-1}\boldsymbol{A}\boldsymbol{L}+\boldsymbol{P}^{-1}\boldsymbol{A}^{\mathrm{T}}\boldsymbol{N}_{aa}^{-1}\boldsymbol{A}_0 \tag{5.2.18}$$

$$\boldsymbol{L}=\boldsymbol{L}+\boldsymbol{V}=(\boldsymbol{I}+\boldsymbol{P}^{-1}\boldsymbol{A}^{\mathrm{T}}\boldsymbol{N}_{aa}^{-1}\boldsymbol{A})\boldsymbol{L}+\boldsymbol{P}^{-1}\boldsymbol{A}^{\mathrm{T}}\boldsymbol{N}_{aa}^{-1}\boldsymbol{A}_0 \tag{5.2.19}$$

根据协方差传播律求观测值 $\boldsymbol{L}$、联系数 $\boldsymbol{K}$、改正数 $\boldsymbol{V}$ 和平差值 $\boldsymbol{L}$ 的协方差矩阵和它们之间的互协方差矩阵，得

$$\begin{bmatrix}\boldsymbol{D}_{LL} & \boldsymbol{D}_{LK} & \boldsymbol{D}_{LV} & \boldsymbol{D}_{L\hat{L}}\\ \boldsymbol{D}_{KL} & \boldsymbol{D}_{KK} & \boldsymbol{D}_{KV} & \boldsymbol{D}_{K\hat{L}}\\ \boldsymbol{D}_{VL} & \boldsymbol{D}_{VK} & \boldsymbol{D}_{VV} & \boldsymbol{D}_{V\hat{L}}\\ \boldsymbol{D}_{\hat{L}L} & \boldsymbol{D}_{\hat{L}K} & \boldsymbol{D}_{\hat{L}V} & \boldsymbol{D}_{\hat{L}\hat{L}}\end{bmatrix}=\hat{\sigma}_0^2\begin{bmatrix}\boldsymbol{Q}_{LL} & \boldsymbol{Q}_{LK} & \boldsymbol{Q}_{LV} & \boldsymbol{Q}_{L\hat{L}}\\ \boldsymbol{Q}_{KL} & \boldsymbol{Q}_{KK} & \boldsymbol{Q}_{KV} & \boldsymbol{Q}_{K\hat{L}}\\ \boldsymbol{Q}_{VL} & \boldsymbol{Q}_{VK} & \boldsymbol{Q}_{VV} & \boldsymbol{Q}_{V\hat{L}}\\ \boldsymbol{Q}_{\hat{L}L} & \boldsymbol{Q}_{\hat{L}K} & \boldsymbol{Q}_{\hat{L}V} & \boldsymbol{Q}_{\hat{L}\hat{L}}\end{bmatrix}=$$

$$\hat{\sigma}_0^2\begin{bmatrix}\boldsymbol{P}^{-1} & -\boldsymbol{P}^{-1}\boldsymbol{A}^{\mathrm{T}}\boldsymbol{N}_{aa}^{-1} & -\boldsymbol{P}^{-1}\boldsymbol{A}^{\mathrm{T}}\boldsymbol{N}_{aa}^{-1}\boldsymbol{A}\boldsymbol{P}^{-1} & \boldsymbol{P}^{-1}-\boldsymbol{P}^{-1}\boldsymbol{A}^{\mathrm{T}}\boldsymbol{N}_{aa}^{-1}\boldsymbol{A}\boldsymbol{P}^{-1}\\ -\boldsymbol{N}_{aa}^{-1}\boldsymbol{A}\boldsymbol{P}^{-1} & \boldsymbol{N}_{aa}^{-1} & \boldsymbol{N}_{aa}^{-1}\boldsymbol{A}\boldsymbol{P}^{-1} & \boldsymbol{0}\\ -\boldsymbol{P}^{-1}\boldsymbol{A}^{\mathrm{T}}\boldsymbol{N}_{aa}^{-1}\boldsymbol{A}\boldsymbol{P}^{-1} & \boldsymbol{P}^{-1}\boldsymbol{A}^{\mathrm{T}}\boldsymbol{N}_{aa}^{-1} & \boldsymbol{P}^{-1}\boldsymbol{A}^{\mathrm{T}}\boldsymbol{N}_{aa}^{-1}\boldsymbol{A}\boldsymbol{P}^{-1} & \boldsymbol{0}\\ \boldsymbol{P}^{-1}-\boldsymbol{P}^{-1}\boldsymbol{A}^{\mathrm{T}}\boldsymbol{N}_{aa}^{-1}\boldsymbol{A}\boldsymbol{P}^{-1} & \boldsymbol{0} & \boldsymbol{0} & \boldsymbol{P}^{-1}-\boldsymbol{P}^{-1}\boldsymbol{A}^{\mathrm{T}}\boldsymbol{N}_{aa}^{-1}\boldsymbol{A}\boldsymbol{P}^{-1}\end{bmatrix} \tag{5.2.20}$$

对照式(5.2.20)可知，矩阵中对角线元素就是观测值 $\boldsymbol{L}$、联系数 $\boldsymbol{K}$、改正数 $\boldsymbol{V}$ 和平差值 $\hat{\boldsymbol{L}}$ 的协因数矩阵，乘以单位权方差就是协方差矩阵，即

$$\left.\begin{aligned}\boldsymbol{D}_{LL}&=\hat{\sigma}_0^2\,\boldsymbol{P}^{-1}\\ \boldsymbol{D}_{KK}&=\hat{\sigma}_0^2\,\boldsymbol{N}_{aa}^{-1}\\ \boldsymbol{D}_{VV}&=\hat{\sigma}_0^2(\boldsymbol{P}^{-1}\boldsymbol{A}^{\mathrm{T}}\boldsymbol{N}_{aa}^{-1}\boldsymbol{A}\boldsymbol{P}^{-1})\\ \boldsymbol{D}_{\hat{L}\hat{L}}&=\hat{\sigma}_0^2(\boldsymbol{P}^{-1}-\boldsymbol{P}^{-1}\boldsymbol{A}^{\mathrm{T}}\boldsymbol{N}_{aa}^{-1}\boldsymbol{A}\boldsymbol{P}^{-1})\end{aligned}\right\} \tag{5.2.21}$$

而矩阵中非对角线元素，即为相应的互协因数矩阵，乘以单位权方差就是互协方差矩阵。

3. 观测值函数的中误差

设有平差值线性函数为

$$\left.\begin{aligned}F_1&=f_{11}\hat{L}_1+f_{12}\hat{L}_2+\cdots+f_{1n}\hat{L}_n+f_{10}\\ F_2&=f_{21}\hat{L}_1+f_{22}\hat{L}_2+\cdots+f_{2n}\hat{L}_n+f_{20}\\ &\vdots\\ F_m&=f_{m1}\hat{L}_1+f_{m2}\hat{L}_2+\cdots+f_{mn}\hat{L}_n+f_{m0}\end{aligned}\right\} \tag{5.2.22}$$

若令

$$\boldsymbol{F}=\begin{bmatrix}F_1\\F_2\\\vdots\\F_m\end{bmatrix},\boldsymbol{f}=\begin{bmatrix}f_{11}&f_{12}&\cdots&f_{1n}\\f_{21}&f_{22}&\cdots&f_{2n}\\\vdots&\vdots&&\vdots\\f_{m1}&f_{m2}&\cdots&f_{mn}\end{bmatrix},\boldsymbol{F}_0=\begin{bmatrix}f_{10}\\f_{20}\\\vdots\\f_{m0}\end{bmatrix},\hat{\boldsymbol{L}}=\begin{bmatrix}\hat{L}_1\\\hat{L}_2\\\vdots\\\hat{L}_n\end{bmatrix}$$

则式(5.2.22)可写成矩阵表达式，即

$$\boldsymbol{F}=\boldsymbol{f}\hat{\boldsymbol{L}}+\boldsymbol{F}_0 \tag{5.2.23}$$

根据协方差传播定律，$\boldsymbol{F}$ 的协方差为

$$\begin{aligned}\boldsymbol{D}_{FF}&=\boldsymbol{f}\boldsymbol{D}_{\hat{L}\hat{L}}\boldsymbol{f}^{\mathrm{T}}=\hat{\sigma}_0^2\boldsymbol{f}(\boldsymbol{P}^{-1}-\boldsymbol{P}^{-1}\boldsymbol{A}^{\mathrm{T}}\boldsymbol{N}_{aa}^{-1}\boldsymbol{A}\boldsymbol{P}^{-1})\boldsymbol{f}^{\mathrm{T}}\\&=\hat{\sigma}_0^2(\boldsymbol{f}\boldsymbol{P}^{-1}\boldsymbol{f}^{\mathrm{T}}-\boldsymbol{f}\boldsymbol{P}^{-1}\boldsymbol{A}^{\mathrm{T}}\boldsymbol{N}_{aa}^{-1}\boldsymbol{A}\boldsymbol{P}^{-1}\boldsymbol{f}^{\mathrm{T}})\end{aligned} \tag{5.2.24}$$

若函数为非线性函数，首先对非线性函数线性化，然后再应用协方差传播律进行计算。

### 5.2.3　计算步骤与算例

(1)根据实际问题，确定总观测值个数 $n$、必要观测值个数 $t$ 及多余观测个数 $r=n-t$，列出条件方程，确定各观测值的权。

(2)组成法方程式，并解算。

(3)计算观测值改正数 $\boldsymbol{V}$ 和平差值$\hat{L}$。

(4)检查平差计算的正确性，将平差值$\hat{L}$代入条件方程式，看是否满足方程关系。

(5)评定精度。

例 5.2.1　以确定三角形的形状为例(图 5.2.1)，对三角形中的三个内角进行等精度观测，得观测值如下

$$L_1=58°31'12''$$
$$L_2=48°16'08''$$
$$L_3=73°12'31''$$

试用条件平差法，计算三角形各内角的平差值及其精度。

解：(1)本题中 $n=3$、$t=2$，则条件方程个数为 $r=n-t=1$。列条件方程的纯量形式为

$$\hat{L}_1+\hat{L}_2+\hat{L}_3-180°=0$$

其矩阵形式为

$$\begin{bmatrix}1&1&1\end{bmatrix}\begin{bmatrix}\hat{L}_1\\\hat{L}_2\\\hat{L}_3\end{bmatrix}-180°=0$$

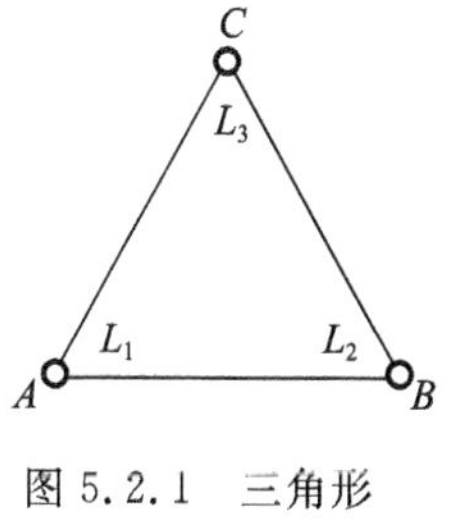

图 5.2.1　三角形

计算闭合差为

$$W=180°-(L_1+L_2+L_3)=9''$$

写出改正数条件方程式为

$$\begin{bmatrix}1 & 1 & 1\end{bmatrix}\begin{bmatrix}v_1\\v_2\\v_3\end{bmatrix}-9''=0$$

其纯量形式为

$$v_1+v_2+v_3-9''=0$$

因为各观测值是等精度观测，取观测值的权矩阵为单位矩阵，即

$$\underset{n\times n}{\boldsymbol{P}}=\begin{bmatrix}P_1 & & \\ & P_2 & \\ & & P_3\end{bmatrix}=\begin{bmatrix}1 & & \\ & 1 & \\ & & 1\end{bmatrix}$$

(2)组成法方程。计算法方程系数矩阵为

$$\boldsymbol{N}_{aa}=\boldsymbol{A}\boldsymbol{P}^{-1}\boldsymbol{A}^{\mathrm{T}}=\begin{bmatrix}1 & 1 & 1\end{bmatrix}\begin{bmatrix}1 & & \\ & 1 & \\ & & 1\end{bmatrix}\begin{bmatrix}1\\1\\1\end{bmatrix}=3$$

写出法方程为

$$3k_1-9''=0$$

解法方程，得联系数为

$$k_1=3''$$

(3)计算改正数和平差值。计算各改正数，即

$$\boldsymbol{V}=\boldsymbol{P}^{-1}\boldsymbol{A}^{\mathrm{T}}\boldsymbol{K}=\begin{bmatrix}1 & & \\ & 1 & \\ & & 1\end{bmatrix}\begin{bmatrix}1\\1\\1\end{bmatrix}\begin{bmatrix}+3''\end{bmatrix}=\begin{bmatrix}+3''\\+3''\\+3''\end{bmatrix}$$

计算观测值平差值为

$$\begin{bmatrix}\hat{L}_1\\\hat{L}_2\\\hat{L}_3\end{bmatrix}=\begin{bmatrix}L_1\\L_2\\L_3\end{bmatrix}+\begin{bmatrix}v_1\\v_2\\v_3\end{bmatrix}=\begin{bmatrix}58°31'15''\\48°16'11''\\73°12'34''\end{bmatrix}$$

(4)平差检核。将平差值 $\boldsymbol{L}$ 重新组成条件方程作为检核，得

$$58°31'15''+48°16'11''+73°12'34''-180°=0$$

可见，经过平差计算得到的各角平差值满足三角形内角和等于180°的几何条件，即闭合差为零，可知计算无误。

(5)精度评定。首先，计算单位权中误差，即

$$\hat{\sigma}_0=\sqrt{\frac{\boldsymbol{V}^{\mathrm{T}}\boldsymbol{P}\boldsymbol{V}}{r}}=5.2''$$

其次，计算观测值中误差。观测值方差为

$$D_{LL}=\hat{\sigma}_0^2\ P^{-1}=\begin{bmatrix}27 & & \\ & 27 & \\ & & 27\end{bmatrix}''^2$$

观测值中误差为$\hat{\sigma}_{L_1}=\hat{\sigma}_{L_3}=\hat{\sigma}_{L_3}=5.2''$。

最后，计算平差值中误差。平差值方差为

$$D_{\hat{L}\hat{L}}=\hat{\sigma}_0^2(P^{-1}-P^{-1}A^{\mathrm{T}}\ N_{aa}^{-1}AP^{-1})=\begin{bmatrix}18 & -9 & -9\\ -9 & 18 & -9\\ -9 & -9 & 18\end{bmatrix}''^2$$

平差值的中误差为$\hat{\sigma}_{\hat{L}_1}=\hat{\sigma}_{\hat{L}_3}=\hat{\sigma}_{\hat{L}_3}=4.2''$。

例 5.2.2 在图 5.2.2 所示的水准网中，$A$、$B$、$C$ 为已知水准点，高差观测值及路线长度如下：$h_1=+1.003$ m，$h_2=+0.501$ m，$h_3=+0.503$ m，$h_4=+0.505$ m；$S_1=1$ km，$S_2=2$ km，$S_3=2$ km，$S_4=1$ km。已知 $H_A=11.000$ m、$H_B=11.500$ m、$H_C=12.008$ m，试用条件平差法求 $P_1$ 及 $P_2$ 点的高程平差值。

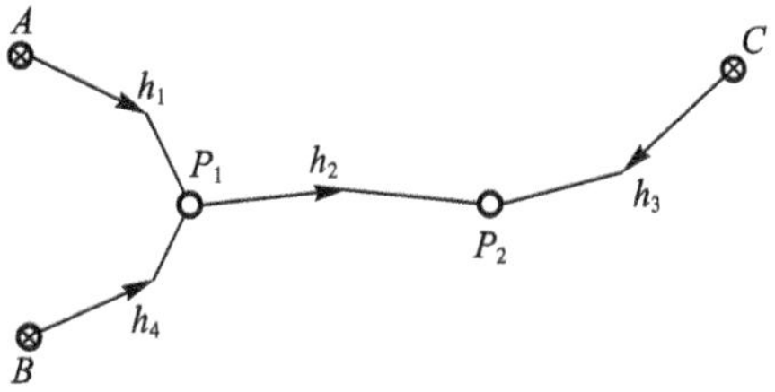


图 5.2.2 水准网

解：(1)按题意知必要观测数 $t=2$，多余观测 $r=2$。

(2)根据图形列平差值条件方程式，即

$$H_A+\hat{h}_1+\hat{h}_2-\hat{h}_3-H_C=0$$
$$H_A+\hat{h}_1-\hat{h}_4-H_B=0$$

(3)计算常数项，即

$$W_1=-(H_A+h_1+h_2-h_3-H_C)=-(11.000+1.003+0.501-0.503-12.008)=7(\mathrm{mm})$$
$$W_2=-(H_A+h_1-h_4-H_B)=-(11.000+1.003-0.505-11.500)=2(\mathrm{mm})$$

(4)列改正数条件方程为

$$V_1+V_2-V_3-7=0$$
$$V_1-V_4-2=0$$

(5)定权选择 $C=2$，则根据水准网定权公式 $P_i=\dfrac{C}{S_i}$，得

$$P_1=2,P_3=1,P_3=1,P_4=2$$

设 $\boldsymbol{A}$、$\boldsymbol{P}$ 和 $\boldsymbol{W}_A$ 矩阵为

$$A=\begin{bmatrix}1 & 1 & -1 & 0\\ 1 & 0 & 0 & -1\end{bmatrix},P=\begin{bmatrix}2 & & & \\ & 1 & & \\ & & 1 & \\ & & & 2\end{bmatrix},W_A=\begin{bmatrix}7\\ 2\end{bmatrix}$$

(6)组成并解算法方程，得

$$N_{aa}=AP^{-1}A^{T}=\begin{bmatrix}1&1&-1&0\\1&0&0&-1\end{bmatrix}\begin{bmatrix}0.5&&&\\&1&&\\&&1&\\&&&0.5\end{bmatrix}\begin{bmatrix}1&1\\1&0\\-1&0\\0&-1\end{bmatrix}=\begin{bmatrix}2.5&0.5\\0.5&1\end{bmatrix}$$

$$\begin{bmatrix}k_1\\k_2\end{bmatrix}=\begin{bmatrix}2.5&0.5\\0.5&1\end{bmatrix}^{-1}\begin{bmatrix}7\\2\end{bmatrix}=\frac{1}{9}\begin{bmatrix}4&-2\\-2&10\end{bmatrix}\begin{bmatrix}7\\2\end{bmatrix}=\begin{bmatrix}\frac{8}{3}\\\frac{2}{3}\end{bmatrix}$$

(7)计算改正数和平差值，得

$$V=P^{-1}A^{T}K=\begin{bmatrix}0.5&&&\\&1&&\\&&1&\\&&&0.5\end{bmatrix}\begin{bmatrix}1&1\\1&0\\-1&0\\0&-1\end{bmatrix}\begin{bmatrix}\frac{8}{3}\\\frac{2}{3}\end{bmatrix}=\begin{bmatrix}\frac{5}{3}\\\frac{8}{3}\\-\frac{8}{3}\\-\frac{1}{3}\end{bmatrix}=\begin{bmatrix}1.7\\2.7\\-2.6\\-0.3\end{bmatrix}(\text{mm})$$

$$\begin{bmatrix}\hat{h}_1\\\hat{h}_2\\\hat{h}_3\\\hat{h}_4\end{bmatrix}=\begin{bmatrix}h_1\\h_2\\h_3\\h_4\end{bmatrix}+\begin{bmatrix}V_1\\V_2\\V_3\\V_4\end{bmatrix}=\begin{bmatrix}1.003\\0.501\\0.503\\0.505\end{bmatrix}+\begin{bmatrix}0.0017\\0.0027\\-0.0026\\-0.0003\end{bmatrix}=\begin{bmatrix}1.0047\\0.5037\\0.5004\\0.5047\end{bmatrix}(\text{m})$$

(8)检验，得

$$\hat{W}_1=-(H_A+\hat{h}_1+\hat{h}_2-\hat{h}_3-H_C)=-(11.000+1.0047+0.5037-0.5004-12.008)=0$$

$$\hat{W}_2=-(H_A+\hat{h}_1-\hat{h}_4-H_B)=-(11.000+1.0047-0.5047-11.500)=0$$

(9)计算待定点的高程为

$$H_{P_1}=H_A+\hat{h}_1=11.000+1.0047=12.005(\text{m})$$

$$H_{P_2}=H_C+\hat{h}_3=12.008+0.5004=12.508(\text{m})$$

(10)计算单位权中误差为

$$\hat{\sigma}_0=\sqrt{\frac{P_1V_1^2+P_2V_2^2+P_3V_3^2+P_4V_4^2}{r}}=3.2(\text{mm})$$

(11)计算观测值中误差为

$$D_{LL}=\hat{\sigma}_0^2\,P^{-1}=\begin{bmatrix}5.04&&&\\&10.08&&\\&&10.08&\\&&&5.04\end{bmatrix}(\text{mm}^2)$$

$$\hat{\sigma}_{L_1}=\hat{\sigma}_{L_4}=2.2(\mathrm{mm}),\hat{\sigma}_{L_2}=\hat{\sigma}_{L_3}=3.2(\mathrm{mm})$$

(12)计算平差值中误差。平差值协因数矩阵为

$$\boldsymbol{Q}_{\hat{L}\hat{L}}=\boldsymbol{P}^{-1}-\boldsymbol{P}^{-1}\boldsymbol{A}^{\mathrm{T}}\ \boldsymbol{N}_{aa}^{-1}\boldsymbol{A}\boldsymbol{P}^{-1}=\frac{1}{18}\begin{bmatrix}4&-2&2&4\\-2&10&8&-2\\2&8&10&2\\4&-2&2&4\end{bmatrix}$$

平差值的中误差为

$$\hat{\sigma}_{\hat{L}_1}=\hat{\sigma}_{\hat{L}_4}=1.5(\mathrm{mm}),\hat{\sigma}_{\hat{L}_2}=\hat{\sigma}_{\hat{L}_3}=2.4(\mathrm{mm})$$

根据传播定律可计算 $P_1$ 和 $P_2$ 的高程中误差为

$$\hat{\sigma}_{H_{P_1}}=\hat{\sigma}_{\hat{L}_1}=1.5(\mathrm{mm}),\hat{\sigma}_{H_{P_2}}=\hat{\sigma}_{\hat{L}_3}=2.4(\mathrm{mm})$$

### 5.2.4　水准网条件平差

水准测量的目的是确定各待定水准点的高程，其观测值是水准路线上两个水准点之间的高差。水准网条件平差就是根据水准网各观测高差平差值之间的几何关系和各观测高程之间的精度比例，分别建立函数模型和随机模型，根据条件平差原理进行平差计算。

水准网条件平差主要步骤如下：

(1)确定条件方程个数。条件方程个数等于多余观测个数 $r$，而多余观测个数 $r$ 等于观测值个数 $n$ 减必要观测数 $t$，即 $r=n-t$。当水准网中有起算点时，必要观测数 $t$ 等于待定水准点的个数，如果水准网中没有起算点，就需要假定一个水准点为起算点，必要观测数 $t$ 等于水准点个数减 1。

(2)列平差值条件方程，即 $\boldsymbol{A}\hat{\boldsymbol{L}}+\boldsymbol{A}_0=\boldsymbol{0}$。根据水准网的几何图形列出平差值的条件方程。水准网的条件方程有两种，其一是闭合图形条件，其二是附合图形条件。每个独立的闭合图形都可以列一个条件方程，称为闭合图形条件，在列闭合图形条件时，注意每个方程中应该有一个前面列方程时没有用到的观测量，这样可以确保所列的条件方程线性无关；附合图形条件是两个已知水准点之间所列的条件方程，当水准网中有 $m$ 个已知水准点，则可列出 $m-1$ 个附合条件方程。

(3)列改正数条件方程。将 $\hat{\boldsymbol{L}}=\boldsymbol{L}+\boldsymbol{V}$ 代入平差值条件方程，即将平差值条件方程转变为改正数条件方程，即 $\boldsymbol{AV}-\boldsymbol{W}=\boldsymbol{0}$，其中，$\boldsymbol{W}=-(\boldsymbol{AL}+\boldsymbol{A}_0)$ 称为条件闭合差。

(4)水准观测值定权。水准观测值有两种定权方式，一种是权与测站数成反比，另一种是权与路线长度成反比，即

$$P_i=\frac{C_N}{N}\tag{5.2.25}$$

或

$$P_i = \frac{C_S}{S} \tag{5.2.26}$$

定权要视具体情况而定，在地势平坦或起伏小的地区，采用式(5.2.26)定权。

(5)组成法方程。法方程为$\boldsymbol{AP}^{-1}\boldsymbol{A}^{\mathrm{T}}\boldsymbol{K}-\boldsymbol{W}=\boldsymbol{0}$，设$\boldsymbol{N}_{aa}=\boldsymbol{AP}^{-1}\boldsymbol{A}^{\mathrm{T}}$，其纯量形式为

$$\boldsymbol{N}_{aa}=\begin{bmatrix} a_{11} & a_{12} & \cdots & a_{1n} \\ a_{21} & a_{22} & \cdots & a_{2n} \\ \vdots & \vdots & & \vdots \\ a_{r1} & a_{r2} & \cdots & a_{rn} \end{bmatrix} \begin{bmatrix} \frac{1}{p_1} & & & \\ & \frac{1}{p_2} & & \\ & & \ddots & \\ & & & \frac{1}{p_n} \end{bmatrix} \begin{bmatrix} a_{11} & a_{21} & \cdots & a_{r1} \\ a_{12} & a_{22} & \cdots & a_{r2} \\ \vdots & \vdots & & \vdots \\ a_{1n} & a_{2n} & \cdots & a_{rn} \end{bmatrix}$$

$$=\begin{bmatrix} N_{11} & N_{12} & \cdots & N_{1r} \\ N_{21} & N_{22} & \cdots & N_{2r} \\ \vdots & \vdots & & \vdots \\ N_{r1} & N_{r2} & \cdots & N_{rr} \end{bmatrix}$$

根据矩阵运算关系，得

$$N_{ij} = \sum_{k=1}^{n} \frac{a_{ik}a_{jk}}{p_k} \quad (i,j=1,2,\cdots,r) \tag{5.2.27}$$

(6)解算法方程求出联系数，即$\boldsymbol{K}=(\boldsymbol{AP}^{-1}\boldsymbol{A}^{\mathrm{T}})^{-1}\boldsymbol{W}$。

(7)计算改正数和平差值。将联系数代入改正数方程，求出改正数$\boldsymbol{V}=\boldsymbol{P}^{-1}\boldsymbol{A}^{\mathrm{T}}\boldsymbol{K}$，其纯量形式为

$$\begin{bmatrix} V_1 \\ V_2 \\ \vdots \\ V_n \end{bmatrix} = \begin{bmatrix} \frac{1}{p_1} & & & \\ & \frac{1}{p_2} & & \\ & & \ddots & \\ & & & \frac{1}{p_n} \end{bmatrix} \begin{bmatrix} a_{11} & a_{21} & \cdots & a_{r1} \\ a_{12} & a_{22} & \cdots & a_{r2} \\ \vdots & \vdots & & \vdots \\ a_{1n} & a_{2n} & \cdots & a_{rn} \end{bmatrix} \begin{bmatrix} k_1 \\ k_2 \\ \vdots \\ k_r \end{bmatrix}$$

根据矩阵运算关系，得

$$V_i = \frac{1}{p_i} \sum_{j=1}^{r} a_{ji}k_j \quad (i=1,2,\cdots,n) \tag{5.2.28}$$

平差值等于观测值加改正数，即

$$\hat{L}_i = L_i + V_i \quad (i=1,2,\cdots,n) \tag{5.2.29}$$

(8)评定精度。计算单位权中误差、平差值协方差矩阵和各待定点高程的协方差，求出各待定点高程的中误差。

单位权中误差为

$$\hat{\sigma}_0=\sqrt{\frac{\sum_{i=1}^{n} p_i V_i^2}{r}} \tag{5.2.30}$$

平差值的协因数矩阵、协方差矩阵根据式(5.2.21)第四式，得

$$\boldsymbol{Q}_{\hat{L}\hat{L}}=\boldsymbol{P}^{-1}-\boldsymbol{P}^{-1}\boldsymbol{A}^{\mathrm{T}}\boldsymbol{N}_{aa}^{-1}\boldsymbol{A}\boldsymbol{P}^{-1}=\boldsymbol{P}^{-1}(\boldsymbol{P}-\boldsymbol{A}^{\mathrm{T}}\boldsymbol{N}_{aa}^{-1}\boldsymbol{A})\boldsymbol{P}^{-1} \tag{5.2.31}$$

$$\boldsymbol{D}_{\hat{L}\hat{L}}=\hat{\sigma}_0^2\boldsymbol{Q}_{\hat{L}\hat{L}} \tag{5.2.32}$$

各待定点高程的精度。首先列出权函数式，将各待定点高程表示为高差平差值的函数

$$\boldsymbol{H}=\boldsymbol{f}\hat{\boldsymbol{L}}+\boldsymbol{F}_0 \tag{5.2.33}$$

按协因数传播律求出各待定点高程的协因数矩阵，即

$$\boldsymbol{Q}_{HH}=\boldsymbol{f}\boldsymbol{Q}_{\hat{L}\hat{L}}\boldsymbol{f}^{\mathrm{T}}=\begin{bmatrix} Q_{H_1H_1} & Q_{H_1H_2} & \cdots & Q_{H_1H_1} \\ Q_{H_2H_1} & Q_{H_2H_2} & \cdots & Q_{H_2H_t} \\ \vdots & \vdots & & \vdots \\ Q_{H_tH_1} & Q_{H_tH_2} & \cdots & Q_{H_tH_t} \end{bmatrix} \tag{5.2.34}$$

各高程点的中误差为

$$\hat{\sigma}_{H_i}=\hat{\sigma}_0\sqrt{Q_{H_iH_i}} \quad (i=1,2,\cdots,t) \tag{5.2.35}$$

例 5.2.3　在如图 5.2.3 所示的水准网中，$A$ 和 $B$ 是已知高程的水准点，设已知高程无误差。图中 $C$、$D$ 点是待定点，$A$ 和 $B$ 点高程、观测高差和相应的水准路线长度如表 5.2.1 所示。

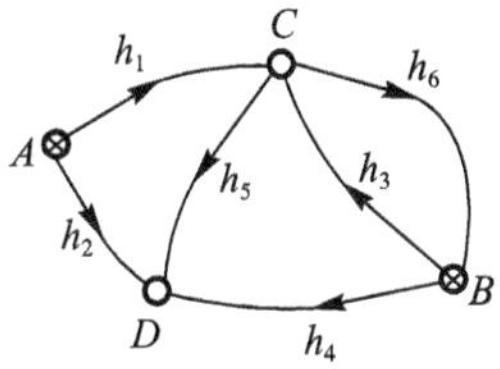


图 5.2.3　水准网

**表 5.2.1　观测值与起始数据**

| 线路号 | 观测高差/m | 水准路线长度/km | 已知高程/m |
|---|---|---|---|
| 1 | +1.359 | 1.1 | $H_A$=5.016 |
| 2 | +2.009 | 1.7 | $H_B$=6.016 |
| 3 | +0.363 | 2.3 | |
| 4 | +1.012 | 2.7 | |
| 5 | +0.657 | 2.4 | |
| 6 | −0.357 | 4.0 | |

解：(1)列条件方程。在网中，有 6 个观测值，2 个待定点，所以条件有 $r=n-t=6-2=4$ 个。有 3 个独立闭合环，因此可以列出 3 个闭合图形条件；有 2 个起算高程控制点，因此有 1 个符合图形条件。首先列出平差值的条件方程为

$$\hat{h}_1-\hat{h}_2+\hat{h}_5=0$$
$$\hat{h}_3-\hat{h}_4+\hat{h}_5=0$$
$$\hat{h}_3+\hat{h}_6=0$$
$$H_A+\hat{h}_2-\hat{h}_4-H_B=0$$

将 $\hat{h}_i=h_i+V_i$ 代入上式，则得

$$V_1-V_2+V_5-W_1=0$$
$$V_3-V_4+V_5-W_2=0$$
$$V_3+V_6-W_3=0$$
$$V_2-V_4-W_4=0$$

式中

$$W_1=-(h_1-h_2+h_5)=-7$$
$$W_2=-(h_3-h_4+h_5)=-8$$
$$W_3=-(h_3+h_6)=-6$$
$$W_4=-(H_A+h_2-h_4-H_B)=3$$

条件方程系数矩阵和闭合差向量为

$$\underset{4\times 6}{\boldsymbol{A}}=\begin{bmatrix}1 & -1 & 0 & 0 & 1 & 0\\ 0 & 0 & 1 & -1 & 1 & 0\\ 0 & 0 & 1 & 0 & 0 & 1\\ 0 & 1 & 0 & -1 & 0 & 0\end{bmatrix},\boldsymbol{W}_A=\begin{bmatrix}-7\\ -8\\ -6\\ 3\end{bmatrix}$$

(2)定权。按路线长度定权，并设 $C_s=1$ km，即以 1 km 观测高差为单位权观测，因各观测高差不相关，故协因数矩阵为对角矩阵，即

$$\boldsymbol{Q}_{hh}=\boldsymbol{P}^{-1}=\mathrm{diag}(1.1,1.7,2.3,2.7,2.4,4.0)$$

(3)组成法方程。法方程系数矩阵为

$$\boldsymbol{N}_{aa}=\boldsymbol{A}\boldsymbol{P}^{-1}\boldsymbol{A}^{\mathrm{T}}$$

$$=\begin{bmatrix}1 & -1 & 0 & 0 & 1 & 0\\ 0 & 0 & 1 & -1 & 1 & 0\\ 0 & 0 & 1 & 0 & 0 & 1\\ 0 & 1 & 0 & -1 & 0 & 0\end{bmatrix}\begin{bmatrix}1.1 & & & & & \\ & 1.7 & & & & \\ & & 2.3 & & & \\ & & & 2.7 & & \\ & & & & 2.4 & \\ & & & & & 4.0\end{bmatrix}\begin{bmatrix}1 & 0 & 0 & 0\\ -1 & 0 & 0 & 1\\ 0 & 1 & 1 & 0\\ 0 & -1 & 0 & -1\\ 1 & 1 & 0 & 0\\ 0 & 0 & 1 & 0\end{bmatrix}$$

法方程为

$$\begin{bmatrix}5.2 & 2.4 & 0.0 & -1.7\\ 2.4 & 7.4 & 2.3 & 2.7\\ 0.0 & 2.3 & 6.3 & 0.0\\ -1.7 & 2.7 & 0.0 & 4.4\end{bmatrix}\begin{bmatrix}k_1\\ k_2\\ k_3\\ k_4\end{bmatrix}+\begin{bmatrix}7.0\\ 8.0\\ 6.0\\ -3.0\end{bmatrix}=0$$

解得

$$\begin{bmatrix}k_1\\k_2\\k_3\\k_4\end{bmatrix}=\begin{bmatrix}0.4705 & -0.3304 & 0.1206 & 0.3845\\-0.3304 & 0.4359 & -0.1591 & -0.3951\\0.1206 & -0.1591 & 0.2168 & 0.1443\\0.3845 & -0.3951 & 0.1443 & 0.6183\end{bmatrix}\begin{bmatrix}-7.0\\-8.0\\-6.0\\3.0\end{bmatrix}=\begin{bmatrix}-0.221\\-1.405\\-0.439\\1.459\end{bmatrix}$$

(4)计算改正数和平差值。利用改正数方程求得

$$\boldsymbol{V}=\boldsymbol{P}^{-1}\boldsymbol{A}^{\mathrm{T}}\boldsymbol{K}=\begin{bmatrix}1.1 &&&&&\\ &1.7&&&&\\ &&2.3&&&\\ &&&2.7&&\\ &&&&2.4&\\ &&&&&4.0\end{bmatrix}\begin{bmatrix}1&0&0&0\\-1&0&0&1\\0&1&1&0\\0&-1&0&-1\\1&1&0&0\\0&0&1&0\end{bmatrix}\begin{bmatrix}-0.221\\-1.405\\-0.439\\1.456\end{bmatrix}$$

$$=\begin{bmatrix}-0.2\\2.9\\-4.2\\-0.1\\-3.9\\-1.8\end{bmatrix}(\mathrm{mm})$$

(5)计算平差值,并代入条件方程检核,即

$$\hat{\boldsymbol{L}}=[1.3588\quad 2.0119\quad 0.3588\quad 1.0119\quad 0.6531\quad -0.3588]^{\mathrm{T}}(\mathrm{m})$$

$$\hat{W}_1=\hat{h}_1-\hat{h}_2+\hat{h}_5=1.3588-2.0119+0.6531=0$$

$$\hat{W}_2=\hat{h}_3-\hat{h}_4+\hat{h}_5=0.3588-1.0119+0.6531=0$$

$$\hat{W}_3=\hat{h}_3+\hat{h}_6=0.3588-0.3588=0$$

$$\hat{W}_4=H_A+\hat{h}_2-\hat{h}_4-H_B=5.016+2.0119-1.0119-6.016=0$$

经检验,平差值满足所有条件方程。

(6)计算 $C$ 和 $D$ 点平差高程和中误差

$$\hat{H}_C=H_A+\hat{h}_1=5.016+1.3588=6.3748(\mathrm{m})$$

$$\hat{H}_D=H_A+\hat{h}_2=5.016+2.0119=7.0279(\mathrm{m})$$

(7)精度评定。

——计算单位权中误差为

$$\hat{\sigma}_0=\sqrt{\frac{\sum_{i=1}^{6}p_iV_i^2}{4}}=2.2(\mathrm{mm})$$

——计算观测值中误差为

$$\hat{\sigma}_1=\hat{\sigma}_0\sqrt{\frac{1}{p_1}}=2.2\times\sqrt{1.1}=2.3(\mathrm{mm})$$

同样可以求出$\hat{\sigma}_2=2.9(\mathrm{mm})$、$\hat{\sigma}_3=3.3(\mathrm{mm})$、$\hat{\sigma}_4=3.6(\mathrm{mm})$、$\hat{\sigma}_5=3.4(\mathrm{mm})$、$\hat{\sigma}_6=4.4(\mathrm{mm})$。

——计算平差值中误差。首先计算平差值的协因数矩阵为

$$\begin{aligned}\boldsymbol{Q}_{\hat{h}\hat{h}}&=\boldsymbol{Q}_{hh}-\boldsymbol{Q}_{hh}\boldsymbol{A}^{\mathrm{T}}\boldsymbol{N}_{aa}^{-1}\boldsymbol{A}\boldsymbol{Q}_{hh}\\&=\begin{bmatrix}0.5307&0.1608&0.5307&0.1608&-0.3699&-0.5307\\0.1608&0.7758&0.1608&0.7758&0.6151&-0.1608\\0.5307&0.1608&0.5307&0.1608&-0.3699&-0.5307\\0.1608&0.7758&0.1608&0.7758&0.6151&-0.1608\\-0.3699&0.6151&-0.3699&0.6151&0.9850&0.3699\\-0.5307&-0.1608&-0.5307&-0.1608&0.3699&0.5307\end{bmatrix}\end{aligned}$$

平差值中误差为

$$\hat{\sigma}_{\hat{h}_1}=\hat{\sigma}_0\sqrt{Q_{\hat{h}_1\hat{h}_1}}=2.2\times\sqrt{0.5307}=1.6(\mathrm{mm})$$

同样可以求出$\hat{\sigma}_{\hat{h}_2}=2.0(\mathrm{mm})$、$\hat{\sigma}_{\hat{h}_3}=1.6(\mathrm{mm})$、$\hat{\sigma}_{\hat{h}_4}=2.0(\mathrm{mm})$、$\hat{\sigma}_{\hat{h}_5}=2.2(\mathrm{mm})$、$\hat{\sigma}_{\hat{h}_6}=1.6(\mathrm{mm})$。

——计算平差值函数中误差。将 $C$、$D$ 点平差高程计算式写成矩阵表达式为

$$\hat{\boldsymbol{X}}=\begin{bmatrix}\hat{H}_C\\\hat{H}_D\end{bmatrix}=\begin{bmatrix}1&0&0&0&0&0\\0&1&0&0&0&0\end{bmatrix}\begin{bmatrix}\hat{h}_1\\\hat{h}_2\\\hat{h}_3\\\hat{h}_4\\\hat{h}_5\\\hat{h}_6\end{bmatrix}+\begin{bmatrix}H_A\\H_A\end{bmatrix}=\boldsymbol{f}\hat{h}+\boldsymbol{f}_0$$

根据协因数传播律，得

$$\boldsymbol{Q}_{\hat{X}\hat{X}}=\boldsymbol{f}\boldsymbol{Q}_{\hat{h}\hat{h}}\boldsymbol{f}^{\mathrm{T}}=\begin{bmatrix}1&0&0&0&0&0\\0&1&0&0&0&0\end{bmatrix}\cdot$$

$$\begin{bmatrix}0.5307&0.1608&0.5307&0.1608&-0.3699&-0.5307\\0.1608&0.7758&0.1608&0.7758&0.6151&-0.1608\\0.5307&0.1608&0.5307&0.1608&-0.3699&-0.5307\\0.1608&0.7758&0.1608&0.7758&0.6151&-0.1608\\-0.3699&0.6151&-0.3699&0.6151&0.9850&0.3699\\-0.5307&-0.1608&-0.5307&-0.1608&0.3699&0.5307\end{bmatrix}\begin{bmatrix}1&0\\0&1\\0&0\\0&0\\0&0\\0&0\end{bmatrix}$$

$$=\begin{bmatrix}0.5307&0.1608\\0.1608&0.7758\end{bmatrix}$$

平差值函数中误差为

$$\hat{\sigma}_{H_{C_1}}=\hat{\sigma}_0\sqrt{Q_{\hat{X}_1\hat{X}_1}}=2.2\times\sqrt{0.5307}=1.6(\text{mm})$$

$$\hat{\sigma}_{H_{D_1}}=\hat{\sigma}_0\sqrt{Q_{\hat{X}_2\hat{X}_2}}=2.2\times\sqrt{0.7758}=1.9(\text{mm})$$

### 5.2.5　单一导线网条件平差

单一导线是一种常用的测量控制网布设形式，包括单一附合导线、单一闭合导线、坐标附合导线和无定向导线四种，其观测值有长度观测值和角度观测值。导线网可以看成多个单一导线的组合。导线网进行条件平差难度较大，一般应用间接平差方法进行平差。

**1.条件方程的列立**

1)单一附合导线条件方程

单一导线包括单一附合导线(图5.2.4)中有4个已知点、$n-1$个未知点、$n+1$个水平角观测值和$n$条边长观测值，总观测值数为$2n+1$。从图中可以分析，要确定一个未知点的坐标，必须测一条导线边和一个水平角，即需要两个观测值；要确定全部$n-1$个未知点，则需观测$n-1$条导线边和$n-1$个水平角，即必要观测数为$2n-2$，则多余观测数为$r=(2n+1)-(2n-2)=3$。

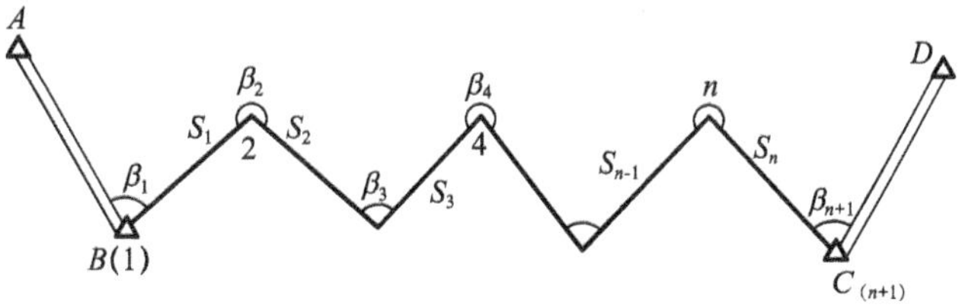


图5.2.4　单一附合导线

因此，在单一附合导线中，只有3个条件方程：有1个方位角闭合条件，即由起始方位角($AB$边方位角$T_{AB}$)推算至终边的方位角($CD$边方位角$T_{CD}$)的平差值$\hat{T}_{n+1}$应等于其已知值$T_{CD}$，即

$$\hat{T}_{n+1}-T_{CD}=0 \tag{5.2.36}$$

还有两个坐标条件，即从起始点$B$的坐标($X_B$,$Y_B$)推算至终点$C$的坐标平差值($\hat{X}_C$,$\hat{Y}_C$)应与$C$点的已知坐标值($X_C$,$Y_C$)相等，即

$$\hat{X}_C-X_C=0 \tag{5.2.37}$$

$$\hat{Y}_C-Y_C=0 \tag{5.2.38}$$

下面首先讨论单一附合导线条件方程式及改正数条件方程式的列出过程。

设$AB$边方位角已知值为$T_{AB}=T_0$，$CD$边方位角已知值为$T_{CD}$、计算值为$T_{n+1}$，$B$

点坐标的已知值为($X_B$,$Y_B$)或者($X_1$,$Y_1$),$C$ 点坐标的已知值为($X_C$、$Y_C$)、计算值为($X_{n+1}$,$Y_{n+1}$)。

(1)方位角附合条件式为

$$\hat{T}_{n+1}=T_0+\sum_{i=1}^{n+1}\hat{\beta}_i\pm(n+1)\cdot 180^\circ=T_0+\sum_{i=1}^{n+1}(\beta_i+V_{\beta_i})\pm(n+1)\cdot 180^\circ$$

整理得

$$\sum_{i=1}^{n+1}V_{\beta_i}+W_T=0 \tag{5.2.39}$$

式中,$W_T=-(T_0+\sum_{i=1}^{n+1}\beta_i\pm(n+1)\cdot 180^\circ-T_{CD})$。

(2)纵坐标附合条件式。终点 $C$ 坐标平差值表示为

$$\hat{X}_{n+1}=X_B+\sum_{i=1}^{n}\Delta\hat{x}_i \tag{5.2.40}$$

而第 $i$ 边的坐标增量为

$$\Delta\hat{x}_i=\hat{S}_i\cos\hat{T}_i \tag{5.2.41}$$

式中

$$\hat{S}_i=S_i+V_{S_i}$$

$$\begin{aligned}\hat{T}_i&=T_0+\sum_{j=1}^{i}\hat{\beta}_j\pm i\cdot 180^\circ=T_0+\sum_{j=1}^{i}(\beta_j+V_{\beta_j})\pm i\cdot 180^\circ\\&=\sum_{j=1}^{i}V_{\beta_j}+\sum_{j=1}^{i}\beta_j+T_0\pm i\cdot 180^\circ\\&=\sum_{j=1}^{i}V_{\beta_j}+T_i^0\end{aligned}$$

其中,$T_i^0$ 是第 $i$ 边的近似坐标方位角,即

$$T_i^0=\sum_{j=1}^{i}\beta_j+T_0\pm i\cdot 180^\circ \tag{5.2.42}$$

则式(5.2.41)可表示为

$$\Delta\hat{x}_i=(S_i+V_{S_i})\cos(\sum_{j=1}^{i}V_{\beta_j}+T_i^0)$$

上式按泰勒级数展开,取至一次项,得

$$\Delta\hat{x}_i=\Delta x_i^0+\cos T_i^0\cdot V_{S_i}-\frac{\Delta Y_i}{\rho''}\sum_{j=1}^{i}V_{\beta_j} \tag{5.2.43}$$

式中,$\Delta x_i^0=S_i\cos T_i^0$,为由观测值计算的近似坐标增量。

将式(5.2.43)代入式(5.2.41),并按 $V_{\beta_i}$ 合并同类项,得

$$\begin{aligned}\hat{X}_C&=X_B+\left[\Delta x_i^0+\cos T_i^0\cdot V_{S_i}-\frac{\Delta y_i^0}{\rho''}\sum_{j=1}^{i}V_{\beta_j}\right]_1^n\\&=X_{n+1}^0+\sum_{i=1}^{n}\cos T_i^0V_{S_i}-\frac{1}{\rho''}\sum_{i=1}^{n}(Y_{n+1}-Y_i^0)V_{\beta_i}\end{aligned}$$

上式代入式(5.2.37)，整理得

$$\sum_{i=1}^{n}\cos T_i^0 V_{S_i}-\frac{1}{\rho''}\sum_{i=1}^{n}(Y_{n+1}-Y_i^0)V_{\beta_i}+X_{n+1}^0-X_C=0$$

上式即为纵坐标条件方程式，也可写成统一形式为

$$\sum_{i=1}^{n}\cos T_i^0 V_{S_i}-\frac{1}{\rho''}\sum_{i=1}^{n}(Y_{n+1}^0-Y_i^0)V_{\beta_i}+W_x=0 \tag{5.2.44}$$

$$W_x=X_{n+1}^0-X_C \tag{5.2.45}$$

同样可以导出横坐标附合条件式，即

$$\sum_{i=1}^{n}\sin T_i^0 V_{S_i}+\frac{1}{\rho''}\sum_{i=1}^{n}(X_{n+1}^0-X_i^0)V_{\beta_i}+W_y=0 \tag{5.2.46}$$

$$W_y=Y_{n+1}^0-Y_C \tag{5.2.47}$$

为使计算方便，保证精度，在实际运算中，$S$、$X$、$Y$ 常以米为单位，$W$、$V_S$以厘米为单位，$V_\beta$以秒为单位，则式(5.2.44)和式(5.2.46)写为

$$\sum_{i=1}^{n}\cos T_i^0 V_{S_i}-\frac{1}{2\ 062.65}\sum_{i=1}^{n}(Y_{n+1}^0-Y_i^0)V_{\beta_i}+W_x=0 \tag{5.2.48}$$

$$\sum_{i=1}^{n}\sin T_i^0 V_{S_i}+\frac{1}{2\ 062.65}\sum_{i=1}^{n}(X_{n+1}^0-X_i^0)V_{\beta_i}+W_y=0 \tag{5.2.49}$$

$$W_x=100(X_{n+1}^0-X_C) \tag{5.2.50}$$

$$W_y=100(Y_{n+1}^0-Y_C) \tag{5.2.51}$$

2)单一闭合导线条件方程

单一闭合导线(图5.2.5)中有1个已知点($B$点)、1个已知方位 $T_0$、$n-1$个未知点、$n+1$个水平角观测值和$n$条边长观测值，观测值总数为$2n+1$。要确定全部$n-1$个未知点，则需观测 $n-1$ 条导线边和 $n-1$ 个水平角，即必要观测数为$2n-2$，则多余观测数为$r=(2n+1)-(2n-2)=3$。

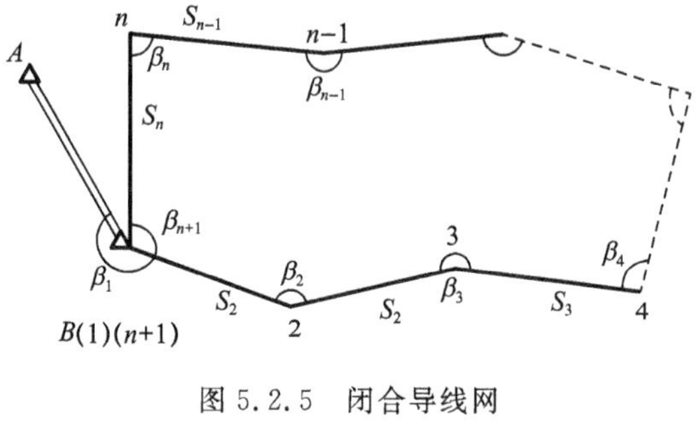


图5.2.5　闭合导线网

单一闭合导线有1个多边形内角和闭合条件，由于导线网构成了多边形，故$n$个内角观测值的平差值应满足多边形内角和条件，即

$$\sum_{i=2}^{n+1} \hat{\beta}_i-(n-2)\cdot 180°=0 \tag{5.2.52}$$

单一闭合导线也有两个坐标条件，即从起始点 $B$ 的坐标$(X_B,Y_B)$推算各点坐标的平差值，最终也可以推算至 $B$ 点坐标平差值$(\hat{X}_B,\hat{Y}_B)$，则应与 $B$ 点的已知坐标值$(X_B,Y_B)$相等，即

$$\hat{X}_B-X_B=0 \tag{5.2.53}$$

$$\hat{Y}_B-Y_B=0 \tag{5.2.54}$$

同样，也可以导出单一闭合导线的条件方程。

(1)多边形内角和闭合条件。由于导线网构成了多边形，其 $n+1$ 个转折角的平差值应满足多边形内角和条件，即

$$\sum_{i=2}^{n+1} \hat{\beta}_i-(n-2)\cdot 180°=\sum_{i=2}^{n+1} V_{\beta_i}+\sum_{i=2}^{n+1} \beta_i-(n-2)\cdot 180°=0 \tag{5.2.55}$$

写成转折角改正数条件方程形式为

$$\sum_{i=2}^{n+1} V_{\beta_i}+W_\beta=0 \tag{5.2.56}$$

式中

$$W_\beta=\sum_{i=2}^{n+1} \beta_i-(n-2)\cdot 180° \tag{5.2.57}$$

(2)坐标增量闭合条件。参照单一附合导线纵横坐标附合条件推导方法，可以得出坐标闭合条件的改正数条件方程式为

$$\sum_{i=1}^{n} \cos T_i^0 V_{S_i}-\frac{1}{2\,062.65}\sum_{i=1}^{n}(Y_{n+1}^0-Y_i^0)V_{\beta_i}+W_x=0 \tag{5.2.58}$$

$$W_x=100(X_{n+1}^0-X_B) \tag{5.2.59}$$

同样，可以导出横坐标附合条件式为

$$\sum_{i=1}^{n} \sin T_i^0 V_{S_i}+\frac{1}{2\,062.65}\sum_{i=1}^{n}(X_{n+1}^0-X_i^0)V_{\beta_i}+W_y=0 \tag{5.2.60}$$

$$W_y=100(Y_{n+1}^0-Y_B) \tag{5.2.61}$$

3)坐标附合导线条件方程

如图 5.2.5 所示的导线网中，缺少 1 个已知方位，假设缺少 $CD$ 边的方位角 $T_{CD}$，这时测角数和测边数都是 $n$，多余观测数为 $r=2n-(2n-2)=2$，只有 2 个坐标条件，条件方程为式(5.2.58)和式(5.2.60)。

4)无定向导线

如图 5.2.4 所示的导线网中，若只有 2 个已知点($B$ 点和 $C$ 点)没有已知方位，这时测角数为 $n-1$，测边数为 $n$，多余观测数为 $r=(2n-1)-(2n-2)=1$。假定 $B(1)$边的方位角为 $T'_1$，以 $B$ 点为起始推导各点坐标，导出 $C$ 点坐标$(X'_C,Y'_C)$与 $B$ 点坐标$(X'_B,Y'_B)$，反算方位角 $T'_{BC}$与实际方位角 $T_{BC}$之差为

$$\delta T = T_{BC} - T'_{BC} \tag{5.2.62}$$

各边方位角加上改正量 $\delta T$，即

$$T_i^0 = T'_i + \delta T \tag{5.2.63}$$

设 $\hat{T}_1$ 为参数，参数的近似值为 $T_1^0$，改正量为 $\delta T_1$，根据附有参数的条件平差原理可以列出两个方程，即纵横坐标附合条件，其改正数条件方程式为

$$\sum_{i=1}^{n} \cos T_i^0 V_{S_i} - \frac{1}{2\ 062.65} \sum_{i=2}^{n} (Y_{n+1}^0 - Y_i^0) V_{\beta_i} + (Y_B - Y_1^0)\delta T + W_x = 0 \tag{5.2.64}$$

$$\sum_{i=1}^{n} \sin T_i^0 V_{S_i} + \frac{1}{2\ 062.65} \sum_{i=2}^{n} (X_{n+1}^0 - X_i^0) V_{\beta_i} + (X_1^0 - X_B)\delta T + W_y = 0 \tag{5.2.65}$$

$$W_x = 100(X_{n+1}^0 - X_C) \tag{5.2.66}$$

$$W_y = 100(Y_{n+1}^0 - Y_C) \tag{5.2.67}$$

**2. 边角权的确定及单位权中误差**

导线网中，既有角度又有边长，两者的量纲不同，观测精度一般情况下也不相等。在依据最小二乘法进行平差时，应合理地确定边角权之间的关系。为统一确定角度和边长观测值的权，可以采用以下方法。

取角度观测值的权及中误差为 $P_\beta$、$\hat{\sigma}_\beta$，取边长观测值的权及中误差为 $P_S$、$\hat{\sigma}_S$，取常数 $\hat{\sigma}_0 = \hat{\sigma}_\beta$，则角度及边长观测值的权为

$$\left.\begin{aligned} P_\beta &= \frac{\hat{\sigma}_0^2}{\hat{\sigma}_\beta^2} = 1 \\ P_S &= \frac{\hat{\sigma}_0^2}{\hat{\sigma}_S^2} = \frac{\hat{\sigma}_\beta^2}{\hat{\sigma}_S^2} \end{aligned}\right\} \tag{5.2.68}$$

式中，$\hat{\sigma}_\beta$ 以秒为单位，$P_\beta$ 无量纲。在实际计算边长的权时，为使边长观测值的权与角度观测值的权相差不至于过大，应合理选取测边中误差的单位。如果 $\hat{\sigma}_S$ 的单位取为厘米，则 $P_S$ 的量纲为秒²/厘米²；而在平差计算中，$\hat{\sigma}_S$ 的单位与改正数 $v_S$ 的单位要一致，均以厘米为单位。

按此方法确定的权，在平差之后还应进行统计假设检验。检验通过后，才能说明其合理性，否则，应进行修正后再进行平差和统计假设检验。

单位权中误差为

$$\hat{\sigma}_0 = \sqrt{\frac{\boldsymbol{V}^{\mathrm{T}}\boldsymbol{P}\boldsymbol{V}}{r}} \tag{5.2.69}$$

如前所述，由于在计算边角权时，通常取测角中误差作为单位权中误差（即 $\hat{\sigma}_\beta = \hat{\sigma}_0$），所以在按式(5.2.69)计算单位权中误差的同时，实际上也就计算了测角中误差。测边中误差为

$$\hat{\sigma}_{S_i} = \hat{\sigma}_0 \sqrt{\frac{1}{P_{S_i}}} \tag{5.2.70}$$

例 5.2.4　图 5.2.6 中单一附合导线的起算数据和观测值如表 5.2.2 所示。

测角中误差为±3″,测边标称精度为±(5+5$D$)mm,按条件平差法计算各导线点的坐标平差值,并评定3点平差后的点位精度。

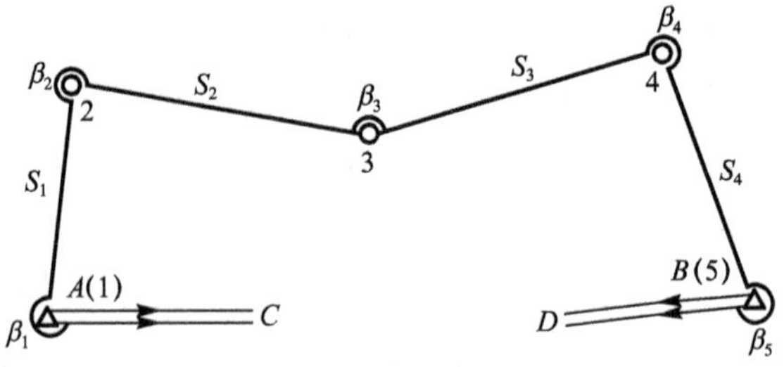


图5.2.6 附合导线网

**表5.2.2 观测值与起算数据**

| 已知坐标/m | 已知方位角 |
|---|---|
| $A$(6 556.947,4 101.735) | $\alpha_{AC}$=49°30′13.4″ |
| $B$(8 748.155,6 667.647) | $\alpha_{BD}$=229°30′13.4″ |
| 导线边长观测值(m) | 转折角度观测值 |
| $S_1$=1 628.524 | $\beta_1$=291°45′27.8″ |
| $S_2$=1 293.480 | $\beta_2$=275°16′43.8″ |
| $S_3$=1 229.421 | $\beta_3$=128°49′32.3″ |
| $S_4$=1 511.185 | $\beta_4$=274°57′18.2″ |
| | $\beta_5$=289°10′52.9″ |

解:观测值数为$n=9$,必要观测数为$t=6$,多余观测数为$r=n-t=3$,可以列出1个方位角附合条件和2个坐标附合条件。

(1)计算各导线边的近似方位角和导线点的坐标(表5.2.3)。

**表5.2.3 近似边长、方位角**

| 点号 | 近似坐标/m | 近似方位角 |
|---|---|---|
| | 2(8 099.150,3 578.571) | $T_1$=341°15′41.2″ |
| | 3(8 400.223,4 836.524) | $T_2$=76°32′25.0″ |
| | 4(9 511.116,5 363.205) | $T_3$=25°21′57.3″ |
| | 5(8 748.204,6 667.676) | $T_4$=120°19′15.5″ |
| | | $T_5$=229°30′08.4″ |

(2)列条件方程,即

$$v_{\beta_1}+v_{\beta_2}+v_{\beta_3}+v_{\beta_4}+v_{\beta_5}-5-0=0$$

$0.947\ 0v_{S_1}+0.232\ 8v_{S_2}+0.903\ 6v_{S_3}-0.505\ 3v_{S_4}-1.244\ 0v_{\beta_1}-1.497\ 6v_{\beta_2}-0.887\ 8v_{\beta_3}-0.632\ 4v_{\beta_4}+4.9=0$

$-0.3212v_{S_1}+0.9725v_{S_2}+0.4284v_{S_3}+0.8632v_{S_4}+1.0624v_{\beta_1}+0.3147v_{\beta_2}+0.1687v_{\beta_3}-0.3699v_{\beta_4}+2.9=0$

$$\boldsymbol{A}=\begin{bmatrix} 0 & 0 & 0 & 0 & 1 & 1 & 1 & 1 & 1 \\ 0.9470 & 0.2328 & 0.9036 & -0.5053 & -1.2440 & -1.4976 & -0.8878 & -0.5012 & 0 \\ -0.3212 & 0.9725 & 0.4284 & 0.8632 & 1.0624 & 0.3147 & 0.1687 & -0.3699 & 0 \end{bmatrix}$$

$$\boldsymbol{W}=[-5.0 \quad 4.9 \quad 2.9]^{\mathrm{T}}$$

(3)确定边角观测值的权。设单位权中误差$\hat{\sigma}_0=\hat{\sigma}_\beta=\pm 3''$，根据提供的标称精度公式$\hat{\sigma}_D=5\ \mathrm{mm}+5\times 10^{-6}\cdot D_{\mathrm{km}}$计算测边中误差$\sigma_{S_1}=1.31\ \mathrm{cm}$、$\sigma_{S_2}=1.15\ \mathrm{cm}$、$\sigma_{S_3}=1.11\ \mathrm{cm}$、$\sigma_{S_4}=1.26\ \mathrm{cm}$，测角观测值的权为$P_\beta=1$。为不使测边观测值的权与测角观测值的权相差过大，在计算测边观测值权时，取测边中误差和边长改正值的单位均为厘米(cm)，即

$$P_D=\frac{\hat{\sigma}_0^2}{\hat{\sigma}_D^2}(\mathrm{s}^2/\mathrm{cm}^2)$$

则可得观测值的权矩阵为

$$\mathrm{diag}(\boldsymbol{P})=[5.2 \quad 6.8 \quad 7.2 \quad 5.7 \quad 1 \quad 1 \quad 1 \quad 1 \quad 1]$$

(4)组成法方程，计算联系数、改正数及观测值平差值，即

$$\boldsymbol{N}=\begin{bmatrix} 5.0000 & -4.1306 & 1.1759 \\ -4.1306 & 5.1684 & -1.8053 \\ 1.1759 & -1.8053 & 1.7081 \end{bmatrix},\boldsymbol{N}^{-1}=\begin{bmatrix} 0.6125 & 0.5425 & 0.1517 \\ 0.5425 & 0.7872 & 0.4585 \\ 0.1517 & 0.4585 & 0.9656 \end{bmatrix}$$

$$\boldsymbol{K}=\boldsymbol{N}^{-1}\boldsymbol{W}=[-0.0357 \quad -2.4744 \quad -4.2883]^{\mathrm{T}}$$

$$\boldsymbol{V}=\boldsymbol{P}^{-1}\boldsymbol{A}^{\mathrm{T}}\boldsymbol{K}=[-0.2 \quad -0.7 \quad -0.6 \quad -0.4 \quad -1.5 \quad 2.3 \quad 1.4 \quad 2.8 \quad 0.0]^{\mathrm{T}}$$

$$\begin{bmatrix} \hat{S}_1 \\ \hat{S}_2 \\ \hat{S}_3 \\ \hat{S}_4 \\ \hat{\beta}_1 \\ \hat{\beta}_2 \\ \hat{\beta}_3 \\ \hat{\beta}_4 \\ \hat{\beta}_5 \end{bmatrix}=\begin{bmatrix} 1\,628.522 \\ 1\,293.473 \\ 1\,229.415 \\ 1\,511.181 \\ 291^\circ 45' 26.3'' \\ 275^\circ 16' 46.1'' \\ 128^\circ 49' 33.7'' \\ 274^\circ 57' 21.0'' \\ 289^\circ 10' 52.9'' \end{bmatrix}$$

进一步计算各导线点的坐标平差值，得：1 点为(8 099.144，3 578.561)；2 点为(8 400.210，4 836.508)；3 点为(9 511.092，5 363.198)。

(5)精度评定。单位权中误差为

$$\hat{\sigma}_0=\sqrt{\frac{\boldsymbol{V}^{\mathrm{T}}\boldsymbol{P}\boldsymbol{V}}{r}}=2.9''$$

点位中误差计算如下：

第 3 点平差后坐标函数式为

$$\hat{x}_3=x_1+\Delta\hat{x}_1+\Delta\hat{x}_2=x_1+\hat{s}_1\cos\hat{T}_1+\hat{s}_2\cos\hat{T}_2$$

$$\hat{y}_3=y_1+\Delta\hat{y}_1+\Delta\hat{y}_2=y_1+\hat{s}_1\sin\hat{T}_1+\hat{s}_2\sin\hat{T}_2$$

全微分得

$$\mathrm{d}\hat{X}_3=\sum_{i=1}^{2}\cos\hat{T}_i\mathrm{d}\hat{s}_i-\frac{1}{2\,062.65}\sum_{i=1}^{2}((Y_3^0-Y_i^0)\mathrm{d}\hat{\beta}_i)$$

$$\mathrm{d}\hat{Y}_3=\sum_{i=1}^{2}\sin\hat{T}_i\mathrm{d}\hat{s}_i+\frac{1}{2\,062.65}\sum_{i=1}^{2}((X_3^0-X_i^0)\mathrm{d}\hat{\beta}_i)$$

$$\boldsymbol{f}_{x_3}=[0.947\,0\quad 0.232\,8\quad 0\quad 0\quad -0.356\,2\quad -0.609\,9\quad 0\quad 0\quad 0]^{\mathrm{T}}$$

$$\boldsymbol{f}_{y_3}=[-0.321\,2\quad 0.972\,5\quad 0\quad 0\quad 0.893\,6\quad 0.146\,0\quad 0\quad 0\quad 0]^{\mathrm{T}}$$

权倒数为

$$Q_{\hat{x}_3}=\boldsymbol{f}_{x_3}^{\mathrm{T}}\boldsymbol{P}^{-1}\boldsymbol{f}_{x_3}-\boldsymbol{f}_{x_3}^{\mathrm{T}}\boldsymbol{P}^{-1}\boldsymbol{A}^{\mathrm{T}}\boldsymbol{N}^{-1}\boldsymbol{A}\boldsymbol{P}^{-1}\boldsymbol{f}_{x_3}=0.182$$

$$Q_{\hat{y}_3}=\boldsymbol{f}_{y_3}^{\mathrm{T}}\boldsymbol{P}^{-1}\boldsymbol{f}_{y_3}-\boldsymbol{f}_{y_3}^{\mathrm{T}}\boldsymbol{P}^{-1}\boldsymbol{A}^{\mathrm{T}}\boldsymbol{N}^{-1}\boldsymbol{A}\boldsymbol{P}^{-1}\boldsymbol{f}_{y_3}=0.184$$

点位中误差为

$$\hat{\sigma}_{\hat{x}_3}=\pm\hat{\sigma}_0\sqrt{Q_{\hat{x}_3}}=\pm 1.21\ (\mathrm{cm})$$

$$\hat{\sigma}_{\hat{y}_3}=\pm\hat{\sigma}_0\sqrt{Q_{\hat{y}_3}}=\pm 1.22\ (\mathrm{cm})$$

$$\hat{\sigma}_3=\pm\sqrt{\hat{\sigma}_{\hat{x}_3}^2+\hat{\sigma}_{\hat{y}_3}^2}=\pm 1.72\ (\mathrm{cm})$$

## 5.2.6 三角网条件平差

### 1. 测角三角网

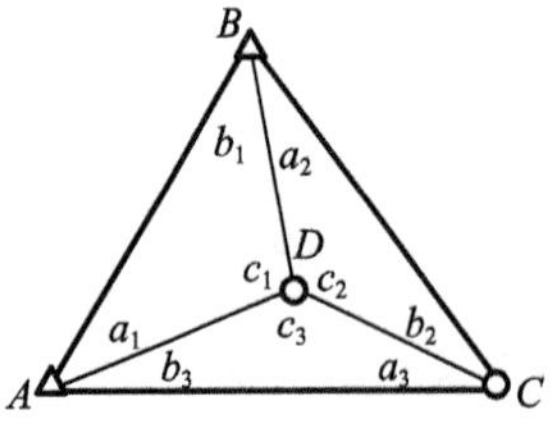


图 5.2.7 测角三角网

图 5.2.7 为一测角三角网，其中 $A$、$B$ 点是坐标为已知的三角点，$C$、$D$ 点为待定点，要确定其坐标。共观测了 9 个水平角，即 $a_i$、$b_i$、$c_i$，$i=1$、2、3。根据角度交会的原理知，为了确定 $C$、$D$ 两点的平面坐标，必要观测数为$t=4$。例如，测量 $a_1$ 和 $b_1$ 可计算 $D$ 点坐标，再测量 $a_2$ 和 $b_2$ 可确定 $C$ 点坐标。于是，图 5.2.7 的多余观测数$r=n-t=9-4=5$。共应列出 5 个条件方程。

测角三角网的基本条件方程有 3 类，现以此例说明。

(1)第一类是三角形内角和条件，即图形条件。由图 5.2.7 可列出三个图形条件，即

$$\left.\begin{array}{l}\hat{a}_1+\hat{b}_1+\hat{c}_1-180^\circ=0\\ \hat{a}_2+\hat{b}_2+\hat{c}_2-180^\circ=0\\ \hat{a}_3+\hat{b}_3+\hat{c}_3-180^\circ=0\end{array}\right\}\tag{5.2.71}$$

(2)第二类是圆周条件或称为水平条件。由图 5.2.8 可列出一个圆周条件,即

$$\hat{c}_1+\hat{c}_2+\hat{c}_3-360^\circ=0\tag{5.2.72}$$

(3)第三类是极条件或称为边长条件,即

$$\frac{\sin\hat{a}_1}{\sin\hat{b}_1}\cdot\frac{\sin\hat{a}_2}{\sin\hat{b}_2}\cdot\frac{\sin\hat{a}_3}{\sin\hat{b}_3}=1\tag{5.2.73}$$

测角网除图形条件、水平条件和极条件外,还可能有固定角条件、固定边条件、基线条件、方位角条件和坐标条件等。这里就不一一介绍了。

将上述平差值条件方程转化为改正数条件方程,并对非线性方程进行线性化,得

$$\left.\begin{array}{l}V_{a_1}+V_{b_1}+V_{c_1}-W_1=0\\ V_{a_2}+V_{b_2}+V_{c_2}-W_2=0\\ V_{a_3}+V_{b_3}+V_{c_3}-W_3=0\\ V_{c_1}+V_{c_2}+V_{c_3}-W_4=0\\ \cot a_1V_{a_1}+\cot a_2V_{a_2}+\cot a_3V_{a_3}-\cot b_1V_{b_1}-\cot b_2V_{b_2}-\cot b_3V_{b_3}-W_5=0\end{array}\right\}\tag{5.2.74}$$

其闭合差计算式为

$$\left.\begin{array}{l}-W_1=a_1+b_1+c_1-180^\circ\\ -W_2=a_2+b_2+c_2-180^\circ\\ -W_3=a_3+b_3+c_3-180^\circ\\ -W_4=c_1+c_2+c_3-360^\circ\\ -W_5=\left(\frac{\sin a_1}{\sin b_1}\cdot\frac{\sin a_2}{\sin b_2}\cdot\frac{\sin a_3}{\sin b_3}-1\right)\rho''\end{array}\right\}\tag{5.2.75}$$

**2. 测边三角网**

测边与测角一样,测边网也可分解为三角形、大地四边形和中点多边形三种基本图形。对于测边三角形,决定其形状和大小的必要观测为 3 条边长,故 $t=3$。此时 $r=n-t=3-3=0$,即测边三角形不存在条件方程。对于测边四边形,其第一个三角形必须观测 3 条边长,决定第二个三角形只需要再增加 2 条边长,所以确定 1 个四边形的图形,必须观测 5 条边长,即 $t=5$,所以 $r=n-t=3-3=0$,存在 1 个条件方程。对于中点多边形,如中点五边形,它由 4 个独立三角形组成,即 $t=3+2\times3=9$,故有 $r=n-t=10-9=1$。因此,测边网中的中点多边形与大地四边形个数之和即该网条件方程的总数。这类条件称为图形条件。

图形条件可应用角度闭合法、边长闭合法和面积闭合法等列出，本节仅介绍角度闭合法。测边网的图形条件按角度闭合法列出，其基本思想是：利用观测边长求出网中的内角，列出角度间应满足的条件；然后，以边长改正数代换角度改正数，得到以边长改正数表示的图形条件。例如，图 5.2.8 的测边四边形中，由观测边长 $S_i(i=1,2,3,\cdots,6)$ 精确地算出角度值 $\beta_j(j=1,2,3)$，此时，平差值条件方程为

$$\hat{\beta}_1+\hat{\beta}_2-\hat{\beta}_3=0 \tag{5.2.76}$$

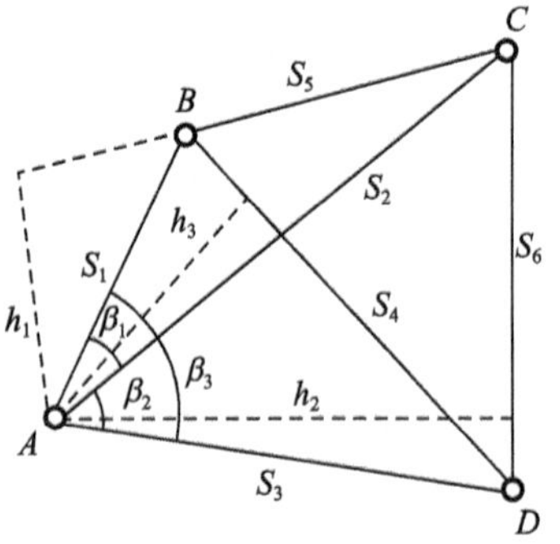

图 5.2.8 测边三角网

以角度改正数表示的图形条件为

$$V_{\beta_1}+V_{\beta_2}-V_{\beta_3}-W=0 \tag{5.2.77}$$

式中，$-W=\beta_1+\beta_2-\beta_3$。

上述条件中的角度改正数代换为观测值（边长）的改正数后，才是图形条件的最终形式。为此，必须找出边长改正数和角度改正数之间的关系式。

在图 5.2.8 中，$\triangle ABC$ 中角度改正数与边长改正数之间的关系式为

$$S_5^2=S_1^2+S_2^2-2S_1S_2\cos\beta_1$$

微分得

$$\left.\begin{aligned}&2S_5\mathrm{d}S_5=(2S_1-2S_2\cos\beta_1)\mathrm{d}S_1+(2S_2-2S_1\cos\beta_1)\mathrm{d}S_2+2S_1S_2\sin\beta_1\mathrm{d}\beta_1\\&\mathrm{d}\beta_1=\frac{1}{S_1S_2\sin\beta_1}[S_5\mathrm{d}S_5-(S_1-S_2\cos\beta_1)\mathrm{d}S_1-(S_2-S_1\cos\beta_1)\mathrm{d}S_2]\end{aligned}\right\} \tag{5.2.78}$$

由于 $S_1S_2\sin\beta_1=$（2 倍三角形面）$=S_5h_1$，$S_1-S_2\cos\beta_1=S_5\cos\angle ACB$、$S_2-S_1\cos\beta_1=S_1\cos\angle ABC$，故有

$$\mathrm{d}\beta_1=\frac{1}{h_1}(\mathrm{d}S_5-\cos\angle ACB\mathrm{d}S_1-\cos\angle ABC\mathrm{d}S_2) \tag{5.2.79}$$

将式(5.2.79)中的微分换成相应的改正数，同时考虑式中 $\mathrm{d}\beta_1$ 的单位是弧度，而角度改正数是以秒为单位，故式(5.2.79)可写为

$$V_{\beta_1}=\frac{\rho''}{h_1}(V_{S_5}-V_{S_1}\cos\angle ACB-V_{S_2}\cos\angle ABC) \tag{5.2.80}$$

同理可得

$$V_{\beta_2}=\frac{\rho''}{h_2}(V_{S_6}-V_{S_2}\cos\angle ABC-V_{S_3}\cos\angle ACB) \tag{5.2.81}$$

$$V_{\beta_3}=\frac{\rho''}{h_3}(V_{S_4}-V_{S_1}\cos\angle ABC-V_{S_3}\cos\angle ACB) \tag{5.2.82}$$

将式(5.2.80)、式(5.2.81)和式(5.2.82)代入式(5.2.77)，即得四边形的、以边长改正数表示的图形条件为

$$\rho''\left(\frac{\cos\angle ABD}{h_3}-\frac{\cos\angle ABC}{h_1}\right)V_{S_1}-\rho''\left(\frac{\cos\angle ACB}{h_1}+\frac{\cos\angle ACD}{h_2}\right)V_{S_2}+$$
$$\rho''\left(\frac{\cos\angle ADB}{h_3}-\frac{\cos\angle ADC}{h_2}\right)V_{S_3}-\frac{\rho''}{h_3}V_{S_4}+\frac{\rho''}{h_1}V_{S_5}+\frac{\rho''}{h_2}V_{S_6}-W=0 \tag{5.2.83}$$

在具体计算图形条件的系数和闭合差时，一般取边长改正数的单位为厘米，高 $h$ 的单位为千米，$\rho''$取 2.062，而闭合差 $W$ 的单位为秒。由观测边长计算系数中的角值，可按余弦定理或下式计算，如图 5.2.9 所示，即

$$\left.\begin{aligned}\tan\frac{A}{2}&=\frac{r}{p-S_a}\\ \tan\frac{B}{2}&=\frac{r}{p-S_b}\\ \tan\frac{C}{2}&=\frac{r}{p-S_c}\end{aligned}\right\} \tag{5.2.84}$$

式中，$p=(S_a+S_b+S_c)/2$，$r=\sqrt{\dfrac{(p-S_a)(p-S_b)(p-S_c)}{p}}$。

高 $h$ 为

$$\left.\begin{aligned}h_a&=S_b\sin C=S_c\sin B\\ h_b&=S_a\sin C=S_c\sin A\\ h_c&=S_a\sin B=S_b\sin A\end{aligned}\right\} \tag{5.2.85}$$

**3. 边角三角网**

在边角三角网的条件方程中，一般有与测角网相同的图形条件、圆周条件和极条件，以及平差图形中观测角和观测边的平差值应满足的几何条件，即按正弦定理和余弦定理列立的正弦条件或余弦条件。

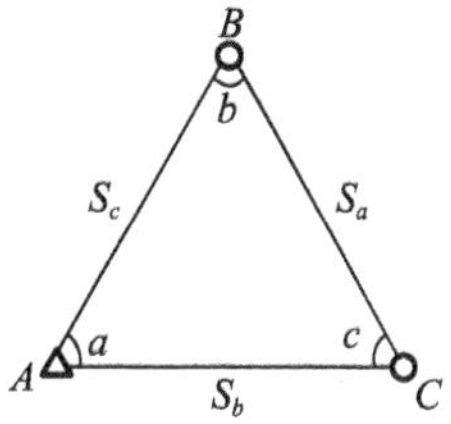


图 5.2.9　边角同测三角网

正弦条件指平差图形中观测角和观测边的平差值应满足正弦定理。例如，图 5.2.9 中，应列一个角度的图形条件和两个正弦条件，即

$$\left.\begin{aligned}&\hat{a}+\hat{b}+\hat{c}-180°=0\\ &\frac{\hat{S}_a}{\hat{S}_b}=\frac{\sin\hat{a}}{\sin\hat{b}}\\ &\frac{\hat{S}_a}{\hat{S}_c}=\frac{\sin\hat{a}}{\sin\hat{c}}\end{aligned}\right\} \tag{5.2.86}$$

式(5.2.86)后两式称为正弦条件，是非线性条件，应用时需要线性化。将上述第二式按真数形式线性化为

$$\hat{S}_a\sin\hat{b}-\hat{S}_b\sin\hat{a}=0 \tag{5.2.87}$$

以 $\hat{S}_a=S_a+V_{s_a}$、$\hat{S}_b=S_b+V_{s_b}$、$\hat{b}=b+V_b$，$\hat{a}=a+V_a$ 代入，按泰勒级数展开至一次项，得

$$V_{s_a}\sin b-V_{s_b}\sin a-S_b\cos a\frac{V_a}{\rho''}+S_a\cos\frac{V_b}{\rho''}+W_2=0 \tag{5.2.88}$$

式中，$W_2=S_a\sin b-S_b\sin a$。

同理，也可以将第三式线性化，得

$$V_{s_a}\sin c-V_{s_c}\sin a-S_c\cos a\frac{V_a}{\rho''}+S_a\cos\frac{V_c}{\rho''}+W_3=0 \tag{5.2.89}$$

式中，$W_3=S_a\sin c-S_c\sin a$。

如图 5.2.9 所示，边角网也可以列余弦条件，即

$$\left.\begin{aligned}\cos\hat{a}&=\frac{\hat{S}_b^2+\hat{S}_c^2-\hat{S}_a^2}{2\hat{S}_b\hat{S}_c}\\ \cos\hat{b}&=\frac{\hat{S}_a^2+\hat{S}_c^2-\hat{S}_b^2}{2\hat{S}_a\hat{S}_c}\\ \hat{a}+\hat{b}&+\hat{c}-180^\circ=0\end{aligned}\right\} \tag{5.2.90}$$

同样，需要将非线性的余弦条件转换为线性条件。

### 5.2.7 条件平差的统计性质

**1. 平差值 $\hat{\boldsymbol{L}}$ 是无偏估值**

观测值 $\boldsymbol{L}$ 与真值 $\tilde{\boldsymbol{L}}$ 的关系为

$$\boldsymbol{L}=\tilde{\boldsymbol{L}}+\boldsymbol{\Delta} \tag{5.2.91}$$

由于 $\boldsymbol{\Delta}\sim N(0,\boldsymbol{D}_{\Delta\Delta})$，即 $\boldsymbol{\Delta}$ 服从高斯分布，或者说 $\boldsymbol{\Delta}$ 只含偶然误差，这样观测值 $\boldsymbol{L}$ 的数学期望就是真值，即

$$E(\boldsymbol{L})=E(\tilde{\boldsymbol{L}}+\boldsymbol{\Delta})=E(\tilde{\boldsymbol{L}})+E(\boldsymbol{\Delta})=\tilde{\boldsymbol{L}} \tag{5.2.92}$$

由式(5.2.92)可知平差值 $\hat{\boldsymbol{L}}$ 的数学期望为

$$E(\hat{\boldsymbol{L}})=E(\boldsymbol{L})+E(\boldsymbol{V})=\tilde{\boldsymbol{L}}+E(\boldsymbol{V}) \tag{5.2.93}$$

因为 $E(\boldsymbol{V})=E(\boldsymbol{P}^{-1}\boldsymbol{A}^{\mathrm{T}}\boldsymbol{K})\boldsymbol{P}^{-1}\boldsymbol{A}^{\mathrm{T}}\ \boldsymbol{N}_{aa}^{-1}E(\boldsymbol{A}\boldsymbol{L}+\boldsymbol{A}_0)=\boldsymbol{P}^{-1}\boldsymbol{A}^{\mathrm{T}}\ \boldsymbol{N}_{aa}^{-1}(\boldsymbol{A}\tilde{\boldsymbol{L}}+\boldsymbol{A}_0)=0$，所以平差值 $\hat{\boldsymbol{L}}$ 的数学期望为

$$E(\hat{\boldsymbol{L}})=\tilde{\boldsymbol{L}} \tag{5.2.94}$$

即平差值 $\hat{\boldsymbol{L}}$ 是观测值所对应真值的一个无偏估值。

**2. 平差值 $\hat{\boldsymbol{L}}$ 的方差最小**

平差值 $\hat{\boldsymbol{L}}$ 的方差 $\boldsymbol{D}_{\hat{L}\hat{L}}$ 为

$$\boldsymbol{D}_{\hat{L}\hat{L}}=\hat{\sigma}_0^2(\boldsymbol{P}^{-1}-\boldsymbol{P}^{-1}\boldsymbol{A}^{\mathrm{T}}\ \boldsymbol{N}_{aa}^{-1}\boldsymbol{A}\boldsymbol{P}^{-1}) \tag{5.2.95}$$

式中，$\boldsymbol{D}_{\hat{L}\hat{L}}$ 中对角线元素分别是 $\hat{L}_i(i=1,2,\cdots,n)$ 的方差，要使平差值 $\hat{\boldsymbol{L}}$ 方差最小，

根据迹的定义知，也就是要证明

$$\mathrm{tr}(\boldsymbol{D}_{\hat{L}\hat{L}})=\min \tag{5.2.96}$$

用反证法证明式(5.2.97)成立，也就是参数估计量 $\hat{\boldsymbol{L}}$ 具有方差最小性。

设 $\dot{\boldsymbol{L}}$ 为观测值的线性函数，表达式为

$$\dot{\boldsymbol{L}}=\boldsymbol{L}+\boldsymbol{\alpha}(\boldsymbol{A}\boldsymbol{L}+\boldsymbol{A}_0) \tag{5.2.97}$$

式中，$\boldsymbol{\alpha}$ 为待求的系数矩阵。若能证明 $\dot{\boldsymbol{L}}$ 的方差最小且 $\dot{\boldsymbol{L}}=\hat{\boldsymbol{L}}$，也就证明了 $\hat{\boldsymbol{L}}$ 的方差最小。

先按 $\dot{\boldsymbol{L}}$ 为无偏估计量来求 $\boldsymbol{\alpha}$ 必须满足的条件。为此，对式(5.2.97)两边取数学期望，得

$$E(\dot{\boldsymbol{L}})=E(\boldsymbol{L})+\boldsymbol{\alpha}(\boldsymbol{A}E(\boldsymbol{L})+\boldsymbol{A}_0)=\tilde{\boldsymbol{L}} \tag{5.2.98}$$

式中，$\dot{\boldsymbol{L}}$ 是 $\tilde{\boldsymbol{L}}$ 的无偏估计量。根据协方差转播定律，得

$$\boldsymbol{D}_{\dot{L}\dot{L}}=(\boldsymbol{I}+\boldsymbol{\alpha}\boldsymbol{A})\boldsymbol{D}_{LL}(\boldsymbol{I}+\boldsymbol{A}^{\mathrm{T}}\boldsymbol{\alpha}^{\mathrm{T}}) \tag{5.2.99}$$

这样，待求的系数矩阵 $\boldsymbol{\alpha}$ 既要满足条件式(5.2.99)，又要使$\boldsymbol{D}_{\dot{L}\dot{L}}$ 最小。为此，按求条件极值的方法进行

$$\frac{\partial \boldsymbol{D}_{\dot{L}\dot{L}}}{\partial \boldsymbol{\alpha}}=2\boldsymbol{A}\boldsymbol{D}_{LL}+2(\boldsymbol{A}\boldsymbol{D}_{LL}\boldsymbol{A}^{\mathrm{T}})\boldsymbol{\alpha}^{\mathrm{T}}=0$$

因此解得 $\boldsymbol{\alpha}^{\mathrm{T}}=-(\boldsymbol{A}\boldsymbol{D}_{LL}\boldsymbol{A}^{\mathrm{T}})^{-1}\boldsymbol{A}\boldsymbol{D}_{LL}$，转置获得 $\boldsymbol{\alpha}$，并顾及$\boldsymbol{D}_{LL}=\hat{\sigma}_0^2\boldsymbol{P}^{-1}$，得

$$\boldsymbol{\alpha}=-\boldsymbol{P}^{-1}\boldsymbol{A}^{\mathrm{T}}(\boldsymbol{A}\boldsymbol{P}^{-1}\boldsymbol{A}^{\mathrm{T}})^{-1} \tag{5.2.100}$$

将式(5.2.100)代入式(5.2.97)，得

$$\dot{\boldsymbol{L}}=\boldsymbol{L}-\boldsymbol{P}^{-1}\boldsymbol{A}^{\mathrm{T}}(\boldsymbol{A}\boldsymbol{P}^{-1}\boldsymbol{A}^{\mathrm{T}})^{-1}(\boldsymbol{A}\boldsymbol{L}+\boldsymbol{A}_0)=\hat{\boldsymbol{L}} \tag{5.2.101}$$

这就证明了平差值 $\hat{\boldsymbol{L}}$ 方差最小，是真值 $\tilde{\boldsymbol{L}}$ 的有效估值，也就是最佳估值。

**3. 单位权方差估值$\hat{\sigma}^2$ 是 $\sigma^2$的无偏估计**

单位权方差的无偏性是指单位权方差 $\sigma_0^2$的估值$\hat{\sigma}_0^2$ 是其无偏估计量，即要证明

$$E(\hat{\sigma}_0^2)=\sigma_0^2 \tag{5.2.102}$$

估值的计算式为

$$\hat{\sigma}_0^2=\frac{\boldsymbol{V}^{\mathrm{T}}\boldsymbol{P}\boldsymbol{V}}{r} \tag{5.2.103}$$

对于改正数向量 $\boldsymbol{V}$，其数学期望为 $E(\boldsymbol{V})$，方差矩阵为 $\boldsymbol{D}_{VV}$，相应的权矩阵为 $\boldsymbol{P}$（$\boldsymbol{P}$ 为对称可逆矩阵）。根据数理统计理论，$\boldsymbol{V}$ 的任一二次型的数学期望可表达为

$$E(\boldsymbol{V}^{\mathrm{T}}\boldsymbol{P}\boldsymbol{V})=\mathrm{tr}(\boldsymbol{P}\boldsymbol{D}_{VV})+E(\boldsymbol{V})^{\mathrm{T}}\boldsymbol{P}E(\boldsymbol{V}) \tag{5.2.104}$$

式中，$E(\boldsymbol{V})=0$，$\boldsymbol{D}_{VV}=\sigma_0^2\boldsymbol{Q}_{VV}$，则式(5.2.104)可写为

$$E(\boldsymbol{V}^{\mathrm{T}}\boldsymbol{P}\boldsymbol{V})=\sigma_0^2\mathrm{tr}(\boldsymbol{P}\boldsymbol{Q}_{VV}) \tag{5.2.105}$$

因为$Q_{VV}=P^{-1}A^{\mathrm{T}}N_{aa}^{-1}AP^{-1}$，代入式(5.2.105)，得

$$E(V^{\mathrm{T}}PV)=\sigma_0^2\mathrm{tr}(PQ_{VV})=\sigma_0^2\mathrm{tr}(A^{\mathrm{T}}N_{aa}^{-1}AP^{-1})=\sigma_0^2\mathrm{tr}(\underset{r\times r}{I})=\sigma_0^2 r \tag{5.2.106}$$

式(5.2.106)代入式(5.2.102)后，根据单位权中误差的计算公式，得

$$E(\hat{\sigma}_0^2)=E\left(\frac{V^{\mathrm{T}}PV}{r}\right)=\frac{E(V^{\mathrm{T}}PV)}{r}=\sigma_0^2 \tag{5.2.107}$$

从而可得单位权方差$\sigma_0^2$的估值$\hat{\sigma}_0^2$是其无偏估计量，单位权中误差$\sigma_0$的估值$\hat{\sigma}_0$不是无偏的。

## §5.3 间接平差

### 5.3.1 间接平差原理

设某平差问题中有$n$个观测值$L$，已知其协因数矩阵为$Q=P^{-1}$，必要观测数为$t$，选定$t$个独立参数$\hat{X}$，其近似值为$\hat{X}=X^0+\hat{x}$，观测值$L$与改正数$V$之和$\hat{L}=L+V$，称为观测量的平差值。按具体平差问题，可列出$n$个平差值方程为

$$\left.\begin{aligned}L_1+V_1&=b_{11}\hat{X}_1+b_{12}\hat{X}_2+\cdots+b_{1t}\hat{X}_t+d_1\\L_i+V_i&=b_{21}\hat{X}_1+b_{22}\hat{X}_2+\cdots+b_{2t}\hat{X}_t+d_2\\&\vdots\\L_i+V_i&=B_{n1}\hat{X}_1+b_{n2}\hat{X}_2+\cdots+b_{nt}\hat{X}_t+d_n\end{aligned}\right\} \tag{5.3.1}$$

令

$$\underset{n\times1}{L}=\begin{bmatrix}L_1\\L_2\\\vdots\\L_n\end{bmatrix},\underset{n\times1}{V}=\begin{bmatrix}V_1\\V_2\\\vdots\\V_n\end{bmatrix},\underset{t\times1}{\hat{X}}=\begin{bmatrix}\hat{X}_1\\\hat{X}_2\\\vdots\\\hat{X}_n\end{bmatrix},\underset{n\times1}{d}=\begin{bmatrix}d_1\\d_2\\\vdots\\d_n\end{bmatrix},\underset{n\times t}{B}=\begin{bmatrix}b_{11}&b_{12}&\cdots&b_{1t}\\b_{21}&b_{22}&\cdots&b_{2t}\\\vdots&\vdots&&\vdots\\b_{n1}&b_{n2}&\cdots&b_{nt}\end{bmatrix}$$

则平差值方程的矩阵形式为

$$L+V=B\hat{X}+d \tag{5.3.2}$$

令

$$\left.\begin{aligned}\hat{X}&=X^0+\hat{x}\\l&=L-(BX^0+d)\end{aligned}\right\} \tag{5.3.3}$$

式中，$X^0$为参数的充分近似值，于是可得误差方程式为

$$V=B\hat{x}-l \tag{5.3.4}$$

按最小二乘原理，式(5.3.4)的$\hat{x}$必须满足$V^{\mathrm{T}}PV=\min$的要求，因为$t$个参数为独立量，故可按数学上求函数自由极值的方法，得

$$\frac{\partial \boldsymbol{V}^{\mathrm{T}}\boldsymbol{P}\boldsymbol{V}}{\partial \hat{\boldsymbol{x}}}=2\,\boldsymbol{V}^{\mathrm{T}}\boldsymbol{P}\,\frac{\partial \boldsymbol{V}}{\partial \hat{\boldsymbol{x}}}=\boldsymbol{V}^{\mathrm{T}}\boldsymbol{P}\boldsymbol{B}=0$$

转置后得改正数方程为

$$\boldsymbol{B}^{\mathrm{T}}\boldsymbol{P}\boldsymbol{V}=0 \tag{5.3.5}$$

误差方程式(5.3.4)和改正数方程式(5.3.5)中的待求量是 $n$ 个 $\boldsymbol{V}$ 和 $t$ 个 $\hat{\boldsymbol{x}}$，而方程个数也是 $n+t$，有唯一解，称此两式为间接平差的基础方程。

解此基础方程，一般是将式(5.3.4)代入式(5.3.5)，以便先消去 $\boldsymbol{V}$，得

$$\boldsymbol{B}^{\mathrm{T}}\boldsymbol{P}\boldsymbol{B}\,\hat{\boldsymbol{x}}-\boldsymbol{B}^{\mathrm{T}}\boldsymbol{P}\boldsymbol{l}=0 \tag{5.3.6}$$

令$\boldsymbol{N}_{bb}=\boldsymbol{B}^{\mathrm{T}}\boldsymbol{P}\boldsymbol{B}$、$\boldsymbol{W}_b=\boldsymbol{B}^{\mathrm{T}}\boldsymbol{P}\boldsymbol{l}$，可简写成

$$\boldsymbol{N}_{bb}\,\hat{\boldsymbol{x}}-\boldsymbol{W}_b=0 \tag{5.3.7}$$

式中，系数矩阵$\boldsymbol{N}_{bb}$为满秩矩阵，即 $\mathrm{rank}(\boldsymbol{N}_{bb})=t$，$\hat{\boldsymbol{x}}$有唯一解，式(5.3.7)称为间接平差的法方程，解得

$$\hat{\boldsymbol{x}}=\boldsymbol{N}_{bb}^{-1}\boldsymbol{W}_b \tag{5.3.8}$$

或

$$\hat{\boldsymbol{x}}=(\boldsymbol{B}^{\mathrm{T}}\boldsymbol{P}\boldsymbol{B})^{-1}\boldsymbol{B}^{\mathrm{T}}\boldsymbol{P}\boldsymbol{l} \tag{5.3.9}$$

将求出的$\hat{\boldsymbol{x}}$代入误差方程式(5.3.4)，即可求得改正数 $\boldsymbol{V}$，从而得平差结果为

$$\left.\begin{aligned}\hat{\boldsymbol{L}}&=\boldsymbol{L}+\boldsymbol{V}\\ \hat{\boldsymbol{X}}&=\boldsymbol{X}^0+\hat{\boldsymbol{x}}\end{aligned}\right\} \tag{5.3.10}$$

## 5.3.2　精度评定

### 1. 单位权中误差

单位权方差 $\sigma_0^2$的估值为$\hat{\sigma}_0^2$，计算式是$\boldsymbol{V}^{\mathrm{T}}\boldsymbol{P}\boldsymbol{V}$ 除以多余观测数，即

$$\hat{\sigma}_0^2=\frac{\mathbf{V}^{\mathrm{T}}\mathbf{P}\mathbf{V}}{r} \tag{5.3.11}$$

中误差为

$$\hat{\sigma}_0=\sqrt{\frac{\mathbf{V}^{\mathrm{T}}\mathbf{P}\mathbf{V}}{r}} \tag{5.3.12}$$

计算$\boldsymbol{V}^{\mathrm{T}}\boldsymbol{P}\boldsymbol{V}$ 可以将误差方程代入计算，即

$$\boldsymbol{V}^{\mathrm{T}}\boldsymbol{P}\boldsymbol{V}=(\boldsymbol{B}\,\hat{\boldsymbol{x}}-\boldsymbol{l})^{\mathrm{T}}\boldsymbol{P}\boldsymbol{V}=\hat{\boldsymbol{x}}^{\mathrm{T}}\,\boldsymbol{B}^{\mathrm{T}}\boldsymbol{P}\boldsymbol{V}-\boldsymbol{l}^{\mathrm{T}}\boldsymbol{P}\boldsymbol{V}$$

顾及$\boldsymbol{B}^{\mathrm{T}}\boldsymbol{P}\boldsymbol{V}=0$，得

$$\boldsymbol{V}^{\mathrm{T}}\boldsymbol{P}\boldsymbol{V}=-\boldsymbol{l}^{\mathrm{T}}\boldsymbol{P}(\boldsymbol{B}\,\hat{\boldsymbol{x}}-\boldsymbol{l})=\boldsymbol{l}^{\mathrm{T}}\boldsymbol{P}\boldsymbol{l}-\boldsymbol{l}^{\mathrm{T}}\boldsymbol{P}\boldsymbol{B}\,\hat{\boldsymbol{x}}$$

考虑$\boldsymbol{l}^{\mathrm{T}}\boldsymbol{P}\boldsymbol{B}=(\boldsymbol{B}^{\mathrm{T}}\boldsymbol{P}\boldsymbol{l})^{\mathrm{T}}$，得

$$\boldsymbol{V}^{\mathrm{T}}\boldsymbol{P}\boldsymbol{V}=\boldsymbol{l}^{\mathrm{T}}\boldsymbol{P}\boldsymbol{l}-\boldsymbol{W}_b{}^{\mathrm{T}}\,\hat{\boldsymbol{x}} \tag{5.3.13}$$

### 2. 协因数矩阵

在间接平差中，基本向量为 $\boldsymbol{L}(\boldsymbol{l})$、$\hat{\boldsymbol{X}}(\hat{\boldsymbol{x}})$、$\boldsymbol{V}$ 和 $\hat{\boldsymbol{L}}$。已知$\boldsymbol{Q}_{LL}=\boldsymbol{Q}$，根据前面的定义和有关说明知 $\hat{\boldsymbol{X}}=\boldsymbol{X}^0+\hat{\boldsymbol{x}}$，故$\boldsymbol{Q}_{\hat{X}\hat{X}}=\boldsymbol{Q}_{\hat{x}\hat{x}}$、$\boldsymbol{Q}_{ll}=\boldsymbol{Q}_{LL}$。

下面推求各基本向量的自协因数矩阵和两两向量间的互协因数矩阵，即

$$\begin{bmatrix} \boldsymbol{D}_{LL} & \boldsymbol{D}_{L\hat{X}} & \boldsymbol{D}_{LV} & \boldsymbol{D}_{L\hat{L}} \\ \boldsymbol{D}_{\hat{X}L} & \boldsymbol{D}_{\hat{X}\hat{X}} & \boldsymbol{D}_{\hat{X}V} & \boldsymbol{D}_{\hat{X}\hat{L}} \\ \boldsymbol{D}_{VL} & \boldsymbol{D}_{V\hat{X}} & \boldsymbol{D}_{VV} & \boldsymbol{D}_{V\hat{L}} \\ \boldsymbol{D}_{\hat{L}L} & \boldsymbol{D}_{\hat{L}\hat{X}} & \boldsymbol{D}_{\hat{L}V} & \boldsymbol{D}_{\hat{L}\hat{L}} \end{bmatrix} = \hat{\sigma}_0^2 \begin{bmatrix} \boldsymbol{Q}_{LL} & \boldsymbol{Q}_{L\hat{X}} & \boldsymbol{Q}_{LV} & \boldsymbol{Q}_{L\hat{L}} \\ \boldsymbol{Q}_{\hat{X}L} & \boldsymbol{Q}_{\hat{X}\hat{X}} & \boldsymbol{Q}_{\hat{X}V} & \boldsymbol{Q}_{\hat{X}\hat{L}} \\ \boldsymbol{Q}_{VL} & \boldsymbol{Q}_{V\hat{X}} & \boldsymbol{Q}_{VV} & \boldsymbol{Q}_{V\hat{L}} \\ \boldsymbol{Q}_{\hat{L}L} & \boldsymbol{Q}_{\hat{L}\hat{X}} & \boldsymbol{Q}_{\hat{L}V} & \boldsymbol{Q}_{\hat{L}\hat{L}} \end{bmatrix}$$

$$= \hat{\sigma}_0^2 \begin{bmatrix} \boldsymbol{P}^{-1} & \boldsymbol{BN}_{bb}^{-1} & -\boldsymbol{P}^{-1}+\boldsymbol{BN}_{bb}^{-1}\boldsymbol{B}^{\mathrm{T}} & \boldsymbol{BN}_{bb}^{-1}\boldsymbol{B}^{\mathrm{T}} \\ \boldsymbol{N}_{bb}^{-1}\boldsymbol{B}^{\mathrm{T}} & \boldsymbol{N}_{bb}^{-1} & 0 & \boldsymbol{N}_{bb}^{-1}\boldsymbol{B}^{\mathrm{T}} \\ -\boldsymbol{P}^{-1}+\boldsymbol{BN}_{bb}^{-1}\boldsymbol{B}^{\mathrm{T}} & 0 & \boldsymbol{P}^{-1}-\boldsymbol{BN}_{bb}^{-1}\boldsymbol{B}^{\mathrm{T}} & 0 \\ \boldsymbol{BN}_{bb}^{-1}\boldsymbol{B}^{\mathrm{T}} & \boldsymbol{BN}_{bb}^{-1} & 0 & \boldsymbol{BN}_{bb}^{-1}\boldsymbol{B}^{\mathrm{T}} \end{bmatrix} \tag{5.3.14}$$

对照上列等式可知，矩阵中对角线元素就是观测值 $\boldsymbol{L}$、参数平差值 $\hat{\boldsymbol{X}}$、改正数 $\boldsymbol{V}$ 和平差值 $\hat{\boldsymbol{L}}$ 的协因数矩阵，乘以单位权方差就是协方差矩阵，即

$$\left.\begin{aligned} \boldsymbol{D}_{LL} &= \hat{\sigma}_0^2\,\boldsymbol{P}^{-1} \\ \boldsymbol{D}_{\hat{X}\hat{X}} &= \hat{\sigma}_0^2\,\boldsymbol{N}_{bb}^{-1} \\ \boldsymbol{D}_{VV} &= \hat{\sigma}_0^2(\boldsymbol{P}^{-1}-\boldsymbol{BN}_{bb}^{-1}\boldsymbol{B}^{\mathrm{T}}) \\ \boldsymbol{D}_{\hat{L}\hat{L}} &= \hat{\sigma}_0^2(\boldsymbol{BN}_{bb}^{-1}\boldsymbol{B}^{\mathrm{T}}) \end{aligned}\right\} \tag{5.3.15}$$

而矩阵中非对角线元素即为相应的互协因数矩阵，乘以单位权方差就是互协方差矩阵。

**3. 参数函数的精度**

在间接平差中，任何一个量的平差值都可以由平差所选参数求得，或者说都可以表达为参数的函数。下面从一般情况来讨论如何求参数函数的中误差。

假定间接平差问题中有 $t$ 个参数，设参数的函数为

$$\hat{\varphi} = \Phi(\hat{X}_1, \hat{X}_2, \cdots, \hat{X}_t) \tag{5.3.16}$$

将 $\hat{X}_j = X_j^0 + \hat{x}_j\ (j=1,2,\cdots,t)$ 代入式(5.3.16)后，按泰勒级数展开，取至一次项，得

$$\hat{\varphi} = \Phi(X_1^0, X_2^0, \cdots, X_t^0) + \left(\frac{\partial\Phi}{\partial\hat{X}_1}\right)_0 \hat{x}_1 + \left(\frac{\partial\Phi}{\partial\hat{X}_2}\right)_0 \hat{x}_2 + \cdots + \left(\frac{\partial\Phi}{\partial\hat{X}_t}\right)_0 \hat{x}_t$$

式中，$\Phi(X_1^0, X_2^0, \cdots, X_t^0)$ 是参数函数的近似值。近似值一经取定，它就是一个已知的系数。令 $f_j = \left(\frac{\partial\Phi}{\partial\hat{X}_j}\right)_0$，上式可以写为

$$\hat{\varphi} = f_0 + f_1\hat{x}_1 + f_2\hat{x}_2 + \cdots + f_t\hat{x}_t \tag{5.3.17}$$

或

$$\delta\hat{\varphi} = f_1\hat{x}_1 + f_2\hat{x}_2 + \cdots + f_t\hat{x}_t \tag{5.3.18}$$

对于评定函数 $\hat{\varphi}$ 的精度而言，给出 $\hat{\varphi}$ 或 $\delta\hat{\varphi}$ 是一样的。通常把式(5.3.18)称为参数函数的权函数式，简称为权函数式。

令 $\boldsymbol{F}^{\mathrm{T}}=[f_1\ f_2\cdots\ f_t]$，则式(5.3.18)为

$$\delta\hat{\varphi}=\boldsymbol{F}^{\mathrm{T}}\hat{\boldsymbol{x}} \tag{5.3.19}$$

由于 $\boldsymbol{Q}_{\hat{X}\hat{X}}=\boldsymbol{N}_{bb}^{-1}$，故函数 $\hat{\varphi}$ 的协因数为

$$\boldsymbol{Q}_{\hat{\varphi}\hat{\varphi}}=\boldsymbol{F}^{\mathrm{T}}\boldsymbol{Q}_{\hat{X}\hat{X}}\boldsymbol{F}=\boldsymbol{F}^{\mathrm{T}}\boldsymbol{N}_{bb}^{-1}\boldsymbol{F} \tag{5.3.20}$$

一般，设函数向量 $\underset{m\times 1}{\hat{\varphi}}$ 的权函数式为

$$\delta\underset{m\times 1}{\hat{\varphi}}=\underset{m\times t}{\boldsymbol{F}^{\mathrm{T}}}\ \underset{t\times 1}{\hat{\boldsymbol{x}}} \tag{5.3.21}$$

式(5.3.21)用来计算 $m$ 个函数的精度，其协因数矩阵为

$$\underset{m\times m}{\boldsymbol{Q}_{\hat{\varphi}\hat{\varphi}}}=\boldsymbol{F}^{\mathrm{T}}\boldsymbol{Q}_{\hat{X}\hat{X}}\boldsymbol{F}=\boldsymbol{F}^{\mathrm{T}}\boldsymbol{N}_{bb}^{-1}\boldsymbol{F} \tag{5.3.22}$$

$\boldsymbol{Q}_{\hat{X}\hat{X}}$ 是参数向量 $\hat{\boldsymbol{X}}=[\hat{X}_1\ \hat{X}_2\cdots\ \hat{X}_t]^{\mathrm{T}}$ 的协因数矩阵，即

$$\boldsymbol{Q}_{\hat{X}\hat{X}}=\begin{bmatrix} Q_{\hat{X}_1\hat{X}_1} & Q_{\hat{X}_1\hat{X}_2} & \cdots & Q_{\hat{X}_1\hat{X}_t} \\ Q_{\hat{X}_2\hat{X}_1} & Q_{\hat{X}_2\hat{X}_2} & \cdots & Q_{\hat{X}_2\hat{X}_t} \\ \vdots & \vdots & & \vdots \\ Q_{\hat{X}_t\hat{X}_1} & Q_{\hat{X}_t\hat{X}_2} & \cdots & Q_{\hat{X}_t\hat{X}_t} \end{bmatrix}$$

式中，对角线元素 $Q_{\hat{X}_j\hat{X}_j}$ 是参数 $\hat{X}_j$ 的协因数，故 $\hat{X}_j$ 的中误差为

$$\sigma_{\hat{X}_j}=\sigma_0\sqrt{Q_{\hat{X}_j\hat{X}_j}} \tag{5.3.23}$$

函数 $\hat{\varphi}$ 的协方差矩阵为

$$\underset{m\times m}{\boldsymbol{D}_{\hat{\varphi}\hat{\varphi}}}=\sigma_0^2\boldsymbol{Q}_{\hat{\varphi}\hat{\varphi}}=\sigma_0^2(\boldsymbol{F}^{\mathrm{T}}\boldsymbol{N}_{bb}^{-1}\boldsymbol{F}) \tag{5.3.24}$$

### 5.3.3　间接平差计算步骤与算例

间接平差计算步骤如下：

(1)根据平差问题的性质，选择 $t$ 个独立量作为参数。

(2)将每一个观测量的平差值分别表达成所选参数的函数，若函数非线性，则要将其线性化，列出误差方程。

(3)由误差方程系数 $\boldsymbol{B}$ 和自由项 $\boldsymbol{l}$ 组成法方程，法方程个数等于参数的个数 $t$。

(4)解算法方程，求出参数 $\hat{\boldsymbol{x}}$，计算参数的平差值 $\hat{\boldsymbol{X}}=\boldsymbol{X}^0+\hat{\boldsymbol{x}}$。

(5)由误差方程计算 $\boldsymbol{V}$，求出观测量平差值 $\hat{\boldsymbol{L}}=\boldsymbol{L}+\hat{\boldsymbol{V}}$。

(6)评定精度。

例 5.3.1　应用例 5.2.1 的数据，试按间接平差方法求出各内角的平差值及其精度。

解：本例必要观测个数为 $t=2$，需要选择 2 个参数，选择 $\tilde{X}_1=\tilde{L}_1$、$\tilde{X}_2=\tilde{L}_2$ 为参数，选择参数的近似值为 $X_1^0=L_1$、$X_2^0=L_2$，参数改正量的平差值为 $\hat{x}_1$、$\hat{x}_2$，则参数的平差值应为

$$\hat{X}_1=X_1^0+\hat{x}_1,\hat{X}_2=X_2^0+\hat{x}_2$$

(1)首先列参数平差值与观测值平差值之间的函数关系，即建立平差的函数模型为

$$\begin{aligned}L_1+V_1&=\hat{x}_1+X_1^0\\L_2+V_2&=\hat{x}_2+X_2^0\\L_3+V_3&=-\hat{x}_1-\hat{x}_2-X_1^0-X_2^0+180^\circ\end{aligned}$$

将平差值方程改写为误差方程，即

$$\begin{aligned}V_1&=\hat{x}_1-l_1\\V_2&=\hat{x}_2-l_2\\V_3&=-\hat{x}_1-\hat{x}_2-l_3\end{aligned}$$

式中

$$\begin{aligned}l_1&=L_1-X_1^0=0\\l_2&=L_2-X_2^0=0\\l_3&=L_3+X_1^0+X_2^0-180^\circ=-9''\end{aligned}$$

将误差方程写成矩阵形式为

$$\begin{bmatrix}V_1\\V_2\\V_3\end{bmatrix}=\begin{bmatrix}1&0\\0&1\\-1&-1\end{bmatrix}\begin{bmatrix}\hat{x}_1\\\hat{x}_2\end{bmatrix}-\begin{bmatrix}0\\0\\-9\end{bmatrix}$$

(2)建立随机模型。由于各角观测值精度相等，设各观测值的权都等于1，即权矩阵为单位矩阵 $\boldsymbol{P}=\boldsymbol{I}$。

(3)组成并解算法方程，即

$$\boldsymbol{N}_{bb}=\boldsymbol{B}^{\mathrm{T}}\boldsymbol{PB}=\boldsymbol{B}^{\mathrm{T}}\boldsymbol{B}=\begin{bmatrix}1&0&-1\\0&1&-1\end{bmatrix}\begin{bmatrix}1&0\\0&1\\-1&-1\end{bmatrix}=\begin{bmatrix}2&1\\1&2\end{bmatrix}$$

$$\boldsymbol{W}_b=\boldsymbol{B}^{\mathrm{T}}\boldsymbol{Pl}=\boldsymbol{B}^{\mathrm{T}}\boldsymbol{l}=\begin{bmatrix}1&0&-1\\0&1&-1\end{bmatrix}\begin{bmatrix}0\\0\\-9\end{bmatrix}=\begin{bmatrix}9\\9\end{bmatrix}$$

$$\begin{bmatrix}\hat{x}_1\\\hat{x}_2\end{bmatrix}=\begin{bmatrix}2&1\\1&2\end{bmatrix}^{-1}\begin{bmatrix}9\\9\end{bmatrix}=\begin{bmatrix}\frac{2}{3}&-\frac{1}{3}\\-\frac{1}{3}&\frac{2}{3}\end{bmatrix}\begin{bmatrix}9\\9\end{bmatrix}=\begin{bmatrix}3\\3\end{bmatrix}$$

(4)计算平差值，即

$$\begin{bmatrix}V_1\\V_2\\V_3\end{bmatrix}=\begin{bmatrix}1&0\\0&1\\-1&-1\end{bmatrix}\begin{bmatrix}\hat{x}_1\\\hat{x}_2\end{bmatrix}-\begin{bmatrix}0\\0\\-9\end{bmatrix}=\begin{bmatrix}1&0\\0&1\\-1&-1\end{bmatrix}\begin{bmatrix}3\\3\end{bmatrix}-\begin{bmatrix}0\\0\\-9\end{bmatrix}=\begin{bmatrix}3\\3\\3\end{bmatrix}$$

$$\begin{bmatrix}\hat{L}_1\\ \hat{L}_2\\ \hat{L}_3\end{bmatrix}=\begin{bmatrix}L_1\\ L_2\\ L_3\end{bmatrix}+\begin{bmatrix}V_1\\ V_2\\ V_3\end{bmatrix}=\begin{bmatrix}58°31'12''\\ 48°16'8''\\ 73°12'31''\end{bmatrix}+\begin{bmatrix}3''\\ 3''\\ 3''\end{bmatrix}=\begin{bmatrix}58°31'15''\\ 48°16'11''\\ 73°12'34''\end{bmatrix}$$

(5)评定精度。

首先，单位权中误差估值为

$$\hat{\sigma}_0=\sqrt{\frac{\boldsymbol{V}^{\mathrm{T}}\boldsymbol{PV}}{r}}=5.2''$$

其次，观测值中误差为

$$\boldsymbol{D}_{LL}=\hat{\sigma}_0^2\ \boldsymbol{P}^{-1}=\begin{bmatrix}27 & & \\ & 27 & \\ & & 27\end{bmatrix}''^2$$

$$\hat{\sigma}_{L_1}=\hat{\sigma}_{L_2}=\hat{\sigma}_{L_3}=5.2''$$

再次，参数中误差为

$$\boldsymbol{D}_{\hat{X}\hat{X}}=\hat{\sigma}_0^2\ \boldsymbol{N}_{bb}^{-1}=27\begin{bmatrix}\frac{2}{3} & -\frac{1}{3}\\ -\frac{1}{3} & \frac{2}{3}\end{bmatrix}=\begin{bmatrix}18 & -9\\ -9 & 18\end{bmatrix}''^2$$

$$\hat{\sigma}_{\hat{X}_1}=\hat{\sigma}_{\hat{X}_2}=4.2''$$

最后，参数函数中误差为

$$\boldsymbol{D}_{\hat{L}\hat{L}}=\hat{\sigma}_0^2(\boldsymbol{BN}_{bb}^{-1}\boldsymbol{B}^{\mathrm{T}})=27\begin{bmatrix}1 & 0\\ 0 & 1\\ -1 & -1\end{bmatrix}\begin{bmatrix}\frac{2}{3} & -\frac{1}{3}\\ -\frac{1}{3} & \frac{2}{3}\end{bmatrix}\begin{bmatrix}1 & 0 & -1\\ 0 & 1 & -1\end{bmatrix}=\begin{bmatrix}18 & -9 & -9\\ -9 & 18 & -9\\ -9 & -9 & 18\end{bmatrix}''^2$$

$$\hat{\sigma}_{\hat{L}_1}=\hat{\sigma}_{\hat{L}_2}=\hat{\sigma}_{\hat{L}_3}=4.2''$$

例 5.3.2　应用例 5.2.2 的数据，试按间接平差方法求出各水准点高程平差值及其精度。

解：(1)按题意知，必要观测个数为 $t=2$，选取 $P_1$、$P_2$ 两点高程 $\hat{X}_1$、$\hat{X}_2$ 为参数，取未知参数的近似值为 $X_1^0=H_A+h_1=12.003$ m、$X_2^0=H_C+h_3=12.511$ m，令 2 km 观测为单位权观测，则 $P_1=2$、$P_2=1$、$P_3=1$、$P_4=2$。

(2)根据图形列平差值条件方程式，计算误差方程式为

$$V_1=\hat{x}_1-(h_1-X_1^0+H_A)$$

$$V_2=-\hat{x}_1+\hat{x}_2-(h_2-X_2^0+X_1^0)$$

$$V_3=\hat{x}_2-(h_3-X_2^0+H_C)$$

$$V_4=\hat{x}_1-(h_4-X_1^0+H_B)$$

代入具体数值，并将改正数以毫米为单位，则有

$$V_1=\hat{x}_1-0$$
$$V_2=-\hat{x}_1+\hat{x}_2-(-7)$$
$$V_3=\hat{x}_2-0$$
$$V_4=\hat{x}_1-2$$

可得矩阵 $\boldsymbol{B}$、$\boldsymbol{P}$ 和 $\boldsymbol{l}$ 为

$$\boldsymbol{B}=\begin{bmatrix}1&0\\-1&1\\0&1\\1&0\end{bmatrix},\boldsymbol{P}=\begin{bmatrix}2&0&0&0\\0&1&0&0\\0&0&1&0\\0&0&0&2\end{bmatrix},\boldsymbol{l}=\begin{bmatrix}0\\-7\\0\\2\end{bmatrix}$$

(3)由误差方程系数 $\boldsymbol{B}$ 和自由项 $\boldsymbol{l}$ 组成法方程 $\boldsymbol{B}^{\mathrm{T}}\boldsymbol{PB}\hat{\boldsymbol{x}}-\boldsymbol{B}^{\mathrm{T}}\boldsymbol{Pl}=0$，得

$$\begin{bmatrix}5&-1\\-1&2\end{bmatrix}\begin{bmatrix}\hat{x}_1\\\hat{x}_2\end{bmatrix}-\begin{bmatrix}11\\-7\end{bmatrix}=0$$

解得

$$\begin{bmatrix}\hat{x}_1\\\hat{x}_2\end{bmatrix}=\begin{bmatrix}5&-1\\-1&2\end{bmatrix}^{-1}\begin{bmatrix}11\\-7\end{bmatrix}=\frac{1}{9}\begin{bmatrix}2&1\\1&5\end{bmatrix}\begin{bmatrix}11\\-7\end{bmatrix}=\begin{bmatrix}1.7\\-2.7\end{bmatrix}(\mathrm{mm})$$

(4)解算法方程，求出参数 $\hat{x}$，计算参数的平差值 $\hat{X}=X^0+\hat{x}$，即

$$\begin{bmatrix}\hat{X}_1\\\hat{X}_2\end{bmatrix}=\begin{bmatrix}X_1^0\\X_2^0\end{bmatrix}+\begin{bmatrix}\hat{x}_1\\\hat{x}_2\end{bmatrix}=\begin{bmatrix}12.003\\12.511\end{bmatrix}+\begin{bmatrix}1.7\\-2.7\end{bmatrix}\times10^{-3}=\begin{bmatrix}12.0047\\12.5083\end{bmatrix}(\mathrm{m})$$

(5)由误差方程计算 $\mathbf{V}$，求出观测量平差值 $\hat{\boldsymbol{h}}=\boldsymbol{h}+\mathbf{V}$，即

$$\begin{bmatrix}\hat{h}_1\\\hat{h}_2\\\hat{h}_3\\\hat{h}_4\end{bmatrix}=\begin{bmatrix}h_1\\h_2\\h_3\\h_4\end{bmatrix}+\begin{bmatrix}v_1\\v_2\\v_3\\v_4\end{bmatrix}=\begin{bmatrix}1.003\\0.501\\0.503\\0.505\end{bmatrix}+\begin{bmatrix}1.7\\2.7\\-2.7\\-0.3\end{bmatrix}\times10^{-3}=\begin{bmatrix}1.0047\\0.5037\\0.5003\\0.5047\end{bmatrix}(\mathrm{m})$$

(6)计算单位权中误差为

$$\mathbf{V}^{\mathrm{T}}\boldsymbol{P}\mathbf{V}=1.7^2\times2+2.7^2\times1+(-2.7)^2\times1+(-0.3)^2\times2=20.54$$

$$\hat{\sigma}_0=\sqrt{\frac{\mathbf{V}^{\mathrm{T}}\mathbf{PV}}{r}}=\sqrt{\frac{20.54}{2}}=3.2(\mathrm{mm})$$

(7)计算 $P_1$、$P_2$ 两点高程中误差。首先，计算 $P_1$、$P_2$ 两点高程的协方差矩阵，即

$$\boldsymbol{D}_{xx}=\hat{\sigma}_0^2\boldsymbol{Q}_{xx}=3.2^2\times\frac{1}{9}\times\begin{bmatrix}2&1\\1&5\end{bmatrix}=\begin{bmatrix}2.276&1.138\\1.138&5.689\end{bmatrix}(\mathrm{mm}^2)$$

然后，计算 $P_1$、$P_2$ 两点高程中误差，即

$$\sigma_{\hat{X}_1}=\sqrt{2.276}=1.5(\mathrm{mm}),\sigma_{\hat{X}_2}=\sqrt{5.689}=2.4(\mathrm{mm})$$

### 5.3.4 水准网间接平差

水准网间接平差是将各待定点高程设为未知参数，根据水准网几何关系建立未知参数平差值与观测高差平差值之间的函数关系，这种函数关系称为水准网间接平差的函数模型。水准网间接平差的随机模型与条件平差的随机模型相同。

水准网平差的主要步骤为：

(1)选择参数，参数的个数等于必要观测个数 $t$，一般选择待定点高程为参数。当水准网中有起算点时，参数的个数等于待定水准点的个数；如果水准网中没有起算点，就需要假定一个水准点为起算点，参数的个数等于水准点个数减 1。

(2)计算参数的近似值 $\boldsymbol{X}_0$，根据起算点高程和高差观测值计算各参数的近似值。

(3)根据观测高差的平差值与参数平差值之间的几何关系，列出观测方程 $\hat{\boldsymbol{L}}=\boldsymbol{B}\hat{\boldsymbol{X}}+\boldsymbol{d}$。

(4)将 $\hat{\boldsymbol{L}}=\boldsymbol{L}+\boldsymbol{V}$ 和 $\hat{\boldsymbol{X}}=\boldsymbol{X}_0+\hat{\boldsymbol{x}}$ 代入观测方程中，并令 $\boldsymbol{l}=\boldsymbol{L}-(\boldsymbol{B}\boldsymbol{X}_0+\boldsymbol{d})$，将观测方程转换为误差方程 $\boldsymbol{V}=\boldsymbol{B}\hat{\boldsymbol{x}}-\boldsymbol{l}$。

(5)根据水准定权公式定权。

(6)组成法方程 $\boldsymbol{N}_{bb}\hat{\boldsymbol{x}}-\boldsymbol{W}_b=0$，其中，$\boldsymbol{N}_{bb}=\boldsymbol{B}^{\mathrm{T}}\boldsymbol{P}\boldsymbol{B}$，$\boldsymbol{W}_b=\boldsymbol{B}^{\mathrm{T}}\boldsymbol{P}\boldsymbol{l}$，即

$$\boldsymbol{N}_{bb}=\begin{bmatrix} b_{11} & b_{21} & \cdots & b_{n1} \\ b_{12} & b_{22} & \cdots & b_{n2} \\ \vdots & \vdots & & \vdots \\ b_{1t} & b_{2t} & \cdots & b_{nt} \end{bmatrix}\begin{bmatrix} p_1 & & & \\ & p_2 & & \\ & & \ddots & \\ & & & p_n \end{bmatrix}\begin{bmatrix} b_{11} & b_{12} & \cdots & b_{1t} \\ b_{21} & b_{22} & \cdots & b_{2t} \\ \vdots & \vdots & & \vdots \\ b_{n1} & b_{n2} & \cdots & b_{nt} \end{bmatrix}$$

$$=\begin{bmatrix} N_{11} & N_{12} & \cdots & N_{1t} \\ N_{21} & N_{22} & \cdots & N_{2t} \\ \vdots & \vdots & & \vdots \\ N_{t1} & N_{t2} & \cdots & N_{tt} \end{bmatrix}$$

$$\boldsymbol{W}_b=\begin{bmatrix} b_{11} & b_{21} & \cdots & b_{n1} \\ b_{12} & b_{22} & \cdots & b_{n2} \\ \vdots & \vdots & & \vdots \\ b_{1t} & b_{2t} & \cdots & b_{nt} \end{bmatrix}\begin{bmatrix} p_1 & & & \\ & p_2 & & \\ & & \ddots & \\ & & & p_n \end{bmatrix}\begin{bmatrix} l_1 \\ l_2 \\ \vdots \\ l_n \end{bmatrix}=\begin{bmatrix} W_1 \\ W_2 \\ \vdots \\ W_t \end{bmatrix}$$

根据矩阵运算的相互关系，得

$$N_{ij}=\sum_{k=1}^{n} p_k b_{ki} b_{kj} \quad (i,j=1,2,\cdots,t) \tag{5.3.25}$$

$$W_i=\sum_{k=1}^{n} p_k b_{ki} l_k \quad (i=1,2,\cdots,t) \tag{5.3.26}$$

(7)解算法方程，求参数的平差值，即 $\hat{\boldsymbol{x}}=\boldsymbol{N}_{bb}^{-1}\boldsymbol{W}_b$、$\hat{\boldsymbol{X}}=\boldsymbol{X}_0+\hat{\boldsymbol{x}}$。

(8)计算观测值的平差值和改正数，即 $\hat{\boldsymbol{L}}=\boldsymbol{B}\hat{\boldsymbol{X}}+\boldsymbol{d}$、$\boldsymbol{V}=\hat{\boldsymbol{L}}-\boldsymbol{L}$。

(9)评定精度。计算单位权中误差、参数协因数矩阵和参数的中误差，评定观测高差的中误差和平差值的中误差。

例 5.3.3 试用例 5.2.3 的数据进行间接平差计算。

解：(1)选择参数，列出误差方程。因为水准网中只有 $C$、$D$ 两个待定高程点，因此必要观测个数为 $t=2$，需要选择 2 个参数，设 $C$、$D$ 点的高程为参数 $X_1$ 和 $X_2$，相应的近似值取为

$$X_1^0=H_A+h_1=5.016+1.359=6.375(\mathrm{m})$$
$$X_2^0=H_A+h_2=5.016+2.009=7.025(\mathrm{m})$$

列出观测方程为

$$\begin{aligned}h_1+v_1&=X_1-H_A\\h_2+v_2&=X_2-H_A\\h_3+v_3&=X_1-H_B\\h_4+v_4&=X_2-H_B\\h_5+v_5&=-X_1+X_2\\h_6+v_6&=-X_1+H_B\end{aligned}$$

将 $X_i=X_i^0+x_i$ 代入上式，并将 $h_i$ 移到等号右边，整理后得误差方程为

$$\begin{aligned}v_1&=x_1-l_1\\v_2&=x_2-l_2\\v_3&=x_1-l_3\\v_4&=x_2-l_4\\v_5&=-x_1+x_2-l_5\\v_6&=-x_1-l_6\end{aligned}$$

式中，常数项(以毫米为单位)为

$$\begin{aligned}-l_1&=X_1^0-H_A-h_1=6.375-5.016-1.359=0\\-l_2&=X_2^0-H_A-h_2=7.025-5.016-2.009=0\\-l_3&=X_1^0-H_B-h_3=6.375-6.016-0.363=-4\\-l_4&=X_2^0-H_B-h_4=7.025-6.016-1.012=-3\\-l_5&=-X_1^0+X_2^0-h_5=-6.375+7.025-0.657=-7\\-l_6&=-X_1^0+H_B-h_6=-6.375+6.016-(-0.357)=-2\end{aligned}$$

则误差方程的矩阵表达式为

$$\boldsymbol{V}=\begin{bmatrix}v_1\\v_2\\v_3\\v_4\\v_5\\v_6\end{bmatrix}=\begin{bmatrix}1&0\\0&1\\1&0\\0&1\\-1&1\\-1&0\end{bmatrix}\begin{bmatrix}x_1\\x_2\end{bmatrix}-\begin{bmatrix}0\\0\\4\\3\\7\\2\end{bmatrix}=\boldsymbol{Bx}-\boldsymbol{l}$$

(2)以 1 km 水准测量的观测高差为单位权观测值，各观测值误差互相独立，协因数矩阵为对角矩阵。协因数计算式为 $Q_{ii}=S_i$，权为协因数矩阵的逆矩阵，即

$$\boldsymbol{Q}_{LL}=\begin{bmatrix}1.1&&&&&\\&1.7&&&&\\&&2.3&&&\\&&&2.7&&\\&&&&2.4&\\&&&&&4.0\end{bmatrix},\boldsymbol{P}=\begin{bmatrix}0.91&&&&&\\&0.59&&&&\\&&0.43&&&\\&&&0.37&&\\&&&&0.42&\\&&&&&0.25\end{bmatrix}$$

(3)组成法方程，并求解。计算法方程系数矩阵和常数项向量，即

$$\boldsymbol{N}_{bb}=\boldsymbol{B}^{\mathrm{T}}\boldsymbol{PB}$$

$$=\begin{bmatrix}1&0&1&0&-1&-1\\0&1&0&1&1&0\end{bmatrix}\begin{bmatrix}p_1&&&&&\\&p_2&&&&\\&&p_3&&&\\&&&p_4&&\\&&&&p_5&\\&&&&&p_6\end{bmatrix}\begin{bmatrix}1&0\\0&1\\1&0\\0&1\\-1&1\\-1&0\end{bmatrix}$$

$$=\begin{bmatrix}p_1+p_3+p_5+p_6&-p_5\\-p_5&p_2+p_4+p_5\end{bmatrix}=\begin{bmatrix}2.01&-0.42\\-0.42&1.38\end{bmatrix}$$

$$\boldsymbol{W}_b=\boldsymbol{B}^{\mathrm{T}}\boldsymbol{Pl}$$

$$=\begin{bmatrix}1&0&1&0&-1&-1\\0&1&0&1&1&0\end{bmatrix}\begin{bmatrix}p_1&&&&&\\&p_2&&&&\\&&p_3&&&\\&&&p_4&&\\&&&&p_5&\\&&&&&p_6\end{bmatrix}\begin{bmatrix}l_1\\l_2\\l_3\\l_4\\l_5\\l_6\end{bmatrix}$$

$$=\begin{bmatrix}p_1l_1+p_3l_3-p_5l_5-p_6l_6\\p_2l_2+p_4l_4+p_5l_5\end{bmatrix}=\begin{bmatrix}-1.72\\4.05\end{bmatrix}$$

法方程为

$$\begin{bmatrix} 2.01 & -0.42 \\ -0.42 & 1.38 \end{bmatrix}\begin{bmatrix} \hat{x}_1 \\ \hat{x}_2 \end{bmatrix}-\begin{bmatrix} -1.72 \\ 4.05 \end{bmatrix}=0$$

解得

$$\begin{bmatrix} \hat{x}_1 \\ \hat{x}_2 \end{bmatrix}=\begin{bmatrix} 2.01 & -0.42 \\ -0.42 & 1.38 \end{bmatrix}^{-1}\begin{bmatrix} -1.72 \\ 4.05 \end{bmatrix}=\begin{bmatrix} 0.53 & 0.16 \\ 0.16 & 0.77 \end{bmatrix}\begin{bmatrix} -1.72 \\ 4.05 \end{bmatrix}=\begin{bmatrix} -0.26 \\ 2.86 \end{bmatrix}(\text{mm})$$

(4)计算平差值和改正数。参数的平差值为

$$\hat{X}_1=X_1^0+\hat{x}_1=6.375-0.000\ 26=6.375(\text{m})$$

$$\hat{X}_2=X_2^0+\hat{x}_2=7.025+0.002\ 86=7.028(\text{m})$$

观测值的平差值为

$$\hat{h}_1=\hat{X}_1-H_A=6.375-5.016=1.359$$

$$\hat{h}_2=\hat{X}_2-H_A=7.028-5.016=2.012$$

$$\hat{h}_3=\hat{X}_1-H_B=6.375-6.016=0.359$$

$$\hat{h}_4=\hat{X}_2-H_B=7.028-6.016=1.012$$

$$\hat{h}_5=-\hat{X}_1+\hat{X}_2=-6.375+7.028=0.653$$

$$\hat{h}_6=-\hat{X}_1+\hat{H}_B=-6.375+6.016=-0.359$$

改正数为

$$\boldsymbol{V}=\hat{\boldsymbol{L}}-\boldsymbol{L}$$

$$\begin{bmatrix} v_1 \\ v_2 \\ v_3 \\ v_4 \\ v_5 \\ v_6 \end{bmatrix}=\begin{bmatrix} 1.359 \\ 2.012 \\ 0.359 \\ 1.012 \\ 0.653 \\ -0.359 \end{bmatrix}-\begin{bmatrix} 1.359 \\ 2.009 \\ 0.363 \\ 1.012 \\ 0.657 \\ -0.357 \end{bmatrix}=\begin{bmatrix} 0 \\ 3 \\ -4 \\ 0 \\ -4 \\ -2 \end{bmatrix}$$

$$\boldsymbol{V}=\boldsymbol{B}\hat{\boldsymbol{x}}-\boldsymbol{l}=\begin{bmatrix} 1 & 0 \\ 0 & 1 \\ 1 & 0 \\ 0 & 1 \\ -1 & 1 \\ -1 & 0 \end{bmatrix}\begin{bmatrix} -0.26 \\ 2.86 \end{bmatrix}-\begin{bmatrix} 0 \\ 0 \\ 4 \\ 3 \\ 7 \\ 2 \end{bmatrix}=\begin{bmatrix} -0.3 \\ 2.9 \\ -4.3 \\ -0.1 \\ -3.9 \\ -1.7 \end{bmatrix}$$

(5)评定精度。单位权中误差为

$$\hat{\sigma}_0=\sqrt{\frac{\sum_{i=1}^{6} p_i V_i^2}{n-t}}=2.2(\text{mm})$$

参数中误差为

$$\hat{\sigma}_{\hat{X}_1}=\hat{\sigma}_0\sqrt{Q_{\hat{X}_1\hat{X}_1}}=2.2\times\sqrt{0.53}=1.6(\text{mm})$$

$$\hat{\sigma}_{\hat{X}_2}=\hat{\sigma}_0\sqrt{Q_{\hat{X}_2\hat{X}_2}}=2.2\times\sqrt{0.78}=1.9(\text{mm})$$

观测值中误差为

$$\hat{\sigma}_1=\hat{\sigma}_0\sqrt{\frac{1}{p_1}}=2.2\times\sqrt{1.1}=2.3(\text{mm})$$

同样可以求出 $\hat{\sigma}_2=2.9$ mm、$\hat{\sigma}_3=3.3$ mm、$\hat{\sigma}_4=3.6$ mm、$\hat{\sigma}_5=3.4$ mm、$\hat{\sigma}_6=4.4$ mm。

平差值中误差为

$$\boldsymbol{Q}_{\hat{L}\hat{L}}=\boldsymbol{B}\boldsymbol{Q}_{\hat{x}\hat{x}}\boldsymbol{B}^{\mathrm{T}}=\begin{bmatrix}1&0\\0&1\\1&0\\0&1\\-1&1\\-1&0\end{bmatrix}\begin{bmatrix}0.53&0.16\\0.16&0.78\end{bmatrix}\begin{bmatrix}1&0&1&0&-1&-1\\0&1&0&1&1&0\end{bmatrix}$$

$$=\begin{bmatrix}0.53&0.16&0.53&0.16&-0.37&-0.53\\0.16&0.78&0.16&0.78&0.62&-0.16\\0.53&0.16&0.53&0.16&-0.37&-0.53\\0.16&0.78&0.16&0.78&0.62&-0.16\\-0.37&0.62&-0.37&0.62&0.99&0.37\\-0.53&-0.16&-0.53&-0.16&0.37&0.53\end{bmatrix}$$

$$\hat{\sigma}_{\hat{L}_1}=\hat{\sigma}_0\sqrt{Q_{\hat{L}_1\hat{L}_1}}=2.2\times\sqrt{0.53}=1.6(\text{mm})$$

同样可以求出 $\hat{\sigma}_{\hat{L}_2}=2.0$ mm、$\hat{\sigma}_{\hat{L}_3}=1.6$ mm、$\hat{\sigma}_{\hat{L}_4}=2.0$ mm、$\hat{\sigma}_{\hat{L}_5}=2.2$ mm、$\hat{\sigma}_{\hat{L}_6}=1.6$ mm。

比较例 5.2.3 和例 5.3.3 的平差结果可以看出，水准网条件平差和间接平差结果完全相同。另外，水准网间接平差也可以不列误差方程，直接组成法方程，从以上第(3)步可以看出，法方程系数矩阵的对角线元素是各待定点周围各高差观测值权之和，非对角线元素是两个相应的待定点之间高差观测值权和的相反数。如果两个待定点之间没有高差观测值，则该非对角线元素的系数等于零；法方程的常数项等于该待定点周围各观测高差的权与误差方程式的常数项乘积的代数和，观测值的箭头指向该待定点的为正，观测值的箭头指向其他待定点的为负。根据这一规律，可以避免列出误差方程系数阵和组成法方程时的矩阵乘法。

### 5.3.5　平面控制网间接平差

平面控制网包括三角网、三边网、边角网和导线网四种，其观测值有角度观测值、方位角观测值、方向观测值和边长观测值四种，前面讲述的四种平差方法都可以用于平面控制网。但是，就编写通用计算机程序而言，间接平差更方便。

**1. 确定待定参数的个数**

在间接平差中，待定参数的个数必须等于必要观测的个数 $t$，而且要求这 $t$ 个参数必须是独立的，这样才可能将每个观测量表达成这 $t$ 个参数的函数，而这种类型的函数式正是间接平差函数模型的基本形式。一个平差问题中，必要观测的个数取决于该问题本身的性质，与观测值的多少无关。平面控制网平差的目的是要确定各点在平面坐标系中的坐标最或然值。当网中有足够的起算数据时，必要观测个数是未知点个数的 2 倍。

**2. 参数的选取**

平面控制网中一般选取未知点的二维坐标作为未知参数，这样可以保证参数之间的独立性。也可以选取 $t$ 个观测值的平差值作为未知参数，这时要注意保持参数之间函数独立。

**3. 误差方程的组成**

平面控制网误差方程主要包括方位角误差方程、方向误差方程、角度误差方程和边长误差方程四种。在进行控制网平差时，方向误差方程和角度误差方程任选其一。在导线中加测陀螺定位边时，会有方位角观测值。因此，一般在进行控制网平差时，只有边长误差方程和方向误差方程，或者边长误差方程和角度误差方程。

1）方位角误差方程

设 $k$、$i$ 两点均为待定点，它们的近似坐标为 $(X_k^0, Y_k^0)$、$(X_i^0, Y_i^0)$，根据这些近似坐标可以计算 $k$、$i$ 两点间的近似坐标方位角 $T_{ki}^0$、近似边长 $S_{ki}^0$。设这两点的近似坐标改正数为 $(\hat{x}_k, \hat{y}_k)$、$(\hat{x}_i, \hat{y}_i)$，则方位角平差值为

$$\hat{T}_{ki} = \arctan\frac{(Y_i^0 + \hat{y}_i) - (Y_k^0 + \hat{y}_k)}{(X_i^0 + \hat{x}_i) - (X_k^0 + \hat{x}_k)} \tag{5.3.27}$$

式(5.3.27)按泰勒级数展开，舍去二次和二次以上各微小项，得

$$\hat{T}_{ki} = T_{ki}^0 + \left(\frac{\partial \hat{T}_{ki}}{\partial \hat{X}_k}\right)_0 \hat{x}_k + \left(\frac{\partial \hat{T}_{ki}}{\partial \hat{Y}_k}\right)_0 \hat{y}_k + \left(\frac{\partial \hat{T}_{ki}}{\partial \hat{X}_i}\right)_0 \hat{x}_i + \left(\frac{\partial \hat{T}_{ki}}{\partial \hat{Y}_i}\right)_0 \hat{y}_i \tag{5.3.28}$$

式中，$\hat{T}_{ki}$ 为方位角的平差值，其观测值为 $T_{ki}$，近似值 $T_{ki}^0$ 和系数的计算式为

$$T_{ki}^0 = \arctan\frac{Y_i^0 - Y_k^0}{X_i^0 - X_k^0}, \left(\frac{\partial \hat{T}_{ki}}{\partial \hat{X}_k}\right)_0 = \frac{\dfrac{Y_i^0 - Y_k^0}{(X_i^0 - X_k^0)^2}}{1 + \left(\dfrac{Y_i^0 - Y_k^0}{X_i^0 - X_k^0}\right)^2} = \frac{\Delta Y_{ki}^0}{(S_{ki}^0)^2}$$

同理可得

$$\left(\frac{\partial \hat{T}_{ki}}{\partial \hat{Y}_k}\right)_0 = -\frac{\Delta X_{ki}^0}{(S_{ki}^0)^2}, \left(\frac{\partial \hat{T}_{ki}}{\partial \hat{X}_i}\right)_0 = -\frac{\Delta Y_{ki}^0}{(S_{ki}^0)^2}, \left(\frac{\partial \hat{T}_{ki}}{\partial \hat{Y}_k}\right)_0 = \frac{\Delta X_{ki}^0}{(S_{ki}^0)^2}$$

将上述结果代入式(5.3.28)，得

$$\hat{T}_{ki}=T_{ki}^{0}+\frac{\Delta Y_{ki}^{0}}{(S_{ki}^{0})^{2}}\hat{x}_{k}-\frac{\Delta X_{ki}^{0}}{(S_{ki}^{0})^{2}}\hat{y}_{k}-\frac{\Delta Y_{ki}^{0}}{(S_{ki}^{0})^{2}}\hat{x}_{i}+\frac{\Delta X_{ki}^{0}}{(S_{ki}^{0})^{2}}\hat{y}_{i} \tag{5.3.29}$$

$$V_{T,ki}=\frac{\Delta Y_{ki}^{0}}{(S_{ki}^{0})^{2}}\hat{x}_{k}-\frac{\Delta X_{ki}^{0}}{(S_{ki}^{0})^{2}}\hat{y}_{k}-\frac{\Delta Y_{ki}^{0}}{(S_{ki}^{0})^{2}}\hat{x}_{i}+\frac{\Delta X_{ki}^{0}}{(S_{ki}^{0})^{2}}\hat{y}_{i}-l_{T_{ki}} \tag{5.3.30}$$

$$-l_{T_{ki}}=T_{ki}^{0}-T_{ki} \tag{5.3.31}$$

式(5.3.30)中若方位角改正数 $V_{T,ki}$、常数 $l_{T_{ki}}$ 以秒为单位，坐标改正数 $\hat{x}_k$、$\hat{y}_k$、$\hat{x}_i$ 和 $\hat{y}_i$ 以厘米为单位，近似边长 $S_{jk}^0$ 和近似坐标差 $\Delta X^0$、$\Delta Y^0$ 以千米为单位，则

$$V_{T,ki}=\frac{2.063\Delta Y_{ki}^{0}}{(S_{ki}^{0})^{2}}\hat{x}_{k}-\frac{2.063\Delta X_{ki}^{0}}{(S_{ki}^{0})^{2}}\hat{y}_{k}-\frac{2.063\Delta Y_{ki}^{0}}{(S_{ki}^{0})^{2}}\hat{x}_{i}+\frac{2.063\Delta X_{ki}^{0}}{(S_{ki}^{0})^{2}}\hat{y}_{i}-l_{T_{ki}} \tag{5.3.32}$$

坐标方位角条件常常在矿井导线和隧道导线中加测陀螺定向边时出现。

2)角度误差方程

设 $k$、$j$、$h$ 三点均为待定点，它们的近似坐标为 $(X_k^0,Y_k^0)$、$(X_j^0,Y_j^0)$、$(X_h^0,Y_h^0)$，根据这些近似坐标可以分别计算 $k$、$j$ 两点间和 $k$、$h$ 两点间的近似坐标方位角 $T_{jk}^0$、$T_{jh}^0$，近似边长 $S_{jk}^0$、$S_{jk}^0$ 和近似坐标差 $\Delta X^0$、$\Delta Y^0$。以这三点的近似坐标改正数为 $(\hat{x}_k,\hat{y}_k)$、$(\hat{x}_j,\hat{y}_j)$、$(\hat{x}_h,\hat{y}_h)$ 为参数，根据图 5.3.1 可以列出两个方位角观测方程，即

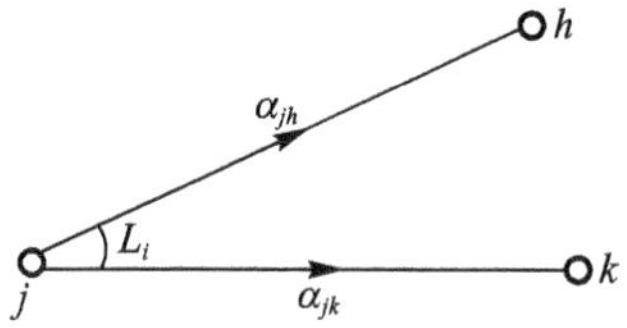

图 5.3.1　方向观测值

$$\hat{\alpha}_{jh}=\alpha_{jh}^{0}+\frac{\Delta Y_{jh}^{0}}{(S_{jh}^{0})^{2}}\hat{x}_{j}-\frac{\Delta X_{jh}^{0}}{(S_{jh}^{0})^{2}}\hat{y}_{j}-\frac{\Delta Y_{jh}^{0}}{(S_{jh}^{0})^{2}}\hat{x}_{h}+\frac{\Delta X_{jh}^{0}}{(S_{jh}^{0})^{2}}\hat{y}_{h} \tag{5.3.33}$$

$$\hat{\alpha}_{jk}=\alpha_{jk}^{0}+\frac{\Delta Y_{jk}^{0}}{(S_{jk}^{0})^{2}}\hat{x}_{j}-\frac{\Delta X_{jk}^{0}}{(S_{jk}^{0})^{2}}\hat{y}_{j}-\frac{\Delta Y_{jk}^{0}}{(S_{jk}^{0})^{2}}\hat{x}_{k}+\frac{\Delta X_{jk}^{0}}{(S_{jk}^{0})^{2}}\hat{y}_{k} \tag{5.3.34}$$

由图 5.3.1 可知，角度平差值 $\hat{L}_i$ 是两个方位角平差值 $\hat{\alpha}_{jk}$ 和 $\hat{\alpha}_{jh}$ 的差值，则角度观测方程为

$$\hat{L}_i=\hat{\alpha}_{jk}-\hat{\alpha}_{jh} \tag{5.3.35}$$

即可得角度误差方程式为

$$\begin{aligned}V_i=&\left(\frac{\Delta Y_{jk}^{0}}{(S_{jk}^{0})^{2}}-\frac{\Delta Y_{jh}^{0}}{(S_{jh}^{0})^{2}}\right)\hat{x}_{j}-\left(\frac{\Delta X_{jk}^{0}}{(S_{jk}^{0})^{2}}-\frac{\Delta X_{jh}^{0}}{(S_{jh}^{0})^{2}}\right)\hat{y}_{j}-\\&\frac{\Delta Y_{jk}^{0}}{(S_{jk}^{0})^{2}}\hat{x}_{k}+\frac{\Delta X_{jk}^{0}}{(S_{jk}^{0})^{2}}\hat{y}_{k}+\frac{\Delta Y_{jh}^{0}}{(S_{jh}^{0})^{2}}\hat{x}_{h}-\frac{\Delta X_{jh}^{0}}{(S_{jh}^{0})^{2}}\hat{y}_{h}-l_i\end{aligned} \tag{5.3.36}$$

式中

$$l_i=L_i-(\alpha_{jk}^0-\alpha_{jh}^0) \tag{5.3.37}$$

考虑改正数 $V_i$、常数项 $l_i$ 的单位一般取秒，坐标改正数 $(\hat{x}_k,\hat{y}_k)$、$(\hat{x}_j,\hat{y}_j)$、$(\hat{x}_h,\hat{y}_h)$ 的单位一般取厘米，近似边长 $S_{jk}^0$、$S_{jh}^0$ 和近似坐标差 $\Delta X^0$、$\Delta Y^0$ 的单位取千米，则

$$V_i=\left(\frac{2.063\Delta Y_{jk}^0}{(S_{jk}^0)^2}-\frac{2.063\Delta Y_{jh}^0}{(S_{jh}^0)^2}\right)\hat{x}_j-\left(\frac{2.063\Delta X_{jk}^0}{(S_{jk}^0)^2}-\frac{2.063\Delta X_{jh}^0}{(S_{jh}^0)^2}\right)\hat{y}_j- \frac{2.063\Delta Y_{jk}^0}{(S_{jk}^0)^2}\hat{x}_k+\frac{2.063\Delta X_{jk}^0}{(S_{jk}^0)^2}\hat{y}_k+\frac{2.063\Delta Y_{jh}^0}{(S_{jh}^0)^2}\hat{x}_h-\frac{2.063\Delta X_{jh}^0}{(S_{jh}^0)^2}\hat{y}_h-l_i \tag{5.3.38}$$

在进行导线网间接平差时，由于有的点是已知点，其坐标改正数为零，因此列出的误差方程有以下几种特殊情况：

(1)当 $j$ 和 $h$ 为已知点、$k$ 为待定点时

$$V_i=-\frac{2.063\Delta Y_{jk}^0}{(S_{jk}^0)^2}\hat{x}_k+\frac{2.063\Delta X_{jk}^0}{(S_{jk}^0)^2}\hat{y}_k-l_i$$

(2)当 $j$ 和 $k$ 为已知点、$h$ 为待定点时

$$V_i=\frac{2.063\Delta Y_{jh}^0}{(S_{jh}^0)^2}\hat{x}_h-\frac{2.063\Delta X_{jh}^0}{(S_{jh}^0)^2}\hat{y}_h-l_i$$

(3)当 $j$ 为已知点、$h$ 和 $k$ 为待定点时

$$V_i=-\frac{2.063\Delta Y_{jk}^0}{(S_{jk}^0)^2}\hat{x}_k+\frac{2.063\Delta X_{jk}^0}{(S_{jk}^0)^2}\hat{y}_k+\frac{2.063\Delta Y_{jh}^0}{(S_{jh}^0)^2}\hat{x}_h-\frac{2.063\Delta X_{jh}^0}{(S_{jh}^0)^2}\hat{y}_h-l_i$$

(4)当 $h$ 为已知点、$j$ 和 $k$ 为待定点时

$$V_i=\left(\frac{2.063\Delta Y_{jk}^0}{(S_{jk}^0)^2}-\frac{2.063\Delta Y_{jh}^0}{(S_{jh}^0)^2}\right)\hat{x}_j-\left(\frac{2.063\Delta X_{jk}^0}{(S_{jk}^0)^2}-\frac{2.063\Delta X_{jh}^0}{(S_{jh}^0)^2}\right)\hat{y}_j- \frac{2.063\Delta Y_{jk}^0}{(S_{jk}^0)^2}\hat{x}_k+\frac{2.063\Delta X_{jk}^0}{(S_{jk}^0)^2}\hat{y}_k-l_i$$

(5)当 $k$ 为已知点、$j$ 和 $h$ 为待定点时

$$V_i=\left(\frac{2.063\Delta Y_{jk}^0}{(S_{jk}^0)^2}-\frac{2.063\Delta Y_{jh}^0}{(S_{jh}^0)^2}\right)\hat{x}_j-\left(\frac{2.063\Delta X_{jk}^0}{(S_{jk}^0)^2}-\frac{2.063\Delta X_{jh}^0}{(S_{jh}^0)^2}\right)\hat{y}_j+ \frac{2.063\Delta Y_{jh}^0}{(S_{jh}^0)^2}\hat{x}_h-\frac{2.063\Delta X_{jh}^0}{(S_{jh}^0)^2}\hat{y}_h-l_i$$

3)边长误差方程

在导线网中，测得 $j$、$k$ 两待定点间的边长为 $L_i$，以两待定点的坐标平差值为 $(\hat{X}_k,\hat{Y}_k)$、$(\hat{X}_j,\hat{Y}_j)$ 为参数，则可列出边长观测方程为

$$\hat{L}_i=\sqrt{(\hat{X}_j-\hat{X}_k)^2+(\hat{Y}_j-\hat{Y}_k)^2} \tag{5.3.39}$$

令

$$\hat{X}_j=X_j^0+\hat{x}_j,\hat{Y}_j=Y_j^0+\hat{y}_j$$
$$\hat{X}_k=X_k^0+\hat{x}_k,\hat{Y}_k=Y_k^0+\hat{y}_k$$

按泰勒级数展开，得

$$L_i+v_i=S_{jk}^0+\frac{\Delta X_{jk}^0}{S_{jk}^0}(\hat{x}_k-\hat{x}_j)+\frac{\Delta Y_{jk}^0}{S_{jk}^0}(\hat{y}_k-\hat{y}_j) \tag{5.3.40}$$

式中，$\Delta X_{jk}^0=X_k^0-X_j^0$，$\Delta Y_{jk}^0=Y_k^0-Y_j^0$，$S_{jk}^0=\sqrt{(X_k^0-X_j^0)^2+(Y_k^0-Y_j^0)^2}$。

再令

$$l_i = L_i - S_{jk}^0 \tag{5.3.41}$$

则由式(5.3.40)可得测边的误差方程为

$$V_i = -\frac{\Delta X_{jk}^0}{S_{jk}^0}\hat{x}_j - \frac{\Delta Y_{jk}^0}{S_{jk}^0}\hat{y}_j + \frac{\Delta X_{jk}^0}{S_{jk}^0}\hat{x}_k + \frac{\Delta Y_{jk}^0}{S_{jk}^0}\hat{y}_k - l_i \tag{5.3.42}$$

式中,右边前四项之和是由坐标改正数引起的边长改正数。

式(5.3.42)就是测边坐标平差误差方程式的一般形式,它是在假设两端点都是待定点的情况下导出的。具体计算时,可按不同情况灵活运用。

(1)若某边的两端点均为待定点,则式(5.3.42)就是该观测边的误差方程。式中,$\hat{x}_j$ 与 $\hat{x}_k$ 系数的绝对值相等,$\hat{y}_j$ 与 $\hat{y}_k$ 系数的绝对值也相等,常数项等于该边的观测值减其近似值。边长观测值改正数 $v_i$、常数项 $l_i$ 和坐标改正数的单位均为厘米。

(2)若 $j$ 为已知点,则 $\hat{x}_j = \hat{y}_j = 0$,得

$$v_i = \frac{\Delta X_{jk}^0}{S_{jk}^0}\hat{x}_k + \frac{\Delta Y_{jk}^0}{S_{jk}^0}\hat{y}_k - l_i$$

若 $k$ 为已知点,则 $\hat{x}_k = \hat{y}_k = 0$,得

$$v_i = -\frac{\Delta X_{jk}^0}{S_{jk}^0}\hat{x}_j - \frac{\Delta Y_{jk}^0}{S_{jk}^0}\hat{y}_j - l_i$$

若 $j$、$k$ 均为已知点,则该边为固定边(不观测),对该边不需要列误差方程。

(3)某边的误差方程按 $jk$ 向列或按 $ki$ 向列的结果相同。

例 5.3.4　如图 5.3.2 所示,$A$、$B$、$C$ 为已知点,$P_1$、$P_2$ 是待定点。同精度观测了 6 个角度 $L_1$、$L_2$、…、$L_6$,测角中误差为 $\pm 2.5''$,测量了 4 条边长 $s_7$、$s_8$、$s_9$、$s_{10}$,观测结果及其中误差如表 5.3.1 所示,起算数据如表 5.3.2 所示。试按间接平差法求待定点 $P_1$ 及 $P_2$ 的坐标平差值。

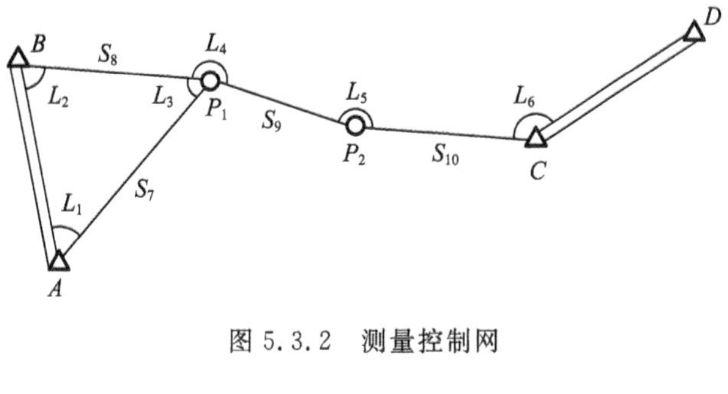


图 5.3.2　测量控制网

表 5.3.1 起算数据

| 点名 | X/m | Y/m | s/m | 坐标方位角/(° ′ ″) |
|---|---|---|---|---|
| A | 3 143.237 | 5 260.334 | 1 484.781 | 350 54 27.0 |
| B | 4 609.361 | 5 025.696 | | |
| C | 4 157.197 | 8 853.254 | 000.000 | 109 31 44.9 |
| D | 3 822.911 | 9 795.726 | | |

表 5.3.2 观测值及其精度

| 编号 | 角度观测值 /(° ′ ″) | 编号 | 角度观测值 /(° ′ ″) | 编号 | 边长观测值 s/m | 中误差 /cm |
|---|---|---|---|---|---|---|
| 1 | 44 05 44.8 | 5 | 201 57 34.0 | 7 | 2 185.070 | ±3.3 |
| 2 | 93 10 43.1 | 6 | 168 01 45.2 | 8 | 1 522.853 | ±2.3 |
| 3 | 42 43 27.2 | | | 9 | 1 500.017 | ±2.2 |
| 4 | 201 48 51.2 | | | 10 | 1 009.021 | ±1.5 |

解:本题 $n=10$,即有 10 个误差方程,其中有 6 个角度误差方程,4 个边长误差方程,必要观测数为 $t=2\times2=4$。现取待定点坐标平差值为参数,即 $\hat{\boldsymbol{X}}=[\hat{X}_1 \quad \hat{Y}_1 \quad \hat{X}_2 \quad \hat{Y}_2]^{\mathrm{T}}$

(1)计算待定点近似坐标。各点近似坐标按坐标增量计算,结果如表 5.3.3 所示。

表 5.3.3 近似坐标计算表

| 点名 | 观测角 $\beta_i$ /(° ′ ″) | 坐标方位角 $\alpha^0$ /(° ′ ″) | 观测边长 s/m | 近似坐标 | |
|---|---|---|---|---|---|
| | | | | $X^0$/m | $Y^0$/m |
| A | | 350 54 27.0 | | 3 143.237 | 5 260.334 |
| B | 93 10 43.1 | 77 43 43.9 | 1 522.853 | 4 609.361 | 5 025.696 |
| $P_1$ | | | | 4 933.025 | 6 513.756 |
| D | | 109 31 44.9 | | 3 822.911 | 9 795.726 |
| C | 168 01 45.2 | 301 29 59.7 | 1.009.021 | 4 157.197 | 8 853.254 |
| $P_2$ | | | | 4 684.408 | 7 792.921 |

(2)由已知点坐标和待定点近似坐标计算待定边的近似坐标方位角 $\alpha^0$ 和近似边长 $S^0$,如表 5.3.4 所示。

表 5.3.4　近似边长、方位角

| 方向 | 近似坐标方位角 $\alpha^0$/(° ′ ″) | 近似边长 $s^0$/m |
|---|---|---|
| $AP_1$ | 35　00　15.4 | 2 185.042 |
| $BP_1$ | 77　43　43.9 | 1 522.853 |
| $P_1P_2$ | 99　32　27.8 | 1 499.913 |
| $P_2C$ | 121　29　59.7 | 1 009.021 |

(3)列误差方程式和定权，即

$$\boldsymbol{V}=\begin{bmatrix}-0.542 & 0.774 & 0.000 & 0.000\\ 1.323 & -0.288 & 0.000 & 0.000\\ -0.781 & -0.486 & 0.000 & 0.000\\ 2.679 & -0.060 & -1.356 & -0.228\\ -1.356 & -0.228 & 3.096 & 1.294\\ 0.000 & 0.000 & -1.740 & -1.066\\ 0.819 & 0.574 & 0.000 & 0.000\\ 0.212 & 0.997 & 0.000 & 0.000\\ 0.166 & -0.986 & -0.166 & 0.986\\ 0.000 & 0.000 & 0.522 & -0.853\end{bmatrix}\begin{bmatrix}\hat{x}_1\\ \hat{y}_1\\ \hat{x}_2\\ \hat{y}_2\end{bmatrix}-\begin{bmatrix}-3.6\\ 0.0\\ -1.3\\ 7.3\\ 2.1\\ 0.0\\ 2.8\\ 0.0\\ 10.4\\ 0.0\end{bmatrix}$$

$$\mathrm{diag}(\boldsymbol{P})=(1,1,1,1,1,1,0.57,1.18,1.29,2.78)$$

(4)法方程的组成和解算。由误差方程的系数项 $\boldsymbol{B}$、常数项 $\boldsymbol{l}$ 和权 $\boldsymbol{P}$，组成法方程的系数项 $\boldsymbol{N}_{bb}=\boldsymbol{B}^{\mathrm{T}}\boldsymbol{PB}$、常数项 $\boldsymbol{B}^{\mathrm{T}}\boldsymbol{Pl}$，可得法方程为 $\boldsymbol{B}^{\mathrm{T}}\boldsymbol{PB}\hat{\boldsymbol{x}}-\boldsymbol{B}^{\mathrm{T}}\boldsymbol{Pl}=0$，即

$$\begin{bmatrix}12.141 & 0.029 & -7.866 & -2.155\\ 0.029 & 3.543 & -0.414 & -1.536\\ -7.866 & -0.414 & 15.246 & 4.721\\ -2.155 & -1.536 & 4.721 & 6.138\end{bmatrix}\begin{bmatrix}\hat{x}_1\\ \hat{y}_1\\ \hat{x}_2\\ \hat{y}_2\end{bmatrix}-\begin{bmatrix}23.207\\ -15.387\\ -5.622\\ 14.284\end{bmatrix}=0$$

系数矩阵 $\boldsymbol{N}_{bb}=\boldsymbol{B}^{\mathrm{T}}\boldsymbol{PB}$ 的逆矩阵为

$$\boldsymbol{N}_{bb}^{-1}=\begin{bmatrix}0.1240 & 0.0040 & 0.0660 & -0.0062\\ 0.0040 & 0.3219 & -0.0191 & 0.0967\\ 0.0660 & -0.0191 & 0.1227 & -0.0759\\ -0.0062 & 0.0967 & -0.0759 & 0.2433\end{bmatrix}$$

由 $\hat{\boldsymbol{x}}=\boldsymbol{N}_{bb}^{-1}\boldsymbol{B}^{\mathrm{T}}\boldsymbol{Pl}$ 算得参数改正数 $\hat{\boldsymbol{x}}$ 为

$$\begin{bmatrix}\hat{x}_1\\ \hat{y}_1\\ \hat{x}_2\\ \hat{y}_2\end{bmatrix}=\begin{bmatrix}0.1240 & 0.0040 & 0.0660 & -0.0062\\ 0.0040 & 0.3219 & -0.0191 & 0.0967\\ 0.0660 & -0.0191 & 0.1227 & -0.0759\\ -0.0062 & 0.0967 & -0.0759 & 0.2433\end{bmatrix}\begin{bmatrix}23.207\\ -15.387\\ -5.622\\ 14.284\end{bmatrix}=\begin{bmatrix}2.4\\ -3.4\\ 0.1\\ 2.3\end{bmatrix}(\text{cm})$$

(5)平差值计算。坐标平差值为

$$\begin{bmatrix}\hat{X}_1\\ \hat{Y}_1\\ \hat{X}_2\\ \hat{Y}_2\end{bmatrix}=\begin{bmatrix}X_1^0\\ Y_1^0\\ X_2^0\\ Y_2^0\end{bmatrix}+\begin{bmatrix}\hat{x}_1\\ \hat{y}_1\\ \hat{x}_2\\ \hat{y}_2\end{bmatrix}=\begin{bmatrix}4\,933.049\\ 6\,513.722\\ 4\,684.409\\ 7\,992.944\end{bmatrix}$$

根据公式 $\boldsymbol{V}=\boldsymbol{B}\hat{\boldsymbol{x}}-\boldsymbol{l}$ 得各改正数为

$$\boldsymbol{V}=[-0.3\quad 4.2\quad 1.1\quad -1.3\quad -1.3\quad -2.6\quad -2.8\quad -2.8\quad -4.5\quad -1.9]^{\mathrm{T}}$$

从而得观测值的平差值为 $\hat{\boldsymbol{L}}=\boldsymbol{L}+\boldsymbol{V}$，如表 5.3.5 所示。

**表 5.3.5 计算平差值**

| 编号 | | 观测值 | 改正数 | 平差值 |
|---|---|---|---|---|
| 角 | 1 | 44°05′44.8″ | −0.3″ | 44°05′44.5″ |
| | 2 | 93°10′43.1″ | 4.2″ | 93°10′47.3″ |
| | 3 | 42°43′27.2″ | 1.1″ | 42°43′28.3″ |
| | 4 | 201°48′51.2″ | −1.3″ | 201°48′49.9″ |
| | 5 | 201°57′34.0″ | −1.3″ | 201°57′32.7″ |
| | 6 | 168°01′45.2″ | −2.6″ | 168°01′42.6″ |
| 边 | 7 | 2 185.070 m | −2.8 cm | 2 185.042 m |
| | 8 | 1 522.853 m | −2.8 cm | 1 522.825 m |
| | 9 | 1 500.017 m | −4.5 cm | 1 499.972 m |
| | 10 | 1 009.021 m | −1.9 cm | 1 009.002 m |

(6)精度评定。

首先，单位权中误差为

$$\boldsymbol{V}^{\mathrm{T}}\boldsymbol{P}\boldsymbol{V}=\sum_{i=1}^{10}V_i^2P_i=78.9583$$

$$\hat{\sigma}_0=\sqrt{\frac{78.9583}{6}}=3.63''$$

其次，观测值中误差为

$$\hat{\sigma}_i = \hat{\sigma}_0 \sqrt{\frac{1}{P_i}}$$

算得

$$\hat{\sigma}_1 = \hat{\sigma}_2 = \hat{\sigma}_3 = \hat{\sigma}_4 = \hat{\sigma}_5 = \hat{\sigma}_6 = 3.63''$$

$$\hat{\sigma}_7 = 4.8\ \text{cm}, \hat{\sigma}_8 = 3.3\ \text{cm}, \hat{\sigma}_9 = 3.2\ \text{cm}, \hat{\sigma}_{10} = 2.2\ \text{cm}$$

再次，参数中误差。参数的协因数矩阵为法方程系数矩阵的逆矩阵 $\boldsymbol{N}_{bb}^{-1}$，由此可计算各参数的中误差为

$$\hat{\sigma}_{\hat{X}_1} = 3.63 \times \sqrt{0.1240} = 1.3(\text{cm}), \hat{\sigma}_{\hat{Y}_1} = 3.63 \times \sqrt{0.3219} = 2.1(\text{cm})$$

$$\hat{\sigma}_{\hat{X}_2} = 3.63 \times \sqrt{0.1227} = 1.3(\text{cm}), \hat{\sigma}_{\hat{Y}_2} = 3.63 \times \sqrt{0.2433} = 1.8(\text{cm})$$

### 5.3.6　GPS 控制网间接平差

GPS 控制网由基线向量组成观测值向量，GPS 测量是在至少两个观测站上用 GPS 接收机同步接收 GPS 卫星的星历数据、伪距和载波相位观测值，在此基础上解算基线向量及其协方差矩阵。所谓基线向量就是在 WGS-84 坐标系下的三维坐标差($\Delta X, \Delta Y, \Delta Z$)。为了提高定位结果的精度和可靠性，通常需将不同时段观测的基线向量联成网状，构成 GPS 控制网。全网各基线向量解算完成后，一般要进行同步环、异步环和复测基线检验，在确定没有超限的情况下，进行整体平差。GPS 控制网平差采用间接平差法。

**1. 误差方程**

三维控制网至少需要已知一个点 $i$ 的三维坐标($X_i, Y_i, Z_i$)、一条三维空间边相对三个坐标平面的方位角($\alpha_{ij}, \beta_{ij}, \gamma_{ij}$)和该边的长度 $S_{ij}$。GPS 控制网虽然也是三维控制网，但其观测值为基线向量，其中蕴含着方位角和边长的信息。设 $i$、$j$ 两点间的基线向量为($\Delta X_{ij}, \Delta Y_{ij}, \Delta Z_{ij}$)，则($\alpha_{ij}, \beta_{ij}, \gamma_{ij}$)和 $S_{ij}$ 分别为

$$\left.\begin{aligned} \alpha_{ij} &= \arctan \frac{\Delta Y_{ij}}{\Delta X_{ij}} \\ \beta_{ij} &= \arctan \frac{\Delta X_{ij}}{\Delta Z_{ij}} \\ \gamma_{ij} &= \arctan \frac{\Delta Z_{ij}}{\Delta Y_{ij}} \\ S_{ij} &= \sqrt{\Delta X_{ij}^2 + \Delta Y_{ij}^2 + \Delta Z_{ij}^2} \end{aligned}\right\} \tag{5.3.43}$$

因此 GPS 控制网至少需要一个起算点。设某 GPS 网中有 $m$ 个控制点，其中有 $c$ 个起算点，则必要观测个数为 $3(m-c)$，如果 GPS 网中没有起算点，则必须假定一个固定点，则必要观测个数为 $3(m-1)$。

在 GPS 控制网中一般选择各待定点的空间直角坐标平差值($\hat{X}_i, \hat{Y}_i, \hat{Z}_i$)为参数，参数的近似值为($X_i^0, Y_i^0, Z_i^0$)，其坐标改正数($\hat{x}_i, \hat{y}_i, \hat{z}_i$)为实际的未知数，有

$$\begin{bmatrix}\hat{X}_i\\\hat{Y}_i\\\hat{Z}_i\end{bmatrix}=\begin{bmatrix}X_i^0\\Y_i^0\\Z_i^0\end{bmatrix}+\begin{bmatrix}\hat{x}_i\\\hat{y}_i\\\hat{z}_i\end{bmatrix}\tag{5.3.44}$$

若第 $i$、$j$ 两点间的基线向量为$(\Delta X_{ij},\Delta Y_{ij},\Delta Z_{ij})$，基线向量观测值的平差值为

$$\begin{bmatrix}\Delta X_{ij}+V_{X_{ij}}\\\Delta Y_{ij}+V_{Y_{ij}}\\\Delta Z_{ij}+V_{Z_{ij}}\end{bmatrix}=\begin{bmatrix}\hat{x}_j\\\hat{y}_j\\\hat{z}_j\end{bmatrix}-\begin{bmatrix}\hat{x}_i\\\hat{y}_i\\\hat{z}_i\end{bmatrix}+\begin{bmatrix}X_j^0-X_i^0\\Y_j^0-Y_i^0\\Z_j^0-Z_i^0\end{bmatrix}\tag{5.3.45}$$

基线向量的误差方程为

$$\begin{bmatrix}V_{X_{ij}}\\V_{Y_{ij}}\\V_{Z_{ij}}\end{bmatrix}=\begin{bmatrix}\hat{x}_j\\\hat{y}_j\\\hat{z}_j\end{bmatrix}-\begin{bmatrix}\hat{x}_i\\\hat{y}_i\\\hat{z}_i\end{bmatrix}-\begin{bmatrix}\Delta X_{ij}-\Delta X_{ij}^0\\\Delta Y_{ij}-\Delta Y_{ij}^0\\\Delta Z_{ij}-\Delta Z_{ij}^0\end{bmatrix}\tag{5.3.46}$$

令

$$\underset{3\times1}{\boldsymbol{V}_k}=\begin{bmatrix}V_{X_{ij}}\\V_{Y_{ij}}\\V_{Z_{ij}}\end{bmatrix},\underset{3\times1}{\boldsymbol{X}_i^0}=\begin{bmatrix}X_i^0\\Y_i^0\\Z_i^0\end{bmatrix},\underset{3\times1}{\boldsymbol{X}_j^0}=\begin{bmatrix}X_j^0\\Y_j^0\\Z_j^0\end{bmatrix},\underset{3\times1}{\hat{\boldsymbol{x}}_i}=\begin{bmatrix}\hat{x}_i\\\hat{y}_i\\\hat{z}_i\end{bmatrix},\underset{3\times1}{\hat{\boldsymbol{x}}_j}=\begin{bmatrix}\hat{x}_j\\\hat{y}_j\\\hat{z}_j\end{bmatrix},\underset{3\times1}{\Delta\boldsymbol{X}_{ij}}=\begin{bmatrix}\Delta X_{ij}\\\Delta Y_{ij}\\\Delta Z_{ij}\end{bmatrix}$$

则编号为 $K$ 的基线向量误差方程为

$$\underset{3\times1}{\boldsymbol{V}_k}=-\underset{3\times1}{\hat{\boldsymbol{x}}_i}+\underset{3\times1}{\hat{\boldsymbol{x}}_j}-\underset{3\times1}{\boldsymbol{l}_k}\tag{5.3.47}$$

式中

$$\underset{3\times1}{\boldsymbol{l}_k}=\underset{3\times1}{\Delta\boldsymbol{X}_{ij}}-\underset{3\times1}{\Delta\boldsymbol{X}_{ij}^0}=\underset{3\times1}{\Delta\boldsymbol{X}_{ij}}-(\underset{3\times1}{\boldsymbol{X}_j^0}-\underset{3\times1}{\boldsymbol{X}_i^0})\tag{5.3.48}$$

当网中有 $m$ 个待定点、$n$ 条基线向量时，GPS 控制网的误差方程为

$$\underset{3n\times1}{\boldsymbol{V}}=\underset{3n\times3m}{\boldsymbol{B}}\ \underset{3m\times1}{\hat{\boldsymbol{x}}}-\underset{3n\times1}{\boldsymbol{l}}\tag{5.3.49}$$

**2. 权矩阵**

两台 GPS 接收机同步测量，在一个时段中只能获得一条基线向量观测值$(\Delta X_{ij},\Delta Y_{ij},\Delta Z_{ij})$，其中三个坐标差观测值是相关的，在前期基线解算过程中已经给出基线向量观测值的协方差矩阵，即

$$\boldsymbol{\Sigma}_{ij}=\begin{bmatrix}\sigma_{\Delta X_{ij}}^2&\sigma_{\Delta X_{ij}\Delta Y_{ij}}&\sigma_{\Delta X_{ij}\Delta Z_{ij}}\\\sigma_{\Delta X_{ij}\Delta Y_{ij}}&\sigma_{\Delta Y_{ij}}^2&\sigma_{\Delta Y_{ij}\Delta Z_{ij}}\\\sigma_{\Delta X_{ij}\Delta Z_{ij}}&\sigma_{\Delta Y_{ij}\Delta Z_{ij}}&\sigma_{\Delta Z_{ij}}^2\end{bmatrix}\tag{5.3.50}$$

不同的基线向量观测值之间是互相独立的。因此对于全网来说，协方差矩阵是分块对角矩阵，如果网中有 $n$ 条基线，则全网基线向量观测值的协方差矩阵为

$$\boldsymbol{\Sigma}=\begin{bmatrix}\underset{3\times3}{\boldsymbol{\Sigma}_1} & 0 & \cdots & 0\\ 0 & \underset{3\times3}{\boldsymbol{\Sigma}_2} & \cdots & 0\\ \vdots & \vdots & & \vdots\\ 0 & 0 & \cdots & \underset{3\times3}{\boldsymbol{\Sigma}_n}\end{bmatrix}\tag{5.3.51}$$

式中，$\boldsymbol{\Sigma}$ 的下角标号 1、2、…、$n$ 是各基线向量观测值的编号，具体形式如式(5.3.50)所示的 $\boldsymbol{\Sigma}_{ij}$，这里的下角标是点号。

权矩阵可以由协方差矩阵求得，即

$$\boldsymbol{P}=\sigma_0^2\boldsymbol{\Sigma}^{-1}\tag{5.3.52}$$

由于分块对角矩阵的逆矩阵仍然是分块对角矩阵，因此权矩阵也是分块对角矩阵。

例 5.3.5　最简单 GPS 网(一个三角形)中 1 号点是已知点，其三维坐标为 $X=-1\ 974\ 638.734$、$Y=4\ 590\ 014.819$、$Z=3\ 953\ 144.924$，用 2 台 GPS 接收机观测，测得 3 条独立基线向量，其数值列于表 5.3.6 中。试用间接平差法求最或然值。

解：本网总观测数为 $n=9$，必要观测数为 $t=6$，选择 2、3 两点的三维坐标为参数。

(1)异步环检验

$$W_x=1\ 218.561-1\ 489.013+270.457=5(\text{mm})$$

$$W_y=1\ 039.227-536.030-503.208=-11(\text{mm})$$

$$W_z=-1\ 737.720-142.218+1\ 879.923=-15(\text{mm})$$

$$W=\sqrt{W_x^2+W_y^2+W_z^2}=19.3(\text{mm})$$

$$S=S_1+S_2+S_3=2\ 363.166+1\ 964.809+1\ 588.340=5\ 916.315(\text{m})$$

$$\frac{W}{S}=\frac{1}{306\ 000}$$

**表 5.3.6　基线向量观测值及其协方差**

| 起点 | 终点 | ΔX/m | ΔY/m | ΔZ/m | 基线协方差矩阵/mm² |
|---|---|---|---|---|---|
| 1 | 2 | 1 218.561 | 1 039.227 | −1 737.720 | $\begin{bmatrix}0.2321 & -0.5097 & -0.4371\\ -0.5097 & 1.3399 & 1.1094\\ -0.4371 & 1.1094 & 1.0096\end{bmatrix}$ |
| | | 1 218.560 | 1 039.228 | −1 737.719 | |
| 1 | 3 | −270.457 | 503.208 | −1 879.923 | $\begin{bmatrix}1.0449 & -2.3965 & -2.3197\\ -2.3965 & 6.3413 & 5.9029\\ -2.3197 & 5.9029 & 6.0356\end{bmatrix}$ |
| | | −270.464 | 503.222 | −1 879.912 | |
| 2 | 3 | −1 489.013 | −536.030 | −142.218 | $\begin{bmatrix}0.5850 & -1.3296 & -1.2524\\ -1.3296 & 3.3625 & 3.0698\\ -1.2524 & 3.0698 & 3.0192\end{bmatrix}$ |
| | | −1 489.024 | −536.006 | −142.193 | |

(2)计算参数的近似值,如表 5.3.7 所示。

**表 5.3.7 待定点的近似坐标**

| 点号 | $X^0$ | $Y^0$ | $Z^0$ |
|---|---|---|---|
| 2 | −1 973 420.174 | 4 591 054.047 | 3 951 407.205 |
| 3 | −1 974 909.198 | 4 590 518.041 | 3 951 265.012 |

(3)误差方程为

$$\begin{bmatrix} V_1 \\ V_2 \\ V_3 \\ V_4 \\ V_5 \\ V_6 \\ V_7 \\ V_8 \\ V_9 \end{bmatrix} = \begin{bmatrix} 1 & 0 & 0 & 0 & 0 & 0 \\ 0 & 1 & 0 & 0 & 0 & 0 \\ 0 & 0 & 1 & 0 & 0 & 0 \\ 0 & 0 & 0 & 1 & 0 & 0 \\ 0 & 0 & 0 & 0 & 1 & 0 \\ 0 & 0 & 0 & 0 & 0 & 1 \\ -1 & 0 & 0 & 1 & 0 & 0 \\ 0 & -1 & 0 & 0 & 1 & 0 \\ 0 & 0 & -1 & 0 & 0 & 1 \end{bmatrix} \begin{bmatrix} \hat{x}_2 \\ \hat{y}_2 \\ \hat{z}_2 \\ \hat{x}_3 \\ \hat{y}_3 \\ \hat{z}_3 \end{bmatrix} - \begin{bmatrix} 1 \\ -1 \\ -1 \\ 7 \\ -14 \\ -11 \\ 11 \\ -24 \\ -25 \end{bmatrix}$$

(4)取先验单位权中误差为 $\sigma_0=1$ mm,其权矩阵为

$$\boldsymbol{P}=\begin{bmatrix} 28.0027 & 6.8115 & 4.6388 & 0.0000 & 0.0000 & 0.0000 & 0.0000 & 0.0000 & 0.0000 \\ 6.8115 & 9.9326 & -7.9655 & 0.0000 & 0.0000 & 0.0000 & 0.0000 & 0.0000 & 0.0000 \\ 4.6388 & -7.9655 & 11.7517 & 0.0000 & 0.0000 & 0.0000 & 0.0000 & 0.0000 & 0.0000 \\ 0.0000 & 0.0000 & 0.0000 & 8.0251 & 1.8051 & 1.3189 & 0.0000 & 0.0000 & 0.0000 \\ 0.0000 & 0.0000 & 0.0000 & 1.8051 & 2.1660 & -1.4246 & 0.0000 & 0.0000 & 0.0000 \\ 0.0000 & 0.0000 & 0.0000 & 1.3189 & -1.4246 & 2.0659 & 0.0000 & 0.0000 & 0.0000 \\ 0.0000 & 0.0000 & 0.0000 & 0.0000 & 0.0000 & 0.0000 & 19.0866 & 4.4471 & 3.3957 \\ 0.0000 & 0.0000 & 0.0000 & 0.0000 & 0.0000 & 0.0000 & 4.4471 & 5.1812 & -3.4233 \\ 0.0000 & 0.0000 & 0.0000 & 0.0000 & 0.0000 & 0.0000 & 3.3957 & -3.4233 & 5.2205 \end{bmatrix}$$

(5)法方程为

$$\begin{bmatrix} 47.0893 & 11.2585 & 8.0345 & -19.0866 & -4.4471 & -3.3957 \\ 11.2585 & 15.1138 & -11.3888 & -4.4471 & -5.1812 & 3.4233 \\ 8.0345 & -11.3888 & 16.9722 & -3.3957 & 3.4233 & -5.2205 \\ -19.0866 & -4.4471 & -3.3957 & 27.1117 & 6.2522 & 4.7147 \\ -4.4471 & -5.1812 & 3.4233 & 6.2522 & 7.3472 & -4.8480 \\ -3.3957 & 3.4233 & -5.2205 & 4.7147 & -4.8480 & 7.2864 \end{bmatrix} \cdot$$

$$\begin{bmatrix}\hat{x}_2\\ \hat{y}_2\\ \hat{z}_2\\ \hat{x}_3\\ \hat{y}_3\\ \hat{z}_3\end{bmatrix}=\begin{bmatrix}-1.7768\\ -5.3080\\ 11.8523\\ 34.7254\\ 8.1347\\ -4.5473\end{bmatrix}$$

(6)法方程系数矩阵的逆矩阵与法方程的解，即

$$\begin{bmatrix}\hat{x}_2\\ \hat{y}_2\\ \hat{z}_2\\ \hat{x}_3\\ \hat{y}_3\\ \hat{z}_3\end{bmatrix}=\begin{bmatrix}0.1997 & -0.4413 & -0.3835 & 0.1263 & -0.2784 & -0.2413\\ -0.4413 & 1.1613 & 0.9735 & -0.2804 & 0.7506 & 0.6271\\ -0.3835 & 0.9735 & 0.8975 & -0.2461 & 0.6335 & 0.5877\\ 0.1263 & -0.2804 & -0.2461 & 0.4541 & -1.0295 & -0.9645\\ -0.2784 & 0.7506 & 0.6335 & -1.0295 & 2.6712 & 2.4149\\ -0.2413 & 0.6271 & 0.5877 & -0.9645 & 2.4149 & 2.3820\end{bmatrix}\cdot$$

$$\begin{bmatrix}-1.7768\\ -5.3080\\ 11.8523\\ 34.7254\\ 8.1347\\ -4.5473\end{bmatrix}=\begin{bmatrix}0.7\\ -0.3\\ 0.1\\ 10.1\\ -21.0\\ -20.6\end{bmatrix}(\mathrm{mm})$$

(7)精度评定结果为

$$\hat{\sigma}_0=\sqrt{\frac{\boldsymbol{V}^{\mathrm{T}}\boldsymbol{PV}}{n-t}}=\sqrt{\frac{39.5389}{3}}=3.6\ \mathrm{mm}$$

$$\hat{\sigma}_{\hat{X}_i}=\hat{\sigma}_0\sqrt{Q_{\hat{X}_i\hat{X}_i}},\hat{\sigma}_{\hat{X}_1}=1.6\ \mathrm{mm},\hat{\sigma}_{\hat{X}_2}=2.4\ \mathrm{mm}$$

$$\hat{\sigma}_{\hat{Y}_i}=\hat{\sigma}_0\sqrt{Q_{\hat{Y}_i\hat{Y}_i}},\hat{\sigma}_{\hat{Y}_1}=3.9\ \mathrm{mm},\hat{\sigma}_{\hat{Y}_2}=5.9\ \mathrm{mm}$$

$$\hat{\sigma}_{\hat{Z}_i}=\hat{\sigma}_0\sqrt{Q_{\hat{Z}_i\hat{Z}_i}},\hat{\sigma}_{\hat{Z}_1}=3.4\ \mathrm{mm},\hat{\sigma}_{\hat{Z}_2}=5.6\ \mathrm{mm}$$

(8)平差结果如表5.3.8所示。

**表5.3.8 待定点平差坐标**

| 点号 | $X^0$/m | $Y^0$/m | $Z^0$/m |
|---|---|---|---|
| 2 | −1 973 420.175 | 4 591 054.047 | 3 951 407.205 |
| 3 | −1 974 909.208 | 4 590 518.020 | 3 951 264.991 |

### 5.3.7 粗差检验方法

粗差也是一种误差来源，在现代化的测量数据采集、传输和自动化处理过程中都可能产生粗差。在平差系统中，如果存在没有被及时处理的粗差，平差结果会受到严重污染。因此，对粗差的检验尤为重要。

**1. 多余观测分量**

设测量平差系统的观测向量为 $\boldsymbol{L}$，其真误差向量为 $\boldsymbol{\Delta}$，改正数向量为 $\boldsymbol{V}$，参数向量为 $\boldsymbol{X}$，其真值为 $\widetilde{\boldsymbol{X}}$，近似值为 $\boldsymbol{X}_0$，近似值的改正数的真值为 $\widetilde{\boldsymbol{x}}$，平差值为 $\hat{\boldsymbol{x}}$，观测方程为

$$\boldsymbol{L}+\boldsymbol{\Delta}=\boldsymbol{B}\widetilde{\boldsymbol{X}}+\boldsymbol{d} \tag{5.3.53}$$

式中，$\boldsymbol{d}$ 是常数向量。

误差方程为

$$\left.\begin{aligned}\boldsymbol{V}&=\boldsymbol{B}\hat{\boldsymbol{x}}-\boldsymbol{l}\\ \boldsymbol{V}&=\boldsymbol{B}(\hat{\boldsymbol{x}}-\widetilde{\boldsymbol{x}})-(\boldsymbol{l}-\boldsymbol{B}\widetilde{\boldsymbol{x}})=\boldsymbol{B}\hat{\boldsymbol{x}}-\boldsymbol{\Delta}-\boldsymbol{B}\widetilde{\boldsymbol{x}}\end{aligned}\right\} \tag{5.3.54}$$

组成法方程，求解得

$$\hat{\boldsymbol{x}}=\boldsymbol{N}_{bb}^{-1}\boldsymbol{B}^{\mathrm{T}}\boldsymbol{P}\boldsymbol{l} \tag{5.3.55}$$

$$\begin{aligned}\boldsymbol{V}&=\boldsymbol{B}\boldsymbol{N}_{bb}^{-1}\boldsymbol{B}^{\mathrm{T}}\boldsymbol{P}\boldsymbol{l}-\boldsymbol{\Delta}-\boldsymbol{B}\boldsymbol{N}_{bb}^{-1}\boldsymbol{B}^{\mathrm{T}}\boldsymbol{P}\boldsymbol{B}\widetilde{\boldsymbol{x}}\\ &=\boldsymbol{B}\boldsymbol{N}_{bb}^{-1}\boldsymbol{B}^{\mathrm{T}}\boldsymbol{P}(\boldsymbol{l}-\boldsymbol{B}\widetilde{\boldsymbol{x}})-\boldsymbol{\Delta}\\ &=-(\boldsymbol{Q}-\boldsymbol{B}\boldsymbol{N}_{bb}^{-1}\boldsymbol{B}^{\mathrm{T}})\boldsymbol{P}\boldsymbol{\Delta}\\ &=-\boldsymbol{Q}_{VV}\boldsymbol{P}\boldsymbol{\Delta}\\ &=-\boldsymbol{R}\boldsymbol{\Delta}\end{aligned} \tag{5.3.56}$$

式中

$$\boldsymbol{R}=\boldsymbol{Q}_{VV}\boldsymbol{P} \tag{5.3.57}$$

其纯量形式为

$$\boldsymbol{R}=\begin{bmatrix} r_{11} & r_{12} & \cdots & r_{1n}\\ r_{21} & r_{22} & \cdots & r_{2n}\\ \vdots & \vdots & & \vdots\\ r_{n1} & r_{n1} & \cdots & r_{nn}\end{bmatrix} \tag{5.3.58}$$

$\boldsymbol{R}$ 矩阵只与误差方程系数矩阵 $\boldsymbol{B}$ 和观测值的权矩阵 $\boldsymbol{P}$ 有关，与观测值 $\boldsymbol{L}$ 无关，其性质有：

(1)$\boldsymbol{R}$ 矩阵是幂等矩阵，即

$$\boldsymbol{R}^2=\boldsymbol{R}$$

证明：$\boldsymbol{R}^2=\boldsymbol{Q}_{VV}\boldsymbol{P}\boldsymbol{Q}_{VV}\boldsymbol{P}=(\boldsymbol{I}-\boldsymbol{B}\boldsymbol{N}_{bb}^{-1}\boldsymbol{B}^{\mathrm{T}}\boldsymbol{P})(\boldsymbol{I}-\boldsymbol{B}\boldsymbol{N}_{bb}^{-1}\boldsymbol{B}^{\mathrm{T}}\boldsymbol{P})=\boldsymbol{I}-\boldsymbol{B}\boldsymbol{N}_{bb}^{-1}\boldsymbol{B}^{\mathrm{T}}\boldsymbol{P}=\boldsymbol{R}$。

幂等矩阵特征值为 0 或 1；幂等矩阵的秩等于其迹；若 $\boldsymbol{A}$ 为幂等矩阵，则($\boldsymbol{I}-$

**A**)也为幂等矩阵;若幂等矩阵主对角线元素的值为 0 或 1 时,则该列的其他元素必为 0。

(2)**R** 矩阵的迹就是平差系统的多余观测数 $r$。

证明:$\mathrm{tr}(\boldsymbol{R})=\mathrm{tr}(\boldsymbol{I}-\boldsymbol{B}\boldsymbol{N}_{bb}^{-1}\boldsymbol{B}^{\mathrm{T}}\boldsymbol{P})=n-t=r$。

由于幂等矩阵的秩等于其迹,所以 **R** 矩阵是降秩矩阵,不存在凯利逆,因此不能用式(5.3.56)反解真误差。

(3)**R** 矩阵的第 $i$ 个对角线元素称为第 $i$ 个观测值的多余观测分量,即

$$\left.\begin{aligned} r_i&=r_{ii}\\ r&=\sum_{i=1}^{n} r_i \end{aligned}\right\} \tag{5.3.59}$$

它代表该观测值在总的多余观测中所占的份额。

当权矩阵为对角矩阵时(观测值不相关),有 $0\leqslant r_i\leqslant 1$。$r_i=0$ 的观测值是必要观测值,$r_i=1$ 的观测值是多余观测值;第 $i$ 个观测值的真误差对该观测值改正数的影响为

$$V_i^*=-r_i\Delta_i \tag{5.3.60}$$

式(5.3.60)说明多余观测分量表示为观测误差 $\Delta_i$ 反映在改正数 $V_i$ 中的比例。一般来说,观测误差只能部分地反映在它的改正数中。当多余观测分量 $r_i=0$,观测误差不能在改正数中反映;当多余观测分量 $r_i=1$,观测误差才能在改正数中全部反映。当多余观测 $r=0$ 时,**R** 是零矩阵,这意味着所有观测误差将全部作用到解算的参数中,而所有的观测值改正数均为零。

(4)用 **R** 矩阵计算改正数的中误差,即

$$\sigma_{V_i}^2=(\boldsymbol{Q}_{VV})_{ii}\sigma_0^2=(\boldsymbol{Q}_{VV}\boldsymbol{P}\boldsymbol{Q})_{ii}\sigma_0^2=(\boldsymbol{R}\boldsymbol{Q})_{ii}\sigma_0^2$$

当 $\boldsymbol{Q}$ 为对角矩阵时(观测值不相关),得

$$\sigma_{V_i}^2=r_i\frac{\sigma_0^2}{P_i}$$

或写成

$$\sigma_{V_i}=\sqrt{r_i}\sigma_{l_i} \tag{5.3.61}$$

上式表明改正数 $V_i$ 服从正态分布,即 $V_i\sim N(0,\sigma_{V_i}^2)$。

**2. Baarda 数据探测法**

数据探测法的前提是在一个平差系统中只存在一个粗差,且已知观测值的单位权方差 $\sigma_0^2$ 和权矩阵为对角矩阵,用统计假设检验探测该粗差,从而剔除被探测的粗差。

数据探测法的原假设和备选假设为

$$H_0:E(V_i)=0;\quad H_1:E(V_i)\neq 0$$

统计量为

$$\omega_i=\frac{V_i}{\sigma_{V_i}}=\frac{V_i}{\sqrt{r_i}\sigma_{l_i}} \tag{5.3.62}$$

若观测值不存在粗差，则 $\omega_i \sim N(0,1)$，给定显著水平 $\alpha$，则可由正态分布表得到检验的临界值 $z_\alpha$。如果 $\omega_i \leqslant z_\alpha$，则可认为该观测值是正常观测值；反之，当 $\omega_i > z_\alpha$，则认为该观测值可能含有粗差。这就是 Baarda 数据探测法。

利用数据探测法，一次只能发现一个粗差，当要发现另一个粗差时，就要先剔除所发现的粗差，重新平差，计算统计量。逐个不断进行，直至不再发现粗差。

### 5.3.8　平差参数的显著性检验

测量平差的主要任务是在最小二乘准则下求出平差参数和观测值的最优估值。但是在一些测量问题中，还需要对所求的参数显著性和正确性进行检验。例如，用测距仪测定两点间距离，所测的距离值与测量时的温度是否有关系、是否受大气折光的影响等。也可以对平差后的参数进行假设检验，如果影响显著，说明受到温度或大气折光的影响，测量时必须认真对待，加以考虑；反之，可以忽略其对测量成果的影响。

**1. 平差模型**

设平差时采用间接平差模型，误差方程和观测值的权矩阵为

$$\left.\begin{aligned}\boldsymbol{V}&=\boldsymbol{B}\hat{\boldsymbol{x}}-\boldsymbol{l}\\ \boldsymbol{P}&=\boldsymbol{Q}^{-1}\end{aligned}\right\} \tag{5.3.63}$$

参数的最小二乘解为

$$\hat{\boldsymbol{x}}=\boldsymbol{N}_{bb}^{-1}\boldsymbol{B}^{\mathrm{T}}\boldsymbol{P}\boldsymbol{l}=(\boldsymbol{B}^{\mathrm{T}}\boldsymbol{P}\boldsymbol{B})^{-1}\boldsymbol{B}^{\mathrm{T}}\boldsymbol{P}\boldsymbol{l} \tag{5.3.64}$$

参数协因数矩阵为

$$\boldsymbol{Q}_{\hat{x}\hat{x}}=\boldsymbol{N}_{bb}^{-1}=(\boldsymbol{B}^{\mathrm{T}}\boldsymbol{P}\boldsymbol{B})^{-1} \tag{5.3.65}$$

参数协方差矩阵为

$$\boldsymbol{D}_{\hat{x}\hat{x}}=\sigma_0^2\boldsymbol{Q}_{\hat{x}\hat{x}}=\sigma_0^2(\boldsymbol{B}^{\mathrm{T}}\boldsymbol{P}\boldsymbol{B})^{-1}\text{或}\ \boldsymbol{D}_{\hat{x}\hat{x}}=\hat{\sigma}_0^2\boldsymbol{Q}_{\hat{x}\hat{x}}=\hat{\sigma}_0^2(\boldsymbol{B}^{\mathrm{T}}\boldsymbol{P}\boldsymbol{B})^{-1} \tag{5.3.66}$$

式中

$$\hat{\sigma}_0^2=\frac{\boldsymbol{V}^{\mathrm{T}}\boldsymbol{P}\boldsymbol{V}}{n-t}=\frac{\boldsymbol{V}^{\mathrm{T}}\boldsymbol{P}\boldsymbol{V}}{r} \tag{5.3.67}$$

**2. 参数显著性检验常用的方法**

设要检验平差后的某个参数 $\hat{x}_i$ 与已知值 $W_i$ 的差异是否显著，则可作原假设和备选假设为

$$H_0: E(\hat{x}_i)=W_i;\ H_1: E(\hat{x}_i)\neq W_i \tag{5.3.68}$$

当 $\sigma_0^2$ 已知时，可采用 $u$ 检验法。使用统计量为

$$u=\frac{\hat{x}_i-W_i}{\sigma_{\hat{x}_i}}=\frac{\hat{x}_i-W_i}{\sigma_0\sqrt{Q_{\hat{x}_i\hat{x}_i}}}\sim N(0,1) \tag{5.3.69}$$

给定置信水平 $\alpha$，查正态分布表，可得 $z_{\alpha/2}$。

如果 $|u|<z_{z_{\alpha/2}}$，则接受 $H_0$，拒绝 $H_1$；否则，拒绝 $H_0$，接受 $H_1$。

当 $\sigma_0^2$ 未知时，用 $t$ 检验法。使用统计量为

$$t=\frac{\hat{x}_i-W_i}{\hat{\sigma}_{\hat{x}_i}}=\frac{\hat{x}_i-W_i}{\hat{\sigma}_0\sqrt{Q_{\hat{x}_i\hat{x}_i}}}\sim t(n-t) \tag{5.3.70}$$

式中，$n-t$ 是自由度，$n$ 是观测值个数，$t$ 是参数个数。以 $\alpha$ 和自由度 $n-t$ 查 $t$ 分布表，可得 $t_{z_{\alpha/2}}$。

如果 $|t|<t_{z_{\alpha/2}}$，则接受 $H_0$，拒绝 $H_1$；否则，拒绝 $H_0$，接受 $H_1$。

例 5.3.6　为了考察经纬仪视距乘常数 $C$ 在测量时随温度变化的影响，选择 10 段不同的距离进行了试验。测得 10 组平均 $C$ 值和平均气温 $t$，结果列于表 5.3.9。设 $C$ 与 $t$ 呈线性关系，试在 $\alpha=0.05$ 下检验平差参数的显著性。

**表 5.3.9　观测数据**

| $t$/℃ | 11.9 | 11.5 | 14.5 | 15.2 | 15.9 | 16.3 | 14.6 | 12.9 | 15.8 | 14.1 |
|---|---|---|---|---|---|---|---|---|---|---|
| $C$ | 96.84 | 96.84 | 97.14 | 97.03 | 97.05 | 97.13 | 97.04 | 96.96 | 96.95 | 96.98 |

解：设函数模型（回归方程）为

$$\hat{C}_i=\hat{b}_0+\hat{b}_1t_i\quad(i=1,2,3,\cdots,10)$$

其误差方程为

$$V_i=\hat{b}_0+\hat{b}_1t_i-C_i$$

组成法方程解得

$$\hat{b}_0=96.31,\hat{b}_1=0.048$$

计算中得到

$$Q_{\hat{x}\hat{x}}=N_{bb}^{-1}=\begin{bmatrix}Q_{b_0b_0} & Q_{b_0b_1}\\ Q_{b_1b_0} & Q_{b_1b_1}\end{bmatrix}=\begin{bmatrix}8.16 & -0.56\\ -0.56 & 0.039\end{bmatrix}$$

$$\hat{\sigma}_0=\pm\sqrt{\frac{[v_{c_i}v_{c_i}]}{n-2}}=\pm\sqrt{\frac{0.0377}{8}}=\pm0.068$$

现要检验

$$H_0:\hat{b}_1=0;H_1:\hat{b}_1\neq0$$

因 $\sigma$ 未知，采用 $t$ 检验法。作统计量为

$$t=\frac{\hat{b}_1-0}{\hat{\sigma}_0\sqrt{Q_{b_1b_1}}}=\frac{0.048}{0.0134}=3.58$$

以 $\alpha=0.05$ 和自由度 $n-t=10-2=8$ 查 $t$ 分布表，得 $t_{0.025}(8)=2.31$。因 $|t|>t_{0.025}(8)$，故拒绝 $H_0$，接受 $H_1$，即 $\hat{b}_1\neq0$，说明参数 $\hat{b}_1$ 显著，回归模型有效，视距常数与温度有关。

此例 $C$ 与 $t$ 的回归方程为 $C=96.31+0.048t$。

**3. 平差参数显著性的线性假设检验法**

如果将线性假设 $H_0$ 看作参数之间应满足的条件式，采用附有限制条件的间接平差函数模型，即

$$\left.\begin{aligned}\underset{n\times 1}{\boldsymbol{V}}&=\underset{n\times t}{\boldsymbol{B}}\,\underset{t\times 1}{\hat{\boldsymbol{x}}}-\underset{n\times 1}{\boldsymbol{l}}\\ \underset{c\times t}{\boldsymbol{H}}\,\underset{t\times 1}{\hat{\boldsymbol{x}}}&=\underset{c\times 1}{\boldsymbol{W}}\end{aligned}\right\}\tag{5.3.71}$$

按此模型进行平差，求得的单位权方差估值与单独平差求得的单位权方差估值相比较，如果两者无显著差别，则可认为原假设 $H_0$ 成立，否则 $H_0$ 不成立。

单独用第一式进行平差，得参数的解为

$$\hat{\boldsymbol{x}}=\boldsymbol{N}_{bb}^{-1}\boldsymbol{B}^{\mathrm{T}}\boldsymbol{P}\boldsymbol{l}=\boldsymbol{Q}_{\hat{x}\hat{x}}\boldsymbol{B}^{\mathrm{T}}\boldsymbol{P}\boldsymbol{l}\tag{5.3.72}$$

改正数平方和为

$$\boldsymbol{\Omega}=\boldsymbol{V}^{\mathrm{T}}\boldsymbol{P}\boldsymbol{V}=(\boldsymbol{B}\hat{\boldsymbol{x}}-\boldsymbol{l})^{\mathrm{T}}\boldsymbol{P}(\boldsymbol{B}\hat{\boldsymbol{x}}-\boldsymbol{l})\tag{5.3.73}$$

对式(5.3.71)进行整体平差，是附有条件的间接平差问题，得参数的解为

$$\hat{\boldsymbol{x}}_c=\boldsymbol{N}_{bb}^{-1}\boldsymbol{B}^{\mathrm{T}}\boldsymbol{P}\boldsymbol{l}-\boldsymbol{N}_{bb}^{-1}\boldsymbol{H}^{\mathrm{T}}(\boldsymbol{H}\boldsymbol{N}_{bb}^{-1}\boldsymbol{H}^{\mathrm{T}})^{-1}(\boldsymbol{H}\boldsymbol{N}_{bb}^{-1}\boldsymbol{B}^{\mathrm{T}}\boldsymbol{P}\boldsymbol{l}-\boldsymbol{W})\tag{5.3.74}$$

将式(5.3.71)代入，得

$$\hat{\boldsymbol{x}}_c=\hat{\boldsymbol{x}}-\boldsymbol{N}_{bb}^{-1}\boldsymbol{H}^{\mathrm{T}}(\boldsymbol{H}\boldsymbol{N}_{bb}^{-1}\boldsymbol{H}^{\mathrm{T}})^{-1}(\boldsymbol{H}\hat{\boldsymbol{x}}-\boldsymbol{W})\tag{5.3.75}$$

根据协因数传播律，可得 $\hat{\boldsymbol{x}}_c$ 的协因数为

$$\boldsymbol{Q}_{\hat{x}_c\hat{x}_c}=\boldsymbol{N}_{bb}^{-1}-\boldsymbol{N}_{bb}^{-1}\boldsymbol{H}^{\mathrm{T}}(\boldsymbol{H}\boldsymbol{N}_{bb}^{-1}\boldsymbol{H}^{\mathrm{T}})^{-1}\boldsymbol{H}\boldsymbol{N}_{bb}^{-1}\tag{5.3.76}$$

按式(5.3.71)平差后求得的改正数记为 $\boldsymbol{V}_H$，其平方和记为 $\boldsymbol{\Omega}_H$，则有

$$\begin{aligned}\boldsymbol{\Omega}_H&=\boldsymbol{V}_H^{\mathrm{T}}\boldsymbol{P}\boldsymbol{V}_H=(\boldsymbol{B}\hat{\boldsymbol{x}}_c-\boldsymbol{l})^{\mathrm{T}}\boldsymbol{P}(\boldsymbol{B}\hat{\boldsymbol{x}}_c-\boldsymbol{l})\\&=[\boldsymbol{B}\hat{\boldsymbol{x}}_c-\boldsymbol{l}-\boldsymbol{B}(\hat{\boldsymbol{x}}-\hat{\boldsymbol{x}}_c)]^{\mathrm{T}}\boldsymbol{P}[\boldsymbol{B}\hat{\boldsymbol{x}}_c-\boldsymbol{l}-\boldsymbol{B}(\hat{\boldsymbol{x}}-\hat{\boldsymbol{x}}_c)]\\&=\boldsymbol{V}^{\mathrm{T}}\boldsymbol{P}\boldsymbol{V}+(\hat{\boldsymbol{x}}-\hat{\boldsymbol{x}}_c)^{\mathrm{T}}\boldsymbol{B}^{\mathrm{T}}\boldsymbol{P}\boldsymbol{B}(\hat{\boldsymbol{x}}-\hat{\boldsymbol{x}}_c)\end{aligned}\tag{5.3.77}$$

式中顾及了

$$\boldsymbol{V}=\boldsymbol{B}\hat{\boldsymbol{x}}-\boldsymbol{l},\boldsymbol{V}_H=\boldsymbol{B}\hat{\boldsymbol{x}}_c-\boldsymbol{l}$$

$$(\boldsymbol{B}\hat{\boldsymbol{x}}-\boldsymbol{l})^{\mathrm{T}}\boldsymbol{P}\boldsymbol{B}(\hat{\boldsymbol{x}}-\hat{\boldsymbol{x}}_c)=\boldsymbol{V}^{\mathrm{T}}\boldsymbol{P}\boldsymbol{B}(\hat{\boldsymbol{x}}-\hat{\boldsymbol{x}}_c)=0$$

令 $\boldsymbol{R}=(\hat{\boldsymbol{x}}-\hat{\boldsymbol{x}}_c)^{\mathrm{T}}\boldsymbol{B}^{\mathrm{T}}\boldsymbol{P}\boldsymbol{B}(\hat{\boldsymbol{x}}-\hat{\boldsymbol{x}}_c)$，化简得

$$\begin{aligned}\boldsymbol{R}&=[\boldsymbol{N}_{bb}^{-1}\boldsymbol{H}^{\mathrm{T}}(\boldsymbol{H}\boldsymbol{N}_{bb}^{-1}\boldsymbol{H}^{\mathrm{T}})^{-1}(\boldsymbol{H}\hat{\boldsymbol{x}}-\boldsymbol{W})]^{\mathrm{T}}\boldsymbol{N}_{bb}[\boldsymbol{N}_{bb}^{-1}\boldsymbol{H}^{\mathrm{T}}(\boldsymbol{H}\boldsymbol{N}_{bb}^{-1}\boldsymbol{H}^{\mathrm{T}})^{-1}(\boldsymbol{H}\hat{\boldsymbol{x}}-\boldsymbol{W})]\\&=(\boldsymbol{H}\hat{\boldsymbol{x}}-\boldsymbol{W})^{\mathrm{T}}(\boldsymbol{H}\boldsymbol{N}_{bb}^{-1}\boldsymbol{H}^{\mathrm{T}})^{-1}(\boldsymbol{H}\hat{\boldsymbol{x}}-\boldsymbol{W})\end{aligned}\tag{5.3.78}$$

由此，式(5.3.77)可简记成

$$\boldsymbol{\Omega}_H=\boldsymbol{\Omega}+\boldsymbol{R}\tag{5.3.79}$$

从式(5.3.79)可以看出，附有条件间接平差的改正数平方和是不带条件的改正数平方和 $\boldsymbol{\Omega}$ 与向量 $(\boldsymbol{H}\hat{\boldsymbol{x}}-\boldsymbol{W})$ 的一个二次型 $\boldsymbol{R}$ 之和，$\boldsymbol{R}$ 考虑了假设 $H_0$ 作为条件方程后对 $\boldsymbol{\Omega}$ 的影响项。

可以证明：$\boldsymbol{\Omega}/\sigma_0^2$是服从自由度为 $n-t$ 的 $\chi^2$ 变量，$\boldsymbol{R}/\sigma_0^2$是服从自由度为 $c$（条件方程的个数）的 $\chi^2$ 变量，并且 $\boldsymbol{R}$ 与 $\boldsymbol{\Omega}$ 相互独立，于是可采用 $F$ 检验法。

作 $F$ 统计量为

$$F=\frac{\boldsymbol{R}/c}{\boldsymbol{\Omega}/(n-t)} \tag{5.3.80}$$

选显著水平 $\alpha$，以分子的自由度 $c$、分母自由度 $n-t$，由 $\alpha$ 查得 $F_\alpha$。如果 $F>F_\alpha$，则表示由 $\boldsymbol{R}/c$ 估计的单位权方差与平差问题本身的单位权方差$\hat{\sigma}_0^2=\boldsymbol{\Omega}/(n-t)$有显著差别，线性假设 $\underset{c\times t}{\boldsymbol{H}}\underset{t\times 1}{\hat{\boldsymbol{x}}}=\underset{c\times 1}{\boldsymbol{W}}$ 不成立；如果 $F<F_\alpha$，则接受 $H_0$。

## 5.3.9　平差模型正确性的统计检验

测量平差的数学模型包含函数模型和随机模型，平差是在给定的函数模型和随机模型下求参数的最小二乘估值。如果给定的数学模型不完善，就不能保证平差结果的最优性质，因此对于每个平差问题必须进行模型正确性的统计检验。

许多因素都可能造成函数模型的不完善。例如，函数的线性化所取近似值与其真值相差过大，舍掉的高次项不是高阶无穷小；平差时起算数据误差较大，造成平差成果精度降低；观测数据有明显的系统误差或粗差，在平差前或平差过程中没有有效地消除等。随机模型的模型误差主要是所定观测值间的权比不正确所造成的。实际上，多数平差问题都或多或少地存在着模型误差，当模型误差对平差结果造成的影响小于偶然误差的影响时，则认为平差模型是正确的；否则，平差结果不能认为最优，甚至应认为是歪曲的结果。在这种情况下，必须查明造成模型误差的原因，改进和完善平差模型，重新进行平差，以保证平差结果的准确性和最优性。

平差模型正确性检验是一种对平差模型的总体检验方法，以平差后计算的单位权方差估值（也称为后验方差）$\hat{\sigma}_0^2$ 为统计量，以定权时采用单位权方差 $\sigma_0^2$为先验值，两者应该统计一致，即应在一定显著水平 $\alpha$ 下，满足 $E(\hat{\sigma}_0^2)=\sigma_0^2$的原假设。如果原假设不能被满足，说明所求的$\hat{\sigma}_0^2$ 并非 $\sigma_0^2$的无偏估计，这是平差模型不正确所致，则平差成果值得怀疑，平差模型可能有缺陷。

平差模型正确性检验的假设是

$$H_0:E(\hat{\sigma}_0^2)=\sigma_0^2;H_1:E(\hat{\sigma}_0^2)\neq\sigma_0^2 \tag{5.3.81}$$

平差的误差方程和单位权方差估值为

$$\boldsymbol{V}=\boldsymbol{B}\hat{\boldsymbol{x}}-\boldsymbol{l}$$

$$\hat{\sigma}_0^2=\frac{\boldsymbol{V}^{\mathrm{T}}\boldsymbol{P}\boldsymbol{V}}{r}$$

统计量为

$$\chi^2_{(r)}=\frac{\boldsymbol{V}^{\mathrm{T}}\boldsymbol{P}\boldsymbol{V}}{\sigma_0^2}=r\frac{\hat{\sigma}_0^2}{\sigma_0^2} \tag{5.3.82}$$

服从自由度为 $r=n-t$(多余观测数)的 $\chi^2$ 分布,故采用 $\chi^2$ 检验法。给定显著水平 $\alpha$,查得 $\chi^2_{\frac{\alpha}{2}}$ 和 $\chi^2_{1-\frac{\alpha}{2}}$,得区间

$$(\chi^2_{1-\frac{\alpha}{2}},\chi^2_{\frac{\alpha}{2}})$$

如果统计量 $\chi^2_{(r)}$ 在此区间内,则接受 $H_0$,认为平差模型正确;否则,拒绝 $H_0$,接受 $H_1$,认为平差模型不正确。只有在通过检验后才能使用平差成果,因此平差模型的检验是平差中一个组成部分,不应省略,但在实际工作中,往往被忽略,这是不应该的。

例 5.3.7　某一矿区三等平面控制网中多余观测数为 9,平差求得的测角中误差为 $\hat{\sigma}_\beta=2.0''$,试检验平差模型是否正确(取 $\alpha=0.05$)。

解:相关规程规定三等网的测角中误差为 $\sigma_0^2=1.8''$,因此,取原假设和备选假设为

$$H_0:E(\hat{\sigma}_\beta^2)=1.8^2;H_1:E(\hat{\sigma}_\beta^2)\neq 1.8^2$$

$$\chi^2=\frac{9\times 2^2}{1.8^2}=11.11$$

以 $f=9$、$\alpha=0.05$ 查表得:$\chi^2_{0.975}=2.70$,$\chi^2_{0.025}=19.0$。因为 $\chi^2_{0.975}<\chi^2<\chi^2_{0.025}$,所以接受 $H_0$,说明平差模型无显著问题。

例 5.3.8　某水准网,多余观测数为 4;平差前进行定权时,以 1 km 观测高差为单位权观测,即取 $P_i=1/S_i$。此时的先验单位权方差就是 1 km 观测高差的方差,对于二等水准网来说,则 $\sigma_0=1.0$ mm;对于三等水准网来说,则 $\sigma_0=3.0$ mm。平差后,算得 $\hat{\sigma}_0=2.22$ mm,试在 $\alpha=0.05$ 下分别按二等水准测量和三等水准测量进行平差模型正确性检验。

解:(1)按二等水准测量,原假设和备选假设分别为

$$H_0:E(\hat{\sigma}_0^2)=1.0;H_1:E(\hat{\sigma}_0^2)\neq 1.0$$

计算统计量

$$\chi^2_{(4)}=r\frac{\hat{\sigma}_0^2}{\sigma_0^2}=\frac{2.22^2\times 4}{1}=19.71$$

以自由度 $f=4$、$\alpha=0.05$ 查 $\chi^2$ 分布表得

$$\chi^2_{1-\frac{\alpha}{2}}=0.484,\chi^2_{\frac{\alpha}{2}}=11.1$$

可见 $\chi^2_{(4)}$ 不在$(\chi^2_{1-\frac{\alpha}{2}},\chi^2_{\frac{\alpha}{2}})$内,应拒绝 $H_0$,对二等水准测量来说,平差模型不正确。

(2)按三等水准测量,原假设和备选假设分别为

$$H_0:E(\hat{\sigma}_0^2)=9.0;H_1:E(\hat{\sigma}_0^2)\neq 9.0$$

计算统计量

$$\chi^2_{(4)}=r\frac{\hat{\sigma}_0^2}{\sigma_0^2}=\frac{2.22^2\times 4}{3.0^2}=2.19$$

可见 $\chi^2_{(4)}$ 在$(\chi^2_{1-\frac{\alpha}{2}},\chi^2_{\frac{\alpha}{2}})$内,应接受 $H_0$,对三等水准测量来说,平差模型正确。

从该例看,如果平差后测量精度达不到预期的精度,可以降级使用。

### 5.3.10 验后方差估计

平差的数学模型包括函数模型和随机模型。函数模型描述平差问题中观测量与观测量之间、观测量与未知参数之间相互的函数关系,随机模型是描述观测误差 $\boldsymbol{\Delta}$ 的一些随机特征。在平差中主要参数是 $\boldsymbol{\Delta}$ 的数学期望和方差,具有

$$E(\boldsymbol{\Delta})=0 \tag{5.3.83}$$

$$D(\boldsymbol{\Delta})=\sigma_0^2\boldsymbol{Q}=\sigma_0^2\boldsymbol{P}^{-1} \tag{5.3.84}$$

式(5.3.83)表明观测误差中不含系统误差和粗差,是一般情况下最小二乘平差的要求,式(5.3.84)是平差时定权的根据。

平差前,随机模型要已知 $\boldsymbol{\Sigma}(\boldsymbol{\Delta})$,称为验前方差,只有精确地已知验前方差 $\boldsymbol{D}(\boldsymbol{\Delta})$ 才能精确地定权,所以随机模型的估计就是验前方差 $\boldsymbol{D}(\boldsymbol{\Delta})$ 的估计,也就是观测值权的估计。这种估计验前方差确定各类观测值权的方法,在许多情况下是不够精确的,为了提高方程估计的精度,可以用验后的方法估计各类观测量的方差,然后定权,这种方法称为平差随机模型的验后估计法。

**1. 严密估计公式**

利用预平差的改正数 $\boldsymbol{V}$,按验后估计各类观测值验前方差的方法,最早是由赫尔默特提出的。若各类观测量之间相互独立,即观测量的方差矩阵是分块对角矩阵,称为方差估计,或称为分量估计。

间接平差的基本公式包括以下几种:

(1)函数模型为

$$\underset{n\times 1}{\boldsymbol{L}}=\underset{n\times t}{\boldsymbol{B}}\ \underset{t\times 1}{\boldsymbol{X}}+\underset{n\times 1}{\boldsymbol{\Delta}} \tag{5.3.85}$$

(2)随机模型为

$$\left.\begin{aligned}&E(\boldsymbol{L})=\boldsymbol{B}\widetilde{\boldsymbol{X}}\\&E(\boldsymbol{\Delta})=0\\&D(\boldsymbol{L})=\sigma_0^2\boldsymbol{P}^{-1}\\&D(\boldsymbol{\Delta})=D(\boldsymbol{L})=\sigma_0^2\boldsymbol{P}^{-1}\end{aligned}\right\} \tag{5.3.86}$$

(3)误差方程为

$$\boldsymbol{V}=\boldsymbol{B}\hat{\boldsymbol{X}}-\boldsymbol{L} \tag{5.3.87}$$

法方程及其解为

$$\left.\begin{aligned}&\boldsymbol{N}\hat{\boldsymbol{X}}=\boldsymbol{W}\\&\hat{\boldsymbol{X}}=\boldsymbol{N}^{-1}\boldsymbol{W}\end{aligned}\right\} \tag{5.3.88}$$

式中,$\boldsymbol{N}=\boldsymbol{B}^{\mathrm{T}}\boldsymbol{P}\boldsymbol{B}$,$\boldsymbol{W}=\boldsymbol{B}^{\mathrm{T}}\boldsymbol{P}\boldsymbol{L}$。

现设在 $\boldsymbol{L}$ 中包含两类相互独立的观测值 $\underset{n_1\times 1}{\boldsymbol{L}_1}$ 和 $\underset{n_2\times 1}{\boldsymbol{L}_2}$,它们的权矩阵分别为 $\underset{n_1\times n_1}{\boldsymbol{P}_1}$

和 $\underset{n_2\times n_2}{\boldsymbol{P}_2}$ ，并且$\boldsymbol{P}_{12}=0$，它们的误差方程分别为

$$\left.\begin{aligned}\boldsymbol{V}_1&=\boldsymbol{B}_1\hat{\boldsymbol{X}}-\boldsymbol{L}_1\\\boldsymbol{V}_2&=\boldsymbol{B}_2\hat{\boldsymbol{X}}-\boldsymbol{L}_2\end{aligned}\right\}\tag{5.3.89}$$

组成法方程为

$$(\boldsymbol{B}_1^{\mathrm{T}}\boldsymbol{P}_1\boldsymbol{B}_1+\boldsymbol{B}_2^{\mathrm{T}}\boldsymbol{P}_2\boldsymbol{B}_2)\hat{\boldsymbol{X}}-(\boldsymbol{B}_1^{\mathrm{T}}\boldsymbol{P}_1\boldsymbol{L}_1+\boldsymbol{B}_2^{\mathrm{T}}\boldsymbol{P}_2\boldsymbol{L}_2)=0\tag{5.3.90}$$

令$\boldsymbol{N}_1=\boldsymbol{B}_1^{\mathrm{T}}\boldsymbol{P}_1\boldsymbol{B}_1$，$\boldsymbol{N}_2=\boldsymbol{B}_2^{\mathrm{T}}\boldsymbol{P}_2\boldsymbol{B}_2$，$\boldsymbol{W}_1=\boldsymbol{B}_1^{\mathrm{T}}\boldsymbol{P}_1\boldsymbol{L}_1$，$\boldsymbol{W}_2=\boldsymbol{B}_2^{\mathrm{T}}\boldsymbol{P}_2\boldsymbol{L}_2$，则有

$$\hat{\boldsymbol{X}}=(\boldsymbol{N}_1+\boldsymbol{N}_2)^{-1}(\boldsymbol{W}_1+\boldsymbol{W}_2)=\boldsymbol{N}^{-1}(\boldsymbol{W}_1+\boldsymbol{W}_2)\tag{5.3.91}$$

如果第一次平差时给定的两类观测值的权$\boldsymbol{P}_1$ 和$\boldsymbol{P}_2$ 不适当，或者说它们对应的单位权方差不相等，令其分别为$\sigma_{01}^2$和$\sigma_{02}^2$，则有

$$\left.\begin{aligned}D(\boldsymbol{L}_1)&=\sigma_{01}^2\boldsymbol{P}_1^{-1}\\D(\boldsymbol{L}_2)&=\sigma_{02}^2\boldsymbol{P}_2^{-1}\end{aligned}\right\}\tag{5.3.92}$$

方差分量估计的目的是利用各类改正数的平方和 $\boldsymbol{V}_1^{\mathrm{T}}\boldsymbol{P}_1\boldsymbol{V}_1$ 和 $\boldsymbol{V}_2^{\mathrm{T}}\boldsymbol{P}_2\boldsymbol{V}_2$ 来估计$\sigma_{01}^2$和$\sigma_{02}^2$。为此，必须建立残差平方和与$\sigma_{01}^2$和$\sigma_{02}^2$之间的关系式。

因为对于数学期望为 $\boldsymbol{\eta}$、方差矩阵为 $\boldsymbol{\Sigma}$ 的随机向量 $\boldsymbol{Y}$，其二次型$\boldsymbol{Y}^{\mathrm{T}}\boldsymbol{M}\boldsymbol{Y}$($\boldsymbol{M}$ 为任一对称可逆矩阵)的数学期望为

$$E(\boldsymbol{Y}^{\mathrm{T}}\boldsymbol{M}\boldsymbol{Y})=\mathrm{tr}(\boldsymbol{M}\boldsymbol{\Sigma})+\boldsymbol{\eta}^{\mathrm{T}}\boldsymbol{M}\boldsymbol{\eta}\tag{5.3.93}$$

而改正数$\boldsymbol{V}_1$ 的数学期望 $E(\boldsymbol{V}_1)=0$，即

$$E(\boldsymbol{V}_1^{\mathrm{T}}\boldsymbol{P}_1\boldsymbol{V}_1)=\mathrm{tr}(\boldsymbol{P}_1\boldsymbol{D}_{V_1})\tag{5.3.94}$$

式中，$\boldsymbol{D}_{V_1}$是$\boldsymbol{V}_1$ 的方差。

由式(5.3.89)可知

$$\boldsymbol{V}_1=\boldsymbol{B}_1\hat{\boldsymbol{X}}-\boldsymbol{L}_1=(\boldsymbol{B}_1\boldsymbol{N}^{-1}\boldsymbol{B}_1^{\mathrm{T}}\boldsymbol{P}_1-\boldsymbol{I})\boldsymbol{L}_1+\boldsymbol{B}_1\boldsymbol{N}^{-1}\boldsymbol{B}_2^{\mathrm{T}}\boldsymbol{P}_2\boldsymbol{L}_2\tag{5.3.95}$$

故$\boldsymbol{V}_1$ 的方差为

$$\begin{aligned}\boldsymbol{D}_{V_1}&=(\boldsymbol{B}_1\boldsymbol{N}^{-1}\boldsymbol{B}_1^{\mathrm{T}}\boldsymbol{P}_1-\boldsymbol{I})D(\boldsymbol{L}_1)(\boldsymbol{B}_1\boldsymbol{N}^{-1}\boldsymbol{B}_1^{\mathrm{T}}\boldsymbol{P}_1-\boldsymbol{I})^{\mathrm{T}}+\boldsymbol{B}_1\boldsymbol{N}^{-1}\boldsymbol{B}_2^{\mathrm{T}}\boldsymbol{P}_2D(\boldsymbol{L}_2)(\boldsymbol{B}_1\boldsymbol{N}^{-1}\boldsymbol{B}_2^{\mathrm{T}}\boldsymbol{P}_2)^{\mathrm{T}}\\&=\sigma_{01}^2(\boldsymbol{B}_1\boldsymbol{N}^{-1}\boldsymbol{N}_1\boldsymbol{N}^{-1}\boldsymbol{B}_1^{\mathrm{T}}-2\boldsymbol{B}_1\boldsymbol{N}^{-1}\boldsymbol{B}_1^{\mathrm{T}}+\boldsymbol{P}_1^{-1})+\sigma_{02}^2(\boldsymbol{B}_1\boldsymbol{N}^{-1}\boldsymbol{N}_2\boldsymbol{N}^{-1}\boldsymbol{B}_1^{\mathrm{T}})\end{aligned}\tag{5.3.96}$$

将式(5.3.96)代入式(5.3.94)，得

$$\begin{aligned}&E(\boldsymbol{V}_1^{\mathrm{T}}\boldsymbol{P}_1\boldsymbol{V}_1)=\mathrm{tr}(\boldsymbol{P}_1\boldsymbol{D}_{V_1})\\&=\sigma_{01}^2[\mathrm{tr}(\boldsymbol{P}_1\boldsymbol{B}_1\boldsymbol{N}^{-1}\boldsymbol{N}_1\boldsymbol{N}^{-1}\boldsymbol{B}_1^{\mathrm{T}})-2\mathrm{tr}(\boldsymbol{P}_1\boldsymbol{B}_1\boldsymbol{N}^{-1}\boldsymbol{B}_1^{\mathrm{T}})+\mathrm{tr}(\boldsymbol{P}_1\boldsymbol{P}_1^{-1})]+\\&\quad\sigma_{02}^2\mathrm{tr}(\boldsymbol{P}_1\boldsymbol{B}_1\boldsymbol{N}^{-1}\boldsymbol{N}_2\boldsymbol{N}^{-1}\boldsymbol{B}_1^{\mathrm{T}})\\&=\sigma_{01}^2[n_1-2\mathrm{tr}(\boldsymbol{N}^{-1}\boldsymbol{N}_1)+\mathrm{tr}(\boldsymbol{N}^{-1}\boldsymbol{N}_1\boldsymbol{N}^{-1}\boldsymbol{N}_1)]+\sigma_{02}^2\mathrm{tr}(\boldsymbol{N}^{-1}\boldsymbol{N}_1\boldsymbol{N}^{-1}\boldsymbol{N}_2)\end{aligned}\tag{5.3.97}$$

同理可得

$$E(\boldsymbol{V}_2^{\mathrm{T}}\boldsymbol{P}_2\boldsymbol{V}_2)=\sigma_{01}^2\mathrm{tr}(\boldsymbol{N}^{-1}\boldsymbol{N}_2\boldsymbol{N}^{-1}\boldsymbol{N}_1)+\sigma_{02}^2[n_2-2\mathrm{tr}(\boldsymbol{N}^{-1}\boldsymbol{N}_2)+\mathrm{tr}(\boldsymbol{N}^{-1}\boldsymbol{N}_2\boldsymbol{N}^{-1}\boldsymbol{N}_2)]\tag{5.3.98}$$

在式(5.3.97)和式(5.3.98)中，将数学期望的符号，改成 $\boldsymbol{V}_1^{\mathrm{T}}\boldsymbol{P}_1\boldsymbol{V}_1$ 和 $\boldsymbol{V}_2^{\mathrm{T}}\boldsymbol{P}_2\boldsymbol{V}_2$，则 $\sigma_{01}^2$ 和 $\sigma_{02}^2$ 也改成估值 $\hat{\sigma}_{01}^2$ 和 $\hat{\sigma}_{02}^2$，将以上两式写成矩阵形式为

$$\underset{2\times2}{\boldsymbol{S}}\ \underset{2\times1}{\hat{\boldsymbol{\theta}}}=\underset{2\times1}{\boldsymbol{W}_\theta} \tag{5.3.99}$$

式中

$$\boldsymbol{S}=\begin{bmatrix} n_1-2\mathrm{tr}(\boldsymbol{N}^{-1}\boldsymbol{N}_1)+\mathrm{tr}(\boldsymbol{N}^{-1}\boldsymbol{N}_1\boldsymbol{N}^{-1}\boldsymbol{N}_1) & \mathrm{tr}(\boldsymbol{N}^{-1}\boldsymbol{N}_1\boldsymbol{N}^{-1}\boldsymbol{N}_2) \\ \mathrm{tr}(\boldsymbol{N}^{-1}\boldsymbol{N}_2\boldsymbol{N}^{-1}\boldsymbol{N}_1) & n_2-2\mathrm{tr}(\boldsymbol{N}^{-1}\boldsymbol{N}_2)+\mathrm{tr}(\boldsymbol{N}^{-1}\boldsymbol{N}_2\boldsymbol{N}^{-1}\boldsymbol{N}_2) \end{bmatrix}$$

$$\hat{\boldsymbol{\theta}}=\begin{bmatrix}\hat{\sigma}_{01}^2\\ \hat{\sigma}_{02}^2\end{bmatrix},\boldsymbol{W}_\theta=\begin{bmatrix}\boldsymbol{V}_1^{\mathrm{T}}\boldsymbol{P}_1\boldsymbol{V}_1\\ \boldsymbol{V}_2^{\mathrm{T}}\boldsymbol{P}_2\boldsymbol{V}_2\end{bmatrix}$$

式(5.3.99)即为两类观测值按间接平差计算时的赫尔默特估算公式，有唯一解，即

$$\hat{\boldsymbol{\theta}}=\boldsymbol{S}^{-1}\boldsymbol{W}_\theta \tag{5.3.100}$$

将两类观测值扩展到 $m$ 类观测值的一般情况，对应公式为

$$\underset{m\times m}{\boldsymbol{S}}\ \underset{m\times1}{\hat{\boldsymbol{\theta}}}=\underset{m\times1}{\boldsymbol{W}_\theta} \tag{5.3.101}$$

式中

$$\boldsymbol{S}=\begin{bmatrix} n_1-2\mathrm{tr}(\boldsymbol{N}^{-1}\boldsymbol{N}_1)+\mathrm{tr}(\boldsymbol{N}^{-1}\boldsymbol{N}_1\boldsymbol{N}^{-1}\boldsymbol{N}_1) & \mathrm{tr}(\boldsymbol{N}^{-1}\boldsymbol{N}_1\boldsymbol{N}^{-1}\boldsymbol{N}_2) & \cdots & \mathrm{tr}(\boldsymbol{N}^{-1}\boldsymbol{N}_1\boldsymbol{N}^{-1}\boldsymbol{N}_m) \\ \mathrm{tr}(\boldsymbol{N}^{-1}\boldsymbol{N}_2\boldsymbol{N}^{-1}\boldsymbol{N}_1) & n_2-2\mathrm{tr}(\boldsymbol{N}^{-1}\boldsymbol{N}_2)+\mathrm{tr}(\boldsymbol{N}^{-1}\boldsymbol{N}_2\boldsymbol{N}^{-1}\boldsymbol{N}_2) & \cdots & \mathrm{tr}(\boldsymbol{N}^{-1}\boldsymbol{N}_2\boldsymbol{N}^{-1}\boldsymbol{N}_m) \\ \vdots & \vdots & & \vdots \\ \mathrm{tr}(\boldsymbol{N}^{-1}\boldsymbol{N}_m\boldsymbol{N}^{-1}\boldsymbol{N}_1) & \mathrm{tr}(\boldsymbol{N}^{-1}\boldsymbol{N}_m\boldsymbol{N}^{-1}\boldsymbol{N}_2) & \cdots & n_m-2\mathrm{tr}(\boldsymbol{N}^{-1}\boldsymbol{N}_m)+\mathrm{tr}(\boldsymbol{N}^{-1}\boldsymbol{N}_m\boldsymbol{N}^{-1}\boldsymbol{N}_m) \end{bmatrix}$$

$$\hat{\boldsymbol{\theta}}=\begin{bmatrix}\hat{\sigma}_{01}^2\\ \hat{\sigma}_{02}^2\\ \vdots\\ \hat{\sigma}_{0m}^2\end{bmatrix},\boldsymbol{W}_\theta=\begin{bmatrix}\boldsymbol{V}_1^{\mathrm{T}}\boldsymbol{P}_1\boldsymbol{V}_1\\ \boldsymbol{V}_2^{\mathrm{T}}\boldsymbol{P}_2\boldsymbol{V}_2\\ \vdots\\ \boldsymbol{V}_m^{\mathrm{T}}\boldsymbol{P}_m\boldsymbol{V}_m\end{bmatrix}$$

方差分量估计的迭代计算步骤如下：

(1)将观测值按等级或按不同观测值来源分类，并进行验前权估计，即确定各类观测值的权初值 $P_1$、$P_2$、…、$P_m$。

(2)进行第一次平差，求得 $\boldsymbol{V}_1^{\mathrm{T}}\boldsymbol{P}_1\boldsymbol{V}_1$、$\boldsymbol{V}_2^{\mathrm{T}}\boldsymbol{P}_2\boldsymbol{V}_2$、…、$\boldsymbol{V}_m^{\mathrm{T}}\boldsymbol{P}_m\boldsymbol{V}_m$。

(3)按式(5.3.100)进行第一次方差分量估计，求得各类观测值单位权方差的第一次估值 $\hat{\sigma}_{01}^2$、$\hat{\sigma}_{02}^2$、…、$\hat{\sigma}_{0m}^2$，再定权为

$$\hat{P}_i=\frac{c}{\sigma_{0i}^2}P_i \tag{5.3.102}$$

式中，$c$ 为任一常数，一般是选 $\sigma_{0i}^2$ 中的某一值。

(4)反复进行第(2)项和第(3)项，即进行平差—方差分量估计—定权—平差，直至

$$\hat{\sigma}_{01}^2=\hat{\sigma}_{02}^2=\cdots=\hat{\sigma}_{0m}^2$$

为止，或通过必要的检验，认为各类单位权方差比等于1为止。

**2.简化估计公式**

方差估计的严密计算公式，计算工作量很大，下面将对严密公式进行简化，建

立近似的、快速的计算方法。如果在严密公式中，假定$\hat{\sigma}_{01}^2=\hat{\sigma}_{02}^2=\cdots=\hat{\sigma}_{0m}^2=\hat{\sigma}_{0i}^2$ ($\neq\sigma_0^2$)，则得

$$\begin{aligned}E(\boldsymbol{V}_i^{\mathrm{T}}\boldsymbol{P}_i\boldsymbol{V}_i)&=\left[n_i-2\mathrm{tr}(\boldsymbol{N}^{-1}\boldsymbol{N}_i)+\mathrm{tr}\left(\boldsymbol{N}^{-1}\boldsymbol{N}_i\boldsymbol{N}^{-1}\sum_{i=1}^{m}\boldsymbol{N}_i\right)\right]\sigma_{0i}^2\\&=\left[n_i-2\mathrm{tr}(\boldsymbol{N}^{-1}\boldsymbol{N}_i)+\mathrm{tr}(\boldsymbol{N}^{-1}\boldsymbol{N}_i\boldsymbol{N}^{-1}\boldsymbol{N})\right]\sigma_{0i}^2\\&=\left[n_i-\mathrm{tr}(\boldsymbol{N}^{-1}\boldsymbol{N}_i)\right]\sigma_{0i}^2\end{aligned}$$

由此得简化公式为

$$\boldsymbol{V}_i^{\mathrm{T}}\boldsymbol{P}_i\boldsymbol{V}_i=(n_i-\mathrm{tr}(\boldsymbol{N}^{-1}\boldsymbol{N}_i))\hat{\sigma}_{0i}^2 \tag{5.3.103}$$

因此可得

$$\hat{\sigma}_{0i}^2=\frac{\boldsymbol{V}_i^{\mathrm{T}}\boldsymbol{P}_i\boldsymbol{V}_i}{n_i-\mathrm{tr}(\boldsymbol{N}^{-1}\boldsymbol{N}_i)} \tag{5.3.104}$$

由间接平差的基本公式可知，改正数协因数矩阵为

$$\boldsymbol{Q}_V=\boldsymbol{Q}-\boldsymbol{B}\boldsymbol{N}^{-1}\boldsymbol{B}^{\mathrm{T}} \tag{5.3.105}$$

$$\boldsymbol{Q}_{V_i}=\boldsymbol{Q}_i-\boldsymbol{B}_i\boldsymbol{N}^{-1}\boldsymbol{B}_i^{\mathrm{T}} \tag{5.3.106}$$

$$\boldsymbol{D}_{V_i}=(\boldsymbol{Q}_i-\boldsymbol{B}_i\boldsymbol{N}^{-1}\boldsymbol{B}_i^{\mathrm{T}})\hat{\sigma}_{0i}^2 \tag{5.3.107}$$

$$E(\boldsymbol{V}_i^{\mathrm{T}}\boldsymbol{P}_i\boldsymbol{V}_i)=\mathrm{tr}(\boldsymbol{P}_i\boldsymbol{Q}_i-\boldsymbol{P}_i\boldsymbol{B}_i\boldsymbol{N}^{-1}\boldsymbol{B}_i^{\mathrm{T}})\hat{\sigma}_{0i}^2=(n_i-\mathrm{tr}(\boldsymbol{N}^{-1}\boldsymbol{N}_i))\hat{\sigma}_{0i}^2 \tag{5.3.108}$$

所以有

$$\begin{aligned}n_i-\mathrm{tr}(\boldsymbol{N}^{-1}\boldsymbol{N}_i)&=\mathrm{tr}(\boldsymbol{P}_i\boldsymbol{Q}_i-\boldsymbol{P}_i\boldsymbol{B}_i\boldsymbol{N}^{-1}\boldsymbol{B}_i^{\mathrm{T}})\\&=\mathrm{tr}(\boldsymbol{P}_i\boldsymbol{Q}_i)-\mathrm{tr}(\boldsymbol{P}_i\boldsymbol{B}_i\boldsymbol{N}^{-1}\boldsymbol{B}_i^{\mathrm{T}})\\&=n_i-t_i=r_i\end{aligned}$$

将上式代入式(5.3.104)，得

$$\hat{\sigma}_{0i}^2=\frac{\boldsymbol{V}_i^{\mathrm{T}}\boldsymbol{P}_i\boldsymbol{V}_i}{r_i} \tag{5.3.109}$$

式中，$r_i$ 为第 $i$ 类观测值$\boldsymbol{L}_i$ 的多余观测分量。

定权后再次平差，平差后利用式(5.3.109)再次计算$\hat{\sigma}_{01}^2$、$\hat{\sigma}_{02}^2$，如果$\hat{\sigma}_{01}^2\neq\hat{\sigma}_{02}^2$，则再次定权，再次平差，直到$\hat{\sigma}_{01}^2\approx\hat{\sigma}_{02}^2$为止。

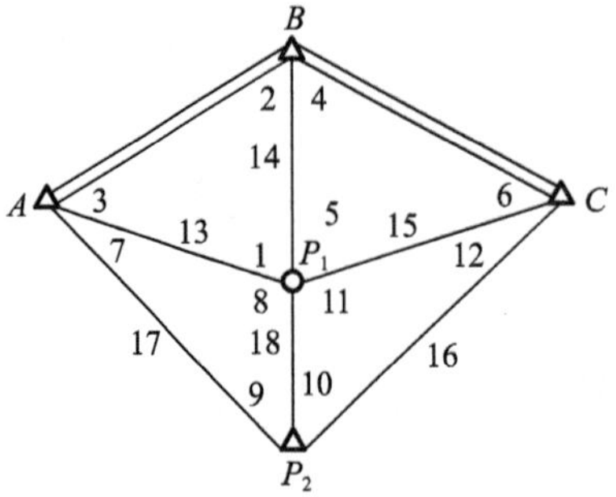

图 5.3.3 三边网

例 5.3.9 有边角网如图 5.3.3 所示，$A$、$B$、$C$ 为已知点，$P_1$、$P_2$ 为待定点，网中观测了 12 个角度和 6 条边长，起算数据和观测数据分别列于表 5.3.10 和表 5.3.11。测角中误差按 ±1.5″、边长中误差按 1.5 cm 计算，试用间接平差法进行方差分量估计，并求：

(1)角度、边长观测值的方差估值。

(2)待定点坐标的平差值及其方差估计。

解：根据先验方差定权，取角度方差为单位

权方差，即 $\sigma_0^2=\sigma_\beta^2$，定权为

$$\hat{P}_\beta=\frac{\sigma_0^2}{\sigma_\beta^2}=1, P_s=\frac{\sigma_0^2}{\sigma_s^2}=\frac{1.5^2}{1.5^2}=1((″)^2/\text{cm}^2)$$

待定点坐标的近似值取为

$X_1^0=5\ 656.89$ m，$Y_1^0=2\ 475.56$ m，$X_2^0=663.90$ m，$Y_1^0=2\ 943.91$ m

误差方程的系数和常数项列于表 5.3.12。

**表 5.3.10 起算数据**

| 点号 | 坐标/m | | 坐标方位角 /(° ′ ″) | 边长/m |
|---|---|---|---|---|
| | X | Y | | |
| A | 4 899.846 | 130.812 | | |
| B | 8 781.945 | 1 099.443 | 14 00 35.77 | 4 001.117 |
| C | 4 548.795 | 7 572.622 | 123 10 57.97 | 7 734.443 |

**表 5.3.11 观测值**

| 编号 | 观测角 /(° ′ ″) | 编号 | 观测角 /(° ′ ″) | 编号 | 观测边 /m |
|---|---|---|---|---|---|
| 1 | 84 07 38.2 | 7 | 74 18 16.8 | 13 | 2 463.94 |
| 2 | 37 46 34.9 | 8 | 77 27 59.1 | 14 | 3 414.61 |
| 3 | 58 05 44.1 | 9 | 28 13 43.2 | 15 | 5 216.16 |
| 4 | 33 03 03.2 | 10 | 55 21 09.9 | 16 | 6 042.94 |
| 5 | 126 01 55.7 | 11 | 72 22 25.8 | 17 | 5 085.08 |
| 6 | 20 55 02.3 | 12 | 52 16 20.5 | 18 | 5 014.99 |

**表 5.3.12 误差方程系数与常数项**

| 序号 | 误差方程系数矩阵 | | | | 常数项 |
|---|---|---|---|---|---|
| | **a** | **b** | **c** | **d** | **−l** |
| 1 | 0.553 2 | −0.810 0 | 0 | 0 | 0.18 |
| 2 | 0.243 4 | 0.552 8 | 0 | 0 | −0.53 |
| 3 | −0.796 6 | 0.257 2 | 0 | 0 | 3.15 |
| 4 | −0.243 4 | −0.552 8 | 0 | 0 | 0.23 |
| 5 | 0.629 8 | 0.636 8 | 0 | 0 | −2.44 |
| 6 | −0.386 4 | −0.084 0 | 0 | 0 | 1.01 |
| 7 | 0.796 6 | −0.257 2 | −0.224 4 | −0.337 9 | 2.68 |

续表

| 序号 | 误差方程系数矩阵 | | | | 常数项 |
|---|---|---|---|---|---|
| | $a$ | $b$ | $c$ | $d$ | $-l$ |
| 8 | −0.835 0 | −0.152 3 | 0.038 4 | 0.409 5 | −4.58 |
| 9 | 0.038 4 | 0.409 5 | 0.186 0 | −0.071 6 | 2.80 |
| 10 | −0.038 4 | −0.409 5 | 0.299 8 | 0.190 1 | −3.10 |
| 11 | −0.348 0 | 0.325 5 | −0.038 4 | −0.409 5 | 8.04 |
| 12 | 0.386 4 | 0.084 0 | −0.261 4 | 0.219 4 | −1.14 |
| 13 | 0.307 2 | 0.951 6 | 0 | 0 | −0.84 |
| 14 | −0.915 2 | 0.403 0 | 0 | 0 | 1.54 |
| 15 | 0.212 4 | −0.977 2 | 0 | 0 | −3.93 |
| 16 | 0 | 0 | −0.642 9 | −0.766 0 | 2.15 |
| 17 | 0 | 0 | −0.833 0 | 0.553 2 | −12.58 |
| 18 | 0.995 6 | −0.093 4 | −0.995 6 | 0.093 4 | 8.21 |

各次平差后未知数的解列于表 5.3.13，各次角度权 $P_\beta$ 均取 1，边长权根据式(5.3.109)进行迭代计算。各次平差观测值的权、$\boldsymbol{V}_\beta^{\mathrm{T}}\boldsymbol{P}_\beta\boldsymbol{V}_\beta$、$\boldsymbol{V}_s^{\mathrm{T}}\boldsymbol{P}_s\boldsymbol{V}_s$、$r_\beta$、$r_s$、$\hat{\sigma}_0^2$、$\hat{\sigma}_{0\beta}^2$、$\hat{\sigma}_{0s}^2$和$\hat{\sigma}_{0\beta}^2:\hat{\sigma}_{0s}^2$列于表 5.3.14，最后平差成果列于表 5.3.15。

**表 5.3.13　各次平差后未知数的解**

| 迭代次数 | 1 | 2 | 3 | 4 | 5 | 6 | 7 |
|---|---|---|---|---|---|---|---|
| $\hat{x}_1$ | 1.40 | 1.47 | 1.51 | 1.52 | 1.54 | 1.55 | 1.56 |
| $\hat{y}_1$ | −1.05 | −0.97 | −0.93 | −0.91 | −0.90 | −0.89 | −0.89 |
| $\hat{x}_2$ | −6.22 | −5.97 | −5.83 | −5.76 | −5.70 | −5.68 | −5.65 |
| $\hat{y}_2$ | 11.73 | 12.02 | 12.18 | 12.26 | 12.33 | 12.35 | 12.37 |

**表 5.3.14　各次平差主要参数**

| 迭代次数 | 1 | 2 | 3 | 4 | 5 | 6 | 7 |
|---|---|---|---|---|---|---|---|
| $P_s$ | 1.00 | 0.80 | 0.71 | 0.67 | 0.64 | 0.63 | 0.62 |
| $\boldsymbol{V}_\beta^{\mathrm{T}}\boldsymbol{P}_\beta\boldsymbol{V}_\beta$ | 40.82 | 38.77 | 37.66 | 37.12 | 36.69 | 36.54 | 36.39 |
| $\boldsymbol{V}_s^{\mathrm{T}}\boldsymbol{P}_s\boldsymbol{V}_s$ | 18.01 | 16.25 | 15.47 | 15.13 | 14.87 | 14.78 | 14.70 |
| $r_\beta$ | 10.35 | 10.18 | 10.09 | 10.04 | 10.01 | 9.99 | 9.98 |
| $r_s$ | 3.65 | 3.82 | 3.91 | 3.96 | 3.99 | 4.01 | 4.02 |
| $\hat{\sigma}_0^2$ | 4.20 | 3.93 | 3.80 | 3.73 | 3.68 | 3.67 | 3.65 |
| $\hat{\sigma}_{0\beta}^2$ | 3.94 | 3.81 | 3.73 | 3.70 | 3.67 | 3.66 | 3.65 |
| $\hat{\sigma}_{0s}^2$ | 4.94 | 4.25 | 3.95 | 3.82 | 3.72 | 3.69 | 3.66 |
| $\hat{\sigma}_{0\beta}^2:\hat{\sigma}_{0s}^2$ | 1∶1.25 | 1∶1.12 | 1∶1.05 | 1∶1.04 | 1∶1.02 | 1∶1.01 | 1∶1.00 |

表 5.3.15　最后平差结果

| 点号 | 最后坐标/m | | 精度指标 | |
|---|---|---|---|---|
| | $X$ | $Y$ | $\hat{\sigma}_{\hat{X}}$ | $\hat{\sigma}_{\hat{Y}}$ |
| $P_1$ | 5 656.906 | 2 475.551 | 0.98 | 1.03 |
| $P_2$ | 663.844 | 2 944.034 | 1.64 | 1.86 |

## 5.3.11　间接平差的统计性质

**1. 间接平差值 $\hat{X}$ 是参数真值 $\tilde{X}$ 的无偏估值**

要证明 $\hat{X}$ 具有无偏性，也就是要证明 $E(\hat{X})=\tilde{X}$，因为 $\hat{X}=X^0+\hat{x}$、$\tilde{X}=X^0+\tilde{x}$，故证明 $E(\hat{X})=\tilde{X}$ 与证明 $E(\hat{x})=\tilde{x}$ 等价。

由间接平差原理知

$$\hat{x}=N_{bb}^{-1}W=(B^TPB)^{-1}B^TPl$$

等号两边取数学期望，得

$$\begin{aligned}E(\hat{x})&=E((B^TPB)^{-1}B^TPl)=(B^TPB)^{-1}B^TPE(L-(BX^0+d))\\&=(B^TPB)^{-1}B^TPE(L-B(\tilde{X}-\tilde{x})-d)\\&=(B^TPB)^{-1}B^TPE(L-(B\tilde{X}+d)+B\tilde{x})\\&=(B^TPB)^{-1}B^TP[E(L)-(B\tilde{X}+d)+B\tilde{x}]\\&=(B^TPB)^{-1}B^TP[\tilde{L}-(B\tilde{X}+d)+B\tilde{x}]\end{aligned}\tag{5.3.110}$$

因为

$$L=\tilde{L}+\Delta=B\tilde{X}+d+\Delta$$

而

$$E(L)=E(\tilde{L})+E(\Delta)=B\tilde{X}+d$$

代入式(5.3.110)得

$$E(\hat{x})=(B^TPB)^{-1}B^TPB\tilde{x}=\tilde{x}\tag{5.3.111}$$

所以未知数的估计量 $\hat{X}$ 具有无偏性。

**2. 参数估计量 $\hat{X}$ 具有最小方差**

参数估计量 $\hat{X}$ 的协方差矩阵为

$$D_{\hat{x}\hat{x}}=\hat{\sigma}_0^2N_{bb}^{-1}=\hat{\sigma}_0^2Q_{\hat{x}\hat{x}}$$

$D_{\hat{x}\hat{x}}$ 对角线元素分别是 $\hat{X}_i(i=1,2,\cdots,t)$ 的方差，要证明参数估计量方差最小，根据迹的定义知，也就是要证明

$$\mathrm{tr}(D_{\hat{x}\hat{x}})=\min\tag{5.3.112}$$

用反证法证明式(5.3.92)，若成立，也就是参数估计量 $\hat{\boldsymbol{X}}$ 具有方差最小性。

设 $\dot{\boldsymbol{X}}$ 为观测值的线性函数

$$\dot{\boldsymbol{X}}=\boldsymbol{\beta}(\boldsymbol{L}-\boldsymbol{d}) \tag{5.3.113}$$

式中，$\boldsymbol{\beta}$ 为待求的系数矩阵。若能证明 $\dot{\boldsymbol{X}}$ 的方差最小且 $\dot{\boldsymbol{X}}=\boldsymbol{X}$，也就证明了 $\boldsymbol{X}$ 的方差最小。

先按 $\dot{\boldsymbol{X}}$ 为无偏估计量求 $\boldsymbol{\beta}$ 必须满足的条件。为此，对式(5.3.113)两边取数学期望，得

$$\begin{aligned}E(\dot{\boldsymbol{X}})&=\boldsymbol{\beta}(E(\boldsymbol{L})-\boldsymbol{d})\\&=\boldsymbol{\beta}(\boldsymbol{B}\tilde{\boldsymbol{X}}+\boldsymbol{d}-\boldsymbol{d})=\boldsymbol{\beta}\boldsymbol{B}\tilde{\boldsymbol{X}}=\tilde{\boldsymbol{X}}\end{aligned} \tag{5.3.114}$$

必须使

$$\boldsymbol{\beta}\boldsymbol{B}=\boldsymbol{I}\text{ 或 }\boldsymbol{\beta}\boldsymbol{B}-\boldsymbol{I}=0 \tag{5.3.115}$$

因为 $\dot{\boldsymbol{X}}$ 是 $\tilde{\boldsymbol{X}}$ 的无偏估计量，所以根据协方差转播定律得

$$\boldsymbol{D}_{\dot{X}\dot{X}}=\boldsymbol{\beta}\boldsymbol{D}_{LL}\boldsymbol{\beta}^{\mathrm{T}} \tag{5.3.116}$$

这样，待求的系数矩阵 $\boldsymbol{\beta}$ 既要满足条件式(5.3.115)，又要使 $\boldsymbol{D}_{\dot{X}\dot{X}}$ 最小。为此，按求条件极值的方法进行。将待定系数方阵 $\underset{t\times t}{\boldsymbol{K}}$ 右乘式(5.3.116)，并组成函数

$$\boldsymbol{\Phi}=\boldsymbol{\beta}\boldsymbol{D}_{LL}\boldsymbol{\beta}^{\mathrm{T}}+2(\boldsymbol{\beta}\boldsymbol{B}+\boldsymbol{I})\boldsymbol{K}$$

等号两边求迹得

$$\mathrm{tr}(\boldsymbol{\Phi})=\mathrm{tr}(\boldsymbol{\beta}\boldsymbol{D}_{LL}\boldsymbol{\beta}^{\mathrm{T}})+2\mathrm{tr}(\boldsymbol{\beta}\boldsymbol{B}\boldsymbol{K})+2\mathrm{tr}(\boldsymbol{K})$$

上式对矩阵 $\boldsymbol{\beta}$ 求导，并令导数等于零，有

$$\frac{\partial\mathrm{tr}(\boldsymbol{\Phi})}{\partial\boldsymbol{\beta}}=\boldsymbol{\beta}(\boldsymbol{D}_{LL}+\boldsymbol{D}_{LL}^{\mathrm{T}})+2\,(\boldsymbol{B}\boldsymbol{K})^{\mathrm{T}}+0=0$$

即

$$\boldsymbol{\beta}\boldsymbol{D}_{LL}+\boldsymbol{K}^{\mathrm{T}}\boldsymbol{B}^{\mathrm{T}}=0$$

所以有

$$\boldsymbol{\beta}=-\boldsymbol{K}^{\mathrm{T}}\boldsymbol{B}^{\mathrm{T}}\boldsymbol{D}_{LL}^{-1} \tag{5.3.117}$$

将式(5.3.117)代入式(5.3.113)，得

$$-\boldsymbol{K}^{\mathrm{T}}\boldsymbol{B}^{\mathrm{T}}\boldsymbol{D}_{LL}^{-1}\boldsymbol{B}=\boldsymbol{I}$$

所以

$$\boldsymbol{K}^{\mathrm{T}}=-(\boldsymbol{B}^{\mathrm{T}}\boldsymbol{D}_{LL}^{-1}\boldsymbol{B})^{-1}$$

将上式代入式(5.3.117)，且顾及 $\boldsymbol{P}=\sigma_0^2\boldsymbol{D}_{LL}^{-1}$ 得

$$\boldsymbol{\beta}=(\boldsymbol{B}^{\mathrm{T}}\boldsymbol{P}\boldsymbol{B})^{-1}\boldsymbol{B}^{\mathrm{T}}\boldsymbol{P}=\boldsymbol{N}_{bb}^{-1}\boldsymbol{B}^{\mathrm{T}}\boldsymbol{P} \tag{5.3.118}$$

所以

$$\dot{\boldsymbol{X}}=\boldsymbol{\beta}(\boldsymbol{L}-\boldsymbol{d})=\boldsymbol{N}_{bb}^{-1}\boldsymbol{B}^{\mathrm{T}}\boldsymbol{P}(\boldsymbol{L}-\boldsymbol{d})=\hat{\boldsymbol{X}}$$

这就证明了估计量 $\hat{\boldsymbol{X}}$ 具有方差最小性。

**3. 单位权方差估值 $\sigma^2$ 是 $\hat{\sigma}^2$ 的无偏估计**

单位权方差的无偏性是指单位权方差 $\sigma_0^2$ 的估值 $\hat{\sigma}_0^2$ 是其无偏估计量，即要证明

$$E(\hat{\sigma}_0^2)=\sigma_0^2 \tag{5.3.119}$$

估值的计算式为

$$\hat{\sigma}_0^2=\frac{\boldsymbol{V}^{\mathrm{T}}\boldsymbol{P}\boldsymbol{V}}{n-t} \tag{5.3.120}$$

对于改正数向量 $\boldsymbol{V}$，其数学期望为 $E(\boldsymbol{V})$、方差矩阵为 $\boldsymbol{D}_{VV}$，相应的权矩阵为 $\boldsymbol{P}$（$\boldsymbol{P}$ 为对称可逆矩阵），根据数理统计理论，$\boldsymbol{V}$ 的任一二次型的数学期望可表达为

$$E(\boldsymbol{V}^{\mathrm{T}}\boldsymbol{P}\boldsymbol{V})=\mathrm{tr}(\boldsymbol{P}\boldsymbol{D}_{VV})+E(\boldsymbol{V})^{\mathrm{T}}\boldsymbol{P}E(\boldsymbol{V}) \tag{5.3.121}$$

式中，$E(\boldsymbol{V})=0$，$\boldsymbol{D}_{VV}=\sigma_0^2\boldsymbol{Q}_{VV}$，则式(5.3.121)可写为

$$E(\boldsymbol{V}^{\mathrm{T}}\boldsymbol{P}\boldsymbol{V})=\sigma_0^2\mathrm{tr}(\boldsymbol{P}\boldsymbol{Q}_{VV}) \tag{5.3.122}$$

因为 $\boldsymbol{Q}_{VV}=\boldsymbol{Q}-\boldsymbol{B}\boldsymbol{N}_{BB}^{-1}\boldsymbol{B}^{\mathrm{T}}$，代入式(5.3.122)，得

$$\begin{aligned}E(\boldsymbol{V}^{\mathrm{T}}\boldsymbol{P}\boldsymbol{V})&=\sigma_0^2\mathrm{tr}(\boldsymbol{P}\boldsymbol{Q}_{VV})=\sigma_0^2\mathrm{tr}(\boldsymbol{P}(\boldsymbol{Q}-\boldsymbol{B}\boldsymbol{N}_{BB}^{-1}\boldsymbol{B}^{\mathrm{T}}))=\sigma_0^2\mathrm{tr}(\boldsymbol{P}\boldsymbol{Q}-\boldsymbol{P}\boldsymbol{B}\boldsymbol{N}_{BB}^{-1}\boldsymbol{B}^{\mathrm{T}})\\&=\sigma_0^2(\mathrm{tr}(\boldsymbol{I})-\mathrm{tr}(\boldsymbol{B}^{\mathrm{T}}\boldsymbol{P}\boldsymbol{B}\boldsymbol{N}_{BB}^{-1}))=\sigma_0^2(\mathrm{tr}(\underset{n\times n}{\boldsymbol{I}})-\mathrm{tr}(\underset{t\times t}{\boldsymbol{I}}))\\&=\sigma_0^2(n-t)\end{aligned} \tag{5.3.123}$$

式(5.3.120)代入式(5.3.123)后，根据单位权中误差的计算公式，得

$$E(\hat{\sigma}_0^2)=E\left(\frac{\boldsymbol{V}^{\mathrm{T}}\boldsymbol{P}\boldsymbol{V}}{n-t}\right)=\frac{E(\boldsymbol{V}^{\mathrm{T}}\boldsymbol{P}\boldsymbol{V})}{n-t}=\frac{\sigma_0^2(n-t)}{n-t}=\sigma_0^2 \tag{5.3.124}$$

从而可得，单位权方差 $\sigma_0^2$ 的估值 $\hat{\sigma}_0^2$ 是其无偏估计量。

### 5.3.12　平差模型的敏感度

所谓平差模型的敏感度，就是研究平差模型中每个观测值精度变换对待定参数估值精度和可靠性的影响。敏感度分析可以应用于测量方案的设计中，某观测值的敏感度大，可提高该观测值的观测精度，反之，可减小该观测值的精度，或删掉该观测量。

精度分析、可靠性分析和敏感度分析在测量方案优化设计中起到重要作用。

**1. 观测精度敏感度**

设某观测系统中有 $n$ 个互相独立的观测值，其权矩阵为

$$\boldsymbol{P}=\mathrm{diag}(P_1,P_2,\cdots,P_i,\cdots,P_n) \tag{5.3.125}$$

若将第 $i$ 个观测值的权由 $P_i$ 改为 $\lambda_iP_i$，其余权保持不变，新的权矩阵为

$$\boldsymbol{P}'=\mathrm{diag}(P_1,P_2,\cdots,\lambda_iP_i,\cdots,P_n) \tag{5.3.126}$$

则两个权矩阵之差为

$$\delta\boldsymbol{P}=\boldsymbol{P}-\boldsymbol{P}'=\mathrm{diag}(0,0,\cdots,(1-\lambda_i)P_i,\cdots,0) \tag{5.3.127}$$

因此有

$$\boldsymbol{B}^{\mathrm{T}}\boldsymbol{P}'\boldsymbol{B}=\boldsymbol{B}^{\mathrm{T}}(\boldsymbol{P}-\delta\boldsymbol{P})\boldsymbol{B}=\boldsymbol{B}^{\mathrm{T}}\boldsymbol{P}\boldsymbol{B}-\boldsymbol{B}^{\mathrm{T}}\delta\boldsymbol{P}\boldsymbol{B}=\boldsymbol{B}^{\mathrm{T}}\boldsymbol{P}\boldsymbol{B}-\boldsymbol{b}_i^{\mathrm{T}}P_i\boldsymbol{b}_i(1-\lambda_i) \tag{5.3.128}$$

式中，$\boldsymbol{b}_i$ 为 $\boldsymbol{B}$ 矩阵的第 $i$ 行向量。根据矩阵反演公式得

$$\begin{aligned}(\boldsymbol{B}^{\mathrm{T}}\boldsymbol{P}'\boldsymbol{B})^{-1}&=(\boldsymbol{B}^{\mathrm{T}}\boldsymbol{P}\boldsymbol{B})^{-1}+(\boldsymbol{B}^{\mathrm{T}}\boldsymbol{P}\boldsymbol{B})^{-1}\boldsymbol{b}_i^{\mathrm{T}}\left(\frac{1}{P_i(1-\lambda_i)}-\boldsymbol{b}_i(\boldsymbol{B}^{\mathrm{T}}\boldsymbol{P}\boldsymbol{B})^{-1}\boldsymbol{b}_i^{\mathrm{T}}\right)^{-1}\\&=(\boldsymbol{B}^{\mathrm{T}}\boldsymbol{P}\boldsymbol{B})^{-1}+\frac{(\boldsymbol{B}^{\mathrm{T}}\boldsymbol{P}\boldsymbol{B})^{-1}\boldsymbol{b}_i^{\mathrm{T}}P_i\boldsymbol{b}_i(\boldsymbol{B}^{\mathrm{T}}\boldsymbol{P}\boldsymbol{B})^{-1}(1-\lambda_i)}{1-\boldsymbol{b}_i(\boldsymbol{B}^{\mathrm{T}}\boldsymbol{P}\boldsymbol{B})^{-1}\boldsymbol{b}_i^{\mathrm{T}}P_i(1-\lambda_i)}\end{aligned} \tag{5.3.129}$$

令

$$h_i=\boldsymbol{b}_i(\boldsymbol{B}^{\mathrm{T}}\boldsymbol{P}\boldsymbol{B})^{-1}\boldsymbol{b}_i^{\mathrm{T}}P_i \tag{5.3.130}$$

式中，$h_i$ 是矩阵 $\boldsymbol{H}=\boldsymbol{B}(\boldsymbol{B}^{\mathrm{T}}\boldsymbol{P}\boldsymbol{B})^{-1}\boldsymbol{B}^{\mathrm{T}}\boldsymbol{P}$ 的对角元素，而且有

$$h_i=1-r_i \tag{5.3.131}$$

其中，$r_i$ 是第 $i$ 个观测值的多余观测分量。将式(5.3.130)代入式(5.3.129)，则有

$$(\boldsymbol{B}^{\mathrm{T}}\boldsymbol{P}'\boldsymbol{B})^{-1}=(\boldsymbol{B}^{\mathrm{T}}\boldsymbol{P}\boldsymbol{B})^{-1}+\frac{(\boldsymbol{B}^{\mathrm{T}}\boldsymbol{P}\boldsymbol{B})^{-1}\boldsymbol{b}_i^{\mathrm{T}}P_i\boldsymbol{b}_i(\boldsymbol{B}^{\mathrm{T}}\boldsymbol{P}\boldsymbol{B})^{-1}(1-\lambda_i)}{1-h_i(1-\lambda_i)} \tag{5.3.132}$$

定义1　定义参数协因数矩阵对权 $P_i$ 的导数

$$\frac{\partial(\boldsymbol{B}^{\mathrm{T}}\boldsymbol{P}\boldsymbol{B})^{-1}}{\partial P_i}=\lim_{\boldsymbol{P}'\to\boldsymbol{P}}\frac{(\boldsymbol{B}^{\mathrm{T}}\boldsymbol{P}'\boldsymbol{B})^{-1}-(\boldsymbol{B}^{\mathrm{T}}\boldsymbol{P}\boldsymbol{B})^{-1}}{\boldsymbol{P}'-\boldsymbol{P}} \tag{5.3.133}$$

为第 $i$ 个观测值的精度敏感度矩阵，记为 $\boldsymbol{S}_{\boldsymbol{d}_i}$。

根据式(5.3.132)，容易导出精度敏感度矩阵为

$$\boldsymbol{S}_{\boldsymbol{d}_i}=\lim_{\boldsymbol{P}'\to\boldsymbol{P}}\frac{(\boldsymbol{B}^{\mathrm{T}}\boldsymbol{P}'\boldsymbol{B})^{-1}-(\boldsymbol{B}^{\mathrm{T}}\boldsymbol{P}\boldsymbol{B})^{-1}}{\boldsymbol{P}_i'-\boldsymbol{P}_i}=-(\boldsymbol{B}^{\mathrm{T}}\boldsymbol{P}\boldsymbol{B})^{-1}\boldsymbol{b}_i^{\mathrm{T}}P_i\boldsymbol{b}_i(\boldsymbol{B}^{\mathrm{T}}\boldsymbol{P}\boldsymbol{B})^{-1} \tag{5.3.134}$$

平差系统所有观测值敏感度系数总和为

$$\sum_{i=1}^{n}\boldsymbol{S}_{\boldsymbol{d}_i}=-(\boldsymbol{B}^{\mathrm{T}}\boldsymbol{P}\boldsymbol{B})^{-1}\sum_{i=1}^{n}\boldsymbol{b}_i^{\mathrm{T}}P_i\boldsymbol{b}_i(\boldsymbol{B}^{\mathrm{T}}\boldsymbol{P}\boldsymbol{B})^{-1}=-(\boldsymbol{B}^{\mathrm{T}}\boldsymbol{P}\boldsymbol{B})^{-1} \tag{5.3.135}$$

式(5.3.135)表明，待估参数估值 $\hat{\boldsymbol{x}}$ 的协因数矩阵$(\boldsymbol{B}^{\mathrm{T}}\boldsymbol{P}\boldsymbol{B})^{-1}$是全网所有观测值的综合影响。

同理，多余观测分量 $r_i(i=1,2,\cdots,n)$也受到参与平差的所有观测值的影响。假设第 $j$ 个观测值权 $P_j$ 改变为 $\lambda_jP_j$，其余观测值的权不变，则对 $r_i$ 产生影响，其影响值为 $r_{ij}$，当 $j\neq i$ 时，有

$$\begin{aligned}r_{ij}&=1-\boldsymbol{b}_i(\boldsymbol{B}^{\mathrm{T}}\boldsymbol{P}'\boldsymbol{B})^{-1}\boldsymbol{b}_j^{\mathrm{T}}P_j\\&=1-\boldsymbol{b}_i(\boldsymbol{B}^{\mathrm{T}}\boldsymbol{P}\boldsymbol{B})^{-1}\boldsymbol{b}_i^{\mathrm{T}}P_i-\frac{\boldsymbol{b}_i(\boldsymbol{B}^{\mathrm{T}}\boldsymbol{P}\boldsymbol{B})^{-1}\boldsymbol{b}_j^{\mathrm{T}}P_j\boldsymbol{b}_j(\boldsymbol{B}^{\mathrm{T}}\boldsymbol{P}\boldsymbol{B})^{-1}\boldsymbol{b}_i^{\mathrm{T}}P_i(1-\lambda_i)}{1-h_j(1-\lambda_j)}\end{aligned}$$

式中，$\boldsymbol{P}'=\mathrm{diag}(P_1,P_2,\cdots,\lambda_jP_j,\cdots,P_n)$。

令

$$h_{ij}=\boldsymbol{b}_i(\boldsymbol{B}^{\mathrm{T}}\boldsymbol{P}\boldsymbol{B})^{-1}\boldsymbol{b}_j^{\mathrm{T}}P_j,\quad h_{ji}=\boldsymbol{b}_j(\boldsymbol{B}^{\mathrm{T}}\boldsymbol{P}\boldsymbol{B})^{-1}\boldsymbol{b}_i^{\mathrm{T}}P_i$$

则有

$$r_{ij}=r_i-\frac{h_{ij}h_{ji}(1-\lambda_i)}{1-h_j(1-\lambda_j)} \tag{5.3.136}$$

式中，$h_{ij}$、$h_{ji}$、$h_j$ 均为矩阵 $\boldsymbol{H}$ 的元素。

**2.可靠性敏感度**

定义2　定义多余观测分量对权的导数

$$\frac{\partial r_i}{\partial P_i}=\lim_{\boldsymbol{P}'_j\to \boldsymbol{P}_j}\frac{r_{ij}-r_i}{\boldsymbol{P}'_j-\boldsymbol{P}_j} \tag{5.3.137}$$

为第 $i$ 个观测值的可靠性敏感度，记为 $S_{r_{ij}}$。

根据定义2和式(5.3.136)很容易导出可靠性敏感度的计算公式为

$$S_{r_{ij}}=h_{ij}h_{ji} \tag{5.3.138}$$

对于矩阵 $\boldsymbol{H}$ 有

$$\sum_{j=1}^{n}S_{r_{ij}}=\sum_{j=1}^{n}h_{ij}h_{ji}=\sum_{j=1}^{n}\boldsymbol{b}_i(\boldsymbol{B}^{\mathrm{T}}\boldsymbol{PB})^{-1}\boldsymbol{b}_j^{\mathrm{T}}P_j\,\boldsymbol{b}_j(\boldsymbol{B}^{\mathrm{T}}\boldsymbol{PB})^{-1}\boldsymbol{b}_i^{\mathrm{T}}P_i=h_i \tag{5.3.139}$$

式(5.3.139)给出一个重要规律，即 $\boldsymbol{H}$ 矩阵第 $i$ 行、第 $j$ 列元素对应乘积之和为第 $i$ 个对角线元素的值，即

$$h_i=\sum_{\substack{j=1\\ j\neq i}}^{n}h_{ij}h_{ji}+h_i^2 \tag{5.3.140}$$

等式两边同时除以 $h_i$，则有

$$\frac{\sum\limits_{\substack{j=1\\ j\neq i}}^{n}h_{ij}h_{ji}}{h_i}=1-h_i=r_i \tag{5.3.141}$$

式(5.3.141)说明平差模型中所有观测值(除第 $i$ 个观测值本身)的权发生变化，都对多余观测分量 $r_i$ 产生影响。

参与平差的所有观测值对平差系统精度和可靠性都有不同程度的贡献，其贡献大小取决于观测值的精度敏感度矩阵和可靠性敏感度系数。

**3.参数函数的敏感度**

在平差模型中，有时需要计算待估参数函数的敏感度。

设参数 $\hat{\boldsymbol{x}}$ 的函数是

$$F_{\hat{x}}=f(\hat{\boldsymbol{x}}) \tag{5.3.142}$$

应用泰勒级数展开，取一次项得

$$F_{\hat{x}}=f_0+\frac{\partial F_{\hat{x}}}{\partial x_1}\delta x_1+\frac{\partial F_{\hat{x}}}{\partial x_2}\delta x_2+\cdots+\frac{\partial F_{\hat{x}}}{\partial x_t}\delta x_t=f_0+\boldsymbol{F}^{\mathrm{T}}\delta\boldsymbol{x} \tag{5.3.143}$$

其精度敏感度为

$$\boldsymbol{S}_{F_i}=-\boldsymbol{F}^{\mathrm{T}}(\boldsymbol{B}^{\mathrm{T}}\boldsymbol{PB})^{-1}\boldsymbol{b}_i^{\mathrm{T}}\boldsymbol{P}_i\,\boldsymbol{b}_i(\boldsymbol{B}^{\mathrm{T}}\boldsymbol{PB})^{-1}\boldsymbol{F} \tag{5.3.144}$$

**4. 在测量方案设计中的应用**

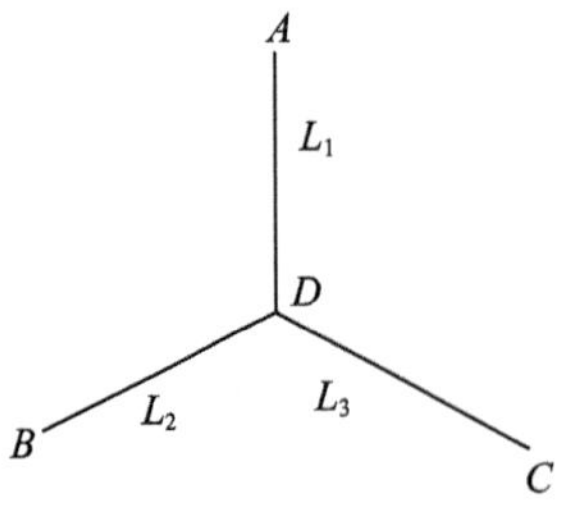

图 5.3.4 三边交会

在设计测量方案时，首先要计算平差模型中所有观测值对最终测量成果的精度与可靠性贡献程度，即敏感度。对敏感度较大的观测值要提高观测精度，对敏感度接近于零的观测值可删除不观测，用最小的外业工作量获取更高的成果精度和可靠性。

下面以测边交会为例介绍参数函数的敏感度计算过程，如图 5.3.4 所示。同精度独立观测三个边长 $L_1$、$L_2$ 和 $L_3$，计算过程如下：

(1)误差方程系数矩阵为

$$\boldsymbol{B}=\begin{bmatrix}-0.9947 & 0.3279\\ 0.7629 & 0.6465\\ 0.3262 & -0.9495\end{bmatrix},\boldsymbol{P}=\boldsymbol{I}$$

(2)参数$(\hat{X}_D,\hat{Y}_D)$的协因数矩阵为

$$(\boldsymbol{B}^{\mathrm{T}}\boldsymbol{B})^{-1}=\begin{bmatrix}0.6011 & 0.0601\\ 0.0601 & 0.7068\end{bmatrix}$$

(3)精度敏感度矩阵为

$$\boldsymbol{S}_{d_1}=-\begin{bmatrix}0.3443 & -0.0994\\ -0.0994 & 0.0296\end{bmatrix},\boldsymbol{S}_{d_2}=-\begin{bmatrix}0.2474 & 0.2501\\ 0.2501 & 0.2528\end{bmatrix}$$

$$\boldsymbol{S}_{d_3}=-\begin{bmatrix}0.0193 & -0.0906\\ -0.0906 & 0.4245\end{bmatrix}$$

检核为

$$\boldsymbol{S}_{d_1}+\boldsymbol{S}_{d_2}+\boldsymbol{S}_{d_3}=-\begin{bmatrix}0.6011 & 0.0601\\ 0.0601 & 0.7068\end{bmatrix}=-(\boldsymbol{B}^{\mathrm{T}}\boldsymbol{B})^{-1}$$

(4)$\boldsymbol{H}$ 矩阵为

$$\boldsymbol{H}=\boldsymbol{B}(\boldsymbol{B}^{\mathrm{T}}\boldsymbol{P}\boldsymbol{B})^{-1}\boldsymbol{B}^{\mathrm{T}}=\begin{bmatrix}0.6315 & -0.3299 & -0.3519\\ -0.3299 & 0.7045 & -0.3151\\ -0.3519 & -0.3151 & 0.6639\end{bmatrix}$$

(5)计算可靠性敏感度为

$$S_{r_{12}}=h_{12}h_{21}=0.1082=S_{r_{21}}$$

$$S_{r_{13}}=h_{13}h_{31}=0.1297=S_{r_{31}}$$

$$S_{r_{23}}=h_{23}h_{32}=0.0923=S_{r_{23}}$$

将上述数据列于表 5.3.16 中，进行比较可发现，观测值 $L_1$ 对 $\hat{X}_D$ 的影响较大，而对$\hat{Y}_D$ 的影响较小，观测值 $L_3$ 正好相反。这是 $L_1$ 与 $x$ 轴夹角较小、$L_3$ 与

$y$ 轴夹角较小的缘故。

**表 5.3.16　观测值的敏感度**

| 观测值 | $\hat{X}_D$ 方差的变化 | $\hat{Y}_D$ 方差的变化 | $r_1$ 的变化 | $r_2$ 的变化 | $r_3$ 的变化 |
|---|---|---|---|---|---|
| $L_1$ | 0.344 3 | 0.029 6 | | 0.154 5 | 0.186 5 |
| $L_2$ | 0.247 4 | 0.252 8 | 0.172 3 | | 0.149 6 |
| $L_3$ | 0.019 3 | 0.424 5 | 0.196 2 | 0.140 9 | |
| 求和 | 0.601 1 | 0.706 8 | 0.368 5 | 0.295 4 | 0.336 1 |

# §5.4　附加参数的条件平差

在一个平差问题中，如果观测值个数为 $n$，必要观测数为 $t$，则多余观测数 $r=n-t$。若不增选参数，只需列出 $r$ 个方程，这就是条件平差；若选择的未知参数互相独立，且等于必要观测数 $t$，这样需要列出 $n$ 个误差方程，这就是间接平差；若选择 $u(0<u<t)$ 个独立量为参数参加平差计算，这时需要建立 $r+u$ 个含有参数的条件方程作为平差的函数模型，这就是附有参数的条件平差。

## 5.4.1　平差原理

附有参数的条件平差的函数模型和随机模型为

$$\left.\begin{aligned}\underset{c\times n}{\boldsymbol{A}}\,\underset{n\times 1}{\boldsymbol{V}}+\underset{c\times u}{\boldsymbol{A}_x}\,\underset{u\times 1}{\hat{\boldsymbol{x}}}-\underset{c\times 1}{\boldsymbol{W}_c}=\boldsymbol{0}\\ \underset{n\times n}{\boldsymbol{\Sigma}}=\sigma_0^2\underset{n\times n}{\boldsymbol{P}}^{-1}\end{aligned}\right\}\tag{5.4.1}$$

$$\boldsymbol{W}_c=-(\boldsymbol{A}\boldsymbol{L}+\boldsymbol{A}_x\boldsymbol{X}^0+\boldsymbol{A}_0)\tag{5.4.2}$$

式中，$\boldsymbol{V}$ 为观测值向量 $\boldsymbol{L}$ 的改正数向量，$\hat{\boldsymbol{x}}$ 为参数近似值向量 $\boldsymbol{X}^0$ 的改正数向量，即

$$\hat{\boldsymbol{L}}=\boldsymbol{L}+\boldsymbol{V},\hat{\boldsymbol{X}}=\boldsymbol{X}^0+\hat{\boldsymbol{x}}$$

这时条件方程的个数等于多余观测数加上参数的个数，即 $c=r+u$，$c<n$，$u<t$，系数矩阵 $\boldsymbol{A}$ 是行满秩矩阵，$\boldsymbol{A}_x$ 是列满秩矩阵。

因为方程的个数少于变量的个数，因此有无数多组解。在这无数多组解中寻找一组最优解满足最小二乘法，即满足 $\boldsymbol{V}^{\mathrm{T}}\boldsymbol{P}\boldsymbol{V}=\min$。按求条件极值的拉格朗日乘数法，设联系数向量为 $\boldsymbol{K}$，组成函数

$$\varphi=\boldsymbol{V}^{\mathrm{T}}\boldsymbol{P}\boldsymbol{V}-2\boldsymbol{K}^{\mathrm{T}}(\boldsymbol{A}\boldsymbol{V}+\boldsymbol{A}_x\hat{\boldsymbol{x}}+\boldsymbol{W}_c)$$

分别对 $\boldsymbol{V}$ 和 $\hat{\boldsymbol{x}}$ 求一阶导数，并令其为零，得

$$\left.\begin{aligned}\boldsymbol{V}=\boldsymbol{P}^{-1}\boldsymbol{A}^{\mathrm{T}}\boldsymbol{K}\\ \boldsymbol{A}_x^{\mathrm{T}}\boldsymbol{K}=\boldsymbol{0}\end{aligned}\right\}\tag{5.4.3}$$

将式(5.4.3)中的第一式代入式(5.4.1),并与式(5.4.3)第二式联立组成附有参数的条件平差的法方程组,即

$$\left.\begin{aligned}\boldsymbol{AP}^{-1}\boldsymbol{A}^{\mathrm{T}}\boldsymbol{K}+\boldsymbol{A}_x\hat{\boldsymbol{x}}-\boldsymbol{W}_c=\boldsymbol{0}\\ \boldsymbol{A}_x^{\mathrm{T}}\boldsymbol{K}=\boldsymbol{0}\end{aligned}\right\} \tag{5.4.4}$$

从式(5.4.4)中解算联系数 $\boldsymbol{K}$ 和参数 $\hat{\boldsymbol{x}}$,即

$$\begin{bmatrix}\boldsymbol{K}\\ \hat{\boldsymbol{x}}\end{bmatrix}=\begin{bmatrix}\boldsymbol{AP}^{-1}\boldsymbol{A}^{\mathrm{T}} & \boldsymbol{A}_x\\ \boldsymbol{A}_x^{\mathrm{T}} & \boldsymbol{0}\end{bmatrix}^{-1}\begin{bmatrix}\boldsymbol{W}_c\\ \boldsymbol{0}\end{bmatrix}=\begin{bmatrix}\boldsymbol{Q}_{rr} & \boldsymbol{Q}_{rt}\\ \boldsymbol{Q}_{tr} & \boldsymbol{Q}_{tt}\end{bmatrix}\begin{bmatrix}\boldsymbol{W}_c\\ \boldsymbol{0}\end{bmatrix} \tag{5.4.5}$$

将联系数 $\boldsymbol{K}$ 代入式(5.4.3)第一式中,计算改正数 $\boldsymbol{V}$,最后计算平差值为

$$\left.\begin{aligned}\hat{\boldsymbol{L}}&=\boldsymbol{L}+\boldsymbol{V}\\ \hat{\boldsymbol{X}}&=\boldsymbol{X}^0+\hat{\boldsymbol{x}}\end{aligned}\right\} \tag{5.4.6}$$

## 5.4.2 精度评定

### 1.单位权中误差

单位权方差的估值计算式为

$$\hat{\sigma}_0^2=\frac{\boldsymbol{V}^{\mathrm{T}}\boldsymbol{PV}}{c-u} \tag{5.4.7}$$

式中,$c$ 是条件方程的个数,$u$ 是参数的个数。

单位权中误差的估值为

$$\hat{\sigma}_0=\sqrt{\frac{\boldsymbol{V}^{\mathrm{T}}\boldsymbol{PV}}{c-u}} \tag{5.4.8}$$

### 2.协方差矩阵

根据协方差传播律求观测值 $\boldsymbol{L}$、参数 $\hat{\boldsymbol{x}}$、改正数 $\boldsymbol{V}$ 和平差值 $\hat{\boldsymbol{L}}$ 的协方差矩阵和它们之间的互协方差矩阵,即

$$\begin{bmatrix}\boldsymbol{D}_{LL} & \boldsymbol{D}_{L\hat{X}} & \boldsymbol{D}_{LV} & \boldsymbol{D}_{L\hat{L}}\\ \boldsymbol{D}_{\hat{X}L} & \boldsymbol{D}_{\hat{X}\hat{X}} & \boldsymbol{D}_{\hat{X}V} & \boldsymbol{D}_{\hat{X}\hat{L}}\\ \boldsymbol{D}_{VL} & \boldsymbol{D}_{V\hat{X}} & \boldsymbol{D}_{VV} & \boldsymbol{D}_{V\hat{L}}\\ \boldsymbol{D}_{\hat{L}L} & \boldsymbol{D}_{\hat{L}\hat{X}} & \boldsymbol{D}_{\hat{L}V} & \boldsymbol{D}_{\hat{L}\hat{L}}\end{bmatrix}=\hat{\sigma}_0^2\begin{bmatrix}\boldsymbol{Q}_{LL} & \boldsymbol{Q}_{L\hat{X}} & \boldsymbol{Q}_{LV} & \boldsymbol{Q}_{L\hat{L}}\\ \boldsymbol{Q}_{\hat{X}L} & \boldsymbol{Q}_{\hat{X}\hat{X}} & \boldsymbol{Q}_{\hat{X}V} & \boldsymbol{Q}_{\hat{X}\hat{L}}\\ \boldsymbol{Q}_{VL} & \boldsymbol{Q}_{V\hat{X}} & \boldsymbol{Q}_{VV} & \boldsymbol{Q}_{V\hat{L}}\\ \boldsymbol{Q}_{\hat{L}L} & \boldsymbol{Q}_{\hat{L}\hat{X}} & \boldsymbol{Q}_{\hat{L}V} & \boldsymbol{Q}_{\hat{L}\hat{L}}\end{bmatrix}$$

$$=\hat{\sigma}_0^2\begin{bmatrix}\boldsymbol{P}^{-1} & -\boldsymbol{P}^{-1}\boldsymbol{A}^{\mathrm{T}}\boldsymbol{Q}_{rt} & -\boldsymbol{P}^{-1}\boldsymbol{A}^{\mathrm{T}}\boldsymbol{Q}_{rr}\boldsymbol{AP}^{-1} & \boldsymbol{P}^{-1}-\boldsymbol{P}^{-1}\boldsymbol{A}^{\mathrm{T}}\boldsymbol{Q}_{rr}\boldsymbol{AP}^{-1}\\ -\boldsymbol{Q}_{tr}\boldsymbol{AP}^{-1} & -\boldsymbol{Q}_{tt} & \boldsymbol{0} & -\boldsymbol{Q}_{tr}\boldsymbol{AP}^{-1}\\ -\boldsymbol{P}^{-1}\boldsymbol{A}^{\mathrm{T}}\boldsymbol{Q}_{rr}\boldsymbol{AP}^{-1} & \boldsymbol{0} & \boldsymbol{Q}_{rr}\boldsymbol{AP}^{-1} & \boldsymbol{0}\\ \boldsymbol{P}^{-1}-\boldsymbol{P}^{-1}\boldsymbol{A}^{\mathrm{T}}\boldsymbol{Q}_{rr}\boldsymbol{AP}^{-1} & -\boldsymbol{P}^{-1}\boldsymbol{A}^{\mathrm{T}}\boldsymbol{Q}_{rt} & \boldsymbol{0} & \boldsymbol{P}^{-1}-\boldsymbol{P}^{-1}\boldsymbol{A}^{\mathrm{T}}\boldsymbol{Q}_{rr}\boldsymbol{AP}^{-1}\end{bmatrix} \tag{5.4.9}$$

### 3.观测值函数的中误差

设有平差值线性函数为

$$\Phi=f\hat{L}+f_x\hat{X}+F_0 \tag{5.4.10}$$

根据协方差传播定律，函数 $\Phi$ 的协方差为

$$D_{FF}=fD_{\hat{L}\hat{L}}f^{\mathrm{T}}+fD_{\hat{L}\hat{X}}f_x^{\mathrm{T}}+f_xD_{\hat{X}\hat{L}}f^{\mathrm{T}}+f_xD_{\hat{X}\hat{X}}f_x^{\mathrm{T}} \tag{5.4.11}$$

将式(5.4.9)中相应各项代入式(5.4.11)即可。

### 5.4.3 算例

(1)根据平差问题的性质，选择 $u$ 个独立量作为参数。

(2)列出条件方程，方程的个数等于多余观测的个数加上所选参数的个数，即 $r+u$。

(3)由条件方程系数 $\boldsymbol{A}$、$\boldsymbol{A}_x$ 和权，组成法方程，法方程个数为 $r+u$。

(4)解算法方程，求出改正数 $\boldsymbol{V}$ 和参数改正数 $\hat{\boldsymbol{x}}$。

(5)求出观测量平差值 $\hat{\boldsymbol{L}}=\boldsymbol{L}+\boldsymbol{V}$ 和参数的平差值 $\hat{X}=X^0+\hat{x}$。

(6)评定精度。

例 5.4.1　应用例 5.2.1 的数据，试按附有参数的条件平差方法求出各内角的平差值及其精度。

解：$A$ 角的平差值为参数 $\hat{X}=\hat{L}_1$，设 $\hat{X}$ 的近似值为 $X_0=L_1$，条件方程个数为 2。

(1)列条件方程为

$$\left.\begin{aligned}V_1+V_2+V_3-9=0\\V_1-\hat{x}=0\end{aligned}\right\}$$

因为

$$\boldsymbol{A}=\begin{bmatrix}1&1&1\\1&0&0\end{bmatrix},\boldsymbol{P}=\begin{bmatrix}1&0&0\\0&1&0\\0&0&1\end{bmatrix},\boldsymbol{A}_x=\begin{bmatrix}0\\-1\end{bmatrix}$$

(2)组成法方程并求解，即

$$\begin{bmatrix}3&1&0\\1&1&-1\\0&-1&0\end{bmatrix}\begin{bmatrix}k_1\\k_2\\\hat{x}\end{bmatrix}=\begin{bmatrix}9\\0\\0\end{bmatrix}$$

$$\begin{bmatrix}k_1\\k_2\\\hat{x}\end{bmatrix}=\begin{bmatrix}3&1&0\\1&1&-1\\0&-1&0\end{bmatrix}^{-1}\begin{bmatrix}9\\0\\0\end{bmatrix}=\begin{bmatrix}\frac{1}{3}&0&\frac{1}{3}\\0&0&-1\\\frac{1}{3}&-1&-\frac{2}{3}\end{bmatrix}\begin{bmatrix}9\\0\\0\end{bmatrix}=\begin{bmatrix}3\\0\\3\end{bmatrix}$$

(3)计算改正数和平差值，即

$$\boldsymbol{V}=\boldsymbol{P}^{-1}\boldsymbol{A}^{\mathrm{T}}\boldsymbol{K}=\begin{bmatrix}1&0&0\\0&1&0\\0&0&1\end{bmatrix}\begin{bmatrix}1&1\\1&0\\1&0\end{bmatrix}\begin{bmatrix}3\\0\end{bmatrix}=\begin{bmatrix}3\\3\\3\end{bmatrix}$$

$$\begin{bmatrix}\hat{L}_1\\\hat{L}_2\\\hat{L}_3\end{bmatrix}=\begin{bmatrix}L_1\\L_2\\L_3\end{bmatrix}+\begin{bmatrix}V_1\\V_2\\V_3\end{bmatrix}=\begin{bmatrix}58°31'12''\\48°16'8''\\73°12'31''\end{bmatrix}+\begin{bmatrix}3''\\3''\\3''\end{bmatrix}=\begin{bmatrix}58°31'15''\\48°16'11''\\73°12'34''\end{bmatrix}$$

参数的平差值

$$\hat{X}=X_0+\hat{x}=58°31'12''+3''=58°31'15''$$

(4)评定精度。单位权中误差为

$$\hat{\sigma}_0=\sqrt{\frac{\boldsymbol{V}^{\mathrm{T}}\boldsymbol{P}\boldsymbol{V}}{c-u}}=\sqrt{\frac{27}{2-1}}=5.2''$$

平差值的协因数矩阵为

$$\boldsymbol{Q}_{\hat{L}\hat{L}}=\boldsymbol{I}-\boldsymbol{A}^{\mathrm{T}}\boldsymbol{Q}_{rr}\boldsymbol{A}=\begin{bmatrix}1&0&0\\0&1&0\\0&0&1\end{bmatrix}-\begin{bmatrix}1&1\\1&0\\1&0\end{bmatrix}\begin{bmatrix}\frac{1}{3}&0\\0&0\end{bmatrix}\begin{bmatrix}1&1&1\\1&0&0\end{bmatrix}=\begin{bmatrix}\frac{2}{3}&-\frac{1}{3}&-\frac{1}{3}\\-\frac{1}{3}&\frac{2}{3}&-\frac{1}{3}\\-\frac{1}{3}&-\frac{1}{3}&\frac{2}{3}\end{bmatrix}$$

因此,平差值中误差为

$$\hat{\sigma}_{L_1}=\hat{\sigma}_{L_2}=\hat{\sigma}_{L_3}=\hat{\sigma}_0\sqrt{\frac{2}{3}}=4.3''$$

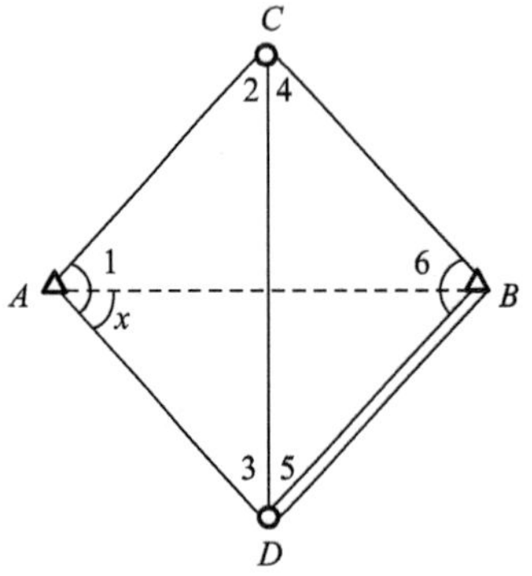

图 5.4.1 三角网

参数的方差为

$$\boldsymbol{D}_{\hat{x}\hat{x}}=\hat{\sigma}_0^2(-\boldsymbol{Q}_{tt})=27\times\frac{2}{3}=18''$$

中误差为

$$\hat{\sigma}_x=\sqrt{18}=4.2''$$

例 5.4.2 如图 5.4.1 所示,$A$、$B$ 为已知点,其坐标为 $A$(1 000.00,0.00)、$B$(1 000.00,1 732.00)(单位为 m),$BD$ 边的边长为 $S_{BD}=1\ 000.0$ m。各角值均为等精度观测(取 $\boldsymbol{Q}_{LL}=\boldsymbol{I}$),观测值分别为

$$L_1=60°00'03'',L_2=60°00'02'',L_3=60°00'04''$$
$$L_4=59°59'57'',L_5=59°59'56'',L_6=59°59'59''$$

取$\angle BAD$ 的最或是值为未知数$\hat{X}$。

试用附有参数的条件平差法对该网进行平差,并求$\angle CAB$ 平差后最或是值的中误差。

解：(1)本题中，总观测数为 $n=6$，必要观测数为 $t=4$，多余已知值为 $p=1$，附加 1 个未知参数，即 $u=1$，则

$$r=n+p-t=3, c=n+u-r=4$$

(2)列出平差值条件方程。可以写出图形条件 2 个、极条件 1 个、固定边条件 1 个，则平差值条件方程为

$$\hat{L}_1+\hat{L}_2+\hat{L}_3-180°=0$$

$$\hat{L}_4+\hat{L}_5+\hat{L}_6-180°=0$$

$$\frac{\sin(\hat{L}_1-\hat{X})\sin(\hat{L}_3+\hat{L}_5)\sin\hat{L}_4}{\sin(\hat{L}_2+\hat{L}_4)\sin\hat{L}_5\sin\hat{X}}=1$$

$$\frac{S_{AB}\sin\hat{X}}{S_{BD}\sin(\hat{L}_3+\hat{L}_5)}=1$$

取 $\hat{X}=X^0+\hat{x}$，则

$$\sin X^0=\frac{\sin(L_1-X^0)\sin(L_3+L_5)\sin L_4}{\sin(L_2+L_4)\sin L_5}$$

采用迭代法，可以计算 $\hat{X}$ 的近似值为 $X^0=30°00'00''$。

(3)列改正数条件方程。将平差值条件方程中的非线性式线性化，对上面第三式等式两边取对数，得

$$\ln\sin(L_1+V_1-X^0-\hat{x})+\ln\sin(L_3+V_3+L_5+V_5)+\ln\sin(L_4+V_4)-$$
$$\ln\sin(L_2+V_2+L_4+V_4)-\ln\sin(L_5+V_5)-\ln\sin(X^0+\hat{x})=0$$

将上式各项按泰勒级数展开，并取至一次项，以第一项为例，得

$$\ln\sin(L_1+V_1-X^0-\hat{x})=\ln\sin(L_1-X^0)+\frac{V_1}{\rho}\cot(L_1-X^0)-\frac{\hat{x}}{\rho}\cot(L_1-X^0)$$

这样得线性化后的方程为

$$V_1\cot(L_1-X^0)-V_2\cot(L_2+L_4)+V_3\cot(L_3+L_5)+[\cot L_4-\cot(L_2+L_4)]V_4+$$
$$[\cot(L_3+L_5)-\cot L_5]V_5-[\cot(L_1-X^0)+\cot X^0]\hat{x}-W_3=0$$

$$W_3=-\rho\ln\frac{\sin(L_1-X^0)\sin(L_3+L_5)\sin L_4}{\sin(L_2+L_4)\sin L_5\sin X^0}$$

同理，平差值条件方程中第四式线性化后为

$$-V_3\cot(L_3+L_5)-V_5\cot(L_3+L_5)+\hat{x}\cot X^0-W_4=0$$

$$W_4=-\rho\ln\frac{S_{AB}\sin X^0}{S_{DB}\sin(L_3+L_5)}$$

改正数条件方程为

$$V_1+V_2+V_3+9''=0$$

$$V_4+V_5+V_6-8''=0$$

$$1.732V_1+0.577V_2-0.577V_3+1.155V_4-1.155V_5-3.464\hat{x}+5.196=0$$

$$0.577V_3+0.577V_5+1.732\hat{x}-6.051=0$$

$$A=\begin{bmatrix}1 & 1 & 1 & 0 & 0 & 0\\ 0 & 0 & 0 & 1 & 1 & 1\\ 1.732 & 0.577 & -0.577 & 1.155 & -1.155 & 0\\ 0 & 0 & 0.577 & 0 & 0.577 & 0\end{bmatrix},A_x=\begin{bmatrix}0\\ 0\\ -3.464\\ 1.732\end{bmatrix}$$

$$W=\begin{bmatrix}-9\\ 8\\ -5.196\\ 6.051\end{bmatrix}$$

(4)组成法方程为

$$3k_1+1.732k_3+0.577k_4+9.00=0$$
$$3.000\,0k_2+0.577\,4k_4-8.00=0$$
$$1.731\,9k_1+6.334\,5k_3-1.000\,3k_4-3.464\,1\hat{x}+5.196=0$$
$$0.577\,4k_1+0.577\,4k_2-1.000\,3k_3+0.666\,8k_4+1.732\,1\hat{x}-6.051=0$$
$$-3.464\,1k_3+1.732\,1k_4=0$$

$$\begin{bmatrix}k_1\\ k_2\\ k_3\\ k_4\\ \hat{x}\end{bmatrix}=\begin{bmatrix}3.000 & 0.000 & 1.732 & 0.577 & 0.000\\ 0.000 & 3.000 & 0.000 & 0.577 & 0.000\\ 1.732 & 0.000 & 6.334 & -1.000 & -3.464\\ 0.577 & 0.577 & -1.000 & 0.667 & 1.732\\ 0.000 & 0.000 & -3.464 & 1.732 & 0.000\end{bmatrix}^{-1}\begin{bmatrix}-9.00\\ 8.00\\ -5.196\\ 6.051\\ 0.00\end{bmatrix}$$

$$=\begin{bmatrix}0.854 & 0.208 & -0.541 & -1.082 & -0.250\\ 0.208 & 0.417 & -0.216 & -0.433 & -0.167\\ -0.541 & -0.216 & 0.562 & 1.125 & 0.144\\ -1.082 & -0.433 & 1.125 & 2.249 & 0.866\\ -0.250 & -0.167 & 0.144 & 0.866 & -0.111\end{bmatrix}\begin{bmatrix}-9.000\\ 8.000\\ -5.196\\ 6.051\\ 0.000\end{bmatrix}=\begin{bmatrix}-9.758\\ -0.034\\ 7.028\\ 14.037\\ 5.406\end{bmatrix}$$

$$\begin{bmatrix}V_1\\ V_2\\ V_3\\ V_4\\ V_5\\ V_6\end{bmatrix}=\begin{bmatrix}1 & 0 & 1.731\,9 & 0\\ 1 & 0 & 0.577\,4 & 0\\ 1 & 0 & -0.577\,4 & 0.577\,4\\ 0 & 1 & 1.154\,7 & 0\\ 0 & 1 & -1.154\,7 & 0.577\,4\\ 0 & 1 & 0 & 0\end{bmatrix}\begin{bmatrix}-9.758\\ -0.034\\ 7.028\\ 14.037\end{bmatrix}=\begin{bmatrix}2.41\\ -5.70\\ -5.70\\ 8.08\\ -0.04\\ -0.03\end{bmatrix}$$

$$\begin{bmatrix}\hat{L}_1\\\hat{L}_2\\\hat{L}_3\\\hat{L}_4\\\hat{L}_5\\\hat{L}_6\end{bmatrix}=\begin{bmatrix}L_1\\L_2\\L_3\\L_4\\L_5\\L_6\end{bmatrix}+\begin{bmatrix}V_1\\V_2\\V_3\\V_4\\V_5\\V_6\end{bmatrix}=\begin{bmatrix}60&00&03\\60&00&02\\60&00&04\\59&59&57\\59&59&56\\59&59&59\end{bmatrix}+\begin{bmatrix}2\\-6\\-5\\8\\0\\0\end{bmatrix}=\begin{bmatrix}60&00&05\\59&59&56\\59&59&59\\60&00&05\\59&59&56\\59&59&59\end{bmatrix}$$

$$\hat{X}=X^0+\hat{x}=30°00'00''+5''=30°00'05''$$

(5)评定精度。单位权中误差为

$$\hat{\sigma}_0=\sqrt{\frac{\boldsymbol{V}^{\mathrm{T}}\boldsymbol{PV}}{r}}=6.7''$$

参数中误差为

$$\hat{\sigma}_{\hat{x}}=\hat{\sigma}_0\sqrt{-Q_{tt}}=6.7''\sqrt{0.1111}=2.2''$$

平差值的中误差为

$$\boldsymbol{D}_{\hat{L}\hat{L}}=\hat{\sigma}_0^2(\boldsymbol{I}-\boldsymbol{A}^{\mathrm{T}}\boldsymbol{Q}_{rr}\boldsymbol{A})$$

$$=\hat{\sigma}_0^2\begin{bmatrix}0.3335&-0.1667&-0.1667&-0.3333&0.1667&0.1666\\-0.1667&0.5834&-0.4166&0.1667&-0.0834&-0.0833\\-0.1667&-0.4166&0.5834&0.1667&-0.0834&-0.0833\\-0.3333&0.1667&0.1667&0.3332&-0.1666&-0.1667\\0.1667&-0.0834&-0.0834&-0.1666&0.5833&-0.4167\\0.1666&-0.0833&-0.0833&-0.1667&-0.4167&0.5834\end{bmatrix}$$

$$\hat{\sigma}_{\hat{L}_1}=\hat{\sigma}_0\sqrt{Q_{\hat{L}_1\hat{L}_1}}=6.7\sqrt{0.3335}=3.9'',\hat{\sigma}_{\hat{L}_2}=5.1'',\hat{\sigma}_{\hat{L}_3}=5.1''$$

$$\hat{\sigma}_{\hat{L}_4}=3.9'',\hat{\sigma}_{\hat{L}_5}=5.1'',\hat{\sigma}_{\hat{L}_6}=5.1''$$

## §5.5　附有限制条件的间接平差

在一个平差问题中，如果观测值个数为 $n$，必要观测数为 $t$，则多余观测数为 $r=n-t$。若只选 $t$ 个函数独立的参数，这就是间接平差法；若选择参数的个数 $u>t$，其中包含了 $t$ 个独立参数，则参数间存在 $s=u-t$ 个限制条件。平差时，列出 $n$ 个观测方程和 $s$ 个限制参数间关系的条件方程，以此为函数模型的平差方法称为附有限制条件的间接平差法。

### 5.5.1　平差原理

附有限制条件的间接平差的函数模型和随机模型为

$$\underset{n\times1}{\boldsymbol{V}}=\underset{n\times u}{\boldsymbol{B}}\ \underset{u\times1}{\hat{\boldsymbol{x}}}-\underset{n\times1}{\boldsymbol{l}},\qquad \underset{n\times n}{\boldsymbol{D}}=\sigma_0^2\underset{n\times n}{\boldsymbol{P}^{-1}} \tag{5.5.1}$$

$$\underset{s\times u}{\boldsymbol{B}_x}\ \underset{u\times1}{\hat{\boldsymbol{x}}}-\underset{s\times1}{\boldsymbol{W}_x}=0 \tag{5.5.2}$$

式中，$\boldsymbol{l}=\boldsymbol{L}-(\boldsymbol{B}\boldsymbol{X}^0+\boldsymbol{d})$，$\boldsymbol{W}_x=-(\boldsymbol{B}_x\boldsymbol{X}^0+\boldsymbol{B}_x^0)$，$\boldsymbol{B}$ 为列满秩矩阵，$\boldsymbol{B}_x$ 为行满秩矩阵。

函数模型中有 $n+s$ 个方程，少于待求量的个数 $n+u$，故有无穷多组解。为此，应在无穷多组解中求出能使$\boldsymbol{V}^{\mathrm{T}}\boldsymbol{P}\boldsymbol{V}=\min$ 的一组解。按求条件极值法组成函数为

$$\varphi=\boldsymbol{V}^{\mathrm{T}}\boldsymbol{P}\boldsymbol{V}+2\boldsymbol{K}_s^{\mathrm{T}}(\boldsymbol{B}_x\hat{\boldsymbol{x}}-\boldsymbol{W}_x) \tag{5.5.3}$$

式中，$\underset{s\times1}{\boldsymbol{K}_s}$是对应限制条件方程的联系数向量。$\varphi$ 对 $\hat{\boldsymbol{x}}$ 求一阶导数，并令其为零，得

$$\underset{u\times n}{\boldsymbol{B}^{\mathrm{T}}}\underset{n\times n}{\boldsymbol{P}}\underset{n\times1}{\boldsymbol{V}}+\underset{u\times s}{\boldsymbol{B}_x^{\mathrm{T}}}\underset{s\times1}{\boldsymbol{K}_s}=\underset{u\times1}{\boldsymbol{0}} \tag{5.5.4}$$

将式(5.5.1)代入式(5.5.4)并与式(5.5.2)联立，组成附有限制条件的间接平差的法方程，即

$$\left.\begin{aligned}&\underset{u\times n}{\boldsymbol{B}^{\mathrm{T}}}\underset{n\times n}{\boldsymbol{P}}\underset{n\times u}{\boldsymbol{B}}\underset{u\times1}{\hat{\boldsymbol{x}}}+\underset{u\times s}{\boldsymbol{B}_x^{\mathrm{T}}}\underset{s\times1}{\boldsymbol{K}_s}-\underset{u\times n}{\boldsymbol{B}^{\mathrm{T}}}\underset{n\times n}{\boldsymbol{P}}\underset{n\times1}{\boldsymbol{l}}=\underset{u\times1}{\boldsymbol{0}}\\&\underset{s\times u}{\boldsymbol{B}_x}\underset{u\times1}{\hat{\boldsymbol{x}}}-\underset{s\times1}{\boldsymbol{W}_x}=\underset{s\times1}{\boldsymbol{0}}\end{aligned}\right\} \tag{5.5.5}$$

解算法方程求得参数 $\underset{u\times1}{\hat{\boldsymbol{x}}}$ 和联系数$\underset{s\times1}{\boldsymbol{K}_s}$，得

$$\begin{bmatrix}\hat{\boldsymbol{x}}\\\boldsymbol{K}_s\end{bmatrix}=\begin{bmatrix}\boldsymbol{B}^{\mathrm{T}}\boldsymbol{P}\boldsymbol{B}&\boldsymbol{B}_x^{\mathrm{T}}\\\boldsymbol{B}_x&\boldsymbol{0}\end{bmatrix}^{-1}\begin{bmatrix}\boldsymbol{B}^{\mathrm{T}}\boldsymbol{P}\boldsymbol{l}\\\boldsymbol{W}_x\end{bmatrix}=\begin{bmatrix}\boldsymbol{Q}_{uu}&\boldsymbol{Q}_{us}\\\boldsymbol{Q}_{su}&\boldsymbol{Q}_{ss}\end{bmatrix}\begin{bmatrix}\boldsymbol{B}^{\mathrm{T}}\boldsymbol{P}\boldsymbol{l}\\\boldsymbol{W}_x\end{bmatrix} \tag{5.5.6}$$

求出参数$\hat{\boldsymbol{x}}$后就可以求出参数平差值$\hat{X}_i=X_i^0+\hat{x}_i(i=1,2,\cdots,t)$，改正数$\boldsymbol{V}=\boldsymbol{B}\hat{\boldsymbol{x}}-\boldsymbol{l}$ 和平差值 $\hat{L}_i=L_i+V_i$。

## 5.5.2 精度评定

### 1. 单位权中误差

单位权方差的估值计算式为

$$\hat{\sigma}_0^2=\frac{\boldsymbol{V}^{\mathrm{T}}\boldsymbol{P}\boldsymbol{V}}{r}=\frac{\boldsymbol{V}^{\mathrm{T}}\boldsymbol{P}\boldsymbol{V}}{n-u+s} \tag{5.5.7}$$

单位中误差的估值为

$$\hat{\sigma}_0=\sqrt{\frac{\boldsymbol{V}^{\mathrm{T}}\boldsymbol{P}\boldsymbol{V}}{n-u+s}} \tag{5.5.8}$$

### 2. 协方差矩阵

根据协方差传播律求观测值 $\boldsymbol{L}$、参数平差值 $\hat{\boldsymbol{X}}$、改正数 $\boldsymbol{V}$ 和平差值$\hat{\boldsymbol{L}}$ 的协方差矩阵和它们之间的互协方差矩阵为

$$\begin{aligned}&\begin{bmatrix}\boldsymbol{D}_{LL}&\boldsymbol{D}_{L\hat{X}}&\boldsymbol{D}_{LV}&\boldsymbol{D}_{L\hat{L}}\\\boldsymbol{D}_{\hat{X}L}&\boldsymbol{D}_{\hat{X}\hat{X}}&\boldsymbol{D}_{\hat{X}V}&\boldsymbol{D}_{\hat{X}\hat{L}}\\\boldsymbol{D}_{VL}&\boldsymbol{D}_{V\hat{X}}&\boldsymbol{D}_{VV}&\boldsymbol{D}_{V\hat{L}}\\\boldsymbol{D}_{\hat{L}L}&\boldsymbol{D}_{\hat{L}\hat{X}}&\boldsymbol{D}_{\hat{L}V}&\boldsymbol{D}_{\hat{L}\hat{L}}\end{bmatrix}=\hat{\sigma}_0^2\begin{bmatrix}\boldsymbol{Q}_{LL}&\boldsymbol{Q}_{L\hat{X}}&\boldsymbol{Q}_{LV}&\boldsymbol{Q}_{L\hat{L}}\\\boldsymbol{Q}_{\hat{X}L}&\boldsymbol{Q}_{\hat{X}\hat{X}}&\boldsymbol{Q}_{\hat{X}V}&\boldsymbol{Q}_{\hat{X}\hat{L}}\\\boldsymbol{Q}_{VL}&\boldsymbol{Q}_{V\hat{X}}&\boldsymbol{Q}_{VV}&\boldsymbol{Q}_{V\hat{L}}\\\boldsymbol{Q}_{\hat{L}L}&\boldsymbol{Q}_{\hat{L}\hat{X}}&\boldsymbol{Q}_{\hat{L}V}&\boldsymbol{Q}_{\hat{L}\hat{L}}\end{bmatrix}\\&=\hat{\sigma}_0^2\begin{bmatrix}\boldsymbol{P}^{-1}&\boldsymbol{B}\boldsymbol{Q}_{uu}&-\boldsymbol{P}^{-1}+\boldsymbol{B}\boldsymbol{Q}_{uu}\boldsymbol{B}^{\mathrm{T}}&\boldsymbol{B}\boldsymbol{Q}_{uu}\boldsymbol{B}^{\mathrm{T}}\\\boldsymbol{Q}_{uu}\boldsymbol{B}^{\mathrm{T}}&\boldsymbol{Q}_{uu}&\boldsymbol{0}&\boldsymbol{Q}_{uu}\boldsymbol{B}^{\mathrm{T}}\\-\boldsymbol{P}^{-1}+\boldsymbol{B}\boldsymbol{Q}_{uu}\boldsymbol{B}^{\mathrm{T}}&\boldsymbol{0}&\boldsymbol{P}^{-1}-\boldsymbol{B}\boldsymbol{Q}_{uu}\boldsymbol{B}^{\mathrm{T}}&\boldsymbol{0}\\\boldsymbol{B}\boldsymbol{Q}_{uu}\boldsymbol{B}^{\mathrm{T}}&\boldsymbol{B}\boldsymbol{Q}_{uu}&\boldsymbol{0}&\boldsymbol{B}\boldsymbol{Q}_{uu}\boldsymbol{B}^{\mathrm{T}}\end{bmatrix}\end{aligned} \tag{5.5.9}$$

对照上列等式可知，矩阵中对角线元素就是观测值 $\boldsymbol{L}$、参数平差值 $\hat{\boldsymbol{X}}$、改正数 $\boldsymbol{V}$ 和平差值 $\hat{\boldsymbol{L}}$ 的协因数矩阵，乘以单位权方差就是协方差矩阵，即

$$\left.\begin{aligned}\boldsymbol{D}_{LL}&=\hat{\sigma}_0^2\boldsymbol{P}^{-1}\\\boldsymbol{D}_{\hat{X}\hat{X}}&=\hat{\sigma}_0^2\boldsymbol{Q}_{uu}\\\boldsymbol{D}_{VV}&=\hat{\sigma}_0^2(\boldsymbol{P}^{-1}-\boldsymbol{B}\boldsymbol{Q}_{uu}\boldsymbol{B}^{\mathrm{T}})\\\boldsymbol{D}_{\hat{L}\hat{L}}&=\hat{\sigma}_0^2(\boldsymbol{B}\boldsymbol{Q}_{uu}\boldsymbol{B}^{\mathrm{T}})\end{aligned}\right\}\tag{5.5.10}$$

矩阵中非对角线元素即为相应的互协因数矩阵，乘以单位权方差就是互协方差矩阵。

**3. 观测值函数的中误差**

设有参数平差值线性函数为

$$F=\boldsymbol{f}\hat{\boldsymbol{X}}+\boldsymbol{F}_0\tag{5.5.11}$$

根据协方差传播定律，函数 $F$ 的协方差为

$$\boldsymbol{D}_{FF}=\boldsymbol{f}\boldsymbol{D}_{\hat{X}\hat{X}}\boldsymbol{f}^{\mathrm{T}}=\hat{\sigma}_0^2\boldsymbol{f}\boldsymbol{Q}_{uu}\boldsymbol{f}^{\mathrm{T}}\tag{5.5.12}$$

### 5.5.3　计算步骤与算例

(1)根据平差问题的性质，选择 $u(u>t)$ 个量作为参数。

(2)列出误差方程和条件方程，条件方程的个数等于多选的参数个数($s=u-t$)。

(3)由误差方程系数 $\boldsymbol{B}$、$\boldsymbol{B}_x$ 和权，组成法方程，法方程个数等于 $u+s$。

(4)解算法方程，求出参数改正数 $\hat{\boldsymbol{x}}$ 和联系数 $\boldsymbol{K}$。

(5)计算改正数 $\boldsymbol{V}$。

(6)求出观测量平差值 $\hat{\boldsymbol{L}}=\boldsymbol{L}+\boldsymbol{V}$ 和参数的平差值 $\hat{\boldsymbol{X}}=\boldsymbol{X}^0+\hat{\boldsymbol{x}}$。

(7)评定精度。

例 5.5.1　应用例 5.2.2 的数据，试按附有条件的间接平差法求出各内角的平差值及其精度。

解：(1)总观测数为 $n=3$，必要观测数为 $t=2$，选择 3 个参数，即选择 3 个内角的平差值为参数，即 $\hat{X}_1=\hat{L}_1$、$\hat{X}_2=\hat{L}_2$、$\hat{X}_3=\hat{L}_3$，取其观测值为近似值，即 $X_1^0=L_1$、$X_2^0=L_2$、$X_3^0=L_3$，其增量为 $\hat{x}_1$、$\hat{x}_2$、$\hat{x}_3$。

(2)列出误差方程和条件方程

$$\begin{aligned}V_1&=\hat{x}_1\\V_2&=\hat{x}_2\\V_3&=\hat{x}_3\\\hat{x}_1+\hat{x}_2&+\hat{x}_3-9=0\end{aligned}$$

(3)组成法方程并求解。因为

$$\boldsymbol{B}=\begin{bmatrix}1&0&0\\0&1&0\\0&0&1\end{bmatrix},\boldsymbol{P}=\begin{bmatrix}1&0&0\\0&1&0\\0&0&1\end{bmatrix},\boldsymbol{l}=\begin{bmatrix}0\\0\\0\end{bmatrix},\boldsymbol{B}_x=[1\quad 1\quad 1]$$

组成法方程为

$$\begin{bmatrix}1&0&0&1\\0&1&0&1\\0&0&1&1\\1&1&1&0\end{bmatrix}\begin{bmatrix}\hat{x}_1\\\hat{x}_2\\\hat{x}_3\\k\end{bmatrix}=\begin{bmatrix}0\\0\\0\\9\end{bmatrix}$$

法方程的解为

$$\begin{bmatrix}\hat{x}_1\\\hat{x}_2\\\hat{x}_3\\k\end{bmatrix}=\begin{bmatrix}1&0&0&1\\0&1&0&1\\0&0&1&1\\1&1&1&0\end{bmatrix}^{-1}\begin{bmatrix}0\\0\\0\\9\end{bmatrix}=\begin{bmatrix}\frac{2}{3}&-\frac{1}{3}&-\frac{1}{3}&\frac{1}{3}\\-\frac{1}{3}&\frac{2}{3}&-\frac{1}{3}&\frac{1}{3}\\-\frac{1}{3}&-\frac{1}{3}&\frac{2}{3}&\frac{1}{3}\\\frac{1}{3}&\frac{1}{3}&\frac{1}{3}&-\frac{1}{3}\end{bmatrix}\begin{bmatrix}0\\0\\0\\9\end{bmatrix}=\begin{bmatrix}3\\3\\3\\-3\end{bmatrix}$$

(4)求参数的平差值和观测值的平差值,即

$$\begin{bmatrix}\hat{X}_1\\\hat{X}_2\\\hat{X}_3\end{bmatrix}=\begin{bmatrix}X_1^0\\X_2^0\\X_3^0\end{bmatrix}+\begin{bmatrix}\hat{x}_1\\\hat{x}_2\\\hat{x}_3\end{bmatrix}=\begin{bmatrix}58°31'15''\\48°16'11''\\73°12'34''\end{bmatrix},\begin{bmatrix}\hat{L}_1\\\hat{L}_2\\\hat{L}_3\end{bmatrix}=\begin{bmatrix}L_1\\L_2\\L_3\end{bmatrix}+\begin{bmatrix}V_1\\V_2\\V_3\end{bmatrix}=\begin{bmatrix}58°31'15''\\48°16'11''\\73°12'34''\end{bmatrix}$$

(5)评定精度。单位中误差的估值为

$$\hat{\sigma}_0=\sqrt{\frac{\boldsymbol{V}^{\mathrm{T}}\boldsymbol{PV}}{n-u+s}}=\sqrt{\frac{27}{3-3+1}}=5.2''$$

参数协因数矩阵和中误差为

$$\boldsymbol{Q}_{\hat{x}\hat{x}}=\frac{1}{3}\begin{bmatrix}2&-1&-1\\-1&2&-1\\-1&-1&2\end{bmatrix}$$

$$\hat{\sigma}_{\hat{x}_1}=\hat{\sigma}_{\hat{x}_2}=\hat{\sigma}_{\hat{x}_3}=5.2\times\sqrt{\frac{2}{3}}=4.3''$$

平差值中误差为

$$\boldsymbol{Q}_{\hat{L}\hat{L}}=\boldsymbol{B}\boldsymbol{Q}_{\hat{x}\hat{x}}\boldsymbol{B}^{\mathrm{T}}=\frac{1}{3}\begin{bmatrix}1&0&0\\0&1&0\\0&0&1\end{bmatrix}\begin{bmatrix}2&-1&-1\\-1&2&-1\\-1&-1&2\end{bmatrix}\begin{bmatrix}1&0&0\\0&1&0\\0&0&1\end{bmatrix}=\frac{1}{3}\begin{bmatrix}2&-1&-1\\-1&2&-1\\-1&-1&2\end{bmatrix}$$

$$\hat{\sigma}_{\hat{L}_1}=\hat{\sigma}_{\hat{L}_2}=\hat{\sigma}_{\hat{L}_3}=5.2\times\sqrt{\frac{2}{3}}=4.3''$$

# §5.6　误差椭圆

前面分别讨论了水准网平差、导线网平差和 GPS 网平差，这三种控制网是现在最常用的控制网布设形式。水准网平差后，获得控制点的高程（正常高）的最佳估值$\hat{H}$；导线网平差后，获得控制点在高斯投影面的平面坐标 $\tilde{x}$、$\tilde{y}$ 的最佳估值$\hat{x}$、$\hat{y}$；GPS 网平差获得 WGS-84 空间直角坐标下的三维坐标 $\tilde{X}$、$\tilde{Y}$、$\tilde{Z}$ 的最佳估值$\hat{X}$、$\hat{Y}$、$\hat{Z}$。在我国日常测量工作通常应用的是控制点的平面坐标和高程，因此 GPS 的三维坐标$\hat{X}$、$\hat{Y}$、$\hat{Z}$需要转换成大地坐标$\hat{B}$、$\hat{L}$、$\hat{H}$和高斯平面坐标$\hat{x}$、$\hat{y}$及其正常高，坐标转换方法这里不再赘述。

除了上述三种控制网之外，还有传统的三角网、三边网和边角网，这三种控制网也是平面控制网，平差后也获得控制点的高斯平面坐标。总之，在测量中，点 $P$ 的平面位置常用平面直角坐标来确定。观测值带有观测误差，因此根据观测值通过平差计算所获得的是待定点的平面直角坐标估值$\hat{x}_P$、$\hat{y}_P$，而不是真值 $\tilde{x}_P$、$\tilde{y}_P$。下面主要讨论控制点平面坐标$\hat{x}_P$、$\hat{y}_P$ 及其平面点位误差，简称为点位误差。

## 5.6.1　点位误差

### 1. 点位误差

平面控制点 $P$ 的真坐标为$(\tilde{x}_P, \tilde{y}_P)$，平差后求定估值为$(\hat{x}_P, \hat{y}_P)$，其坐标真误差为 $\Delta_x$ 和 $\Delta_y$，则

$$\left.\begin{aligned} \Delta_x &= \tilde{x}_P - \hat{x}_P \\ \Delta_y &= \tilde{y}_P - \hat{y}_P \end{aligned}\right\} \tag{5.6.1}$$

因 $\Delta_x$ 和 $\Delta_y$ 的存在产生的距离误差 $\Delta_P$ 称为 $P$ 点的点位真误差，简称为真位差，即

$$\Delta_P^2 = \Delta_x^2 + \Delta_y^2 \tag{5.6.2}$$

$P$ 点的最或然坐标$\hat{x}_P$、$\hat{y}_P$ 是观测值的函数，观测值是随机变量，因此点位真误差也是随机变量。如果观测值只含有偶然误差，则 $\Delta_x$ 和 $\Delta_y$ 也只含有偶然误差。根据偶然误差的性质，$E(\Delta_x)=0$，$E(\Delta_y)=0$，因此

$$\left.\begin{aligned} E(\hat{x}_P) &= \tilde{x}_P \\ E(\hat{y}_P) &= \tilde{y}_P \end{aligned}\right\} \tag{5.6.3}$$

根据方差的定义，顾及式(5.6.1)，则

$$\left.\begin{aligned}\sigma_{x_P}^2&=E((\hat{x}_P-E(\hat{x}_P))^2)=E((\hat{x}_P-\tilde{x}_P)^2)=E(\Delta_x^2)\\\sigma_{y_P}^2&=E((\hat{y}_P-E(\hat{y}_P))^2)=E((\hat{y}_P-\tilde{y}_P)^2)=E(\Delta_y^2)\\\sigma_P^2&=E(\Delta_P^2)=E(\Delta_x^2)+E(\Delta_y^2)=\sigma_{x_P}^2+\sigma_{y_P}^2\end{aligned}\right\}\tag{5.6.4}$$

则 $P$ 点的点位中误差为

$$\sigma_P=\sqrt{\sigma_{x_P}^2+\sigma_{y_P}^2}=\hat{\sigma}_0\sqrt{Q_{\hat{X}_P\hat{X}_P}+Q_{\hat{Y}_P\hat{Y}_P}}\tag{5.6.5}$$

实际上点位中误差可以表达成任意两个互相垂直的位置中误差平方和的算术平方根。因此，点位误差与坐标系统无关。

当控制网中有 $k$ 个待定点，并以这 $k$ 个待定点的坐标作为未知数(未知数个数为 $t=2k$)时，即 $\hat{X}=[x_1\ \ y_1\ \ x_2\ \ y_2\ \ \cdots\ \ x_k\ \ y_k]^{\mathrm{T}}$，按间接平差法进行平差，法方程系数矩阵的逆矩阵就是未知数的协因数矩阵 $\boldsymbol{Q}_{\hat{X}\hat{X}}$，即

$$\boldsymbol{Q}_{\hat{X}\hat{X}}=\boldsymbol{N}_{bb}^{-1}=(\boldsymbol{B}^{\mathrm{T}}\boldsymbol{P}\boldsymbol{B})^{-1}=\begin{bmatrix}Q_{x_1x_1}&Q_{x_1y_1}&Q_{x_1x_2}&Q_{x_1y_2}&\cdots&Q_{x_1x_k}&Q_{x_1y_k}\\Q_{y_1x_1}&Q_{y_1y_1}&Q_{y_1x_2}&Q_{y_1y_2}&\cdots&Q_{y_1x_k}&Q_{y_1y_k}\\Q_{x_2x_1}&Q_{x_2y_1}&Q_{x_2x_2}&Q_{x_2y_2}&\cdots&Q_{x_2x_k}&Q_{x_2y_k}\\Q_{y_2x_1}&Q_{y_2y_1}&Q_{y_2x_2}&Q_{y_2y_2}&\cdots&Q_{y_2x_k}&Q_{y_2y_k}\\\vdots&\vdots&\vdots&\vdots&&\vdots&\vdots\\Q_{x_kx_1}&Q_{x_ky_1}&Q_{x_kx_2}&Q_{x_ky_2}&\cdots&Q_{x_kx_k}&Q_{x_ky_k}\\Q_{y_kx_1}&Q_{y_ky_1}&Q_{y_kx_2}&Q_{y_ky_2}&\cdots&Q_{y_kx_k}&Q_{y_ky_k}\end{bmatrix}\tag{5.6.6}$$

式中，主对角线元素 $Q_{x_ix_i}$、$Q_{y_iy_i}$ 就是待定点坐标 $x_i$ 和 $y_i$ 的协因数(或称权倒数)；$Q_{x_iy_i}$、$Q_{y_ix_i}$ 则是它们的相关协因数(或称相关权倒数)，在相应协因数(权倒数)连线的两侧；而 $PQ_{x_ix_j}$、$Q_{x_iy_j}$、$Q_{y_ix_j}$、$Q_{y_iy_j}$ $(i\neq j)$则是 $i$ 点和 $j$ 点的纵、横坐标$(x_i,y_i)$与$(x_j,y_j)$之间的互协因数，它们位于主对角线元素连线的两侧，并成对称关系。

**2.任意方向 $\varphi$ 上的位差**

如图 5.6.1 所示，在 $P$ 点有任意一方向，与 $x$ 轴的夹角为 $\varphi$，$P$ 点的点位真误差$\overline{PP'}$在 $\varphi$ 方向上的投影值为$\Delta_\varphi=\overline{PP'''}$，在 $x$ 轴和 $y$ 轴上的投影为 $\Delta_x$ 和 $\Delta_y$，则 $\Delta\varphi$ 与 $\Delta_x$ 和 $\Delta_y$ 的关系为

$$\Delta_\varphi=\overline{PP''}+\overline{P''P'''}=\Delta_x\cos\varphi+\Delta_y\sin\varphi\tag{5.6.7}$$

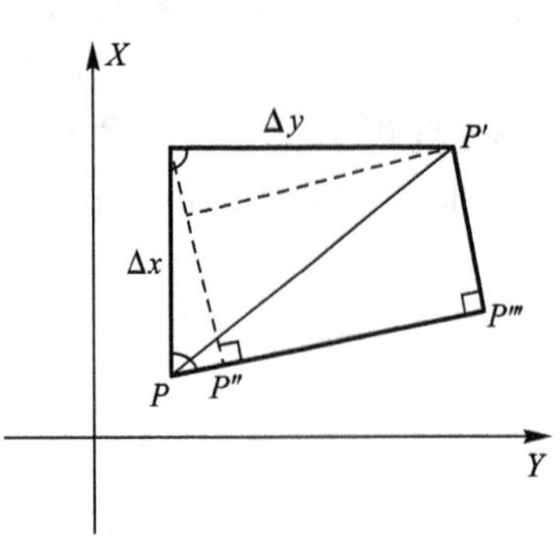


图 5.6.1 任意方向位差

根据协因数传播律得

$$Q_{\varphi\varphi}=Q_{xx}\cos^2\varphi+Q_{yy}\sin^2\varphi+2Q_{xy}\sin\varphi\cos\varphi$$
$$=Q_{xx}\cos^2\varphi+Q_{yy}\sin^2\varphi+Q_{xy}\sin2\varphi \tag{5.6.8}$$

$Q_{\varphi\varphi}$即为求任意方向 $\varphi$ 上的位差时的协因数(权倒数)。因此,任意方向 $\varphi$ 的位差为

$$\hat{\sigma}_{\varphi}^2=\hat{\sigma}_0^2Q_{\varphi\varphi}=\sigma_0^2(Q_{xx}\cos^2\varphi+Q_{yy}\sin^2\varphi+Q_{xy}\sin2\varphi) \tag{5.6.9}$$

**3.位差的极大值 *E* 和极小值 *F***

在式(5.6.9)中,因为 $\varphi$ 在 0°～360°范围内有无穷多个,因此,位差$\hat{\sigma}_{\varphi}^2$($\hat{\sigma}_{\varphi}^{2\prime}$、$\hat{\sigma}_{\varphi}^{2\prime\prime}$)也有无穷多个,其中,应存在一个极大值 max($\hat{\sigma}_{\varphi}^2$)和一个极小值 min($\hat{\sigma}_{\varphi}^2$)。平差问题确定之后,$\hat{\sigma}_0^2$ 是定值,因此,求位差极值的问题等价于求 $Q_{\varphi\varphi}$ 的极值问题。

1)极值方向值 $\varphi_0$ 的确定

要求 $Q_{\varphi\varphi}$的极值,只需要将式(5.6.8)对 $\varphi$ 求一阶导数,并令其等于零,即可求出使得 $Q_{\varphi\varphi}$取得极值的方向值 $\varphi_0$。

由

$$\frac{\mathrm{d}}{\mathrm{d}\varphi}(Q_{xx}\cos^2\varphi+Q_{yy}\sin^2\varphi+Q_{xy}\sin2\varphi)\Big|_{\varphi=\varphi_0}=0$$

由此可得

$$\tan2\varphi_0=\frac{2Q_{xy}}{(Q_{xx}-Q_{yy})} \tag{5.6.10}$$

又因为

$$\tan2\varphi_0=\tan(2\varphi_0+180°)$$

所以式(5.6.10)有两个根,一个是 $2\varphi_0$,另一个是 $2\varphi_0+180°$。也就是说,使 $Q_{\varphi\varphi}$取得极值的方向值为 $\varphi_0$ 和 $\varphi_0+90°$,其中一个为极大值方向,另一个为极小值方向。

2)极大值方向 $\varphi_E$ 和极小值方向 $\varphi_F$ 的确定

公式变换 $\varphi_0$ 和 $\varphi_0+90°$是使 $Q_{\varphi\varphi}$取得极值的两个方向值,但是还要确定哪一个是极大方向值 $\varphi_E$,哪一个是极小方向值 $\varphi_F$。

将三角公式

$$\cos^2\varphi_0=\frac{1+\cos2\varphi_0}{2},\sin^2\varphi_0=\frac{1-\cos2\varphi_0}{2}$$

$$\sin^2 2\varphi_0=\frac{1}{1+\cot^2 2\varphi_0},\cos^2 2\varphi_0=\frac{1}{1+\tan^2 2\varphi_0}$$

代入式(5.6.8)并顾及式(5.6.10),得

$$\begin{aligned}Q_{\varphi\varphi}&=Q_{xx}\frac{1+\cos2\varphi_0}{2}+Q_{yy}\frac{1-\cos2\varphi_0}{2}+Q_{xy}\sin2\varphi_0\\&=\frac{1}{2}[(Q_{xx}+Q_{yy})+(Q_{xx}-Q_{yy})\cos2\varphi_0+2Q_{xy}\sin2\varphi_0]\\&=\frac{1}{2}(Q_{xx}+Q_{yy}+\frac{2Q_{xy}}{\tan2\varphi_0}\cos2\varphi_0+2Q_{xy}\sin2\varphi_0)\\&=\frac{1}{2}[(Q_{xx}+Q_{yy})+2(\cot^2 2\varphi_0+1)Q_{xy}\sin2\varphi_0]\end{aligned} \tag{5.6.11}$$

在式(5.6.11)中，根据测量平差的特点，第一项$(Q_{xx}+Q_{yy})$恒大于零，第二项中的值可能大于零，也可能小于零。当第二项中的值大于零时，$Q_{\varphi\varphi}$取得极大值，当第二项中的值小于零时，$Q_{\varphi\varphi}$取得极小值。

(1)当$Q_{xy}\sin2\varphi_0>0$时，$Q_{\varphi\varphi}$取得极大值，相应的$\varphi_0$就是$\varphi_E$；否则，当$Q_{xy}\sin2\varphi_0<0$时，$Q_{\varphi\varphi}$取得极小值，相应的$\varphi_0$就是$\varphi_F$。

(2)当$Q_{xy}>0$时，$\varphi_E$在第一、第三象限，$\varphi_F$在第二、第四象限。

(3)当$Q_{xy}<0$时，$\varphi_E$在第二、第四象限，$\varphi_F$在第一、第三象限。

从以上分析的结果可以看出，能使$Q_{\varphi\varphi}$取得极大值的两个方向相差180°。同样，能使$Q_{\varphi\varphi}$取得极小值的两个方向也相差180°，而且极大值方向和极小值方向总是正交。

3)极大值$E$和极小值$F$的计算

一般计算方法为当$\varphi_E$和$\varphi_F$求出后，分别代入式(5.6.9)，则可求出位差$\hat{\sigma}_\varphi^2$的极大值$E$和极小值$F$，即

$$E^2=\hat{\sigma}_0^2(Q_{xx}\cos^2\varphi_E+Q_{yy}\sin^2\varphi_E+Q_{xy}\sin2\varphi_E) \tag{5.6.12}$$

$$F^2=\hat{\sigma}_0^2(Q_{xx}\cos^2\varphi_F+Q_{yy}\sin^2\varphi_F+Q_{xy}\sin2\varphi_F) \tag{5.6.13}$$

另外，还可以对式(5.6.12)和式(5.6.13)进行变换，导出计算$E$和$F$的简便公式。由三角公式知

$$\sin2\varphi_0=\pm\frac{1}{\sqrt{1+\cot^2 2\varphi_0}}$$

由式(5.6.11)知

$$\cot^2 2\varphi_0=\frac{(Q_{xx}-Q_{yy})^2}{4Q_{xy}^2},1+\cot^2 2\varphi_0=\frac{(Q_{xx}-Q_{yy})^2+4Q_{xy}^2}{4Q_{xy}^2}$$

得

$$\sin2\varphi_0=\pm\frac{2Q_{xy}}{\sqrt{(Q_{xx}-Q_{yy})^2+4Q_{xy}^2}} \tag{5.6.14}$$

结合$1+\cot^2 2\varphi_0=\dfrac{1}{\sin^2 2\varphi_0}$，并将式(5.6.14)代入式(5.6.11)，进行整理可得

$$Q_{\varphi\varphi}=\frac{1}{2}\left[(Q_{xx}+Q_{yy})\pm\sqrt{(Q_{xx}-Q_{yy})^2+4Q_{xy}^2}\right]$$

令

$$K=\sqrt{(Q_{xx}-Q_{yy})^2+4Q_{xy}^2} \tag{5.6.15}$$

则

$$Q_{\varphi\varphi}=\frac{1}{2}[(Q_{xx}+Q_{yy})\pm K] \tag{5.6.16}$$

式(5.6.16)中$K$恒大于零。因此，当$K$取正号时，$Q_{\varphi\varphi}$取得极大值；当$K$取负号时，$Q_{\varphi\varphi}$取得极小值。于是，极大值$E$和极小值$F$为

$$E=\frac{\sqrt{2}}{2}\hat{\sigma}_0\sqrt{(Q_{xx}+Q_{yy}+K)} \tag{5.6.17}$$

$$F=\frac{\sqrt{2}}{2}\hat{\sigma}_0\sqrt{(Q_{xx}+Q_{yy}-K)} \tag{5.6.18}$$

例 5.6.1　已知某平面控制网中待定点坐标平差参数$\hat{x}$、$\hat{y}$的协因数为

$$Q_{\hat{X}\hat{X}}=\begin{bmatrix}1.236 & -0.314\\ -0.314 & 1.192\end{bmatrix}$$

其单位为$\left(\frac{\mathrm{dm}}{\mathrm{s}}\right)^2$，并求得$\hat{\sigma}_0=\pm1''$。试求极大值 $E$、极小值 $F$，并确定极值方向。

解：(1)确定极值方向为

$$\tan2\varphi_0=\frac{2Q_{xy}}{(Q_{xx}-Q_{yy})}=\frac{2\times(-0.314)}{0.044}=-14.273$$

所以

$$2\varphi_0=94°00'或\ 274°00'$$
$$\varphi_0=47°00'或\ 137°00'$$

因为 $Q_{xy}<0$，所以极大值 $E$ 在第二、四象限，极小值 $F$ 在第一、三象限，所以有

$$\varphi_E=137°00'或\ 317°00'$$
$$\varphi_F=47°00'或\ 227°00'$$

(2)计算极大值 $E$ 和极小值 $F$ 为

$$K=\sqrt{(Q_{xx}-Q_{yy})^2+4Q^2_{\ xy}}=0.630$$

$$E=\frac{\sqrt{2}}{2}\sigma_0\sqrt{(Q_{xx}+Q_{yy}+K)}=1.236\ \mathrm{dm}$$

$$F=\frac{\sqrt{2}}{2}\sigma_0\sqrt{(Q_{xx}+Q_{yy}-K)}=0.948\ \mathrm{dm}$$

例 5.6.2　数据同例 5.6.1，试求坐标方位角 $\alpha=150°$方向上的位差。

解：方法一。用式(5.6.9)计算，将 $\varphi=\alpha=150°$代入式(5.6.11)得

$$\hat{\sigma}_\varphi^2=\hat{\sigma}_0^2(Q_{xx}\cos^2\varphi+Q_{yy}\sin^2\varphi+Q_{xy}\sin2\varphi)$$
$$=1.236\cos^2150°+1.192\sin^2150°-0.314\sin300°=1.496$$

所以$\hat{\sigma}_\varphi=1.22(\mathrm{dm})$。

方法二。因为 $\psi=\alpha-\varphi_E=150°-137°=13°$，所以

$$\hat{\sigma}_\varphi^2=\sigma_\psi{}^2=E^2\ \cos^2\psi+F^2\ \sin^2\psi=1.528\ \cos^2 13°+0.899\ \sin^2 13°=1.496$$

$$\hat{\sigma}_\varphi=\sigma_\psi=\pm1.22\ (\mathrm{dm})$$

## 5.6.2　误差椭圆

在式(5.6.11)中以不同的 $\psi$，就能计算不同的 $\sigma_\psi$，$\sigma_\psi$ 是 $\psi$ 的连续函数。以不同

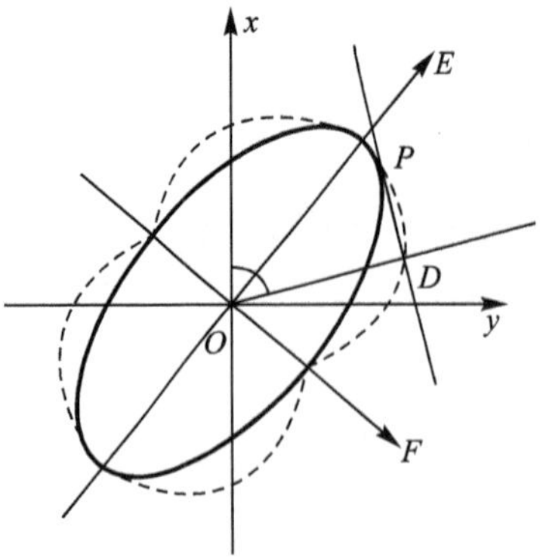


图 5.6.2 误差椭圆

的 $\psi$ 和 $\sigma_\psi$ 为极坐标的点的轨迹为闭合曲线，其形状如图 5.6.2 的虚线所围成的图形，称为点位误差曲线。点位误差曲线是以 $E$、$F$ 为对称轴的曲线。它不是一种典型曲线，故降低了它的实用价值。其总体形状与以 $E$、$F$ 为长、短半轴的椭圆很相似，如图 5.6.3 所示。可以证明，通过一定的变通方法，用此椭圆可以代替点位误差曲线进行各类误差的量取，故将此椭圆称为点位误差椭圆，位差的极大值 $E$ 和极小值 $F$ 分别为椭圆的长、短半轴，极大值方向由 $\varphi_E$ 确定，即点位误差椭圆的参数为 $E$、$\varphi_E$ 和 $F$。

利用误差椭圆求某点在任意方向 $\psi$ 上的位差 $\hat{\sigma}_\psi$ 时，只要在垂直于该方向上作椭圆的切线，则垂足 $D$ 与原点 $O$ 的连线长度就是 $\psi$ 方向上的位差 $\hat{\sigma}_\psi$。

为绘制某一点（以第 $i$ 点为例）的误差椭圆，必须计算各点误差椭圆元素 $\varphi_E$、$E_i$、$F_i$。综上所述可知，要计算这三个量，必须知道 $\hat{\sigma}_0$ 和各点的 $Q_{x_ix_i}$、$Q_{y_iy_i}$、$Q_{x_iy_i}$，这些数据在间接平差的参数协因数矩阵中获得。误差椭圆一般要在控制网图上绘制，每个待定点的误差椭圆就以该点为中心，以长半径、短半径和长半径方位角为元素，应用绘制椭圆的函数加以绘制。具体绘制方法请参阅有关软件说明书。

例 5.6.3 在某三角网中有 $P_1$ 和 $P_2$ 两个待定点。设两待定点的坐标为未知数，用间接平差法进行平差，算出两点的坐标方位角为 96°03′41.6″，未知数的协因数矩阵为

$$Q_{\hat{X}\hat{X}}=\begin{bmatrix} 0.1422 & -0.1316 & 0.0679 & -0.0170 \\ -0.1316 & 0.2444 & -0.0361 & 0.0297 \\ 0.0679 & -0.0361 & 0.0841 & 0.0045 \\ -0.0170 & 0.0297 & 0.0045 & 0.0838 \end{bmatrix}(\mathrm{dm}/('')\,)^2$$

单位权中误差 $\hat{\sigma}_0=\pm 0.33''$，试求 $P_1$ 和 $P_2$ 点的点位误差椭圆元素。

解：(1) $P_1$ 点的误差椭圆参数为

$$K=\sqrt{(Q_{x_1x_1}-Q_{y_1y_1})^2+4Q_{x_1y_1}^2}=\sqrt{(0.1422-0.2444)^2+4\times(-0.1316)^2}=0.2823$$

$$\tan 2\varphi_0=\frac{2Q_{x_1y_1}}{Q_{x_1x_1}-Q_{y_1y_1}}=\frac{2\times(-0.1316)}{0.1422-0.2444}=2.5753$$

$$2\varphi_0=68°46' \text{或} 248°46',\ \varphi_0=34°23' \text{或} 124°23'$$

因为 $Q_{x_1y_1}=-0.1316<0$，所以 $\varphi_E=124°23'$。

根据式(5.6.12)和式(5.6.13)，得

$$E_1^2=\frac{1}{2}\sigma_0^2(Q_{x_1x_1}+Q_{y_1y_1}+K)=\frac{1}{2}\times 0.33^2\times(0.1422+0.2444+0.2823)=0.0364$$

$$F_1^2=\frac{1}{2}\sigma_0^2(Q_{x_1x_1}+Q_{y_1y_1}-K)=\frac{1}{2}\times 0.33^2\times(0.1422+0.2444-0.2823)=0.0057$$

因此

$$E_1=0.19\ \text{dm},F_1=0.08\ \text{dm}$$

(2)$P_2$ 点的误差椭圆参数为

$$K=\sqrt{(Q_{x_2x_2}-Q_{y_2y_2})^2+4Q_{x_2y_2}^2}=\sqrt{(0.0841-0.0838)^2+4\times 0.0045^2}=0.0090$$

$$\tan 2\varphi_0=\frac{2Q_{x_2y_2}}{Q_{x_2x_2}-Q_{y_2y_2}}=\frac{2\times 0.0045}{0.0841-0.0838}=30$$

$$2\varphi_0=88°05' 或 268°05',\varphi_0=44°05' 或 134°05'$$

因为 $Q_{x_2y_2}=0.0045>0$,所以 $\varphi_E=44°05'$。

根据式(5.6.12)和式(5.6.13),得

$$E_2^2=\frac{1}{2}\sigma_0^2(Q_{x_2x_2}+Q_{y_2y_2}+K)=\frac{1}{2}\times 0.33^2\times(0.0841+0.0838+0.0090)=0.0096$$

$$F_2^2=\frac{1}{2}\sigma_0^2(Q_{x_2x_2}+Q_{y_2y_2}-K)=\frac{1}{2}\times 0.33^2\times(0.0841+0.0838+0.0090)=0.0086$$

因此

$$E_1=0.10\ \text{dm},F_1=0.09\ \text{dm}$$

### 5.6.3　相对误差椭圆

利用点位误差椭圆给出待定点相当于起算点的直观精度,但还不能确定任意两个待定点之间相对位置的精度。要解决这个问题,需要用相对点位误差椭圆。

设两个待定点为 $P_i$ 和 $P_k$,这两点的相对位置可通过其坐标差来表示,即

$$\left.\begin{aligned}\Delta x_{ik}&=x_k-x_i\\ \Delta y_{ik}&=y_k-y_i\end{aligned}\right\}\tag{5.6.19}$$

根据协因数传播律可得

$$\left.\begin{aligned}Q_{\Delta x\Delta x}&=Q_{x_kx_k}+Q_{x_ix_i}-2Q_{x_kx_i}\\ Q_{\Delta y\Delta y}&=Q_{y_ky_k}+Q_{y_iy_i}-2Q_{y_ky_i}\\ Q_{\Delta x\Delta y}&=Q_{x_ky_k}+Q_{x_iy_i}-Q_{x_ky_i}-Q_{x_iy_k}\end{aligned}\right\}\tag{5.6.20}$$

利用这些协因数,可得到计算 $P_i$ 和 $P_k$ 点间的相对误差椭圆的三个参数的公式,即

$$\left.\begin{aligned}E^2&=\frac{1}{2}\hat{\sigma}_0^2\left[Q_{\Delta x\Delta x}-Q_{\Delta y\Delta y}+\sqrt{(Q_{\Delta x\Delta x}-Q_{\Delta y\Delta y})^2+4Q_{\Delta x\Delta y}^2}\right]\\ F^2&=\frac{1}{2}\hat{\sigma}_0^2\left[Q_{\Delta x\Delta x}-Q_{\Delta y\Delta y}+\sqrt{(Q_{\Delta x\Delta x}-Q_{\Delta y\Delta y})^2+4Q_{\Delta x\Delta y}^2}\right]\\ \tan 2\varphi_0&=\frac{2Q_{\Delta x\Delta y}}{Q_{\Delta x\Delta x}-Q_{\Delta y\Delta y}}\end{aligned}\right\}\tag{5.6.21}$$

两个待定点为 $P_i$ 和 $P_k$ 之间的相对误差椭圆一般绘制在控制网图中该两点连线的中点处，绘制方法与点位误差椭圆相同。

例 5.6.4　在平面控制网中插入 $P_1$ 和 $P_2$ 两个待定点。设用间接平差法对该网进行平差，待定点坐标近似值的改正数为 $\hat{x}_1$、$\hat{y}_1$、$\hat{x}_2$、$\hat{y}_2$（以分米为单位），得单位权中误差为 $\hat{\sigma}_0=\pm0.8''$。其法方程如下，试求 $P_1$ 和 $P_2$ 点的点位误差椭圆元素及 $P_1$ 和 $P_2$ 点间的相对误差椭圆元素。

$$906.91\hat{x}_1+107.07\hat{y}_1-426.42\hat{x}_2-172.17\hat{y}_2-94.23=0$$
$$107.07\hat{x}_1+486.22\hat{y}_1-177.64\hat{x}_2-142.65\hat{y}_2-41.40=0$$
$$-426.42\hat{x}_1-177.64\hat{y}_1+716.39\hat{x}_2+60.25\hat{y}_2+52.78=0$$
$$-172.17\hat{x}_1-142.65\hat{y}_1+60.25\hat{x}_2+444.60\hat{y}_2+1.06=0$$

解：令 $\boldsymbol{N}_{bb}$ 表示法方程式系数，则未知参数的协因数为

$$\boldsymbol{Q}_{\hat{X}\hat{X}}=\boldsymbol{N}_{bb}^{-1}\begin{bmatrix}+0.0016 & +0.0002 & +0.0010 & +0.0005\\ +0.0002 & +0.0024 & +0.0006 & +0.0008\\ +0.0010 & +0.0006 & +0.0021 & +0.0003\\ +0.0005 & +0.0008 & +0.0003 & +0.0027\end{bmatrix}$$

（1）$P_1$ 点的误差椭圆参数为

$$E_1^2=\frac{1}{2}\hat{\sigma}_0^2\left[Q_{x_1x_1}+Q_{y_1y_1}+\sqrt{(Q_{x_1x_1}-Q_{y_1y_1})^2+4Q_{x_1y_1}^2}\right]$$

$$F_1^2=\frac{1}{2}\hat{\sigma}_0^2\left[Q_{x_1x_1}+Q_{y_1y_1}+\sqrt{(Q_{x_1x_1}-Q_{y_1y_1})^2+4Q_{x_1y_1}^2}\right]$$

$$\tan2\varphi_E=\frac{2Q_{x_1y_1}}{Q_{x_1x_1}-Q_{y_1y_1}}$$

将有关数据代入，可求得

$$E_1=0.040\ \text{dm},F_1=0.032\ \text{dm},\varphi_{E_1}=76°45'$$

（2）$P_2$ 点的误差椭圆参数为

$$E_2^2=\frac{1}{2}\hat{\sigma}_0^2\left[Q_{x_2x_2}+Q_{y_2y_2}+\sqrt{(Q_{x_2x_2}-Q_{y_2y_2})^2+4Q_{x_2y_2}^2}\right]$$

$$F_2^2=\frac{1}{2}\hat{\sigma}_0^2\left[Q_{x_2x_2}+Q_{y_2y_2}+\sqrt{(Q_{x_2x_2}-Q_{y_2y_2})^2+4Q_{x_2y_2}^2}\right]$$

$$\tan2\varphi_E=\frac{2Q_{x_2y_2}}{Q_{x_2x_2}-Q_{y_2y_2}}$$

将有关数据代入，可求得

$$E_2=0.042\ \text{dm},F_2=0.036\ \text{dm},\varphi_{E_2}=67°30'$$

（3）$P_1$ 和 $P_2$ 点间相对误差椭圆参数为

$$Q_{\Delta x\Delta x}=Q_{x_1x_1}+Q_{x_2x_2}-2Q_{x_1x_2}=0.001\,6+0.002\,1-2\times0.001\,0=0.001\,7$$

$$Q_{\Delta y\Delta y}=Q_{y_1y_1}+Q_{y_2y_2}-2Q_{y_1y_2}=0.002\,4+0.002\,7-2\times0.000\,8=0.003\,5$$

$$Q_{\Delta y\Delta y}=Q_{x_1y_1}+Q_{x_2y_2}-Q_{x_1y_2}-Q_{x_2y_1}=0.000\,2+0.000\,3-0.000\,5-0.000\,6=-0.000\,6$$

$$\tan 2\varphi_0=\frac{2Q_{\Delta x\Delta y}}{Q_{\Delta x\Delta x}-Q_{\Delta y\Delta y}}=\frac{2\times(-0.000\,6)}{0.001\,7-0.003\,5}=0.666\,7$$

则 $\tan 2\varphi_0=33°41'$或 $213°41'$，$\varphi_0=16°50'$或 $106°50'$。因为 $Q_{\Delta x\Delta y}=-0.000\,6<0$，$\varphi_E$ 在第二、四象限，所以 $\varphi_E=106°50'$，$\varphi_F=16°50'$，则

$$E^2=\frac{1}{2}\times0.8^2\left[0.001\,7+0.003\,5+\sqrt{(0.001\,7-0.003\,5)^2+4\times(-0.000\,6)^2}\right]=0.002\,4$$

$$F^2=\frac{1}{2}\times0.8^2\left[0.001\,7+0.003\,5-\sqrt{(0.001\,7-0.003\,5)^2+4\times(-0.000\,6)^2}\right]=0.001\,0$$

$$E=0.049\ \text{dm},F=0.031\ \text{dm}$$

(4)误差椭圆的绘制。根据以上算得的 $P_1$、$P_2$ 两点的点位误差椭圆元素及相对误差椭圆的元素，即可绘出 $P_1$、$P_2$ 两点的点位误差椭圆，以及 $P_1$、$P_2$ 点间的相对误差椭圆。相对误差椭圆一般绘制在 $P_1$、$P_2$ 两点连线的中间部分，如图 5.6.3 所示。

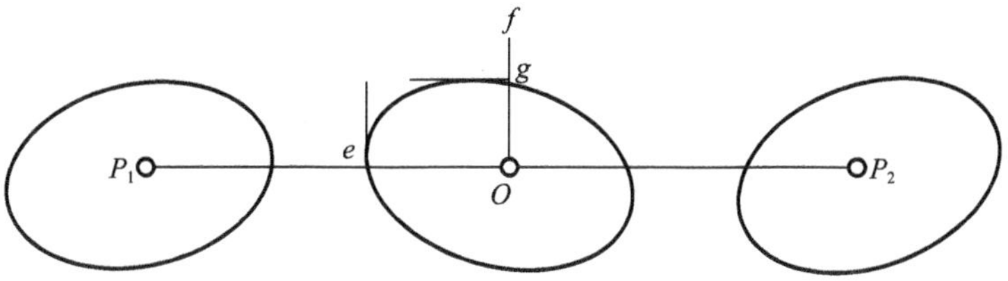


图 5.6.3　误差椭圆与相对误差椭圆

有了 $P_1$、$P_2$ 两点的相对误差椭圆，就可以用图解法量取所需要的任意方向上的位差大小。例如，要确定 $P_1$、$P_2$ 两点间的边长 $S_{P_1P_2}$ 的中误差，则可做$\overline{P_1P_2}$的垂线，并使垂线与相对误差椭圆相切，则垂足 $e$ 至中心 $O$ 的长度$\overline{Oe}$即为$\hat{\sigma}_{S_{P_1P_2}}$。同样，也可以量出与 $P_1P_2$ 连线相垂直方向 $Of$ 的垂足 $g$，则 $Og$ 就是 $P_1P_2$ 边的横向位差，进而可以求出 $P_1P_2$ 边的方位角误差。

在测量工作中，特别是在一些特殊测量工程中，如贯通工程、水利工程的大坝、精密施工放样等，最关心的是某一个方向的测量精度。因此，在控制网设计阶段，往往利用误差椭圆对布网方案进行精度估计和分析，不断地对观测设计方案和网形进行改进，直至估算的结果符合工程建设对控制网提出的精度要求。或者，设计多种不同的方案，考虑各种因素。例如，建网的经费开支、施测工期的长短、布网的难易程度等，在满足精度要求的前提下，从中选择最优的布网方案。

# 第6章　广义平差

## §6.1　附加系统参数的平差

在经典平差中，总是假设观测值不含系统误差，但是有些测量数据可能带有系统误差。通过在平差模型中附加系统参数可以对系统误差进行补偿，这种平差方法称为附加系统参数的平差法。

### 6.1.1　平差原理

经典平差的数学模型为

$$\left.\begin{aligned}&\boldsymbol{L}=\boldsymbol{B}\tilde{\boldsymbol{X}}+\boldsymbol{\Delta}\\&E(\boldsymbol{\Delta})=0\\&\boldsymbol{D}_{LL}=\sigma_0^2\boldsymbol{Q}=\sigma_0^2\boldsymbol{P}^{-1}\end{aligned}\right\}\tag{6.1.1}$$

当观测值中含有系统误差时，$E(\boldsymbol{\Delta})\neq 0$，这需要对经典平差的数学模型进行扩充。设观测误差$\boldsymbol{\Delta}_G$包含系统误差$\boldsymbol{\Delta}_S$和偶然误差$\boldsymbol{\Delta}$，即$\boldsymbol{\Delta}_G=\boldsymbol{\Delta}_S+\boldsymbol{\Delta}$，考虑平差是线性模型，可设$\boldsymbol{\Delta}_S=\boldsymbol{A}\tilde{\boldsymbol{S}}$，$E(\boldsymbol{\Delta}_G)=\boldsymbol{A}\tilde{\boldsymbol{S}}$，于是有

$$\boldsymbol{\Delta}_G=\boldsymbol{A}\tilde{\boldsymbol{S}}+\boldsymbol{\Delta}\tag{6.1.2}$$

将式(6.1.2)代入式(6.1.1)，即得附加系统参数的平差数学模型为

$$\left.\begin{aligned}&\underset{n\times 1}{\boldsymbol{L}}=\underset{n\times t}{\boldsymbol{B}}\underset{t\times 1}{\tilde{\boldsymbol{X}}}+\underset{n\times m}{\boldsymbol{A}}\underset{m\times 1}{\tilde{\boldsymbol{S}}}-\underset{n\times 1}{\boldsymbol{\Delta}}\\&\underset{n\times n}{\boldsymbol{D}_{LL}}=\boldsymbol{\sigma}_0^2\underset{n\times n}{\boldsymbol{P}}^{-1}\end{aligned}\right\}\tag{6.1.3}$$

由式(6.1.3)得误差方程为

$$\boldsymbol{V}=\boldsymbol{B}\hat{\boldsymbol{x}}+\boldsymbol{A}\hat{\boldsymbol{S}}-\boldsymbol{l}\tag{6.1.4}$$

其法方程为

$$\begin{bmatrix}\boldsymbol{B}^{\mathrm{T}}\boldsymbol{PB} & \boldsymbol{B}^{\mathrm{T}}\boldsymbol{PA}\\\boldsymbol{A}^{\mathrm{T}}\boldsymbol{PB} & \boldsymbol{A}^{\mathrm{T}}\boldsymbol{PA}\end{bmatrix}\begin{bmatrix}\hat{\boldsymbol{x}}\\\hat{\boldsymbol{S}}\end{bmatrix}=\begin{bmatrix}\boldsymbol{B}^{\mathrm{T}}\boldsymbol{Pl}\\\boldsymbol{A}^{\mathrm{T}}\boldsymbol{Pl}\end{bmatrix}\tag{6.1.5}$$

令

$$\boldsymbol{N}=\begin{bmatrix}\boldsymbol{B}^{\mathrm{T}}\boldsymbol{PB} & \boldsymbol{B}^{\mathrm{T}}\boldsymbol{PA}\\\boldsymbol{A}^{\mathrm{T}}\boldsymbol{PB} & \boldsymbol{A}^{\mathrm{T}}\boldsymbol{PA}\end{bmatrix},\boldsymbol{W}=\begin{bmatrix}\boldsymbol{B}^{\mathrm{T}}\boldsymbol{Pl}\\\boldsymbol{A}^{\mathrm{T}}\boldsymbol{Pl}\end{bmatrix},\hat{\boldsymbol{y}}=\begin{bmatrix}\hat{\boldsymbol{x}}\\\hat{\boldsymbol{S}}\end{bmatrix}$$

则有

$$\hat{\boldsymbol{y}}=\begin{bmatrix}\hat{\boldsymbol{x}}\\ \hat{\boldsymbol{S}}\end{bmatrix}=\boldsymbol{N}^{-1}\boldsymbol{W} \tag{6.1.6}$$

## 6.1.2 精度评定

(1)单位权中误差为

$$\hat{\sigma}_0=\sqrt{\frac{\boldsymbol{V}^{\mathrm{T}}\boldsymbol{P}\boldsymbol{V}}{n-(t+m)}} \tag{6.1.7}$$

式中,$n$ 为观测值总数,$t$ 为参数 $\boldsymbol{x}$ 的个数,$m$ 为系统参数 $\boldsymbol{S}$ 的个数。

(2)协因数矩阵为

$$\boldsymbol{Q}_{yy}=\boldsymbol{N}^{-1}=\begin{bmatrix}\boldsymbol{Q}_{\hat{x}\hat{x}}\\ \boldsymbol{Q}_{\hat{s}\hat{x}}\end{bmatrix} \tag{6.1.8}$$

(3)协方差矩阵。参数 $\boldsymbol{x}$ 的协方差矩阵为

$$\boldsymbol{D}_{\hat{x}\hat{x}}=\hat{\sigma}_0^2\,\boldsymbol{Q}_{\hat{x}\hat{x}} \tag{6.1.9}$$

系统参数 $\boldsymbol{S}$ 的协方差矩阵为

$$\boldsymbol{D}_{\hat{S}\hat{S}}=\hat{\sigma}_0^2\,\boldsymbol{Q}_{\hat{S}\hat{S}} \tag{6.1.10}$$

## 6.1.3 附加参数显著性检验

系统参数的引入改变了原平差模型,为了确保平差模型的准确性,要对系统参数的显著性进行检验。如果系统参数不存在或者存在但与列入模型的 $\boldsymbol{A}\hat{\boldsymbol{S}}$ 项不符,而仍采用函数模型式(6.1.4)进行平差,必将影响求参数 $\hat{\boldsymbol{x}}$ 与 $\boldsymbol{Q}_{\hat{x}\hat{x}}$ 的正确性,所以附加系统参数的平差必须对列入项 $\boldsymbol{A}\hat{\boldsymbol{S}}$ 的显著性进行检验。

对系统参数 $\hat{\boldsymbol{S}}$ 检验的原假设与备选假设为

$$H_0:\widetilde{S}_i=0,H_1:\widetilde{S}_i\neq 0 \tag{6.1.11}$$

采用 $t$ 检验法,作统计量 $t_i$ 为

$$t_i=\frac{\hat{S}_i-E(\hat{S}_i)}{\hat{\sigma}_{\hat{S}_i}} \tag{6.1.12}$$

当原假设 $H_0$ 成立,则 $E(\hat{S}_i)=0$,以显著性水平 $\alpha$ 可以得到在原假设 $H_0$ 成立下的概率表达式为

$$P\left\{\left|\frac{\hat{S}_i}{\hat{\sigma}_{\hat{S}_i}}\right|<t_{\frac{\alpha}{2}}\right\}=1-\alpha \tag{6.1.13}$$

式中,$t_{\frac{\alpha}{2}}$ 可以在 $t$ 分布表中以 $\alpha$ 和多余观测数 $r$ 为引数查得。如果计算的 $t_i=\left|\frac{\hat{S}_i}{\hat{\sigma}_{\hat{S}_i}}\right|<t_{\frac{\alpha}{2}}$,则接受原假设,认为该系统参数不显著,可以在平差数学模型中去掉该系统参数,重新进行平差。

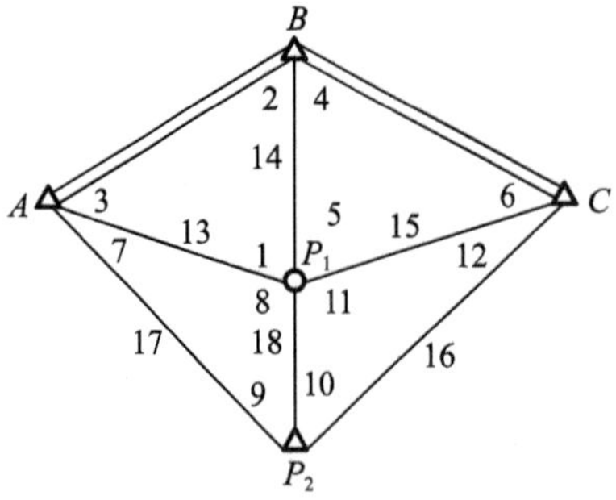


图 6.1.1 某边角网

例 6.1.1 有边角网如图 6.1.1 所示，$A$、$B$、$C$ 为已知点，$P_1$、$P_2$ 为待定点，网中观测了 12 个角度和 6 条边长，起算数据和观测数据分别列于表 6.1.1 和表 6.1.2。测角中误差按 ±1.5″计算，边长中误差按 1.9 cm 计算。试按附有系统参数的平差方法进行平差计算，并检验系统参数的显著性。

解：(1)根据先验方差定权，取角度方差为单位权方差，即 $\sigma_0^2=\sigma_\beta^2$，定权为

$$P_\beta=\frac{\sigma_0^2}{\sigma_\beta^2}=\frac{1.5^2}{1.5^2}=1, P_s=\frac{\sigma_0^2}{\sigma_s^2}=\frac{1.5^2}{1.9^2}=0.62$$

**表 6.1.1 起算数据**

| 点号 | 坐标/m | | 坐标方位角 /(° ′ ″) | 边长/m |
|---|---|---|---|---|
| | X | Y | | |
| A | 4 899.846 | 130.812 | | |
| B | 8 781.945 | 1 099.443 | 14 00 35.77 | 4 001.117 |
| C | 4 548.795 | 7 572.622 | 123 10 57.97 | 7 734.443 |

**表 6.1.2 观测值数据**

| 编号 | 观测角 /(° ′ ″) | 编号 | 观测角 /(° ′ ″) | 编号 | 观测边 /m |
|---|---|---|---|---|---|
| 1 | 84 07 38.2 | 7 | 74 18 16.8 | 13 | 2 463.94 |
| 2 | 37 46 34.9 | 8 | 77 27 59.1 | 14 | 3 414.61 |
| 3 | 58 05 44.1 | 9 | 28 13 43.2 | 15 | 5 216.16 |
| 4 | 33 03 03.2 | 10 | 55 21 09.9 | 16 | 6 042.94 |
| 5 | 126 01 55.7 | 11 | 72 22 25.8 | 17 | 5 085.08 |
| 6 | 20 55 02.3 | 12 | 52 16 20.5 | 18 | 5 014.99 |

待定点坐标的近似值取为

$$X_1^0=5\ 656.89\ \text{m}, Y_1^0=2\ 475.56\ \text{m}; X_2^0=663.90\ \text{m}, Y_1^0=2\ 943.91\ \text{m}$$

(2)设测距边为 $S_{ij}$，两端点坐标为 $(\hat{X}_i, \hat{Y}_i)$、$(\hat{X}_j, \hat{Y}_j)$，则顾及系统参数的观测方程为

$$S_{ij}-\hat{a}_0-\hat{a}_1 S_{ij}+V_{S_{ij}}=\sqrt{(\hat{X}_j-\hat{X}_i)^2+(\hat{Y}_j-\hat{Y}_i)^2}$$

其误差方程为

$$V_{S_{ij}}=-\frac{\Delta X_{ij}^0}{S_{ij}^0}\hat{x}_i-\frac{\Delta Y_{ij}^0}{S_{ij}^0}\hat{y}_i+\frac{\Delta X_{ij}^0}{S_{ij}^0}\hat{x}_j+\frac{\Delta Y_{ij}^0}{S_{ij}^0}\hat{y}_j+\hat{a}_0+\hat{S}_{ij}\hat{a}_1-l_{S_{ij}}$$

式中，$a_0$、$a_1$ 为附加系统参数，为计算方便，$a_1$ 的系数 $S_{ij}$ 以 km 为单位，$a_1$ 以 cm/km 为单位。误差方程系数与常数项列于表 6.1.3 中。

**表 6.1.3　误差方程系数与常数项**

| 序号 | 误差方程系数矩阵 | | | | | | 常数项 |
|---|---|---|---|---|---|---|---|
| | ***a*** | ***b*** | ***c*** | ***d*** | ***e*** | ***f*** | ***−l*** |
| 1 | 0.553 2 | −0.810 0 | 0 | 0 | 0 | 0 | 0.18 |
| 2 | 0.243 4 | 0.552 8 | 0 | 0 | 0 | 0 | −0.53 |
| 3 | −0.796 6 | 0.257 2 | 0 | 0 | 0 | 0 | 3.15 |
| 4 | −0.243 4 | −0.552 8 | 0 | 0 | 0 | 0 | 0.23 |
| 5 | 0.629 8 | 0.636 8 | 0 | 0 | 0 | 0 | −2.44 |
| 6 | −0.386 4 | −0.084 0 | 0 | 0 | 0 | 0 | 1.01 |
| 7 | 0.796 6 | −0.257 2 | −0.224 4 | −0.337 9 | 0 | 0 | 2.68 |
| 8 | −0.835 0 | −0.152 3 | 0.038 4 | 0.409 5 | 0 | 0 | −4.58 |
| 9 | 0.038 4 | 0.409 5 | 0.186 0 | −0.071 6 | 0 | 0 | 2.80 |
| 10 | −0.038 4 | −0.409 5 | 0.299 8 | 0.190 1 | 0 | 0 | −3.10 |
| 11 | −0.348 0 | 0.325 5 | −0.038 4 | −0.409 5 | 0 | 0 | 8.04 |
| 12 | 0.386 4 | 0.084 0 | −0.261 4 | 0.219 4 | 0 | 0 | −1.14 |
| 13 | 0.307 2 | 0.951 6 | 0 | 0 | 1 | 2.463 9 | −0.84 |
| 14 | −0.915 2 | 0.403 0 | 0 | 0 | 1 | 3.414 6 | 1.54 |
| 15 | 0.212 4 | −0.977 2 | 0 | 0 | 1 | 5.216 2 | −3.93 |
| 16 | 0 | 0 | −0.642 9 | −0.766 0 | 1 | 6.042 9 | 2.15 |
| 17 | 0 | 0 | −0.833 0 | 0.553 2 | 1 | 5.085 1 | −12.58 |
| 18 | 0.995 6 | −0.093 4 | −0.995 6 | 0.093 4 | 1 | 5.015 0 | 8.21 |

（3）平差定权仍然按角度权为 1、边长权为 0.62 计算。

（4）组成法方程为

$$\begin{bmatrix} 4.4305 & -0.3112 & -0.9174 & -0.3362 & 0.3720 & 2.3143 \\ -0.3112 & 3.5433 & 0.0285 & -0.2029 & 0.1761 & -1.1439 \\ -0.9174 & 0.0285 & 1.5471 & 0.0556 & -1.5323 & -8.1306 \\ -0.3362 & -0.2029 & 0.0556 & 1.0979 & -0.0740 & -0.8354 \\ 0.3720 & 0.1761 & -1.5323 & -0.0740 & 3.7200 & 16.8874 \\ 2.3143 & -1.1439 & -8.1306 & -0.8354 & 16.8874 & 82.1278 \end{bmatrix} \begin{bmatrix} \hat{x}_1 \\ \hat{y}_1 \\ \hat{x}_2 \\ \hat{y}_2 \\ \hat{a}_0 \\ \hat{a}_1 \end{bmatrix} - \begin{bmatrix} 8.1935 \\ -6.2968 \\ -9.5113 \\ 12.9246 \\ 13.5594 \\ 67.8666 \end{bmatrix} = 0$$

(5)解算法方程为

$$\begin{bmatrix} \hat{x}_1 \\ \hat{y}_1 \\ \hat{x}_2 \\ \hat{y}_2 \\ \hat{a}_0 \\ \hat{a}_1 \end{bmatrix} = \begin{bmatrix} 0.2867 & 0.0620 & 0.3166 & 0.1211 & -0.2090 & 0.0683 \\ 0.0620 & 0.4092 & 0.2769 & 0.1845 & -0.8826 & 0.2147 \\ 0.3166 & 0.2769 & 1.9811 & 0.3362 & -1.5762 & 0.5186 \\ 0.1211 & 0.1845 & 0.3362 & 1.0754 & -0.8697 & 0.2222 \\ -0.2090 & -0.8826 & -1.5762 & -0.8697 & 6.6496 & -1.5386 \\ 0.0683 & 0.2147 & 0.5186 & 0.2222 & -1.5386 & 0.3832 \end{bmatrix} \begin{bmatrix} 8.1935 \\ -6.2968 \\ -9.5113 \\ 12.9246 \\ 13.5594 \\ 67.8666 \end{bmatrix} = \begin{bmatrix} 2.3 \\ 0.3 \\ 0.2 \\ 13.8 \\ -6.7 \\ 2.3 \end{bmatrix}$$

(6)求改正数为

$$\boldsymbol{V}_{\beta}^{\mathrm{T}} = [1.1 \quad -0.3 \quad 1.4 \quad -0.6 \quad -0.7 \quad 0.1 \quad -0.1 \quad -1.0 \quad 2.1 \quad -0.9 \quad 1.8 \quad 2.8](")$$

$$\boldsymbol{V}_{S}^{\mathrm{T}} = [-0.8 \quad 0.7 \quad 1.2 \quad -1.1 \quad -0.1 \quad 0.1](\mathrm{cm})$$

(7)评定精度。单位权中误差$\hat{\sigma}_0 = 1.4''$,参数的中误差为

$$\hat{\sigma}_{\hat{X}_1} = 0.8\ \mathrm{cm}, \hat{\sigma}_{\hat{Y}_1} = 0.9\ \mathrm{cm}, \hat{\sigma}_{\hat{X}_2} = 2.0\ \mathrm{cm}, \hat{\sigma}_{\hat{Y}_2} = 1.5\ \mathrm{cm}$$

$$\hat{\sigma}_{\hat{a}_0} = 3.6\ \mathrm{cm}, \hat{\sigma}_{\hat{a}_1} = 0.9\ \mathrm{cm/km}$$

(8)系统参数的显著性检验。取置信水平 $\alpha = 0.05$,查表得 $t_{\frac{\alpha}{2}} = 2.18$,而

$$t_0 = \left| \frac{\hat{a}_0}{\hat{\sigma}_{\hat{a}_0}} \right| = 1.86 < t_{\frac{\alpha}{2}}, t_1 = \left| \frac{\hat{a}_1}{\hat{\sigma}_{\hat{a}_1}} \right| = 2.6 > t_{\frac{\alpha}{2}}$$

经检验,认为系统参数 $\hat{a}_0$ 不显著,去掉 $\hat{a}_0$ 重新平差。

(9)第二次平差时,参数变成 5 个,误差方程系数矩阵(表 6.1.3)少了一列($e$ 列),再组成法方程,解算法方程得到新的参数估值,即

$$\begin{bmatrix} \hat{x}_1 \\ \hat{y}_1 \\ \hat{x}_2 \\ \hat{y}_2 \\ \hat{a}_1 \end{bmatrix} = \begin{bmatrix} 0.2801 & 0.0343 & 0.2671 & 0.0938 & 0.0200 \\ 0.0343 & 0.2920 & 0.0677 & 0.0690 & 0.0105 \\ 0.2671 & 0.0677 & 1.6075 & 0.1300 & 0.1539 \\ 0.0938 & 0.0690 & 0.1300 & 0.9617 & 0.0210 \\ 0.0200 & 0.0105 & 0.1539 & 0.0210 & 0.0272 \end{bmatrix} \begin{bmatrix} 8.1935 \\ -6.2968 \\ -9.5113 \\ 12.9246 \\ 67.8666 \end{bmatrix} = \begin{bmatrix} 2.1 \\ -0.6 \\ -1.4 \\ 13.0 \\ 0.75 \end{bmatrix}$$

下面进行精度评定。

平差后单位权中误差$\hat{\sigma}_0 = 1.4''$,参数中误差为

$\hat{\sigma}_{\hat{X}_1} = 0.8\ \mathrm{cm}, \hat{\sigma}_{\hat{Y}_1} = 0.8\ \mathrm{cm}, \hat{\sigma}_{\hat{X}_2} = 1.9\ \mathrm{cm}, \hat{\sigma}_{\hat{Y}_2} = 1.5\ \mathrm{cm}, \hat{\sigma}_{\hat{a}_1} = 0.25\ \mathrm{cm/km}$

取置信水平 $\alpha = 0.05$,查表得 $t_{\frac{\alpha}{2}} = 2.16$,而

$$t_1=\left|\frac{\hat{a}_1}{\hat{\sigma}_{\hat{a}_1}}\right|=3.0>t_{\frac{\alpha}{2}}$$

经检验，认为边长观测值存在系统误差，系统误差与边的长度成正比，系统参数为

$$\hat{a}_1=7.5\ \text{mm/km}$$

平差后改正数为

$$\boldsymbol{V}_\beta^{\mathrm{T}}=[1.8\quad -0.3\quad 1.3\quad 0.0\quad -1.5\quad 0.2\quad 0.4\quad -1.0\quad 1.4\quad -0.9\quad 1.9\quad 2.8]('')$$

$$\boldsymbol{V}_S^{\mathrm{T}}=[1.1\quad 1.9\quad 1.0\quad -2.3\quad -0.4\quad 0.3](\text{cm})$$

平差后坐标估值如表 6.1.4 所示。

**表 6.1.4　最后平差结果**

| 点号 | 最后坐标/m | | 精度指标/cm | |
|---|---|---|---|---|
| | $\hat{X}$ | $\hat{Y}$ | $\hat{\sigma}_{\hat{X}}$ | $\hat{\sigma}_{\hat{Y}}$ |
| $P_1$ | 5 656.911 | 2 475.550 | 0.8 | 0.8 |
| $P_2$ | 663.886 | 2 944.030 | 1.9 | 1.5 |

## §6.2　序贯平差

序贯平差也称为逐次间接平差。序贯平差公式具有递推性质，便于计算机编程，因此被广泛应用。

### 6.2.1　序贯平差原理

将观测值 $\boldsymbol{L}$ 分为两组，记为 $\boldsymbol{L}_1$ 和 $\boldsymbol{L}_2$，它们的权矩阵分别记为 $\boldsymbol{P}_1$ 和 $\boldsymbol{P}_2$，设这两组观测值不相关，即

$$\underset{n\times 1}{\boldsymbol{L}}=\begin{bmatrix}\underset{n_1\times 1}{\boldsymbol{L}_1}\\ \underset{n_2\times 1}{\boldsymbol{L}_2}\end{bmatrix},\quad \underset{n\times n}{\boldsymbol{P}}=\begin{bmatrix}\underset{n_1\times n_1}{\boldsymbol{P}_1} & \\ & \underset{n_2\times n_2}{\boldsymbol{P}_2}\end{bmatrix}$$

而 $n=n_1+n_2$，$n_1>t$，$t$ 为必要观测数。

当参数之间不存在约束条件时，其误差方程为

$$\boldsymbol{V}_1=\boldsymbol{B}_1\hat{\boldsymbol{x}}-\boldsymbol{l}_1 \tag{6.2.1}$$

$$\boldsymbol{V}_2=\boldsymbol{B}_2\hat{\boldsymbol{x}}-\boldsymbol{l}_2 \tag{6.2.2}$$

式中，$\hat{\boldsymbol{X}}=\boldsymbol{X}^0+\hat{\boldsymbol{x}}$，$\boldsymbol{l}_1=\boldsymbol{L}_1-\boldsymbol{B}_1\boldsymbol{X}^0$，$\boldsymbol{l}_2=\boldsymbol{L}_2-\boldsymbol{B}_2\boldsymbol{X}^0$。

将式(6.2.1)单独平差，得到 $\hat{\boldsymbol{x}}$ 的第一次最小二乘估值 $\hat{\boldsymbol{x}}_1$ 及其协因数矩阵 $\boldsymbol{Q}_{\hat{x}_1}$，即

$$\hat{\boldsymbol{x}}_1=\boldsymbol{Q}_{\hat{x}_1}\boldsymbol{B}_1^{\mathrm{T}}\boldsymbol{P}_1\boldsymbol{l}_1 \tag{6.2.3}$$

$$Q_{\hat{x}_1}=(\boldsymbol{B}_1^{\mathrm{T}}\boldsymbol{P}\boldsymbol{B}_1)^{-1} \tag{6.2.4}$$

式中，$\hat{\boldsymbol{x}}_1$ 表示由第一组观测值 $\boldsymbol{L}_1$ 平差所得$\hat{\boldsymbol{x}}$的值。

将式(6.2.1)和式(6.2.2)进行联合解算，整体平差的法方程为

$$(\boldsymbol{B}_1^{\mathrm{T}}\boldsymbol{P}_1\boldsymbol{B}_1+\boldsymbol{B}_2^{\mathrm{T}}\boldsymbol{P}_2\boldsymbol{B}_2)\hat{\boldsymbol{x}}_2=\boldsymbol{B}_1^{\mathrm{T}}\boldsymbol{P}_1\boldsymbol{l}_1+\boldsymbol{B}_2^{\mathrm{T}}\boldsymbol{P}_2\boldsymbol{l}_2 \tag{6.2.5}$$

顾及式(6.2.3)和式(6.2.4)，式(6.2.5)也可以写成

$$(\boldsymbol{Q}_{\hat{x}_1}^{-1}+\boldsymbol{B}_2^{\mathrm{T}}\boldsymbol{P}_2\boldsymbol{B}_2)\hat{\boldsymbol{x}}_2=\boldsymbol{B}_1^{\mathrm{T}}\boldsymbol{P}_1\boldsymbol{B}_1\hat{\boldsymbol{x}}_1+\boldsymbol{B}_2^{\mathrm{T}}\boldsymbol{P}_2\boldsymbol{l}_2 \tag{6.2.6}$$

因此有

$$\begin{aligned}\hat{\boldsymbol{x}}_2&=(\boldsymbol{Q}_{\hat{x}_1}^{-1}+\boldsymbol{B}_2^{\mathrm{T}}\boldsymbol{P}_2\boldsymbol{B}_2)^{-1}(\boldsymbol{B}_1^{\mathrm{T}}\boldsymbol{P}_1\boldsymbol{B}_1\hat{\boldsymbol{x}}_1+\boldsymbol{B}_2^{\mathrm{T}}\boldsymbol{P}_2\boldsymbol{l}_2)\\&=\boldsymbol{Q}_{\hat{x}_2}\boldsymbol{B}_1^{\mathrm{T}}\boldsymbol{P}_1\boldsymbol{B}_1\hat{\boldsymbol{x}}_1+\boldsymbol{Q}_{\hat{x}_2}\boldsymbol{B}_2^{\mathrm{T}}\boldsymbol{P}_2\boldsymbol{l}_2\end{aligned} \tag{6.2.7}$$

因为

$$\boldsymbol{B}_1^{\mathrm{T}}\boldsymbol{P}_1\boldsymbol{B}_1=\boldsymbol{Q}_{\hat{x}_2}^{-1}-\boldsymbol{B}_2^{\mathrm{T}}\boldsymbol{P}_2\boldsymbol{B}_2 \tag{6.2.8}$$

将式(6.2.8)代入式(6.2.7)，得

$$\hat{\boldsymbol{x}}_2=\hat{\boldsymbol{x}}_1+\boldsymbol{Q}_{\hat{x}_2}\boldsymbol{B}_2^{\mathrm{T}}\boldsymbol{P}_2(\boldsymbol{l}_2-\boldsymbol{B}_2\hat{\boldsymbol{x}}_1) \tag{6.2.9}$$

令

$$\boldsymbol{K}_2=\boldsymbol{Q}_{\hat{x}_2}\boldsymbol{B}_2^{\mathrm{T}}\boldsymbol{P}_2 \tag{6.2.10}$$

$$\bar{\boldsymbol{l}}_2=\boldsymbol{l}_2-\boldsymbol{B}_2\hat{\boldsymbol{x}}_1 \tag{6.2.11}$$

则式(6.2.9)为

$$\hat{\boldsymbol{x}}_2=\hat{\boldsymbol{x}}_1+\boldsymbol{K}_2\bar{\boldsymbol{l}}_2 \tag{6.2.12}$$

式(6.2.12)即为序贯平差的递推计算式。式中，$\boldsymbol{K}_2$ 为增益矩阵，$\hat{\boldsymbol{x}}_2$ 实际是第一组观测值$\boldsymbol{L}_1$ 和第二组观测值$\boldsymbol{L}_2$ 联合平差所得$\hat{\boldsymbol{x}}$的值。

如果观测分为 $m$ 组，仿照式(6.2.12)，第 $i$ 组序贯平差的递推计算式为

$$\hat{\boldsymbol{x}}_i=\hat{\boldsymbol{x}}_{i-1}+\boldsymbol{K}_i\bar{\boldsymbol{l}}_i\quad(i=2,3,\cdots,m) \tag{6.2.13}$$

式中

$$\boldsymbol{K}_i=\boldsymbol{Q}_{\hat{x}_i}\boldsymbol{B}_i^{\mathrm{T}}\boldsymbol{P}_i \tag{6.2.14}$$

$$\bar{\boldsymbol{l}}_i=\boldsymbol{l}_i-\boldsymbol{B}_i\hat{\boldsymbol{x}}_{i-1} \tag{6.2.15}$$

第 $i$ 组观测值改正数为

$$\boldsymbol{V}_i=\boldsymbol{B}_i\hat{\boldsymbol{x}}_i-\boldsymbol{l}_i \tag{6.2.16}$$

单位权方差为

$$\hat{\sigma}_0^2=\frac{\sum_{i=1}^{m}\boldsymbol{V}_i^{\mathrm{T}}\boldsymbol{P}_i\boldsymbol{V}_i}{r} \tag{6.2.17}$$

### 6.2.2 可变参数的序贯平差

设观测向量 $\boldsymbol{L}$ 分为两组，记为$\boldsymbol{L}_1$ 和$\boldsymbol{L}_2$，这两组观测值不相关，它们的权矩阵分

别记为$\boldsymbol{P}_1$ 和$\boldsymbol{P}_2$；参数 $\boldsymbol{X}$ 分为三组，记为 $\boldsymbol{X}_1$、$\boldsymbol{X}_2$、$\boldsymbol{X}_3$，$\boldsymbol{X}_1$ 仅在第一期平差中出现，$\boldsymbol{X}_2$ 在两期平差中都出现，$\boldsymbol{X}_3$ 仅在第二期平差中出现，其观测方程为

$$\left.\begin{aligned}\boldsymbol{L}_1&=\boldsymbol{B}_{11}\boldsymbol{X}_1+\boldsymbol{B}_{12}\boldsymbol{X}_2+\boldsymbol{\Delta}_1\\ \boldsymbol{L}_2&=\boldsymbol{B}_{22}\boldsymbol{X}_2+\boldsymbol{B}_{23}\boldsymbol{X}_3+\boldsymbol{\Delta}_2\end{aligned}\right\}\tag{6.2.18}$$

将第一组方程转换成误差方程为

$$\boldsymbol{V}_1=\boldsymbol{B}_{11}\hat{\boldsymbol{x}}_1+\boldsymbol{B}_{12}\hat{\boldsymbol{x}}_2-\boldsymbol{l}_1\tag{6.2.19}$$

式中，$-\boldsymbol{l}_1=\boldsymbol{B}_{11}\boldsymbol{X}_1^0+\boldsymbol{B}_{12}\boldsymbol{X}_2^0-\boldsymbol{L}_1$ 为常数项。

首先，应用第一组误差方程组成法方程，即

$$\left.\begin{aligned}\boldsymbol{B}_{11}^{\mathrm{T}}\boldsymbol{P}_1\boldsymbol{B}_{11}\hat{\boldsymbol{x}}_1+\boldsymbol{B}_{11}^{\mathrm{T}}\boldsymbol{P}_1\ \boldsymbol{B}_{12}\hat{\boldsymbol{x}}_2-\boldsymbol{B}_{11}^{\mathrm{T}}\boldsymbol{P}_1\ \boldsymbol{l}_1=0\\ \boldsymbol{B}_{12}^{\mathrm{T}}\boldsymbol{P}_1\boldsymbol{B}_{11}\hat{\boldsymbol{x}}_1+\boldsymbol{B}_{12}^{\mathrm{T}}\boldsymbol{P}_1\ \boldsymbol{B}_{12}\hat{\boldsymbol{x}}_2-\boldsymbol{B}_{12}^{\mathrm{T}}\boldsymbol{P}_1\ \boldsymbol{l}_1=0\end{aligned}\right\}\tag{6.2.20}$$

解算法方程，获得参数改正数$\hat{\boldsymbol{x}}_1$和$\hat{\boldsymbol{x}}_2$，即

$$\begin{aligned}\begin{bmatrix}\hat{\boldsymbol{x}}_1\\ \hat{\boldsymbol{x}}_2\end{bmatrix}&=\begin{bmatrix}\boldsymbol{B}_{11}^{\mathrm{T}}\boldsymbol{P}_1\boldsymbol{B}_{11} & \boldsymbol{B}_{11}^{\mathrm{T}}\boldsymbol{P}_1\boldsymbol{B}_{12}\\ \boldsymbol{B}_{12}^{\mathrm{T}}\boldsymbol{P}_1\boldsymbol{B}_{11} & \boldsymbol{B}_{12}^{\mathrm{T}}\boldsymbol{P}_1\boldsymbol{B}_{12}\end{bmatrix}^{-1}\begin{bmatrix}\boldsymbol{B}_{11}^{\mathrm{T}}\boldsymbol{P}_1\boldsymbol{l}_1\\ \boldsymbol{B}_{12}^{\mathrm{T}}\boldsymbol{P}_1\boldsymbol{l}_1\end{bmatrix}\\ &=\begin{bmatrix}\boldsymbol{Q}_{\hat{x}_1\hat{x}_1} & \boldsymbol{Q}_{\hat{x}_1x_2}\\ \boldsymbol{Q}_{x_2\hat{x}_1} & \boldsymbol{Q}_{\hat{x}_2\hat{x}_2}\end{bmatrix}\begin{bmatrix}\boldsymbol{B}_{11}^{\mathrm{T}}\boldsymbol{P}_1\boldsymbol{l}_1\\ \boldsymbol{B}_{12}^{\mathrm{T}}\boldsymbol{P}_1\boldsymbol{l}_1\end{bmatrix}\\ &=\begin{bmatrix}\boldsymbol{Q}_{\hat{x}_1\hat{x}_1}\boldsymbol{B}_{11}^{\mathrm{T}}\boldsymbol{P}_1\boldsymbol{l}_1+\boldsymbol{Q}_{\hat{x}_1\hat{x}_2}\boldsymbol{B}_{12}^{\mathrm{T}}\boldsymbol{P}_1\boldsymbol{l}_1\\ \boldsymbol{Q}_{\hat{x}_2\hat{x}_1}\boldsymbol{B}_{11}^{\mathrm{T}}\boldsymbol{P}_1\boldsymbol{l}_1+\boldsymbol{Q}_{\hat{x}_2\hat{x}_2}\boldsymbol{B}_{12}^{\mathrm{T}}\boldsymbol{P}_1\boldsymbol{l}_1\end{bmatrix}\end{aligned}\tag{6.2.21}$$

参数$\boldsymbol{X}_1$ 和$\boldsymbol{X}_2$ 的第一次平差值为

$$\left.\begin{aligned}\hat{\boldsymbol{X}}_1^{(1)}&=\hat{\boldsymbol{X}}_1^0+\hat{\boldsymbol{x}}_1\\ \hat{\boldsymbol{X}}_2^{(1)}&=\hat{\boldsymbol{X}}_2^0+\hat{\boldsymbol{x}}_2\end{aligned}\right\}\tag{6.2.22}$$

在第二组观测值进行平差时，将第一组获得的参数值作为虚拟观测值参与平差，即

$$\boldsymbol{L}_{x_1}=\hat{\boldsymbol{X}}_1^{(1)},\boldsymbol{L}_{x_2}=\hat{\boldsymbol{X}}_2^{(1)}$$

同时，也将 $\hat{\boldsymbol{X}}_1^{(1)}$、$\hat{\boldsymbol{X}}_2^{(1)}$ 作为第二次平差$\boldsymbol{X}_1$ 和$\boldsymbol{X}_2$ 的近似值，其权矩阵为

$$\boldsymbol{P}_X=\begin{bmatrix}\boldsymbol{Q}_{\hat{x}_1\hat{x}_1} & \boldsymbol{Q}_{\hat{x}_1\hat{x}_2}\\ \boldsymbol{Q}_{\hat{x}_2\hat{x}_1} & \boldsymbol{Q}_{\hat{x}_2\hat{x}_2}\end{bmatrix}^{-1}=\begin{bmatrix}\boldsymbol{P}_{11} & \boldsymbol{P}_{12}\\ \boldsymbol{P}_{21} & \boldsymbol{P}_{22}\end{bmatrix}$$

第二次平差的误差方程为

$$\left.\begin{aligned}\boldsymbol{V}_{X_1}&=\hat{\boldsymbol{x}}''_1\\ \boldsymbol{V}_{X_2}&=\hat{\boldsymbol{x}}''_2\\ \boldsymbol{V}_2&=\boldsymbol{B}_{22}\hat{x}''_2+\boldsymbol{B}_{23}\hat{x}_3-\boldsymbol{l}_2\end{aligned}\right\}\tag{6.2.23}$$

式中，$-\boldsymbol{l}_2=\boldsymbol{B}_{22}\hat{\boldsymbol{X}}_2^{(1)}+\boldsymbol{B}_{23}\boldsymbol{X}_3^0-\boldsymbol{L}_2$。

第二次平差的误差方程系数矩阵、常数项向量和权矩阵为

$$\boldsymbol{B}=\begin{bmatrix}\boldsymbol{I} & \boldsymbol{0} & \boldsymbol{0}\\ \boldsymbol{0} & \boldsymbol{I} & \boldsymbol{0}\\ \boldsymbol{0} & \boldsymbol{B}_{22} & \boldsymbol{B}_{23}\end{bmatrix},\boldsymbol{l}=\begin{bmatrix}\boldsymbol{0}\\ \boldsymbol{0}\\ \boldsymbol{l}_2\end{bmatrix},\boldsymbol{P}=\begin{bmatrix}\boldsymbol{P}_{11} & \boldsymbol{P}_{12} & \boldsymbol{0}\\ \boldsymbol{P}_{21} & \boldsymbol{P}_{22} & \boldsymbol{0}\\ \boldsymbol{0} & \boldsymbol{0} & \boldsymbol{P}_2\end{bmatrix} \tag{6.2.24}$$

组成法方程为

$$\begin{bmatrix}\boldsymbol{P}_{11} & \boldsymbol{P}_{12} & \boldsymbol{0}\\ \boldsymbol{P}_{21} & \boldsymbol{P}_{22}+\boldsymbol{B}_{22}^{\mathrm{T}}\boldsymbol{P}_2\boldsymbol{B}_{22} & \boldsymbol{B}_{22}^{\mathrm{T}}\boldsymbol{P}_2\boldsymbol{B}_{23}\\ \boldsymbol{0} & \boldsymbol{B}_{23}^{\mathrm{T}}\boldsymbol{P}_2\boldsymbol{B}_{22} & \boldsymbol{B}_{23}^{\mathrm{T}}\boldsymbol{P}_2\boldsymbol{B}_{23}\end{bmatrix}\begin{bmatrix}\hat{\boldsymbol{x}}''_1\\ \hat{\boldsymbol{x}}''_2\\ \hat{\boldsymbol{x}}_3\end{bmatrix}=\begin{bmatrix}\boldsymbol{0}\\ \boldsymbol{B}_{22}^{\mathrm{T}}\boldsymbol{P}_2\ \boldsymbol{l}_2\\ \boldsymbol{B}_{23}^{\mathrm{T}}\boldsymbol{P}_2\ \boldsymbol{l}_2\end{bmatrix} \tag{6.2.25}$$

解算法方程得

$$\begin{aligned}\begin{bmatrix}\hat{\boldsymbol{x}}''_1\\ \hat{\boldsymbol{x}}''_2\\ \hat{\boldsymbol{x}}_3\end{bmatrix}&=\begin{bmatrix}\boldsymbol{P}_{11} & \boldsymbol{P}_{12} & \boldsymbol{0}\\ \boldsymbol{P}_{21} & \boldsymbol{P}_{22}+\boldsymbol{B}_{22}^{\mathrm{T}}\boldsymbol{P}_2\boldsymbol{B}_{22} & \boldsymbol{B}_{22}^{\mathrm{T}}\boldsymbol{P}_2\boldsymbol{B}_{23}\\ \boldsymbol{0} & \boldsymbol{B}_{23}^{\mathrm{T}}\boldsymbol{P}_2\boldsymbol{B}_{22} & \boldsymbol{B}_{23}^{\mathrm{T}}\boldsymbol{P}_2\boldsymbol{B}_{23}\end{bmatrix}^{-1}\begin{bmatrix}\boldsymbol{0}\\ \boldsymbol{B}_{22}^{\mathrm{T}}\boldsymbol{P}_2\boldsymbol{l}_2\\ \boldsymbol{B}_{23}^{\mathrm{T}}\boldsymbol{P}_2\boldsymbol{l}_2\end{bmatrix}\\ &=\begin{bmatrix}\boldsymbol{Q}_{\hat{x}_1\hat{x}_1} & \boldsymbol{Q}_{\hat{x}_1\hat{x}_2} & \boldsymbol{Q}_{\hat{x}_1\hat{x}_3}\\ \boldsymbol{Q}_{\hat{x}_2\hat{x}_1} & \boldsymbol{Q}_{\hat{x}_2\hat{x}_2} & \boldsymbol{Q}_{\hat{x}_2\hat{x}_3}\\ \boldsymbol{Q}_{\hat{x}_3\hat{x}_1} & \boldsymbol{Q}_{\hat{x}_3\hat{x}_2} & \boldsymbol{Q}_{\hat{x}_3\hat{x}_3}\end{bmatrix}\begin{bmatrix}\boldsymbol{0}\\ \boldsymbol{B}_{22}^{\mathrm{T}}\boldsymbol{P}_2\boldsymbol{l}_2\\ \boldsymbol{B}_{23}^{T}\boldsymbol{P}_2\boldsymbol{l}_2\end{bmatrix}\end{aligned} \tag{6.2.26}$$

最后，参数的平差值为

$$\left.\begin{aligned}\hat{\boldsymbol{X}}_1&=\hat{\boldsymbol{X}}_1^{(1)}+\hat{\boldsymbol{x}}''_1\\ \hat{\boldsymbol{X}}_2&=\hat{\boldsymbol{X}}_2^{(1)}+\hat{\boldsymbol{x}}''_2\\ \hat{\boldsymbol{X}}_3&=\hat{\boldsymbol{X}}_3^{0}+\hat{\boldsymbol{x}}_3\end{aligned}\right\} \tag{6.2.27}$$

单位权中误差为

$$\hat{\sigma}_0=\sqrt{\frac{\boldsymbol{V}^{\mathrm{T}}\boldsymbol{PV}}{r}} \tag{6.2.28}$$

式中

$$\boldsymbol{V}^{\mathrm{T}}\boldsymbol{PV}=\begin{bmatrix}\boldsymbol{V}_{x_1}^{\mathrm{T}} & \boldsymbol{V}_{x_2}^{\mathrm{T}} & \boldsymbol{V}_2^{\mathrm{T}}\end{bmatrix}\begin{bmatrix}\boldsymbol{P}_{11} & \boldsymbol{P}_{12} & \boldsymbol{0}\\ \boldsymbol{P}_{21} & \boldsymbol{P}_{22} & \boldsymbol{0}\\ \boldsymbol{0} & \boldsymbol{0} & \boldsymbol{P}_2\end{bmatrix}\begin{bmatrix}\boldsymbol{V}_{x_1}\\ \boldsymbol{V}_{x_2}\\ \boldsymbol{V}_2\end{bmatrix}$$

各参数协方差矩阵为

$$\left.\begin{aligned}\boldsymbol{D}_{\hat{X}_1}&=\hat{\boldsymbol{\sigma}}_0^2\ \boldsymbol{Q}_{\hat{X}_1\hat{X}_1}\\ \boldsymbol{D}_{\hat{X}_2}&=\hat{\boldsymbol{\sigma}}_0^2\ \boldsymbol{Q}_{\hat{X}_2\hat{X}_2}\\ \boldsymbol{D}_{\hat{X}_3}&=\hat{\boldsymbol{\sigma}}_0^2\ \boldsymbol{Q}_{\hat{X}_3\hat{X}_3}\end{aligned}\right\} \tag{6.2.29}$$

### 6.2.3 误差相关的序贯平差

经典序贯平差理论是建立在不同组观测值的误差相互独立的基础上的，而现

实数据处理中出现了不同组间的观测量相关的问题。这就是具有相关观测量的序贯平差问题，观测量求差可解决这个问题。

设观测向量 $\boldsymbol{L}$ 分为两组 $\boldsymbol{L}_1$、$\boldsymbol{L}_2$，其观测方程为

$$\left.\begin{aligned} \boldsymbol{l}_1 &= \boldsymbol{B}_1\boldsymbol{X}+\boldsymbol{\Delta}_1 \\ \boldsymbol{l}_2 &= \boldsymbol{B}_2\boldsymbol{X}+\boldsymbol{\Delta}_2 \end{aligned}\right\} \tag{6.2.30}$$

在第一组平差之前 $\boldsymbol{X}$ 为非随机向量，$\boldsymbol{\Delta}_1$、$\boldsymbol{\Delta}_2$ 为随机噪声向量，其协因数矩阵为

$$\boldsymbol{Q}_{\Delta\Delta}=\begin{bmatrix} \boldsymbol{Q}_{11} & \boldsymbol{Q}_{12} \\ \boldsymbol{Q}_{21} & \boldsymbol{Q}_{22} \end{bmatrix} \tag{6.2.31}$$

因为 $\boldsymbol{\Delta}_1$、$\boldsymbol{\Delta}_2$ 的协方差矩阵$\boldsymbol{D}_{12}$不为零，因此观测噪声为有色噪声，或者称为 $\boldsymbol{\Delta}_1$、$\boldsymbol{\Delta}_2$ 误差相关，两组观测量 $\boldsymbol{L}_1$、$\boldsymbol{L}_2$ 为相关观测量。

将式(6.2.30)中第一式左乘 $\boldsymbol{Q}_{21}\boldsymbol{Q}_{11}^{-1}$ 加到第二式中，并令

$$\left.\begin{aligned} \widetilde{\boldsymbol{B}}_2 &= \boldsymbol{B}_2-\boldsymbol{Q}_{21}\boldsymbol{Q}_{11}^{-1}\boldsymbol{B}_1 \\ \widetilde{\boldsymbol{L}}_2 &= \boldsymbol{L}_2-\boldsymbol{Q}_{21}\boldsymbol{Q}_{11}^{-1}\boldsymbol{L}_1 \\ \widetilde{\boldsymbol{\Delta}}_2 &= \boldsymbol{\Delta}_2-\boldsymbol{Q}_{21}\boldsymbol{Q}_{11}^{-1}\boldsymbol{\Delta}_1 \end{aligned}\right\} \tag{6.2.32}$$

则式(6.2.30)变换为

$$\left.\begin{aligned} \boldsymbol{l}_1 &= \boldsymbol{B}_1\boldsymbol{X}+\boldsymbol{\Delta}_1 \\ \widetilde{\boldsymbol{L}}_2 &= \widetilde{\boldsymbol{B}}_2\boldsymbol{X}+\widetilde{\boldsymbol{\Delta}}_2 \end{aligned}\right\} \tag{6.2.33}$$

变换后 $\boldsymbol{L}_1$、$\widetilde{\boldsymbol{L}}_2$ 的互协因数矩阵为

$$\widetilde{\boldsymbol{Q}}_{12}=[\boldsymbol{I} \quad \boldsymbol{0}]\begin{bmatrix} \boldsymbol{Q}_{11} & \boldsymbol{Q}_{12} \\ \boldsymbol{Q}_{21} & \boldsymbol{Q}_{22} \end{bmatrix}\begin{bmatrix} -\boldsymbol{Q}_{11}^{-1}\boldsymbol{Q}_{12} \\ \boldsymbol{I} \end{bmatrix}=0 \tag{6.2.34}$$

$\widetilde{\boldsymbol{L}}_2$ 的协因数矩阵为

$$\widetilde{\boldsymbol{Q}}_{22}=[-\boldsymbol{Q}_{21}\boldsymbol{Q}_{11}^{-1} \quad \boldsymbol{I}]\begin{bmatrix} \boldsymbol{Q}_{11} & \boldsymbol{Q}_{12} \\ \boldsymbol{Q}_{21} & \boldsymbol{Q}_{22} \end{bmatrix}\begin{bmatrix} -\boldsymbol{Q}_{11}^{-1}\boldsymbol{Q}_{12} \\ \boldsymbol{I} \end{bmatrix}=\boldsymbol{Q}_{22}-\boldsymbol{Q}_{21}\boldsymbol{Q}_{11}^{-1}\boldsymbol{Q}_{12} \tag{6.2.35}$$

因此，变换后 $\boldsymbol{L}_1$、$\widetilde{\boldsymbol{L}}_2$ 是互相独立的。

单独对第一组观测值进行平差，其平差结果为

$$\overline{\boldsymbol{X}}=(\boldsymbol{B}_1^{\mathrm{T}}\boldsymbol{Q}_{11}^{-1}\boldsymbol{B}_1)^{-1}(\boldsymbol{B}_1^{\mathrm{T}}\boldsymbol{Q}_{11}^{-1}\boldsymbol{l}_1)=\boldsymbol{Q}_{\overline{X}}\boldsymbol{B}_1^{\mathrm{T}}\boldsymbol{Q}_{11}^{-1}\boldsymbol{L}_1 \tag{6.2.36}$$

若按序贯平差方法进行平差，第二次平差时的误差方程应为

$$\left.\begin{aligned} \boldsymbol{V}_x &= \hat{\boldsymbol{X}}-\overline{\boldsymbol{X}} \\ \widetilde{\boldsymbol{V}}_2 &= \widetilde{\boldsymbol{B}}_2\hat{\boldsymbol{X}}-\widetilde{\boldsymbol{L}}_2 \end{aligned}\right\},\boldsymbol{P}=\begin{bmatrix} \boldsymbol{Q}_{\overline{X}}^{-1} & \\ & \widetilde{\boldsymbol{Q}}_{22}^{-1} \end{bmatrix} \tag{6.2.37}$$

组成法方程并解算，第二次平差成果为

$$\hat{\boldsymbol{X}}=(\widetilde{\boldsymbol{B}}_2^{\mathrm{T}}\widetilde{\boldsymbol{Q}}_{22}^{-1}\widetilde{\boldsymbol{B}}_2+\boldsymbol{Q}_{\overline{X}}^{-1})^{-1}(\widetilde{\boldsymbol{B}}_2^{\mathrm{T}}\widetilde{\boldsymbol{Q}}_{22}^{-1}\widetilde{\boldsymbol{L}}_2+\boldsymbol{Q}_{\overline{X}}^{-1}\overline{\boldsymbol{X}})$$
$$=\boldsymbol{Q}_{\hat{X}}^{-1}(\widetilde{\boldsymbol{B}}_2^{\mathrm{T}}\widetilde{\boldsymbol{Q}}_{22}^{-1}\widetilde{\boldsymbol{L}}_2+\boldsymbol{Q}_{\overline{X}}^{-1}\overline{\boldsymbol{X}}) \quad (6.2.38)$$

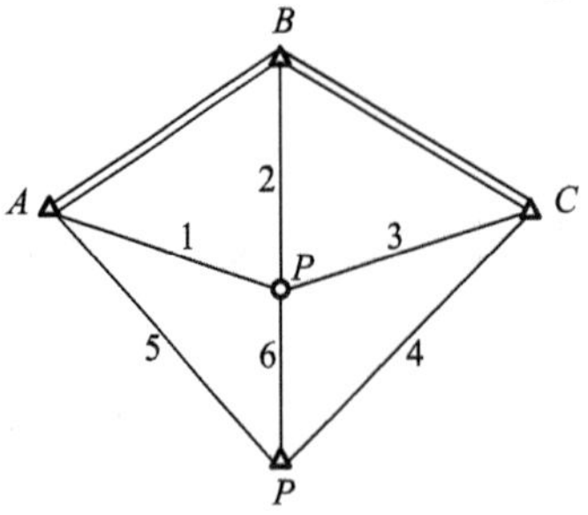

图 6.2.1 三角网

例 6.2.1 某三角网(图 6.2.1)$A$、$B$、$C$ 为已知点,$P_1(X_1,Y_1)$、$P_2(X_2,Y_2)$为待定点,原网观测了12个角度,经平差得到2个待定点坐标及其协方差矩阵。测已知点坐标和待定点第一次平差后坐标,数据列于表 6.2.1。现为了提高网的精度,又观测了6条边长,其观测值列于表 6.2.1。原三角网测角中误差为±1.5″,边长中误差按 1.9 cm 计算,试利用序贯平差法求待定点坐标新的估值,并评定精度。

表 6.2.1 起算数据与观测数据

| 点号 | X/m | Y/m | 待定点坐标协方差矩阵 |
|---|---|---|---|
| $A$ | 4 899.846 | 130.812 | $\boldsymbol{D}_{\overline{XX}}=\begin{bmatrix}0.8429 & 0.0826 & 0.8579 & 0.4973\\0.0826 & 1.0229 & 0.0615 & 0.4245\\0.8579 & 0.0615 & 10.6361 & -1.1976\\0.4973 & 0.4245 & -1.1976 & 4.8904\end{bmatrix}$ |
| $B$ | 8 781.945 | 1 099.443 | $L(1)=2\ 463.94$ m |
| $C$ | 4 548.795 | 7 572.622 | $L(2)=3\ 414.61$ m<br>$L(3)=5\ 216.16$ m |
| $P_1$ | 5 656.915 | 2 475.558 | $L(4)=6\ 042.94$ m<br>$L(5)=5\ 085.08$ m |
| $P_2$ | 663.924 | 2 944.055 | $L(6)=5\ 014.99$ m |

解:(1)列误差方程为

$$\boldsymbol{V}_{\overline{X}}=\boldsymbol{B}_{\overline{X}}\hat{\boldsymbol{x}}-\boldsymbol{l}_X-=\begin{bmatrix}1&&&\\&1&&\\&&1&\\&&&1\end{bmatrix}\begin{bmatrix}\hat{x}_1\\\hat{y}_1\\\hat{x}_2\\\hat{y}_2\end{bmatrix}-\begin{bmatrix}0\\0\\0\\0\end{bmatrix}$$

$$V=B\hat{x}-l=\begin{bmatrix} 0.3072 & 0.9516 & 0 & 0 \\ -0.9152 & 0.4030 & 0 & 0 \\ 0.2124 & -0.9772 & 0 & 0 \\ 0 & 0 & -0.6429 & -0.7660 \\ 0 & 0 & -0.8330 & 0.5532 \\ 0.9956 & -0.0934 & -0.9956 & 0.0934 \end{bmatrix}\begin{bmatrix} \hat{x}_1 \\ \hat{y}_1 \\ \hat{x}_2 \\ \hat{y}_2 \end{bmatrix}-\begin{bmatrix} 0.265 \\ 0.827 \\ 3.200 \\ 10.497 \\ 6.561 \\ 6.741 \end{bmatrix}$$

(2)定权。

边长的权为

$$P_1=P_2=P_3=P_4=P_5=P_6=\frac{\hat{\sigma}_0^2}{\hat{\sigma}_s^2}=\frac{1.5^2}{1.9^2}=0.62\left(\frac{\mathrm{s}^2}{\mathrm{cm}^2}\right)$$

$$P=\begin{bmatrix} 0.62 & & & & & \\ & 0.62 & & & & \\ & & 0.62 & & & \\ & & & 0.62 & & \\ & & & & 0.62 & \\ & & & & & 0.62 \end{bmatrix}\left(\frac{\mathrm{s}^2}{\mathrm{cm}^2}\right)$$

参数权为

$$P_{\bar{X}}=\hat{\sigma}_0^2 D_{\bar{X}\bar{X}}^{-1}=\begin{bmatrix} 3.2102 & -0.0774 & -0.3028 & -0.3939 \\ -0.0774 & 2.2837 & -0.0292 & -0.1975 \\ -0.3028 & -0.0292 & 0.2461 & 0.0936 \\ -0.3939 & -0.1975 & 0.0936 & 0.5390 \end{bmatrix}$$

(3)组成法方程为

$$N_{bb}=B^{\mathrm{T}}PB+P_{\bar{X}}=\begin{bmatrix} 4.4305 & -0.3112 & -0.9174 & -0.3362 \\ -0.3112 & 3.5433 & 0.0285 & -0.2029 \\ -0.9174 & 0.0285 & 1.5471 & 0.0596 \\ -0.3362 & -0.2029 & 0.0596 & 1.1075 \end{bmatrix}$$

$$W_b=B^{\mathrm{T}}Pl+P_{\bar{X}}\ l_{\bar{X}}=\begin{bmatrix} 4.1636 \\ -1.9661 \\ -11.7336 \\ -2.4096 \end{bmatrix}$$

(4)解算法方程,得

$$N_{bb}^{-1}=\begin{bmatrix} 0.2653 & 0.0265 & 0.1538 & 0.0771 \\ 0.0265 & 0.2879 & 0.0081 & 0.0604 \\ 0.1538 & 0.0081 & 0.7371 & 0.0086 \\ 0.0771 & 0.0604 & 0.0086 & 0.9369 \end{bmatrix}$$

$$\hat{\boldsymbol{x}}=\boldsymbol{N}_{bb}^{-1}\boldsymbol{W}_b=\begin{bmatrix}-0.9\\-0.7\\-8.0\\-2.1\end{bmatrix}(\text{cm}),\hat{\boldsymbol{X}}=\begin{bmatrix}5\ 656.915\\2\ 475.558\\663.924\\2\ 944.055\end{bmatrix}-\begin{bmatrix}0.009\\0.007\\0.080\\0.021\end{bmatrix}=\begin{bmatrix}5\ 656.906\\2\ 475.551\\663.844\\2\ 944.034\end{bmatrix}(\text{cm})$$

$$\boldsymbol{V}^{\mathrm{T}}=[-1.2\quad -0.2\quad -2.7\quad -3.67\quad -1.1\quad 0.2](\text{cm})$$

$$\hat{\boldsymbol{L}}^{\mathrm{T}}=[2\ 463.928\quad 3\ 414.608\quad 5\ 216.133\quad 6\ 042.903\quad 5\ 085.069\quad 5\ 014.992]$$

(5)评定精度,中误差为

$$\hat{\sigma}_0=\sqrt{\frac{\boldsymbol{V}^{\mathrm{T}}\boldsymbol{P}\boldsymbol{V}+\boldsymbol{V}_X^{\mathrm{T}}\boldsymbol{P}_X\boldsymbol{V}_X}{n}}=\sqrt{\frac{14.52+18.43}{10}}=1.82(\text{cm})$$

$P_1$ 坐标误差为

$$\hat{\sigma}_{\hat{X}_1}=\hat{\sigma}_0\sqrt{Q_{\hat{X}_1\hat{X}_1}}=1.82\times\sqrt{0.265\ 3}=0.9(\text{cm})$$

$$\hat{\sigma}_{\hat{Y}_1}=\hat{\sigma}_0\sqrt{Q_{\hat{Y}_1\hat{Y}_1}}=1.82\times\sqrt{0.287\ 9}=1.0(\text{cm})$$

$P_2$ 坐标误差为

$$\hat{\sigma}_{\hat{X}_2}=\hat{\sigma}_0\sqrt{Q_{\hat{X}_2\hat{X}_2}}=1.82\times\sqrt{0.737\ 1}=1.6(\text{cm})$$

$$\hat{\sigma}_{\hat{Y}_2}=\hat{\sigma}_0\sqrt{Q_{\hat{Y}_2\hat{Y}_2}}=1.82\times\sqrt{0.936\ 9}=1.8(\text{cm})$$

例 6.2.2 设某平差问题的数学模型为

$$\boldsymbol{V}=\begin{bmatrix}-5.61&0.18&0.00&0.00\\2.46&1.32&0.00&0.00\\3.15&-1.50&0.00&0.00\\0.00&0.00&-3.53&4.77\\0.00&0.00&0.33&-3.47\\0.00&0.00&3.20&-1.30\\0.00&0.00&-2.45&-1.30\\0.00&0.00&5.65&0.00\\0.00&0.00&-3.20&1.30\\2.62&-0.89&-2.29&-2.58\\-2.46&-1.32&-0.33&3.47\\-0.16&2.21&2.62&-0.89\\-2.62&0.89&0.17&-2.19\\2.32&2.60&-2.60&0.89\\0.29&-3.49&2.45&1.30\\-0.29&3.49&0.00&0.00\\3.44&-4.99&0.00&0.00\\-0.15&1.50&0.00&0.00\end{bmatrix}\begin{bmatrix}\hat{X}_1\\\hat{X}_2\\\hat{X}_3\\\hat{X}_4\end{bmatrix}-\begin{bmatrix}-0.20\\-0.60\\3.10\\-0.90\\-0.50\\2.60\\-3.10\\8.50\\-1.90\\-1.20\\2.90\\-3.30\\-4.00\\-8.50\\13.20\\-9.60\\10.70\\-3.10\end{bmatrix}$$

$$
\boldsymbol{Q}_{\Delta\Delta}=\begin{bmatrix}
2&0&0&0&0&0&0&0&0&0&0&1&0&0&0&0&-1&0\\
0&2&0&0&0&0&0&0&0&0&-1&0&0&0&0&0&0&0\\
0&0&2&0&0&0&0&0&0&0&0&0&0&0&0&0&0&-1\\
0&0&0&2&0&0&0&1&0&-1&0&0&0&0&0&0&0&0\\
0&0&0&0&2&0&0&0&0&0&-1&0&0&0&0&0&0&0\\
0&0&0&0&0&2&0&0&-1&0&0&0&0&0&0&0&0&0\\
0&0&0&0&0&0&2&0&0&0&0&0&0&0&-1&0&0&0\\
0&0&0&1&0&0&0&2&0&0&0&0&-1&0&0&0&0&0\\
0&0&0&0&0&-1&0&0&2&0&0&0&0&0&0&0&0&0\\
0&0&0&-1&0&0&0&0&0&2&0&0&-1&0&0&0&0&0\\
0&-1&0&0&-1&0&0&0&0&0&2&0&0&0&0&0&0&0\\
1&0&0&0&0&0&0&0&0&0&0&2&0&-1&0&0&0&0\\
0&0&0&0&0&0&0&-1&0&-1&0&0&2&0&0&0&0&0\\
0&0&0&0&0&0&0&0&0&0&0&-1&0&2&0&0&-1&0\\
0&0&0&0&0&0&-1&0&0&0&0&0&0&0&2&-1&0&0\\
0&0&0&0&0&0&0&0&0&0&0&0&0&0&-1&2&0&0\\
-1&0&0&0&0&0&0&0&0&0&0&0&0&-1&0&0&2&0\\
0&0&-1&0&0&0&0&0&0&0&0&0&0&0&0&0&0&2
\end{bmatrix}
$$

(1)整体平差结果：$\hat{\boldsymbol{x}}=[0.015\quad 2.398\quad -1.188\quad -0.481]^{\mathrm{T}}$(dm)

(2)顾及有色噪声的等价变换法序贯平差。为了验证有色噪声的序贯平差，将前 10 个观测值为第一组，后 8 个观测值为第二组。第一组单独平差结果：$\overline{\boldsymbol{X}}=[-0.181\quad 1.495\quad -1.139\quad -0.428]^{\mathrm{T}}$(dm)。

解：由于两组观测值相关，其互协因数矩阵 $\boldsymbol{Q}_{21}\neq\boldsymbol{0}$。因此需要对第二组观测方程和协因数矩阵进行改化，改化后第二组观测方程和协因数矩阵为

$$
\widetilde{\boldsymbol{V}}_2=\begin{bmatrix}
-1.23&-0.66&-0.17&1.74\\
2.65&2.12&2.62&-0.89\\
-1.31&0.45&1.85&-3.48\\
2.32&2.60&-2.60&0.89\\
0.29&-3.49&1.23&0.65\\
-0.29&3.49&0.00&0.00\\
0.64&-4.90&0.00&0.00\\
-1.58&0.75&0.00&0.00
\end{bmatrix}\begin{bmatrix}\hat{X}_1\\ \hat{X}_2\\ \hat{X}_3\\ \hat{X}_4\end{bmatrix}-\begin{bmatrix}2.35\\ -3.20\\ -0.35\\ -8.50\\ 11.65\\ -9.60\\ 10.60\\ -1.55\end{bmatrix}
$$

$$\tilde{Q}_{22}=\begin{bmatrix} 1.0 & 0.0 & 0.0 & 0.0 & 0.0 & 0.0 & 0.0 & 0.0 \\ 0.0 & 1.5 & 0.0 & -1.0 & 0.0 & 0.0 & 0.5 & 0.0 \\ 0.0 & 0.0 & 1.0 & 0.0 & 0.0 & 0.0 & 0.0 & 0.0 \\ 0.0 & -1.0 & 0.0 & 2.0 & 0.0 & 0.0 & -1.0 & 0.0 \\ 0.0 & 0.0 & 0.0 & 0.0 & 1.5 & -1.0 & 0.0 & 0.0 \\ 0.0 & 0.0 & 0.0 & 0.0 & -1.0 & 2.0 & 0.0 & 0.0 \\ 0.0 & 0.5 & 0.0 & -1.0 & 0.0 & 0.0 & 1.5 & 0.0 \\ 0.0 & 0.0 & 0.0 & 0.0 & 0.0 & 0.0 & 0.0 & 1.5 \end{bmatrix}$$

第二次平差时，将 $\bar{X}$、$\tilde{L}_2$ 作为观测值，其权矩阵分别为 $P_{\bar{X}}=Q_{\bar{X}}^{-1}$，$\tilde{P}_2=\tilde{Q}_{22}^{-1}$，组成法方程并解算，其成果为$\hat{X}=[-0.015\quad -2.398\quad 1.188\quad 0.481]^{\mathrm{T}}$(dm)。

通过比较整体平差和等价变换法序贯平差结果可知，等价变换法序贯平差结果是正确的。

(3)不考虑有色噪声的经典序贯平差。如果不考虑两组观测量相关，按经典序贯平差方法，第二次平差时将 $\bar{X}$、$L_2$ 作为观测值，其权矩阵分别为$P_{\bar{X}}=Q_{\bar{X}}^{-1}$、$P_2=Q_{22}^{-1}$，组成法方程并解算，其成果为

$$\hat{X}'=[0.029\quad -2.349\quad 1.183\quad 0.451]^{\mathrm{T}}(\mathrm{dm})$$

在有色噪声的作用下，用经典序贯平差，平差结果参数与等价变换法之间存在的误差为

$$\|\hat{X}-\hat{X}'\|=[0.044\quad 0.049\quad 0.005\quad 0.030]^{\mathrm{T}}$$

## §6.3 自由网平差

如果控制网仅有必要起算数据，这样的控制网称为经典自由网或独立控制网，有多余起算数据的控制网称为附合网，起算数据不足的控制网称为秩亏自由网。本节将讨论秩亏自由网平差问题。

在间接平差中的函数模型和随机模型是

$$\underset{n\times 1}{L}=\underset{n\times t}{B}\,\underset{t\times 1}{X}+\underset{n\times 1}{\Delta} \tag{6.3.1}$$

$$\left.\begin{aligned} E(\underset{n\times 1}{\Delta})&=0 \\ \underset{n\times n}{D_{\Delta}}&=\sigma_0^2\underset{n\times n}{Q} \end{aligned}\right\} \tag{6.3.2}$$

由函数模型可得误差方程

$$\underset{n\times 1}{V}=\underset{n\times t}{B}\,\underset{t\times 1}{\hat{x}}-\underset{n\times 1}{l} \tag{6.3.3}$$

式中

$$l=L-BX^0 \tag{6.3.4}$$

其中，$\underset{n\times1}{\boldsymbol{V}}$ 是观测值 $\underset{n\times1}{\boldsymbol{L}}$ 的改正数，$\underset{t\times1}{\boldsymbol{X}^0}$ 和 $\underset{t\times1}{\hat{\boldsymbol{x}}}$ 分别是参数 $\underset{t\times1}{\boldsymbol{X}}$ 的近似值和改正数。

按最小二乘原理导出法方程为

$$\underset{t\times t}{\boldsymbol{N}_{bb}}\underset{t\times1}{\hat{\boldsymbol{x}}}-\underset{t\times1}{\boldsymbol{W}_b}=0 \tag{6.3.5}$$

式中，$\boldsymbol{N}_{bb}=\boldsymbol{B}^{\mathrm{T}}\boldsymbol{Q}^{-1}\boldsymbol{B}$，$\boldsymbol{W}_b=\boldsymbol{B}^{\mathrm{T}}\boldsymbol{Q}^{-1}\boldsymbol{l}$。

当误差方程系数矩阵 $\boldsymbol{B}$ 为列满秩矩阵($\mathrm{rank}(\boldsymbol{B})=t$)时，法方程系数矩阵 $\boldsymbol{N}_{bb}$ 为满秩方阵，法方程才能有唯一解。如何保证误差方程系数矩阵 $\boldsymbol{B}$ 为列满秩矩阵呢？对于控制网平差来说，一般取待定点的坐标为参数，若保证误差方程系数矩阵 $\boldsymbol{B}$ 为列满秩矩阵，则必须要有足够的起算数据，只有这样才能使法方程有唯一解，求出坐标参数。如果控制网没有足够的起算数据，按间接平差法进行平差时，其误差方程系数矩阵 $\boldsymbol{B}$ 就不能满足列满秩的要求，相应的法方程系数矩阵 $\boldsymbol{N}_{bb}$ 也是秩亏矩阵，称这种控制网为秩亏自由网。

起算数据是平差问题的基准，各种控制网的基准数据的个数是不相同的。

(1)水准控制网。布设水准控制网的目的是确定各控制点到某基准面的距离。例如，大地高是控制点到椭球面的距离，正高是控制点到大地水准面的距离，正常高是控制点到似大地水准面的距离。水准观测值是两个控制点之间的高差。为了确定水准网中各水准点的高程，必须至少有 1 个已知高程点作为全网起算数据。也就是说，水准网的基准数据的个数为 $d=1$。

(2)平面测角三角网。布设平面测角三角网的目的是确定各控制点在高斯平面(或椭球面)上的位置($X,Y$)，这种控制网的观测数据是各三角形的内角。要推导各待定点的坐标，就必须有一个起算点坐标，还需要 1 个起算方位和 1 条起算边，或者有 2 个起算点坐标。因此，平面测角三角网的起算数据个数为 4，即测角三角网的基准数据个数为 $d=4$。

(3)测边三角网、边角同测三角网和导线网。布设这三种控制网的目的也是确定各控制点的高斯平面坐标或大地坐标。与测角三角网不同的是，它们都有边长观测值，因此必要起算数据只有 1 个点的 2 个坐标和 1 个方位角，即这三种控制网的基准数据个数为 $d=3$。

(4)三维控制网。三维控制网需要 1 个起算点($X,Y,Z$)、3 个已知定向角($\alpha_X$，$\alpha_Y$，$\alpha_Z$)和 1 条空间已知边长 $S$，即需要 7 个起算数据；如果三维控制网中的观测值包括空间边长，则必要起算数据的个数为 6。也就是说，三维控制网的基准数据个数为 $d=7$(不含空间边长观测值)或 $d=6$(含空间边长观测值)。

(5)GPS 控制网。布设 GPS 控制网的目的是确定各待定点在空间坐标系中的三维坐标($X,Y,Z$)，其观测数据是各点之间的基线向量($\Delta X,\Delta Y,\Delta Z$)。由于基线向量隐含方位和尺度基准起算数据，即

$$\left.\begin{aligned}\alpha_X&=\arctan\frac{\Delta Y}{\Delta Z}\\\alpha_Y&=\arctan\frac{\Delta Z}{\Delta X}\\\alpha_Z&=\arctan\frac{\Delta X}{\Delta Y}\\S&=\sqrt{\Delta X^2+\Delta Y^2+\Delta Z^2}\end{aligned}\right\}\tag{6.3.6}$$

如果采用 GPS 基线向量隐含的方位和尺度基准，则 GPS 控制网的必要起算数据只为 1 个点的三维坐标，即 GPS 控制网的基准数据个数为 $d=3$。

如果将控制网中全部控制点的坐标作为平差参数，列出误差方程，此时的坐标参数个数比上述间接平差相应参数多了 $d$ 个。在这种情况下，误差方程式中的系数矩阵 $\boldsymbol{B}$ 产生列亏，列亏数为 $d$。这种没有足够起算数据的平差问题称为秩亏自由网平差问题。

为了求得唯一确定解，除了遵循最小二乘原则外，还必须增加新的约束条件。由于约束条件不同，自由网平差又可分为以下几种：

(1)经典自由网平差。它是假定网中有 $d$ 个必要起算数据的条件下，求定未知参数的最佳估值。其平差结果、参数及其协方差矩阵将随着假定的起算数据的不同而不同。实际上，利用经典间接平差理论就可以完成经典自由网平差，因此，经典自由网平差不在本章的讨论范围之内。

(2)普通秩亏自由网平差。它是在最小二乘$\boldsymbol{V}^{\mathrm{T}}\boldsymbol{P}\boldsymbol{V}=\min$ 和最小范数$\boldsymbol{x}^{\mathrm{T}}\boldsymbol{x}=\min$ 两个约束条件下，求定未知参数的最佳估值。

(3)加权秩亏自由网平差。它是在最小二乘$\boldsymbol{V}^{\mathrm{T}}\boldsymbol{P}\boldsymbol{V}=\min$ 和最小范数$\boldsymbol{x}^{\mathrm{T}}\boldsymbol{P}_x\boldsymbol{x}=\min$ 两个约束条件下，求定未知参数的最佳估值。其中，$\boldsymbol{P}_x$是表示未知参数稳定程度的先验权矩阵。

(4)秩亏自由网拟稳平差。将秩亏自由网中的未知参数分为两类，即 $\boldsymbol{x}=[\boldsymbol{x}_1\ \boldsymbol{x}_2]^{\mathrm{T}}$，其中，$\boldsymbol{x}_1$ 是拟稳点的未知参数，$\boldsymbol{x}_2$ 是非拟稳点的未知参数。这样拟稳平差是在 $\boldsymbol{V}^{\mathrm{T}}\boldsymbol{P}\boldsymbol{V}=\min$ 和$\boldsymbol{x}_1^{\mathrm{T}}\boldsymbol{x}_1=\min$ 的条件下，求定未知参数的最佳估值。

由上述讨论可知，三种秩亏自由网平差均遵循 $\boldsymbol{V}^{\mathrm{T}}\boldsymbol{P}\boldsymbol{V}=\min$ 的原则，因此，对于同一平差问题，不管采用哪种自由网平差方法，其平差后观测值的改正数和平差都相等。但是，随着最小范数约束的不同，平差后参数的平差值和相应的精度也不同。

实际上，三种秩亏自由网平差可以统一起来，即普通秩亏自由网平差和拟稳平差都是加权秩亏自由网平差的特例。当最小范数条件$\boldsymbol{x}^{\mathrm{T}}\boldsymbol{P}_x\boldsymbol{x}=\min$ 中，$\boldsymbol{P}_x$ 取单位矩阵时，则加权秩亏自由网平差就转变为普通秩亏自由网平差；当$\boldsymbol{P}_x=\mathrm{diag}(\boldsymbol{I},\boldsymbol{0})$时，则加权秩亏自由网平差就转变为拟稳平差。

秩亏自由网平差，在测量数据处理中，特别是在变形测量分析、最优化设计方法、近景摄影测量数据处理等方面得到广泛应用。

### 6.3.1 秩亏自由网平差原理

秩亏自由网平差有三种求解方法：直接解法、附加条件法和经典转换法。直接解法利用广义逆矩阵理论求解，这种方法比较直观，但需要事先学习广义逆矩阵理论，而且不容易编写计算机软件。经典转换法是先用经典自由网平差法求出平差结果，然后将其结果转换为秩亏自由网平差解，这种方法需要研究各种秩亏网平差解与经典自由网平差解之间的关系。因此，本书只介绍附加条件法。

附加条件法是在原函数模型后附加基准约束条件，这种方法非常适合计算机编程，是一种实用的秩亏网平差方法。

秩亏自由网平差的函数模型为

$$\underset{n\times 1}{\boldsymbol{L}}=\underset{n\times u}{\boldsymbol{B}}\,\underset{u\times 1}{\boldsymbol{X}}+\underset{n\times 1}{\boldsymbol{\Delta}} \tag{6.3.7}$$

式中，系数矩阵 $\boldsymbol{B}$ 的秩 $\operatorname{rank}(\boldsymbol{B})=t<u$，即 $\boldsymbol{B}$ 的列亏数 $d=u-t$，随机模型为

$$\boldsymbol{D}=\sigma_0^2\boldsymbol{Q}=\sigma_0^2\boldsymbol{P}^{-1} \tag{6.3.8}$$

按最小二乘原理 $\boldsymbol{V}^{\mathrm{T}}\boldsymbol{P}\boldsymbol{V}=\min$，法方程具有无穷多组解。

在秩亏自由网中，若设其未知参数的个数为 $u$，必要观测数为 $t<u$，则其基准的个数应为 $d=u-t$，所以上述的秩亏数 $d$ 就是自由网中的基准秩亏数。

为了在秩亏自由网中求得未知数的唯一解，需要对网中 $u$ 个参数给定 $d$ 个基准约束条件。例如，对于平面测角三角网，令其中两个点的坐标 $(X_1,X_2)$、$(X_3,X_4)$ 为已知，并取已知坐标为其近似值，则可给出基准约束条件为

$$\left.\begin{aligned}\hat{x}_1&=0\\ \hat{x}_2&=0\\ \hat{x}_3&=0\\ \hat{x}_4&=0\end{aligned}\right\} \tag{6.3.9}$$

这样就可唯一解出在此基准约束下的参数估值，这就是经典自由网平差情形。

一般来说，为了获得未知数参数的唯一解，给定基准条件为

$$\underset{d\times u}{\boldsymbol{S}^{\mathrm{T}}}\,\underset{u\times u}{\boldsymbol{P}_x}\,\underset{u\times 1}{\hat{\boldsymbol{x}}}=\boldsymbol{0} \tag{6.3.10}$$

式中，$\operatorname{rank}(\boldsymbol{S})=d$，而且

$$\boldsymbol{BS}=\boldsymbol{0} \tag{6.3.11}$$

左乘 $\boldsymbol{B}^{\mathrm{T}}\boldsymbol{P}$，即得

$$\boldsymbol{N}_{bb}\boldsymbol{S}=\boldsymbol{0} \tag{6.3.12}$$

式中，$\boldsymbol{S}^{\mathrm{T}}$ 行满秩，表示式(6.3.12)中 $d$ 个方程互不相关，条件式(6.3.11)表示所增加的 $d$ 个条件与误差方程相互独立。由式(6.3.12)知，$\boldsymbol{S}$ 是矩阵 $\boldsymbol{N}_{bb}$ 的 $d$ 个零特征值所对应的 $d$ 个互不相关的特征向量构成的矩阵，可由 $\boldsymbol{N}_{bb}$ 的特征值方程求出。

$\boldsymbol{P}_x$ 称为基准权，其不同取值反映了所取的基准约束不相同，即$\boldsymbol{P}_x$ 对应了所选的基准。

按最小二乘原理，令函数

$$\varphi=\boldsymbol{V}^{\mathrm{T}}\boldsymbol{P}\boldsymbol{V}+2\boldsymbol{K}^{\mathrm{T}}(\boldsymbol{S}^{\mathrm{T}}\boldsymbol{P}_x\hat{\boldsymbol{x}})=\min \tag{6.3.13}$$

得法方程为

$$\left.\begin{aligned}&\boldsymbol{B}^{\mathrm{T}}\boldsymbol{P}\boldsymbol{B}\hat{\boldsymbol{x}}+\boldsymbol{P}_x\boldsymbol{S}\boldsymbol{K}-\boldsymbol{B}^{\mathrm{T}}\boldsymbol{P}\boldsymbol{l}=0\\&\boldsymbol{S}^{\mathrm{T}}\boldsymbol{P}_x\hat{\boldsymbol{x}}=0\end{aligned}\right\} \tag{6.3.14}$$

将式(6.3.14)中第一式左乘$\boldsymbol{S}^{\mathrm{T}}$，顾及式(6.3.11)和式(6.3.12)，得

$$\boldsymbol{S}^{\mathrm{T}}\hat{\boldsymbol{P}}_x\boldsymbol{S}\boldsymbol{K}=0 \tag{6.3.15}$$

因二次型$\boldsymbol{S}^{\mathrm{T}}\hat{\boldsymbol{P}}_x\boldsymbol{S}$ 不能为零，故必有

$$\boldsymbol{K}=0 \tag{6.3.16}$$

于是式(6.3.13)为

$$\varphi=\boldsymbol{V}^{\mathrm{T}}\boldsymbol{P}\boldsymbol{V}=\min$$

可见，秩亏自由网平差的最小二乘原则与未知参数附加的基准约束无关，即$\boldsymbol{V}^{\mathrm{T}}\boldsymbol{P}\boldsymbol{V}$ 是一个不变量，平差所得的改正数 $\boldsymbol{V}$ 不因所取基准约束不同而异，这是一个重要性质。

将式(6.3.14)中的第二式左乘$\boldsymbol{P}_x\boldsymbol{S}$ 后与第一式相加，顾及 $\boldsymbol{K}=0$，可得

$$(\boldsymbol{B}^{\mathrm{T}}\boldsymbol{P}\boldsymbol{B}+\boldsymbol{P}_x\boldsymbol{S}\boldsymbol{S}^{\mathrm{T}}\boldsymbol{P}_x)\hat{\boldsymbol{x}}=\boldsymbol{B}^{\mathrm{T}}\boldsymbol{P}\boldsymbol{l} \tag{6.3.17}$$

令系数矩阵为

$$\bar{\boldsymbol{N}}=\boldsymbol{B}^{\mathrm{T}}\boldsymbol{P}\boldsymbol{B}+\boldsymbol{P}_x\boldsymbol{S}\boldsymbol{S}^{\mathrm{T}}\boldsymbol{P}_x \tag{6.3.18}$$

式中，$\bar{\boldsymbol{N}}$ 为对称满秩矩阵，则参数估值为

$$\hat{\boldsymbol{x}}=\bar{\boldsymbol{N}}^{-1}\boldsymbol{B}^{\mathrm{T}}\boldsymbol{P}\boldsymbol{l} \tag{6.3.19}$$

根据协因数传播律，$\hat{\boldsymbol{x}}$ 的协因数矩阵为

$$\boldsymbol{Q}_{\hat{x}\hat{x}}=\bar{\boldsymbol{N}}^{-1}\boldsymbol{B}^{\mathrm{T}}\boldsymbol{P}\boldsymbol{P}^{-1}\boldsymbol{P}\boldsymbol{B}\bar{\boldsymbol{N}}^{-1}=\bar{\boldsymbol{N}}^{-1}\boldsymbol{N}_{bb}\bar{\boldsymbol{N}}^{-1} \tag{6.3.20}$$

顾及

$$\bar{\boldsymbol{N}}^{-1}(\boldsymbol{N}_{bb}+\boldsymbol{P}_x\boldsymbol{S}\boldsymbol{S}^{\mathrm{T}}\boldsymbol{P}_x)=\boldsymbol{I} \tag{6.3.21}$$

式(6.3.20)也可写成

$$\boldsymbol{Q}_{\hat{x}\hat{x}}=\bar{\boldsymbol{N}}^{-1}-\bar{\boldsymbol{N}}^{-1}\boldsymbol{P}_x\boldsymbol{S}\boldsymbol{S}^{\mathrm{T}}\boldsymbol{P}_x\bar{\boldsymbol{N}}^{-1} \tag{6.3.22}$$

若令

$$\boldsymbol{G}=\bar{\boldsymbol{N}}^{-1}\boldsymbol{P}_x\boldsymbol{S} \tag{6.3.23}$$

则式(6.3.22)变为

$$\boldsymbol{Q}_{\hat{x}\hat{x}}=\bar{\boldsymbol{N}}^{-1}-\boldsymbol{G}\boldsymbol{G}^{\mathrm{T}} \tag{6.3.24}$$

用 $\boldsymbol{S}$ 右乘式(6.3.21)，顾及$\boldsymbol{N}_{bb}\boldsymbol{S}=0$，得

$$\bar{\boldsymbol{N}}^{-1}\boldsymbol{P}_x\boldsymbol{S}=\boldsymbol{S}(\boldsymbol{S}^{\mathrm{T}}\boldsymbol{P}_x\boldsymbol{S})^{-1} \tag{6.3.25}$$

顾及式(6.3.23)，有

$$G=S\,(S^{\mathrm{T}}P_xS)^{-1} \tag{6.3.26}$$

将式(6.3.26)代入式(6.3.24)，有

$$Q_{\hat{x}\hat{x}}=\bar{N}^{-1}-S\,(S^{\mathrm{T}}P_xS)^{-1}(S^{\mathrm{T}}P_xS)^{-1}S^{\mathrm{T}} \tag{6.3.27}$$

单位权方差估计为

$$\hat{\sigma}_0^2=\frac{V^{\mathrm{T}}PV}{n-\mathrm{rank}(B)} \tag{6.3.28}$$

## 6.3.2　附加矩阵 S 的具体形式

**1. 水准网秩亏数为 1**

水准网的 $S$ 矩阵为

$$\underset{1\times m}{S^{\mathrm{T}}}=[1\quad 1\quad \cdots\quad 1] \tag{6.3.29}$$

基准约束的具体形式为

$$\hat{x}_1+\hat{x}_2+\cdots+\hat{x}_m=0 \tag{6.3.30}$$

平差后各点高程的平均值为

$$\bar{X}=\frac{1}{m}\sum_{i=1}^{m}\hat{X}_i=\frac{1}{m}\sum_{i=1}^{m}(X_i^0+\hat{x}_i)=\frac{1}{m}\sum_{i=1}^{m}X_i^0+\frac{1}{m}\sum_{i=1}^{m}\hat{x}_i=\frac{1}{m}\sum_{i=1}^{m}X_i^0=\bar{X}^0$$

即平差后各点高程的平均值 $\bar{X}$ 等于平差前各点高程近似值的平均值 $\bar{X}^0$，水准网的重心高程不变，故称为重心基准。这也说明秩亏自由网平差基准取决于所取的坐标近似值系统。

**2. GPS 网秩亏数为 3**

GPS 网的 $S$ 矩阵为

$$\underset{3\times 3m}{S^{\mathrm{T}}}=\begin{bmatrix}1&0&0&1&0&0&\cdots&1&0&0\\0&1&0&0&1&0&\cdots&0&1&0\\0&0&1&0&0&1&\cdots&0&0&1\end{bmatrix} \tag{6.3.31}$$

对于 GPS 网，基准约束的具体形式为

$$\left.\begin{aligned}\hat{x}_1+\hat{x}_2+\cdots+\hat{x}_m=0\\\hat{y}_1+\hat{y}_2+\cdots+\hat{y}_m=0\\\hat{z}_1+\hat{z}_2+\cdots+\hat{z}_m=0\end{aligned}\right\} \tag{6.3.32}$$

即平差后各点坐标的平均值等于平差前各点坐标近似值的平均值。

**3. 导线网、测边网和边角网秩亏数为 3**

导线网、测边网和边角网的 $S$ 矩阵为

$$\underset{3\times 2m}{S^{\mathrm{T}}}=\begin{bmatrix}1&0&1&0&\cdots&1&0\\0&1&0&1&\cdots&0&1\\-Y_1^0&X_1^0&-Y_2^0&X_2^0&\cdots&-Y_m^0&X_m^0\end{bmatrix} \tag{6.3.33}$$

这时基准约束的具体形式为

$$\left.\begin{aligned}\hat{x}_1+\hat{x}_2+\cdots+\hat{x}_m=0\\ \hat{y}_1+\hat{y}_2+\cdots+\hat{y}_m=0\\ (-Y_1^0\hat{x}_1+X_1^0\hat{y}_1)+(-Y_2^0\hat{x}_2+X_2^0\hat{y}_2)+\cdots+(-Y_m^0\hat{x}_m+X_m^0\hat{y}_m)=0\end{aligned}\right\}\tag{6.3.34}$$

此时,平差参数为

$$\hat{\boldsymbol{x}}=[\hat{x}_1\quad \hat{y}_1\quad \hat{x}_2\quad \hat{y}_2\quad \cdots\quad \hat{x}_m\quad \hat{y}_m]^{\mathrm{T}}$$

设网的重心点坐标为

$$\bar{X}=\frac{1}{m}\sum_{i=1}^{m}\hat{X}_i=\frac{1}{m}\sum_{i=1}^{m}(X_i^0+\hat{x}_i)=\frac{1}{m}\sum_{i=1}^{m}X_i^0+\frac{1}{m}\sum_{i=1}^{m}\hat{x}_i=\frac{1}{m}\sum_{i=1}^{m}X_i^0=\bar{X}^0\tag{6.3.35}$$

$$\bar{Y}=\frac{1}{m}\sum_{i=1}^{m}\hat{Y}_i=\frac{1}{m}\sum_{i=1}^{m}(Y_i^0+\hat{y}_i)=\frac{1}{m}\sum_{i=1}^{m}Y_i^0+\frac{1}{m}\sum_{i=1}^{m}\hat{y}_i=\frac{1}{m}\sum_{i=1}^{m}Y_i^0=\bar{Y}^0\tag{6.3.36}$$

平差后重心点至第 $i$ 点的坐标方位角为

$$\hat{T}_i^0=\arctan\frac{\hat{Y}_i-\bar{Y}^0}{\hat{X}_i-\bar{X}^0}=\arctan\frac{(Y_i^0+\hat{y}_i)-\bar{Y}^0}{(X_i^0+\hat{x}_i)-\bar{X}^0}$$

上式展开成泰勒级数,并取至一次项,有

$$\hat{T}_i^0=T_i^0+\frac{1}{(S_i^0)^2}[-(Y_i^0-\bar{Y}^0)\hat{x}_i+(X_i^0-\bar{X}^0)\hat{y}_i]$$

式中,$S_i^0$ 是重心点至第 $i$ 点的近似距离。将上式两端乘以 $(S_i^0)^2$ 并求和,经过整理,得

$$\sum_{i=1}^{m}(S_i^0)^2\hat{T}_i^0-\sum_{i=1}^{m}(S_i^0)^2T_i^0+\sum_{i=1}^{m}(-Y_i^0\hat{x}_i+X_i^0\hat{y})-\bar{Y}^0\sum_{i=1}^{m}\hat{x}_i+\bar{X}^0\sum_{i=1}^{m}\hat{y}_i$$

顾及式(6.3.34),则有

$$\sum_{i=1}^{m}(S_i^0)^2\hat{T}_i^0=\sum_{i=1}^{m}(S_i^0)^2T_i^0\tag{6.3.37}$$

式(6.3.35)和式(6.3.36)说明导线网、测边网和边角网的附加条件前两项要表达的是平差后的重心点坐标等于平差前由近似坐标求得的重心点坐标,即重心点位置不变;式(6.3.37)说明附加条件第三项要表达的是重心点至各点的边长平方和相应方位角的乘积在平差后保持不变。

**4. 测角网秩亏数为 4**

测角网的 $\boldsymbol{S}$ 矩阵为

$$\underset{3\times 2m}{\boldsymbol{S}^{\mathrm{T}}}=\begin{bmatrix}1&0&1&0&\cdots&1&0\\0&1&0&1&\cdots&0&1\\-Y_1^0&X_1^0&-Y_2^0&X_2^0&\cdots&-Y_m^0&X_m^0\\X_1^0&Y_1^0&X_2^0&Y_2^0&\cdots&X_m^0&Y_m^0\end{bmatrix}\tag{6.3.38}$$

这时基准约束的具体形式为

$$\left.\begin{aligned}\hat{x}_1+\hat{x}_2+\cdots+\hat{x}_m=0\\ \hat{y}_1+\hat{y}_2+\cdots+\hat{y}_m=0\\ (-Y_1^0\hat{x}_1+X_1^0\hat{y}_1)+(-Y_2^0\hat{x}_2+X_2^0\hat{y}_2)+\cdots+(-Y_m^0\hat{x}_m+X_m^0\hat{y}_m)=0\\ X_1^0\hat{x}_1+Y_1^0\hat{y}_1+X_2^0\hat{x}_2+Y_2^0\hat{y}_2+\cdots+X_{m1}^0\hat{x}_m+Y_m^0\hat{y}_m=0\end{aligned}\right\}\quad(6.3.39)$$

测角三角网的基准约束前三项与测边网相同，下面看看第四个约束。

平差后的距离平方为

$$\begin{aligned}(S_i)^2&=(\hat{X}_i-\bar{X}^0)^2+(\hat{Y}_i-\bar{Y}^0)^2\\&=(\hat{x}_i+X_i^0-\bar{X}^0)^2+(\hat{y}_i+Y_i^0-\bar{Y}^0)^2\end{aligned}$$

上式按泰勒级数展开，并取至一次项，得

$$(S_i)^2=(S_i^0)^2+2(X_i^0\hat{x}_i+Y_i^0\hat{y}_i)-2\bar{X}^0\hat{x}_i-\bar{Y}^0\hat{y}_i$$

将上式两边求和，并顾及式(6.4.39)的第一、二和四式，则得

$$\sum_{i=1}^{m}(S_t)^2=\sum_{i=1}^{m}(S_i^0)^2+2\sum_{i=1}^{m}(X_i^0\hat{x}_i+Y_i^0\hat{y}_i)-2\bar{X}^0\sum_{i=1}^{m}\hat{x}_i-\bar{Y}^0\sum_{i=1}^{m}\hat{y}_i\quad(6.3.40)$$

式(6.3.40)表明三角网的第四个条件是平差前后的重心点至各点的边长平方和相等。

例 6.3.1　如图 6.3.1 所示的水准网，$A$、$B$、$C$ 点全为待定点，同精度独立高差观测值为 $h_1=12.345$ m，$h_2=3.478$ m，$h_3=-15.817$ m，平差时选取 $A$、$B$、$C$ 三个待定点的高程平差值为未知参数，即 $\hat{X}_1$、$\hat{X}_2$、$\hat{X}_3$，并取近似值为

$$X^0=\begin{bmatrix}X_1^0\\X_2^0\\X_3^0\end{bmatrix}=\begin{bmatrix}10.000\\22.345\\25.823\end{bmatrix}(\mathrm{m})$$

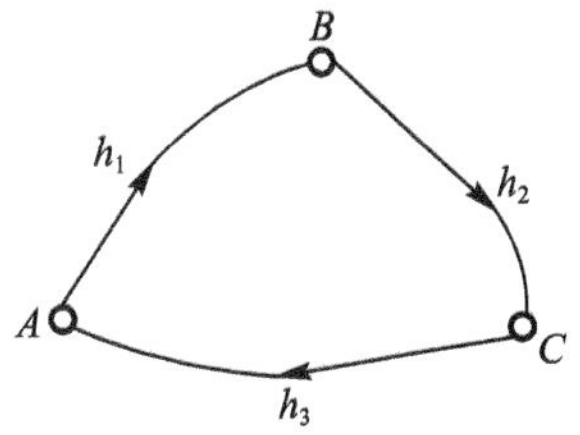

图 6.3.1　水准网

试分别进行下列几种方案的平差计算：

(1)经典自由网平差(以 $C$ 点为固定点)。

(2)普通秩亏自由网平差，取$\boldsymbol{P}_x=\boldsymbol{I}$。

(3)拟稳平差，以 $A$、$B$ 两点为拟稳点，取$\boldsymbol{P}_x=\mathrm{diag}(1,1,0)$。

(4)加权秩亏自由网平差，取$\boldsymbol{P}_x=\mathrm{diag}(1,2,1)$。

解：(1)经典自由网平差(以 $C$ 点为固定点)。设平差参数为 $A$、$B$ 两点的高程平差值$\hat{X}_1$、$\hat{X}_2$，其近似值为 $X_1^0$、$X_2^0$，近似值改正数为 $\hat{x}_1$、$\hat{x}_2$，列误差方程为

$$\boldsymbol{V}=\begin{bmatrix}-1&1\\0&-1\\1&0\end{bmatrix}\begin{bmatrix}\hat{x}_1\\\hat{x}_2\end{bmatrix}-\begin{bmatrix}0\\0\\6\end{bmatrix}$$

组成法方程为

$$\boldsymbol{N}_{bb}=\begin{bmatrix}-1 & 0 & 1\\ 1 & -1 & 0\end{bmatrix}\begin{bmatrix}-1 & 1\\ 0 & -1\\ 1 & 0\end{bmatrix}=\begin{bmatrix}2 & -1\\ -1 & 2\end{bmatrix},\boldsymbol{W}_b=\begin{bmatrix}-1 & 0 & 1\\ 1 & -1 & 0\end{bmatrix}\begin{bmatrix}0\\ 0\\ 6\end{bmatrix}=\begin{bmatrix}6\\ 0\end{bmatrix}$$

$$\begin{bmatrix}\hat{x}_1\\ \hat{x}_2\end{bmatrix}=\boldsymbol{N}_{bb}^{-1}\boldsymbol{W}_b=\frac{1}{3}\begin{bmatrix}2 & 1\\ 1 & 2\end{bmatrix}\begin{bmatrix}6\\ 0\end{bmatrix}=\begin{bmatrix}4\\ 2\end{bmatrix}$$

改正数为

$$\begin{bmatrix}V_1\\ V_2\\ V_3\end{bmatrix}=\begin{bmatrix}-1 & 1\\ 0 & -1\\ 1 & 0\end{bmatrix}\begin{bmatrix}\hat{x}_1\\ \hat{x}_2\end{bmatrix}-\begin{bmatrix}0\\ 0\\ 6\end{bmatrix}=\begin{bmatrix}-1 & 1\\ 0 & -1\\ 1 & 0\end{bmatrix}\begin{bmatrix}4\\ 2\end{bmatrix}-\begin{bmatrix}0\\ 0\\ 6\end{bmatrix}=\begin{bmatrix}-2\\ -2\\ -2\end{bmatrix}(\text{mm})$$

未知参数的协因数矩阵为

$$\boldsymbol{Q}_{\hat{X}\hat{X}}=\boldsymbol{N}_{bb}^{-1}=\begin{bmatrix}\frac{2}{3} & \frac{1}{3}\\ \frac{1}{3} & \frac{2}{3}\end{bmatrix}$$

(2)普通秩亏自由网平差，即取$\boldsymbol{P}_x=\boldsymbol{I}$。设平差参数为 $A$、$B$、$C$ 三点的高程平差值 $\hat{X}_1$、$\hat{X}_2$、$\hat{X}_3$，其近似值为 $X_1^0$、$X_2^0$、$X_3^0$，近似值改正数为 $\hat{x}_1$、$\hat{x}_2$、$\hat{x}_3$，列误差方程为

$$\boldsymbol{V}=\begin{bmatrix}-1 & 1 & 0\\ 0 & -1 & 1\\ 1 & 0 & -1\end{bmatrix}\begin{bmatrix}\hat{x}_1\\ \hat{x}_2\\ \hat{x}_3\end{bmatrix}-\begin{bmatrix}0\\ 0\\ 6\end{bmatrix}$$

附加条件方程为

$$\hat{x}_1+\hat{x}_2+\hat{x}_3=0$$

组成法方程为

$$\boldsymbol{N}_{rr}=\boldsymbol{B}^{\mathrm{T}}\boldsymbol{B}+\boldsymbol{S}\boldsymbol{S}^{\mathrm{T}}=\begin{bmatrix}-1 & 0 & 1\\ 1 & -1 & 0\\ 0 & 1 & -1\end{bmatrix}\begin{bmatrix}-1 & 1 & 0\\ 0 & -1 & 1\\ 1 & 0 & -1\end{bmatrix}+\begin{bmatrix}1\\ 1\\ 1\end{bmatrix}\begin{bmatrix}1 & 1 & 1\end{bmatrix}$$

$$=\begin{bmatrix}2 & -1 & -1\\ -1 & 2 & -1\\ -1 & -1 & 2\end{bmatrix}+\begin{bmatrix}1 & 1 & 1\\ 1 & 1 & 1\\ 1 & 1 & 1\end{bmatrix}=\begin{bmatrix}3 & & \\ & 3 & \\ & & 3\end{bmatrix}$$

$$\boldsymbol{W}_r=\boldsymbol{B}^{\mathrm{T}}\boldsymbol{l}=\begin{bmatrix}-1 & 0 & 1\\ 1 & -1 & 0\\ 0 & 1 & -1\end{bmatrix}\begin{bmatrix}0\\ 0\\ 6\end{bmatrix}=\begin{bmatrix}6\\ 0\\ -6\end{bmatrix}$$

所以有

$$\hat{\boldsymbol{x}}=\boldsymbol{N}_{rr}^{-1}\boldsymbol{W}_r=\begin{bmatrix}\frac{1}{3}&0&0\\0&\frac{1}{3}&0\\0&0&\frac{1}{3}\end{bmatrix}\begin{bmatrix}6\\0\\-6\end{bmatrix}=\begin{bmatrix}2\\0\\-2\end{bmatrix}(\text{mm})$$

改正数为

$$\begin{bmatrix}V_1\\V_2\\V_3\end{bmatrix}=\begin{bmatrix}-1&1&0\\0&-1&1\\1&0&-1\end{bmatrix}\begin{bmatrix}\hat{x}_1\\\hat{x}_2\\\hat{x}_3\end{bmatrix}-\begin{bmatrix}0\\0\\6\end{bmatrix}=\begin{bmatrix}-1&1&0\\0&-1&1\\1&0&-1\end{bmatrix}\begin{bmatrix}2\\0\\-2\end{bmatrix}-\begin{bmatrix}0\\0\\6\end{bmatrix}$$

$$=\begin{bmatrix}-2\\-2\\4\end{bmatrix}-\begin{bmatrix}0\\0\\6\end{bmatrix}=\begin{bmatrix}-2\\-2\\-2\end{bmatrix}(\text{mm})$$

$$\boldsymbol{G}=\boldsymbol{N}_{rr}^{-1}\boldsymbol{S}=\begin{bmatrix}\frac{1}{3}&0&0\\0&\frac{1}{3}&0\\0&0&\frac{1}{3}\end{bmatrix}\begin{bmatrix}1\\1\\1\end{bmatrix}=\frac{1}{3}\begin{bmatrix}1\\1\\1\end{bmatrix}$$

未知参数的协因数矩阵为

$$\boldsymbol{Q}_{\hat{X}\hat{X}}=\boldsymbol{N}_{rr}^{-1}-\boldsymbol{G}\boldsymbol{G}^{\mathrm{T}}=\frac{1}{9}\begin{bmatrix}3&0&0\\0&3&0\\0&0&3\end{bmatrix}-\frac{1}{9}\begin{bmatrix}1\\1\\1\end{bmatrix}\begin{bmatrix}1&1&1\end{bmatrix}$$

$$=\frac{1}{9}\begin{bmatrix}3&0&0\\0&3&0\\0&0&3\end{bmatrix}-\frac{1}{9}\begin{bmatrix}1&1&1\\1&1&1\\1&1&1\end{bmatrix}=\frac{1}{9}\begin{bmatrix}2&-1&-1\\-1&2&-1\\-1&-1&2\end{bmatrix}$$

(3)拟稳平差，以 $A$、$B$ 两点为拟稳点，即取 $\boldsymbol{P}_x=\mathrm{diag}(1,1,0)$，列误差方程为

$$\boldsymbol{V}=\begin{bmatrix}-1&1&0\\0&-1&1\\1&0&-1\end{bmatrix}\begin{bmatrix}\hat{x}_1\\\hat{x}_2\\\hat{x}_3\end{bmatrix}-\begin{bmatrix}0\\0\\6\end{bmatrix}$$

附加条件方程为

$$\hat{x}_1+\hat{x}_2=0$$

组成法方程为

$$N_{ss}=B^{\mathrm{T}}B+P_xSS^{\mathrm{T}}P_x=\begin{bmatrix}-1&0&1\\1&-1&0\\0&1&-1\end{bmatrix}\begin{bmatrix}-1&1&0\\0&-1&1\\1&0&-1\end{bmatrix}+\begin{bmatrix}1&&\\&1&\\&&0\end{bmatrix}\cdot\begin{bmatrix}1\\1\\1\end{bmatrix}\begin{bmatrix}1&1&1\end{bmatrix}\begin{bmatrix}1&&\\&1&\\&&0\end{bmatrix}$$

$$=\begin{bmatrix}2&-1&-1\\-1&2&-1\\-1&-1&2\end{bmatrix}+\begin{bmatrix}1&1&0\\1&1&0\\0&0&0\end{bmatrix}=\begin{bmatrix}3&0&-1\\0&3&-1\\-1&-1&2\end{bmatrix}$$

$$N_{ss}^{-1}=\frac{1}{12}\begin{bmatrix}5&1&3\\1&5&3\\3&3&9\end{bmatrix}$$

$$W_s=B^{\mathrm{T}}l=\begin{bmatrix}-1&0&1\\1&-1&0\\0&1&-1\end{bmatrix}\begin{bmatrix}0\\0\\6\end{bmatrix}=\begin{bmatrix}6\\0\\-6\end{bmatrix}$$

所以有

$$\hat{x}_s=N_{ss}^{-1}W_s=\frac{1}{12}\begin{bmatrix}5&1&3\\1&5&3\\3&3&9\end{bmatrix}\begin{bmatrix}6\\0\\-6\end{bmatrix}=\begin{bmatrix}1\\-1\\-3\end{bmatrix}(\mathrm{mm})$$

改正数为

$$\begin{bmatrix}V_1\\V_2\\V_3\end{bmatrix}=\begin{bmatrix}-1&1&0\\0&-1&1\\1&0&-1\end{bmatrix}\begin{bmatrix}\hat{x}_1\\\hat{x}_2\\\hat{x}_3\end{bmatrix}-\begin{bmatrix}0\\0\\6\end{bmatrix}=\begin{bmatrix}-1&1&0\\0&-1&1\\1&0&-1\end{bmatrix}\begin{bmatrix}1\\-1\\-3\end{bmatrix}-\begin{bmatrix}0\\0\\6\end{bmatrix}$$

$$=\begin{bmatrix}-2\\-2\\4\end{bmatrix}-\begin{bmatrix}0\\0\\6\end{bmatrix}=\begin{bmatrix}-2\\-2\\-2\end{bmatrix}(\mathrm{mm})$$

$$G=N_{ss}^{-1}P_xS=\frac{1}{12}\begin{bmatrix}5&1&3\\1&5&3\\3&3&9\end{bmatrix}\begin{bmatrix}1&&\\&1&\\&&0\end{bmatrix}\begin{bmatrix}1\\1\\1\end{bmatrix}=\frac{1}{2}\begin{bmatrix}1\\1\\1\end{bmatrix}$$

未知参数的协因数矩阵为

$$Q_{\hat{X}\hat{X}}=N_{ss}^{-1}-GG^{\mathrm{T}}=\frac{1}{12}\begin{bmatrix}5&1&3\\1&5&3\\3&3&9\end{bmatrix}-\frac{1}{4}\begin{bmatrix}1\\1\\1\end{bmatrix}\begin{bmatrix}1&1&1\end{bmatrix}$$

$$=\frac{1}{12}\begin{bmatrix}5&1&3\\1&5&3\\3&3&9\end{bmatrix}-\frac{1}{12}\begin{bmatrix}3&3&3\\3&3&3\\3&3&3\end{bmatrix}=\frac{1}{12}\begin{bmatrix}2&-2&0\\-2&2&0\\0&0&6\end{bmatrix}$$

(4)加权秩亏自由网平差，取$P_x=\mathrm{diag}(1,2,1)$，列误差方程为

$$V=\begin{bmatrix}-1&1&0\\0&-1&1\\1&0&-1\end{bmatrix}\begin{bmatrix}\hat{x}_1\\\hat{x}_2\\\hat{x}_3\end{bmatrix}-\begin{bmatrix}0\\0\\6\end{bmatrix}$$

附加条件方程为

$$\hat{x}_1+2\hat{x}_2+\hat{x}_3=0$$

组成法方程为

$$N_{pp}=B^{\mathrm{T}}B+P_xSS^{\mathrm{T}}P_x=\begin{bmatrix}-1&0&1\\1&-1&0\\0&1&-1\end{bmatrix}\begin{bmatrix}-1&1&0\\0&-1&1\\1&0&-1\end{bmatrix}+\begin{bmatrix}1&&\\&2&\\&&1\end{bmatrix}\begin{bmatrix}1\\1\\1\end{bmatrix}\begin{bmatrix}1&1&1\end{bmatrix}\begin{bmatrix}1&&\\&2&\\&&1\end{bmatrix}$$

$$=\begin{bmatrix}2&-1&-1\\-1&2&-1\\-1&-1&2\end{bmatrix}+\begin{bmatrix}1&2&1\\2&4&2\\1&2&1\end{bmatrix}$$

$$=\begin{bmatrix}3&1&0\\1&6&1\\0&1&3\end{bmatrix}$$

$$N_{pp}^{-1}=\frac{1}{48}\begin{bmatrix}17&-3&1\\-3&9&-3\\1&-3&17\end{bmatrix}$$

$$W_p=B^{\mathrm{T}}l=\begin{bmatrix}-1&0&1\\1&-1&0\\0&1&-1\end{bmatrix}\begin{bmatrix}0\\0\\6\end{bmatrix}=\begin{bmatrix}6\\0\\-6\end{bmatrix}$$

所以有

$$\hat{x}_p=N_{pp}^{-1}W_p=\frac{1}{48}\begin{bmatrix}17&-3&1\\-3&9&-3\\1&-3&17\end{bmatrix}\begin{bmatrix}6\\0\\-6\end{bmatrix}=\begin{bmatrix}2\\0\\-2\end{bmatrix}(\mathrm{mm})$$

改正数为

$$\begin{bmatrix}V_1\\V_2\\V_3\end{bmatrix}=\begin{bmatrix}-1&1&0\\0&-1&1\\1&0&-1\end{bmatrix}\begin{bmatrix}\hat{x}_1\\\hat{x}_2\\\hat{x}_3\end{bmatrix}-\begin{bmatrix}0\\0\\6\end{bmatrix}=\begin{bmatrix}-1&1&0\\0&-1&1\\1&0&-1\end{bmatrix}\begin{bmatrix}2\\0\\-2\end{bmatrix}-\begin{bmatrix}0\\0\\6\end{bmatrix}$$

$$=\begin{bmatrix}-2\\-2\\4\end{bmatrix}-\begin{bmatrix}0\\0\\6\end{bmatrix}=\begin{bmatrix}-2\\-2\\-2\end{bmatrix}(\text{mm})$$

$$\boldsymbol{G}=\boldsymbol{N}_{pp}^{-1}\boldsymbol{P}_x\boldsymbol{S}=\frac{1}{48}\begin{bmatrix}17&-3&1\\-3&9&-3\\1&-3&17\end{bmatrix}\begin{bmatrix}1&&\\&2&\\&&1\end{bmatrix}\begin{bmatrix}1\\1\\1\end{bmatrix}=\frac{1}{4}\begin{bmatrix}1\\1\\1\end{bmatrix}$$

未知参数的协因数矩阵为

$$\boldsymbol{Q}_{\hat{X}\hat{X}}=\boldsymbol{N}_{pp}^{-1}-\boldsymbol{G}\boldsymbol{G}^{\mathrm{T}}=\frac{1}{48}\begin{bmatrix}17&-3&1\\-3&9&-3\\1&-3&17\end{bmatrix}-\frac{1}{16}\begin{bmatrix}1\\1\\1\end{bmatrix}\begin{bmatrix}1&1&1\end{bmatrix}$$

$$=\frac{1}{48}\begin{bmatrix}17&-3&1\\-3&9&-3\\1&-3&17\end{bmatrix}-\frac{1}{48}\begin{bmatrix}3&3&3\\3&3&3\\3&3&3\end{bmatrix}=\frac{1}{24}\begin{bmatrix}7&-3&-1\\-3&3&-3\\-1&-3&7\end{bmatrix}$$

上述四种自由网平差所得到的参数估值各不相同，但是所求的观测值的改正数和平差值完全相同，这是自由网平差的一个重要性质。

### 6.3.3 附加矩阵 S 的确定方法

在附加矩阵 $\boldsymbol{S}$ 已知的条件下，采用附加条件法进行秩亏自由网平差计算的结果与经典方法一致，因此是常用的方法。前面已经介绍了水准网、GPS 网、平面控制网的附加矩阵 $\boldsymbol{S}$ 的具体形式，下面将进一步讨论附加矩阵 $\boldsymbol{S}$ 的确定问题。

由线性代数的理论可知，法方程系数矩阵 $\boldsymbol{N}$ 与它的特征值 $\lambda_i$ 和特征向量 $\boldsymbol{X}_i$ 之间的关系为

$$(\boldsymbol{N}-\lambda_i\boldsymbol{I})\boldsymbol{X}_i=0\quad(i=1,2,\cdots,u)\tag{6.3.41}$$

在秩亏自由网平差中，由于法方程系数矩阵 $\boldsymbol{N}$ 为亏秩方阵，其秩亏数 $d=u-t$，所以，在 $\boldsymbol{N}$ 的 $u$ 个特征向量中，必有 $d$ 个零特征值。当 $\lambda_i=0$ 时，式(6.3.41)为

$$\boldsymbol{N}\boldsymbol{X}_i=\boldsymbol{B}^{\mathrm{T}}\boldsymbol{P}\boldsymbol{B}\boldsymbol{X}_i=0\tag{6.3.42}$$

在前面已经讲过，在秩亏自由网平差中，附加矩阵 $\boldsymbol{S}$ 应满足的条件是 $\boldsymbol{BS}=0$，经过比较可知，附加矩阵 $\boldsymbol{S}$ 实际上就是矩阵 $\boldsymbol{N}$ 零特征值所对应的特征向量。前面几种 $\boldsymbol{S}$ 矩阵就是这样得出来的。

例 6.3.2 试求例 6.3.1 中的附加矩阵 $\boldsymbol{S}$。

解：例 6.3.1 中法方程系数矩阵为

$$N=B^{\mathrm{T}}B=\begin{bmatrix}2&-1&-1\\-1&2&-1\\-1&-1&2\end{bmatrix}$$

易知 rank($\boldsymbol{N}$)=2,$d$=1。$\boldsymbol{N}$ 矩阵的特征多项式为

$$f(\lambda)=\begin{vmatrix}2-\lambda&-1&-1\\-1&2-\lambda&-1\\-1&-1&2-\lambda\end{vmatrix}=-\lambda^3+6\lambda^2-9\lambda=-\lambda(\lambda-3)^2$$

令

$$-\lambda(\lambda-3)^2=0$$

则该方程的三个特征根分别为

$$\lambda_1=\lambda_2=3,\lambda_3=0$$

为求零特征值所对应的特征向量,组成齐次方程为

$$\underset{3\times3}{N}\ \underset{3\times1}{S}=0$$

齐次方程组的纯量形式为

$$\begin{aligned}2s_1-s_2-s_3&=0\\-s_1+2s_2-s_3&=0\\-s_1-s_2+2s_3&=0\end{aligned}$$

它的通解为

$$s_1=s_2=s_3=c$$

式中,$c$ 为任一常数。不妨取 $c=1$,则

$$s_1=s_2=s_3=1$$

即

$$S^{\mathrm{T}}=[1\quad1\quad1]$$

$\boldsymbol{S}$ 矩阵中1的个数等于水准点中待定点的总数。

### 6.3.4 秩亏水准网的动态平差

在监测地表沉降时,要对沉降区的水准网进行多期重复观测。在观测中,很难确定哪个水准点没有沉降,因此在平差计算时可采用无起始数据的秩亏水准网的动态平差。若假设各水准点的高程变化是匀速的,则平差时采用的函数模型是线性运动模型,即

$$\underset{n\times1}{L}=\underset{n\times u}{A}\ \underset{u\times1}{X}+\underset{n\times u}{C}\ \underset{u\times1}{\dot{X}}+\underset{n\times1}{\Delta}\tag{6.3.43}$$

式中,$\boldsymbol{X}$ 是特定时刻的水准点高程参数,$\dot{\boldsymbol{X}}$ 是复测期间水准点的高程速率参数,$\boldsymbol{A}$、$\boldsymbol{C}$ 是系数矩阵,$\boldsymbol{\Delta}$ 是误差向量。

若某水准网经过 $m$ 期重复观测,得高差观测向量为 $\boldsymbol{L}_1$、$\boldsymbol{L}_2$、…、$\boldsymbol{L}_m$,则依据

式(6.3.43)得第 $i$ 期观测向量的误差方程为

$$\boldsymbol{V}_i=\boldsymbol{A}_i\hat{\boldsymbol{x}}+\boldsymbol{C}_i\hat{\boldsymbol{X}}-\boldsymbol{l}_i \tag{6.3.44}$$

式中，$\hat{\boldsymbol{X}}=\boldsymbol{X}^0+\hat{\boldsymbol{x}}$，$\boldsymbol{l}_i=\boldsymbol{L}_i-\boldsymbol{C}_i\boldsymbol{X}^0(i=1,2,\cdots,m)$。

再令

$$\boldsymbol{B}_i=[\boldsymbol{A}_i \quad \boldsymbol{C}_i],\hat{\boldsymbol{y}}=\begin{bmatrix}\hat{\boldsymbol{x}}\\ \hat{\boldsymbol{X}}\end{bmatrix}$$

则式(6.3.44)可写为

$$\boldsymbol{V}_i=\boldsymbol{B}_i\hat{\boldsymbol{y}}-\boldsymbol{l}_i \tag{6.3.45}$$

$m$ 期总的误差方程为

$$\boldsymbol{V}=\boldsymbol{B}\hat{\boldsymbol{y}}-\boldsymbol{l} \tag{6.3.46}$$

式中

$$\boldsymbol{V}=\begin{bmatrix}\boldsymbol{V}_1\\ \boldsymbol{V}_2\\ \vdots\\ \boldsymbol{V}_m\end{bmatrix},\quad \boldsymbol{B}=\begin{bmatrix}\boldsymbol{B}_1\\ \boldsymbol{B}_2\\ \vdots\\ \boldsymbol{B}_m\end{bmatrix},\quad \boldsymbol{l}=\begin{bmatrix}\boldsymbol{l}_1\\ \boldsymbol{l}_2\\ \vdots\\ \boldsymbol{l}_m\end{bmatrix}$$

由式(6.3.46)组成法方程为

$$\boldsymbol{N}_{bb}\hat{\boldsymbol{y}}-\boldsymbol{W}_b=0 \tag{6.3.47}$$

式中，$\boldsymbol{N}_{bb}=\boldsymbol{B}^{\mathrm{T}}\boldsymbol{P}\boldsymbol{B}$，$\boldsymbol{W}_b=\boldsymbol{B}^{\mathrm{T}}\boldsymbol{P}\boldsymbol{B}\boldsymbol{l}$。

进行秩亏自由网动态平差时，高程和速率基准秩亏数各为1，系数矩阵 $\boldsymbol{B}$ 是列秩亏矩阵且秩亏数 $d=2$。这时

$$\underset{2\times 2u}{\boldsymbol{S}^{\mathrm{T}}}=\begin{bmatrix}1&1&\cdots&1&0&0&\cdots&0\\0&0&\cdots&0&1&1&\cdots&1\end{bmatrix} \tag{6.3.48}$$

按式(6.3.18)，可得法方程式(6.3.47)的加权秩亏自由网动态平差解的计算式为

$$\hat{\boldsymbol{x}}=\bar{\boldsymbol{N}}^{-1}\boldsymbol{W}=(\boldsymbol{N}+\boldsymbol{P}_x\boldsymbol{S}\boldsymbol{S}^{\mathrm{T}}\boldsymbol{P}_x)^{-1}\boldsymbol{W} \tag{6.3.49}$$

其协因数矩阵为

$$\boldsymbol{Q}_{\hat{y}}=(\boldsymbol{N}+\boldsymbol{P}_x\boldsymbol{S}\boldsymbol{S}^{\mathrm{T}}\boldsymbol{P}_x)^{-1}=\bar{\boldsymbol{N}}^{-1}-\bar{\boldsymbol{N}}^{-1}\boldsymbol{P}_x\boldsymbol{S}\boldsymbol{S}^{\mathrm{T}}\boldsymbol{P}_x\bar{\boldsymbol{N}}^{-1} \tag{6.3.50}$$

将 $\boldsymbol{P}_x=\boldsymbol{I}$ 代入式(6.3.49)和式(6.3.50)，即可得普通秩亏自由网动态平差的计算式；将$\boldsymbol{P}_x=\mathrm{diag}(\boldsymbol{I},0)$代入式(6.3.49)和式(6.3.50)即可得秩亏自由网拟稳动态平差的计算式。

例 6.3.3　对图 6.3.1 中的水准网进行了两期复测，其观测数据列于表 6.3.1，设每次观测精度相同，试按普通秩亏自由网动态平差计算。

表 6.3.1 观测数据

| 序号 | $h_{Ⅰ/m}$ | $h_{Ⅱ/m}$ | $h_{Ⅲ/m}$ | $T_Ⅰ$/年 | $T_Ⅱ$/年 | $T_Ⅲ$/年 |
|---|---|---|---|---|---|---|
| 1 | 12.345 | 12.336 | 12.327 | 2007 | 2008 | 2009 |
| 2 | 3.478 | 3.480 | 3.481 | 2007 | 2008 | 2009 |
| 3 | −15.817 | −15.812 | −15.810 | 2007 | 2008 | 2009 |

解:(1)取中心时刻 $T^0=2007$ 年,这时各点待定高程未知参数的近似值为

$$\boldsymbol{X}^0=\begin{bmatrix}X_1^0\\X_2^0\\X_3^0\end{bmatrix}=\begin{bmatrix}10.000\\22.345\\25.823\end{bmatrix}(\mathrm{m}),\dot{\boldsymbol{X}}^0=\begin{bmatrix}\dot{X}_1^0\\\dot{X}_2^0\\\dot{X}_3^0\end{bmatrix}=\begin{bmatrix}0\\0\\0\end{bmatrix}(\mathrm{mm/a})$$

(2)$T_Ⅰ$ 时刻各点高程平差值为

$$\hat{H}_A(T_Ⅰ)=\hat{H}_A(T_0)+(T_{AⅠ}-T^0)\hat{\dot{X}}_1=X_1^0+\hat{x}_1$$

$$\hat{H}_B(T_Ⅰ)=\hat{H}_B(T_0)+(T_{BⅠ}-T^0)\hat{\dot{X}}_2=X_2^0+\hat{x}_2$$

$$\hat{H}_C(T_Ⅰ)=\hat{H}_C(T_0)+(T_{CⅠ}-T^0)\hat{\dot{X}}_3=X_3^0+\hat{x}_3$$

由此可列出第一期观测误差方程为

$$V_{Ⅰ1}=-\hat{x}_1+\hat{x}_2-0$$

$$V_{Ⅰ2}=-\hat{x}_2+\hat{x}_3-0$$

$$V_{Ⅰ3}=\hat{x}_1-\hat{x}_3-6$$

(3)$T_Ⅱ$ 时刻各点高程平差值为

$$\hat{H}_A(T_Ⅱ)=\hat{H}_A(T_0)+(T_{AⅡ}-T^0)\hat{\dot{X}}_1=X_1^0+\hat{x}_1+\hat{\dot{X}}_1$$

$$\hat{H}_B(T_Ⅱ)=\hat{H}_B(T_0)+(T_{BⅡ}-T^0)\hat{\dot{X}}_2=X_2^0+\hat{x}_2+\hat{\dot{X}}_2$$

$$\hat{H}_C(T_Ⅱ)=\hat{H}_C(T_0)+(T_{CⅡ}-T^0)\hat{\dot{X}}_3=X_3^0+\hat{x}_3+\hat{\dot{X}}_3$$

由此可列出第二期观测误差方程为

$$V_{Ⅱ1}=-\hat{x}_1+\hat{x}_2-\hat{\dot{X}}_1+\hat{\dot{X}}_2+9$$

$$V_{Ⅱ2}=-\hat{x}_2+\hat{x}_3-\hat{\dot{X}}_2+\hat{\dot{X}}_3-2$$

$$V_{Ⅱ3}=\hat{x}_1-\hat{x}_3+\hat{\dot{X}}_1-\hat{\dot{X}}_3-11$$

同理可列出第二期观测误差方程为

$$V_{\mathrm{III}1}=-\hat{x}_1+\hat{x}_2-2\hat{X}_1+2\hat{X}_2+18$$

$$V_{\mathrm{III}2}=-\hat{x}_2+\hat{x}_3-2\hat{X}_2+2\hat{X}_3-3$$

$$V_{\mathrm{III}3}=\hat{x}_1-\hat{x}_3+2\hat{X}_1-2\hat{X}_3-13$$

(4)总误差方程式为

$$\boldsymbol{V}=\begin{bmatrix}-1&1&0&0&0&0\\0&-1&1&0&0&0\\1&0&-1&0&0&0\\-1&1&0&-1&1&0\\0&-1&1&0&-1&1\\1&0&-1&1&0&-1\\-1&1&0&-2&2&0\\0&-1&1&0&-2&2\\1&0&-1&2&0&-2\end{bmatrix}\begin{bmatrix}\hat{x}_1\\\hat{x}_2\\\hat{x}_3\\\hat{x}_1\\\hat{x}_2\\\hat{x}_3\end{bmatrix}-\begin{bmatrix}0\\0\\6\\-9\\2\\11\\-18\\3\\13\end{bmatrix}$$

(5)组成法方程为

$$\boldsymbol{N}_{bb}=\begin{bmatrix}6&-3&-3&6&-3&-3\\-3&6&-3&-3&6&-3\\-3&-3&6&-3&-3&6\\6&-3&-3&10&-5&-5\\-3&6&-3&-5&10&-5\\-3&-3&6&-5&-5&10\end{bmatrix},\boldsymbol{W}_b=\begin{bmatrix}57\\-32\\-25\\82\\-53\\-29\end{bmatrix}$$

(6)附加条件为

$$\underset{2\times6}{\boldsymbol{S}}^{\mathrm{T}}=\begin{bmatrix}1&1&1&0&0&0\\0&0&0&1&1&1\end{bmatrix},\quad \boldsymbol{S}\boldsymbol{S}^{\mathrm{T}}=\begin{bmatrix}1&1&1&0&0&0\\1&1&1&0&0&0\\1&1&1&0&0&0\\0&0&0&1&1&1\\0&0&0&1&1&1\\0&0&0&1&1&1\end{bmatrix}$$

$$\bar{\boldsymbol{N}}^{-1}=\begin{bmatrix}7&-2&-2&6&-3&-3\\-2&7&-2&-3&6&-3\\-2&-2&7&-3&-3&6\\6&-3&-3&11&-4&-4\\-3&6&-3&-4&11&-4\\-3&-3&6&-4&-4&11\end{bmatrix}^{-1}$$

$$
=\begin{bmatrix}
0.2963 & 0.0186 & 0.0186 & -0.1111 & 0.0556 & 0.0556 \\
0.0186 & 0.2963 & 0.0186 & 0.0556 & -0.1111 & 0.0556 \\
0.0186 & 0.0186 & 0.2963 & 0.0556 & 0.0555 & -0.1111 \\
-0.1111 & 0.0556 & 0.0556 & 0.2222 & 0.0556 & 0.0556 \\
0.0556 & -0.1111 & 0.0556 & 0.0556 & 0.2222 & 0.0556 \\
0.0556 & 0.0556 & -0.1111 & 0.0556 & 0.0556 & 0.2222
\end{bmatrix}
$$

解得

$$\hat{x}_1=2.2\ \text{mm},\hat{x}_2=-0.1\ \text{mm},\hat{x}_3=-2.1\ \text{mm}$$

$$\dot{\hat{x}}_1=4.2\ 毫米/月,\dot{\hat{x}}_2=-3.5\ 毫米/月,\dot{\hat{x}}_3=-0.7\ 毫米/月$$

(7)中心时刻的待定点高程为

$$\hat{\boldsymbol{X}}=X^0+\hat{x}=\begin{bmatrix}10.000\\22.345\\25.823\end{bmatrix}+\begin{bmatrix}0.002\\0.000\\-0.002\end{bmatrix}=\begin{bmatrix}10.002\\22.345\\25.821\end{bmatrix}(\text{m})$$

## §6.4　抗差估计

最小二乘平差一般假定观测误差服从正态分布，即 $\Delta\sim N(0,\sigma_0^2Q)$。但在实际平差模型中观测误差还可能包含粗差。一般粗差出现的概率在 1%～10%，粗差不服从正态分布。粗差被定义为比偶然误差还要大的误差，如果平差模型包含了这种粗差，即使数量不多，仍将严重歪曲参数的最小二乘估计值，影响成果的质量，造成极为不良的后果。在这种情况下，如果不考虑粗差的存在，仍按最小二乘估计法处理，不仅得不到最优无偏估值，甚至会影响成果质量。那么，如何处理同时存在偶然误差和粗差的观测数据，以达到减弱或消除粗差对平差成果的影响，是待研究的重要课题。

现代测量平差理论根据粗差产生的原因和影响，在进行数据处理时将粗差归为函数模型或随机模型。

将粗差归为函数模型，粗差表现为观测误差绝对值较大且偏离群体，这时可以解释为均值漂移模型。其处理思想是在最小二乘平差之前探测和定位粗差，然后得到一组比较净化的观测值，以便符合最小二乘平差观测值只具有偶然误差的条件。

将粗差归为随机模型，粗差表现为先验随机模型与实际模型差异过大，这时可以解释为方差膨胀模型。其处理思想是根据逐次迭代平差的结果不断地修正观测值的权或方差，最终使含有粗差的观测值的权趋向于零或方差趋向于无穷大，以保证所估计的参数少受模型误差，特别是粗差的影响。

抗差估计的基本思想是:在粗差不可避免的情况下,选择适当的估计方法,使参数的估值尽可能避免粗差的影响,得到正常模式下的最佳估值。抗差估计会充分利用观测数据中有效信息,限制利用可用信息,排除有害信息。由于事先不能准确知道观测数据中有效信息和有害信息所占的比例及它们具体包含在哪些观测值中,故抗差估计的主要目标是要冒损失一些效率的风险,去获得较可靠的、具有实际意义的、较有效的估值。

抗差估计首先对实际问题建立一个近似的初级分布模型,在这个模型下,估值应是最优的或接近最优的。当初级分布模型与实际的理论分布模型有较小差异时,估值受到粗差的影响较小;当初级分布模型与实际的理论分布模型有较大差异时,估值不至于受到破坏性的影响。

## 6.4.1 抗差估计原理

设观测样本为 $L_1$、$L_2$、…、$L_n$,$X$ 为待估参数,观测值 $L_i$ 的分布密度函数为 $f(l_i,\hat{X})$,按极大似然估计,有

$$f(l_1,l_2,\cdots,l_n,\hat{X})=f(l_1,\hat{X})f(l_2,\hat{X})\cdots f(l_n,\hat{X})=\max \tag{6.4.1}$$

或

$$\sum_{i=1}^{n}\ln f(l_i,\hat{X}) = \max \tag{6.4.2}$$

若以 $\rho(\cdot)$代替 $\ln f(\cdot)$,则极大似然估计准则可改写为

$$\sum_{i=1}^{n}\rho(l_i,\hat{X}) = \min \tag{6.4.3}$$

对式(6.4.3)求导,得

$$\sum_{i=1}^{n}\varphi(l_i,\hat{X}) = 0 \tag{6.4.4}$$

式中,$\varphi(l_i,\hat{X})=\dfrac{\partial\rho(l_i,\hat{X})}{\partial\hat{X}}$。

由此可见,一个 $\rho$(或 $\varphi$)函数,就定义了一个抗差估计,所以抗差估计是指由式(6.4.2)或式(6.4.3)表示的一大类估计。常用的 $\rho$ 函数是对称、连续的函数,$\varphi$ 函数是 $\rho$ 函数的导函数。

采用抗差估计的关键是确定 $\rho$(或 $\varphi$)函数。如果将 $\rho$ 函数选为

$$\rho(l_i,\hat{X})=(l_i-\hat{\mu}_i)^2=V_i^2$$

则

$$\sum_{i=1}^{n}\rho(l_i,\hat{X}) = \sum_{i=1}^{n}V_i^2$$

这就是最小二乘准则,若它不具有抗差性,就不能认为它是一种抗差估计方法。

抗差估计方法有多种，在测量平差中运用最广泛、计算简单、算法类似于最小二乘平差、易于程序实现的是选权迭代法。

设独立观测值为 $\underset{n\times 1}{\boldsymbol{L}}$，未知参数向量为 $\underset{t\times 1}{\hat{\boldsymbol{X}}}$，误差方程及权矩阵为

$$\left.\begin{aligned}&\boldsymbol{V}=\boldsymbol{B}\hat{\boldsymbol{X}}-\boldsymbol{l}=\begin{bmatrix}\boldsymbol{b}_1\\\boldsymbol{b}_2\\\vdots\\\boldsymbol{b}_n\end{bmatrix}\hat{\boldsymbol{X}}-\begin{bmatrix}l_1\\l_2\\\vdots\\l_n\end{bmatrix}\\&\boldsymbol{P}=\begin{bmatrix}p_1&&&\\&p_2&&\\&&\ddots&\\&&&p_n\end{bmatrix}\end{aligned}\right\}\tag{6.4.5}$$

式中，$\boldsymbol{b}_i$ 为 $1\times t$ 的系数向量。

考虑误差方程，抗差估计的函数 $\rho(l_i,\hat{\boldsymbol{X}})$ 可以表述为

$$\rho(l_i,\hat{\boldsymbol{X}})=\rho(V_i)\tag{6.4.6}$$

设式(6.4.5)中的权矩阵 $\boldsymbol{P}=\boldsymbol{I}$，即 $p_1=p_2=\cdots=p_n=1$，取 $\rho$ 函数为式(6.4.6)，则

$$\sum_{i=1}^{n}\rho(V_i)=\min\tag{6.4.7}$$

式(6.4.7)对 $\boldsymbol{X}$ 求导，同时记 $\varphi(V_i)=\dfrac{\partial\rho}{\partial V_i}$，可得

$$\sum_{i=1}^{n}\varphi(V_i)\,\boldsymbol{b}_i=0\tag{6.4.8}$$

转置得

$$\sum_{i=1}^{n}\boldsymbol{b}_i^{\mathrm{T}}\varphi(V_i)=\sum_{i=1}^{n}\boldsymbol{b}_i^{\mathrm{T}}\frac{\varphi(V_i)}{V_i}V_i=0\tag{6.4.9}$$

令 $W_i=\dfrac{\varphi(V_i)}{V_i}$，并将式(6.4.9)写成矩阵形式，得

$$\boldsymbol{B}^{\mathrm{T}}\boldsymbol{W}\boldsymbol{V}=0\tag{6.4.10}$$

式中

$$\boldsymbol{W}=\begin{bmatrix}W_1&&&\\&W_2&&\\&&\ddots&\\&&&W_n\end{bmatrix}=\begin{bmatrix}\dfrac{\varphi(V_1)}{V_1}&&&\\&\dfrac{\varphi(V_2)}{V_2}&&\\&&\ddots&\\&&&\dfrac{\varphi(V_n)}{V_n}\end{bmatrix}\tag{6.4.11}$$

$\boldsymbol{W}$ 称为抗差权矩阵，其元素 $W_i$ 称为抗差权因子，简称权因子，是相应残差 $V_i$ 的函数。

将误差方程式(6.4.5)代入式(6.4.10)，可得抗差估计的法方程式为

$$\boldsymbol{B}^{\mathrm{T}}\boldsymbol{W}\boldsymbol{B}\hat{\boldsymbol{X}}=\boldsymbol{B}^{\mathrm{T}}\boldsymbol{W}\boldsymbol{l} \tag{6.4.12}$$

当选定 $\rho$ 函数后，抗差权矩阵 $\boldsymbol{W}$ 可以确定，但 $W_i$ 是 $V_i$ 的函数，故抗差估计需要对权进行迭代求解。

对于不等权独立观测情况下的抗差估计准则为

$$\sum_{i=1}^{n}P_i\rho(V_i)=\sum_{i=1}^{n}P_i\rho(\boldsymbol{b}_i\hat{\boldsymbol{X}}-l_i)=\min \tag{6.4.13}$$

将式(6.4.13)对 $\boldsymbol{X}$ 求导，同时记 $\varphi(V_i)=\dfrac{\partial\rho}{\partial V_i}$，可得

$$\sum_{i=1}^{n}P_i\varphi(V_i)\,\boldsymbol{b}_i=0 \tag{6.4.14}$$

令 $\bar{P}_i=P_iW_i=P_i\dfrac{\varphi(V_i)}{V_i}$，则有

$$\sum_{i=1}^{n}\boldsymbol{b}_i^{\mathrm{T}}\bar{P}_iV_i=0 \tag{6.4.15}$$

或

$$\boldsymbol{B}^{\mathrm{T}}\bar{\boldsymbol{P}}\boldsymbol{V}=0 \tag{6.4.16}$$

将 $\boldsymbol{V}=\boldsymbol{B}\hat{\boldsymbol{X}}-\boldsymbol{l}$ 代入，可得抗差估计的法方程为

$$\boldsymbol{B}^{\mathrm{T}}\bar{\boldsymbol{P}}\boldsymbol{B}\hat{\boldsymbol{X}}=\boldsymbol{B}^{\mathrm{T}}\bar{\boldsymbol{P}}\boldsymbol{l} \tag{6.4.17}$$

式中，$\bar{\boldsymbol{P}}$ 为等价权矩阵，$\bar{P}_i$ 为等价权元素，是观测权 $P_i$ 与权因子 $W_i$ 之积。当 $p_1=p_2=\cdots=p_n=1$ 时，$\bar{\boldsymbol{P}}=\boldsymbol{W}$，则准则式(6.4.13)就是式(6.4.7)，可见后者是前者的特殊情况。

当等价权矩阵 $\bar{\boldsymbol{P}}$ 代替观测权矩阵 $\boldsymbol{P}$ 时，由于 $\bar{\boldsymbol{P}}$ 是残差 $\boldsymbol{V}$ 的函数，计算前 $\boldsymbol{V}$ 未知，只能通过给其赋予一定的初值，采用迭代方法估计参数 $\hat{\boldsymbol{X}}$。参数估值为

$$\hat{\boldsymbol{X}}=(\boldsymbol{B}^{\mathrm{T}}\bar{\boldsymbol{P}}\boldsymbol{B})^{-1}\boldsymbol{B}^{\mathrm{T}}\bar{\boldsymbol{P}}\boldsymbol{l} \tag{6.4.18}$$

### 6.4.2 选权迭代法的算法

选权迭代法计算的迭代过程如下：

(1)列立误差方程，令各权因子初值为 1，即令 $W_1=W_2=\cdots=W_n=1$，$\boldsymbol{W}=\boldsymbol{I}$，则 $\bar{\boldsymbol{P}}^{(0)}=\boldsymbol{P}$，$\boldsymbol{P}$ 为观测权矩阵。

(2)首先按最小二乘法求出参数 $\hat{\boldsymbol{X}}$ 和残差 $\boldsymbol{V}$ 的第一次估值，即

$$\hat{\boldsymbol{X}}^{(1)}=(\boldsymbol{B}^{\mathrm{T}}\boldsymbol{P}\boldsymbol{B})^{-1}\boldsymbol{B}^{\mathrm{T}}\boldsymbol{P}\boldsymbol{l}$$

$$\boldsymbol{V}^{(1)}=\boldsymbol{B}\hat{\boldsymbol{X}}^{(1)}-\boldsymbol{l}$$

(3)由$\boldsymbol{V}^{(1)}$按$W_i=\varphi(V_i)/V_i$确定各观测值新的权因子,按$\bar{P}_i=P_iW_i$构造新的等价权矩阵$\bar{\boldsymbol{P}}^{(1)}$,再解法方程,得出参数$\hat{\boldsymbol{X}}$和残差$\boldsymbol{V}$的第二次估值,即

$$\hat{\boldsymbol{X}}^{(2)}=(\boldsymbol{B}^{\mathrm{T}}\bar{\boldsymbol{P}}^{(1)}\boldsymbol{B})^{-1}\boldsymbol{B}^{\mathrm{T}}\bar{\boldsymbol{P}}^{(1)}\boldsymbol{l}$$

$$\boldsymbol{V}^{(2)}=\boldsymbol{B}\hat{\boldsymbol{X}}^{(2)}-\boldsymbol{l}$$

(4)由$\boldsymbol{V}^{(2)}$构造新的等价权矩阵$\bar{\boldsymbol{P}}^{(2)}$,再解法方程,类似迭代计算,直至前后两次解的差值符合限差要求为止。

(5)最后结果为

$$\hat{\boldsymbol{X}}^{(k)}=(\boldsymbol{B}^{\mathrm{T}}\bar{\boldsymbol{P}}^{(k-1)}\boldsymbol{B})^{-1}\boldsymbol{B}^{\mathrm{T}}\bar{\boldsymbol{P}}^{(k-1)}\boldsymbol{l}$$

$$\boldsymbol{V}^{(k)}=\boldsymbol{B}\hat{\boldsymbol{X}}^{(k)}-\boldsymbol{l}$$

由于$\bar{P}_i=P_iW_i$,而$W_i=\varphi(V_i)/V_i$、$\varphi(V_i)=\partial\rho/\partial V_i$,故选取不同的$\rho$函数,形成了权函数的多种不同形式。但权函数总是一个在平差过程中随改正数变化的量,其中$W_i$与$V_i$的大小成反比,$V_i$越大,$W_i$和$\bar{P}_i$就越小。因此,经过多次迭代,使含有粗差的观测值的权函数为零(或接近为零),使其在平差成果中不起作用,而使相应的观测值残差在很大程度上反映了其粗差值。这样一种通过在平差过程中改变权实现参数估计稳健性的方法,称为选权迭代法。

### 6.4.3　几种常用的权因子确定方法

**1.残差绝对值和最小法**

残差绝对值和最小法的平差原则为

$$\sum_{i=1}^{n}P_i|V_i|=\min \tag{6.4.19}$$

权因子为

$$W_i=\frac{1}{|V_i|+k} \tag{6.4.20}$$

式中,$k$是为了解决迭代计算中因$V_i=0$时出现的计算问题而选择的较小数字。

例6.4.1　设$x$的真值为10 m,对其进行了8次观测,得

$$\boldsymbol{L}^{\mathrm{T}}=[10.001\quad 10.002\quad 9.998\quad 9.993\quad 10.001\quad 10.008\quad 10.100\quad 9.997]$$

试用残差绝对值和最小法进行抗差估计,求$x$的估值$\hat{x}$。

解:(1)首先采用最小二乘估计,设所有观测值的权都为1,即$P_i^{(1)}=1$ $(i=1,2,\cdots,8)$,求参数平差值为

$$\hat{x}^{(1)}=\frac{\sum_{i=1}^{8}P_i^{(1)}L_i}{8}=10.012\ 5$$

其残差为

$$\boldsymbol{V}^{(1)\mathrm{T}}=[0.011\ 5\quad 0.010\ 5\quad 0.014\ 5\quad 0.019\ 5\quad 0.011\ 5\quad 0.004\ 5\quad -0.087\ 5\quad 0.015\ 5]$$

(2)根据 $W_1^{(i)}=\frac{1}{|V_i^{(1)}|+k}(k=10^{-6})$计算权因子，即

$\mathrm{diag}(\boldsymbol{W}^{(1)})=[86.949\quad 95.229\quad 68.961\quad 51.279\quad 86.949\quad 222.173\quad 11.428\quad 64.512]$

重新定权，使

$$P_i^{(2)}=P_i^{(1)}W_i^{(1)}\quad (i=1,2,\cdots 8)$$

$\mathrm{diag}(\boldsymbol{P}^{(2)})=[86.95\quad 95.23\quad 68.96\quad 51.28\quad 86.95\quad 222.17\quad 11.43\quad 64.51]$

求第二次加权平均值 $\hat{x}^{(2)}=10.003\ 8$ m。

$\boldsymbol{L}^{\mathrm{T}}=[10.001\quad 10.002\quad 9.998\quad 9.993\quad 10.001\quad 10.008\quad 10.100\quad 9.997]$

计算第二次平差的残差为

$\boldsymbol{V}^{(1)\mathrm{T}}=[0.002\ 8\quad 0.001\ 8\quad 0.005\ 8\quad 0.010\ 8\quad 0.002\ 8\quad -0.004\ 2\quad -0.093\ 2\quad 0.006\ 8]$

(3)重复步骤(2)，计算到结果收敛为止，经过 7 次迭代运算，最后结果为 $\hat{x}=10.001$ m。各次运算的权和参数估计结果列于表 6.4.1 中。

表 6.4.1 残差绝对值和最小法

| | $W^{(1)}$ | $W^{(2)}$ | $W^{(3)}$ | $W^{(4)}$ | $W^{(5)}$ | $W^{(6)}$ | $W^{(7)}$ | $W^{(8)}$ | $\hat{X}$ |
|---|---|---|---|---|---|---|---|---|---|
| 1 | 1.00 | 1.00 | 1.00 | 1.00 | 1.00 | 1.00 | 1.00 | 1.00 | 10.012 5 |
| 2 | 86.95 | 95.23 | 68.96 | 51.28 | 86.95 | 222.17 | 11.43 | 64.51 | 10.003 7 |
| 3 | 360.43 | 563.56 | 173.18 | 92.81 | 360.43 | 236.54 | 10.39 | 147.61 | 10.001 7 |
| 4 | 1 391.61 | 3 528.49 | 268.92 | 114.70 | 1 391.61 | 159.15 | 10.17 | 211.93 | 10.001 4 |
| 5 | 6 379.91 | 1 766.55 | 291.04 | 118.54 | 2 293.97 | 152.30 | 10.15 | 225.43 | 10.001 2 |
| 6 | 6 379.91 | 1 183.07 | 316.78 | 122.60 | 6 379.91 | 146.09 | 10.12 | 240.57 | 10.001 0 |
| 7 | 44 976.09 | 1 020.65 | 330.88 | 124.65 | 44 976.09 | 143.27 | 10.10 | 249.91 | 10.001 0 |

**2. 丹麦法**

$$W_i=\begin{cases}1, & |V_i|\leqslant c\\ \exp\left(1-\left(\frac{V_i}{c}\right)^2\right), & |V_i|>c\end{cases}\tag{6.4.21}$$

式中，$c$ 为调和参数，需根据经验模型设定，一般取 $c=1.5\hat{\sigma}\sim 2.5\hat{\sigma}$。

例 6.4.2 仍然用例 6.4.1 的数据，按丹麦法进行抗差估计。

解：(1)设所有观测值的权都为 1，加权平均得 $\hat{x}=10.012\ 5$ m。

(2)求得中误差为$\hat{\sigma}=0.033\ 3$，分别求各观测值改正数的绝对值$|V_i|$。

(3)根据式(6.4.21)，取 $c=1.5\hat{\sigma}$计算权因子 $W_i$，即

diag($\boldsymbol{W}$)=[1.00　1.00　1.00　1.00　1.00　1.00　0.13　1.00]

(4)使用新获得的权计算加权平均值 $\hat{x}$=10.001 8 m。

(5)重复步骤(2)～(4)，直到计算结果收敛为止，其结果为 $\hat{x}$=10.000 7 m。各次运算的权和结果列于表 6.4.2。

**表 6.4.2　丹麦法**

| | $W^{(1)}$ | $W^{(2)}$ | $W^{(3)}$ | $W^{(4)}$ | $W^{(5)}$ | $W^{(6)}$ | $W^{(7)}$ | $W^{(8)}$ | $\hat{X}$ |
|---|---|---|---|---|---|---|---|---|---|
| 1 | 1.00 | 1.00 | 1.00 | 1.00 | 1.00 | 1.00 | 1.00 | 1.00 | 10.012 5 |
| 2 | 1.00 | 1.00 | 1.00 | 1.00 | 1.00 | 1.00 | 0.126 8 | 1.00 | 10.001 8 |
| 3 | 1.00 | 1.00 | 1.00 | 1.00 | 1.00 | 1.00 | 0.057 2 | 1.00 | 10.000 8 |
| 4 | 1.00 | 1.00 | 1.00 | 1.00 | 1.00 | 1.00 | 0.052 9 | 1.00 | 10.000 8 |
| 5 | 1.00 | 1.00 | 1.00 | 1.00 | 1.00 | 1.00 | 0.052 7 | 1.00 | 10.000 7 |
| 6 | 1.00 | 1.00 | 1.00 | 1.00 | 1.00 | 1.00 | 0.052 7 | 1.00 | 10.000 7 |

### 3. Huber 函数法

Huber 函数为

$$W_i=\begin{cases}1, & |V_i|\leqslant C\\ \dfrac{C}{|V_i|}, & |V_i|>C\end{cases} \tag{6.4.22}$$

式中，$C$ 为常数，一般取 $C=2\hat{\sigma}$。

例 6.4.3　仍然用例 6.4.1 的数据，按 Huber 函数法进行抗差估计。

解：(1)设所有观测值的权都为 1，加权平均得 $\hat{x}$=10.012 5 m。

(2)求得中误差为 $\hat{\sigma}$=0.033 3，分别求各观测值的改正数的绝对值 $|V_i|$。

(3)根据式(6.4.22)，取 $C=2.0\hat{\sigma}$，计算权因子 $W_i$，即

diag($\boldsymbol{W}$)=[1.00　1.00　1.00　1.00　1.00　1.00　0.13　1.00]

$\boldsymbol{V}^{(1)\mathrm{T}}$=[0.011 5　0.010 5　0.014 5　0.019 5　0.011 5　0.004 5　−0.087 5　0.015 5]

(4)使用新获得的权计算加权平均值 $\hat{x}$=10.001 8 m。

(5)重复步骤(2)～(4)，直到计算结果收敛为止，经过 13 次迭代计算，其结果为 $\hat{x}$=10.000 7 m。各次运算的权和结果列于表 6.4.3。

表 6.4.3 Huber 函数法

| | $V^{(7)}$ | $W^{(7)}$ | $P^{(7)}$ | $X$ | | $V^{(7)}$ | $W^{(7)}$ | $P^{(7)}$ | $X$ |
|---|---|---|---|---|---|---|---|---|---|
| 2 | −0.089 6 | 0.796 8 | 0.796 8 | 10.010 4 | 8 | −0.097 5 | 0.762 8 | 0.135 6 | 10.002 5 |
| 3 | −0.091 5 | 0.784 1 | 0.648 7 | 10.008 5 | 9 | −0.098 1 | 0.762 1 | 0.103 4 | 10.001 9 |
| 4 | −0.093 2 | 0.775 4 | 0.508 7 | 10.006 8 | 10 | −0.098 5 | 0.761 6 | 0.078 7 | 10.001 5 |
| 5 | −0.094 7 | 0.769 8 | 0.394 4 | 10.005 3 | 11 | −0.098 9 | 0.761 3 | 0.059 9 | 10.001 1 |
| 6 | −0.095 8 | 0.766 3 | 0.232 6 | 10.004 2 | 12 | −0.099 2 | 0.761 2 | 0.045 6 | 10.000 8 |
| 7 | −0.096 8 | 0.764 1 | 0.177 8 | 10.003 2 | 13 | −0.099 4 | 0.761 1 | 0.034 7 | 10.000 7 |

### 4.IGG 方案

IGG 方案是基于测量误差的有界性提出的，它对测量抗差估计比较有效。其等价权因子取为

$$W_i=\begin{cases}1, & |u_i|<k_0\\ \dfrac{k_0}{|u_i|}, & k_0\leqslant|u_i|<k_1\\ 0, & |u_i|\geqslant k_1\end{cases} \tag{6.4.23}$$

式中，$u_i=\dfrac{V_i}{\hat{\sigma}}$，$k_0=1.5$，$k_1=2.5$（淘汰点），$u_i$ 称为标准化残差。

例 6.4.4 仍然用例 6.4.1 的数据，按 IGG 方案进行抗差估计。

解：(1)设所有观测值的权都为 1，加权平均得 $\hat{x}^{(1)}=10.012\ 5$ m。

(2)求得中误差为$\hat{\sigma}=0.033\ 3$，分别求各观测值的改正数的绝对值$|V_i|$。

(3)计算残差和标准化残差，即

$$\boldsymbol{V}^{(1)\mathrm{T}}=[0.011\ 5\quad 0.010\ 5\quad 0.014\ 5\quad 0.019\ 5\quad 0.011\ 5\quad 0.004\ 5\quad -0.087\ 5\quad 0.015\ 5]$$

$$\boldsymbol{u}^{(1)\mathrm{T}}=[0.323\quad 0.294\quad 0.407\quad 0.547\quad 0.323\quad 0.126\quad -2.456\quad 0.453]$$

根据式(6.4.23)，取 $k_0=1.5$、$k_1=2.5$，则 $u_i^{(1)}<k_0$ 的观测值有 7 个，$k_0<u_i^{(1)}<k_1$的观测值有 1 个，$u_i^{(1)}>k_1$ 的观测值有 0 个。因此，权因子 $W^{(1)}(i)=1(i\neq 7)$，$W^{(1)}(7)=0.610\ 7$，重新定权，得

$$P^{(2)}(i)=1(i\neq 7),P^{(2)}(7)=0.610\ 7$$

加权平均得

$$\hat{\boldsymbol{x}}^{(2)}=10.008\ 0\ \mathrm{m}$$

$$\boldsymbol{V}^{(2)\mathrm{T}}=[0.007\ 0\quad 0.006\ 0\quad 0.010\ 0\quad 0.015\ 0\quad 0.007\ 0\quad 0.000\ 0\quad -0.092\ 0\quad 0.011\ 0]$$

$$\boldsymbol{u}^{(2)\mathrm{T}}=[0.195\ 4\quad 0.167\ 6\quad 0.278\ 9\quad 0.418\ 0\quad 0.195\ 4\quad 0.000\ 7\quad -2.559\ 1\quad 0.306\ 7]$$

第 2 次计算结果表明，$u_i^{(2)}<k_0$ 的观测值有 7 个，$k_0<u_i^{(2)}<k_1$ 的观测值有 0 个，$u_i^{(2)}>k_1$ 的观测值有 1 个。因此，权因子 $W^{(2)}(i)=1(i\neq 7)$，$W^{(2)}(7)=0$，重

新定权，得

$$P^{(3)}(i)=1(i\neq 7), P^{(3)}(7)=0$$

加权平均得

$$\hat{x}^{(3)}=10.000\,0\ \text{m}$$

$$\boldsymbol{V}^{(3)\mathrm{T}}=[-0.001\,0\quad -0.002\,0\quad 0.002\,0\quad 0.007\,0\quad -0.001\,0\quad -0.008\,0\quad -0.100\,0\quad 0.003\,0]$$

(4)经过 3 次迭代计算，其结果为 $\hat{x}=10.000\,0$ m。

**5.相关观测的抗差估计方法**

前面四种方法都是假定观测值互相独立，当观测值相关时，设 $\boldsymbol{D}$ 为 $\boldsymbol{L}$ 的先验协方差矩阵，且

$$\boldsymbol{D}=\begin{bmatrix} D_{11} & D_{12} & \cdots & D_{1n} \\ D_{21} & D_{22} & \cdots & D_{2n} \\ \vdots & \vdots & & \vdots \\ D_{n1} & D_{n2} & \cdots & D_{nn} \end{bmatrix} \tag{6.4.24}$$

为了进行抗差估计，需要将 $\boldsymbol{D}$ 矩阵转换为等价协方差矩阵 $\bar{\boldsymbol{D}}$，构造 $\bar{\boldsymbol{D}}$ 的基本思想如下。

(1)粗差归为随机模型，它表现为粗差观测量的先验方差 $D_{ii}$ 与其实际方差 $\tilde{D}_{ii}$ 之间有较大差异，此时可以通过扩大异常观测的方差来控制粗差的影响。当标准化残差 $W_i$ 的绝对值在一定的限度内($|W_i|<k_0$)，则认为不存在粗差，此时 $\bar{D}_{ii}=D_{ii}$；当 $|W_i|\geqslant k_0$，就认为可能存在粗差，则扩大含粗差观测值的方差，实际上等于降低了该观测量的权，即

$$\left.\begin{aligned} W_i&=\frac{V_i}{\sigma_{V_i}}=\frac{V_i}{\sigma_0\sqrt{Q_{V_i}}} \\ \bar{D}_{ii}&=\begin{cases} D_{ii}, & |W_i|<k_0 \\ W_i^2 D_{ii}, & |W_i|\geqslant k_0 \end{cases} \end{aligned}\right\} \tag{6.4.25}$$

式中，$k_0$ 的取值范围为 1.5～3.0，$\boldsymbol{W}_i$ 为标准化残差。

(2)两个观测量 $L_i$ 和 $L_j$ 的相关程度是用相关系数 $\rho_{ij}$ 表示的，其相关程度取决于观测量之间的几何物理构造，是不变量。因此，应充分利用观测量间的先验信息，取

$$\rho_{ij}=\frac{D_{ij}}{\sqrt{D_{ii}D_{jj}}}$$

在构造 $\bar{\boldsymbol{D}}$ 时，对 $\rho_{ij}$ 不能随意改变，因此有

$$\bar{D}_{ij}=\rho_{ij}\sqrt{\bar{D}_{ii}\bar{D}_{jj}} \tag{6.4.26}$$

这样采用类似式(6.4.16)的方程

$$\boldsymbol{B}^{\mathrm{T}}\bar{\boldsymbol{D}}^{-1}\boldsymbol{V}=0$$

将误差方程代入上式为

$$\boldsymbol{B}^{\mathrm{T}}\bar{\boldsymbol{D}}^{-1}\boldsymbol{B}\hat{X}=\boldsymbol{B}^{\mathrm{T}}\bar{\boldsymbol{D}}^{-1}\boldsymbol{l} \tag{6.4.27}$$

式(6.4.27)具有最小二乘的一般形式,可以用最小二乘求解。

该方法的计算步骤为:

(1)列立误差方程,令各相关等价协方差因子的初值均为1,即令 $W_i=1(i=1,2,\cdots,n)$,则$\bar{\boldsymbol{D}}^{(0)}=\boldsymbol{D}$,$\boldsymbol{D}$ 为观测方差矩阵。

(2)用最小二乘求参数和残差的第一次估值,即

$$\hat{\boldsymbol{X}}^{(1)}=(\boldsymbol{B}^{\mathrm{T}}(\bar{\boldsymbol{D}}^{(0)})^{-1}\boldsymbol{B})^{-1}\boldsymbol{B}^{\mathrm{T}}(\bar{\boldsymbol{D}}^{(0)})^{-1}\boldsymbol{l}$$

$$\boldsymbol{V}^{(1)}=\boldsymbol{B}\hat{\boldsymbol{X}}^{(1)}-\boldsymbol{l}$$

(3)按式(6.4.25)计算标准化残差,计算 $\bar{D}_{ii}^{(1)}$,按式(6.4.26)计算 $\bar{D}_{ij}^{(1)}$。

(4)按式(6.4.27)组成法方程,求出参数和残差的第二次估值,即

$$\hat{\boldsymbol{X}}^{(2)}=(\boldsymbol{B}^{\mathrm{T}}(\bar{\boldsymbol{D}}^{(1)})^{-1}\boldsymbol{B})^{-1}\boldsymbol{B}^{\mathrm{T}}(\bar{\boldsymbol{D}}^{(1)})^{-1}\boldsymbol{l}$$

$$\boldsymbol{V}^{(2)}=\boldsymbol{B}\hat{\boldsymbol{X}}^{(2)}-\boldsymbol{l}$$

(5)由$\boldsymbol{V}^{(2)}$计算新的标准化残差,构造新的等价协方差矩阵$\bar{\boldsymbol{D}}^{(2)}$,再解算法方程。进行迭代计算,直至前后两次解的差值符合限差要求为止。

(6)最后结果为

$$\hat{\boldsymbol{X}}^{(k)}=(\boldsymbol{B}^{\mathrm{T}}(\bar{\boldsymbol{D}}^{(k-1)})^{-1}\boldsymbol{B})^{-1}\boldsymbol{B}^{\mathrm{T}}(\bar{\boldsymbol{D}}^{(k-1)})^{-1}\boldsymbol{l}$$

$$\boldsymbol{V}^{(k)}=\boldsymbol{B}\hat{\boldsymbol{X}}^{(k)}-\boldsymbol{l}$$

## §6.5 有偏估计

### 6.5.1 矩阵的条件数

间接平差线性模型为

$$\boldsymbol{L}=\boldsymbol{B}\boldsymbol{X}+\boldsymbol{\Delta} \tag{6.5.1}$$

$$\boldsymbol{D}_{\Delta}=\boldsymbol{\sigma}_0^2\boldsymbol{Q} \tag{6.5.2}$$

式中,$\boldsymbol{L}$ 为 $n$ 维观测向量,$\boldsymbol{B}$ 为误差方程系数矩阵,$\boldsymbol{X}$ 为 $t$ 维未知参数向量,$\sigma_0^2$ 为单位权方差,$\boldsymbol{Q}$ 为观测向量 $\boldsymbol{L}$ 的权逆矩阵。最小二乘估计准则的法方程为

$$\boldsymbol{N}_{bb}\hat{\boldsymbol{X}}=\boldsymbol{W}_b \tag{6.5.3}$$

式中,$\boldsymbol{N}_{bb}=\boldsymbol{B}^{\mathrm{T}}\boldsymbol{P}\boldsymbol{B}$,$\boldsymbol{W}_b=\boldsymbol{B}^{\mathrm{T}}\boldsymbol{P}\boldsymbol{L}$。若 $\boldsymbol{B}$ 的秩等于 $t$,即 $\mathrm{rank}(\boldsymbol{B})=t$,这时法方程系数矩阵的行列式$|\boldsymbol{B}^{\mathrm{T}}\boldsymbol{P}\boldsymbol{B}|\neq 0$,则参数 $\boldsymbol{X}$ 的唯一解为

$$\hat{\boldsymbol{X}}=\boldsymbol{N}_{bb}^{-1}\boldsymbol{W}_b \tag{6.5.4}$$

在实际平差问题中,如果 $\boldsymbol{B}$ 矩阵列满秩,则法方程系数矩阵的行列式不应为零,但它的行列式的绝对值可能很小,使法方程的解很不稳定。也就是说,当法方程中系

数和常数项存在舍入误差而产生微小变化时，会引进解的很大差异。这种情况下的法方程系数矩阵的性质不好，称为病态方程。

一个方程满足下面条件，则是适定问题：

(1)对于任何观测值 $\boldsymbol{L}$，存在解 $\boldsymbol{X}\in R^t$($R$ 定义域)。

(2)解是唯一的。

(3)解在定义域 $R$ 上是稳定的。

不满足上述任何一个条件的问题称为不适定问题。不适定问题在参数反演问题中广泛存在着。在各种测量数据处理中，如卫星导航定位、坐标系统转换、变形监测分析、摄影测量的附加参数自检校平差和大地测量反演等诸多方面，都存在这种问题。为了有效地补偿观测数据中的系数误差，常常在观测方程中附加大量补偿系统误差的参数，易造成过度参数化，使附加参数之间或附加参数与基本参数之间存在近似线性关系或存在复共线性问题，导致法方程系数矩阵病态。产生病态性的另外一个原因就是观测不足，主要发生在后方交会的观测模式中。例如，在GPS测量中，对于双差模型，观测到 $m$ 颗卫星，每个历元可组成 $m-1$ 个误差方程式，如果在基线解算中选取了 $m+3$ 个参数(3个坐标差和 $m$ 个整周模糊度参数)，则理论上只观测2个历元即可求解待定参数。但是，如果2个历元间隔很小，对应的误差方程具有复共线性，因此造成参数最小二乘估计结果存在较大偏差，使结果不可信。这时，多余观测虽多，但是2组取值点相差甚小，观测值提供的信息量还是严重不足。

病态性可分为两类：Ⅰ类病态性是指过度参数化引起的病态问题，即参数之间存在一定的近似线性关系；Ⅱ类病态性是指观测所提供的信息量不足以确定待定参数问题。

合理地度量和诊断参数估计系统的病态性，是削弱或克服病态性影响的前提。最常用的方法是条件数判别法。下面介绍这种判别方法。

在式(6.5.3)中，如果 $\boldsymbol{N}_{bb}$、$\boldsymbol{W}_b$ 有扰动值 $\delta\boldsymbol{N}$、$\delta\boldsymbol{W}$，相应的参数估值 $\hat{\boldsymbol{X}}$ 有扰动值 $\delta\hat{\boldsymbol{X}}$，因而有方程

$$(\boldsymbol{N}_{bb}+\delta\boldsymbol{N})(\hat{\boldsymbol{X}}+\delta\hat{\boldsymbol{X}})=\boldsymbol{W}_b+\delta\boldsymbol{W} \tag{6.5.5}$$

如果扰动 $\delta\boldsymbol{N}$ 非常小，使 $\|\boldsymbol{N}_{bb}^{-1}\|\cdot\|\delta\boldsymbol{N}\|<1$，则有事前误差估计式为

$$\frac{\|\delta\hat{\boldsymbol{X}}\|}{\|\hat{\boldsymbol{X}}\|}\leqslant\frac{\mathrm{cond}(\boldsymbol{N}_{bb})}{1-\mathrm{cond}(\boldsymbol{N}_{bb})\dfrac{\|\delta\boldsymbol{N}\|}{\|\boldsymbol{N}_{bb}\|}}\left(\frac{\|\delta\boldsymbol{W}_b\|}{\|\boldsymbol{W}_b\|}+\frac{\|\delta\boldsymbol{N}\|}{\|\boldsymbol{N}_{bb}\|}\right) \tag{6.5.6}$$

式中，$\|\cdot\|$ 是矩阵的范数算子，称

$$\mathrm{cond}(\boldsymbol{N}_{bb})=\|\boldsymbol{N}_{bb}^{-1}\|\cdot\|\boldsymbol{N}_{bb}\| \tag{6.5.7}$$

为矩阵 $\boldsymbol{N}_{bb}$ 的条件数。

若 $\|\delta\boldsymbol{N}\|=0$、$\|\delta\boldsymbol{W}\|\neq0$，则有

$$\frac{\|\delta\hat{\boldsymbol{X}}\|}{\|\hat{\boldsymbol{X}}\|}\leqslant \mathrm{cond}(\boldsymbol{N}_{bb})\frac{\|\delta\boldsymbol{W}\|}{\|\boldsymbol{W}_b\|} \tag{6.5.8}$$

若$\|\delta\boldsymbol{N}\|\neq 0$、$\|\delta\boldsymbol{W}\|=0$，则有

$$\frac{\|\delta\hat{\boldsymbol{X}}\|}{\|\hat{\boldsymbol{X}}+\delta\hat{\boldsymbol{X}}\|}\leqslant \mathrm{cond}(\boldsymbol{N}_{bb})\frac{\|\delta\boldsymbol{N}\|}{\|\boldsymbol{N}_{bb}\|} \tag{6.5.9}$$

方程组解的事后估值误差为

$$\frac{1}{\mathrm{cond}(\boldsymbol{N})}\frac{\|\boldsymbol{W}_b-\boldsymbol{N}_{bb}\hat{\boldsymbol{X}}\|}{\|\boldsymbol{W}_b\|}\leqslant\frac{\|\hat{\boldsymbol{X}}-\boldsymbol{X}\|}{\|X\|}\leqslant \mathrm{cond}(\boldsymbol{N})\frac{\|\boldsymbol{W}_b-\boldsymbol{N}_{bb}\hat{X}\|}{\|\boldsymbol{W}_b\|} \tag{6.5.10}$$

从式(6.5.6)、式(6.5.8)、式(6.5.9)和式(6.5.10)可知，条件数较大时，若$\boldsymbol{N}_{bb}$及$\boldsymbol{W}_b$有较小的扰动$\delta\boldsymbol{N}$，$\delta\boldsymbol{W}$就会回引起参数解的较大扰动，此时，称式(6.5.3)为病态方程，矩阵$\boldsymbol{N}_{bb}$称为病态矩阵。如果因观测向量或误差方程系数矩阵发生微小的扰动，参数解就会发生较大的变化，则参数估计系统是病态的；如果因观测向量或误差方程系数矩阵发生微小的扰动，参数解也相应会发生较小的变化，则参数估计系统是良态的。

当$\boldsymbol{N}_{bb}$是对称正定矩阵时，有

$$\mathrm{cond}(\boldsymbol{N}_{bb})=\left|\frac{\lambda_{\max}}{\lambda_{\min}}\right| \tag{6.5.11}$$

式中，$\lambda_{\max}$和$\lambda_{\min}$是矩阵$\boldsymbol{N}_{bb}$的最大特征值和最小特征值。

根据条件数的定义，设$\boldsymbol{N}_{bb}^{-1}$存在，条件数有下列性质：

(1)$\mathrm{cond}(\boldsymbol{N}_{bb})\geqslant 1$，$\mathrm{cond}(\boldsymbol{N}_{bb})=\mathrm{cond}(\boldsymbol{N}_{bb}^{-1})$，设$a$为不等于零的实数，则有$\mathrm{cond}(a\boldsymbol{N}_{bb})=\mathrm{cond}(\boldsymbol{N}_{bb})$。

(2)若$\boldsymbol{Q}$为正定矩阵，且$\mathrm{cond}(\boldsymbol{Q})=1$，则有

$$\mathrm{cond}(\boldsymbol{N}_{bb})=\mathrm{cond}(\boldsymbol{Q}\boldsymbol{N}_{bb})=\mathrm{cond}(\boldsymbol{N}_{bb}\boldsymbol{Q})$$

条件数是病态性的度量指标，一般认为，当$0<\mathrm{cond}(\boldsymbol{N}_{bb})<100$时，没有病态性；当$100<\mathrm{cond}(\boldsymbol{N}_{bb})<1\,000$时，存在中等程度或较强的病态性；当$\mathrm{cond}(\boldsymbol{N}_{bb})\geqslant 1\,000$时，则有严重的病态性。

为了解决法方程系数矩阵病态导致的最小二乘估计不稳定问题，统计学家们提出了一些新的估计方法来改善这种情况下的最小二乘估计，这些方法主要有岭估计、广义岭估计及主成分估计等。这些估计都具有有偏性，故统称为有偏估计。

### 6.5.2 病态性诊断方法

#### 1. Ⅰ类病态性诊断方法

条件数法是最常用的诊断病态性的方法，其缺点是混淆了两类病态性。对$\boldsymbol{B}=[\boldsymbol{b}_1\ \ \boldsymbol{b}_2\ \ \cdots\ \ \boldsymbol{b}_t]$中列向量$\boldsymbol{b}_i\ (i=1,2,\cdots,t)$实施G-S正交化，得矩阵$\boldsymbol{C}=[\boldsymbol{c}_1\ \ \boldsymbol{c}_2\ \ \cdots\ \ \boldsymbol{c}_t]$，$\boldsymbol{b}_i$、$\boldsymbol{c}_i$为$\boldsymbol{n}$维列向量，且$\boldsymbol{c}_i$之间两两正交。求各列向量的范数，得$\|\boldsymbol{b}_i\|$和$\|\boldsymbol{c}_i\|$。令

$$\boldsymbol{k}_i=\frac{\|\boldsymbol{c}_i\|}{\|\boldsymbol{b}_i\|}\quad(\|\boldsymbol{b}_i\|\neq 0) \tag{6.5.12}$$

则可得向量 $\boldsymbol{k}=[k_1\quad k_2\quad\cdots\quad k_t]$。其中，最小值称为最小相对范数 $k_f$，即

$$k_f=\min\quad\{k_1,k_2,\cdots,k_t\} \tag{6.5.13}$$

$k_f$ 具有如下特性：

(1)$k_f$ 是有界的，且 $0\leqslant k_f\leqslant 1$。

(2)$k_f$ 的大小反映了$\boldsymbol{b}_i$ 与$\boldsymbol{b}_j$ 复相关程度。$k_f$ 越大，$\boldsymbol{b}_i$ 与 $\boldsymbol{b}_j$ 复相关程度越低；反之，$k_f$ 越小，$\boldsymbol{b}_i$ 与$\boldsymbol{b}_j$ 复相关程度越高。因此，$k_f$ 为度量 $\boldsymbol{B}$ 矩阵列向量复共线性的方法，被称为最小相对范数法，简称 F 法，相应的度量值称为最小相对范数。

矩阵病态性的强弱可以用 $k_f$ 的大小来度量，但 $k_f$ 只是一个相对值，还不能说明矩阵的病态性。因此，必须给出一个统一的阈值 $k_0$，当 $k_f>k_0$ 时，矩阵 $\boldsymbol{B}$ 不存在病态性，参数的最小二乘估值可靠；当 $k_f\leqslant k_0$ 时，矩阵 $\boldsymbol{B}$ 存在病态性，参数的最小二乘估值不可靠。通常设两个阈值，阈值 $k_{01}$ 为

$$k_{01}=\frac{2\sigma}{\|\boldsymbol{b}\|\sqrt{t}} \tag{6.5.14}$$

式中，$\sigma$ 为观测值的中误差。当 $k_f\leqslant k_{01}$时，有理由说 $\boldsymbol{b}$ 向量对应的参数与其他参数近于完全复共线，矩阵 $\boldsymbol{B}$ 是病态的。

阈值 $k_{02}$ 为

$$k_{02}=0.1 \tag{6.5.15}$$

因为

$$k=\frac{\|\boldsymbol{b}_1\|^2}{\|\boldsymbol{c}_n\|^2}=\frac{1}{k_f^2} \tag{6.5.16}$$

当 $k=100$ 时，矩阵不存在明显的复共线性，所以 $k_f\geqslant k_{02}$时，矩阵不存在病态问题。

综上所述，矩阵复共线性可以应用最小相对范数 $k_f$ 来判断。诊断病态性的方式有两种：一种是根据采样精度确定阈值 $k_{01}$，当 $k_f<k_{01}$时，表明 $k_f$ 小于观测相对误差，有理由将 $k_f$ 作为零对待，可以人为确定对应参数与其余参数非常近于复共线，矩阵 $\boldsymbol{B}$ 病态；另一种是根据谱范数确定阈值 $k_{02}$，当 $k_f$ 大于 $k_{02}$时，矩阵没有病态性问题。

**2. Ⅱ类病态性诊断方法**

观测矩阵的Ⅱ类病态性是由观测信息量不足引起的，或者是观测对象的空间结构不合理导致的。测量平差是在有多余观测的前提下进行的，即要求观测值的个数比参数的个数要多。多余观测的重要性在可靠性理论中有显著地位。在可靠性理论中，内部可靠性、外部可靠性的度量指标都与多余观测分量有关。多余观测分量越大，可靠性越强。但是，基础平差理论没有讨论观测对参数域（参数所表达的对象）影响的问题。如果观测量及其分布在参数域上对平差结果有制约作用，那

么仅仅分析多余观测是不够的。

设参数域为 $\Omega$,待求参数为表述域 $\Omega$ 的几何量或物理量,为了可靠地确定 $\Omega$ 的参数,理想的做法是将足够个数的观测均匀地分布在 $\Omega$ 上。实际上,这一点很难做到,但是,当观测数量不限时,观测向量密度越大,单一观测所含的信息量越少,反之亦然;当观测的个数一定时,观测向量之间的均匀距离越大,单一观测所含的信息量越大,风险越小;当观测的个数一定时,如果观测局限于 $\Omega$ 的某一子域 $\omega$ 内,则 $\omega$ 越小,风险越大,因观测引起的系统病态的可能性越大,当 $\omega$ 很小时,不论观测个数怎样多,系统都会因观测的局限性而存在Ⅱ类病态问题。例如,在小区域内通过观测求不同大地坐标系统的转换参数时,一定会产生病态问题。因此,参数域 $\Omega$ 和观测域 $\omega$ 对应观测的制约性是测量数据处理中的一个科学问题。试验表明,观测矩阵的条件数随着观测值个数的增加而减少,当达到一定的数量后,条件数会趋向恒定。因此,Ⅱ类病态性不会因为在同一子域内增加观测数量而减弱,这说明这些新增加的观测量所含信息很少,对于改善Ⅱ类病态性贡献很少。参数选择得越多,误差方程系数矩阵条件数越大,复共线性越强。

(1)基于条件数法的诊断。基于条件数诊断Ⅱ类病态性的公式为

$$\delta k(i)=k(i)-\mathrm{cond}(\boldsymbol{B}) \tag{6.5.17}$$

式中,$k(i)$表示剔除第 $i$ 个观测量后的条件数,$\delta k(i)$是条件数的变化量。$\delta k(i)$越大,第 $i$ 个观测量对结果的影响越大。

(2)基于投影算子的影响诊断。由误差方程系数矩阵 $\boldsymbol{B}$ 组成的矩阵 $\boldsymbol{J}=\boldsymbol{B}(\boldsymbol{B}^{\mathrm{T}}\boldsymbol{B})^{-1}\boldsymbol{B}^{\mathrm{T}}$ 称为投影矩阵,投影矩阵是对称幂等矩阵,也是降秩矩阵,其对角线元素为

$$J_{ii}=\boldsymbol{b}_i^{\mathrm{T}}(\boldsymbol{B}^{\mathrm{T}}\boldsymbol{B})^{-1}\boldsymbol{b}_i \tag{6.5.18}$$

其性质为

$$\left.\begin{aligned}0\leqslant J_{ii}\leqslant 1\\ \sum_{i=1}^{n}J_{ii}=t\end{aligned}\right\} \tag{6.5.19}$$

$J_{ii}$反映了第 $i$ 个观测量与所有 $n$ 个观测量值中心位置之间的距离,它可以作为衡量观测向量间距离大小的指标。但这个指标有一定的缺陷,通常在有多余观测的情况下,误差方程系数矩阵 $\boldsymbol{B}$ 的病态性影响的度量公式为

$$\delta\eta(i)=\frac{k(i)}{\sqrt{1-J_{ii}}}-k \tag{6.5.20}$$

根据 $\delta\eta(i)$的大小进行排序,可诊断各个观测量对结果的影响大小。这种诊断只具有相对意义。

例 6.5.1 求下列方程的条件数

$$\begin{bmatrix} 12.141 & 0.029 & -7.866 & -2.155 \\ 0.029 & 3.543 & -0.414 & -1.536 \\ -7.866 & -0.414 & 15.246 & 4.721 \\ -2.155 & -1.536 & 4.721 & 6.138 \end{bmatrix} \cdot \begin{bmatrix} \hat{x}_1 \\ \hat{y}_1 \\ \hat{x}_2 \\ \hat{y}_2 \end{bmatrix} - \begin{bmatrix} 23.207 \\ -15.387 \\ -5.622 \\ 14.284 \end{bmatrix} = 0$$

方程系数矩阵的特征值向量为：$\boldsymbol{\lambda}=[6.848 \quad 2.496 \quad 23.225 \quad 4.501]^{\mathrm{T}}$。

解：因为方程系数矩阵的条件数为 $\mathrm{cond}(\boldsymbol{N}_{bb})=\frac{\lambda_{\max}}{\lambda_{\min}}=\frac{23.225}{2.496}=9.3<100$，所以该法方程为良态方程。

例 6.5.2　求下列方程的条件数

$$\begin{bmatrix} 2.1220 & 1.0669 & 0.0822 & 0.0322 \\ 1.0669 & 0.5349 & 0.0432 & 0.0168 \\ 0.0822 & 0.0432 & 0.8892 & 1.0178 \\ 0.0322 & 0.0168 & 4.7210 & 1.1656 \end{bmatrix} \cdot \begin{bmatrix} \hat{x}_1 \\ \hat{y}_1 \\ \hat{x}_2 \\ \hat{y}_2 \end{bmatrix} - \begin{bmatrix} 2.0900 \\ 3.7659 \\ 6.6569 \\ 7.6841 \end{bmatrix} = 0$$

法方程系数矩阵的特征值向量为：$\boldsymbol{\lambda}=[2.6557 \quad -0.0012 \quad -3.6959 \quad 5.7531]^{\mathrm{T}}$。

解：因为法方程系数矩阵的条件数为：$\mathrm{cond}(\boldsymbol{N}_{bb})=\left|\frac{\lambda_{\max}}{\lambda_{\min}}\right|=\left|\frac{5.7531}{-0.0012}\right|=4\,794.25>1000$，所以该方程为严重病态矩阵。

### 6.5.3　参数选择方法

在进行测量数据处理过程中，根据物理模型或几何模型选择参数是一项关键技术。传统的控制网平差，一般选择控制点的坐标为参数。空间直角坐标系统坐标转换参数包括平移参数、旋转参数和缩放参数。有些参数的选择是比较确定的，可以根据工作经验确定，但也有些参数的选择不确定，选进和剔除都有可能影响数据处理的质量。应用假设检验，可以判断所引进的参数是否显著。但是，即使通过模型检验也不能说明参数选择完全正确。怎样选择一个最优数学模型表达物理模型或几何模型是测绘工作者长期探讨的问题。

对应测量平差的函数模型为

$$\boldsymbol{L}=\boldsymbol{B}\boldsymbol{X}+\boldsymbol{\Delta}$$
$$\mathrm{rank}(\boldsymbol{B})=t \tag{6.5.21}$$

将参数分为两部分，即$\boldsymbol{X}^{\mathrm{T}}=[\boldsymbol{X}_1^{\mathrm{T}} \quad \boldsymbol{X}_2^{\mathrm{T}}]$，$\boldsymbol{X}_1$ 称为基本参数，有 $t_1$ 个，$\boldsymbol{X}_2$ 称为附加参数，有 $t_2$ 个，$t=t_1+t_2$。相对应参数的系数矩阵也分为两组，即 $\boldsymbol{B}=[\boldsymbol{B}_1 \quad \boldsymbol{B}_2]$，于是观测方程可以表达为

$$\boldsymbol{L}=\boldsymbol{B}_1\boldsymbol{X}_1+\boldsymbol{B}_2\boldsymbol{X}_2+\boldsymbol{\Delta} \tag{6.5.22}$$

在参数选择中有以下三种可能性：

(1)模型选择正确，即选择的模型 $\boldsymbol{L}=\boldsymbol{B}\boldsymbol{X}+\boldsymbol{\Delta}$ 是真实的。

(2)真实模型是 $\boldsymbol{L}=\boldsymbol{B}\boldsymbol{X}+\boldsymbol{\Delta}$，而建立的模型却是 $\boldsymbol{L}=\boldsymbol{B}_1\boldsymbol{X}_1+\boldsymbol{\Delta}$，这时错误地丢掉了一些参数，使平差结果不能完全正确地反映物理模型或几何模型。

(3)真实模型是 $\boldsymbol{L}=\boldsymbol{B}_1\boldsymbol{X}_1+\boldsymbol{\Delta}$，而选择的模型是 $\boldsymbol{L}=\boldsymbol{B}_1\boldsymbol{X}_1+\boldsymbol{B}_2\boldsymbol{X}_2+\boldsymbol{\Delta}$，这时错误地把一些不必要的参数引进了模型，这时可能引起参数间的强复共线性，产生系统的病态问题，影响参数的最小二乘估值的质量。

选择参数的准则有平均残差平方和准则和赤池信息量(Akaike information criterion，AIC)准则两种。

(1)平均残差平方和准则。定义残差平方和为 $\boldsymbol{\Phi}$，则

$$\boldsymbol{\Phi}=\boldsymbol{V}^{\mathrm{T}}\boldsymbol{P}\boldsymbol{V} \tag{6.5.23}$$

$\boldsymbol{\Phi}$ 随着附加参数的增多而减少，反映了模型的拟合程度增强。如果仅以 $\boldsymbol{\Phi}$ 作为模型拟合的准则，则必然导致选取的附加参数越多越好的趋势。为了防止过度参数化，在 $\boldsymbol{\Phi}$ 上增加对附加参数的惩罚因子，即采用平均残差平方和准则为

$$\boldsymbol{M}_{\Phi}=\frac{\boldsymbol{\Phi}}{n-t} \tag{6.5.24}$$

式中，$n$ 为观测值个数，$t$ 为参数个数。以 $\boldsymbol{M}_{\Phi}$ 越小越好选择附加参数。这种方法仅具有定性特点，对于增加或减少一个参数反映不显著。

(2)赤池信息量准则。赤池信息量准则定义为

$$\mathrm{AIC}=(-2)\ln A+2B \tag{6.5.25}$$

式中，$A$ 为模型的极大似然函数，$B$ 为模型的独立参数个数，第一项是衡量拟合程度的指标，第二项是对增加参数个数的一种惩罚。选择数学模型时以赤池信息量取得最小值为准则。这种方法的缺点是必须要求已知分布类型，这影响了其实用性。

### 6.5.4　病态问题的处理方法

有偏估计的方法很多，下面介绍岭估计和施坦(Stein)估计。

**1. 岭估计**

岭估计自 1970 年由霍尔(Hoerl)和纳德(Kennard)提出后，成为目前最有影响的一种有偏估计。对于高斯-马尔可夫(Gauss-Markov)模型，岭估计定义为

$$\hat{\boldsymbol{X}}(k)=(\boldsymbol{B}^{\mathrm{T}}\boldsymbol{B}+k\boldsymbol{I})^{-1}\boldsymbol{B}^{\mathrm{T}}\boldsymbol{L} \tag{6.5.26}$$

式中，$k\geqslant 0$，为常数，称为岭常数；$\boldsymbol{I}$ 为与$\boldsymbol{B}^{\mathrm{T}}\boldsymbol{B}$ 同阶的单位矩阵。对于不同的 $k$，式(6.5.26)会给出不同的估值。当 $k=0$ 时，得到的是最小二乘估值，因此，最小二乘估计是岭估计的一个特解，岭估计是最小二乘估计的推广。当矩阵 $\boldsymbol{B}$ 为良态矩阵时，取 $k=0$，采用最小二乘估计；当矩阵 $\boldsymbol{B}$ 为病态矩阵时，$\boldsymbol{B}^{\mathrm{T}}\boldsymbol{B}$ 接近奇异，总能找到一个适当的 $k$ 值，使$\boldsymbol{B}^{\mathrm{T}}\boldsymbol{B}+k\boldsymbol{I}$ 的奇异程度有所改善。

$\hat{\boldsymbol{X}}(k)$的期望为

$$E(\hat{\boldsymbol{X}}(k))=(\boldsymbol{B}^{\mathrm{T}}\boldsymbol{B}+k\boldsymbol{I})^{-1}\boldsymbol{B}^{\mathrm{T}}E(\boldsymbol{L})=(\boldsymbol{B}^{\mathrm{T}}\boldsymbol{B}+k\boldsymbol{I})^{-1}\boldsymbol{B}^{\mathrm{T}}\boldsymbol{B}\boldsymbol{X}=\boldsymbol{B}(k)\boldsymbol{X} \tag{6.5.27}$$

式中，$\boldsymbol{B}(k)=(\boldsymbol{B}^{\mathrm{T}}\boldsymbol{B}+k\boldsymbol{I})^{-1}\boldsymbol{B}^{\mathrm{T}}\boldsymbol{B}$。当 $k=0$ 时，$\boldsymbol{B}(k)=\boldsymbol{I}$，$E(\hat{\boldsymbol{X}}(k))=\boldsymbol{X}$，即最小二乘估计为无偏估计。当 $k>0$ 时，$\boldsymbol{B}(k)\neq\boldsymbol{I}$，$E(\hat{\boldsymbol{X}}(k))\neq\boldsymbol{X}$，即岭估计为有偏估计。

$\hat{\boldsymbol{X}}(k)$的偏值为

$$\mathrm{Bias}(\hat{\boldsymbol{X}}(k))=E(\hat{\boldsymbol{X}}(k))-\boldsymbol{X}=(\boldsymbol{B}(k)-\boldsymbol{I})\boldsymbol{X} \tag{6.5.28}$$

$\hat{\boldsymbol{X}}(k)$的协方差矩阵为

$$\boldsymbol{D}(\hat{\boldsymbol{X}}(k))=\sigma_0^2\,(\boldsymbol{B}^{\mathrm{T}}\boldsymbol{B}+k\boldsymbol{I})^{-1}\boldsymbol{B}^{\mathrm{T}}\boldsymbol{B}\,(\boldsymbol{B}^{\mathrm{T}}\boldsymbol{B}+k\boldsymbol{I})^{-1} \tag{6.5.29}$$

$\hat{\boldsymbol{X}}(k)$的均方误差为

$$\begin{aligned}\mathrm{MSE}(\hat{\boldsymbol{X}}(k))&=E\,(\hat{\boldsymbol{X}}(k)-\boldsymbol{X})^{\mathrm{T}}(\hat{\boldsymbol{X}}(k)-\boldsymbol{X})\\&=\mathrm{tr}(\boldsymbol{D}(\hat{\boldsymbol{X}}(k)))+(\mathrm{Bias}(\hat{\boldsymbol{X}}(k)))^{\mathrm{T}}\mathrm{Bias}(\hat{\boldsymbol{X}}(k))\end{aligned} \tag{6.5.30}$$

当系数矩阵 $\boldsymbol{B}$ 存在病态性时，最小二乘估值的误差就会很大，虽然最小二乘估计是无偏的，即 $\mathrm{Bias}(\hat{\boldsymbol{X}}(k))=0$，但 $\mathrm{tr}(\boldsymbol{D}(\hat{\boldsymbol{X}}(k)))$很大，因此均方误差也会很大。均方误差反映的是估值的准确度，均方误差大，准确度就低。最小二乘估计的无偏性，只有在矩阵 $\boldsymbol{B}$ 为良态时才有效，当矩阵 $\boldsymbol{B}$ 为病态时，用最小二乘估计会得到错误的结果。

当系数矩阵 $\boldsymbol{B}$ 存在病态性时，存在 $k>0$，使岭估计结果的均方误差小于最小二乘估计结果的均方误差，即

$$\mathrm{MSE}(\hat{\boldsymbol{X}}(k))<\mathrm{MSE}(\hat{\boldsymbol{X}}) \tag{6.5.31}$$

式(6.5.31)表明，如果选取合适的 $k$ 值，在均方误差的意义下，岭估计优于最小二乘估计。用较小的有偏估值换取的 $\mathrm{tr}(\boldsymbol{D}(\hat{\boldsymbol{X}}(k)))$显著变小。

岭估计在某种程度上改善了最小二乘估计，但它还存在两个问题：①岭估计改变了方程的等量关系，使估计结果有偏；②岭参数 $k$ 的确定非常困难，且随意性很大。

### 2. Stein 估计

对于病态系统，最小二乘估计的估值质量有明显问题，因此 Stein 提出了对参数 $\boldsymbol{X}$ 做均匀压缩的有偏估计方法，也就是 Stein 估计。

对于高斯-马尔可夫模型，Stein 估计定义为

$$\hat{\boldsymbol{X}}(c)=c\hat{\boldsymbol{X}} \tag{6.5.32}$$

式中，$\hat{\boldsymbol{X}}$ 为最小二乘估值，$c(0\leqslant c\leqslant 1)$为压缩系数，$\hat{\boldsymbol{X}}(c)$为 Stein 估值，$\hat{\boldsymbol{X}}(c)$是一个估计类。当 $c=1$ 时，$\hat{\boldsymbol{X}}(1)=\hat{\boldsymbol{X}}$ 为最小二乘估值；当 $c\neq 1$ 时，$\hat{\boldsymbol{X}}(c)$为有偏、压缩估值。存在 $0\leqslant c\leqslant 1$，使

$$\mathrm{MSE}(\hat{\boldsymbol{X}}(c))<\mathrm{MSE}(\hat{\boldsymbol{X}}) \tag{6.5.33}$$

式中

$$\mathrm{MSE}(\hat{\boldsymbol{X}}(c))=\mathrm{tr}(\boldsymbol{D}(\hat{\boldsymbol{X}}(c)))+\|E(\hat{\boldsymbol{X}}(c))-\boldsymbol{X}\|^2 \\ =c^2\hat{\sigma}^2\mathrm{tr}((\boldsymbol{B}^{\mathrm{T}}\boldsymbol{B})^{-1})+(c-1)^2\|\boldsymbol{X}\|^2 \tag{6.5.34}$$

$$\mathrm{MSE}(\hat{\boldsymbol{X}})=\mathrm{tr}(\boldsymbol{D}(\hat{\boldsymbol{X}}))=\hat{\boldsymbol{\sigma}}^2\mathrm{tr}(\boldsymbol{N}^{-1}) \tag{6.5.35}$$

式(6.5.33)表明,Stein 估值比最小二乘估值有较小的均方误差。

获得 Stein 估值的前提就是要确定压缩系数 $c$。下面介绍斯坦-詹姆斯(Stein-James)压缩系数确定法。设 $\boldsymbol{\Delta}\sim N(0,\sigma^2\boldsymbol{I})$,如果取

$$c=1-\frac{d\hat{\sigma}^2}{\hat{\boldsymbol{X}}^{\mathrm{T}}\boldsymbol{B}^{\mathrm{T}}\boldsymbol{B}\boldsymbol{X}} \tag{6.5.36}$$

$$0<d<\frac{2(n-t-1)}{n-t+1}\left(\lambda_t\sum_{i=1}^{t}\frac{1}{\lambda_i}-2\right) \tag{6.5.37}$$

式中,$n$ 为观测值总数,$t$ 为参数个数,$\lambda_i$ 为法方程系数矩阵$\boldsymbol{N}_{bb}$的特征值,$\lambda_t$ 为最小特征值。从以上分析可知,Stein 估值比最小二乘估值均方误差小。

**3. 广义岭估计**

广义岭估计的定义为

$$\hat{\boldsymbol{X}}(k)=(\boldsymbol{B}^{\mathrm{T}}\boldsymbol{B}+\boldsymbol{G}\boldsymbol{K}\boldsymbol{G}^{\mathrm{T}})^{-1}\boldsymbol{B}^{\mathrm{T}}\boldsymbol{L} \tag{6.5.38}$$

式中,$\boldsymbol{G}$ 为正交矩阵,$\boldsymbol{K}=\mathrm{diag}(k_1,k_2,\cdots,k_t)$,是 $t$ 个岭参数组成的对角矩阵。显然,当 $k_1=k_2=\cdots=k_t=k$ 时,式(6.5.38)就转变为式(6.5.26)。

### 6.5.5 最小二乘估计方法的改进

**1. 约束条件**

对于线性模型式(6.5.1),当 $\boldsymbol{B}$ 存在病态性时,最小二乘估计 $\hat{\boldsymbol{X}}$ 不可靠。为了改善最小二乘估计,对式(6.5.1)增加一个约束条件,即

$$\boldsymbol{G}^{\mathrm{T}}\boldsymbol{X}=0 \tag{6.5.39}$$

式中,$\boldsymbol{G}^{\mathrm{T}}$ 为 $1\times t$ 的约束向量。这时,式(6.5.1)变为

$$\left.\begin{aligned}\boldsymbol{L}&=\boldsymbol{B}\boldsymbol{X}+\boldsymbol{\Delta}\\ \boldsymbol{G}^{\mathrm{T}}\boldsymbol{X}&=0\\ E(\boldsymbol{\Delta})&=0\\ \boldsymbol{D}_{\Delta\Delta}&=\sigma^2\boldsymbol{Q}_{LL}\end{aligned}\right\} \tag{6.5.40}$$

其法方程为

$$\left.\begin{aligned}\boldsymbol{B}^{\mathrm{T}}\boldsymbol{P}\boldsymbol{B}\boldsymbol{X}_G+\boldsymbol{G}\boldsymbol{K}-\boldsymbol{B}^{\mathrm{T}}\boldsymbol{P}\boldsymbol{L}&=0\\ \boldsymbol{G}^{\mathrm{T}}\boldsymbol{X}_G&=0\end{aligned}\right\} \tag{6.5.41}$$

对法方程式(6.5.16)的解为

$$\begin{bmatrix}\boldsymbol{X}_G\\ \boldsymbol{K}\end{bmatrix}=\begin{bmatrix}\boldsymbol{B}^{\mathrm{T}}\boldsymbol{P}\boldsymbol{B} & \boldsymbol{G}\\ \boldsymbol{G}^{\mathrm{T}} & \boldsymbol{0}\end{bmatrix}^{-1}\begin{bmatrix}\boldsymbol{B}^{\mathrm{T}}\boldsymbol{P}\boldsymbol{L}\\ \boldsymbol{0}\end{bmatrix} \tag{6.5.42}$$

**2.约束向量 $G$ 的确定**

在线性模型式(6.5.1)中增加一个约束条件的目的是改善法方程的病态性的同时,又保证估计量无偏。法方程的病态性取决于法方程系数矩阵 $\boldsymbol{B}^{\mathrm{T}}\boldsymbol{PB}$ 的条件数。对最小二乘估计的改进,应根据条件数来进行。另外,$\boldsymbol{B}^{\mathrm{T}}\boldsymbol{PB}$ 的病态性还与其行列式 $|\boldsymbol{B}^{\mathrm{T}}\boldsymbol{PB}|$ 的值有关,行列式值越小,其病态性越严重。因此,约束向量 $\boldsymbol{G}$ 就是要根据行列式 $|\boldsymbol{B}^{\mathrm{T}}\boldsymbol{PB}|$ 和条件数 $\mathrm{cond}(\boldsymbol{B}^{\mathrm{T}}\boldsymbol{PB})$ 来确定。约束向量 $\boldsymbol{G}$ 是下列线性方程的解

$$(\boldsymbol{B}^{\mathrm{T}}\boldsymbol{PB})\boldsymbol{G}=|\boldsymbol{B}^{\mathrm{T}}\boldsymbol{PB}|\boldsymbol{e} \tag{6.5.43}$$

式中,$\boldsymbol{e}$ 为 $t\times1$ 的向量,即 $\boldsymbol{e}=[1-\delta \quad 1-\delta \quad \cdots \quad 1-\delta]^{\mathrm{T}}$,$\delta$ 为

$$\delta=\begin{cases}0, & \mathrm{cond}(\boldsymbol{B}^{\mathrm{T}}\boldsymbol{PB})\geqslant100\\ 1, & \mathrm{cond}(\boldsymbol{B}^{\mathrm{T}}\boldsymbol{PB})<100\end{cases} \tag{6.5.44}$$

为了计算方便,当求得 $\boldsymbol{G}$ 后,将其标准化,使下式成立,即

$$\boldsymbol{G}^{\mathrm{T}}\boldsymbol{G}=\boldsymbol{I}$$

分析式(6.5.43)知:① 当条件数 $\mathrm{cond}(\boldsymbol{B}^{\mathrm{T}}\boldsymbol{PB})<100$ 时,$\delta=1$,$\boldsymbol{e}=[0 \quad 0 \quad \cdots \quad 0]^{\mathrm{T}}$,$|\boldsymbol{B}^{\mathrm{T}}\boldsymbol{PB}|\neq0$,于是式(6.5.43)没有非零解,只有零解,$\boldsymbol{G}=[0 \quad 0 \quad \cdots \quad 0]^{\mathrm{T}}$,即系数矩阵 $\boldsymbol{B}^{\mathrm{T}}\boldsymbol{PB}$ 为良态时,不需要附加约束条件,即最小二乘估计不需要改进;② 当 $\mathrm{cond}(\boldsymbol{B}^{\mathrm{T}}\boldsymbol{PB})\geqslant100$ 时,$\boldsymbol{B}^{\mathrm{T}}\boldsymbol{PB}$ 具有病态性,此时 $\delta=0$,$\boldsymbol{e}=[1 \quad 1 \quad \cdots \quad 1]^{\mathrm{T}}$,由于 $|\boldsymbol{B}^{\mathrm{T}}\boldsymbol{PB}|\neq0$,式(6.5.43)的常数项为 $|\boldsymbol{B}^{\mathrm{T}}\boldsymbol{PB}|\boldsymbol{e}$,故可得唯一解 $\boldsymbol{G}=(\boldsymbol{B}^{\mathrm{T}}\boldsymbol{PB})^{-1}|\boldsymbol{B}^{\mathrm{T}}\boldsymbol{PB}|\boldsymbol{e}$;③ 当 $\mathrm{cond}(\boldsymbol{B}^{\mathrm{T}}\boldsymbol{PB})\rightarrow\infty$ 时,$|\boldsymbol{B}^{\mathrm{T}}\boldsymbol{PB}|=0$,此时 $\delta=0$,$\boldsymbol{e}=[1 \quad 1 \quad \cdots \quad 1]^{\mathrm{T}}$,但是 $|\boldsymbol{B}^{\mathrm{T}}\boldsymbol{PB}|\boldsymbol{e}=0$,此时齐次方程有非零解。其非零解 $\boldsymbol{G}$ 就是 $\boldsymbol{B}^{\mathrm{T}}\boldsymbol{PB}$ 的零特征值的特征向量,这正好是秩亏自由网平差的情况。

从上述分析可知,模型式(6.5.40)将法方程为良态、病态和秩亏时的平差问题统一起来了,也就是将最小二乘估计、岭估计和秩亏自由网平差统一起来了。

最小二乘估计的改进方法克服了岭估计的缺点,但在线性模型中附加 $\boldsymbol{G}^{\mathrm{T}}\boldsymbol{X}=0$ 这一条件,却没有充分的理由。为此,在对岭估计研究的基础上,提出了谱修正迭代法。

### 6.5.6 谱修正迭代法

线性模型式(6.5.1)的法方程可写为

$$\boldsymbol{B}^{\mathrm{T}}\boldsymbol{PB}\hat{\boldsymbol{X}}=\boldsymbol{B}^{\mathrm{T}}\boldsymbol{PL} \tag{6.5.45}$$

将式(6.5.45)两边同时加上 $\hat{\boldsymbol{X}}$,得

$$(\boldsymbol{B}^{\mathrm{T}}\boldsymbol{PB}+\boldsymbol{I})\hat{\boldsymbol{X}}=\boldsymbol{B}^{\mathrm{T}}\boldsymbol{PL}+\hat{\boldsymbol{X}} \tag{6.5.46}$$

式中,$\boldsymbol{I}$ 为 $t$ 阶单位矩阵。

由于式(6.5.45)两边都有未知参数 $\hat{\boldsymbol{X}}$,故只能采用迭代的方法求解,其迭代公式为

$$\hat{\boldsymbol{X}}^{(k)}=(\boldsymbol{B}^{\mathrm{T}}\boldsymbol{PB}+\boldsymbol{I})^{-1}(\boldsymbol{B}^{\mathrm{T}}\boldsymbol{PL}+\hat{\boldsymbol{X}}^{(k-1)}) \tag{6.5.47}$$

令

$$\boldsymbol{q}=(\boldsymbol{B}^{\mathrm{T}}\boldsymbol{PB}+\boldsymbol{I})^{-1} \tag{6.5.48}$$

则

$$\hat{\boldsymbol{X}}^{(k)}=(\boldsymbol{q}+\boldsymbol{q}^2+\cdots+\boldsymbol{q}^k)\boldsymbol{B}^{\mathrm{T}}\boldsymbol{PL}+\boldsymbol{q}^k\hat{\boldsymbol{X}}^{(0)} \tag{6.5.49}$$

式中，$\hat{\boldsymbol{X}}^{(0)}$为未知参数$\hat{\boldsymbol{X}}$的初值。式(6.5.47)或式(6.5.48)即为谱修正迭代法。

下面直接给出修正迭代法性质：

(1)不论$\boldsymbol{B}^{\mathrm{T}}\boldsymbol{PB}$呈良态、病态或秩亏，均有$\mathrm{rank}(\boldsymbol{B}^{\mathrm{T}}\boldsymbol{PB}+\boldsymbol{I})=t$，即$\boldsymbol{B}^{\mathrm{T}}\boldsymbol{PB}+\boldsymbol{I}$为满秩矩阵。

(2)对于法方程，当$\mathrm{rank}(\boldsymbol{B}^{\mathrm{T}}\boldsymbol{PB})=t$时，不论$\boldsymbol{B}^{\mathrm{T}}\boldsymbol{PB}$呈良态或病态，谱修正迭代法对任意的初值$\hat{\boldsymbol{X}}^{(0)}$都是收敛的，即有

$$\lim_{k\to\infty}\hat{\boldsymbol{X}}^{(k)}=(\boldsymbol{B}^{\mathrm{T}}\boldsymbol{PB})^{-1}\boldsymbol{B}^{\mathrm{T}}\boldsymbol{PL}=\hat{\boldsymbol{X}}_{\mathrm{LS}} \tag{6.5.50}$$

式中，$\hat{\boldsymbol{X}}_{\mathrm{LS}}$为最小二乘估值。

(3)当$\mathrm{rank}(\boldsymbol{B}^{\mathrm{T}}\boldsymbol{PB})=r<t$，即法方程式(6.5.45)的系数矩阵秩亏时，谱修正迭代法式(6.5.49)对初值$\hat{\boldsymbol{X}}^{(0)}=0$是收敛的，即

$$\lim_{k\to\infty}\hat{\boldsymbol{X}}^{(k)}=(\boldsymbol{B}^{\mathrm{T}}\boldsymbol{PB})^{+}\boldsymbol{B}^{\mathrm{T}}\boldsymbol{PL}=\hat{\boldsymbol{X}}_{\mathrm{LS}} \tag{6.5.51}$$

(4)当法方程系数矩阵$\boldsymbol{B}^{\mathrm{T}}\boldsymbol{PB}$满秩时，估计量$\hat{\boldsymbol{X}}=\lim\limits_{k\to\infty}\hat{\boldsymbol{X}}^{(k)}$的协因数矩阵为

$$\boldsymbol{Q}_{\hat{X}\hat{X}}=(\boldsymbol{B}^{\mathrm{T}}\boldsymbol{PB})^{-1} \tag{6.5.52}$$

当法方程系数矩阵$\boldsymbol{B}^{\mathrm{T}}\boldsymbol{PB}$秩亏时，则

$$\boldsymbol{Q}_{\hat{X}\hat{X}}=(\boldsymbol{B}^{\mathrm{T}}\boldsymbol{PB})^{+} \tag{6.5.53}$$

由于谱修正迭代法是通过迭代求解，而估计量$\hat{\boldsymbol{X}}$的协因数矩阵$\boldsymbol{Q}_{XX}$也需迭代求得，故可在求解估计量$\hat{\boldsymbol{X}}$的同时求得它的协因数矩阵$\boldsymbol{Q}_{\hat{X}\hat{X}}$，其迭代过程如下：

(1)计算$\boldsymbol{q}=(\boldsymbol{B}^{\mathrm{T}}\boldsymbol{PB}+\boldsymbol{I})^{-1}$，并令$\boldsymbol{M}=\boldsymbol{q},\boldsymbol{Y}=\boldsymbol{B}^{\mathrm{T}}\boldsymbol{PL}$。

(2)计算$\boldsymbol{M}=\boldsymbol{q}+\boldsymbol{qM},\boldsymbol{X}=\boldsymbol{MY}$。

(3)如果$|x_i-y_i|>\varepsilon$($i=1,2,\cdots,t$；$\varepsilon$是充分小的正数，称为迭代误差限)，则$\boldsymbol{Y}=\boldsymbol{X}$，转到步骤(2)。

(4)计算$\boldsymbol{Q}_{\hat{X}\hat{X}}=\boldsymbol{MB}^{\mathrm{T}}\boldsymbol{PBM}$，输出$\hat{\boldsymbol{X}}$和$\boldsymbol{Q}_{\hat{X}\hat{X}}$。

## §6.6 回归分析

在测量数据处理中，变量之间的关系可以分为两种：一种是变量之间存在着完全确定的关系，这就是函数关系；另一种是变量之间存在相关关系，即具有不确定性。函数和相关是两种不同类型的变量关系，但它们之间并不存在着不可逾越的障碍。探索相关变量之间相关关系的规律性，可以采用回归分析理论。回归分析

计算的实质也可以归纳为间接平差。具体地说，回归分析是一种处理变量之间相关关系的数学统计方法，它是根据实测样本，用统计分析的方法，找出一种适当的函数关系，作为所研究的相关关系的一个近似描述，并利用这个近似的函数关系对所研究的过程进行估计、预测和控制。

回归分析研究的内容包括三个方面：①根据实测样本，通过描述所研究相关关系的函数关系中的未知参数进行估计，确定变量之间的关系式——回归方程；②检验回归方程的显著性；③进行预测或控制。

回归分析按变量个数可分为一元回归分析（研究因变量 $y$ 和自变量 $x$ 之间的相关关系）与多元回归分析（研究因变量 $y$ 和自变量 $x_1$、$x_2$、…、$x_n$ 之间的相关关系），按表达式关系可分为线性相关关系和非线性相关关系两种。

## 6.6.1　一元线性回归分析

**1. 数学模型**

设有两个变量 $x$ 和 $y$ 具有相关关系，变量 $x$ 的变化会引起 $y$ 做出相应的变化，但它们的变化关系并不确定。对两变量进行了观测，其观测值 $(x_i, y_i)$ 在直角坐标系中是一个点，如果点的变化有近似于直线的关系，则可以用一元线性回归方程来描述 $x_i$、$y_i$ 之间的关系，即

$$y_i = a_0 + a_1 x_i + \Delta_i \quad (i = 1, 2, \cdots, n) \tag{6.6.1}$$

式中，$x_i$、$y_i$ 分别是自变量 $x$ 和因变量 $y$ 的第 $i$ 个观测值，$a_0$ 与 $a_1$ 是回归系数，$n$ 是观测点的个数，$\Delta_i$ 为对应于 $y$ 的第 $i$ 观测值 $y_i$ 的随机误差。

假设随机误差 $\Delta_i$ 满足如下条件：

(1)服从正态分布。

(2)$\Delta_i$ 的均值为零，即 $E(\Delta_i) = 0$。

(3)$\Delta_i$ 的方差等于 $\sigma^2$。

(4)各个 $\Delta_i$ 间相互独立，即对于任何两个随机误差 $\Delta_i$ 和 $\Delta_j$，其协方差等于零，即 $\mathrm{cov}(\Delta_i, \Delta_j) = 0\ (i \neq j)$。

基于上述假定，随机变量的数学期望和方差分别为

$$\left.\begin{aligned} E(y_i) &= a_0 + a_1 E(x_i) \\ D(\boldsymbol{\Delta}) &= \sigma^2 \boldsymbol{I} \end{aligned}\right\} \tag{6.6.2}$$

如果不考虑式中的误差项，就得到简化的公式为

$$y_i = a_0 + a_1 x_i \tag{6.6.3}$$

式(6.6.3)称为 $y$ 对 $x$ 的一元回归模型或一元回归方程，其相应的回归分析称为一元线性回归分析。依据这一方程在直角坐标系中所做的直线就称为回归直线。

**2. 回归参数的估计**

回归模型中的参数 $a_0$ 与 $a_1$ 在一般情况下都是未知数，必须根据样本观测数

据($x_i$,$y_i$)来估计。确定参数 $a_0$ 与 $a_1$ 值的原则是要使样本的回归直线与观察值的拟合状态最好,即要使得偏差最小。为此,可以采用最小二乘法的办法来解决。对于每一个 $x_i$,根据回归直线方程式(6.6.3)可以求出一个$\hat{y}_i$,它就是 $y_i$ 的一个估计值。估计值和观测值之间的偏差 $\Delta_i = y_i - \hat{y}_i$。要使模型的拟合状态最好,就是说要使 $n$ 个偏差平方和最小为标准来确定回归模型。

为了方便起见,记

$$\boldsymbol{y}=\begin{bmatrix} y_1 \\ y_2 \\ \vdots \\ y_n \end{bmatrix},\boldsymbol{\Delta}=\begin{bmatrix} \Delta_1 \\ \Delta_2 \\ \vdots \\ \Delta_n \end{bmatrix},\boldsymbol{B}=\begin{bmatrix} 1 & x_1 \\ 1 & x_2 \\ \vdots & \vdots \\ 1 & x_n \end{bmatrix},\hat{\boldsymbol{a}}=\begin{bmatrix} \hat{a}_0 \\ \hat{a}_1 \end{bmatrix}$$

则式(6.6.1)用矩阵形式表示为

$$\boldsymbol{y}=\boldsymbol{B}\hat{\boldsymbol{a}}+\boldsymbol{\Delta} \tag{6.6.4}$$

设 $\mathbf{V}$ 为误差 $\boldsymbol{\Delta}$ 的负估值,称为 $\boldsymbol{y}$ 的改正数或残差,$\hat{\boldsymbol{a}}$ 为回归参数 $\boldsymbol{a}$ 的估值,则可以写出类似于参数平差的误差方程为

$$\mathbf{V}=\boldsymbol{B}\hat{\boldsymbol{a}}-\boldsymbol{y} \tag{6.6.5}$$

根据最小二乘原理$\mathbf{V}^{\mathrm{T}}\mathbf{V}=\min$,求自由极值,得

$$\frac{\partial \mathbf{V}^{\mathrm{T}}\mathbf{V}}{\partial \hat{\boldsymbol{a}}}=2\,\mathbf{V}^{\mathrm{T}}\boldsymbol{B}=0$$

即

$$\boldsymbol{B}^{\mathrm{T}}\mathbf{V}=0 \tag{6.6.6}$$

将误差方程式(6.6.5)代入式(6.6.6),得法方程为

$$\boldsymbol{B}^{\mathrm{T}}\boldsymbol{B}\hat{\boldsymbol{a}}=\boldsymbol{B}^{\mathrm{T}}\boldsymbol{y} \tag{6.6.7}$$

记

$$\bar{x}=\frac{1}{n}\sum_{i=1}^{n}x_i$$

$$\bar{y}=\frac{1}{n}\sum_{i=1}^{n}y_i$$

$$S_{xx}=\sum_{i=1}^{n}(x_i-\bar{x})^2=\sum_{i=1}^{n}x_i^2-n\bar{x}^2,S_{yy}=\sum_{i=1}^{n}(y_i-\bar{y})^2=\sum_{i=1}^{n}y_i^2-n\bar{y}^2$$

$$S_{xy}=\sum_{i=1}^{n}(x_i-\bar{x})(y_i-\bar{y})=\sum_{i=1}^{n}x_iy_i-n\bar{x}\bar{y}$$

则

$$\boldsymbol{B}^{\mathrm{T}}\boldsymbol{B}=\begin{bmatrix} n & n\bar{x} \\ n\bar{x} & S_{xx}+n\bar{x}^2 \end{bmatrix},\boldsymbol{B}^{\mathrm{T}}\boldsymbol{y}=\begin{bmatrix} n\bar{y} \\ S_{xy}+n\bar{x}\bar{y} \end{bmatrix}$$

于是可得回归参数的最小二乘估值为

$$\hat{\boldsymbol{a}}=(\boldsymbol{B}^{\mathrm{T}}\boldsymbol{B})^{-1}\boldsymbol{B}^{\mathrm{T}}\boldsymbol{y} \tag{6.6.8}$$

即

$$\hat{\boldsymbol{x}}=\frac{1}{S_{xx}}\begin{bmatrix}(S_{xx}+n\bar{x}^2)/n & -\bar{x}\\ -\bar{x} & 1\end{bmatrix}\begin{bmatrix}n\bar{y}\\ S_{xy}+n\bar{x}\bar{y}\end{bmatrix}=\frac{1}{S_{xx}}\begin{bmatrix}\bar{y}S_{xx}-\bar{x}S_{xy}\\ S_{xy}\end{bmatrix}$$

参数 $\hat{a}_0$ 与 $\hat{a}_1$ 的具体表达形式为

$$\left.\begin{aligned}\hat{a}_0&=\bar{y}-\bar{x}S_{xy}/S_{xx}\\ \hat{a}_1&=S_{xy}/S_{xx}\end{aligned}\right\} \tag{6.6.9}$$

求出参数 $\hat{a}_0$ 与 $\hat{a}_1$ 以后，就可以得到一元线性回归模型为

$$\hat{y}=\hat{a}_0+\hat{a}_1x \tag{6.6.10}$$

由此，只要给定一个 $x_i$ 值，就可以根据回归模型求得一个 $\hat{y}_i$ 作为实际值 $y_i$ 的预测值。

**3. 精度分析**

对于给定的 $x_i$，根据回归模型就可以求出 $y_i$ 的预测值。但是用 $\hat{y}_i$ 来预测 $y$ 的精度如何、产生的误差有多大是人们所关心的。这里采用测量上常用的精度指标来度量回归方程的可靠性。一个回归模型的精度或剩余标准离差定义为

$$\hat{\sigma}=\sqrt{\frac{1}{n-2}\sum_{i=1}^{n}(y_i-\hat{y}_i)^2}=\sqrt{\frac{\boldsymbol{V}^{\mathrm{T}}\boldsymbol{V}}{n-2}} \tag{6.6.11}$$

由于参数的个数是 2，观测值总数是 $n$，多余观测数是 $n-2$，因此式(6.6.11)中分母是 $n-2$。运用估计平均误差可以对回归方程的预测结果进行区间估计。若观察值围绕回归直线服从正态分布，且方差相等，则有68.27％的点落在 $\pm\hat{\sigma}$ 的范围内，有 95.45％的点落在 $\pm2\hat{\sigma}$ 的范围内，有 99.73％的点落在 $\pm3\hat{\sigma}$ 的范围内。

根据参数平差理论可知，$\hat{\boldsymbol{a}}$ 的协因数矩阵为

$$\boldsymbol{Q}_{\hat{a}\hat{a}}=(\boldsymbol{B}^{\mathrm{T}}\boldsymbol{B})^{-1}=\frac{1}{S_{xx}}\begin{bmatrix}(S_{xx}+n\bar{x}^2)/n & -\bar{x}\\ -\bar{x} & 1\end{bmatrix} \tag{6.6.12}$$

从而，$\hat{\boldsymbol{a}}$ 的方差估值为

$$\left.\begin{aligned}\hat{\sigma}^2_{\hat{a}_0}&=\hat{\sigma}^2_0\left(\frac{1}{n}+\frac{\bar{x}^2}{S_{xx}}\right)\\ \hat{\sigma}^2_{\hat{a}_1}&=\hat{\sigma}^2_0\,\frac{1}{S_{xx}}\end{aligned}\right\} \tag{6.6.13}$$

**4. 线性回归效果的显著性检验**

回归方程建立以后还需要检验变量之间是否确实存在线性相关关系，因为对回归参数的求解过程并不需要事先知道两个变量一定存在相关关系。对一元线性

回归模型的统计检验包括两方面内容：一是线性回归方程的显著性检验，二是对回归系数进行统计推断。

在一元线性回归分析中，线性回归效果的好坏取决于 $y$ 与 $x$ 的线性关系是否密切。若 $|\hat{a}_1|$ 越大，$y$ 随 $x$ 的变化趋势就越明显；若 $|\hat{a}_1|$ 越小，$y$ 随 $x$ 的变化趋势就越不明显。特别的，当 $\hat{a}_1=0$ 时，意味着 $y$ 与 $x$ 之间不存在线性相关关系，所建立的线性回归方程没有意义。因此，只有当 $\hat{a}_1\neq 0$ 时，$y$ 与 $x$ 之间才的确有线性相关关系，所建立的线性回归方程才有实际意义。因此，对线性回归效果好坏的检验，就归结为对统计假设

$$H_0: a_1=0; H_1: a_1\neq 0$$

的检验。若拒绝 $H_0$，就认为线性回归有意义；若不能拒绝 $H_0$，就认为线性回归无意义。下面介绍两种检验方法——$F$ 检验法和相关系数检验法。

1)*F* *检验法*

进行 $F$ 检验的关键在于确定一个合适的统计量及其所服从的分布。当原假设成立时，根据 $F$ 分布的定义可知

$$F=\frac{\sum_{i=1}^{n}(\hat{y}_i-\bar{y})^2}{\sum_{i=1}^{n}(y_i-\hat{y}_i)^2/(n-2)}\sim F(1,n-2) \tag{6.6.14}$$

给定显著性水平 $\alpha=0.05$ 或 $0.01$，由 $F$ 分布分位数值表得临界值 $F_{1-\alpha}(1,n-2)$，由样本观测值计算统计量 $F$ 的实测值。若 $F\geqslant F_{1-\alpha}(1,n-2)$，则以显著水平 $\alpha$ 拒绝 $H_0$；若 $F<F_{1-\alpha}(1,n-2)$，则以显著水平 $\alpha$ 接受 $H_0$。一般按下述标准判断：

(1)若 $F\geqslant F_{0.99}(1,n-2)$，则认为线性回归方程效果极显著。

(2)若 $F_{0.95}(1,n-2)\leqslant F<F_{0.99}(1,n-2)$，则认为线性回归方程效果显著。

(3)若 $F<F_{0.95}(1,n-2)$，则认为线性回归效果不显著。

2)*相关系数检验法*

相关系数检验法是通过 $y$ 与 $x$ 之间的相关系数对回归方程的显著性进行检验的，由样本观测值，即 $(x_1,y_1)$、$(x_2,y_2)$、…、$(x_n,y_n)$，可以得到相关系数的实测值为

$$r=\frac{S_{xy}}{S_{xx}S_{yy}}=\frac{\sum_{i=1}^{n}(x_i-\bar{x})(y_i-\bar{y})}{\sum_{i=1}^{n}(x_i-\bar{x})^2\sum_{i=1}^{n}(y_i-\bar{y})^2} \tag{6.6.15}$$

若相关系数 $0\leqslant r\leqslant 1$，作进一步分析：

(1)当 $r=0$ 时，$S_{xy}=0$，因而 $a_1=0$，此时线性回归方程 $\hat{y}=\hat{a}_0+\hat{a}_1\hat{x}=\hat{a}_0$，表明 $y$ 与 $x$ 之间不存在线性相关关系。

(2)当 $0<|r|<1$ 时，$y$ 与 $x$ 之间存在一定的线性相关关系，当 $r>0$ 时，$\hat{a}_1>$

0，此时称 $y$ 与 $x$ 正相关；当 $r<0$ 时，$\hat{a}_1<0$，此时称 $y$ 与 $x$ 负相关；当 $|r|$ 越接近于 0 时，$y$ 与 $x$ 的线性关系越微弱；当 $|r|$ 越接近于 1 时，$y$ 与 $x$ 的线性关系越强。

(3)当 $|r|=1$ 时，$y$ 与 $x$ 完全线性相关，表明 $y$ 与 $x$ 之间存在确定的线性函数关系；当 $r=1$ 时，称 $y$ 与 $x$ 正相关；当 $r=-1$ 时，称 $y$ 与 $x$ 负相关。

当给定显著性水平 $\alpha=0.05$ 或 $\alpha=0.01$ 时，由

$$P(|r|\leqslant r_{1-\alpha}(n-2))=1-\alpha \tag{6.6.16}$$

来判断线性回归方程的效果。若本观测值计算的相关关系实测值 $r\geqslant r_{1-\alpha}(n-2)$，则以显著性水平的关系 $\alpha$ 拒绝 $H_0$；若 $r<r_{1-\alpha}(n-2)$，则以显著性水平的关系 $\alpha$ 接受 $H_0$。一般按下述标准判断：

(1)若 $r\geqslant r_{0.99}(n-2)$，则认为线性回归方程效果极显著。

(2)若 $r_{0.95}(n-2)\leqslant r<r_{0.99}(n-2)$，则认为线性回归方程效果显著。

(3)若 $r<r_{0.95}(n-2)$，则认为线性回归效果不显著。

临界值 $r_{1-\alpha}(n-2)$ 为

$$r_{1-\alpha}(n-2)=\sqrt{\frac{F_{1-\alpha}(1,n-2)}{F_{1-\alpha}(1,n-2)+(n-2)}} \tag{6.6.17}$$

例 6.6.1　设某线性回归问题的自变量 $x_i$ 和观测值 $y_i$ 的数据如表 6.6.1 所示，试求其回归方程。

**表 6.6.1　观测值**

| 序号 | 1 | 2 | 3 | 4 | 5 | 6 | 7 | 8 | 9 | 10 |
|---|---|---|---|---|---|---|---|---|---|---|
| $x_i$ | 25 | 27 | 29 | 32 | 34 | 36 | 35 | 39 | 42 | 45 |
| $y_i$ | 2.8 | 2.9 | 3.2 | 3.2 | 3.4 | 3.2 | 3.3 | 3.7 | 3.9 | 4.2 |

解：(1)建立回归方程。由表中数据计算，得

$$\bar{x}=\frac{1}{n}\sum_{i=1}^{n}x_i=\frac{344}{10}=34.40,\bar{y}=\frac{1}{n}\sum_{i=1}^{n}y_i=\frac{33.8}{10}=3.38$$

$$S_{xx}=\sum_{i=1}^{n}(x_i-\bar{x})^2=\sum_{i=1}^{n}x_i^2-n\bar{x}^2=12\ 208-10\times 1\ 183.36=374.40$$

$$S_{yy}=\sum_{i=1}^{n}(y_i-\bar{y})^2=\sum_{i=1}^{n}y_i^2-n\bar{y}^2=115.96-10\times 11.42=1.72$$

$$S_{xy}=\sum_{i=1}^{n}(x_i-\bar{x})(y_i-\bar{y})=\sum_{i=1}^{n}x_iy_i-n\bar{x}\bar{y}=1\ 186.9-1\ 162.72=24.18$$

$$\hat{a}_1=\frac{S_{xy}}{S_{xx}}=\frac{24.18}{374.4}=0.06$$

$$\hat{a}_0=\bar{y}-\hat{a}_1\bar{x}=3.38-0.06\times 34.40=1.32$$

于是，就得到一元线性回归模型

$$\hat{y}=1.32+0.06x$$

计算 $\hat{y}$ 值，成果如表 6.6.2 所示。

**表 6.6.2 计算成果**

| 序号 | 1 | 2 | 3 | 4 | 5 | 6 | 7 | 8 | 9 | 10 |
|---|---|---|---|---|---|---|---|---|---|---|
| $x_i$ | 25 | 27 | 29 | 32 | 34 | 36 | 35 | 39 | 42 | 45 |
| $y_i$ | 2.8 | 2.9 | 3.2 | 3.2 | 3.4 | 3.2 | 3.3 | 3.7 | 3.9 | 4.2 |
| $\hat{y}_i$ | 2.77 | 2.90 | 3.03 | 3.22 | 3.35 | 3.48 | 3.42 | 3.68 | 3.87 | 4.07 |
| $V_i$ | 0.03 | 0.00 | 0.17 | −0.02 | 0.05 | −0.28 | −0.12 | 0.02 | 0.03 | 0.13 |

(2)精度评定。单位权中误差为

$$\hat{\sigma}=\sqrt{\frac{1}{n-2}\sum_{i=1}^{n}(y_i-\hat{y}_i)^2}=\frac{\sqrt{0.143\ 7}}{\sqrt{8}}=0.134$$

回归方程系数中误差的计算如下：

$\hat{a}$ 的权倒数为

$$Q_{\hat{a}_0}=\frac{1}{n}+\frac{\bar{x}^2}{S_{xx}}=\frac{1}{10}+\frac{34.4}{372.4}=0.192,\ Q_{\hat{a}_1}=\frac{1}{S_{xx}}=\frac{1}{372.4}=0.003$$

$\hat{a}$ 的方差估值为

$$\hat{\sigma}_{a_0}^2=\hat{\sigma}_0^2\left(\frac{1}{n}+\frac{\bar{x}^2}{S_{xx}}\right)=0.003\ 4,\ \hat{\sigma}_{a_1}^2=\hat{\sigma}_0^2\ \frac{1}{S_{xx}}=0.010=4.84\times10^{-5}$$

$\hat{a}$ 的中误差为

$$\hat{\sigma}_{a_0}=0.059,\hat{\sigma}_{a_1}=0.022$$

(3)显著性检验。原假设为 $H_0:a_1=0$，备选假设为 $H_1:a_1\neq0$。当原假设为真时，有

$$F=\frac{\sum_{i=1}^{n}(\hat{y}_i-\bar{y})^2}{\sum_{i=1}^{n}(y_i-\hat{y}_i)^2/(n-2)}=\frac{1.569\ 3}{0.134/8}=93.690$$

由于多余观测(自由度)是 8，查表得 $F_{0.99}(1,8)=11.26$，显然 $F\geqslant F_{0.99}(1,8)$，原假设不成立，所求得的线性回归效果极显著。

如果本例用相关系数检验法对线性回归效果进行显著性检验，利用式(6.6.15)计算，得

$$r=\frac{S_{xy}}{S_{xx}S_{yy}}=\frac{24.18}{\sqrt{372.4\times1.716}}=0.957$$

由式(6.6.17)计算相关系数临界值 $r_{1-\alpha}(n-2)=0.765$，由于

$$r=0.957>0.765$$

故 $y$ 与 $x$ 的线性(正)相关关系极显著,此结果与 $F$ 检验法得到的结论完全一致。

### 6.6.2　多元线性回归分析

**1.数学模型**

多元线性回归分析是研究一个因变量与多个自变量之间线性相关关系的统计分析方法。多元线性回归考虑多个自变量对因变量的影响,能够更真实地反映现象之间的相互关系,因此在实践中应用更广。

假设一个随机变量 $y$ 与 $m$ 个非随机变量 $x_i$ 之间存在线性相关关系,则它们之间的关系可以用多元线性回归模型表示,即

$$y=a_0+a_1x_1+a_2x_2+\cdots+a_mx_m+\Delta \tag{6.6.18}$$

式中,$y$ 是因变量;$x_i$ $(i=1,2,\cdots,m)$ 是自变量;$a_i$ $(i=0,1,2,\cdots,m)$ 是模型的参数,称为回归方程的系数;$\Delta$ 是随机误差。

与一元线性回归模型类似,如果多元线性回归模型中的误差项 $\Delta$ 服从正态分布,并具有无偏性,即 $\Delta\sim N(0,\sigma^2)$,则

$$\left.\begin{aligned}E(y)&=a_0+a_1x_1+a_2x_2+\cdots+a_mx_m\\D(y)&=D(\Delta)=\sigma^2\end{aligned}\right\} \tag{6.6.19}$$

由此可见,$y\sim N(E(y),\sigma^2)$。

**2.多元线性回归方程的确定**

多元线性回归模型的参数 $a_i$ $(i=0,1,2,\cdots,m)$ 及 $\sigma^2$ 在一般情况下都是未知数,必须根据样本观测数据来估计。假设观测了 $n$ 次,得 $n$ 组观测数据 $(y_j,x_{1j},x_{2j},\cdots,x_{mj})$,$j=1$、$2$、$\cdots$、$n$。它们应有的回归关系可写为

$$\left.\begin{aligned}y_1&=a_0+a_1x_{11}+a_2x_{21}+\cdots+a_mx_{m1}+\Delta_1\\y_2&=a_0+a_1x_{12}+a_2x_{22}+\cdots+a_mx_{m2}+\Delta_2\\&\vdots\\y_n&=a_0+a_1x_{1n}+a_2x_{2n}+\cdots+a_mx_{mn}+\Delta_n\end{aligned}\right\} \tag{6.6.20}$$

记

$$\boldsymbol{y}=\begin{bmatrix}y_1\\y_2\\\vdots\\y_n\end{bmatrix},\boldsymbol{\Delta}=\begin{bmatrix}\Delta_1\\\Delta_2\\\vdots\\\Delta_n\end{bmatrix},\boldsymbol{a}=\begin{bmatrix}a_0\\a_1\\\vdots\\a_m\end{bmatrix},\boldsymbol{B}=\begin{bmatrix}1&x_{11}&x_{21}&\cdots&x_{m1}\\1&x_{12}&x_{22}&\cdots&x_{m2}\\\vdots&\vdots&\vdots&&\vdots\\1&x_{1n}&x_{2n}&\cdots&x_{mn}\end{bmatrix}$$

则式(6.6.20)用矩阵形式表示为

$$\boldsymbol{y}=\boldsymbol{B}\boldsymbol{a}+\boldsymbol{\Delta} \tag{6.6.21}$$

与其对应的误差方程为

$$\boldsymbol{V}=\boldsymbol{B}\hat{\boldsymbol{a}}-\boldsymbol{y} \tag{6.6.22}$$

根据最小二乘原理 $\mathbf{V}^{\mathrm{T}}\mathbf{V}=\min$，法方程为

$$\boldsymbol{B}^{\mathrm{T}}\boldsymbol{B}\hat{\boldsymbol{a}}=\boldsymbol{B}^{\mathrm{T}}\boldsymbol{y} \tag{6.6.23}$$

于是可得回归参数的最小二乘估值为

$$\hat{\boldsymbol{a}}=(\boldsymbol{B}^{\mathrm{T}}\boldsymbol{B})^{-1}\boldsymbol{B}^{\mathrm{T}}\boldsymbol{y} \tag{6.6.24}$$

式中

$$\boldsymbol{B}^{\mathrm{T}}\boldsymbol{B}=\begin{bmatrix} n & \sum x_{1i} & \cdots & \sum x_{mi} \\ \sum x_{1i} & \sum x_{1i}^2 & \cdots & \sum x_{1i}x_{mi} \\ \vdots & \vdots & & \vdots \\ \sum x_{mi} & \sum x_{1i}x_{mi} & \cdots & \sum x_{mi}^2 \end{bmatrix},\boldsymbol{B}^{\mathrm{T}}\boldsymbol{y}=\begin{bmatrix} \sum y_i \\ \sum x_{1i}y_i \\ \vdots \\ \sum x_{mi}y_i \end{bmatrix}$$

当求出回归参数 $\hat{a}_i(i=0,1,2,\cdots,m)$ 后，就可以得到多元线性回归模型为

$$\hat{y}=\hat{a}_0+\hat{a}_1x_1+\hat{a}_2x_2+\cdots+\hat{a}_mx_m \tag{6.6.25}$$

由此，只要给定了 $x_i$ 的值，就可以根据回归模型求得 $\hat{y}_i$ 作为实际值 $y_i$ 的预测值。

**3. 精度分析**

多元线性回归模型的中误差定义为

$$\hat{\sigma}=\sqrt{\frac{\sum_{i=1}^{n}(y_i-\hat{y}_i)^2}{n-(m+1)}}=\sqrt{\frac{\mathbf{V}^{\mathrm{T}}\mathbf{V}}{n-(m+1)}} \tag{6.6.26}$$

观测值个数为 $n$，参数个数为 $m+1$，多余观测为 $n-(m+1)$，因此式(6.6.26)的分母为 $n-(m+1)$。

根据参数平差理论可知，$\hat{\boldsymbol{a}}$ 的协因数矩阵为

$$\boldsymbol{Q}_{\hat{a}\hat{a}}=(\boldsymbol{B}^{\mathrm{T}}\boldsymbol{B})^{-1} \tag{6.6.27}$$

从而，$\hat{\boldsymbol{a}}$ 的方差估值为

$$D(\hat{\boldsymbol{a}})=\hat{\sigma}_0^2\boldsymbol{Q}_{\hat{a}\hat{a}} \tag{6.6.28}$$

至于 $\hat{\boldsymbol{y}}$ 的方差，同样根据参数平差理论可得

$$D(\hat{\boldsymbol{y}})=\hat{\sigma}_0^2\boldsymbol{B}\boldsymbol{Q}_{\hat{a}\hat{a}}\boldsymbol{B}^{\mathrm{T}} \tag{6.6.29}$$

**4. 多元线性回归效果的显著性检验**

与一元线性回归模型一样，在得到多元线性回归模型以后也需要对模型中所包含的变量是否确实与因变量之间存在线性相关关系，以及回归模型的拟合效果进行分析检验。主要考察 $y_1$、$y_2$、…、$y_n$ 与 $x_1$、$x_2$、…、$x_m$ 是否具有线性相关关系，即需要检验统计假设

$$H_0:a_1=a_2=\cdots=a_m=0;H_1:a_1,a_2,\cdots,a_m\text{不全为零} \tag{6.6.30}$$

对于给定的显著性水平 $\alpha$，若拒绝 $H_0$，就认为这个 $m$ 元线性方程的整体回归效果显著；若不能拒绝 $H_0$，就认为这个 $m$ 元线性方程的整体回归效果不显著。

为了进行上述检验，关键在于确定一个合适的统计量及其所服从的分布，着眼

于统计量，参考一元线性回归检验，多元线性回归整体检验统计量为

$$F=\frac{\sum_{i=1}^{n}(\hat{y}_i-\bar{y})^2/m}{\sum_{i=1}^{n}(y_i-\hat{y}_i)^2/(n-m-1)}\sim F(m,n-m-1) \tag{6.6.31}$$

查表得 $F_{1-\alpha}(m,n-m-1)$，若 $F\geqslant F_{1-\alpha}(m,n-m-1)$，则以显著水平 $\alpha$ 拒绝 $H_0$；若 $F<F_{1-\alpha}(m,n-m-1)$，则以显著水平 $\alpha$ 接受 $H_0$。

需要指出的是，对于多元回归来说，线性回归效果仅说明 $a_1$、$a_2$、…、$a_m$ 不全为零，但有可能接近于零。也就是说，多元回归效果显著是就总体而言的，并不意味着各自变量 $x_i$ 对因变量 $y_j$ 的影响都是显著的。因此，有必要从原来的回归方程中剔除那些无显著性影响的自变量，重新建立更理想的线性回归方程。为此，在检验完整体回归效果是否显著之后，还必须就每个自变量 $x_i$ 对因变量 $y_j$ 的线性影响是否显著进行检验，其检验统计假设为

$$H_0:a_i=0;H_1:a_i\neq 0\quad (i=1,2,\cdots,m) \tag{6.6.32}$$

对于多项式回归模型

$$\left.\begin{aligned}y_1&=a_0+a_1x_1+a_2x_1^2+\cdots+a_mx_1^m+\Delta_1\\y_1&=a_0+a_1x_2+a_2x_2^2+\cdots+a_mx_2^m+\Delta_2\\&\vdots\\y_n&=a_0+a_1x_n+a_2x_n^2+\cdots+a_mx_m^m+\Delta_n\end{aligned}\right\} \tag{6.6.33}$$

只要设

$$\boldsymbol{z}=\begin{bmatrix}z_{11}&z_{12}&\cdots&z_{1m}\\z_{21}&z_{22}&\cdots&z_{2m}\\\vdots&\vdots&&\vdots\\z_{n1}&z_{n2}&\cdots&z_{nm}\end{bmatrix}=\begin{bmatrix}x_1&x_1^2&\cdots&x_1^m\\x_2&x_2^2&\cdots&x_2^m\\\vdots&\vdots&&\vdots\\x_n&x_n^2&\cdots&x_n^m\end{bmatrix} \tag{6.6.34}$$

就可以按线性回归方法进行回归计算。

例 6.6.2　设

$$\begin{aligned}y_1&=a_1+\Delta_1\\y_2&=2a_1-a_2+\Delta_2\\y_3&=a_1+2a_2+\Delta_2\end{aligned}$$

式中，$\Delta_1$、$\Delta_2$、$\Delta_3$ 相互独立，且 $E(\Delta_i)=0$，$D(\Delta_i)=\sigma^2$，$i=1$、2、3，求 $a_1$、$a_2$ 的最小二乘估值及其协因数矩阵。

解：

$$\boldsymbol{B}=\begin{bmatrix}1&0\\2&-1\\1&2\end{bmatrix},\boldsymbol{B}^{\mathrm{T}}\boldsymbol{B}=\begin{bmatrix}6&0\\0&5\end{bmatrix},\hat{\boldsymbol{a}}=(\boldsymbol{B}^{\mathrm{T}}\boldsymbol{B})^{-1}\boldsymbol{B}^{\mathrm{T}}\boldsymbol{Y}=\begin{bmatrix}\frac{1}{6}(y_1+2y_2+y_3)\\\frac{1}{5}(-y_2+2y_3)\end{bmatrix}$$

因此，$a_1$、$a_2$ 的最小二乘估值分别为

$$\hat{a}_1=\frac{1}{6}(y_1+2y_2+y_3),\hat{a}_2=\frac{1}{5}(-y_2+2y_3)$$

其协因数矩阵为

$$Q_{\hat{a}\hat{a}}=(B^{\mathrm{T}}B)^{-1}=\begin{bmatrix}\frac{1}{6} & \\ & \frac{1}{5}\end{bmatrix}$$

### 6.6.3 拟合与插值

对于许多实际测量问题，都可用函数 $y=f(x)$表示某种内在规律的数量关系，其中相当一部分函数是通过观测或试验得到的。虽然 $f(x)$在某个区间$[a,b]$上是存在的，有的还是连续的，但只能给出$[a,b]$上一系列点 $x_i$ 的函数值 $y_i=f(x_i)$ $(i=1,2,\cdots,n)$，这只是一张函数表。例如，GPS 高程为大地高 $H$，水准高为正常高 $H_r$，两者之差称为高程异常 $\xi$，但是由于大地水准面与椭球面不平行，所以通常采用多项式高程拟合的方法来解决。其基本思路是：在 GPS 网中联测一些水准点(要求这些点分布均匀，密度适中，数量充足)，然后利用这些点上的正常高和大地高求出它们的高程异常值，再根据这些点上的高程异常值与坐标的关系，用多项式拟合测区的似大地水准面，利用拟合的似大地水准面内插其他 GPS 点的高程异常，从而求出各未知点的正常高。GPS 卫星轨道理论上是一个椭圆，但是受许多摄动力影响，不是一个真正的椭圆。因此，卫星的位置一般可以采用卫星轨道参数(广播星历)计算，也可以事后利用 IGS 提供的精密星历坐标计算。但是这些坐标也是离散型的，一般应用拉格朗日插值函数或切比雪夫(Chebyshev)多项式函数拟合的方法拟合观测期间的卫星轨道。总之，曲线拟合和多项式插值是经常遇到的数据处理问题。

**1. 高程拟合**

1)曲线拟合法

当 GPS 点按线状布设时，可以根据水准重合点的平面坐标和高程异常 $\xi$，拟合测线方向上的似大地水准面曲线，解算插值点的高程异常。

若将坐标系转换成 $x$ 方向与测线方向重合、$y$ 方向与测区方向垂直，则设 $\xi$ 和 $x$ 间存在的函数关系为

$$\xi_i(x)=a_0+a_1x_i+a_2x_i^2+\cdots+a_mx_i^m \quad (i=1,2,\cdots,n) \tag{6.6.35}$$

式中

$$x_k=X_k-\frac{\sum_{i=1}^{m}x_i}{m} \tag{6.6.36}$$

取重合点上的高程异常拟合值 $\xi_i(x)$ 和观测值 $\xi_i$ 之差 $R_i=\xi_i(x)-\xi_i$ 的平方和最小，即

$$\sum_{i=1}^{n}R_i^2=\sum_{i=1}^{n}(\xi_i(x)-\xi_i)^2=\min \tag{6.6.37}$$

误差方程为

$$\boldsymbol{V}=\boldsymbol{B}\boldsymbol{x}-\boldsymbol{L} \tag{6.6.38}$$

式中

$$\boldsymbol{B}=\begin{bmatrix}1 & x_1 & \cdots & x_1^m\\ 1 & x_2 & \cdots & x_2^m\\ \vdots & \vdots & & \vdots\\ 1 & x_n & \cdots & x_n^m\end{bmatrix},\boldsymbol{x}=\begin{bmatrix}a_0\\ a_1\\ \vdots\\ a_m\end{bmatrix},\boldsymbol{L}=\begin{bmatrix}\xi_1\\ \xi_2\\ \vdots\\ \xi_n\end{bmatrix},\boldsymbol{V}=\begin{bmatrix}V_1\\ V_2\\ \vdots\\ V_n\end{bmatrix}$$

组成法方程，然后解算法方程，求出 $(a_0,a_1,\cdots,a_m)$，利用式(6.6.35)计算高程异常值。

2)曲面拟合法

当 GPS 点布设成面状时，一般采用曲面拟合法。设测站点的高程异常 $\xi$ 与坐标 $x$、$y$ 间的函数关系为

$$\xi_i=f(x_i,y_i)+\varepsilon_i \tag{6.6.39}$$

式中，$f(x_i,y_i)$ 为 $\xi$ 的趋势值，$\varepsilon_i$ 为误差。

根据测区的不同情况，可以选用不同的参数进行拟合。选用的参数不同，拟合出的曲面形式也不相同。

(1)平面拟合。在小范围或平原地区，可以认为大地水准面趋近于平面，此时，选用函数为

$$f(x_i,y_i)=a_0+a_1x_i+a_2y_i \tag{6.6.40}$$

式中，未知参数为 $a_i(i=0,1,2)$，此时要求公共点至少为 4 个。

(2)四参数曲面拟合。若选用函数为

$$f(x_i,y_i)=a_0+a_1x_i+a_2y_i+a_3x_iy_i \tag{6.6.41}$$

式中，未知参数为 $a_i(i=0,1,2,3)$，此时要求公共点至少为 5 个。

(3)六参数曲面拟合。若选用函数为

$$f(x_i,y_i)=a_0+a_1x_i+a_2y_i+a_3x_iy_i+a_4x_i^2+a_5y_i^2 \tag{6.6.42}$$

式中，未知参数为 $a_i(i=0,1,2,3,4,5)$，此时要求公共点至少为 6 个。

(4)空间曲面拟合。若选用函数为

$$f(x_i,y_i)=a_0+a_1x_i+a_2y_i+a_3x_iy_i+a_4x_i^2+a_5y_i^2+a_6x_i^2y_i+a_7x_iy_i^2+a_8x_i^3+a_9y_i^3 \tag{6.6.43}$$

式中，未知参数为 $a_i(i=0,1,\cdots,9)$，此时要求公共点至少为 11 个。

高程拟合还有移动多项式法、三次样条曲线拟合法、加权平均法、非参数回归

法和多面函数法等多种方法。

例 6.6.3 某控制网共有 35 个 GPS 控制点，其中有 6 个控制点联测了水准点，具有正常高，测量成果如表 6.6.3 所示，试采用四参数曲面拟合和平面拟合，求其余各点的正常高。

表 6.6.3 某控制网测量成果数据

| 点号 | $x$ | $y$ | $H$ | $h$ | 点号 | $x$ | $y$ | $H$ | $h$ |
|---|---|---|---|---|---|---|---|---|---|
| C01 | 698 990 | 3 424 | 34.490 | 20.716 | D13 | 700 002 | 5 347 | 35.512 | |
| C02 | 699 697 | 4 994 | 35.483 | 21.611 | D14 | 700 654 | 5 700 | 35.472 | |
| C03 | 700 746 | 3 689 | 35.286 | 21.492 | D15 | 701 045 | 5 819 | 36.002 | |
| C04 | 700 895 | 5 091 | 35.252 | 21.364 | D16 | 701 616 | 5 525 | 36.352 | |
| C05 | 702 260 | 3 356 | 35.423 | 21.639 | D17 | 701 292 | 4 637 | 35.589 | |
| C06 | 702 259 | 5 306 | 36.055 | 22.140 | D18 | 701 796 | 4 783 | 35.793 | |
| D01 | 703 908 | 2 854 | 35.877 | | D19 | 702 337 | 5 814 | 36.013 | |
| D02 | 702 975 | 2 613 | 35.642 | | D20 | 702 601 | 5 173 | 35.739 | |
| D03 | 697 780 | 3 281 | 34.635 | | D21 | 702 981 | 4 788 | 35.938 | |
| D04 | 698 501 | 3 593 | 34.981 | | D22 | 702 416 | 4 669 | 35.856 | |
| D05 | 698 358 | 4 209 | 35.295 | | D23 | 703 801 | 3 841 | 35.493 | |
| D06 | 697 786 | 4 601 | 34.652 | | D24 | 703 009 | 3 703 | 35.896 | |
| D07 | 698 255 | 5 092 | 35.250 | | D25 | 701 935 | 4 152 | 35.168 | |
| D08 | 698 024 | 5 182 | 35.287 | | D26 | 701 448 | 3 192 | 35.561 | |
| D09 | 698 525 | 5 394 | 35.030 | | D27 | 701 363 | 4 271 | 35.641 | |
| D10 | 699 086 | 4 829 | 34.904 | | D28 | 700 698 | 4 419 | 35.159 | |
| D11 | 699 297 | 5 606 | 35.132 | | D29 | 700 134 | 4 590 | 35.035 | |
| D12 | 700 127 | 5 831 | 35.549 | | | | | | |

解：采用四参数曲面拟合法进行拟合：

(1)误差方程为

$$V=\begin{bmatrix}1 & -1\,817.8 & -886.0 & 1\,610\,570.8\\1 & -1\,110.8 & 684.0 & -759\,787.2\\1 & -61.8 & -621.0 & 38\,377.8\\1 & 87.2 & 781.0 & 68\,103.2\\1 & 1\,452.2 & -954.0 & -1\,385\,398.8\\1 & 1\,451.2 & 996.0 & 1\,445\,395.2\end{bmatrix}\begin{bmatrix}a_0\\a_1\\a_2\\a_3\end{bmatrix}-\begin{bmatrix}13.774\\13.872\\13.794\\13.888\\13.784\\13.915\end{bmatrix}$$

(2)组成法方程并解算，求系数参数为

$a_0=13.837\,4$，$a_1=6.755\,0\times10^{-6}$，$a_2=63.951\,0\times10^{-6}$，$a_3=0.002\,6\times10^{-6}$

(3)计算水准联测点高程异常估值，如表6.6.4所示。

**表6.6.4 水准联测点高程异常估值**

| 点号 | $x$ | $y$ | $H$ | $h$ | 高程异常 $\xi$ | 高程异常估值 $\xi_i(x)$ | 差值 |
|---|---|---|---|---|---|---|---|
| C01 | 698 990 | 3 424 | 34.490 | 20.716 | 13.774 | 13.773 | 0.001 |
| C02 | 699 697 | 4 994 | 35.483 | 21.611 | 13.872 | 13.871 | 0.001 |
| C03 | 700 746 | 3 689 | 35.286 | 21.492 | 13.794 | 13.797 | −0.003 |
| C04 | 700 895 | 5 091 | 35.252 | 21.364 | 13.888 | 13.888 | 0.000 |
| C05 | 702 260 | 3 356 | 35.423 | 21.639 | 13.784 | 13.782 | 0.002 |
| C06 | 70 2259 | 5 306 | 36.055 | 22.140 | 13.915 | 13.915 | 0.000 |

(4)计算其他控制点正常高，如表6.6.5所示。

**表6.6.5 控制点高程异常和正常高计算**

| 点号 | $x$ | $y$ | $H$ | 高程异常估值 $\xi_i(x)$ | $h$ |
|---|---|---|---|---|---|
| D01 | 703 908 | 2 854 | 35.877 | 13.648 | 22.229 |
| D02 | 702 975 | 2 613 | 35.642 | 13.648 | 21.994 |
| D03 | 697 780 | 3 281 | 34.635 | 13.832 | 20.803 |
| D04 | 698 501 | 3 593 | 34.981 | 13.819 | 21.162 |
| D05 | 698 358 | 4 209 | 35.295 | 13.821 | 21.474 |
| D06 | 697 786 | 4 601 | 34.652 | 13.813 | 20.839 |
| D07 | 698 255 | 5 092 | 35.250 | 13.818 | 21.432 |

续表

| 点号 | $x$ | $y$ | $H$ | 高程异常估值 $\xi_i(x)$ | $h$ |
|---|---|---|---|---|---|
| D08 | 698 024 | 5 182 | 35.287 | 13.811 | 21.476 |
| D09 | 698 525 | 5 394 | 35.030 | 13.827 | 21.203 |
| D10 | 699 086 | 4 829 | 34.904 | 13.836 | 21.068 |
| D11 | 699 297 | 5 606 | 35.132 | 13.859 | 21.273 |
| D12 | 700 127 | 5 831 | 35.549 | 13.903 | 21.646 |
| D13 | 700 002 | 5 347 | 35.512 | 13.877 | 21.635 |
| D14 | 700 654 | 5 700 | 35.472 | 13.920 | 21.552 |
| D15 | 701 045 | 5 819 | 36.002 | 13.945 | 22.057 |
| D16 | 701 616 | 5 525 | 36.352 | 13.946 | 22.406 |
| D17 | 701 292 | 4 637 | 35.589 | 13.866 | 21.723 |
| D18 | 701 796 | 4 783 | 35.793 | 13.886 | 21.907 |
| D19 | 702 337 | 5 814 | 36.013 | 14.004 | 22.009 |
| D20 | 702 601 | 5 173 | 35.739 | 13.945 | 21.794 |
| D21 | 702 981 | 4 788 | 35.938 | 13.910 | 22.028 |
| D22 | 702 416 | 4 669 | 35.856 | 13.886 | 21.970 |
| D23 | 703 801 | 3 841 | 35.493 | 13.791 | 21.702 |
| D24 | 703 009 | 3 703 | 35.896 | 13.779 | 22.117 |
| D25 | 701 935 | 4 152 | 35.168 | 13.830 | 21.338 |
| D26 | 701 448 | 3 192 | 35.561 | 13.752 | 21.809 |
| D27 | 701 363 | 4 271 | 35.641 | 13.838 | 21.803 |
| D28 | 700 698 | 4 419 | 35.159 | 13.843 | 21.316 |
| D29 | 700 134 | 4 590 | 35.035 | 13.846 | 21.189 |

采用平面拟合法进行拟合：

(1)误差方程为

$$\boldsymbol{V}=\begin{bmatrix}1 & -1\,817.8 & -886.0\\1 & -1\,110.8 & 684.0\\1 & -61.8 & -621.0\\1 & 87.2 & 781.0\\1 & 1\,452.2 & -954.0\\1 & 1\,451.2 & 996.0\end{bmatrix}\begin{bmatrix}a_0\\a_1\\a_2\\a_3\end{bmatrix}-\begin{bmatrix}13.774\\13.872\\13.794\\13.888\\13.784\\13.915\end{bmatrix}$$

(2)组成法方程并解算，求出系数参数为

$$a_0=13.837\,8,a_1=6.070\,0\times10^{-6},a_2=64.657\,7\times10^{-6}$$

(3)计算水准联测点高程异常估值，如表 6.6.6 所示。

**表 6.6.6　水准联测点高程异常估值**

| 点号 | $x$ | $y$ | $H$ | $h$ | 高程异常 $\xi$ | 高程异常估值 $\xi_i(x)$ | 差值 |
|---|---|---|---|---|---|---|---|
| C01 | 698 990 | 3 424 | 34.490 | 20.716 | 13.774 | 13.769 | 0.005 |
| C02 | 699 697 | 4 994 | 35.483 | 21.611 | 13.872 | 13.875 | −0.003 |
| C03 | 700 746 | 3 689 | 35.286 | 21.492 | 13.794 | 13.797 | −0.003 |
| C04 | 700 895 | 5 091 | 35.252 | 21.364 | 13.888 | 13.889 | −0.001 |
| C05 | 702 260 | 3 356 | 35.423 | 21.639 | 13.784 | 13.785 | −0.001 |
| C06 | 702 259 | 5 306 | 36.055 | 22.140 | 13.915 | 13.911 | 0.004 |

从表 6.6.4 和表 6.6.6 对比可以看出，四参数拟合法略优于平面拟合法。本区域较小，而且地势平坦，因此平面拟合和曲面拟合差异不大。

**2. 拉格朗日插值法**

假设函数 $f(x)$在一系列点 $x_i$(称为节点)上的精确值为已知，用一简单函数 $y(x)$逼近 $f(x)$，要求在节点上 $y(x)$与 $f(x)$有相同的函数值，这就是插值。

拉格朗日插值函数为

$$L_n(x)=\sum_{j=0}^{n}f(x_j)l_j(x) \tag{6.6.44}$$

式中，$l_j(x)$称为拉格朗日插值基函数，即

$$l_j(x)=\frac{(x-x_0)(x-x_1)\cdots(x-x_{j-1})(x-x_{j+1})\cdots(x-x_n)}{(x_j-x_0)(x_j-x_1)\cdots(x_j-x_{j-1})(x_j-x_{j+1})\cdots(x_j-x_n)} \tag{6.6.45}$$

当 $n=1$ 时，$L_1(x)$称为线性插值，可以表示为

$$L_1(x)=\frac{x-x_1}{x_0-x_1}f(x_0)+\frac{x-x_0}{x_1-x_0}f(x_1) \tag{6.6.46}$$

当 $n=2$ 时，$L_2(x)$称为抛物线插值，可以表示为

$$L_2(x)=\frac{(x-x_1)(x-x_2)}{(x_0-x_1)(x_0-x_2)}f(x_0)+\frac{(x-x_0)(x-x_2)}{(x_1-x_0)(x_0-x_2)}f(x_1)+\frac{(x-x_0)(x-x_1)}{(x_2-x_0)(x_2-x_1)}f(x_2) \tag{6.6.47}$$

在内插精密星历时，被插值点位于所有节点的中间位置且精度最高，所以本节中所有被插节点都位于中间位置。

**3. 切比雪夫多项式法**

假设需要在时间间隔$[t_0,t_0+\Delta t]$内计算 $n$ 阶切比雪夫多项式系数。其中，$t_0$ 为起始历元时刻，$\Delta t$ 为拟合时间区间的长度。首先，对拟合的时间段单位化，即将变量 $t\in[t_0,t_0+\Delta t]$变换成$\tau\in[-1,+1]$：$\tau=\frac{2}{\Delta t}(t-t_0)-1$，$t\in[t_0,t_0+\Delta t]$，则卫星三个方向上坐标的切比雪夫多项式为

$$\left.\begin{aligned}X(t)&=\sum_{i=0}^{n}C_{X_i}T_i(\tau)\\Y(t)&=\sum_{i=0}^{n}C_{Y_i}T_i(\tau)\\Z(t)&=\sum_{i=0}^{n}C_{Z_i}T_i(\tau)\end{aligned}\right\} \tag{6.6.48}$$

式中，$n$ 为切比雪夫多项式的阶数，$C_{X_i}$、$C_{Y_i}$、$C_{Z_i}$ 分别为 $X$ 坐标分量、$Y$ 坐标分量、$Z$ 坐标分量的切比雪夫多项式系数。

在切比雪夫多项式中，根据递归公式确定 $T_i$，即

$$\left.\begin{aligned}&T_0(\tau)=1\\&T_1(\tau)=1\\&T_n(\tau)=2\tau T_{n-1}(\tau)-T_{n-2}(\tau)\\&|\tau|\leqslant 1,n\geqslant 2\end{aligned}\right\} \tag{6.6.49}$$

设 $X_k$ 为观测值，则误差方程为

$$V_{X_k}=\sum_{i=0}^{n}C_{X_i}T_i(\tau_k)-X_k\quad(k=1,2,\cdots,m;i=0,1,2,\cdots,n) \tag{6.6.50}$$

误差方程的矩阵展开式为

$$\begin{bmatrix}V_{X_1}\\V_{X_2}\\V_{X_3}\\\vdots\\V_{X_m}\end{bmatrix}=\begin{bmatrix}T_0(\tau_1)&T_1(\tau_1)&T_2(\tau_1)&\cdots&T_n(\tau_1)\\T_0(\tau_2)&T_1(\tau_2)&T_2(\tau_2)&\cdots&T_n(\tau_2)\\T_0(\tau_3)&T_1(\tau_3)&T_2(\tau_3)&\cdots&T_n(\tau_3)\\\vdots&\vdots&\vdots&&\vdots\\T_0(\tau_m)&T_1(\tau_m)&T_2(\tau_m)&\cdots&T_n(\tau_m)\end{bmatrix}\begin{bmatrix}C_{X_0}\\C_{X_1}\\C_{X_2}\\\vdots\\C_{X_n}\end{bmatrix}-\begin{bmatrix}X_1\\X_2\\X_3\\\vdots\\X_m\end{bmatrix} \tag{6.6.51}$$

令

$$\boldsymbol{V}=\begin{bmatrix} V_{X_1} \\ V_{X_2} \\ V_{X_3} \\ \vdots \\ V_{X_m} \end{bmatrix},\hat{\boldsymbol{X}}=\begin{bmatrix} C_{X_1} \\ C_{X_2} \\ C_{X_3} \\ \vdots \\ C_{X_n} \end{bmatrix},\boldsymbol{L}=\begin{bmatrix} X_1 \\ X_2 \\ X_3 \\ \vdots \\ X_m \end{bmatrix},\boldsymbol{B}=\begin{bmatrix} T_0(\tau_1) & T_1(\tau_1) & T_2(\tau_1) & \cdots & T_n(\tau_1) \\ T_0(\tau_2) & T_1(\tau_2) & T_2(\tau_2) & \cdots & T_n(\tau_2) \\ T_0(\tau_3) & T_1(\tau_3) & T_2(\tau_3) & \cdots & T_n(\tau_3) \\ \vdots & \vdots & \vdots & & \vdots \\ T_0(\tau_m) & T_1(\tau_m) & T_2(\tau_m) & \cdots & T_n(\tau_m) \end{bmatrix}$$

则式(6.6.51)的矩阵表达式为

$$\boldsymbol{V}=\boldsymbol{B}\hat{\boldsymbol{X}}-\boldsymbol{L} \tag{6.6.52}$$

最小二乘法解为

$$\hat{\boldsymbol{X}}=(\boldsymbol{B}^{\mathrm{T}}\boldsymbol{B})^{-1}\boldsymbol{B}^{\mathrm{T}}\boldsymbol{L} \tag{6.6.53}$$

将计算得出的 $C_{X_i}$、$C_{Y_i}$、$C_{Z_i}$ 代入式(6.6.47)中，计算每一历元卫星的坐标。

例 6.6.4　本例数据为 2012 年 1 月 4 日的 IGS 最终精密星历(esa16693.sp3)，从 0 时 0 分至 23 时 45 分，共 96 个历元。首先对 G01、G02、G03 三颗卫星分别进行 6～35 阶拉格朗日插值和 9～25 阶切比雪夫多项式拟合，求取 2012 年 1 月 4 日 12 时 0 分 0 秒卫星的坐标，再将其与该历元已知的卫星坐标取差值，以 $x$ 方向为例，结果如图 6.6.1 和图 6.6.2 所示。

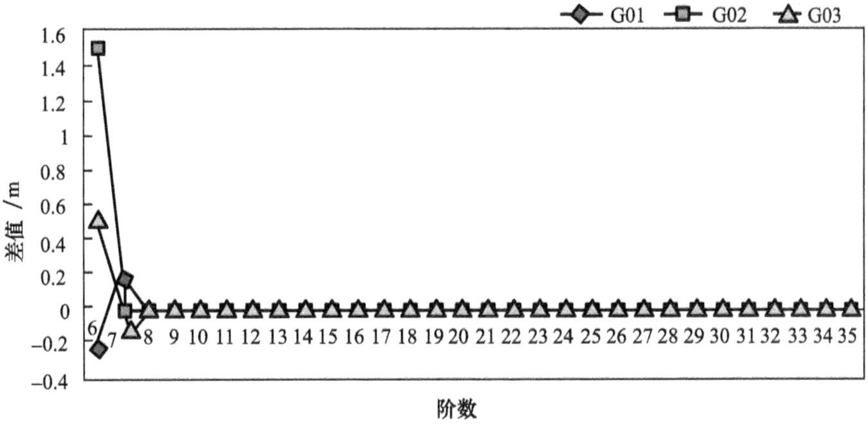


图 6.6.1　拉格朗日插值结果

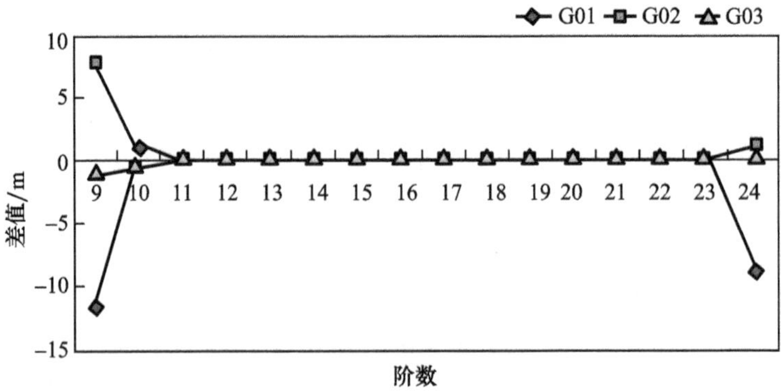


图 6.6.2　切比雪夫多项式拟合结果

从图 6.6.1 中可以看出，当拉格朗日插值在阶数取到 9 时，卫星插值的结果趋向稳定，与已知的卫星坐标基本相等；当拉格朗日插值阶数取到 35 时，卫星坐标的差值也不是很大，没有见到明显的龙格(Runge)现象。从图 6.6.2 可以看出，当切比雪夫多项式的阶数取到 11 阶时，卫星坐标的差值趋于稳定，直到拟合到第 22 阶多项式时，卫星坐标的差值开始增大，拟合的卫星坐标开始偏离卫星坐标的真实值，这种现象即为龙格现象。因此，在计算卫星坐标时尽量避免使用高次插值或拟合。通过对以上结果的分析，并考虑计算时的效率，进行拉格朗日插值时一般取 9～11 阶，进行切比雪夫多项式拟合时一般取 12～14 阶。

下面以 10 阶拉格朗日插值和 13 阶切比雪夫多项式为例，分别计算 32 号卫星丁 12 时 0 分 0 秒到 12 时 1 分 0 秒时间间隔的卫星坐标(采样间隔为 1 s)，结果如图 6.6.3 所示。

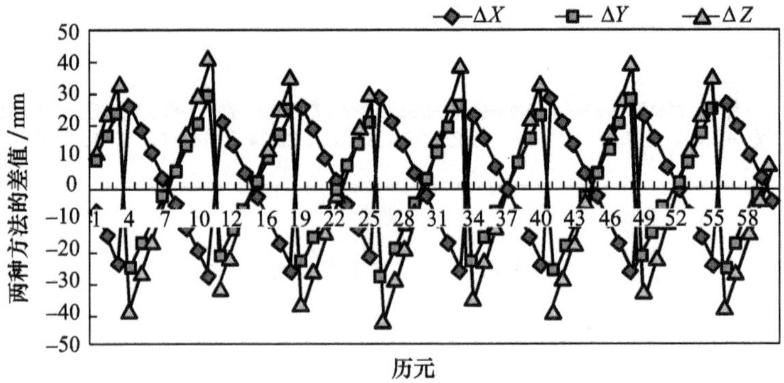


图 6.6.3　两种方法计算的卫星坐标差

从结果可以看出，卫星坐标之差在 $X$、$Y$ 方向基本在 30 mm 以内，在 $Z$ 方向基本在 40 mm 以内。随着历元数的增加，卫星坐标之差在 0 mm 上下摆动。从该时间段中选取前十个历元计算的结果，如表 6.6.7 所示。

**表 6.6.7 两种方法计算的 G32 的坐标**

| 历元 | X | | Y | | Z | |
|---|---|---|---|---|---|---|
| | 拉格朗日法 | 切比雪夫法 | 拉格朗日法 | 切比雪夫法 | 拉格朗日法 | 切比雪夫法 |
| 1 | 20 950 313.971 | 20 950 313.963 | −1 812 020.286 | −1 812 020.277 | 16 175 608.740 | 16 175 608.751 |
| 2 | 20 948 854.562 | 20 948 854.546 | −1 810 588.229 | −1 810 588.213 | 16 177 734.765 | 16 177 734.788 |
| 3 | 20 947 395.026 | 20 947 395.002 | −1 809 155.930 | −1 809 155.906 | 16 179 860.445 | 16 179 860.479 |
| 4 | 20 945 935.305 | 20 945 935.331 | −1 807 723.332 | −1 807 723.358 | 16 181 985.865 | 16 181 985.825 |
| 5 | 20 944 475.516 | 20 944 475.534 | −1 806 290.550 | −1 806 290.568 | 16 184 110.854 | 16 184 110.826 |
| 6 | 20 943 015.599 | 20 943 015.610 | −1 804 857.526 | −1 804 857.536 | 16 186 235.498 | 16 186 235.481 |
| 7 | 20 941 555.557 | 20 941 555.559 | −1 803 424.260 | −1 803 424.263 | 16 188 359.796 | 16 188 359.790 |
| 8 | 20 940 095.387 | 20 940 095.382 | −1 801 990.752 | −1 801 990.747 | 16 190 483.748 | 16 190 483.754 |
| 9 | 20 938 635.091 | 20 938 635.078 | −1 800 557.003 | −1 800 556.990 | 16 192 607.355 | 16 192 607.372 |
| 10 | 20 937 174.669 | 20 937 174.648 | −1 799 123.011 | −1 799 122.991 | 16 194 730.616 | 16 194 730.645 |

通过对拉格朗日插值和切比雪夫多项式拟合结果的比较可以看出：

(1)无论使用拉格朗日插值还是切比雪夫多项式来逼近卫星轨道，只要使用的阶数合适，最后计算的卫星坐标是完全满足精度要求的。

(2)对于拉格朗日插值而言，当插值阶数低于 8 阶时，获得的卫星坐标精度比较差，远不能满足精密单点定位的需要。随着阶数的增长，一直到达 35 阶时，也没有出现明显的龙格现象。

(3)对于切比雪夫多项式而言，多项式的阶数对结果的影响比较明显。通过算例的分析，当阶数为 11～22 阶时，计算的卫星坐标精度比较高，当阶数超过 22 并增大时，开始出现明显的龙格现象。当矩阵 $\boldsymbol{B}$ 的行列式值近似为 0 时，$\boldsymbol{B}$ 矩阵会变为秩亏矩阵，不可逆，从而使最后的结果误差相当大。

(4)在实际应用的时候，不同计算方法的效率也很重要。当观测历元较少时，由于拉格朗日插值法不需要事先拟合卫星轨道，所以计算速度优势比较明显；当观测历元较多时，由于切比雪夫多项式在每次计算卫星坐标时只需要代入式(6.6.51)的 $\boldsymbol{B}$ 矩阵就可以了，所以比起拉格朗日插值大量的插值计算效率要高很多。

## §6.7　静态滤波

人们已经习惯把对非随机参数的数据处理过程称为平差，把对随机参数的数据处理过程称为滤波。平差就是通过一系列带有误差的实际观测数据，获取没有先验统计性质的非随机参数的最佳估值的方法。滤波是通过一系列带有误差的实际观测数据，得到所需要的具有先验统计性质的随机参数的最佳估值的方法。

滤波参数可分为两类：一类是与观测向量建立了函数模型的参数，称为滤波参数，用 $\boldsymbol{X}$ 表示；另一类是没有与观测向量建立函数模型的参数，称为推估参数，用 $\boldsymbol{X}'$表示。通过滤波可以求得 $\boldsymbol{X}$ 和 $\boldsymbol{X}'$的最佳估值 $\hat{\boldsymbol{X}}$ 和 $\hat{\boldsymbol{X}}'$，通常又将求定滤波参数 $\boldsymbol{X}$ 的最佳估值的过程称为滤波，而将求定推估参数 $\boldsymbol{X}'$ 的最佳估值的过程称为推估。推估有时也分为两种：一种称为内插或平滑，另一种称为外推或预报。对于静态系统来说，若 $\boldsymbol{X}'$在 $\boldsymbol{X}$ 的范围以内，就是内插或平滑；若 $\boldsymbol{X}'$在 $\boldsymbol{X}$ 的范围以外，就是外推或预报。如果不考虑观测误差或没有多余观测，则滤波就变成纯粹意义上的内插或外推。

### 6.7.1 极大验后滤波

静态线性滤波的函数模型为

$$\boldsymbol{L}=\boldsymbol{B}\boldsymbol{X}+\boldsymbol{\Delta}=[\boldsymbol{B}\quad \boldsymbol{0}\quad \boldsymbol{I}]\begin{bmatrix}\boldsymbol{X}\\ \boldsymbol{X}'\\ \boldsymbol{\Delta}\end{bmatrix} \tag{6.7.1}$$

式中，$\boldsymbol{B}$ 为已知系数矩阵，$\boldsymbol{L}$ 和 $\boldsymbol{\Delta}$ 仍表示观测向量和噪声向量。其统计性质为：$\boldsymbol{X}$ 和 $\boldsymbol{X}'$的先验期望和先验方差及协方差分别为：$E(\boldsymbol{X})=\boldsymbol{\mu}_X$，$D(\boldsymbol{X})=\boldsymbol{D}_X$，$E(\boldsymbol{X}')=\boldsymbol{\mu}_{X'}$，$D(\boldsymbol{X}')=\boldsymbol{D}_{X'}$，$D(\boldsymbol{X},\boldsymbol{X}')=\boldsymbol{D}_{XX'}$；$\boldsymbol{L}$ 和 $\boldsymbol{\Delta}$ 的先验期望和先验方差分别为：$E(\boldsymbol{L})=\boldsymbol{\mu}_L$，$D(\boldsymbol{L})=\boldsymbol{D}_L$，$E(\boldsymbol{\Delta})=0$，$D(\boldsymbol{\Delta})=\boldsymbol{D}_\Delta$；$\boldsymbol{X}$ 关于 $\boldsymbol{L}$ 的协方差为：$\mathrm{cov}(\boldsymbol{X},\boldsymbol{L})=\boldsymbol{D}_{XL}$，$\boldsymbol{\Delta}$ 关于 $\boldsymbol{X}$ 和 $\boldsymbol{X}'$的协方差为：$\mathrm{cov}(\boldsymbol{\Delta},\boldsymbol{X})=\boldsymbol{D}_{\Delta X}$，$\mathrm{cov}(\boldsymbol{\Delta},\boldsymbol{X}')=\boldsymbol{D}_{\Delta X'}$。若$\boldsymbol{D}_{\Delta X}=0$，$\boldsymbol{D}_{\Delta X'}=0$，表示 $\boldsymbol{\Delta}$ 与 $\boldsymbol{X}$、$\boldsymbol{\Delta}$ 与 $\boldsymbol{X}'$是相互独立的。

根据协方差传播律可得

$$\boldsymbol{D}_L=[\boldsymbol{B}\quad \boldsymbol{0}\quad \boldsymbol{I}]\begin{bmatrix}\boldsymbol{D}_X & \boldsymbol{D}_{XX'} & \boldsymbol{D}_{X\Delta}\\ \boldsymbol{D}_{X'X} & \boldsymbol{D}_{X'} & \boldsymbol{D}_{X'\Delta}\\ \boldsymbol{D}_{\Delta X} & \boldsymbol{D}_{\Delta X'} & \boldsymbol{D}_\Delta\end{bmatrix}\begin{bmatrix}\boldsymbol{B}^{\mathrm{T}}\\ \boldsymbol{0}\\ \boldsymbol{I}\end{bmatrix}=\boldsymbol{B}\boldsymbol{D}_X\boldsymbol{B}^{\mathrm{T}}+\boldsymbol{B}\boldsymbol{D}_{X\Delta}+\boldsymbol{D}_{\Delta X}\boldsymbol{B}^{\mathrm{T}}+\boldsymbol{D}_\Delta \tag{6.7.2}$$

$$\boldsymbol{D}_{XL}=[\boldsymbol{I}\quad \boldsymbol{0}\quad \boldsymbol{0}]\begin{bmatrix}\boldsymbol{D}_X & \boldsymbol{D}_{XX'} & \boldsymbol{D}_{X\Delta}\\ \boldsymbol{D}_{X'X} & \boldsymbol{D}_{X'} & \boldsymbol{D}_{X'\Delta}\\ \boldsymbol{D}_{\Delta X} & \boldsymbol{D}_{\Delta X'} & \boldsymbol{D}_\Delta\end{bmatrix}\begin{bmatrix}\boldsymbol{B}^{\mathrm{T}}\\ \boldsymbol{0}\\ \boldsymbol{I}\end{bmatrix}=\boldsymbol{D}_X\boldsymbol{B}^{\mathrm{T}}+\boldsymbol{D}_{X\Delta} \tag{6.7.3}$$

$$\boldsymbol{D}_{X'L}=[\boldsymbol{0}\quad \boldsymbol{I}\quad \boldsymbol{0}]\begin{bmatrix}\boldsymbol{D}_X & \boldsymbol{D}_{XX'} & \boldsymbol{D}_{X\Delta}\\ \boldsymbol{D}_{X'X} & \boldsymbol{D}_{X'} & \boldsymbol{D}_{X'\Delta}\\ \boldsymbol{D}_{\Delta X} & \boldsymbol{D}_{\Delta X'} & \boldsymbol{D}_\Delta\end{bmatrix}\begin{bmatrix}\boldsymbol{B}^{\mathrm{T}}\\ \boldsymbol{0}\\ \boldsymbol{I}\end{bmatrix}=\boldsymbol{D}_{X'X}\boldsymbol{B}^{\mathrm{T}}+\boldsymbol{D}_{X'\Delta} \tag{6.7.4}$$

且有

$$\boldsymbol{\mu}_L = E(\boldsymbol{L}) = \boldsymbol{B}\boldsymbol{\mu}_X \tag{6.7.5}$$

按照极大验后估计求得的信号 $\boldsymbol{X}$ 和 $\boldsymbol{X}'$ 的验后估值为

$$\left.\begin{aligned}\hat{\boldsymbol{X}} &= E(\boldsymbol{X}/\boldsymbol{L}) = \boldsymbol{\mu}_X + \boldsymbol{D}_{XL}\boldsymbol{D}_L^{-1}(\boldsymbol{L}-\boldsymbol{\mu}_L)\\ \hat{\boldsymbol{X}}' &= E(\boldsymbol{X}'/\boldsymbol{L}) = \boldsymbol{\mu}_{X'} + \boldsymbol{D}_{X'L}\boldsymbol{D}_L^{-1}(\boldsymbol{L}-\boldsymbol{\mu}_L)\end{aligned}\right\} \tag{6.7.6}$$

估值 $\boldsymbol{X}$ 和 $\boldsymbol{X}'$ 的方差，以及它们之间的协方差为

$$\left.\begin{aligned}\boldsymbol{D}_{\hat{X}} &= D(\boldsymbol{X}/\boldsymbol{L}) = \boldsymbol{D}_X - \boldsymbol{D}_{XL}\boldsymbol{D}_L^{-1}\boldsymbol{D}_{LX}\\ \boldsymbol{D}_{\hat{X}'} &= D(\boldsymbol{X}'/\boldsymbol{L}) = \boldsymbol{D}_{X'} - \boldsymbol{D}_{X'L}\boldsymbol{D}_L^{-1}\boldsymbol{D}_{LX'}\\ \boldsymbol{D}_{\hat{X}\hat{X}'} &= \boldsymbol{D}_{XX'} - \boldsymbol{D}_{XL}\boldsymbol{D}_L^{-1}\boldsymbol{D}_{LX'}\end{aligned}\right\} \tag{6.7.7}$$

将式(6.7.2)～式(6.7.5)代入式(6.7.6)、式(6.7.7)得滤波与推估公式及其方差、协方差公式为

$$\left.\begin{aligned}\hat{\boldsymbol{X}} &= \boldsymbol{\mu}_X + (\boldsymbol{D}_X\boldsymbol{B}^{\mathrm{T}} + \boldsymbol{D}_{X\Delta})(\boldsymbol{B}\boldsymbol{D}_X\boldsymbol{B}^{\mathrm{T}} + \boldsymbol{B}\boldsymbol{D}_{X\Delta} + \boldsymbol{D}_{\Delta X}\boldsymbol{B}^{\mathrm{T}} + \boldsymbol{D}_\Delta)^{-1}(\boldsymbol{L}-\boldsymbol{B}\boldsymbol{\mu}_X)\\ \hat{\boldsymbol{X}}' &= \boldsymbol{\mu}_{X'} + (\boldsymbol{D}_{X'X}\boldsymbol{B}^{\mathrm{T}} + \boldsymbol{D}_{X'\Delta})(\boldsymbol{B}\boldsymbol{D}_X\boldsymbol{B}^{\mathrm{T}} + \boldsymbol{B}\boldsymbol{D}_{X\Delta} + \boldsymbol{D}_{\Delta X}\boldsymbol{B}^{\mathrm{T}} + \boldsymbol{D}_\Delta)^{-1}(\boldsymbol{L}-\boldsymbol{B}\boldsymbol{\mu}_X)\\ \boldsymbol{D}_{\hat{X}} &= \boldsymbol{D}_X - (\boldsymbol{D}_X\boldsymbol{B}^{\mathrm{T}} + \boldsymbol{D}_{X\Delta})(\boldsymbol{B}\boldsymbol{D}_X\boldsymbol{B}^{\mathrm{T}} + \boldsymbol{B}\boldsymbol{D}_{X\Delta} + \boldsymbol{D}_{\Delta X}\boldsymbol{B}^{\mathrm{T}} + \boldsymbol{D}_\Delta)^{-1}(\boldsymbol{B}\boldsymbol{D}_X + \boldsymbol{D}_{\Delta X})\\ \boldsymbol{D}_{\hat{X}'} &= \boldsymbol{D}_{X'} - (\boldsymbol{D}_{X'X}\boldsymbol{B}^{\mathrm{T}} + \boldsymbol{D}_{X'\Delta})(\boldsymbol{B}\boldsymbol{D}_X\boldsymbol{B}^{\mathrm{T}} + \boldsymbol{B}\boldsymbol{D}_{X\Delta} + \boldsymbol{D}_{\Delta X}\boldsymbol{B}^{\mathrm{T}} + \boldsymbol{D}_\Delta)^{-1}(\boldsymbol{B}\boldsymbol{D}_{XX'} + \boldsymbol{D}_{\Delta X'})\\ \boldsymbol{D}_{\hat{X}\hat{X}'} &= \boldsymbol{D}_{XX'} - (\boldsymbol{D}_X\boldsymbol{B}^{\mathrm{T}} + \boldsymbol{D}_{X\Delta})(\boldsymbol{B}\boldsymbol{D}_X\boldsymbol{B}^{\mathrm{T}} + \boldsymbol{B}\boldsymbol{D}_{X\Delta} + \boldsymbol{D}_{\Delta X}\boldsymbol{B}^{\mathrm{T}} + \boldsymbol{D}_\Delta)^{-1}(\boldsymbol{B}\boldsymbol{D}_{XX'} + \boldsymbol{D}_{\Delta X'})\end{aligned}\right\} \tag{6.7.8}$$

式(6.7.8)是极大验后滤波和推估的一般公式，若观测噪声 $\boldsymbol{\Delta}$ 与随机参数 $\boldsymbol{X}$、$\boldsymbol{X}'$ 互相独立，即 $\boldsymbol{D}_{\Delta X}=0$，$\boldsymbol{D}_{\Delta X'}=0$，则以上公式可以简化为

$$\left.\begin{aligned}\hat{\boldsymbol{X}} &= \boldsymbol{\mu}_X + \boldsymbol{D}_X\boldsymbol{B}^{\mathrm{T}}(\boldsymbol{B}\boldsymbol{D}_X\boldsymbol{B}^{\mathrm{T}} + \boldsymbol{D}_\Delta)^{-1}(\boldsymbol{L}-\boldsymbol{B}\boldsymbol{\mu}_X)\\ \hat{\boldsymbol{X}}' &= \boldsymbol{\mu}_{X'} + \boldsymbol{D}_{X'X}\boldsymbol{B}^{\mathrm{T}}(\boldsymbol{B}\boldsymbol{D}_X\boldsymbol{B}^{\mathrm{T}} + \boldsymbol{D}_\Delta)^{-1}(\boldsymbol{L}-\boldsymbol{B}\boldsymbol{\mu}_X)\\ \boldsymbol{D}_{\hat{X}} &= \boldsymbol{D}_X - \boldsymbol{D}_X\boldsymbol{B}^{\mathrm{T}}(\boldsymbol{B}\boldsymbol{D}_X\boldsymbol{B}^{\mathrm{T}} + \boldsymbol{D}_\Delta)^{-1}\boldsymbol{B}\boldsymbol{D}_X\\ \boldsymbol{D}_{\hat{X}'} &= \boldsymbol{D}_{X'} - \boldsymbol{D}_{X'X}\boldsymbol{B}^{\mathrm{T}}(\boldsymbol{B}\boldsymbol{D}_X\boldsymbol{B}^{\mathrm{T}} + \boldsymbol{D}_\Delta)^{-1}\boldsymbol{B}\boldsymbol{D}_{XX'}\\ \boldsymbol{D}_{\hat{X}\hat{X}'} &= \boldsymbol{D}_{XX'} - \boldsymbol{D}_X\boldsymbol{B}^{\mathrm{T}}(\boldsymbol{B}\boldsymbol{D}_X\boldsymbol{B}^{\mathrm{T}} + \boldsymbol{D}_\Delta)^{-1}\boldsymbol{B}\boldsymbol{D}_{XX'}\end{aligned}\right\} \tag{6.7.9}$$

若令 $\boldsymbol{J}_X = \boldsymbol{D}_X\boldsymbol{B}^{\mathrm{T}}(\boldsymbol{B}\boldsymbol{D}_X\boldsymbol{B}^{\mathrm{T}} + \boldsymbol{D}_\Delta)^{-1}$，则滤波公式可以改写为

$$\left.\begin{aligned}\hat{\boldsymbol{X}} &= \boldsymbol{\mu}_X + \boldsymbol{J}_X(\boldsymbol{L}-\boldsymbol{B}\boldsymbol{\mu}_X)\\ \hat{\boldsymbol{X}}' &= \boldsymbol{\mu}_{X'} + \boldsymbol{D}_{X'X}\boldsymbol{D}_X^{-1}\boldsymbol{J}_X(\boldsymbol{L}-\boldsymbol{B}\boldsymbol{\mu}_X) = \boldsymbol{\mu}_{X'} + \boldsymbol{D}_{X'X}\boldsymbol{D}_X^{-1}(\hat{\boldsymbol{X}}-\boldsymbol{\mu}_X)\\ \boldsymbol{D}_{\hat{X}} &= \boldsymbol{D}_X - \boldsymbol{J}_X\boldsymbol{B}\boldsymbol{D}_X = (\boldsymbol{I}-\boldsymbol{J}_X\boldsymbol{B})\boldsymbol{D}_X\\ \boldsymbol{D}_{\hat{X}'} &= \boldsymbol{D}_{X'} - \boldsymbol{D}_{X'X}\boldsymbol{D}_X^{-1}\boldsymbol{J}_X\boldsymbol{B}\boldsymbol{D}_{XX'} = \boldsymbol{D}_{X'} - \boldsymbol{D}_{X'X}\boldsymbol{D}_X^{-1}(\boldsymbol{D}_X-\boldsymbol{D}_{\hat{X}})\boldsymbol{D}_X^{-1}\boldsymbol{D}_{XX'}\\ \boldsymbol{D}_{\hat{X}\hat{X}'} &= \boldsymbol{D}_{XX'} - \boldsymbol{J}_X\boldsymbol{B}\boldsymbol{D}_{XX'} = \boldsymbol{D}_{XX'} - (\boldsymbol{D}_X-\boldsymbol{D}_{\hat{X}})\boldsymbol{D}_X^{-1}\boldsymbol{D}_{XX'}\end{aligned}\right\} \tag{6.7.10}$$

### 6.7.2　最小二乘滤波

设 $\boldsymbol{L}$ 为 $n$ 阶随机观测向量，$\boldsymbol{L}\sim N(\boldsymbol{\mu}_L, \boldsymbol{D}_{LL})$；$\boldsymbol{X}$ 为 $t_1$ 维随机参数，$\boldsymbol{X}\sim N(\boldsymbol{\mu}_X, \boldsymbol{D}_{XX})$；$\boldsymbol{X}'$ 为 $t_2$ 维随机参数，$\boldsymbol{X}'\sim N(\boldsymbol{\mu}_{X'}, \boldsymbol{D}_{X'X'})$；$\boldsymbol{X}$ 关于 $\boldsymbol{X}'$ 的协方差为 $\boldsymbol{D}_{XX'}$；$\boldsymbol{\Delta}$ 为 $n$ 维随机误差向量，$\boldsymbol{\Delta}\sim N(\boldsymbol{0}, \boldsymbol{D}_{\Delta\Delta})$，$\boldsymbol{X}$ 和 $\boldsymbol{X}'$ 关于 $\boldsymbol{\Delta}$ 的协方差 $\boldsymbol{D}_{X\Delta}-0$，$\boldsymbol{D}_{X'\Delta}=0$。

静态线性滤波的函数模型为

$$\boldsymbol{L}=\boldsymbol{B}\boldsymbol{X}+\boldsymbol{\Delta} \tag{6.7.11}$$

式中，$\boldsymbol{B}$ 为已知系数矩阵。

将 $\boldsymbol{X}$ 和 $\boldsymbol{X}'$ 的先验期望 $\boldsymbol{\mu}_X$、$\boldsymbol{\mu}_{X'}$ 当作与观测值互相独立的虚拟观测值，可记

$$\boldsymbol{L}_X=\boldsymbol{\mu}_X,\boldsymbol{L}_{X'}=\boldsymbol{\mu}_{X'}$$

并以 $\boldsymbol{V}_X$ 和 $\boldsymbol{V}_{X'}$ 表示其改正数向量，则可列出误差方程为

$$\begin{aligned}\boldsymbol{V}_X&=\hat{\boldsymbol{x}}-\boldsymbol{l}_X\\ \boldsymbol{V}_{X'}&=\hat{\boldsymbol{x}}'-\boldsymbol{l}_{X'}\\ \boldsymbol{V}&=\boldsymbol{B}\hat{\boldsymbol{x}}-\boldsymbol{l}\end{aligned} \tag{6.7.12}$$

式中

$$\begin{aligned}\boldsymbol{l}_X&=\boldsymbol{L}_X-\boldsymbol{\mu}_X=0\\ \boldsymbol{l}_{X'}&=\boldsymbol{L}_{X'}-\boldsymbol{\mu}_{X'}=0\\ \boldsymbol{l}&=\boldsymbol{L}-\boldsymbol{B}\boldsymbol{\mu}_X\end{aligned}$$

令

$$\bar{\boldsymbol{X}}=\begin{bmatrix}\boldsymbol{X}\\ \boldsymbol{X}'\end{bmatrix},\bar{\boldsymbol{V}}=\begin{bmatrix}\boldsymbol{V}_X\\ \boldsymbol{V}_{X'}\\ \boldsymbol{V}\end{bmatrix}=\begin{bmatrix}\boldsymbol{V}_{\bar{X}}\\ \boldsymbol{V}\end{bmatrix},\bar{\boldsymbol{B}}=\begin{bmatrix}\underset{t_1\times t_1}{\boldsymbol{I}} & \boldsymbol{0}\\ \boldsymbol{0} & \underset{t_2\times t_2}{\boldsymbol{I}}\\ \boldsymbol{B} & \boldsymbol{0}\end{bmatrix}=\begin{bmatrix}\underset{t\times t}{\bar{\boldsymbol{I}}}\\ \boldsymbol{B}_{\bar{X}}\end{bmatrix}$$

$$\bar{\boldsymbol{x}}=\begin{bmatrix}\hat{\boldsymbol{x}}\\ \hat{\boldsymbol{x}}'\end{bmatrix},\bar{\boldsymbol{l}}=\begin{bmatrix}\boldsymbol{l}_X\\ \boldsymbol{l}_{X'}\\ \boldsymbol{l}\end{bmatrix}=\begin{bmatrix}\boldsymbol{l}_{\bar{X}}\\ \boldsymbol{l}\end{bmatrix}$$

则误差方程可以简写为

$$\bar{\boldsymbol{V}}=\bar{\boldsymbol{B}}\bar{\boldsymbol{x}}-\bar{\boldsymbol{l}} \tag{6.7.13}$$

如果取单位权方差 $\sigma_0^2=1$，则随机模型为

$$\boldsymbol{P}=\begin{bmatrix}\boldsymbol{D}_{XX} & \boldsymbol{D}_{XX'} & \boldsymbol{0}\\ \boldsymbol{D}_{X'X} & \boldsymbol{D}_{X'X'} & \boldsymbol{0}\\ \boldsymbol{0} & \boldsymbol{0} & \boldsymbol{D}_{\Delta\Delta}\end{bmatrix}^{-1}=\begin{bmatrix}\boldsymbol{D}_{\bar{X}\bar{X}}^{-1} & \boldsymbol{0}\\ \boldsymbol{0} & \boldsymbol{D}_{\Delta\Delta}^{-1}\end{bmatrix}=\begin{bmatrix}\boldsymbol{P}_{\bar{X}} & \boldsymbol{0}\\ \boldsymbol{0} & \boldsymbol{P}_{\Delta}\end{bmatrix} \tag{6.7.14}$$

组成法方程为

$$\bar{\boldsymbol{B}}^{\mathrm{T}}\boldsymbol{P}\bar{\boldsymbol{B}}\bar{\boldsymbol{x}}=\bar{\boldsymbol{B}}^{\mathrm{T}}\boldsymbol{P}\bar{\boldsymbol{l}} \tag{6.7.15}$$

解法方程得

$$\bar{\boldsymbol{x}}=(\bar{\boldsymbol{B}}^{\mathrm{T}}\boldsymbol{P}\bar{\boldsymbol{B}})^{-1}\bar{\boldsymbol{B}}^{\mathrm{T}}\boldsymbol{P}\bar{\boldsymbol{l}} \tag{6.7.16}$$

式中

$$\bar{\boldsymbol{B}}^{\mathrm{T}}\boldsymbol{P}\bar{\boldsymbol{B}}=\begin{bmatrix}\boldsymbol{I} & \boldsymbol{B}_{\bar{X}}^{\mathrm{T}}\end{bmatrix}\begin{bmatrix}\boldsymbol{P}_{\bar{X}} & \boldsymbol{0}\\ \boldsymbol{0} & \boldsymbol{P}_{\Delta}\end{bmatrix}\begin{bmatrix}\boldsymbol{I}\\ \boldsymbol{B}_{\bar{X}}\end{bmatrix}=\boldsymbol{B}_{\bar{X}}^{\mathrm{T}}\boldsymbol{P}_{\Delta}\boldsymbol{B}_{\bar{X}}+\boldsymbol{P}_{\bar{X}}$$

$$\bar{B}^{T}P\bar{l}=\begin{bmatrix}I & B_{\bar{X}}^{T}\end{bmatrix}\begin{bmatrix}P_{\bar{X}} & 0\\ 0 & P_{\Delta}\end{bmatrix}\begin{bmatrix}l_{\bar{X}}\\ l\end{bmatrix}=B_{\bar{X}}^{T}P_{\Delta}l+P_{\bar{X}}l_{\bar{X}}$$

则式(6.7.16)也可以写为

$$\bar{x}=(B_{\bar{X}}^{T}P_{\Delta}B_{\bar{X}}+P_{\bar{X}})^{-1}(B_{\bar{X}}^{T}P_{\Delta}l+P_{\bar{X}}l_{\bar{X}})\tag{6.7.17}$$

平差后参数值为

$$\bar{X}=\begin{bmatrix}\hat{X}\\ \hat{X}'\end{bmatrix}=\begin{bmatrix}\mu_{X}\\ \mu_{X'}\end{bmatrix}+\begin{bmatrix}\hat{x}\\ \hat{x}'\end{bmatrix}\tag{6.7.18}$$

其协因数矩阵为

$$Q_{\bar{X}\bar{X}}=(B_{\bar{X}}^{T}P_{\Delta}B_{\bar{X}}+P_{\bar{X}})^{-1}\tag{6.7.19}$$

单位权方差为

$$\hat{\sigma}_0^2=\frac{V^{T}P_{\Delta}V+V_{\bar{X}}^{T}P_{\bar{X}}V_{\bar{X}}}{n}\tag{6.7.20}$$

式中，$n$ 为观测值总数。

### 6.7.3　函数相关信号的滤波公式

如果参数函数相关，即参数之间存在函数关系，不失一般性，就把参数分成两部分 $X_1$、$X_2$，其中，$X_1$ 中的各个分量是函数独立的，$X_2$ 中的各个分量也是函数独立的，而在 $X_1$ 与 $X_2$ 之间有线性关系，即

$$X_2=KX_1+K_0\tag{6.7.21}$$

如果

$$X=\begin{bmatrix}X_1\\ X_2\end{bmatrix},E(X)=\begin{bmatrix}\mu_1\\ \mu_2\end{bmatrix},D_X=\begin{bmatrix}D_{11} & D_{12}\\ D_{21} & D_{22}\end{bmatrix}$$

则按协方差传播律得

$$\left.\begin{aligned}D_{22}&=KD_{11}K^{T}\\ D_{12}&=D_{11}K^{T}\end{aligned}\right\}\tag{6.7.22}$$

由于 $D_X$ 的行列式 $\det(D_X)=0$，故 $D_X$ 是一个奇异矩阵。因此，当 $X$ 是函数相关信号时，不能直接按极大验后估计的基本公式求估值。但因为假定 $X_1$ 本身的分量间是函数独立的信号，所以可以按基本公式(6.7.6)求估值，即

$$\left.\begin{aligned}\hat{X}_1&=\mu_{X_1}+D_{X_1L}D_L^{-1}(L-\mu_L)\\ D_{\hat{X}_1}&=D_{X_1}-D_{X_1L}D_L^{-1}D_{LX_1}\end{aligned}\right\}\tag{6.7.23}$$

同样，因为 $X_2$ 本身的分量间是函数独立的信号，所以，也可以写出

$$\left.\begin{aligned}\hat{X}_2&=\mu_{X_2}+D_{X_2L}D_L^{-1}(L-\mu_L)\\ D_{\hat{X}_2}&=D_{X_2}-D_{X_2L}D_L^{-1}D_{LX_2}\end{aligned}\right\}\tag{6.7.24}$$

将式(6.7.23)的第一式和式(6.7.24)的第一式合并，得

$$\boldsymbol{X}=\begin{bmatrix}\boldsymbol{\mu}_1\\\boldsymbol{\mu}_2\end{bmatrix}+\begin{bmatrix}\boldsymbol{D}_{X_1L}\\\boldsymbol{D}_{X_2L}\end{bmatrix}\boldsymbol{D}_L^{-1}(\boldsymbol{L}-\boldsymbol{\mu}_L)=\boldsymbol{\mu}_X+\boldsymbol{D}_{XL}\boldsymbol{D}_L^{-1}(\boldsymbol{L}-\boldsymbol{\mu}_L) \tag{6.7.25}$$

可以导出

$$\boldsymbol{D}_{\hat{X}_1\hat{X}_2}=\boldsymbol{D}_{12}-\boldsymbol{D}_{X_1L}\boldsymbol{D}_L^{-1}\boldsymbol{D}_{LX_1} \tag{6.7.26}$$

将式(6.7.22)、式(6.7.23)的第二式和式(6.7.24)的第二式，以及式(6.7.26)合并，可得

$$\boldsymbol{D}_{\hat{X}}=\begin{bmatrix}\boldsymbol{D}_{11} & \boldsymbol{D}_{12}\\\boldsymbol{D}_{21} & \boldsymbol{D}_{22}\end{bmatrix}-\begin{bmatrix}\boldsymbol{D}_{X_1L}\\\boldsymbol{D}_{X_2L}\end{bmatrix}\boldsymbol{D}_L^{-1}\begin{bmatrix}\boldsymbol{D}_{LX_1} & \boldsymbol{D}_{LX_2}\end{bmatrix}=\boldsymbol{D}_X-\boldsymbol{D}_{XL}\boldsymbol{D}_L^{-1}\boldsymbol{D}_{LX} \tag{6.7.27}$$

由此可见，当 $\boldsymbol{X}$ 的分量中存在函数相关的信号时，也可以按基本公式(6.7.26)求 $\boldsymbol{X}$ 的估值 $\hat{\boldsymbol{X}}$ 及其误差方差。

### 6.7.4 信号 $X'$ 与 $X$ 具有线性函数关系时的推估公式

若信号 $\boldsymbol{X}'$ 与 $\boldsymbol{X}$ 具有线性函数关系为

$$\boldsymbol{X}'=\boldsymbol{K}\boldsymbol{X}+\boldsymbol{H}\boldsymbol{\Omega} \tag{6.7.28}$$

式中，$\boldsymbol{K}$ 和 $\boldsymbol{H}$ 是系数矩阵，$\boldsymbol{\Omega}$ 是与 $\boldsymbol{X}$、$\boldsymbol{\Delta}$ 互相独立的随机向量。设 $\boldsymbol{\Omega}$ 的数学期望和方差分别为 $\boldsymbol{\mu}_\Omega$ 和 $\boldsymbol{D}_\Omega$，得

$$E(\boldsymbol{X}')=\boldsymbol{\mu}_{X'}=\boldsymbol{K}\boldsymbol{\mu}_X+\boldsymbol{H}\boldsymbol{\mu}_\Omega \tag{6.7.29}$$

$$\left.\begin{aligned}&\boldsymbol{D}_{X'}=\boldsymbol{K}\boldsymbol{D}_X\boldsymbol{K}^{\mathrm{T}}+\boldsymbol{H}\boldsymbol{D}_\Omega\boldsymbol{H}^{\mathrm{T}}\\&\boldsymbol{D}_{X'X}=\boldsymbol{K}\boldsymbol{D}_X\\&\boldsymbol{D}_{X'\Delta}=\boldsymbol{K}\boldsymbol{D}_{X\Delta}\end{aligned}\right\} \tag{6.7.30}$$

将式(6.7.30)代入式(6.7.9)，得

$$\left.\begin{aligned}&\hat{\boldsymbol{X}}'=\boldsymbol{K}\boldsymbol{\mu}_X+\boldsymbol{H}\boldsymbol{\mu}_\Omega+\boldsymbol{K}\boldsymbol{D}_X\boldsymbol{B}^{\mathrm{T}}(\boldsymbol{B}\boldsymbol{D}_X\boldsymbol{B}^{\mathrm{T}}+\boldsymbol{D}_\Delta)^{-1}(\boldsymbol{L}-\boldsymbol{B}\boldsymbol{\mu}_X)\\&\boldsymbol{D}_{\hat{X}'}=\boldsymbol{K}\boldsymbol{D}_X\boldsymbol{K}^{\mathrm{T}}-\boldsymbol{K}\boldsymbol{D}_X\boldsymbol{B}^{\mathrm{T}}(\boldsymbol{B}\boldsymbol{D}_X\boldsymbol{B}^{\mathrm{T}}+\boldsymbol{D}_\Delta)^{-1}\boldsymbol{B}\boldsymbol{D}_X\boldsymbol{K}^{\mathrm{T}}+\boldsymbol{H}\boldsymbol{D}_\Omega\boldsymbol{H}^{\mathrm{T}}\\&\boldsymbol{D}_{\hat{X}\hat{X}'}=\boldsymbol{D}_X\boldsymbol{K}^{\mathrm{T}}-\boldsymbol{D}_X\boldsymbol{B}^{\mathrm{T}}(\boldsymbol{B}\boldsymbol{D}_X\boldsymbol{B}^{\mathrm{T}}+\boldsymbol{D}_\Delta)^{-1}\boldsymbol{B}\boldsymbol{D}_X\boldsymbol{K}^{\mathrm{T}}\end{aligned}\right\} \tag{6.7.31}$$

于是有

$$\left.\begin{aligned}&\hat{\boldsymbol{X}}'=\boldsymbol{K}\hat{\boldsymbol{X}}+\boldsymbol{H}\boldsymbol{\mu}_\Omega\\&\boldsymbol{D}_{\hat{X}'}=\boldsymbol{K}\boldsymbol{D}_{\hat{X}}\boldsymbol{K}^{\mathrm{T}}+\boldsymbol{H}\boldsymbol{D}_\Omega\boldsymbol{H}^{\mathrm{T}}\\&\boldsymbol{D}_{\hat{X}\hat{X}'}=\boldsymbol{D}_{\hat{X}}\boldsymbol{K}^{\mathrm{T}}\end{aligned}\right\} \tag{6.7.32}$$

这与直接应用协方差传播律得的结果一致。

滤波与推估公式也可以应用广义最小二乘原理导出，因为公式形式完全一致，所以这里不再赘述。

### 6.7.5 静态滤波在测量控制网连接数据处理中的应用

两个相邻测量控制网公共点上一般有两套坐标，给应用造成了麻烦。下面，应用静态滤波理论解决这一问题。

设 $\hat{\boldsymbol{X}}_0$、$\hat{\boldsymbol{X}}'_0$ 分别是甲网单独平差时公共点、非公共点的参数估值，$\boldsymbol{D}_{\hat{X}_0}$、$\boldsymbol{D}_{\hat{X}'_0}$、$\boldsymbol{D}_{\hat{X}'_0\hat{X}_0}$ 分别是 $\hat{\boldsymbol{X}}_0$、$\hat{\boldsymbol{X}}'_0$ 对应的方差矩阵和协方差矩阵。

设 $\bar{\boldsymbol{X}}_0$、$\bar{\boldsymbol{X}}'_0$ 分别是乙网单独平差时公共点、非公共点的参数估值，$\boldsymbol{D}_{\bar{X}_0}$、$\boldsymbol{D}_{\bar{X}'_0}$、$\boldsymbol{D}_{\bar{X}_0\bar{X}'_0}$ 分别是 $\bar{\boldsymbol{X}}_0$、$\bar{\boldsymbol{X}}'_0$ 对应的方差矩阵和协方差矩阵。

对于甲网，$\bar{\boldsymbol{X}}_0$ 是 $\hat{\boldsymbol{X}}_0$ 的新观测值，其观测方程为

$$\boldsymbol{L}_{\hat{X}}=\bar{\boldsymbol{X}}_0=\boldsymbol{B}_{\hat{X}}\hat{\boldsymbol{X}}+\boldsymbol{\Delta}_{\hat{X}} \tag{6.7.33}$$

式中，$\boldsymbol{B}_{\hat{X}}=\boldsymbol{I}$ 是单位矩阵，方差是 $\boldsymbol{D}_{\bar{X}_0}$。

根据滤波推估公式可得

$$\left.\begin{aligned}
\hat{\boldsymbol{X}}&=\hat{\boldsymbol{X}}_0+\boldsymbol{D}_{\hat{X}_0}(\boldsymbol{D}_{\hat{X}_0}+\boldsymbol{D}_{\bar{X}_0})^{-1}(\bar{\boldsymbol{X}}_0-\hat{\boldsymbol{X}}_0)\\
\hat{\boldsymbol{X}}'&=\hat{\boldsymbol{X}}'_0+\boldsymbol{D}_{\hat{X}'_0\hat{X}_0}(\boldsymbol{D}_{\hat{X}_0}+\boldsymbol{D}_{\bar{X}_0})^{-1}(\bar{\boldsymbol{X}}_0-\hat{\boldsymbol{X}}_0)\\
&=\hat{\boldsymbol{X}}'_0+\boldsymbol{D}_{\hat{X}'_0\hat{X}_0}\boldsymbol{D}_{\hat{X}_0}^{-1}(\hat{\boldsymbol{X}}-\hat{\boldsymbol{X}}_0)\\
\boldsymbol{D}_{\hat{X}}&=\boldsymbol{D}_{\hat{X}_0}-\boldsymbol{D}_{\hat{X}_0}(\boldsymbol{D}_{\hat{X}_0}+\boldsymbol{D}_{\bar{X}_0})^{-1}\boldsymbol{D}_{\hat{X}_0}\\
\boldsymbol{D}_{\hat{X}'}&=\boldsymbol{D}_{\hat{X}'_0}-\boldsymbol{D}_{\hat{X}'_0\hat{X}_0}(\boldsymbol{D}_{\hat{X}_0}+\boldsymbol{D}_{\bar{X}_0})^{-1}\boldsymbol{D}_{\hat{X}_0\hat{X}'_0}\\
\boldsymbol{D}_{\hat{X}\hat{X}'}&=\boldsymbol{D}_{\hat{X}_0\hat{X}'_0}-\boldsymbol{D}_{\hat{X}_0}(\boldsymbol{D}_{\hat{X}_0}+\boldsymbol{D}_{\bar{X}_0})^{-1}\boldsymbol{D}_{\hat{X}_0\hat{X}'_0}
\end{aligned}\right\} \tag{6.7.34}$$

对于乙网，$\hat{\boldsymbol{X}}_0$ 是 $\bar{\boldsymbol{X}}_0$ 的新观测值，其观测方程为

$$\boldsymbol{L}_{\bar{X}}=\hat{\boldsymbol{X}}_0=\boldsymbol{B}_{\bar{X}}\bar{\boldsymbol{X}}+\boldsymbol{\Delta}_{\bar{X}} \tag{6.7.35}$$

式中，$\boldsymbol{B}_{\bar{X}}=\boldsymbol{I}$ 是单位矩阵，方差是 $\boldsymbol{D}_{\hat{X}_0}$

同样可以导出类似式(6.7.9)的滤波推估公式，即

$$\left.\begin{aligned}
\bar{\boldsymbol{X}}&=\bar{\boldsymbol{X}}_0+\boldsymbol{D}_{\bar{X}_0}(\boldsymbol{D}_{\hat{X}_0}+\boldsymbol{D}_{\bar{X}_0})^{-1}(\hat{\boldsymbol{X}}_0-\bar{\boldsymbol{X}}_0)\\
\bar{\boldsymbol{X}}'&=\bar{\boldsymbol{X}}'_0+\boldsymbol{D}_{\bar{X}'_0\bar{X}_0}(\boldsymbol{D}_{\hat{X}_0}+\boldsymbol{D}_{\bar{X}_0})^{-1}(\hat{\boldsymbol{X}}_0-\bar{\boldsymbol{X}}_0)\\
&=\bar{\boldsymbol{X}}'_0+\boldsymbol{D}_{\bar{X}'_0\bar{X}_0}\boldsymbol{D}_{\bar{X}_0}^{-1}(\bar{\boldsymbol{X}}-\bar{\boldsymbol{X}}_0)\\
\boldsymbol{D}_{\bar{X}}&=\boldsymbol{D}_{\bar{X}_0}-\boldsymbol{D}_{\bar{X}_0}(\boldsymbol{D}_{\hat{X}_0}+\boldsymbol{D}_{\bar{X}_0})^{-1}\boldsymbol{D}_{\bar{X}_0}\\
\boldsymbol{D}_{\bar{X}'}&=\boldsymbol{D}_{\bar{X}'_0}-\boldsymbol{D}_{\bar{X}'_0\bar{X}_0}(\boldsymbol{D}_{\hat{X}_0}+\boldsymbol{D}_{\bar{X}_0})^{-1}\boldsymbol{D}_{\bar{X}_0\bar{X}'_0}\\
\boldsymbol{D}_{\bar{X}\bar{X}'}&=\boldsymbol{D}_{\bar{X}'_0\bar{X}'_0}-\boldsymbol{D}_{\bar{X}_0}(\boldsymbol{D}_{\hat{X}_0}+\boldsymbol{D}_{\bar{X}_0})^{-1}\boldsymbol{D}_{\bar{X}_0\bar{X}'_0}
\end{aligned}\right\} \tag{6.7.36}$$

$$\left.\begin{aligned}
\boldsymbol{V}_{\hat{X}}&=\hat{\boldsymbol{X}}-\hat{\boldsymbol{X}}_0=\boldsymbol{D}_{\hat{X}_0}(\boldsymbol{D}_{\hat{X}_0}+\boldsymbol{D}_{\bar{X}_0})^{-1}\Delta\hat{\boldsymbol{X}}_0\\
\boldsymbol{V}_{\bar{X}}&=\bar{\boldsymbol{X}}-\bar{\boldsymbol{X}}_0=\boldsymbol{D}_{\bar{X}_0}(\boldsymbol{D}_{\hat{X}_0}+\boldsymbol{D}_{\bar{X}_0})^{-1}\Delta\bar{\boldsymbol{X}}_0
\end{aligned}\right\} \tag{6.7.37}$$

式中，$\Delta\hat{\boldsymbol{X}}_0=\hat{\boldsymbol{X}}_0-\bar{\boldsymbol{X}}_0$，$\Delta\bar{\boldsymbol{X}}_0=\bar{\boldsymbol{X}}_0-\hat{\boldsymbol{X}}_0$。则

$$V_{\hat{X}'}=D_{\hat{X}'_0\hat{X}_0}D_{\hat{X}_0}^{-1}V_{\hat{X}} \tag{6.7.38}$$

$$V_{\bar{X}'}=D_{\bar{X}'_0\bar{X}_0}D_{\bar{X}_0}^{-1}V_{\bar{X}} \tag{6.7.39}$$

平差值为

$$\left.\begin{aligned}\hat{X}&=\hat{X}_0+V_{\hat{X}}\\ \hat{X}'&=\hat{X}'_0+V_{\hat{X}'}\\ \bar{X}&=\bar{X}_0+V_{\bar{X}}\\ \bar{X}'&=\bar{X}'_0+V_{\bar{X}'}\end{aligned}\right\} \tag{6.7.40}$$

例 6.7.1　某测量控制网(甲网)与邻接测量控制网(乙网)有三个公共点 $E$、$F$ 和 $G$,由两网各自独立平差的结果,使公共点产生两套坐标,要求将两个测量控制网连接成一个控制网,使两网坐标统一。

解:已知两网公共点的坐标差 $\Delta\hat{X}_0$、$\Delta\bar{X}_0$ 及其方差 $D_{\bar{X}_0}$、$D_{\bar{X}'_0}$、$D_{\bar{X}_0\bar{X}'_0}$、$D_{\hat{X}_0}$、$D_{\hat{X}'_0}$、$D_{\hat{X}'_0\hat{X}_0}$,分别为

$$\Delta\hat{X}_0=-\Delta\bar{X}_0=\begin{bmatrix}7.3\\-3.8\\8.2\\-3.4\\2.7\\-5.9\end{bmatrix}$$

$$D_{\hat{X}_0}=\begin{bmatrix}8.66&-8.99&11.00&-5.92&3.59&-11.36\\-8.98&12.78&-13.07&7.92&-3.77&15.09\\11.00&-13.07&16.05&-8.24&4.58&-16.04\\-5.92&7.82&-8.24&5.84&-2.53&9.46\\3.59&-3.77&4.58&-2.58&2.72&-4.41\\-11.36&15.09&-16.04&9.46&-4.41&19.26\end{bmatrix}$$

$$D_{\bar{X}_0}=\begin{bmatrix}2.41&-2.63&0.76&-4.45&2.81&-2.10\\-2.63&7.28&-0.56&9.55&-5.90&5.14\\0.76&-0.56&1.46&-0.27&0.72&-0.53\\-4.45&9.55&-0.27&15.81&-8.20&0.86\\2.81&-5.90&0.72&8.20&6.55&-4.22\\-2.10&5.14&0.53&0.86&-4.22&4.38\end{bmatrix}$$

$$
\boldsymbol{D}_{\hat{X}'_0\hat{X}_0}=\begin{bmatrix}
2.62 & -2.84 & 3.37 & -1.98 & 1.46 & -3.48\\
-3.31 & 4.45 & -4.58 & 3.09 & -1.66 & 5.27\\
0.28 & -0.08 & 0.21 & 0.21 & 0.55 & 0.12\\
-3.46 & 4.60 & -4.76 & 3.19 & -1.74 & 5.46\\
5.77 & -6.41 & 7.84 & -4.09 & 2.71 & -7.96\\
-1.66 & 2.19 & -1.98 & 1.77 & -0.96 & 2.59\\
5.92 & -6.25 & 7.72 & -4.10 & 2.76 & -7.89\\
-4.14 & 5.83 & -5.80 & 4.14 & -2.03 & 6.89\\
4.01 & -4.12 & 5.08 & -2.86 & 2.28 & 11.24\\
0.41 & -0.01 & 0.27 & -0.24 & 0.91 & 0.35\\
-7.22 & 9.99 & -10.34 & 0.37 & -2.82 & 12.33\\
4.23 & -8.32 & 3.74 & 0.67 & -3.28 & -5.60
\end{bmatrix}
$$

$$
\boldsymbol{D}_{\hat{X}'_0\hat{X}_0}=\begin{bmatrix}
0.97 & -1.29 & 0.37 & -1.95 & 1.40 & -0.98\\
-1.08 & 3.00 & -0.35 & 3.81 & -2.38 & 2.40\\
0.04 & 0.54 & 0.03 & 1.11 & -0.32 & 0.26\\
-1.91 & 5.60 & -0.24 & 7.50 & -4.45 & 4.06\\
2.11 & -4.47 & 0.59 & -6.13 & 5.08 & -3.15\\
-0.91 & 2.20 & -0.30 & 2.86 & -1.82 & 1.75
\end{bmatrix}
$$

将以上数据代入式(6.7.37)、式(6.7.38)、式(6.7.39)，得

$$
\boldsymbol{V}_{\hat{X}}=\begin{bmatrix}0.6\\-4.8\\-2.2\\-2.2\\9.7\\-2.0\end{bmatrix},\boldsymbol{V}_{\overline{X}}=\begin{bmatrix}7.9\\-8.6\\6.0\\-5.6\\12.4\\-7.9\end{bmatrix},\boldsymbol{V}_{\hat{X}'}=\begin{bmatrix}2.1\\-2.9\\0.3\\-3.0\\4.9\\-1.3\\4.9\\-3.6\\2.9\\-5.7\\5.8\\-5.9\end{bmatrix},\boldsymbol{V}_{\overline{X}'}=\begin{bmatrix}0.8\\-1.3\\11.1\\-3.9\\7.0\\-1.0\end{bmatrix}
$$

同样可以求出甲控制网验后方差 $\boldsymbol{D}_{\hat{X}}$、$\boldsymbol{D}_{\hat{X}'}$、$\boldsymbol{D}_{\hat{X}'\hat{X}}$ 和求出乙控制网验后方差 $\boldsymbol{D}_{\overline{X}}$、$\boldsymbol{D}_{\overline{X}'}$、$\boldsymbol{D}_{\overline{X}'\overline{X}}$。

例 6.7.2 某三角网(图 6.7.1)中 $A$、$B$、$C$ 为已知点，$P_1(X_1,Y_1)$、$P_2$

$(X_2, Y_2)$为待定点,原网观测了 12 个角度,经平差得到两个待定点坐标及其协方差矩阵。将已知点坐标和待定点第一次平差后坐标列于表 6.7.1 中。现为了提高网的精度,又观测了 6 条边长,其观测值列于表 6.7.1 中。原三角网测角中误差为±1.5″,边长中误差按 1.9 cm 计算,试利用滤波方法求待定点坐标新的估值,并评定精度。

**表 6.7.1 数据表**

<table>
<tr><th>点号</th><th>X</th><th>Y</th><th>待定点坐标协方差矩阵</th></tr>
<tr><td>A</td><td>4 899.846</td><td>130.812</td><td rowspan="5">$$D_{XX}=\begin{bmatrix} 0.842\,9 & 0.082\,6 & 0.857\,9 & 0.497\,3 \\ 0.082\,6 & 1.022\,9 & 0.061\,5 & 0.424\,5 \\ 0.857\,9 & 0.061\,5 & 10.636\,1 & -1.197\,6 \\ 0.497\,3 & 0.424\,5 & -1.197\,6 & 4.890\,4 \end{bmatrix}$$<br>S(1)=2 463.94<br>S(2)=3 414.61<br>S(3)=5 216.16<br>S(4)=6 042.94<br>S(5)=5 085.08<br>S(6)=5 014.99</td></tr>
<tr><td>B</td><td>8 781.945</td><td>1 099.443</td></tr>
<tr><td>C</td><td>4 548.795</td><td>7 572.622</td></tr>
<tr><td>$P_1$</td><td>5 656.915</td><td>2 475.558</td></tr>
<tr><td>$P_2$</td><td>663.924</td><td>2 944.055</td></tr>
</table>

解:(1)误差方程为

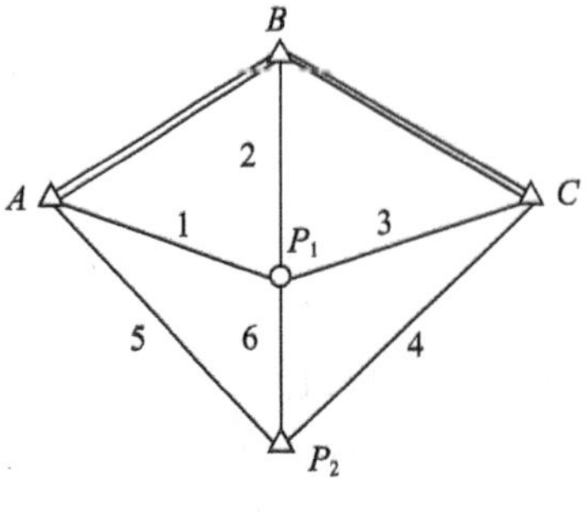


图 6.7.1 边角网

$$V_{X_1}=\hat{x}_1$$
$$V_{Y_1}=\hat{y}_1$$
$$V_{X_2}=\hat{x}_2$$
$$V_{Y_2}=\hat{y}_2$$
$$V_1=0.307\,2\hat{x}_1+0.951\,6\hat{y}_1-0.265$$
$$V_2=-0.915\,2\hat{x}_1+0.403\,0\hat{y}_1-0.827$$
$$V_3=0.212\,4\hat{x}_1-0.977\,2\hat{y}_1-3.200$$
$$V_4=-0.642\,9\hat{x}_2-0.766\,0\hat{y}_2-10.497$$
$$V_5=-0.833\,0\hat{x}_2+0.553\,2\hat{y}_2-6.561$$
$$V_6=0.995\,6\hat{x}_1-0.093\,4\hat{y}_1-0.995\,6\hat{x}_2+0.093\,4\hat{y}_2-6.741$$

(2)定权。边长和参数的权分别为

$$P_1=P_2=P_3=P_4=P_5=P_6=\frac{\hat{\sigma}_0^2}{\hat{\sigma}_s^2}=\frac{1.5^2}{1.9^2}=0.62\left(\frac{\mathrm{s}^2}{\mathrm{cm}^2}\right)$$

$$P_{\bar{X}}=\hat{\sigma}_0^2 D_{\bar{X}\bar{X}}^{-1}=\begin{bmatrix} 3.2102 & -0.0774 & -0.3028 & -0.3939 \\ -0.0774 & 2.2837 & -0.0292 & -0.1975 \\ -0.3028 & -0.0292 & 0.2461 & 0.0936 \\ -0.3939 & -0.1975 & 0.0936 & 0.5390 \end{bmatrix}$$

(3)组成法方程为

$$N_{bb}=B_{\bar{X}}^{\mathrm{T}}P_{\Delta}B_{\bar{X}}+P_{\bar{X}}=\begin{bmatrix} 4.4305 & -0.3112 & -0.9174 & -0.3362 \\ -0.3112 & 3.5433 & 0.0285 & -0.2029 \\ -0.9174 & 0.0285 & 1.5471 & 0.0596 \\ -0.3362 & -0.2029 & 0.0596 & 1.1075 \end{bmatrix}$$

$$W_b=B_{\bar{X}}^{\mathrm{T}}P_{\Delta}l+P_{\bar{X}}l_x=\begin{bmatrix} 4.1636 \\ -1.9661 \\ -11.7336 \\ -2.4096 \end{bmatrix}$$

(4)解算法方程，得

$$N_{bb}^{-1}=\begin{bmatrix} 0.2653 & 0.0265 & 0.1538 & 0.0771 \\ 0.0265 & 0.2879 & 0.0081 & 0.0604 \\ 0.1538 & 0.0081 & 0.7371 & 0.0086 \\ 0.0771 & 0.0604 & 0.0086 & 0.9369 \end{bmatrix}$$

$$\bar{x}=N_{bb}^{-1}W_b=\begin{bmatrix} -0.9 \\ -0.7 \\ -8.0 \\ -2.1 \end{bmatrix}(\mathrm{cm})$$

$$\hat{X}=\begin{bmatrix} 5\,656.915 \\ 2\,475.558 \\ 663.924 \\ 2\,944.055 \end{bmatrix}-\begin{bmatrix} 0.009 \\ 0.007 \\ 0.080 \\ 0.021 \end{bmatrix}=\begin{bmatrix} 5\,656.906 \\ 2\,475.551 \\ 663.844 \\ 2\,944.034 \end{bmatrix}(\mathrm{cm})$$

$$V^{\mathrm{T}}=[-1.2\quad -0.2\quad -2.7\quad -3.67\quad -1.1\quad 0.2](\mathrm{cm})$$

$$\hat{L}^{\mathrm{T}}=(2\,463.928\quad 3\,414.608\quad 5\,216.133\quad 6\,042.903\quad 5\,085.069\quad 5\,014.992]$$

(5)评定精度，单位权中误差为

$$\sigma_0=\sqrt{\frac{V^{\mathrm{T}}P_{\Delta}V+V_X^{\mathrm{T}}P_XV_X}{n}}=\sqrt{\frac{14.52+18.43}{10}}=1.82''$$

$P_1$ 坐标误差为

$$\hat{\sigma}_{\hat{X}_1}=\hat{\sigma}_0\sqrt{Q_{\hat{X}_1\hat{X}_1}}=1.82\times\sqrt{0.2653}=0.9(\mathrm{cm})$$

$$\hat{\sigma}_{\hat{Y}_1}=\hat{\sigma}_0\sqrt{Q_{\hat{Y}_1\hat{Y}_1}}=1.82\times\sqrt{0.2879}=1.0(\mathrm{cm})$$

$P_2$ 坐标误差为

$$\hat{\sigma}_{\hat{X}_2}=\hat{\sigma}_0\sqrt{Q_{\hat{X}_2\hat{X}_2}}=1.82\times\sqrt{0.7371}=1.6(\text{cm})$$

$$\hat{\sigma}_{\hat{Y}_2}=\hat{\sigma}_0\sqrt{Q_{\hat{Y}_2\hat{Y}_2}}=1.82\times\sqrt{0.9369}=1.8(\text{cm})$$

例 6.7.3　设 $A$、$B$ 两点间的距离 $S_{AB}=23.00$ km，沿 $AB$ 连线在 $A$、1、2、3、4 五个点测定了大气温度。在各点上的气温观测值 $t_i$，以及 1、2、3、4 各点至 $A$ 点的距离 $s_{Ai}$ 列于表 6.7.2 中。任意两点气温之间的协方差可由协方差函数式计算($s_{ij}$ 以 10 km 为单位，当 $i=j$ 时，$s_{ij}=0$)：$D_{ij}=0.14683-0.007689s_{ij}-0.286863s_{ij}^2+0.278124s_{ij}^3-0.070759s_{ij}^4$，各点气温的先验期望值等于表 6.7.2 中观测值的算术平均值，即

$$\mu_{L_i}=\mu_{t_i}=\frac{\sum L_i}{n}=19.360^\circ$$

**表 6.7.2　数据关系**

| 点号 | $A$ | 1 | 2 | 3 | 4 | $B$ |
|---|---|---|---|---|---|---|
| $t_i$/℃ | 19.0 | 20.1 | 18.7 | 19.2 | 19.8 | |
| $s_{A_i}$/km | 0 | 4.511 | 10.747 | 16.753 | 22.220 | 23.000 |

试求 $B$ 点气温的推估值 $\hat{t}_B$。

解：根据求 $\boldsymbol{D}_{ij}$ 的函数式，可以求得观测向量 $\boldsymbol{L}$ 的方差矩阵 $\boldsymbol{D}_L$ 和点 $\boldsymbol{B}$ 的气温对其他各点气温的协方差矩阵 $\boldsymbol{D}_{t_BL}$，分别为

$$\boldsymbol{D}_L=\begin{bmatrix}0.1468 & 0.1076 & 0.0581 & 0.0792 & 0.0398\\ 0.1076 & 0.1468 & 0.0872 & 0.0589 & 0.0823\\ 0.0581 & 0.0872 & 0.1468 & 0.0898 & 0.0578\\ 0.0792 & 0.0589 & 0.0898 & 0.1468 & 0.0690\\ 0.0398 & 0.0823 & 0.0578 & 0.0690 & 0.1468\end{bmatrix}$$

$$\boldsymbol{D}_{t_BL}=[0.015448\quad 0.0829630\quad 0.058869\quad 0.087106\quad 0.144614]$$

因 $\mu_{L_i}=19.360^\circ$，故

$$(\boldsymbol{L}-\boldsymbol{\mu}_L)^{\mathrm{T}}=[-0.36\quad +0.74\quad -0.66\quad -0.16\quad +0.44]$$

根据推估公式有

$$\begin{aligned}\hat{t}_B&=\mu_{t_B}+\boldsymbol{D}_{t_BL}\boldsymbol{D}_L^{-1}(\boldsymbol{L}-\boldsymbol{\mu}_L)\\&=19.36+1.42\\&=20.78℃\end{aligned}$$

例 6.7.4　设已知

$$\boldsymbol{L}=\begin{bmatrix}1\\1\end{bmatrix},\boldsymbol{\mu}_x=\begin{bmatrix}0\\0\end{bmatrix},\boldsymbol{D}_x=\begin{bmatrix}2&0\\0&2\end{bmatrix},\boldsymbol{D}_\Delta=\begin{bmatrix}2&0\\0&2\end{bmatrix},\boldsymbol{D}_{\Delta x}=\begin{bmatrix}0&-1\\0&0\end{bmatrix}$$

观测方程为

$$\begin{bmatrix} L_1 \\ L_2 \end{bmatrix} = \begin{bmatrix} -1 \\ -1 \end{bmatrix} \begin{bmatrix} X_1 \\ X_2 \end{bmatrix} + \begin{bmatrix} \Delta_1 \\ \Delta_2 \end{bmatrix}$$

求信号 $\boldsymbol{X}$ 的估值 $\hat{\boldsymbol{X}}$ 及其误差方差 $\boldsymbol{D}_{\hat{X}}$。

解:由相应公式,得

$$\boldsymbol{D}_L = \boldsymbol{B}\boldsymbol{D}_X\boldsymbol{B}^{\mathrm{T}} + \boldsymbol{D}_\Delta + \boldsymbol{B}\boldsymbol{D}_{X\Delta} + \boldsymbol{D}_{\Delta X}\boldsymbol{B}^{\mathrm{T}} = \begin{bmatrix} 6 & 3 \\ 3 & 6 \end{bmatrix}, \boldsymbol{D}_L^{-1} = \begin{bmatrix} 2/9 & -1/9 \\ -1/9 & 2/9 \end{bmatrix}$$

$$\boldsymbol{D}_{XL} = \boldsymbol{D}_X\boldsymbol{B} + \boldsymbol{D}_{X\Delta} = \begin{bmatrix} -2 & -3 \\ -2 & 0 \end{bmatrix}$$

$$\hat{\boldsymbol{X}} = \begin{bmatrix} \hat{X}_1 \\ \hat{X}_2 \end{bmatrix} = \boldsymbol{D}_{XL}\boldsymbol{D}_L^{-1}\boldsymbol{L} = \begin{bmatrix} -2 & -3 \\ -2 & 0 \end{bmatrix} \begin{bmatrix} 2/9 & -1/9 \\ -1/9 & 2/9 \end{bmatrix} \begin{bmatrix} 1 \\ 1 \end{bmatrix} = \begin{bmatrix} -\frac{5}{9} \\ -\frac{2}{9} \end{bmatrix}$$

$$\boldsymbol{D}_{\hat{X}} = \boldsymbol{D}_X - \boldsymbol{D}_{XL}\boldsymbol{D}_L^{-1}\boldsymbol{D}_{LX} = \begin{bmatrix} \frac{4}{9} & -\frac{2}{9} \\ -\frac{2}{9} & \frac{10}{9} \end{bmatrix}$$

### 6.7.6　白噪声逐次滤波

在逐次滤波中,一般将误差称为噪声,将独立误差称为白噪声,将相关误差称为有色噪声。下面按白噪声、有色噪声两种情况分别讨论逐次滤波和逐步配置理论。

将观测向量 $\boldsymbol{L}$ 分成 $m$ 组,观测方程为

$$\left.\begin{aligned} \boldsymbol{L}_1 &= \boldsymbol{B}_1\boldsymbol{X} + \boldsymbol{\Delta}_1 \\ \boldsymbol{L}_2 &= \boldsymbol{B}_2\boldsymbol{X} + \boldsymbol{\Delta}_2 \\ &\vdots \\ \boldsymbol{L}_m &= \boldsymbol{B}_m\boldsymbol{X} + \boldsymbol{\Delta}_m \end{aligned}\right\} \tag{6.7.41}$$

其随机模型如下:

参数 $\boldsymbol{X}$、$\boldsymbol{X}'$ 分别为滤波信号和推估信号,其先验期望和先验方差及协方差分别为

$$E(\boldsymbol{X}) = \hat{\boldsymbol{X}}_0, D(\boldsymbol{X}) = \boldsymbol{D}_0, E(\boldsymbol{X}') = \hat{\boldsymbol{X}}'_0, D(\hat{\boldsymbol{X}}') = \boldsymbol{D}'_0, \mathrm{cov}(\boldsymbol{X}, \boldsymbol{X}') = \boldsymbol{C}_0$$

$\Delta_i$ 的数学期望和方差矩阵为

$$E(\boldsymbol{\Delta}_i) = 0, D(\boldsymbol{\Delta}_i) = \boldsymbol{D}_{\Delta_i} \quad (i = 1, 2, \cdots, m)$$

假定 $\boldsymbol{X}$ 和 $\boldsymbol{X}'$ 关于 $\Delta_i$ 的协方差为 $\mathrm{cov}(\boldsymbol{X}, \boldsymbol{\Delta}_i) = 0$, $\mathrm{cov}(\boldsymbol{X}', \boldsymbol{\Delta}_i) = 0 (i = 1, 2, \cdots, m)$,观测噪声序列 $\Delta_1$、$\Delta_2$、$\cdots$、$\Delta_m$ 的协方差为

$$\mathrm{cov}(\Delta_k, \Delta_j) = \boldsymbol{D}_{\Delta_k}\delta_{kj}\delta_{kj} = \begin{cases} 1, k = j \\ 0, k \neq j \end{cases}$$

则称该序列为白噪声序列。其中，$\delta_{kj}$ 为克罗内克(Kronecker)符号。

首次滤波用观测向量 $\boldsymbol{L}_1$ 进行，按式(6.7.9)，得

$$\left.\begin{aligned}\hat{\boldsymbol{X}}_1&=\hat{\boldsymbol{X}}_0+\boldsymbol{D}_0\boldsymbol{B}_1^{\mathrm{T}}(\boldsymbol{B}_1\boldsymbol{D}_0\boldsymbol{B}_1^{\mathrm{T}}+\boldsymbol{D}_{\Delta_1})^{-1}(\boldsymbol{L}_1-\boldsymbol{B}_1\hat{\boldsymbol{X}}_0)\\ \hat{\boldsymbol{X}}'_1&=\hat{\boldsymbol{X}}'_0+\boldsymbol{C}_0^{\mathrm{T}}\boldsymbol{B}_1^{\mathrm{T}}(\boldsymbol{B}_1\boldsymbol{D}_0\boldsymbol{B}_1^{\mathrm{T}}+\boldsymbol{D}_{\Delta_1})^{-1}(\boldsymbol{L}_1-\boldsymbol{B}_1\hat{\boldsymbol{X}}_0)\\ \boldsymbol{D}_1&=\boldsymbol{D}_0-\boldsymbol{D}_0\boldsymbol{B}_1^{\mathrm{T}}(\boldsymbol{B}_1\boldsymbol{D}_0\boldsymbol{B}_1^{\mathrm{T}}+\boldsymbol{D}_{\Delta_1})^{-1}\boldsymbol{B}_1\boldsymbol{D}_0\\ \boldsymbol{D}'_1&=\boldsymbol{D}'_0-\boldsymbol{C}_0^{\mathrm{T}}\boldsymbol{B}_1^{\mathrm{T}}(\boldsymbol{B}_1\boldsymbol{D}_0\boldsymbol{B}_1^{\mathrm{T}}+\boldsymbol{D}_{\Delta_1})^{-1}\boldsymbol{B}_1\boldsymbol{C}_0\\ \boldsymbol{C}_1&=\boldsymbol{C}_0-\boldsymbol{D}_0\boldsymbol{B}_1^{\mathrm{T}}(\boldsymbol{B}_1\boldsymbol{D}_0\boldsymbol{B}_1^{\mathrm{T}}+\boldsymbol{D}_{\Delta_1})^{-1}\boldsymbol{B}_1\boldsymbol{C}_0\end{aligned}\right\}\tag{6.7.42}$$

在第 $k-1$ 次滤波之后，求第 $k$ 次滤波可得

$$\left.\begin{aligned}\hat{\boldsymbol{X}}_k&=\hat{\boldsymbol{X}}_{k-1}+\boldsymbol{D}_{k-1}\boldsymbol{B}_k^{\mathrm{T}}(\boldsymbol{B}_k\boldsymbol{D}_{k-1}\boldsymbol{B}_k^{\mathrm{T}}+\boldsymbol{D}_{\Delta k})^{-1}(\boldsymbol{L}_k-\boldsymbol{B}_k\hat{\boldsymbol{X}}_{k-1})\\ \hat{\boldsymbol{X}}'_k&=\hat{\boldsymbol{X}}'_{k-1}+\boldsymbol{C}_{k-1}^{\mathrm{T}}\boldsymbol{B}_k^{\mathrm{T}}(\boldsymbol{B}_k\boldsymbol{D}_{k-1}\boldsymbol{B}_k^{\mathrm{T}}+\boldsymbol{D}_{\Delta k})^{-1}(\boldsymbol{L}_k-\boldsymbol{B}_k\hat{\boldsymbol{X}}_{k-1})\\ \boldsymbol{D}_k&=\boldsymbol{D}_{k-1}-\boldsymbol{D}_{k-1}\boldsymbol{B}_k^{\mathrm{T}}(\boldsymbol{B}_k\boldsymbol{D}_{k-1}\boldsymbol{B}_k^{\mathrm{T}}+\boldsymbol{D}_{\Delta k})^{-1}\boldsymbol{B}_k\boldsymbol{D}_{k-1}\\ \boldsymbol{D}'_k&=\boldsymbol{D}'_{k-1}-\boldsymbol{C}_{k-1}^{\mathrm{T}}\boldsymbol{B}_k^{\mathrm{T}}(\boldsymbol{B}_k\boldsymbol{D}_k\boldsymbol{B}_k^{\mathrm{T}}+\boldsymbol{D}_{\Delta k})^{-1}\boldsymbol{B}_k\boldsymbol{C}_{k-1}\\ \boldsymbol{C}_k&=\boldsymbol{C}_{k-1}-\boldsymbol{D}_{k-1}\boldsymbol{B}_k^{\mathrm{T}}(\boldsymbol{B}_k\boldsymbol{D}_{k-1}\boldsymbol{B}_k^{\mathrm{T}}+\boldsymbol{D}_{\Delta k})^{-1}\boldsymbol{B}_k\boldsymbol{C}_{k-1}\end{aligned}\right\}\tag{6.7.43}$$

令

$$\boldsymbol{J}_k=\boldsymbol{D}_{k-1}\boldsymbol{B}_k^{\mathrm{T}}(\boldsymbol{B}_k\boldsymbol{D}_{k-1}\boldsymbol{B}_k^{\mathrm{T}}+\boldsymbol{D}_{\Delta k})^{-1}$$

则滤波公式可以改写为

$$\hat{\boldsymbol{X}}_k=\hat{\boldsymbol{X}}_{k-1}+\boldsymbol{J}_k(\boldsymbol{L}_k-\boldsymbol{B}_k\hat{\boldsymbol{X}}_{k-1})\tag{6.7.44}$$

$$\begin{aligned}\hat{\boldsymbol{X}}'_k&=\hat{\boldsymbol{X}}'_{k-1}+\boldsymbol{C}_{k-1}\boldsymbol{D}_{k-1}^{-1}\boldsymbol{J}_k(\boldsymbol{L}_k-\boldsymbol{B}_k\hat{\boldsymbol{X}}_{k-1})\\ &=\hat{\boldsymbol{X}}'_{k-1}+\boldsymbol{C}_{k-1}\boldsymbol{D}_{k-1}^{-1}(\hat{\boldsymbol{X}}_k-\hat{\boldsymbol{X}}_{k-1})\end{aligned}\tag{6.7.45}$$

$$\boldsymbol{D}_k=\boldsymbol{D}_{k-1}-\boldsymbol{J}_k\boldsymbol{B}_k\boldsymbol{D}_{k-1}\tag{6.7.46}$$

$$\begin{aligned}\boldsymbol{D}'_k&=\boldsymbol{D}'_{k-1}-\boldsymbol{C}_{k-1}^{\mathrm{T}}\boldsymbol{D}_{k-1}^{-1}(\boldsymbol{D}_{k-1}-\boldsymbol{D}_k)\boldsymbol{D}_{k-1}^{-1}\boldsymbol{C}_{k-1}\\ &=\boldsymbol{D}'_{k-1}-\boldsymbol{C}_{k-1}^{\mathrm{T}}\boldsymbol{D}_{k-1}^{-1}\boldsymbol{J}_k\boldsymbol{B}_k\boldsymbol{C}_{k-1}\end{aligned}\tag{6.7.47}$$

$$\begin{aligned}\boldsymbol{C}_k&=\boldsymbol{C}_{k-1}-\boldsymbol{J}_k\boldsymbol{B}_k\boldsymbol{C}_{k-1}\\ \boldsymbol{C}_k^{\mathrm{T}}&=\boldsymbol{C}_{k-1}^{\mathrm{T}}-\boldsymbol{C}_{k-1}^{\mathrm{T}}(\boldsymbol{J}_k\boldsymbol{B}_k)^{\mathrm{T}}\\ &=\boldsymbol{C}_{k-1}^{\mathrm{T}}\boldsymbol{D}_{k-1}^{-1}(\boldsymbol{D}_{k-1}-\boldsymbol{D}_{k-1}\boldsymbol{B}_k^{\mathrm{T}}\boldsymbol{J}_k^{\mathrm{T}})\\ &=\boldsymbol{C}_{k-1}^{\mathrm{T}}\boldsymbol{D}_{k-1}^{-1}\boldsymbol{D}_k^{\mathrm{T}}\\ \boldsymbol{C}_k&=\boldsymbol{D}_k\boldsymbol{D}_{k-1}^{-1}\boldsymbol{C}_{k-1}\\ &=\boldsymbol{D}_k\boldsymbol{D}_0^{-1}\boldsymbol{C}_0\end{aligned}\tag{6.7.48}$$

式(6.7.42)～式(6.7.48)就是白噪声情况下的逐次滤波与推估公式。而 $\boldsymbol{J}_k$ 称为滤波增益矩阵，与观测值无关，因此，只要确定所增加观测值的设计位置和设计精度就可以事先求出增益矩阵。增益矩阵与观测精度有关，当观测噪声的方差 $\boldsymbol{D}_{\Delta k}$ 增大时，增益矩阵变小；当参数噪声的方差 $\boldsymbol{D}_{k-1}$ 变小后，增益矩阵也变小，这样会出现滤波饱和现象。

### 6.7.7　有色噪声逐次滤波

如果观测噪声 $\Delta_k$ 与 $\Delta_j$ 的协方差为

$$\operatorname{cov}(\Delta_k, \Delta_j) \neq 0 \quad (j \neq k) \tag{6.7.49}$$

则称 $\Delta_1$、$\Delta_2$、…、$\Delta_m$ 为有色噪声序列。

设有色噪声序列 $\Delta_1$、$\Delta_2$、…、$\Delta_m$ 的随机模型为

$$\boldsymbol{D}_\Delta = \begin{bmatrix} \boldsymbol{D}_{\Delta 11} & \boldsymbol{D}_{\Delta 12} & \cdots & \boldsymbol{D}_{\Delta 1m} \\ \boldsymbol{D}_{\Delta 21} & \boldsymbol{D}_{\Delta 22} & \cdots & \boldsymbol{D}_{\Delta 2m} \\ \vdots & \vdots & & \vdots \\ \boldsymbol{D}_{\Delta m1} & \boldsymbol{D}_{\Delta m2} & \cdots & \boldsymbol{D}_{\Delta mm} \end{bmatrix} \tag{6.7.50}$$

下面推导一般情况有色噪声条件下的静态逐次滤波公式。

**1. 两组相关观测方程的改化**

首先假设有两组相关观测方程

$$\left.\begin{aligned} \boldsymbol{V}_1 &= \boldsymbol{B}_1\boldsymbol{X} - \boldsymbol{L}_1 \\ \boldsymbol{V}_2 &= \boldsymbol{B}_2\boldsymbol{X} - \boldsymbol{L}_2 \end{aligned}\right\}, \boldsymbol{P} = \begin{bmatrix} \boldsymbol{Q}_{11} & \boldsymbol{Q}_{12} \\ \boldsymbol{Q}_{21} & \boldsymbol{Q}_{22} \end{bmatrix}^{-1} = \begin{bmatrix} \boldsymbol{P}_{11} & \boldsymbol{P}_{12} \\ \boldsymbol{P}_{21} & \boldsymbol{P}_{22} \end{bmatrix} \tag{6.7.51}$$

式中

$$\left.\begin{aligned} \boldsymbol{P}_{11} &= \boldsymbol{Q}_{11}^{-1} + \boldsymbol{Q}_{11}^{-1}\boldsymbol{Q}_{12}[\boldsymbol{Q}_{22} \cdot 1]^{-1}\boldsymbol{Q}_{21}\boldsymbol{Q}_{11}^{-1} \\ \boldsymbol{P}_{12} &= -\boldsymbol{Q}_{11}^{-1}\boldsymbol{Q}_{12}[\boldsymbol{Q}_{22} \cdot 1]^{-1} \\ \boldsymbol{P}_{21} &= -[\boldsymbol{Q}_{22} \cdot 1]^{-1}\boldsymbol{Q}_{12}\boldsymbol{Q}_{11}^{-1} \\ \boldsymbol{P}_{22} &= [\boldsymbol{Q}_{22} \cdot 1]^{-1} = (\boldsymbol{Q}_{22} - \boldsymbol{Q}_{21}\boldsymbol{Q}_{11}^{-1}\boldsymbol{Q}_{12})^{-1} \end{aligned}\right\} \tag{6.7.52}$$

其中，$[\boldsymbol{Q}_{22} \cdot 1] = \boldsymbol{Q}_{22} - \boldsymbol{Q}_{21}\boldsymbol{Q}_{11}^{-1}\boldsymbol{Q}_{12}$，是改化的协因数矩阵的结果。

组成法方程为

$$\boldsymbol{N}\boldsymbol{X} - \boldsymbol{W} = 0 \tag{6.7.53}$$

式中

$$\begin{aligned} \boldsymbol{N} &= \boldsymbol{B}_1^{\mathrm{T}}\boldsymbol{P}_{11}\boldsymbol{B}_1 + \boldsymbol{B}_1^{\mathrm{T}}\boldsymbol{P}_{12}\boldsymbol{B}_2 + \boldsymbol{B}_2^{\mathrm{T}}\boldsymbol{P}_{21}\boldsymbol{B}_1 + \boldsymbol{B}_2^{\mathrm{T}}\boldsymbol{P}_{22}\boldsymbol{B}_2 \\ &= \boldsymbol{B}_1^{\mathrm{T}}\boldsymbol{Q}_{11}^{-1}\boldsymbol{B}_1 + (\boldsymbol{B}_2 - \boldsymbol{Q}_{21}\boldsymbol{Q}_{11}^{-1}\boldsymbol{B}_1)^{\mathrm{T}}[\boldsymbol{Q}_{22} \cdot 1]^{-1}(\boldsymbol{B}_2 - \boldsymbol{Q}_{21}\boldsymbol{Q}_{11}^{-1}\boldsymbol{B}_1) \\ \boldsymbol{W} &= \boldsymbol{B}_1^{\mathrm{T}}\boldsymbol{P}_{11}\boldsymbol{L}_1 + \boldsymbol{B}_1^{\mathrm{T}}\boldsymbol{P}_{12}\boldsymbol{L}_2 + \boldsymbol{B}_2^{\mathrm{T}}\boldsymbol{P}_{21}\boldsymbol{L}_1 + \boldsymbol{B}_2^{\mathrm{T}}\boldsymbol{P}_{22}\boldsymbol{L}_2 \\ &= \boldsymbol{B}_1^{\mathrm{T}}\boldsymbol{Q}_{11}^{-1}\boldsymbol{L}_1 + (\boldsymbol{B}_2 - \boldsymbol{Q}_{21}\boldsymbol{Q}_{11}^{-1}\boldsymbol{B}_1)^{\mathrm{T}}[\boldsymbol{Q}_{22} \cdot 1]^{-1}(\boldsymbol{L}_2 - \boldsymbol{Q}_{21}\boldsymbol{Q}_{11}^{-1}\boldsymbol{L}_1) \end{aligned}$$

令

$$\left.\begin{aligned} \bar{\boldsymbol{B}}_2 &= \boldsymbol{B}_2 - \boldsymbol{Q}_{21}\boldsymbol{Q}_{11}^{-1}\boldsymbol{B}_1 \\ \bar{\boldsymbol{L}}_2 &= \boldsymbol{L}_2 - \boldsymbol{Q}_{21}\boldsymbol{Q}_{11}^{-1}\boldsymbol{L}_1 \end{aligned}\right\} \tag{6.7.54}$$

则

$$\left.\begin{aligned} \boldsymbol{N} &= \boldsymbol{B}_1^{\mathrm{T}}\boldsymbol{Q}_{11}^{-1}\boldsymbol{B}_1 + \bar{\boldsymbol{B}}_2^{\mathrm{T}}[\boldsymbol{Q}_{22} \cdot 1]^{-1}\bar{\boldsymbol{B}}_2 \\ \boldsymbol{N} &= \boldsymbol{B}_1^{\mathrm{T}}\boldsymbol{Q}_{11}^{-1}\boldsymbol{L}_1 + \bar{\boldsymbol{B}}_2^{\mathrm{T}}[\boldsymbol{Q}_{22} \cdot 1]^{-1}\bar{\boldsymbol{L}}_2 \end{aligned}\right\} \tag{6.7.55}$$

未知参数的估值和协因数矩阵为

$$\left.\begin{aligned}\hat{\boldsymbol{X}}&=\boldsymbol{N}^{-1}\boldsymbol{W}\\ \boldsymbol{Q}_{XX}&=\boldsymbol{N}^{-1}\end{aligned}\right\} \tag{6.7.56}$$

实际上，上述平差过程相当于应用第一组观测方程改化了第二组观测方程，第二组观测方程的系数矩阵和常数向量按式(6.7.53)改化，改化后的数学模型为

$$\left.\begin{aligned}\boldsymbol{V}_1&=\boldsymbol{B}_1\boldsymbol{X}-\boldsymbol{L}_1\\ \bar{\boldsymbol{V}}_2&=\bar{\boldsymbol{B}}_2\boldsymbol{X}-\bar{\boldsymbol{L}}_2\end{aligned}\right\},\boldsymbol{P}=\begin{bmatrix}\boldsymbol{Q}_{11} & \boldsymbol{0}\\ \boldsymbol{0} & [\boldsymbol{Q}_{22}\cdot 1]\end{bmatrix}^{-1}=\begin{bmatrix}\boldsymbol{Q}_{11}^{-1} & \boldsymbol{0}\\ \boldsymbol{0} & [\boldsymbol{Q}_{22}\cdot 1]^{-1}\end{bmatrix} \tag{6.7.57}$$

改化后 $\boldsymbol{L}_1$、$\bar{\boldsymbol{L}}_2$ 误差互相独立，其协因数矩阵呈分块对角矩阵。

**2. 多组相关观测方程的改化**

若观测方程有 $m$ 组，其协方差矩阵为式(6.7.50)所示的非对角矩阵，即不同组观测噪声相关，也就是有色噪声。用式(6.7.53)的改化方法，可将观测方程改化为

$$\left.\begin{aligned}\boldsymbol{L}_1&=\boldsymbol{B}_1\hat{\boldsymbol{X}}-\boldsymbol{\Delta}_1\\ \boldsymbol{L}_2^{(1)}&=\boldsymbol{B}_2^{(1)}\hat{\boldsymbol{X}}-\boldsymbol{\Delta}_2^{(1)}\\ &\vdots\\ \boldsymbol{L}_m^{(m-1)}&=\boldsymbol{B}_m^{(m-1)}\hat{\boldsymbol{X}}-\boldsymbol{\Delta}_m^{(m-1)}\end{aligned}\right\} \tag{6.7.58}$$

而协方差矩阵式(6.7.50)改化为

$$\boldsymbol{D}_{\Delta}^{(1)}=\begin{bmatrix}\boldsymbol{D}_{\Delta 11} & & & \\ & [\boldsymbol{D}_{\Delta 22}\cdot 1] & & \\ & & \ddots & \\ & & & [\boldsymbol{D}_{\Delta mm}\cdot(m-1)]\end{bmatrix} \tag{6.7.59}$$

式中

$$\left.\begin{aligned}\boldsymbol{B}_i^{(i-1)}&=\boldsymbol{B}_i^{(i-2)}-[\boldsymbol{D}_{\Delta i,i-1}\cdot(i-2)][\boldsymbol{D}_{\Delta i-1,i-1}\cdot(i-2)]^{-1}\boldsymbol{B}_{i-1}^{(i-2)}\\ \boldsymbol{L}_i^{(i-1)}&=\boldsymbol{L}_i^{(i-2)}-[\boldsymbol{D}_{\Delta i,i-1}\cdot(i-2)][\boldsymbol{D}_{\Delta i-1,i-1}\cdot(i-2)]^{-1}\boldsymbol{L}_{i-1}^{(i-2)}\\ [\boldsymbol{D}_{\Delta ii}\cdot(i-1)]&=[\boldsymbol{D}_{\Delta ii}\cdot(i-2)]-[\boldsymbol{D}_{\Delta i,i-1}\cdot(i-2)][\boldsymbol{D}_{\Delta i-1,i-1}\cdot\\ &\quad(i-2)]^{-1}[\boldsymbol{D}_{\Delta i-1,i}\cdot(i-2)]\end{aligned}\right\} \tag{6.7.60}$$

其中，$i=2、3、\cdots、m$。

将有色噪声观测量改化成白噪声观测量后，其数学模型为

$$\left.\begin{aligned}&\left.\begin{aligned}\boldsymbol{L}_1&=\boldsymbol{B}_1\hat{\boldsymbol{X}}-\boldsymbol{\Delta}_1\\ \boldsymbol{L}_2^{(1)}&=\boldsymbol{B}_2^{(1)}\hat{\boldsymbol{X}}-\boldsymbol{\Delta}_2^{(1)}\\ &\vdots\\ \boldsymbol{L}_m^{(m-1)}&=\boldsymbol{B}_m^{(m-1)}\hat{\boldsymbol{X}}-\boldsymbol{\Delta}_m^{(m-1)}\end{aligned}\right\}\\ &\boldsymbol{P}_1=\boldsymbol{D}_{\Delta 11}^{-1}\\ &\boldsymbol{P}_2=[\boldsymbol{D}_{\Delta 22}\cdot 1]^{-1}\\ &\quad\vdots\\ &\boldsymbol{P}_m=[\boldsymbol{D}_{\Delta mm}\cdot(m-1)]^{-1}\end{aligned}\right\} \tag{6.7.61}$$

将式(6.7.61)按白噪声情况下的逐次静态滤波递推公式进行计算，得

$$\left.\begin{aligned}
\boldsymbol{X}_k &= \boldsymbol{X}_{k-1} + \boldsymbol{D}_{k-1}\boldsymbol{B}_k^{(k-1)\mathrm{T}}(\boldsymbol{B}_k^{(k-1)}\boldsymbol{D}_{k-1}\boldsymbol{B}_k^{(k-1)\mathrm{T}} + \\
&\quad [\boldsymbol{D}_{\Delta kk}\cdot(k-1)])^{-1}(\boldsymbol{L}_k^{(k-1)} - \boldsymbol{B}_k^{(k-1)}\boldsymbol{X}_{k-1}) \\
\boldsymbol{X}'_k &= \boldsymbol{X}'_{k-1} + \boldsymbol{C}_{k-1}^{\mathrm{T}}\boldsymbol{B}_k^{(k-1)\mathrm{T}}(\boldsymbol{B}_k^{(k-1)}\boldsymbol{D}_{k-1}\boldsymbol{B}_k^{(k-1)\mathrm{T}} + \\
&\quad [\boldsymbol{D}_{\Delta kk}\cdot(k-1)])^{-1}(\boldsymbol{L}_k^{(k-1)} - \boldsymbol{B}_k^{(k-1)}\boldsymbol{X}_{k-1}) \\
\boldsymbol{D}_k &= \boldsymbol{D}_{k-1} - \boldsymbol{D}_{k-1}\boldsymbol{B}_k^{(k-1)\mathrm{T}}(\boldsymbol{B}_k^{(k-1)}\boldsymbol{D}_{k-1}\boldsymbol{B}_k^{(k-1)\mathrm{T}} + \\
&\quad [\boldsymbol{D}_{\Delta kk}\cdot(k-1)])^{-1}\boldsymbol{B}_k^{(k-1)}\boldsymbol{D}_{k-1} \\
\boldsymbol{D}_k &= \boldsymbol{D}'_{k-1} - \boldsymbol{C}_{k-1}^{\mathrm{T}}\boldsymbol{B}_k^{(k-1)\mathrm{T}}(\boldsymbol{B}_k^{(k-1)}\boldsymbol{D}_{k-1}\boldsymbol{B}_k^{(k-1)\mathrm{T}} + \\
&\quad [\boldsymbol{D}_{\Delta kk}\cdot(k-1)])^{-1}\boldsymbol{B}_k^{(k-1)}\boldsymbol{C}_{k-1} \\
\boldsymbol{C}_k &= \boldsymbol{C}_{k-1} - \boldsymbol{D}_{k-1}\boldsymbol{B}_k^{(k-1)\mathrm{T}}(\boldsymbol{B}_k^{(k-1)}\boldsymbol{D}_{k-1}\boldsymbol{B}_k^{(k-1)\mathrm{T}} + \\
&\quad [\boldsymbol{D}_{\Delta kk}\cdot(k-1)])^{-1}\boldsymbol{B}_k^{(k-1)}\boldsymbol{C}_{k-1}
\end{aligned}\right\} \tag{6.7.62}$$

式(6.7.62)就是有色噪声情况下的逐次静态滤波递推公式。

如果式(6.7.50)中 $\boldsymbol{D}_{\Delta ij}=0(i\neq j)$，则式(6.7.60)中的变量为

$$\left.\begin{aligned}
&\boldsymbol{B}_i^{(i-1)} = \boldsymbol{B}_i^{(i-2)} - [\boldsymbol{D}_{\Delta i,i-1}\cdot(i-2)][\boldsymbol{D}_{\Delta i-1,i-1}\cdot(i-2)]^{-1}\boldsymbol{B}_{i-1}^{(i-2)} = \boldsymbol{B}_i \\
&\boldsymbol{L}_i^{(i-1)} = \boldsymbol{L}_i^{(i-2)} - [\boldsymbol{D}_{\Delta i,i-1}\cdot(i-2)][\boldsymbol{D}_{\Delta i-1,i-1}\cdot(i-2)]^{-1}\boldsymbol{L}_{i-1}^{(i-2)} = \boldsymbol{L}_i \\
&[\boldsymbol{D}_{\Delta ii}\cdot(i-1)] = [\boldsymbol{D}_{\Delta ii}\cdot(i-2)] - [\boldsymbol{D}_{\Delta i,i-1}\cdot(i-2)][\boldsymbol{D}_{\Delta i-1,i-1}\cdot \\
&\qquad (i-2)]^{-1}[\boldsymbol{D}_{\Delta i-1,i}\cdot(i-2)] = \boldsymbol{D}_{\Delta ii}
\end{aligned}\right\} \tag{6.7.63}$$

式中，$i=2、3、\cdots、m$。

这说明白噪声情况下的滤波推估公式是有色噪声下的滤波推估公式的特例。

### 6.7.8　静态滤波的抗差估计解

静态线性滤波的前提是假设参数向量 $\boldsymbol{X}$ 具有先验期望和先验方差，且参数向量 $\boldsymbol{X}$ 和观测向量 $\boldsymbol{L}$ 均服从正态分布。然而，当观测值 $\boldsymbol{L}$ 和(或)参数 $\boldsymbol{X}$ 的实际分布为污染正态分布或其他污染分布时，再使用上述滤波公式就会使参数的验后估值产生偏差。杨元喜(1993)对三种类型的误差模式进行了探讨，分别建立了三种抗差最小二乘估计模型。对三种类型的误差模式进行了讨论，分别建立了三种抗差最小二乘估计模型，探讨了有关计算方法，给出了参数验后协方差的表达式。这三种模型分别是：

(1)观测值服从污染正态分布，而参数验前值服从正态分布，这是 M-LS 估计对应的模式。

(2)观测值服从正态分布，而参数验前值服从污染正态分布，这是 LS-M 估计对应的模式。

(3)观测值和参数验前值均服从污染正态分布，这是 M-M 估计对应的模式。

**1.静态序贯抗差估计解**

设观测方程为

$$\boldsymbol{V}_k=\boldsymbol{B}_k\hat{\boldsymbol{X}}_k-\boldsymbol{L}_k=\begin{bmatrix}\boldsymbol{b}_{k1}\\ \boldsymbol{b}_{k2}\\ \vdots\\ \boldsymbol{b}_{kn_k}\end{bmatrix}\boldsymbol{X}_k-\begin{bmatrix}L_{k1}\\ L_{k2}\\ \vdots\\ L_{kn_k}\end{bmatrix} \tag{6.7.64}$$

式中，$\boldsymbol{b}_{ki}$为第$k$次滤波时设计矩阵第$i$行元素所组成的向量，$L_{ki}$为第$k$次滤波时第$i$个观测值，$n_k$为第$k$次滤波时观测量的数量。

序贯抗差估计原则为

$$\Omega=\sum_{i=1}^{n_k}P_{ki}\rho(V_{ki})+\frac{1}{2}(\hat{\boldsymbol{X}}_k-\hat{\boldsymbol{X}}_{k-1})^{\mathrm{T}}\boldsymbol{P}_{\hat{X}_{k-1}}(\hat{\boldsymbol{X}}_k-\hat{\boldsymbol{X}}_{k-1})=\min \tag{6.7.65}$$

式中，$P_{ki}$为第$k$次滤波时第$i$观测值$L_{ki}$的权，$V_{ki}$为第$k$次滤波时第$i$观测值$L_{ki}$的残差，$\boldsymbol{P}_{\hat{X}_{k-1}}=\boldsymbol{D}_{\hat{X}_{k-1}}^{-1}$是$\hat{\boldsymbol{X}}_{k-1}$的权矩阵，$\rho$为连续非减凸函数。式(6.7.65)对$\hat{\boldsymbol{X}}_k$求导数，并令

$$\varphi(V_{ki})=\frac{\partial\rho(V_{ki})}{\partial V_{ki}} \tag{6.7.66}$$

顾及

$$\frac{\partial V_{ki}}{\partial\hat{\boldsymbol{X}}_k}=\boldsymbol{b}_{ki}$$

得

$$\sum_{i=1}^{n_k}\boldsymbol{b}_{ki}^{\mathrm{T}}P_{ki}\varphi(V_{ki})+\boldsymbol{P}_{\hat{X}_{k-1}}(\hat{\boldsymbol{X}}_k-\hat{\boldsymbol{X}}_{k-1})=0 \tag{6.7.67}$$

令

$$\overline{P}_{ki}=\frac{P_{ki}\varphi(V_{ki})}{V_{ki}} \tag{6.7.68}$$

这里$\overline{P}_{ki}$为$L_{ki}$的等价权元素，可取§6.4中介绍的方法确定等价权函数，则式(6.7.67)变为

$$\boldsymbol{B}_k^{\mathrm{T}}\overline{\boldsymbol{P}}_k\boldsymbol{V}_k+\boldsymbol{P}_{\hat{X}_{k-1}}(\hat{\boldsymbol{X}}_k-\hat{\boldsymbol{X}}_{k-1})=0 \tag{6.7.69}$$

式中，$\overline{\boldsymbol{P}}_k$为观测向量$\boldsymbol{L}_k$的等价权矩阵，其元素为$\overline{P}_{ki}$。将式(6.7.64)代入式(6.7.69)，得

$$(\boldsymbol{B}_k^{\mathrm{T}}\overline{\boldsymbol{P}}_k\boldsymbol{B}_k+\boldsymbol{P}_{\hat{X}_{k-1}})\hat{\boldsymbol{X}}_k=(\boldsymbol{B}_k^{\mathrm{T}}\overline{\boldsymbol{P}}\boldsymbol{L}_k+\boldsymbol{P}_{\hat{X}_{k-1}}\hat{\boldsymbol{X}}_{k-1}) \tag{6.7.70}$$

解得

$$\hat{\boldsymbol{X}}_k=(\boldsymbol{B}_k^{\mathrm{T}}\overline{\boldsymbol{P}}_k\boldsymbol{B}_k+\boldsymbol{P}_{\hat{X}_{k-1}})^{-1}(\boldsymbol{B}_k^{\mathrm{T}}\overline{\boldsymbol{P}}_k\boldsymbol{L}_k+\boldsymbol{P}_{\hat{X}_{k-1}}\hat{\boldsymbol{X}}_{k-1}) \tag{6.7.71}$$

$\hat{\boldsymbol{X}}_k$的验后协方差矩阵可近似表示为

$$\boldsymbol{D}_{\hat{X}_k}=\hat{\sigma}_0^2(\boldsymbol{B}_k^{\mathrm{T}}\overline{\boldsymbol{P}}_k\boldsymbol{B}_k+\boldsymbol{P}_{\hat{X}_{k-1}})^{-1} \tag{6.7.72}$$

式中

$$\hat{\sigma}_0^2 \approx \frac{\boldsymbol{V}_k^{\mathrm{T}} \overline{\boldsymbol{P}}_k \boldsymbol{V}_k + (\hat{\boldsymbol{X}}_k - \hat{\boldsymbol{X}}_{k-1})^{\mathrm{T}} \boldsymbol{P}_{\hat{X}_{k-1}} (\hat{\boldsymbol{X}}_k - \hat{\boldsymbol{X}}_{k-1})}{n_k} \tag{6.7.73}$$

**2. M-LS 估计模式**

这种模式假定观测值 $\boldsymbol{L}$ 服从污染分布，而参数验前值 $\hat{\boldsymbol{X}}_0$ 未受污染，服从正态分布。这种情况下静态线性滤波的抗差解为

$$\hat{\boldsymbol{X}} = \hat{\boldsymbol{X}}_0 + \boldsymbol{D}_{X_0} \boldsymbol{B}^{\mathrm{T}} (\boldsymbol{B}\boldsymbol{D}_{X_0} \boldsymbol{B}^{\mathrm{T}} + \overline{\boldsymbol{D}}_{\Delta})^{-1} (\boldsymbol{L} - \boldsymbol{B}\hat{\boldsymbol{X}}_0) \tag{6.7.74}$$

式中

$$\left.\begin{aligned} &\overline{\boldsymbol{D}}_{\Delta}^{-1} = \overline{\boldsymbol{P}}_{\Delta} = \begin{bmatrix} \overline{P}_1 & & & \\ & \overline{P}_2 & & \\ & & \ddots & \\ & & & \overline{P}_n \end{bmatrix} \\ &\overline{P}_i = P_i \frac{\varphi(V_i)}{V_i} \end{aligned}\right\} \tag{6.7.75}$$

构成迭代形式为

$$\hat{\boldsymbol{X}}^{k+1} = \hat{\boldsymbol{X}}_0 + \boldsymbol{D}_{X_0} \boldsymbol{B}^{\mathrm{T}} (\boldsymbol{B}\boldsymbol{D}_{X_0} \boldsymbol{B}^{\mathrm{T}} + \overline{\boldsymbol{P}}_{\Delta k}^{-1})^{-1} (\boldsymbol{L} - \boldsymbol{B}\hat{\boldsymbol{X}}_0) \tag{6.7.76}$$

$$\overline{P}_i^k = P_i \frac{\varphi(V_i^k)}{V_i^k} \tag{6.7.77}$$

而

$$\boldsymbol{V}^k = \boldsymbol{B}\hat{\boldsymbol{X}}^k - \boldsymbol{L} \tag{6.7.78}$$

一般先由 $\boldsymbol{V}^0 = \boldsymbol{B}\hat{\boldsymbol{X}} - \boldsymbol{L}$ 确定 $\varphi$ 函数，经过几次迭代获得参数的可靠解。

**3. LS-M 估计模式**

这种模式假定观测值 $\boldsymbol{L}$ 服从正态分布，而参数验前值 $\hat{\boldsymbol{X}}_0$ 服从污染分布。这种情况下静态线性滤波抗差解为

$$\hat{\boldsymbol{X}} = \hat{\boldsymbol{X}}_0 + \overline{\boldsymbol{D}}_{X_0} \boldsymbol{B}^{\mathrm{T}} (\boldsymbol{B}\overline{\boldsymbol{D}}_{X_0} \boldsymbol{B}^{\mathrm{T}} + \boldsymbol{D}_{\Delta})^{-1} (\boldsymbol{L} - \boldsymbol{B}\hat{\boldsymbol{X}}_0) \tag{6.7.79}$$

式中

$$\left.\begin{aligned} &\overline{\boldsymbol{D}}_{X_0}^{-1} = \overline{\boldsymbol{P}}_{X_0} = \begin{bmatrix} P_{\hat{X}_0 11} & P_{\hat{X}_0 12} & \cdots & P_{\hat{X}_0 1t} \\ P_{\hat{X}_0 21} & P_{\hat{X}_0 22} & \cdots & P_{\hat{X}_0 2t} \\ \vdots & \vdots & & \vdots \\ P_{\hat{X}_0 t1} & P_{\hat{X}_0 t2} & \cdots & P_{\hat{X}_0 tt} \end{bmatrix} \\ &\overline{P}_{\hat{X}_0 ij} = P_{\hat{X}_0 ij} \frac{\eta(\delta X_l)}{\delta X_l} \end{aligned}\right\} \tag{6.7.80}$$

式中，$\delta X_l = \hat{X}_l - \hat{X}_l^0$。

构成迭代形式为

$$\boldsymbol{X}^{k+1} = \boldsymbol{X}_0 + \overline{\boldsymbol{D}}_{X_0}^k \boldsymbol{B}^{\mathrm{T}} (\boldsymbol{B}\overline{\boldsymbol{D}}_{X_0}^k \boldsymbol{B}^{\mathrm{T}} + \boldsymbol{D}_{\Delta})^{-1} (\boldsymbol{L} - \boldsymbol{B}\boldsymbol{X}_0) \tag{6.7.81}$$

式中

$$\left.\begin{aligned}&\bar{\boldsymbol{D}}_{X_0}^{-1k}=\bar{\boldsymbol{P}}_{X_0}^{k}=\begin{bmatrix}P_{X_011} & P_{X_012} & \cdots & P_{X_01t}\\ P_{X_021} & P_{X_022} & \cdots & P_{X_02t}\\ \vdots & \vdots & & \vdots\\ P_{X_0t1} & P_{X_0t2} & \cdots & P_{X_0tt}\end{bmatrix}^{k}\\ &\bar{P}_{X_0^k ij}=P_{X_0 ij}\frac{\eta(\delta X_l^k)}{\delta X_l^k}\end{aligned}\right\}\tag{6.7.82}$$

但由于 $\hat{\boldsymbol{X}}_0$ 受粗差污染不应作为参数的抗差初值，观测值 $\boldsymbol{L}$ 为正态分布，故参数初值可为

$$\bar{\boldsymbol{X}}_0=(\boldsymbol{B}^{\mathrm{T}}\boldsymbol{P}\boldsymbol{B})^{-1}\boldsymbol{B}^{\mathrm{T}}\boldsymbol{P}\boldsymbol{L}\tag{6.7.83}$$

**4. M-M 估计模式**

M-M 估计模式假定观测值 $\boldsymbol{L}$ 和参数验前值 $\hat{\boldsymbol{X}}_0$ 均服从污染正态分布。这种情况下静态线性滤波的抗差解为

$$\hat{\boldsymbol{X}}=\hat{\boldsymbol{X}}_0+\bar{\boldsymbol{D}}_{X_0}\boldsymbol{B}^{\mathrm{T}}(\boldsymbol{B}\bar{\boldsymbol{D}}_{X_0}\boldsymbol{B}^{\mathrm{T}}+\bar{\boldsymbol{D}}_{\Delta})^{-1}(\boldsymbol{L}-\boldsymbol{B}\hat{\boldsymbol{X}}_0)\tag{6.7.84}$$

式中

$$\left.\begin{aligned}&\bar{\boldsymbol{D}}_{\Delta}^{-1}=\bar{\boldsymbol{P}}_{\Delta}=\begin{bmatrix}\bar{P}_{11} & \bar{P}_{12} & \cdots & \bar{P}_{1n}\\ \bar{P}_{21} & \bar{P}_{21} & \cdots & \bar{P}_{2n}\\ \vdots & \vdots & & \vdots\\ \bar{P}_{n1} & \bar{P}_{n2} & \cdots & \bar{P}_{nn}\end{bmatrix}\\ &\bar{P}_{ij}=P_{ij}\frac{\varphi(V_i)}{V_i}\end{aligned}\right\}\tag{6.7.85}$$

$$\left.\begin{aligned}&\bar{\boldsymbol{D}}_{X_0}^{-1k}=\bar{\boldsymbol{P}}_{X_0}^{k}=\begin{bmatrix}P_{X_011} & P_{X_012} & \cdots & P_{X_01t}\\ P_{X_021} & P_{X_022} & \cdots & P_{X_02t}\\ \vdots & \vdots & & \vdots\\ P_{X_0t1} & P_{X_0t2} & \cdots & P_{X_0tt}\end{bmatrix}^{k}\\ &\bar{P}_{X_0^k ij}=P_{X_0 ij}\frac{\eta(\delta X_l^k)}{\delta X_l^k}\end{aligned}\right\}\tag{6.7.86}$$

构成迭代形式为

$$\boldsymbol{X}^{k+1}=\boldsymbol{X}_0+\bar{\boldsymbol{D}}_{X_0}^{k}\boldsymbol{B}^{\mathrm{T}}(\boldsymbol{B}\bar{\boldsymbol{D}}_{X_0}^{k}\boldsymbol{B}^{\mathrm{T}}+\bar{\boldsymbol{D}}_{\Delta}^{k})^{-1}(\boldsymbol{L}-\boldsymbol{B}\boldsymbol{X}_0)\tag{6.7.87}$$

式中

$$\left.\begin{aligned}&\bar{\boldsymbol{D}}_{\Delta}^{-1k}=\bar{\boldsymbol{P}}_{\Delta}^{k}=\begin{bmatrix}\bar{P}_{11} & \bar{P}_{12} & \cdots & \bar{P}_{1n}\\ \bar{P}_{21} & \bar{P}_{21} & \cdots & \bar{P}_{2n}\\ \vdots & \vdots & & \vdots\\ \bar{P}_{n1} & \bar{P}_{n2} & \cdots & \bar{P}_{nn}\end{bmatrix}^{k}\\ &\bar{P}_{ij}^{k}=P_{ij}\frac{\bar{\omega}(V_i^k)}{V_i^k}\end{aligned}\right\}\tag{6.7.88}$$

$$\left.\begin{aligned}\bar{\boldsymbol{D}}_{X_0}^{-1k}=\bar{\boldsymbol{P}}_{X_0}^{k}&=\begin{bmatrix}P_{X_0 11} & P_{X_0 12} & \cdots & P_{X_0 1t}\\ P_{X_0 21} & P_{X_0 22} & \cdots & P_{X_0 2t}\\ \vdots & \vdots & & \vdots\\ P_{X_0 t1} & P_{X_0 t2} & \cdots & P_{X_0 tt}\end{bmatrix}^{k}\\ \bar{P}_{X_0^k ij}&=P_{X_0 ij}\frac{\eta(\delta X_l^k)}{\delta X_l^k}\end{aligned}\right] \tag{6.7.89}$$

M-M 估计的参数抗差初值比前两种估计的参数初值的求取要复杂得多。

# §6.8　配　置

## 6.8.1　最小二乘配置

配置也称拟合推估，它既包含随机参数（滤波信号 $\boldsymbol{X}$ 和推估信号 $\boldsymbol{X}'$），也包括非随机参数（倾向参数 $\boldsymbol{Y}$），也就是说，在拟合推估中既有求信号估值的任务，又有求倾向参数估值的任务。

拟合推估的函数模型为

$$\underset{n\times 1}{\boldsymbol{L}}=\underset{n\times t_1}{\boldsymbol{B}}\ \underset{t_1\times 1}{\boldsymbol{X}}+\underset{n\times t_2}{\boldsymbol{0}}\ \underset{t_2\times 1}{\boldsymbol{X}'}+\underset{n\times t_3}{\boldsymbol{G}}\ \underset{t_3\times 1}{\boldsymbol{Y}}+\underset{n\times 1}{\boldsymbol{\Delta}} \tag{6.8.1}$$

式中，$\boldsymbol{L}$ 为观测向量，$\boldsymbol{X}$ 为滤波信号，$\boldsymbol{X}'$为推估信号，$\boldsymbol{\Delta}$ 为观测噪声。

$\boldsymbol{X}$ 和 $\boldsymbol{X}'$的先验期望、先验方差及协方差分别为 $E(\boldsymbol{X})=\boldsymbol{\mu}_X$、$D(\boldsymbol{X})=\boldsymbol{D}_X$、$E(\boldsymbol{X}')=\boldsymbol{\mu}_{X'}$、$D(\boldsymbol{X}')=\boldsymbol{D}_{X'}$、$\mathrm{cov}(\boldsymbol{X},\boldsymbol{X}')=\boldsymbol{D}_{XX'}$；$\boldsymbol{L}$ 和 $\boldsymbol{\Delta}$ 的先验期望、先验方差分别为 $E(\boldsymbol{L})=\boldsymbol{\mu}_L$、$D(\boldsymbol{L})=\boldsymbol{D}_L$、$E(\boldsymbol{\Delta})=0$、$D(\boldsymbol{\Delta})=\boldsymbol{D}_\Delta$；$\boldsymbol{X}$ 关于 $\boldsymbol{L}$ 的协方差为 $\mathrm{cov}(\boldsymbol{X},\boldsymbol{L})=\boldsymbol{D}_{XL}$；$\boldsymbol{\Delta}$ 关于 $\boldsymbol{X}$ 和 $\boldsymbol{X}'$的协方差为 $\mathrm{cov}(\boldsymbol{\Delta},\boldsymbol{X})=\boldsymbol{D}_{\Delta X}$，$\mathrm{cov}(\boldsymbol{\Delta},\boldsymbol{X}')=\boldsymbol{D}_{\Delta X'}$。若 $\boldsymbol{D}_{\Delta X}=\boldsymbol{0}$，$\boldsymbol{D}_{\Delta X'}=\boldsymbol{0}$，表示 $\boldsymbol{\Delta}$ 与 $\boldsymbol{X}$、$\boldsymbol{\Delta}$ 和 $\boldsymbol{X}'$是相互独立的。

如果用 $\boldsymbol{L}_X$、$\boldsymbol{L}_{X'}$ 表示虚拟观测值的先验期望 $\boldsymbol{\mu}_X$、$\boldsymbol{\mu}_{X'}$，将信号 $\boldsymbol{X}$、$\boldsymbol{X}'$ 当作非随机参数，按广义最小二乘原理，可写出观测方程为

$$\left.\begin{aligned}\boldsymbol{L}_X&=\boldsymbol{X}+\boldsymbol{\Delta}_X\\ \boldsymbol{L}_{X'}&=\boldsymbol{X}'+\boldsymbol{\Delta}_{X'}\\ \boldsymbol{L}&=\boldsymbol{B}\boldsymbol{X}+\boldsymbol{0}\boldsymbol{X}'+\boldsymbol{G}\boldsymbol{Y}+\boldsymbol{\Delta}\end{aligned}\right\} \tag{6.8.2}$$

相应的误差方程为

$$\left.\begin{aligned}\boldsymbol{V}_X&=\hat{\boldsymbol{X}}-\boldsymbol{L}_X\\ \boldsymbol{V}_{X'}&=\hat{\boldsymbol{X}}'-\boldsymbol{L}_{X'}\\ \boldsymbol{V}&=\boldsymbol{B}\hat{\boldsymbol{X}}+\boldsymbol{0}\hat{\boldsymbol{X}}'+\boldsymbol{G}\hat{\boldsymbol{Y}}-\boldsymbol{L}\end{aligned}\right\} \tag{6.8.3}$$

此时观测值 $\boldsymbol{L}_X$、$\boldsymbol{L}_{X'}$、$\boldsymbol{L}$ 的协方差矩阵为

$$\widetilde{\boldsymbol{D}}=\begin{bmatrix}\boldsymbol{D}_X & \boldsymbol{D}_{XX'} & -\boldsymbol{D}_{X\Delta}\\ \boldsymbol{D}_{X'X} & \boldsymbol{D}_{X'} & -\boldsymbol{D}_{X'\Delta}\\ -\boldsymbol{D}_{\Delta X} & -\boldsymbol{D}_{\Delta X'} & \boldsymbol{D}_{\Delta}\end{bmatrix}$$

先令 $\boldsymbol{D}_{X\Delta}=\boldsymbol{0},\boldsymbol{D}_{X'\Delta}=\boldsymbol{0}$，设

$$\boldsymbol{L}_Z=\begin{bmatrix}\boldsymbol{L}_X\\ \boldsymbol{L}_{X'}\end{bmatrix},\boldsymbol{V}_Z=\begin{bmatrix}\boldsymbol{V}_X\\ \boldsymbol{V}_{X'}\end{bmatrix},\hat{\boldsymbol{Z}}=\begin{bmatrix}\hat{\boldsymbol{X}}\\ \hat{\boldsymbol{X}}'\end{bmatrix},\boldsymbol{B}_Z=[\boldsymbol{B}\quad \boldsymbol{0}],\boldsymbol{D}_Z=\begin{bmatrix}\boldsymbol{D}_X & \boldsymbol{D}_{XX'}\\ \boldsymbol{D}_{X'X} & \boldsymbol{D}_{X'}\end{bmatrix}$$

则式(6.8.3)可写为

$$\left.\begin{aligned}\boldsymbol{V}_Z&=\hat{\boldsymbol{Z}}-\boldsymbol{L}_Z\\ \boldsymbol{V}&=\boldsymbol{B}_Z\hat{\boldsymbol{Z}}+\boldsymbol{G}\hat{\boldsymbol{Y}}-\boldsymbol{L}\end{aligned}\right\}\tag{6.8.4}$$

根据间接平差法可得未知数方程为

$$\left.\begin{aligned}\boldsymbol{B}_Z^{\mathrm{T}}\boldsymbol{P}_{\Delta}\boldsymbol{V}+\boldsymbol{P}_Z\boldsymbol{V}_Z&=0\\ \boldsymbol{G}^{\mathrm{T}}\boldsymbol{P}_{\Delta}\boldsymbol{V}&=0\end{aligned}\right\}\tag{6.8.5}$$

式中，$\boldsymbol{P}_{\Delta}$、$\boldsymbol{P}_Z$ 表示权矩阵，有

$$\boldsymbol{P}_{\Delta}=\sigma_0^2\boldsymbol{D}_{\Delta}^{-1},\boldsymbol{P}_Z=\sigma_0^2\boldsymbol{D}_Z^{-1}$$

现取单位权方差 $\sigma_0^2=1$，则

$$\boldsymbol{P}_{\Delta}=\boldsymbol{D}_{\Delta}^{-1},\boldsymbol{P}_Z=\boldsymbol{D}_Z^{-1}$$

将式(6.8.4)代入式(6.8.5)，得法方程为

$$\left.\begin{aligned}(\boldsymbol{B}_Z^{\mathrm{T}}\boldsymbol{P}_{\Delta}\boldsymbol{B}_Z+\boldsymbol{P}_Z)\hat{\boldsymbol{Z}}+\boldsymbol{B}_Z^{\mathrm{T}}\boldsymbol{P}_{\Delta}\boldsymbol{G}\hat{\boldsymbol{Y}}-(\boldsymbol{B}_Z^{\mathrm{T}}\boldsymbol{P}_{\Delta}\boldsymbol{L}+\boldsymbol{P}_Z\boldsymbol{L}_Z)&=0\\ \boldsymbol{G}^{\mathrm{T}}\boldsymbol{P}_{\Delta}\boldsymbol{B}_Z\hat{\boldsymbol{Z}}+\boldsymbol{G}^{\mathrm{T}}\boldsymbol{P}_{\Delta}\boldsymbol{G}\hat{\boldsymbol{Y}}-\boldsymbol{G}^{\mathrm{T}}\boldsymbol{P}_{\Delta}\boldsymbol{L}&=0\end{aligned}\right\}\tag{6.8.6}$$

由此解得

$$\begin{bmatrix}\hat{\boldsymbol{Z}}\\ \hat{\boldsymbol{Y}}\end{bmatrix}=\begin{bmatrix}\boldsymbol{B}_Z^{\mathrm{T}}\boldsymbol{P}_{\Delta}\boldsymbol{B}_Z+\boldsymbol{P}_Z & \boldsymbol{B}_Z^{\mathrm{T}}\boldsymbol{P}_{\Delta}\boldsymbol{G}\\ \boldsymbol{G}^{\mathrm{T}}\boldsymbol{P}_{\Delta}\boldsymbol{B}_Z & \boldsymbol{G}^{\mathrm{T}}\boldsymbol{P}_{\Delta}\boldsymbol{G}\end{bmatrix}^{-1}\begin{bmatrix}\boldsymbol{B}_Z^{\mathrm{T}}\boldsymbol{P}_{\Delta}\boldsymbol{L}+\boldsymbol{P}_Z\boldsymbol{L}_Z\\ \boldsymbol{G}^{\mathrm{T}}\boldsymbol{P}_{\Delta}\boldsymbol{L}\end{bmatrix}\tag{6.8.7}$$

且它们的方差矩阵为

$$\begin{bmatrix}\boldsymbol{D}_{\hat{Z}} & \boldsymbol{D}_{\hat{Z}\hat{Y}}\\ \boldsymbol{D}_{\hat{Y}\hat{Z}} & \boldsymbol{D}_{\hat{Y}}\end{bmatrix}=\begin{bmatrix}\boldsymbol{B}_Z^{\mathrm{T}}\boldsymbol{P}_{\Delta}\boldsymbol{B}_Z+\boldsymbol{P}_Z & \boldsymbol{B}_Z^{\mathrm{T}}\boldsymbol{P}_{\Delta}\boldsymbol{G}\\ \boldsymbol{G}^{\mathrm{T}}\boldsymbol{P}_{\Delta}\boldsymbol{B}_Z & \boldsymbol{G}^{\mathrm{T}}\boldsymbol{P}_{\Delta}\boldsymbol{G}\end{bmatrix}^{-1}\tag{6.8.8}$$

又由式(6.8.6)的第一式可得

$$\hat{\boldsymbol{Z}}=(\boldsymbol{B}_Z^{\mathrm{T}}\boldsymbol{P}_{\Delta}\boldsymbol{B}_Z+\boldsymbol{P}_Z)^{-1}\boldsymbol{B}_Z^{\mathrm{T}}\boldsymbol{P}_{\Delta}(\boldsymbol{L}-\boldsymbol{G}\hat{\boldsymbol{Y}})+(\boldsymbol{B}_Z^{\mathrm{T}}\boldsymbol{P}_{\Delta}\boldsymbol{B}_Z+\boldsymbol{P}_Z)^{-1}\boldsymbol{P}_Z\boldsymbol{L}_Z\tag{6.8.9}$$

应用矩阵反演公式将式(6.8.9)变换为

$$\hat{\boldsymbol{Z}}=\boldsymbol{D}_Z\boldsymbol{B}_Z^{\mathrm{T}}(\boldsymbol{B}_Z\boldsymbol{D}_Z\boldsymbol{B}_Z^{\mathrm{T}}+\boldsymbol{D}_{\Delta})^{-1}(\boldsymbol{L}-\boldsymbol{G}\hat{\boldsymbol{Y}})+[\boldsymbol{D}_Z-\boldsymbol{D}_Z\boldsymbol{B}_Z^{\mathrm{T}}(\boldsymbol{B}_Z\boldsymbol{D}_Z\boldsymbol{B}_Z^{\mathrm{T}}+\boldsymbol{D}_{\Delta})^{-1}\boldsymbol{B}_Z\boldsymbol{D}_Z]\boldsymbol{P}_Z\boldsymbol{L}_Z$$

即

$$\hat{\boldsymbol{Z}}=\boldsymbol{L}_Z+\boldsymbol{D}_Z\boldsymbol{B}_Z^{\mathrm{T}}(\boldsymbol{B}_Z\boldsymbol{D}_Z\boldsymbol{B}_Z^{\mathrm{T}}+\boldsymbol{D}_{\Delta})^{-1}(\boldsymbol{L}-\boldsymbol{G}\hat{\boldsymbol{Y}}-\boldsymbol{B}_Z\boldsymbol{L}_Z)\tag{6.8.10}$$

再将式(6.8.1)代入式(6.8.6)的第二式可得

$$\begin{aligned}&[\boldsymbol{G}^{\mathrm{T}}\boldsymbol{P}_{\Delta}\boldsymbol{G}-\boldsymbol{G}^{\mathrm{T}}\boldsymbol{P}_{\Delta}\boldsymbol{B}_Z(\boldsymbol{B}_Z^{\mathrm{T}}\boldsymbol{P}_{\Delta}\boldsymbol{B}_Z+\boldsymbol{P}_Z)^{-1}\boldsymbol{B}_Z^{\mathrm{T}}\boldsymbol{P}_{\Delta}\boldsymbol{G}]\hat{\boldsymbol{Y}}-\\ &[\boldsymbol{G}^{\mathrm{T}}\boldsymbol{P}_{\Delta}\boldsymbol{L}-(\boldsymbol{B}_Z^{\mathrm{T}}\boldsymbol{P}_{\Delta}\boldsymbol{B}_Z+\boldsymbol{P}_Z)^{-1}(\boldsymbol{B}_Z^{\mathrm{T}}\boldsymbol{P}_{\Delta}\boldsymbol{L}+\boldsymbol{P}_Z\boldsymbol{L}_Z)]=0\end{aligned}\tag{6.8.11}$$

应用矩阵反演公式，得

$$\hat{\boldsymbol{Y}}=[\boldsymbol{G}^{\mathrm{T}}(\boldsymbol{B}_Z\boldsymbol{D}_Z\boldsymbol{B}_Z^{\mathrm{T}}+\boldsymbol{D}_\Delta)^{-1}\boldsymbol{G}]^{-1}\boldsymbol{G}^{\mathrm{T}}(\boldsymbol{B}_Z\boldsymbol{D}_Z\boldsymbol{B}_Z^{\mathrm{T}}+\boldsymbol{D}_\Delta)^{-1}(\boldsymbol{L}-\boldsymbol{B}\boldsymbol{L}_X) \tag{6.8.12}$$

因为

$$\left.\begin{aligned}
\boldsymbol{B}_Z\boldsymbol{D}_Z\boldsymbol{B}_Z^{\mathrm{T}}&=[\boldsymbol{B}\quad \boldsymbol{0}]\begin{bmatrix}\boldsymbol{D}_X & \boldsymbol{D}_{XX'}\\ \boldsymbol{D}_{X'X} & \boldsymbol{D}_{X'}\end{bmatrix}\begin{bmatrix}\boldsymbol{B}^{\mathrm{T}}\\ \boldsymbol{0}\end{bmatrix}=\boldsymbol{B}\boldsymbol{D}_X\boldsymbol{B}^{\mathrm{T}}\\
\boldsymbol{B}_Z\boldsymbol{L}_Z&=[\boldsymbol{B}\quad \boldsymbol{0}]\begin{bmatrix}\boldsymbol{L}_X\\ \boldsymbol{L}_{X'}\end{bmatrix}=\boldsymbol{B}\boldsymbol{L}_X\\
\boldsymbol{D}_Z\boldsymbol{B}_Z^{\mathrm{T}}&=\begin{bmatrix}\boldsymbol{D}_X & \boldsymbol{D}_{XX'}\\ \boldsymbol{D}_{X'X} & \boldsymbol{D}_{X'}\end{bmatrix}\begin{bmatrix}\boldsymbol{B}^{\mathrm{T}}\\ \boldsymbol{0}\end{bmatrix}=\begin{bmatrix}\boldsymbol{D}_X\boldsymbol{B}^{\mathrm{T}}\\ \boldsymbol{D}_{X'X}\boldsymbol{B}^{\mathrm{T}}\end{bmatrix}
\end{aligned}\right\} \tag{6.8.13}$$

将式(6.8.13)代入式(6.8.10)和式(6.8.12)得

$$\left.\begin{aligned}
\hat{\boldsymbol{Y}}&=[\boldsymbol{G}^{\mathrm{T}}(\boldsymbol{B}\boldsymbol{D}_X\boldsymbol{B}^{\mathrm{T}}+\boldsymbol{D}_\Delta)^{-1}\boldsymbol{G}]^{-1}\boldsymbol{G}^{\mathrm{T}}(\boldsymbol{B}\boldsymbol{D}_X\boldsymbol{B}^{\mathrm{T}}+\boldsymbol{D}_\Delta)^{-1}(\boldsymbol{L}-\boldsymbol{B}\boldsymbol{L}_X)\\
\hat{\boldsymbol{X}}&=\boldsymbol{L}_X+\boldsymbol{D}_X\boldsymbol{B}^{\mathrm{T}}(\boldsymbol{B}\boldsymbol{D}_X\boldsymbol{B}^{\mathrm{T}}+\boldsymbol{D}_\Delta)^{-1}(\boldsymbol{L}-\boldsymbol{G}\hat{\boldsymbol{Y}}-\boldsymbol{B}\boldsymbol{L}_X)\\
\hat{\boldsymbol{X}}'&=\boldsymbol{L}_{X'}+\boldsymbol{D}_{X'X}\boldsymbol{B}^{\mathrm{T}}(\boldsymbol{B}\boldsymbol{D}_X\boldsymbol{B}^{\mathrm{T}}+\boldsymbol{D}_\Delta)^{-1}(\boldsymbol{L}-\boldsymbol{G}\hat{\boldsymbol{Y}}-\boldsymbol{B}\boldsymbol{L}_X)
\end{aligned}\right\} \tag{6.8.14}$$

同样，按照矩阵反演公式，由式(6.8.8)导出方差矩阵计算式为

$$\left.\begin{aligned}
\boldsymbol{D}_{\hat{Y}}&=[\boldsymbol{G}^{\mathrm{T}}(\boldsymbol{B}\boldsymbol{D}_X\boldsymbol{B}^{\mathrm{T}}+\boldsymbol{D}_\Delta)^{-1}\boldsymbol{G}]^{-1}\\
\boldsymbol{D}_{\hat{X}}&=\boldsymbol{D}_X-\boldsymbol{D}_X\boldsymbol{B}^{\mathrm{T}}(\boldsymbol{B}\boldsymbol{D}_X\boldsymbol{B}^{\mathrm{T}}+\boldsymbol{D}_\Delta)^{-1}[\boldsymbol{E}-\boldsymbol{G}\boldsymbol{D}_{\hat{Y}}\boldsymbol{G}^{\mathrm{T}}(\boldsymbol{B}\boldsymbol{D}_X\boldsymbol{B}^{\mathrm{T}}+\boldsymbol{D}_\Delta)^{-1}]\boldsymbol{B}\boldsymbol{D}_X\\
\boldsymbol{D}_{\hat{X}'}&=\boldsymbol{D}_{X'}-\boldsymbol{D}_{X'X}\boldsymbol{B}^{\mathrm{T}}(\boldsymbol{B}\boldsymbol{D}_X\boldsymbol{B}^{\mathrm{T}}+\boldsymbol{D}_\Delta)^{-1}[\boldsymbol{E}-\boldsymbol{G}\boldsymbol{D}_{\hat{Y}}\boldsymbol{G}^{\mathrm{T}}(\boldsymbol{B}\boldsymbol{D}_X\boldsymbol{B}^{\mathrm{T}}+\boldsymbol{D}_\Delta)^{-1}]\boldsymbol{B}\boldsymbol{D}_{XX'}\\
\boldsymbol{D}_{\hat{X}\hat{X}'}&=\boldsymbol{D}_{XX'}-\boldsymbol{D}_X\boldsymbol{B}^{\mathrm{T}}(\boldsymbol{B}\boldsymbol{D}_X\boldsymbol{B}^{\mathrm{T}}+\boldsymbol{D}_\Delta)^{-1}[\boldsymbol{E}-\boldsymbol{G}\boldsymbol{D}_{\hat{Y}}\boldsymbol{G}^{\mathrm{T}}(\boldsymbol{B}\boldsymbol{D}_X\boldsymbol{B}^{\mathrm{T}}+\boldsymbol{D}_\Delta)^{-1}]\boldsymbol{B}\boldsymbol{D}_{XX'}\\
\boldsymbol{D}_{\hat{X}\hat{Y}}&=-\boldsymbol{D}_X\boldsymbol{B}^{\mathrm{T}}(\boldsymbol{B}\boldsymbol{D}_X\boldsymbol{B}^{\mathrm{T}}+\boldsymbol{D}_\Delta)^{-1}\boldsymbol{G}\boldsymbol{D}_{\hat{Y}}\\
\boldsymbol{D}_{\hat{X}'\hat{Y}}&=-\boldsymbol{D}_{X'X}\boldsymbol{B}^{\mathrm{T}}(\boldsymbol{B}\boldsymbol{D}_X\boldsymbol{B}^{\mathrm{T}}+\boldsymbol{D}_\Delta)^{-1}\boldsymbol{G}\boldsymbol{D}_{\hat{Y}}
\end{aligned}\right\} \tag{6.8.15}$$

当 $\boldsymbol{D}_{X\Delta}\neq\boldsymbol{0},\boldsymbol{D}_{X'\Delta}\neq\boldsymbol{0}$ 时，根据广义最小二乘原理，按间接平差法可以导出配置法求估值的一般公式为

$$\left.\begin{aligned}
\hat{\boldsymbol{Y}}&=[\boldsymbol{G}^{\mathrm{T}}(\boldsymbol{B}\boldsymbol{D}_X\boldsymbol{B}^{\mathrm{T}}+\boldsymbol{D}_\Delta+\boldsymbol{B}\boldsymbol{D}_{X\Delta}+\boldsymbol{D}_{\Delta X}\boldsymbol{B}^{\mathrm{T}})^{-1}\boldsymbol{G}]^{-1}\boldsymbol{G}^{\mathrm{T}}(\boldsymbol{B}\boldsymbol{D}_X\boldsymbol{B}^{\mathrm{T}}+\\
&\quad\boldsymbol{D}_\Delta+\boldsymbol{B}\boldsymbol{D}_{X\Delta}+\boldsymbol{D}_{\Delta X}\boldsymbol{B}^{\mathrm{T}})^{-1}(\boldsymbol{L}-\boldsymbol{B}\boldsymbol{L}_X)\\
\hat{\boldsymbol{X}}&=\boldsymbol{L}_X+(\boldsymbol{D}_X\boldsymbol{B}^{\mathrm{T}}+\boldsymbol{D}_{X\Delta})(\boldsymbol{B}\boldsymbol{D}_X\boldsymbol{B}^{\mathrm{T}}+\boldsymbol{D}_\Delta+\boldsymbol{B}\boldsymbol{D}_{X\Delta}+\boldsymbol{D}_{\Delta X}\boldsymbol{B}^{\mathrm{T}})^{-1}(\boldsymbol{L}-\boldsymbol{G}\hat{\boldsymbol{Y}}-\boldsymbol{B}\boldsymbol{L}_X)\\
\hat{\boldsymbol{X}}'&=\boldsymbol{L}_{X'}+(\boldsymbol{D}_{X'X}\boldsymbol{B}^{\mathrm{T}}+\boldsymbol{D}_{X'\Delta})(\boldsymbol{B}\boldsymbol{D}_X\boldsymbol{B}^{\mathrm{T}}+\boldsymbol{D}_\Delta+\boldsymbol{B}\boldsymbol{D}_{X\Delta}+\boldsymbol{D}_{\Delta X}\boldsymbol{B}^{\mathrm{T}})^{-1}(\boldsymbol{L}-\boldsymbol{G}\hat{\boldsymbol{Y}}-\boldsymbol{B}\boldsymbol{L}_X)
\end{aligned}\right\} \tag{6.8.16}$$

$$\left.\begin{aligned}
&\boldsymbol{D}_{\hat{Y}}=[\boldsymbol{G}^{\mathrm{T}}(\boldsymbol{B}\boldsymbol{D}_{X}\boldsymbol{B}^{\mathrm{T}}+\boldsymbol{D}_{\Delta}+\boldsymbol{B}\boldsymbol{D}_{X\Delta}+\boldsymbol{D}_{\Delta X}\boldsymbol{B}^{\mathrm{T}})^{-1}\boldsymbol{G}]^{-1}\\
&\boldsymbol{D}_{\hat{X}}=\boldsymbol{D}_{X}-(\boldsymbol{D}_{X}\boldsymbol{B}^{\mathrm{T}}+\boldsymbol{D}_{X\Delta})(\boldsymbol{B}\boldsymbol{D}_{X}\boldsymbol{B}^{\mathrm{T}}+\boldsymbol{D}_{\Delta}+\boldsymbol{B}\boldsymbol{D}_{X\Delta}+\boldsymbol{D}_{\Delta X}\boldsymbol{B}^{\mathrm{T}})^{-1}[\boldsymbol{E}-\\
&\qquad \boldsymbol{G}\boldsymbol{D}_{\hat{Y}}\boldsymbol{G}^{\mathrm{T}}(\boldsymbol{B}\boldsymbol{D}_{X}\boldsymbol{B}^{\mathrm{T}}+\boldsymbol{D}_{\Delta}+\boldsymbol{B}\boldsymbol{D}_{X\Delta}+\boldsymbol{D}_{\Delta X}\boldsymbol{B}^{\mathrm{T}})^{-1}](\boldsymbol{B}\boldsymbol{D}_{X}+\boldsymbol{D}_{\Delta X})\\
&\boldsymbol{D}_{\hat{X}'}=\boldsymbol{D}_{X'}-(\boldsymbol{D}_{X'X}\boldsymbol{B}^{\mathrm{T}}+\boldsymbol{D}_{X'\Delta})(\boldsymbol{B}\boldsymbol{D}_{X}\boldsymbol{B}^{\mathrm{T}}+\boldsymbol{D}_{\Delta}+\boldsymbol{B}\boldsymbol{D}_{X\Delta}+\boldsymbol{D}_{\Delta X}\boldsymbol{B}^{\mathrm{T}})^{-1}[\boldsymbol{E}-\\
&\qquad \boldsymbol{G}\boldsymbol{D}_{\hat{Y}}\boldsymbol{G}^{\mathrm{T}}(\boldsymbol{B}\boldsymbol{D}_{X}\boldsymbol{B}^{\mathrm{T}}+\boldsymbol{D}_{\Delta}+\boldsymbol{B}\boldsymbol{D}_{X\Delta}+\boldsymbol{D}_{\Delta X}\boldsymbol{B}^{\mathrm{T}})^{-1}](\boldsymbol{B}\boldsymbol{D}_{XX'}+\boldsymbol{D}_{\Delta X'})\\
&\boldsymbol{D}_{\hat{X}\hat{X}'}=\boldsymbol{D}_{XX'}-(\boldsymbol{D}_{X}\boldsymbol{B}^{\mathrm{T}}+\boldsymbol{D}_{X\Delta})(\boldsymbol{B}\boldsymbol{D}_{X}\boldsymbol{B}^{\mathrm{T}}+\boldsymbol{D}_{\Delta}+\boldsymbol{B}\boldsymbol{D}_{X\Delta}+\boldsymbol{D}_{\Delta X}\boldsymbol{B}^{\mathrm{T}})^{-1}[\boldsymbol{E}-\\
&\qquad \boldsymbol{G}\boldsymbol{D}_{\hat{Y}}\boldsymbol{G}^{\mathrm{T}}(\boldsymbol{B}\boldsymbol{D}_{X}\boldsymbol{B}^{\mathrm{T}}+\boldsymbol{D}_{\Delta}+\boldsymbol{B}\boldsymbol{D}_{X\Delta}+\boldsymbol{D}_{\Delta X}\boldsymbol{B}^{\mathrm{T}})^{-1}](\boldsymbol{B}\boldsymbol{D}_{XX'}+\boldsymbol{D}_{\Delta X'})\\
&\boldsymbol{D}_{\hat{X}\hat{Y}}=-(\boldsymbol{D}_{X}\boldsymbol{B}^{\mathrm{T}}+\boldsymbol{D}_{X\Delta})(\boldsymbol{B}\boldsymbol{D}_{X}\boldsymbol{B}^{\mathrm{T}}+\boldsymbol{D}_{\Delta}+\boldsymbol{B}\boldsymbol{D}_{X\Delta}+\boldsymbol{D}_{\Delta X}\boldsymbol{B}^{\mathrm{T}})^{-1}\boldsymbol{G}\boldsymbol{D}_{\hat{Y}}\\
&\boldsymbol{D}_{\hat{X}'\hat{Y}}=-(\boldsymbol{D}_{X'X}\boldsymbol{B}^{\mathrm{T}}+\boldsymbol{D}_{X'\Delta})(\boldsymbol{B}\boldsymbol{D}_{X}\boldsymbol{B}^{\mathrm{T}}+\boldsymbol{D}_{\Delta}+\boldsymbol{B}\boldsymbol{D}_{X\Delta}+\boldsymbol{D}_{\Delta X}\boldsymbol{B}^{\mathrm{T}})^{-1}\boldsymbol{G}\boldsymbol{D}_{\hat{Y}}
\end{aligned}\right\}\tag{6.8.17}$$

若 $\boldsymbol{D}_{\Delta X}=\boldsymbol{0}$、$\boldsymbol{D}_{\Delta X'}=\boldsymbol{0}$，式(6.8.16)可以简化为式(6.8.14)，式(6.8.17)简化为式(6.8.15)。若 $\boldsymbol{G}=\boldsymbol{0}$，则配置公式变成静态滤波公式；若 $\boldsymbol{B}=\boldsymbol{0}$，则配置公式变成间接平差公式。可见，间接平差与静态滤波都是配置的特例。

## 6.8.2 白噪声逐步配置

设将观测向量 $\boldsymbol{L}$ 分成 $m$ 组，观测方程为

$$\left.\begin{aligned}
\boldsymbol{L}_1&=\boldsymbol{B}_1\boldsymbol{X}+\boldsymbol{G}_1\boldsymbol{Y}+\boldsymbol{\Delta}_1\\
\boldsymbol{L}_2&=\boldsymbol{B}_2\boldsymbol{X}+\boldsymbol{G}_2\boldsymbol{Y}+\boldsymbol{\Delta}_2\\
&\vdots\\
\boldsymbol{L}_m&=\boldsymbol{B}_m\boldsymbol{X}+\boldsymbol{G}_m\boldsymbol{Y}+\boldsymbol{\Delta}_m
\end{aligned}\right\}\tag{6.8.18}$$

$\boldsymbol{X}$ 和 $\boldsymbol{X}'$ 的先验期望、先验方差及协方差分别为 $E(\boldsymbol{X})=\hat{\boldsymbol{X}}_0$、$D(\boldsymbol{X})=\boldsymbol{D}_0$、$E(\boldsymbol{X}')=\hat{\boldsymbol{X}}'_0$、$D(\hat{\boldsymbol{X}}')=\boldsymbol{D}'_0$、$\mathrm{cov}(\boldsymbol{X},\boldsymbol{X}')=\boldsymbol{C}_0$，$\boldsymbol{\Delta}_i$ 的数学期望和方差为 $E(\boldsymbol{\Delta}_i)=0$、$D(\boldsymbol{\Delta}_i)=\boldsymbol{D}_{\Delta_i}$ $(i=1,2,\cdots,m)$，假定 $\boldsymbol{X}$ 和 $\boldsymbol{X}'$ 关于 $\boldsymbol{\Delta}_i$ 的协方差为 $\mathrm{cov}(\boldsymbol{X},\boldsymbol{\Delta}_i)=0$、$\mathrm{cov}(\boldsymbol{X}',\boldsymbol{\Delta}_i)=0$ $(i=1,2,\cdots,m)$，若观测噪声序列 $\boldsymbol{\Delta}_1$、$\boldsymbol{\Delta}_2$、$\cdots$、$\boldsymbol{\Delta}_m$ 的协方差为 $\mathrm{cov}(\boldsymbol{\Delta}_k,\boldsymbol{\Delta}_j)=\boldsymbol{D}_{\Delta_k}\delta_{kj}$（其中，$\delta_{kj}$ 为克罗内克符号），则称该序列为白噪声序列。

首次拟合推估应用第一组观测方程，按式(6.8.16)、式(6.8.17)得首次拟合推估公式为

$$\left.\begin{aligned}
\boldsymbol{Y}_1&=\boldsymbol{G}^{\mathrm{T}}(\boldsymbol{B}_1\boldsymbol{D}_0\boldsymbol{B}_1^{\mathrm{T}}+\boldsymbol{D}_{\Delta_1})^{-1}\boldsymbol{G}^{-1}\boldsymbol{G}^{\mathrm{T}}(\boldsymbol{B}_1\boldsymbol{D}_0\boldsymbol{B}_1^{\mathrm{T}}+\boldsymbol{D}_{\Delta_1})^{-1}(\boldsymbol{L}_1-\boldsymbol{B}_1\boldsymbol{X}_0)\\
\boldsymbol{X}_1&=\boldsymbol{X}_0+\boldsymbol{D}_0\boldsymbol{B}_1^{\mathrm{T}}(\boldsymbol{B}_1\boldsymbol{D}_0\boldsymbol{B}_1^{\mathrm{T}}+\boldsymbol{D}_{\Delta_1})^{-1}(\boldsymbol{L}_1-\boldsymbol{G}_1\boldsymbol{Y}_1-\boldsymbol{B}_1\boldsymbol{X}_0)\\
\boldsymbol{X}'_1&=\boldsymbol{X}'_0+\boldsymbol{C}_0\boldsymbol{B}_1^{\mathrm{T}}(\boldsymbol{B}_1\boldsymbol{D}_0\boldsymbol{B}_1^{\mathrm{T}}+\boldsymbol{D}_{\Delta_1})^{-1}(\boldsymbol{L}_1-\boldsymbol{G}_1\boldsymbol{Y}_1-\boldsymbol{B}_1\boldsymbol{X}_0)
\end{aligned}\right\}\tag{6.8.19}$$

$$\left.\begin{aligned}
&\boldsymbol{D}_{Y_1}=\boldsymbol{G}_1^{\mathrm{T}}(\boldsymbol{B}_1\boldsymbol{D}_0\boldsymbol{B}_1^{\mathrm{T}}+\boldsymbol{D}_{\Delta_1})^{-1}\boldsymbol{G}_1{}^{-1}\\
&\boldsymbol{D}_1=\boldsymbol{D}_0-\boldsymbol{D}_0\boldsymbol{B}_1^{\mathrm{T}}(\boldsymbol{B}_1\boldsymbol{D}_0\boldsymbol{B}_1^{\mathrm{T}}+\boldsymbol{D}_{\Delta_1})^{-1}[\boldsymbol{I}-\boldsymbol{G}_1\boldsymbol{D}_{Y_1}\boldsymbol{G}_1^{\mathrm{T}}(\boldsymbol{B}_1\boldsymbol{D}_0\boldsymbol{B}_1^{\mathrm{T}}+\boldsymbol{D}_{\Delta_1})^{-1}]\boldsymbol{B}_1\boldsymbol{D}_0\\
&\boldsymbol{D}'_1=\boldsymbol{D}'_0-\boldsymbol{C}_0^{\mathrm{T}}\boldsymbol{B}_1^{\mathrm{T}}(\boldsymbol{B}_1\boldsymbol{D}_0\boldsymbol{B}_1^{\mathrm{T}}+\boldsymbol{D}_{\Delta_1})^{-1}[\boldsymbol{I}-\boldsymbol{G}_1\boldsymbol{D}_{Y_1}\boldsymbol{G}_1^{\mathrm{T}}(\boldsymbol{B}_1\boldsymbol{D}_0\boldsymbol{B}_1^{\mathrm{T}}+\boldsymbol{D}_{\Delta_1})^{-1}]\boldsymbol{B}_1\boldsymbol{C}_0\\
&\boldsymbol{C}_1=\boldsymbol{C}_0-\boldsymbol{D}_0\boldsymbol{B}_1^{\mathrm{T}}(\boldsymbol{B}_1\boldsymbol{D}_0\boldsymbol{B}_1^{\mathrm{T}}+\boldsymbol{D}_{\Delta_1})^{-1}[\boldsymbol{I}-\boldsymbol{G}_1\boldsymbol{D}_{Y_1}\boldsymbol{G}_1^{\mathrm{T}}(\boldsymbol{B}_1\boldsymbol{D}_0\boldsymbol{B}_1^{\mathrm{T}}+\boldsymbol{D}_{\Delta_1})^{-1}]\boldsymbol{B}_1\boldsymbol{C}_0\\
&\boldsymbol{D}_{X_1Y_1}=-\boldsymbol{D}_0\boldsymbol{B}_1^{\mathrm{T}}(\boldsymbol{B}_1\boldsymbol{D}_0\boldsymbol{B}_1^{\mathrm{T}}+\boldsymbol{D}_{\Delta_1})^{-1}\boldsymbol{G}_1\boldsymbol{D}_{Y_1}\\
&\boldsymbol{D}_{X'_1Y_1}=-\boldsymbol{C}_0^{\mathrm{T}}\boldsymbol{B}_1^{\mathrm{T}}(\boldsymbol{B}_1\boldsymbol{D}_0\boldsymbol{B}_1^{\mathrm{T}}+\boldsymbol{D}_{\Delta_1})^{-1}\boldsymbol{G}_1\boldsymbol{D}_{Y_1}
\end{aligned}\right\}$$

(6.8.20)

在首次拟合推估之后，$\hat{\boldsymbol{X}}_1$、$\hat{\boldsymbol{X}}'_1$、$\hat{\boldsymbol{Y}}_1$ 都是随机向量，为了处理方便，可以将 $\hat{\boldsymbol{X}}$、$\hat{\boldsymbol{Y}}$ 合并，设

$$\hat{\boldsymbol{Z}}=\begin{bmatrix}\hat{\boldsymbol{X}}\\ \hat{\boldsymbol{Y}}\end{bmatrix},\boldsymbol{B}_{\hat{Z}}=[\boldsymbol{B}\quad\boldsymbol{G}],\boldsymbol{D}_{\hat{Z}}=\begin{bmatrix}\boldsymbol{D}_X & \boldsymbol{D}_{XY}\\ \boldsymbol{D}_{YX} & \boldsymbol{D}_Y\end{bmatrix},\boldsymbol{C}_{\hat{X}'\hat{Z}}=\begin{bmatrix}\boldsymbol{D}_{\hat{X}'\hat{X}}\\ \boldsymbol{D}_{\hat{X}'\hat{Y}}\end{bmatrix}\tag{6.8.21}$$

显然 $\hat{\boldsymbol{Z}}$ 是信号（随机向量），因此，以后的拟合推估实际上已经变成静态滤波。第 $k$（$k\geqslant2$）次滤波方程为

$$\left.\begin{aligned}
&\hat{\boldsymbol{Z}}_k=\hat{\boldsymbol{Z}}_{k-1}+\boldsymbol{D}_{\hat{Z}_{k-1}}\boldsymbol{B}_{Z_k}^{\mathrm{T}}(\boldsymbol{B}_{Z_k}\boldsymbol{D}_{\hat{Z}_{k-1}}\boldsymbol{B}_{Z_k}^{\mathrm{T}}+\boldsymbol{D}_{\Delta_k})^{-1}(\boldsymbol{L}_k-\boldsymbol{B}_{Z_k}\hat{\boldsymbol{Z}}_{k-1})\\
&\hat{\boldsymbol{X}}'_k=\hat{\boldsymbol{X}}'_{k-1}+\boldsymbol{C}_{\hat{X}_{k-1}\hat{Z}_{k-1}}\boldsymbol{B}_{Z_k}^{\mathrm{T}}(\boldsymbol{B}_{Z_k}\boldsymbol{D}_{\hat{Z}_{k-1}}\boldsymbol{B}_{Z_k}^{\mathrm{T}}+\boldsymbol{D}_{\Delta_k})^{-1}(\boldsymbol{L}_k-\boldsymbol{B}_{Z_k}\hat{\boldsymbol{Z}}_{k-1})\\
&\boldsymbol{D}_{\hat{Z}_k}=\boldsymbol{D}_{\hat{Z}_{k-1}}-\boldsymbol{D}_{\hat{Z}_{k-1}}\boldsymbol{B}_{Z_k}^{\mathrm{T}}(\boldsymbol{B}_{Z_k}\boldsymbol{D}_{\hat{Z}_{k-1}}\boldsymbol{B}_{Z_k}^{\mathrm{T}}+\boldsymbol{D}_{\Delta_k})^{-1}\boldsymbol{B}_{Z_k}\boldsymbol{D}_{\hat{Z}_{k-1}}\\
&\boldsymbol{D}'_k=\boldsymbol{D}'_{k-1}-\boldsymbol{C}_{\hat{X}'_{k-1}\hat{Z}_{k-1}}^{\mathrm{T}}\boldsymbol{B}_{Z_k}^{\mathrm{T}}(\boldsymbol{B}_{Z_k}\boldsymbol{D}_{\hat{Z}_{k-1}}\boldsymbol{B}_{Z_k}^{\mathrm{T}}+\boldsymbol{D}_{\Delta_k})^{-1}\boldsymbol{B}_{Z_k}\boldsymbol{C}_{\hat{X}'_{k-1}\hat{Z}_{k-1}}\\
&\boldsymbol{C}_{\hat{X}'_k\hat{Z}_k}=\boldsymbol{C}_{\hat{X}'_{k-1}\hat{Z}_{k-1}}-\boldsymbol{D}_{\hat{X}'_{k-1}\hat{Z}_{k-1}}\boldsymbol{B}_{Z_k}^{\mathrm{T}}(\boldsymbol{B}_{Z_k}\boldsymbol{D}_{\hat{Z}_{k-1}}\boldsymbol{B}_{Z_k}^{\mathrm{T}}+\boldsymbol{D}_{\Delta_k})^{-1}\boldsymbol{B}_{Z_k}\boldsymbol{C}_{Z_{k-1}}
\end{aligned}\right\}\tag{6.8.22}$$

只有当 $k=1$ 时采用式(6.8.19)、式(6.8.20)进行计算。

### 6.8.3　有色噪声逐步配置

如果观测噪声 $\Delta_k$ 与 $\Delta_j$ 的协方差为

$$\mathrm{cov}(\Delta_k,\Delta_j)\neq0\quad(j\neq k)\tag{6.8.23}$$

则称 $\Delta_1$、$\Delta_2$、…、$\Delta_m$ 为有色噪声序列。设有色噪声序列 $\Delta_1$、$\Delta_2$、…、$\Delta_m$ 的随机模型为

$$\boldsymbol{D}_\Delta=\begin{bmatrix}D_{\Delta11} & D_{\Delta12} & \cdots & D_{\Delta1m}\\ D_{\Delta21} & D_{\Delta22} & \cdots & D_{\Delta2m}\\ \vdots & \vdots & & \vdots\\ D_{\Delta m1} & D_{\Delta m2} & \cdots & D_{\Delta mm}\end{bmatrix}\tag{6.8.24}$$

下面推导一般情况有色噪声条件下的逐步拟合推估公式。仿照有色噪声条件下的逐次滤波的处理办法，将误差方程式和协方差矩阵进行同步改化，改化后的观测方程为

$$\left.\begin{aligned}&\boldsymbol{L}_1=\boldsymbol{B}_1\boldsymbol{X}+\boldsymbol{G}_1\boldsymbol{Y}+\boldsymbol{\Delta}_1\\&\boldsymbol{L}_2^{(1)}=\boldsymbol{B}_2^{(1)}\boldsymbol{X}+\boldsymbol{G}_2^{(1)}\boldsymbol{Y}+\boldsymbol{\Delta}_2^{(1)}\\&\qquad\vdots\\&\boldsymbol{L}_m^{(m-1)}=\boldsymbol{B}_m^{(m-1)}\boldsymbol{X}+\boldsymbol{G}_m^{(m-1)}\boldsymbol{Y}+\boldsymbol{\Delta}_m^{(m-1)}\end{aligned}\right\}\tag{6.8.25}$$

改化后的噪声 $\boldsymbol{\Delta}_1$、$\boldsymbol{\Delta}_2^{(1)}$、…、$\boldsymbol{\Delta}_m^{(m-1)}$ 为白噪声系列，其协方差矩阵为

$$\bar{\boldsymbol{D}}_\Delta=\begin{bmatrix}\boldsymbol{D}_{\Delta11}&0&\cdots&0\\0&[\boldsymbol{D}_{\Delta22}\cdot1]&\cdots&0\\\vdots&\vdots&&\vdots\\0&0&\cdots&[\boldsymbol{D}_{\Delta mm}\cdot1]\end{bmatrix}\tag{6.7.26}$$

式中

$$\left.\begin{aligned}&\boldsymbol{B}_i^{(i-1)}=\boldsymbol{B}_i^{(i-2)}-[\boldsymbol{D}_{\Delta i,i-1}\cdot(i-2)][\boldsymbol{D}_{\Delta i-1,i-1}\cdot(i-2)]^{-1}\boldsymbol{B}_{i-1}^{(i-2)}\\&\boldsymbol{L}_i^{(i-1)}=\boldsymbol{L}_i^{(i-2)}-[\boldsymbol{D}_{\Delta i,i-1}\cdot(i-2)][\boldsymbol{D}_{\Delta i-1,i-1}\cdot(i-2)]^{-1}\boldsymbol{L}_{i-1}^{(i-2)}\\&\boldsymbol{G}_i^{(i-1)}=\boldsymbol{G}_i^{(i-2)}-[\boldsymbol{D}_{\Delta i,i-1}\cdot(i-2)][\boldsymbol{D}_{\Delta i-1,i-1}\cdot(i-2)]^{-1}\boldsymbol{G}_{i-1}^{(i-2)}[\boldsymbol{D}_{\Delta ii}\cdot(i-1)]\\&\quad=[\boldsymbol{D}_{\Delta ii}\cdot(i-2)]-[\boldsymbol{D}_{\Delta i,i-1}\cdot(i-2)]\cdot[\boldsymbol{D}_{\Delta i-1,i-1}\cdot(i-2)]^{-1}[\boldsymbol{D}_{\Delta i-1,i}\cdot(i-2)]\end{aligned}\right\}\tag{6.8.27}$$

其中，$i=2$、3、…、$m$。

利用 $\boldsymbol{L}_1$ 进行首次拟合推估，仍然可用式(6.8.24)、式(6.8.25)计算。第二次以后各次拟合推估将$\hat{\boldsymbol{X}}$、$\hat{\boldsymbol{Y}}$合并，如式(6.8.27)所示，再采用下式计算，即

$$\left.\begin{aligned}&\hat{\boldsymbol{Z}}_k=\hat{\boldsymbol{Z}}_{k-1}+\boldsymbol{D}_{\hat{Z}_{k-1}}[\boldsymbol{B}_{Z_k}\cdot(i-1)]^{\mathrm{T}}\{[\boldsymbol{B}_{Z_k}\cdot(i-1)]\boldsymbol{D}_{\hat{Z}_{k-1}}[\boldsymbol{B}_{Z_k}\cdot(i-1)]^{\mathrm{T}}+\\&\qquad[\boldsymbol{D}_{\Delta_k}\cdot(i-1)]\}^{-1}\{[\boldsymbol{L}_k\cdot(i-1)]-[\boldsymbol{B}_{Z_k}\cdot(i-1)]\hat{\boldsymbol{Z}}_{k-1})\}\\&\hat{\boldsymbol{X}}'_k=\hat{\boldsymbol{X}}'_{k-1}+\boldsymbol{C}_{\hat{X}'_{k-1}\hat{Z}_{k-1}}[\boldsymbol{B}_{Z_k}\cdot(i-1)]^{\mathrm{T}}\{[\boldsymbol{B}_{Z_k}\cdot(i-1)]\boldsymbol{D}_{\hat{Z}_{k-1}}[\boldsymbol{B}_{Z_k}\cdot(i-1)]^{\mathrm{T}}+\\&\qquad[\boldsymbol{D}_{\Delta_k}\cdot(i-1)]\}^{-1}\{[\boldsymbol{L}_k\cdot(i-1)]-[\boldsymbol{B}_{Z_k}\cdot(i-1)]\hat{\boldsymbol{Z}}_{k-1}\}\\&\boldsymbol{D}_{\hat{Z}_k}=\boldsymbol{D}_{\hat{Z}_{k-1}}-\boldsymbol{D}_{\hat{Z}_{k-1}}[\boldsymbol{B}_{Z_k}\cdot(i-1)]^{\mathrm{T}}\{[\boldsymbol{B}_{Z_k}\cdot(i-1)]\boldsymbol{D}_{\hat{Z}_{k-1}}[\boldsymbol{B}_{Z_k}\cdot(i-1)]^{\mathrm{T}}+\\&\qquad[\boldsymbol{D}_{\Delta_k}\cdot(i-1)]\}^{-1}[\boldsymbol{B}_{Z_k}\cdot(i-1)]\boldsymbol{D}_{\hat{Z}_{k-1}}\\&\boldsymbol{D}'_k=\boldsymbol{D}'_{k-1}-\boldsymbol{C}_{\hat{X}'_{k-1}\hat{Z}_{k-1}}[\boldsymbol{B}_{Z_k}\cdot(i-1)]^{\mathrm{T}}\{[\boldsymbol{B}_{Z_k}\cdot(i-1)]\boldsymbol{D}_{Z_{k-1}}[\boldsymbol{B}_{Z_k}\cdot(i-1)]^{\mathrm{T}}+\\&\qquad[\boldsymbol{D}_{\Delta_k}\cdot(i-1)]\}^{-1}[\boldsymbol{B}_{Z_k}\cdot(i-1)]\boldsymbol{C}_{\hat{X}'_{k-1}\hat{Z}_{k-1}}^{\mathrm{T}}\\&\boldsymbol{C}_{\hat{X}'_{k-1}\hat{Z}_k}=\boldsymbol{C}_{\hat{X}'_{k-1}\hat{Z}_{k-1}}-\boldsymbol{C}_{\hat{X}'_{k-1}\hat{Z}_{k-1}}[\boldsymbol{B}_{Z_k}\cdot(i-1)]^{\mathrm{T}}\{[\boldsymbol{B}_{Z_k}\cdot(i-1)]\boldsymbol{D}_{\hat{Z}_{k-1}}[\boldsymbol{B}_{Z_k}\cdot(i-1)]^{\mathrm{T}}+\\&\qquad[\boldsymbol{D}_{\Delta_k}\cdot(i-1)]\}^{-1}[\boldsymbol{B}_{Z_k}\cdot(i-1)]\boldsymbol{D}_{\hat{Z}_{k-1}}\end{aligned}\right\}\tag{6.8.28}$$

当 $k\geqslant2$ 时，采用式(6.8.28)进行计算。

例 6.8.1 控制网扩展数据处理，原网中有 4 个高级控制点作为起算点(表 6.8.1)，$P_1$、$P_2$、$P_3$ 为首次数据处理时的待定点，$P_4$ 为扩展点。原边长观测值(编号

1～9)和补充边长观测值(编号 10～13),如表 6.8.1 所示,测距仪标称精度为 3 mm+1×10⁻⁶$D$。试按拟合推估理论进行数据处理。

**表 6.8.1　起始点坐标**

| 点名 | X | Y | 点名 | X | Y |
|---|---|---|---|---|---|
| *A* | 53 743.136 | 61 003.826 | *C* | 40 049.229 | 53 782.790 |
| *B* | 47 943.002 | 66 225.854 | *D* | 36 924.728 | 61 027.086 |

| 编号 | 边观测值 | 编号 | 边观测值 | 编号 | 边观测值 | 编号 | 边观测值 |
|---|---|---|---|---|---|---|---|
| 1 | 5 760.706 | 4 | 5 483.158 | 7 | 5 598.570 | 10 | 7 493.323 |
| | | | | | | 11 | 5 487.073 |
| 2 | 5 187.432 | 5 | 5 731.788 | 8 | 7 494.881 | 12 | 8 884.587 |
| 3 | 7 838.880 | 6 | 8 720.162 | 9 | 5 438.382 | 13 | 7 228.367 |

解:(1)按间接平差理论进行平差计算。

首先列误差方程式为

$$\boldsymbol{V}=\begin{bmatrix} 0.1106 & -0.9939 & 0.0000 & 0.0000 & 0.0000 & 0.0000 \\ -0.9953 & -0.0970 & 0.0000 & 0.0000 & 0.0000 & 0.0000 \\ 0.0000 & 0.0000 & 0.0000 & 0.0000 & -0.6457 & -0.7336 \\ -0.0184 & 0.9998 & 0.0000 & 0.0000 & 0.0184 & -0.9998 \\ 0.0000 & 0.0000 & -0.8574 & 0.5147 & 0.8574 & -0.5147 \\ 0.0000 & 0.0000 & 0.0000 & 0.0000 & 0.9899 & -0.1417 \\ 0.0000 & 0.0000 & 0.6641 & 0.7477 & 0.0000 & 0.0000 \\ 0.0000 & 0.0000 & 0.9129 & -0.4081 & 0.0000 & 0.0000 \\ 0.8850 & 0.4656 & -0.8850 & -0.4656 & 0.0000 & 0.0000 \end{bmatrix} \cdot \begin{bmatrix} x_1 \\ y_1 \\ x_2 \\ y_2 \\ x_3 \\ y_3 \end{bmatrix} - \begin{bmatrix} 0.0017 \\ -0.0003 \\ -0.0037 \\ -0.0050 \\ 0.0032 \\ 0.3376 \\ -0.3930 \\ -0.5844 \\ -0.0009 \end{bmatrix}$$

其次,计算观测值的权。将表 6.8.1 中的边长观测值代入测距精度公式,算得各边的测距精度 $\sigma_{si}$,并设 $\sigma_0=10$ mm,由此算得各条边的权,其结果均列于表 6.8.2。

**表 6.8.2 边长观测值的中误差和权**

| 边号 | 1 | 2 | 3 | 4 | 5 | 6 | 7 | 8 | 9 | 10 | 11 | 12 | 13 |
|---|---|---|---|---|---|---|---|---|---|---|---|---|---|
| $\sigma$ | 8.8 | 8.2 | 10.8 | 8.5 | 8.7 | 11.7 | 8.6 | 10.5 | 8.4 | 10.5 | 8.5 | 11.9 | 10.2 |
| $P$ | 1.29 | 1.49 | 0.86 | 1.38 | 1.32 | 0.73 | 1.35 | 0.91 | 1.42 | 0.91 | 1.38 | 0.71 | 0.96 |

再次，组成法方程、解算法方程为

$$\boldsymbol{N}_{bb}=\begin{bmatrix} 2.6045 & 0.5618 & -1.1122 & -0.5851 & -0.0005 & 0.0254 \\ 0.5618 & 2.9756 & -0.5851 & -0.3078 & 0.0254 & -1.3794 \\ -1.1122 & -0.5851 & 3.4363 & 0.3339 & -0.9704 & 0.5825 \\ -0.5851 & -0.3078 & 0.3339 & 1.5638 & 0.5825 & -0.3497 \\ -0.0005 & 0.0254 & -0.9704 & 0.5825 & 2.0447 & -0.2863 \\ 0.0254 & -1.3794 & 0.5825 & -0.3497 & -0.2863 & 2.2452 \end{bmatrix}\cdot$$

$$\begin{bmatrix}\hat{x}_1\\ \hat{y}_1\\ \hat{x}_2\\ \hat{y}_2\\ \hat{x}_3\\ \hat{y}_3\end{bmatrix}-\begin{bmatrix}-0.0003\\ -0.0096\\ -0.8403\\ -0.1769\\ 0.2495\\ -0.0278\end{bmatrix}=0,\quad \begin{bmatrix}\hat{x}_1\\ \hat{y}_1\\ \hat{x}_2\\ \hat{y}_2\\ \hat{x}_3\\ \hat{y}_3\end{bmatrix}=\begin{bmatrix}-0.1397\\ -0.0310\\ -0.2816\\ -0.1144\\ 0.0253\\ 0.0286\end{bmatrix}$$

$$\begin{bmatrix}\hat{X}_1^1\\ \hat{Y}_1^1\\ \hat{X}_2^1\\ \hat{Y}_2^1\\ \hat{X}_3^1\\ \hat{Y}_3^1\end{bmatrix}=\begin{bmatrix}X_1^0\\ Y_1^0\\ X_2^0\\ Y_2^0\\ X_3^0\\ Y_3^0\end{bmatrix}+\begin{bmatrix}\hat{x}_1\\ \hat{y}_1\\ \hat{x}_2\\ \hat{y}_2\\ \hat{x}_3\\ \hat{y}_3\end{bmatrix}=\begin{bmatrix}48\,580.270\\ 60\,500.505\\ 43\,767.223\\ 57\,968.593\\ 48\,681.390\\ 55\,018.279\end{bmatrix}+\begin{bmatrix}-0.014\\ -0.003\\ -0.028\\ -0.011\\ 0.003\\ 0.003\end{bmatrix}=\begin{bmatrix}48\,580.256\\ 60\,500.502\\ 43\,767.195\\ 57\,968.582\\ 48\,681.393\\ 55\,018.282\end{bmatrix}$$

$$\boldsymbol{D}_{xx}=\begin{bmatrix} 0.0561 & -0.0102 & 0.0180 & 0.0115 & 0.0041 & -0.0092 \\ -0.0102 & 0.0601 & -0.0019 & 0.0178 & -0.0011 & 0.0402 \\ 0.0180 & -0.0019 & 0.0500 & -0.0174 & 0.0268 & -0.0136 \\ 0.0115 & 0.0178 & -0.0174 & 0.1026 & -0.0339 & 0.0270 \\ 0.0041 & -0.0011 & 0.0268 & -0.0339 & 0.0774 & -0.0031 \\ -0.0092 & 0.0402 & -0.0136 & 0.0270 & -0.0031 & 0.0823 \end{bmatrix}=\begin{bmatrix}\underset{4\times4}{\boldsymbol{D}_{11}} & \underset{4\times2}{\boldsymbol{D}_{12}}\\ \underset{2\times4}{\boldsymbol{D}_{21}} & \underset{2\times2}{\boldsymbol{D}_{22}}\end{bmatrix}$$

(2)进行拟合推估。

第一步，列误差方程为

$V_{10}=0.3902\hat{x}_2-0.9207\hat{y}_2-0.3902\hat{x}_4+0.9207\hat{y}_4+0.0067,P_{10}=0.91$

$V_{11}=0.7142\hat{x}_4+0.7000\hat{y}_4-1.5840,P_{11}=1.38$

$V_{12}=0.8708\hat{x}_1-0.4916\hat{y}_1-0.8708\hat{x}_4+0.4916\hat{y}_4-0.0111, P_{12}=0.71$

$V_{13}=-0.9822\hat{x}_4-0.1879\hat{y}_4+1.2009, P_{13}=0.96$

根据拟合推估公式,先列出各矩阵元素为

$$\boldsymbol{B}=\begin{bmatrix}0.0000 & 0.0000 & 0.3902 & -0.9207\\ 0.0000 & 0.0000 & 0.0000 & 0.0000\\ 0.8708 & -0.4916 & 0.0000 & 0.0000\\ 0.0000 & 0.0000 & 0.0000 & 0.0000\end{bmatrix}$$

$$\boldsymbol{G}=\begin{bmatrix}-0.3902 & 0.9207\\ 0.7142 & 0.7000\\ -0.8708 & 0.4916\\ -0.9822 & -0.1879\end{bmatrix}, \boldsymbol{l}=\begin{bmatrix}-0.0067\\ 1.5840\\ 0.0111\\ -1.2009\end{bmatrix}$$

$$\operatorname{diag}(\boldsymbol{D}_{\Delta})=\sigma_0^2\operatorname{diag}(\boldsymbol{P}_{\Delta})=[0.1054 \quad 0.1564 \quad 0.0804 \quad 0.1088]$$

第二步,求倾向参数,即

$$\begin{bmatrix}\hat{x}_4\\ \hat{y}_4\end{bmatrix}=[\boldsymbol{G}^{\mathrm{T}}(\boldsymbol{B}\boldsymbol{D}_{11}\boldsymbol{B}^{\mathrm{T}}+\boldsymbol{D}_{\Delta})^{-1}\boldsymbol{G}]^{-1}\boldsymbol{G}^{\mathrm{T}}(\boldsymbol{B}\boldsymbol{D}_{11}\boldsymbol{B}^{\mathrm{T}}+\boldsymbol{D}_{\Delta})^{-1}\boldsymbol{l}=\begin{bmatrix}1.0316\\ 1.0289\end{bmatrix}(\mathrm{dm})$$

第三步,求观测信号,即

$$\begin{bmatrix}\hat{x}_1\\ \hat{y}_1\\ \hat{x}_2\\ \hat{y}_2\end{bmatrix}=\boldsymbol{D}_{11}\boldsymbol{B}^{\mathrm{T}}(\boldsymbol{B}\boldsymbol{D}_{11}\boldsymbol{B}^{\mathrm{T}}+\boldsymbol{D}_{\Delta})^{-1}(\boldsymbol{l}-\boldsymbol{G}\hat{\boldsymbol{y}})=\begin{bmatrix}0.1318\\ -0.0469\\ -0.0570\\ 0.2449\end{bmatrix}(\mathrm{dm})$$

第四步,求推估信号,即

$$\begin{bmatrix}\hat{x}_3\\ \hat{y}_3\end{bmatrix}=\boldsymbol{D}_{21}\boldsymbol{D}_{11}^{-1}\hat{\boldsymbol{x}}=\begin{bmatrix}-0.0907\\ 0.0087\end{bmatrix}(\mathrm{dm})$$

第五步,求最后坐标,即

$$\begin{bmatrix}\hat{X}_1\\ \hat{Y}_1\\ \hat{X}_2\\ \hat{Y}_2\\ \hat{X}_3\\ \hat{Y}_3\\ \hat{X}_4\\ \hat{Y}_4\end{bmatrix}=\begin{bmatrix}\hat{X}_1^1\\ \hat{Y}_1^1\\ \hat{X}_2^1\\ \hat{Y}_2^1\\ \hat{X}_3^1\\ \hat{Y}_3^1\\ \hat{X}_4^0\\ \hat{Y}_4^0\end{bmatrix}+\begin{bmatrix}\hat{x}_1\\ \hat{y}_1\\ \hat{x}_2\\ \hat{y}_2\\ \hat{x}_3\\ \hat{y}_3\\ \hat{x}_4\\ \hat{y}_4\end{bmatrix}=\begin{bmatrix}48580.256\\ 60500.502\\ 43767.195\\ 57968.582\\ 48681.393\\ 55018.282\\ 40843.219\\ 64867.875\end{bmatrix}+\begin{bmatrix}0.013\\ -0.005\\ -0.006\\ 0.024\\ -0.009\\ 0.001\\ 0.103\\ 0.103\end{bmatrix}=\begin{bmatrix}48580.269\\ 60500.497\\ 43767.189\\ 57968.606\\ 48681.384\\ 55018.283\\ 40843.322\\ 64867.978\end{bmatrix}(\mathrm{m})$$

第六步,评定精度(略)。

# 第 7 章　非线性滤波

## §7.1　非线性最小二乘估计

### 7.1.1　非线性强度

不同的非线性模型具有不同的非线性强度，非线性强度直接影响线性近似的效果，可以用曲率来度量，即

$$\hat{N}=\frac{\|f(\boldsymbol{X})-f(\hat{\boldsymbol{X}})-\boldsymbol{B}_{\hat{X}}(\boldsymbol{X}-\hat{\boldsymbol{X}})\|^2}{\|f(\boldsymbol{X})-f(\hat{\boldsymbol{X}})\|^2} \tag{7.1.1}$$

式中，$\hat{\boldsymbol{X}}$ 为线性近似后得到的参数估计，$\boldsymbol{B}_{\hat{X}}$ 为

$$\boldsymbol{B}_{\hat{X}}=\begin{bmatrix} \frac{\partial f_1}{\partial X_1} & \frac{\partial f_1}{\partial X_2} & \cdots & \frac{\partial f_1}{\partial X_t} \\ \frac{\partial f_2}{\partial X_1} & \frac{\partial f_2}{\partial X_2} & \cdots & \frac{\partial f_2}{\partial X_t} \\ \vdots & \vdots & & \vdots \\ \frac{\partial f_n}{\partial X_1} & \frac{\partial f_n}{\partial X_2} & \cdots & \frac{\partial f_n}{\partial X_t} \end{bmatrix}_{\boldsymbol{X}=\hat{\boldsymbol{X}}} \tag{7.1.2}$$

设非线性观测方程在 $\boldsymbol{X}_0$ 处线性近似，得

$$\boldsymbol{L}\approx f(\boldsymbol{X}_0)+\boldsymbol{B}(\boldsymbol{X}-\boldsymbol{X}_0)+\boldsymbol{\Delta} \tag{7.1.3}$$

相应的误差方程为

$$\boldsymbol{V}=\boldsymbol{Bx}+\boldsymbol{l} \tag{7.1.4}$$

式中，$\boldsymbol{x}=\hat{\boldsymbol{X}}-\boldsymbol{X}_0$，$\boldsymbol{l}=f(\boldsymbol{X}_0)-\boldsymbol{L}$。

在假定 $\boldsymbol{\Delta}$ 相关独立且服从 $N(0,\sigma^2\boldsymbol{Q}_{LL})$ 的前提下，得

$$\|f(\boldsymbol{X})-f(\hat{\boldsymbol{X}})\|^2\approx(\boldsymbol{X}-\hat{\boldsymbol{X}})^{\mathrm{T}}\boldsymbol{B}_{\hat{X}}^{\mathrm{T}}\boldsymbol{P}\,\boldsymbol{B}_{\hat{X}}(\boldsymbol{X}-\hat{\boldsymbol{X}})$$

于是，统计量为

$$K_1=\frac{(\boldsymbol{X}-\hat{\boldsymbol{X}})^{\mathrm{T}}\boldsymbol{B}_{\hat{X}}^{\mathrm{T}}\boldsymbol{P}\,\boldsymbol{B}_{\hat{X}}(\boldsymbol{X}-\hat{\boldsymbol{X}})}{\sigma^2}\sim\chi^2(t)$$

因为

$$K_2=\frac{\boldsymbol{V}^{\mathrm{T}}\boldsymbol{V}}{\sigma^2}=\frac{(n-t)\hat{\sigma}^2}{\sigma^2}\sim\chi^2(n-t)$$

于是

$$\frac{\frac{K_1}{t}}{\frac{K_2}{n-t}}=\frac{\frac{\| f(\boldsymbol{X})-f(\hat{\boldsymbol{X}})\|^2}{t\sigma^2}}{\frac{\hat{\sigma}^2(n-t)}{\sigma^2(n-t)}}\approx\frac{(\boldsymbol{X}-\hat{\boldsymbol{X}})^{\mathrm{T}}\boldsymbol{B}_{\hat{X}}^{\mathrm{T}}\boldsymbol{P}\boldsymbol{B}_{\hat{X}}(\boldsymbol{X}-\hat{\boldsymbol{X}})}{t\hat{\sigma}^2}\sim F_\alpha(t,n-t) \quad (7.1.5)$$

所以式(7.1.3)在置信水平 $1-\alpha$ 下的置信域为

$$\| f(\boldsymbol{X})-f(\hat{\boldsymbol{X}})\|^2\approx(\boldsymbol{X}-\hat{\boldsymbol{X}})^{\mathrm{T}}\boldsymbol{B}_{\hat{X}}^{\mathrm{T}}\boldsymbol{P}\boldsymbol{B}_{\hat{X}}(\boldsymbol{X}-\hat{\boldsymbol{X}})\leqslant t\hat{\sigma}^2F_\alpha(t,n-t) \quad (7.1.6)$$

式中,$t$ 为未知参数 $\boldsymbol{X}$ 的个数,$\hat{\sigma}^2$ 为方差 $\sigma^2$ 的估值。

置信域式(7.1.6)的边界可以看成一个以 $f(\hat{\boldsymbol{X}})$ 为球心、以 $R=\rho\sqrt{F_\alpha(t,n-t)}$ ($\rho=\hat{\sigma}\sqrt{t}$)为半径的球面,这个球面上任意一点的曲率为

$$K_F=\frac{1}{\rho\sqrt{F_\alpha(t,n-t)}} \quad (7.1.7)$$

式(7.1.7)是线性近似后,在置信水平 $1-\alpha$ 下的置信域的曲率。

当非线性模型的解轨迹 $\eta=f(\boldsymbol{X})$ 上 $\boldsymbol{X}_0$ 处的最大固有曲率 $K^N$ 和最大参数效应曲率 $K^T$ 均小于 $K_F$ 时,说明解轨迹接近于线性。最大固有曲率 $K^N$ 和最大参数效应曲率 $K^T$ 是固有曲率 $K_h^N$ 和参数效应曲率 $K_h^T$ 的最大值。

将 $f(\boldsymbol{X})$ 展为泰勒级数,取二次项得

$$f(\boldsymbol{X})=f(\boldsymbol{X}_0)+\boldsymbol{B}\boldsymbol{x}+\frac{1}{2}\boldsymbol{x}^{\mathrm{T}}\boldsymbol{c}\boldsymbol{x}+\boldsymbol{e}$$

式中,$\boldsymbol{e}$ 为略去三次及三次以上各项后引起的误差向量。

当 $f(\boldsymbol{X})$ 为线性模型时,有 $\frac{1}{2}\boldsymbol{x}^{\mathrm{T}}\boldsymbol{c}\boldsymbol{x}+\boldsymbol{e}=0$,于是有

$$\| f(\boldsymbol{X})-f(\boldsymbol{X}_0)-\boldsymbol{B}\boldsymbol{x}\|^2\geqslant\|\boldsymbol{x}^{\mathrm{T}}\boldsymbol{c}\boldsymbol{x}\|^2 \quad (7.1.8)$$

将观测值 $\boldsymbol{L}$ 和线性近似后解出的 $\boldsymbol{x}$ 代入式(7.1.8),得

$$\boldsymbol{V}^{\mathrm{T}}\boldsymbol{V}\geqslant\|\boldsymbol{x}^{\mathrm{T}}\boldsymbol{c}\boldsymbol{x}\|^2 \quad (7.1.9)$$

式(7.1.9)表明,线性近似后的残差平方和大于等于略去二次项所产生的误差向量的平方和。因为 $\boldsymbol{c}\boldsymbol{x}^2$ 只是线性近似所产生的模型误差向量,而 $\boldsymbol{V}$ 既包括模型误差向量的影响,又包括观测误差向量的影响,所以,如果式(7.1.9)不成立,就说明略去了二次项产生的模型误差,此时就不能线性近似。因此,判断非线性模型能否线性近似的准则为

$$\frac{\|\boldsymbol{x}^{\mathrm{T}}\boldsymbol{c}\boldsymbol{x}\|^2}{\boldsymbol{V}^{\mathrm{T}}\boldsymbol{V}}\leqslant 1 \quad (7.1.10)$$

例 7.1.1 已知非线性模型为 $L_i=x_1\mathrm{e}^{ix_2}$,其中 $x_1$ 和 $x_2$ 的真值为 $\boldsymbol{X}^{\mathrm{T}}=[5.420\,136\,187 \quad -0.254\,361\,89]$,$L_i$ 的真值(用参数的真值 $\boldsymbol{X}$ 算得)和相应的 5 个同精度独立观测值列于表 7.1.1。

表 7.1.1 $L_i$ 的真值和相应的观测值

| $i$ | 1 | 2 | 3 | 4 | 5 |
|---|---|---|---|---|---|
| 真值 | 4.202 834 | 3.258 924 | 2.527 006 | 1.959 469 | 1.519 394 |
| 观测值 | 4.20 | 3.25 | 2.52 | 1.95 | 1.51 |

取参数 $\boldsymbol{X}$ 的近似值为 $\boldsymbol{X}_0^{\mathrm{T}}=[5.4 \quad -0.3]$，得误差方程为

$$\boldsymbol{V}=\boldsymbol{B}\boldsymbol{x}-\boldsymbol{l}=\begin{bmatrix}0.740\,8 & 4.000\,4\\0.548\,8 & 5.927\,2\\0.406\,6 & 6.586\,4\\0.301\,2 & 6.505\,8\\0.223\,1 & 6.024\,5\end{bmatrix}\begin{bmatrix}x_1\\x_2\end{bmatrix}-\begin{bmatrix}0.199\,6\\0.286\,4\\0.324\,5\\0.323\,6\\0.305\,1\end{bmatrix}$$

根据最小二乘原理，得 $x_1$ 和 $x_2$ 的最小二乘估计为

$$\hat{x}_1=-0.005\,858\,021,\hat{x}_2=0.049\,953\,787$$

于是，参数 $\boldsymbol{X}$ 的最小二乘估值为

$$\hat{\boldsymbol{X}}^{\mathrm{T}}=[5.394\,141\,979 \quad -0.250\,246\,213]$$

参数估值 $\hat{\boldsymbol{X}}$ 的真误差为

$$\boldsymbol{\Delta}_X^{\mathrm{T}}=[-0.259\,942\,00 \quad 0.004\,315\,680]$$

$$\|\boldsymbol{\Delta}_X\|=0.026\,318\,01$$

将 $\hat{\boldsymbol{X}}$ 代入误差方程，得残差向量为

$$\boldsymbol{V}^{\mathrm{T}}=[-0.004\,1 \quad 0.006\,5 \quad 0.002\,1 \quad -0.000\,4 \quad -0.005\,5],\boldsymbol{V}^{\mathrm{T}}\boldsymbol{V}=0.000\,093$$

$$\boldsymbol{x}^{\mathrm{T}}\boldsymbol{c}\boldsymbol{x}=[0.009\,5 \quad 0.028\,9 \quad 0.048\,6 \quad 0.064\,2 \quad 0.074\,5],\|\boldsymbol{x}^{\mathrm{T}}\boldsymbol{c}\boldsymbol{x}\|^2=0.012\,959$$

$$\frac{\|\boldsymbol{x}^{\mathrm{T}}\boldsymbol{c}\boldsymbol{x}\|^2}{\boldsymbol{V}^{\mathrm{T}}\boldsymbol{V}}=\frac{0.012\,959}{0.000\,093}=139.344\,1>1$$

所以本例的非线性模型不能线性近似。

例 7.1.2 已知非线性模型为 $L_i=\dfrac{x_1^2}{i}+x_2$，其中参数的真值仍为 $\boldsymbol{X}^{\mathrm{T}}=[5.420\,136\,187 \quad -0.254\,361\,89]$，$L_i$ 的真值和相应的 5 个同精度独立观测值列于表 7.1.2。

表 7.1.2 $L_i$ 的真值和相应的观测值

| $i$ | 1 | 2 | 3 | 4 | 5 |
|---|---|---|---|---|---|
| 真值 | 29.123 514 | 14.434 576 | 9.538 264 | 7.090 107 | 5.621 213 |
| 观测值 | 29.12 | 14.43 | 9.53 | 7.09 | 5.62 |

取参数 $\boldsymbol{X}$ 的近似值为$\boldsymbol{X}_0^{\mathrm{T}}=[5.4\quad -0.3]$,得误差方程为

$$\boldsymbol{V}=\boldsymbol{Bx}-\boldsymbol{l}=\begin{bmatrix}10.8 & 5.4 & 3.6\\ 1 & 1 & 1\end{bmatrix}^{\mathrm{T}}\begin{bmatrix}x_1\\ x_2\end{bmatrix}-[0.26\quad 0.15\quad 0.11\quad 0.10\quad 0.088]^{\mathrm{T}}$$

根据最小二乘原理,得 $x_1$ 和 $x_2$ 的最小二乘估计为

$$\hat{x}_1=-0.020\,007\,626,\hat{x}_2=0.042\,922\,386$$

于是,参数 $\boldsymbol{X}$ 的最小二乘估值为

$$\hat{\boldsymbol{X}}^{\mathrm{T}}=[5.420\,007\,626\quad -0.257\,077\,610]$$

参数估值 $\hat{\boldsymbol{X}}$ 的真误差为

$$\boldsymbol{\Delta}_X{}^{\mathrm{T}}=[-0.000\,128\,561\quad -0.002\,715\,720],\|\boldsymbol{\Delta}_X\|=0.027\,157\,20$$

将 $\hat{\boldsymbol{X}}$ 代入误差方程,得残差向量为

$$\boldsymbol{V}^{\mathrm{T}}=[-0.001\,0\quad 0.001\,0\quad 0.004\,9\quad -0.003\,1\quad -0.001\,9],\boldsymbol{V}^{\mathrm{T}}\boldsymbol{V}=3.9\times10^{-5}$$

$$\boldsymbol{x}^{\mathrm{T}}\boldsymbol{cx}=[0.000\,8\quad 0.000\,4\quad 0.000\,3\quad 0.000\,2\quad 0.000\,2]$$

$$\|\boldsymbol{x}^{\mathrm{T}}\boldsymbol{cx}\|^2=9.381\times10^{-7},\frac{\|\boldsymbol{x}^{\mathrm{T}}\boldsymbol{cx}\|^2}{\boldsymbol{V}^{\mathrm{T}}\boldsymbol{V}}=\frac{9.381\times10^{-7}}{3.9\times10^{-5}}=0.024\,1<1$$

所以本例的非线性模型可以线性近似。

### 7.1.2　非线性最小二乘估计的定义

设非线性观测方程为

$$\boldsymbol{L}=f(\boldsymbol{X})+\boldsymbol{\Delta}\tag{7.1.11}$$

式中,$f(\boldsymbol{X})=[f(X_1)\quad f(X_2)\quad \cdots\quad f(X_n)]^{\mathrm{T}}$,是由 $n$ 个 $\boldsymbol{X}$ 的非线性函数组成的 $n\times1$ 的向量。非线性观测方程式(7.1.11)的误差方程为

$$\boldsymbol{V}=f(\hat{\boldsymbol{X}})-\boldsymbol{L}\tag{7.1.12}$$

于是残差平方和为

$$\boldsymbol{V}^{\mathrm{T}}\boldsymbol{V}=\|\boldsymbol{V}\|^2=\|f(\hat{\boldsymbol{X}})-\boldsymbol{L}\|^2=(f(\hat{\boldsymbol{X}})-\boldsymbol{L})^{T}(f(\hat{\boldsymbol{X}})-\boldsymbol{L})\tag{7.1.13}$$

非线性最小二乘估计定义为

$$\boldsymbol{V}^{\mathrm{T}}\boldsymbol{V}=\min\tag{7.1.14}$$

满足非线性最小二乘原理式(7.1.14)的参数估值记为$\hat{\boldsymbol{X}}_{\mathrm{LS}}$,也可以简记为 $\hat{\boldsymbol{X}}$。若 $f(\boldsymbol{X})$在参数空间$\mathscr{X}$ 上关于 $\boldsymbol{X}$ 存在一阶连续偏导数,且 $\boldsymbol{X}$ 的非线性最小二乘估计为 $\hat{\boldsymbol{X}}$,则残差向量 $\boldsymbol{V}$ 在 $\hat{\boldsymbol{X}}$ 处垂直于切空间 $T$。假定参数空间$\mathscr{X}$ 为 $R'$上的子集,$f(\boldsymbol{X})$关于 $\boldsymbol{X}$ 连续,则必存在 $R''$上的可测函数 $\boldsymbol{X}=\Phi(\boldsymbol{L})$,使

$$\|f(\hat{\boldsymbol{X}})-\boldsymbol{L}\|^2=\min_{\boldsymbol{X}\in\mathscr{X}}\|f(\hat{\boldsymbol{X}})-\boldsymbol{L}\|^2\quad(\boldsymbol{L}\in R'')\tag{7.1.15}$$

式(7.1.15)实际上是非线性最小二乘估计的存在定理,这里不予证明。

既然在$\mathcal{X}$上存在最小二乘估计值 $\hat{\boldsymbol{X}}$,能使 $\| f(\hat{\boldsymbol{X}})-\boldsymbol{L}\|^2=\min$,那么,如何求解这一最小二乘估计量呢?解算非线性最小二乘估计有线性近似、参数变换、迭代解法、顾及二次项的直接解法、单纯形法、模拟退火等算法。

### 7.1.3 非线性最小二乘估计的迭代算法

求非线性模型的最小二乘估计量,就是求参数 $\boldsymbol{X}$ 的估值 $\hat{\boldsymbol{X}}$,使

$$\boldsymbol{V}^{\mathrm{T}}\boldsymbol{V}=(f(\hat{\boldsymbol{X}})-\boldsymbol{L})^{\mathrm{T}}(f(\hat{\boldsymbol{X}})-\boldsymbol{L})=f^{\mathrm{T}}(\hat{\boldsymbol{X}})f(\hat{\boldsymbol{X}})-2f^{\mathrm{T}}(\hat{\boldsymbol{X}})\boldsymbol{L}+\boldsymbol{L}^{\mathrm{T}}\boldsymbol{L}=\min \tag{7.1.16}$$

由于$\boldsymbol{L}^{\mathrm{T}}\boldsymbol{L}$是一常量,所以式(7.1.16)等价于目标函数为

$$R(\hat{\boldsymbol{X}})=f^{\mathrm{T}}(\hat{\boldsymbol{X}})f(\hat{\boldsymbol{X}})-2f^{\mathrm{T}}(\hat{\boldsymbol{X}})\boldsymbol{L}=\min \tag{7.1.17}$$

的非线性无约束最优化问题。

因为 $f(\hat{\boldsymbol{X}})$ 是 $\hat{\boldsymbol{X}}$ 的非线性函数,所以对式(7.1.17)求一阶偏导数,并令其为零。因为得不到 $\hat{\boldsymbol{X}}$ 的显表达式,故求不出 $\hat{\boldsymbol{X}}$ 的解析解。因此,只有用迭代的方法求出解析解的近似解$\boldsymbol{X}^*$,使

$$R(\boldsymbol{X}^*)\leqslant R(\hat{\boldsymbol{X}}) \tag{7.1.18}$$

成立。寻找使式(7.1.18)成立的近似解 $\boldsymbol{X}^*$,一般采用迭代方法。常用的迭代方法有牛顿法、信赖域法、拟牛顿法、最速下降法、阻尼最小二乘法、高斯-牛顿法和改进的高斯-牛顿法。限于篇幅这里只介绍高斯-牛顿法。

高斯-牛顿法的基本出发点就是在初值 $\boldsymbol{X}^0$ 处对非线性模型进行线性近似,得误差方程为

$$\boldsymbol{V}=\boldsymbol{B}\,\boldsymbol{X}^0\boldsymbol{x}-(\boldsymbol{L}-f(\boldsymbol{X}^0))$$

根据最小二乘原理,有

$$\boldsymbol{X}^1=\boldsymbol{X}^0+(\boldsymbol{B}^{\mathrm{T}}\,\boldsymbol{X}^0\boldsymbol{P}\boldsymbol{B}\,\boldsymbol{X}^0)^{-1}\boldsymbol{B}^{\mathrm{T}}\,\boldsymbol{X}^0\boldsymbol{P}(\boldsymbol{L}-f(\boldsymbol{X}^0))$$

求得$\boldsymbol{X}^1$后,再以$\boldsymbol{X}^1$为近似值迭代,其迭代公式为

$$\boldsymbol{X}^i=\boldsymbol{X}^{i-1}+(\boldsymbol{B}^{\mathrm{T}}\,\boldsymbol{X}^{i-1}\boldsymbol{P}\boldsymbol{B}\,\boldsymbol{X}^{i-1})^{-1}\boldsymbol{B}^{\mathrm{T}}\,\boldsymbol{X}^{i-1}\boldsymbol{P}(\boldsymbol{L}-f(\boldsymbol{X}^{i-1})) \tag{7.1.19}$$

终止迭代的条件为

$$|\boldsymbol{X}^i-\boldsymbol{X}^{i-1}|\leqslant\varepsilon \tag{7.1.20}$$

式中,$\varepsilon$ 是事先约定的误差限。

高斯-牛顿法对初值的依赖性较大。当初值较差时,会出现迭代发散现象,使迭代无法进行。为了克服这个缺点,可以采用改进的高斯-牛顿法。

当用高斯-牛顿法求得$\boldsymbol{x}^i$后,适当选取 $\lambda^i$,使

$$\boldsymbol{X}^{i+1}=\boldsymbol{X}^i+\lambda^i\,\boldsymbol{x}^i \tag{7.1.21}$$

并且保证使

$$\boldsymbol{V}^{\mathrm{T}}\boldsymbol{P}\boldsymbol{V}\boldsymbol{X}^{i+1}<\boldsymbol{V}^{\mathrm{T}}\boldsymbol{P}\boldsymbol{V}\boldsymbol{X}^i \tag{7.1.22}$$

这样可以保证逐步收敛于$\boldsymbol{V}^{\mathrm{T}}\boldsymbol{P}\boldsymbol{V}=\min$。该算法的关键是要计算 $\lambda^i$ 值,一般采用三点抛物线近似,即分别求出 $\lambda=0$、$\lambda=0.5$ 和 $\lambda=1.0$ 时 $R(\boldsymbol{X})$的值,这三个值为

$R(\boldsymbol{X}^i)$、$R(\boldsymbol{X}^i+\frac{1}{2}\boldsymbol{x}^i)$、$R(\boldsymbol{X}^i+\boldsymbol{x}^i)$，则

$$\lambda^i=\frac{\frac{1}{2}+\frac{1}{4}(R(\boldsymbol{X}^i)-R(\boldsymbol{X}^i+\boldsymbol{x}^i))}{R(\boldsymbol{X}^i)-2R(\boldsymbol{X}^i+\frac{1}{2}\boldsymbol{x}^i+R(\boldsymbol{X}^i+\boldsymbol{x}^i))} \tag{7.1.23}$$

# §7.2　非线性迭代滤波

## 7.2.1　非线性滤波方程的线性化

设观测向量 $\boldsymbol{L}$ 是滤波信号 $\boldsymbol{X}$ 的非线性函数，则

$$L_i=f_i(X_1,X_2,\cdots,X_t)+\Delta_i \quad (i=1,2,\cdots,n) \tag{7.2.1}$$

设滤波信号 $\boldsymbol{X}=[X_1\quad X_2\quad\cdots\quad X_t]^{\mathrm{T}}$ 的先验值为 $\hat{\boldsymbol{X}}^0=[\hat{X}_1^0\quad\hat{X}_2^0\quad\cdots\quad\hat{X}_t^0]^{\mathrm{T}}$，真值为 $\tilde{\boldsymbol{X}}=[\tilde{X}_1\quad\tilde{X}_2\quad\cdots\quad\tilde{X}_t]^{\mathrm{T}}$，最佳估值为 $\hat{\boldsymbol{X}}=[\hat{X}_1\quad\hat{X}_2\quad\cdots\quad\hat{X}_n]^{\mathrm{T}}$，真值 $\tilde{\boldsymbol{X}}$ 与最佳估值 $\hat{\boldsymbol{X}}$ 之差为 $\boldsymbol{x}=[x_1\quad x_2\quad\cdots\quad x_t]^{\mathrm{T}}$，初值 $\tilde{\boldsymbol{X}}$ 与估值 $\hat{\boldsymbol{X}}$ 之差为 $\hat{\boldsymbol{x}}=[\hat{x}_1\quad\hat{x}_2\quad\cdots\quad\hat{x}_t]^{\mathrm{T}}$，函数 $f_i[\hat{X}_1,\hat{X}_2,\cdots,\hat{X}_t]=f_i(\hat{X}_1^0+x_1,\hat{X}_2^0+x_2,\cdots,\hat{X}_t^0+x_t)$ 在 $\boldsymbol{X}_0$ 处展开，得

$$L_i = f_i(\hat{X}_1^0,\hat{X}_2^0,\cdots,\hat{X}_t^0)+\sum_{j=1}^{t}\frac{\partial f_i}{\partial X_j}\Big|_{\tilde{X}=\hat{X}_0}x_j+\Delta_i \tag{7.2.2}$$

令 $l_i=L_i-f_i(\hat{X}_1^0,\hat{X}_2^0,\cdots,\hat{X}_t^0)$、$B_{ij}=\frac{\partial f_i}{\partial X_j}$，则可列出线性化后的观测方程为

$$\begin{bmatrix}l_1\\l_2\\\vdots\\l_n\end{bmatrix}=\begin{bmatrix}B_{11}&B_{12}&\cdots&B_{1t}\\B_{21}&B_{22}&\cdots&B_{2t}\\\vdots&\vdots&&\vdots\\B_{n1}&B_{n2}&\cdots&B_{nt}\end{bmatrix}\begin{bmatrix}x_1\\x_2\\\vdots\\x_t\end{bmatrix}+\begin{bmatrix}\Delta_1\\\Delta_2\\\vdots\\\Delta_n\end{bmatrix} \tag{7.2.3}$$

即

$$\boldsymbol{l}=\boldsymbol{Bx}+\boldsymbol{\Delta} \tag{7.2.4}$$

根据第 6 章，可以写出滤波公式为

$$\hat{\boldsymbol{x}}=\boldsymbol{D}_{\hat{X}_0}\boldsymbol{B}^{\mathrm{T}}(\boldsymbol{B}\boldsymbol{D}_{\hat{X}_0}\boldsymbol{B}^{\mathrm{T}}+\boldsymbol{D}_{\Delta})^{-1}\boldsymbol{l} \tag{7.2.5}$$

而滤波信号的最佳估值为

$$\hat{\boldsymbol{X}}=\hat{\boldsymbol{X}}_0+\hat{\boldsymbol{x}} \tag{7.2.6}$$

推估信号的最佳估值为

$$\hat{\boldsymbol{X}}'=\hat{\boldsymbol{X}}'_0=\boldsymbol{D}_{\hat{x}_0\hat{x}_0}\boldsymbol{D}_{\hat{x}_0}^{-1}\hat{\boldsymbol{x}} \tag{7.2.7}$$

滤波信号和推估信号的最佳估值协方差矩阵为

$$\left.\begin{aligned}\boldsymbol{D}_{\hat{x}}&=\boldsymbol{D}_{\hat{x}_0}-\boldsymbol{D}_{\hat{x}_0}\boldsymbol{B}^{\mathrm{T}}(\boldsymbol{B}\boldsymbol{D}_{\hat{x}_0}\boldsymbol{B}^{\mathrm{T}}+\boldsymbol{D}_{\Delta})^{-1}\boldsymbol{B}\boldsymbol{D}_{\hat{x}_0}\\ \boldsymbol{D}_{\hat{x}}&=\boldsymbol{D}_{\hat{x}_0}-\boldsymbol{D}_{\hat{x}_0\hat{x}_0}\boldsymbol{B}^{\mathrm{T}}(\boldsymbol{B}\boldsymbol{D}_{\hat{x}_0}\boldsymbol{B}^{\mathrm{T}}+\boldsymbol{D}_{\Delta})^{-1}\boldsymbol{B}\boldsymbol{D}_{\hat{x}_0}\\ \boldsymbol{D}_{\hat{x}\hat{x}}&=\boldsymbol{D}_{\hat{x}_0\hat{x}_0}-\boldsymbol{D}_{\hat{x}_0}\boldsymbol{B}^{\mathrm{T}}(\boldsymbol{B}\boldsymbol{D}_{\hat{x}_0}\boldsymbol{B}^{\mathrm{T}}+\boldsymbol{D}_{\Delta})^{-1}\boldsymbol{B}\boldsymbol{D}_{\hat{x}_0\hat{x}_0}\end{aligned}\right\}\tag{7.2.8}$$

### 7.2.2　迭代滤波

非线性方程的线性化方法会带来模型误差，如果将首次滤波值结果记为

$$\left.\begin{aligned}\hat{\boldsymbol{x}}_1&=\boldsymbol{D}_{\hat{X}_0}\boldsymbol{B}^{\mathrm{T}}(\boldsymbol{B}\boldsymbol{D}_{\hat{X}_0}\boldsymbol{B}^{\mathrm{T}}+\boldsymbol{D}_{\Delta})^{-1}\boldsymbol{l}\\ \boldsymbol{D}_{\hat{X}_1}&=\boldsymbol{D}_{\hat{X}_0}-\boldsymbol{D}_{\hat{X}_0}\boldsymbol{B}^{\mathrm{T}}(\boldsymbol{B}\boldsymbol{D}_{\hat{X}_0}\boldsymbol{B}^{\mathrm{T}}+\boldsymbol{D}_{\Delta}{}^{\mathrm{T}})^{-1}\boldsymbol{B}\boldsymbol{D}_{\hat{X}_0}\end{aligned}\right\}\tag{7.2.9}$$

首次滤波信号为

$$\hat{\boldsymbol{X}}_1=\hat{\boldsymbol{X}}_0+\hat{\boldsymbol{x}}_1\tag{7.2.10}$$

将$\hat{\boldsymbol{X}}_1$代入式(7.2.2)，计算观测值的首次滤波值$\hat{\boldsymbol{L}}_1$。将观测方程在$\hat{\boldsymbol{X}}_1$处线性化，并记

$$L_i=f_i(\hat{X}_1^1,\hat{X}_2^1,\cdots,\hat{X}_t^1)+\sum_{j=1}^{t}\frac{\partial f_i}{\partial X_j}\bigg|_{\widetilde{X}=\hat{X}_1}x_j\tag{7.2.11}$$

令$l_i{}^1=L_i-f_i(\hat{X}_1^1,\hat{X}_2^1,\cdots,\hat{X}_t^1)$、$B_{ij}^1=\dfrac{\partial f_i}{\partial X_j}\bigg|_{\widetilde{X}=\hat{X}_1}$，则可列出线性化后的观测方程为

$$\boldsymbol{l}_1=\boldsymbol{B}_1\boldsymbol{x}_2+\boldsymbol{\Delta}\tag{7.2.12}$$

第二次滤波得

$$\hat{\boldsymbol{x}}_2=\boldsymbol{D}_{\hat{X}_1}\boldsymbol{B}_1{}^{\mathrm{T}}(\boldsymbol{B}_1\boldsymbol{D}_{\hat{X}_1}\boldsymbol{B}_1{}^{\mathrm{T}}+\boldsymbol{D}_{\Delta})^{-1}\boldsymbol{l}_1\tag{7.2.13}$$

第二次滤波信号为

$$\hat{\boldsymbol{X}}_2=\hat{\boldsymbol{X}}_1+\hat{\boldsymbol{x}}_2\tag{7.2.14}$$

依次类推，第 $k+1$ 次滤波值为

$$\hat{\boldsymbol{x}}_k=\boldsymbol{D}_{\hat{X}_k}\boldsymbol{B}_k{}^{\mathrm{T}}(\boldsymbol{B}_k\boldsymbol{D}_{\hat{X}_k}\boldsymbol{B}_k{}^{\mathrm{T}}+\boldsymbol{D}_{\Delta})^{-1}\boldsymbol{l}_k\tag{7.2.15}$$

第 $k+1$ 次滤波信号为

$$\hat{\boldsymbol{X}}_{k+1}=\hat{\boldsymbol{X}}_k+\hat{\boldsymbol{x}}_{k+1}\tag{7.2.16}$$

$$\boldsymbol{D}_{\hat{X}_k}=\boldsymbol{D}_{\hat{X}_{k-1}}-\boldsymbol{D}_{\hat{X}_{k-1}}\boldsymbol{B}_k{}^{\mathrm{T}}(\boldsymbol{B}_k\boldsymbol{D}_{\hat{X}_{k-1}}\boldsymbol{B}_k{}^{\mathrm{T}}+\boldsymbol{D}_{\Delta}{}^{\mathrm{T}})^{-1}\boldsymbol{B}_k\boldsymbol{D}_{\hat{X}_{k-1}}\tag{7.2.17}$$

以上为迭代滤波计算方法，迭代可设置结束标志，即

$$\sup_{1\leqslant i\leqslant t}\{|x_i|\}\leqslant\varepsilon\tag{7.2.18}$$

式中，$\varepsilon$ 是根据精度要求，事先设置的一个小正数。

求出滤波信号的最佳估计后，再用推估公式计算推估信号。由于系数矩阵 $\boldsymbol{B}$ 与$\boldsymbol{B}_k$ 差异很小，一般可以用 $\boldsymbol{B}$ 替代$\boldsymbol{B}_k$，这样可以大大减少迭代计算的工作量，而不至于影响计算精度。

以上迭代一般两次即能满足精度要求。

# §7.3 顾及二次项的非线性静态滤波与推估

## 7.3.1 顾及二次项的非线性静态滤波与推估原理

滤波是把参数作为正态随机量。将非线性观测方程按泰勒级数展开，取至一次项，再将非线性方程转换为线性方程，最后进行滤波计算。下面将从极大验后滤波与推估的基本公式出发，推导非线性观测方程按泰勒级数展开时取至二次项和交叉项的非线性静态滤波与推估公式、函数非线性相关信号的滤波公式和推估信号与滤波信号具有非线性函数关系时推估信号的计算公式，并证明线性静态滤波与推估公式是非线性滤波公式的一个特例。

设观测向量 $\boldsymbol{L}$ 是滤波信号 $\boldsymbol{X}$ 的非线性函数，则

$$L_i = f_i(X_1, X_2, \cdots, X_t) \quad (i=1,2,\cdots,n)$$

按泰勒级数展开并取二次项，得观测方程为

$$\boldsymbol{L} = \boldsymbol{B}\boldsymbol{X} + \frac{1}{2}\boldsymbol{X}^{\mathrm{T}}\boldsymbol{G}\boldsymbol{X} + \boldsymbol{l}_0 + \boldsymbol{\Delta} \tag{7.3.1}$$

式中，$\boldsymbol{B}=(b_{ij})$ $(i=1,2,\cdots,n;j=1,2,\cdots,t_1)$ 是 2 阶系数矩阵，$\boldsymbol{G}=(C_{ijk})$ $(i=1,2,\cdots,n;j=1,2,\cdots,t_1;k=1,2,\cdots,t_1)$ 是 3 阶系数矩阵。其中，$b_{ij}=\dfrac{\partial f_i}{\partial X_j} g_{ijk}=\dfrac{\partial^2 f_i}{\partial X_j\ \partial X_k}$。

又由于 $\boldsymbol{X}=\boldsymbol{\Delta}_X+\boldsymbol{\mu}_X$，所以有

$$\left.\begin{aligned} &\boldsymbol{\Delta}_X = \boldsymbol{X} - \boldsymbol{\mu}_X \\ &E(\boldsymbol{\Delta}_X) = 0 \\ &\boldsymbol{D}_{\Delta_X} = \boldsymbol{D}_X \end{aligned}\right\} \tag{7.3.2}$$

现将式(7.3.2)代入式(7.3.1)得

$$\boldsymbol{L} = \boldsymbol{B}\boldsymbol{\Delta}_X + \boldsymbol{B}\boldsymbol{\mu}_X + \frac{1}{2}\boldsymbol{\Delta}_X^{\mathrm{T}}\boldsymbol{G}\boldsymbol{\Delta}_X + \boldsymbol{\mu}_X^{\mathrm{T}}\boldsymbol{G}\boldsymbol{\Delta}_X + \frac{1}{2}\boldsymbol{\mu}_X^{\mathrm{T}}\boldsymbol{G}\boldsymbol{\mu}_X + \boldsymbol{\Delta} \tag{7.3.3}$$

令

$$\begin{aligned} \boldsymbol{Z} &= \boldsymbol{L} - \boldsymbol{L}^0 - \boldsymbol{B}\boldsymbol{\mu}_X - \frac{1}{2}\boldsymbol{\mu}_X^{\mathrm{T}}\boldsymbol{G}\boldsymbol{\mu}_X - \frac{1}{2}\mathrm{tr}(\boldsymbol{G}\boldsymbol{D}_X) \\ &= \boldsymbol{B}\boldsymbol{\Delta}_X + \frac{1}{2}\boldsymbol{\Delta}_X^{\mathrm{T}}\boldsymbol{G}\boldsymbol{\Delta}_X + \boldsymbol{\mu}_X^{\mathrm{T}}\boldsymbol{G}\boldsymbol{\Delta}_X - \frac{1}{2}\mathrm{tr}(\boldsymbol{G}\boldsymbol{D}_X) + \boldsymbol{\Delta} \end{aligned} \tag{7.3.4}$$

$$E(\boldsymbol{Z}) = 0 \tag{7.3.5}$$

$$\boldsymbol{D}_Z = \boldsymbol{D}_L = E(\boldsymbol{Z}\boldsymbol{Z}^{\mathrm{T}}) \tag{7.3.6}$$

将式(7.3.4)代入式(7.3.6)，并顾及

$$E(\boldsymbol{\Delta}_X)=0,E(\boldsymbol{\Delta}_X\boldsymbol{\Delta}_X^{\mathrm{T}})=\boldsymbol{D}_X,E(\boldsymbol{\Delta}_X\boldsymbol{\Delta}_X^{\mathrm{T}}\boldsymbol{G}\boldsymbol{\Delta}_X)=0,E(\boldsymbol{\Delta}_X^{\mathrm{T}}\boldsymbol{G}\boldsymbol{\Delta}_X)=\mathrm{tr}(\boldsymbol{G}\boldsymbol{D}_X)$$

$$E(\boldsymbol{\Delta}_X^{\mathrm{T}}\boldsymbol{G}\boldsymbol{\Delta}_X\boldsymbol{\Delta}_X^{\mathrm{T}}\boldsymbol{G}\boldsymbol{\Delta}_X)=(\mathrm{tr}(\boldsymbol{G}\boldsymbol{D}_X))^2+2\mathrm{tr}(\boldsymbol{G}\boldsymbol{D}_X\boldsymbol{G}\boldsymbol{D}_X),E(\boldsymbol{\Delta}_X\boldsymbol{\Delta}^{\mathrm{T}})=\boldsymbol{D}_{X\Delta},E(\boldsymbol{\Delta})=0$$

得

$$\boldsymbol{D}_L=\boldsymbol{B}\boldsymbol{D}_X\boldsymbol{B}^{\mathrm{T}}+\frac{1}{2}\mathrm{tr}(\boldsymbol{G}\boldsymbol{D}_X\boldsymbol{G}\boldsymbol{D}_X)+2\boldsymbol{B}\boldsymbol{D}_X\boldsymbol{G}\boldsymbol{\mu}_X+\boldsymbol{\mu}_X^{\mathrm{T}}\boldsymbol{G}\boldsymbol{D}_X\boldsymbol{G}\boldsymbol{\mu}_X+\boldsymbol{B}\boldsymbol{D}_{X\Delta}+$$
$$\boldsymbol{\mu}_X^{\mathrm{T}}\boldsymbol{G}\boldsymbol{D}_{X\Delta}+\boldsymbol{D}_{\Delta X}\boldsymbol{B}^{\mathrm{T}}+\boldsymbol{D}_{\Delta X}\boldsymbol{G}\boldsymbol{\mu}_X+\boldsymbol{D}_\Delta \tag{7.3.7}$$

对式(7.3.3)两边取数学期望,得

$$\boldsymbol{\mu}_L=\boldsymbol{B}\boldsymbol{\mu}_X+\frac{1}{2}\mathrm{tr}(\boldsymbol{C}\boldsymbol{D}_X)+\frac{1}{2}\boldsymbol{\mu}_X^{\mathrm{T}}\boldsymbol{C}\boldsymbol{\mu}_X \tag{7.3.8}$$

设

$$\begin{aligned}\boldsymbol{Z}&=\boldsymbol{L}-\boldsymbol{\mu}_X-\frac{1}{2}\boldsymbol{\mu}_X^{\mathrm{T}}\boldsymbol{G}\boldsymbol{\mu}_X-\frac{1}{2}\mathrm{tr}(\boldsymbol{G}\boldsymbol{D}_X)\\&=\boldsymbol{B}\boldsymbol{\Delta}_X+\frac{1}{2}\boldsymbol{\Delta}_X^{\mathrm{T}}\boldsymbol{G}\boldsymbol{\Delta}_X+\boldsymbol{\mu}_X^{\mathrm{T}}\boldsymbol{G}\boldsymbol{\Delta}_X-\frac{1}{2}\mathrm{tr}\boldsymbol{G}\boldsymbol{D}_X+\boldsymbol{\Delta}\end{aligned} \tag{7.3.9}$$

$$\boldsymbol{Y}=\boldsymbol{X}=\boldsymbol{\Delta}_X+\boldsymbol{\mu}_X \tag{7.3.10}$$

则

$$\begin{aligned}\boldsymbol{D}_{XL}&=E(\boldsymbol{Y}\boldsymbol{Z}^{\mathrm{T}})=E((\boldsymbol{\Delta}_X+\boldsymbol{\mu}_X)(\boldsymbol{B}\boldsymbol{\Delta}_X+\frac{1}{2}\boldsymbol{\Delta}_X^{\mathrm{T}}\boldsymbol{G}\boldsymbol{\Delta}_X+\boldsymbol{\mu}_X^{\mathrm{T}}\boldsymbol{G}\boldsymbol{\Delta}_X-\\&\frac{1}{2}\mathrm{tr}(\boldsymbol{G}\boldsymbol{D}_X)+\boldsymbol{\Delta})^{\mathrm{T}})=\boldsymbol{D}_X\boldsymbol{B}^{\mathrm{T}}+\boldsymbol{D}_X\boldsymbol{G}\boldsymbol{\mu}_X+\boldsymbol{D}_{X\Delta}\end{aligned} \tag{7.3.11}$$

将式(7.3.6)中的 $\boldsymbol{D}_L$、式(7.3.8)中的 $\boldsymbol{\mu}_L$ 和式(7.3.11)中的 $\boldsymbol{D}_{XL}$ 代入式(7.3.7)和式(7.3.8),得到非线性函数观测方程按泰勒级数展开取至二次项的静态滤波与推估公式,以及它们的误差方差与协方差计算公式,即

$$\left.\begin{aligned}\hat{\boldsymbol{X}}&=\boldsymbol{\mu}_X+(\boldsymbol{D}_X\boldsymbol{B}^{\mathrm{T}}+\boldsymbol{D}_X\boldsymbol{G}\boldsymbol{\mu}_X+\boldsymbol{D}_{X\Delta})(\boldsymbol{B}\boldsymbol{D}_X\boldsymbol{B}^{\mathrm{T}}+\frac{1}{2}\mathrm{tr}(\boldsymbol{G}\boldsymbol{D}_X\boldsymbol{G}\boldsymbol{D}_X)+\\&\quad 2\boldsymbol{B}\boldsymbol{D}_X\boldsymbol{G}\boldsymbol{\mu}_X+\boldsymbol{\mu}_X^{\mathrm{T}}\boldsymbol{G}\boldsymbol{D}_X\boldsymbol{G}\boldsymbol{\mu}_X+\boldsymbol{B}\boldsymbol{D}_{X\Delta}+\boldsymbol{\mu}_X^{\mathrm{T}}\boldsymbol{G}\boldsymbol{D}_{X\Delta}+\boldsymbol{D}_{\Delta X}\boldsymbol{B}^{\mathrm{T}}+\boldsymbol{D}_{\Delta X}\boldsymbol{G}\boldsymbol{\mu}_X+\\&\quad \boldsymbol{D}_\Delta)^{-1}(\boldsymbol{L}-\boldsymbol{B}\boldsymbol{\mu}_X-\frac{1}{2}\mathrm{tr}(\boldsymbol{G}\boldsymbol{D}_X)-\frac{1}{2}\boldsymbol{\mu}_X^{\mathrm{T}}\boldsymbol{G}\boldsymbol{\mu}_X)\\\hat{\boldsymbol{X}}'&=\boldsymbol{\mu}_{X'}+(\boldsymbol{D}_{X'X}\boldsymbol{B}^{\mathrm{T}}+\boldsymbol{D}_{X'X}\boldsymbol{G}\boldsymbol{\mu}_X+\boldsymbol{D}_{X'\Delta})(\boldsymbol{B}\boldsymbol{D}_X\boldsymbol{B}^{\mathrm{T}}+\frac{1}{2}\mathrm{tr}(\boldsymbol{G}\boldsymbol{D}_X\boldsymbol{G}\boldsymbol{D}_X)+\\&\quad 2\boldsymbol{B}\boldsymbol{D}_X\boldsymbol{G}\boldsymbol{\mu}_X+\boldsymbol{\mu}_X^{\mathrm{T}}\boldsymbol{G}\boldsymbol{D}_X\boldsymbol{G}\boldsymbol{\mu}_X+\boldsymbol{B}\boldsymbol{D}_{X\Delta}+\boldsymbol{\mu}_X^{\mathrm{T}}\boldsymbol{G}\boldsymbol{D}_{X\Delta}+\boldsymbol{D}_{\Delta X}\boldsymbol{B}^{\mathrm{T}}+\boldsymbol{D}_{\Delta X}\boldsymbol{G}\boldsymbol{\mu}_X+\\&\quad \boldsymbol{D}_\Delta)^{-1}(\boldsymbol{L}-\boldsymbol{B}\boldsymbol{\mu}_X-\frac{1}{2}\mathrm{tr}(\boldsymbol{G}\boldsymbol{D}_X)-\frac{1}{2}\boldsymbol{\mu}_X^{\mathrm{T}}\boldsymbol{G}\boldsymbol{\mu}_X)\end{aligned}\right\} \tag{7.3.12}$$

$$\left.\begin{aligned}
&\boldsymbol{D}_{\hat{X}}=\boldsymbol{D}_X-(\boldsymbol{D}_X\boldsymbol{B}^{\mathrm{T}}+\boldsymbol{D}_X\boldsymbol{G}\boldsymbol{\mu}_X+\boldsymbol{D}_{X\Delta})(\boldsymbol{B}\boldsymbol{D}_X\boldsymbol{B}^{\mathrm{T}}+\frac{1}{2}\mathrm{tr}(\boldsymbol{G}\boldsymbol{D}_X\boldsymbol{G}\boldsymbol{D}_X)+\\
&\quad 2\boldsymbol{B}\boldsymbol{D}_X\boldsymbol{G}\boldsymbol{\mu}_X+\boldsymbol{\mu}_X^{\mathrm{T}}\boldsymbol{G}\boldsymbol{D}_X\boldsymbol{G}\boldsymbol{\mu}_X+\boldsymbol{B}\boldsymbol{D}_{X\Delta}+\boldsymbol{\mu}_X^{\mathrm{T}}\boldsymbol{G}\boldsymbol{D}_{X\Delta}+\boldsymbol{D}_{\Delta X}\boldsymbol{B}^{\mathrm{T}}+\boldsymbol{D}_{\Delta X}\boldsymbol{G}\boldsymbol{\mu}_X+\\
&\quad \boldsymbol{D}_{\Delta})^{-1}(\boldsymbol{B}\boldsymbol{D}_X+\boldsymbol{\mu}_X^{\mathrm{T}}\boldsymbol{G}\boldsymbol{D}_X+\boldsymbol{D}_{\Delta X})\\
&\boldsymbol{D}_{\hat{X}'}=\boldsymbol{D}_{X'}-(\boldsymbol{D}_{X'X}\boldsymbol{B}^{\mathrm{T}}+\boldsymbol{D}_{X'X}\boldsymbol{G}\boldsymbol{\mu}_X+\boldsymbol{D}_{X'\Delta})(\boldsymbol{B}\boldsymbol{D}_X\boldsymbol{B}^{\mathrm{T}}+\frac{1}{2}\mathrm{tr}(\boldsymbol{G}\boldsymbol{D}_X\boldsymbol{G}\boldsymbol{D}_X)+\\
&\quad 2\boldsymbol{B}\boldsymbol{D}_X\boldsymbol{G}\boldsymbol{\mu}_X+\boldsymbol{\mu}_X^{\mathrm{T}}\boldsymbol{G}\boldsymbol{D}_X\boldsymbol{G}\boldsymbol{\mu}_X+\boldsymbol{B}\boldsymbol{D}_{X\Delta}+\boldsymbol{\mu}_X^{\mathrm{T}}\boldsymbol{G}\boldsymbol{D}_{X\Delta}+\boldsymbol{D}_{\Delta X}\boldsymbol{B}^{\mathrm{T}}+\boldsymbol{D}_{\Delta X}\boldsymbol{G}\boldsymbol{\mu}_X+\\
&\quad \boldsymbol{D}_{\Delta})^{-1}(\boldsymbol{B}\boldsymbol{D}_{XX'}+\boldsymbol{\mu}_X^{\mathrm{T}}\boldsymbol{G}\boldsymbol{D}_{XX'}+\boldsymbol{D}_{\Delta X'})\\
&\boldsymbol{D}_{\hat{X}'}=\boldsymbol{D}_{X'}-(\boldsymbol{D}_{X'X}\boldsymbol{B}^{\mathrm{T}}+\boldsymbol{D}_{X'X}\boldsymbol{G}\boldsymbol{\mu}_X+\boldsymbol{D}_{X'\Delta})(\boldsymbol{B}\boldsymbol{D}_X\boldsymbol{B}^{\mathrm{T}}+\frac{1}{2}\mathrm{tr}(\boldsymbol{G}\boldsymbol{D}_X\boldsymbol{G}\boldsymbol{D}_X)+\\
&\quad 2\boldsymbol{B}\boldsymbol{D}_X\boldsymbol{G}\boldsymbol{\mu}_X+\boldsymbol{\mu}_X^{\mathrm{T}}\boldsymbol{G}\boldsymbol{D}_X\boldsymbol{G}\boldsymbol{\mu}_X+\boldsymbol{B}\boldsymbol{D}_{X\Delta}+\boldsymbol{\mu}_X^{\mathrm{T}}\boldsymbol{G}\boldsymbol{D}_{X\Delta}+\boldsymbol{D}_{\Delta X}\boldsymbol{B}^{\mathrm{T}}+\boldsymbol{D}_{\Delta X}\boldsymbol{G}\boldsymbol{\mu}_X+\\
&\quad \boldsymbol{D}_{\Delta})^{-1}(\boldsymbol{B}\boldsymbol{D}_{XX'}+\boldsymbol{\mu}_X^{\mathrm{T}}\boldsymbol{G}\boldsymbol{D}_{XX'}+\boldsymbol{D}_{\Delta X'})
\end{aligned}\right\}\quad(7.3.13)$$

经典的做法是将非线性观测方程线性化，即按泰勒级数展开取一次项，也就是在式(7.3.3)中令立体矩阵 $\boldsymbol{G}=\boldsymbol{0}$。这样，线性滤波与推估公式就是将 $\boldsymbol{G}=\boldsymbol{0}$ 代入式(7.3.4)～式(7.3.11)，所得结果与第 6 章导出的静态线性滤波与推估计算公式完全一致，这说明静态线性滤波是顾及二次项的非线性滤波的特例。

如果观测噪声 $\boldsymbol{\Delta}$ 与滤波信号 $\boldsymbol{X}$ 互相独立，即 $\boldsymbol{D}_{\Delta X}=\boldsymbol{0}$、$\boldsymbol{D}_{\Delta X'}=\boldsymbol{0}$，这样式(7.3.12)、式(7.3.13)可以简化为

$$\left.\begin{aligned}
&\hat{\boldsymbol{X}}=\boldsymbol{\mu}_X+(\boldsymbol{D}_X\boldsymbol{B}^{\mathrm{T}}+\boldsymbol{D}_X\boldsymbol{G}\boldsymbol{\mu}_X)(\boldsymbol{B}\boldsymbol{D}_X\boldsymbol{B}^{\mathrm{T}}+\frac{1}{2}\mathrm{tr}(\boldsymbol{G}\boldsymbol{D}_X\boldsymbol{G}\boldsymbol{D}_X)+\\
&\quad 2\boldsymbol{B}\boldsymbol{D}_X\boldsymbol{G}\boldsymbol{\mu}_X+\boldsymbol{\mu}_X^{\mathrm{T}}\boldsymbol{G}\boldsymbol{D}_X\boldsymbol{G}\boldsymbol{\mu}_X+\boldsymbol{D}_{\Delta})^{-1}(\boldsymbol{L}-\boldsymbol{B}\boldsymbol{\mu}_X-\frac{1}{2}\mathrm{tr}(\boldsymbol{G}\boldsymbol{D}_X)-\frac{1}{2}\boldsymbol{\mu}_X^{\mathrm{T}}\boldsymbol{G}\boldsymbol{\mu}_X)\\
&\hat{\boldsymbol{X}}'=\boldsymbol{\mu}_{X'}+(\boldsymbol{D}_{X'X}\boldsymbol{B}^{\mathrm{T}}+\boldsymbol{D}_{X'X}\boldsymbol{G}\boldsymbol{\mu}_X)(\boldsymbol{B}\boldsymbol{D}_X\boldsymbol{B}^{\mathrm{T}}+\frac{1}{2}\mathrm{tr}(\boldsymbol{G}\boldsymbol{D}_X\boldsymbol{G}\boldsymbol{D}_X)+\\
&\quad 2\boldsymbol{B}\boldsymbol{D}_X\boldsymbol{G}\boldsymbol{\mu}_X+\boldsymbol{\mu}_X^{\mathrm{T}}\boldsymbol{G}\boldsymbol{D}_X\boldsymbol{G}\boldsymbol{\mu}_X+\boldsymbol{D}_{\Delta})^{-1}(\boldsymbol{L}-\boldsymbol{B}\boldsymbol{\mu}_X-\frac{1}{2}\mathrm{tr}(\boldsymbol{G}\boldsymbol{D}_X)-\frac{1}{2}\boldsymbol{\mu}_X^{\mathrm{T}}\boldsymbol{G}\boldsymbol{\mu}_X)
\end{aligned}\right\}\quad(7.3.14)$$

$$\left.\begin{aligned}
&\boldsymbol{D}_{\hat{X}}=\boldsymbol{D}_X-(\boldsymbol{D}_X\boldsymbol{B}^{\mathrm{T}}+\boldsymbol{D}_X\boldsymbol{G}\boldsymbol{\mu}_X)(\boldsymbol{B}\boldsymbol{D}_X\boldsymbol{B}^{\mathrm{T}}+\frac{1}{2}\mathrm{tr}(\boldsymbol{G}\boldsymbol{D}_X\boldsymbol{G}\boldsymbol{D}_X)+\\
&\quad 2\boldsymbol{B}\boldsymbol{D}_X\boldsymbol{G}\boldsymbol{\mu}_X+\boldsymbol{\mu}_X^{\mathrm{T}}\boldsymbol{G}\boldsymbol{D}_X\boldsymbol{G}\boldsymbol{\mu}_X+\boldsymbol{D}_{\Delta}{}^{-1})(\boldsymbol{B}\boldsymbol{D}_X+\boldsymbol{\mu}_X^{\mathrm{T}}\boldsymbol{G}\boldsymbol{D}_X)\\
&\boldsymbol{D}_{\hat{X}'}=\boldsymbol{D}_{X'}-(\boldsymbol{D}_{X'X}\boldsymbol{B}^{\mathrm{T}}+\boldsymbol{D}_{X'X}\boldsymbol{G}\boldsymbol{\mu}_X)(\boldsymbol{B}\boldsymbol{D}_X\boldsymbol{B}^{\mathrm{T}}+\frac{1}{2}\mathrm{tr}(\boldsymbol{G}\boldsymbol{D}_X\boldsymbol{G}\boldsymbol{D}_X)+\\
&\quad 2\boldsymbol{B}\boldsymbol{D}_X\boldsymbol{G}\boldsymbol{\mu}_X+\boldsymbol{\mu}_X^{\mathrm{T}}\boldsymbol{G}\boldsymbol{D}_X\boldsymbol{G}\boldsymbol{\mu}_X+\boldsymbol{D}_{\Delta})^{-1}(\boldsymbol{B}\boldsymbol{D}_{XX'}+\boldsymbol{\mu}_X^{\mathrm{T}}\boldsymbol{G}\boldsymbol{D}_{XX'})\\
&\boldsymbol{D}_{\hat{X}\hat{X}'}=\boldsymbol{D}_{XX'}-(\boldsymbol{D}_X\boldsymbol{B}^{\mathrm{T}}+\boldsymbol{D}_X\boldsymbol{G}\boldsymbol{\mu}_X)(\boldsymbol{B}\boldsymbol{D}_X\boldsymbol{B}^{\mathrm{T}}+\frac{1}{2}\mathrm{tr}(\boldsymbol{G}\boldsymbol{D}_X\boldsymbol{G}\boldsymbol{D}_X)+\\
&\quad 2\boldsymbol{B}\boldsymbol{D}_X\boldsymbol{G}\boldsymbol{\mu}_X+\boldsymbol{\mu}_X^{\mathrm{T}}\boldsymbol{G}\boldsymbol{D}_X\boldsymbol{G}\boldsymbol{\mu}_X+\boldsymbol{D}_{\Delta})^{-1}\boldsymbol{B}\boldsymbol{D}_{XX'}+\boldsymbol{\mu}_X^{\mathrm{T}}\boldsymbol{G}\boldsymbol{D}_{XX'}
\end{aligned}\right\}\quad(7.3.15)$$

### 7.3.2 函数相关的非线性滤波

**1. 滤波信号相关**

当参数函数相关时，不失一般性，把滤波信号分成两组，设

$$\boldsymbol{X}=\begin{bmatrix}\boldsymbol{X}_1\\ \boldsymbol{X}_2\end{bmatrix},E(\boldsymbol{X})=\begin{bmatrix}\boldsymbol{\mu}_1\\ \boldsymbol{\mu}_2\end{bmatrix},\boldsymbol{D}_X=\begin{bmatrix}\boldsymbol{D}_{11} & \boldsymbol{D}_{12}\\ \boldsymbol{D}_{21} & \boldsymbol{D}_{22}\end{bmatrix}$$

其中，$\boldsymbol{X}_1$ 中的各分量是函数独立的，$\boldsymbol{X}_2$ 中的各分量也是函数独立的，而在 $\boldsymbol{X}_1$ 与 $\boldsymbol{X}_2$ 之间存在着非线性函数关系，经泰勒级数展开，取至二次项得

$$\boldsymbol{X}_2=\boldsymbol{A}\boldsymbol{X}_1+\frac{1}{2}\boldsymbol{X}_1^{\mathrm{T}}\boldsymbol{H}\boldsymbol{X}_1+\boldsymbol{H}_0 \tag{7.3.16}$$

则按求$\boldsymbol{D}_L$ 的同样的方法，可得

$$\left.\begin{aligned}&\boldsymbol{D}_{22}=\boldsymbol{A}\boldsymbol{D}_{11}\boldsymbol{A}^{\mathrm{T}}+\frac{1}{2}\mathrm{tr}(\boldsymbol{H}\boldsymbol{D}_{11}\boldsymbol{H}\boldsymbol{D}_{11})+2\boldsymbol{A}\boldsymbol{D}_{11}\boldsymbol{H}\boldsymbol{\mu}_1+\boldsymbol{\mu}_1^{\mathrm{T}}\boldsymbol{H}\boldsymbol{D}_{11}\boldsymbol{H}\boldsymbol{\mu}_1\\&\boldsymbol{D}_{12}=\boldsymbol{D}_{11}\boldsymbol{A}^{\mathrm{T}}+\boldsymbol{D}_{11}\boldsymbol{H}\boldsymbol{\mu}_1\end{aligned}\right\} \tag{7.3.17}$$

尽管 $\boldsymbol{D}_X$ 不是奇异矩阵，但也是病态矩阵，可得

$$\left.\begin{aligned}&\hat{\boldsymbol{X}}_1=\boldsymbol{\mu}_1+\boldsymbol{D}_{X_1L}\boldsymbol{D}_L^{-1}(\boldsymbol{L}-\boldsymbol{\mu}_L)\\&\boldsymbol{D}_{\hat{X}_1}=\boldsymbol{D}_{11}-\boldsymbol{D}_{X_1L}\boldsymbol{D}_L^{-1}\boldsymbol{D}_{LX_1}\end{aligned}\right\} \tag{7.3.18}$$

观测方程式(7.3.3)可以写为

$$\boldsymbol{L}=[\boldsymbol{B}_1\quad \boldsymbol{B}_2]\begin{bmatrix}\boldsymbol{X}_1\\ \boldsymbol{X}_2\end{bmatrix}+\frac{1}{2}[\boldsymbol{X}_1^{\mathrm{T}}\quad \boldsymbol{X}_2^{\mathrm{T}}]\begin{bmatrix}\boldsymbol{G}_{11} & \boldsymbol{G}_{12}\\ \boldsymbol{G}_{21} & \boldsymbol{G}_{22}\end{bmatrix}\begin{bmatrix}\boldsymbol{X}_1\\ \boldsymbol{X}_2\end{bmatrix}+\boldsymbol{\Delta} \tag{7.3.19}$$

按照求$\boldsymbol{D}_{XL}$ 的方法，可以求得

$$\boldsymbol{D}_{X_1L}=\boldsymbol{D}_{11}\boldsymbol{B}_1^{\mathrm{T}}+\boldsymbol{D}_{11}\boldsymbol{G}_{11}\boldsymbol{\mu}_1 \tag{7.3.20}$$

将求得$\boldsymbol{D}_{X_1L}$、$\boldsymbol{D}_L$、$\boldsymbol{\mu}_L$ 代入式(7.3.18)，即可求得滤波值$\hat{\boldsymbol{X}}_1$ 及其误差的协方差矩阵。再用$\hat{\boldsymbol{X}}_1$ 替代$\boldsymbol{\mu}_1$、$\boldsymbol{D}_{\Delta X_1}$ 替代$\boldsymbol{D}_{11}$，代入式(7.3.16)和式(7.3.17)就可以求出$\hat{\boldsymbol{X}}_2$、$\boldsymbol{D}_{\Delta X_2}$ 和 $\boldsymbol{D}_{\Delta X_1,\Delta X_2}$，即

$$\left.\begin{aligned}&\hat{\boldsymbol{X}}_1=\boldsymbol{\mu}_{X_1}+(\boldsymbol{D}_{X_1}\boldsymbol{B}_1{}^{\mathrm{T}}+\boldsymbol{D}_{X_1}\boldsymbol{G}_{11}\boldsymbol{\mu}_X)(\boldsymbol{B}\boldsymbol{D}_X\boldsymbol{B}^{\mathrm{T}}+\frac{1}{2}\mathrm{tr}(\boldsymbol{G}\boldsymbol{D}_X\boldsymbol{G}\boldsymbol{D}_X)+\\&\qquad 2\boldsymbol{B}\boldsymbol{D}_X\boldsymbol{G}\boldsymbol{\mu}_X+\boldsymbol{\mu}_X^{\mathrm{T}}\boldsymbol{G}\boldsymbol{D}_X\boldsymbol{G}\boldsymbol{\mu}_X+\boldsymbol{D}_\Delta)^{-1}(\boldsymbol{L}-\boldsymbol{B}\boldsymbol{\mu}_X-\frac{1}{2}\mathrm{tr}(\boldsymbol{G}\boldsymbol{D}_X)-\frac{1}{2}\boldsymbol{\mu}_X^{\mathrm{T}}\boldsymbol{G}\boldsymbol{\mu}_X)\\&\boldsymbol{D}_{\hat{X}1}=\boldsymbol{D}_{11}-(\boldsymbol{D}_{11}\boldsymbol{B}_1{}^{\mathrm{T}}+\boldsymbol{D}_{11}\boldsymbol{G}_{11}\boldsymbol{\mu}_X)(\boldsymbol{B}\boldsymbol{D}_X\boldsymbol{B}^{\mathrm{T}}+\frac{1}{2}\mathrm{tr}(\boldsymbol{G}\boldsymbol{D}_X\boldsymbol{G}\boldsymbol{D}_X)+\\&\qquad 2\boldsymbol{B}\boldsymbol{D}_X\boldsymbol{G}\boldsymbol{\mu}_X+\boldsymbol{\mu}_X^{\mathrm{T}}\boldsymbol{C}\boldsymbol{D}_X\boldsymbol{G}\boldsymbol{\mu}_X+\boldsymbol{D}_\Delta)^{-1}(\boldsymbol{B}_1\boldsymbol{D}_{11}+\boldsymbol{\mu}_X^{\mathrm{T}}\boldsymbol{G}_{11}\boldsymbol{D}_{11})\\&\hat{\boldsymbol{X}}_2=\boldsymbol{A}\hat{\boldsymbol{X}}_1+\frac{1}{2}\hat{\boldsymbol{X}}_1^{\mathrm{T}}\boldsymbol{H}\hat{\boldsymbol{X}}_1+\boldsymbol{H}_0\\&\boldsymbol{D}_{\hat{X}_2}=\boldsymbol{A}\,\boldsymbol{D}_{\Delta X_1}\boldsymbol{A}^{\mathrm{T}}+\frac{1}{2}\mathrm{tr}(\boldsymbol{H}\boldsymbol{D}_{\Delta X_1}\boldsymbol{H}\boldsymbol{D}_{\Delta X_1})+2\boldsymbol{A}\boldsymbol{D}_{\Delta X_1}\boldsymbol{H}\hat{\boldsymbol{X}}_1+\hat{\boldsymbol{X}}_1^{\mathrm{T}}\boldsymbol{H}\boldsymbol{D}_{\Delta X_1}\boldsymbol{H}\hat{\boldsymbol{X}}_1\\&\boldsymbol{D}_{\Delta\hat{X}_1,\Delta\hat{X}_2}=\boldsymbol{D}_{\Delta X_1}\boldsymbol{A}^{\mathrm{T}}+\boldsymbol{D}_{\Delta X_1}\boldsymbol{H}\hat{\boldsymbol{X}}_1\end{aligned}\right\} \tag{7.3.21}$$

### 2. 滤波信号与推估信号相关

信号 $\boldsymbol{X}'$ 与 $\boldsymbol{X}$ 之间存在非线性函数关系，经泰勒级数展开，取二次项，得

$$\boldsymbol{X}'=\boldsymbol{\varphi X}+\frac{1}{2}\boldsymbol{X}^{\mathrm{T}}\boldsymbol{\Phi X}+\boldsymbol{\Gamma\Omega} \tag{7.3.22}$$

式中，$\boldsymbol{\varphi}$ 和 $\boldsymbol{\Gamma}$ 是系数矩阵，$\boldsymbol{\Phi}$ 是立体系数矩阵，$\boldsymbol{\Omega}$、$\boldsymbol{X}$ 为互相独立的随机向量，设它的数学期望和方差分别为 $\boldsymbol{\mu}_{\Omega}$ 和 $\boldsymbol{D}_{\Omega}$。由式(7.3.22)，可得

$$E(\boldsymbol{X}')=\boldsymbol{\varphi\mu}_X+\frac{1}{2}\mathrm{tr}(\boldsymbol{\Phi D}_X)+\frac{1}{2}\boldsymbol{\mu}_X^{\mathrm{T}}\boldsymbol{\Phi\mu}_X+\boldsymbol{\Gamma\mu}_{\Omega} \tag{7.3.23}$$

$$\left.\begin{aligned}&\boldsymbol{D}_{X'}=\boldsymbol{\varphi D}_X\boldsymbol{\varphi}^{\mathrm{T}}+2\boldsymbol{\varphi\varphi}_X\boldsymbol{\Phi\mu}_X+\boldsymbol{\mu}_X^{\mathrm{T}}\boldsymbol{\Phi D}_X\boldsymbol{\Phi\mu}_X+\frac{1}{2}\mathrm{tr}(\boldsymbol{\Phi D}_X\boldsymbol{\Phi D}_X)+\boldsymbol{\Gamma}^{\mathrm{T}}\boldsymbol{D}_{\Omega}\boldsymbol{\Gamma}\\&\boldsymbol{D}_{X'X}=\boldsymbol{\varphi D}_X+\boldsymbol{\mu}_X^{\mathrm{T}}\boldsymbol{\Phi D}_X\\&\boldsymbol{D}_{X'\Delta}=\boldsymbol{\varphi D}_{X\Delta}\end{aligned}\right\} \tag{7.3.24}$$

若观测方程是非线性的，则有

$$\left.\begin{aligned}\hat{\boldsymbol{X}}'=&\boldsymbol{\varphi\mu}_X+\frac{1}{2}\mathrm{tr}(\boldsymbol{\Phi D}_X)+\frac{1}{2}\boldsymbol{\mu}_X^{\mathrm{T}}\boldsymbol{\Phi\mu}_X+\boldsymbol{\Gamma\mu}_{\Omega}+[(\boldsymbol{\varphi D}_X+\boldsymbol{\mu}_X^{\mathrm{T}}\boldsymbol{\Phi D}_X)\boldsymbol{B}^{\mathrm{T}}+\\&(\boldsymbol{\varphi D}_X+\boldsymbol{\mu}_X^{\mathrm{T}}\boldsymbol{\Phi D}_X)\boldsymbol{G\mu}_X](\boldsymbol{BD}_X\boldsymbol{B}^{\mathrm{T}}+\frac{1}{2}\mathrm{tr}(\boldsymbol{GD}_X\boldsymbol{GD}_X)+2\boldsymbol{BD}_X\boldsymbol{G\mu}_X+\\&\boldsymbol{\mu}_X^{\mathrm{T}}\boldsymbol{GD}_X\boldsymbol{G\mu}_X+\boldsymbol{D}_{\Delta})^{-1}(\boldsymbol{L}-\boldsymbol{B\mu}_X-\frac{1}{2}\mathrm{tr}(\boldsymbol{GD}_X)-\frac{1}{2}\boldsymbol{\mu}_X^{\mathrm{T}}\boldsymbol{G\mu}_X)\\\boldsymbol{D}_{\hat{X}'}=&\boldsymbol{\varphi D}_X\boldsymbol{\varphi}^{\mathrm{T}}+2\boldsymbol{\varphi\varphi}_X\boldsymbol{\Phi\mu}_X+\boldsymbol{\mu}_X^{\mathrm{T}}\boldsymbol{\Phi D}_X\boldsymbol{\Phi\mu}_X+\frac{1}{2}\mathrm{tr}(\boldsymbol{\Phi D}_X\boldsymbol{\Phi D}_X)+\boldsymbol{\Gamma}^{\mathrm{T}}\boldsymbol{D}_{\Omega}\boldsymbol{\Gamma}-\\&[(\boldsymbol{\varphi D}_X+\boldsymbol{\mu}_X^{\mathrm{T}}\boldsymbol{\Phi D}_X)\boldsymbol{B}^{\mathrm{T}}+(\boldsymbol{\varphi D}_X+\boldsymbol{\mu}_X^{\mathrm{T}}\boldsymbol{\Phi D}_X)\boldsymbol{G\mu}_X](\boldsymbol{BD}_X\boldsymbol{B}^{\mathrm{T}}+\frac{1}{2}\mathrm{tr}(\boldsymbol{GD}_X\boldsymbol{GD}_X)+\\&2\boldsymbol{BD}_X\boldsymbol{G\mu}_X+\boldsymbol{\mu}_X^{\mathrm{T}}\boldsymbol{GD}_X\boldsymbol{G\mu}_X+\boldsymbol{D}_{\Delta})^{-1}[\boldsymbol{B}(\boldsymbol{D}_X\boldsymbol{\varphi}^{\mathrm{T}}+\boldsymbol{D}_X\boldsymbol{\Phi\mu}_X)+\boldsymbol{\mu}_X^{\mathrm{T}}\boldsymbol{G}(\boldsymbol{D}_X\boldsymbol{\varphi}^{\mathrm{T}}+\boldsymbol{D}_X\boldsymbol{\Phi\mu}_X^{\mathrm{T}})]\\\boldsymbol{D}_{\hat{X}\hat{X}'}=&\boldsymbol{D}_X\boldsymbol{\varphi}^{\mathrm{T}}+\boldsymbol{D}_X\boldsymbol{\Phi\mu}_X-(\boldsymbol{D}_X\boldsymbol{B}^{\mathrm{T}}+\boldsymbol{D}_X\boldsymbol{G\mu}_X)(\boldsymbol{BD}_X\boldsymbol{B}^{\mathrm{T}}+\frac{1}{2}\mathrm{tr}(\boldsymbol{GD}_X\boldsymbol{GD}_K)+\\&2\boldsymbol{BD}_X\boldsymbol{G\mu}_X+\boldsymbol{\mu}_X^{\mathrm{T}}\boldsymbol{GD}_X\boldsymbol{G\mu}_X+\boldsymbol{D}_{\Delta})^{-1}[\boldsymbol{B}(\boldsymbol{D}_X\boldsymbol{\varphi}^{\mathrm{T}}+\boldsymbol{D}_X\boldsymbol{\Phi\mu}_X)+\boldsymbol{\mu}_X^{\mathrm{T}}\boldsymbol{G}(\boldsymbol{D}_X\boldsymbol{\varphi}^{\mathrm{T}}+\boldsymbol{D}_X\boldsymbol{\Phi\mu}_X^{\mathrm{T}})]\end{aligned}\right\} \tag{7.3.25}$$

若观测方程是线性的，即 $\boldsymbol{G}=0$，则式(7.3.25)可以简化为

$$\left.\begin{aligned}\hat{\boldsymbol{X}}'=&\boldsymbol{\varphi\mu}_X+\frac{1}{2}\mathrm{tr}(\boldsymbol{\Phi D}_X)+\frac{1}{2}\boldsymbol{\mu}_X^{\mathrm{T}}\boldsymbol{\varphi\mu}_X+\boldsymbol{\Gamma\mu}_{\Omega}+(\boldsymbol{\varphi\varphi}_X+\boldsymbol{\mu}_X^{\mathrm{T}}\boldsymbol{\Phi D}_X)\boldsymbol{B}^{\mathrm{T}}+\\&(\boldsymbol{BD}_X\boldsymbol{B}^{\mathrm{T}}+\boldsymbol{D}_{\Delta})^{-1}(\boldsymbol{L}-\boldsymbol{B\mu}_X)\\\boldsymbol{D}_{\hat{X}'}=&\boldsymbol{\varphi D}_X\boldsymbol{\varphi}^{\mathrm{T}}+2\boldsymbol{\varphi\varphi}_X\boldsymbol{\Phi\mu}_X+\boldsymbol{\mu}_X^{\mathrm{T}}\boldsymbol{\Phi D}_X\boldsymbol{\Phi\mu}_X+\frac{1}{2}\mathrm{tr}(\boldsymbol{\Phi D}_X\boldsymbol{\Phi D}_X)+\boldsymbol{\Gamma}^{\mathrm{T}}\boldsymbol{D}_{\Omega}\boldsymbol{\Gamma}-\\&(\boldsymbol{\varphi D}_X+\boldsymbol{\mu}_X^{\mathrm{T}}\boldsymbol{\Phi D}_X)\boldsymbol{B}^{\mathrm{T}}(\boldsymbol{BD}_X\boldsymbol{B}^{\mathrm{T}}+\boldsymbol{D}_{\Delta})^{-1}\boldsymbol{B}(\boldsymbol{D}_X\boldsymbol{\varphi}^{\mathrm{T}}+\boldsymbol{D}_X\boldsymbol{\Phi\mu}_X)\\\boldsymbol{D}_{\hat{X}\hat{X}'}=&\boldsymbol{D}_X\boldsymbol{\varphi}+\boldsymbol{D}_X\boldsymbol{\Phi\mu}_X-(\boldsymbol{D}_X\boldsymbol{B}^{\mathrm{T}}+\boldsymbol{D}_X\boldsymbol{G\mu}_X)(\boldsymbol{BD}_X\boldsymbol{B}^{\mathrm{T}}+\boldsymbol{D}_{\Delta})^{-1}\boldsymbol{B}(\boldsymbol{D}_X\boldsymbol{\varphi}+\boldsymbol{D}_X\boldsymbol{\Phi\mu}_X)\end{aligned}\right\} \tag{7.3.26}$$

若信号 $\boldsymbol{X}'$ 与 $\boldsymbol{X}$ 之间是线性相关的，即在式(7.3.26)中 $\boldsymbol{\Phi}=0$，则式(7.3.26)可以进一步化简，得

$$\left.\begin{aligned}\hat{\boldsymbol{X}}'&=\boldsymbol{\varphi\mu}_X+\boldsymbol{\Gamma\mu}_\Omega+\boldsymbol{\varphi D}_X\boldsymbol{B}^{\mathrm{T}}(\boldsymbol{BD}_X\boldsymbol{B}^{\mathrm{T}}+\boldsymbol{D}_\Delta{}^{-1})(\boldsymbol{L}-\boldsymbol{B\mu}_X)\\ \boldsymbol{D}_{\hat{X}'}&=\boldsymbol{\varphi D}_X\boldsymbol{\varphi}^{\mathrm{T}}+\boldsymbol{\Gamma}^{\mathrm{T}}\boldsymbol{D}_\Omega\boldsymbol{\Gamma}-\boldsymbol{\varphi D}_X\boldsymbol{B}^{\mathrm{T}}(\boldsymbol{BD}_X\boldsymbol{B}^{\mathrm{T}}+\boldsymbol{D}_\Delta)^{-1}\boldsymbol{BD}_X\boldsymbol{\varphi}^{\mathrm{T}}\\ \boldsymbol{D}_{\hat{X}\hat{X}'}&=\boldsymbol{D}_X\boldsymbol{\varphi}-\boldsymbol{D}_X\boldsymbol{B}^{\mathrm{T}}\boldsymbol{BD}_X\boldsymbol{B}^{\mathrm{T}}+\boldsymbol{D}_\Delta{}^{-1}\boldsymbol{BD}_X\boldsymbol{\varphi}^{\mathrm{T}}\end{aligned}\right\}\tag{7.3.27}$$

式(7.3.27)是滤波信号与推估信号线性相关，滤波方程也是线性的情况下的滤波推估公式。

## §7.4　非线性逐次滤波与推估

### 7.4.1　白噪声条件下的非线性逐次滤波与推估

若把非线性观测方程分为 $m$ 组，即

$$\left.\begin{aligned}\boldsymbol{l}_1&=\boldsymbol{B}_1\boldsymbol{X}+\frac{1}{2}\boldsymbol{X}^{\mathrm{T}}\boldsymbol{G}_1\boldsymbol{X}+\boldsymbol{\Delta}_1\\ \boldsymbol{l}_2&=\boldsymbol{B}_2\boldsymbol{X}+\frac{1}{2}\boldsymbol{X}^{\mathrm{T}}\boldsymbol{G}_2\boldsymbol{X}+\boldsymbol{\Delta}_2\\ &\vdots\\ \boldsymbol{l}_m&=\boldsymbol{B}_m\boldsymbol{X}+\frac{1}{2}\boldsymbol{X}^{\mathrm{T}}\boldsymbol{G}_m\boldsymbol{X}+\boldsymbol{\Delta}_m\end{aligned}\right\}\tag{7.4.1}$$

滤波信号 $\boldsymbol{X}$ 和推估信号 $\boldsymbol{X}'$ 的先验期望和先验方差为 $E(\boldsymbol{X})=\hat{\boldsymbol{X}}_0$、$D(\boldsymbol{X})=\boldsymbol{D}_0$、$E(\boldsymbol{X}')=\hat{\boldsymbol{X}}'_0$、$D(\boldsymbol{X})=\boldsymbol{D}'_0$，$\boldsymbol{\Delta}_i$ 的数学期望和方差为 $E(\boldsymbol{\Delta}_i)=0$、$D(\boldsymbol{\Delta}_i)=\boldsymbol{D}_{\Delta_i}(i=1,2,\cdots,m)$，假定 $\boldsymbol{X}$ 关于 $\boldsymbol{\Delta}_i$ 的协方差为 $\mathrm{cov}(\boldsymbol{X},\boldsymbol{\Delta}_i)=0$，$\boldsymbol{\Delta}_i$ 关于 $\boldsymbol{\Delta}_j$ 的协方差为 $\mathrm{cov}(\boldsymbol{\Delta}_i,\boldsymbol{\Delta}_j)=0(i\neq j)$，对于方差为 $\boldsymbol{D}_{\Delta_k}$、协方差为零的观测噪声序列 $\boldsymbol{\Delta}_1$、$\boldsymbol{\Delta}_2$、…、$\boldsymbol{\Delta}_m$，称它们为白噪声。$\boldsymbol{X}'$ 关于 $\boldsymbol{X}$ 和 $\boldsymbol{\Delta}_i$ 的协方差为 $\mathrm{cov}(\boldsymbol{X}'\boldsymbol{X})=\boldsymbol{C}_0$、$\mathrm{cov}(\boldsymbol{X}',\boldsymbol{\Delta}_i)=0(i=1,2,\cdots,m)$。可导出顾及二次项的非线性首次滤波公式，即

$$\left.\begin{aligned}\hat{\boldsymbol{X}}_1=&\hat{\boldsymbol{X}}_0+\boldsymbol{D}_0(\boldsymbol{B}_1^{\mathrm{T}}+\boldsymbol{G}_1\hat{\boldsymbol{X}}_0)(\boldsymbol{B}_1\boldsymbol{D}_0\boldsymbol{B}_1{}^{\mathrm{T}}+\frac{1}{2}\mathrm{tr}(\boldsymbol{G}_1\boldsymbol{D}_0\boldsymbol{G}_1\boldsymbol{D}_0)+2\,\boldsymbol{B}_1\boldsymbol{D}_0\boldsymbol{G}_1\hat{\boldsymbol{X}}_0+\\ &\hat{\boldsymbol{X}}_0^{\mathrm{T}}\boldsymbol{G}_1\boldsymbol{D}_0\boldsymbol{G}_1\hat{\boldsymbol{X}}_0+\boldsymbol{D}_{\Delta_1})^{-1}(\boldsymbol{l}_1-\boldsymbol{B}_1\hat{\boldsymbol{X}}_0-\frac{1}{2}\mathrm{tr}(\boldsymbol{G}_1\boldsymbol{D}_0)-\frac{1}{2}\hat{\boldsymbol{X}}_0^{\mathrm{T}}\boldsymbol{G}_1\hat{\boldsymbol{X}}_0)\\ \hat{\boldsymbol{X}}'_1=&\hat{\boldsymbol{X}}'_0+\boldsymbol{C}_0(\boldsymbol{B}_1^{\mathrm{T}}+\boldsymbol{G}_1\hat{\boldsymbol{X}}_0)(\boldsymbol{B}_1\boldsymbol{D}_0\boldsymbol{B}_1^{\mathrm{T}}+\frac{1}{2}\mathrm{tr}(\boldsymbol{G}_1\boldsymbol{D}_0\boldsymbol{G}_1\boldsymbol{D}_0)+2\boldsymbol{B}_1\boldsymbol{D}_0\boldsymbol{G}_1\hat{\boldsymbol{X}}_0+\\ &\hat{\boldsymbol{X}}_0^{\mathrm{T}}\boldsymbol{G}_1\boldsymbol{D}_0\boldsymbol{G}_1\hat{\boldsymbol{X}}_0+\boldsymbol{D}_{\Delta_1})^{-1}(\boldsymbol{L}_1-\boldsymbol{B}_1\hat{\boldsymbol{X}}_0-\frac{1}{2}\mathrm{tr}(\boldsymbol{G}_1\boldsymbol{D}_0)-\frac{1}{2}\hat{\boldsymbol{X}}_0^{\mathrm{T}}\boldsymbol{G}_1\hat{\boldsymbol{X}}_0)\end{aligned}\right\}\tag{7.4.2}$$

首次滤波最佳估值 $\hat{\boldsymbol{X}}_1$、$\hat{\boldsymbol{X}}'_1$ 的方差、协方差为

$$
\left.\begin{aligned}
&D_1=D_0-D_0(B_1^{\mathrm{T}}+G_1\hat{X}_0)(B_1D_0B_1^{\mathrm{T}}+\frac{1}{2}\mathrm{tr}(G_1D_0G_1D_0)+\\
&\qquad 2B_1D_0G_1\hat{X}_0+\hat{X}_0^{\mathrm{T}}G_1D_0G_1\hat{X}_0+D_{\Delta_1})^{-1}(B_1+\hat{X}_0^{\mathrm{T}}G_1D_0)\\
&D'_1=D'_0-C_0(B_1^{\mathrm{T}}+G_1\hat{X}_0)(B_1D_0B_1^{\mathrm{T}}+\frac{1}{2}\mathrm{tr}(G_1D_0G_1D_0)+\\
&\qquad 2B_1D_0G_1\hat{X}_0+\hat{X}_0^{\mathrm{T}}G_1D_0G_1\hat{X}_0+D_{\Delta_1})^{-1}(B_1+\hat{X}_0^{\mathrm{T}}G_1)C_0^{\mathrm{T}}\\
&C_1=C_0-C_0(B_1^{\mathrm{T}}+G_1\hat{X}_0)(B_1D_0B_1^{\mathrm{T}}+\frac{1}{2}\mathrm{tr}(G_1D_0G_1D_0)+\\
&\qquad 2B_1D_0G_1\hat{X}_0+\hat{X}_0^{\mathrm{T}}G_1D_0G_1\hat{X}_0+D_{\Delta})^{-1}(B_1+\hat{X}_0^{\mathrm{T}}G_1D_0)
\end{aligned}\right\}\quad(7.4.3)
$$

在求得第 $k-1$ 次滤波和推估的最佳估值 $\hat{X}_{k-1}$、$\hat{X}'_{k-1}$ 和 $D_{k-1}$、$D'_{k-1}$、$C_{k-1}$ 之后，第 $k$ 次滤波与推估为

$$
\left.\begin{aligned}
&\hat{X}_k=\hat{X}_{k-1}+D_{k-1}(B_k^{\mathrm{T}}+G_k\hat{X}_{k-1})(B_kD_{k-1}B_k^{\mathrm{T}}+\frac{1}{2}\mathrm{tr}(G_kD_{k-1}G_kD_{k-1})+2B_kD_{k-1}G_k\hat{X}_{k-1}+\\
&\qquad \hat{X}_{k-1}^{\mathrm{T}}G_kD_{k-1}G_k\hat{X}_{k-1}+D_{\Delta_k})^{-1}(l_k-B_k\hat{X}_{k-1}-\frac{1}{2}\mathrm{tr}(G_kD_{k-1})-\frac{1}{2}\hat{X}_{k-1}^{\mathrm{T}}G_k\hat{X}_{k-1})\\
&\hat{X}'_k=\hat{X}'_{k-1}+C_k(B_k^{\mathrm{T}}+G_k\hat{X}_{k-1})(B_kD_{k-1}B_k^{\mathrm{T}}+\frac{1}{2}\mathrm{tr}(G_kD_{k-1}G_kD_{k-1})+2B_kD_{k-1}G_k\hat{X}_{k-1}+\\
&\qquad \hat{X}_{k-1}^{\mathrm{T}}G_kD_{k-1}G_k\hat{X}_k+D_{\Delta_k})^{-1}(l_k-B_k\hat{X}_{k-1}-\frac{1}{2}\mathrm{tr}(G_kD_{k-1})-\frac{1}{2}\hat{X}_{k-1}^{\mathrm{T}}G_k\hat{X}_{k-1})
\end{aligned}\right\}
$$

(7.4.4)

$$
\left.\begin{aligned}
&D_k=D_{k-1}-D_{k-1}(B_k^{\mathrm{T}}+G_k\hat{X}_{k-1})(B_kD_{k-1}B_k^{\mathrm{T}}+\frac{1}{2}\mathrm{tr}(G_kD_{k-1}G_kD_{k-1})+\\
&\qquad 2B_kD_{k-1}G_k\hat{X}_{k-1}+\hat{X}_{k-1}^{\mathrm{T}}G_kD_{k-1}G_k\hat{X}_{k-1}+D_{\Delta_k})^{-1}(B_k+\hat{X}_{k-1}^{\mathrm{T}}G_k)D_{k-1}\\
&D'_k=D'_{k-1}-C_{k-1}(B_k^{\mathrm{T}}+G_k\hat{X}_{k-1})(B_kD_{k-1}B_k^{\mathrm{T}}+\frac{1}{2}\mathrm{tr}(G_kD_{k-1}G_kD_{k-1})+\\
&\qquad 2B_kD_{k-1}G_k\hat{X}_{k-1}+\hat{X}_{k-1}^{\mathrm{T}}G_kD_{k-1}G_k\hat{X}_{k-1}+D_{\Delta_k})^{-1}(B_k+\hat{X}_{k-1}^{\mathrm{T}}G_k)C_{k-1}^{\mathrm{T}}\\
&C_k=C_{k-1}-C_{k-1}(B_k^{\mathrm{T}}+G_k\hat{X}_{k-1})(B_kD_{k-1}B_k^{\mathrm{T}}+\frac{1}{2}\mathrm{tr}(G_kD_{k-1}G_kD_{k-1})+\\
&\qquad 2B_kD_{k-1}G_k\hat{X}_{k-1}+\hat{X}_{k-1}^{\mathrm{T}}G_kD_{k-1}G_k\hat{X}_{k-1}+D_{\Delta_k})^{-1}(B_k+\hat{X}_{k-1}^{\mathrm{T}}G_k)D_{k-1}
\end{aligned}\right\}\quad(7.4.5)
$$

式中，$k=1$、$2$、$\cdots$、$m$。

式(7.4.4)、式(7.4.5)就是白噪声情况下，顾及二次项的静态逐次滤波与推估估值及其方差、协方差的递推公式。

### 7.4.2　有色噪声作用下的非线性逐次滤波与推估

若非线性观测方程的 $m$ 组观测量的噪声 $\Delta_k$ 与 $\Delta_j$ 的协方差为

$$\mathrm{cov}(\boldsymbol{\Delta}_k,\boldsymbol{\Delta}_j)\neq 0 \quad (j\neq k) \tag{7.4.6}$$

则称 $\boldsymbol{\Delta}_1$、$\boldsymbol{\Delta}_2$、…、$\boldsymbol{\Delta}_m$ 为有色噪声序列。

设有色噪声序列 $\boldsymbol{\Delta}_1$、$\boldsymbol{\Delta}_2$、…、$\boldsymbol{\Delta}_m$ 的随机模型为

$$\boldsymbol{D}_{\Delta}=\begin{bmatrix}\boldsymbol{D}_{\Delta 11} & \boldsymbol{D}_{\Delta 12} & \cdots & \boldsymbol{D}_{\Delta 1m}\\ \boldsymbol{D}_{\Delta 21} & \boldsymbol{D}_{\Delta 22} & \cdots & \boldsymbol{D}_{\Delta 2m}\\ \vdots & \vdots & & \vdots\\ \boldsymbol{D}_{\Delta m1} & \boldsymbol{D}_{\Delta m2} & \cdots & \boldsymbol{D}_{\Delta mm}\end{bmatrix} \tag{7.4.7}$$

下面推导一般情况下有色噪声条件下的非线性逐次滤波公式。

利用了第一组观测方程进行第一次滤波计算，令

$$\begin{aligned}\boldsymbol{J}_1=&(\boldsymbol{B}_1^{\mathrm{T}}+\boldsymbol{G}_1\hat{\boldsymbol{X}}_0)(\boldsymbol{B}_1\boldsymbol{D}_0\boldsymbol{B}_1^{\mathrm{T}}+\frac{1}{2}\mathrm{tr}(\boldsymbol{G}_1\boldsymbol{D}_0\boldsymbol{G}_1\boldsymbol{D}_0)+2\boldsymbol{B}_1\boldsymbol{D}_0\boldsymbol{G}_1\hat{\boldsymbol{X}}_0+\\ &\hat{\boldsymbol{X}}_0^{\mathrm{T}}\boldsymbol{G}_1\boldsymbol{D}_0\boldsymbol{G}_1\hat{\boldsymbol{X}}_0+\boldsymbol{D}_{\Delta_1})^{-1}\end{aligned} \tag{7.4.8}$$

则

$$\left.\begin{aligned}\hat{\boldsymbol{X}}_1&=\hat{\boldsymbol{X}}_0+\boldsymbol{D}_0+\boldsymbol{J}_1\boldsymbol{L}_1-\boldsymbol{D}_0\boldsymbol{J}_1(\boldsymbol{B}_1\hat{\boldsymbol{X}}_0-\frac{1}{2}\mathrm{tr}(\boldsymbol{C}_1\boldsymbol{D}_0)-\frac{1}{2}\hat{\boldsymbol{X}}_1^{\mathrm{T}}\boldsymbol{G}_1\hat{\boldsymbol{X}}_0)\\ \hat{\boldsymbol{X}}'_1&=\hat{\boldsymbol{X}}'_0+\boldsymbol{C}_0+\boldsymbol{J}_1\boldsymbol{L}_1-\boldsymbol{D}_0\boldsymbol{J}_1(\boldsymbol{B}_1\hat{\boldsymbol{X}}_0-\frac{1}{2}\mathrm{tr}(\boldsymbol{C}_1\boldsymbol{D}_0)-\frac{1}{2}\hat{\boldsymbol{X}}_0^{\mathrm{T}}\boldsymbol{G}_1\hat{\boldsymbol{X}}_0)\end{aligned}\right\} \tag{7.4.9}$$

由于第二组观测噪声与第一组观测噪声相关，造成滤波信号 $\hat{\boldsymbol{X}}_1$ 与观测噪声 $\boldsymbol{\Delta}_2$ 相关，将 $\boldsymbol{l}_1$ 代入式(7.4.9)的第一式，并将与 $\boldsymbol{\Delta}_1$ 无关的部分记为 $f(\hat{\boldsymbol{X}}_0)$，有

$$\hat{\boldsymbol{X}}_1=f(\hat{\boldsymbol{X}}_0)+\boldsymbol{D}_0\boldsymbol{J}_1\boldsymbol{\Delta}_1=f(\hat{\boldsymbol{X}}_0)+[\boldsymbol{D}_0\boldsymbol{J}_1\quad \boldsymbol{0}]\begin{bmatrix}\boldsymbol{\Delta}_1\\ \boldsymbol{\Delta}_2\end{bmatrix} \tag{7.4.10}$$

$$\boldsymbol{\Delta}_2=[\boldsymbol{0}\quad \boldsymbol{I}]\begin{bmatrix}\boldsymbol{\Delta}_1\\ \boldsymbol{\Delta}_2\end{bmatrix} \tag{7.4.11}$$

根据协方差传播律，得

$$\boldsymbol{D}_{\hat{X}_1\Delta_2}=[\boldsymbol{D}_0\boldsymbol{J}_1\quad \boldsymbol{0}]\begin{bmatrix}\boldsymbol{D}_{\Delta_{11}} & \boldsymbol{D}_{\Delta_{12}}\\ \boldsymbol{D}_{\Delta_{21}} & \boldsymbol{D}_{\Delta_{22}}\end{bmatrix}\begin{bmatrix}\boldsymbol{0}\\ \boldsymbol{I}\end{bmatrix}=\boldsymbol{D}_0\boldsymbol{J}_1\ \boldsymbol{D}_{\Delta 12} \tag{7.4.12}$$

第二次滤波公式为

$$\left.\begin{aligned}\hat{\boldsymbol{X}}_2=&\hat{\boldsymbol{X}}_1+\boldsymbol{D}_1(\boldsymbol{B}_2^{\mathrm{T}}+\boldsymbol{G}_2\hat{\boldsymbol{X}}_1+\boldsymbol{D}_1^{-1}\ \boldsymbol{D}_0\boldsymbol{J}_1\ \boldsymbol{D}_{\Delta 12})(\boldsymbol{B}_2\boldsymbol{D}_1\boldsymbol{B}_2^{\mathrm{T}}+\frac{1}{2}\mathrm{tr}\boldsymbol{G}_2\boldsymbol{D}_1\boldsymbol{G}_2\boldsymbol{D}_1+\\ &2\boldsymbol{B}_2\boldsymbol{D}_1\boldsymbol{G}_2\hat{\boldsymbol{X}}_1+\hat{\boldsymbol{X}}_1^{\mathrm{T}}\boldsymbol{G}_2\boldsymbol{D}_1\boldsymbol{G}_2\hat{\boldsymbol{X}}_1+\boldsymbol{B}_2\boldsymbol{D}_0\boldsymbol{J}_1\boldsymbol{D}_{\Delta 12}+\hat{\boldsymbol{X}}_1^{\mathrm{T}}\boldsymbol{G}_2\boldsymbol{D}_0\boldsymbol{J}_1\boldsymbol{D}_{\Delta 12}+\boldsymbol{D}_{\Delta 21}\boldsymbol{J}_1^{\mathrm{T}}\boldsymbol{D}_0\boldsymbol{B}_2^{\mathrm{T}}+\\ &\boldsymbol{D}_0\boldsymbol{J}_1\boldsymbol{D}_{\Delta 12}\boldsymbol{G}_2\hat{\boldsymbol{X}}_1+\boldsymbol{D}_{\Delta 22})^{-1}(\boldsymbol{l}_2-\boldsymbol{B}_2\hat{\boldsymbol{X}}_1-\frac{1}{2}\mathrm{tr}(\boldsymbol{G}_2\boldsymbol{D}_1)-\frac{1}{2}\hat{\boldsymbol{X}}_1^{\mathrm{T}}\boldsymbol{G}_2\hat{\boldsymbol{X}}_1)\\ \hat{\boldsymbol{X}}'_2=&\hat{\boldsymbol{X}}'_1+(\boldsymbol{C}_1\boldsymbol{B}_2^{\mathrm{T}}+\boldsymbol{C}_1\boldsymbol{G}_2\hat{\boldsymbol{X}}'_1+\boldsymbol{D}_0\boldsymbol{J}_1\boldsymbol{D}_{\Delta 12})(\boldsymbol{B}_2\boldsymbol{D}_1\boldsymbol{B}_2^{\mathrm{T}}+\frac{1}{2}\mathrm{tr}(\boldsymbol{G}_2\boldsymbol{D}_1\boldsymbol{G}_2\boldsymbol{D}_1)+\\ &2\boldsymbol{B}_2\boldsymbol{D}_1\boldsymbol{G}_2\hat{\boldsymbol{X}}_1+\hat{\boldsymbol{X}}_1^{\mathrm{T}}\boldsymbol{G}_2\boldsymbol{D}_1\boldsymbol{G}_2\hat{\boldsymbol{X}}_1+\boldsymbol{B}_2\boldsymbol{D}_0\boldsymbol{J}_1\boldsymbol{D}_{\Delta 12}+\hat{\boldsymbol{X}}_1^{\mathrm{T}}\boldsymbol{G}_2\boldsymbol{D}_0\boldsymbol{J}_1\boldsymbol{D}_{\Delta 12}+\boldsymbol{D}_{\Delta 21}\boldsymbol{J}_1^{\mathrm{T}}\boldsymbol{D}_0\boldsymbol{B}_2^{\mathrm{T}}+\\ &\boldsymbol{D}_0\boldsymbol{J}_1\boldsymbol{D}_{\Delta 12}\boldsymbol{G}_2\hat{\boldsymbol{X}}_1+\boldsymbol{D}_{\Delta 22})^{-1}(\boldsymbol{l}_2-\boldsymbol{B}_2\hat{\boldsymbol{X}}_1-\frac{1}{2}\mathrm{tr}(\boldsymbol{G}_2\boldsymbol{D}_1)-\frac{1}{2}\hat{\boldsymbol{X}}_1^{\mathrm{T}}\boldsymbol{G}_2\hat{\boldsymbol{X}}_1)\end{aligned}\right\} \tag{7.4.13}$$

$$\left.\begin{aligned}
&D_2=D_1-D_1(B_2^T+G_2\hat{X}_1+D_1^{-1}D_0J_1D_{\Delta12})(B_2D_1B_2^T+\frac{1}{2}\mathrm{tr}(G_2D_1G_2D_1)+\\
&\quad 2B_2D_1G_2\hat{X}_1+\hat{X}_1^TG_2D_1G_2\hat{X}_1+B_2D_0J_1D_{\Delta12}+\hat{X}_1^TG_2D_0J_1D_{\Delta12}+\\
&\quad D_{\Delta21}J_1^TD_0B_2^T+D_0J_1D_{\Delta12}G_2\hat{X}_1+D_{\Delta22})^{-1}(B_2D_1+\hat{X}_1^TG_2D_1+D_{\Delta21}J_1^TD_0)\\
&D'_2=D'_1-(C_1B_2^T+C_1G_2\hat{X}'_1+D_0J_1D_{\Delta12})(B_2\ D_1B_2^T+\frac{1}{2}\mathrm{tr}(G_2D_1G_2D_1)+\\
&\quad 2B_2D_1G_2\hat{X}_1+\hat{X}_1^TG_2D_1G_2\hat{X}_1+B_2D_0J_1D_{\Delta12}+\hat{X}_1^TG_2D_0J_1D_{\Delta12}+\\
&\quad D_{\Delta21}J_1^TD_0B_2^T+D_0J_1D_{\Delta12}G_2\hat{X}_1+D_{\Delta22})^{-1}(B_2C_1^T+\hat{X}_1^TG_2C_1^T+D_{\Delta21}J_1^TD_0)\\
&C_2=C_1-(C_1B_2^T+C_1G_2\hat{X}'_1+D_0J_1D_{\Delta12})(B_2D_1B_2^T+\frac{1}{2}\mathrm{tr}(G_2D_1G_2D_1)+\\
&\quad 2B_2D_1G_2\hat{X}_1+\hat{X}_1^TG_2D_1G_2\hat{X}_1+B_2D_0J_1D_{\Delta12}+\hat{X}_1^TG_2D_0J_1D_{\Delta12}+\\
&\quad D_{\Delta21}J_1^TD_0B_2^T+D_0J_1D_{\Delta12}G_2\hat{X}_1+D_{\Delta22})^{-1}(B_2D_1+\hat{X}_1^TG_2D_1+D_{\Delta21}J_1^TD_0)
\end{aligned}\right\}\tag{7.4.14}$$

令

$$\begin{aligned}
J_1=&B_1^T+G_2\hat{X}_1+D_1^{-1}D_0J_0D_{\Delta12}(B_2D_1B_2^T+\frac{1}{2}\mathrm{tr}(G_2D_1G_2D_1)+\\
&2B_2D_1G_2\hat{X}_1^TG_1D_1G_2\hat{X}_1+D_{\Delta12}+\hat{X}_1^TG_2D_0J_1D_{\Delta12}+D_{\Delta12}J_2^T+\\
&D_0J_1D_{\Delta12}G_2\hat{X}_1+D_{\Delta22})^{-1}
\end{aligned}\tag{7.4.15}$$

则式(7.4.13)第一式可以写为

$$\hat{X}_2=\hat{X}_1+D_1J_2(L_2-B_2\hat{X}_1-\frac{1}{2}\mathrm{tr}(G_2D_2)-\frac{1}{2}\hat{X}_1C\hat{X}_1)\tag{7.4.16}$$

仿照式(7.4.10)、式(7.4.11)、式(7.4.12)可以导出

$$D_{\hat{X}_2\Delta_3}=D_1J_2D_{\Delta23}\tag{7.4.17}$$

同理，当完成第 $i$ 次滤波后，可以令

$$\begin{aligned}
J_1=&B_1^T+G_2\hat{X}_{i-1}+D_{i-1}^{-1}D_{i-2}D_{\Delta(i-1)}(B_iD_{i-1}B_i^T+\frac{1}{2}\mathrm{tr}(G_iD_{i-1}G_iD_{i-1})+\\
&2B_iD_{i-1}G_i\hat{X}_{i-1}+\hat{X}_{i-1}^TG_iD_{i-1}G_i\hat{X}_{i-1}+B_iD_{i-2}J_{i-1}D_{\Delta(i-1)2}+\\
&\hat{X}_{i-1}{}^TG_{i-2}J_{i-1}D_{\Delta(i-1)i}+D_{\Delta i(i-1)}J_{i-1}^T+D_{i-2}B_i^T+D_{i-2}J_{i-1}D_{\Delta(i-1)i}G_i\hat{X}_{i-1}+D_{\Delta ii})^{-1}
\end{aligned}\tag{7.4.18}$$

而

$$D_{\hat{X}_i\Delta_{i+1}}=D_{i-1}J_iD_{\Delta i(i+1)}\tag{7.4.19}$$

第 $i+1$ 次滤波公式为

$$\left.\begin{aligned}
\hat{X}_{i+1}=&\hat{X}_i+D_i(B_{i+1}^{\mathrm{T}}+G_{i+1}\hat{X}_i+D_i^{-1}D_{i-1}J_iD_{\Delta i(i+1)})(B_{i+1}D_iB_{i+1}^{\mathrm{T}}+\\
&\frac{1}{2}\mathrm{tr}(G_{i+1}D_iG_{i+1}D_i)+2B_{i+1}D_iG_{i+1}\hat{X}_i+\hat{X}_i^{\mathrm{T}}G_{i+1}D_iG_{i+1}\hat{X}_i+B_{i+1}D_{i-1}J_iD_{\Delta i(i+1)}+\\
&\hat{X}_i^{\mathrm{T}}G_{i+1}D_{i-1}J_iD_{\Delta i(i+1)}+D_{\Delta(i+1)i}J_i^{\mathrm{T}}D_{i-1}B_{i+1}^{\mathrm{T}}+D_{i-1}J_iD_{\Delta i(i+1)}G_{i+1}\hat{X}_i+\\
&D_{\Delta(i+1)(i+1)})^{-1}(l_{i+1}-B_{i+1}\hat{X}_i-\frac{1}{2}\mathrm{tr}(G_{i+1}D_i)-\frac{1}{2}\hat{X}_i^{\mathrm{T}}G_{i+1}\hat{X}_i)\\
\hat{X}'_{i+1}=&\hat{X}'_i+(C_iB_{i+1}^{\mathrm{T}}+C_iG_{i+1}\hat{X}'_i+D_{i-1}J_iD_{\Delta i(i+1)})(B_{i+1}D_iB_{i+1}^{\mathrm{T}}+\\
&\frac{1}{2}\mathrm{tr}(G_{i+1}D_iG_{i+1}D_i)+2B_{i+1}D_iG_{i+1}\hat{X}_i+\hat{X}_i^{\mathrm{T}}G_{i+1}D_iG_{i+1}\hat{X}_i+B_{i+1}D_{i-1}J_iD_{\Delta i(i+1)}+\\
&\hat{X}_i^{\mathrm{T}}G_{i+1}D_{i-1}J_iD_{\Delta i(i+1)}+D_{\Delta(i+1)i}J_i^{\mathrm{T}}D_{i-1}B_{i+1}^{\mathrm{T}}+D_{i-1}J_iD_{\Delta i(i+1)}G_{i+1}\hat{X}_i+\\
&D_{\Delta(i+1)(i+1)})^{-1}(l_{i+1}-B_{i+1}\hat{X}_i-\frac{1}{2}\mathrm{tr}\,G_{i+1}D_i-\frac{1}{2}\hat{X}_i^{\mathrm{T}}G_{i+1}\hat{X}_i)
\end{aligned}\right\}\quad(7.4.20)$$

$$\left.\begin{aligned}
D_{i+1}=&D_i-D_i(B_{i+1}^{\mathrm{T}}+G_{i+1}\hat{X}_i+D_i^{-1}D_{i-1}J_iD_{\Delta i(i+1)})(B_{i+1}D_iB_{i+1}^{\mathrm{T}}+\\
&\frac{1}{2}\mathrm{tr}(G_{i+1}D_iG_{i+1}D_i)+2B_{i+1}D_iG_{i+1}\hat{X}_i+\hat{X}_i^{\mathrm{T}}G_{i+1}D_iG_{i+1}\hat{X}_i+\\
&B_{i+1}D_{i-1}J_iD_{\Delta i(i+1)}+\hat{X}_i^{\mathrm{T}}G_{i+1}D_{i-1}J_iD_{\Delta i(i+1)}+D_{\Delta(i+1)i}J_i^{\mathrm{T}}D_{i-1}B_{i+1}^{\mathrm{T}}+\\
&D_{i-1}J_iD_{\Delta i(i+1)}G_{i+1}\hat{X}_i+D_{\Delta(i+1)(i+1)})^{-1}(B_{i+1}D_i+\hat{X}_i^{\mathrm{T}}G_{i+1}D_i+D_{\Delta(i+1)i}J_i^{\mathrm{T}}D_i)\\
D'_{i+1}=&D'_i-(C_iB_{i+1}^{\mathrm{T}}+C_iG_{i+1}\hat{X}'_i+D_{i-1}J_iD_{\Delta i(i+1)})(B_{i+1}D_iB_{i+1}^{\mathrm{T}}+\\
&\frac{1}{2}\mathrm{tr}(G_{i+1}D_iG_{i+1}D_i)+2B_{i+1}D_iG_{i+1}\hat{X}_i+\hat{X}_i^{\mathrm{T}}G_{i+1}D_iG_{i+1}\hat{X}_i+\\
&B_{i+1}D_{i-1}J_iD_{\Delta i(i+1)}+\hat{X}_i^{\mathrm{T}}G_{i+1}D_{i-1}J_iD_{\Delta i(i+1)}+D_{\Delta(i+1)i}J_i^{\mathrm{T}}D_{i-1}B_{i+1}^{\mathrm{T}}+\\
&D_{i-1}J_iD_{\Delta i(i+1)}G_{i+1}\hat{X}_i+D_{\Delta(i+1)(i+1)})^{-1}(B_{i+1}C_i^{\mathrm{T}}+\hat{X}_i^{\mathrm{T}}G_{i+1}C_i^{\mathrm{T}}+D_{\Delta(i+1)i}J_i^{\mathrm{T}}D_{i-1})\\
C_{i+1}=&C_i-(C_iB_{i+1}^{\mathrm{T}}+C_iG_{i+1}\hat{X}'_i+D_{i-1}J_iD_{\Delta i(i+1)})(B_{i+1}D_iB_{i+1}^{\mathrm{T}}+\\
&\frac{1}{2}\mathrm{tr}(G_{i+1}D_iG_{i+1}D_i)+2B_{i+1}D_iG_{i+1}\hat{X}_i+\hat{X}_i^{\mathrm{T}}G_{i+1}D_iG_{i+1}\hat{X}_i+\\
&B_{i+1}D_{i-1}J_iD_{\Delta i(i+1)}+\hat{X}_i^{\mathrm{T}}G_{i+1}D_{i-1}J_iD_{\Delta i(i+1)}+D_{\Delta(i+1)i}J_i^{\mathrm{T}}D_{i-1}B_{i+1}^{\mathrm{T}}+\\
&D_{i-1}J_iD_{\Delta i(i+1)}G_{i+1}\hat{X}_i+D_{\Delta(i+1)(i+1)})^{-1}(B_{i+1}D_i+\hat{X}_i^{\mathrm{T}}G_{i+1}D_i+D_{\Delta(i+1)i}J_i^{\mathrm{T}}D_{i-1})
\end{aligned}\right\}$$

(7.4.21)

式中，$i=2、3、\cdots、m-1$。

# §7.5 非线性拟合推估

## 7.5.1 非线性拟合推估的迭代算法

拟合推估的观测方程有许多是非线性方程，经典的方法是将非线性方程按泰勒级数展开，取至一次项，将非线性方程转换为线性方程，然后根据线性拟合推估方法进行计算。

1. 非线性拟合推估方程的线性化

设观测向量 $\boldsymbol{L}$ 是滤波信号 $\boldsymbol{X}$ 和倾向参数 $\boldsymbol{Y}$ 的非线性函数，即

$$L_i = f_i(\boldsymbol{X},\boldsymbol{Y}) + \Delta_i \quad (i=1,2,\cdots,n) \tag{7.5.1}$$

设滤波信号 $\boldsymbol{X}=[X_1 \quad X_2 \quad \cdots \quad X_t]^{\mathrm{T}}$ 的先验值为 $\hat{\boldsymbol{X}}_0=[\hat{X}_{01} \quad \hat{X}_{02} \quad \cdots \quad \hat{X}_{0t}]^{\mathrm{T}}$，真值为 $\tilde{\boldsymbol{X}}=[\tilde{X}_1 \quad \tilde{X}_2 \quad \cdots \quad \tilde{X}_t]^{\mathrm{T}}$，最佳估值为 $\hat{\boldsymbol{X}}=[\hat{X}_1 \quad \hat{X}_2 \quad \cdots \quad \hat{X}_n]^{\mathrm{T}}$，真值 $\tilde{\boldsymbol{X}}$ 与最佳估值 $\hat{\boldsymbol{X}}$ 之差为 $\boldsymbol{x}=[x_1 \quad x_2 \quad \cdots \quad x_t]^{\mathrm{T}}$，初值 $\hat{\boldsymbol{X}}^0$ 与估值 $\hat{\boldsymbol{X}}$ 之差为 $\hat{\boldsymbol{x}}=[\hat{x}_1 \quad \hat{x}_2 \quad \cdots \quad \hat{x}_t]^{\mathrm{T}}$；倾向参数 $\boldsymbol{Y}=[Y_1 \quad Y_2 \quad \cdots \quad Y_u]^{\mathrm{T}}$ 的近似值为 $\boldsymbol{Y}_0=[Y_{01} \quad Y_{02} \quad \cdots \quad Y_{0u}]^{\mathrm{T}}$，真值为 $\tilde{\boldsymbol{Y}}=[\tilde{Y}_1 \quad \tilde{Y}_2 \quad \cdots \quad \tilde{Y}_u]^{\mathrm{T}}$，最佳估值为 $\hat{\boldsymbol{Y}}=[\hat{Y}_1 \quad \hat{Y}_2 \quad \cdots \quad \hat{Y}_u]^{\mathrm{T}}$，真值 $\tilde{\boldsymbol{Y}}$ 与最佳估值 $\hat{\boldsymbol{Y}}$ 之差为 $\boldsymbol{y}=[y_1 \quad y_2 \quad \cdots \quad y_t]^{\mathrm{T}}$，近似值 $\boldsymbol{Y}_0$ 与估值 $\hat{\boldsymbol{Y}}$ 之差为 $\hat{\boldsymbol{x}}=[\hat{x}_1 \quad \hat{x}_2 \quad \cdots \quad \hat{x}_t]^{\mathrm{T}}$，函数在 $\hat{\boldsymbol{X}}_0$、$\boldsymbol{Y}_0$ 处展开，得

$$L_i = f_i(\hat{\boldsymbol{X}}_0,\boldsymbol{Y}_0) + \sum_{j=1}^{t} \frac{\partial f_i}{\partial X_j}\bigg| x_j + \sum_{j=1}^{u} \frac{\partial f_i}{\partial Y_j}\bigg| y_j + \Delta_i \tag{7.5.2}$$

令 $l_i = L_i - f_i(\hat{\boldsymbol{X}}_0 \boldsymbol{Y}_0)$、$B_{ij} = \dfrac{\partial f_i}{\partial X_j}\bigg|$、$G_{ij} = \dfrac{\partial f_i}{\partial Y_j}\bigg|$，则可列出线性化后的观测方程为

$$\begin{bmatrix} l_1 \\ l_2 \\ \vdots \\ l_n \end{bmatrix} = \begin{bmatrix} B_{11} & B_{12} & \cdots & B_{1t} \\ B_{21} & B_{22} & \cdots & B_{2t} \\ \vdots & \vdots & & \vdots \\ B_{n1} & B_{n2} & \cdots & B_{nt} \end{bmatrix} \begin{bmatrix} x_1 \\ x_2 \\ \vdots \\ x_t \end{bmatrix} + \begin{bmatrix} G_{11} & G_{12} & \cdots & G_{1u} \\ G_{21} & G_{22} & \cdots & G_{2u} \\ \vdots & \vdots & & \vdots \\ G_{n1} & G_{n2} & \cdots & G_{nu} \end{bmatrix} \begin{bmatrix} y_1 \\ y_2 \\ \vdots \\ y_u \end{bmatrix} + \begin{bmatrix} \Delta_1 \\ \Delta_2 \\ \vdots \\ \Delta_n \end{bmatrix} \tag{7.5.3}$$

即

$$\boldsymbol{l} = \boldsymbol{B}\boldsymbol{x} + \boldsymbol{G}\boldsymbol{y} + \boldsymbol{\Delta} \tag{7.5.4}$$

根据第 3 章，可以写出拟合推估公式为

$$\left.\begin{aligned} \hat{\boldsymbol{y}} &= [\boldsymbol{G}^{\mathrm{T}}(\boldsymbol{B}\boldsymbol{D}_{X_0}\boldsymbol{B}^{\mathrm{T}} + \boldsymbol{D}_{\Delta})^{-1}\boldsymbol{G}]^{-1}\boldsymbol{G}^{\mathrm{T}}(\boldsymbol{B}\boldsymbol{D}_{X_0}\boldsymbol{B}^{\mathrm{T}} + \boldsymbol{D}_{\Delta})^{-1}\boldsymbol{l} \\ \hat{\boldsymbol{x}} &= \boldsymbol{D}_{X_0}\boldsymbol{B}^{\mathrm{T}}(\boldsymbol{B}\boldsymbol{D}_{X_0}\boldsymbol{B}^{\mathrm{T}} + \boldsymbol{D}_{\Delta})^{-1}(\boldsymbol{l} - \boldsymbol{G}\hat{\boldsymbol{y}}) \end{aligned}\right\} \tag{7.5.5}$$

而滤波信号和倾向参数的最佳估值为

$$\left.\begin{aligned} \hat{\boldsymbol{Y}} &= \boldsymbol{Y}_0 + \hat{\boldsymbol{y}} \\ \hat{\boldsymbol{X}} &= \hat{\boldsymbol{X}}_0 + \hat{\boldsymbol{x}} \end{aligned}\right\} \tag{7.5.6}$$

推估信号为

$$\hat{\boldsymbol{X}}' = \boldsymbol{X}'_0 + \boldsymbol{D}_{X'_0 X_0}\boldsymbol{D}_{X_0}^{-1}\hat{\boldsymbol{X}} \tag{7.5.7}$$

精度估值为

$$\left.\begin{aligned}
&\boldsymbol{D}_{\hat{Y}}=[\boldsymbol{G}^{\mathrm{T}}(\boldsymbol{B}\boldsymbol{D}_{X_0}\boldsymbol{B}^{\mathrm{T}}+\boldsymbol{D}_{\Delta})^{-1}\boldsymbol{G}]^{-1}\\
&\boldsymbol{D}_{\hat{X}}=\boldsymbol{D}_{X_0}-\boldsymbol{D}_{X_0}\boldsymbol{B}^{\mathrm{T}}(\boldsymbol{B}\boldsymbol{D}_{X_0}\boldsymbol{B}^{\mathrm{T}}+\boldsymbol{D}_{\Delta})^{-1}[\boldsymbol{I}-\\
&\qquad\boldsymbol{G}\boldsymbol{D}_{\hat{Y}}\boldsymbol{G}^{\mathrm{T}}(\boldsymbol{B}\boldsymbol{D}_{X_0}\boldsymbol{B}^{\mathrm{T}}+\boldsymbol{D}_{\Delta})^{-1}]\boldsymbol{B}\boldsymbol{D}_{X_0X'_0}\\
&\boldsymbol{D}_{X'}=\boldsymbol{D}_{X'_0}-\boldsymbol{D}_{X'_0X_0}\boldsymbol{B}^{\mathrm{T}}(\boldsymbol{B}\boldsymbol{D}_{X_0}\boldsymbol{B}^{\mathrm{T}}+\boldsymbol{D}_{\Delta})^{-1}[\boldsymbol{I}-\\
&\qquad\boldsymbol{G}\boldsymbol{D}_{\hat{Y}}\boldsymbol{G}^{\mathrm{T}}(\boldsymbol{B}\boldsymbol{D}_{X_0}\boldsymbol{B}^{\mathrm{T}}+\boldsymbol{D}_{\Delta})^{-1}]\boldsymbol{B}\boldsymbol{D}_{X_0X'_0}\\
&\boldsymbol{D}_{\hat{X}\hat{X}'}=\boldsymbol{D}_{X_0X'_0}-\boldsymbol{D}_{X_0}\boldsymbol{B}^{\mathrm{T}}(\boldsymbol{B}\boldsymbol{D}_{X_0}\boldsymbol{B}^{\mathrm{T}}+\boldsymbol{D}_{\Delta})^{-1}[\boldsymbol{I}-\\
&\qquad\boldsymbol{G}\boldsymbol{D}_{\hat{Y}}\boldsymbol{G}^{\mathrm{T}}(\boldsymbol{B}\boldsymbol{D}_{X_0}\boldsymbol{B}^{\mathrm{T}}+\boldsymbol{D}_{\Delta})^{-1}]\boldsymbol{B}\boldsymbol{D}_{X_0X'_0}\\
&\boldsymbol{D}_{\hat{X}\hat{Y}}=-\boldsymbol{D}_{X_0}\boldsymbol{B}^{\mathrm{T}}(\boldsymbol{B}\boldsymbol{D}_{X_0}\boldsymbol{B}^{\mathrm{T}}+\boldsymbol{D}_{\Delta})^{-1}\boldsymbol{G}\boldsymbol{D}_{\hat{Y}}\\
&\boldsymbol{D}_{\hat{X}'\hat{Y}}=-\boldsymbol{D}_{X'_0X_0}\boldsymbol{B}^{\mathrm{T}}(\boldsymbol{B}\boldsymbol{D}_{X_0}\boldsymbol{B}^{\mathrm{T}}+\boldsymbol{D}_{\Delta})^{-1}\boldsymbol{G}\boldsymbol{D}_{Y}
\end{aligned}\right\}\tag{7.5.8}$$

**2. 拟合推估的迭代算法**

下面介绍拟合推估的迭代算法。如果将首次拟合推估结果记为

$$\left.\begin{aligned}
&\hat{\boldsymbol{y}}_1=[\boldsymbol{G}_1^{\mathrm{T}}(\boldsymbol{B}_1\boldsymbol{D}_0\boldsymbol{B}_1^{\mathrm{T}}+\boldsymbol{D}_{\Delta})^{-1}\boldsymbol{G}_1]^{-1}\boldsymbol{G}_1^{\mathrm{T}}(\boldsymbol{B}_1\boldsymbol{D}_0\boldsymbol{B}_1^{\mathrm{T}}+\boldsymbol{D}_{\Delta})^{-1}\boldsymbol{l}_1\\
&\hat{\boldsymbol{x}}_1=\boldsymbol{D}_0\boldsymbol{B}^{\mathrm{T}}(\boldsymbol{B}\boldsymbol{D}_X\boldsymbol{B}^{\mathrm{T}}+\boldsymbol{D}_{\Delta})^{-1}(\boldsymbol{l}_1-\boldsymbol{G}_1\boldsymbol{y})
\end{aligned}\right\}\tag{7.5.9}$$

式中，$\boldsymbol{l}_1=\boldsymbol{L}-f(\hat{\boldsymbol{X}}_0\boldsymbol{Y}_0)$，$\boldsymbol{B}_1=\{B_{ij}\}=\left\{\dfrac{\partial f_i}{\partial X_j}\bigg|_{\substack{X=\hat{X}_0\\ Y=Y_0}}\right\}$，$\boldsymbol{G}_1=\{G_{ij}\}=\left\{\dfrac{\partial f_i}{\partial Y_j}\bigg|_{\substack{X=\hat{X}_0\\ Y=Y_0}}\right\}$。

首次滤波信号为

$$\left.\begin{aligned}
&\hat{\boldsymbol{Y}}_1=\boldsymbol{Y}^0+\hat{\boldsymbol{y}}_1\\
&\hat{\boldsymbol{X}}_1=\hat{\boldsymbol{X}}^0+\hat{\boldsymbol{x}}_1
\end{aligned}\right\}\tag{7.5.10}$$

将 $\hat{\boldsymbol{X}}_1$、$\hat{\boldsymbol{Y}}_1$ 代入式(7.5.1)，计算观测值的首次估值 $\hat{\boldsymbol{L}}_1$，将观测方程在 $\hat{\boldsymbol{X}}_1$、$\hat{\boldsymbol{Y}}_1$ 处线性化，并记

$$L_i=f_i(\hat{\boldsymbol{X}}_1,\hat{\boldsymbol{Y}}_1)+\sum_{j=1}^{t}\frac{\partial f_i}{\partial X_j}\bigg|_{X=\hat{X}_1}x_j+\sum_{j=1}^{u}\frac{\partial f_i}{\partial Y_j}\bigg|_{Y=\hat{Y}_1}y_j+\Delta_i\tag{7.5.11}$$

首次拟合推估结果 $\hat{\boldsymbol{X}}_1$、$\hat{\boldsymbol{Y}}_1$ 已经是随机变量，下面进一步迭代只能按滤波来进行，而不能按拟合推估来推算。设

$$\boldsymbol{z}_2=\begin{bmatrix}\boldsymbol{x}_2\\ \boldsymbol{y}_2\end{bmatrix},\boldsymbol{C}_2=[\boldsymbol{B}_2\quad \boldsymbol{G}_2],\boldsymbol{D}_{\hat{z}_1}=\begin{bmatrix}\boldsymbol{D}_{\hat{X}_1} & \boldsymbol{D}_{\hat{X}_1\hat{Y}_1}\\ \boldsymbol{D}_{\hat{Y}_1\hat{X}_1} & \boldsymbol{D}_{\hat{Y}_1}\end{bmatrix}\tag{7.5.12}$$

列出观测方程为

$$\boldsymbol{l}_2=\boldsymbol{C}_2\boldsymbol{z}_2+\boldsymbol{\Delta}_2\tag{7.5.13}$$

式中

$$l_2=L_2-f(\hat{X}_1\hat{Y}_1),C_2=\begin{bmatrix}\frac{\partial f_1}{\partial X_1} & \frac{\partial f_1}{\partial X_2} & \cdots & \frac{\partial f_1}{\partial X_t} & \frac{\partial f_1}{\partial Y_1} & \frac{\partial f_1}{\partial Y_2} & \cdots & \frac{\partial f_1}{\partial Y_u}\\ \frac{\partial f_2}{\partial X_1} & \frac{\partial f_2}{\partial X_2} & \cdots & \frac{\partial f_2}{\partial X_t} & \frac{\partial f_2}{\partial Y_1} & \frac{\partial f_2}{\partial Y_2} & \cdots & \frac{\partial f_2}{\partial Y_u}\\ \vdots & \vdots & & \vdots & \vdots & \vdots & & \vdots\\ \frac{\partial f_n}{\partial X_1} & \frac{\partial f_n}{\partial X_2} & \cdots & \frac{\partial f_n}{\partial X_t} & \frac{\partial f_n}{\partial Y_1} & \frac{\partial f_n}{\partial Y_2} & \cdots & \frac{\partial f_n}{\partial Y_u}\end{bmatrix}$$

第二次滤波得

$$\hat{z}_2=D_{\hat{Z}_1}C_2^{\mathrm{T}}(C_2D_{\hat{Z}_1}C_2^{\mathrm{T}}+D_\Delta)^{-1}l_2 \tag{7.5.14}$$

第二次滤波信号为

$$\hat{Z}_2=\hat{Z}_1+\hat{z}_2 \tag{7.5.15}$$

依次类推，第 $k+1$ 次滤波值为

$$\hat{z}_{k+1}=D_{\hat{Z}_k}C_{k+1}^{\mathrm{T}}(C_{k+1}D_{\hat{Z}_k}C_{k+1}^{\mathrm{T}}+D_\Delta)^{-1}l_{k+1} \tag{7.5.16}$$

第 $k+1$ 次滤波信号为

$$\hat{Z}_{k+1}=\hat{Z}_k+\hat{z}_{k+1} \tag{7.5.17}$$

$$D_{\hat{Z}_{k+1}}=D_{\hat{Z}_k}-D_{\hat{Z}_k}C_{k+1}^{\mathrm{T}}(C_{k+1}D_{\hat{Z}_k}C_{k+1}^{\mathrm{T}}+D_\Delta)^{-1}C_{k+1}D_{\hat{Z}_k} \tag{7.5.18}$$

以上为迭代滤波计算方法，迭代可设置结束标志，即

$$\sup_{1\leqslant i\leqslant t}\{|z_i|\}\leqslant\varepsilon \tag{7.5.19}$$

式中，$\varepsilon$ 是根据精度要求，事先设置的一个小正数。

求出滤波信号的最佳估计后，再用推估公式计算推估信号。

由于系数矩阵 $C_2$ 与 $C_k$ 差异很小，一般可以用 $C_2$ 替代 $C_k$，这样可以大大减少迭代计算的工作量，而不至于影响计算精度。

## 7.5.2　顾及二次项的非线性静态拟合推估

设观测向量 $L$ 是滤波信号 $X$ 和倾向参数 $Y$ 的非线性函数。为了进行非线性拟合推估，首先将观测方程线性化，进行线性拟合推估，求出 $\hat{X}_1$、$\hat{X}'$、$\hat{Y}_1$ 及其协方差矩阵 $D_{\hat{X}_1}$、$D_{\hat{Y}_1}$、$D_{\hat{X}_1\hat{Y}_1}$、$D_{\hat{X}'_1}$、$D_{\hat{X}'_1\hat{Y}'_1}$、$D_{\hat{X}_1\hat{X}_1}$。这时 $\hat{X}_1$、$\hat{Y}_1$ 均为随机变量，设 $Z=[\hat{X}_1\hat{Y}_1]^{\mathrm{T}}$ 的先验值为 $\hat{Z}_1=[\hat{X}_1\quad \hat{Y}_1]^{\mathrm{T}}$，先验方差为

$$D_{\hat{Z}_1}=\begin{bmatrix}D_{\hat{X}_1} & D_{\hat{X}_1\hat{Y}_1}\\ D_{\hat{Y}_1\hat{X}_1} & D_{\hat{Y}_1}\end{bmatrix},D_{\hat{X}\hat{Z}_1}=\begin{bmatrix}D_{\hat{X}'\hat{X}_1}\\ D_{\hat{X}'_1\hat{Y}_1}\end{bmatrix}$$

观测方程式(7.2.1)可以改写为

$$L_i=f_i(Z)+\Delta_i\quad (i=1,2,\cdots,n) \tag{7.5.20}$$

在 $\hat{Z}_1$ 处按泰勒级数展开并取二次项，得观测方程为

$$L=f(\hat{Z}_1)+BZ+\frac{1}{2}Z^{\mathrm{T}}GZ+\Delta \tag{7.5.21}$$

式中

$$\boldsymbol{B}=\begin{bmatrix} \frac{\partial f_1}{\partial X_1} & \frac{\partial f_1}{\partial X_2} & \cdots & \frac{\partial f_1}{\partial X_t} & \frac{\partial f_1}{\partial Y_1} & \frac{\partial f_1}{\partial Y_2} & \cdots & \frac{\partial f_1}{\partial Y_u} \\ \frac{\partial f_2}{\partial X_1} & \frac{\partial f_2}{\partial X_2} & \cdots & \frac{\partial f_2}{\partial X_t} & \frac{\partial f_2}{\partial Y_1} & \frac{\partial f_2}{\partial Y_2} & \cdots & \frac{\partial f_2}{\partial Y_u} \\ \vdots & \vdots & & \vdots & \vdots & \vdots & & \vdots \\ \frac{\partial f_n}{\partial X_1} & \frac{\partial f_n}{\partial X_2} & \cdots & \frac{\partial f_n}{\partial X_t} & \frac{\partial f_n}{\partial Y_1} & \frac{\partial f_n}{\partial Y_2} & \cdots & \frac{\partial f_n}{\partial Y_u} \end{bmatrix}_{X=\hat{X}_1, Y=\hat{Y}_1}$$

$$\boldsymbol{C}_i=\begin{bmatrix} \frac{\partial^2 f_i}{\partial X_1\ \partial X_1} & \frac{\partial^2 f_i}{\partial X_1\ \partial X_2} & \cdots & \frac{\partial^2 f_i}{\partial X_1\ \partial X_t} & \frac{\partial^2 f_i}{\partial X_1\ \partial Y_1} & \frac{\partial^2 f_i}{\partial X_1\ \partial Y_2} & \cdots & \frac{\partial^2 f_i}{\partial X_1\ \partial Y_u} \\ \frac{\partial^2 f_i}{\partial X_2\ \partial X_1} & \frac{\partial^2 f_i}{\partial X_2\ \partial X_2} & \cdots & \frac{\partial^2 f_i}{\partial X_2\ \partial X_t} & \frac{\partial^2 f_i}{\partial X_2\ \partial Y_1} & \frac{\partial^2 f_i}{\partial X_2\ \partial Y_2} & \cdots & \frac{\partial^2 f_i}{\partial X_2\ \partial Y_u} \\ \vdots & \vdots & & \vdots & \vdots & \vdots & & \vdots \\ \frac{\partial^2 f_i}{\partial Y_u\ \partial X_1} & \frac{\partial^2 f_i}{\partial Y_u\ \partial X_2} & \cdots & \frac{\partial^2 f_i}{\partial Y_u\ \partial X_t} & \frac{\partial^2 f_i}{\partial Y_u\ \partial Y_1} & \frac{\partial^2 f_i}{\partial Y_u\ \partial Y_2} & \cdots & \frac{\partial^2 f_i}{\partial Y_u\ \partial Y_u} \end{bmatrix}_{X=\hat{X}_1, Y=\hat{Y}_1}$$

$$i=1,2,\cdots,n$$

由于 $\boldsymbol{Z}=\boldsymbol{\Delta}_Z+\hat{\boldsymbol{Z}}_1$，所以

$$\left.\begin{aligned} &\boldsymbol{\Delta}_Z=\boldsymbol{Z}-\hat{\boldsymbol{Z}}_1 \\ &E(\boldsymbol{\Delta}_X)=0 \\ &\boldsymbol{D}_{\Delta_Z}=\boldsymbol{D}_{\hat{Z}_1} \end{aligned}\right\} \tag{7.5.22}$$

令 $l_i=L_i-f_i(\hat{\boldsymbol{X}}_1\hat{\boldsymbol{Y}}_1)$，$\boldsymbol{l}=[l_1 \quad l_3 \quad \cdots \quad l_n \quad]^{\mathrm{T}}$，则

$$\boldsymbol{l}=\boldsymbol{B\Delta}_Z+\boldsymbol{B}\hat{\boldsymbol{Z}}_1+\frac{1}{2}\boldsymbol{\Delta}_Z^{\mathrm{T}}\boldsymbol{G\Delta}_Z+\hat{\boldsymbol{Z}}_1^{\mathrm{T}}\boldsymbol{G\Delta}_Z+\frac{1}{2}\widetilde{\boldsymbol{Z}}_1^{\mathrm{T}}\boldsymbol{G}\widetilde{\boldsymbol{Z}}_1+\boldsymbol{\Delta} \tag{7.5.23}$$

按 7.4 节的推导思路导出

$$\left.\begin{aligned} \boldsymbol{D}_1=&\boldsymbol{BD}_{\hat{Z}_1}\boldsymbol{B}^{\mathrm{T}}+\frac{1}{2}\mathrm{tr}(\boldsymbol{GD}_{\hat{Z}_1}\boldsymbol{GD}_{\hat{Z}_1})+2\boldsymbol{BD}_{\hat{Z}_1}\boldsymbol{G}\widetilde{\boldsymbol{Z}}_1+\hat{\boldsymbol{Z}}_1^{\mathrm{T}}\boldsymbol{GD}_{\hat{Z}_1}\boldsymbol{G}\hat{\boldsymbol{Z}}_1+ \\ &\boldsymbol{BD}_{Z\Delta}+\hat{\boldsymbol{Z}}_1^{\mathrm{T}}\boldsymbol{GD}_{Z\Delta}+\boldsymbol{D}_{\Delta Z}\boldsymbol{B}^{\mathrm{T}}+\boldsymbol{D}_{\Delta Z}\boldsymbol{G}\hat{\boldsymbol{Z}}_1+\boldsymbol{D}_{\Delta} \\ \boldsymbol{\mu}_1=&\boldsymbol{B}\hat{\boldsymbol{Z}}_1+\frac{1}{2}\mathrm{tr}(\boldsymbol{GD}_{\hat{Z}_1})+\frac{1}{2}\hat{\boldsymbol{Z}}_1^{\mathrm{T}}\boldsymbol{G}\hat{\boldsymbol{Z}}_1 \\ \boldsymbol{D}_{Z_1}=&\boldsymbol{D}_{\hat{Z}_1}\boldsymbol{B}^{\mathrm{T}}+\boldsymbol{D}_{\hat{Z}_1}\boldsymbol{G}\hat{\boldsymbol{Z}}_1+\boldsymbol{D}_{Z\Delta} \end{aligned}\right\} \tag{7.5.24}$$

按极大验后估计的基本公式，可以导出非线性函数观测方程按泰勒级数展开取至二次项的拟合推估公式，以及它们的误差方差与协方差计算公式，即

$$\left.\begin{aligned}
\hat{Z}_2 &= \hat{Z}_1 + (D_{\hat{Z}_1}B^{T} + D_{\hat{Z}_1}G\hat{Z}_1 + D_{Z\Delta})(BD_{\hat{Z}_1}B^{T} + \frac{1}{2}\mathrm{tr}(GD_{\hat{Z}_1}GD_{\hat{Z}_1}) + \\
&\quad 2BD_{\hat{Z}_1}G\hat{Z}_1 + \hat{Z}_1^{T}GD_{\hat{Z}_1}G\hat{Z}_1 + BD_{\hat{Z}\Delta} + \hat{Z}_1^{T}GD_{Z\Delta} + D_{\Delta Z}B^{T} + D_{\Delta Z}G\hat{Z}_1 + \\
&\quad D_{\Delta})^{-1}(l - B\hat{Z}_1 - \frac{1}{2}\mathrm{tr}(GD_{\hat{Z}_1})\frac{1}{2}\hat{Z}_1^{T}G_{\hat{Z}_1}) \\
\hat{X}' &= \hat{X}_1 + (D_{X'\hat{Z}_1}B^{T} + D_{X'\hat{Z}}G\hat{Z}_1 + D_{X'\Delta})(BD_{\hat{Z}_1}B^{T} + \frac{1}{2}\mathrm{tr}(GD_{\hat{Z}_1}GD_{\hat{Z}_1}) + \\
&\quad 2BD_{\hat{Z}_1}G\hat{Z}_1 + \hat{Z}_1^{T}GD_{\hat{Z}_2}G\hat{Z}_1 + BD_{Z\Delta} + \hat{Z}_1^{T}GD_{Z\Delta} + D_{\Delta Z}B^{T} + D_{\Delta Z}G\hat{Z}_1 + \\
&\quad D_{\Delta})^{-1}(l - B\hat{Z}_1 - \frac{1}{2}\mathrm{tr}(GD_{\hat{Z}_1})\frac{1}{2}\hat{Z}_1^{T}G_1\hat{Z}_1) \\
D_{\hat{Z}} &= D_{\hat{Z}} - (D_{\hat{Z}_1}B^{T} + D_{\hat{Z}_1}G\hat{Z}_1 + D_{Z\Delta})(BD_{\hat{Z}}B^{T} + \frac{1}{2}\mathrm{tr}(GD_{\hat{Z}_1}GD_{\hat{Z}_1}) + \\
&\quad 2BD_{\hat{Z}}G\hat{Z}_1 + \hat{Z}_1^{T}GD_{\hat{Z}}G\hat{Z}_1 + BD_{Z\Delta} + \hat{Z}_1^{T}GD_{Z\Delta} + D_{\Delta Z}B^{T} + D_{\Delta Z}G\hat{Z}_1 + \\
&\quad D_{\Delta})^{-1}(BD_{\hat{Z}_1} + \hat{Z}_1^{T}GD_{\hat{Z}_1} + D_{\Delta Z}) \\
D_{\hat{X}'} &= D_{\hat{X}'} - (D_{X'\hat{Z}_1}B^{T} + D_{X'\hat{Z}_1}G\hat{Z}_1 + D_{X'\Delta})(BD_{\hat{Z}_1}B^{T} + \frac{1}{2}\mathrm{tr}(GD_{\hat{Z}_1}GD_{\hat{Z}_1}) + \\
&\quad 2BD_{\hat{Z}_1}G\hat{Z}_1 + \hat{Z}_1{}^{T}GD_{\hat{Z}_1}G\hat{Z}_1 + BD_{Z\Delta} + \hat{Z}_1^{T}GD_{Z\Delta} + D_{\Delta Z}B^{T} + D_{\Delta Z}G\hat{Z}_1 + \\
&\quad D_{\Delta})^{-1}(BD_{\hat{Z}_1} + \hat{Z}_1^{T}GD_{\hat{Z}_1} + D_{\Delta Z}) \\
D_{\hat{X}'\hat{Z}} &= D_{\hat{X}'\hat{Z}} - (D_{X'\hat{Z}_1}B^{T} + D_{X'\hat{Z}_1}G\hat{Z}_1 + D_{X'\Delta})(BD_{\hat{Z}_1}B^{T} + \frac{1}{2}\mathrm{tr}(GD_{\hat{Z}_1}GD_{\hat{Z}_1}) + \\
&\quad 2BD_{\hat{Z}_1}G\hat{Z}_1 + \hat{Z}_1^{T}GD_{\hat{Z}_1}G\hat{Z}_1 + BD_{Z\Delta} + \hat{Z}_1^{T}GD_{Z\Delta} + D_{\Delta Z}B^{T} + D_{\Delta Z}G\hat{Z}_1 + \\
&\quad D_{\Delta})^{-1}(BD_{\hat{Z}X'} + \hat{Z}_1^{T}GD_{\hat{Z}_1X'} + D_{\Delta X'})
\end{aligned}\right\} \quad (7.5.25)$$

如果观测噪声 $\boldsymbol{\Delta}$ 与滤波信号 $\boldsymbol{X}$ 互相独立，即 $D_{\Delta X}=0$、$D_{\Delta X'}=0$，这样式(7.5.25)可以简化为

$$\left.\begin{aligned}
\hat{Z} &= \hat{Z}_1 + (D_{\hat{Z}_1}B^{T} + D_{\hat{Z}_1}G\hat{Z}_1)(BD_{\hat{Z}_1}B^{T} + \frac{1}{2}\mathrm{tr}(GD_{\hat{Z}_1}GD_{\hat{Z}_1}) + \\
&\quad 2BD_{\hat{Z}_1}G\hat{Z}_1 + \hat{Z}_1^{T}GD_{\hat{Z}_1}G\hat{Z}_1 + D_{\Delta})^{-1}(l - B\hat{Z}_1 - \frac{1}{2}\mathrm{tr}(GD_{\hat{Z}1}) - \frac{1}{2}\hat{Z}_1^{T}G_1\hat{Z}_1) \\
\hat{X}' &= \hat{X}_1 + (D_{X'\hat{Z}_1}B^{T} + D_{X'\hat{Z}_1}G\hat{Z}_1)(BD_{\hat{Z}_1}B^{T} + \frac{1}{2}\mathrm{tr}(GD_{\hat{Z}_1}GD_{\hat{Z}_1}) + \\
&\quad 2BD_{\hat{Z}_1}G\hat{Z}_1 + \hat{Z}_1^{T}GD_{\hat{Z}_1}G\hat{Z}_1 + D_{\Delta})^{-1}(l - B\hat{Z}_1 - \frac{1}{2}\mathrm{tr}(GD_{\hat{Z}_1})\frac{1}{2}\hat{Z}_1^{T}G_1\hat{Z}_1) \\
D_{\hat{Z}} &= D_{\hat{Z}_1} - (D_{\hat{Z}_1}B^{T} + D_{\hat{Z}_1}G\hat{Z}_1)(BD_{\hat{Z}_1}B^{T} + \frac{1}{2}\mathrm{tr}(GD_{\hat{Z}_1}GD_{\hat{Z}_1}) + \\
&\quad 2BD_{\hat{Z}_1}G\hat{Z}_1 + \hat{Z}_1^{T}GD_{\hat{Z}_1}G\hat{Z}_1 + D_{\Delta})^{-1}(BD_{\hat{Z}_1} + \hat{Z}_1^{T}GD_{\hat{Z}_1}) \\
D_{\hat{X}'} &= D_{\hat{X}'} - (D_{X'\hat{Z}_1}B^{T} + D_{X'\hat{Z}_1}G\hat{Z}_1)(BD_{\hat{Z}_1}B^{T} + \frac{1}{2}\mathrm{tr}(GD_{\hat{Z}_1}GD_{\hat{Z}_1}) + \\
&\quad 2BD_{\hat{Z}_1}G\hat{Z}_1 + \hat{Z}_1^{T}GD_{\hat{Z}_1}G\hat{Z}_1 + D_{\Delta})^{-1}(BD_{\hat{Z}_1} + \hat{Z}_1^{T}GD_{\hat{Z}_1}) \\
D_{\hat{X}'\hat{Z}} &= D_{\hat{X}'\hat{Z}} - (D_{X'\hat{Z}_1}B^{T} + D_{X'\hat{Z}_1}G\hat{Z}_1)(BD_{\hat{Z}_1}B^{T} + \frac{1}{2}\mathrm{tr}(GD_{\hat{Z}_1}GD_{\hat{Z}_1}) + \\
&\quad 2BD_{\hat{Z}_1}G\hat{Z}_1 + \hat{Z}_1^{T}GD_{\hat{Z}_1}G\hat{Z}_1 + D_{\Delta})^{-1}(BD_{\hat{Z}X'} + \hat{Z}_1{}^{T}GD_{\hat{Z}X'})
\end{aligned}\right\} \quad (7.5.26)$$

如果 $G=0$，则式(7.5.26)为线性滤波公式，是非线性拟合推估迭代的第二步。这说明线性拟合推估是顾及二次项非线性拟合推估的特例。

# §7.6 非线性逐步拟合推估

## 7.6.1 白噪声作用下的非线性逐步拟合推估

若把非线性观测方程分为 $m$ 组，即

$$L_i=f_i(\boldsymbol{X},\boldsymbol{Y})+\Delta_i \quad (i=1,2,\cdots,m) \tag{7.6.1}$$

滤波信号 $\boldsymbol{X}$ 和推估信号 $\boldsymbol{X}'$ 的先验期望和先验方差为 $E(\boldsymbol{X})=\hat{\boldsymbol{X}}_0$、$D(\boldsymbol{X})=\boldsymbol{D}_0$、$E(\boldsymbol{X}')=\hat{\boldsymbol{X}}'_0$、$D(\boldsymbol{X}')=\boldsymbol{D}'_0$，$\boldsymbol{\Delta}_i$ 的数学期望和方差为 $E(\boldsymbol{\Delta}_i)=0$，$D(\boldsymbol{\Delta}_i)=\boldsymbol{D}_{\Delta_i}(i=1,2,\cdots,m)$，$\boldsymbol{X}$ 关于 $\boldsymbol{\Delta}_i$ 的协方差为 $\boldsymbol{D}_{X\Delta}=\mathrm{cov}(\boldsymbol{X},\boldsymbol{\Delta})=0$，$\boldsymbol{\Delta}_i$ 关于 $\boldsymbol{\Delta}_j$ 的协方差为 $\mathrm{cov}(\boldsymbol{\Delta}_i,\boldsymbol{\Delta}_j)=0(i\neq j)$。对于方差为 $\boldsymbol{D}_{\Delta_k}$，协方差为零的观测噪声序列 $\boldsymbol{\Delta}_1$、$\boldsymbol{\Delta}_2$、…、$\boldsymbol{\Delta}_m$ 被称为白噪声。$\boldsymbol{X}'$关于 $\boldsymbol{X}$ 和 $\boldsymbol{\Delta}_i$ 的协方差为 $\mathrm{cov}(\boldsymbol{X}'\boldsymbol{X})=\boldsymbol{C}_0$、$\boldsymbol{D}_{X'\Delta}=\mathrm{cov}(\boldsymbol{X}'\boldsymbol{\Delta}_i)=0(i=1,2,\cdots,m)$。

根据 7.5.2 节的方法，先将第一个观测方程线性化，求出第一次拟合推估的近似估值 $\hat{\boldsymbol{X}}_1^0$、$\hat{\boldsymbol{X}}'^0_1$、$\hat{\boldsymbol{Y}}_1^0$及其协方差矩阵 $\boldsymbol{D}_{\hat{X}_1^0}$、$\boldsymbol{D}_{\hat{Y}_1^0}$、$\boldsymbol{D}_{\hat{X}_1^0\hat{Y}_1^0}$、$\boldsymbol{D}_{\hat{X}'^0_1}$、$\boldsymbol{D}_{\hat{X}'^0_1\hat{Y}'^0_1}$、$\boldsymbol{D}_{\hat{X}_1^0\hat{X}_1^0}$。这时 $\hat{\boldsymbol{X}}_1^0$、$\hat{\boldsymbol{Y}}_1^0$ 均为随机变量，设 $\boldsymbol{Z}=[\boldsymbol{X}\quad \boldsymbol{Y}]^{\mathrm{T}}$，其先验值为 $\hat{\boldsymbol{Z}}_1^0=[\hat{\boldsymbol{X}}_1^0\quad \hat{\boldsymbol{Y}}_1^0]^{\mathrm{T}}$。在 $\hat{\boldsymbol{Z}}_1^0=[\hat{\boldsymbol{X}}_1^0\quad \hat{\boldsymbol{Y}}_1^0]^{\mathrm{T}}$ 处展开，可得顾及二次项的非线性观测方程为

$$\boldsymbol{l}_i=\widetilde{\boldsymbol{B}}_i\boldsymbol{Z}+\frac{1}{2}\boldsymbol{Z}^{\mathrm{T}}\widetilde{\boldsymbol{G}}_i\boldsymbol{Z}+\boldsymbol{\Delta}_i \quad (i=1,2,\cdots,m) \tag{7.6.2}$$

式中，$\boldsymbol{l}_i=\boldsymbol{L}_i-f_i(\hat{\boldsymbol{X}}_{i0},\boldsymbol{Y}_{i0})$。

非线性首次拟合推估值为

$$\left.\begin{aligned}
\hat{\boldsymbol{Z}}_1=&\hat{\boldsymbol{Z}}_1^0+(\boldsymbol{D}_{\hat{Z}_1^0}\widetilde{\boldsymbol{B}}_1^{\mathrm{T}}+\boldsymbol{D}_{\hat{Z}_1^1}\widetilde{\boldsymbol{G}}_1\hat{\boldsymbol{Z}}_1^0)(\widetilde{\boldsymbol{B}}_1\boldsymbol{D}_{\hat{Z}_1^0}\widetilde{\boldsymbol{B}}_1^{\mathrm{T}}+\frac{1}{2}\mathrm{tr}(\widetilde{\boldsymbol{G}}_1\boldsymbol{D}_{\hat{Z}_1^0}\widetilde{\boldsymbol{G}}_1\boldsymbol{D}_{\hat{Z}_1^0})+\\
&2\widetilde{\boldsymbol{B}}_1\boldsymbol{D}_{\hat{Z}_1^0}\widetilde{\boldsymbol{G}}_1\boldsymbol{D}_{\hat{Z}_1^0}+\hat{\boldsymbol{Z}}_1^{0\,\mathrm{T}}\widetilde{\boldsymbol{G}}_1\boldsymbol{D}_{\hat{Z}_1^0}\widetilde{\boldsymbol{G}}_1\hat{\boldsymbol{Z}}_1^0+\boldsymbol{D}_\Delta)^{-1}(\boldsymbol{l}-\widetilde{\boldsymbol{B}}\hat{\boldsymbol{Z}}_1^0-\frac{1}{2}\mathrm{tr}(\widetilde{\boldsymbol{G}}_0\boldsymbol{D}_{\hat{Z}_1})-\frac{1}{2}\hat{\boldsymbol{Z}}_1^{0\,\mathrm{T}}\widetilde{\boldsymbol{G}}_1\hat{\boldsymbol{Z}}_1^0)\\
\hat{\boldsymbol{X}}'_1=&\hat{\boldsymbol{X}}'^0_1+(\boldsymbol{D}_{X'\hat{Z}_1}\widetilde{\boldsymbol{B}}_1^{\mathrm{T}}+\boldsymbol{D}_{X'\hat{Z}_1}\widetilde{\boldsymbol{G}}_1\hat{\boldsymbol{Z}}_1^0+\boldsymbol{D}_\Delta)(\widetilde{\boldsymbol{B}}_1\boldsymbol{D}_{\hat{Z}_1^0}\widetilde{\boldsymbol{B}}_1^{\mathrm{T}}+\frac{1}{2}\mathrm{tr}(\widetilde{\boldsymbol{G}}_1\boldsymbol{D}_{\hat{Z}_1^0}\widetilde{\boldsymbol{G}}_1\boldsymbol{D}_{\hat{Z}_1^0})+\\
&2\widetilde{\boldsymbol{B}}_1\boldsymbol{D}_{\hat{Z}_1^0}\widetilde{\boldsymbol{G}}_1\hat{\boldsymbol{Z}}_1^0+\hat{\boldsymbol{Z}}_1^{0\,\mathrm{T}}\widetilde{\boldsymbol{G}}_1\boldsymbol{D}_{\hat{Z}_1^0}\widetilde{\boldsymbol{G}}_1\hat{\boldsymbol{Z}}_1^0+\boldsymbol{D}_\Delta)^{-1}(\boldsymbol{l}-\widetilde{\boldsymbol{B}}_1\hat{\boldsymbol{Z}}_1^0-\frac{1}{2}\mathrm{tr}(\widetilde{\boldsymbol{G}}_1\boldsymbol{D}_{\hat{Z}_1^0})-\frac{1}{2}\hat{\boldsymbol{Z}}_0^{1\,\mathrm{T}}\widetilde{\boldsymbol{G}}_1\hat{\boldsymbol{Z}}_1^0)\\
\boldsymbol{D}_{\hat{Z}_1}=&\boldsymbol{D}_{\hat{Z}_1^0}+(\boldsymbol{D}_{\hat{Z}_1^0}\widetilde{\boldsymbol{B}}_1^{\mathrm{T}}+\boldsymbol{D}_{\hat{Z}_1^0}\widetilde{\boldsymbol{G}}_1\hat{\boldsymbol{Z}}_1^0)(\widetilde{\boldsymbol{B}}_1\boldsymbol{D}_{\hat{Z}_1^0}\boldsymbol{B}_1^{\mathrm{T}}+\frac{1}{2}\mathrm{tr}(\widetilde{\boldsymbol{G}}_1\boldsymbol{D}_{\hat{Z}_1^0}\widetilde{\boldsymbol{G}}_1\boldsymbol{D}_{\hat{Z}_1^0})+\\
&2\widetilde{\boldsymbol{B}}_1\boldsymbol{D}_{\hat{Z}_1^0}\widetilde{\boldsymbol{G}}_1\hat{\boldsymbol{Z}}_1^0+\hat{\boldsymbol{Z}}_1^{0\,\mathrm{T}}\widetilde{\boldsymbol{G}}_1\boldsymbol{D}_{\hat{Z}_1^0}\widetilde{\boldsymbol{G}}_1\hat{\boldsymbol{Z}}_1^0+\boldsymbol{D}_\Delta)^{-1}(\widetilde{\boldsymbol{B}}_1\boldsymbol{D}_{\hat{Z}_1^0}\widetilde{\boldsymbol{B}}_1^{\mathrm{T}}+\hat{\boldsymbol{Z}}_1^{0\,\mathrm{T}}\widetilde{\boldsymbol{G}}_1\hat{\boldsymbol{Z}}_1^0)\\
\boldsymbol{D}'_1=&\boldsymbol{D}_{\hat{X}'^0_1}+(\boldsymbol{D}_{X'^0_1\hat{Z}_1^0}\widetilde{\boldsymbol{B}}_1^{\mathrm{T}}+\boldsymbol{D}_{X'^0_1\hat{Z}_1^0}\widetilde{\boldsymbol{G}}_1\hat{\boldsymbol{Z}}_1^0)(\widetilde{\boldsymbol{B}}_1\boldsymbol{D}_{\hat{Z}_1^0}\widetilde{\boldsymbol{B}}_1{}^{\mathrm{T}}+\frac{1}{2}\mathrm{tr}(\widetilde{\boldsymbol{G}}_1\boldsymbol{D}_{\hat{Z}_1^0}\widetilde{\boldsymbol{G}}_1\boldsymbol{D}_{\hat{Z}_1^0})+\\
&2\widetilde{\boldsymbol{B}}_1\boldsymbol{D}_{\hat{Z}_1^0}\widetilde{\boldsymbol{G}}_1\hat{\boldsymbol{Z}}_1^0+\hat{\boldsymbol{Z}}_1^{0\,\mathrm{T}}\widetilde{\boldsymbol{G}}_1\boldsymbol{D}_{\hat{Z}_1^0}\widetilde{\boldsymbol{G}}_1\hat{\boldsymbol{Z}}_1^0+\boldsymbol{D}_\Delta)^{-1}(\widetilde{\boldsymbol{B}}_1\boldsymbol{D}_{X'^0_1\hat{Z}_1^0}+\hat{\boldsymbol{Z}}_1^{0\,\mathrm{T}}\widetilde{\boldsymbol{G}}_1\boldsymbol{D}_{X'^0_1\hat{Z}_1^0})\\
\boldsymbol{C}_1=&\boldsymbol{D}_{\hat{X}'^0_1}+(\boldsymbol{D}_{X'^0_1\hat{Z}_1^0}\widetilde{\boldsymbol{B}}_1^{\mathrm{T}}+\boldsymbol{D}_{X'^0_1\hat{Z}_1^0}\widetilde{\boldsymbol{G}}_1\hat{\boldsymbol{Z}}_1^0)(\widetilde{\boldsymbol{B}}_1\boldsymbol{D}_{\hat{Z}_1^0}\widetilde{\boldsymbol{B}}_1^{\mathrm{T}}+\frac{1}{2}\mathrm{tr}(\widetilde{\boldsymbol{G}}_1\boldsymbol{D}_{\hat{Z}_1^0}\widetilde{\boldsymbol{G}}_1\boldsymbol{D}_{\hat{Z}_1^0})+\\
&2\widetilde{\boldsymbol{B}}_1\boldsymbol{D}_{\hat{Z}_1^0}\widetilde{\boldsymbol{G}}_1\hat{\boldsymbol{Z}}_1^0+\hat{\boldsymbol{Z}}_1^{0\,\mathrm{T}}\widetilde{\boldsymbol{G}}_1\boldsymbol{D}_{\hat{Z}_1^0}\widetilde{\boldsymbol{G}}_1\hat{\boldsymbol{Z}}_1^0+\boldsymbol{D}_\Delta)^{-1}(\widetilde{\boldsymbol{B}}_1\boldsymbol{D}_{X'^0_1\hat{Z}_1^0}+\hat{\boldsymbol{Z}}_1^{0\,\mathrm{T}}\widetilde{\boldsymbol{G}}_1\boldsymbol{D}_{\hat{Z}_1^0})
\end{aligned}\right\} \tag{7.6.3}$$

在求第二次及以后各次拟合推估时，实际上$\hat{\boldsymbol{Y}}_i(i\geqslant 2)$已经是拥有先验值、先验精度的随机信号。如果已经进行$k-1$次的拟合推估得最佳估值$\hat{\boldsymbol{Z}}_{k-1}$、$\hat{\boldsymbol{X}}'_{k-1}$和$\boldsymbol{D}_{\hat{Z}_{k-1}}$、$\boldsymbol{D}'_{k-1}$、$\boldsymbol{C}_{k-1}$之后，由第$k$次滤波与推估可得

$$\left.\begin{aligned}\hat{\boldsymbol{Z}}_k=&\hat{\boldsymbol{Z}}_{k-1}+\boldsymbol{D}_{\hat{Z}_{k-1}}(\tilde{\boldsymbol{B}}_k^{\mathrm{T}}+\tilde{\boldsymbol{G}}_k\hat{\boldsymbol{Z}}_{k-1})(\tilde{\boldsymbol{B}}_k\boldsymbol{D}_{\hat{Z}_{k-1}}\tilde{\boldsymbol{B}}_k^{\mathrm{T}}+\frac{1}{2}\mathrm{tr}(\tilde{\boldsymbol{G}}_k\boldsymbol{D}_{\hat{Z}_{k-1}}\tilde{\boldsymbol{G}}_k\boldsymbol{D}_{\hat{Z}_{k-1}})+\\&2\tilde{\boldsymbol{B}}_k\boldsymbol{D}_{\hat{Z}_{k-1}}\tilde{\boldsymbol{G}}_k\hat{\boldsymbol{Z}}_{k-1}+\hat{\boldsymbol{Z}}_{k-1}^{\mathrm{T}}\tilde{\boldsymbol{G}}_k\boldsymbol{D}_{\hat{Z}_{k-1}}\tilde{\boldsymbol{G}}_k\hat{\boldsymbol{Z}}_{k-1}+\boldsymbol{D}_{\Delta_k})^{-1}(\boldsymbol{l}_k-\tilde{\boldsymbol{B}}_k\hat{\boldsymbol{Z}}_{k-1}-\frac{1}{2}\mathrm{tr}(\tilde{\boldsymbol{G}}_k\boldsymbol{D}_{\hat{Z}_{k-1}})-\frac{1}{2}\hat{\boldsymbol{Z}}_{k-1}^{\mathrm{T}}\tilde{\boldsymbol{G}}_k\hat{\boldsymbol{Z}}_{k-1})\\\hat{\boldsymbol{X}}_k=&\hat{\boldsymbol{X}}_{k-1}+\boldsymbol{C}_k(\tilde{\boldsymbol{B}}_k^{\mathrm{T}}+\tilde{\boldsymbol{G}}_k\hat{\boldsymbol{Z}}_{k-1})(\tilde{\boldsymbol{B}}_k\boldsymbol{D}_{\hat{Z}_{k-1}}\tilde{\boldsymbol{B}}_k^{\mathrm{T}}+\frac{1}{2}\mathrm{tr}(\tilde{\boldsymbol{G}}_k\boldsymbol{D}_{\hat{Z}_{k-1}}\tilde{\boldsymbol{G}}_k\boldsymbol{D}_{\hat{Z}_{k-1}})+2\tilde{\boldsymbol{B}}_k\boldsymbol{D}_{\hat{Z}_{k-1}}\tilde{\boldsymbol{G}}_k\hat{\boldsymbol{Z}}_{k-1}+\\&\hat{\boldsymbol{Z}}_{k-1}^{\mathrm{T}}\tilde{\boldsymbol{G}}_k\boldsymbol{D}_{\hat{Z}_{k-1}}\tilde{\boldsymbol{G}}_k\hat{\boldsymbol{Z}}_{k-1}+\boldsymbol{D}_{\Delta_k})^{-1}(\boldsymbol{l}_k-\tilde{\boldsymbol{B}}_k\hat{\boldsymbol{Z}}_{k-1}-\frac{1}{2}\mathrm{tr}(\tilde{\boldsymbol{G}}_k\boldsymbol{D}_{\hat{Z}_{k-1}})-\frac{1}{2}\hat{\boldsymbol{Z}}_{k-1}^{\mathrm{T}}\tilde{\boldsymbol{G}}_k\hat{\boldsymbol{Z}}_{k-1})\end{aligned}\right\}\tag{7.6.4}$$

$$\left.\begin{aligned}\boldsymbol{D}_{\hat{Z}_k}=&\boldsymbol{D}_{\hat{Z}_{k-1}}-\boldsymbol{D}_{\hat{Z}_{k-1}}(\tilde{\boldsymbol{B}}_k^{\mathrm{T}}+\tilde{\boldsymbol{G}}_k\hat{\boldsymbol{Z}}_{k-1})(\tilde{\boldsymbol{B}}_k\boldsymbol{D}_{\hat{Z}_{k-1}}\tilde{\boldsymbol{B}}_k^{\mathrm{T}}+\frac{1}{2}\mathrm{tr}(\tilde{\boldsymbol{G}}_k\boldsymbol{D}_{\hat{Z}_{k-1}}\tilde{\boldsymbol{G}}_k\boldsymbol{D}_{\hat{Z}_{k-1}})+\\&2\tilde{\boldsymbol{B}}_k\boldsymbol{D}_{\hat{Z}_{k-1}}\tilde{\boldsymbol{G}}_k\hat{\boldsymbol{Z}}_{k-1}+\hat{\boldsymbol{Z}}_{k-1}^{\mathrm{T}}\tilde{\boldsymbol{G}}_k\boldsymbol{D}_{\hat{Z}_{k-1}}\tilde{\boldsymbol{G}}_k\hat{\boldsymbol{Z}}_{k-1}+\boldsymbol{D}_{\Delta_k})^{-1}(\tilde{\boldsymbol{B}}_k+\hat{\boldsymbol{X}}_{k-1}^{\mathrm{T}}\tilde{\boldsymbol{G}}_k)\boldsymbol{D}_{\hat{Z}_{k-1}}\\\boldsymbol{D}'_k=&\boldsymbol{D}'_{k-1}-\boldsymbol{C}_{k-1}(\tilde{\boldsymbol{B}}_k^{\mathrm{T}}+\tilde{\boldsymbol{G}}_k\hat{\boldsymbol{X}}_{k-1})(\tilde{\boldsymbol{B}}_k\boldsymbol{D}_{\hat{Z}_{k-1}}\tilde{\boldsymbol{B}}_k^{\mathrm{T}}+\frac{1}{2}\mathrm{tr}(\tilde{\boldsymbol{G}}_k\boldsymbol{D}_{\hat{Z}_{k-1}}\tilde{\boldsymbol{G}}_k\boldsymbol{D}_{\hat{Z}_{k-1}})+\\&2\tilde{\boldsymbol{B}}_k\boldsymbol{D}_{\hat{Z}_{k-1}}\tilde{\boldsymbol{G}}_k\hat{\boldsymbol{Z}}_{k-1}+\hat{\boldsymbol{Z}}_{k-1}^{\mathrm{T}}\tilde{\boldsymbol{G}}_k\boldsymbol{D}_{\hat{Z}_{k-1}}\tilde{\boldsymbol{G}}_k\hat{\boldsymbol{Z}}_{k-1}+\boldsymbol{D}_{\Delta_k})^{-1}(\tilde{\boldsymbol{B}}_k+\hat{\boldsymbol{X}}_{k-1}^{\mathrm{T}}\tilde{\boldsymbol{G}}_k)\boldsymbol{C}_{k-1}^{\mathrm{T}}\\\boldsymbol{C}_k=&\boldsymbol{C}_{k-1}-\boldsymbol{C}_{k-1}(\tilde{\boldsymbol{B}}_k^{\mathrm{T}}+\tilde{\boldsymbol{G}}_k\hat{\boldsymbol{X}}_{k-1})(\tilde{\boldsymbol{B}}_k\boldsymbol{D}_{\hat{Z}_{k-1}}\tilde{\boldsymbol{B}}_k^{\mathrm{T}}+\frac{1}{2}\mathrm{tr}(\tilde{\boldsymbol{G}}_k\boldsymbol{D}_{\hat{Z}_{k-1}}\tilde{\boldsymbol{G}}_k\boldsymbol{D}_{\hat{Z}_{k-1}})+\\&2\tilde{\boldsymbol{B}}_k\boldsymbol{D}_{\hat{Z}_{k-1}}\tilde{\boldsymbol{G}}_k\hat{\boldsymbol{Z}}_{k-1}+\hat{\boldsymbol{Z}}_{k-1}^{\mathrm{T}}\tilde{\boldsymbol{G}}_k\boldsymbol{D}_{\hat{Z}_{k-1}}\tilde{\boldsymbol{G}}_k\hat{\boldsymbol{Z}}_{k-1}+\boldsymbol{D}_{\Delta_k})^{-1}(\tilde{\boldsymbol{B}}_k+\hat{\boldsymbol{X}}_{k-1}^{\mathrm{T}}\tilde{\boldsymbol{G}}_k)\boldsymbol{D}_{\hat{Z}_{k-1}}\end{aligned}\right\}\tag{7.6.5}$$

式中，$k=2,3,\cdots,m$。

式(7.6.5)就是白噪声情况下静态逐次拟合推估在$k\geqslant 2$时的最佳估值及其协方差矩阵的递推公式。

### 7.6.2 有色噪声条件下的非线性逐步拟合推估

若非线性观测噪声$\boldsymbol{\Delta}_k$与$\boldsymbol{\Delta}_j$的协方差为

$$\mathrm{cov}(\boldsymbol{\Delta}_k,\boldsymbol{\Delta}_j)\neq 0\quad(j\neq k)\tag{7.6.6}$$

则称$\boldsymbol{\Delta}_1$、$\boldsymbol{\Delta}_2$、…、$\boldsymbol{\Delta}_m$为有色噪声序列。

设有色噪声序列$\boldsymbol{\Delta}_1$、$\boldsymbol{\Delta}_2$、…、$\boldsymbol{\Delta}_m$的随机模型为

$$\boldsymbol{D}_\Delta=\begin{bmatrix}\boldsymbol{D}_{\Delta 11}&\boldsymbol{D}_{\Delta 12}&\cdots&\boldsymbol{D}_{\Delta 1m}\\\boldsymbol{D}_{\Delta 21}&\boldsymbol{D}_{\Delta 22}&\cdots&\boldsymbol{D}_{\Delta 2m}\\\vdots&\vdots&&\vdots\\\boldsymbol{D}_{\Delta m1}&\boldsymbol{D}_{\Delta m2}&\cdots&\boldsymbol{D}_{\Delta mm}\end{bmatrix}\tag{7.6.7}$$

下面推导一般情况下有色噪声条件下的非线性逐步拟合推估公式。

非线性观测方程逐步拟合推估首先利用了第一组观测方程，其计算公式为式

(7.5.3)。令

$$\boldsymbol{J}_1=(\widetilde{\boldsymbol{B}}_1^{\mathrm{T}}+\widetilde{\boldsymbol{G}}_1\hat{\boldsymbol{Z}}_1^0)(\widetilde{\boldsymbol{B}}_1\boldsymbol{D}_{\hat{Z}_1^0}\widetilde{\boldsymbol{B}}_1^{\mathrm{T}}+\frac{1}{2}\mathrm{tr}(\widetilde{\boldsymbol{G}}_1\boldsymbol{D}_{\hat{Z}_1^0}\widetilde{\boldsymbol{G}}_1\boldsymbol{D}_{\hat{Z}_1^0})+ 2\widetilde{\boldsymbol{B}}_1\boldsymbol{D}_{\hat{Z}_1^0}\widetilde{\boldsymbol{G}}_1\hat{\boldsymbol{Z}}_1^0+\hat{\boldsymbol{Z}}_1^{0\mathrm{T}}\widetilde{\boldsymbol{G}}_1\boldsymbol{D}_{\hat{Z}_1^0}\widetilde{\boldsymbol{G}}_1\hat{\boldsymbol{Z}}_1^0+\boldsymbol{D}_{\Delta})^{-1} \tag{7.6.8}$$

则

$$\left.\begin{aligned}\hat{\boldsymbol{Z}}_1&=\hat{\boldsymbol{Z}}_1^0+\boldsymbol{D}_{\hat{Z}_1^0}\boldsymbol{J}_1\boldsymbol{l}_1-\boldsymbol{D}_{\hat{Z}_1^0}\boldsymbol{J}_1(\widetilde{\boldsymbol{B}}_1\hat{\boldsymbol{Z}}_1^0-\frac{1}{2}\mathrm{tr}(\widetilde{\boldsymbol{G}}_1\boldsymbol{D}_{\hat{Z}_1^0})-\frac{1}{2}\hat{\boldsymbol{Z}}_1^{0\mathrm{T}}\widetilde{\boldsymbol{G}}_1\hat{\boldsymbol{Z}}_1^0)\\ \hat{\boldsymbol{X}}'&=\hat{\boldsymbol{X}}'_0+\boldsymbol{C}_0\boldsymbol{J}_1\boldsymbol{l}_1-\boldsymbol{D}_{\hat{Z}_1^0}\boldsymbol{J}_1(\widetilde{\boldsymbol{B}}_1\hat{\boldsymbol{Z}}_1^0-\frac{1}{2}\mathrm{tr}(\widetilde{\boldsymbol{G}}_1\boldsymbol{D}_{\hat{Z}_1^0})-\frac{1}{2}\hat{\boldsymbol{Z}}_1^{0\mathrm{T}}\widetilde{\boldsymbol{G}}_1\hat{\boldsymbol{Z}}_1^0)\end{aligned}\right\} \tag{7.6.9}$$

由于第二组观测噪声与第一组观测噪声相关，造成滤波信号 $\hat{\boldsymbol{Z}}_1$ 与观测噪声 $\boldsymbol{\Delta}_2$ 相关，将 $\boldsymbol{l}_1$ 代入式(7.6.9)第一式，并将与 $\boldsymbol{\Delta}_1$ 无关的部分记为 $f(\hat{\boldsymbol{X}}_0)$，有

$$\hat{\boldsymbol{Z}}_1=f(\hat{\boldsymbol{Z}}_1^0)+\boldsymbol{D}_{\hat{Z}_1^0}\boldsymbol{J}_1\boldsymbol{\Delta}_1=f(\hat{\boldsymbol{Z}}_1^0)+\begin{bmatrix}\boldsymbol{D}_{\hat{Z}_1^0}\boldsymbol{J}_1 & \boldsymbol{0}\end{bmatrix}\begin{bmatrix}\boldsymbol{\Delta}_1\\ \boldsymbol{\Delta}_2\end{bmatrix} \tag{7.6.10}$$

$$\boldsymbol{\Delta}_2=\begin{bmatrix}\boldsymbol{0} & \boldsymbol{I}\end{bmatrix}\begin{bmatrix}\boldsymbol{\Delta}_1\\ \boldsymbol{\Delta}_2\end{bmatrix} \tag{7.6.11}$$

根据协方差传播律，得

$$\boldsymbol{D}_{\hat{Z}_1\Delta_2}=\begin{bmatrix}\boldsymbol{D}_{\hat{Z}_1}\boldsymbol{J}_1 & \boldsymbol{0}\end{bmatrix}\begin{bmatrix}\boldsymbol{D}_{\Delta11} & \boldsymbol{D}_{\Delta12}\\ \boldsymbol{D}_{\Delta21} & \boldsymbol{D}_{\Delta22}\end{bmatrix}\begin{bmatrix}\boldsymbol{0}\\ \boldsymbol{I}\end{bmatrix}=\boldsymbol{D}_{\hat{Z}_1}\boldsymbol{J}_1\boldsymbol{D}_{\Delta12} \tag{7.6.12}$$

第二次滤波公式为

$$\left.\begin{aligned}\hat{\boldsymbol{Z}}_2=&\hat{\boldsymbol{Z}}_1+\boldsymbol{D}_{\hat{Z}_1}(\widetilde{\boldsymbol{B}}_2^{\mathrm{T}}+\widetilde{\boldsymbol{G}}_2\hat{\boldsymbol{Z}}_1+\boldsymbol{D}_1^{-1}\boldsymbol{D}_{\hat{Z}_0}\boldsymbol{J}_1\boldsymbol{D}_{\Delta12}(\widetilde{\boldsymbol{B}}_2\boldsymbol{D}_{\hat{Z}_1}\widetilde{\boldsymbol{B}}_2^{\mathrm{T}}+\\ &\frac{1}{2}\mathrm{tr}(\widetilde{\boldsymbol{G}}_2\boldsymbol{D}_{\hat{Z}_1}\widetilde{\boldsymbol{G}}_2\boldsymbol{D}_{\hat{Z}_1})+2\widetilde{B}_2D_{\hat{Z}_1}\widetilde{\boldsymbol{G}}_2\hat{\boldsymbol{Z}}_1+\hat{\boldsymbol{Z}}_1^{\mathrm{T}}\widetilde{\boldsymbol{G}}_2\boldsymbol{D}_{\hat{Z}_1}\widetilde{\boldsymbol{G}}_2\hat{\boldsymbol{Z}}_1+\widetilde{\boldsymbol{B}}_2\boldsymbol{D}_{\hat{Z}_0}\boldsymbol{J}_1\boldsymbol{D}_{\Delta12}+\\ &\hat{\boldsymbol{Z}}_1^{\mathrm{T}}\widetilde{\boldsymbol{G}}_2\boldsymbol{D}_{\hat{Z}_0}\boldsymbol{J}_1\boldsymbol{D}_{\Delta12}+\boldsymbol{D}_{\Delta21}\boldsymbol{J}_1^{\mathrm{T}}\boldsymbol{D}_{\hat{Z}_0}\widetilde{\boldsymbol{B}}_2^{\mathrm{T}}+\boldsymbol{D}_{\hat{Z}_0}\boldsymbol{J}_1\boldsymbol{D}_{\Delta12}\widetilde{\boldsymbol{G}}_2\hat{\boldsymbol{Z}}_1+\\ &\boldsymbol{D}_{\Delta22})^{-1}(\boldsymbol{l}_2-\widetilde{\boldsymbol{B}}_2\hat{\boldsymbol{Z}}_1-\frac{1}{2}\mathrm{tr}(\widetilde{\boldsymbol{G}}_2\boldsymbol{D}_{\hat{Z}_1})-\frac{1}{2}\hat{\boldsymbol{Z}}_1^{\mathrm{T}}\widetilde{\boldsymbol{G}}_2\hat{\boldsymbol{Z}}_1)\\ \hat{\boldsymbol{X}}'_2=&\hat{\boldsymbol{X}}'_1+(\boldsymbol{C}_1\widetilde{\boldsymbol{B}}_2^{\mathrm{T}}+\boldsymbol{C}_1\widetilde{\boldsymbol{G}}_2\hat{\boldsymbol{X}}'_1+\boldsymbol{D}_{\hat{Z}_0}\boldsymbol{J}_1\boldsymbol{D}_{\Delta12})(\widetilde{\boldsymbol{B}}_2\boldsymbol{D}_{\hat{Z}_1}\widetilde{\boldsymbol{B}}_2^{\mathrm{T}}+\\ &\frac{1}{2}\mathrm{tr}(\widetilde{\boldsymbol{G}}_2\boldsymbol{D}_{\hat{Z}_1}\widetilde{\boldsymbol{G}}_2\boldsymbol{D}_{\hat{Z}_1})+2\widetilde{\boldsymbol{B}}_2\boldsymbol{D}_{\hat{Z}_1}\widetilde{\boldsymbol{G}}_2\hat{\boldsymbol{Z}}_1+\hat{\boldsymbol{Z}}_1^{\mathrm{T}}\widetilde{\boldsymbol{G}}_2\boldsymbol{D}_{\hat{Z}_1}\widetilde{\boldsymbol{G}}_2\hat{\boldsymbol{Z}}_1+\widetilde{\boldsymbol{B}}_2\boldsymbol{D}_{\hat{Z}_0}\boldsymbol{J}_1\boldsymbol{D}_{\Delta12}+\\ &\hat{\boldsymbol{Z}}_1^{\mathrm{T}}\widetilde{\boldsymbol{G}}_2\boldsymbol{D}_{\hat{Z}_0}\boldsymbol{J}_1\boldsymbol{D}_{\Delta12}+\boldsymbol{D}_{\Delta21}\boldsymbol{J}_1^{\mathrm{T}}\boldsymbol{D}_{\hat{Z}_0}\widetilde{\boldsymbol{B}}_2^{\mathrm{T}}+\boldsymbol{D}_{\hat{Z}_0}\boldsymbol{J}_1\boldsymbol{D}_{\Delta12}\widetilde{\boldsymbol{G}}_2\hat{\boldsymbol{Z}}_1+\\ &\boldsymbol{D}_{\Delta22})^{-1}(\boldsymbol{l}_2-\widetilde{\boldsymbol{B}}_2\hat{\boldsymbol{Z}}_1-\frac{1}{2}\mathrm{tr}(\widetilde{\boldsymbol{G}}_2\boldsymbol{D}_{\hat{Z}_1})-\frac{1}{2}\hat{\boldsymbol{Z}}_1^{\mathrm{T}}\widetilde{\boldsymbol{G}}_2\hat{\boldsymbol{X}}_1)\\ \boldsymbol{D}_{\hat{Z}_1}=&\boldsymbol{D}_{\hat{Z}_1}-\boldsymbol{D}_{\hat{Z}_1}(\widetilde{\boldsymbol{B}}_2^{\mathrm{T}}+\widetilde{\boldsymbol{G}}_2\hat{\boldsymbol{Z}}_1+\boldsymbol{D}_1^{-1}\boldsymbol{D}_{\hat{Z}_0}\boldsymbol{J}_1\boldsymbol{D}_{\Delta12})+(\widetilde{\boldsymbol{B}}_2\boldsymbol{D}_{\hat{Z}_1}\widetilde{\boldsymbol{B}}_2^{\mathrm{T}}+\\ &\frac{1}{2}\mathrm{tr}(\widetilde{\boldsymbol{G}}_2\boldsymbol{D}_{\hat{Z}_1}\widetilde{\boldsymbol{G}}_2\boldsymbol{D}_{\hat{Z}_1})+2\widetilde{\boldsymbol{B}}_2\boldsymbol{D}_{\hat{Z}_1}\widetilde{\boldsymbol{G}}_2\hat{\boldsymbol{Z}}_1+\hat{\boldsymbol{Z}}_1^{\mathrm{T}}\widetilde{\boldsymbol{G}}_2\boldsymbol{D}_{\hat{Z}_1}\widetilde{\boldsymbol{G}}_2\hat{\boldsymbol{Z}}_1+\\ &\widetilde{\boldsymbol{B}}_2\boldsymbol{D}_{\hat{Z}_0}\boldsymbol{J}_1\boldsymbol{D}_{\Delta12}+\hat{\boldsymbol{Z}}_1^{\mathrm{T}}\widetilde{\boldsymbol{G}}_2\boldsymbol{D}_{\hat{Z}_0}\boldsymbol{J}_1\boldsymbol{D}_{\Delta12}+\boldsymbol{D}_{\Delta21}\boldsymbol{J}_1^{\mathrm{T}}\boldsymbol{D}_{\hat{Z}_0}\widetilde{\boldsymbol{B}}_2^{\mathrm{T}}+\boldsymbol{D}_{\hat{Z}_0}\boldsymbol{J}_1\boldsymbol{D}_{\Delta12}\widetilde{\boldsymbol{G}}_2\hat{\boldsymbol{Z}}_1+\\ &\boldsymbol{D}_{\Delta22})^{-1}(\widetilde{\boldsymbol{B}}_2\boldsymbol{D}_{\hat{Z}_1}+\hat{\boldsymbol{Z}}_1^{\mathrm{T}}\widetilde{\boldsymbol{G}}_2\boldsymbol{D}_{\hat{Z}_1}+\boldsymbol{D}_{\Delta21}\boldsymbol{J}_1^{\mathrm{T}}\boldsymbol{D}_{\hat{Z}_0})\end{aligned}\right\} \tag{7.6.13}$$

$$\left.\begin{aligned}
\boldsymbol{D}'_2=&\boldsymbol{D}'_1-(\boldsymbol{C}_1\widetilde{\boldsymbol{B}}_2^{\mathrm{T}}+\boldsymbol{C}_1\widetilde{\boldsymbol{G}}_2\hat{\boldsymbol{X}}'_1+\boldsymbol{D}_{\hat{Z}_0}\boldsymbol{J}_1\boldsymbol{D}_{\Delta12})(\widetilde{\boldsymbol{B}}_2\boldsymbol{D}_{\hat{Z}_1}\widetilde{\boldsymbol{B}}_2^{\mathrm{T}}+\\
&\frac{1}{2}\mathrm{tr}(\widetilde{\boldsymbol{G}}_2\boldsymbol{D}_{\hat{Z}_1}\widetilde{\boldsymbol{G}}_2\boldsymbol{D}_{\hat{Z}_1})+2\widetilde{\boldsymbol{B}}_2\boldsymbol{D}_{\hat{Z}_1}\widetilde{\boldsymbol{G}}_2\hat{\boldsymbol{X}}_1+\hat{\boldsymbol{Z}}_1^{\mathrm{T}}\widetilde{\boldsymbol{G}}_2\boldsymbol{D}_{\hat{Z}_1}\widetilde{\boldsymbol{G}}_2\hat{\boldsymbol{Z}}_1+\widetilde{\boldsymbol{B}}_2\boldsymbol{D}_{\hat{Z}_0}\boldsymbol{J}_1\boldsymbol{D}_{\Delta12}+\\
&\hat{\boldsymbol{Z}}_1^{\mathrm{T}}\widetilde{\boldsymbol{G}}_2\boldsymbol{D}_{\hat{Z}_0}\boldsymbol{J}_1\boldsymbol{D}_{\Delta12}+\boldsymbol{D}_{\Delta21}\boldsymbol{J}_1^{\mathrm{T}}\boldsymbol{D}_{\hat{Z}_0}\widetilde{\boldsymbol{B}}_2^{\mathrm{T}}+\boldsymbol{D}_{\hat{Z}_0}\boldsymbol{J}_1\boldsymbol{D}_{\Delta12}\widetilde{\boldsymbol{G}}_2\hat{\boldsymbol{X}}_1+\\
&\boldsymbol{D}_{\Delta22})^{-1}(\widetilde{\boldsymbol{B}}_2\boldsymbol{C}_1^{\mathrm{T}}+\hat{\boldsymbol{X}}_1^{\mathrm{T}}\boldsymbol{G}_2\boldsymbol{C}_1^{\mathrm{T}}+\boldsymbol{D}_{\Delta21}\boldsymbol{J}_1^{\mathrm{T}}\boldsymbol{D}_{\hat{Z}_0})\\
\boldsymbol{C}_2=&\boldsymbol{C}_1-(\boldsymbol{C}_1\widetilde{\boldsymbol{B}}_2^{\mathrm{T}}+\boldsymbol{C}_1\widetilde{\boldsymbol{G}}_2\hat{\boldsymbol{X}}'_1+\boldsymbol{D}_{\hat{Z}_0}\boldsymbol{J}_1\boldsymbol{D}_{\Delta12})(\widetilde{\boldsymbol{B}}_2\boldsymbol{D}_{\hat{Z}_1}\widetilde{\boldsymbol{B}}_2^{\mathrm{T}}+\\
&\frac{1}{2}\mathrm{tr}(\widetilde{\boldsymbol{G}}_2\boldsymbol{D}_{\hat{Z}_1}\widetilde{\boldsymbol{G}}_2\boldsymbol{D}_{\hat{Z}_1})+2\widetilde{\boldsymbol{B}}_2\boldsymbol{D}_{\hat{Z}_1}\boldsymbol{G}_2\hat{\boldsymbol{Z}}_1+\hat{\boldsymbol{Z}}_1^{\mathrm{T}}\widetilde{\boldsymbol{G}}_2\boldsymbol{D}_{\hat{Z}_1}\widetilde{\boldsymbol{G}}_2\hat{\boldsymbol{Z}}_1+\widetilde{\boldsymbol{B}}_2\boldsymbol{D}_{\hat{Z}_0}\boldsymbol{J}_1\boldsymbol{D}_{\Delta12}+\\
&\hat{\boldsymbol{Z}}_1^{\mathrm{T}}\widetilde{\boldsymbol{G}}_2\boldsymbol{D}_{\hat{Z}_0}\boldsymbol{J}_1\boldsymbol{D}_{\Delta12}+\boldsymbol{D}_{\Delta21}\boldsymbol{J}_1^{\mathrm{T}}\boldsymbol{D}_{\hat{Z}_0}\widetilde{\boldsymbol{B}}_2^{\mathrm{T}}+\boldsymbol{D}_{\hat{Z}_0}\boldsymbol{J}_1\boldsymbol{D}_{\Delta12}\widetilde{\boldsymbol{G}}_2\hat{\boldsymbol{Z}}_1+\\
&\boldsymbol{D}_{\Delta22})^{-1}(\widetilde{\boldsymbol{B}}_2\boldsymbol{D}_{\hat{Z}_1}+\hat{\boldsymbol{X}}_1^{\mathrm{T}}\widetilde{\boldsymbol{G}}_2\boldsymbol{D}_{\hat{Z}_1}+\boldsymbol{D}_{\Delta21}\boldsymbol{J}_1^{\mathrm{T}}\boldsymbol{D}_{\hat{Z}_0})
\end{aligned}\right\}\tag{7.6.14}$$

令

$$\begin{aligned}
\boldsymbol{J}_2=&(\widetilde{\boldsymbol{B}}_2^{\mathrm{T}}+\widetilde{\boldsymbol{G}}_2\hat{\boldsymbol{Z}}_1+\boldsymbol{D}_{\hat{Z}_1}^{-1}\boldsymbol{D}_{\hat{Z}_0}\boldsymbol{J}_1\boldsymbol{D}_{\Delta12})(\widetilde{\boldsymbol{B}}_2\boldsymbol{D}_{\hat{Z}_1}\widetilde{\boldsymbol{B}}_2^{\mathrm{T}}+\frac{1}{2}\mathrm{tr}(\widetilde{\boldsymbol{G}}_2\boldsymbol{D}_{\hat{Z}_1}\widetilde{\boldsymbol{G}}_2\boldsymbol{D}_{\hat{Z}_1})+\\
&2\widetilde{\boldsymbol{B}}_2\boldsymbol{D}_{\hat{Z}_1}\widetilde{\boldsymbol{G}}_2\hat{\boldsymbol{Z}}_1+\hat{\boldsymbol{Z}}_1^{\mathrm{T}}\widetilde{\boldsymbol{G}}_2\boldsymbol{D}_{\hat{Z}_1}\widetilde{\boldsymbol{G}}_2\hat{\boldsymbol{Z}}_1+\widetilde{\boldsymbol{B}}_2\boldsymbol{D}_{\hat{Z}_0}\boldsymbol{J}_1\boldsymbol{D}_{\Delta12}+\hat{\boldsymbol{Z}}_1^{\mathrm{T}}\widetilde{\boldsymbol{G}}_2\boldsymbol{D}_{\hat{Z}_0}\boldsymbol{J}_1\boldsymbol{D}_{\Delta12}+\\
&\boldsymbol{D}_{\Delta21}\boldsymbol{J}_1^{\mathrm{T}}\boldsymbol{D}_{\hat{Z}_0}\widetilde{\boldsymbol{B}}_2^{\mathrm{T}}+\boldsymbol{D}_{\hat{Z}_0}\boldsymbol{J}_1\boldsymbol{D}_{\Delta12}\widetilde{\boldsymbol{G}}_2\hat{\boldsymbol{Z}}_1+\boldsymbol{D}_{\Delta22})^{-1}
\end{aligned}\tag{7.6.15}$$

则式(7.6.12)可以写成

$$\boldsymbol{D}_{\hat{Z}_2\Delta_3}=\boldsymbol{D}_{\hat{Z}_1}\boldsymbol{J}_2\boldsymbol{D}_{\Delta23}\tag{7.6.16}$$

同理，当完成第 $i$ 次滤波后，可以令

$$\begin{aligned}
\boldsymbol{J}_i=&(\widetilde{\boldsymbol{B}}_i^{\mathrm{T}}+\widetilde{\boldsymbol{G}}_i\hat{\boldsymbol{Z}}_{i-1}+\boldsymbol{D}_{\hat{Z}_{i-1}}^{-1}\boldsymbol{D}_{\hat{Z}_{i-2}}\boldsymbol{J}_{i-1}\boldsymbol{D}_{\Delta(i-1)i})(\widetilde{\boldsymbol{B}}_i\boldsymbol{D}_{\hat{Z}_{i-1}}\widetilde{\boldsymbol{B}}_i^{\mathrm{T}}+\\
&\frac{1}{2}\mathrm{tr}(\widetilde{\boldsymbol{G}}_i\boldsymbol{D}_{\hat{Z}_{i-1}}\widetilde{\boldsymbol{G}}_i\boldsymbol{D}_{\hat{Z}_{i-1}})+2\widetilde{\boldsymbol{B}}_i\boldsymbol{D}_{\hat{Z}_{i-1}}\widetilde{\boldsymbol{G}}_i\hat{\boldsymbol{Z}}_{i-1}+\hat{\boldsymbol{Z}}_{i-1}^{\mathrm{T}}\widetilde{\boldsymbol{G}}_i\boldsymbol{D}_{\hat{Z}_{i-1}}\widetilde{\boldsymbol{G}}_i\hat{\boldsymbol{Z}}_{i-1}+\\
&\widetilde{\boldsymbol{B}}_i\boldsymbol{D}_{\hat{Z}_{i-2}}\boldsymbol{J}_{i-1}\boldsymbol{D}_{\Delta(i-1)i}+\hat{\boldsymbol{Z}}_{i-1}^{\mathrm{T}}\widetilde{\boldsymbol{G}}_i\boldsymbol{D}_{\hat{Z}_{i-1}}\boldsymbol{J}_{i-1}\boldsymbol{D}_{\Delta(i-1)i}+\\
&\boldsymbol{D}_{\Delta i(i-1)}\boldsymbol{J}_{i-1}^{\mathrm{T}}\boldsymbol{D}_{\hat{Z}_{i-1}}\widetilde{\boldsymbol{B}}_i^{\mathrm{T}}+\boldsymbol{D}_{\hat{Z}_{i-2}}\boldsymbol{J}_{i-1}\boldsymbol{D}_{\Delta(i-1)i}\widetilde{\boldsymbol{G}}_i\hat{\boldsymbol{Z}}_{i-1}+\boldsymbol{D}_{\Delta ii})^{-1}
\end{aligned}\tag{7.6.17}$$

而

$$\boldsymbol{D}_{\hat{Z}_i\Delta_{i+1}}=\boldsymbol{D}_{\hat{Z}_{i-1}}\boldsymbol{J}_i\boldsymbol{D}_{\Delta i(i+1)}\tag{7.6.18}$$

第 $i+1$ 次滤波公式为

$$
\left.\begin{aligned}
\hat{Z}_{i+1} = {} & \hat{Z}_i + D_{\hat{Z}_i}(\tilde{B}_{i+1}^{\mathrm{T}} + \tilde{G}_{i+1}\hat{Z}_i + D_{\hat{Z}_i}^{-1} D_{\hat{Z}_{i-1}} J_i D_{\Delta i(i+1)})(\tilde{B}_{i+1} D_{\hat{Z}_i}\tilde{B}_{i+1}^{\mathrm{T}} + \\
& \frac{1}{2}\mathrm{tr}(\tilde{G}_{i+1} D_{\hat{Z}_i}\tilde{G}_{i+1} D_{\hat{Z}_i}) + 2\tilde{B}_{i+1} D_{\hat{Z}_i}\tilde{G}_{i+1}\hat{Z}_i + \hat{Z}_i^{\mathrm{T}}\tilde{G}_{i+1} D_{\hat{Z}_i}\tilde{G}_{i+1}\hat{Z}_i + \tilde{B}_{i+1} D_{\hat{Z}_i} J_i D_{\Delta 12} + \\
& \hat{Z}_i^{\mathrm{T}}\tilde{G}_{i+1} D_{\hat{Z}_i} J_i D_{\Delta 12} + D_{\Delta 21} J_i^{\mathrm{T}} D_{\hat{Z}_i}\tilde{B}_{i+1}^{\mathrm{T}} + D_{\hat{Z}_0} J_i D_{\Delta i(i+1)}\tilde{G}_2\hat{Z}_i + D_{\Delta(i+1)(i+1)})^{-1}(l_{i+1} - \\
& \tilde{B}_{i+1}\hat{Z}_i - \frac{1}{2}\mathrm{tr}(\tilde{G}_{i+1} D_{\hat{Z}_1}) - \frac{1}{2}\hat{Z}_i^{\mathrm{T}}\tilde{G}_{i+1}\hat{Z}_i) \\
\hat{X}'_{i+1} = {} & \hat{X}'_i + (C_i\tilde{B}_{i+1}^{\mathrm{T}} + C_i\tilde{G}_{i+1}\hat{X}'_i + D_{\hat{Z}_{i-1}} J_i D_{\Delta i(i+1)})(\tilde{B}_{i+1} D_{\hat{Z}_i}\tilde{B}_{i+1}^{\mathrm{T}} + \\
& \frac{1}{2}\mathrm{tr}(\tilde{G}_{i+1} D_{\hat{Z}_i}\tilde{G}_{i+1} D_{\hat{Z}_i}) + 2\tilde{B}_{i+1} D_{\hat{Z}_i}\tilde{G}_{i+1}\hat{Z}_i + \hat{Z}_i^{\mathrm{T}}\tilde{G}_{i+1} D_{\hat{Z}_i}\tilde{G}_{i+1}\hat{Z}_i + \tilde{B}_{i+1} D_{\hat{Z}_i} J_i D_{\Delta 12} + \\
& \hat{Z}_i^{\mathrm{T}}\tilde{G}_{i+1} D_{\hat{Z}_i} J_i D_{\Delta 12} + D_{\Delta 21} J_i^{\mathrm{T}} D_{\hat{Z}_i}\tilde{B}_{i+1}^{\mathrm{T}} + D_{\hat{Z}_0} J_i D_{\Delta i(i+1)}\tilde{G}_2\hat{Z}_i + \\
& D_{\Delta(i+1)(i+1)})^{-1}(l_{i+1} - \tilde{B}_{i+1}\hat{Z}_i - \frac{1}{2}\mathrm{tr}(\tilde{G}_{i+1} D_{\hat{Z}_1}) - \frac{1}{2}\hat{Z}_i^{\mathrm{T}}\tilde{G}_{i+1}\hat{Z}_i)
\end{aligned}\right\} \tag{7.6.19}
$$

$$
\left.\begin{aligned}
D_{\hat{Z}_{i+1}} = {} & D_{\hat{Z}_i} - D_{\hat{Z}_i}(\tilde{B}_{i+1}^{\mathrm{T}} + \tilde{G}_{i+1}\hat{Z}_i + D_{\hat{Z}_i}^{-1} D_{\hat{Z}_{i-1}} J_i D_{\Delta i(i+1)})(\tilde{B}_{i+1} D_{\hat{Z}_i}\tilde{B}_{i+1}^{\mathrm{T}} + \\
& \frac{1}{2}\mathrm{tr}(\tilde{G}_{i+1} D_{\hat{Z}_i}\tilde{G}_{i+1} D_{\hat{Z}_i}) + 2\tilde{B}_{i+1} D_{\hat{Z}_i}\tilde{G}_{i+1}\hat{Z}_i + \hat{Z}_i^{\mathrm{T}}\tilde{G}_{i+1} D_{\hat{Z}_i}\tilde{G}_{i+1}\hat{Z}_i + \tilde{B}_{i+1} D_{\hat{Z}_i} J_i D_{\Delta 12} + \\
& \hat{Z}_i^{\mathrm{T}}\tilde{G}_{i+1} D_{\hat{Z}_i} J_i D_{\Delta 12} + D_{\Delta 21} J_i^{\mathrm{T}} D_{\hat{Z}_i}\tilde{B}_{i+1}^{\mathrm{T}} + D_{\hat{Z}_0} J_i D_{\Delta i(i+1)}\tilde{G}_2\hat{Z}_i + \\
& D_{\Delta(i+1)(i+1)})^{-1}(\tilde{B}_{i+1} D_{\hat{Z}_i} + \hat{Z}_i^{\mathrm{T}}\tilde{G}_{i+1} D_{\hat{Z}_i} + D_{\Delta(i+1)i} J_i^{\mathrm{T}} D_{\hat{Z}_{i-1}}) \\
D'_{i+1} = {} & D'_i - (C_i\tilde{B}_{i+1}^{\mathrm{T}} + C_i\tilde{G}_{i+1}\hat{X}'_i + D_{\hat{Z}_{i-1}} J_i D_{\Delta i(i+1)})(\tilde{B}_{i+1} D_{\hat{Z}_i}\tilde{B}_{i+1}^{\mathrm{T}} + \\
& \frac{1}{2}\mathrm{tr}(\tilde{G}_{i+1} D_{\hat{Z}_i}\tilde{G}_{i+1} D_{\hat{Z}_i}) + 2\tilde{B}_{i+1} D_{\hat{Z}_i}\tilde{G}_{i+1}\hat{Z}_i + \hat{Z}_i^{\mathrm{T}}\tilde{G}_{i+1} D_{\hat{Z}_i}\tilde{G}_{i+1}\hat{Z}_i + \tilde{B}_{i+1} D_{\hat{Z}_i} J_i D_{\Delta 12} + \\
& \hat{Z}_i^{\mathrm{T}}\tilde{G}_{i+1} D_{\hat{Z}_i} J_i D_{\Delta 12} + D_{\Delta 21} J_i^{\mathrm{T}} D_{\hat{Z}_i}\tilde{B}_{i+1}^{\mathrm{T}} + D_{\hat{Z}_0} J_i D_{\Delta i(i+1)}\tilde{G}_2\hat{Z}_i + \\
& D_{\Delta(i+1)(i+1)})^{-1}(\tilde{B}_{i+1} C_i^{\mathrm{T}} + \hat{Z}_i^{\mathrm{T}}\tilde{G}_{i+1} C_i^{\mathrm{T}} + D_{\Delta(i+1)i} J_i^{\mathrm{T}} D_{\hat{Z}_{i-1}}) \\
C_{i+1} = {} & C_i - (C_i\tilde{B}_{i+1}^{\mathrm{T}} + C_i\tilde{G}_{i+1}\hat{X}'_i + D_{\hat{Z}_{i-1}} J_i D_{\Delta i(i+1)})(\tilde{B}_{i+1} D_{\hat{Z}_i}\tilde{B}_{i+1}^{\mathrm{T}} + \\
& \frac{1}{2}\mathrm{tr}(\tilde{G}_{i+1} D_{\hat{Z}_i}\tilde{G}_{i+1} D_{\hat{Z}_i}) + 2\tilde{B}_{i+1} D_{\hat{Z}_i}\tilde{G}_{i+1}\hat{Z}_i + \hat{Z}_i^{\mathrm{T}}\tilde{G}_{i+1} D_{\hat{Z}_i}\tilde{G}_{i+1}\hat{Z}_i + \tilde{B}_{i+1} D_{\hat{Z}_i} J_i D_{\Delta 12} + \\
& \hat{Z}_i^{\mathrm{T}}\tilde{G}_{i+1} D_{\hat{Z}_i} J_i D_{\Delta 12} + D_{\Delta 21} J_i^{\mathrm{T}} D_{\hat{Z}_i}\tilde{B}_{i+1}^{\mathrm{T}} + D_{\hat{Z}_0} J_i D_{\Delta i(i+1)}\tilde{G}_2\hat{Z}_i + \\
& D_{\Delta(i+1)(i+1)})^{-1}(\tilde{B}_{i+1} D_{\hat{Z}_i} + \hat{Z}_i^{\mathrm{T}}\tilde{G}_{i+1} D_{\hat{Z}_i} + D_{\Delta(i+1)i} J_i^{\mathrm{T}} D_{\hat{Z}_{i-1}})
\end{aligned}\right\} \tag{7.6.20}
$$

# 参考文献


崔希璋,於宗俦,陶本藻,等,1992.广义测量平差[M].北京:测绘出版社.

戴朝寿,2009.数理统计简明教程[M].北京:高等教育出版社.

胡细宝,王丽霞,2004.概率论与数理统计[M].北京:北京邮电大学出版社.

李德仁,袁修孝,2002.误差处理与可靠性理论[M].武汉:武汉大学出版社.

刘国林,赵长胜,张书毕,等,2012.近代测量平差理论与方法[M].徐州:中国矿业大学出版社.

卢秀山,冯遵德,刘纪敏,2007.病态系统分析理论及其在测量中的应用[M].北京:测绘出版社.

隋立芬,2001.误差理论与测量平差基础[M].北京:测绘出版社.

陶本藻,2007.测量数据处理的统计理论和方法[M].北京:测绘出版社.

武汉大学测绘学院测量平差学科组,2008.误差理论与测量平差基础[M].武汉:武汉大学出版社.

王新洲,2002.非线性模型参数估计理论与应用[M].武汉:武汉大学出版社.

王新洲,陶本藻,邱卫宁,等,2006.高等测量平差[M].北京:测绘出版社.

杨元喜,1993.抗差估计理论及其应用[M].北京:八一出版社.

张书毕,魏峰远,刘国林,等,2008.测量平差[M].徐州:中国矿业大学出版社.

赵长胜,2013.测量数据处理研究[M].徐州:测绘出版社.

赵长胜,1997a.平差模型的敏感度分析[J].阜新矿业学院学报,16(3):285-288.

赵长胜,1997b.相关观测值的逐次间接平差[J].测绘工程(2):17-21.

赵长胜,2001a.有色噪声滤波理论与算法[M].北京:测绘出版社.

赵长胜,2001b.空间数据误差理论与数据处理[M].北京:教育科学出版社.

赵长胜,石金锋,2001.测量平差[M].北京:教育科学出版社.

赵长胜,2002.有色噪声观测量的逐次静态滤波[J].辽宁工程技术大学学报,21(4):499-500.

赵长胜,马振利,2004.有色噪声观测量的逐次静态滤波与配置[J].测绘通报(4):17-18.

周江文,黄幼才,杨元喜,等,1995.抗差最小二乘估计[M].武汉:华中理工大学出版社.

陶本藻,邱卫宁,等,2012.误差理论与测量平差[M].武汉:武汉大学出版社.